U0155690

国家科学技术学术著作出版基金资助项目
湖北省学术著作出版专项资金资助项目
长江科学技术文库（第二辑）

南水北调重大方案比较与研究

NANSHUI BEIDIAO ZHONGDA FANGAN
BIJIAO YU YANJIU

赵鑫钰 著

長江出版傳媒
湖北科学技术出版社

图书在版编目(CIP)数据

南水北调重大方案比较与研究/赵鑫钰著.—武汉:湖北科学技术出版社,2023.7

(长江科学技术文库)

ISBN 978-7-5352-9493-7

Ⅰ.①南… Ⅱ.①赵… Ⅲ.①南水北调—水利工程—方案—研究 Ⅳ.①TV68

中国版本图书馆 CIP 数据核字(2017)第 170658 号

南水北调重大方案比较与研究

NANSHUI BEIDIAO ZHONGDA FANGAN BIJIAO YU YANJIU

责任编辑:宋志阳 邓子林 徐 竹 封面设计:喻 杨

出版发行:湖北科学技术出版社 电话:027-87679468

地 址:武汉市雄楚大街 268 号 邮编:430070

(湖北出版文化城 B 座 13-14 层)

网 址:http://www.hbstp.com.cn

印 刷:湖北新华印务有限公司 邮编:430035

787×1092 1/16 34.75 印张 890 千字

2023 年 7 月第 1 版 2023 年 7 月第 1 次印刷

定价:280.00 元

前　言

我国北方大部分地区干旱缺水，而南方大江大河频发洪涝水患，使国人长期饱受缺水和洪水双重痛苦。中华人民共和国成立初，党中央领导高瞻远瞩提出了“南水北调”的宏大构想。1952年10月，毛泽东主席视察黄河途中，听取了有关负责人“引江济黄”的汇报，毛泽东主席当即表示：“南方水多，北方水少，如有可能，借点水来也是可以的。”1953年2月，毛泽东主席乘“长江舰”视察长江中下游期间又一次提到南水北调，并强调“三峡问题暂时还不考虑开工，但南水北调工作要抓紧。”1958年3月，毛泽东主席在成都召开的中央政治局扩大会议上，再次提出了引江、引汉济黄和引黄济卫的调水问题。

1958年9月1日，南水北调初期水源工程——丹江口水利枢纽正式开工；1974年，初期工程基本建成。在其后相当长的时间里，南水北调工程始终停滞在规划、论证过程中。20世纪80年代开始，我国西北、华北地区持续干旱，缺水导致西北、华北部分河流断流、湖泊干涸；部分地区超采地下水，又加速了地面沉降、地表干化。持续的水资源短缺，不仅制约北方地区经济社会的正常发展，而且给该区域生存、生态环境带来进一步的挑战。1998年，长江、嫩江、松花江发生大洪水，促使中央决定大规模治理大江大河洪水和华北的干旱缺水；同时，南水北调工程的规划设计全面展开。

适度规模的南水北调工程，无疑是我国21世纪最具战略性的跨流域水资源再配置工程，其对于缓解我国华北地区长期面临的干旱缺水，改善区域生态，实现南北资源、经济互补和可持续发展起到非常重要的作用。根据国务院南水北调工程建设委员会批准的总体规划方案，由南北向的三条引水线路与东西向的长江、淮河、黄河、海河四大江河构成“三纵四横”的水资源再配置体系。其中：东线从长江江苏扬州段取水，经过江苏、山东向苏北、胶东及河北、天津供水；中线在湖北丹江口水库取水，经河南、河北向沿线缺水地区和北京、天津供水；西线拟从长江上游的金沙江、雅砻江、大渡河引水调到黄河上游，向西北和华北部分地区供水。

由于南水北调是跨区、跨流域、远距离调水工程，建设周期长、投资规模巨大，规划、决策和建设备受世人关注。在50多年的规划、设计期间，形成了多个早期方案、初期方案、修订方案及实施方案；国内许多大学和水利科研院所的专家、学者以及部委设计院都参与其研究、咨询和论证，还有许多行业及相关学者、工程专家也提出了多个优化方案（如“小江调水”方案、“大宁河调水”方案、“大西线藏水北调”方案、“引汽增雨的天上调水”方案等）或优化建议。这些方案或建议，对于促进南水北调工程的最终决策起到了十分重要的作用。

笔者从事水利水电工程技术工作40多年，曾参与长江科学院多位老专家组织的“小江调水”和“大宁河调水”方案的咨询，也曾提出过南水北调建设资金筹措的建议。鉴于南水北调工程从早期构想到初期方案直至最终决策实施方案中，一些专业机构曾提出了诸多调整方案。笔者以学习的心态和学术视角，对具有代表性的重大调水方案进行比较研读；并以有限的认知和分析结论，期许在促进重大建设项目决策的科学化、民主化方面做些探讨性的研究。

本书参考、归集了学界广为研讨的约2 600万字的各大调水方案报告和论文等，同时采集、吸纳了一些专家、学者之观点以及时任国务院南水北调专家委员会多位专家的意见和思路。全书共分8章：第1章，重大方案概述；第2章，南水北调东线调水方案；第3章，南水北调中线调水方案；第4章，南水北调西线调水方案；第5章，西藏调水与“大西线”方案；第6章，其他重大调水方案；第7章，重大调水方案可行性与可靠性比较分析；第8章，重大方案经济性、合理性比较与研究。全书由赵鑫钰同志策划、执笔、校审、编写。其中，赵杨路、廖卉芳分别参与第7章、第8章的编写工作。

由于笔者的认知能力和学识水平所限，全书所能呈现的仅为一个普通知识分子实事求是、坚持学习、探求真理的爱国情怀。尽管作者殚精竭虑，也难免存在疏漏、多虑之处，诚望广大读者批评指正。

著　者

2022年5月

目　　录

第1章　重大方案概述……………………………………………………………………………（1）
1.1　南水北调工程总体概况 ……………………………………………………………（1）
1.1.1　南水北调工程的提出 ……………………………………………………（1）
1.1.2　南水北调工程的决策 ……………………………………………………（4）
1.1.3　工程建设情况 ……………………………………………………………（5）
1.2　南水北调重大调水方案 ……………………………………………………………（9）
1.2.1　南水北调东线方案 ………………………………………………………（9）
1.2.2　南水北调中线方案…………………………………………………………（14）
1.2.3　南水北调西线方案…………………………………………………………（20）
1.2.4　小江调水方案………………………………………………………………（28）
1.2.5　大宁河调水方案……………………………………………………………（30）
1.2.6　大西线“朔天运河”调水方案 ……………………………………………（32）
1.2.7　其他重大调水方案…………………………………………………………（34）
1.3　重大调水方案比较的学术意义…………………………………………………………（40）
1.3.1　重大方案存在的问题………………………………………………………（40）
1.3.2　资源再配置的改革方向……………………………………………………（42）
1.3.3　重大方案比较与研究的意义………………………………………………（44）
第2章　南水北调东线调水方案 ………………………………………………………………（46）
2.1　东线调水方案概述………………………………………………………………………（46）
2.1.1　工程总体规划论证…………………………………………………………（46）
2.1.2　调水工程总体布置…………………………………………………………（48）
2.1.3　生态环境保护与东线治污规划……………………………………………（50）
2.1.4　资金筹措方案………………………………………………………………（51）
2.1.5　水价分析与管理体制………………………………………………………（51）
2.2　东线调水初期方案………………………………………………………………………（52）
2.2.1　初期规划总体布局…………………………………………………………（52）
2.2.2　各调水工程的供水范围……………………………………………………（54）
2.2.3　南水北调工程拟实施方案…………………………………………………（55）
2.2.4　东线拟实施方案总体安排…………………………………………………（56）
2.2.5　国民经济分析………………………………………………………………（59）
2.2.6　环境影响及调水水质………………………………………………………（60）

2.2.7 工程运行管理…………(60)
2.2.8 规划结论…………(60)
2.3 东线调水实施方案…………(61)
2.3.1 东线初期方案结论回顾…………(61)
2.3.2 东线工程修订内容…………(63)
2.4 东线方案的关键问题研究…………(70)
2.4.1 利用东线输水运河航运的建议…………(70)
2.4.2 东线工程江苏受水区水质状况研究分析…………(76)
2.4.3 预防运河输水水质污染的措施…………(80)
2.4.4 东线宿迁段水质污染防治研究…………(82)
2.4.5 东线工程生态环境累积效应机理研究…………(85)
2.5 东线工程治污规划概要…………(89)
2.5.1 总论…………(90)
2.5.2 规划水环境现状…………(91)
2.5.3 规划重点区域及主要内容…………(92)
2.5.4 东线治污方案…………(94)
2.5.5 水质保障措施及建议…………(96)
2.6 东线调水的风险研究…………(96)
2.6.1 东线工程运行风险分析…………(96)
2.6.2 突发性水环境事件管理研究…………(103)
第3章 南水北调中线调水方案…………(110)
3.1 中线调水方案概述…………(110)
3.1.1 中线设计视角的总体规划格局…………(110)
3.1.2 总体规划进展…………(113)
3.2 中线调水初期方案…………(120)
3.2.1 中线一期工程初期方案背景…………(120)
3.2.2 汉江水资源及可调水量…………(121)
3.2.3 工程建设方案…………(124)
3.2.4 水量的分配与利用…………(126)
3.2.5 水库移民安置规划…………(129)
3.2.6 初期方案投资估算…………(133)
3.2.7 水价测算…………(135)
3.2.8 初期方案效益测算…………(138)
3.2.9 国民经济评价…………(140)
3.3 中线方案的两项关键工程…………(143)
3.3.1 丹江口水库大坝加高工程…………(143)
3.3.2 输水总干渠穿黄河工程…………(148)
3.3.3 隧洞工程方案…………(151)
3.3.4 中线工程孤柏嘴穿黄渡槽方案比选…………(153)
3.4 中线调水实施方案…………(156)

3.4.1　中线工程规划(2001 年)修订方案 …… (156)
3.4.2　规划目标、依据、原则与任务 …… (157)
3.4.3　规划修订的主要思路与特点 …… (158)
3.4.4　主要规划内容和结论 …… (158)
3.4.5　实施方案主要工程 …… (160)
3.5　中线调水方案关键问题研究 …… (163)
3.5.1　汉江流域丹江口上游降水特征及变化趋势 …… (163)
3.5.2　中线调水应重视汉江中下游可持续发展 …… (167)
3.5.3　汉江上游水资源量变化趋势分析 …… (170)
3.5.4　中线工程膨胀土(岩)地段渠道破坏机理与处理技术研究 …… (177)
3.5.5　中线穿黄渡槽方案研究 …… (187)
第 4 章　南水北调西线调水方案 …… (191)
4.1　西线调水方案概述 …… (191)
4.1.1　初期规划方案 …… (191)
4.1.2　修订规划方案 …… (192)
4.2　西线调水方案初期规划 …… (192)
4.2.1　概要 …… (192)
4.2.2　西线工程调水初期方案 …… (193)
4.2.3　调水区概况 …… (195)
4.2.4　初期方案工程规模 …… (196)
4.2.5　调水的不利影响和效益 …… (199)
4.2.6　初期规划结论 …… (200)
4.3　西线调水拟实施方案 …… (200)
4.3.1　西线工程修订方案背景 …… (200)
4.3.2　供水与调水分析 …… (202)
4.3.3　调水工程方案及实施意见 …… (203)
4.3.4　投资估算 …… (205)
4.3.5　环境和社会影响分析 …… (205)
4.3.6　效益分析 …… (206)
4.4　西线调水方案论证 …… (206)
4.4.1　西线调水方案论证背景 …… (206)
4.4.2　西线工程区的复杂环境 …… (208)
4.4.3　西线一期工程区地壳的活动性 …… (210)
4.4.4　西线方案的重大工程地质问题 …… (215)
4.4.5　西线工程邻近区域地质背景 …… (221)
4.4.6　地貌垂直地带性及山地灾害 …… (226)
4.4.7　西线工程存在的技术问题 …… (231)
4.4.8　受供水地区生态环境影响的利弊分析 …… (233)
第 5 章　西藏调水与“大西线”方案 …… (243)
5.1　西藏调水方案概述 …… (243)

5.1.1 西藏水资源地位 …… (243)
5.1.2 藏水北调方案的主要思路 …… (243)
5.2 “朔天运河”大西线调水方案 …… (243)
5.2.1 “朔天运河”的思路 …… (243)
5.2.2 大西线水源区水量与调水工程 …… (246)
5.2.3 出境水量分析 …… (253)
5.3 西藏调水的方案争论与优化 …… (258)
5.3.1 方案争论概述 …… (258)
5.3.2 西藏水资源开发的问题 …… (261)
5.3.3 对“大西线”调水的再认识 …… (266)
5.3.4 大西线藏水北调工程建议 …… (270)
5.3.5 大西线调水方案难以实现的问题分析 …… (283)
5.3.6 藏水北调藏木至洮河调水工程研究 …… (289)
5.4 西北调水方案研究 …… (296)
5.4.1 西北跨流域调水可行性 …… (296)
5.4.2 深埋长隧洞开挖中高压涌水问题的研究 …… (302)
5.4.3 中外深埋长隧洞施工中的问题及应对措施 …… (306)
第6章 其他重大调水方案 …… (315)
6.1 其他重大方案概述 …… (315)
6.1.1 业内曾研究的其他调水方案 …… (315)
6.1.2 西部调水及小江抽水设想 …… (319)
6.1.3 海水利用替代调水方案 …… (321)
6.2 三峡水库大宁河引水方案 …… (324)
6.2.1 设计方案概述 …… (324)
6.2.2 大宁河引水工程规划 …… (327)
6.2.3 研究结论 …… (328)
6.2.4 长江科学院方案 …… (328)
6.3 小江调水方案 …… (332)
6.3.1 三峡水库引江入渭的调水方案 …… (332)
6.3.2 京津缺水与华北水配置的再优化 …… (337)
6.3.3 小江引水入渭济黄工程的优化 …… (342)
6.3.4 “三建委”的建议 …… (345)
6.4 空中调水方案 …… (348)
6.4.1 我国西部河流及大气环流状况 …… (349)
6.4.2 从空中调水实现我国西线南水北调 …… (350)
6.4.3 空中调水的方案 …… (351)
6.5 引渤入疆调水方案 …… (353)
6.5.1 概述 …… (353)
6.5.2 新疆的自然条件 …… (353)
6.5.3 东水西调改造沙漠的方案背景 …… (357)

6.5.4　海水西调的释疑解惑 …………………………………………………… (368)
6.5.5　东水西调与生态环境 …………………………………………………… (375)
6.6　滇中引水方案 ………………………………………………………………… (378)
6.6.1　滇中调水与云南经济社会可持续发展 ………………………………… (379)
6.6.2　滇中水资源规划思路 …………………………………………………… (380)
6.6.3　规划水平年需水预测及供需平衡 ……………………………………… (383)
6.7　海水淡化技术方法与替代调水方案可能性 ………………………………… (387)
6.7.1　海水淡化技术的发展 …………………………………………………… (388)
6.7.2　海水淡化技术研究与展望 ……………………………………………… (393)
6.7.3　海水淡化的利用前景 …………………………………………………… (396)
6.7.4　海水淡化替代跨区调水 ………………………………………………… (398)
第7章　重大调水方案可行性与可靠性比较分析 ……………………………… (402)
7.1　气候变化影响降水及水资源 ………………………………………………… (402)
7.1.1　气候变化概述 …………………………………………………………… (402)
7.1.2　气候异常 ………………………………………………………………… (402)
7.1.3　气候变化的主因分析 …………………………………………………… (405)
7.1.4　极端天气事件 …………………………………………………………… (406)
7.1.5　气候变暖影响降水分布及水资源量 …………………………………… (409)
7.2　中线调水方案水源可靠性分析 ……………………………………………… (411)
7.2.1　水源可靠性 ……………………………………………………………… (411)
7.2.2　长江流域水资源变化 …………………………………………………… (412)
7.2.3　中线工程水源来水变化 ………………………………………………… (415)
7.2.4　中线工程水源水质可靠性 ……………………………………………… (416)
7.2.5　水环境突发事件的可控性 ……………………………………………… (418)
7.3　东线、西线水源的可靠性 …………………………………………………… (422)
7.3.1　东线水源可靠性 ………………………………………………………… (422)
7.3.2　西线水源可靠性 ………………………………………………………… (423)
7.3.3　西线调水的重大环境问题 ……………………………………………… (424)
7.3.4　西线生态环境变化趋势 ………………………………………………… (425)
7.3.5　东西线突发事件的可控性 ……………………………………………… (429)
7.4　大西线藏水北调水源可靠性 ………………………………………………… (433)
7.4.1　西藏内河水资源量 ……………………………………………………… (434)
7.4.2　西藏主要外河水资源量 ………………………………………………… (435)
7.4.3　藏水北调可调水量方案比较 …………………………………………… (436)
7.4.4　大西线调水水量可靠性分析 …………………………………………… (438)
7.5　小江、大宁河调水方案水源可靠性 ………………………………………… (440)
7.5.1　三峡水库的水质状况 …………………………………………………… (440)
7.5.2　三峡水库的水量变化 …………………………………………………… (444)
7.5.3　小江、大宁河调水方案水质的可靠性分析 …………………………… (448)
7.5.4　小江、大宁河调水方案水量的可靠性分析 …………………………… (454)

7.6 引渤入疆调水方案可靠性 …… (455)
7.6.1 渤海湾的水质情况 …… (456)
7.6.2 渤海湾的水质变化情势 …… (458)
7.6.3 引渤入疆的可靠性 …… (462)
第8章 重大方案经济性、合理性比较与研究 …… (464)
8.1 东线方案经济与合理性 …… (464)
8.1.1 东线工程的经济性分析 …… (465)
8.1.2 东线工程的合理性分析 …… (468)
8.2 中线方案经济性与合理性 …… (468)
8.2.1 中线方案经济性 …… (469)
8.2.2 中线方案合理性 …… (472)
8.3 西线调水方案经济性与合理性 …… (478)
8.3.1 西线调水方案的必要性 …… (479)
8.3.2 西线调水方案的经济性 …… (481)
8.3.3 西线调水方案的合理性 …… (484)
8.4 大西线调水方案经济与合理性 …… (486)
8.4.1 大西线调水方案的必要性 …… (487)
8.4.2 大西线调水方案的经济性 …… (490)
8.4.3 大西线调水方案的合理性 …… (494)
8.5 小江、大宁河调水方案经济性与合理性 …… (496)
8.5.1 小江调水方案的经济性 …… (496)
8.5.2 小江调水方案的合理性 …… (498)
8.5.3 大宁河调水方案的经济性与合理性 …… (501)
8.6 引渤入疆调水方案经济性与合理性 …… (504)
8.6.1 引渤入疆方案的必要性 …… (504)
8.6.2 引渤入疆方案的经济性 …… (506)
8.6.3 引渤入疆方案的合理性 …… (509)
8.6.4 缓解水资源短缺的新议 …… (510)
8.7 重大方案比较与研究指标体系 …… (511)
8.7.1 比较与研究指标体系的建立 …… (511)
8.7.2 评价指标赋分和权重分值 …… (515)
8.7.3 专家评分表设计 …… (516)
8.8 重大方案比较与研究结论 …… (524)
8.8.1 重大方案评分结果 …… (525)
8.8.2 重大方案评价结论 …… (527)
8.8.3 建议方案 …… (528)
参考文献 …… (533)

第1章　重大方案概述

1.1　南水北调工程总体概况

我国的南水北调工程,是世界上规模最大的远程调水、输水、供水工程。根据国务院南水北调工程建设委员会(2001年)批准的总体规划方案,南水北调工程总体规划分东线、中线和西线三个部分。其中:东线从长江江苏扬州段取水,经由江苏向山东、河北、天津等部分缺水城市供水;中线在湖北丹江口水库取水,经河南、河北向沿线缺水地区和北京、天津供水;西线拟从长江上游的金沙江、雅砻江、大渡河取水调往黄河上游,向西北和华北部分地区供水。

南水北调工程,举世瞩目;建设规模与施工进展受各国业界普遍关注。按照国务院南水北调工程建设委员会的工程建设总体安排,其东线、中线一期工程于2014年11月底前试运行通水。鉴于我国的南水北调工程投资巨大、建设周期长,在历时50多年的设计、论证过程中,国内外许多科学家、专家、学者以及国内多个专业设计院(所)和民间人士提出过许多重大方案或优化建议,这些方案对于南水北调工程科学、审慎决策起到了十分重要的作用。同时,也考虑到其设计、论证和建设过程存在一些来自方方面面的建议和意见。在南水北调东线、中线一期工程投入运行的重大里程碑时刻,作者以相对独立、科学、客观、公正的视角,对包括社会各界专家、学者提出的具有代表性的南水北调重大(设计、研究和优化)方案及民间方案,进行单纯学术性分析、比较和研究,通过相对独立的分析、指标体系和定性定量测分结论参与讨论,反馈业界关注的事项,与大多数学者共同促进重大建设项目决策的科学化、民主化。

1.1.1　南水北调工程的提出

我国地处亚洲东部及太平洋西岸,地势总体东低西高,季风气候显著,四季分明。受太平洋副热带高压影响,东、南部夏季炎热多雨,地表降水相对丰沛;西、北部受西伯利亚和蒙古高压控制,全年大部分时间风多干燥、降水稀少。据水文及水资源测算,全国年均降水量649mm,折合水量61 889亿m^3,扣除蒸发过程和高山冰盖不能利用的部分,年均形成可再生淡水资源28 405亿m^3。其中,形成河川径流量27 328亿m^3,地下水资源量8 226亿m^3。从全球水资源分布情况看,我国淡水资源虽然总量较为丰富,由于人口众多,人均水资源占有不足2 100m^3,属于缺水国家。

1.1.1.1　早期宏伟设想

缺水由多方面因素造成,主要可分为自然和社会两大类。由地形、地貌、气候条件等自然因素,导致我国淡水资源时空和时程分布极不均衡,年内、年际来水丰枯变化显著,部分地区干旱少雨,全年缺水。同时,因人口分布不均、经济发展中过耗水资源和环境污染等因素,加剧了我国部分地区的用水紧张,这一方面造成北方大部分地区长期干旱缺水;而另一方面南方大江大河又交替发生洪涝灾害,使国人长久以来饱受洪涝灾害和干旱缺水的双重痛苦。

中华人民共和国成立之初,百废待兴。面对大江大河频现的洪涝灾害和西北、华北等地区的干旱缺水,时任领导人毛泽东主席高瞻远瞩,在归纳专家意见时就最早提出了“南水北调”的宏伟构想。根据水利部长江水利委员会设计院历年有关南水北调的规划、设计报告、水利年鉴及报刊文献,1952 年 10 月 30 日,毛泽东主席视察黄河途中,听取了黄河水利委员会主任王化云关于“引江济黄”想法的汇报,毛泽东表示:“南方水多,北方水少,如有可能,借点水来也是可以的。”1952 年 8 月 12 日,为解决黄河流域水资源不足的问题,黄河水利委员会对黄河源区进行了查勘,拟研究通天河色吾曲至黄河多曲的调水线路。也就是说,从长江上游引水济黄的南水北调的早期规划研究大幕就已经开启。

1953 年 2 月,毛泽东主席乘“长江号”军舰从武汉前往南京视察。在听取长江水利委员会主任林一山关于长江流域治理工作汇报时,毛泽东主席问道:“南方水多,北方水少,能不能从南方借点水给北方?”毛泽东主席不时用铅笔指向地图上的腊子口、白龙江、西汉水等地,最后指向汉江的丹江口,草图标注每一处都涉及调水解旱的重大方案。林一山在一一作答和技术解释后,毛泽东主席指示其要对汉江调水方案再进一步的研究,组织人员查勘,一有资料就立即给他写信。同年 2 月 22 日林一山又向毛泽东主席汇报了长江防洪的初步设想。临别时,毛泽东主席对林一山说:“三峡问题暂时还不考虑开工,但南水北调工作要抓紧。”

1958 年 3 月,毛泽东主席在四川成都召开的中共中央政治局扩大会议上,再次提出了引江、引汉济黄和引黄济卫的调水问题。同年 8 月,中共中央在北戴河召开的政治局扩大会议上,通过并签发了《关于水利工作的指示》,文件明确提出:“全国范围内较长远的水利规划,首先是以南水(主要指长江水系)北调为主要目的安排,即将江、淮、河、汉、海各流域联系为统一的水利系统规划。”南水北调第一次出现在中央正式文献中。根据谢文雄、李树泉整理的国务院南水北调工程建设委员会办公室主任张基尧口述的《南水北调工程决策经过》及水利部长江水利委员会设计院有关南水北调中线工程设计报告:1958—1960 年,中共中央先后 4 次召开了全国性的南水北调会议,制定了 1960—1963 年南水北调专项工作计划,提出在未来 3 年里完成南水北调初步规划要点报告的目标;1959 年 2 月,中国科学院、水利电力部在北京召开“西部地区南水北调考察研究工作会议”,确定南水北调工作指导方针为“蓄调兼施、综合利用、统筹兼顾、南北两利;以有济无,以多补少,使水尽其用,地尽其利。”

1958 年 9 月 1 日,南水北调配套的水源工程——汉江丹江口水利枢纽举行了开工仪式。1973 年,丹江口水库初期工程全部完工。1974 年 1 月 18 日,在赴日本展出的中华人民共和国展览会国内预展会上,朱德委员长观看丹江口水利枢纽模型时问道:“能不能把水引到华北呢? 那里缺水。”办会方介绍的人员回答:丹江口水库的重要意义,就是将来通过它调蓄汉江的水引到华北去;当前,水库蓄水位可到 157m,汉淮分水岭是 148m,将来完全可以把水引到华北,这可以为实现毛泽东主席“南水北调”的宏伟设想提供一条重要通道。

1978 年,五届全国人大一次会议通过的《政府工作报告》中正式提出“兴建把长江水引到黄河以北的南水北调工程。”1978 年 9 月,陈云就南水北调问题专门写信给水电部部长钱正英,建议广泛征求意见,完善规划方案,把南水北调工作做得更好。同年 10 月,水电部发出《关于加强南水北调规划工作的通知》。党的十一届三中全会推行改革开放的路线，这无疑释放了我国经济社会发展的活力。随着微观经济搞活、综合国力的提升，全社会对资源的需求不断增加，尤其是西北、华北地区水资源供需矛盾越来越大。20世纪80年代开始，我国西北、华北地区持续干旱；缺水导致西北、华北部分河流断流、湖泊干涸，地下水超采、地面沉降、地表塌陷。水资源短缺，不仅制约北方地区经济社会的正常发展，而且严重恶化该区域生存、生态环境。

1.1.1.2　顶层的持续推进

面对我国北方地区日益严峻的干旱缺水局面，党中央、国务院从全局和战略高度考量，在不同历史阶段不断推进、论证南水北调的规划方案。1979年12月，水电部正式成立了南水北调规划办公室，统筹领导和协调全国的调水方案研究。1980年7月22日，邓小平同志专程视察汉江丹江口水利枢纽工程，详细询问了丹江口水利枢纽初期工程建成后防洪、发电、灌溉效益与大坝二期加高的设计方案。1980年10月3日至11月3日，按照中国科学院与联合国大学达成的协议，由联合国官员组织联合国大学比斯瓦斯博士等8位专家，与我国水利部及有关高等院校、科研部门的专家、教授、工程设计人员共60多人全面考察了南水北调中线和东线工程。通过现场考察和设计方案研讨，与会专家一致认为南水北调中线和东线工程技术上可行。同时，联合国专家也建议在经济和环境方面补充研究南水北调问题。

根据历年《水利年鉴》和南水北调工程大事记等资料，1982年2月，国务院批转《治淮会议纪要》中提出：在淮河治理中实现南水北调工程的功能，并把调水入南四湖的规划列进治淮十年规划任务。1983年3月28日，国务院以〔83〕国办函字29号文，将《关于抓紧进行南水北调东线第一期工程有关工作的通知》发给国家计委、经委、水电部、交通部，以及江苏、安徽、山东、河北省人民政府和北京、天津、上海市人民政府。1988年6月9日，国务院总理李鹏在原国家计委报告上批示：同意国家计委的报告，南水北调必须以解决京津、华北用水为主要目标，按照谁受益、谁投资的原则，由中央和地方共同负担。同年11月，国务院副总理邹家华视察汉江丹江口水利枢纽并了解丹江口水库引水至华北的调水规划。20世纪80年代中后期，由于政治、经济实力和技术装备水平等因素，一定程度上影响了重大工程决策的科学性。南水北调工程在这个时期一直未能决策兴建，其中一个重要原因也是持续多年的先上中线还是东线的争论。

1991年3月，七届全国人大四次会议通过的《国民经济和社会发展十年规划和第八个五年计划纲要》明确提出："'八五'期间要开工建设南水北调工程"。1992年10月12日，中共中央总书记江泽民在中国共产党第十四次全国代表大会的政治报告中提出："集中必要的力量，高质量、高效率地建设一批重点骨干工程，抓紧长江三峡水利枢纽、南水北调、西煤东运新铁路通道等跨世纪特大工程的兴建。"1995年6月6日，国务院总理李鹏主持召开国务院第71次总理办公会议，专门研究了南水北调问题。同年12月，南水北调工程开始进入全面论证阶段。根据国务院第71次总理办公会会议纪要的精神，经国务院领导批准，决定成立南水北调工程审查委员会，由邹家华副总理任审查委员会主任，姜春云副总理、陈俊生国务委员、全国政协副主席钱正英任审查委员会副主任，委员由党中央、国务院有关部委及科研设计、咨询单位以及南水北调工程规划涉及的地方组成。

1998年，长江、嫩江、松花江发生世纪大洪水，促使中央下定集中财力大规模治理大江大河洪水和北方干旱缺水的决心。1999年6月，江泽民总书记在黄河治理开发工作座谈会上的讲话中指出："为从根本上缓解我国北方地区严重缺水的局面，兴建南水北调工程是必要的,要在科学选比、周密计划的基础上抓紧制定合理的切实可行的方案。”此后,南水北调规划开始有序展开,水利部天津水利勘测设计研究院、长江水利委员会设计院、黄河水利委员会设计院分别对南水北调东线、中线和西线工程开展全过程设计。

1.1.2 南水北调工程的决策

20世纪末,我国国民经济持续高速增长,电力供应日趋紧张,北方水资源短缺矛盾不断加剧。在有关部委和地方政府的推动下,南水北调上马的社会呼声高涨。2000年9月27日,国务院总理朱镕基在中南海主持召开座谈会,听取国务院有关部委领导和各方面专家对南水北调方案的意见。会间,水利部部长汪恕诚及中国国际工程咨询公司董事长屠由瑞和国家计委副主任刘江等,就南水北调规划中的有关问题进行了汇报,同时详细介绍了多年来有关部门和专家学者对南水北调方案的调研论证和工程设计意见,并对东线、中线、西线三个调水方案进行了利弊比较。这次专门会议,确定了南水北调总体规划为东线、中线、西线三条调水线路,相应从长江流域下游、中游、上游调水。

各部委的汇报一致认为,南水北调工程势在必行,应尽快开工建设。各行政指令的设计单位对南水北调工程各调水方案的总体布局、建设原则、实施步骤,以及需要解决的一些重要问题,提出了许多建设性意见。朱镕基总理归纳指出:“北方地区特别是华北地区缺水问题越来越严重,已经到了非解决不可的时候。实施南水北调工程是一项重大战略性措施,党中央、国务院要求加紧南水北调工程的前期工作,尽早开工建设。”国务院将按照这个要求,周密部署、精心组织,加快工作进度。同时又指示:“解决北方地区水资源短缺问题必须突出考虑节约用水,坚持开源节流并重、节水优先的原则。”尤其在当时,我国一方面水资源短缺,另一方面又存在着用水严重浪费的问题;许多地方农田浇地仍是大水漫灌;工业生产耗水量过高,城市生活用水浪费惊人。因此,在加紧组织实施南水北调工程的同时,一定要采取强有力的措施,大力开展节约用水。要认真制定节水的规划和目标,绝不能出现大调水、大浪费的现象;关键是要建立合理的水价形成机制,充分发挥价格杠杆的作用;提出逐步较大幅度提高水价,才是节约用水的最有效措施。正是这次会议,朱镕基总理为南水北调工程建设的总体格局确立了“三先三后”的指导原则,即“先节水后调水、先治污后通水、先环保后用水”;明确南水北调方案的规划与实施必须建立在水资源合理配置的基础上。

鉴于当时水价过低、污染浪费严重(既不利于节约用水,也不利于供水事业的发展)的实际情况,加快资源价格改革,理顺供求机制,促进节约用水,刻不容缓。为此,朱镕基总理要求:“水污染不仅直接危害人民的生活和身体健康,也影响工农业生产,而且加剧了水资源短缺,使有限的水资源不能充分利用;在南水北调的设计和实施过程中,必须加强对水污染的治理;如果不治理水污染,那么调水越多污染越重,南水北调就不可能成功。一定要先治污,再调水。规划和实施南水北调工程,要高度重视对生态环境的保护,这个问题非常重要。生态平衡一旦遭到破坏,就会造成难以挽回的后果。特别是对于调出水的地区,要充分注意调水对其生态环境的影响,一定要在周密考虑生态环境保护的条件下才能实施调水工程。南水北调工程,要做好各项前期准备工作,关键要搞好总体规划,全面安排,有先有后,分步实施。同时,要认真搞好配套工程的规划和建设;加快南水北调工程建设,现在条件基本具备;近期开始分步实施,经济实力可以承受;加快一些重大基础设施建设,既可以有效拉动国内需求,开拓传统产业市场,又可以为经济持续发展增加后劲,促进经济良性循环。”

党的十五届五中全会通过的《中共中央关于制定国民经济和社会发展第十个五年计划

的建议》要求:“加紧南水北调工程的前期工作,尽早开工建设”。2000年10月16日,《人民日报》刊发了国务院南水北调工程座谈会的有关情况,并配发了《抓紧实施南水北调工程》评论。

2002年8月19日,时任国务院副总理温家宝在考察南水北调中线方案后主持专门会议,听取了原国家计委、水利部关于南水北调工程总体规划工作进展情况的汇报。同年9月23日,朱镕基总理主持召开的国务院第137次总理办公会议,听取了关于南水北调工程总体规划的汇报。会议审议并通过《南水北调工程总体规划》,原则同意成立国务院南水北调工程领导小组,决定江苏三阳河、山东济平干渠工程年内开工。同年10月9日,朱镕基总理主持召开国务院第140次总理办公会议,批准了丹江口水库大坝加高工程的立项申请,要求抓紧编制丹江口水库库区移民安置规划。同年10月10日,江泽民总书记主持召开中共中央政治局常委会会议,听取了国家计委主任曾培炎和水利部部长汪恕诚受国务院委托做的南水北调工程总体规划汇报,审议并通过经国务院同意的《南水北调工程总体规划》。同年10月24—25日,水利部、国家计委分别向全国人大常委会财经委、环资委、农委以及政协全国委员会汇报了南水北调工程总体规划。全国人大、政协汇报会后,根据代表提出的一些具体意见,水利部对规划做了适当修改,于10月底再次报送国务院。同年12月23日,国务院正式批复南水北调工程总体规划。

考虑到政府换届工作,2002年12月27日,南水北调工程开工典礼在人民大会堂和江苏省、山东省施工现场三地同时举行,开工典礼由国家计委主任曾培炎主持,国务院总理朱镕基在人民大会堂主会场宣布南水北调工程正式开工,国务院副总理温家宝发表讲话,代表党中央、国务院对工程开工表示热烈的祝贺。朱镕基总理宣布开工,标志着南水北调工程由论证阶段正式转为实施阶段。

1.1.3　工程建设情况

南水北调工程与长江三峡工程相比,技术相对简单,但其建设项目多,施工战线长、范围广,投资规模大,涉及多部门协调管理,情况相对复杂。如果说当初三峡工程的成败集中在能否顺利安置百万移民;那么可以说,南水北调的成败关键在于高效的建设管理模式和运营模式。

1.1.3.1　权威管理机构的组建

2002年12月27日,朱镕基总理宣布南水北调工程开工之时,所指的是南水北调工程(东线、中线、西线)整体的开工,而不仅指南水北调东线和中线一期工程开工。也就是说,南水北调工程建设此后的所有项目都不再报批核准及举行开工仪式。同时也表明,国务院主持的开工意味着历经50多年的南水北调方案规划论证阶段已告结束,经国务院批复的南水北调工程总体规划,标志着南水北调工程正式进入技术设计和建设实施阶段。

东线、中线一期工程开工以后,建设面临的一个重要问题,就是如何管理南水北调这一规模巨大的系统工程。在《南水北调工程总体规划》中曾明确,筹建机构“参照三峡工程的建设管理模式,由国务院成立南水北调工程建设委员会,下设南水北调工程建设管理办公室”。之所以参照三峡工程模式成立最高规格的管理机构,一方面是拔高“身份”,提升管理权威,便于协调管理;另一方面,也便于顺利筹措工程建设资金。为此,时任国家发改委主任马凯、副主任刘江以及时任水利部部长汪恕诚三位领导联名向国务院领导书面建议,请求尽快成立国务院南水北调工程建设委员会办公室筹备组。随后,时任国务院副总理温家宝批示同意成立南水北调工程建设委员会办公室筹备组,提名张基尧为筹备组组长。

建设任务及目标确立之后,组织设计、职能职责划分和重要岗位干部配备是实现目标的关键。2003 年 2 月 28 日,按照国务院领导要求,国务院南水北调工程建设委员会办公室筹备组正式成立并开始工作。初始,由 7 人组成的筹备组设在水利部,同年 4 月,南水北调工程基金工作小组成立;7 月 31 日,党中央、国务院决定成立国务院南水北调工程建设委员会,委员会成员由国务院有关领导、中央有关部委和南水北调工程有关省市主要负责同志组成,国务院总理温家宝任建设委员会主任,副总理曾培炎、回良玉兼副主任。南水北调工程建设委员会办公室机关行政编制为 70 人,同时明确南水北调工程建设委员会办公室承担南水北调工程建设期间的工程建设行政管理职能,办公室设综合司、投资计划司、经济与财务司、建设管理司、环境与移民司和监督司 6 个职能机构。至此,南水北调工程管理机构正式运转。建设管理的决策层明确之后,建设任务千头万绪,重中之重,是根据技术设计进一步优化调水水量配置和规范管理过程的顶层设计。

1.1.3.2 **调水水量的优化配置**

鉴于北方地区,尤其是南水北调受水区的北京、天津、山东、河北、河南等地,是以大量超采地下水、挤占河道及生态用水维系经济社会发展和人民生活的现实。因此,必须确定南水北调工程建设的优先目标,加快建设进程和优化配置调水水量。南水北调,不仅仅是水资源再配置工程,它的根本目标应着眼于修复和改善北方地区的生态环境。考虑到长期干旱缺水和不当的人口分布及活动,黄、淮、海流域的缺水量 80%分布在黄淮海平原和胶东地区;因此,优先实施东线和中线一期工程势必成为当务之急;也就是说,总体规划考虑的水量和供水目标需要据此再优化。

在黄淮海平原和胶东地区的缺水量中,约有 60%集中在城市,城市人口和工业产值集中,缺水所造成的经济社会影响巨大。对此,国务院确定南水北调工程先期的供水目标为:解决城市缺水为主,兼顾生态和农业用水。南水北调东线和中线工程涉及 7 省(市)44 个地级以上城市,受水区为京、津、冀、鲁、豫、苏的 39 个地级及其以上城市、245 个县级市(区、县)和 17 个工业园区。优化水资源配置,必须落实抑制不合理用水需求、有效供水和保护水质的三大基本任务。而调水水量的高效利用和水源的有效保护就成为南水北调工程总体规划的重要基础和前提。时任国务院总理朱镕基曾指示南水北调工程应"先节水后调水、先治污后通水、先环保后用水",并明确要求南水北调工程的规划与实施必须建立在调水水量合理分配的基础上。

由于我国的供水体系存在城市与农村两大系统,南水北调工程前期的主要供水目标是满足城市发展用水需求。这是因为,城市人口与工业企业相对集中,用水需求增长较快,水污染严重,水价有较大的调整空间。黄淮海平原缺水地区,许多城市大量挤占了农业用水,影响了农业发展。调水后可通过水量置换的办法还水于农业,还水于生态,缓解农业发展用水及生态环境用水矛盾。也就是说,科学、准确地预测未来城市需水量,可以为合理确定东线和中线调水总规模提供基本依据。要在调查分析 2000 年前后各规划城市水资源利用现状基础上,编制城市节水规划、水污染防治规划、地下水控采规划、制水与配水系统规划,以及分年度提高水价计划等,拟定相应的政策法规,改革水资源管理体制,确定不同规划水平年(2010 年、2030 年)需要南水北调东线、中线工程的供水量。因此,再优化南水北调城市水资源规划,不仅非常必要,而且意义重大。

为了完善南水北调方案总体规划,遵照国务院领导的指示精神,汲取前期调水工程规划单一功能的经验教训，经过反复比较论证，除对前期的规划按水资源重新配置与再优化以外，还需要按照市场经济的规则管理南水北调建设全过程，实行工程分期建设，以市场机制运作，确保调水方案科学可行。

1.1.3.3　工程管理的顶层设计

工程立项决策之后，管理的重心是制度设计，制度设计主要有以下方面。

1）动态调整

由于降水的年际变化，调水水量的合理配置应是一个长期、动态的过程。南水北调也应该根据降水情况和受水区需求，通过供需利益平衡优化配置调水水量。换句话说，水资源配置应考虑受调两区人口和经济增长及裕度。那么，调水工程建设就不可能一劳永逸，需要根据需水增长、科技水平、经济实力等多方面情况的变化以“先通后畅”的原则，科学规划、分期实施；依据受水地区节水情况以及可持续发展对水资源数量和质量在时间与空间上的需要，合理确定需水规模及过程，据此安排工程建设规模，最大限度地发挥南水北调工程的综合效益。事实上，水量需求及增长是一个渐变过程，节水、治污也需要一个发展过程；受水地区的用水达到规划设计的调水规模也存在一个动态消纳过程，评价调水对生态和环境不利影响所采取措施的效果同样需要一个观测过程。而供水增长是一个突变过程，需水与供水的增长过程不可能在任意时间都达到平衡，应当动态调整。

2）市场化运作

我国实行社会主义市场经济体制，通过市场，可以合理地配置水资源。但是，农业与生态用水很难完全按照市场机制运作，需要政府干预。即便受世界贸易组织规则制约，政府补贴农业生产用水也在所难免。因此，从短期来看，“缺水”实际上是一个经济的概念，即边际产品价值大于边际供水成本；换句话说，由于供水价格偏低，资本市场缺乏向供水工程投入资金的驱动力。从长远来看，由于人口的增长和经济的发展，对水资源需求量加大，可能会影响国家经济社会发展的总目标。此外，低价位的城市供水还会导致用水浪费，使水资源利用效率降低。但是，较大幅度地提高水价又会直接导致社会产品成本的提高和利润的下降，影响用水企业的国际竞争力和人民群众的基本生活。解决问题的关键，是尽快建立符合市场经济要求的新的管理体制和市场水价机制。南水北调工程规划将按照“政府宏观调控，市场机制运作，企业化管理，用水户参与”的思路，构建适应社会主义市场经济和现代企业制度要求的建设管理体制和水资源及价格的运行机制，逐步形成以市场为导向，兼顾社会承受能力的水量配置。

3）专家团队把关

南水北调工程，是全局性的水资源配置工程。总体规划应科学可行，就是以科学的态度编制工程规划方案，体现在南水北调工程调水、输水和供水方案上应科学、合理、可行，并使各相关方达成高度的认同。因此，南水北调的管理需要保持较高的透明度，才能基本保证规划方案的科学性和可行性。具体工作中，技术管理的重点采取“金字塔式”审查程序；如《南水北调工程总体规划》有12个附件，每个附件又有若干专题；先组织有关专家对最基础的专题进行评审，当全部专题都通过评审后，才能对相应的附件进行审查。当全部附件都通过审查之后，最后对《南水北调工程总体规划》报告进行审查。邀请各方面的院士及专家团队参与把关技术专题、附件和总体规划的评审和审查，是保证规划方案科学性和可行性的重要举措。

4）落实总体目标

按工程建设总目标及安排，南水北调工程管理的工作重心是高效建设调水工程，而优化水资源配置围绕以下四个方面展开。

(1)落实朱镕基总理“三先三后”的指示,重点研究节水、治污和生态环境保护问题。为此,管理单位组织编写了三个重要文件,即《南水北调节水规划要点》(全国节水办公室编写)、《南水北调东线工程治污规划》(国家计委地区发展司、水利部南水北调规划设计管理局、中国环境科学研究院、建设部城市给水排水研究中心编写)和《南水北调工程生态环境保护规划》(中国环境科学研究院编写)。

(2)“完善调水水量的优化配置”,主要是在分析研究北方地区特别是海河平原地区缺水现状、用水水平和水资源利用情况基础上,形成三个约束性文件,即《南水北调城市水资源规划》(国家计委、水利部和东线、中线工程沿线七省市人民政府编写)、《海河流域水资源规划》(水利部海河水利委员会编写)、《北方地区水资源合理配置》(水利部南水北调规划设计管理局、中国水利水电科学研究院编写)。

(3)确立“四横三纵”,优化南水北调东线工程、中线工程和西线工程规划以及南水北调工程总体布局,并对历史上各种南水北调工程规划方案进行综述,形成了5个附件,即《南水北调东线工程规划(2001年修订)》(水利部淮河水利委员会、海河水利委员会编写)、《南水北调中线工程规划(2001年修订)》(水利部长江水利委员会编写)、《南水北调工程总体布局》(水利部南水北调规划设计管理局编写)和《南水北调工程方案综述》(水利部南水北调规划设计管理局编写)。

(4)“研究、创新体制机制”,重点研究南水北调工程投资机制、水价机制和建设管理体制,形成了两个规范性文件,即《南水北调工程水价分析研究》和《南水北调工程建设与管理体制研究》(水利部发展研究中心编写)。

在完善南水北调整个规划过程中,也有各种方案、意见和建议的融合以及利益的博弈。也就是说,南水北调工程建设委员会办公室要解决的不仅是工程技术的问题,还要协调、解决大量来自各方面的分歧、意见。这就要求管理机构在日常工作中,要充分考虑各个方面的利益。

1.1.3.4 工程建设及初步运行情况

南水北调东线、中线一期工程2002年12月正式开工,各项工作有序推进,工程建设总体实现了预期目标。截至2014年2月底,与通水相关的147项设计单元工程已全部开工,约80项基本完工;工程建设项目(含丹江口库区移民安置工程)累计完成投资1 800亿元,占在建设计单元工程总投资2 188.7亿元的82%,工程建设项目累计完成土石方12.50亿m^3,占在建设计单元工程总土石方量约95%;累计完成混凝土浇筑超过3 110万m^3,占在建设计单元工程混凝土总量的80%。建设期间,南水北调工程部分完工项目已提前在区域调水、防汛抗旱工作中发挥效益。如:中线京石段工程已成功实施三次向北京市应急调水,累计供水约12亿m^3,极大缓解了北京市高峰期的供水压力;而东线江苏境内三阳河、潼河、宝应站工程在抗御2006年、2007年洪涝灾害中发挥防洪排涝作用。特别是在2011年淮北大旱情况下,南水北调江都三站、四站,淮阴三站,淮安四站,以及宝应站和皂河一站工程先后投入抗旱运行,累计调水63亿m^3,为地方经济社会发展和人民生产、生活用水提供了保障。东线山东境内济平干渠工程也多次为济南市生态补水发挥积极作用。

2014年,是南水北调东线、中线一期工程投入运行的关键年。2014年4月底,东线、中线一期工程(包括中线总干渠、丹江口大坝加高、穿黄等)基本完工,具备通水条件,实现了南水北调建设目标。按照国务院南水北调办公室公布的数据:南水北调工程已累计下达东线、中线一期工程投资2 448.6亿元,累计完成投资2 467.6亿元。以 2002 年国务院批复的《南水北调工程总体规划》,南水北调东线、中线一期主体工程估算总投资1 240亿元,其中东线一期 320 亿元、中线一期 920 亿元。之所以动态投资翻番,一方面是建设期间物价、人工费、拆迁费和移民安置费上涨。尤其是中线水源区移民,早期为南水北调工程做了很大牺牲,再建工程对其有较大补偿,增大了投资。

南水北调东线、中线一期工程已经运行。根据央视新闻报道,截至 2017 年底,东线、中线一期工程累计向北方地区调水约 135 亿 m^3。按照《南水北调工程总体规划》,东线、中线一期工程的调水规模还远远没有达到设计的产能规模。

1.2　南水北调重大调水方案

南水北调有广义和狭义之分。所谓广义概念的南水北调,是指通过工程措施改变水资源的时间和空间分配,将我国南方的水资源输送到缺水的北方的一项活动。而狭义或特定的南水北调,是指我国水利部门多年规划设计的南水北调工程,包括“三纵四横”的东线、中线、西线调水方案。

实施南水北调工程,是缓解我国北方地区水资源短缺的一项重大战略性举措。无论站在发展经济或改善干旱缺水地区生态环境的角度,适度、合理地开发利用水资源都是必要且可行的。也就是说,中华人民共和国成立初期党和国家领导人提出的“南水北调”宏观思路和设想,符合科学精神,也非常正确。但是,从中央领导人提出到部委设计院规划和多阶段勘测、设计,历经了 50 多年。漫长的过程中,受多方面的影响,这期间也有一些专业机构提出了多个超大规模调水方案,如从长江调水5 000亿 m^3 方案、从长江上游调水 800 亿 m^3 方案等,这些方案未通过审查。

南水北调工程,投入巨大,因此备受业界、学界普遍关注。不可否认,如若不计投入成本和环境代价,许多类似甚至更大规模的土木工程在技术上都可能实现。正因为此,早期和初期的调水规划中,尽管不同阶段吸纳了许多院士、专家以及一些专业研究机构和大学学者的优化建议或意见,但一些实施方案还是在社会上引发大量的议论及报道。数十年来,有很多专业人士、专家、学者和水利部门领导曾提出很多调水方案或建议,其中有些优化方案凝聚了这些院士、专家、学者的智慧、心血和研究成果,具有十分重要的参考和比较价值。如大宁河替代方案、小江调水方案、藏水北调方案、空中降水方案,以及改善生态的“引渤入疆”、海水淡化和“滇中引水”方案等。

考虑到水利部门规划的南水北调有多个阶段方案,需要说明的是,早期方案是指改革开放前的规划研究成果;初期方案是指 1996 年各设计单位提交的调水规划报告;拟实施方案是指《南水北调工程总体规划报告(2001 年修订)》;而最终实施方案,是指在国务院批准的《南水北调工程总体规划》基础上的技术实施方案。

1.2.1　南水北调东线方案

南水北调东线工程主要以解决江苏北部和山东部分地区的水资源短缺。早期的南水北调规划方案,东线工程并不迫切和明确。20 世纪 80 年代后,随着人口总量快速增加,东线方案的受水区水资源粗放利用已经导致部分地区严重缺水、地下水超采、水污染加剧和水环境恶化。20 世纪 90 年代之后,山东省逐渐增加了从黄河干流引水的规模(年引水规模约

90 亿 m^3)；1990—1997 年，黄河断流的时间和长度逐年增加。为了解决东部缺水问题，水利部淮河水利委员会等机构类比中线工程和西线工程规划研究，提出东线调水方案。鉴于华北地区缺水情势加重，若中线方案不过黄河，那东线和西线工程规划中均可以加大调水规模，实现向华北供水的目的。因此，东线调水初期方案增加了向华北调水的内容。

1.2.1.1 东线调水初期方案

东线调水方案是《南水北调工程总体规划报告(2001 年修订)》的组成部分。从 20 世纪 70 年代末的规划设计到 2002 年底的实施方案，东线方案也有许多版本。考虑到资料来源的系统性，本著根据魏昌林主编的《中国南水北调》(2000 年出版)叙述的方案列为初期方案。

1)东线初期方案工程规划

东线初期方案从长江下游江苏扬州附近的江都采用泵站抽取长江水，利用原京杭大运河以及与其平行的河道输水，在原本由北向南流的运河上，逐级建设闸坝泵站提水北送。从长江三江营到东平湖，主干线长 660km，全长1 380km，最高处东平湖蓄水位与长江水位差约 40m，抽水泵站总扬程约 65m，共设 13 个提水梯级。在已有的河道中，大部分满足东线初期方案输水的短期要求，扩挖后能满足加大引水规模的要求。

鉴于此前南四湖以南已经全部渠化，达到Ⅱ—Ⅲ级航道标准；江苏省江水北调工程，从扬州到下级湖已经建成 9 个梯级、22 座泵站，总装机容量 17.6 万 kW。根据已有河道可利用情况，南四湖以南可以采用双线或三线并联的河道输水；南四湖以北，采用单线河道输水。

2)初期方案调水规模

初期调水方案确定抽水总规模约 110 亿 m^3，净增加规模约 85 亿 m^3。工程分两期实施。

(1)第一期工程。在原江水北调工程(江都泵站已形成抽水流量 $400m^3/s$)基础上，扩大抽水规模至 $500m^3/s$。在扩大原有潜能情况下，年均增加抽江水量约 37 亿 m^3。其中，进入东平湖流量为 $100m^3/s$，向胶东地区供水量约 $50m^3/s$；全年向苏北、山东西南和胶东地区补充水源 60 亿 m^3(进入上级湖27 亿 m^3，出东平湖 18 亿 m^3)。

(2)第二期工程。在第一期工程基础上，扩大抽水流量至 $700m^3/s$，继续扩建抽水泵站和扩挖河道，对淮安一站等四座泵站更新改造，提高南四湖上、下级湖的蓄水位，实现初期规划拟定的抽水总规模110 亿 m^3，净增加供水能力 85 亿 m^3，基本满足 2020 年黄河以南和胶东地区的用水需求。

3)苏皖调水规模

在江苏，受东线工程供水范围的局限，为解决苏北南通、连云港一线滨海地区用水和航运问题，该省兴建泰州引江河和通榆河工程，规划先期从长江引水流量 $300m^3/s$，远期引水流量为 $600m^3/s$(这条线还规划继续向北延伸，为山东青岛等胶东地区供水)。

在安徽，为解决淮河流域水资源短缺问题，规划建设引江济淮工程，即在长江北岸裕溪口、凤凰颈两处从长江引水抽水，通过裕溪河、西河和兆河调江水入巢湖，再抽水溯派河北送，在大柏店越江淮分水岭，而后入东淝河，经瓦埠湖入淮河。计划先期调江水入巢湖流量 $200m^3/s$，入淮河流量 $100m^3/s$，凤凰颈抽长江水流量 $200m^3/s$，泵站已经建成，远期入巢湖流量 $300m^3/s$，入淮河流量 $250m^3/s$。

规划可送水到南四湖 2 亿~4 亿 m^3，以农业用水为主，抽水泵站装机总容量约18 万 kW。在江苏省江水北调工程基础上，逐步扩大抽江水规模并向北延伸。先期工程为，抽江流量 $500m^3/s$，增供水量37 亿 m^3，向胶东送水流量 $50m^3/s$；远期规划抽江流量 1 $000m^3/s$，抽水泵站总装机 100 万 kW，在山东位山穿过黄河，利用京杭大运河调水到河北、天津，最终到北京。

初期规划黄河以南输水干线总长1 380km(包括双线和三线),共设13个梯级,抽水泵站27处75座,供水范围以江苏、山东两省为主。

1.2.1.2　东线工程修订方案

南水北调东线工程修订方案,是在设计单位2000年规划报告基础上根据审查意见修订并经国务院批准的最终规划方案,也称其为拟实施方案;最终实施方案,还可能在招标设计或技术设计过程中出现细微修改。

东线调水工程,主要从江苏扬州附近长江干流抽水,输水北送;出东平湖后分为两路:一路在位山穿越黄河后,途经小运河等自流至德州大屯水库;另一路向东开辟山东半岛输水干线至威海米山水库。调水线路总长1 466.50km;其中,长江至东平湖1 045.36km、黄河以北173.49km、胶东输水干线239.78km、穿黄河段7.87km。一期工程主要由新建的21座泵站及江苏省现有的13座泵站,共有160台套装机。

1)引水规划

根据修订的总体规划,东线工程从长江抽水后,主要利用现有的京杭运河及其平行的河道输水;输水干线连接长江、淮河、黄河、海河4大流域下游区域。东线工程主要供水区域为黄淮海平原和山东半岛,主要目标为解决天津、河北、山东半岛和沿线城市生活和工业用水,并适当兼顾环境、农业和其他用水。

由于黄河以南地势北高南低,工程自长江干流引水后,若利用京杭大运河及与其平行的河道输水,总高差超过60m;因此,必须逐级提水;规划设13级泵站,抽水总扬程超过65m;输水沿途,再利用及连通洪泽湖、骆马湖、下级湖、上级湖、东平湖等湖泊,作为调节水库。

在山东省位山附近黄河河底,建设穿黄隧洞,引水穿越黄河。黄河以北地势南高北低,可顺大运河或新扩建河道自流到天津,利用千顷洼、大屯、大浪淀、北大港4座平原水库进行水量调蓄。从长江到天津北大港输水主干线长1 156km,其中黄河以南约646km,穿黄17km,黄河以北493km;分干线总长795km,其中黄河以南629km,黄河以北166km。此外,为解决山东半岛严重缺水的状况,需从东平湖开辟胶东输水分干线,向济南、青岛、烟台、威海等城市供水,输水线路总长701km。

2)规划修订背景

我国北方地区,尤其是黄淮海地区长期受到干旱缺水的困扰,水资源短缺与经济社会发展及生态环境保护之间的矛盾非常突出。京、津、冀、鲁地区和淮河流域干旱缺水,使南水北调东线工程的建设显得十分紧迫。

1972年,华北发生大旱,水利部就曾组织有关部门研究东线调水方案,于1976年提出《南水北调近期工程规划报告》报送国务院;1990年又提出当期的《南水北调东线工程修订规划报告》。期间,还完成了东线第一期工程可行性研究报告及其当时的修订报告;过程中,还重点开展了有关环境影响的专题研究、大型低扬程水泵的研制、穿黄工程勘探试验以及农业灌溉节水、水量优化调度方面的研究,取得一些重要成果,为科学比选东线调水方案创造了有利条件。东线初期规划时,供水范围主要是苏北和山东。为提升与中线方案竞争的重要性,设计单位增大了引水规模,延伸向华北供水。但当时东线水源水质较差,单独建设东线工程不能满足华北受水地区的用水需求。

根据党的十五届五中全会对南水北调工程做出的重大决策和国务院领导关于南水北调工作的指示,按照2000年12月国家计委、水利部在北京召开的南水北调前期工作座谈会的部署,淮河水利委员会会同海河水利委员会共同编制了《南水北调东线工程规划(2001年修订)》。2001 年修订方案是在以往前期工作成果基础上的进一步优化。与 20 世纪 70 年代、90 年代初的规划相比,社会、经济和环境等方面都发生了很大变化。因此,本次修订规划突出了水资源优化配置,按照“三先三后”的调水原则,重新论证了以下内容:

(1)东线工程的水资源开发利用和保护;

(2)修订前提下的供水范围、供水目标和工程规模;

(3)东线工程建设体制和运营机制,以及合理的水价体系;

(4)根据北方城市的需水要求,结合东线治污规划的实施,制定分期实施方案。

修订方案总体上没有大的变化,仅调水规模有一定调减。

3)东线工程的紧迫性

规划的东线工程,从江苏省扬州附近的长江干流抽水,基本沿京杭大运河逐级提水北送,向黄淮海平原东部和胶东地区供水。供水区内分布有淮河、海河、黄河流域的 25 座地市级及其以上城市,包括天津、济南、青岛、徐州等特大城市和沧州、衡水、聊城、德州、滨州、烟台、威海、淄博、潍坊、东营、枣庄、济宁、菏泽、泰安、扬州、淮安、宿迁、连云港、蚌埠、淮北、宿州等大中城市。根据 1998 的统计,区内人口约1.18亿人,城市化率 23.6%,耕地 880 万 hm^2,工农业总产值 1.75 万亿元,粮食产量为 15 576 万 t。

东线调水方案供水区地处黄、淮、海诸河下游,跨北亚热带和南暖温带,多年平均降水量从北向南为 500~1 000mm,由南向北逐步递减。受季风气候影响,降水量年内、年际不均,丰枯悬殊,连续丰水年与枯水年交替出现。东线供水区人口密集,城市集中,交通便利,地势较平坦,矿产资源丰富,是我国重要的能源化工生产基地和粮食等农产品主要产区。经济增长潜力巨大,但水资源供需矛盾突出;缺水制约了经济社会可持续发展并对生态环境产生严重影响。黄河以北部分地区处于海河流域下游,大部分河流已经干涸,可利用的地表水减少。由于长期超采深层地下水,引发了水质恶化、地面沉降等灾害。海河地表水已高度开发,地下水又严重超采,仅靠当地水资源无法解决缺水问题。胶东沿海经济发达地区,也是我国严重缺水的地区之一,连年干旱,经济损失严重。地下水持续超采,至烟台、龙口、莱州等地海水入侵。南四湖地区在干旱年份已经不能维持供需平衡,生活和工业供水也无法保持稳定。

20 世纪 90 年代黄河的持续断流和“引黄”泥沙淤积的严重环境后果,使引黄供水受到威胁,必须补充新水源。原江苏省江水北调工程经过 40 年的建设已初具规模,为苏北地区灌溉、排水和航运发挥了重要作用,取得显著经济和社会效益。但水量规模偏小,设备老化、配套工程落后和管理体制问题,限制了整体效益的发挥。干旱年份和用水高峰季节又不能满足要求,急需扩大引江和向北调水的规模。东线拟供水区面临着地表水过度开发、地下水严重超采、水体污染、环境恶化的严峻形势。在积极采取节水措施和相继建设“引滦入津”及引黄、引江等供水工程情况下,对局部地区水资源不足虽起到缓解作用,却难以从根本上扭转缺水的局面。因此,在进一步节约用水,合理利用现有水资源的基础上,建设东线工程已十分必要和紧迫。

4)修订方案总体布局

东线工程修订(2001 年修订)规划,围绕供水目标、水源条件、调水线路进行了论证和优化。

(1)供水范围及供水目标。供水范围是黄淮海平原东部和胶东地区,分为黄河以南、胶东地区和黄河以北三片。主要供水目标是解决调水线路沿线和胶东地区的城市及工业用水,改善淮北地区的农业供水条件,并在北方需要时,提供生态和农业用水。

(2)水源条件。长江是东线工程的主要水源,水质较好、水量丰沛,多年平均入海水量约9 600亿m^3,特枯年6 000多亿m^3,为东线工程提供了优越的水源条件。淮河和沂沭泗水系也是东线工程的水源之一。规划2010—2030年水平年,多年平均来水量分别为278.6亿m^3和254.5亿m^3。

(3)调水线路。东线工程利用江苏省江水北调工程,扩大规模,向北延伸。规划从江苏省扬州附近的长江干流引水,利用京杭大运河以及与其平行的河道输水,连通洪泽湖、骆马湖、南四湖、东平湖,并作为调蓄水库,经泵站逐级提水进入东平湖后,分水两路:一路向北穿黄河后自流到天津;另一路向东经新辟的胶东地区输水干线接引黄济青渠道,向胶东地区供水。从长江至东平湖设13个梯级抽水站,总扬程65m。

5)工程规模及引水量

2001年修订的总体规划,充分考虑了水资源优化配置和节水、治污,对各线拟调水量进行了调整,并重新确定了需水量、调水工程规模、一期工程水量分配、二期水量分配和三期的水量分配。

(1)需调水量测算。根据东线工程供水范围内江苏、山东、河北、天津等地城市水资源规划成果和《海河流域水资源规划》、淮河流域有关规划,在考虑各项节水措施后,测算2010年水平,供水范围需调水量为45.57亿m^3;其中,江苏25.01亿m^3、安徽3.57亿m^3、山东16.99亿m^3;2030年水平需调水量93.18亿m^3,其中江苏30.42亿m^3、安徽5.42亿m^3、山东37.34亿m^3、河北10.0亿m^3、天津10.0亿m^3。

(2)调水工程规模优化。根据供水目标和预测的当地来水、需调水量,考虑各省市意见和东线治污进展,规划东线工程先通后畅、逐步扩大规模,分三期实施。

第一期工程:主要向江苏和山东供水。抽江规模500m^3/s,多年平均抽江水量89亿m^3,其中新增抽江水量39亿m^3。过黄河50m^3/s,向胶东地区供水50m^3/s。

第二期工程:供水范围扩大至河北、天津。工程规模扩大到抽江600m^3/s,过黄河100m^3/s,到天津50m^3/s,向胶东地区供水50m^3/s。

第三期工程:增加北调水量,以满足供水区范围内2030年水平国民经济发展对水的需求。工程规模扩大到抽江800m^3/s,过黄河200m^3/s,到天津100m^3/s,向胶东地区供水90m^3/s。

6)分期建设规划

2001年修订方案,利用京杭运河及淮河、海河流域现有河道、湖泊和建筑物,并结合防洪、除涝和航运等综合利用的要求进行布局。在已有工程基础上,拓浚河湖、增建泵站,分期实施,逐步扩大调水规模。东线规划分三期实施。

(1)第一期工程。黄河以南,以京杭运河为输水主干线,并利用三阳河、淮河入江水道、徐洪河等分送。在已有工程基础上扩挖三阳河和潼河、金宝航道、淮安四站输水河、骆马湖以北中运河、梁济运河和柳长河6段河道;疏浚南四湖;安排徐洪河、骆马湖以南中运河影响处理工程;对江都站上的高水河、韩庄运河局部进行整治。抬高洪泽湖、南四湖下级湖蓄水位,治理东平湖并利用其蓄水,共增加调节库容13.4亿m^3。

(2)第二期工程。由于二期工程增加向河北、天津供水,要在第一期工程基础上扩大北调规模,并将输水工程向北延伸至天津北大港水库。黄河以南工程布置与第一期工程相同,再次扩挖三阳河和潼河、金宝航道、骆马湖以北中运河、梁济运河和柳长河5段河道;疏浚南四湖;抬高骆马湖蓄水位;新建宝应(大汕子)、金湖北、蒋坝、泰山洼二站、沙集三站、土山东站、刘山、解台三站、蔺家坝、二级坝、长沟、邓楼、八里湾二站等13座泵站，增加抽水能力1 540m^3/s，新增装机容量12.05万kW。

(3)第三期工程。黄河以南，长江—洪泽湖区间增加运西输水线；洪泽湖—骆马湖区间增加成子新河输水线，扩挖中运河；骆马湖—下级湖区间增加房亭河输水线；继续扩挖骆马湖以北中运河、韩庄运河、梁济运河、柳长河；进一步疏浚南四湖；新建滨江站、杨庄站、金湖东站、蒋坝三站、泗阳西站、刘老涧、皂河三站、台儿庄、万年闸、韩庄二站、单集站、大庙站、蔺家坝二站、二级坝、长沟、邓楼、八里湾三站等17座泵站，增加抽水能力2 907m^3/s，新增装机容量20.22万kW。

1.2.2 南水北调中线方案

早期的设想和早期规划中，南水北调工程先于长江三峡工程建设。20世纪50年代，长江水利委员会选址于汉江与丹江的交汇口作为南水北调中线工程的取水水源点。早期的丹江口水库于1958年4月决策兴建，是我国20世纪50年代后期开工建设的规模最大的水利枢纽工程。坝址位于湖北丹江口市，在汉江干流与其支流丹江交汇口下游800m处；具有防洪、灌溉、供水、发电、航运、水产养殖等多种功能；规划为南水北调中线方案的水源工程，1958年9月1日开工建设，1973年全部建成。

20世纪80年代前，由于当时人口总量、经济发展水平有限，华北缺水情势尚不严重。1962年初，丹江口水库水下工程建造过程及完工之时，国家财力紧张；加上施工质量等问题，中央决定暂停主体工程施工。1965年，水利部门对早期工程建设规模进行了包括单纯防洪、防洪结合发电等多方案研究、论证和审议，提出丹江口水库正常蓄水位170m为工程最终规模，拟定当时规模为水库设计蓄水位145m，坝顶高程152m；1966年，设计优化将坝顶高程抬升到162m，正常蓄水位155m；1975年，又将设计蓄水位提高到157m。

改革开放后，随着经济社会发展，城市人口激增，水资源供求压力巨大。20世纪80年代中期，党中央、国务院再次提出研究南水北调问题。1993年，三峡工程先于南水北调工程开工建设；2002年，三峡水库具备初期蓄水条件，开始发挥防洪、发电效益。三峡工程全部建成后，设计水位达175m，形成393亿m^{3}的巨大水库；与此同时，原先规划的南水北调中线工程，因水源可以外调水量存在争论，且需要再建(扩建)水源工程(丹江口大坝加高)；故许多水利科学界的专家、学者提出利用三峡水库及洪水资源部分代替丹江口水源向华北调水。也就是说，在汉江丹江口水库上游来水可能出现不足的情况下，2001年修订的《南水北调工程总体规划》和2002年底开工的南水北调中线一期工程供水保证率较低，水源工程选择虽有优化空间，但当时三峡工程尚未竣工，仍没有考虑充分发挥三峡工程水库的功能作用。

1.2.2.1 中线初期方案

南水北调中线调水方案是南水北调总体规划的“主轴”，其担负着华北尤其是首都北京的输水任务。早在1988年，党中央就明确南水北调必须以解决京、津、华北其他地区用水为主要目标；1995年，经研究论证，国务院确定南水北调工程是为了解决京、津、华北其他地区严重缺水状况，以解决沿线城市用水为主的原则。实现南水北调的目的和主要目标，要求工程技术可行、经济合理、沿线地方政府和社会公众意见达成一致。因此，总体规划方案应就各线调水量和工程规模进行再比较和优化。

站在国家层面和南北均衡可持续发展的高度，实施南水北调工程非常必要。南水北调中线工程，从长江中游向邻近的华北平原调水，自然条件十分优越。因此，在南水北调的总体布局中,中线调水方案尤显重要。这一方面是因为南水北调中线工程水源地水质优良,工程建设条件也十分优越,早期(或称初期)水源工程(丹江口水库)业已形成;另一方面,自20世纪90年代,南水北调中线调水规划可行性研究报告已经水利部初审同意,并报请了国家审批立项;当时的环境影响报告书也经原国家环保总局审批同意,从前期工作深度和基础程序上具备了国家研究决策的条件。为了推动南水北调工程尽早决策开工,当时的水利部门曾努力将其列入全国人大八届四次会议通过的《国民经济和社会发展"九五"计划和2010年远景目标纲要》,在21世纪初着手建设南水北调工程,以缓解华北地区严重缺水状况。

南水北调中线工程的初期方案,主要依据设计单位1996年的规划报告成果。从单纯技术和学术角度上分析,中线工程初期方案的技术深度可以满足工程建设进入技术设计的条件。中线修订方案,在初期方案基础上,合理调减了调水规模,并增加了节水、保护水环境和对水源区生态补偿等内容。

1.2.2.2 初期可调水量分析

1)汉江流域

汉江是长江中游左岸最大的支流,它发源于秦岭南麓,干流经陕西、湖北两省,于武汉市汇入长江,全长1 570km,全流域面积15.9万km^2,丹江口以上面积9.5万km^2。业界习惯把丹江口以上称上游,丹江口至钟祥称中游,钟祥以下称下游。汉江流域位置在北纬30°~34°、东经106°~114°;北以秦岭与黄河流域为界;东北以伏牛山及桐柏山与淮河流域为界;南以米仓山、大巴山及荆山与嘉陵江和沮漳河相邻;东南为江汉平原,水系纷繁,与长江干流无明显天然分界。

2)降水及径流特性

汉江流域处于东南副热带季风区,其降水主要来源于东南和西南两股暖湿气流;多年平均降水量879.2mm。由于区位和地形条件的差异,降水量呈现南多北少,上游略大于中下游的地区分布规律。流域西南部米仓山、大巴山降水量分别为1 800mm和1 500mm;流域西北角秦岭山地降水量为1 000mm;流域东南部、陨阳区以下河段以南及皇庄、唐河一线以东地区降水量为1 200mm。降水量800mm以下的低值带,从西至东散布于流域西北角褒河上游,北部边界在夹河、丹江上游,中部为白河、竹山一带及东部唐白河中下游地区。700mm的低值中心,在丹江口上游商丹盆地和东部南襄盆地的内乡、镇平、邓州之间。汉江流域连续最大4个月降水量占全年降水量的55%~65%,总的趋势由南向北、由西向东递减。汛期出现时间,白河上游为5—10月,白河下游为4—9月,汛期降水量约占全年降水量的75%~80%,易形成洪水,造成平原地区的洪涝灾害。

3)流域水资源

根据1956—1990年系列水文资料分析,全流域年均降水总量为1 426.6亿m^3,对于全国平均值而言,属于降水相对丰沛地区。由于降雨充足,汉江水资源量也较丰富。汉江水资源以地表水与地下水两种形式存在。全流域地表水资源量约为591亿m^3,地下水资源总量为190亿m^3,扣除两者相互转化的重复水量,全流域水资源总量约600亿m^3。南水北调工程规划前,汉江流域内工农业、生活和其他用水消耗的水量较少,平均每年约36.8亿m^3。天然径流量减去损耗的水量为出境水量,即汉江汇入长江的水量,年均约为550亿m^3。

汉江丹江口水库以上天然径流量,以水库下游黄家港水文站实测还原分析:1956—1990年多年平均径流量约408.5亿m^3,约占汉江流域的70%,最大为795.1亿m^3(1964年),最小为179.2亿m^3(1966年)。

1.2.2.3 初期建设安排

由于调水规模随缺水区经济增长和社会发展的需要动态可调。因此，调水工程建设拟分期实施。

1）初期调水规模

南水北调中线初期方案提出：一期先从汉江调水，年均调水总量约145亿m^3；后期在一期调水基础上引三峡水库的水，调水规模可以达到200亿~230亿m^3，水量视受水区需求由小到大分步实现。

根据这一原则，初期调水仍需要加高丹江口水库大坝至176.6m高程，确保年均调水规模145亿m^3。该方案特点有以下三点。

（1）调水145亿m^3，能在较大程度上和较长时期内缓解华北地区缺水状况。除主要供城市生活与工业用水外，还有部分水量供农业用水，有利于协调地区之间、城乡之间用水安排，也有利于调水工程的运行管理。

（2）丹江口水库按规划的最终规模加高大坝后，依靠丹江口水库调蓄和防洪能力，可从根本上提升汉江中下游的防洪容量，减少分蓄洪损失；即使遭遇百年或者两百年一遇大洪水，可保障遥堤、江汉平原和武汉市的防洪安全。

（3）规划报告强调，初期方案经济效益和各项经济指标好，社会效益、环境效益显著。

2）输水线路规划

引汉输水总干渠从规划到可行性研究阶段，曾研究过多种线路比较方案。根据国务院提出的“南水北调应以解决京、津、华北用水为主要目标，以解决城市用水为主”的要求，输水总干渠的供水目标及供水范围已明确，在线路规划时结合地形等实际情况遵循以下原则。

（1）重点保证北京、天津及京广铁路沿线郑州、石家庄等重要城市的用水，输水线路应尽可能布置在京广铁路以西各大中城市的上方，以扩大自流供水范围。

（2）根据地形、地质条件，尽量避免穿越大中城市及集中的居民点。

（3）在线路选择和工程措施的安排上，尽可能避开污染源，以保水质安全。

（4）综合考虑渠道水位与地形关系，尽量减少输水总干渠工程量、挖压占地和投资。

1.2.2.4 初期水库移民

丹江口水库大坝加高，属于扩建南水北调中线的水源工程。换句话说，为了蓄纳足够的水源和改善汉江中下游防洪条件，大坝需要加高，增加蓄水量；但抬高水位，将增加淹没面积和移民。20世纪50年代实施丹江口水库建设早期（又称初期），已经按最高设计水位规划移民安置；由于历史的原因，尽管当时在中央和各级主管部门的支持下，按水库移民安置的方针、政策、办法、措施进行了较长时期的实践探索，但遗留了许多问题；其后的40多年中，相当一部分移民返回原地，增加了后期移民难度。

1）早期移民安排

丹江口水库属于丘陵、盆地型水库，早期规划设计正常蓄水位170m，水库淹没处理面积1 069km^2，其中有效库容面积1 050km^2。依当时调查统计，淹没耕地约3.3万hm^2，迁移人口约46万人。后因大坝枢纽调整为分期建设：一期工程坝高162m，正常蓄水位157m，水库淹没后处理也随之改为分期实施。

（1）早期移民迁移安置情况。丹江口水库早期工程，正常蓄水位157m，淹没处理面积813km^2，其中有效库容面积745km^2，淹没耕地2.9万hm^2，移民38.2万人。移民迁移安置始于1958年，在湖北、河南两省17个县市安置，分六批迁出库区。这六批移民中，第一、二、

三、四批约 30 万人,按移民总体规划到选定地点有序安置;第五、六批约 8 万人,没有按移民总体规划实施安置,以自愿方式沿库边就近后靠,且多数在 170m 高程以下,致使 170m 高程以下居住人口猛增,局部地段达到每平方千米 1 000 人,给生态环境造成极大压力。

(2)初期方案的移民任务。有限于历史条件和设计思路,早期的丹江口水利枢纽工程设计,不论以一次建成,还是分期建设,水库淹没处理与移民安置工作,一直存在一些值得探讨的问题,如选址的科学性、移民规模和水库运行管理等。水利水电工程,移民安置是制约因素和关键工程。丹江口水库水位由 157m 提高到 170m,新增淹没面积 305km^2;涉及行政区域有湖北、河南两省 5 县市、50 个乡、177 个行政村、7 个小集镇,动态移民人数可能超过 30 万人。

2)“开发性移民”政策

初期方案提出,要发展经济,就必须开发利用水资源。而水利水电工程建设,水库移民难以避免,迁移安置也将迎难前行。丹江口水库早期工程实践证明,移民安置,实质是劳动力就业定性、定位,并取得经济效益的安排。移民劳动力就业的行业性质、劳动的岗位,取决于经济发展的需要与劳动力本身的素质。需要是前提,素质是基础。在查明丹江口水库二期淹没范围内,需要迁移安置人口数量的同时,对移民青壮年劳动力素质进行了广泛的调查,其中多数是小学、初中文化程度,部分是文盲或半文盲。普遍具备简单的农业耕作种植技能,并有强烈的提高、发展愿望,希望跟上国家和区域经济发展步伐。

出于经济发展的需要和移民自身利益的需求,初期规划拟实施“开发性移民”政策;也就是说,丹江口水库大坝加高等扩建工程,再沿用传统的移民安置模式行不通;必须结合移民的生存权和发展权,为移民提供可持续发展的基础条件。尤其是移民安置过程、安置所需的资源、形成可持续发展的条件,需要建设方高度重视和移民的广泛参与。

1.2.2.5　中线修订方案背景

20 世纪 90 年代,北方部分地区缺水情势严重;尤其是华北地区,水资源分布与生产力布局极不适应,成为我国水资源供需矛盾最为突出的地区之一。随着人口的增加、经济的发展,仅依靠本地区水资源难以改变因过度利用、挤占农业及生态用水和超采地下水带来的严重生态环境问题。缺水,不仅制约了当前经济社会正常发展,还将影响到地区可持续发展战略。因此,实施跨流域调水,向京、津、华北地区补充优质水资源,已成为一项十分紧迫的任务,受到了党和国家的高度重视和社会各界的广泛关注。

在九届全国人大四次会议批准的《国民经济和社会发展第十个五年计划纲要》中,要求水利部门“加紧南水北调工程前期工作,‘十五’期间尽早开工建设”。为此,按照水利部统一部署,长江水利委员会等设计单位迅即开展了南水北调中线方案规划修订工作。受传统设计思路影响,业界专家学者对方案的综合考量,中线修订方案没有进行大的变更,仅优化了调水水量。

总体规划的修订目标,主要是落实国务院有关“三先三后”的指示精神。在此前提下,设计单位针对中线方案中的一些重大技术问题(如穿黄工程采用隧道或渡槽方式等)开展了专题研究,补充编制了以下 6 个专题报告:

(1)《汉江丹江口水库可调水量研究》报告;

(2)《供水调度与调蓄研究》报告;

(3)《总干渠工程建设方案研究》报告;

(4)《生态与环境影响研究》报告;

(5)《综合经济分析》报告；

(6)《水源工程建设方案比选》报告。

2001年7—8月，水利部南水北调规划设计管理局组织国内有关专家对这6个专题报告进行了全面、系统评审。评审意见认为，各专题报告资料翔实，研究的技术路线正确，方法科学合理，工作深度达到了规划阶段的要求。同时，也提出了修改和补充的意见。在这个基础上，水利部长江水利委员会编制了《南水北调中线工程规划(2001年修订)(送审稿)》。2001年9月，水利部主持对规划报告送审稿进行了审查；审查意见认为，规划修订报告达到了当前技术阶段的深度要求，多数专家同意规划修订报告的主要结论并赞成推荐的方案。

1.2.2.6 **修订规划目标、原则**

1)规划目标

中线调水方案，可以有效解决华北地区城市缺水问题，缓解城市挤占生态与农业用水的矛盾，基本控制大量超采地下水、过度利用地表水的严峻形势，遏制生态环境继续恶化的趋势。

2)修订依据

修订规划的基本依据，是2000年国家计划委员会、水利部组织进行并经两部委会同建设部、国家环境保护总局、中国国际工程咨询公司审定的《南水北调城市水资源规划》。该规划在充分考虑节水治污的前提下，预测中线方案受水区主要城市2010水平年缺水量为78亿m^3，2030水平年缺水量为128亿m^3。

3)规划原则

修订规划的原则是，坚持可持续发展战略，正确处理经济发展同人口、资源、环境的关系，改善生态环境和美化生活环境，实现区域水资源优化配置。

4)规划任务

按上述修订规划的原则和依据，合理确定调水规模和工程方案，进一步研究中线工程建设与运行管理体制，合理测算供水价格。

5)规划水平年

修订规划的近期供水目标为2010年，后期为2030年，远景为2050年。

1.2.2.7 **修订规划主要内容**

修订规划按照"先节水后调水"原则和"将城市不合理挤占的农业与生态用水返还于农业与生态的指导思想要求；农业新增用水靠降低灌溉定额、提高水利用系数加以解决"，并在充分考虑节水与治污的前提下进行水资源综合平衡。调水量和工程规模依据受水区不同水平年的缺水量确定，进一步研究工程一次建成与分期建设的经济合理性及技术可行性。在计算可调水量时，以尽量增加枯水年可调水量为目标；为保证供水均匀、可靠，适当增加在线水库，提高调水的均匀性，基本做到"均匀供水"。输水工程以明渠自流方式为主，按"宜渠则渠、宜管则管、宜涵则涵"的原则，采取局部渠段管涵输水的方式，优化输水工程的总体布置。水价按"还贷、保本、微利"原则确定，充分考虑用水户对水价的承受能力。

1)受水区需调水量规划

南水北调中线修订方案，规划受水区包括唐白河平原及黄淮海平原的中西部，南北长超过1 000km，总面积约15.1万km^2。在这一区域内，因经济社会发展，水资源的需求量仍将继续增加。通过进一步加强节约用水、提高水价、增加投入、综合管理等措施，到2010年和2030水平年，缺水量分别为128亿m^3和163亿m^3。其中，2010年与2030年的城市缺水量分别为78亿m^3和128亿m^3。中线工程近期、后期调水量，按城市缺水量确定。

2）引汉与引江水源工程方案比较

在修订规划方案研究中，根据要求增加了水源工程多个方案比较。其中之一是从长江三峡库区大宁河、香溪河、龙潭溪抽水，经丹江口水库北调的各种选择。报告指出，新增水源部分的投资为丹江口水库大坝加高投资的2～5倍；引水过程要提水，成本水价较丹江口水库大坝加高的水价高9倍左右。考虑到丹江口水库大坝加高后，调水量近期可达到97亿m^3，完全可以满足2010年城市净缺水78亿m^3的规划需求；与从长江干流调水的方案相比，投资小、施工简单、工期短、运行费低，故推荐中线一期工程仍从汉江引水。后期，丹江口水库可调水量能够达到130亿～140亿m^3。需要的情况下，将根据受水区调水量要求，再研究后期或远景从长江干流增加调水量的方案。

3）大坝加高与不加高的方案比较

丹江口水库加高大坝调水，最小调节库容达到98亿m^3；对近期调水量可以进行完全调节，基本做到"按需供水"；而不加高大坝的调水方案，可调出的水量小，到达用户的年净供水量约65亿m^3，与净需调水量78亿m^3的差距较大，而且95%保证率的净供水量不足30亿m^3，调水过程极不平稳，难以满足城市供水要求。加高大坝后，水库的蓄洪能力大大提高，可以使汉江中下游遇1935年洪水时不分洪，为分蓄滞洪区5万多公顷耕地、70多万人口提供了长治久安的发展条件。

丹江口水库大坝加高，增加了发电水头，使因调水而损失的电量能够得到一定的补偿。如不加高大坝调水，将每年减少电量约10亿kW·h，加高大坝调水减少的发电量约5亿kW·h，也就是说，加高能够兼顾水源区的发电收益。大坝加高后，将居住在157m高程附近的居民外迁安置，其中157～161m高程的移民数约占157～170m高程总移民数的45%，这样一方面可显著减轻人类活动对水库水质的影响，使水库水质满足城市供水标准更有保障；另一方面，可大大改善库区的环境容量。

4）输水工程方案比选

（1）总干渠线路比选。修订规划主要对黄河以北总干渠线路布置高线或高低分流方案进行了研究比选。研究结果表明，高低分流方案的投资与高线明渠方案的投资基本相同，但高低分流方案的后期还需要增加投资，且低线部分的水质没有保障，管理极为困难，水的调配基本无法控制；而高线可以较好地兼顾近期、后期城市供水的需要，并能相继向低线河道供水，形成多条"生态河"。因此，从长远考虑，推荐高线方案。

（2）输水建筑物结构形式比较。结构形式重点进行了明渠、管（涵）、管（涵）渠结合布置方案的比较。结果表明：管（涵）输水虽具有占地少、输水损失小、便于管理的优点，但由于投资高、需要多级加压导致运行费用大、检修困难；也就是说，全线采用或大量采用管（涵）方式的难度较大。在北京、天津市区和穿过大清河分蓄洪区总长135km的地段，采用管（涵），避免了明渠与当地其他基础设施的矛盾，还可增加明渠段的水头，有利于输水工程的总体优化。因此，推荐总干渠局部管道的结构形式。

（3）总干渠一次建成与分期建设方案比较。修订规划方案审查时，有专家提出一次建成与分期建设的两种方案。输水工程一次建成和分期建设方案，技术上均可行，经济评价指标相近；但分期建设方案不仅投资较少，更重要的是在需水预测存在不确定性和缺乏长距离调水经验的情况下，投资风险相对较小，故推荐输水工程分期建设方案。

1.2.2.8 修订规划结论

实施中线调水工程，补充华北地区的水资源供应量是缓解该地区水资源供需矛盾的最佳选择。

中线调水工程修订规划的推荐方案,技术上不存在难以克服的问题。丹江口水库大坝在初期工程建设时已为加高大坝做了充分准备,加高工程均为陆上施工,技术难度不大;穿黄工程已对隧洞或渡槽方案做了充分研究,技术上均可行;输水渠道及其建筑物在国内外均有多个成功建设的先例;汉江中下游工程也属通用的水工建筑物。

中线调水工程是一项宏伟的生态环境工程,在环境保护方面尚未发现影响工程决策的制约性因素。

经济上,各项指标均达到和超过了国家规定的标准。测算的水价,用户均可承受。工程建成后,基本能够做到"还贷、保本、微利"。以国家出资兴建中线工程,经济上合理,财务上可行。

综上所述,中线工程的社会、经济、环境效益巨大。因此,规划提出尽早开工建设中线调水工程,具有深远、重大的战略意义。

1.2.3 南水北调西线方案

南水北调工程西线调水方案是《南水北调工程总体规划(2001 年修订)》的重要组成部分。如果认为西线水量充足,能够从长江源头或上游向黄河大量调水,那么,南水北调的总体布局将发生根本性改变,而中线和东线方案就可能不成立。问题是,西线取水于长江上游,长江、黄河均发源于青藏高原,且源头主要由融雪形成,水量十分有限。从上游大量调出水量,势必影响水源区生态环境。更为复杂的是,西部大开发之后,长江上游的金沙江、雅砻江和岷江等河流建有数以千计的大中型水电站,如果再实施西线调水,仅发电损失就非常巨大,远远超过调水带来的收益。

2002 年 12 月 27 日,南水北调东线、中线一期工程开工和《南水北调工程总体规划》在媒体公开后,西线调水方案就引发社会热议,一部分专家、学者对此展开讨论。

通常情况下,重大项目或事项的决策应当听取不同意见,慎重而科学地决策。十八大以来,党中央加快了资源配置的市场化改革,特别强调重大项目决策的民主化、科学化及程序。有时候,决策并非单纯对技术或经济的取舍;也需要果敢、勇气和担当。

1.2.3.1 西线代表性方案

从 20 世纪 50 年代开始,有关单位就对西线调水方案进行了大量的勘测、规划、研究和设计工作,开展了多次专题论证。根据《中国水利》刊载的《南水北调工程总体规划简介》,西线研究的主要代表性方案有以下几个。

(1)1952—1961 年规划提出金沙江玉树—积石山、金沙江石鼓—渭河和怒江沙布—定西 3 个调水方案。这些方案的特点是调水量大,多数方案几乎全部截引调水河流的径流,对生态环境的不利影响较大;输水拟采用明渠自流。因此,工程线路长,工程规模浩大,技术难度高。

(2)1978—1985 年,主要研究了自通天河、雅砻江、大渡河上游调水至黄河上游的调水方案,这个规划又派生出多条河流联合引水和单独引水等多种方案,代表性方案有:雅砻江热巴—贾曲联合调水、通天河联叶—贾曲联合调水、通天河歇马—约古宗列曲、雅砻江宜牛—热曲、大渡河年弄—沙柯河等多个调水方案。其方案主要特点是:引水线路海拔高,一般在3 800m以上,最高达4 220m,施工难度相对较大;调水量比早期研究阶段减少,3 条河调水量 200 亿 m^3,但对生态环境影响较小。

(3)1987—1996年,西线调水方案对100多个引水线路又进行了比选,提出了从通天河、雅砻江、大渡河调水的8个代表性方案,即通天河引水的歇马—扎陵湖、联叶—建设、同加—雅砻江—黄河和雅砻江引水的温波—黄河、长须—恰给弄自流引水方案,及通天河引水的治家—多曲、雅砻江引水的长须—达日河和大渡河引水的斜尔尕—贾曲抽水方案。各方案调蓄水库的坝高在152~348m,以隧洞输水为主,3条河流年总调水量195亿m^3。

(4)1996年后,多个设计单位对西线工程的布局、可调水量、供水范围和工程方案都进行了深入研究。提出的通天河、雅砻江和大渡河各个调水方案的调蓄水库坝高在63~292m,坝型均为钢筋混凝土面板堆石坝,输水工程由明渠为主改为以隧洞为主,隧洞长48~490km,引水线路海拔高程下降到3 500m。这些方案与先前相比,工程技术难度有所降低,施工及运行条件改善,可行性加大。代表性方案主要有:从大渡河调水的上—贾自流、达—贾联合自流、斜—贾抽水方案;从雅砻江调水的长—恰自流、仁—岗自流、仁—章自流、阿—贾自流、长—达抽水方案;从通天河调水的同—雅—岗自流、同—雅—章自流、侧—雅—贾自流、治—多抽水方案。

(5)2001年再次修订的西线工程规划推荐方案为:从大渡河调水的达—贾联合自流线路、雅砻江调水的阿—贾自流线路和从通天河调水的侧—雅—贾自流线路组合的总体布局,共调水170亿m^3。该方案具有自流、集中、下移的特点,施工难度较小,运行管理相对方便,并能较好地与后续水源衔接。规划推荐达—贾联合自流线路为第一期工程,调水量40亿m^3;雅砻江阿—贾自流方案为第二期工程,调水量50亿m^3;通天河侧—雅—贾自流线路为第三期工程,调水量80亿m^3。

1.2.3.2　西线方案的形成

南水北调西线工程,对缓解西北乃至黄河中上游地区干旱缺水十分重要。早期勘测规划阶段,以地形地质、水文气象等为主要工作内容;本着拓宽思路、先易后难、由近及远、先低后高、稳妥可靠、分步实施的原则,优选调水线路,研究合理的调水规模,深化高坝、长隧洞技术研究,确选可行、可靠的实施方案。1978年、1980年和1985年,设计单位(黄河水利委员会)3次组织从通天河、雅砻江、大渡河引水入黄河的线路查勘,提出相关查勘报告。1987年,根据国家计委的要求,设计单位开展了西线方案前期工作,于1989年、1992年和1996年分别提出了《南水北调西线工程初步研究报告》《雅砻江调水工程规划研究报告》和《南水北调西线工程规划研究综合报告》。1996年起,西线进入工程规划阶段。

西线方案是从长江上游调水至黄河中上游,即在长江上游通天河、长江支流雅砻江和大渡河上游筑坝建库,坝址海拔高程2 900~4 000m,采用引水隧洞穿过长江与黄河的分水岭巴颜喀拉山输水进入黄河;设计年均调水量190亿~200亿m^3。西线主要目标是解决西北地区缺水问题,同时促进黄河流域的综合治理与开发。供水范围,主要是青海、甘肃、宁夏、内蒙古、陕西、山西的缺水地区,并在黄河下游断流趋于频繁和严重的情况下,向黄河下游补水。供水以城市生活和工业用水为主,兼顾农林牧业用水。

1.2.3.3　西线初期规划

根据有关报告,由于青藏高原各类基础资料比较缺乏,为了摸清调水区地形、地质等各方面情况,水利部黄河委员会地质、测量部门的勘察人员不畏艰难险阻,在高寒缺氧、气候多变的情况下,克服了难以想象的困难。经过多年的超前规划研究,设计单位完成了雅砻江、通天河、大渡河调水区大量的勘测工作,包括各种比例尺的航空摄影图、地形图、工程地质图、地质遥感图、区域地质调查、区域地质构造调查、地震基本烈度复核等各项基础工作。与此同时,还完成各类规划研究报告100多份。这些技术工作有相当一部分填补了西部地区科考的空白,不仅为西线调水工程提供了资料,而且对长江、黄河上游的治理开发,乃至国家西部大开发准备了相关基础资料。

1)基本认识及思路

初期规划方案,设计单位按照相应技术深度,形成以下基本认识和思路:巴颜喀拉山是黄河、长江的分水岭。分水岭以北为黄河河源区,以低山丘陵为主,河谷宽阔,谷坡平缓;分水岭以南,自西向东有通天河、雅砻江和大渡河及其支流,降水量大于黄河水系,且地形切割较深,以峡谷河道为主;通天河、雅砻江和大渡河上游河段的河床高程较相应黄河河床高程低80~450m,如若调长江水入黄河,需要建坝壅高水位,开凿隧洞穿过巴颜喀拉山。

2)可调水量与海拔高度

按多年平均降水量,通天河年径流有124亿m^3,雅砻江604亿m^3,大渡河470亿m^3,3条河总水量超过1 198亿m^3。从水资源的总量看,调水200亿m^3还有可以增加的裕度;但若考虑到海拔高度等制约因素,情况就大不相同了。根据地形特点,引水坝址越向下游移动,海拔高度越低,距离黄河越远,虽然可调水量增大,但工程规模也越大;反之,引水坝址越往上游移动,距离黄河越近,虽然工程规模较小,而可调水量亦越小。因此,只有把引水坝址布设于适当的海拔高度,以使工程规模适当,可调水量适宜,控制调水对下游的影响在合理限度之内。经研究,通天河、雅砻江的引水河段海拔高度宜在3 500m、3 600m以上,大渡河海拔高度在2 900m以上。在此高度范围内,3条河流共有径流量243亿m^3。初期规划提出,3条河的可调水量控制在200亿m^3以内比较适宜。

3)输水工程方案优化

输水工程设施将以明渠为主优化为以隧洞为主。早期,研究输水线路及工程时,根据当时的技术条件,多采用绕山挖渠的办法;这样不仅使输水线路延长,而且还存在一些特殊的技术问题。从当时川藏公路、青藏公路的运行情况获得的经验来看,每当夏季降雨集中时,有些地段经常塌方,线路常常因地质灾害中断,而一条宽数十米的水渠,不要说修建的难度,就是维护正常通水,其难度可想而知。频发的地质灾害和次生灾害,还可能造成渠道破坏。因此,在青藏高原多数地段不宜采用明渠输水方案。

20世纪90年代以来,国内外长隧洞施工技术发展迅速。国外已建成10km以上单向连续隧洞95条,如瑞典建成80km长的输水隧洞,芬兰赫尔辛基供水隧洞长120km,秘鲁在海拔3 000~4 000m的地区建成总长约90km的马赫斯输水隧洞,英法海底隧洞长38km。国内已建成引大入秦隧洞总长75km,当时正在建设的万家寨供水工程隧洞总长超过200km。经分析比较,结合青藏高原的特点,初拟采用"TBM"全断面掘进机开凿西线长隧洞,技术上是可行的,输水线路遂以明渠方案为主优化为以隧洞方案为主。

4)自流为主的输水方式

设计单位经过多方案比选,输水倾向于自流调水,但不放弃抽水方式。也就是说,在调水工程方案的研究中,过去认为打长隧洞几乎是不可能的,因而只考虑抽水方式以尽量缩短穿越巴颜喀拉山的隧洞长度。随隧洞施工技术的迅猛发展,使开凿长隧洞输水的可行性大大增加。比选方案中,分别考虑了自流和抽水两种调水方式;自流方式的难点是隧洞长,优点是输水建筑物比较单一,运行管理有利;同时,隧洞有利于冬季保温,避开了地表冻融作用和不良地质现象的影响。而且,深埋隧洞的抗震性强,稳定性好。据有关资料统计分析,地表的地震烈度随深度的增加而衰减,大体上每深50~100m衰减0.5度。

抽水方式的主要难点是抽水泵站的电源不好解决，因为调水区没有电网。采取抽水方式，输水设施复杂、分散，建设和运行管理都比较困难；其优点是，可缩短穿越分水岭的隧洞长度，引水枢纽的坝高选择也有较大的灵活性。

综合青藏高原的实际情况，按当时的认识水平，设计倾向于自流输水方式，又没有完全放弃抽水方案。随着经济社会发展和将来电力状况的改善，一旦电源容易解决，抽水方式的优势也是十分明显的，仍需重点研究。

1.2.3.4　**输水路线规划**

总体规划初期方案中，调水工程经过多方案研究、比较和论证，当时提出 3 个有代表性的抽水输送线路方案和自流线路方案。

1）抽水线路方案

（1）通天河治家—多曲抽水线路（简称治—多线方案）。设计选定的治家坝址，海拔 3 990m，坝高 190m，总库容 238 亿 m^3。从治家水库引水，引水期 8 个月，年可调水量约 90 亿 m^3。在黄河支流多曲高程 4 440m 处进入黄河。该方案需要建两级泵站，扬程 447m，装机 252 万 kW，年耗电量 124.6 亿kW·h。输水线路总长 108km，其中隧洞长 104km。该方案调水量大，工程地质条件较好，但所处海拔高，建设及运行条件较差。

（2）雅砻江长须—达日河抽水线路（简称长—达线方案）。长须坝址，海拔高度 3 795m，设计坝高 155m，总库容 74 亿 m^3。自长须水库引水，引水期 8 个月，年可调水量 40 亿 m^3。在黄河支流达日河高程 4 280m 处进入黄河。需要建两级泵站，总扬程 426m，装机 121 万 kW，年耗电量 54.6 亿 kW·h。输水线路总长 59km，其中隧洞长 57km。该线建坝较低，需要的动力负荷相对较小，线路处于稳定区内，但可调水量较少。

（3）大渡河斜尔尕—贾曲抽水线路（简称斜—贾线方案）。斜尔尕坝址，海拔高度 2 920m，设计坝高 252m，总库容 46 亿 m^3。从斜尔尕水库引水，引水期长达 10 个月，年可调水量 50 亿 m^3。在黄河支流贾曲高程 3 470m 处进入黄河。需要建三级泵站，总扬程 428m，装机容量 138 万 kW，年耗电量 69 亿kW·h。输水线路总长 61km，其中隧洞长 48km。该线路工程地质条件较好，海拔低，气候环境好，对施工建设及管理运行较为有利。

上述抽水方案的电源，原规划设计阶段拟采用自建电站的方案解决，有水电和火电两种方式。

（1）建水电站。黄河龙羊峡以上河段，河道长 1 677km，平均比降 1.21‰。在该河段布置了 14 座梯级水电工程，总装机容量达 730 万 kW。其中，库容大于 20 亿 m^3 的有 5 座。该河段梯级电站距离调水工程较近，可减少供电线路长度，库区淹没损失较少，有适于筑坝的优良坝址作抽水供电电源。

（2）建火电站。根据当期资料分析，火电厂可选择在距离调水区较近，又临近大煤矿的甘肃靖远、平凉和宁夏灵武。这些地区煤炭资源丰富，除满足本地区生产发展需求外，仍具备兴建电厂发电外送的潜力。

2）自流线路方案

规划设计的自流线路方案，有通天河同加—雅砻江—黄河自流线路方案、雅砻江长须—恰给弄自流线路方案和雅砻江、大渡河支流达曲—贾曲自流线路方案。

（1）通天河同加—雅砻江—黄河自流线路方案（简称同—雅—黄线）。设计同加坝址，海拔3 860m，坝高 302m，总库容 324 亿 m^3。从同加水库引水，年径流量 108 亿 m^3，引水期 10 个月，年可调水量100 亿 m^3。该方案先调水入雅砻江长须库内（称同—雅段）；再通过长须水库调水进入黄河(称雅—黄段)。输水线路总长289km,其中同—雅段长158km,雅—黄段长131km,全线均为隧洞。该线可调水量多,避开了地形、地质差的地段,有利于施工分段掘进,工程建设条件好。但是,调水工程必须建立在雅砻江梯级电站尚未开发的基础上,且整体工程规模较大。

(2)雅砻江长须—恰给弄自流线路方案(简称长—恰线)。长须坝址,海拔高度3 795m,设计坝高165m,总库容94亿m^3。从长须水库引水,年径流量47.6亿m^3,引水期10个月,年可调水量40亿m^3。在黄河恰给弄高程3 880m处进入黄河,线路总长131km,全为隧洞。该方案充分利用地形上邻近黄河的最低处,有效地降低了坝高,可调水量较多,线路大部分处于地质稳定和基本稳定区。

(3)雅砻江、大渡河支流达曲—贾曲自流线路方案(简称达—贾线)。在雅砻江干流与黄河支流贾曲间有六条自西北流向东南的支流,即雅砻江支流达曲、泥曲,大渡河支流色曲、杜柯河、麻尔曲、阿柯河。从海拔高度3 600m的达曲引水,输水线路自流穿过这些支流,调水规模50亿m^3,到海拔高程3 445m的贾曲进入黄河。

综上所述,3条抽水线路方案共调水约180亿m^3;3条自流线路方案共调水190亿m^3。各方案的投资估算,采用1995年价格水平,静态投资:3条抽水线路方案为1 076亿元;3条自流线路方案为1 579亿元。抽水线路投资较少,但运行费用高,而自流线路一次性投资大一些,但运行费用较低。

1.2.3.5 先期开发与分步实施规划

根据高海拔、寒冷缺氧的特点,先期开发和分步实施,以3条自流线路方案为代表。

1)先期开发方案

建设遵循分期、分河流开发,由小到大,由易到难,由近到远,由低海拔到高海拔,由低坝到高坝的设计思路。那么,达—贾线自流方案中可先调靠近黄河的阿柯河、麻尔曲、杜柯河三条支流的水量约30亿m^3(称作起步工程),作为先期开发方案,估算静态投资200亿元左右。起步工程隧洞长157km,按自然条件分为6段,最长段55km,有利于施工时增加施工断面,加快工程进度。调水线路的自然分段为整个调水工程的分步实施和方便工程管理奠定了基础。从最靠近黄河的一条支流阿柯河开始兴建,可建设一段、发挥一段效益。

起步工程在3条支流上建坝,设计坝高分别为67m、112m、94m。坝址经初步地质勘查和钻探表明,坝段河谷狭窄,两岸山坡完整,比较稳定,岸坡生长灌木,植被较好。河床主要是砾石,覆盖层厚度10m左右。两岸为砂板岩互层,未发现大的断裂。附近有天然建材,地质条件适宜建坝。

起步工程的引水方式为自流。由于调水工程区远离现有的大型电站,避免了采用抽水方式建设配套大型电站的困难。起步工程地处海拔高程3 500m左右,该处生长有树木,有农田,含氧量相对较高,适宜人类活动,对工程施工、运行、管理都较为有利。从起步工程向西延伸,可再调水20亿m^3。

通过起步工程,可以比较全面和深入地掌握高海拔地区复杂地质条件下的大坝、长隧洞等水工建筑物的工程设计、施工特点和要求,为后续工程提供解决各类复杂施工技术问题的经验和方法,也为工程的投资估算和成本控制提供必要的基础资料和管理经验,从而为西线工程的全面展开,提供科学、合理和可行的决策依据。

2)初步分期

全面实施西线工程所需投资规模巨大,结合西北地区经济发展的需水量,西线工程建设应按照统一规划、适时适量、分步实施、及早通水的原则展开。原规划大体上可以将 3 条自流线路调水 190 亿 m^3 方案，划分为近期、中期、远期三期工程。

(1)第一期工程，即近期工程，从大渡河起步，工程调水 30 亿 m^3；

(2)第二期工程，即中期工程，实施达—贾自流线路方案的达曲、泥曲调水 20 亿 m^3，再实施长—恰自流线路调水 40 亿 m^3；

(3)第三期工程，即远期工程，从通天河调水 100 亿 m^3。

1.2.3.6　西线修订方案及水量规划

1)西线调水量

西线工程(2001 年)修订方案，是在 1996 年初期方案基础上的优化方案。与初期方案相比，修订方案调减了引水规模，由 200 亿 m^3 减至 170 亿 m^3。修订规划提出，西线从通天河调水 75 亿~80 亿 m^3，从雅砻江调水 45 亿~50 亿 m^3，从雅砻江、大渡河支流调水 40 亿 m^3，共调水 160 亿~170 亿 m^3。

2)西线调水分析

西线调水修订方案从长江上游通天河、支流雅砻江和大渡河调水。根据初期调水方案测算的资料，3 条河流调水水源工程的上游来水总量(共有径流量)约 243 亿 m^3。也就是说，3 条河的拟调水量占取水上游多年平均来水总量约 70%，可能导致水源工程下游部分河段季节性减水或脱水，对这些河流部分河段生态影响较大。换句话说，西线调水量约占引水坝址径流量的 65%~70%，仅有 30%~35%的水量下泄；从当地生态环境角度考虑，规划的下泄水量太少；但从全河水量分析，调水所占比例不大，如通天河调水 80 亿 m^3，占金沙江渡口站径流量的 14%；雅砻江调水 65 亿 m^3，占全河径流量的 11%；大渡河调水25 亿 m^3，占全河径流量的 5%。

3)黄河上中游河段水资源利用分析

黄河河口镇以上河段，1968 年 11 月—1986 年 10 月，来沙量 1.06 亿 t；河口镇下泄水量 239 亿 m^3，宁蒙河段年均淤积沙量 0.38 亿 t。1986 年 11 月—1996 年 10 月，来水偏枯，来沙量约 0.91 亿 t；河口镇下泄水量 174 亿 m^3，宁蒙河段年均淤积 1.03 亿 t。前后两个时段对比，河口镇下泄水量减少 65 亿 m^3，宁蒙河段年均淤积沙量增加 0.65 亿 t，并由此带来了生态环境、防洪、防凌等一系列问题。因此，即使要维持宁蒙河段当期淤积水平，在来水持续偏枯的情况下，测算河口镇年平均下泄水量不应小于180 亿 m^3；宁蒙河段多年平均下泄水量应不小于 200 亿 m^3。

河口镇至龙门的峡谷河段，其河段多年平均河川径流量 73 亿 m^3，中等枯水年份为 53 亿 m^3。据 1986 年 11 月—1996 年 10 月测报资料，该区间来沙量 5.4 亿 t，汛期沙量占 84%，河水含沙量为159kg/m^3。河段汛期河川径流多以暴雨洪水的形式，挟带大量泥沙下泄，因此含沙量高、利用困难；非汛期水量少，也只能维持两岸少量用水和河道生态环境基流。

龙门至潼关河段，20 世纪 50 年代在龙门实测多年平均来水量约 320 亿 m^3，来沙量约 11 亿 t，小北干流平均淤积沙量 0.8 亿 t；1986 年 11 月—1996 年 10 月，来水持续偏枯，龙门实测来水量 220 亿 m^3，来沙量 5.9 亿 t，水量较 20 世纪 50 年代减少超过 30%，而沙量减少约 50%，但年均淤积泥沙仍超过 0.75 亿 t，造成河床淤积抬高，河势游荡摆动频繁，危及两岸村庄及人民生命财产安全。为此，按龙潼河段维持当时淤积水平，龙门站多年平均下泄水量应在 250 亿 m^3 以上；来水偏枯年份，龙门站年平均下泄水量应不小于 220 亿 m^3。

1.2.3.7 修订方案供水目标、对象和范围

1)西线调水的供水目标

西线调水修订方案的供水目标:主要解决西北地区资源性缺水问题,同时促进黄河的治理开发;必要时,相继向黄河下游供水,缓解黄河下游断流等生态环境问题。

2)供水对象

供水对象主要是生态环境用水,包括支流和水土保持用水、上游减少的入黄水量、向黄河干流补充的水量以及城镇生活、工业用水,兼顾农业灌溉。

3)供水范围

随着我国西北地区经济建设速度的日益加快,黄河上中游支流开发和集雨工程的发展,将进一步加大支流的用水,减少黄河干流的来水量。南水北调西线工程除补充这部分水量外,还可解决干流扬黄、自流引黄、黄河冲沙和生态用水。

在龙羊峡—三门峡河段,向黄河两岸地区供水和向黄河干流补水,并向流域外的黑河、石羊河等地适量补水。

1.2.3.8 修订方案工程及布置

1)调水工程方案

西线工程设计初选了12个具有代表性的调水线路。其中,大渡河2个方案、雅砻江4个方案、通天河3个方案,雅砻江、大渡河联合调水1个方案,分为自流和抽水两种引水方式,各方案主要规划特点如下。

(1)抽水方案主要优点。抽水方案可缩短穿越分水岭的隧洞长度,3个抽水方案输水隧洞总长204.5km,自然分段最长洞段30km。在枢纽坝高的选定上也有较大机动;主要缺点:建设大流量、高扬程的大型泵站有难度,扬程达425~428m,装机427万kW,年耗电203亿kW·h;若按0.4元/kW·h计,年用电费超过81.2亿元,也就是运行费用高;此外,多种类型建筑物,建设地点分散,管理维护困难,冬季输水受冰冻的影响。

(2)自流方案的主要优点。隧洞输水,避开了地表大量的交叉建筑物问题,输水方式比较单一,工作环节少,故障率低,管理人员少,年运行费相对较低;长隧洞输水有利于冬季保温,可延长引水期;隧洞可减少输水工程规模;深埋长隧洞,避开了地表的冻害作用和岩体的物理风化作用,以及滑坡、泥石流等不良地质灾害的影响。

依据历次专家咨询会和审查会意见,多数院士和专家不赞成抽水方案。根据当前开凿隧洞技术水平和已建的长隧洞工程经验,权衡利弊,修订规划推荐采用自流方案。如果几十年后,随着西部地区经济的发展,电力供应条件发生变化,也不排除个别调水河流采用电网供电的抽水方案。

考虑西线调水修订方案的工程规模、可调水量、工程地质条件、技术可行性、海拔高程、施工条件以及技术经济指标等工程因素,经综合比选,3条河调水推荐的方案为:

(1)大渡河,达—贾联合自流方案;

(2)雅砻江,仁—章自流方案和阿—贾自流方案;

(3)通天河,同—雅—章自流方案和侧—雅—贾自流方案。

2)工程总体布局

上述3条河,可以产生5个较为成熟的引水方案,又有两种组合,也就是形成了3条河引水的两种布局方案:

布局方案一是达—贾联合自流线路,调水40亿m^3;仁—章自流线路,调水45亿m^3;

同—雅—章自流线路,调水75亿m^3,3个自流线方案共调水160亿m^3。

布局方案二是达—贾联合自流线路,调水40亿m^3;阿—贾自流线路,调水50亿m^3;侧—雅—贾自流线路,调水80亿m^3,共调水170亿m^3。

分析比较发现,布局方案二具有下移、集中的特点。

(1)下移。布局方案一的通天河引水高程4 100m左右,该地区自然条件恶劣,严重缺氧,每年野外工作时间仅4~6个月,勘察、规划、施工、运行和管理困难很大。布局方案二相对于布局方案一,引水枢纽和输水线路整体下移,海拔高程处于3 500m左右,该区有森林、农田,适宜人类活动,对施工、运行和管理都有利。下移后的通天河侧仿水库比方案一同加水库的径流量大,下泄水量也大,而且侧仿水库处于三江源保护区的边缘,对生态的影响相对较小。

(2)集中。布局方案二在实施过程中可以互相联系,能由近及远,逐步实施;达—贾线先期实施后,后期实施的雅砻江、通天河输水线路相当一部分要从达—贾线近旁通过,引水工程高度集中,后期工程可充分利用第一期工程线路的地质资料和处理措施,节省后期工程大量的勘测、交通及施工等基础工程费用。

根据规划阶段的工作深度,设计拟推荐布局方案二。按照推荐的布局方案二,南水北调西线工程的总体规划修订如下:

(1)大渡河、雅砻江支流达曲—贾曲联合自流线路,调水40亿m^3。自雅砻江支流达曲开始调水,建设阿安引水枢纽引水7亿m^3,通过输水隧洞穿过分水岭到泥曲;建设仁达引水枢纽引水8亿m^3,再通过输水隧洞穿过雅砻江与大渡河的分水岭到杜柯河;建设上杜柯引水枢纽引水11.5亿m^3,再通过输水隧洞穿过分水岭到麻尔曲;建设亚尔堂引水枢纽引水11.5亿m^3,再通过输水隧洞穿过分水岭到阿柯河;建阿柯引水枢纽引水2亿m^3,再通过输水隧洞穿过大渡河与黄河的分水岭到黄河支流贾曲;出贾曲隧洞后,沿贾曲左岸开挖明渠,输水到黄河。

(2)雅砻江阿达—贾曲自流线路。在雅砻江干流建阿达引水枢纽,调水50亿m^3。开凿隧洞通过雅砻江干流和支流达曲的分水岭,输水穿过达曲,此后输水线路和达—贾联合自流线路基本平行,走向一致,输水到黄河贾曲出流。

(3)通天河侧仿—雅砻江—贾曲自流线路。在通天河干流建侧仿引水枢纽,调水80亿m^3。自侧仿水库引水,过歇武沟沿通天河及其以下的金沙江左岸开凿隧洞,到邓柯附近穿越金沙江与雅砻江分水岭到雅砻江浪多,顺河道而下进入雅砻江阿达水库,然后从阿达水库引水到黄河贾曲,从阿达引水枢纽以后的输水线路和阿—贾自流线路基本平行,输水到黄河贾曲出流。

1.2.3.9　规划分期实施

1)第一期工程

西线调水修订方案,由于各输水线路的入黄口均在黄河贾曲,入黄口段输水线路集中在从雅砻江和大渡河支流引水的达—贾联合自流线路附近,工程实施必然要遵循"由近及远、先支流后干流"的分期步骤。也就是说,先从靠近黄河的达—贾联合自流方案开始,逐步扩展到从雅砻江干流和通天河引水,实现3条河联合调水170亿m^3的目标;也就是由"低海拔到高海拔、由小到大、由近及远、由易到难"的建设思路。第一期工程必然选择达—贾联合自流方案。达—贾联合自流方案调水40亿m^3,需要建设5座引水枢纽,引水线路长度260km。

2)第二期工程

布局方案二中,雅砻江距黄河较近,调水条件优于通天河。因此,选择雅砻江阿—贾自流方案为第二期工程。第一期、第二期工程的实施,可基本满足2030年左右黄河上中游6省(自治区)增供水资源量的需求。

3)第三期工程

在布局方案二中,选择通天河侧—雅—贾自流方案为第三期工程。第三期工程调水80亿 m^3,输水线路长。如若南水北调西线工程全部实施,需要一个较长的时期,按修订规划的工期排序,第三期工程的实施时间预计在30年以后;那时,南水北调东、中线工程已经建成,西线工程的第一期、第二期工程也已实施,南水北调"四横三纵"的总体格局已经形成,则黄河水资源需要重新配置。再者,那时西北地区经济社会和生态环境需水也有变化,第三期工程的规模势必相应调整,工程方案尚可与抽水方案或其他方案进一步比较优选。

1.2.4 小江调水方案

根据对我国江河地理位置、流域水量及地质环境分析,从长江引水进入黄河,选择长江在鄂西北至渝东适当位置建设引水工程调水入黄河陕西中南部的支流距离最近。但是,三峡水库建设前,提出在三峡地区建设跨流域调水工程显然不现实。因为,高山峡谷的三峡地区多条长江支流水量均不足;从长江干流提水,抽水扬程太高,提水和输水成本不经济。三峡工程建成运行后,三峡水库抬高水位约100m,运行水位在145~175m,加上三峡水库库容达393亿 m^3,水质、水量均有保障,调水条件,得天独厚。而且,还可以充分利用每年汛期的雨洪资源,减轻长江中下游防洪压力及投入。

1.2.4.1 小江调水初步设想

南水北调工程规划长达50多年,基于科学、科学精神和科学家责任,一些专家、学者在没有资金支持和宽松时间情况下,顶住压力自发研究了多个南水北调优化方案。具有代表性的"重大方案"有小江调水方案、大宁河引水方案、藏水北调方案等。

1)小江调水方案背景

黄河整个流域缺水,是不争的事实。解决黄河流域缺水,应结合黄河防洪、泥沙问题统筹谋划。黄河上游部分地区,农业生产大水漫灌,水资源浪费严重;黄河中下游,泥沙问题和缺水问题均重要。治理黄河的根本途径在于,改变上游粗放用水的生产模式,调整种植结构,节约用水;泥沙问题,需要依靠封山育林、植树造林、控制水土流失、修复生态来解决。事实上,近年陕北、甘肃部分地区大量种植苹果林木,调整农产品结构,成效显著。

南水北调西线调水是解决黄河缺水的措施之一。西线方案有大西线和小西线之分。大西线方案引水西南国际河流,向包括华北和西北直至新疆沙漠区域调水。研究认为,西线从西南向西北调水应考虑我国的西南地区(水源区)也干旱缺水。自2006年以来,西部的云南、贵州和四川等部分地区,持续干旱,缺水情势非常严重。此外,利用国际河流调水需要考虑国际政治、外交关系。小西线方案是由水利部黄河水利委员会规划的调水方案;引水于西南诸河,主要向黄河上游(西北)地区调水。根据管辖原则,从长江取水,属于长江水利委员会的规划范围。事实上,长江水利委员会在早期也提出过西线调水方案。三峡工程建成后,一些专家提出小江调水方案。

2)长江水利委员会早期方案

20世纪80年代,长江水利委员会规划设计部门曾设想在怒江上建水库,与澜沧江、金沙江、雅砻江、大渡河上的一系列水库串联在一起，形成一个巨大的水系水库群，采取自流加抽水的方式，向黄河中上游地区调水，总调水规模约800亿 m^3。引水进入黄河后，再从大柳树水利枢纽开挖南、北两大干渠向西北引水。或在大柳树枢纽兴建前，利用大柳树处天然河道1 200m高程等高线向北穿越腾格里沙漠、乌兰布和沙漠及巴丹吉林沙漠，向天山以北送水；向南沿1 400m高程等高线在祁连山和新疆南部的阿尔金山脚下开挖运河引水至塔克拉玛干大沙漠和吐鲁番盆地。这一宏伟方案中，大柳树以上的总干渠总长约为1 410km(其中隧洞216km)，供水区南、北干渠分别长2 500km和3 000km。

3)小江调水取代西线

20世纪90年代，长江水利委员会及长江科学院的一批老专家就曾设想从长江三峡工程库区上游的支流小江上提水过大巴山、穿越秦岭进入黄河支流的渭河，然后自流入黄河的调水方案。该方案的最大优势是充分利用三峡水库形成的条件，进一步拓展三峡工程的功能，发挥三峡工程的防洪效益。三峡水库，水质水量可靠；小江调水，无须再建水源工程，而且可以完全替代建设南水北调西线工程。

小江方案初期设想：从小江抽水，多年平均引水量约150亿 m^3，引水流量为600 m^3/s，抽水扬程400m。该引水方案为减少对三峡工程电厂和长江葛洲坝电厂的发电及航运影响，引水时段控制在每年的4—11月；枯水期尽量少引或不引。但是，小江调水最初设想是补充或替代整个南水北调西线工程，部分供水可达东中线工程范围。同时，也可以优化减掉现在实施的“引汉济渭”工程。

小江引水济渭、济黄方案，最初由水利部长江科学院的黄伯明、赵业安、刘崇熙提出；其后，三峡工程建设委员会办公室领导郭树言、李世忠、魏廷铮等联名向国务院建议的小江方案在初步方案基础上进行了优化(包括中铁第一勘察设计院、长江设计院的部分工程技术人员参与)。

实践是检验真理的标准。正如优化论证结论指出：由于受国家整体技术、经济实力和业界、学界认知水平的局限及决策机制的约束，包括实施方案在内的许多方案都反映了当时条件下存在的问题。重大建设工程的决策，需要经过历史和运行的检验，才能逐步提高认识水平。

1.2.4.2　小江调水的建议方案

1)小江建议方案的功能作用

小江抽水建议方案，规划从三峡工程水库上游引水进入渭河，解决黄河以及华北地区缺水问题。方案的主线是：从长江三峡水库北岸重庆的开县小江，提水380m，修建输水隧洞和渡槽，穿大巴山，跨汉江，过秦岭，引水进入渭河，汇流于黄河小浪底水库。

小江抽水建议方案的优点，既可调水解华北地区缺水之困，又可解除关中平原缺水难题，还能适量冲刷渭河下游及黄河三门峡库区淤积的泥沙，抑制黄河中下游河床淤积抬高；同时利于渭河、黄河防洪减淤，长治久安，保证黄河不再断流。而且，工程方案移民极少，利于改善生态环境。

2)中线不过黄河的思路

所谓南水北调中线工程不过黄河，就是指利用三峡水库的水源，从小江引水入渭济黄，并利用黄河向华北调水和向华东补水。建议方案的关键是，丹江口水库的水只供应黄河以南地区(主要是河南和湖北北部)，优化掉“穿黄”这个“卡脖子”工程，可以缩短南水北调中线工程工期，节约大量投资。

3)实施方案存在的问题

南水北调方案研究多年,决策的难点在于建设投资规模控制、庞大的工程移民以及不确定与难控的生态环境。

小江调水建议方案不仅要找到一个水量充沛、长期稳定可靠、水质优良的水源,还须大幅度缩短调水、输水工程工期,降低投资,优化下列问题:

(1)寻求基本不需移民或极少移民的最优方案,摒弃大工程、大移民的传统思路;

(2)避免中线汉江中下游生态环境因大量调水而被迫建设补偿工程之弊端;

(3)争取扩大调水效益,为华北及陕西关中地区供水的同时,利用黄河河槽高于两岸的优势和现有两岸闸渠系统向黄淮海平原大面积供水;

(4)实现黄河永不断流,通过调水入渭济黄,使三门峡工程造成的渭河下游淤积和潼关黄河河床淤高壅水导致的洪涝灾害得到根治;

(5)向小浪底水库补水,调水冲沙,抑制黄河中下游河槽的抬升,保证黄河防洪不决口;

(6)消除东线水质不可控、西线生态不可控、中线水量不足带来的问题。

4)小江引水方案及规模

小江引水济黄、济华北工程,以三峡水库为主要水源地,在重庆开县小江建抽水站,设水泵10台,扬程380m,抽水至高程525m的蓄水池。同时,修建4座调节水库,蓄纳汛期高山洪水约15亿m^3;通过两条长约312km的输水隧洞,将超过135亿m^3的长江三峡库水抽取,穿过巴山、汉水、秦岭,送到陕西咸阳市附近的渭河,再流经黄河三门峡、小浪底及西霞院水库;从西霞院水库下游北岸白坡,沿京广铁路西侧修建高线总干渠送水到北京、天津及京广沿线城市;或者从小浪底水库采用隧洞输水方式送水到华北。

5)工程投资

小江引水工程可分三期实施:

(1)第一期工程(2003—2006年)。兴建黄河以北到北京段渠线,按2000年物价水平测算静态投资约350.4亿元。为满足北方用水迫切需要,在初期几年内调用黄河小浪底库水。

(2)第二期工程(2007—2011年),完成小江抽水站和第一条输水隧洞(60亿m^3/a)及第一批3座高山水库(10亿m^3)。静态投资约506.66亿元,初步安排年调水量75亿m^3,其中供华北城市用水63亿m^3,供关中平原用水12亿m^3。

(3)第三期工程(2012—2016年),完成第二条输水隧洞(60亿m^3)和第二批高山水库的建设,静态投资约342.83亿元。运行后,可达到年调水总量135亿m^3。其中,供华北城市用水63亿m^3,供关中用水25亿m^3,供黄河下游冲沙生态用水47亿m^3(包括沿程损失4亿m^3)。

1.2.5 大宁河调水方案

大宁河调水方案有两个版本,其一是水利部长江科学院领导研究提出的大宁河替代或部分替代南水北调中线水源(丹江口水库)的引水方案;其二是水利部长江水利委员会设计院应对论证、审查中专家质疑中线水源水量不足提出的大宁河补水方案。

无论是大宁河引水(替代或部分替代中线水源)方案,或是大宁河补水方案,都是利用三峡工程蓄水形成的高位水库以及库水顶托大宁河水位后,在大宁河适当位置建设抽水泵站和蓄能电站,经过抽水蓄能电站发电后的水流向南水北调中线工程水源地(丹江口水库),再调往华北地区或利用丹江口电站发电。需要说明的是,概述章仅简介补水方案,替代方案见后面章节。

1.2.5.1　大宁河补水方案背景

1)调水思路的转变

南水北调中线方案的审查专家认为,作为中线调水工程水源地,汉江流域及丹江口水库上游的水资源,可能难以满足日益增长的用水和调水需求。这主要是因为一方面汉江上游耗水量在逐年增加;另一方面,受全球气候变暖的影响,汉江流域来水持续减少,而且减少的径流量总量及趋势尚不确定。

为了保证南水北调中线有可靠水源,同时兼顾汉江流域的合理用水,中线调水工程的规划设计单位转变思路,部分吸纳了专家建议,分别从长江三峡水库大坝上下游修建引水工程,向丹江口水库和汉江下游的干流补水,即大宁河补水工程和引江济汉工程。

南水北调中线工程是水资源利用与再配置工程,涉及的经济社会问题较多。长江水利委员会长江勘测规划设计研究院的李亚平、黄站峰工程师在分析南水北调中线工程后期所需调水量和调水过程后,对从三峡水库大宁河和剪刀峡水库的可调水量和引水规模进行了研究求证,并提出了从大宁河补水的工程布置方案。该方案认为,从大宁河剪刀峡水库修建抽水补水工程,可充分利用大宁河水资源、减少抽水费用;占地少,对环境的负面影响也较小。

2)补水水量分析

选择汉江及丹江口作为南水北调中线工程的水源地,是基于 20 世纪 50 年代的规划和早期已经建设的丹江口水利枢纽初期工程。汉江是长江中游最大的支流,多年平均产生水资源总量约 580 亿 m^3。由于其独特的地理位置与水资源优势,设计单位早期规划将丹江口作为南水北调中线工程的水源地无可厚非。但随着经济社会的快速发展,以往的水文资料不能完全作为现时的可靠依据。而水文的不规则周期和气候变暖以及流域用水的猛增,都是当初规划设计不能准确预见的。按照早期规划,中线调水工程延缓了数十年才实施。事实上,设计单位已经按照专家意见降减了调水规模。

2001 年修订的总体规划明确,中线工程一期工程仅从汉江丹江口水库调水 95 亿 m^3,与初期调水方案 145 亿 m^3 的规模相比,减少了 50 亿 m^3;按修订规划的后期(2030 年水平年)拟调水 130 亿 m^3 考虑,也比早期和初期规划减少约 80 亿 m^3。而且,后期和远景需水,已经考虑从三峡水库引水。鉴于南水北调中线工程建成通水后,可能出现一个向北调水的不稳定水源。除考虑中线供水区当地水资源及供水区用水户组成联合供用水系统外,为充分利用丹江口水库的调蓄作用,将丹江口水库、汉江中下游及受水区作为整体进行调节计算:规划水平年取 2030 年,水文系列为 1972—1998 年;在丹江口上游用水过程中,计入陕西引汉济渭工程的调水量(引汉济渭工程后期多年平均调水量约 15 亿 m^3)。

计算成果表明:2030 年水平年,汉江中下游多年平均供水 171.34m^3;时段保证率为 95%,缺水量为 6.88 亿 m^3;丹江口水库多年平均北调水量 120.06 亿 m^3(初期规划 145 亿 m^3),北调水与当地水资源联合供水后,生活供水时段保证率约 79%,工业供水时段保证率约 78%,供水区尚缺水 20.85 亿 m^3。由此可见,2030 年汉江供水能力不能满足汉江中下游和中线工程的需水要求,拟从三峡水库补水约 30 亿 m^3。

1.2.5.2　大宁河补水规划

1)地理位置

在地图上,三峡水库与丹江口水库仅“一山之隔”,从三峡水库调水补给汉江,应该是国家层面上水资源优化调配更科学的战略举措。

三峡水库左岸支流大宁河与汉江右岸支流堵河相邻，调水及输水距离近，是三峡水库与汉江丹江口水库理想的连接点。大宁河主流西溪河，发源于大巴山东段南麓，与东溪河汇合后称大宁河；大宁河流经巫溪县城后于巫山县城附近汇入长江干流，全长 162km，流域面积 4 181km^2，多年平均径流量41.45 亿 m^3。

2）补水规模及过程

南水北调中线调水，将根据受水区用水情况的改变动态调整。为了缓解中线工程水源区因向华北调水造成本水源地和汉江中下游地区缺水情势，设计模拟了南水北调中线工程后期（从三峡水库大宁河引水）需引调的最大调水流量规模，并通过试算，从引调水的利用效率、对中线工程水源区和汉江中下游的补水效果等反推，再确定需从三峡水库大宁河引水的规模和补水过程。通过反复试算，当抽水流量为300m^3/s时，其补水量、补水利用率等对中线供水区和汉江中下游地区的供水补水效果相对较好；对丹江口水库增加的弃水量相对较小；同时，抽调水的耗电量和对三峡电站发电及下游供水的影响等也相对较小。因此，最终确定南水北调中线后期（从三峡水库大宁河引水）需引调的调水流量规模为 300m^3/s，可调水量与调水规模约 30.61 亿 m^3。

3）调水工程布置

根据有关资料，大宁河抽水方案的工程布置：在重庆巫山县大昌镇大宁河左岸水口下游约 350m 处布置大昌一级泵站（需扩挖下游 7.26km 河道）；提水 60m 后，沿大宁河左岸经 8.12km 的明渠、渡槽、隧洞进入庙峡水库（规划的正常蓄水位 203m）；在库尾巫溪县城下游的龙洞河河口处，布置二级泵站；提水后，经 4.56km 隧洞进入剪刀峡水库（规划的正常蓄水位 360m）；在东溪河左岸支流白鹿溪出口下游约 2km 的马兰口处，布置地下泵站，提水至 377.40m，经 56km 输水隧洞于堵河洋芋沟口附近进入堵河潘口水库（正常蓄水位 355m）；以下经堵河顺流而下，进入丹江口水库。

4）工程经济指标

当大宁河补水规模为 300m^3/s 时，多年平均补水量可以超过 30.4 亿 m^3；按此规模及条件测算，工程静态总投资约 147.3 亿元（2000 年的价格水平），单方水投资为 4.85 元，其 3 座抽水泵站工程年总耗电量 25.2 亿 kW·h，调水减少三峡电站发电量约 7.22 亿 kW·h，增加堵河梯级电站发电量 13 亿 kW·h。初步测算，大宁河调水工程供水成本约 0.563 元/m^3。

5）结论

（1）三峡水库水量丰富、水源水质好，大宁河补水工程从三峡水库引水，可满足南水北调中线方案后期工程以及陕西引汉济渭工程调水后的要求。

（2）大宁河调水方案与剪刀峡水利枢纽紧密结合，可充分利用大宁河本身的水资源，减少抽水的费用；计算结果表明，从大宁河剪刀峡水库调出的水量为 6.25 亿 m^3，占调水断面来水量的 30.3%。

（3）采用大宁河调水方案，调水量占长江宜昌断面年径流量的比例微小，对水源区生态环境影响较小，调水工程线路基本以隧洞为主，工程占地少，对环境影响小。

（4）剪刀峡水库需移民 1.16 万人，淹没土地 947hm^2，范围包括重庆和湖北两地。

1.2.6 大西线“朔天运河”调水方案

西线或从西部调水的方案很多。20 世纪 50 年代以来，除水利部黄河水利委员会、长江水利委员会作为行政指令任务单位提出的具有各阶段相应技术深度的西线调水方案之外，开设有水利水电专业的有关大学和科研机构以及国内外一些专家、学者也在不同时期提出过西线或西部调水方案。具有代表性的方案有资深水利专家林一山提出的“大西线”调水方案、袁嘉祖专家提出的“西部”调水方案、中科院地理科学与资源研究所专家陈传友曾提出的“藏水北调”方案、加拿大籍华裔水利专家提出的“西线组合”方案和水利专家郭开提出的“朔天运河”大西线调水方案等。

由于西藏水资源十分丰富，许多专家、学者都将西藏作为水资源再配置的首选水源地。在诸多西线(或西部)调水方案中，水利专家郭开提出的“朔天运河”大西线调水方案是 20 世纪 90 年代之后受关注程度较高的调水方案。

1.2.6.1　**大西线“朔天运河”调水方案背景**

1)面对问题

水利专家郭开认为：我国华北、西北地区因自然条件差异，形成了永久性干旱缺水区域。根据 2000 年前的统计资料，长江流域以北，包括西北内陆河在内的广大地区，总面积占全国国土总面积的 63.5%，人口占全国的 43.6%，而水资源仅占全国的 19%，属严重缺水水平，而且是绝对缺水。

2)分析问题

郭开指出：南水北调总体规划方案中，东线调水方案是全程由低处向高处抽水；13 级提水将持续消耗机械和电力；除水源受污染外，抽水过程和输水过程都有可能加重污染所调之水；中线调水方案中，中线输水正位于地形自东向西显著抬升的第一个大阶梯之东缘，处于东部平原气候与西部山区气候的交接带上，气候复杂、降水变率大，影响调水安全运行的因素复杂；西线调水方案，在长江上游通天河、雅砻江、大渡河高寒、高海拔地方筑高坝，壅高水位，把水调入黄河，初期规划调水约 200 亿 m^3；根据水利部门公开的资料，通天河、雅砻江、大渡河取水点水源来水有限，可调水量可能不足。

3)大西线思路的雏形

黄河泥沙淤积，导致部分河段成为“悬河”；黄河中上游地广人稀，农业生产耗水量较高，缺水问题主要是水资源利用与社会配置效率不高所致；根治黄河的关键，应该在于根治悬河，治理泥沙。20 世纪 90 年代末，全国各地普遍开展植树造林、绿化山河，保护植被，其意义之一就是减少水土流失，减少河流的含沙量，这才是关键措施。针对黄河泥沙问题，水利专家郭开从钱宁教授发表的科研成果中得到了很大启示，经过认真研究他提出了“朔天运河”大西线调水方案，主要思路就是从青藏高原引多条河水进入黄河；目的之一就是冲沙入海，修复悬河，让黄河回归为地下河。郭开的可行性报告中指出：黄河下游河流挟带含泥能力(冲淤)的临界值在 20~25kg/m^3，每立方水含沙低于 20kg 则能产生冲刷作用；高于25kg/m^3，则可能淤积。

1.2.6.2　**大西线调水规划**

1)规划愿景与水量规模

20 世纪 90 年代，水利专家郭开就提出了“大西线调水工程”的设想和初步方案。主要思路是：引雅鲁藏布江之水，穿怒江、澜沧江、金沙江、雅砻江、大渡河，过阿坝分水岭进入黄河。规划年引水规模2 006亿 m^3，总水量相当于 4 条黄河的多年平均径流总量。

设计者提出“宏大目标”即“朔天运河——大西线”的调水方案，愿景是“再造一个中国的水利工程”。具体方案，就是修一条“纵横世界屋脊”的人工运河，引雅鲁藏布江、怒江、澜沧江、雅砻江、金沙江之水超过2 000亿 m^3,经青海湖、岱海调蓄,再输水至新疆、甘肃、宁夏、内蒙古及山西、陕西、河北、北京、天津等地区;使十大江河流域形成水网,“手拉手”联通,使半个中国不再受困于洪旱灾害,让西藏之水润泽整个中华大地。

2)输水线路

雅鲁藏布江水资源丰富,境内多年平均径流量超过 1 600 亿 m^3。“朔天运河”大西线调水方案,就是利用国际河流的水资源,从雅鲁藏布江引水输往西北、华北、东北等地,彻底解决我国北方的缺水问题。郭开规划总调水量为 2 006 亿 m^3,超过了现今 4 条黄河的年径流总流量。

“朔天运河”大西线方案的具体输水线路:在雅鲁藏布江朔玛滩筑坝,把江水抬高至海拔 3 588m,引水到波密、松宗,过海拔 3 500m 的分水岭,进入怒江。在夏里朔瓦巴筑坝堵江,提高水位至海拔3 500m,回水过嘉玉桥,在马利打隧洞流入澜沧江;在昌都筑坝拦水,开凿隧洞到江达,建工程过分水岭,引水入金沙江。在金沙江筑坝拦江,使水位达到海拔 3 469m,使江水进入四川省白玉县境内的赠曲,再经甘孜进入雅砻江。在甘孜(海拔 3 402m)南多的雅砻江筑坝,回水向东,过分水岭进入达曲—泥曲;在“入口”下游筑坝,使水位达3 454m,开隧洞过分水岭进入大渡河上游的色曲—杜柯河。在雅砻江两河口筑坝成库,壅高水位过壤塘入麻尔柯河;引水到阿坝查理寺,过分水岭进入贾曲,水入黄河(海拔3 399m);一期工程到此结束。

入黄河的水,经黄河拉加峡库沿共和盆地 216km“拉青”大渠流入青海湖边的洱海(淡水湖),成为新疆、甘肃、内蒙古、宁夏、河北、北京、天津等地的水源;部分水沿黄河下流,成为黄河的新鲜血液,以解晋、陕、豫、鲁之渴。根据《西藏之水救中国》,从雅鲁藏布江到黄河,这就是朔天运河的“雅黄”工程,也称大西线藏水北调工程。

3)主要工程规模

“朔天运河、大西线”调水方案的主要工程规模:“从雅鲁藏布江调水到黄河,直线距离约 760km,实际流程超过 1 239km。其中,隧洞工程有 8 处,最长的隧洞长 60km,短的约 6km,隧洞总长约 240km。这段雅黄运河,两岸皆是人烟稀少的高山峡谷地区。输水线路低平颇直,全程自流。若能实施,施工可以实行定向爆破,搞人工大体积填方,堆石筑坝,堵江截流;而且施工过程容易,不担心地震;且淹没极少,移民仅 25 000 人。”

4)主要效益测算

“朔天运河”大西线调水工程,具有显著的经济效益、生态效益和社会效益。调水 2 006 亿 m^3,使我国整个北方缺水地区彻底解决缺水问题,受益范围覆盖国土面积的 65%;每年引水总量 2 006 亿 m^3,相当于 4 条黄河的水量,可带动各地工农业生产;输水柴达木、塔里木、准噶尔三大盆地以及河西走廊与阿拉善,继而引水治理八大沙漠。沿途,尚可在黄河干流再建 10 多座大型水电站(单座电站装机超过 800 万 kW),全程产生有效落差 5 250m,增加总装机 2 亿 kW,每年增加约 10 000 亿 kW · h 以上的清洁电力;同时,可以增加 8 000 万个就业机会。

1.2.7 其他重大调水方案

在南水北调工程的规划、设计不同阶段,国内许多大学和专业研究机构不同程度地参与了南水北调的专题研究和论证,一些专家、学者对其存在的问题提出了系统性的优化意见或建议。20 世纪 90 年代以来,随着媒体有关南水北调方案的报道增多,不少学者提出了更多具有参考价值的调水思路，包括“引汽增雨”（在喜马拉雅山打隧洞群，将印度洋暖湿气流输送到西北，改变当地气候）方案、“引渤入疆”等；一些地方政府也开始重视利用“客水”来解决当地水资源不足问题或规划调水以置换湖泊污水的方案，如“滇中调水”“引汉济渭”等方案。

“滇中调水”和“引渤入疆”等方案，不属于南水北调工程总体规划之内的水资源再配置方案。但是，包括“滇中调水”和“引渤入疆”等地方政府规划和专家建议的方案，在一定程度上都可能影响全国水资源再配置的总体格局，改变南水北调工程水源区及上游的降雨及来水水质和水量。基于这个因素，选择这些具有代表性的调水方案参与南水北调重大方案比较，仍具有学术价值和重大意义。长期以来，昆明城市扩张和用水激增，使滇池水质不断恶化。在云南的水资源总量中，过境水资源占比远多于区内降水；加上发展中没有顾及环境容量限制和达标排放，导致云南省中部尤其是昆明市严重缺水。利用过境水缓解用水紧张和释污成为地方政府的优先选择。但是，滇中调水必然消耗南水北调部分水量，一定程度影响南水北调的可调水量或水质。

“引渤入疆”，是抽引渤海的海水输送到内蒙古、新疆的调水方案。“引渤入疆”方案与我国水利部门推出的南水北调总体规划没有任何关系，也不属于“三纵四横”优化配置淡水资源的范畴。但是，引渤入疆调水方案与早期西线或大西线调水方案（如时任长江水利委员会主任林一山提出的调水800亿 m^3 和郭开的朔天运河）功能和覆盖范围重叠。“引渤入疆”的主要调水目的，是利用海水蒸发后形成的降水改善沙漠气候、修复沙漠区域生态。同时，有可能改变华北地区的气候或降水量。在2010年前后，“引渤入疆”方案一度受到关注；作为专家个人的一种思路和建议，参与南水北调重大方案比较与研究，可以给专业设计单位一定的参考，促进国家重大建设项目和资源配置科学化、民族化。

1.2.7.1　**“滇中引水”方案**

1）滇中调水背景

云南省水资源（尤其是过境水资源）总量丰富，但水资源时空分布不均，与经济发展和需水过程极不匹配。滇中地区在云南省经济社会发展中，占有非常重要的地位。随着人口及城市规模的扩展、城市化水平的提高和经济社会的快速发展，这一地区的水资源短缺问题日益突出。水环境日益恶化，已成为滇中地区经济社会发展的重大制约因素。为了加快滇中经济可持续发展，地方政府从南水北调规划获得启发，提出滇中调水势在必行。根据云南省水利水电勘测设计研究院高嵩、李作洪、王建春等工程师专题论证的《滇中调水与云南省经济社会可持续发展的关系》，滇中地区地处金沙江、红河、南盘江、澜沧江4大水系的分水岭地带，涉及昆明、曲靖、玉溪、楚雄、红河、大理、丽江等7个地市州的49个县区市，总面积9.5万 km^2，占全省总面积的25.6%。滇中地区2000年人口为1 673.6万人，占全省人口总数的39.5%，居住着汉、彝、白等27个民族。区内人口密度176人/km^2，是全省平均人口密度的1.6倍。

昆明为区内特大城市，还有闻名全国的曲靖、玉溪、楚雄、大理、蒙自等重要的工业或旅游城市。2000年城镇人口609.5万人，占全省城镇人口总数的61.5%；城镇化水平为36%，大大高于全省23.3%的平均水平。滇池、大理、石林、九乡、建水等属国家级风景名胜区；区内有滇池、洱海、抚仙湖、阳宗湖、星云湖、杞麓湖、异龙湖7个高原湖泊。

2）滇中缺水分析

滇中地区不仅现在是云南省的核心区，未来仍然是云南省的重要经济区。滇中兴，则云南兴。但问题是：

（1）滇中调水工程受水区，人均水资源量少。根据滇中调水规划，对滇中31个受水区的人均水资源量进行分析，人均水资源量在500m³以下的小区有7个，人均水资源量在500～1 000m³的有9个；也就是说，人均水资源在1 000m³以下的小区共有16个，占受水区总数的52%；人口占受水区人口的73%，GDP占受水区的87%，耕地面积占受水区的63%，工业产值占受水区的86%。昆明市所在的滇池流域，多年平均水资源总量只有5.3亿m³，人均占有水资源量已不足188m³，远低于全国严重缺水的京津唐地区的人均水资源量（260～337m³/人），处于极度缺水状态。

（2）旱灾频繁。滇中干旱灾害十分频繁、影响范围大、持续时间长；多年来，旱灾频次及危害程度呈上升趋势，全省的3个严重干旱区都集中在滇中调水工程规划区内。1950—2000年的51年中，出现大旱19年，平均2～3年一次；大旱年多以冬春夏连旱或春夏连旱为主。

（3）水资源短缺导致水质恶化。高原湖泊因缺水面临水环境危机；受水区内的星云湖、杞麓湖、异龙湖水质为Ⅳ～Ⅴ类，滇池为Ⅴ～劣Ⅴ类水体。

3）滇中调水规划思路

滇中调水工程规划区，地处长江、珠江、红河、澜沧江4大流域的分水岭，地势起伏相对较小，城市密集，耕地集中，光热充足，是云南省政治、经济、文化和科技中心。但该地区水资源匮乏，且开发利用难度大。根据水系、地形并兼顾行政区划，将滇中调水工程规划区划分为112个水资源计算小区。对各小区规划水平年进行水资源一次平衡，说明以现状用水方式，测算规划水平年里滇中调水工程规划区的缺水分布。在充分节水、当地水挖潜以及污水回用后，对滇中调水工程规划区进行二次平衡，分析滇中调水工程规划区的缺水分布及当地水的承载能力。

为保障滇中调水工程规划区经济的可持续发展，根据二次平衡结果及缺水分布，论证规划区外调水的必要性，并确定需要从区外调水的区域。最终确定滇中调水工程规划区有31个受水小区，并由三次平衡确定需要从区外调水的水量。长江水利委员会水文局蒋鸣、长江勘测规划设计研究院曹正浩等工程技术人员受有关部门委托，从云南省经济社会发展战略全局出发，提出滇中水资源优化配置思路和方法，为滇中调水工程规划区水资源利用与开发创造了依据。

4）水资源利用现状

资源性缺水，成为滇中地区缺水的主要原因。多年来，为解决滇中地区工农业和城镇的用水需要，云南省进行了大量的水利工程建设，也积极采取节水、治污和鼓励污水回用等措施解决用水需求。截至2000年底，滇中调水工程规划区已建和在建的供水工程有3.35万座。其中，大型水库有松花坝、独木、柴石滩等3座，总库容7.62亿m³；中型水库93座，总库容24.6亿m³；小型水库2 820座，坝塘2.92万座，总库容21.1亿m³。

此外，建有引水工程8 036座，其中设计流量为0.3m³/s以上的渠道有879条；提水工程7 843座，总装机容量37.3万kW，机电井工程4.6万座。已建成使用的跨流域调水工程有宾川县的“引洱入宾”工程、祥云县小官村水库、姚安县胡家山—红梅水库群系统、蒙开个南溪河—五里冲水库提引蓄系统、石屏县三岔河—高冲水库调水系统、马龙县黄草坪水库等6处。

滇中地区经济社会的持续快速发展，城市进程加快和生产水平不断提高，对水资源的需求量不断增加,水资源供需矛盾变得非常突出。在资源性缺水和滇池污染的双重压力下,昆明市事实上已面临严重的水危机,远不能满足社会经济持续发展的需要。鉴于滇池的污染程度和治理难度,长期依靠滇池流域水量的循环利用并非长远之计,对昆明市水环境安全也造成较为不利的影响。目前,昆明市的供水现状与其作为云南省会和面向东南亚的开放性国际大都市的地位极不相称。为构建昆明市可靠的水源和水环境保障体系,必须从根本上解决昆明市的供用水问题,积极考虑较大规模地从过境水资源中引水,解决日益突出的水资源短缺问题。

5)水资源优化

水资源优化,就是实现滇中调水工程规划区水资源高效、合理地利用。其前提是开发与保护并举,支撑该地区经济社会持续发展。水资源优化,需结合滇中调水工程规划区水资源的特点,在保证生态环境基本用水、大力节水的前提下,遵循高效、公平和可持续利用的原则,合理抑制需求,通过工程与非工程措施,对水资源进行时空调控和水质控制,以满足经济社会可持续发展对水资源的需求。因此,水资源的优化配置是水资源规划的核心。

水资源优化配置方案,共分3个层次:即一次平衡、二次平衡和三次平衡。一次平衡为现状水利工程条件下及现状用水方式下,考虑大中型水库的最小生态下泄流量,对2000年、2020年、2030年的水资源供需状况进行分析,以说明滇中调水工程规划区的缺水情况;二次平衡,根据一次平衡的供需缺口,加大节水力度,充分开发当地水资源,兴建区内的规划水库和区内调水工程,采取节水、挖潜、污水回用等措施后的水资源供需分析,以评估当地水资源的承载能力,同时说明滇中调水的必要性,并根据缺水量及其分布确定受水区范围;三次平衡,即通过区外调入水和区内当地水的联合运用,在使各用水部门供水保证率达到要求的基础上确定调水量和水量分配。

6)虎跳峡作为水源点

根据滇中调水规划,其水源比选专题研究提出,滇中地区地处金沙江、澜沧江、红河、南盘江4大水系分水岭地带,河流水系短、水资源缺乏,从滇中地区周边由近到远的可调水源分析,得出以下两条主要结论:

(1)滇中调水工程规划区内,难以找到基本解决滇中地区缺水问题的分散水源方案;

(2)集中水源方案中,虎跳峡水源方案在水量、供水保证率、水质、投资、运行成本、技术难度、地质及施工条件等方面优于其他调水方案。

也就是说,金沙江虎跳峡是最为经济、可靠的水源点之一。

此外,虎跳峡水利枢纽还有巨大的发电效益。据计算,若虎跳峡建高坝可增加下游梯级及三峡电站、葛洲坝电站等13个梯级保证出力11 460MW,增加多年年发电量234亿kW·h,增加枯水期电量397亿kW·h,增加保证电量1 007亿kW·h。由此可看出,结合发电开发,将虎跳峡枢纽作为滇中调水的水源点,是最为经济合理的滇中引水方案。

1.2.7.2　引渤入疆调水方案

众所周知,沙漠区极度干旱,年蒸发能力高达2 000mm。所谓“引渤入疆”,是将东部渤海湾的海水经抽提输送到西北新疆等干旱的沙漠地区,利用沙漠蒸发条件快速蒸发海水,改变沙漠区域空气湿度增加降水;通过改变或调节气候,修复沙漠区生态。与滇中引水工程类似,“引渤入疆”的调水方案与我国水利部门规划的南水北调总体格局也没有任何关系,不属于政府优化配置水资源的范畴。但该方案有可能影响南水北调中线受水区的气候和降雨。作为跨区调水的创新方法,能够启发传统思路,逐渐消除规划设计过程中的思维惯性,有利于国家重大建设项目和资源配置排除干扰，推动市场在资源配置中发挥决定性作用。2010年前后，“引渤入疆”调水方案也受到关注，本著将其列入南水北调重大方案比较与评价，亦具有学术研究价值。

1）新疆的自然条件

新疆维吾尔自治区全区面积166.49万km^2，占国土面积的1/6，是我国面积最大的省级行政区。由于新疆特殊的地理位置和气候条件，形成了它独特的自然环境。

（1）地理位置。新疆地处欧亚大陆腹地，具有远离海洋、高山环抱的地理位置和复杂多变的地形结构；东距太平洋2 500～4 000km，西至大西洋6 000～7 500km，南到印度洋1 700～3 400km，北距北冰洋2 800～4 500km。从大气环流影响来看，太平洋湿润气流要跨越崇山峻岭，只有少量能到达南疆；印度洋暖湿气流很难翻越青藏高原，只有大西洋和北冰洋气流，可影响到新疆西部和北部，这种远离水汽的海陆关系，使新疆成为欧亚大陆的干旱中心。

（2）地形结构。新疆高山环抱，对干旱环境的形成产生持续、稳定、深度的影响。根据大的地貌轮廓，以及构造特征和沉积物的特征，新疆境内从北向南可分为阿尔泰山、准噶尔以西山地、准噶尔盆地、天山、塔里木盆地和南部山区六大地貌单元，构成“三山夹二盆”的总体地形。其山麓至盆地中心，规律地分布着倾斜洪积—冲积扇及洪积—冲积平原；盆地中心，为广阔平坦的冲积平原和湖积平原；上面的疏松沉积物，经风力蚀积而形成大片沙漠。

2）独特的大陆性气候

新疆属温带大陆性气候；天山山麓将新疆分隔成了南疆、北疆两大区域，分处暖温带和中温带。受海拔高度和地理位置的影响，新疆有全国最为炎热的“火炉”之称的吐鲁番盆地，也有仅次于黑龙江省漠河县的中国第二寒极富蕴县可可托海。气候特征是：干旱少雨、多大风；冬季寒冷漫长，夏季炎热短促，春秋气温变化剧烈，日照丰富等。

境内复杂的地势，对新疆的气候形成影响巨大。山地和平原的高差，造成明显的气候分化；山脉对盆地的环绕和阻隔，又形成一系列地形上的气候分异与特殊的局地气候。

3）土地资源与水资源条件

新疆地域辽阔，土地资源丰富，但利用程度低。全区土地按地形分类，山地和平原面积分别占51.4%和48.6%。山区中，以海拔2 500m等高线划分，高山面积占全区面积的29.60%，而主要分布在平原中的沙漠戈壁，占全疆面积的32.9%；虽具有地势平坦、热量丰富的特点，但地处降水稀少与极度干旱地带。根据农业区划调查，全区平原区拥有宜用荒地$21\times10^6hm^2$，Ⅰ、Ⅱ等荒地面积约为$6.93\times10^6hm^2$，Ⅲ、Ⅳ等荒地面积$14\times10^6hm^2$。全区平原宜用荒地资源总面积，北疆多于南疆，荒地质量北疆优于南疆；其中，伊犁地区质量最佳；其Ⅰ、Ⅱ等荒地占宜用荒地资源的96%。分布于山前细土平原和大河冲积平原两侧的宜用荒地，土层深厚、热量丰富，降水虽少而引水较易。

新疆远离海洋，这决定了全区水汽来源不足；全年降水总量多年均值约为2 400亿m^3，年平均降水量为145mm，只占全国平均年降水量的23%。降水在地域分布上也极不均匀，其山地是荒漠区中的湿岛，降水占全疆降水量84.3%，成为新疆地表径流的形成区，孕育了大小河流570余条，年地表水资源量793亿m^3，总径流量884亿m^3，占全国总径流量的3%。新疆是我国最大的内流区，除额尔齐斯河最终流入北冰洋外，其余河流都属内域流河。全区可分为中亚细亚内流区、准噶尔盆地内流区、塔里木盆地内流区及羌塘内流区和源于昆仑山南部的2条水系。就全区而言，新疆河网密度小，具有干旱、半干旱特征。

4)引渤入疆规划方案

如前所述,引渤入疆有两个基本思路。第一,是陈昌礼教授提出的“引渤入疆”方案,引海水约1 000亿 m^3,输水到内蒙古和新疆等沙漠地区。第二,是霍有光教授提出的“引渤入疆、东水西调,彻底改造北方沙漠”的设想。渤海有黄河、海河、滦河、辽河等河流注入,故含盐量较低,甚至比沙漠中某些咸水湖的矿化度还要低。霍有光教授认为,海水取之不尽、用之不竭,是大自然赐给我国北方得天独厚的水利之源。

引渤入疆、东水西调工程,主要采用管道提扬和渠道自流方法来输水。所谓管道提扬,就是分级将渤海海水提扬到大约1 200m左右的高程,然后把提扬上来的海水输入混凝土衬护的渠道,沿最佳线路流至各大沙漠。这里,关键的工程是把海水提扬1 200m左右高程。提扬工程需要有强大电力。据测算,如果每年从渤海调水300亿 m^3,需装机超过930万kW的抽水泵站。霍有光教授思路:抽水所需要的电力,可通过开发黄河上游的梯级水电工程来解决,即用黄河流域电力资源换取渤海湾海水资源。这方面,我国科学技术完全能够解决。同时,霍有光教授认为:联结八大沙漠,共需修建渠(管)道1 000~1 600km,实现渠道自流。实际上,我国已建成了多项远距离管道输送(如石油、天然气的大型管道)工程,以这种科学技术可直接转化为远距离调水工程。换句话说,“东水西调”工程只不过是“西气东输”工程的“逆向工程”,与我国东西走向的山脉保持平行关系,既不需要开凿超高隧道,也不需要建筑超高大坝,我国完全具备了西调渤海水的科学技术能力。

海水通过管道提扬和渠道自流,进入各大沙漠,然后在沙漠中选择适当地形建立“人造海”。我国北方沙漠底下,均为中生代岩石组成,沙丘和流沙覆盖其上。不难想象,沙漠基底是由基岩构成的一个大岩盆;随着地形起伏,大岩盆中还有许多小岩盆,这是建立人造海很好的储水地质构造。沙漠中建立若干“人造海”,人造海(湖)扩大了沙区的湿地面积,使流动沙丘逐渐变为固定沙丘;人们依托人造海可以广植碱生、沙生植物,改良草场,选育抗重碱、耐海水嗜盐、泌盐的优良植物品种,改造沙漠,发展农业、牧畜业。同时,让海水大量蒸发,使水汽资源增加,提高空气湿度,改善局域气候,促成降水;这样既有利于植被,还可防止沙尘暴,减少空气沙尘污染。

5)海水西调的输水线路

无论是陈昌礼教授提出的“引渤入疆”、海水西调工程,还是霍有光教授提倡的“引渤入疆”、东水西调工程,前段输水线路基本相同,从辽宁渤海湾将海水提升到海拔1 000~1 200m,自流输入内蒙古东南部,顺着内蒙古北纬42°线东西向洼槽地貌,沿燕山、阴山以北,出狼山向西进入居延海,绕过马鬃山余脉进入新疆。后段输水线路再分成3支:

(1)北支进入北疆准噶尔盆地艾比湖;

(2)中支进入吐鲁番、哈密盆地;

(3)南支进入罗布泊盆地。

进入盆地或沙漠的海水,一方面以海水代替淡水,用作生态水填充干涸盐湖,永久性镇压盐湖沙尘源;另一方面,利用西北太阳能,将海水蒸发为水汽,在西风带的能量推动下,将水汽源徐徐推向盆地东南的天山、祁连山、阴山、燕山等高山区;通过增雨,所得降水用于治理西北的沙漠。

由于引渤入疆、海水西调工程,是一条咸—咸和咸—淡的一元调水模式,该工程可以作为持续西部大开发的战略性基础工程。实现海水西调后,将产生巨大经济效益和生态效益。陈昌礼教授的海水西调,所经路线在燕山、阴山以北,贺兰山以西,形成所谓“外线调水”,让内蒙古全面受益。与南水北调东线、中线工程既“内线调水”形成相互补充,且不发生干扰。而霍有光教授的东水西调工程设想,拟解决所有(主要是新疆地区)西北沙漠的生态。海水西调之所以被认为是西部大开发的战略性基础工程,因为它不仅仅是暂时解决西北缺水和治沙的需要,更是从长远的角度缓解乃至局部逆转西北的干旱化进程,是可持续发展的战略性工程。

1.3 重大调水方案比较的学术意义

20世纪以来,随着全球人口的快速增长和大规模的经济活动,使地球有限的资源面临前所未有的高消耗压力,导致资源、环境、生态之间的冲突和矛盾不断加剧。跨流域调水工程,是人类为了改善国民的生存环境、发展经济而实施的一项改天换地的再造工程;功能是让水资源在一定程度上按照人类的意志在时间和空间上重新分配,以此改善缺水少雨地区的生存和发展条件,修复不断恶化的生态环境。也就是说,在现实条件下,通过实施跨流域调水工程调节自然资源的均衡利用,提高部分人群的生存环境质量,促进经济社会全面发展非常必要,意义重大。从宏观层面上讲,南水北调或东水西调的决策、安排,是非常科学、合理的。

20世纪60年代以来,全球多个国家(如美国、澳大利亚、印度等)都建成、运行了跨区跨流域调水工程。我国也实施了多个跨流域调水工程(如引黄济青、引滦入津等)。经过运行检验和监测,证实一些调水工程已显现(或发现)许多当初规划设计时未足够重视及合理规避的问题,因而必须理性研究水资源再配置过程中科学选址、选线和合理确定调水规模及用途等方方面面。

1.3.1 重大方案存在的问题

20世纪90年代之后,业界、学界参与南水北调方案研究的热情较高,截至2014年底前,学界和民间专家也提出了许多优化方案或建议。笔者从众多优化建议中,抽取相对完善的方案参与东线、中线、西线方案比较,以分析各方案相对优势,促进重大建设项目规划研究的价值取向和科学决策。

1.3.1.1 东线、中线、西线调水存在的问题

单纯从技术层面分析,南水北调工程建筑物结构形式非常简单,机电设备制造安装相对容易,施工技术并不复杂;也就是说,南水北调复杂的不是工程本身,而是水权涉及的利益、水源区及下游不断提出的水资源对价要求和调水运营过程可能发生的各种风险。具体地说,南水北调东线、中线、西线单位工程数量多、运行线路长,不同地形、气候条件与建筑物地质条件和经济社会环境差异;调水运行过程,不仅面临自然灾害、次生灾害、环境污染事件和责任事故的风险及损害,还可能面临主体建筑物变形、老化和主要设备、材料的疲劳等风险及损失。

1)东线调水方案存在的主要问题

东线调水方案,从长江下游江苏段取水,沿京杭大运河北上,输水过程需要利用和经过多个大型湖泊调蓄,受水区和调水区密集分布有化工厂,水质保证与管控的难度相对较大。受气候变化和自然灾害等因素的影响,东线调水工程还将面临运行过程本身难以规避的工程类风险、经济风险、水文风险和生态环境等风险。

工程类风险，是指包括抽水系统、蓄水系统和输水系统三大部分遭遇不可抗力或自身参数变化带来的损失、损害；其中，抽水系统运行风险主要来源于工程及设备质量与管理，尤其是泵站系统抽水效率和泵站工程及设备安全存在的问题；如抽水效率受运行条件、设备质量、技术状况（出水量和水泵扬程的变化，电压波动，设备老旧）等影响；工程安全的主要因素包括工程位置、洪水水位和防洪条件等。蓄水系统，主要有洪泽湖、骆马湖、南四湖和东平湖 4 大天然湖泊及有关堤坝闸站工程；由于蓄水系统本身也承担输水功能，蓄水和输水两个系统均面临工程运行安全风险；如堤坝长期遭受高水位浸泡、洪水及风浪冲刷时，容易发生漫堤失事、渗透破坏和大堤失稳等。经济类风险，包括宏观经济风险和调水工程运营环境及管理带来的损失可能。水文风险，是指洪涝灾害多发或持续多年干旱导致的损失或无水可调；生态环境等风险，是指调水工程水源区因水资源输出导致其下游河段水量减少、污染物增加、流域生态恶化带来的损失或损害。

2）中线调水方案存在的主要问题

南水北调仅中线一期工程输水距离超过 1 400km，其间需穿越大小河流 700 条，建有各类建筑物约1 757座，要与 23 座干渠梁式渡槽、16 座涵洞式渡槽、10 座渠道暗渠、74 座渠道倒虹吸、4 座排洪涵洞、2 座排洪渡槽、26 座河道倒虹吸等 7 类建筑物立交；不同的气候条件和地质条件以及生态环境，使各种不可预见的情形增加。偏重与自然灾害（如洪水、地震等）的风险尚归类于小概率事件，真正对南水北调工程构成威胁的风险主要是水源工程关键建筑物及结构、施工质量和输水工程运行中的变形、渗漏、振动破坏，如穿黄隧道地基及渠坡地基砂层液化失稳等。

3）西线调水方案存在的主要问题

西线调水方案，从长江上游的通天河、雅砻江和大渡河调水。根据有关研究报告，西线方案选择的水源工程上游的多年平均（来水）径流总量约 240 亿 m^3，规划调水总量约 170 亿 m^3，调出的水资源占上游水资源总量约 70%。也就是说，按此方案及规模实施，其下游相当长的部分河段将出现脱水或减水。由于水量减少，可能导致气候恶化、干化、土壤含水量降低，加剧这些地方的水土流失和土地荒漠化；水源区下游的陆生和水生生物生存环境和生物多样性可能遭到破坏。

除生态问题之外，西线还有一个最大的制约因素是长江上游的通天河以下，金沙江上游、中游、下游到长江宜昌葛洲坝河段以及雅砻江和岷江大渡河等流域，建设有数百座大型或超大型水电站，西线调水方案也需要考虑这些情况。

1. 3. 1. 2　其他调水方案存在的问题

1）小江调水方案存在的主要问题

小江引水济渭、济黄方案，拟从长江三峡水库的重庆开县小江抽水，输水到黄河中游的支流渭河，经过冲淤后进入黄河，以弥补黄河来水不足，缓解黄河中下游缺水的矛盾。小江调水方案，水源水质可控，水量一年四季均有保障，而且调水方案技术简单，工程规模较小，建设工期较短，抽水运行的电力依托于三峡电站，总体方案经济、合理，并可以替代南水北调工程西线方案彻底解决黄河流域缺水和泥沙淤积问题，是我国水资源优化配置中不可多得的优化方案。也可以说，小江调水方案依托三峡水库，是三峡工程综合功能的再开发。

尽管小江调水方案具有优势，但是，小江调水方案一方面将降低三峡的发电效益（减少发电量）；另一方面，小江调水（抽水）过程还需要消耗大量电力。此外，小江调水方案的规划设计技术深度明显不够，无法实现这一良好愿望。

2）大宁河调水方案存在的主要问题

在本著中，小江与大宁河作为一个水源方案参与比较和评价。大宁河位于重庆巫山县境内，大宁河引水工程与小江调水工程一样都是从三峡工程水库区取水，水质可控、水量有保障、调水方案技术简单、工程建设工期较短，方案经济、合理。如前所述，大宁河调水方案有两个版本：其一是水利部长江水利委员会设计院（南水北调中线工程规划设计单位）提出的“补水方案”；其二是水利部长江科学院专家和时任国务院“三建委员”办公室多位领导支持的优化替代方案。研究表明，南水北调中线工程规划设计单位提出的“补水方案”，引水规模约 30 亿 m^3，单位引水量的土建投资和运营成本较高，对三峡水库和长江中下游地区防洪的分担作用十分有限。

水利部长江科学院专家和时任国务院“三建委员”办公室多位领导支持的大宁河优化方案，引水规模约 145 亿 m^3，基本可以替代中线调水方案中的水源工程，弥补从汉江调水可能遭遇来水量不足的问题；同时，大宁河引水方案运行时，抽水消耗的电力主要利用三峡电站夜间用电低谷的电量，确保汉江水能资源流过多个梯级电站发挥更大的经济效益。但是，大宁河优化方案与小江调水方案发生同样的问题，就是规划设计深度不能满足决策和实施要求。此外，大宁河优化成本较大。

3）大西线调水方案存在的问题

本著参与比较的大西线方案，是水利专家郭开提出的“朔天运河”大西线调水方案。主要思路是：引雅鲁藏布江之水，穿怒江、澜沧江、金沙江、雅砻江、大渡河，过阿坝分水岭进入黄河。规划年引水规模2 006亿 m^3，总水量相当于 4 条黄河的多年平均径流总量；主要作用是解决黄河流域缺水和泥沙问题以及修复西北沙漠生态。“朔天运河”大西线调水方案被公开和“热炒”后，业界组织了专家学者论证，专家认为，“朔天运河”大西线方案技术深度不足。

4）“引渤入疆、滇中引水”的主要问题

“引渤入疆”方案是陈昌礼教授和霍有光教授分别提出的海水西调工程。两个方案的调水规模分别为1 000 亿 m^3和 300 亿 m^3；目的是通过抽取渤海大量海水输送到西北沙漠，填充沙漠中的干盐湖、咸水湖和封闭的构造盆地，形成人造的海水河、湖，从而镇压沙漠。同时，大量海水依靠西北丰富的太阳能自然蒸发，作为湿润北方气候的水气条件增加降水。问题是，渤海海水含盐度较高，海水蒸发一方面将结成大量的盐晶体，如何消化？另一方面，海水可能加剧沙漠地区的土质恶化。此外，海水蒸发能否形成水汽条件和增加降雨，尚不确定。北非撒哈拉沙漠周边地区也有海域，并没有影响或改变沙漠生态条件。

“滇中引水”方案，是从金沙江引水，缓解云南中部尤其是昆明市用水紧张的情况。“滇中调水”方案的另一个目的是向滇池补水，置换或稀释滇池的污水，让死水变活水。如前所述，“滇中调水”和“引渤入疆”等方案，不属于南水北调工程总体规划之内的水资源再配置方案，只是这些方案在一定程度上可能影响水资源再配置总体格局，改变南水北调工程水源区及上游的降水及来水水质和水量。

1.3.2　资源再配置的改革方向

截至 2015 年底，全国已建成和运行的大、中、小水库超过 10 万座，全球最大的水利工程——三峡工程和南水北调工程均投入运营，以水资源开发利用为目的的水利枢纽群正在发挥着防洪、发电、航运、灌溉等功能作用。在长期治水实践和技术推动下，我国水利工程规模世界第一,建造技术总体达到国际先进水平。同时,由于传统体制的惯性作用,水行政权力主导资源配置,一方面使水权模糊、水资源粗放利用和效率低下;另一方面,传统的水资源管理无法应对越来越复杂的水环境、水生态、水安全问题的挑战,需要深化改革,重新构建依法配水、依法管水的水权管理体系。

1)传统水资源配置体制问题

我国宪法规定水资源为国家所有,水权由水利部代表国家调配。但是,现行体制中水权及水事又由多个部门分隔管理,如国家发展和改革委员会、水利部、环境保护部、国土资源部、交通运输部等近10个部门具有部分水职能;而直接管理和使用水资源的地方政府没有具体事权和职责,导致体制问题突出,具体表现在以下方面:

(1)大江大河流域水资源管理缺少完善的法制和执法环境;

(2)流域管理委员会行权缺乏法定权威;

(3)重工程开发、轻保护;

(4)水权不清,重防洪责任,忽视雨洪资源利用;

(5)水环境多头管理。

2)国外水权制度的启示

20世纪,世界上许多国家都实行了水权制度。建立水权制度最重要的作用,是通过法律程序确认用户水权,保障水资源公平、合理使用;建立水权的转让交易机制,使水资源再配置进一步优化;通过政府管控和众多用水户的协商和参与式管理,实现水资源与水生态的可持续。研究表明,所有制完善和法制化程度较高的国家,普遍实行水权制度。主要经济发达国家实行的水权制度有两类:其一是以滨岸权为体系的水权确权制度,如英国、澳大利亚、法国的水权管理制度。其二是以优先占用权为体系的水权确权制度,如加拿大、日本的水权管理制度。

所谓"滨岸权",是指公平、合理拥有与滨岸土地相连的水体水权,但又不影响其他滨岸土地所有者合理利用水资源的权利。行使滨岸权,当事人必须拥有滨岸土地的所有权,才可以主张水资源的权利。优先占用权,是在干旱和半干旱地区建立和发展起来的一种水权确权体系,主要是为了解决这些缺水地区的水资源分配问题,核心是优先权。占用的开始时间,决定了用水户水权的优先地位。美国的水权制度根据水资源富集或稀缺程度分别实行不同的体系,如阿肯色、特拉华、佛罗里达、佐治亚等水资源较为丰富地区,采用滨岸权制度;而密西西比河以西的大部分地区,如犹他、科罗拉多和俄勒冈等干旱缺水地区,用水较为紧张,则采用优先占用水权体系。联邦各州通过立法完善水权管理,不断消除水权转让的制度障碍,保障公平用水并尽可能提高用水效率。

实行水权制度的各国,努力培育和发展水权交易市场,积极推动水权合理流动,持续优化水资源的社会再配置;如美国、欧盟、澳大利亚、加拿大、日本、智利、墨西哥、巴基斯坦、印度、菲律宾等国家和地区,通过建立水市场,将水资源从低效用途再配置到高效用途。

水市场,是实现水权交易的途径或平台,通过市场交易将富余水权配置到最需要的环节(如生态用水等)。国外水权制度实践说明,无论对水资源的初始确权,还是通过水市场或水权交易过程再配置水权,最直接的驱动力是促使用水户节水用水和保护水资源;富余的水权,可以在市场进行交易,提高水资源利用效率和再配置收益。

3)推动水权的市场化改革

传统的水资源管理,水权配置手段单一,水资源利用效率低下。政府仍应保持必要的行政手段调控水资源配置,同时也应加快市场化改革步伐,实现水资源的市场再配置。

早在2000年前后,水利部部长汪恕诚多次提出“明晰初始水权”“建立全国水权水市场”改革的重要性;2005年,汪恕诚又表示:要科学编制全国水资源综合规划、流域和区域水利规划,基本完成主要江河,尤其是北方缺水流域的省际水量分配,逐级明晰初始水权;确定单位产品生产或服务的用水量定额,初步建立起总量控制与定额管理相结合的用水管理制度,制定水权转让办法。

现代市场经济理论和实践业已证明,解决水资源短缺最有效的办法就是建立和完善现代产权制度下的水权制度,将水资源作为一种商品,允许水的使用权和产权进行交易,发挥市场机制和市场价格的自发调节作用,实现水资源的优化配置。通过水权市场交易的具体运作,调整和引导水资源产权主体间的利益关系,创造公平的用水环境,提高水资源再配置效率。

1.3.3 重大方案比较与研究的意义

实施跨区、跨流域调水,不仅涉及受水区(缺水地区)的生存与发展权利和机会,还涉及水源区水资源可能形成的生存条件及发展机会,以及取水河流下游沿线水质、水量变化和可持续发展等问题。我们应当以多维视角理性看待南水北调工程决策和诸多技术深度尚不成熟的专家优化、建议方案,单纯从技术层面比较其合理性及优势。

1.3.3.1 多维视角理清南水北调的必要性

1)重大工程决策的多维视角

重大工程投资规模巨大、建设周期长,涉及一个国家或地区的技术水平、经济发展、生态环境和社会安定等多方面。也就是说,重大工程需要国家集中投入大量的人力、物力和财力,实现一个国家或地区在一个时期的战略意图和发展方向。重大工程的决策立项,既要考虑现实的经济发展水平、科技能力和大众需求,还要顾及环境容量、工程安全等因素。多维视角,就是从不同的方向理解、审视和把握重大工程决策的战略意图。

2)“三先三后”的安排

2001年,南水北调工程总体规划审查、论证时,地方政府、专家学者等各方面都提出了许多建设性的意见。鉴于此,国务院总理朱镕基指出:“解决北方地区水资源短缺问题必须突出考虑节约用水,坚持开源节流并重、节水优先的原则。”要求南水北调工程建设做到“三先三后”,即“先节水后调水、先治污后通水、先环保后用水”。也就是说,南水北调工程的最终决策已对原总体规划方案做了一定修正和补救。实践证明,决策者调减调水规模和“三先三后”的安排一定程度上规避或减轻了规划设计中存在的问题。

1.3.3.2 重大调水方案比较与研究的意义

1)加快资源配置市场化改革

实现水资源的科学、合理配置和可持续利用,就必须有效推进资源配置的市场化改革,加快建立和形成水权市场,发挥市场在资源配置过程中的决定性作用。

资源配置的市场化改革,决定了水权再配置中的主导作用,而水资源产权制度的建立和水权市场的形成,能够调整和引导水资源产权主体间的利益关系,创造公平的用水环境,提高水资源再配置效率。水资源权属关系明晰后有利于资源所在地政府和民众从长远利益考虑,节约水资源、保护水环境,挖掘水资源的经济价值。水权对于水权的持有者来说,将成为具体的水责任;这一方面是水权受法律保护,无论来自上游、周边或自身责任的污染,相关水权人都可以依据法律主张自己的权利。从而推动水资源的有效保护、利用和转让。因此,加快水资源配置的市场化改革和水权制度的建立，对于用水人和水权人都将产生积极的功用。

2014 年，水利部门经过长期研究之后开始了水权转让的试点工作；2016 年，年初召开的水利部厅局长会议上，水利部印发的《关于深化水利改革的指导意见》，将水权市场建设作为当年以及未来水利改革的重要内容；同年，出台了《水权交易暂行办法》。也就是说，由行业牵头的水资源配置市场化改革已经进入公众视野。

2）重大工程学术性比较与研究的意义

南水北调工程，对于缓解北京、天津以及华北其他地区的生态环境，非常必要、意义重大。重大工程技术方案没有最优，都存在再优化空间；无论出于权威机构的比较、研究，还是诸如笔者个人的学术性探讨、比较和研究，目的都是促进技术的合理化、再优化，为决策者提供更加科学的方案，为民众提交更安全、更经济、更可靠的工程。

第 2 章　南水北调东线调水方案

2.1　东线调水方案概述

由于时间跨度长,南水北调工程规划方案版本较多(即便在实施过程中,局部也在不断优化设计),按报告的时间划分,本著将改革开放前的报告称之为早期方案,1996 年的规划报告称之为初期方案、将 2000 年的报告称之为拟实施方案、2001 年规划修订方案称之为实施方案。

根据 20 世纪末的南水北调总体规划,东线调水工程作为缓解我国北方地区水资源短缺的一项重大调水工程,横跨长江、淮河、黄河和海河 4 个水资源一级区。东线一期工程主要从扬州附近长江干流取水,输水北送,出东平湖后分为两路:一路在位山穿越黄河后,经小运河等自流至德州大屯水库;另一路向东开辟山东半岛输水干线至威海米山水库。调水线路总长达 1 466. 50km,其中长江至东平湖 1 045. 36km、黄河以北 173. 49km、胶东输水干线 239. 78km、穿黄河段 7. 87km。

南水北调东线工程主要利用泵站工程系统从长江引水,通过现有河道双线输水,利用沿线四大湖泊进行库容调节,穿过黄河后,自流到北方地区。东线工程主要分为三大系统:提水系统、输水系统和蓄水系统。

一期工程主要由新建的 21 座泵站及江苏省现有的 13 座泵站,共 160 台套装机构成。

作为“三纵四横”总体格局的组成部分,东线工程利用现有京杭运河及其平行的河道输水,输水干线连接长江、淮河、黄河、海河 4 大流域下游区域。这 4 大流域污染物可能对输水水质造成严重的影响。为确保输水干线水质达到地表水环境质量Ⅲ类标准,需要加快这一区域的水污染防治进程。

2. 1. 1　工程总体规划论证

根据水利部南水北调规划设计管理局的规划报告,南水北调 2001 年修订的总体规划按照“三先三后”的原则,对南水北调总体规划初期方案的调水规模进行了重新论证,并合理调减了各线调水量,同时增加了治污工程及措施。

2. 1. 1. 1　黄淮海流域缺水情势与调水范围

2000 年,黄淮海流域的人口、国内生产总值、工业产值、有效灌溉面积、粮食产量均超过全国的 1/3,是我国重要的经济区和粮食、棉花的主产区,具有承东启西、优势互补的有利条件,在我国国民经济与社会发展中具有重要的战略地位。而黄淮海流域水资源总量仅占全国的 7. 2%,人均水资源量为 462m^3,为全国人均的 1/5,是我国水资源承载能力与经济社会发展最不适应的地区,资源性缺水严重。

1)缺水情势

由于长期干旱缺水,尽管各地特别是黄淮海平原和胶东地区都加大了节约用水的力度,但仍然不得不过度开发利用地表水、大量超采地下水、不合理占用农业和生态用水以及使用未经处理的污水,造成20世纪90年代黄河下游断流频繁,淮河流域污染严重,海河流域基本处于“有河皆干、有水皆污”和地下水严重超采的严峻局面。黄河、淮河和海河三大流域的水资源开发利用率都已分别高达67%、60%和超过95%,水资源承载能力与经济社会发展和生态环境保护之间的矛盾日趋尖锐。特别是海河流域,为了支撑经济社会的发展,长期过量开发利用地表水,平原河道长期干涸,被迫大量超采地下水,20多年来已累计超采900多亿 m^3,造成地下水位大面积持续下降。黄淮海流域水资源的过量开发,导致河湖干涸、河口淤积、湿地减少、土地沙化、地面沉陷以及海水入侵等生态环境问题日趋恶化,严重制约经济社会的可持续发展。

在采取节水、污水资源化、挖掘已有工程潜力等多种措施的前提下,经水资源供需平衡分析,黄淮海流域缺水量现状为145亿~210亿 m^3,2010年为210亿~280亿 m^3,2030年为320亿~395亿 m^3。

2)供水目标与范围

南水北调工程的根本目标是改善和修复北方地区的生态环境。由于黄淮海流域的缺水量80%分布在黄淮海平原和胶东地区,因而优先实施东线和中线工程势在必行;在黄淮海平原和胶东地区的缺水量中,又有60%集中在城市,城市人口和工业产值集中,缺水所造成的经济社会影响巨大。因此,确定南水北调工程近期的供水目标为:解决城市缺水为主,兼顾生态和农业用水。

南水北调东线和中线工程涉及7省(直辖市)的44座地级以上城市,受水区为京、津、冀、鲁、豫、苏的39座地级及其以上城市、245座县级市(区、县城)和17个工业园区。

2.1.1.2 受水区缺水量预测

根据水资源条件,考虑不同水平年经济社会发展对水资源的需求,通过调整经济布局和产业结构,强化节水措施和调整供水价格等措施,抑制需水增长。同时,考虑到水资源的可持续利用,在未来的可供水量中扣除了地下水超采和超指标引黄的水量,增加了污水处理再利用量、海水和其他水源的利用量,对受水区进行水资源供需分析,确定了受水区缺水量。

1)节水

在经济合理的节水水平下,测算到2010年在受水区可实现节水量39亿 m^3,占需水量的13.5%;到2030年可再实现年节水量37亿 m^3,占需水量的18.2%。随着节水工作的不断深入,节水的难度和投资也会随之增大。

2)治污

2000年,受水区主要城市废污水排放总量为120.3亿 m^3,2030年将达到173.7亿 m^3。规划到2010年将新增废污水处理能力1 818万t/d;到2030年将再增废污水处理能力1 225万t/d。到2010年废污水处理量为90.6亿 m^3,废污水处理率达74.1%;2030年废污水处理量为140.0亿 m^3,废污水处理率达80.6%。在废污水处理再利用方面,到2010年和2030年用于受水区城市工业、市政杂用和河湖环境等的水量分别为38亿 m^3 和60亿 m^3,其余用于城区以外的生态环境和农业灌溉。

3)挖潜

由于受水区水资源开发利用程度较高,地下水超采严重,传统水资源开发潜力殆尽,需大力加强海水、微咸水和雨洪等非传统水资源的开发利用。测算到2010年和2030年,非传统水资源的开发利用量将分别增加7亿 m^3 和8亿 m^3。

在考虑上述节水、治污和挖潜因素后,受水区现状(2000年)城市缺水量为51亿 m^3,其中超采地下水36亿 m^3,挤占农业与生态用水15亿 m^3;2010年缺水112亿 m^3;到2030年缺水192亿 m^3。

2.1.1.3 一期工程调水总体原则

1)节水优先原则

论证提出,南水北调工程要以节水为前提,治污为关键,改善生态环境为目标,正确处理调水规模和工程建设方案与节水、治污和生态环境保护的关系,把节水作为解决北方缺水的一项根本性措施。特别要重视发挥水价对促进节水的重要经济杠杆作用。

2)适度从紧原则

依据水资源合理配置成果,要严格控制调水规模和工程建设规模,避免对生态环境造成难以挽回的损害和过多的积压投资。

3)责权挂钩原则

在南水北调工程总体规划的基础上,把调水水量的分配与节水、治污、水价改革、限制地下水超采、配套工程建设等措施相结合,沿线省(直辖市)政府要对所分配的水量做出承诺,供需双方签订所需水量与投资和水价责权挂钩的供水协议或合同。

4)生态环境保护

把调水对生态环境的影响作为重要制约因素,使调水规模与生态建设及环境保护相协调。在调水过程中,加强监测与保护,尽量减少和避免调水对生态环境的影响。

2.1.2 调水工程总体布置

2.1.2.1 总体布局

本次总体规划再次对南水北调工程总体布局进行了深入研究论证后,仍推荐东线、中线和西线三条调水线路。通过3条调水线路与长江、黄河、淮河和海河四大江河的联系,可逐步构成以“四横三纵”为主体的总体布局,形成我国巨大的水网,基本可覆盖黄淮海流域、胶东地区和西北内陆河部分地区,有利于实现我国水资源南北调配、东西互济的合理配置格局,具有重大的战略意义。

南水北调工程东线、中线和西线三条调水线路,各有其合理的供水目标和范围,并与四大江河形成一个有机整体,可相互补充,充分发挥多水源供水的综合优势,共同提高北方受水区的供水保证程度。要从根本上缓解黄淮海流域、胶东地区和西北内陆河部分地区的缺水问题,三条调水线路都需要建设(图2-1)。

1)论证阶段的东线工程

利用江苏省已有的江水北调工程,逐步扩大调水规模并延长输水线路。东线工程从长江下游扬州江都抽引长江水,利用京杭大运河及与其平行的河道逐级提水北送,并连接起调蓄作用的洪泽湖、骆马湖、南四湖、东平湖。出东平湖后分两路输水:一路向北,在位山附近经隧洞穿过黄河;另一路向东,通过胶东地区输水干线经济南输水到烟台、威海。规划分3期实施。

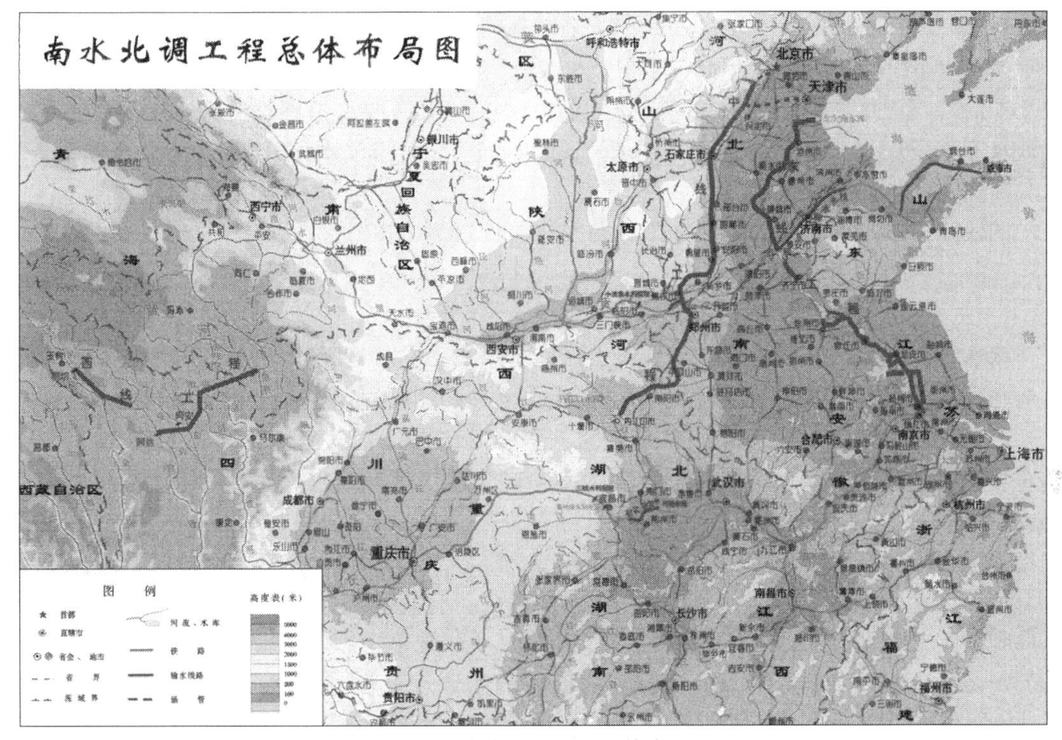

图 2-1 南水北调工程总体布局

2)论证阶段的中线工程

从加坝扩容后的丹江口水库陶岔渠首闸引水,沿规划线路开挖渠道输水,沿唐白河流域西侧过长江流域与淮河流域的分水岭方城垭口后,经黄淮海平原西部边缘在郑州以西孤柏嘴处穿过黄河,继续沿京广铁路西侧北上,可基本自流到北京、天津。规划分两期实施。

3)论证阶段的西线工程

在长江上游通天河、支流雅砻江和大渡河上游筑坝建库,开凿穿过长江与黄河的分水岭巴颜喀拉山的输水隧洞,调长江水入黄河上游。西线工程的供水目标主要是解决涉及青、甘、宁、内蒙古、陕、晋六省(自治区)黄河上中游地区和渭河关中平原的缺水问题。结合兴建黄河干流上的大柳树水利枢纽等工程,还可以向邻近黄河流域的甘肃河西走廊地区供水,必要时也可相机向黄河下游补水。规划分三期实施。

规划的东线、中线和西线到 2050 年调水总规模为 448 亿 m^3,总投资规模约为 5 000 亿元。分期实施后可基本缓解黄淮海流域水资源严重短缺的状况,并逐步遏制因严重缺水而引发的生态环境日益恶化的局面。

2.1.2.2 **东线和中线第一期工程**

东线第一期工程:主要向山东和江苏两省供水。工程规模:多年平均抽江水量 89 亿 m^3,其中新增供水量 39 亿 m^3,工期为 5 年,工程投资 180 亿元。第一期工程的重点是加强污水处理,完成江苏、山东两省治污及截污导流项目,同时实施河北省工业治理项目,于 2006—2007 年实现东平湖水体水质稳定达到国家地表水环境质量Ⅲ类水标准的目标,第一期治污工程投资 140 亿元。主体工程和治污工程总投资为 320 亿元。

中线第一期工程:丹江口水库大坝按正常蓄水位 170m 一次加高,随着水库蓄水位逐渐抬高,分期分批安置移民;兴建从陶岔渠首闸至北京团城湖全长 1 267km 总干渠和 154km 天津干渠;在汉江中下游兴建水利枢纽、引江济汉、改扩建沿岸部分引水闸站、整治局部航道工程 4 项治理工程。尚需加强丹江口水库周边及其上游地区的水污染防治和水土保持工作,保证水库水质安全。该工程主要是向河南、河北、北京、天津供水,多年平均年调水量为 95 亿 m^3。工期 8 年,投资 920 亿元。

东线第一期工程和中线第一期工程的静态总投资为 1 240 亿元。

2. 1. 3　生态环境保护与东线治污规划

南水北调工程生态环境保护规划重点研究了东线第一期工程和中线第一期工程对长江口海水入侵的影响、中线工程对汉江中下游生态环境的影响以及东线工程治污规划。

2. 1. 3. 1　南水北调工程对长江口海水入侵的影响

长江口海水入侵问题是因潮汐活动所致并长期存在的自然现象,也受到人类活动的影响。目前长江大通水文站以下沿江两岸有数百个抽水站,需要加强水资源的统一管理和长江口的综合治理。

从三条调水线路的情况分析,西线、中线工程由于有三峡工程、洞庭湖、鄱阳湖等一系列水库和湖泊的调节,对长江口盐水入侵影响不大。东线第一期工程调水规模仅增加抽江 100m^3/s,只占长江最枯月流量的 1. 3%,新增加的年调水量仅占长江多年平均入海水量的 0. 4%,对长江口海水入侵基本无影响。当 2030 年抽江规模达到 800m^3/s 时,年调水量占长江多年平均入海水量的 1. 6%,影响也不大。

为了尽量减少东线工程在特殊枯水年的枯水期加重长江口盐水入侵的可能,规划当长江大通水文站流量小于 10 000m^3/s 时,减少抽江,由沿途湖泊调蓄向城市供水。采取“避让”措施后,可基本消除东线工程调水对长江口海水入侵的影响。

另外,长江三峡工程运行后,可使 1—4 月大通站流量增加 1000 ~ 2000m^3/s,可在较大程度上降低枯水期长江口海水入侵的可能。

2. 1. 3. 2　中线工程对汉江中下游的生态环境影响

中线调水方案的主要生态环境影响是丹江口水库的移民和对汉江中下游水文情势变化的影响。

目前,丹江口水库周边地区环境容量有限,生存条件差,即使不加坝,也需要外迁长期生活在水库消落区的约 10 万人。丹江口水库大坝加高需要安置移民约 30 万人(测算 2010 年水平),同时可以彻底解决汉江中下游 14 个民垸约 80 万人的防洪安全问题。规划除就地安置部分移民外,将以外迁安置为主,大部分移民将安置在河南省未安置小浪底工程移民的南阳市邓州、唐河、社旗三个县(市)的 30 个乡和湖北省未安置三峡工程移民的京山、钟祥、襄阳、枣阳 4 个县(市)。

兴建引江济汉工程、兴隆枢纽、部分闸站改造、局部航道整治 4 项汉江中下游治理工程,可使汉江下游改善灌溉、航运和生态用水条件。

应当坚持预防为主、保护优先、防治结合的原则,加强丹江口水库库区及上游地区水污染防治和水土保持工作,保证库区及入库水体水质严格控制在国家地表水环境质量Ⅱ类标准。

2. 1. 3. 3　东线工程治污规划

东线治污以治为主,形成“治理、截污、导流、回用、整治”的治污工程体系,在东线工程受水区、输水区及其相关水域内,分别实施清水廊道工程、用水保障工程及水质改善工程。规划建设 369 项工程,其中城市污水处理 135 项、截污导流 33 项、工业结构调整 38 项、工业综合治理 150 项、流域综合整治 13 项；总投资 240 亿元，其中第一期工程为 140 亿元。

经治理后，输水干线和用水规划区的水质可达到国家地表水环境质量Ⅲ类标准。

2.1.4　资金筹措方案

1）工程投资

实施东线第一期工程和中线第一期工程的静态投资为 1240 亿元，其中：东线第一期主体工程静态投资为 320 亿元，包括治污投资 140 亿元；中线第一期主体工程静态投资为 920 亿元，其中水源工程（包括丹江口水库大坝加高和移民安置）为 151 亿元，汉江中下游治理工程 69 亿元，输水工程 700 亿元。

2）筹资方案

鉴于南水北调工程是跨流域、跨省市，具有公益性和经营性双重功能的大型水利基础设施，需要建立政府行为与市场机制结合、多方参与的建设、运营体制。经过多种方案分析，综合考虑工程兼有防洪和生态环境等效益，同时考虑建设管理体制的要求，1 240亿元的工程建设资金拟通过中央预算内拨款或中央国债、南水北调基金和银行贷款三个渠道筹集。

（1）中央预算内拨款或中央国债安排 248 亿元，占工程总投资的 20%，作为资本金注入。

（2）通过提高现行城市水价建立南水北调基金，筹集 434 亿元，约占工程总投资的 35%。

（3）工程建成后，继续征收南水北调工程基金，用于偿还部分银行贷款本息，以控制水价不超过可承受能力。

（4）利用银行贷款 558 亿元，约占工程总投资的 45%。银行贷款的本息由水费收入和工程建成后延长征收的基金偿还。

3）南水北调工程基金

为了顺利落实南水北调工程建设资金，针对目前城市供水价格偏低，与用水户可承受水价之间尚有一定提价空间的实际情况，通过提高城市生活和工业水价，以水价附加的方式建立南水北调基金。南水北调基金征收的范围为东线和中线工程受水区，涉及京、津以及冀、鲁、豫、苏部分地区的城市。

依据居民可承受水费占家庭可支配收入的 2%以及工业用水成本占工业产值的 1.5%测算，南水北调工程沿线省（直辖市）城市可承受水价与现行水价间的上调空间为 0.9～2.5 元/m^3。按水价上调空间的 30%～50%建立基金，则年平均每立方米提价或水价附加约 0.50～0.80 元，筹集南水北调基金 434 亿元总体上是可行的。

鉴于工程建设筹资和建设基金方案的复杂性，国家有关部门将在下阶段做进一步的测算分析，与地方政府充分协商后确定方案，报国务院批准后执行。

2.1.5　水价分析与管理体制

1）水价分析

水价测算的原则是：①还贷、保本、微利；②两部制水价；③定额用水、差别水价、超额累进加价。

依据国家有关规程规范，按供水水量和输水距离，逐段分摊投资，进行成本分析，测算主体工程的水源水价和分水口门水价。根据对水价的承受能力分析，为了使分水口门水价能够被受水区用水户所承受，部分贷款由征收的南水北调基金来偿还。

利用南水北调工程基金偿还部分银行贷款本息后，东线山东省内分水口门的平均水价为 0.59 元/m^3，中线北京和天津的分水口门平均水价在 1.20 元/m^3 左右。

在分水口门供水成本的基础上，受水区用水户的水价还要考虑分水口门至自来水厂的配套工程、城市自来水厂及配水管网、污水收集与处理等环节的成本。如果考虑这些环节，初步估算需再增加 2.5～3.3 元/m^3。因此，工程通水后，受水区用水户的最终水价估计为 3.2～4.8 元/m^3，在可承受能力以内。

2）管理体制

南水北调工程是具有公益性和经营性双重作用的大型水利基础设施，既跨流域，又跨省市，应该按照如下原则设计管理体制，即遵循水资源的自然规律和价值规律，体现水的"准市场"特点，产权明晰，有利于节水治污和水资源统一管理，以达到构建"政府宏观调控、准市场机制运作、现代企业管理、用水户参与"，适应社会主义市场经济体制改革要求的工程建设与管理体制的目标。

工程建设与管理体制总体框架分为三个层次：

第一层次：国务院南水北调工程领导小组，由国务院总理任组长，有关部门、省（直辖市）政府负责同志为成员。其主要职能是制定南水北调工程建设、运行的有关方针和政策，负责协调和决策工程建设与管理的重大问题。

第二层次：领导小组下设办公室，负责日常工作。办公室为领导小组的办事机构，直接对领导小组负责。

第三层次：按照政企分开，建立现代企业制度的要求，由出资各方成立董事会并组建干线有限责任公司，作为项目法人，负责主体工程的筹资、建设、运行管理、还贷，依法自主经营。

工程沿线各省（直辖市）组建地方性供水（股份）公司，作为项目法人，负责其境内与南水北调主体工程相关的配套工程建设、运营与管理，以及境内南水北调工程的供水与当地水资源的合理调配。

各干线工程有限责任公司和沿线省（直辖市）供水（股份）公司之间为水的买卖关系，并根据《中华人民共和国合同法》，签订供水合同，实行年度契约制。

2.2 东线调水初期方案

南水北调东线工程是我国南水北调总体布局中的重要组成部分。东线工程主要供水区域为黄淮海平原和山东半岛，主要目标为解决天津、河北、山东半岛和沿线城市生活和工业用水，并适当兼顾环境、农业和其他用水。该调水工程自长江干流引水，利用京杭大运河以及与其平行的河道输水。黄河以南地势北高南低，设有 13 级泵站，抽水总扬程 65m，连通洪泽湖、骆马湖、下级湖、上级湖、东平湖等湖泊作为调节水库，在山东省位山附近黄河河底建穿黄隧洞，调水过黄河。黄河以北地势南高北低，可顺大运河或新扩建河道自流到天津，利用千顷洼、大屯、大浪淀、北大港 4 座平原水库进行水量调蓄。从长江到天津北大港输水主干线长 1 156km，其中黄河以南 646km，穿黄 17km，黄河以北 493km；分干线总长 795km，其中黄河以南 629km，黄河以北 166km。此外，为解决山东半岛严重缺水的状况，需从东平湖开辟胶东输水分干线，向济南、青岛、烟台、威海等城市供水，输水线路总长 701km。

2.2.1 初期规划总体布局

南水北调工程初期规划是指 20 世纪 90 年代末，水利部各设计院提交的调水方案。根据 1996 年的总体规划,该阶段从长江流域向北调水已建、在建和规划的工程有以下几项。

1)东线调水工程

东线工程是从江苏扬州附近的江都泵站抽取长江水,利用京杭大运河以及与其平行的河道输水,在原本由北向南流的运河上,逐级建设闸坝泵站提水北送。全线最高处东平湖蓄水位与长江水位差约 40m,抽水总扬程 65m,规划黄河以南输水干线总长 1 380km(包括双线和三线),共设 13 处梯级,抽水泵站 27 处 75 座,供水范围以苏、鲁两省为主。

江都泵站当时抽水流量 400m^3/s 年均抽江水量约 33 亿 m^3,可送水到南四湖 2 亿~4 亿 m^3,以农业用水为主,抽水泵站装机总容量约 18 万 kW。东线工程初期规划在江苏省江水北调工程基础上,逐步扩大抽江水规模并向北延伸。一期工程为,抽江流量 500m^3/s,增供水量 37 亿 m^3,向胶东送水流量 50m^3/s。远景规划抽江流量 1000m^3/s,抽水泵站总装机 100 万 kW,在山东位山穿过黄河,利用京杭大运河调水到河北、天津乃至北京。

2)苏皖调水工程规划

在江苏,受东线工程供水范围的局限,为解决苏北南通到连云港一线滨海地区用水和航运问题,江苏正在兴建泰州引江河和通榆河工程,规划当期从长江引水流量 300m^3/s,远景引水流量 600m^3/s(这条线还设想继续向北延伸,为山东青岛等胶东地区供水)。

在安徽,为解决淮河流域水资源短缺问题,规划建设引江济淮工程,即在长江北岸裕溪口、凤凰颈两处从长江引水抽水,通过裕溪河、西河和兆河调江水入巢湖,再抽水溯派河北送,在大柏店越江淮分水岭,而后入东淝河,经瓦埠湖入淮河。计划当期调江水入巢湖流量 200m^3/s,入淮河流量 100m^3/s,凤凰颈抽长江水流量 200m^3/s,泵站已经建成,远景入巢湖流量 300m^3/s,入淮河流量 250m^3/s。

3)中线调水工程规划

中线工程从长江中游最大支流汉江丹江口水库引水,输水总干渠经南阳盆地北部和黄淮海平原西侧,自流向北输水到河南、河北、北京、天津四省市,输水总干渠全长 1389.2km,其中天津干渠长 143.6km。从清泉沟向南引水,自流为湖北省供水。中线工程以解决城市生活和工业用水为主,约占总供水量的 70%,兼顾农业用水。

汉江丹江口水库是中线调水工程的水源地。汉江流域多年平均天然径流量 591 亿 m^3,丹江口水库坝址多年平均径流量 409 亿 m^3,约占全流域的 70%,水量较为丰富。规划时流域内各种用水的实际耗水量为 37 亿 m^3,仅占径流量的 6%,有余水北调。

水库已建成初期规模,发挥了防洪、发电、灌溉供水、航运、养殖等效益,并为南水北调奠定了基础。按原规划完建后期工程,水库调蓄能力增加,可提高汉江中下游防洪标准,增大北调水量。

在可行性研究报告和论证审查中,遵循南水北调不影响汉江中下游现有效益,南北兼顾,南北两利的原则,统筹考虑调水、汉江中下游提高防洪标准和用水航运的需要,推荐加高丹江口大坝至原设计规模,改扩建南水北调渠首闸,先实施汉江中下游部分补偿工程,年均调水 145 亿 m^3,其中过黄河 101 亿 m^3,而后实施汉江中下游全面治理开发,梯级渠化汉江,建设引江济汉工程,年调水 220 亿~230 亿 m^3。

远景沟通丹江口、三峡两大水库,遇汉江枯水时引长江水入丹江口水库,进一步提高供水保证率。

4)西线调水工程规划

规划在长江上游通天河,雅砻江和大渡河上筑坝建库,采用输水隧洞穿过长江与黄河的分水岭巴颜喀拉山调水入黄河。年均北调水量 145 亿~195 亿 m^3，其中通天河 55 亿~100 亿 m^3，雅砻江 40 亿~45 亿 m^3，大渡河 50 亿 m^3。西线调水工程的主要目标是向黄河上中游西北等地区的青海、甘肃、宁夏、内蒙古、陕西、山西提供城市生活和工业用水，补充农牧业用水，同时促进黄河的治理开发。

根据地形和地质条件，初期规划研究了自流和抽水调水方案。西线调水工程地处海拔 3 000~4 500m，需要修建 152~348m 的高坝和开挖 30~240km 的超长隧洞。为此，需在前阶段工作的基础上，深入进行地形、地质勘查工作，加强水文、气象等方面的调查研究，搞好规划，选择合适的调水量，优选调水线路，同时开展高坝，长隧洞等关键技术的研究，以进一步做好西线工程的前期工作。

至于“大西线南水北调”，尽管报道不少，但尚缺乏实在的工作，有些根本不着边际，与实际相去甚远，更不能寄希望于它能解决北方缺水问题。

2.2.2 各调水工程的供水范围

南水北调东线、中线、西线三项工程，由于所处地理位置不同，地形地势和水源水质的差异，应该说是各具优势也各有局限。

1）黄河以南地区各工程供水范围

在黄河以南由于各项工程相距较远，供水区互不衔接，自成系统，更不能相互代替，从解决地区缺水而言都是必要的，应同步进行建设，其规划布局也是合理可行的，其供水范围是：西线调水工程地处西北，供水范围为黄河上中游西北地区；中线调水工程在黄河以南的供水范围为湖北和河南两省，1973 年丹江口水库按初期规模建成后，两省的引水灌溉供水工程已部分发挥效益，更大的供水范围在淮河流域上游地区，有待南水北调工程实施后才能发挥效益。当黄河断流，沿黄河市严重缺水时，中线调水工程有条件应急补黄；引江济淮工程供水范围在安徽，属淮河中游地区；东线调水工程供水范围在江苏淮河下游地区，目前江水北调已达苏鲁边界南四湖地区，在江苏省境内已经发挥灌溉、供水和航运等综合效益。规划进一步扩大抽江能力，并逐级向北延伸，供水范围可达山东省；泰州引江河的通榆河工程，主要供水范围为苏北滨海地区。

2）黄河以北地区各工程供水范围

（1）南水北调中线工程。按照规划设计南水北调工程在郑州西立交过黄河，在黄河北的起始水位为 107m，输水总干渠位于京广铁路以西，从郑州、新乡、安阳、邯郸、石家庄、保定等重要城市之上方通过，顺南高北低的地形自流输水到北京，终点为京西颐和园团城湖（昆明湖），水位 49.5m。由于输水总干渠位居海河平原之西侧，地势西高东低，南水北调工程居高临下，自流供水范围涵盖了京、津、冀等省市的整个海河平原，在用水配置上便于与现有供水设施衔接，方便供水。

（2）东线调水工程。规划在山东位山穿越黄河，从东平湖引水，东平湖水位 38.8m，经 8.6km 穿黄隧洞等工程，到黄河北岸位山渠首，水位 35.21m，然后可顺大运河自流到天津。在黄河以北，东线工程位置偏东，地势较低，东中线工程对应比较，东线工程较中线工程约低 50~70m，其供水范围只能供大运河附近及以东地区，由于海河平原地址是西高东低，平原的中西部地区东线工程无法供水，当然从工程技术讲，并不存在困难，不能自流可以多做工程进行抽水。尤其是解决北京的缺水问题，东线调水工程只提出了为北京供水的设想目标，缺乏落实的具体供水方案。在地形上北京比天津高出约 50m，设想之一是，在北运河上再建 10

级泵站，溯北运河从天津逐级抽水到北京，这样从长江边到北京总抽水梯级将达到23级；设想之二是换水，将引滦入京工程供天津的滦河水转供北京，天津全用东线调水，从技术经济合理性和社会问题的处理上，两种设想均难以操作。

(3)方案比较。中线和东线两项工程所处地理位置和地形条件决定了它们的合理供水范围，即中线工程可以由南向北自流输水，由西向东自流供水，非常方便地解决黄河以北京、津、冀等省市平原地区的城乡用水问题，也就是说即使建了东线工程，“南水北调必须以解决京、津、华北用水为主要目标”的任务也不能完成，重点缺水城市和缺水地区的问题得不到解决。还必须建中线工程，而建了中线工程，京、津、华北地区的缺水问题就能迎刃而解。

(4)引黄(河)工程。天津地处海河流域下游，历史上曾多次引黄河水应急解决水危机，尽管代价很高。目前河北省有大浪淀冬季引黄工程，该工程在南水北调到京津前，天津发生用水危机时，可应急为天津供水，但北京和河北省石家庄等重要城市和地区，因地势高，缺水危机无法依靠引黄解决，必须依靠南水北调中线工程。由于黄河水资源先天不足，经常断流，导致天津的缺水问题也要依靠南水北调中线工程长远稳妥地解决。

3)水质情况和省市意见

中线调水工程从丹江口水库引水，丹江口水库水质优良，是全国水质最好的大型水库之一，是解决京、津、华北缺水难得的一盆清水，为防止调水过程中水质受到污染，保证将优质净水输送到京、津、华北，采用现代化输水道工程标准，即采取新建混凝土全断面衬砌专用渠道，全部立交通过河道。

东线工程从长江抽水，水质一般为Ⅱ级，由于工程地处淮河下游，人口稠密，经济发达，输水河道又集行洪、除涝、调水、航运等于一身，沿途承纳大量工业和城市生活污废水，使水质由南而北逐步变差，水污染程度越往北越重。几年来，淮河水污染治理在国务院直接关怀下虽取得一定成效，但治理水污染还有很长的路要走。据1998年《中国水资源公报》，当年淮河流域是个丰水年，水的稀释能力较强，苏鲁边界南四湖的水质仍为Ⅳ~Ⅴ级。

南水北调中线工程是关系国计民生的改善水资源配置的一件大事，引起全国各方的关注，除有关部委做了大量工作外，全国人大、全国政协、民革中央等方面也为此进行了大量的工作，进行实地调查研究，在分析各种情况后一致认为，由汉江丹江口水库自流引水北上解决京、津、冀等省市的缺水问题是合理可行的。

京、津、冀等严重缺水省市对各项工作进行了更为全面而详尽的考察研究，综合分析比较后，从有利于解决本省市的用水出发，一致认为从丹江口水库引水解决京、津、华北的缺水问题是最佳方案。这样的规划布局体现以下特点。

(1)把握了南水北调必须以解决京、津、华北用水为主要目标，较好地解决了京、津、华北等省市的缺水问题，特别是保证了京、津两大城市对水质和水量的要求。

(2)充分利用了我国水资源分布的地理优势，做到了高水高用，低水低用，优水优用，节省能源与运力，经济技术上比较合理，达到既改善水资源的配置，又合理利用水资源的目标。

(3)与有关省市的意见和要求一致，地方积极支持，有利于工程的顺利实施。

2.2.3　南水北调工程拟实施方案

如前所述，本著将1996年的规划报告称之为初期方案、将2000年的报告称之为拟实施方案、将2001年规划修订方案称之为实施方案。根据2000年的总体规划，南水北调东线、中线、西线等项调水工程，能改善我国水资源配置状况，有效缓解北方严重缺水局面，是北京、天津、河北、河南、山东、安徽、江苏等省市，以及黄河上中游省区的重要供水基础设施，也是这些地区经济和社会可持续发展的支撑工程。因此，适时进行建设都是必要的。但是由于各项工程的功能和供水目标不同，各地缺水的严重程度不同，各项工程的前期工作深度不同，工程的实施只能依据实际情况，区分工程的轻重缓急有序实施。

1）中线工程拟实施方案

遵照国务院历次研究南水北调问题的精神，1988 年明确南水北调必须以解决京、津、华北用水为主要目标，1995 年确定南水北调是为了解决京、津、华北等地区严重缺水状况，以解决沿线城市用水为主的原则。

从南水北调的目的和主要目标，以城市用水为主的水质要求、工程技术可行性、经济合理性以及社会意见一致性等方面综合考量比较，中线调水工程能较好满足缺水最为严重的京、津、华北地区的用水需要。

中线调水工程建设条件十分优越，其可行性研究报告业经水利部初审同意，并报请国家审批立项，环境影响报告书也经原国家环保局审批同意，从前期工作和基础程序上具备了国家研究决策的条件，应尽早决策，以便按全国人大八届四次会议通过的《中华人民共和国国民经济和社会发展"九五"计划和 2010 年远景目标纲要》，在 21 世纪初着手建设南水北调工程的安排，尽早缓解京、津、华北地区严重缺水状况，为民造福。

2）东线工程拟实施方案

东线工程对解决苏北和山东缺水至关重要，前期工作已进行多年，江水北调已有相当基础，要进一步做好前期规划论证工作，妥善处理南水北调与引黄（河）的关系，根据供水区缺水情况，以及按一期工程向胶东供水的要求搞好工程规划，协调好省际意见，治理水污染，创造条件，适时开工建设，早日把长江水调到山东。

3）西线工程拟实施方案

西线工程对缓解西北乃至黄河中上游地区干旱缺水十分重要，目前前期工作尚处于勘测规划阶段，要继续做好地形地质、水文气象等综合调查研究工作，拓宽思路，本着先易后难，由近及远，先低后高，稳妥可靠，分步实施的原则，搞好规划，优选调水线路及合理的调水规模，并开展高坝、长隧洞技术研究，进一步做好前期工作。

南水北调东线、中线、西线三项调水工程的共同任务是解决北方缺水，但三项工程的建设条件有很大区别，调水方式有抽水、有自流；有明渠为主，也有隧洞为主；工程建设方案和标准也有很大差异；有完全新建的混凝土全断面衬砌现代化输水道，也有的利用原河道输水。这些都是因地制宜地选择，应该说都是恰当合理的，从地形地势上看，有的在青藏高原，有的在黄淮平原，所以对诸如工程投资、经济效益等就不宜简单做数值高低的比较，而应予全面权衡。有如新型高速公路和传统沙石公路一样，不能说因高速路需要投资较多就不如沙石路，应该看到随着经济发展，国力增强，从土渠、土路到现代化输水道和高速公路是基础设施建设上的一大进步，是发展的必然。

2.2.4　东线拟实施方案总体安排

南水北调东线工程从长江下游江苏江都泵站抽水，利用京杭大运河以及与其平行的河道输水。目前，江苏省江水北调供水范围已基本覆盖整个苏北地区，但淮河流域地表水丰枯变化很大，每遇枯水年工农业生产和航运均受损失，急需扩大引江和向北调水规模。黄河是黄淮海平原的重要供水水源，山东省沿黄河及胶东地区主要依靠引黄，但黄河水量有限，黄河日益严重的断流现象和泥沙淤积问题,使引黄供水受到威胁。从长远看,从黄河引水已难以满足用水要求,必须及早考虑补充水源。

鉴于东线供水范围水资源开发利用程度普遍较高,地下水超采、水质污染、环境恶化、缺水已很严重,为了维持工农业发展对水的需要、经济和社会的进一步发展,将会受到水资源短缺的制约。东线调水工程是一项缓解黄淮海东部平原和胶东地区缺水为主要的多目标开发利用战略骨干工程,也是一项巨大的生态环境改善工程。因此,建设南水北调东线工程十分必要和十分迫切。

2.2.4.1　**需水量预测**

需水量预测,考虑了节水因素和城市化水平及人民生活水平提高的实际情况,东线工程农业用水占较大比重,淮河流域于 20 世纪 80 年代即开始进行农业节水实验研究,据济宁市十多年的连续试验证明,水稻控制灌溉具有十分显著的节水、增产效果,并已在江苏、安徽、山东等地大面积推广应用。

东线工程从水量丰富的长江下游调水,引水口处长江年径流量为 9 600 亿 m^3,径流量年内和年际变化较小,为东线工程提供了充足的水源。东线工程的供水范围和调水量的拟定,主要取决于用水有关省市的意见,以及如何处理和引黄(河水)的关系。

为解决黄河断流问题,研究了东线工程替代引黄供水的设想。据资料分析,黄河断流主要发生在山东省境内,而山东大量引黄又加剧了黄河水资源危机。20 世纪 90 年代以来,黄河连年断流,而这一时期山东引黄水量仍维持在 75 亿~94 亿 m^3。黄河断流最严重的 1997 年,山东引黄水量仍高达 85 亿 m^3。因此,减少山东引黄水量,对解决黄河断流最直接、最有效。

在山东省引黄灌区中,有相当一部分可由南向北调东线供水。因此,江水替代一部分引黄水量应不成问题。测算认为,山东省每年向南四湖上级湖引黄补水约 5 亿 m^3,东线工程可替代这部分水量;把长江水调到东平湖后,不论是向胶东送水,还是向鲁北送水,都能很方便地与引黄灌区衔接。至于替代多少黄河水,就工程本身而言,如不考虑东平湖向引黄灌区以外供水,按抽江水 700m^3/s 的方案,可替代 50 亿 m^3。但东线工程替代引黄供水的关键问题是水价,即黄河水价低,南水北调水价高,需要妥善解决经济利益机制问题。当时山东省引黄水价农业用水每立方米在 0.01 元以下,其他用水每立方米约 0.02~0.06 元,江水与黄河水价格相差较大,如不采取必要的经济措施,很难实现。所以,从实际出发,按可行的供水范围进行预测不同水平年东线工程供水区的缺水量。

2.2.4.2　**建筑工程规划**

东线工程是在江苏省江水北调工程基础上扩大规模、向北延伸而成,充分利用了京杭运河以及淮河流域等现有河道和建筑物,并密切结合防洪、除涝和航运等综合利用的要求。

1)输水工程规划

从长江三江营到东平湖,主干线长 660km,全长 1 380km(含双线和三线),水位差约 40m,设 13 个梯级,抽水泵站总扬程 65m。现有河道输水能力大部分满足近期调水要求,并可扩挖满足规划输水要求。南四湖以南已全部渠化,达到Ⅱ~Ⅲ级航道标准。江苏省江水北调工程,从扬州到下级湖已建成 9 个梯级、22 座泵站,总装机容量 17.6 万 kW。根据现有河道可利用情况,南四湖以南采用双线或三线并联河道输水,南四湖以北基本为单线河道输水。具体输水路线安排如下。

(1)长江—洪泽湖。从长江三江营和六圩两个口门共抽长江水由运河北送,将来随着抽江水规模扩大,可逐次利用三阳河、淮河入江水道。

(2)洪泽湖—骆马湖。利用中运河和徐洪河两路送水。

(3)骆马湖—南四湖。有三条输水线:中运河—韩庄运河、中运河—不牢河和房亭河。

(4)南四湖区。利用南四湖输水,经二级坝泵站,从下级湖抽水入上级湖。

(5)南四湖—东平湖。利用梁济运河和柳长河输水北送。

以上5个区段,除南四湖内设一级泵站外,其余4个区段间水位差都在10m上下,均设置三级泵站。

(6)向胶东地区供水线路。西起东平湖,东接引黄济青干渠,经济南、滨州、淄博境内,全长237km,输水流量90m^3/s(称西水东调工程)。东平湖—济南段,沿济平干渠开挖,济南—引黄济青段,可利用小清河或平行小清河另新开渠道送水。

2)蓄水工程规划

东线工程黄河以南输水干线与洪泽湖、骆马湖、南四湖、东平湖相串联,为调水运用创造极为有利的调蓄条件。

洪泽湖、骆马湖、南四湖是淮河流域重要的防洪与供水综合利用湖泊,现状总库容211亿m^3,总兴利调节库容49亿m^3。东平湖是黄河的滞洪区,现状不蓄水。为增加调蓄能力,黄河以南设想抬高洪泽湖、骆马湖和南四湖蓄水位,并利用东平湖蓄水,但需要妥善处理与防洪的关系。

3)泵站和供电规划

黄河以南有13个梯级,设27处泵站,增加装机容量扩大抽江水能力,对江苏省已建泵站继续利用,并逐步安排更新改造。针对南水北调东线工程泵站扬程低、流量大、运行时间长、要求效率高的特点,国内有关科研和设计单位进行了多年试验研究,开发了贯流泵、斜轴泵、混流泵及双流道双向泵等多种先进的泵型,其模型试验成果达到国际水平,并已应用于平原地区排灌泵站。东线工程所需泵型可以立足国内解决。随着电力系统的发展,工程沿线已建成220kV、500kV高压超高压电网,原来很难解决的供电电源问题已不复存在。

2.2.4.3 分步建设

经多年研究论证,对北方缺水已形成一致的结论,但对其缺水程度和发展趋势在认识上还有分歧。南水北调工程由湿润地区向半湿润的华北地区供水,只能是补水性质。由于受社会、经济、环境等因素的影响,需要补充多少水量有相当大的不确定性。为减少跨流域调水的风险,应在发展节水和充分利用当地水资源基础上,分步实施南水北调东线工程,根据实际需水量增长调整工程规模,以适应市场经济条件下水资源需协调和可持续发展。东线工程具有便于分期实施的特点。根据对北方缺水形势和经济能力,可以选择多种分步实施方案。初步规划在江苏省江水北调工程基础上分步实施东线调水工程。

1)第一步工程

在现状江水北调抽江水流量400m^3/s(设计流量,下同)基础上,扩大到抽江水流量500m^3/s,进东平湖流量100m^3/s,向胶东供水流量50m^3/s。第一步工程主要向苏北、鲁西南和胶东地区补充水源,年平均抽江60亿m^3,入上级湖27亿m^3,出东平湖18亿m^3,多年平均净增供水量(扣除渗漏等损失)为37亿m^3。

2)第二步工程

在第一步工程基础上,扩大到抽江流量700m^3/s。除扩建泵站及河道外,还需对淮安一站等四座泵站进行更新改造,研究提高南四湖上、下级湖的蓄水位。年平均抽江110亿m^3,

多年平均净增供水量为 85 亿 m^3。第二步工程实施后,新增供水能力基本满足 2020 年黄河以南及胶东地区需求,远景应视供水区对水的供需状况,确定工程实施方案。

2.2.5　国民经济分析

1)主要工程量及投资

依据前述工程安排和实施步骤,按 1995 年价格水平计算,第一、二步工程静态投资 200 亿元(含西水东调工程投资 21 亿元)。

2)工程效益

第一步工程多年平均净增供水量 37 亿 m^3,其中工业和城市生活用水 21 亿 m^3,农业灌溉用水 16 亿 m^3;结合排涝面积为 6 800km^2,年均经济效益为 56 亿元。第二步工程多年平均净增供水量 85 亿 m^3,其中工业和城市生活用水 51 亿 m^3,农业灌溉用水 34 亿 m^3;结合排涝面积为 8 300km^2。此外,东线工程疏浚和治理河道、湖泊,还将改善防洪、航运和生态环境条件,其综合效益难以量化计算。

3)经济评价

按现行方法和有关规范规定,评价经济效果。计算期采用 55 年,按工程建成后 2 年发挥初期效益,建成后 10 年时间达到设计效益计算。费用包括主体工程和配套工程投资、流动资金、年运行费和设备更新改造费。机电设备和金属结构经济使用年限按 25 年计,对利用现有泵站工程按资产重估值计,电价按 0. 50 元每千瓦 · 时计算,评价成果表明,第一步工程效益费用比为 1. 41,内部收益率为 18. 1%,净增值 68 亿元。成果说明,项目在经济上是合理可行的。

4)供水成本及水价测算

东线工程的供水成本包括:

(1)燃料、材料、动力费;

(2)人员工资福利费;

(3)固定资产维护费;

(4)折旧和摊销费;

(5)管理费;

(6)水资源费;

(7)年利息净支出等七项。

按全拨款和贷款 60%(利率 6%,还贷期 15 年)两种资金来源方式,分别计算第一步工程的供水成本和水价。

农业水价按供水成本核定;工业水价,还贷期按还贷要求测算,还清贷款后按供水成本加投资利润率 6%核定。还贷水价,受使用贷款的比例、利率、还贷期的影响很大,还清贷款后水价大幅度降低。

据分析计算,东线工程如按照设计供水量和测算的水价征收税费,工程具有较好的还贷能力,可以做到自负盈亏,略有盈余,维持良好运行(另据有关省测算,苏鲁两省边界综合水价约为每立方米 0. 5~0. 6 元)。不论哪种测算成果,测算的水价均高于现行水价。水价中电费占较大比重,如提水用电电价给予优惠,则水价可以降低。

2.2.6　环境影响及调水水质

南水北调东线工程主要有 4 种不利环境影响,即:

(1)调水对引水口以下长江河道及长江口的影响;

(2)对北方灌区土壤次生盐碱化的影响;

(3)调水能否使血吸虫病流行北移;

(4)调水对长江口及其附近海域、沿输水干线湖泊水生生物的影响。

经过多年监测试验和分析研究,规划得出以下结论:

(1)东线工程调水量占长江径流的比重很小,调水对引水口以下长江水位、河道淤积和河口拦门沙的位置影响甚微;

(2)一般年份调水,不会加重长江口盐水入侵的危害,遇长江枯水年的枯水季节,可采取减少或暂停抽水的“避让”措施,使之不加重长江口盐水入侵;

(3)黄淮海平原已经形成比较完善的排水系统,并积累了丰富的防止土壤盐碱化的经验,北方灌区次生盐碱化能够预防和控制;

(4)根据实验成功和江水北调的实践,调水不会把南方的血吸虫病扩散到北方;调水对输水沿线湖泊的水生生物是有利的,对长江口及其附近海域水生生物不会有明显影响。

自国务院颁布《淮河流域水污染防治暂行条例》和批准《淮河流域污染防治规划及“九五”计划》以来,淮河流域水污染防治工作走上了法制轨道。在流域苏、鲁、豫、皖四省及有关部门的共同努力下,已初步完成水污染防治工作第一阶段的任务。全流域关停年产 5 000t 以下小造纸企业 1 111 家,取缔了污染企业 3 876 家,508 家日排污水量 100t 以上超标排污企业达标验收,计划中的 54 座城镇污水处理厂已有 17 座开工建设。据 1998 年监测资料,南水北调沿线 COD_{Cr} 排放量与 1993 年相比,削减了 33.02%。输水沿线一些城市削减比例较大,扬州市削减 44.14%,徐州市削减 38.16%,济宁市削减 71.00%,枣庄市削减 59.30%。

1998 年南水北调输水干线水质,骆马湖以南输水河段,水质改善明显;南四湖水质较差,但正朝好的方向发展。造成南四湖以北水质较差的原因是近几年气候干旱,湖泊蓄水偏少,以及污水处理设施未完全发挥作用。虽然东线工程沿线水质状况趋于好转,但水污染治理形势仍然严峻,任重道远。除加强监管力度,防止“十五小”死灰复燃,巩固已取得的成果外,还应不断加大水污染治理资金的投入。

2.2.7 工程运行管理

东线工程的管理和运行包括工程的建设管理、运行管理和经营管理。应实行业主负责制,由业主单位从集资建设,到运行管理、还贷、更新改造,全面负责。根据南水北调东线工程的主要任务和跨省等特点,本工程宜实行制定统一的运行调度管理办法,分省负责管理。

第一步工程可实行省界交水,由流域机构协助计量,并按国家有关规定,制定水价,核收水费,以保证工程良性运行。

2.2.8 规划结论

1)水源有保证

东线从长江下游抽水,水量丰沛,水质良好,取水口三江营处年净流量 9 600 亿 m^3,特枯年也有 7 600 亿 m^3,预计长江的治理开发也不会构成对调水水源的威胁。同时,多数年份淮河有余水北调,可减少抽江水量,降低供水成本。

2)便于分期实施、先通后畅

东线工程在江苏省江水北调工程基础上逐步扩大规模并向北延伸。20 世纪 70 年代以来,设计过 10 多个规模不同、送水终点各异的方案。这样分期分步实施，逐步扩大供水范围，提高供水保证率，既可适应受水区经济和需水形式的发展，逐步实现规划目标，而且前期工程不会给后期工程的实施带来不利影响。

3）工程建设和运行风险小

各项工程，包括泵站、河道、涵洞等都不难实施，河渠输水位一般在地面以下，具有较大的抗震性能，分期建设，投资较小，风险小。

4）经济指标较好

由于东线工程充分利用现有河流、湖泊和水利工程，其工程量和投资都较小；黄河以南提水净扬程约 40m、总扬程仅 65m，故单方水的投资和供水成本都较小。

5）具有综合利用效益

调水工程疏浚、扩大输水河、湖，可提高洪泽湖和淮河下游、梁济运河、南四湖、韩庄运河和中运河的防洪除涝标准，还有利于退泄东平湖滞蓄的黄河洪水。有 17 处泵站可结合抽排 6 800～8 700km^2 面积的涝水，使其排涝标准提高到五至十年一遇以上。恢复并提高通航保证率。

6）环境影响利大于弊

南水北调东线工程环境影响评价的结果是利大于弊，不会产生大的不利环境影响，而且这些不利影响是可以防治的。淮水污染防治任务艰巨，必须加大治理力度。

2.3　东线调水实施方案

南水北调横跨长江、淮河、黄河和海河 4 个水资源一级区，属于跨流域、跨区域的水资源解困工程。如若以优化水资源配置考虑，南水北调就只能调取大江大河汛期的“超额”洪水，即非连续性调水或称之间断性、短时程调水。而且，所调之水必须是可能引发水源区江河洪涝灾害的超额来水。也就是说，按照实施的南水北调总体方案正常、连续调水，不可避免对被调水江河流域水环境和生态环境造成一定的影响。

2.3.1　东线初期方案结论回顾

东线调水方案是南水北调总体规划方案的组成部分。根据魏昌林主编的《中国南水北调》，东线一期工程主要从扬州附近长江干流取水，输水北送，出东平湖后分为两路：一路在位山穿越黄河后，路经小运河等自流至德州大屯水库；另一路向东开辟山东半岛输水干线至威海米山水库。调水线路总长达 1 466.50km，其中长江至东平湖 1 045.36km、黄河以北 173.49km、胶东输水干线 239.78km、穿黄河段 7.87km。一期工程主要由新建的 21 座泵站及江苏省现有的 13 座泵站（蔺家坝泵站主泵房见图 2-2），共 160 台套装机构成（对比实施方案：南水北调东线一期工程输水干线长 1 467km，全线共设立 13 个梯级泵站，共 22 处枢纽、34 座泵站，总扬程 65m，总装机台数 160 台，总装机容量 36.62 万 kW，总装机流量 4 447.6m^3/s）。东线抽水具有规模大、泵型多、扬程低、流量大、年利用小时数高等特点。工程建成后，将成为亚洲乃至世界大型泵站数量最集中的现代化泵站群，其中水泵水力模型以及水泵制造水平达到国际先进水平。

图 2-2　蔺家坝泵站主泵房

南水北调东线工程利用现有京杭运河及其平行的河道输水,输水干线连接长江、淮河、黄河、海河四大流域下游区域。东线工程主要供水区域为黄淮海平原和山东半岛,主要目标为解决天津、河北、山东半岛和沿线城市生活和工业用水,并适当兼顾环境、农业和其他用水。该调水工程自长江干流引水,利用京杭大运河以及与其平行的河道输水。黄河以南地势北高南低,设有 13 级泵站,抽水总扬程 65m,连通洪泽湖、骆马湖、下级湖、上级湖、东平湖等湖泊作为调节水库,在山东省位山附近黄河河底建穿黄隧洞,调水过黄河。黄河以北地势南高北低,可顺大运河或新扩建河道自流到天津,利用千顷洼、大屯、大浪淀、北大港 4 座平原水库进行水量调蓄。从长江到天津北大港输水主干线长 1 156km,其中黄河以南 646km,穿黄 17km,黄河以北 493km;分干线总长 795km,其中黄河以南 629km,黄河以北 166km。此外,为解决山东半岛严重缺水的状况,需从东平湖开辟胶东输水分干线,向济南、青岛、烟台、威海等城市供水,输水线路总长 701km。

1)东线调水规模

东线工程是从江苏扬州附近的江都泵站抽取长江水,利用京杭大运河以及与其平行的河道输水,在原本由北向南流的运河上,逐级建设闸坝泵站提水北送。全线最高处东平湖蓄水位与长江水位差约 40m,抽水总扬程 65m,规划黄河以南输水干线总长 1 380km(包括双线和三线),共设 13 个梯级,抽水泵站 27 处 75 座,供水范围以苏、鲁两省为主。

江都泵站当时抽水流量 $400m^3/s$,年均抽江水量约 33 亿 m^3,可送水到南四湖 2 亿~4 亿 m^3,以农业用水为主,抽水泵站装机总容量约 18 万 kW。东线工程规划在江苏省江水北调工程基础上,逐步扩大抽江水规模并向北延伸。一期工程为,抽江流量 $500m^3/s$,增供水量 37 亿 m^3,向胶东送水流量 $50m^3/s$。远景规划抽江流量 1 $000m^3/s$,抽水泵站总装机 100 万 kW,在山东位山穿过黄河,利用京杭大运河调水到河北、天津乃至北京。

2)苏皖调水规模

在江苏,受东线工程供水范围的局限,为解决苏北南通至连云港一线滨海地区用水和航运问题,江苏正在兴建泰州引江河和通榆河工程,规划一期从长江引水流量 $300m^3/s$,远景引水流量 $600m^3/s$(这条线还设想继续向北延伸,为山东青岛等胶东地区供水)。

在安徽，为解决淮河流域水资源短缺问题，规划建设引江济淮工程，即在长江北岸裕溪口、凤凰颈两处从长江引水抽水，通过裕溪河、西河和兆河调江水入巢湖，再抽水溯派河北送，在大柏店越江淮分水岭，而后入东淝河，经瓦埠湖入淮河。计划先期调江水入巢湖流量200m³/s，入淮河流量100m³/s，凤凰颈抽长江水流量200m³/s，泵站已经建成，远景入巢湖流量300m³/s，入淮河流量250m³/s。

南水北调东线一期工程安排在“十一五”末将建成通水，未来运行将受到各类不确定性因素的影响，任何不确定性因素引发的事件都会造成极为恶劣的后果。因此，为避免或减少风险造成的损失，有必要采用运行风险管理。

南水北调东线工程利用现有京杭运河及其平行的河道输水，输水干线连接长江、淮河、黄河、海河四大流域下游区域，这四大流域污染物将对输水水质造成严重的影响。

2.3.2 东线工程修订内容

2.3.2.1 规划修订背景

我国北方地区尤其是黄淮海地区长期受到干旱缺水的困扰，水资源短缺与经济社会发展及生态环境保护之间的矛盾突出，使南水北调东线工程的建设显得十分紧迫。

1)解缺水困局

1972年，华北发生大旱，原水利部就曾组织有关部门研究东线早期调水方案，于1976年提出《南水北调近期工程规划报告》报送国务院；1990年又提出当期的《南水北调东线工程修订规划报告》。期间，还完成了东线第一期工程可行性研究报告及其当时的修订报告；重点开展了有关环境影响专题研究、大型低扬程水泵的研制、穿黄工程勘探试验以及农业灌溉节水、水量优化调度方面的研究，取得一些重要成果，为其后科学比选东线调水方案创造了有利条件。为贯彻落实中央十五届五中全会对南水北调工程的重大决策和时任国务院领导关于南水北调工作的指示，按照2000年12月原国家计委、水利部在北京召开的南水北调前期工作座谈会的部署，淮河水利委员会会同海河水利委员会共同编制了《南水北调东线工程规划(2001年修订)》。

2)调水规模论证

这次规划是在以往前期工作成果基础上的进一步修订。与20世纪70年代、90年代初的规划相比，社会、经济和环境等方面都发生了很大变化。因此，本次修订规划突出了水资源优化配置，按照“三先三后”的原则，重新论证了以下内容：

(1)东线工程的水资源开发利用和保护；

(2)修订供水范围、供水目标和工程规模；

(3)研究东线工程建设体制和运营机制，建立合理的水价体系；

(4)根据北方城市的需水要求，结合东线治污规划的实施，制定分期实施方案。

2.3.2.2 东线工程建设的必要性与迫切性

修订规划的东线工程从江苏省扬州附近的长江干流引水，基本沿京杭大运河逐级提水北送，向黄淮海平原东部和胶东地区供水。供水区内分布有淮河、海河、黄河流域的25座地市级及其以上城市，包括天津、济南、青岛、徐州等特大城市和沧州、衡水、聊城、德州、滨州、烟台、威海、淄博、潍坊、东营、枣庄、济宁、菏泽、泰安、扬州、淮安、宿迁、连云港、蚌埠、淮北、宿州等大中城市。据1998年统计，区内人口1.18亿，城市化率23.6%，耕地880万hm²，工农业总产值1.75万亿元，粮食产量为15 576万t。

东线工程供水区地处黄、淮、海诸河下游，跨北亚热带和南暖温带，多年平均降水量从南向北为1000～500mm，由南向北逐步递减。受季风气候影响，降水量年内、年际不均，丰枯悬殊，连续丰水年与枯水年交替出现。东线供水区人口密集，城市集中，交通便利，地势较平坦，矿产资源丰富，是我国重要的能源化工生产基地和粮食等农产品主要产区。区域经济增长潜力巨大，但水资源供需矛盾突出，缺水制约了经济社会的发展并对生态环境产生严重影响。黄河以北部分地区处于海河流域下游，河流大都已经干涸，可利用的地表水减少。由于长期超采深层地下水，引发了水质恶化、地面沉降等地质灾害。海河地表水已高度开发，地下水又严重超采，已到了仅靠当地水资源难以解决缺水问题的程度。胶东沿海经济发达地区，也是我国严重缺水的地区之一，连年干旱，经济损失严重。地下水持续超采，致烟台、龙口、莱州等地海水入侵。南四湖地区在偏旱年份已无法维持供需平衡，生活和工业供水也无法保持稳定。

黄河持续断流和“引黄”泥沙堆积的严重环境后果，使引黄供水受到威胁，必须补充新水源。原江苏省江水北调工程经过40年的建设已初具规模，为苏北地区灌溉、排水和航运发挥了重要作用，取得显著经济和社会效益。由于规模偏小，设备老化、配套工程落后和管理体制问题，限制了整体效益的发挥。干旱年份和用水高峰季节又不能满足要求，急需扩大引江和向北调水的规模。东线拟供水区面临着地表水过度开发、地下水严重超采、水体污染、环境恶化的严峻形势。在积极采取节水措施和相继建设“引滦入津”及引黄、引江等供水工程情况下，对局部地区水资源不足虽起到缓解作用，但难以从根本上扭转缺水的局面。因此，在进一步节约用水，合理利用现有水资源的基础上，建设东线工程已十分必要和紧迫。

2.3.2.3　东线实施方案总体布局

东线工程修订规划围绕供水目标、水源条件、调水线路进行了论证和优化。

1)供水范围及目标

修订规划确定的供水范围是黄淮海平原东部和胶东地区，分为黄河以南、胶东地区和黄河以北。主要供水目标是解决调水线路沿线和胶东地区的城市及工业用水，改善淮北地区的农业供水条件，并在北方需要时，提供生态和农业用水。

2)水源条件

长江是东线工程的主要水源，质好量丰，多年平均入海水量达9 600多亿m^3，特枯年6 000多亿m^3，为东线工程提供了优越的水源条件。淮河和沂沭泗水系也是东线工程的水源之一。规划2010—2030年水平年多年平均来水量分别为278.6亿m^3和254.5亿m^3。

3)调水线路

东线工程利用江苏省江水北调工程，扩大规模，向北延伸。规划从江苏省扬州附近的长江干流引水，利用京杭大运河以及与其平行的河道输水，连通洪泽湖、骆马湖、南四湖、东平湖，并作为调蓄水库，经泵站逐级提水进入东平湖后，分水两路，一路向北穿黄河后自流到天津；另一路向东经新辟的胶东地区输水干线接引黄济青渠道，向胶东地区供水。从长江至东平湖设13个梯级抽水站，总扬程65m(东线工程输水干线纵断面示意图见图2-3)。

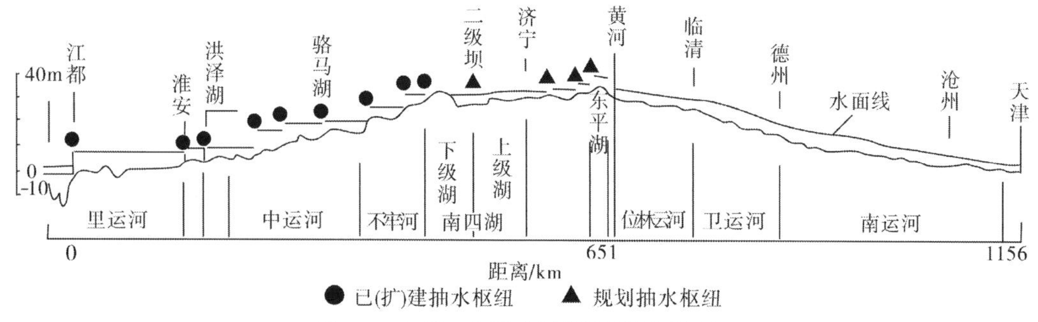

图2-3 东线工程输水干线纵断面示意图

东线工程从长江引水,有三江营和高港2个引水口门,三江营是主要引水口门。高港在冬春季节长江低潮位时,承担经三阳河向宝应站加力补水任务。从长江至洪泽湖,由三江营抽引江水,分运东和运西两线,分别利用里运河、三阳河、苏北灌溉总渠和淮河入江水道送水。洪泽湖至骆马湖,采用中运河和徐洪河双线输水。新开成子新河和利用二河从洪泽湖引水送入中运河。

骆马湖至南四湖,有三条输水线:中运河—韩庄运河、中运河—不牢河和房亭河。南四湖内除利用湖西输水外,须在部分湖段开挖深槽,并在二级坝建泵站抽水入上级湖。南四湖以北至东平湖,利用梁济运河输水至邓楼,建泵站抽水入东平湖新湖区,沿柳长河输水送至八里湾,再由泵站抽水入东平湖老湖区。

穿黄位置选在解山和位山之间,包括南岸输水渠、穿黄枢纽和北岸出口穿位山引黄渠三部分。穿黄隧洞设计流量200m³/s,需在黄河河底以下70m打通一条直径9.3m的倒虹隧洞。江水过黄河后,接小运河至临清,立交穿过卫运河,经临吴渠在吴桥城北入南运河送水到九宣闸,再由马厂减河送水到天津北大港。从长江到天津北大港水库输水主干线长约1 156km,其中黄河以南646km,穿黄段17km,黄河以北493km。胶东地区输水干线工程西起东平湖,东至威海市米山水库,全长701km。自西向东可分为西、中、东三段,西段即西水东调工程;中段利用引黄济青渠段;东段为引黄济青渠道以东至威海市米山水库。东线工程规划只包括兴建西段工程,即东平湖至引黄济青段240km河道,建成后与山东省胶东地区应急调水工程衔接,可替代部分引黄水量。

2.3.2.4 工程规模及调水量

2001年修订的总体规划,考虑到水资源优化配置和节水、治污等内容,对各线拟调水量进行了调整,并重新确定需水量、调水工程规模、一期工程水量分配、二期工程水量分配和三期工程的水量分配。

1)需调水量预测

根据东线工程供水范围内江苏省、山东省、河北省、天津市等城市水资源规划成果和《海河流域水资源规划》、淮河流域有关规划,在考虑各项节水措施后,测算2010年水平,供水范围需调水量为45.57亿m³,其中江苏25.01亿m³,安徽3.57亿m³,山东16.99亿m³;2030年水平需调水量93.18亿m³,其中江苏30.42亿m³,安徽5.42亿m³,山东37.34亿m³,河北10.0亿m³,天津10.0亿m³。

2)工程规模优化

根据供水目标和预测的当地来水、需调水量,考虑各省市意见和东线治污进展,规划东线工程先通后畅、逐步扩大规模,分三期实施。

(1)第一期工程:主要向江苏和山东两省供水。抽江规模 500m^3/s,多年平均抽江水量 89 亿 m^3,其中新增抽江水量 39 亿 m^3。过黄河 50m^3/s,向胶东地区供水 50m^3/s。

(2)第二期工程:供水范围扩大至河北、天津。工程规模扩大到抽江 600m^3/s,过黄河 100m^3/s,到天津 50m^3/s,向胶东地区供水 50m^3/s。

(3)第三期工程:增加北调水量,以满足供水范围内 2030 年水平的国民经济发展对水的需求。工程规模扩大到抽江 800m^3/s,过黄河 200m^3/s,到天津 100m^3/s,向胶东地区供水 90m^3/s。

3)第一期工程北调水量及分配

第一期工程多年平均(采用 1956 年 7 月—1998 年 6 月系列,下同)抽江水量 89.37 亿 m^3(比现状增抽江水 39.31 亿 m^3);入南四湖下级湖水量为 31.17 亿 m^3,入南四湖上级湖水量为 19.64 亿 m^3;过黄河水量为 5.09 亿 m^3;到胶东地区水量为 8.76 亿 m^3。第一期工程多年平均毛增供水量 45.94 亿 m^3,其中增抽江水 39.31 亿 m^3,增加利用淮水 6.63 亿 m^3。扣除损失后的净增供水量为 39.32 亿 m^3,其中江苏 19.22 亿 m^3,安徽 3.29 亿 m^3,山东 16.81 亿 m^3。增供水量中,非农业用水约占 68%。

第一期工程完成后可满足受水区 2010 年水平的城镇需水要求。长江-洪泽湖段农业用水基本可以得到满足,其他各区农业供水保证率可达到 72%~81%,供水情况比现状有较大改善。

4)第二期工程北调水量及分配

东线第二期工程多年平均抽江水量达到 105.86 亿 m^3(比现状增抽江水 55.80 亿 m^3):

(1)入南四湖下级湖水量为 47.18 亿 m^3;

(2)入南四湖上级湖水量为 35.10 亿 m^3;

(3)过黄河水量为 20.83 亿 m^3;

(4)到胶东地区水量为 8.76 亿 m^3。

第二期工程多年平均毛增供水量 64.78 亿 m^3,其中增抽江水 55.80 亿 m^3,增加利用淮水 8.98 亿 m^3。扣除损失后的净增供水量为 54.41 亿 m^3,其中江苏 22.12 亿 m^3,安徽 3.43 亿 m^3,山东 16.86 亿 m^3,河北 7.0 亿 m^3,天津 5.0 亿 m^3。新增供水量中非农业用水约占 71%。如北方需要,除上述供水量外可向生态和农业供水 5 亿 m^3。

第二期工程完成后,可满足受水区 2010 年水平的城镇需水要求。长江—洪泽湖段农业用水基本可以得到满足,其他各区农业供水保证率可达到 76%~86%,供水情况比现状均有显著改善。

5)第三期工程北调水量及分配

第三期工程,多年平均抽江水量达到 148.17 亿 m^3(比现状增抽江水 92.64 亿 m^3):

(1)入南四湖下级湖水量为 78.55 亿 m^3;

(2)入南四湖上级湖水量为 66.12 亿 m^3;

(3)过黄河水量为 37.68 亿 m^3;

(4)到胶东地区水量为 21.29 亿 m^3。

东线多年平均毛增供水量 106.21 亿 m^3,其中增抽江水 92.64 亿 m^3,增加利用淮水 13.57 亿 m^3。扣除损失后的净增供水量为 90.70 亿 m^3,其中江苏 28.20 亿 m^3;安徽 5.25 亿 m^3;山东 37.25 亿 m^3;河北 10.0 亿 m^3;天津 10.0 亿 m^3。增供水量中,非农业用水约占 86%。如北方需要,除上述供水量外,还可向生态和农业供水 12 亿 m^3。

第三期工程完成后，可基本满足受水区 2030 年水平的用水需求。城镇需水可完全满足，除特枯年份外，也能满足区内苏皖两省的农业用水。

2.3.2.5　**调水工程规划**

东线工程主要利用京杭运河及淮河、海河流域现有河道、湖泊和建筑物，并密切结合防洪、除涝和航运等综合利用的要求进行布局。在现有工程基础上，拓浚河湖、增建泵站，分期实施，逐步扩大调水规模。

1）第一期黄河以南

黄河以南，以京杭运河为输水主干线，并利用三阳河、淮河入江水道、徐洪河等分送。在现有工程基础上扩挖三阳河和潼河、金宝航道、淮安四站输水河、骆马湖以北中运河、梁济运河和柳长河 6 段河道；疏浚南四湖；安排徐洪河、骆马湖以南中运河影响处理工程；对江都站上的高水河、韩庄运河局部进行整治。抬高洪泽湖、南四湖下级湖蓄水位，治理东平湖并利用其蓄水，共增加调节库容 13.4 亿 m^3。

新建宝应（大汕子）一站、淮安四站、淮阴三站、金湖北一站、蒋坝一站、泗阳三站、刘老涧及皂河二站、泰山洼一站、沙集二站、土山西站、刘山二站、解台二站，蔺家坝、台儿庄、万年闸、韩庄、二级坝、长沟、邓楼及八里湾 21 座泵站，共增加抽水能力 2 750m^3/s，新增装机容量 20.66 万 kW。更新改造江都站及现有淮安、泗阳、皂河、刘山、解台泵站。

2）第一期穿黄工程

穿黄工程结合东线第二期工程，打通一条洞径 9.3m 的倒虹隧洞（东线穿黄工程总断面示意图见图 2-4），输水能力为 200m^3/s。

3）第一期胶东地区输水干线

胶东地区输水干线，开挖胶东地区输水干线西段 240km 河道。

4）第一期鲁北输水干线

鲁北输水干线，自穿黄隧洞出口至德州，扩建小运河和七一、六五河两段河道。

5）第一期专项工程

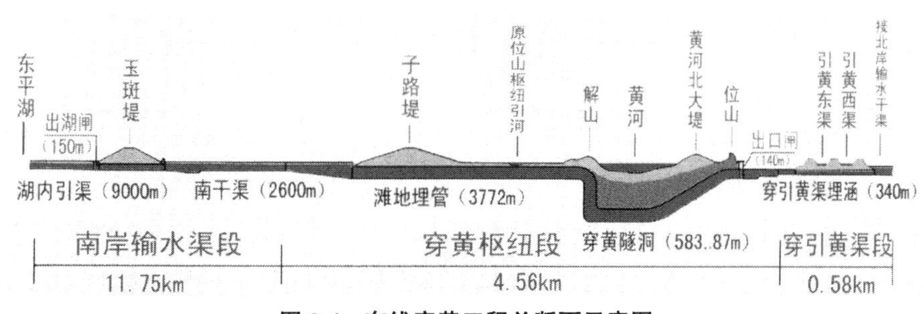

图 2-4　东线穿黄工程总断面示意图

需要的专项工程，包括里下河水源调整、泵站供电、通信、截污导流、水土保持、水情水质管理信息自动化以及水量水质调度监测设施和管理设施等工程。

6）第二期工程

第二期工程增加向河北、天津供水，需在第一期工程基础上扩大北调规模，并将输水工程向北延伸至天津北大港水库。黄河以南工程布置与第一期工程相同，再次扩挖三阳河和潼河、金宝航道、骆马湖以北中运河、梁济运河和柳长河 5 段河道；疏浚南四湖；抬高骆马湖蓄水位;新建宝应(大汕子)、金湖北、蒋坝、泰山洼二站,沙集三站、土山东站,刘山及解台三站,蔺家坝、二级坝、长沟、邓楼及八里湾二站13座泵站,增加抽水能力1 540m^3/s,新增装机容量12.05万kW。

穿黄工程结合第三期工程,按200m^3/s完成。

黄河以北扩挖小运河、临吴渠、南运河、马厂减河4段输水干线和张千渠分干线。

7)第三期工程

黄河以南,长江—洪泽湖区间增加运西输水线;洪泽湖—骆马湖区间增加成子新河输水线,扩挖中运河;骆马湖—下级湖区间增加房亭河输水线;继续扩挖骆马湖以北中运河、韩庄运河、梁济运河、柳长河;进一步疏浚南四湖;新建滨江站、杨庄站、金湖东站、蒋坝三站、泗阳西站、刘老涧及皂河三站,台儿庄、万年闸及韩庄二站,单集站、大庙站、蔺家坝二站,二级坝、长沟、邓楼及八里湾三站17座泵站,增加抽水能力2 907m^3/s,新增装机容量20.22万kW。

扩大胶东地区输水干线西段240km河道。

黄河以北扩挖小运河、临吴渠、南运河、马厂减河和七一河、六五河。

2.3.2.6 征地拆迁及移民安置规划

东线工程跨越江苏、山东、河北、天津4省(直辖市),挖压拆迁影响范围涉及4省(直辖市)的18个地市59个县(区)。由于输水工程主要利用现有河道,对不能满足输水要求的河段进行扩挖,因此主要占用河滩地,人口迁移数量较少,征地拆迁和移民安置问题相对容易解决。

输水河道线路长,拆迁量相对较少,移民分散,主要采取后靠方式在附近安置。新扩建水库占压土地较多,但主要利用荒废洼地。东平湖蓄水工程是移民最多、最集中的地区,涉及历史遗留问题,投资较大。

(1)第一期工程永久占地1.06万hm^2,临时占地约2 670hm^2,拆迁房屋101.34万m^2,迁移人口约2.53万人。征地及移民安置补偿静态投资约27亿元。

(2)第二期工程在第一期工程的基础上,增加永久占地1.28万hm^2,临时占地近3 000hm^2,拆迁房屋73.13万m^2,迁移人口约1.83万人。增加征地及移民安置补偿投资约28亿元。

(3)第三期工程,在第二期工程的基础上,增加永久占地约7 730hm^2、临时占地约2 600hm^2,拆迁房屋113.65万m^2,迁移人口约2.85万人;增加征地及移民安置补偿投资约24亿元。

2.3.2.7 治污规划

东线工程治污规划划分为输水干线规划区、山东天津用水保证规划区和河南安徽水质改善规划区。主要治污措施为城市污水处理厂建设、截污导流、工业结构调整、工业综合治理、流域综合整治工程五类项目。

根据水质和水污染治理的现状,黄河以南以治为主,重点解决工业结构性污染和生活废水的处理,结合主体工程和现有河道的水利工程,有条件的地方实施截污导流和污水资源化,有效削减入河排污量,控制石油类和农业面源污染;黄河以北以截污导流为主,实施清污分流,形成清水廊道,结合治理,改善区域环境质量,实现污水资源化。

为体现先治污后通水的原则,按照工程实施进度要求,将污染治理划分为2007年和2010年两个时间段。2007年前,以山东、江苏治污项目及截污导流项目为主,同时实施河北省工业治理项目;2008—2010年以河北、天津污水处理厂项目及截污导流项目为主,同时实施河南、安徽治污项目。规划项目实施后,预测输水水质可达到Ⅲ类或优于Ⅲ类水标准。

治污工程总投资240亿元,由东线工程分摊截污导流工程投资24.9亿元,其中第一期工程17.25亿元,第二期工程7.65亿元。

2.3.2.8　**环境影响分析**

东线工程的环境影响是利大于弊,不利影响也可采取措施加以改善。工程实施后,有利于改善北方地区水资源供需条件,促进经济社会的可持续发展;有利于改善供水区生态环境,提高人民生活质量;有利于补充沿线地下水,对地面沉降等起到缓解作用;有利于城镇饮水安全,改善高氟区居民饮水质量;有利于改善供水区投资环境,具有显著的社会效益。

对可能产生的不利环境影响,进行了多年监测试验和分析研究,得出以下结论。

(1)东线工程调水量占长江径流量的比重很小,调水对引水口以下长江水位、河道淤积和河口拦门沙的位置等影响甚微;第一期工程仅比现状增加引江100m^3/s,不会因此而加重长江口盐水上侵的危害,遇长江枯水年的枯水季节,可采取避让措施,不加重长江口的盐水上侵。

(2)黄淮海平原已经形成比较完善的排水系统,并积累了丰富的防治土壤盐碱化的经验。北方灌区土壤次生盐碱化能够预防和控制。

(3)根据实验和调水实践,调水不会把南方的血吸虫扩散到北方。

(4)调水对输水沿线湖泊的水生生物是有利的,对长江口及其附近海域水生生物不会有明显影响。

2.3.2.9　**工程管理**

东线工程的管理实行"政府宏观调控、准市场运作、现代企业管理、用水户参与"的体制,这样既体现市场经济的要求,又贯彻水资源统一管理的原则。

1)成立南水北调工程建设与管理机构

国务院组织有关部门和沿线省、直辖市成立南水北调工程领导小组(以下简称领导小组)。对工程实行统一领导,协调解决南水北调工程建设与管理中的重大问题,指导制定有关法规、政策和管理办法。

2)组建供水公司

第一期工程只涉及江苏、山东两省,可以组建江苏省供水公司和山东省供水公司,分别作为法人,以供水合同建立交接水的关系,管理各省境内工程和供水事宜。

第二期及之后的管理体制,可以在上述两公司基础上扩大股份的方式建立,也可以根据当时的情况与条件考虑合适的方式,本次规划暂按建立东线总公司与江苏省供水公司分别作为法人的体制研究有关问题。

2.3.2.10　**工程量及投资估算**

东线工程由输水河道、泵站、蓄水湖泊、穿黄工程以及治污工程、水土保持工程、供电、调度运行管理设施等一系列单项工程组成,在单项工程基础上,组成不同规模的调水方案。

(1)第一期工程共计增建泵站21座,增加装机容量20.66万kW。需完成土石方开挖1.87亿m^3,土方填筑0.33亿m^3,混凝土及钢筋混凝土192万m^3,砌石262万m^3,工程永久占地1.06万hm^2。

按照水利部现行规定的编制办法、定额及费率标准,并参照了沿线省、直辖市有关规定编制。采用2000年下半年价格水平,第一期主体工程静态总投资180亿元,治污工程投资140亿元,共计320亿元。

第一期工程工期 6 年。

(2)第二期工程,在第一期工程基础上增建泵站 13 座,增加装机容量 12.05 万 kW。需完成土石方开挖 1.58 亿 m^3,土方填筑 0.46 亿 m^3,混凝土及钢筋混凝土 130 万 m^3,砌石 172 万 m^3, 永久占地 1.28 万 hm^2。主体工程增加投资约 124 亿元,治污工程投资 100 亿元。

第二期工程工期 3 年。

(3)第三期工程,在第二期工程基础上增建泵站 17 座,增加装机容量 20.22 万 kW。需完成土石方开挖 2.14 亿 m^3,土方填筑 0.25 亿 m^3,混凝土及钢筋混凝土 167 万 m^3,砌石 211 万 m^3, 工程永久占地7 730hm^2。主体工程增加投资 116 亿元。

第三期工程工期 5 年。

南水北调东线第一、二、三期主体工程共计投资 420 亿元。

2.3.2.11 经济分析

东线工程的直接效益主要有工业供水、农业供水、除涝和航运供水等几方面,按照净增供水量和综合经济指标估算,第一、二、三期工程效益分别为 97 亿元、167 亿元和 156 亿元。东线工程的实施,将促进地区经济发展和社会进步,有效扼制生态环境不断恶化的状况,改善人民生活质量,此外,东线工程疏浚和治理河道、湖泊,还将极大改善防洪、航运和生态环境条件,有着巨大的综合效益。

经分析,东线工程的国民经济和财务指标均达到或超过国家规定的标准,工程在经济上是合理的,财务上是可行的。

东线工程投资结构为 45%贷款、55%资本金。按照“保本、微利、还贷”的原则,在水费偿还占工程投资 20%的贷款本息、其他贷款由“南水北调基金”偿还的条件下,测算主体工程水价。第一期工程还贷期全线平均水价为 0.26 元/m^3,江苏省平均水价为 0.17 元/m^3,山东省平均水价为 0,59 元/m^3。通过承受能力分析,工程建成后,用水户对这样的主体工程水价可以承受。

2.4 东线方案的关键问题研究

南水北调东线工程,是我国 21 世纪最具战略性的水资源再配置工程,对东部地区经济社会可持续发展起到至关重要的作用。但也不可否认的是,南水北调东线工程的实施在一定程度上是在资源方面所做的一种补救。因此,不少专家提出优化运行建议的同时,也十分关注南水北调东线工程的水污染问题。

2.4.1 利用东线输水运河航运的建议

京杭运河是世界上开凿最早也是最长的人工运河,与万里长城并称为我国古代两项伟大工程,是祖先给人类留下的宝贵遗产,也是一项集通航、调水、排灌于一体的综合利用水资源的重大系统工程。运河的开凿及运行,对我国历代政治、经济、军事和社会发展发挥了巨大作用,在世界上享有极高的知名度,是中华民族文明的标志和象征。2014 年 6 月 22 日,京杭大运河被正式列入联合国教科文组织《世界遗产名录》(图 2-5)。

1949 年中华人民共和国成立之时,中央政府就十分关心京杭运河的维护,20 世纪 50 年代初期,按照“统一规划、综合利用、分期建设、保证重点”的方针开始整治运河。黄河以北的京杭运河由直属交通部的华北内河航运管理局跨省统管,对航道进行扫障和清淤,建设了德州四女寺、临清等大小十几个港口，恢复了航运，年运量达 400 万 t。南水北调东线一期工程，部分利用京杭运河线路实施提水输水。山东省交通厅京杭运河续建工程建设办公室官员郝玉明、孙晋明研究探讨南水北调东线工程与京杭运河航运协调发展的可行性和必要性，重点分析了航运用水、复航条件、通航期等问题，并在此基础上提出了分阶段逐步恢复京杭运河（济宁以北至天津）通航的建议方案，力争早日实现交通部提出的“三横一纵”中“一纵”目标，实现我国重要的南北向水路运输大通道，其思路如下。

图 2-5　京杭大运河鸟瞰图

2.4.1.1　**概述**

1958—1961 年，结合引黄工程先后四次扩建梁济运河，建成 100 吨级郭楼船闸，结合南四湖二级坝枢纽建设建成了 2 000 吨级的微山船闸，黄河以北段结合水利工程建设，先后修建了杨柳青和四女寺 2 座 1 000 吨级船闸。由于国家对京杭运河（济宁—天津段）的开发建设，使沿线地区的航运事业十分发达，山东省济宁以北地区完成货运量 756 万 t，完成货物周转量 81 502 万 t · km。河北省 60 年代初期内河航道里程 3 025km，年货运量达 400 万 t，天津市历史上曾是航运密布的地区，以海河为主干的内河航运在 20 世纪 50 年代十分发达，有通航河流 14 条，航道里程 555km，1958 年天津内河货运量达 800 万 t（图 2-6 和图 2-7）。20 世纪 60 年代之后，随着工农业的发展，水利设施的修建对航道的破坏，使水资源匮乏的问题日益突出，航道缺水更加严重，通航里程越来越短。到 20 世纪 80 年代初，天津、河北内河航运全部中断，山东境内济宁以北地区也同样受水资源的制约而日渐消亡。

2000 年 10 月 11 日在党的十五届五中全会上，研究了 40 多年的南水北调工程被列入全会通过的《中共中央关于制定国民经济和社会发展第十个五年计划的建议》中，为此水利部加快了南水北调工程的前期工作步伐，目前各项前期工作相继完成，安排 2002 年开工建设东线部分调水工程。南水北调工程是解决北方地区水资源严重短缺问题的重大战略举措，南水北调东线工程的建设给京杭运河进一步发展航运带来了机遇。京杭运河济宁以南段已成为我国重要的南北向水路运输大通道，古老的运河焕发出新的活力，而济宁以北段特别是黄河以北的航运中断，主要是由于水资源的缺乏，需要结合南水北调东线工程解决水源问题，恢复通航，让运河发挥最大经济效益。运河船队拖载方式见图 2-8。

图 2-6　京杭大运河河道情形

图 2-7　京杭大运河运行景观

图 2-8　运河船队拖载方式

2.4.1.2　恢复航运促经济

京杭运河(济宁—天津)复航,将进一步促进当地经济的发展。京杭运河(济宁—天津)沿线经过山东、河北、天津两省一市,均为沿海省(市),人口密集度较高,经济比较发达,工农业并重。2000 年土地面积为 35.1 万 km^2,年末人口为 1.66 亿人,分别占全国的 3.66%和 13.1%。2000 年国内生产总值为15 271亿元,外贸出口总额为 474 亿美元,分别占全国的 17.1%和 10%,人均国内生产总值为 9 209 元,高出全国平均水平 2 129 元。沿途经过的山东省济宁市梁山、汶上、东平县、聊城、德州等市县、河北省的沧州市以及天津市为其直接腹地。京杭运河(济宁—天津)通过与其相连的公路、铁路,特别是与海河干支流沟通后,其腹地可延伸到北京、保定、石家庄以及山东、河南省有关地区。

腹地内资源丰富,有煤炭、石油、矿建材料、非金属矿石、金属矿石等资源。煤炭资源沿京杭运河由南向北分布在 3 个主要片区。

(1)鲁西南的济宁、菏泽地区,其中济宁梁山等地区探明储量 40 亿 t,菏泽的巨野矿区探明储量 60 亿 t,生产能力 2 680 万 t;

(2)黄河以北 25 亿 t;

(3)冀南等地区由于资源有限,产量逐年下降。

腹地内石油资源较为丰富,主要为华北油田,年产量维持在 3 000 万 t 左右。腹地内的石灰石、石膏、黄砂石材等矿建材料及非金属矿石主要集中在山东的东平、梁山。腹地内工农业发展态势较好，其中工业形成了以煤炭、电力、冶金、石化、建材等重化工业为基础，机械、纺织、食品、电子产品等轻工业为新兴点的产业格局。2000年工业总产值为14 818亿元，占全国的17.5%。2000年煤产量为1.5亿t，占全国的14%，水泥产量为1.15亿t，占全国的19.3%。2000年腹地农业总产值4 005亿元，占全国的16.1%，其中粮食总产值6 513万元，占全国的14.1%。根据两省一市的规划，"十五"期间经济增长速度均高于全国平均发展速度。2005年腹地的GDP为23 490亿元，人均GDP为13 689元，外贸进出口额为915亿美元，分别比2000年递增9%、8%、14%。2010年两省一市国内生产总值将在2000年基础上翻一番以上。

随着经济的发展，腹地内的工农业生产将进一步加强，煤炭和建材等资源将进一步开发，电力和建材工业也将进一步发展，由此会带来上千万吨的运输需求增量，而这些增量大都来自量大、低值货种，与其他运输方式相比，内河运输在大宗、低值货物运输占有明显的优势。

根据腹地内矿产资源开发、国民经济发展、产业结构变化的特点、资源地和消费地的布局及其对交通运输的需求等情况，结合内河航运的优势、特点和运输的经济性、合理性，预测京杭运河济宁以北段复航后的主要货种为煤炭、矿建水泥等大宗货物，测算京杭运河（济宁—天津）2010年、2020年、2030年水运需求量分别为1 430万t、2 410万t、3 150万t，其中黄河以北2020年、2030年水运需求量为1 100万t、1 480万t。目前京杭运河（济宁—天津）物资运输主要由铁路、公路承担。

南水北调东线方案实施后，京杭运河（天津—济宁）段可以全线复航，复航里程706.99km，其中Ⅱ级航道102.26km，Ⅲ级航道583.53km，立交穿黄19.2km。可以说这一地区增加一条通过能力达3000万t以上的运输大通道，有利于加强地区间的物资交流，充分发挥内河运输能力大、成本低、耗能少的优势，承担起煤炭、矿建等大宗低值散货的主要运输任务。为腹地内丰富的煤炭、矿建材料资源的开发和外运创造良好的条件。对进一步完善区域运输体系，促进国民经济发展，实现全国水运主通道规划目标，改善沿河地区的生态和投资环境，非常有利。经测算国民经济内部收益率为24.03%，净现值为151 974万元。

2.4.1.3　京杭运河（济宁—天津）的复航条件

京杭运河（济宁—天津）的航道选线方案：结合调水选择了3个比较方案。由于黄河以南段及南运河吴桥以北方案调水和航运线路是统一的，不同点是黄河以北位山—吴桥线路不同。方案1从位山经小运河过临清走临吴渠—吴桥，是由水利部门提出的。方案2、方案3从位山经位临运河或小运河过临清走卫运河至吴桥，到吴桥后3条线路统一经南运河—天津，由交通部门提出。

1）黄河以南南四湖至东平湖段

京杭运河（济宁至天津）黄河以南段的南四湖—东平湖段也称梁济运河，长81km，是20世纪60年代为发展航运，结合排涝泄洪等开辟的一条河道。1967年按Ⅵ级航道标准进行整治，建成100吨级的郭楼船闸和300吨级的国那里船闸。后因引黄淤积、航道缺水、跨河生产桥碍航等原因全线断航，国那里船闸也已淤废。

南水北调东线输水线路选用梁济运河接柳长河，经八里湾泵站入东平湖老湖区，送水到湖北魏家河出湖闸，输水线路长102.26km，其中梁济运河线路长79.31km，东平湖区22.95km，输水规模一期为$100m^3/s$，二期为$170 \sim 200m^3/s$。南四湖—东平湖航道等级：远期为Ⅱ级航道，可通航2 000吨级船舶，近期为Ⅲ级航道，可通航1 000吨级船舶，通航线路与输水线路完全一致，只需在相应于调水泵站的长沟、邓楼、八里湾设3座船闸，改造沿河桥梁，个别航道适当加深就可满足通航要求。

2）黄河以北—临清段

水利部门调水线路有3个方案，分别是位山三干渠、小运河和新开位临运河。

（1）位山三干渠。位山至临清段，也称位临运河，是1958年京杭运河全面整治建设中新开挖的航道，位于淤死的小运河（老运河）西侧，全长104km。随着京杭运河整治工程中途下马，该运河未沟通。1960—1968年水利部门在运河规划的线路上开挖了周店—尚店76km水渠，但不能通航，仅能在灌溉和引水方面发挥作用，水利部门称其为位山引黄三干渠。

位山三干渠自位山引黄闸引水北送至临清入卫运河，设计流量为80~50m³/s，引黄济津和引黄入卫利用三干渠应急，短时间小规模输水，具备优越的条件。如长期大规模作为调水渠道，从输水时间、水位、泥沙淤积、管理等方面问题很多，按照江黄分工的原则，予以否定。

（2）小运河。原是黄河与卫运河之间的京杭运河，全长109.16km，主要问题是：①小运河桥梁多且净空不足，改建投资多，特别是济邯、京九铁路和济聊高速公路改建难度大；②河道蜿蜒曲折，两岸地面高程低，要满足通航，需改线37.2km，占全河长度34%，拆迁移民多；③为防止碱化，防渗工程量大，而且不利于调水的远期扩建和航运的发展。

（3）新开位临运河。在以往的南水北调规划中，认为南水北调不宜与三干渠结合，小运河难以接纳较大输水量而推荐在位山三干渠西侧新开辟位临运河的三堤两河方案。位临运河自位山至临清东窑全长90.67km，位临运河线路短，地形条件好，能满足防渗条件，问题是拆迁、移民并切断三干渠以西灌区，还需新建大量跨河桥梁。位临运河是交通部规划的Ⅲ级航道，跨河桥梁布置和新建不存在问题，且输水线路比小运河短20km，有利于提高航运效益。

以上3条线路由南至北均分别与赵王河、徒骇河、马颊河等天然河流相交，交叉工程基本相同。为此水利部门推荐扩挖小运河与卫运河相交方案作为输水方案。

3）临清至南运河吴桥段

输水线路是利用卫运河、七一河、六五河和临吴渠3个方案，其中：卫运河临清—四女寺长100.06km，于四女寺入南运河，其状况是平槽输水能力1 150m³/s，目前污染严重，但作为输水线路投资少。七一河、六五河在邱屯闸接小运河，沿位山三干六分干向北于师堤进七一河，于夏津县城汇入六五河，再利用倒虹吸穿老碱河、盆河，在四女寺闸下入南运河，总长91.2km。临清至四女寺段，也称卫运河，长100km，为漳卫河的一段。漳卫河由卫河和漳河在河北省馆陶县汇合而成，京杭运河被黄河截断后，卫运河为河南、山东、河北三省的主要通航河流。1958年后，因水利部门扩大行洪和建设水库塘坝，特别是1965年岳城水库建成后，航道条件恶化，1980年被迫停航。现卫运河上建有300吨级的祝官屯船闸和1000吨级的四女寺船闸。该段航道可以满足Ⅲ级航道标准，另外已建成的德州港拥有码头岸线700m，码头5座，货场4.9hm²，专用铁路线674m。

临吴线方案是在临清现穿卫立交枢纽附近，扩建穿卫倒虹吸工程，利用清凉江输水到朱往驿（以上同引黄济津线）经朱往驿闸转入清江渠、江汇河、惠江渠、玉泉庄渠在吴桥县城北入南运河，线路总长147.5km。由于水利部门没有考虑航运问题，尽管七一河、六五河方案和临吴线方案投资大，为避免卫运河污染，仍采用临吴渠作为推荐方案，因此从航运角度来看，小运河和临吴线对航运是不利的。应推荐卫运河方案。临吴渠同样存在桥梁净空不满足通航要求，京九、石德铁路改造难度大，要满足通航需建大批通航建筑物，而卫运河、南运河有现成的通航设施,而且保存完好,稍加整治即可满足通航要求。

4)南运河吴桥—九宣闸—天津港

南运河吴桥—九宣闸航线分两路,一条马厂碱河—北大港—新城,另一条沿南运河至第六埠。南运河是指山东德州四女寺—天津第六埠,长 291km,其中德州—第三店 25km 为山东段,第三店到流河 211km 为河北段,流河至第六埠 55km 为天津段。南运河德州至九宣闸线路长 261.6km,其中自吴桥—九宣闸段输水线路与南运河重合 229.87km,九宣闸—第六埠线路长 30km。南运河航道的主要问题是,航道狭窄弯曲,两岸村庄密集,在正常的情况下水深 1m,航道底宽 15~30m,弯曲半径 50~100m。

南运河分 6 个梯级,建有 6 座船闸,其中杨柳青为 1 000 吨级,其余为 100 吨级,除北陈屯船闸损坏严重外,其他基本保存完好。

2.4.1.4　关于航运用水和通航期问题

航运用水的原则和特点是:京杭运河(济宁—天津)全线渠化后,在调水期调水量已基本满足航运用水,关键是非调水期维持渠化水位满足通航要求的调水量。

由于渠化后航运用水具有阶梯之间的连续性,对黄河以南可用东平湖进行调节,只需适当的提高东平湖调蓄量。黄河以北航运用水与调水方向一致,而非调水期的航道用水,需要解决小流量补充,以维持渠化水位,满足航运要求。经计算,黄河以南水量 1.88 亿 m^3,平均流量为 6.16m^3/s,这是按每天开闸 22 次,船闸通过能力 2 600 万 t 计算的用水量。由于黄河为南北的分水岭,货源为起始点,运量达不到设计的运量,预测从东平湖直达济宁的年货运量一般在 1 300 万 t 左右,因此年耗水量一般在 7 000 万 m^3 左右。另外考虑通航期的影响,黄河以北河流冬季封冻时间由北向南逐渐减少,时间由 12 月—翌年 2 月底,因此黄河以北通航期为 9 个月。黄河以南通航期为 10 个月,从通航期和用水量上来看,黄河以南、以北航运用水主要在非调水期,约 2~3 个月,所以航运用水是很少的。

通过对经济腹地、航道状况和用水量分析,结合南水北调东线工程恢复京杭运河济宁—天津段通航是十分必要的,在技术上是可行的。

2.4.1.5　调水线路的航运条件分析和分段复航规划

结合南水北调东线一期工程 2005—2010 年完成京杭运河黄河以南—济宁的复航工程,其中Ⅲ级航道 102.26km,包括梁济运河 79.31km,东平湖湖区航道 22.95km,船闸、过河桥梁等永久建筑物按Ⅱ级通航标准建设或改建,同时着手开展黄河以北小运河或位临运河的复航工程。2010—2020 年结合南水北调工程二期建设,实施京杭运河黄河以北至天津的复航工程,其中黄河北岸—沧州按Ⅴ级航道建设,航道里程 409.16km,按Ⅲ级航道标准建设船闸、过河桥梁和永久建筑物设施。沧州—天津(新城)按Ⅵ级航道建设,航道里程 175km,按Ⅲ级航道标准改建或新建船闸、过河桥梁等永久性建筑物。与此同时着手开展穿黄工程的前期工作。

在 2030 年前将黄河以北的航道提高到Ⅲ级(包括九宣闸—杨柳青、九宣闸—新城两线)黄河以南航道提高到Ⅱ级,并建成穿黄工程,实现京杭运河全线复航并全线完成京杭运河水运主通道规划。与其他内河水运相比,京杭运河济宁以北段由于存在资源性问题,调水第一期工程梁济运河、柳长河的输水规模为 100m^3/s,水深为 2~5m 局部地段的航宽和水深不能满足Ⅲ级航道要求。当调水规模为 200m^3/s 时,水深仍为 2~5m,尽管航道底宽大于Ⅱ级航道标准,但局部水深仍不满足通航要求,这就需要航运部门及时与水利部门协调,在满足输水的前提下,调整输水断面以适应航运需求。关于黄河以北调水一期工程,调水到德州大屯,调水量为 50m³/s。可考虑黄河以北的运河复航。当调水二期工程调水到天津,调水量为 150~50m³/s、水深 3.4~6.2m、航道底宽 40~47m 时,水深可满足Ⅲ级航道要求,但需要对航道的宽度和转弯半径进行调整。

2.4.1.6 **研究结论**

随着京杭运河济宁至徐州段的贯通,山东省的交通部门已经开始进行济宁以北复航的前期工作,随着京杭运河水资源的开发和综合利用,古老的京杭运河必将会再次迎来新的发展机遇。

2.4.2 东线工程江苏受水区水质状况研究分析

我国黄淮海地区长期受到干旱缺水的困扰,水资源短缺与经济社会发展及生态环境保护之间的矛盾越来越突出。京、津、冀、鲁地区和淮河流域日益恶化的生态环境和连年发生的严重干旱缺水,使南水北调东线工程的建设及水资源保护显得更为紧迫。

南水北调东线工程江苏段具有不同于中线和东线其他省份的特点,其既是水源地、输水区,又是受水区。其供水对象不仅有城市工业生活用水,还有用水比重较大的农村用水,节水、保水、提高水资源利用效率任重而道远。江苏省水文水资源勘测局工程师高鸣远 2012 年 1 月在《水资源保护》第 28 卷第 1 期发表《南水北调东线工程江苏省受水区水质现状》一文,对南水北调东线工程江苏段(图 2-9)相关重点河道的水质状况做的简要分析如下。南水北调东线江苏段输水干线。

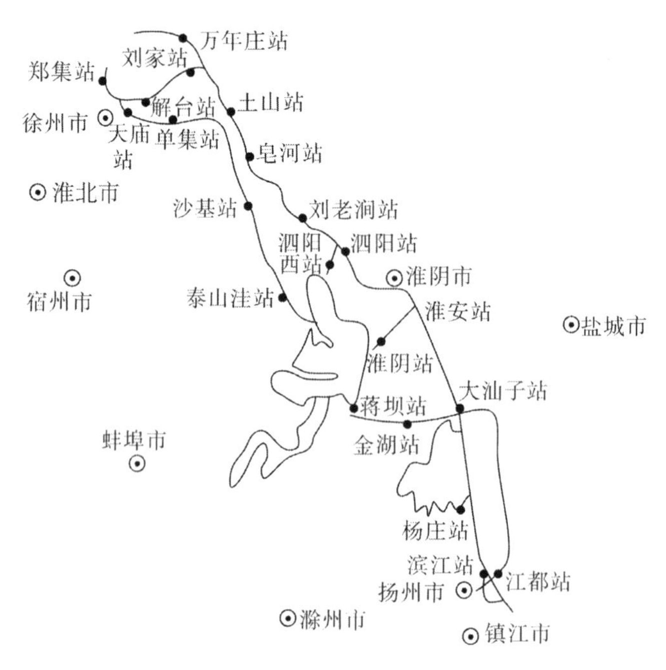

图 2-9 南水北调东线江苏段输水干线示意图

2.4.2.1 **重点河流水质状况**

根据相关标准及评价方法,河流水质评价目标值选用 GB 3838—2002《地表水质量标准》中Ⅲ类水质的浓度限值,选用 2008 年江苏省水环境监测中心例行监测数据进行评价,现有输水干线的水质不能在各时段都满足全线Ⅲ类水的目标要求,水质污染现象时有发生。

二河、废黄河、灌溉总渠淮安段淮沭新河、三阳河、泰州引江河、潼河、盐河淮安段及洪泽湖、骆马湖各水期水质良好,水质类别基本为Ⅱ~Ⅲ类。徐洪河、三阳河水质不稳定,汛期水质较好,常为Ⅲ类,但非汛期、全年期不能满足输水水质的要求。

房亭河、盐河、徐洪河徐州段状况水质恶化,各水期水质类别均为Ⅴ~劣Ⅴ类,主要超标项目为 NH_3-N 和 COD_{Mn},亟须加强水质保护和水环境治理。

从所在地域看,输水干线淮安境内河流各水期的水质均为Ⅱ~Ⅲ类,水质较好,而其余各市河流水质因水期、河段不同而情况各异。输水干线主要河流汛期、非汛期和全年期河流水质类别情况见表 2-1。

表 2-1　输水干线重点河段各水期的水质类别

地市	河流名称	水质类别		
		汛期	非汛期	全年期
淮安	二河	Ⅱ类	Ⅱ类	Ⅱ类
淮安	废黄河	Ⅱ类	Ⅱ类	Ⅱ类
徐州	房亭河	Ⅴ类	劣Ⅴ类	Ⅴ类
盐城	灌溉总渠(盐城)	Ⅲ~Ⅳ类	Ⅲ~Ⅳ类	Ⅲ~Ⅳ类
淮安	灌溉总渠(淮安)	Ⅱ~Ⅲ类	Ⅱ~Ⅲ类	Ⅱ~Ⅲ类
淮安	洪泽湖(淮安)	Ⅱ~Ⅲ类	Ⅱ~Ⅲ类	Ⅱ~Ⅲ类
宿迁	洪泽湖(宿迁)	Ⅲ类	Ⅲ类	Ⅲ类
淮安	淮沭河(淮安)	Ⅱ类	Ⅱ类	Ⅱ类
宿迁	淮沭河(宿迁)	Ⅱ类	Ⅱ类	Ⅱ类
徐州	骆马湖(徐州)	Ⅱ~Ⅲ类	Ⅱ~Ⅲ类	Ⅱ~Ⅲ类
宿迁	骆马湖(徐州)	Ⅱ~Ⅲ类	Ⅱ~Ⅲ类	Ⅱ~Ⅲ类
扬州	三阳河	Ⅲ~Ⅳ类	Ⅲ类	Ⅱ~Ⅲ类
泰州	泰州引江河	Ⅱ类	Ⅱ类	Ⅱ类
扬州	潼河	Ⅲ类	Ⅱ类	Ⅲ类
徐州	徐洪河(徐州)	Ⅳ类	Ⅴ类	Ⅴ类
宿迁	徐洪河(徐州)	Ⅲ类	Ⅴ类	Ⅳ类
淮安	盐河(淮安)	Ⅲ类	Ⅲ类	Ⅲ类
连云港	盐河(连云港)	Ⅳ~劣Ⅴ类	Ⅲ~劣Ⅴ类	Ⅳ~劣Ⅴ类

2.4.2.2　水功能区水质达标评价

1)输水干线重点河流水功能区总体情况

根据江苏省水环境监测中心例行监测数据,南水北调东线工程江苏段输水干线重点河流 2008 年有监测资料的水功能区为 24 个。从时段分析:各水期达标率均在 65.0%以上,其中全年期、非汛期达标率均超过 70.0%。非汛期达标率略高于汛期,说明汛期较为丰沛的降水量使得面源污染物进入水体,导致水质达标率下降。

按水功能区类型分析:保护区、保留区、农业用水区全年平均达标率较高,其中保留区达标率最高,为100%;缓冲区达标率最低,全部不达标。输水干线重点河流各类水功能区全年平均达标率见图2-10。

2)主要河流水功能区达标分析

在评价范围内已有监测资料的24个水功能区中,全年期水质达标率超过75.00%的有16个区,包括二河、废黄河、淮沭河、苏北灌溉总渠、潼河、盐河淮安段、洪泽湖、骆马湖的全部水功能区等,其中二河调水保护区、淮沭河淮安调水保护区、废黄河淮安保留区、骆马湖调水保护区、苏北灌溉总渠盐城保留区、苏北灌溉总渠淮安保留区、中运河淮安调水保护区、中运河宿迁调水保护区等,其水功能区达标率达到100%;徐洪河、盐河连云港段水功能区达标率均低于50.0%。

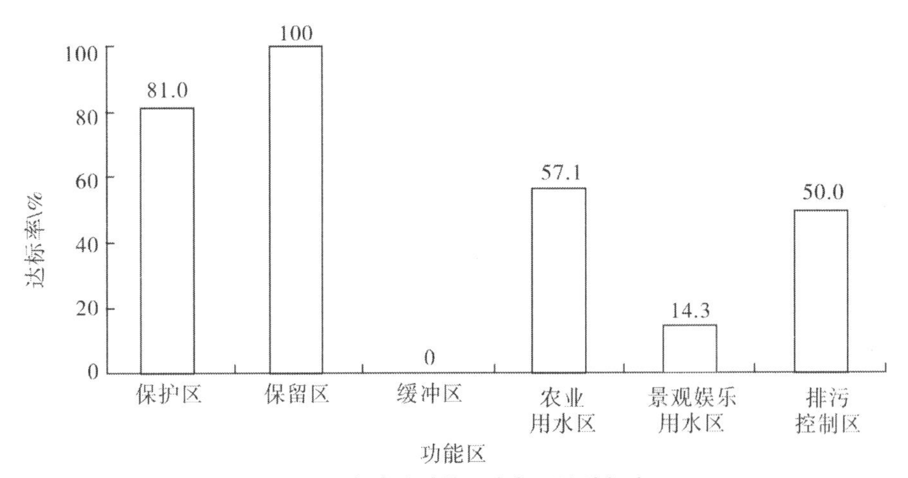

图2-10 各类水功能区全年平均达标率

在参加评价的重点河流功能区中,二河仅涉及1个保护区,各水期达标率均为100%。

废黄河仅涉及1个保留区,各水期达标率均为100%。

洪泽湖涉及淮安、宿迁各1个保护区,各水期达标率均较高,非汛期达标率均达100%;淮安段保护区全年期、汛期达标率均略高于宿迁段。淮沭河也涉及淮安、宿迁各1个保护区,各水期达标率均达100%。

骆马湖涉及徐州、宿迁各1个保护区,各水期达标率均达100%。

三阳河涉及2个保护区,全年期达标率基本达60%;非汛期达标率高于汛期。苏北灌溉总渠涉及淮安、盐城的4个功能区,包括1个保护区和3个保留区。其中保护区各水期达标率均高于80.0%,保留区达标率均高于90.0%;淮安段与盐城段达标率基本相当。

泰州引江河涉及1个保护区,各水期达标率均为50%。

潼河涉及1个保护区,各水期达标率均在80.0%以上;非汛期达标率略高于汛期。徐洪河涉及徐州、宿迁各1个保护区,宿迁段保护区各水期达标率均高于徐州段;2个保护区汛期达标率均明显高于非汛期,说明汛期丰沛的水量对水体中的污染物浓度起到一定的稀释作用。盐河涉及淮安、连云港共6个开发利用区,其中连云港段开发利用区各水期达标率均明显低于淮安段。

从超标因子分析,沿线80.0%的重点河流水功能区超标因子为NH_3-N。超标水功能区中，NH_3-N超标为 0.1~7.1 倍，COD_{Mn}超标为 0.1~0.7 倍，DO 超标为 0.1~0.6 倍，挥发酚基本未超标。

输水干线各水期水功能区达标率统计见表 2-2。

表 2-2　输水干线各水期水功能区达标率

河流	功能区名称	达标率/%		
		全年期	汛期	非汛期
二河	二河调水保护区	100	100	100
废黄河	废黄河淮安保留区	100	100	100
洪泽湖	洪泽湖调水保护区（淮安）	100	100	100
	洪泽湖调水保护区（宿迁）	91.7	100	100
淮沭河	淮沭河淮安调水保护区	100	66.7	100
	淮沭河宿迁调水保护区	100	83.3	100
骆马湖	骆马湖调水保护区（徐州）	100	100	100
	骆马湖调水保护区（宿迁）	100	100	100
三阳河	三阳河高邮调水保护区	75.0	16.7	100
	三阳河高邮调水保护区	58.3	50.0	66.7
苏北灌溉总渠	苏北灌溉总渠淮安保留区	100	33.3	100
	苏北灌溉总渠淮安调水保护区	91.7	100	83.3
	苏北灌溉总渠盐城保留区	100	100	100
	苏北灌溉总渠盐城保护区	91.7	83.3	100
泰州引江河	泰州引江河泰州保护区	50.0	100	50.0
潼河	潼河宝应调水保护区	91.7	100	100
徐洪河	徐洪河泗洪调水保护区	50.0	50.0	33.3
	徐洪河睢宁调水保护区	25.0	100	16.7
盐河	盐河灌南灌云农业用水区	8.3	100	0.0
	盐河灌南农业、工业用水区	41.7	83.3	50.0
	盐河灌南排污控制区	58.3	33.3	66.7
	盐河灌云排污控制区	25.0	16.7	33.3
	盐河淮安农业、工业用水区	100	16.7	100
	盐河淮安排污控制区	83.3	66.7	100

2.4.2.3　输水干线水质沿程变化

从水质沿程情况看，从江苏段输水干线起始河段三阳河到终点河段徐州不牢河，沿线的水质状况在中运河段不稳定，到达终点断面时主要污染因子有所恶化：NH_3-N 和 COD_{Mn}略有上升。其中，起点三阳河 NH_3-N 的超标倍数约 0.8 倍，COD_{Mn}超标倍数约 0.2 倍，DO 超标倍数约 0.2 倍；终点河段不牢河上述 3 项指标超标倍数分别为 0.9、0.2 和 0.1 倍。三阳河、里运河、中运河、不牢河输水沿线各污染因子（NH_3-N、COD_{Mn}、DO）质量浓度年均值变化趋势见图 2-11。

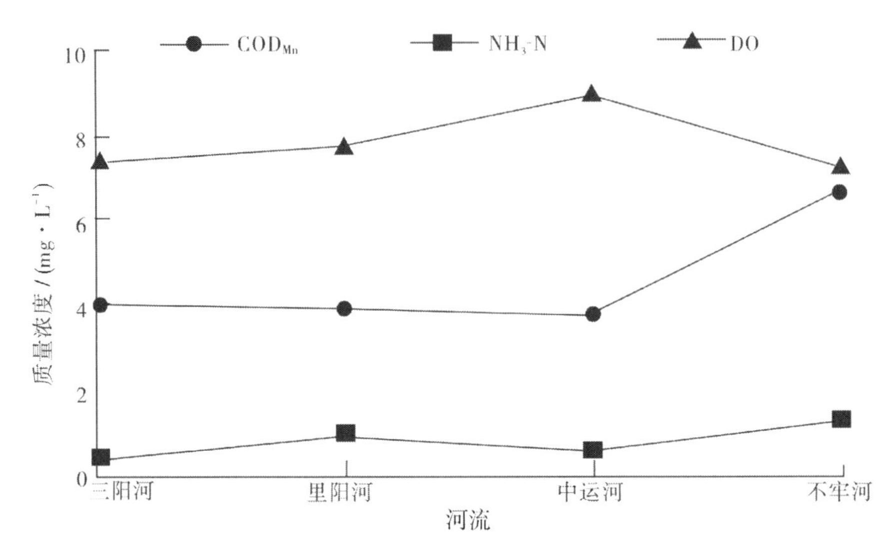

图 2-11　各污染因子质量浓度年均值变化趋势

2.4.2.4　**分析结论**

江苏段输水干线的主要污染因子为 NH_3-N、DO 和 COD_{Mn} 相对稳定，氮污染是江苏段输水干线的主要污染特征。输水沿线工业、生活和农业面源污染通过河流汇入，对输水干线水质产生较为明显的影响。

重点河流中大部分因汛期较为丰沛的降水量使得面源污染物进入水体，导致水质达标率下降；少数河流汛期丰沛的水量对水体中的污染物浓度起到一定的稀释作用。与上游相比，汛期 DO 在下游略呈好转趋势，但是 NH_3-N 在中游、下游呈现恶化趋势，说明氮的排放总量超出了河流自净能力，需要重点进行削减和控制。

2.4.3　预防运河输水水质污染的措施

京杭大运河是东线南水北调的输水明渠。它不同于一般的大江大河，运河水的自净能力十分有限。因此，有专家建议：要特别注重污染防治，避免南水北调的水质被污染。根据南水北调规划报告，东线南水北调全线有县级以上城市 25 座、县级市和县城 107 座。为防止这些城市的工业和居民生活污水对大运河水造成污染，国家拟投资近 150 亿元，建设沿线城市污水处理厂 127 个。但是，建设防止水污染的设施，不代表这些设施能够良态运行，需要硬件的同时，预防水污染的“软件”必须跟上。有学者发表《对有效防止大运河南水北调水质被污染的思考》，针对南水北调输水明渠的京杭大运河免受污染提出了相关建议，应引起相关部门重视。

2.4.3.1　**大运河沿线工业及居民污水的预防措施**

大运河沿线各工厂的工业废水，原来都是直接排入大运河及其支流的。在大运河作为南水北调的输水明渠后，这些污水将会给受水区造成严重的危害，因此必须采取以下措施。

（1）关闭污染严重及没有能力治理的排污工厂。

（2）堵塞所有沿线工厂的工业废水排放口，所有工业废水都要在厂内进行处理，并达到相关行业的排放标准。

(3)将处理达标的工业废水全部引入污水处理厂及中水处理系统做二次(混合)处理。中水回用,多余的部分引入农田灌溉水库中,做农业灌溉水使用。

对于沿线居民点的生活污水,也应禁止排入大运河。按居民点的分布,可规划并推广建设沼气池、污水处理厂及中水处理系统等设施,使生活污水得到处理并与大运河隔绝。具体措施如下。

(1)居民厕所污水汇集到沼气池进行厌氧处理。同时可将稻麦草、秸秆等农业废弃物以及农田灌溉水库中的水生植物填入沼气池,与粪便一并生产沼气。如果距离合适,还可把养殖场的禽畜粪便及其冲洗污水一并送入沼气池。这样不仅可为居民提供清洁燃料,而且沼气池的残液、残渣还可用于农田做有机肥使用。

(2)其他生活废水(如洗澡水、洗衣水、厨房废水等),全部汇总至污水处理厂与经处理合格的工业废水进行混合处理。处理后的合格出水再引入中水处理系统进行深度处理后做中水回用,多余部分引入水库中做农业灌溉水使用。

2.4.3.2　运河河道污染侵入的预防

大运河河道“线”上的污染主要包括沿岸的农业面源污染和运行于河道中各类船舶造成的污染。

1)预防化肥、农药污染

大运河及其支流的两岸有广阔的农田,雨水的冲刷会带来水土流失,会将大量的泥土、化肥、农药以及各种垃圾杂物冲走,流入大运河中,而运河水本身又没有足够的自净能力消化这些污染物。因此,这将会对南水北调的水质造成严重污染。所以,应该采取以下措施,杜绝农业面源对大运河河水的污染。

(1)在南水北调东线1 150km的主干线上,除去水体自净能力较强的几个大湖泊外,运河全线及有航运价值的支流的河堤都应予以加高,使之高于沿岸地面并有足够的挡水高度,以防止雨水的地表径流冲刷农田产生水土流失及垃圾杂物被雨水冲入运河河道。

(2)应在没有航运价值的运河支流、排水渠的入河口设置水闸,同样阻断雨水污染大运河的途径;按规划开挖农田灌溉专用水库及其引水系统,把原应该流入大运河及其支流的雨水地表径流及被阻断的各支流的河水全部汇入水库,专用于农田灌溉。

2)生物措施

大运河全线可规划并分段开挖农田灌溉用水库及其引水系统,将本区段中原来直接排入运河及其支流的全部雨水和经过充分处理的居民生活废水、工业废水全部纳入农田灌溉用水库。库内广泛种植水生植物并放养食藻鱼类,利用生物进一步优化水质,为发展绿色农产品提供较高质量的灌溉水。

3)预防航运生活污水污染

船舶对水体的污染主要有:固体垃圾、厨房、厕所、洗澡、洗衣等生活废水以及舱底油污水的污染。由于大运河中运行的船舶较小,除舱底含油污水外,其他污染都不可能依靠在船上设置防污染设备去除。但是,这些小船靠岸要比大船方便得多,所以可以考虑采取以下措施。

(1)禁止船民随意向河流中倾倒垃圾,船舶上产生的生活垃圾、废棉纱等固体废弃物要分类装袋,由河岸上的处理单位集中处理。

(2)只能通过立法才能努力改变船民的生活习惯,在运河沿岸分段设置生活服务区,服务区内设置公共厕所、浴室及开水供应站和废品、垃圾回收站等生活服务设施(这些设施均可与岸上居民共用)。

(3)服务区设船民净菜供应点,向船民提供各类副食品。

4)预防航运危化废水污染

对于运河中航行的中小型柴油机船舶舱底含油污水的防治可采取如下措施。

(1)为避免机器漏油滴入河中对河水造成污染,可在机器易漏油部位包裹一层吸油性极强的聚丙烯吸油毡并定期更换,换下的吸油毡将油拧出后可重复使用。最终报废的吸油毡可以烧掉。这样,挂机船对河水的油污染问题即可得到初步解决。

(2)有些动力船虽然早已强制配备了船用油水分离器,但由于使用洗涤剂,出现了油被乳化严重超标排放污染河水的问题。因此,有关单位应尽快研制出有效处理含乳化油污水的新型油水分离器。

(3)对于不使用已装设备,偷排舱底油污水的情况,可为船用油水分离器专门设计配置一个"使用监督器"。只需在油水分离器排水管端套上监督器并由执法人员定期检查,就可以判明该船是否曾经偷排过舱底油污水。一经查出,严加处理。这样船户偷排舱底油污水的现象就可以逐渐杜绝。

(4)大运河开始调水后,应严格禁止运载有毒化学品的船只通航,以确保调水水质的绝对安全。

(5)大运河开始调水后,原则上应禁止油船通航。如不禁止,则必须配备油船事故海难救助应急处理系统和设备,以便一旦发生泄油事故时可以紧急出动,迅速清除河面浮油。否则,受水区将受到严重危害,而且这种危害将是长期的。

2.4.3.3 加强环保教育及环保监察

要通过各种宣传形式,加强对船民和沿岸居民的教育工作,提高每一个人的环保意识和道德水准,使大家认识到做好大运河南水北调水质保护工作的重要性。

鉴于大运河肩负着南水北调的特殊使命,其环保监察工作也是至关重要的,因此,应建立一支专门的流域环保监察队伍,执行日常监督和执法工作。

2.4.4 东线宿迁段水质污染防治研究

国家重点工程南水北调东线一期工程,主要是从江苏扬州取长江水借京杭大运河水道将水调至华北平原,弥补京、津、唐地区及河北、山东两省的用水缺口。宿迁市位于江苏省西北部,是南水北调东线工程涉及的江苏四地市之一,该市所管辖的京杭大运河和骆马湖是南水北调东线一期工程调水的重要调蓄河段。宿迁市环境监测中心站工程师杨士建、赵秀兰经对南水北调东线一期工程宿迁沿线的水质进行的检测、调查,认为南水北调东线工程实施后,调水(宿迁段出水)水质有可能达不到国家要求的地表水类别标准。为此,提出了一些污染防治措施。

2.4.4.1 沿线河湖水环境质量

京杭大运河宿迁段共设四个监测断面,分别为三湾、宿迁闸上游、马陵翻水站和水泥厂渡口。宿迁段各断面2000年水质监测结果见表2-3,宿迁段1996—2000年水质监测结果见表2-4。由表2-3和表2-4可知,京杭大运河宿迁段只能达到国家V类水质标准。我们在骆马湖设了五个监测断面,分别为嶂山闸、洋河滩、骆马湖乡、戴场和三场,骆马湖2000年水质监测结果见表2-5,骆马湖1996—2000年水质监测结果见表2-6。根据表2-5和表2-6可知,骆马湖正处于中—富营养化阶段,水质基本属于劣Ⅴ类。

表2-3　京杭大运河宿迁段各断面2000年水质监测结果　单位:mg/L

断面名称	COD_{Mn}	BOD_5	非离子氮	亚硝酸盐氮	挥发酚	总氰化物	总砷	六价铬	总铅	总镉	石油类
三湾	4.6	1.6	0.020	0.069	0.002	0.002	0.006	0.008	0.005	0.001	0.25
宿迁闸上游	4.7	2.1	0.003	0.041	0.001	0.002	0.005	0.007	0.001	0.0001	0.30
马陵翻水站	4.6	2.1	0.005	0.044	0.001	0.002	0.007	0.007	0.001	0.0001	0.35
水泥厂渡口	4.4	1.1	0.020	0.032	0.002	0.002	0.005	0.014	0.004	0.0004	0.30

表2-4　京杭大运河宿迁段1996—2000年水质监测结果　单位:mg/L

年份	COD_{Mn}	BOD_5	非离子氮	亚硝酸盐氮	挥发酚	总氰化物	总砷	六价铬	总铅	总镉	石油类
1996	5.6	2.1	0.020	0.080	0.001	0.002	0.019	0.007	0.002	0.0002	0.85
1997	5.3	2.3	0.030	0.74	0.001	0.002	0.014	0.008	0.002	0.0001	0.38
1998	4.6	1.9	0.030	0.102	0.002	0.002	0.006	0.009	0.002	0.0002	0.16
1999	4.2	2.2	0.020	0.025	0.002	0.002	0.006	0.007	0.002	0.0002	0.14
2000	4.6	1.7	0.012	0.046	0.002	0.002	0.006	0.009	0.003	0.002	0.30

表2-5　京杭大运河骆马湖2000年水质监测结果　单位:mg/L

测点	COD_{Mn}	BOD_5	非离子氮	亚硝酸盐氮	硝酸盐氮	挥发酚	总氰化物	总砷	六价铬	总镉	石油类	总氮	总磷
嶂山闸	3.5	1.1	0.02	0.023	0.17	0.002	0.002	0.008	0.005	0.0001	0.03	1.80	0.025
洋河滩	4.1	1.8	0.02	0.013	0.24	0.002	0.002	0.007	0.013	0.0001	0.02	2.27	0.058
骆马湖乡	3.9	1.7	0.02	0.207	0.90	0.001	0.002	0.005	0.012	0.0001	0.03	2.63	0.055
戴场	5.6	39	0.02	0.0095	0.95	0.001	0.002	0.006	0.020	0.0001	0.07	2.78	0.074
三场	3.7	1.3	0.02	0.149	0.53	0.001	0.002	0.005	0.007	0.0001	0.02	2.53	0.033

表2-6　京杭大运河骆马湖1996—2000年水质监测结果　单位:mg/L

年份	COD_{Mn}	BOD_5	非离子氮	亚硝酸盐氮	硝酸盐氮	挥发酚	总氰化物	总砷	六价铬	总镉	石油类	总氮	总磷
1996	5.1	1.0	0.03	0.020	0.50	0.002	0.002	0.004	0.004	0.0002	2.14	2.29	0.091
1997	5.1	1.7	0.03	0.023	0.53	0.001	0.002	0.008	0.005	0.0001	0.35	2.22	0.07
1998	4.9	2.9	0.02	0.043	0.65	0.002	0.002	0.008	0.006	0.0001	0.36	2.10	0.102
1999	4.5	1.1	0.02	0.021	0.26	0.003	0.002	0.012	0.009	0.0001	0.31	1.79	0.029
2000	4.2	2.0	0.02	0.097	0.56	0.002	0.002	0.010	0.011	0.0001	0.03	2.40	0.049

2.4.4.2　沿线污染物排放状况

1)生活污水排放状况

根据宿迁市区和泗阳县生活用水统计生活污水排放量,废水COD_{Cr}的定额浓度按350mg/L计,见表2-7。

表 2-7　宿迁市区和泗阳县 2000 年生活污水排放量

区域	市区人口/万人	废水排放量/(万 t/a)	COD_{Cr}排放量/(t/a)
市区(含宿豫区)	40.59	2 013.62	7 047.7
泗阳县	11.60	567.20	1 985.2
合计	52.19	2 580.80	9 059.9

2)工业污水排放状况

宿迁市在调水沿线的重点污染源共 17 家,生活污水排放量为 2 122.02 万 t/a,其中市区占了 80%以上,泗阳县由于生活污水另有排放渠道,只占了 20%不到。

3)农业污染面源排放状况

宿迁市是农业大市,水体受农业面源污染严重。由于具体的排放量较难统计,我们仅以骆马湖为例进行讨论。1998 年,骆马湖入湖氮磷量分别为 15 764.78t 和 1 035.53t,仅骆马湖大堤内因农业面源污染就有 25.04t 氮和 4.77t 磷入湖。

4)船舶线源排放状况

根据宿迁市港监和交通部门的调查,宿迁市约有 2 900 条船,其中 90%以上在京杭大运河上从事航行作业,再加上过往船只,估计每年在宿迁段运河上作业的船只有近 5 000 条。沿线调查认为运河石油类超标与此有关,且这些船只每天还向运河排放大量的生活污水。

按照京杭大运河、骆马湖的水质状况和宿迁市的排污状况,如果不采取相应的应对措施,南水北调(东线)调水宿迁段出水将达不到国家要求的地表水Ⅱ类水的水质。

2.4.4.3　**水污染防治**

制止污水排向京杭大运河和骆马湖,是南水北调(东线)宿迁沿线水污染防治的根本途径。

1)提高污水处理效率

2000 年,宿迁市生活污水处理率只有 4%,有两座规模较小的污水处理厂,城南污水处理厂和河浜污水处理站,其日处理能力只有 0.3 万 t。现在我们要加快城南污水处理厂 2.5 万 t/d的一期工程和泗阳县规模为 2.5 万 t/d 的污水处理厂的建设进度,争取在 2010 年之前将城南污水处理厂的规模扩建至 5.0 万 t/d,并且要积极争取在宿豫建设处理能力为 2.5 万 t/d 的污水处理厂。届时宿迁市的城市污水处理率将达到 90%以上。在此基础上我们还规划在南水北调(东线),调水沿线所涉及的乡镇果园、支口、皂河等建设小型污水处理厂,并且还要在广大农村推广无动力污水处理系统或土地处理系统。

2)控制农业面源污染

(1)合理施肥。研究和制定合理的水肥管理措施,在不影响农作物单产的前提下,最大限度地减少化肥的施用量。

同时还要通过减少税收,提高农产品的收购价等优惠政策鼓励农民种植以施用有机肥、复合肥为主的绿色作物,使宿迁市的农业逐步由高投入、高产出的无机农业模式过渡到可持续发展的生态农业模式,减少农业面源污染对调水水质的压力。

(2)加强畜禽粪便的处理。宿迁市的畜禽养殖业发达,大量含有畜禽粪便的废水排入河流,最终进入京杭大运河或骆马湖。建议重新考虑宿迁市的畜禽养殖业的布局,下决心关掉一批污染严重、规模小、布局不合理的畜牧场。在大力推进规模化养殖的同时,逐步完善和配套大型畜禽养殖场粪便的综合治理设施,通过采取雨污分流,干湿分开,饮污分离,种养结合一系列经实践证明行之有效的治理措施,实行畜禽粪便的资源化、减量化、无害化,最终形成布局合理、设施先进、清洁生产、达标排放的宿迁畜禽养殖新格局,以减少畜禽粪便对京杭大运河和骆马湖水体的污染。

3)控制水上交通线源污染

由于船舶在水上具有很大的流动性,致使水上交通线源污染控制和管理较为困难。我们要严格执行有关规定在挂机船上安装接油盘,在拖轮上配备油水分离器,并经常要对设施的运转情况进行督查,以控制京杭大运河的石油类污染。与此同时还要做好船舶生活污水的收集处理工作,在码头、船闸等船舶集中或停泊区域设置污水接收船,将污水送入就近的污水处理厂处理。

4)利用骆马湖调控水质

骆马湖是受人工控制的大型湖泊,现建嶂山闸、洋河滩闸和皂河闸等水闸。我们考虑在中运河邳州入湖口和沂河入湖口各建一座水闸,把骆马湖变成完全受人工控制的湖泊。研究发现骆马湖的水量会经常出现主流特征,且有时入流、出流之间会出现短路的现象。我们可以在某一入湖河流带入大量污染物的时候,利用骆马湖这一特征,将含有大量污染物湖水从非调水河道中泄出。

骆马湖部分湖体较深,由于太阳辐射等作用会导致水体温度分层。随着温跃层的出现,污染物质的垂向运动会受到这种竖向温度梯度的抑制,影响骆马湖的水动力特征及生化过程,从而形成竖向密度梯度,引起水质分层。我们可以利用骆马湖的这一特点在春季前将湖泊底部含污染物浓度较高的水由非调水河流排出去,改善调水水质。放空洞一般只在水位较低的时候使用,如果在高水位时运行,要做好安全性论证,在必要的时候要采取工程措施保证运行安全。

研究可以利用放水建筑物将某一受到严重污染的河流水体拦在骆马湖外,在非调水时间内放入湖中,并利用湖泊的主流特征就近将其从非调水河道中排出。

5)实施截污和导污工程

对调水河道实施截污和导污工程是保护调水水质的最直接的方法。故黄河和六塘河基本是平行流过宿迁市的。我们可以考虑利用故黄河和六塘河对京杭大运河和骆马湖进行截污。

故黄河现在淤积严重,在宿迁段基本上已经不能称之为一条完整的河流,我们需要对其进行清淤和导流(主要是从皂河镇引运河水补给故黄河),这项工作我们现在已经开始实施。这项工程完成以后,我们打算将宿迁市区和泗阳县(运河以西)的废水排入故黄河,宿豫区的废水排入六塘河,泗阳县(运河以东)的废水经北门干渠排入六塘河。

2.4.4.4　**研究结论**

相信在这些污染防治措施得到有效实施后,南水北调东线工程宿迁段出水水质保持在国家地表水Ⅲ类这一目标是能够实现的。

2.4.5　东线工程生态环境累积效应机理研究

调水工程沿线区域在无人为影响前是完整的自然生态系统,而开发建设后则形成了人工新环境。调水工程将改变河流生态系统、河道特性、河流形态、水文情势等。从而使原本依存于流域的物种组成、生态环境状况等发生巨大变化。2000 年,关于调水工程对输水河渠水环境系统累积效应的研究尚处于初步阶段,尽管调水工程在规划设计等前期工作中考虑了环境影响评价和环境保护设计,但一般是从可行性角度进行论证,而对调水工程运行过程中的水环境累积效应研究较少。河北工程大学水电学院和中国水利水电科学研究院水资源所何鹏、肖伟华、李彦军等学者从累积效应的机理和规律出发,研究了南水北调东线调水工程运行条件下的累积性影响机理,以期为生态水文调控决策提供理论支撑。

2.4.5.1 累积效应特征

累积环境影响是当一项活动长时间反复作用逐渐积累而产生的影响;或与过去、现在及未来的活动在合理预见的范围内叠加在一起时所产生的增加的环境影响。前者强调单因素长时间累积所造成的影响,后者则包括了多因素在时间上或在空间上叠加而造成的影响。累积效应分析见图 2-12。

1) 累积影响因子

累积影响因子是指在环境中产生累积影响的人类单独的或多个性质相似或不同的活动。如人类的水利工程活动是产生水环境累积影响的主要根源,虽然各类工程活动在数量、类型和时空分布上情况各异,但可将其大致划分为单个工程项目和多个工程项目两大类。单个工程项目长期持续、反复作用于环境将会造成累积性环境影响;与此相似,多个工程项目相互作用或共同影响也将会造成累积性环境影响。

累积影响因子可在时间和空间两方面进行累积,亦即时间拥挤和空间拥挤。而时空累积也是累积性影响最主要的表现特征。

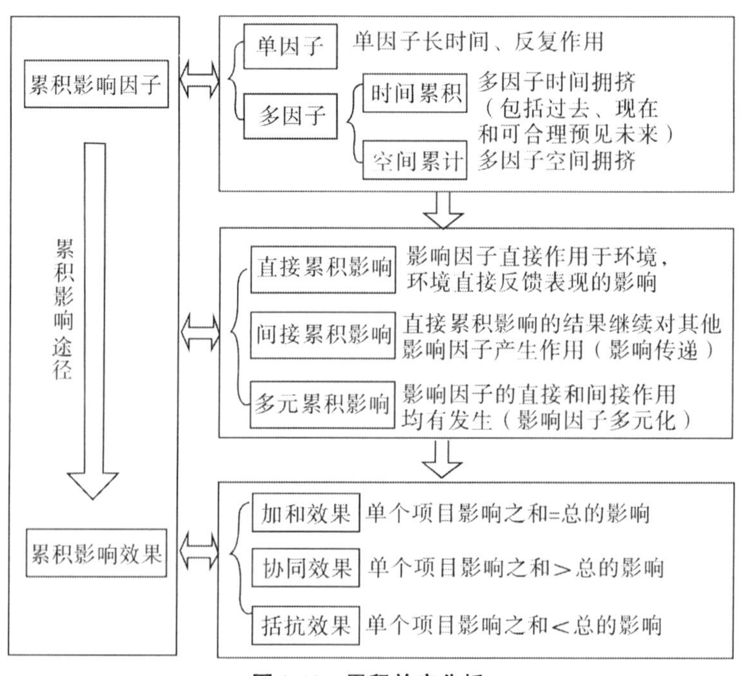

图 2-12 累积效应分析

(1)时间累积。当两个干扰之间的时间间隔相比于环境系统从每个干扰中恢复所需的时间小时,干扰即会在时间上产生累积,亦即时间拥挤。时间上的累积可为连续、周期或不规则发生,发生的时间长短均有可能。环境累积影响的时间分布特征用累积频率进行描述,指在累积影响区域内出现累积效应或累积影响的时间与该时段总时间的比率。

(2)空间累积。当两个干扰之间的空间间距相比于疏散每个干扰所需的空间距离小时,干扰即会在空间上产生累积。亦即空间拥挤。空间累积可能发生于局部或区域。甚至可能发生于全球,从密度上看可能分散也可能集聚,从外形上看可能是点状、线状或面状。空间累积在一定影响区域内可用累积度表示累积影响的程度,累积度即为累积变化的值与环境阈值或临界值之间的一个比值。

2)累积影响途径

环境累积影响是指环境影响以直接作用、间接作用或多元作用的形式在时间或空间上发生累积。因此,环境累积影响途径包括以下三种主要形式。

(1)直接累积影响。是指累积因子直接作用于环境,环境的直接反馈所表现的影响,但这种累积影响需一个较长的过程方会显现。

(2)间接累积影响。是指直接累积影响发生的结果继续对其他环境因子发生作用,也即影响传递而产生的影响。

(3)多元累积影响。是指影响因子对环境的直接和间接作用均有发生,且直接和间接作用对影响结果的贡献率难以分辨,也即影响因子多元化。

3)累积影响效果

环境累积影响产生的效果大致可分为以下三种。

(1)加和效果。是指影响按线性关系进行简单叠加后的效果,累积影响等于单个影响之和。如:$R_{1,2}=R_1+R_2$。

(2)协同效果。是指总的环境效应大于各工程项目环境效应的总和(累积影响大于单个影响之和)。如:$R_{1,2}>R_1+R_2$。

(3)拮抗效果。是指累积影响小于单个影响之和。如:$R_{1,2}<R_1+R_2$。也就是说,拮抗作用也可视为一种负的协同作用。

相关研究表明累积影响效应从根本上来说并不是一种新型的生态环境影响,而是从一个全新的角度来看待和研究生态环境问题的一种途径。当一个区域的生态环境处于可持续发展的临界位置时,对其生态环境影响较小的某些开发活动与其他的开发活动所造成的生态环境影响进行叠加后,就可能产生巨大的生态环境累积效应。累积影响效应有别于一般的环境影响的突出特点还在于环境影响的行为通常均为非线性,环境系统行为常变化且存在一定的阈值。在临界水平时,只要再增加极少量的干扰(不仅限于阈值),环境系统即会出现崩裂性的突然变化。生态系统的连续作用可能导致结果突变的一般机制,反映了外界干扰对生态系统响应的累积性基本特征。

2.4.5.2　调水工程的生态环境累积效应

1)径流的累积效应

由于南水北调东线工程在河道上修建了 13 级梯级抽水泵站,用以将水位高程提高,使水流自流向下一级渠道,人为地改变或阻隔了原有的天然河道,从而使天然河道的径流过程发生了显著的逐河段累积变化。主要表现在:

(1)阻隔河道,形成以抽水泵站为分界线的上下游水位差,水位线变为阶梯状的水位线,改变了原来沿河道连续渐变的水位线,水流特征明显改变。

（2）天然河道形态改变，由河道变为首尾相接的河段，由于调水水量不断注入调蓄湖泊，使湖泊的水面面积累积增大，蒸发量也随之加大，并长时间持续影响局地气候。

（3）调水工程建成运行后，抽水泵站将是东线输水的动力器，也是人为控制输水流量的控制器，它将发挥关键性作用。通过泵站控制输水流量，使河段至各调蓄湖泊的流速沿程分布发生较大变化。引水河道来水注入调蓄湖泊，随水深沿程的累积增加，流速沿程逐渐减小，湖泊中心处流速最小。调蓄湖泊的库容越大越能增大天然流速的累积性改变。

（4）调水工程建成运行后，四个大型的调蓄湖泊在一定程度上起到蓄洪调峰的作用，对沿线河道、河网的径流量将有明显的调节作用，可使枯季径流量增加，汛期径流量减少。对沿线河段水文情势影响将十分显著，从长远来看，这种水文情势的累积变化对调水沿线地区有利。但在调水工程建成初期，由于调水量的不足及沿线河渠地下水文形势还不稳定，将造成新开挖河道径流量明显偏少，且径流形态特征极端不规律。

2）水温的累积效应

水温对水生生物的生存、代谢、繁殖及结构和分布等产生很大影响，且影响水生生态系统的物质循环和能量流动等过程。由于南水北调东线工程从我国的中部跨越到北部地区，各地区地理环境、气候条件不一，温度差别较大。尤其在冬季，我国中部地区温度相对较温和而北部温度较低，形成了强烈的温度差别。因此，南水北调东线工程长期运行将使水温在逐级输水渠道上发生温度累积，水温的空间累积效应将会更加明显，并最终使东线调水区域水温形势产生一定的变化，调入北方的水体水温势必产生一定量的累积性升高。同时，由于调水工程的开工建设，新开挖了大量的输水渠道，使局地的地形地貌、土地类型发生了显著变化，以前的地面变为现在的水面。由于水的比热容远大于泥土的比热容，因此调水工程长期运行势必造成局地的地面积温和水面积温的巨大差别，会产生局地的温度累积效应，从而使北方调水区域温度相应升高并进一步影响局地生态环境。

3）水质的累积效应

由于南水北调东线工程跨越了长江、淮河、黄河、海河四大流域地区，人口集中，经济发达，污染也较为严重。东线工程的建设和运行，将使这一地区的水质有进一步累积恶化的可能性。主要表现在以下两点。

（1）在工程建设期间所产生的施工废水和雨季地表径流，加之沿线区域工业废水和生活污水，若不加以有效处理和控制，随意向输水河道排放，将使河道的水质遭到严重污染，并会影响下一级输水渠段，将产生较为明显的逐渠段累积效应。

（2）工程建成运行后，沿线城市使用调来的水后难免会排放一定的污水，由于调水渠段内的水流自流，流速较为缓慢，水中溶解氧较低，水体自净能力不高，对污染物质的混合能力和稀释降解能力较弱，因此会造成逐渠段的水质累积效应。且被污染的水体最终汇入调蓄的湖泊中，当污染物质超出了湖泊的自净能力后，污染物在湖泊中逐渐累积，导致调蓄湖泊的富营养化程度逐渐加剧。水中的溶解氧降低，进一步降低了水体的自净能力，形成恶性循环，使湖泊水质出现累积性恶化。

4）泥沙的累积效应

东线调水工程由于新开挖了渠道并改造了原有河道，影响了河流的冲淤与输沙，打乱了原有河流的输沙平衡。当输水渠道的挟沙能力小于水流含沙量时将造成河道淤积，而当输水渠道的挟沙能力大于水流含沙量时将造成河道的冲刷侵蚀。东线工程对泥沙的累积影响主要表现在以下两点。

(1)由于开挖河道,植被遭到了严重破坏,引起水土流失。且施工期间,主体工程开挖、砂石料场开挖和道路修建等为主要影响因素,大面积扰动施工区土地破坏原有的植被,难免将产生水土流失而累积于输水渠道内。另外,由于新开挖的渠道底部尚不稳定将会受到水流的冲刷。这些均为相对快速、短暂和集中的泥沙淤积,而渠道的泥沙冲刷淤积于抽水泵站下端,这是另一种相对缓慢、长期和沿程的泥沙累积性淤积。

(2)由于大量利用了原有河道,有的还改变了原有河道的径流方向,在长时间运行过程中也将产生泥沙的累积影响。原有的河道形态和地形地貌是长期缓慢形成的,调水工程人为地改变了河流的径流方向,在地转偏向力的作用下,原本河道经受冲刷的一侧变成了淤积。而原本河道淤积的一侧则开始经受冲刷。这一剧烈的环境变化,造成了泥沙的严重不稳定,大量的泥沙必将随水流运动而淤积,造成严重的泥沙累积效应。

5)水生动植物的累积效应

由于东线工程要使用抽水泵站以抬高水位调水北上。无形中阻隔了河道,使原本连续的河流分割为泵站上、泵站下等多个孤立的系统。因此,截断了水生生物的自然迁徙通道,原河道水流系统将发生巨大变化,其中包括水深、流速悬浮特性和浑浊度等,导致水生态系统生境面积、生境规模等发生变化并产生累积效应。泵站从输水渠道抽水,输出水的同时将空气中的 O_2、N_2 和 CO_2 送入下一级渠道,水体中剧烈曝气导致水中气体呈过饱和状态。水中溶解气体的大量增加,直接破坏了水生生物以前的生存环境,还可能导致某些生物产生疾病,因此会对水生生物产生巨大影响。东线工程建成运行后,各抽水泵站由输水渠段相连接,水中溶解氧过饱和现象在每一渠段均会出现,工程长时间运行必将产生逐渠段的累积效应,对水生动植物产生非常不利的影响。

2.4.5.3　**研究结论**

(1)调水工程水环境累积效应是在人类对河流生态系统的影响下所衍生出来的一种环境影响形式,其对水生生态系统的影响机制与表现形式多种多样,且水环境中累积性影响大多是有害的。

(2)为防止生态环境遭到破坏,需尽快找出削减环境累积效应的有效方法,探索减少累积区、降低累积度与累积频率的有效途径,使生态环境累积效应控制于一定的阈值内。而不至于发生突发性且不可逆转的生态环境灾难。

(3)东线工程现在正处于紧张的建设时期,工程完工后必将对缓解北方受水区水资源危机发挥重要作用。但要充分考虑并认真研究工程可能造成的累积效应,协调好调水工程与生态环境保护的关系,最终实现生态环境的可持续发展和人与自然的和谐共处。

2.5　东线工程治污规划概要

受国务院南水北调工程建设委员会办公室委托,中国环境规划院承担了南水北调东线工程治污规划的编制。

2.5.1 总论

2.5.1.1 规划目的

为落实朱镕基、温家宝同志关于南水北调东线工程治污规划的有关指示，体现“先节水后调水，先治污后通水，先环保后用水”的“三先三后”原则，保证东线调水水质，国家发改委会同水利部、国家环保总局、建设部等部门及江苏、山东、河北、天津、安徽、河南等省、直辖市共同编制了南水北调东线工程治污规划，并将其纳入工程总体规划。

南水北调东线工程利用现有京杭运河及其平行的河道输水，输水干线连接长江、淮河、黄河、海河四大流域下游区域，这四大流域污染物将对输水水质造成严重的影响。为确保输水干线水质达到地表水环境质量Ⅲ类标准，需要加快这一区域的水污染防治进程。制定并实施东线治污规划不仅是东线工程发挥效益的保障，而且是对这一区域实施可持续发展战略的重要推动。

2.5.1.2 规划原则

1)确保输水水质原则

确保输水水质达到国家地表水环境质量ⅲ类标准，使长江水安全输送至天津，实现清水优先保护；建立水质目标、排污总量、治污项目、工程投资四位一体的指标体系，制定水质保证方案。

2)治污促进节水的原则

淮河、海河流域结构性污染严重，水资源浪费也严重，必须在建设治污系统的同时，全面落实节水措施，减少工农业用水量，提高水的重复利用率和污水资源化率，降低人均综合用水系数，实现节水型社会的要求，全社会珍惜北调水量，保护好北调水质。

3)突出调水工程要求的原则

规划以淮河、海河流域水污染防治规划为基础，突出南水北调东线工程对水质的需求，围绕主体工程设计方案及分期进度编制东线工程治污规划，并纳入主体工程规划。

4)地方行政首长负责制的原则

规划确定的水质目标与治理措施，逐级分解到省、市、县，落实地方行政首长负责制，地方各级政府运用行政、法律、经济手段，确保输水干线水质目标的实现。

2.5.1.3 东线调水工程概况

东线工程根据北方缺水形势和国家经济承受能力分期实施，逐步扩大工程效益，规划在2007年、2010年、2030年分别完成抽江500m³/s、600m³/s、800m³/s调水规模。

(1)第一期工程：利用江苏省江水北调现有工程，扩大至抽江规模500m³/s，过黄河800m³/s，向胶东地区供水800m³/s；向京浦铁路沿线和胶东地区城市补充水量，改善苏北农业用水条件。

(2)第二期工程：供水范围扩大至河北省、天津市，抽江规模为600m³/s，过黄河100m³/s，到天津800m³/s，向胶东地区供水800m³/s。

(3)第三期工程：工程规模扩大到抽江800m³/s，过黄河200m³/s，到天津100m³/s，向胶东地区供水90m³/s。

2.5.1.4 治污规划分区

1)规划范围

治污规划区域包含23个市(地级市)、105个县(县级市、县城和区)，其中江苏省包括扬州、泰州、淮安、徐州、宿迁 5 市，以及江都、高邮、宝应、邗江、金湖、盱眙、泗洪、洪泽、楚州区、淮阴区、泗阳、宿豫、邳州、铜山、沛县、睢宁、丰县 17 县；山东包括枣庄、济宁、泰安、德州、聊城、济南、菏泽、莱芜、临沂、淄博 10 市，以及苍山、沂源、沂水、蒙阴、沂南、罗庄(临沂)、平邑、郯城、费县、台儿庄、山亭区(枣庄)、滕州、峄城、薛城、鱼台、嘉祥、梁山、微山、邹城、兖州、曲阜、金乡、汶上、泗水、东平、肥城、新泰、宁阳、临清、莘县、冠县、阳谷、东阿、夏津、武城、曹县、成武、单县、定陶、鄄城、郓城、东明、巨野 43 县；河北包括沧州、衡水 2 市，以及大名、馆陶、沧县、青县、泊头、吴桥、南皮、东光、桃城区(衡水)、景县、武强、枣强、武邑、故城、阜城、冀州、清河、临西、饶阳、安平、宁晋、新河、南宫、献县 24 县；天津包括市区以及静海、西青、大港 3 县(区)；安徽包括淮南、蚌埠、淮北、宿州 4 市，以及五河、濉溪、泗县、灵璧、凤台、怀远、固镇、明光 8 县；河南包括焦作、新乡、鹤壁、安阳 4 市，以及博爱、修武、卫辉、辉县、获嘉、淇县、滑县、浚县、林县、汤阴 10 县。

2)规划分区

规划按南水北调输水线路、用水区域和相关水域的保护要求，划分为输水干线规划区、山东天津用水规划区(含江苏泰州)、河南安徽规划区。

规划区域由 3 个规划区、8 个控制区、53 个控制单元组成，以控制单元作为规划污染治理方案和进行水质输入响应分析的基础单元。

输水干线规划区为输水主干渠所在区域，由淮河流域江苏控制区、淮河流域山东控制区、黄河流域山东控制区、海河流域河北控制区、海河流域山东控制区、海河流域天津控制区共 6 个控制区组成，包括新通扬运河、北澄子河、入江水道、淮河盱眙段、老汴河(濉河)、大运河淮阴段等 47 个控制单元。

山东天津用水规划区为南水北调东线工程末端接用水区和胶东输水干线起始区接用水区，由淮河流域江苏控制区、黄河流域山东控制区、海河流域天津控制区共 3 个控制区组成，包括槐泗河、小清河、天津市区用水段 3 个控制单元。

河南安徽规划区为保护漳卫新河和洪泽湖水质的污染控制区，由淮河流域安徽控制区、海河流域河南控制区 2 个控制区组成，包括淮河干流、入洪泽湖支流、卫河河南段 3 个控制单元。

2.5.2　规划水环境现状

2.5.2.1　规划区水质现状

南水北调东线工程治污规划区域按国家地表水环境质量Ⅲ类标准 31 项指标进行单因子评价，与输水期对应的枯水期现状水质，共有氨氮、高锰酸盐指数、石油类、亚硝酸盐氮、生化需氧量、挥发酚、溶解氧七项指标存在超Ⅲ类标准的断面。

其中，输水干线规划区 47 个控制断面中，新通扬运河、北澄子河、大运河淮阴段等 36 个控制断面氨氮浓度超标；不牢河、洸府河等 26 个断面高锰酸盐指数超标。不牢河、洸府河等 23 个单元高锰酸盐指数和氨氮同时超标。韩庄运河、梁济运河、南运河天津段、南运河河北段、卫运河山东段等 25 个单元石油类超标。大运河邳州段等 24 个单元生化需氧量超标。大运河淮阴段等 17 个单元挥发酚超标。洸府河等 14 个单元溶解氧超标。不牢河等 9 个单元亚硝酸盐超标。总体来看，骆马湖以南，以氨氮超标为主；骆马湖以北至东平湖水质多项超标，为超Ⅳ类；海河流域全部为超Ⅴ类。

山东天津用水规划区 3 个控制断面现状水质都超过地表水环境质量Ⅲ类标准。其中小清河柴庄闸污染严重,多项水质指标超过Ⅴ类标准。天津市区供水段水质为Ⅳ类,江苏泰州槐泗河断面石油类超标。

河南安徽规划区,卫运河河南段有溶解氧、高锰酸盐指数、石油类、氨氮四项指标超Ⅴ类标准。入洪泽湖支流高锰酸盐指数超Ⅴ类,沭河口氨氮超Ⅴ类。

2.5.2.2 规划区排污现状

1)基本系数

根据规划区120个城镇用水量、排水量、排污量、入河量调查与测量数据、纳污水域水质监测和流量数据,进行水质平衡和水量平衡,分别确定输水干线规划区、山东天津用水规划区、河南安徽规划区人均综合用水系数、废水排放系数、废水入河系数。

全线人均综合用水系数为142t/d;全线废水排放系数为0.8;全线污水入河系数为0.7;全线生活污染物排放系数为:化学耗氧量为人均65.0g/d,生化需氧量为人均35.0g/d,氨氮为人均4.3g/d。

2)污染物排放现状

(1)全线废水排放量为30.4亿t。其中,输水干线规划区、山东天津用水规划区、河南安徽规划区废水排放量分别占41.4%、24.8%、33.7%。江苏、安徽、山东、河南、河北、天津废水排放量分别为4.0亿t、3.3亿t、9.7亿t、6.9亿t、0.5亿t、6.0亿t。

(2)全线废水入河量为21.7亿t,其中,输水干线规划区、山东天津用水规划区、河南安徽规划区废水入河量分别占40.8%、27.8%、31.4%。江苏、安徽、山东、河南、河北、天津废水入河量分别为3.0亿t、2.9亿t、6.8亿t、4.0亿t、0.4亿t、4.6亿t。

(3)全线COD排放量为97.3万t,其中,输水干线规划区、山东天津用水规划区、河南安徽规划区COD排放量分别占51.0%、19.0%、30.0%。江苏、安徽、山东、河南、河北、天津COD排放量分别为15.6万t、5.9万t、35.6万t、23.3万t、3.2万t、13.7万t。

(4)全线COD入河量为67.0万t。其中,输水干线规划区、山东天津用水规划区、河南安徽规划区COD入河量分别占50.0%、22.2%、27.8%。江苏、安徽、山东、河南、河北、天津COD入河量分别为11.9万t、5.0万t、23.9万t、13.6万t、1.9万t、10.7万t。

(5)全线氨氮排放总量,为14.0万t,其中,输水干线规划区、山东天津用水规划区、河南安徽规划区氨氮排放总量分别占34.2%、31.6%、34.2%。江苏、安徽、山东、河南、河北、天津氨氮排放总量分别为0.8万t、0.7万t、4.2万t、4.1万t、0.2万t、4.0万t。

(6)全线氨氮入河量为9.7万t,其中,输水干线规划区、山东天津用水规划区、河南安徽规划区氨氮入河量分别占32.4%、37.0%、30.6%。江苏、安徽、山东、河南、河北、天津氨氮入河量分别为0.6万t、0.6万t、2.8万t、2.4万t、0.1万t、3.2万t。

2.5.3 规划重点区域及主要内容

2.5.3.1 重点控制区域

1)水质敏感区

其水质敏感区,主要分布于南水北调东线工程输水干线规划区内骆马湖以北的28个控制单元:

(1)洸府河、老运河(济宁段)、赵王河、梁济运河(李集)、梁济运河(邓楼)、城郭河、老运河(微山段)、卫运河河北段8个单元(有6项以上的水质指标超标);

(2)洙水河、邳苍分洪道、泗河、泉河 4 个单元(5 项水质指标超标);

(3)不牢河、白马河、东鱼河、洙赵新河、大汶河、卫运河山东段、南运河山东段、南运河河北段 8 个单元(4 项水质指标超标);

(4)大运河邳州段、沛沿河、韩庄运河、峄城沙河、小运河—七一河—六五河、清凉江河北段(杨圈闸)、清凉江河北段(杨二庄)、马厂减河 8 个单元(3 项水质指标超标)。

另外,河南安徽规划区内卫运河河南段 4 项水质指标超标,也属于水质敏感区。

2)污染控制重点区

输水干线规划区内,洸府河、不牢河、大汶河、房亭河、东鱼河、洙赵新河、大运河淮阴段、城郭河、卫运河山东段、泗河、东平湖等 11 个控制单元 COD 排放量为 29 万 t,占输水干线规划区排污总量的 62%,为输水干线规划区污染控制重点区。

规划区内江苏、安徽、山东、河南、河北、天津各省市中,山东、河南省废水和污染物排放量最大。山东省废水排放量占全线的 31.9%,COD 排放量占全线的 36.5%,氨氮排放量占全线的 30.0%。河南省废水、COD、氨氮排放量分别占全线的 22.7%、24.0%、29.4%,因此,输水干线规划区,山东省是污染控制的重点;河南安徽规划区,河南省是污染控制的重点,抓住了这两个省的污染治理,就控制住了南水北调东线 80%以上的污染负荷和废水排放量。

2.5.3.2　规划主要任务

1)满足调水工程方案分期水质需求

南水北调东线一期工程,以 2007 年为规划水平年;二期工程以 2010 年为规划水平年。本规划划分 2007 年、2010 年两个时间段,规定 2007 年前应完成的项目,以山东、江苏治污项目为主,同时实施河北省工业治理项目;2008—2010 年以黄河以北河南、河北、天津治污项目为主,同时实施安徽省治污项目。

一期工程的重点是南四湖,要求南四湖区域加大治污力度,确保环湖各区域污染物削减到满足输水水质要求,一步到位。避免南四湖水质富营养化在 5 年内继续发展,使输水干线存在水质风险。

2)全线重点控制工业和城市污染源,局部区域注意面污染源影响

东线输水线路,以清污分流形成清水廊道为建设目标,经强化二级处理工艺处理过的水,一般不允许进入主干渠。除山东南四湖、东平湖区域因地势原因不能形成清水廊道外,其他区域的点、面污染源产生的污染物排入主干渠的数量均较少。因此,集中在南四湖、东平湖区域,沿约 100km 的主干渠两侧800~100m,建立面源植物防护带;在入湖各河口设置强化生态处理工程,依靠节制闸合理调度截留污染物;结合这一区域的农业现代化,建设无化肥农业区和有机食品基地,形成控制农业面源的防治系统。

3)输水与防洪、排涝兼顾

东线输水线路,跨越长江、黄河、淮河、海河四大流域下游,要实现输水与防洪、排涝兼顾,保证原已形成的防洪、排涝系统不受影响。治污规划规定的新建截污导流设施均在建设项目立项审批阶段,由主体工程设计部门进行防洪排涝可行性审查后作为配套项目纳入主体工程。

4)治、截结合,实现污水资源化

以治为主,配套截污导流工程,将处理厂出水分别导向回用处理设施、农业灌溉设施和

择段排放设施,依靠各类污水资源化设施和流域综合整治工程,提高污水的资源化水平,使东线治污工程项目形成"治理、截污、导流、回用、整治"一体化的治污工程体系。

5)实施清水廊道、用水保障、水质改善三大工程

清水廊道工程在输水干线规划区内实施:以污水零排入输水干线为目标,确保主干渠输水水质达Ⅲ类标准。用水保障工程在山东天津用水规划区内实施,水质改善工程在河南安徽规划区内实施。

6)重视污水回用与资源化项目

治污规划以节水为前提,在治污项目中,进一步落实污水回用项目,从源头到末端,同时加强节水措施。在输水干线规划区内投资 1.3 亿元,建设 42 个工业污水回用项目;投资 12.7 亿元,建设城市污水处理回用项目 49 个,回用规模 127 万 t/d。

2.5.4 东线治污方案

2.5.4.1 规划目标

1)水质目标

2007 年,江苏、山东输水干线规划区 33 个控制断面水质达Ⅲ类,5 个控制断面水质达Ⅳ类,卫运河山东段断面 COD 浓度控制在 70mg/L(其他指标按照农灌标准执行),保障回用水水质要求,污水不进入输水干线;山东天津用水规划区、山东济南小清河柴庄闸断面水质达Ⅲ类,江苏泰州槐泗河槐泗河口断面水质达Ⅳ类,确保南水北调东线一期工程的水质安全。

2010 年,南水北调东线工程输水干线规划区 44 个控制断面达Ⅲ类,卫运河山东段、卫运河河北段、北排河等 3 个季节性河流断面 COD 控制在 70mg/L(其他指标按照农灌标准执行),保障回用水水质要求,污水不进入输水干线;山东天津,江苏用水区槐泗河、小清河,天津市区用水段 3 个控制断面达Ⅲ类;河南安徽规划区淮河干流沫河口及入洪泽湖支流五河断面达Ⅲ类,卫河河南段龙王庙断面 2010 年控制在 70mg/L(其他指标按照农灌标准执行),保障回用水要求,污水不进入输水干线。

2)污染物总量控制目标

(1)2007 年江苏、山东区域 COD 排放量从 51.2 万 t 削减至 19.7 万 t,削减率为 61.5%;COD 入输水干渠量从 35.9 万 t 削减至 6.3 万 t,减少率为 82.5%;氨氮排放量从 4.9 万 t 削减至 2.0 万 t,削减率为 60.3%;氨氮入输水干渠量从 3.3 万 t 削减至 0.5 万 t,减少率为 84.2%。

(2)2010 年安徽、河南、河北、天津 COD 排放总量控制在 35.0 万 t,削减率为 23.9%;COD 入输水干渠量控制在 2.7 万 t,减少率为 91.3%;氨氮排放总量控制在 5.1 万 t,削减率为 42.7%;氨氮入输水干线量控制在 0.3 万 t,减少率为 94.9%。

(3)2010 年全线 COD 排放总量从 97.2 万 t 削减至 54.7 万 t,削减率为 43.7%;COD 入输水干渠量从 67.1 万 t 削减至 9.0 万 t,减少率为 86.6%;氨氮排放量从 13.9 万 t 削减至 7.1 万 t,削减率为 49.2%;氨氮入输水干渠量从 9.6 万 t 削减至 0.8 万 t,减少率为 91.1%。

2.5.4.2 工程项目及投资

1)治污工程项目和投资汇总

南水北调东线治污工程 2010 年前总投资为 238.4 亿元,输水干线规划区、山东天津用

水规划区、河南安徽规划区分别需投资166.4亿元、35.6亿元、36.4亿元。山东、江苏、河南、安徽、河北、天津规划投资分别为86.9亿元、49.0亿元、19.8亿元、16.6亿元、35.3亿元、30.8亿元(不包括河南、安徽两省的工业污染治理项目投资)。

(1)2001—2007年应完成投资148.2亿元。输水干线规划区、山东天津用水规划区分别需投资133亿元和15.2亿元;山东、江苏、河北分别需投资86.9亿元、49.0亿元、12.3亿元。

(2)2008—2010年应完成投资90.2亿元。输水干线规划区、山东天津用水规划区、河南安徽规划区分别需投资33.4亿元、20.4亿元、36.4亿元;河北、河南、安徽、天津分别需投资23.0亿元、19.8亿元、16.6亿元、30.8亿元。

2)工程及投资分类

(1)清水廊道工程。位于输水干线规划区内的清水廊道工程总投资166.4亿元。其中,2001—2007年投资133亿元, 2008—2010年投资33.4亿元。2007年输水干线清水廊道工程具有削减COD排放量25.4万t/a能力,2010年输水干线清水廊道工程具有削减COD排放量30.4万t/a的能力。

(2)用水保障工程。位于山东天津用水规划区内的用水保障工程共需投资35.6亿元。山东济南、江苏泰州的15.2亿元投资在2007年前完成,天津市的20.4亿元投资在2010年前完成。

(3)水质改善工程。河南安徽规划区内的水质改善工程共需投资36.4亿元,建设城市污水处理厂26座,新增城市污水集中处理规模166.5万t/d,2010年治污工程具有削减COD排放总量12.7万t/a的能力,水质改善工程需要在2010年前完成。

2.5.4.3　资金筹措方案

清水廊道工程中,截污导流项目共需投资20.0亿元(不包括工程拆迁、护岸等间接费用),全部纳入南水北调东线主体工程投资。

用水保障工程中,12.3亿元的截污导流工程投资由主体工程承担4.9亿元(约占40%),其余由地方政府和银行贷款解决。

工业污染治理,贯彻“谁污染、谁治理”的原则,资金由企业自筹;对于清水廊道工程中的工业治理项目,因提高排放标准增加的投资,国家给予适当补助。

城市污水处理厂及流域综合整治项目按基本建设项目管理程序审批,国家视情况给予补助。

中央有关部委与地方省市政府进一步制定筹资、建设、运营、管理全过程实施市场化运行机制的方案。

2.5.4.4　规划目标可达性分析

1)2007年规划目标可达性分析

2007年,要求山东、江苏两省水质断面达到规划目标。工程项目建设后,江苏省13个控制断面中,可保证不牢河蔺家坝等4个断面实现对输水干渠的污水零排入,另外9个控制断面排污量控制在1.7万t,小于南水北调江苏省的水环境容量;山东省26个控制断面中,可保证西支河鱼台、城河滕州等13个断面实现对输水干渠的污水零排入,另外13个控制断面入湖排污总量控制在3万t,小于南四湖和东平湖4.7万t的水环境容量。

2)2010年规划目标可达性分析

2010年,在巩固江苏、山东2007年污染物总量排放的基础上,河北、天津的8个控制断面均能实现对输水干渠的污水零排入,确保北调水过黄河后不受污染。

2.5.5 水质保障措施及建议

2.5.5.1 监督管理

国家在输水干线源头、省界设立水质自动监测站,各省市在主要支流入河(湖)口设立水质、水量同步监测站,各重点污染源企业在排放口设置在线监测设备。

各级地方政府按照规划要求,落实输水水质目标管理责任制,从落实治理项目的投资开始,明确地方政府在资金筹措方面的职责及相应的比例,并负责项目建设进度,保证输水水质达标。

制定《南水北调东线输水干线航运管理条例》;输水干线石油类污染主要由流动污染源造成,需特别加强监管力度。

国务院各有关部门要按照国务院赋予的职能,对治污项目建设加强指导、监督和管理。

2.5.5.2 政策建议

鉴于南水北调东线工程治污规划区内各城镇污水处理率高于国家同期要求,为促进地方政府落实建设资金,加快启动污水处理厂建设,在南水北调东线主体工程建设投资中设立城市污水处理厂建设贷款贴息专项资金,约需 4 亿元。

贯彻执行污水处理收费政策,全面开征污水处理费,逐步提高处理费征收标准,使污水处理设施实现保本微利运营。要尽快研究采取发行污水处理设施建设债券筹集建设资金的政策措施。

将关、停、并、转企业的下岗职工纳入地方社会保险系统,统一安置。

建议设立南水北调东线工业污染防治专项资金,用于推行清洁生产、新技术推广。

对南水北调东线治污工程中的城市污水处理厂建设征地,减免除直接支付农民的其他间接管理费。

2.6 东线调水的风险研究

2.6.1 东线工程运行风险分析

远距离调水、输水、供水,不确定因素多,发生风险的可能性大。南水北调东线工程在长达 1 000 多千米的输水及供水距离中,需与沿线多个行政区划的城镇相邻,可能穿越或立交无数农田、桥涵、河流及建筑物;连续性调水、输水、供水过程中还可能发生地震、洪水等灾害或次生灾害以及蒸发、渗漏、污染、偷抢、投毒、设施老化等因素导致的损失。因此,从增强风险意识、防范风险发生、减少不可预见事件造成损失的角度,分析调水、输水、供水过程风险,对于加强风险管理非常重要,意义巨大。

2010 年 3 月,南京水利科学研究院和水文水资源与水利工程科学国家重点实验室耿雷华、刘恒、姜蓓蕾、李爱花、宋轩等学者在《水利水运工程学报》发表《南水北调东线工程运行风险分析》一文,该文以工程哲学和现代管理理论、方法的视角,分析了南水北调工程运行中难点,在此基础上探索研究市场经济条件下南水北调工程运行管理解决重大难题的对策,以规避其巨大的社会风险及损失,其分析结论可以作为其运行管理单位的参鉴依据或指导文献,也可作为南水北调工程总结性文献和学界的参考资料。引荐该文,有利于系统性评价输水工程的科学性。

2.6.1.1　**工程涉险因素**

研究者指出:南水北调工程是我国重大战略性基础设施,有助于缓解北方地区水资源短缺和生态环境恶化的局面,保障社会经济和生态协调可持续发展。东线一期工程从长江下游干流江都站取水,利用京杭运河等河道,经泵站逐级提水输水北送,进入东平湖后分两路,一路穿过黄河经小运河等自流至德州大屯水库,另一路向东开辟山东半岛输水干线至威海米山水库。调水线路总长1 466.50km,其中长江至东平湖1 045.36km,黄河以北173.49km,胶东输水干线239.78km,穿黄河段7.87km。全线共建设13个梯级泵站,总扬程约65m。东线一期工程输水线路立面图见图2-13。由于输水线路长,涉及工程多,工程运行将不可避免地受到各类不确定性因素的影响,为规避或减少风险造成的损失,有必要采用项目风险管理。

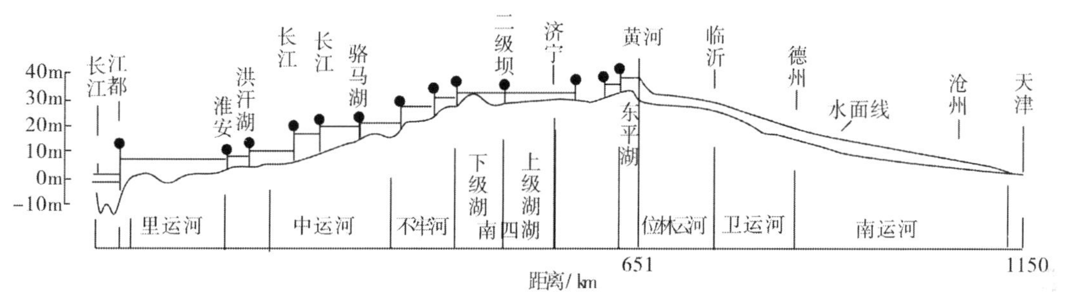

图2-13　南水北调东线一期工程输水线路立面图

2.6.1.2　**东线工程系统划分**

南水北调东线工程以电力为动力,通过泵站逐级提高水头,在各级泵站之间依靠水位差通过河道自流输送,在调水沿线设有若干个用于调蓄的湖库。因此,根据东线工程建筑物与功能的不同,将东线工程划分为提水、输水和蓄水三大系统。其中,提水系统主要由一期工程新建的21座泵站及江苏省现有的13座泵站,共160台套装机构成;输水系统主要为输水河道和穿黄工程;蓄水系统主要指输水沿线包括洪泽湖、骆马湖、南四湖和东平湖在内的四大天然湖泊。南水北调东线调水工程系统分解概化见图2-14。

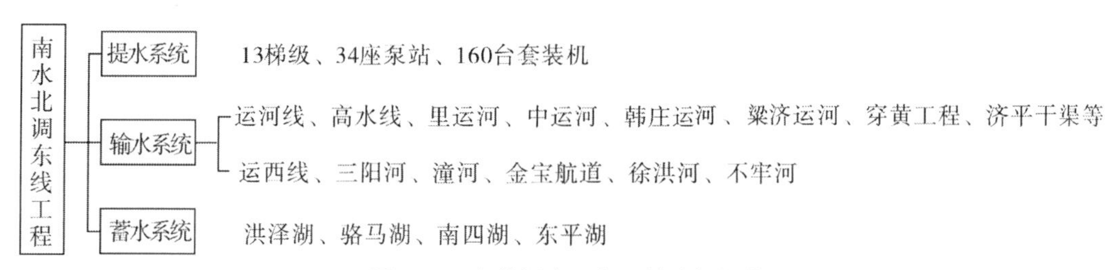

图2-14　东线调水工程系统分解概化

2.6.1.3　**风险分析流程与方法**

风险分析,首先需识别系统可能出现的失事形式、导致失事的影响因子以及系统失事可能造成的后果。根据东线工程运行特点和破坏机理分析,运用层次分析法对影响三大系统正常运行的风险因子进行界定和识别,确定各系统风险评价的准则层和指标层。在此基础上,运用模糊综合评价法对风险发生的概率及后果进行定性与定量分析。综合考虑失事风险率和损失后果,建立评价标准以衡量风险的大小和程度,确定风险是否需要处理和处理的程度。东线调水工程运行风险分析、评价流程如图 2-15 所示。

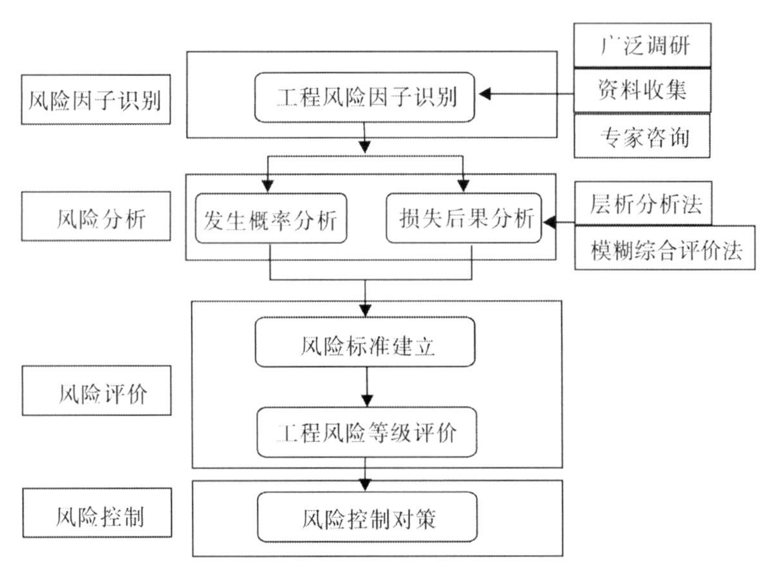

图 2-15　东线调水工程运行风险分析、评价流程图

层次分析法和模糊综合评价法结合应用,在处理复杂的大系统时具有得天独厚的优势。层次分析法能够对工程系统进行分解,合理的概化系统,使其条理化、清晰化;模糊综合评价法能够将隶属于不同层次及类别的各种因素进行有效的综合、归纳,尤其适用于系统定性信息较多的情况,能很好地处理人的判断偏好固有的模糊性以及定性信息的模糊性。层次分析法可归纳为如下几个步骤:明确问题;建立层次结构;构造判断矩阵并计算权重向量;次单排序和一次性检验;次总排序和一次性检验。模糊综合评判法首先需建立评价问题的目标集和评定集,在满足一定条件下,对每一个指标定义隶属函数,然后根据层次分析法所确定的各层次(指标组、指标类)的权重,确定各层次的隶属度,最后计算系统总隶属度,根据总隶属度的大小,对评价对象进行逐一总评价。

在运用模糊综合评价法确定各系统运行风险率等级时,将工程运行风险率评价等级分为 5 级。从 1 级到 5 级,是风险率逐渐增加的过程。具体的风险评价标准如表 2-8 所示。

表 2-8　东线调水工程各系统运行风险率评价标准

风险率等级描述	风险高	风险较高	风险中等	风险较低	风险低
发生频率描述	很可能发生	较可能发生	有可能发生	较不可能发生	不可能发生
风险率评价等级取值	[0,1]	[1,2]	[2,3]	[3,4]	[4,5]
相应风险概率概值	0.5~0.99	0.1~0.5	0.01~0.1	0.001~0.01	0.000001~0.0001

同时,对工程运行条件及运行情况进行分析,将失事后果也划分为5个等级,分别为重大、大、较大、中等和较小。组合风险概率等级和失事后果,确定系统运行风险等级。风险等级划分成5类:风险低、风险较低、风险中等、风险较高、风险高。风险评价标准见表2-9和表2-10。

表2-9　东线调水工程各系统风险评价标准

失事后果	1	2	3	4	5
重大	风险高	风险高	风险较高	风险中等	
大	风险高	风险较高			
较大		风险中等	风险较低	风险较低	风险低,基本无影响
中等		风险较低			
较小			风险低,基本无影响		

表2-10　东线调水工程各系统运行风险率评价标准

风险等级	运行状况描述
1(风险高)	不能接受,应尽快改善以使风险等级降至3或3以上;(按现行规程、规范、标准和设计要求,工程存在危及安全的严重缺陷,运行中出现重大险情的数量众多,须立即采取除险加固措施)
2(风险较高)	不宜接受,应于合理期限前改善,以使风险等级降至3或3以上;(工程功能和实际工况不能完全满足现行的规程、规范、标准和设计的要求,可能影响工程的正常使用,险情数量较多,需要进行安全性调查,确定对策)
3(风险中高)	接受条件,存在适当之程序、控制与安全保护;(各项监测数据及其变化规律处于正常状态,按照常规的运行方式和维护条件可以保证工程的安全性)
4(风险较低)	现状接受,保护现有控制程序,无须采取任何附加措施;(工程实际工况和各种功能达到现行规程、规范、标准和设计的要求,只需正常的维修养护即可保证其安全运行)
5(风险低)	基本无影响

2.6.1.4　提水系统风险分析

提水系统运行风险主要表现为:各种内因和外因引起的提水系统的提水水量不能满足规划要求,即受水区有需水要求时,提水系统不能满足水量要求,对部分自身存在防洪要求的泵站,在受到洪水冲击时,不能正常运行的风险。因此,提水系统运行风险主要来自两个方面。从导致泵站系统提水效率降低角度考虑,主要风险因子为系统运行条件、设备质量、技术状况。运行条件主要表现为拦污清污设备、进流漩涡两个方面;设备质量主要表现为电网电压波动、设备老化、磨阻增加等;技术状况表现为水泵特性误差、管理、维护状况等。从泵站系统工程安全角度考虑,主要为河道洪水水位和河堤堤高两个风险因子。风险因子识别具体过程不再赘述。

根据提水系统运行风险因子识别结果,采用模糊综合评价法来确定其相应的运行风险率。首先,按照客观性、系统性、目的性、代表性和科学性5个方面的原则,选取设备质量、技术状况、泵站系统工程安全3个方面评价准则,建立提水系统运行风险评价层次结构(图2-16)。其次,依据一定原则和方法确定南水北调东线提水系统5个评价指标具体分级标准。

再次,采用层次分析法确定权重。最后,利用效用函数计算得到各泵站的风险指标值。

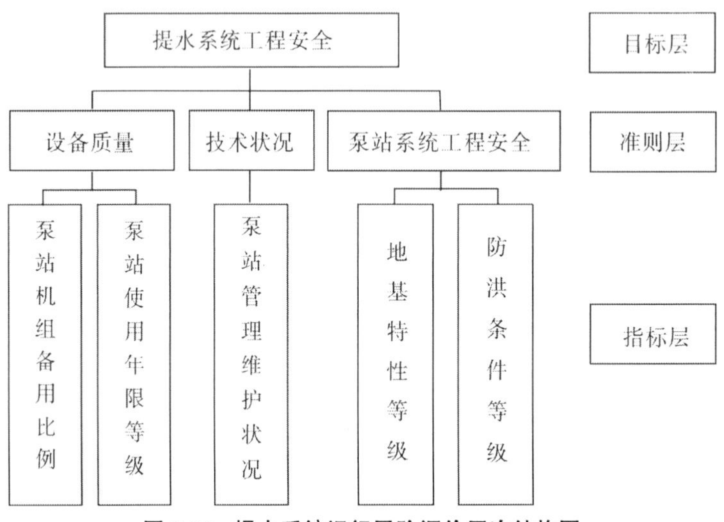

图 2-16 提水系统运行风险评价层次结构图

模糊综合评价方法对13级梯级泵站的风险评价结果表明,东线工程的13级梯级泵站中,大部分梯级泵站的风险率等级都在3~4,属于风险率较低级别。在13级梯级泵站中,风险率等级评价结果最劣的为淮阴枢纽,其综合风险等级评价结果为2.63,相应的风险率等级属于中等。主要原因是由于淮阴枢纽的3个泵站的单机流量为$30m^3/s$和$34m^3/s$,淮阴枢纽的备用机组比例较低,仅为9%,根据该指标的评价标准,其风险率等级为2级,风险较高。

风险是失效风险率与失效造成的后果两个因素的函数,风险的大小不仅与失效风险率有关,而且也与失效后果息息相关。在风险率评价的基础上,对提水系统失效后果进行评价。由于东线各梯级泵站除了主要承担南水北调的提水任务以外,还承担了调水沿线地区的地方供水,因此,各串联的梯级泵站的设计流量呈现出由南向北逐级减小的趋势,这一趋势与直观上的各梯级泵站失效造成的后果等级趋势是一致的。采用各梯级泵站的设计流量表征其失效后果的严重性。根据风险概率等级和梯级泵站流量的不同组合结果,划定风险评价标准,确定风险等级划分成5类:风险低、风险较低、风险中等、风险较高、风险高。通过提水系统工程安全风险在图上的投影可知,南水北调东线工程提水系统13级梯级泵站中,淮阴枢纽的风险性最高,风险等级为中等;其次是江都枢纽、淮安枢纽,风险等级为较低;其余的梯级枢纽风险等级均为低。需要指出的是:江都枢纽和淮安枢纽处于13级梯级枢纽的水源区,而且其设计流量大,分别承担了第一级梯级枢纽和第二级梯级枢纽总设计抽水量的80%和66.7%,因此,尽管这两级梯级枢纽风险率等级不高,但这两个梯级枢纽的风险等级是13级梯级枢纽中次高的。另外,东线工程采用了南四湖以南即江苏省境内为并联结构,南四湖以北为串联结构的工程输水特性,这一组成特点将提升东线工程提水系统的运行安全性。

2.6.1.5 输水系统风险分析

输水系统分为输水河道工程和穿黄工程两部分。对输水河道而言,风险主要表现为河道堤防的安全稳定性出现故障,不能满足其规划的输水功能,从而影响输水河道功能。堤防失事模式主要为漫堤失事、渗透失事和失稳失事三种,风险因子则对应为洪水水位和堤防高度、堤防坡降和水力比降以及土体的物理参数和水流冲刷力。对穿黄隧道而言,风险主要表现为隧道工程安全性出现故障,不能满足隧洞输水要求,风险因子主要有几个方面:工程本身引起的风险,例如:隧道突水、突泥等,以及工程外在因素引起的风险,例如:顶部地面塌陷、穿越煤层开采地区地基塌陷等。

采用模糊综合评价方法对输水河道工程系统进行风险评价,综合考虑河道工程系统的荷载情况、工程结构及运行管理等各种影响因素,建立输水河道工程安全风险评价层次结构见图2-17。

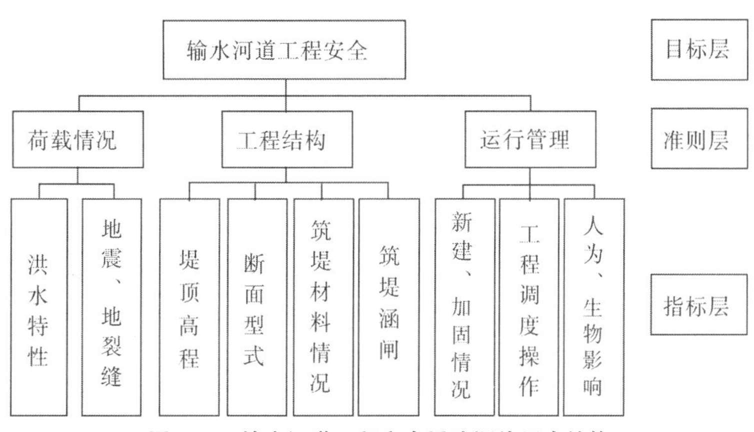

图2-17　输水河道工程安全风险评价层次结构

根据以上的层次结构,选取已有堤防中工程条件明确且安全性状较好的标准堤段作为参考,分析实际堤段与标准堤段之间存在的差距,利用模糊综合评价法确定各堤段的风险率等级。分析计算结果表明:南水北调东线一期输水河道工程中,运河线中韩庄运河运行风险率较高,风险率等级为2~3,主要为人为采空沉陷、岩溶塌陷引起的滑坡、失稳破坏;中运河风险率为中等,风险率等级为3~4,主要为输水渠道的渗漏、地裂缝滑坡等;里运河、高水河风险率为较低。运西线徐洪河风险率等级为中等,存在地裂缝引发滑坡的可能;新通扬运河、三阳河、潼河、金宝航道、三河以及不牢河风险率等级均较低。出南四湖后,由梁济运河输水至东平湖,由于地面沉降及岩溶塌陷的作用,易存在滑坡、失稳破坏,且存在可液化土层,梁济运河风险率等级为较高。济平干渠、济南—引黄济青段风险率较低,济平干渠全线全断面采用高性能砼板防渗和多功能的排水设施,基本解决了穿越区湿陷性黄土状土层的渗漏、失陷变形以及边坡稳定等问题。

在风险率评价的基础上,对输水河道失效后果进行评价。输水河道失效后果评价主要考虑河道的输水能力损失及工程经济损失,兼及其他功能如饮用水源、航运、灌溉、行洪等。工程在南四湖以南采用运河线、运西线并联,南四湖以北采用串联结构输水,并联模式较大地提高了输水系统的运行安全性。将河道工程风险概率等级及失事后果投影在风险图中,可知梁济运河风险较高,中运河、韩庄运河风险为中等,徐洪河、里运河及高水河风险为较低,其余输水河道段风险等级均为低。

穿黄工程为南水北调东线控制性工程,主要包括穿黄隧洞以及进出口闸门、埋涵等工程。由于工程水文、地质条件复杂,国内外尚无先例可循,隧洞突水、突泥以及围岩稳定问题则主要依托穿黄勘探试验洞的工程运行情况进行分析。对探洞的防渗阻水工程失事机理及运行工况进行分析,认为穿黄隧洞发生突水、围岩稳定性下降可能性较高;进出口闸门、滩地埋涵等工程失事风险率较低。由于隧洞涌水可能产生渗流冲刷堤基威胁黄河大堤安全,造成险工岸垮堤,失事后果重大,风险较高。

2.6.1.6 **蓄水系统风险分析**

东线工程蓄水系统主要指沿线天然蓄水湖泊。界定蓄水系统的工程运行风险为天然湖泊堤防失事,不能满足规划调蓄功能的要求。因此,除荷载情况需添加风浪作用外,上述输水河道工程安全风险评价层次结构亦适用于蓄水工程风险分析。

蓄水系统水情工况较南水北调东线工程建设前有较大改变。工程建设前蓄水系统的运行主要分为汛期及非汛期,工程运行期间则主要为汛期和输水期。根据南水北调东线一期工程调度运行方案可知,蓄水系统汛期工况较之前改变甚微,而输水期则意味着湖泊堤防将长期遭遇高水位浸泡。

蓄水系统运行风险率计算方法与输水河道相似,汛期失事后果分析主要参考湖泊历史出险情况及经济损失,输水期失事后果分析主要参考江水北调运行期、南水北调东线工程试运行阶段的湖泊险情及输水损失,并分析非汛期和输水期工况改变对调输水的影响。分析结果表明:在汛期洪泽湖风险较高,风险率等级为2~3,主要表现为行洪期间的风浪漫溢及渗透失事;南四湖及东平湖风险中等;骆马湖风险较低。与未建设南水北调工程的情况相比,由于工程建设过程中对穿堤涵闸及其他建筑物进行重建或加固,对蓄水湖泊的部分险工段进行防渗处理,在汛期同样工况情况下,风险等级均有一定程度的降低。在输水期间,湖泊堤防将长期遭遇高水位浸泡,洪泽湖和南四湖的风险为中等,洪泽湖蓄水工程风险主要表现为渗漏造成的输水效率降低以及堤防的渗透失事,南四湖蓄水风险主要表现为高水位运行条件下采煤沉陷段堤防产生新的沉陷。东平湖和骆马湖的风险均为较低。

2.6.1.7 **防范措施**

由于提水系统的大型泵站是南水北调东线的核心工程,其安全性是保障东线工程按设计畅通运行的重要保障。根据南水北调东线提水系统的风险评价结果,制定如下提水系统的风险控制技术及对策:注重泵站系统的巡视、维护和保养;进一步完善泵站枢纽管理体制;提高泵站自动化程度,保障工程效益发挥;定期进行地基监测,保障泵站的工程安全;提高泵站枢纽管理人员的素质,降低人为技术风险。通过以上风险管理措施,有效规避和降低泵站的失效风险,保障泵站的安全运行。

输水河道风险主要影响因素为人为穿堤采煤及地下水开采。针对堤防工程中存在的风险,提出采取非工程措施和工程措施并举的方法降低堤防的工程失效风险。主要的非工程措施有:划分堤防安全等级;落实穿堤采煤报批手续,事前在预沉区内采取应对措施,确保堤防安全及完整;严禁河道内无序采砂改变河道水流、水力条件;加强信息化建设,及时获得水情信息;实施堤防工程安全实时监测系统等。主要的工程措施有:复核堤顶高程,对堤防进行加固、提高;当遭遇渗透风险时,提高堤身和堤基抵抗渗透破坏的能力,同时降低渗流的破坏能力;当遭遇边坡失稳风险时,采用“上部削坡与下部固脚压重”,对因渗流作用引起的滑坡,采取“前堵后排”的工程措施。对穿黄工程而言,需加强工程安全检测,定期进行加固处理,确保帷幕、衬砌等防渗阻水工程处于最佳阻水状态;加强区域地下水检测,控制岩溶水的开采等。

蓄水系统主要风险控制对策为:进一步落实河道险工段及在建工程的防汛责任;提高流域排洪通道防洪标准,减小防洪工程实际防洪泄洪能力与设计标准间差距;及时全面掌握防洪工程运行情况,扎实做好水闸工程维修,确保启闭灵活,运用自如;加快对采煤沉陷段应急处理及加固进程,确保堤防安全及完整;改进洪水预报方法,不断提高预报速度和精度。进一步完善抢险预案,落实抢险物料、队伍等度汛措施,明确防汛责任等等。

2. 6. 1. 8　研究结论

耿雷华等学者将南水北调东线工程分解为提水、输水和蓄水三大系统,结合层次分析法和模糊综合评价法建立了各系统工程运行风险因子识别体系和评价结构模型。对东线一期工程运行风险进行了定性与定量计算。南水北调东线工程提水系统 13 级梯级泵站中,淮阴枢纽的风险性最高,风险等级为中等,其余梯级枢纽风险等级均较低;输水系统中梁济运河风险较高,中运河、韩庄运河风险为中等,徐洪河、里运河及高水河风险为较低,其余输水河道段风险等级均为低。穿黄工程穿黄隧洞发生突水、围岩稳定性下降可能性较高,进出口闸门、滩地埋涵等工程失事风险率较低;蓄水系统在汛期洪泽湖风险较高,南四湖及东平湖风险中等,骆马湖风险较低。在输水期间,湖泊堤防将长期遭遇高水位浸泡,洪泽湖和南四湖的风险为中等,东平湖和骆马湖的风险均为较低。

东线工程在南四湖以南地区输水采取并联的形式,南四湖以北地区采取串联的形式。通过泵站提水的并联输水方式大大增加了东线工程的运行安全。南水北调东线工程运行以后,除了工程本身还存在风险会影响调水工程的正常运行外,还有水文风险、生态环境风险、经济风险和社会风险等也会影响工程运行。工程运行的风险是客观存在的,我们研究的目的,就是使人们,特别是决策者理解、认识和接受风险,在经济合理和可接受的范围内控制风险。另外,就是要制定相应的措施,建立一套快速有效的综合性的事先预警预控、事中紧急救援以及事后安置的预警管理模式,广泛调动各种社会资源,保障南水北调工程的运行安全。

2. 6. 2　突发性水环境事件管理研究

近几年,大江大河和沿海突发性水环境事件频繁发生,如:吉林石化厂爆炸、大连港的石油码头多次爆炸、天津渤海的石油泄漏、天津滨海新区危化品仓库爆炸事件等,造成局域水环境重大污染及损失。南水北调东线工程,经过 13 级提水、调水,花费了巨大建设成本和运行投入。如果发生突发性水环境事件,不仅影响受水区的水质、水量和水处理费用,而且还可能导致工农业生产和民众生活重大损失,甚至造成局域水生态灾难。中国水利水电科学研究院水资源研究所、天津市龙网科技发展有限公司、郑州大学水科学研究中心的肖伟华、庞莹莹、张连会、左其亭和裴源生等学者,2010 年 10 月在《南水北调与水利科技》期刊发表《南水北调东线工程突发性水环境风险管理研究》一文,系统分析了东线工程突发性水环境事件可能性,并提出加强突发性水环境风险事件管理的措施、建议。

2. 6. 2. 1　引言

随着经济社会的持续快速发展、人口的不断增长以及气候变化等一系列因素影响,各类环境事故不断发生,如 1984 年印度帕博尔农药厂爆炸事故、1986 年切尔诺贝利核电站泄漏事件,以及 2005 年我国松花江污染事件。分析这些突发性环境事件的原因,主要是由两方面原因造成:一是本身存在隐患,如管理不善、生产流程出现漏洞等;二是应对这些突发性事故的措施不力,不能在事故发生的第一时间控制污染传播,从而造成了极大危害。这些事故的发生为人类敲响了警钟,需要加强突发性环境风险方面的研究,增强环境保护意识以及安全意识。

国内学者对突发性环境风险方面的研究,取得了一系列成果。何进朝等从危险源和环境因素两个方面进行河流突发性污染事故风险评价,引入加权危险河段长度和河段危害权重两个概念论述危险源风险评价,提出了环境因素定性评价方法。于长江根据污染物的迁移转化方程,建立了突发性水环境污染风险评估模式;龙铁宏引入有毒有害物质的毒理学资料,确定对预测结果适合的评估指标,进一步明确事故危害程度,提出可行的减缓措施。

南水北调东线工程跨越四大水系,输水渠道与各主要河流平交,而淮河流域又是我国环境污染比较严重的地区之一。因此,水质问题是东线工程重要的环境问题,相应水污染治理、水环境保护是南水北调东线工程成败的关键。为确保东线工程的水质达到输水要求,需要分析研究其输水过程中可能存在的突发性水环境风险,降低风险发生的概率。肖伟华在分析突发性环境风险特点的基础上,结合南水北调东线工程实际,从环境风险管理的理论框架出发,阐述了东线工程的风险识别、风险评估与预测以及风险管理等内容,提出降低东线工程运行期突发性风险发生的预防对策。

2.6.2.2 突发性水环境风险

1)风险事件

风险一般定义为,研究对象在某一特定环境下,或某一特定时间段内,其不能完成预期目标(功能)的概率与由此产生的后果的结合。但是,对于水环境风险的定义也较多,且很不统一。突发性水环境风险的定义为由于自然因素、社会因素以及其他不确定性因素引发固定或移动的潜在污染源偏离正常运行状况,而突然向水体排放污染物(或有毒有害物质),引起水体中的生态结构或物理化学组成发生严重破坏或改变,水体丧失了其部分或全部功能,给人类生存环境、水体生态系统、人体健康安全构成了严重危害的事件。此处引入工程系统风险定义的概念,在相应的风险准则条件下分析水环境系统的阻抗与负荷,计算系统失效概率,估算系统中风险发生的后果损失,并综合评价系统风险值。

突发性水环境风险是由于自然或人为因素引起的,对环境造成突然性影响的事故。根据污染物的性质及经常发生的方式,突发性水环境污染事故可分为:

(1)溢油事故;

(2)有毒化学品的泄漏、爆炸、扩散污染事故;

(3)非正常大量排放废水造成的污染事故。

2)水环境风险特点

突发性水环境风险具有以下的特点。

(1)发生的突然性。突发性水环境风险发生时比较突然,一般事先不易被人察觉,且发生的方式不固定,没有任何规律,如溢油事故,并不是每次运输中都会发生,必须当某种条件受到破坏或环境达到某种条件时才会发生。

(2)影响的严重性。由于突发性水环境风险发生的突然性,管理人员没有充足的应对措施,使得事故发生后造成严重后果,同时突发性水环境事故来势比较凶猛,即使有一定的应急措施,但如果处理不够及时,也会对周围环境或人员造成严重危害。对于东线工程以水质合格作为管理目标,一旦发生突发性水环境风险,在风、水流的推动作用下,污染物的扩散范围将会在瞬间发生变化,影响取用水质量,从而增加东线工程的管理难度。

(3)处理的艰巨性。突发性水环境风险的产生形式比较多,每类事故都需要相应的措施去处理,如果对策制定不合适,反而会增加风险产生的危害。有毒化学品泄漏事故由于其化学品的物理化学性质不同,必须采取针对性的应对措施,否则将会造成更大危害。此外,突发性水环境风险发生的突然性,发生时产生的污染物范围很大。在外界因素作用下,污染物迁移转化过程也很复杂,增加了处理难度,尤其是在周围环境加剧风险恶化的条件下。

2.6.2.3　东线工程受险部位

南水北调东线工程是缓解我国苏北、鲁北、山东半岛、天津和河北部分地区水资源严重短缺,优化水资源配置,改善生态环境的战略举措,是一项经济、社会、生态协调发展的重大工程。东线工程从江苏省扬州附近的长江干流引水,利用京杭大运河及与其平行的河道向北输水,连通洪泽湖、骆马湖、南四湖、东平湖作为调蓄水库。本著研究对象是东线一期工程,即黄河以南的输水路线,输水干渠长约646km,从长江至东平湖共设有13个低扬程大流量大型梯级泵站,总扬程65m。

无论是调水线路长度,还是调水规模,东线工程都是世界上大型调水工程之一。东线工程的运行过程中存在各种不确定性因素,可能导致输水系统破坏,引发供水危机。尤其是东线一期工程黄河以南段,跨长江、淮河、沂沭泗、黄河多个水系,与沿途河流、湖泊连通构成了一个复杂的水系,沿线区域的工农业和生活污水排放严重影响到东线的供水水质,区域内的环境不确定因素复杂而众多,都关系到东线水质是否能实现全线Ⅲ类供水目标。水系中各种不确定性因素引起的水环境风险备受关注,相关的东线工程运行风险分析和风险管理也迫在眉睫。东线工程运行时,能否保证持续正常调水和保证供水水质,是判断其成功与否的关键指标,尤其是保证供水水质。

2.6.2.4　运行期突发性水环境事件的管理

根据东线工程输水干渠承担的航运任务和受水区的用水要求,分析在运行期可能存在的突发性水环境风险主要有船舶漏油事故、有毒化学品泄漏事故以及非正常大量排放污水事故,采用环境风险管理的理论框架,对这3类事故进行水环境风险管理。

1)风险识别

环境风险识别是运用因果分析的原则,采用一定的方法(筛选、监控、诊断等),从纷繁复杂的环境系统中找出具有风险因素的过程。环境风险识别不仅要分析环境风险因子的作用机理,明确环境风险的来源,还要明晰环境风险的作用过程,以及掌握环境风险在作用过程中内部和外部的保护屏障。通过环境风险识别,分析各个传播环节的作用,选择适当的控制目标与控制方式使风险得到避免、转移或降至一个可被接受的水平。

目前常用的风险识别方法有:专家经验法、德尔菲法、故障树分析法、事件类推分析法、层次分析法以及新发展起来的贝叶斯网络分析法等。故障树分析法是一种比较成熟的方法,我们采用故障树分析法对船舶漏油事故、有毒化学品泄漏事故以及非正常大量排放污水事故分别进行风险识别,并阐述其风险作用过程。

船舶溢油事故的主要风险来源是船舶交通事故和船舶操作引起的油类污染物排放。其中,船舶交通事故排放主要是由于船舶发生碰撞、搁浅等严重事故时造成的油类污染,或者是在装卸过程和驳油过程中出现的油类泄漏污染。船舶操作主要是指船舶在航行过程中,由于操作需要,排放一部分机舱含油舱底水(船舶机械在运转过程中需要排放一些污水,含燃料油、润滑油等)、含油压载水和洗舱水,这些污水所引起的油类污染。

有毒化学品泄漏事故主要是由于输水干渠与沿线公路立交,一旦运输车辆发生事故,将会导致有毒化学品泄漏进入输水干渠中,此外由于输水干渠承担一定的运输功能,也会导致有毒化学品泄漏到输水干渠,影响水质。在此主要从两个方面来考虑该事故的风险源:一是贮存罐发生故障导致有毒物质泄漏;二是在装卸过程中发生的泄漏。在装卸过程中发生的有毒物质泄漏和船舶装卸过程发生的泄漏原因几乎是相同的,只是污染物不同,主要是作业人员在操作过程中的失误以及贮存有毒化学品的设备出现密封不好引起的。而贮存罐发生故障主要是贮存罐破裂或者腐蚀,或者保险控制失效造成的。

2)突发性污水事件原因

非正常大量排放污水事故发生的原因主要有3个方面:

(1)在污水量增加、污水处理厂设计处理能力不高的情况下,污水就没法全部进行处理,不得不将一部分污水直接排入输水干渠中,影响输送的水质;此外,由于部分企业为了一时的利益,减少污水处理的费用,在某一时间段内将没有经过处理的污水集中排入河流中,这对输水干渠的水质也有很大威胁。

(2)污水处理厂运行事故发生,将会影响污水处理效果,无法达到国家规定的标准,一时间无法修复该事故,导致污水排入到输水干渠中。

(3)一旦截污导流工程失效的话,就不能保证水质是否可以达到要求;而且,部分污水可能未经处理就直接排入干渠中。根据南水北调截污规划,如果截污导流工程运行良好,则进入输水干渠的污染物将为零,在截污导流工程失效的情况下,大量污水将直接进入输水干渠中。

2.6.2.5 风险评估与预测

环境风险评估是指对各种社会经济活动所引发或面临的危害(包括自然灾害)造成的人体健康、社会经济、生态系统等可能损失进行评估。一般来说,水环境系统的风险评估需要阐述3个根本性的问题:

(1)可能出现什么故障;

(2)它的可能性程度;

(3)有哪些损失(后果)。

对于特定的水环境风险(如船舶漏油、存储有毒物质的容器泄漏等),风险评估是根据已有资料,统计分析该类水环境风险发生的概率,集中在对已经发生的该类风险进行分析。

评估风险发生的概率和总结风险发生前的异常特征。然后提出相应预防措施或做好风险预警和紧急防治措施等;同时在风险发生之后,根据水体流动方向,向风险转移方向提出预警和处置措施。

由于突发性水环境风险具有发生的突然性、处置的艰巨性和影响的危害性等特点,在评估和预测突发性水环境风险时,只能通过统计该类水环境事故的历史资料,分析事故发生的次数、产生的危害,估算该类水环境事故发生的频率及损失。研究时由于东线工程尚未完全投入运行,缺少水环境事故的资料,可借鉴类似地区的相关资料或已有的研究成果进行分析,粗略估算船舶漏油事故、有毒化学品泄漏事故以及非正常大量排放污水事故发生的概率,并采用简化的模型对这3类事故产生的危害进行评估与预测,为减少风险的危害奠定基础。分析认为船舶事故概率服从离散二项概率分布,并假设航运中油船占的比例为R,将船舶事故溢油风险概率看成是油轮碰撞风险概率、油轮搁浅风险概率和油轮溢油风险概率之和。这里以船舶溢油事故的水环境风险为例，将该方法应用在东线工程运行期的风险管理中，结合东线工程各航道管理部门的统计资料，得出输水干渠发生较大规模溢油事故的概率为每 25 年 1 次。随着船舶数量的增加，油轮比例的增大，溢油风险率也将随之上升。此外，通过 Blokker 经验模型来预测不同泄漏情景下油膜随时间的扩散过程，结果见表 2-11。从表 2-11 的结果中也可以看出，随着泄漏量的增加，油膜的扩散直径随着时间在不断扩大。

表 2-11　不同泄漏量油膜的扩散直径

时间/min	泄漏量 $3m^3/m$	泄漏量 $6m^3/m$	泄漏量 $10m^3/m$	泄漏量 $20m^3/m$
1	38.03	47.92	56.81	71.58
2	47.92	60.37	71.58	90.18
3	54.85	69.11	81.93	103.23
4	60.37	76.06	90.18	113.62
5	65.03	81.93	97.14	122.39
8	76.06	95.83	113.62	143.15
10	81.93	103.23	122.39	154.21
30	118.17	148.88	176.52	222.40
60	148.88	187.58	222.40	280.21
120	187.58	236.34	280.21	353.04
180	214.73	270.54	320.76	404.13
240	236.34	297.77	353.04	444.81
300	254.59	320.76	380.30	479.15
600	320.76	404.13	479.15	603.70

对于有毒化学品泄漏事故和非正常大量排放污水事故，可以通过统计已有的资料或类似资料进行分析，但由于缺少统计资料，只能查阅类似研究成果来估算东线工程运行期该类事故的发生概率。胡二邦利用故障树法计算一年工作日中贮存罐毒物泄漏事故的发生概率为 6.0×10^{-7}，而且压力控制系统失控和吸收池无水而使保险控制失效造成泄漏事件的可能性最大，占全体概率的 83%。非正常大量排放污水事故可以通过统计东线工程周围工业的分布状况及主要污染源来分析，初步统计该类事故发生的概率为 0.5%。

此外，采用一维瞬时排污模型的解析方法来预测有毒化学品泄漏事故和非正常大量排放污水事故的污染物随时间的浓度变化过程，反推水体达到调水水质标准范围。由于不同污染物衰减系数不同，在相同时间、相同流速条件下，相同距离的污染物浓度也不相同，分别见表 2-12、表 2-13。当有毒化学品突发性事故发生在长江引水口处，泄漏量达到 0.03t 时，1 446km长的输水渠道的水都将受到不同程度的污染。同理，当污水排放突发性事故发生在长江引水口处，泄漏量达到 17t 时，输水渠道的水都将受到不同程度的污染。此外，污染物衰减过程也受到水体流速、外界风速影响，随着水体流速增加，污染物扩散速度也增加，受风速等外界条件影响，其扩散速度会更快。

表 2-12　有毒化学品泄漏量 10kg 时河流不同断面污染时间

河段	断面距离 10m 时/min	断面距离 1 000m 时/min	断面距离 10 000m 时/min
长江—洪泽湖	13.7	9.0	78.3
洪泽湖—骆马湖	30.8	8.3	150.0
骆马湖—南四湖	68.3	11.7	305.0
南四湖—东平湖	59.2	12.5	291.7

注:断面距离表示河段起始断面的距离。

表 2-13　污水泄漏量 10t 时河流不同断面污染时间

河段	断面距离 10m 时/min	断面距离 1 000m 时/min	断面距离 10 000m 时/min
长江—洪泽湖	30	8.3	50.0
洪泽湖—骆马湖	63.3	8.3	90.0
骆马湖—南四湖	96.7	11.7	183.3
南四湖—东平湖	80	13.3	183.3

注:断面距离表示河段起始断面的距离。

由上可知,从不同河段的水环境风险来看,长江—洪泽湖的水环境风险较大,其次是洪泽湖—骆马湖段、骆马湖—南四湖段、南四湖—东平湖段,需要对水环境风险大的河段进行优先管理。从 3 类事故的风险源、传播过程、对风险接受者的影响来看,船舶溢油事故风险发生的概率相对较大,且对水质的影响较大,故应对该类事故进行优先管理,其次是有毒化学品泄漏事故以及非正常大量排放污水事故。

2.6.2.6　风险管理内容

1)降低风险的措施

通过风险识别和风险评估之后,进一步工作就是采取管理措施对风险实施安全控制,以确保风险被降低或消除。根据东线工程运行期突发性水环境风险分析的结果,从风险源、风险传播过程、风险接受者 3 方面制定各种措施,降低风险发生概率,减小其影响。

(1)加强风险源的管理。对于 3 类水环境风险事故,它们之间既存在相同的风险因子,也存在不同的风险源,必须针对不同事故的风险源进行管理。船舶漏油事故,可以通过减少航运船舶,缩减航运规模来降低风险发生的概率;有毒化学品泄漏事故,必须在储存罐区安装特殊的仪器和监测报警装置,加强储存罐区指标的监测工作;非正常大量排放污水事故,不仅要加强污水处理厂运行监督管理,也要定期对处理设备进行检查。此外,加强截污导流工程运行管理有利于保证调水工程水质。

(2)加强风险传播过程的管理。根据东线工程水环境风险发生的特点及传播途径,制定相应的管理措施:根据输水沿线取水口分布特点来调整调水工程周围的工业布局;降低风险因子的危害;加强水体环境的监测工作。

(3)加强风险承受者的管理。东线工程环境风险的承受者主要是工程周围的居民、饮用工程输送水的居民以及农作物等。因此,在水环境风险发生之前,通过在风险影响范围内减少居民的数量和提高居民的安全意识来加强风控及措施管理。

2)风险管理区划

为了降低或消除水环境系统的风险,管理部门应选择合理有效的安全控制,使风险降低到可接受的水平。安全控制的选择应以风险评估的结果作为依据,与威胁相关联的薄弱点表明什么地方需要保护,且应该采取何种形式的控制。然后管理部门应根据控制费用与风险平衡的原则,严格实施并保持所选择的安全控制。

根据南水北调东线工程的运行特征,对风险区、风险事件进行优先管理,从而有效地控制风险的产生,降低危害。

(1)优先管理的风险区。针对南水北调东线工程的输水干渠,从风险评估的结果可知,优先管理的渠段依次为长江—洪泽湖段、洪泽湖—骆马湖段、骆马湖—南四湖段、南四湖—东平湖段。在实施优先管理时,需要针对长江—洪泽湖段进行优先管理,严格监测潜在风险源的变化,制定相应的管理措施,降低风险发生的概率,减少风险损失。

(2)优先管理的风险事件。通过比较分析船舶溢油事故、有毒化学品泄漏事故以及非正常大量排放污水事故的发生、控制及对水质造成的危害等,船舶溢油事故的危害相对较大,需要优先管理,在较短时间内控制事故影响范围,降低风险;其次是有毒化学品泄漏事故和非正常大量排放污水事故。

(3)优先管理的环节。从环境风险源、传播过程以及风险接受者三个方面来分析,降低环境风险的重要环节是控制潜在风险源,因此这是优先管理的主要环节。

2.6.2.7　研究结论

南水北调东线工程运行时,能否保证持续正常调水和保证供水水质,是判断其成功与否的关键指标,尤其是保证供水水质。研究过程分析了突发性水环境风险的特点,阐述了东线工程可能存在的突发性水环境风险,即船舶漏油事故、有毒化学品泄漏事故以及非正常大量排放污水事故,并对各类事故在长江取水口处发生的情况进行了评估和预测。结果表明:长江至洪泽湖段的环境风险最大,需要对该河段进行优先管理。为有效预防突发性水环境风险的发生,学者从风险源、风险传播过程、风险接受者 3 方面制定防控措施,从而能够降低风险造成的损失,保障东线工程运行期的供水水质安全。

第 3 章　南水北调中线调水方案

3.1　中线调水方案概述

3.1.1　中线设计视角的总体规划格局

根据20世纪末长江流域综合规划报告及俞澄生《南水北调规划脉络的探索》一文,南水北调工程规划论证历时数十年,随技术深入形成具体调水方案。重新讨论方案的形成,有利于把握历史的脉络。

3.1.1.1　梦想变蓝图

中华人民共和国成立之初,是社会变革后经济发展的起步阶段。毛泽东主席先后于1952年和1953年视察黄河、长江,时任黄河水利委员会和长江水利委员会领导曾做出大胆的调水设想。基于此,出至伟人口中的“南方水多,北方水少,如有可能借一点是可以的”指示,拉开了南水北调规划工作的序幕。经过有关部门几年研究后,在1958年3月14日中共中央扩大的政治局会议上,毛泽东主席又进一步提出:“打开通天河、白龙江,借长江水济黄、丹江口引汉济黄、引黄济卫、同北京连起来了。”同年8月29日,中共中央《关于水利工作的指示》中指出:“全国范围的较长远的水利规划,首先是以南水(主要是长江水系)北调为主要目的,即将江、淮、河、汉、海……各流域联为统一的水利系统规划,应加速制定”。有了中共中央的指示,南水北调规划就成为水利部门一项宏伟而艰巨的任务,也明确了南水北调是长江综合治理开发的重要任务之一。

就当时经济环境来讲,对于南水北调这样宏大的工程,规模大、范围广,既要跨越各大江大河流域还要跨越众多省市地方,还涉及水利、农业、交通、能源、城建、环保等多部门、多学科的专业技术领域。20世纪90年代后期,水利部进一步加大了规划工作的力度,由部领导亲自负责,吸纳有关部门和省市参与,从完善总体规划入手,进一步论证了总体布局、调水线路、规模、基本的技术方案和分期建设顺序。其中最重要的当数20世纪90年代末的拟实施方案,具有现实性、紧迫性和可操作性,为领导决策提供了条件;能否达到预期的效果,还需要建成后实践的检验,至于后期和远景的规划必将随着社会的发展不断地修订完善。

3.1.1.2　总体格局的形成

调水工程主要功能,就是将水源地的水资源通过工程措施输送到受水区。输水工程的布局也可有多种方案,但都将受到地理条件的制约;人类可以充分利用自然条件,却还没有能力对自然条件做根本性改变。按现代生产力水平,如果仅从技术可能考虑,通过建高坝大库、高扬程泵站加上长隧洞和长渠道,似乎水源地和供水目标可以不受限制,因而各式各样调水设想层出不穷。思路开阔的设想是有益的,规划往往由设想开始。我国南水北调规划就是在毛泽东主席提出设想后才全面开展起来的,但是具体技术方案还必须结合经济上的合理性与可能性分析研究。规划就是对设想进行分析、筛选、择优改进和完善,根据客观需要和可能选择供水目标和水源地,合理利用地形、地势等自然条件,研究选择技术可行、经济合理的布局和工程方案。这就需要拥有大量的地形测量、地质勘探、水文气象观测等基础资料。此外,还必须进行社会、人文、经济、环境、生产力布局状况和发展趋势等调查研究,涉及范围广、相关的部门及学科多,需要投入大量的人力、物力和财力,还必须有相当长的工作周期。早期纳入长江流域综合利用规划中的上、中、下游三条引水线路(即当今的西线、中线、东线),经过约 50 年的研究,达到国家要求的规划工作深度。

长江流域综合规划中提出,我国大陆地势由西向东形成三级台阶,西线工程在最高一级的青藏高原上,地形上可以控制西北和华北,因长江上游水量限制,只宜为黄河上中游补水。中线工程从最低的第三台阶西部边缘通过,从长江中游引水,可自流供水给华北平原的大部分地区。东线工程位于第三级台阶东部,从长江下游取水,因地势低需提水北送,这就是南水北调总体格局的雏形。早期研究认为:南水北调西线、中线、东线各有主要供水范围,并行不悖,都是必要的。进一步研究说明三线还有并存互补的关系。水利部组织编制的南水北调总体规划中,提出将南北向的三条引水线路与东西向的长江、淮河、黄河、海河四大江河构成“四横三纵”的水资源优化配置体系,这一思路重现了 1958 年中共中央《关于水利工作指示》的精神。组成总体格局的调水线路,分别指派有关流域机构开展了各个阶段的规划研究和设计工作。总体格局中,由高及低或由东向西的 3 条调水线路如下。

3.1.1.3　**西线调水规划**

西线调水工程主要由水利部黄河水利委员会负责研究,始于 20 世纪 50 年代,1952 年查勘了从通天河引水入黄河的线路,1958-1961 年由有关部门合作进行了大范围的勘测考察。研究地区东至四川盆地西部边缘,西达黄河、长江源头,南抵云南石鼓,北抵祁连山,约 115 万 km^2,研究的引水河流有怒江,澜沧江,长江水系的金沙江、通天河、大渡河、岷江、涪江、白龙江;供水范围除黄河上中游地区外,东至内蒙古乌兰浩特、西到新疆喀什;引水线路共几十个。1978 年后,着重研究距黄河较近、调水量适宜、相对工程难度较小的通天河、雅砻江、大渡河调水的方案。1987 年经国家主管部门决定将前期工作列入国家“七五”“八五”计划。1996 年完成超前期规划研究,随后转入规划阶段工作。

可以说,南水北调西线工程研究的起始时间最早,但后来的研究成果表明,西线工程地处长江、黄河源头,地形地势复杂,气候条件恶劣,为高寒地区,人迹稀少,交通不便,兴建工程的条件十分困难,地区经济基础差,供水对象也不够明确。因此,西线工程的实施将在中线和东线之后。

2001 年提出的《南水北调西线工程规划纲要及第一期工程规划》,要点为:

(1)调水量规模。西线工程从长江上游的通天河、雅砻江和大渡河上筑坝建水库,修建超长隧洞穿越长江与黄河的分水岭——巴颜喀拉山脉,调长江水入黄河上游。解决青海、甘肃、宁夏、内蒙古、陕西、山西 6 省区沿黄河地区及关中平原缺水问题,还可相机向黄河下游补水。按正常年分析,上述 6 省区年均缺水量将由近期的 40 亿 m^3 逐渐增加到远景的 170 亿 m^3,占调水河段以上河道总径流量的65%~70%。

(2)工程规划。经多方案比较选择,采用以筑坝形成水库,通过隧洞自流输水为主。根据由近及远、先易后难、从小到大、分期实施的原则,调水工程多布置在海拔3 600~3 800m以下,分3条线路引水。

第一期工程从大渡河及雅砻江上的5条支流引水到黄河贾曲,年调水量40亿m³,需建5座63~123m高的水库大坝,由7段隧洞和明渠串联,总长260km,其中隧洞总长244km、最长洞段73hm、最大洞径9.6m。

3.1.1.4 中线调水规划

中线调水方案主要由长江水利委员会负责规划研究工作,始于20世纪50年代。1959年,在《长江流域规划要点报告》中,初步研究了从汉江的丹江口水库引水230亿m³和从长江三峡水库引水800亿m³到北方并结合通航的方案。

1973年,南水北调中线水源工程、汉江丹江口水利枢纽建成初期规模,初步具备了向北方调水的水源条件。

1980年,长江流域规划办公室提出了《南水北调中线引汉工程规划要点报告》,对引汉工程向供水直到北京的方案进行初步研究,1987年首次完成了正式的规划报告,明确南水北调中线工程实施顺序应为“先引汉、后引江”,引汉最终规模可达到年均调水约200亿m³。在汉江丹江口水库初期规模条件下,可调水量年均约90亿m³。

(1)1991年,设计单位对中线调水工程规划又做了补充修订,推荐加高完建丹江口水利枢纽至最终规模,年均调水量约145亿m³,并在此基础上,开展了可行性研究和部分初步设计工作。

(2)1994年,由水利部组织审查并通过了《南水北调中线工程可行性研究报告》。

(3)1995—1998年,由国家计委和水利部组织开展了对南水北调工程的全面论证和审查。

鉴于南水北调东线、中线以及西线工程,都涉及中国北方地区水资源的合理配置、环境和生态问题,根据国务院指示精神,水利部又于2000年起组织编制《南水北调总体规划报告》,中线调水工程规划的修订是其中的组成部分,已于2001年完成。经过多方案的比选论证,主要问题都有了明确的结论,要点是:

(1)水源。近期先从汉江丹江口水库引水,后期视发展需要再从长江三峡水库引水。

近期从汉江引水,水源区主要建设项目有:加高丹江口水库大坝,将设计蓄水位由157m提高到170m,相应库容由174.5亿m³增加到290.5亿m³,可满足调水和防洪对调蓄库容的要求;在汉江中下游干流上建一座节制闸,改扩建沿江部分引水闸站,整治航道,并兴建从长江补水到汉江下游的工程。这样,就能提高汉江水资源的有效利用率,在满足汉江中下游地区工农业用水、航运和生态环境的要求下,北调水量可达到140亿m³左右,约占汉江年均总水量的1/4,远景完成汉江中下游的渠化梯级,可调水量能增加到约200亿m³。

(2)输水工程。从汉江的丹江口水库引水到京津华北地区,可以利用有利的地形地势,将新建引汉总干渠布设在唐白河平原和黄淮海平原的西部边缘,经河南、河北,直达北京和天津。总干渠总长约1 270km,主要为明渠自流输水,沿线需穿越众多大小河渠、公路、铁路,连同渠道上的节制、分水、退水工程,渠道上需设建筑物2 000余座。总干渠渠首段设计流量630m³/s,输水明渠最大水深约10m、最大水面宽约100m,建成后将颇为壮观。输水渠规模向北递减,至北京和天津各为70mm³/s。还可以分期实施,第一期先建成渠首段350m³/s规模。

(3)供水目标和调水量。最新的规划进一步明确了南水北调中线工程主要供水目标是向华北平原中西部城市的工业和生活供水，根据城市水资源规划，考虑了水源条件和东线工程的互补关系，先期2010水平年需由中线年均调水95亿 m^3，后期2030水平年需调水量将增加到140亿 m^3。

3.1.1.5 东线调水规划

南水北调东线工程，是从长江下游利用古京杭大运河向北输水到淮河、黄河及海河等流域的下游平原缺水地区调水方案。东线工程研究早见于1959年《要点报告》，当时称作长江下游调水线。

(1)1972年华北大旱后，水利电力部开始组织编制东线工程规划，1976年完成《南水北调近期工程规划报告》，选定东线作为南水北调近期工程。

(2)1983年提出了调水到黄河南岸东平湖的《南水北调东线第一期工程可行性研究报告》，1986年曾列入国民经济与社会发展的第七个五年计划，未能实施。

(3)从1990—1993年，陆续进行了东线工程规划和东线第一期工程可行性研究报告的修订。1996年提出了《南水北调东线工程论证报告》。

(4)2000—2001年，作为水利部编制《南水北调总体规划》的组成部分，天津院完成了《南水北调东线工程规划》的修订工作。

东线概况：南水北调东线工程从江苏省扬州市附近的长江干流北岸引水，利用古京杭大运河及与其平行的部分河道作为总干渠向北输水。主干线，黄河以南651km，地势北高南低，需结合航运工程，分13级，总扬程65m，建设提水泵站和船闸，联通洪泽湖、骆马湖、南四湖与东平湖；在山东省的位山附近穿过黄河；黄河以北，可沿京杭大运河北段自流到天津，长490km；主干线全长共1 150km。

水源和调水量：南水北调东线工程从长江干流引水，水源丰沛，调水量主要取决于缺水地区的需要和适宜的工程规模，只是在长江特枯时，为防止海水倒灌影响上海市供水，必要时需采取避让措施。

东线调水工程，规划最终调水量约200亿 m^3，由于东线工程已有较好的基础，江苏省已经建设了部分工程并已受益。工程便于分期实施，近期可先增加调水量约46亿 m^3，主要供山东省黄河下游沿岸和胶东地区。

工程规划：东线工程以古代的大运河为输水干线，工程总体布置已基本确定，如干线长度和提水扬程，从1959年到现在，历经多次规划修订都未改变。规划论证的重点是确定适宜的工程规模。东线工程另一个特点是与自然河流湖泊相通，兼有航运、防洪、除涝的功能，这也造成水质保护的困难。在2001年修订规划中，从总体考虑环境保护和治污规划，已为东线调水的水质保护找到了解决的途径。

关于南水北调和其他一些跨流域调水工程，在水利界内外都有很多的设想。其中一部分，在南水北调初期研究阶段探索过，认为不具备现实性。还有一些设想虽然也很宏伟，但缺乏科学论证，近期更无实施可能，还对当前的决策有一定程度干扰。

3.1.2 总体规划进展

3.1.2.1 基本思路

我国对南水北调已经研究了半个多世纪，投入大量的人力、物力、财力，做了许多基础性工作。

1）建设南水北调工程动因

为什么要建设南水北调工程，有多种说法。最早、也是最流行的是“南方水多北方水少”，此话出自毛泽东主席之口，无形中增添了权威性，在提到南水北调时，常以此为据。在其后的研究成果中，提出“我国水土资源分布不均”所以要调水，这比原来的论据有所前进，但仍不能充分说明调水的依据。再往后提出了“为适应我国社会生产力布局发展需要”必须建设南水北调工程。可以认为“我国水资源的自然分布与我国社会生产力布局及其发展不相适应”，所以要建设南水北调工程的概念，相对而言比较准确，既反映了自然条件，也反映了社会现状及其发展对南水北调的需求情况。

2）水资源的不可替代性

水是生命的源泉，人类社会的生活、生产都必须有水；水是重要的自然资源、也是重要的环境要素，而且具有不可替代性。不可替代性应有两个方面：一是不能用其他资源替代水资源、对此较易取得共识。二是水资源也不能替代其他资源，社会生产力布局是由自然资源、人力资源、生产技术、社会经济等诸多因素形成的，水资源的供给是必须条件而不是充分条件。

规划的任务就是以科学的态度，调查分析社会经济现状、发展计划、趋势，研究各种资源、特别是水资源的供求现状并预测未来发展的供求关系。规划中要依据中国幅员广阔、水资源地区分布和生产力布局的关系，研究水资源的优化配置，不必限制在局部区域自生自用，还要从社会生产力发展水平研究可能的调水方案，这是规划工作的基础。

3）调水和社会发展的关系

水是重要的自然资源和环境要素，人类的生活及生产活动中都离不开水，故早期人类多选择近水的地方居住。随着社会的发展和人口增长，人类的活动空间不断扩大，人类生产生活中对自然资源的品种数量和质量的要求也在增长，这就要求优化资源的配置，对资源的自然分布进行人为的重新分配，如我国的北煤南运。而水资源的调配就是资源优化配置中最重要的组成部分，而且普遍地存在于各个地域之间。

随着社会生产力水平的提高和人口增长，一方面，人类社会对水资源的需求量不断增长，使局部地区出现当地水资源不足的问题。另一方面，人类调配水的技术、经济实力也在增长。其结果就是调水的活动增加，调水规模，包括水量、距离、范围、工程难度也都随社会生产力水平的发展而不断增加，从而又促进了社会的进一步发展。

当调配水资源范围超越两个以上流域时，就属于跨流域或长距离调水的范畴，迄今为止，国内外都已建成多处。古代埃及从尼罗河引水灌溉，埃塞俄比亚高原南部地区的工程，中国著名的都江堰引水工程，近代和现代有美国加州的北水南调工程、巴基斯坦的西水东调工程等。国内有江苏的江水北调工程、广东的东深引水工程、河北与天津的引滦工程、山东的引黄济青工程、甘肃的引大入秦工程等等。规划中的南水北调工程，其规模和难度及效益将都进入更高的水平，之所以未能全面实施，是调水的紧迫程度是逐渐发展的，并受到技术经济和社会条件的制约。

跨流域调水工程的难易，和自然条件有很大关系，如我国黄河下游处于平原地区，两岸的引黄工程南北各进入淮河及海河流域，工程并不困难，已建成多处引水工程。而从黄河上游调水的南水北调西线工程，则要穿越长江与黄河的分水岭——巴颜喀拉山，难度很大至今仍在规划中。

综上所述，南水北调既是我国社会发展的需要，又受到社会条件的制约，只有时机成熟、决策得当，才能突破制约、付诸实施，促进社会新的发展。南水北调是以长江水资源保证北方地区水资源的可持续供给，促进经济社会的可持续发展。

有共同的思维方式，对南水北调各种规划方案的比选、评价才比较容易取得共识。如为什么急于向半湿润的华北平原调水，而不是向干旱的西北地区和大沙漠调水；为什么在缺水地区既要限制用水又必须开发新水源、保证水的持续供给等等。

3.1.2.2　早期方案的特点

“与时俱进”，用于描述南水北调的规划思路和方案演进，也是恰当的。因为像南水北调这样跨流域又跨省区的基础设施，其规划必定要符合党和国家的方针、政策。

1949年，中国新民主主义革命取得决定性胜利，成立了中华人民共和国，有了新的生产关系，人民当家做主人，全国呈现出欣欣向荣的气象和改天换地的雄心壮志，领导层更是高瞻远瞩充满信心。所以20世纪50年代推出的调水方案规模都很宏大，西线从怒江、澜沧江、金沙江、雅砻江、大渡河串联引水，每条河上都要建高坝、大库，还要修建超长隧道和高扬程提水站。中线研究了从汉江的丹江口水库引水，还研究了从长江干流三峡水库引水。

20世纪50年代，早期设想的南水北调方案，在规模和功能上于后续研究中都有很大的变化。

在需调水量的测算中，对于工业和城市生活用水的增长速度当时还没有充分的估计，主要测算农业灌溉需水量，多采用了大范围、充分灌溉的高定额、高灌溉率，因而各条线测算的需调水量都很大，总调水量高达5 000亿m^3，即长江水量的一半。

在调水结合通航的功能上，各条线路各有特点，西线由于工程地处偏远山区，并以隧洞输水为主，不具备通航条件；东线工程利用京杭大运河为输水干线，必须要保持通航功能，并改善航道条件；中线工程输水渠位于唐白河与黄淮海平原的西部边缘，以明渠自流输水为主，是早期规划的京广大运河的组成部分。

3.1.2.3　方案的与时进展

20世纪60年代初，我国克服了连续三年的自然灾害造成的困难，国民经济进入恢复调整时期，南水北调前期研究工作有了实质性进展。中线在丹江口水利枢纽初期工程完工同期，建成了引汉总干渠的渠首闸；东线江苏省江水北调工程建设也在继续进行。1972年和1980年华北大旱，又促使南水北调前期研究工作加强了力度，东线第一期工程曾批准立项建设、中线被列入“六五”前期重点项目，西线也开展了超前期研究工作。南水北调东线、中线、西线分线路的专项规划工作持续到20世纪末，与早期规划方案比较都有较大变化。

1)调水规模

调水规模的变化主要反映在工程范围和需水量的测算。

(1)工程和供水范围。西线重点研究工程难度相对较小的从通天河、雅砻江、大渡河引水方案，将怒江、澜沧江以及雅鲁藏布江等作为远期的后备水源；中线进一步明确先从汉江丹江口水库引水，将从长江干流直接向北方引水的方案列为远期的后续水源；东线也选择了较小规模的近期实施方案。

(2)需调水量。南水北调各线路需调水量的预测是通过对供水范围(亦称供水区、受水区)、当地水资源可供利用量，工农业生产、生活需用水量，测算出不同规划水平年的缺水量，再根据水源条件确定调水量。

我国水资源主要来自降水，本身具有很大的随机性，丰枯差异很大，选用不同频率的保证率，直接影响缺水地区水资源可利用以及农业灌溉需水量。20 世纪 80 年代以来，我国对各大流域、省市和地区，尤其对华北平原这样的缺水地区的水资源供求关系做了大量的研究工作，其成果是南水北调的重要依据，这些成果与早期研究比较，需水量已降低很多。而随着时间推移，发现在 20 世纪 90 年代研究的需水量预测仍然偏大，导致缺水量也偏大，以中线工程规划供水范围（总面积约 15 万 km^2）为例，20 世纪 80 年代规划预测一般年份缺水 300 多亿 m^3，而到 2000 年修订规划时，测算现状（即 2000 年）一般年缺水只有 80 多亿 m^3，推算到 2030 水平年的缺水量也只有 160 多亿 m^3。据调研，国内外都有需水量预测偏大的现象。

需水量预测中弹性最大的是农业灌溉用水，按一般定额或节水定额测算，差异较大，而最难掌握的则是工业用水。我国现在多采用万元产值需用水量和工业总产值的乘积计算，尽管万元产值用水定额已一再调低，但由于规划总产值增幅很大，所以预测的需水量增长很快。也有人士提出趋势法和零增长的概念，即生产力达到一定水平后需水量可以不再继续增长，但多认为中国离“零增长”还有相当距离。目前一般还只能以定额法计算为主。

由于缺水地区需水量增长比过去预测减少很多，又缩小了供水范围，因而南水北调工程的规模也减至当前规划水平。此前，也曾研究过更小的规模，如中线引水 40 亿 m^3、20 亿 m^3 左右，但分析研究结果说明，规模过小单位成本过高，而且考虑沿线的最低要求和损耗后，难以将汉江水送达主要供水目的地——京津地区。这也说明，当前选择的调水规模是适中的。

2）雨水北调中线工程的通航问题

（1）早期规划。长江与相关流域的通航与引水问题，是长江流域开发治理任务的组成部分，20 世纪 50 年代进行长江流域综合利用规划时做了研究。当时关于航运的规划意见中曾提出北京直达广州京广大运河方案，并研究了东线、西线两条线路方案。

京广大运河东线：长江江苏以北部分可利用京杭大运河的北京至镇江段，连接江南部分的赣粤运河直达广州，全长约 3 300km。

京广大运河西线：长江以北部分可利用南水北调中线输水渠道自郑州至北京段和郑州至平顶山段。平顶山至武汉可通过总干渠沟通汉江。然后由武汉通过长江至长沙，也可利用两沙运河（沙洋—沙市）至长沙，与江南部分的湘桂水道连接抵达广州，全长约 3 800km。

（2）后续规划。关于京广大运河未再见到全面的规划研究资料。对于南水北调东线工程，其主干线是利用京杭大运河，历次规划中都考虑了引水、通航等综合利用要求。关于南水北调中线工程，需要新开挖输水总干渠，除引水任务外，对于结合通航的必要性、可行性及经济上的合理性，各个时期都做过研究，认识和结论有较大变化，简述如下。

1980 年以前的研究，对中线输水总干渠都有通航要求，作为京广大运河西线方案的组成部分，规划为Ⅲ级通航可通行千吨级船舶。规划设计中按此要求布置渠道及其建筑物，以满足航道所需的宽度、水深、弯曲半径、桥涵净空及流速等。

1980 年后，随着工作的深入，规划方案上有些变化，主要因为中线引水总干渠沿唐白河及黄淮海平原西部边缘布置需跨越众多河流，尤其黄河以北的河流多为宽浅型河床，既要自流引水又要通航，工程布置上十分困难。

1983 年，长江水利委员会规划人员到河南、河北、山西等省市的计划、铁道、煤矿部门，对煤炭的产、运状况及规划做了综合调查。当时北煤南运的运量占铁路货运量的 60%~70%，铁路压力较大，但计划和铁道部门已安排了适应煤炭采、运量增长的公路、铁路改扩建和新建的计划，没有发展水运方面的要求，尤其黄河北煤炭运输主流向与总干渠并不一致。

1987年提出的《南水北调中线规划报告》，根据上述情况只考虑总干渠焦作以南通航，因为焦作是晋煤和豫煤南运的出口，可为焦枝京广铁路向南的煤运分流。焦作以北暂不考虑通航要求。

3）通航问题专题研究

1990—1991年规划设计。北方缺水问题日趋严重，需加速南水北调的研究，航运增加的难度和投资以及必要性都有争议，为此在规划修订中作了《总干渠通航问题》的专题研究，主要内容为以下四点。

（1）通航与不通航的工程难度和投资的比较。总干渠与河道交叉，要通航只能作渡槽或与河道平面相交，在水位衔接以及河道上游淹没都将增加复杂程度，如不通航则还可按不同条件选择倒虹吸、暗渠等形式；通航对渠道断面、水流速度和转弯半径要求更严格；跨越渠道的铁路、公路桥涵净空要求高；港口、码头停泊区也将增加投资。按当时工程布置估算，总干渠黄河以南段通航与不通航比较，工程投资约需增加60%。

（2）关于水质保护。1991年南水北调中线工程规划修订进一步明确了中线主要任务是向城市生活及工业供水，对水质保护提出了更高的要求，对于通行船舶的污染虽能够采取有效的防治和控制措施，而对于沿输水干线众多河流的污染治理和控制则很困难。因此在后来布置的输水干渠与天然河流交叉工程全部采用立交形式，各行其道，杜绝污水进入渠道，要兼顾通航就更困难了。

（3）关于总干渠通航的必要性。按1990年前后的资料研究认为："总干渠通航主要货种为煤炭，目前晋、陕、豫煤主要通过铁路运往华中、华东等地。侯月铁路建成后，焦作成为煤炭主要转运枢纽，往南通过焦枝、京广线运往湖南、湖北等省；向东经完州至石臼所转海运运往华东、华南，并可经陇海线、混阜线运往华东地区。京广线电气化工程和焦枝线复线工程正在建设，京九线阜阳至九江已开始兴建，预计1997年可建成，并预留复线供今后扩建。可满足华中地区运输需要"。从实际发展情况看，当时的预计基本上是合理的，而且铁路、公路的建设和运力的提高比当时预计的更快，新建水运缺乏优势。

（4）有关部门对中线总干渠通航的意见，南水北调中线工程前期工程，始终是在有关部门和省市协作配合下进行的。交通部门参与了总干渠结合通航问题的研究，从全线通航到局部段通航直到近期不考虑通航的变化没有提出不同意见，计划部门和各有关省市对总干渠通航也没有再提出要求。

3.1.2.4　初期方案以来的总体规划特点

1）待完善的总体架构

南水北调虽然研究历时长达半个世纪，但由于涉及面广，问题复杂，早期的宏观构想和研究形成了总体格局的框架，反映在1959年的《要点报告》中，以后主要是分线路的专项规划研究。对各线路间的相互关系研究不多，原则上认为，"南水北调东线、中线、西线各有主要供水范围并行不悖"，或"三条线可以互相补充、不能相互替代"。

九届人大四次会议批准的《中华人民共和国国民经济和社会发展第十个五年计划纲要》中再次要求，"加紧南水北调前期工作，'十五'期间尽早开工兴建"。1999年，江泽民主席指示"南水北调方案乃百年大计，必须从长计议，全面考虑，科学比选，周密计划"。2000年以来,朱镕基总理对南水北调工作指示:“要先节水后调水、先治污后通水、先环保后用水”,还强调南水北调工程的实施势在必行,但是各项前期准备工作一定要做好,关键在于搞好总体规划,全面安排,有先有后,分步实施。

为了向国家领导提供决策依据,在各线路专项规划和历次论证的基础上,编制更完善的南水北调的总体规划,这个规划既要基本确定南水北调的总体布局和水资源优化配置系统,又要充分研究分期、分步骤的实施方案,既要研究工程的技术问题,还必须加强经济、社会、节水与环境保护、管理和运行机制的规划研究,具有更完善的总体概念。

2)多部门参与

南水北调从行业划分来看,应当属于特大型的水利工程,还涉及国民经济很多部门,社会影响极大。各有关部门参与共同研究,更是必需的。

世纪之交开始编制的南水北调总体规划,就是由水利部负责组织,城建、环保、农业、交通等部门共同开展工作,也就是由有关行业的最高层次,按行业层层把关、协调汇总。由于有多部门和相关省市、流域机构共同参加,在研究的广度和深度方面都有新的突破。规划分以下几部分开展工作。

(1)节水治污。重点研究受水区和水源区的节水、治污和生态环境影响及保护。

(2)水资源配置。分析研究黄、淮、海流域的水资源供求现状,预测不同规划水平年水资源供求关系,论证水资源的合理配置方案及南水北调的规模。

(3)总体布局。以东、中、西三条引水线路为重点进行多方案比选,对其他一些设想方案也做了初步研究、筛选。全面论证工程及建设与管理体制。

规划中实行了跨学科、跨部门、跨流域、跨省市的大协作,工程技术人员、资深专家和政府部门领导充分交流,相互理解,因而在规划的方法和方案的抉择上多能达成共识。例如农业部门的研究,明确了华北地区农业的发展应以节水、高效为主,要控制灌溉的总用水量;城建部门的参与,使过去对城镇供水需求关系分析上与水利部门的差距缩小,并研究了城镇生活、工业用水与农业用水相互转换的关系,成为确定调水规模和水量分配的一项基本原则。

3.1.2.5 方案比选

南水北调是一项宏伟的系统工程,必须分期分步建设,因面近期拟实施的方案是最具现实意义的。20世纪后期我国已几次提出了建设实施方案,试图启动建设南水北调工程,使其有实质性进展,然而都由于认识上的距离和其他种种原因未能兑现,从面又返回头来编制总体规划以取得各方共识,其焦点仍是近期实施方案。

1)经比选推出拟实施方案

总体规划中,对于远景能包容的各种方案都保留了进一步研究的空间,而对于近期可能采用的方案则需经过反复论证、比选,最终推荐的拟实施方案则非常详尽。

2)拟实施方案主要特征

(1)自成体系。能构成完整体系、发挥效益,和后期及远景工程无严重矛盾。

(2)不直供农业用水。需水量预测中把农业用水定为“零增长”。显然这不是真正的“零”增长,而是一种限制条件,这对农业的发展是不利的,真正出现特大干旱时,水量如何调配还必须采取应急的对策。

(3)适应市场经济体制。由于采用了农业用水零增长的概念,南水北调形象上成为城市供水工。同时,又要求分地区按行业统一水价,这也是实现地表水、地下水、南水统一调度、联合运用的必要条件。

3)丹江口加高方案

历次在南水北调中线工程或汉江防洪等项目研究时,都离不开是否应加高完建丹江口水库大坝这一课题。汉江丹江口水库是中线引汉的水泥地,1958 年动工兴建,当时规划的正常蓄水位 170m,相应库容 290.4 亿 m^3,后遇困难时期,几经调整变更,于 1973 年建成的初期规模为蓄水位 157m,相应库容 174.5 亿 m^3。与原规划相比,蓄水位相差了 13m,库容差 115.9亿 m^3。

初期建设中,考虑了后期大坝还要加高,采取了相应措施。加高大坝工程技术上没有困难。加高大坝增加了发电水头和水库调蓄能力,对防洪、发电、供水、航运都有巨大经济效益。因此,加高大坝技术经济条件优越。但是加高大坝还受到社会条件制约,加高大坝增加的淹没面积和移民人口,其中约一半在河南省;河南省原来并不同意加高大坝,到 1990 年后从调水的需要考虑,才转而支持加高大坝方案。因此,长江水利委员会编制的中线规划,1990 年前重点推荐不加高丹江口大坝的“初期”引汉方案(对此汉江中下游所在的湖北省并未同意)。到 1990 年后,由于得到河南省、湖北省的支持,长江水利委员会着重推荐加高大坝的引水方案。

在中线的修订规划中对是否需要加高丹江口大坝问题又补充做了大量的研究工作,包括水源方案比较、防洪替代措施、调水量过程比较等,最后认定加高大坝调水为最优方案。制约加高大坝的移民问题有条件解决,因为相关两省有决心和经验处理移民问题;库区群众积极支持国家建设,并把移民作为脱贫的契机,也要求移民。

从加高丹江口水库大坝的研究过程中可以看出各级领导层的认识,也都不同程度地反映在各个时期的规划成果中。临近实施了就必须做出最后的抉择,这也是中线规划修订的重中之重,也反映出有关方面为解决南水北调和汉江防洪问题上共同克服困难取得预期效果的决心。而大量移民确实涉及很多复杂的社会问题,因此加高大坝方案最终还必须通过国家决策才有效。

3.1.2.6　节水和生态环境

水被污染,并不是水利工程的效应,而是工业、生活废污水,农业上含化肥、农药的灌溉回归水和地下水造成的,但水利部门却不得不面对这一现实,也挑起保护水资源的担子,各大流域机构相继成立了水资源保护局,在监测、了解水污染程度方面有重要作用。

在南水北调规划中有的领导和专家就提出:南水北调实现后,北方用水量增多,排放的污水也会增多,所以在南水北调的工程投资、费用中还需计入增加的污水排放费用。按此推论,南水北调除了调水的投入、还要负担调水后的配套、利用、排放、处理等一系列费用,显然是不合理的。上述意见虽未被采纳,但从中可以看出调水和水污染之间存在着错综复杂的关系。

中线的水量和东线的水质是南水北调研究中的重点课题。东线工程以其水源丰沛、工程相对简易、便于分期实施的优点,一贯被水利部的领导和专家看好,多次推荐为南水北调率先实施的线路方案。

东线工程位于我国东部地势较低处,我国的河流走势大多由西向东,各种污水都向河道汇流。东线工程输水干线基本利用原有河道及湖泊输水、蓄水。从长江引出的水本是优质水,能达到地面Ⅱ类水标准,但流经河道、湖泊经过混合后水质就变差了,也就是说长江的优质水经过东线工程输送到用户的过程中会产生污染,水质达不到生活及部分工业使用要求。解决的办法是控制治理污染源,避开污染严重的河流另辟蹊径。

3.1.2.7 调水的公益性

1)防汛、抗旱体系的形成

防汛、抗旱是防止自然灾害的两个重要方面,我国各级政府一般都没有防汛抗旱办公室或指挥部这样的专门机构。对于防汛,国家和地方都积极筹资,拨款兴建防汛工程,一般只有投入,没有直接产出。

南水北调是路流域调配水资源工程,也是减免大范围旱灾的基础设施。兴建南水北调工程后,能够以长江丰富的水资源保证北方干旱缺水地区水的供给,促进经济社会的可持续发展。

从全国范围看,有了各大江大河上游拦蓄水库和下游干流堤防等防洪体系,再加上南水北调"四横三纵"水资源调配系统,就能形成一个完整的"防洪抗旱"体系,解决我国频繁出现的"水多、水少"问题,这也是20世纪的规划思路。同时规划中也注意到,即使是公益性项目,也要充分利用市场机制手段,合理收取水费,至少要满足到工程的运行、管理、维修需要,达到良性循环,永续利用。

2)市场机制运作的条件

到2000年前后,在南水北调规划及运行中更强调"市场机制运作",这也和一些基本条件的改变有关。

(1)中线新增调水量分配中,取消了农业供水,即新增调水量全部供承受水价能力较高的城市生活及工业用水。

(2)国家在加强节水意识的同时有计划地提高水价,以缩小南水北调的水和当地水的价格差,为"南水"进入市场创造条件。

这个改变使南水北调工程更符合市场机制运作的需要,对工程实施起到促进作用。但南水北调仍然是公益性很强的项目,国家始终负担主要投资。以中线工程为例,1992年可行性研究报告及其后的论证中,对于主体工程投资的筹资方案为贷款不大于30%,中央和地方的分配是60∶40(含贷款);2001年修订的规划报告为,贷款20%,其余80%为资本金,中央和地方的分配是60∶40(不含贷款)。公益性事业国家一次性投入再按市场机制运作,局部创收盈利维持良性循环,也许是南水北调工程的特点之一。

3.2 中线调水初期方案

3.2.1 中线一期工程初期方案背景

南水北调中线工程是南水北调总体规划的"主轴",其担负着华北尤其是首都北京的输水任务。南水北调中线水源地水质优良,工程建设条件也十分优越,20世纪90年代,其可行性研究报告经水利部初审同意,并报请国家审批立项,环境影响报告书也经国家环保总局审批同意,从前期工作和基础程序上具备了国家研究决策的条件,促尽早决策,以便按全国人大八届四次会议通过的《中华人民共和国国民经济和社会发展"九五"计划和2010年远景目标纲要》,在20世纪初着手建设南水北调工程的安排,尽快缓解京、津、华北地区严重缺水状况，为民造福。

南水北调中线工程是从长江中游向邻接的华北平原调水。根据规划，中线工程将按近期引汉水、后期引汉水和远景引长江水三步实施，由小到大逐步实现规划目标，并和供水区的用水逐步增加相协调。现将中线调水工程的主要方面分述如下，并重点介绍一期从汉江丹江口水库引水的工程情况。

3.2.2　汉江水资源及可调水量

3.2.2.1　汉江流域概况

汉江是长江中游左岸最大的支流。它发源于秦岭南麓，干流经陕西、湖北两省，于武汉市汇入长江，全长 1 570km，全流域面积 15.9 万 km^2，丹江口以上面积 9.5 万 km^2。习惯上我们把丹江口以上称上游，丹江口至钟祥称中游，钟祥以下称下游。汉江流域位置在北纬 30°~34°，东经 106°~114°。北以秦岭与黄河流域为界；东北以伏牛山及桐柏山与淮河流域为界；南以米仓山、大巴山及荆山与嘉陵江和沮漳河相邻；东南为江汉平原，水系纷繁，与长江干流无明显天然分界。

汉江流域地势西北高，东南低。西北部是我过著名的秦巴山地，海拔自西向东由 3 000m 降至1 000m，汉水上游以峡谷地貌为主，间有盆地分布，著名的有汉中盆地。东南部由山丘区逐渐过渡至广阔的江汉平原。江汉平原地势平坦，河网交织，湖泊密布，堤垸纵横，海拔一般在 50m 以下，两岸受堤防保护的人口约 1 00 万人，耕地面积 113 万 hm^2，还有众多的城镇、工业与交通设施。这一地区工农业较发达，在湖北省经济中占有重要地位。汉江流域以汉江为主脉，由众多大小支流组成，呈羽叶状。支流一般较短。较大的支流上游有褒河、任河、旬河、天河、堵河、丹江，中游有唐白河、南河、蛮河、下游有汉北河等。

3.2.2.2　降水及径流特性

汉江流域处于东南副热带季风区，其降水主要来源于东南和西南两股暖湿气流。多年平均降水量 879.2mm。由于区位和地形条件的差异，降水量呈现南多北少，上游略大于中下游的地区分布规律。流域西南部米仓山、大巴山高值区水量分别为 1 800mm 和 1 500mm；流域西北角秦岭山地高值区水量为1 000mm；流域东南部、陨县以下河段以南及皇庄、唐河一线以东地区降水量 1 200mm。800mm 以下的低值带从西至东散布于流域西北角褒河上游，北部边界夹河、丹江上游，中部白河、竹山一带及东部唐白河中下游地区。700mm 的低值中心在丹江口上游商丹盆地和东部南襄盆地的内乡、镇平、邓州之间。汉江流域连续最大 4 个月降水量占年降水的 55%~65%，总的趋势由南向北、由西向东递减。汛期出现时间，白河上游为 5~10 月，白河下游为 4~9 月。汛期降水约占全年降水的 75%~80%，易形成洪水，造成平原地区的洪涝灾害。

汉江流域年径流的地区分布与降水量大体一致。但由于陆地蒸发的地区分布与降水量相反，使得年径流量的地区分布更不均匀。流域内径流深在 300~900mm。降水高值带的径流深均在 400mm 以上，高值区分别为 1 400mm 和 1 000mm。径流深小于 200mm 的低值区位于丹江上游商丹盆地和东部南襄盆地一带。汉江流域多年平均连续最大 4 个月径流量占全年径流的 60%~65%，汛期径流约占年径流的 72%~77%。由于流域的调蓄作用，径流的集中程度略次于降水。

3.2.2.3 汉江水资源

根据1956—1990年系列水文资料分析平均，全年流域年均降水量总量为1 426.6亿m^3，对于全国平均值而言，属于降水相对丰沛地区。由于降雨充足，汉江水资源量也较丰富。汉江水资源以地表水与地下水两种形式存在。全流域地表水资源量为591亿m^3，地下水资源总量为190亿m^3，扣除两者相互转化的重复水量，全流域水资源总量达606亿m^3。汉江流域内工农业、生活和其他用水消耗的水量较少，平均每年约36.8亿m^3。天然径流量减去损耗的水量为出境水量，即汉江汇入长江的水量，年均约为554亿m^3。

汉江丹江口水库以上天然径流量，根据水库下游黄家港水文站实测还原分析求得。1956—1990年多年平均径流量408.5亿m^3，约占汉江流域的70%，最大为795.1亿m^3(1964年)，最小约为179亿m^3(1966年)。

从以上分析不难看出，汉江流域水资源较为丰富，河川径流量略大于一条黄河，且70%分布在丹江口水库以上。规划时汉江水资源开发利用率很低，消耗仅占天然径流量的6%。汉江流域水资源在满足本流域社会、经济与环境发展用水后，尚有多余水资源可调往京、津、华北地区。同时也可以看出汉江流域径流量在年际之间和年内分布的变化较大，丹江口水库以上最大年径流量为最小年径流量的4倍多，年径流量的2/3又集中在汛期，因此丹江口水库必须要有较大的调节库容，才能对入库径流进行有效调节，较好地适应汉江中下游用水和向北方调水的要求。

3.2.2.4 汉江中下游防洪

历史上，汉江曾是一条洪水灾害频繁而严重的河流。中下游平原耕地及众多的城镇全靠堤防保护，地面高程低于常年的洪水位，而干流的泄洪能力不及下雨洪水来量而且自上而下递减，加之汉江出口受长江洪水位顶托，泄洪不畅，遇较大洪水即泛滥成灾。据历史资料记载，从1822—1955年的134年中，干流堤防发生溃决的有73年，决口130处，平均约两年溃口一次。1990年，汉江中下游依靠丹江口调蓄和堤防，可防御五年一遇洪水，加上运用杜家台分洪工程，可防御二十年一遇洪水，超过二十年一遇即要运用民垸分洪。

鉴于汉江中下游平原社会经济地位十分重要，为妥善解决这一地区防洪问题，特别是防御1935年型洪水，必须进一步加强和完善汉江中下游防洪系统，其中按原规划加高丹江口水库大坝至最终规模，增强水库控制与调蓄洪水能力，是一项根本措施。

3.2.2.5 南水北调水源工程——丹江口大坝加高

国家对治理开发汉江十分重视，新中国成立不久即着手研究编制汉江流域规划。1958年提出的《汉江流域规划报告节要》明确提出，汉江流域规划任务就是治理汉江洪水灾害、综合利用水资源，并提出除满足本流域国民经济发展用水要求外，尽可能引水济黄和济淮。推荐汉江干流梯级开发方案，并选定丹江口水利枢纽为综合治理开发汉江的首期工程。

《丹江口水利枢纽初步设计要点报告》选定水库正常蓄水位170m。其首要的任务为防洪，以下依次为供水、发电和航运，并明确远景要考虑引水济黄和济淮。

丹江口水利枢纽于1958年9月开工建设，工程分为两期建设，先建成初期规模，正常蓄水位157m，坝顶高程162m。水库1967年10月开始蓄水，次年10月第一台机组发电，1973年初期工程完工。在库区东岸陶岔附近，修建了陶岔引水闸和清泉沟引水隧洞，为河南、湖北两省总共24万hm^2农田灌溉供水，设计年引水量15亿m^3。其中，陶岔引水闸规模是按引汉规划设计的，过水能力现状为500m^3/s，改扩建后达到800m^3/s，满足南水北调中线工程引水京、津、华北的需要。

丹江口初期工程建成以来，在防洪、发电、灌溉、航运、水产养殖等方面发挥了巨大的综合效益。但库容偏小，综合利用效益的发挥仍受到限制，防洪、发电、灌溉之间存在矛盾，水量和水头的利用很不充分。根据汉江流域治理开发规划，无论从汉江中下游防洪还是中线南水北调来水，都要求丹江口水库按原规划设计规模加高完建。

南水北调中线工程选择丹江口水库作为水源地，是因为丹江口水库具备以下优势。

(1)水资源丰富可靠。丹江口水库控制了汉江上游9.5万km^2的集流面积，占流域面积的60%，20世纪80年代天然入库水量达408.5亿m^3，占全流域的70%。丹江口水库上游地区为秦巴山区，平原狭小，人口、耕地相对较少，经济发展用水耗水增长不多，入库数量减少有限，到2020年天然入库水量仍能达到385亿m^3。

(2)在丹江口水库按最终规模完建后，水库正常蓄水位170m，死水位150m，极限消落水位145m，有163.6亿~190.5亿m^3库容可用来调节水量。根据调节计算，在汉江中下游建设部分工程条件下，丹江口水库大坝加高后的可调节水量为145亿m^3；当汉江中下游得到全面治理开发，调水量可达220亿~230亿m^3。丹江口水库丰沛的入库水量和巨大的调节库容为实施南水北调中线工程提供了可靠的水源保障。

(3)地理位势优越。丹江口水库与华北平原毗邻，水库水位高踞华北平原之上，死水位和北京、天津有约100~150m的高差，可从丹江口水库全程自流输水到北京、天津，供水范围可覆盖整个华北平原。纵观全国地形和水资源分布，丹江口水库可谓两者优势的最佳结合，是解决北京、天津、华北缺水的最理想水源地。

(4)水质优良。南水北调中线工程供水对象，主要是城市生活用水和工业用水；因此，水质的好坏非常重要。对丹江口库区水质监测资料进行的单项和综合评价结果表明，各监测断面的水质良好，且有硬度低，溶解氧气充足等优点。按地面水环境质量标准综合评价，达到Ⅰ类水标准；单项评价仅高锰酸盐指数略高，但仍符合Ⅱ类水标准，完全可以满足城市生活及工业用水的水质要求。

(5)现状条件下库周入库污染负荷不大，加之水库稀释自净能力强，为南水北调水质长期得到保障提供了有利条件。将来把汉江上游作为重点水源保护区，库周加强植树造林、涵养水源、制定水源保护规划、严格控制污染源和污水的达标排放，水库的优良水质定可长期得到保持。

3.2.2.6　汉江可调水量

汉江可调水量的多少，主要取决于汉江的水资源调节及其用水要求，丹江口水库规模及其调度运行控制，汉江中下游工程措施以及输水总干渠的规模等因素。

汉江水资源条件，采用的是目前通用的方法，即首先根据实测的水文资料分析计算天然水资源量，再考虑社会经济发展趋势及其用水要求，对未来本流域的水资源供求关系做出预测与评价。天然水资源量随采用的实测水文资料年数不同会有一定变化，但只要实测的水文系列较长且有较好的代表性，水资源量及其特征值便趋于基本稳定。中线工程采用1956—1990年实测水文系列计算汉江天然水资源量，在此基础上研究可调水量具有较好的代表性。如前所述，汉江水资源较丰富，规划前消耗较少，具备向北方缺水地区调出水资源的调节。在研究汉江可调水量时，本着“南北兼顾，南北两利”的原则，充分考虑了汉江本流域社会、经济可持续发展的用水要求。

汉江流域为防洪和综合利用水资源,修建了一系列水库工程,其中最关键的是丹江口水库,它是中线的水源工程。丹江口水库先前只建成初期规模,以后还要按照规划完建后期工程。丹江口水库大坝按规划的后期规模加高后,总库容增加 116 亿 m^3,调节库容增加 88 亿 m^3,调节能力大大增强,在其他条件相同的情况下,可增加调水量 40 亿~60 亿 m^3,有效地提高了汉江水资源的利用率。丹江口水库的首要任务,水库调度首先是汉江中下游的防洪要求,不能因调水而影响汉江中下游的防洪安全。丹江口水库还有贯彻“南北兼顾”的原则,在满足汉江用水要求的前提下,多向北方调水,丰水年多调,枯水年少调,做到“南北两利”。

南水北调中线工程在可行性研究和论证、审查时,按丹江口水库大坝加不加高,汉江中下游的不同工程措施和输水总干渠的不同规模,组合成多种方案进行可调水量计算。其中推荐的中线工程拟实施建设方案是,加高丹江口水库大坝,汉江中下游采取建碾盘山水利枢纽工程,用其发电效益滚动开发其他 4 座梯级,建设沟通长江—汉江的引江济汉工程,逐步达到汉江中下游的全面治理开发,南水北调输水总干渠首闸最大引水流量 800m^3/s,初期多年平均可调水量为 145.5 亿 m^3,后期年平均调水量为 220 亿~230 亿 m^3。

3.2.3　工程建设方案

3.2.3.1　初期调水目标

南水北调中线先期从汉江调水,推荐加高丹江口水库大坝年均调水 145 亿 m^3 方案。该方案有如下优点:

(1)调水 145 亿 m^3,能在较大程度上和较长时期内缓解京、津、华北地区缺水状况。除主要供城市生活与工业用水外,还有部分水量供农业用水,有利于协调地区之间、城乡之间用水安排,也有利于调水工程的运行管理。

(2)丹江口水库按规划的最终规模加高大坝后,依靠丹江口水库调蓄和其他防洪措施,可从根本上改善汉江中下游的防洪紧张局面,大幅度减少分蓄洪损失;即使遇百年或者两百年一遇大洪水,可保障遥堤安全,从而保障江汉平原和武汉市的防洪安全。

(3)经济效益大,各项经济指标好,社会效益、环境效益显著。

(4)这一方案得到调出和调入区省市的一致支持,工程建设的社会基础好,有利于工程的顺利实施。

3.2.3.2　输水线路规划

引汉输水总干渠从规划到可行性研究阶段,曾研究过多种线路比较方案。根据国务院明确“南水北调应以解决京、津、华北用水为主要目标,以解决城市用水为主”的精神,输水总干渠的供水目标及供水范围明晰,在线路规划时结合地形等实际情况遵循以下原则。

保证重点缺水地区北京、天津及京广铁路沿线郑州、石家庄等重要城市用水,输水线路应尽可能布置在京广铁路以西各大中城市的上方,以扩大自流供水范围。

根据地形、地质条件,尽量避免穿越大中城市及集中的居民点。

保证把优质洁净水送到京、津等大中城市,在线路选择和工程措施的安排上避开污染源,以保水质安全。

综合考虑渠道水位与地形关系,尽量减少输水总干渠工程量、挖压占地和投资。

渠首至黄河南岸渠线长约 462km。方城垭口是沟通江淮必经之路,楼子张立交过沙河是总干渠布置的约束条件,郑州西的孤柏嘴是穿越黄河的恰当位置,它们构成了总干渠的重要控制点。在地形上渠线穿经盆地边缘和丘陵与平原接界处,在选线范围内,地质条件无大差别。因此,黄河以南渠线受地形条件及几处控制点的约束,走向位置比较明确。

黄河以北渠线曾做过多方案研究比选,大的方案有最终选定的高线,以及利用现有河渠的低线和高低线等。

南水北调中线工程北调水量的70%为城市生活和工业用水,走京广铁路以西的高线是必然选择。高线渠道地势高,控制面积大,且位于沿线各大中城市上游,水质保护条件较好;渠线大部分位于山前平原,所占良田较少,交叉建筑少,高线主要缺点是唐县以北有一段石方开挖,工程比较艰巨,但此段渠道断面已较小,工程并无大的难度。

比选方案是,曾研究分一小股水走低线,利用部分原有河道,开挖部分新渠道,满足东部地势较低的城乡用水。比较结果是,低线水质无保证,易于受污染,好水变坏水,输水损失大,挖压占地多,对严重超采的深层地下水无补,对浅层咸水亦无益。同时工程量增大,投资增加,一项工程变成两项工程,增加运行调度管理难度,技术上经济上均不可行,在社会方面,京、津、冀、豫四省市也不赞成。

综合比较后认为,高线不仅可全线自流输水,还可以从西到东自流供水,控制范围大,水资源易于调配,发挥调水的最大效益,还因渠线在京广铁路沿线众多大中城市西侧,有利于城市用水和减少水污染,优势明显,用水省市也一致赞同,故首选高线输水方案。

3.2.3.3　初期方案工程布置

南水北调中线工程建设,主体工程由丹江口水库大坝加高,汉江中下游建设工程和输水总干渠工程三部分组成。

1)丹江口大坝加高工程

丹江口水库当时已经建成初期工程,按规划的最终规模需加高丹江口大坝,混凝土大坝坝顶高程由初期的162m加高到后期最终的176.6m,加高14.6m,两岸土坝也相应加高,加高大坝无水下工程,不影响枢纽的正常运用。

2)汉江中下游建设工程

推荐的初期方案调水145亿m^3,汉江中下游将分步实施全面治理开发工程,而非简单消除调水带来的不利影响,从而改善汉江中下游地区的供水和航运等条件,包括兴建碾盘山枢纽,利用其发电效益,滚动开发兴隆等4个枢纽,建引江济汉工程,干流沿岸部分闸站改扩建工程,以及部分河段航道整治工程。

碾盘山工程是汉江中下游6个规模梯级中最大的综合利用枢纽,以发电为主,兼有航运和规模之利,枢纽电站装机25万kW,年发电量约10亿kW·h。

兴隆枢纽是低水头拦河建筑物,设计雍高水位36.5m,以改善枢纽以上河段的取水和航运条件。兴隆枢纽兴建后不仅能消除调水的不利影响,而且能改善汉江中下游大型自流灌区罗汉寺、兴隆等灌溉引水条件,还可满足碾盘山枢纽至兴隆河段航道水深的要求。

引江济汉工程规划从长江荆江河段引水到汉江兴隆以下河段,设计引水流量500m^3/s。该工程有两大功能,一是为汉江下游补水,改善汉江下游的用水和航运条件;二是沟通长江—汉水,缩短湖北境内宜昌、荆州等地到武汉的航程,有利于促进湖北,尤其是江汉平原的经济发展。

3)输水总干渠工程

输水总干渠从丹江口水库引水,沿唐白河平原北部及华北平原西部边缘布置,跨长江、淮河、黄河、海河四大流域，直达京、津，输水距离长达 1 000km，但总体地势平坦，全程自流，跨流域而无须跨高山，引水条件可谓得天独厚。

输水总干渠从丹江口水库库边陶岔渠首起，沿南阳盆地北部岗垄与平庸过渡地带北上，经南阳跨白河，越过江淮分水岭方城垭口后进入淮河流域。再绕伏牛山、嵩山，至郑州西孤柏嘴穿越黄河，进入海河流域。过黄河后，沿太行山东麓山前平原在京广铁路西侧北上，经河南省焦作市东南、新乡市西，安阳市西过漳河，进入河北境内。再经河北省邯郸市西、邢台市西，在石家庄西穿过石津干渠和滹沱河，至唐县北进入低山丘陵和拒马河冲积扇，跨拒马河后进入首都北京境内，至终点西颐和园。渠线全长 1 246km，其中黄河以北段长约 774km。天津干渠是输水总干渠向天津分水的渠道，其渠首位于河北省徐水区西黑山村北的总干渠上，渠线自西向东，在高村营穿越京广铁路，在白沟公路桥下穿越大清河，至终点天津外环河，全长约 144km。

输水总干渠的渠首规模，根据各渠段分配的水量分析论证后确定，并为远景扩大引汉水量至220 亿~230 亿 m^3 留有余地。总干渠采用新建专门混凝土全断面衬砌渠道，防渗减糙，明渠梯形断面，渠首陶岔闸设计水位 147. 2m（黄海标高），终点北京颐和园设计水位 49. 5m。

3. 2. 4 水量的分配与利用

3. 2. 4. 1 供水目标与范围

中线工程的供水目标与供水范围，在规划与可行性研究阶段，进行了广泛而深入地分析论证。国务院明确南水北调是为了解决京、津、华北等地区严重的缺水状况，是以解决沿线城市用水为主。据此中线调水工程依据汉江丹江口水库的地理与水资源优势，确定工程供水的主要目标为京、津、华北地区，主要供水对象是北京、天津、以及郑州、石家庄等城市生活和工业用水，兼顾农业与其他用水，供水范围分属北京、天津、河北、河南与湖北五省市。

京、津、华北地区是我国水资源供需矛盾最突出的地区。这一地区是我国政治、经济、文化中心，工农业基础好，矿产、土地资源丰富，交通方便，唯水资源紧缺制约了社会与经济的进一步发展，并出现了严重的生态环境问题。北京、天津和一大批大中城市，因缺水影响了正常的生产与生活，并日趋严重。

中线工程输水总干渠利用有利的地形条件，布置在唐白河平原北部及华北平原的西部边缘，大部分渠段与京广铁路平行。铁路沿线的郑州、石家庄、北京等大城市和许多中小城市，均可通过输水总干渠就近供水。华北平原总的地势为西高东低，输水总干渠居高临下，可为华北平原自流供水，且覆盖面大，机动性强。

中线工程供水区南北长约 1 000km，东西最宽处约 300km，供水范围约 15 万 km^2，有耕地 840 万 hm^2，总人口超过 1. 1 亿人，供水区位居全国中心地区，经济发达，城市密集，人口众多，各项资源配置较好。南水北调中线工程建设，能极大地改善京、津、华北的供水条件，支撑社会和经济的可持续发展，对国民经济发展的全局具有重要意义。

3. 2. 4. 2 供水区缺水预测

南水北调中线工程系由湿润地区向半湿润地区调水，供水范围内的降水量由南部的 800mm 以上向北逐步减少到约 500mm，总的趋势由南而北缺水程度逐渐加重，越往北越缺水，尤其是京、津、冀三省市最为严重，其所在的海河流域，人均水资源和耕地亩均水资源为全国最低，而水资源的开发利用率为全国最高，可以说是全国典型的资源型缺水地区。

根据供水区各省市制定的国民经济和社会发展“九五”计划和 2010 年远景目标纲要以及长期规划，测算供水区 2010—2020 水平年人口，并预测城市人口占 50%~58%，经济发展水平，包括工农业总产值增加等，在此基础上预测需水。但未来水资源供需平衡预测涉及的因素较多，难以准确定量。

供水区水资源供需预测采用定额法，需水量预测中考虑了技术进步，产业结构调整、节水措施等；供水量预测则综合考虑了由于各河流上游用水量增加，入境水量减少及新建工程新增水源、污水处理利用，水资源的合理调配和加强管理等各种因素。预测中心按供水区现状及 2000 年一般水文年缺水 162 亿 m^3，其中城市和工业缺水为 62 亿 m^3；2010—2020 水平年一般水文年缺水 228 亿~300 亿 m^3，其中城市和工业缺水为 121 亿~169 亿 m^3；黄河以北的海河平原缺水约占总缺水量的 70%。

3.2.4.3　水量分配

南水北调中线工程初期多年平均调水量为 145.5 亿 m^3，最大年调水量约 206.8 亿 m^3，最小年调水量 61 亿 m^3，和供水区缺水数量不相匹配，只能区分轻重缓急，以供定需合理分配资源。

在 145.5 亿 m^3 的调水量中，包括现有湖北省引丹灌区规划用水量 7 亿 m^3，河南省刁河灌区现用水量 6 亿 m^3，亦即现状丹江口水库引水量约 13 亿 m^3，则新增调水量 132.5 亿 m^3。经充分协商，以及各省市的协作配合，多年平均调水量 145.5 亿 m^3 的分配方案为：

(1)北京 16.1 亿 m^3；

(2)天津 16.1 亿 m^3；

(3)河北 48.4 亿 m^3；

(4)河南 53.9 亿 m^3；

(5)湖北 11.0 亿 m^3。

3.2.4.4　水量配置

南水北调中线工程输水线路长，经过不同流域、不同气候区域，而各流域的丰水年或枯水年各不相同；各省市的水资源条件和用水情况也各有特征；中线工程的水源为丹江口水库，水库在满足防洪调度和汉江中下游的供水要求后，调出的水量及过程与供水区需求不完全匹配。供水区一般都有一定量的当地地表与地下水资源，中线调出水量为供水区的补充水源。为合理利用水资源，充分发挥调水工程效益，中线工程调水必须与供水区当地水资源统一调配、运用。而要使调水与当地水资源联合运用，统一调度，丰枯互补，达到供水平衡、可靠，就应充分发挥供水区调蓄工程的作用，并与输水工程进行计划衔接，联合运行调度。

为合理利用水资源，充分发挥调水工程效益，调蓄工程的运用和输水工程的运行必须进行计划衔接，按计划进行调水配水。在中线工程的规划和可行性研究、论证等阶段，通过各省市和有关单位的合作，对中线工程的调蓄运用进行反复深入研究。结果表明，中线工程调水与供水区当地水资源实行统一调度、联合运用不仅是必需的，在技术上也是可行的；并且根据中线工程的特点，调水量的利用可以做到与供水区已建的大中型水库、湖泊洼淀的调蓄作用以及地下水的利用相结合，相互调剂，互为补充，并达到调水与当地水资源的联合调度运用，丰枯互补。

1) 中线供水特点

丹江口水库出水量年内与年际是不均匀的，但有如下特点可使调水量能较好地发挥作用。

(1)南水北调中线工程南北跨越长江、淮河、黄河、海河四大流域,而四大流域气候条件各异,降水丰枯变化不同。据分析,海河流域与长江、淮河流域同为丰水年或枯水年的概率不到5%。这种水文丰枯互补性非常有利于跨流域调水工程的运用,便于中线调水和供水区当地水资源联合运用相互补充。

(2)中线工程为常年供水,城市生活和工业为常年均衡用水,且用水总量占北调水量的70%,这样中线工程调出水量大部分能被直接利用,需要调蓄的库容相对较小。据分析计算,中线工程多年平均北调水量为134.5亿 m^3,其中可直接利用水量为108亿 m^3,需经水库洼淀调节利用的水量仅36.5亿 m^3。

2)调节方式

调蓄利用。中线工程的水资源工程——丹江口水库,其调节库容有163.6亿~190.5亿 m^3,可对汉江来水进行多年调节。

中线工程供水范围内,已建有近30座大型水库,这些水库大多于20世纪五六十年代根据当时的水资源条件兴建。20世纪80年代以来,随着改革开放、经济社会的发展,水库上游及周边地区的用水量增加,入库水量衰减,有许多蓄水工程长期蓄不满水。据统计,河北省太行山前的数十座大中型水库,多年平均兴利库容利用率仅为50%左右。这些蓄水不足的水库可配合中线工程调水进行调蓄运用,在中线工程调水量较多时,这些水库尽量多蓄水,以备调水量少时使用。

华北平原广泛分布有良好的地下含水层,并且由于长期超采,地下水位大幅度下降,已经形成容积大又有多年调节功能的地下水库,当调水多时,少用地下水,给地下水以休养生息时间,当调水少时再开采地下水,当然有调节的也可以人工补充地下水。

据调查与规划,可纳入供水区与中线工程联合调度的水库和洼淀共41座,加上可参与调度的拦河闸坝等,总调节库容为91亿 m^3,其中大型水库和洼淀调节库容为86亿 m^3,这些水库洼淀的调节库容近半闲置,用来调节中线调水绰绰有余。调蓄工程主要分布在输水总干渠的左右两侧、距输水总干渠较近,便于与输水总干渠形成整体供水系统。总干渠沿线调蓄工程(水库、洼淀等)按其所处的地理位置、地势等分为"调节水库"与"补偿调节水库"。

"调节水库",即位置低于中线输水总干渠的水库,也可称作充库调节水库,位于输水总干渠的东边,这部分水库除充蓄自身上游来水之外,还可自流充蓄中线调水,进行调节后再利用。

"补偿调节水库",所处位置比中线工程输水总干渠高,位于输水总干渠西侧,大部分距离总干渠较近,调蓄库容大,供水范围广,供水系统较完整。这些水库可以配合中线工程调水计划进行补偿调节,即在中线工程供水量较多时,水库少供水,多用中线调水,当调水量少时水库再多供水,两种水资源相互补偿调节利用,这种方式在调水工程中是很常见的。如天津市,区内有地表水和地下水资源,引滦入津为外调水源,两种资源配合利用,对天津供水有很大改善。

以北京为例,北京地处南水北调中线工程最北端,区内有地表水和地下水资源约40亿 m^3,南水北调分配给北京16亿 m^3 水资源,是对北京水资源的补充。密云水库是北京的主要地表水源,建有京密引水渠为北京供水,南水北调终点为颐和园,和京密引水衔接计划为北京供水。当南水北调水多时,北京多用调水,密云水库蓄水少用,地下水少采;当调水少时,密云水库再多向北京供水,并开采地下水,几个水源相互调剂补充,保证北京用水。

调蓄利用效果。按照上述调节运用方式,通过对调水 145.5 亿 m^3 方案在供水区进行长系列(1956—1990 年,以旬为计算时段)模拟调节计算,效果为:供水保证率高,城市生活、工业供水保证率一般在 95%以上,农业供水保证率在 61%以上。

上述调蓄利用结果,是基于供水区现有的调蓄工程。根据规划,为开发利用当地水资源的需要,今后供水区还将陆续新建一些水库或对现有水库进行改扩建,如新建燕山水库等,届时调蓄库容将进一步增加,中线工程调水与供水区当地水资源联合调度运用,将会取得更佳效果。

中线工程输水总干渠上还设有 40 余座节制闸,采用自动化控制运行,在满足调度控制及渠道运行安全的情况下,也有一定的调蓄作用,满足实时供水的要求。

南水北调中线工程供水目标:主要为城市生活、工业用水,需水比较稳定,辅以当地水利设施的调节作用,引入的汉江水源与当地水源可以做到丰枯互补,总的供水保证率较高。因此,中线工程调水与当地水资源的联合运用,并按预定的计划调度,有利于提高各种水资源的利用率和供水区的供水保证率。实际运用中,还将根据供水区的需水和汉江来水进行实时衔接,编制相应的供水调度计划,进行实时优化调度。在中线工程实行集中统一调度管理,并建立完善的现代化通信、监控设施的情况下,中线工程能够达到很好的供水效果和巨大的综合效益。

3.2.5　水库移民安置规划

丹江口水库是南水北调中线水源工程,为了有足够水源和改善汉江中下游防洪条件,大坝需要加高。增加需水量,从而增加淹没面积和迁移安置移民。从 20 世纪 50 年代丹江口水库第一期(又称初期)移民开始,在中央和各级主管部门的支持下,对水库移民迁移安置的方针、政策、办法、措施进行探索,40 余年来积累了丰富经验,因而为丹江口水库妥善安置第二期移民奠定了基础。

3.2.5.1　早期移民回顾

丹江口水库是丘陵、盆地型水库,原规划设计正常高蓄水位 170m,水库淹没处理面积 1 069km^2,其中有效库容面积 1 050km^2。依当时调查统计,淹没耕地 3.3 万 hm^2,迁移人口约 46 万人。后因大坝枢纽调整为分期建设。一期工程坝高 162m,正常蓄水位 157m。水库淹没后处理也随之改为分期实施。

1)一期移民迁移安置概况

丹江口水库一期工程,正常蓄水位 157m,淹没处理面积 813km^2,其中有效库容面积 745km^2,淹没耕地 2.9 万 hm^2,移民 38.2 万人。移民迁移安置始于 1958 年,分六批迁出库区,在湖北、河南两省 17 个县市安置。在六批移民中,一批、二批、三批、四批约 30 万人,按移民总体规划到选定地点有序安置。五批、六批约 8 万人,没有按移民总体规划实施安置,以自愿方式沿库边就近后靠,且多数在 170m 以下,致使 170m 以下居住人口猛增,局部地段达到每平方千米1 000人,给生态缓解造成压力。

2)一期移民的启示

丹江口一期移民 38.2 万人,经历了搬迁、安置、巩固、恢复、发展 5 个阶段,除库周移民外,大多数移民生活水平跟上了国家经济发展的大势。丹江口 40 年的移民历程,积累了移民迁移安置经验。尤其是在实践中逐步探索出可行的“开发性移民”方针、政策、措施,为妥善安置二期移民找到了措施和办法。

正确处理工程与移民的关系,是搞好移民安置的前提,并需注意解决好以下问题。

第一,综合运用社会和工程经济技术办法妥善安置移民。移民工作不完全同于枢纽工程建设,用单一的行政或工程管理办法移民安置,难以达到预期目的,必须是行政、经济、技术措施并行,方能妥善解决移民安置问题。

第二,重视水库移民的前期工作和后期扶持。就其前期工作深度而言,枢纽工程对物,移民是对人,两者是静和动的关系。枢纽工程前期工作,可以做到施工要求深度。移民前期工作由于社会因素,在枢纽工程批准实施之前,只能做到宏观可行深度,而实施规划设计,需要枢纽正式兴建时方能确立。这个工作深度差、时间差是客观存在的。在实施过程中,移民工程也随枢纽建设进度方案的变化而变化。往往出现迁移安置准备不够,以水赶人的事情发生,造成安置被动,遗留问题多。因此,加强水库移民安置前期宏观预测,拟定安置区域经济发展规划是非常必要的。这种预测要有一定深度,方能弥补实施规划之不足。也是不同于枢纽工程规划设计的主要之处。

实践证明,规划的前期工作是移民迁移安置措施的基础。后期扶持,是移民恢复发展的必备条件。

3)开发性移民思路

“开发性移民”,是妥善解决移民的主要途径。丹江口水库一期移民迁移安置,尚处在我国“文化大革命”非常时期,由各级政府负责,在当时已有资源情况下予以安置。由于社会方方面面的切身利益,各种矛盾相继暴露,最突出的是土地质量与数量问题,移民的生产、生活难以恢复,移民动荡不安。丹江口水库一期移民安置分为三个阶段。

(1)第一阶段,移民搬迁到安置区。各级政府采取应急措施,自力更生,实行荒山、林地垦殖,扩大耕种面积,解决口粮问题,以图温饱,但距恢复生产仍有较大差距。加之人口增长,又无更多荒地山林地可垦,进而促使采取以农田水利为主的农田基础设施建设,提高单位面积产量,进一步解决口粮。

(2)第二阶段,调整产业结构,促进生态和经济协调发展。在政策允许范围内,调整了产业结构,实行部分退耕还林,建设高标准的经济林地,解决生态环境与经济效益协调问题,以增加经济收入购买不足的口粮,稳定了移民,恢复了生态平衡。从而大部分移民进入到稳步发展的阶段。

(3)第三阶段,加大对劳动力的科技培训,提高劳动者素质。为了解决这一难题,在大专院校、科研单位的帮助下,开展了多层次、大批量的各种初级应用技术培训,移民劳动力素质普遍提高。为进一步的生产结构调整拓宽了门路,奠定了相当基础。

实践证明,没有安置区域的经济发展,移民是难以巩固和安居乐业;安置区域的经济发展,在各级政府的指导与引导下,主要来自劳动力资源开发,在劳动力智力开发基础上,带动安置区水土资源深度开发,促使其生态环境与经济协调发展,从而巩固了移民,发展了区域经济。这一经验,水利部领导总结为“开发性移民”并在全国推广。更为丹江口水库二期移民提供了政策、措施和指导方针。

3.2.5.2 二期移民调查

丹江口水利枢纽工程,不论是一次建成,还是分期建设,它的水库淹没处理与移民迁移安置工作，一直在不间断地进行勘测、规划、研究。丹江口水库水位由一期 157m 提高到 170m，新增淹没面积 305km^2。设计行政区域有湖北的丹江口、郧县(现郧阳区)、郧西、十堰、河南的淅川等两省市五县区市、50 个乡、177 个行政村、7 个小集镇。这些地区多为丘陵、沟汊、峡谷、台地相间地形，水库形成后库岸弯曲系数达到 1∶20，库岸长约 6 000km。据 1954 年、1959 年、1964 年普查资料，丹江口水库水位每升高 1m，平均迁移 4 500 人。

由于一期与二期工程实施间隔时间长，1990 年长江水利委员会会同各级地方政府，组织 300 人工作队，历时 3 个月进行实地测量定界、逐村逐户实物指标普查，并得到各级地方政府与当事人确认。查明 170m 水位以下，新增淹没范围内，不涉及铁路、等级公路、城市和大中型工矿企业。170m 边缘有 7 个小型集镇受局部影响。区域内人口 22.44 万人(其中农业人口 21.07 万人，占 94.5%)需要迁移安置。

根据枢纽大坝加高施工总体布置占地范围，长江水利委员会会同丹江口水利枢纽管理局、丹江口市人民政府，于 1993 年组织专门工作队，查明了施工占地范围内的人口、房屋、工厂企业的数量，并得到各有关政府和部门的确认。并于 1996 年完成施工范围内工厂企业拆迁重建资产评估工作。

3.2.5.3　二期移民

妥善安置二期移民，必须认真贯彻“开发性移民”方针。经济要发展，水资源要利用，水利水电工程要建设，水库移民还将产生，迁移安置也将继续。丹江口水库一期移民工作实践证明，移民安置实质是劳动力就业定性、定位，并取得经济效益的安排。移民劳动力就业的行业性质、劳动的岗位，取决于经济发展的需要，与劳动力本身的素质有关。需要是前提，素质是基础。在查明丹江口水库二期淹没范围内，需要迁移安置人口数量的同时，对移民青壮年劳动力素质进行了广泛的调查，多数是初中、小学文化程度，部分是文盲或半文盲。普遍具备简单的农业耕作种植技能，并有强烈的提高、发展愿望，希望跟上国家和区域经济发展步伐。经济发展的需要，移民自身利益的需求，成为我们贯彻“开发性移民”的工作基础。二期移民迁移安置的原则，安置所需的资源，持续发展的条件，多年来与地方各级政府进行了大量的调查研究、比较、反复磋商，共同拟定了丹江口二期工程移民迁移安置原则和安置区域。

1)二期移民的安置原则

丹江口水库二期移民安置规划，在“开发性移民”方针指导下，以移民自身素质为条件，考虑移民因搬迁改变生活、生产环境的承受能力，拟定了以“土地为依托，实行农业安置”为主的安置原则。在初始安置、维持简单的再生产、稳定的基础上，大力开发劳动力资源，促使移民劳动力技能结构的转化，为持续发展创造条件，部分减少对土地和农业的依赖。因而编制了以下原则措施。

(1)以土地为依托实行大农业安置，有条件地逐步、适当发展第二产业，积极引导发展第三产业。

(2)在保护与改善生态环境前提下，实行先建设后安置。

(3)采取工程措施和非工程措施开发水土资源与劳动力资源；以劳动力资源的开发带动水土资源开发，以改善生态环境与扩大资源的人口环境容量相结合。

(4)在有条件的地方，根据技术可行、经济合理的原则兴建防护工程，以减少迁移数量，减轻安置难度。

(5)移民安置区的开发与地方区域经济发展相结合,投资实行合理分摊。

(6)移民安置后要逐步达到或超过原有生活水平,也不降低原有居民生活水平,并适当创造可持续发展条件。

2)安置区的选择

丹江口水库加坝抬高水位,迁移安置22.4万人口中,有1.3万人是水库边缘集镇的非农业人口,他们是机关企事业单位干部、工人或小商小贩、个体劳动者。这些集镇边缘的住户,因为集镇不迁建,这部分移民只是在本镇另择地建房,进行居住安置,不涉及生产安置,而21.1万农村移民,不但有住房生活安置,更重要的是生产安置。

农村移民安置,河南、湖北两省提供了20多个县8万km^2范围供选择,它们大部分是丹江口水库供水或防洪受益区,在经过广泛调查、研究,以“水土资源为基础”,在保护与改善环境的前提下,“实行新老两利为条件”进行比较,分别在河南、湖北选择了以下区域。

(1)河南省淅川县。迁移人口11.92万人(其中非农业人口700人)。经省、地、县三级依据生态环境、水土资源的现实情况,外迁8万人到南阳盆地邓州、唐河、社旗三个县安置,利用丹江口水库水源,分三片改造缺水的丘、岗低产田13.3万hm^2。其中:1.3万hm^2用于安置丹江口水库二期移民。这个区域原有农民人均耕地都在2.5亩(0.17hm^2)以上。安置移民以后,人均耕地数量有所减少,但质量提高,经济效益增加,可谓“新老两利”。淅川县其余3.9万人,在本县11个乡、177个村安置(其中水产养殖安置1.2万人)。

(2)湖北省的丹江口、十堰市、郧县、郧西等4个县市。迁移人口10.28万人(其中:农业人口9.19万人),各级政府协商,外迁1.2万到汉江下游钟祥、宜城水土资源多的地区安置。其余9万人(含1万非农业人口)在水库涉及的四县市范围内安置,其中水产养殖安置2.8万人,防护筑堤不需搬迁2.8万人。

3.2.5.4 移民规划

丹江口水库在1991年完成淹没实物指标普查后,随即在原国家计委、水利部指导下,1994年按照“开发性移民”方针精神编制完成了《南水北调丹江口大坝加高、水库淹没处理与移民迁移安置规划大纲》,并通过了专家与地方各级政府评审。依据规划大纲规定,1994—1997年先后完成了移民安置点的选择与部分实施规划。包括以下几点。

(1)库区受淹各类公路、输电(变电)线路(站)、电信线路的恢复实施规划。

(2)根据丹江口水库一期工程长期运行参数,在优化水库调度的基础上,修订了库区回水曲线,使之更接近实际。

(3)在大纲框架范围内先后进行了湖北横山村、栾子营村、河南仓房村、孟楼村约1.6万人的移民安置实施规划。

(4)库区内柳陂、安阳等13处防护工程(保护人口约2.8万人,耕园地1 600hm^2)的实施规划与初步设计。

(5)完成约70 000km库岸稳定地质调查与1/10 000填图工作。

(6)完成库区水库渔业恢复发展与移民安置规划。

综上所述,虽然丹江口水库加坝抬高水位,移民数量较大,安置有一定难度,但对水库淹没涉及区和移民安置区经济发展、生态恢复将是极大促进。在“开发性移民”方针指导下,经过长期论证的移民安置方案是可行的,安置人口容量也留有相当余地。随着水库调度的优化,水库水产事业的发展,临时淹没区防护工程兴建,迁移安置的人口数量还有减少的可能。

只要精心安排、认真实施，非工程措施与工程措施得当，丹江口水库二期移民迁移安置，完全可以妥善解决。

3.2.6　初期方案投资估算

3.2.6.1　投资计算的口径和原则

建设南水北调中线工程需要多少投资，估算的投资数额是否恰当和合理，是中线工程建设重点研究的问题之一。因此，要正确估计和评价中线工程投资，首先需要合理确定投资计算的口径和原则。建设项目的投资，按空间分布可分为主体工程投资和配套工程投资（配套工程又有不同层次的配套工程）；按时间分布可分为静态投资和动态投资。

主体工程投资是实现工程设计效益所需要的建筑、设备等投资，例如水利水电工程的枢纽工程投资；水库淹没处理投资和配套工程投资是实现主体工程设计效益需要配套的工程投资，例如电站的输变电工程投资，供水工程的自来水厂和管网等投资。按照当时国内建设项目基本建设投资的计算口径，基建项目投资一般只包括主体工程投资，配套工程投资通过另一种口径估算。例如国内已建和在建水利水电工程投资一般都只包括枢纽工程投资和水库淹没移民费用，但不包括厂外的输变电、配电工程或配水工程投资，这部分投资应列入电网投资或自来水厂和城市管网投资；三峡工程论证时，考虑三峡电站规模大，供电范围广，其投资估算范围除枢纽工程和水库淹没处理补偿费外，还包括输电到华中、华东 500kV 高压输变电工程投资，但不包括 500kV 以下的 220kV、110kV 等直到用户的配套工程投资；引黄济青工程投资包括从黄河引水到棘洪滩水库（包括棘洪滩水库）的全部投资，不包括青岛市自来水厂的建设投资；煤炭建设投资只计算煤矿建设投资，不包括煤炭运输和到用户的配套工程（运输）投资。

静态投资是按某一年不变价格计算的投资，统一价格水平年的投资额度主要受设计方案及其工程量的影响。动态投资是考虑编制和建设期物价上涨因素和贷款利息后计算的投资。静态投资是项目经济评价和项目决策的依据，也是计算动态投资的基础；动态投资中的不确定因素很多，很难估算准确。一般建设项目都是主要计算静态投资，动态投资只作参考。因此，三峡工程实行“静态控制，动态管理”；工程公布的枢纽工程投资 500.9 亿元（1993 年 5 月价格水平）、水库淹没处理补偿费 400 亿元都是指的静态投资。依照国内基础项目投资估算惯例，南水北调中线工程投资主要估算了主体工程的静态投资，动态投资也假定不同的条件进行了测算；在国民经济评价时，为了分析工程的经济效益，也考虑和估算了相应各项配套工程投资。

3.2.6.2　静态投资所包括的工程内容

根据“南北兼顾、南北两利”的原则，南水北调中线工程投资估算所包含的工程内容除水库工程和输水工程外，还包括了对水源区的建设开发工程和环保工程，即由水源工程、输水干渠及分水口的控制工程、汉江中下游治理开发工程及环境保护工程四大部分组成。

（1）水源工程包括丹江口水利枢纽后期续建工程，即将混凝土大坝由 162m 加高至 176.5m，土坝加高至 177.6m，升船机由 150 吨级扩建为 300 吨级，水库淹没处理和移民安置工程。

（2）输水工程，包括南水北调首闸改扩建工程、输水到京津渠道土石方开挖填筑和衬砌、交叉建筑物、分水口门工程、金属结构、通信、供电等工程。

(3)汉江中下游治理开发工程,包括兴建碾盘山水利枢纽,并用其发电效益滚动开发其余四个梯级,建设沟通长江—汉水的引江济汉等工程。

(4)环境保护工程,包括水质保护、施工环境保护、环境监测站网和其他生态环境保护等项目。

3.2.6.3　**投资估算依据和成果**

投资估算主要依据水利水电工程投资概(估)算规程规范,根据中线工程建设规模,按照各项建筑物设计的几何轮廓尺寸计算工程量,以工程建设所需完成的各项实物工程量为基础,按1995年下半年的工资、材料、设备等价格,以及相应的定额和费用标准进行计算。

根据工程项目内容和投资估算的依据和方法,各工程项目的设计工程量、施工组织设计及有关工资、材料、设备等价格逐项进行计算,求得中线工程静态总投资为547.58亿元(1995年下半年价格水平),其中水源工程73.48亿元,占13.42%(丹江口水库大坝加高工程11.64亿元,水库淹没处理和移民安置61.84亿元);输水工程415.03亿元,占75.79%;汉江中下游治理开发工程50.57亿元,占9.24%;环保工程8.5亿元,占1.55%。

投资估算成果表明:中线工程投资主要是输水工程投资,达415亿元,占总投资的75.8%;水源工程投资仅73.5亿元,占总投资的13.4%,按供水量145亿m^3计算,单方水水源工程投资仅0.51元,这在国内水库工程投资中是很低廉的。例如在建的深圳白花水库工程单方水投资5.1元,北京八座水利工程按1995年重置成本价计算的单方水投资约10元,究其原因,主要是丹江口水库是初期工程的基础上加坝调水,要比新建一座水库工程的投资省很多。

中线工程静态投资548亿元,是按江汉中下游全面治理开发估算的,包括新建碾盘山水利枢纽、用碾盘山枢纽发电等效益滚动开发兴隆等四个梯级,建设引汉济江工程。因此,其投资额度已涵盖了调水230亿m^3的工程项目。此外,丹江口加坝调水方案除有调水145亿m^3的功能外,还有其他效益,如有提高汉江中下游防洪标准的功能。所以,548亿元投资并不全是供水投资,还有一部分应由防洪等方面分担。

3.2.6.4　**投资估算成果可靠性分析**

投资估算成果在论证和审查中,经济专家审查组在认真研究设计文件后认为:没有发现大的漏项,其投资估算的编制原则、依据和方法是合理的,所采用的定额、费用标准、材料价格及有关投资估算的参数符合规范的规定,中线推荐方案的静态总投资548亿元可以作为决策和立项的依据。

(1)基本资料和工程数量可靠。中线工程前期工作充分,经过几十年勘测、规划设计和科学研究,工程建设中的主要技术问题均已清楚,工程水文、地质等基础条件研究充分,并经过反复审查,结论都认为是可靠的,基本资源发生重大变化和意外情况是较小的。工程设计方案已经多年研究比选,线路布置合理,各项建筑物的设计多数已达到初步设计深度,并经过专题审查,不可能产生重大漏项。各建筑物工程量,是逐项按设计图纸计算的,并留有一定的余地,因此投资估算的基础扎实,且在投资估算中列了10%的基本预备费。

(2)施工定额和主要工程单价可靠。本着“设计方案时要将建设资金打足,不留缺口”的原则,水利部南水北调工程论证委员会投资专家组根据国家现行有关法律、标准、规范等,对南水北调工程投资估算编制采用的定额标准、费用标准、材料预算价格等均做了详细的规定。中线投资估算均是按上述规定进行的,因此所采用的施工定额水平和主要建筑单价是可靠的。经济专题审查组也认为工程投资估算符合现行定额、费用标准及相关规范的规定。

3.2.7　水价测算

3.2.7.1　水价测算原则

供水价格是南水北调工程能否付诸实施的关键问题之一,为社会各界所关注。近年社会上对南水北调中线工程供水价格有不同的说法,有人估计北京水价要高达每立方米6元,水价太高,用户难以承受;设计单位测算中线全线平均水价每立方米只有0.52元,到北京分水口门水价为最高1.1元,相对较低。

两种估算结果相差很大,究其原因,主要是对南水北调的工程性质定位不同,相应采取的政策取向不同以及对缺水省市的意愿理解不同,如果将南水北调工程定性为营利性项目,全部或大部采用银行商业贷款兴建,按满足还贷条件测算的水价,则水价很高,用户是难以承受的。

如果将南水北调工程定性为具有社会公益性,兼有经济效益和环境效益的项目,做到和其他已建在建的供水工程等同对待,不以营利为目的,但要做到自我维持,良性运行,投资由中央和地方共同负担,部分使用银行优惠贷款。按满足成本费用加合理利润的原则制定水价,则水价相对较低。在北方严重缺水地区工业和城市生活用水(用水量约占北调水量的70%)的水价完全可以承受,黄河以北少量的农业灌溉用水借鉴国外经验和有关省提出的建议,采取优惠水价或以工补农等办法解决。

为了研究和合理确定南水北调中线工程的供水价格,在可行性研究和论证、审查阶段,有关单位和有关省市做了大量调查研究和计算分析工作,调查了国内外水价状况,测算了多种筹资方案和投资利润率的供水成本和价格。

3.2.7.2　国外水价概况

为了借鉴国内外制定水价的经验,研究中线工程的供水价格,论证和审查阶段对国内外水价政策和水价概况做了大量调查研究。

世界许多国家和地区制定有计收水费的政策和水价标准,但不同国家和地区的差别很大。一般是把水价政策作为完成国家或地区发展目标、执行水资源政策的一种手段。因此,确定水价时不是单纯用经济准则来衡量,还要考虑它对社会和国家发展目标的影响,照顾用水户的支付能力,体现国家政策。

(1)农业用水。各国政府对灌溉用水都实行不同程度的补贴,如欧洲各国补贴灌溉费用的40%;加拿大补贴工程投资的50%以上;美国灌溉工程只还本不付息,还本时间长达30~50年;日本补贴工程投资和维护管理费的40%~80%;印度大型工程补贴年费用的80%;澳大利亚和马来西亚补贴全部工程投资和部分运行费。目前灌溉水价一般低于灌溉供水成本。

(2)生活用水。世界各国及地区给予优先保证和优惠价格。日本生活用水工程费用中央政府补助1/2~1/3。印度城市供水工程有联邦政府贷款加补贴或人寿保险供水借款多至2/3的资金兴建,地方政府负责供水系统运行并决定水价。

(3)工业用水。一般采用长期优惠贷款,除按成本计价外,还应有一定的合理利润。例如美国对工业供水投资采用长期优惠贷款,贷款偿还期30年,确定工业水价的原则是必须偿还全部投资和利息,并保证中等水平的利润率,日本工业供水工程费用由中央政府补助

20%~40%。

此外,鼓励节约用水,对超标准用水采取惩罚性加价。许多国家工业和生活水费标准中含有污水处理费,用水费促进环境保护,并适时调整水价。

3.2.7.3 国内水利工程水价概况

1985 年国务院颁布的《水利工程水费核订、计收和管理办法》规定:"凡水利工程都应该实行有偿供水""水费标准应在核算供水成本的基础上,根据国家经济政策和当地水资源状况,对各类用水分别核定。农业水费,粮食作物按供水成本核定水费标准;经济作物可略高于供水成本。工业水、消耗水,按供水部分全部投资(包括农民投劳折资)计算的供水成本加供水投资 4%~6%的盈余核定水费标准。水资源短缺地区的水费可略高于以上标准。城镇生活水,由水利工程提供城镇自来水厂水源并用于居民生活的水费,一般按供水成本或略加盈余核定,其标准可低于工业水费。"1997 年国务院印发的《水利产业政策》规定:"新建水利工程的供水价格,要满足运行成本和费用、缴纳税金、归还贷款和获得合理利润的原则制定。"但无具体规定。目前已建、在建水利工程供水价格基本上都是按《水费办法》规定的原则和方法核定的。据对一批已建成供水工程调查,由于供水计算不足,现状水价都远低于按《水费办法》核定的水价,一般约按《水费办法》核定水价的 10%~30%。

3.2.7.4 已建在建跨流域调水工程水价概况

1)东深供水工程

东深供水工程向香港供水,按照商品价值定价,实行"限量定价、超量加价、逐年浮动"的办法,三年签订一次供水协议合同,每年根据物价上涨情况调整水价。测算的水价为水库到香港的交水点水价,1994 年每立方米为 1.94 港元,1997 年每立方米为 2.614 港元。向深圳市自来水厂的供水价格有三个标准:一期扩建工程每立方米为 0.54 元,二期扩建工程每立方米为 0.18 元,三期扩建工程每立方米为 0.5 元;而 1997 年按《水费办法》测算的水价:二期扩建工程每立方米为 0.578 元,三期扩建工程每立方米为 0.889 元,分别为现行水价的 3.2 倍和 1.8 倍。

2)引黄济青工程

引黄济青工程 1991 年按《水费办法》向青岛市(棘洪滩水库)的供水价格每立方米为 0.89 元,考虑用水户承受能力,从 1993 年开始执行,分三年逐步到位;1996 年实际供水成本水价每立方米为 1.16 元。同期,自来水公司供水价格为:居民用水每立方米为 1.5 元,办公用水每立方米为 2.0 元,外轮用水每立方米为 3.0 元。

引黄济青工程采用基本水费与计量水费相结合的办法向青岛市收取水费,青岛市一年内用水量3 700 万 m^3以内时交基本水费 3 840 万元,年用水量超过 3 700 万 m^3 的部分按计量水费收取水费。

3)引滦入津工程

引滦入津工程的供水水价主要指引滦入津工程向天津市自来水公司的供水价格,水价中包含了潘家口水库原水费。引滦入津工程的水价主要根据潘家口水库原水费的调整情况确定,并没有根据引滦入津工程的实际供水成本核算。如 1994 年潘家口水库向引滦入津工程供水水价每立方米为 0.054 元,引滦入津工程向天津市自来水公司的供水水价每立方米为 0.149 元,仅为当年引滦入津工程实际供水成本每立方米为 0.385 元的 39%。1997 年潘家口水库供水水价调到每立方米 0.081 元,引滦入津工程供水水价也相应调到每立方米

0.25 元,仍低于供水成本。

3.2.7.5　中线工程供水成本和水价测算

中线工程供水成本和水价测算主要依据《水费办法》进行,在具体项目和计算参数的选取上,参考了水利部 1994 年发布的《水利建设项目经济评价规范》和国内类似工程的计算资料。即供水成本和供水价格测算到总干渠至京、津、冀、豫等省市的分水口门。计算时,首先分项计算各项成本费用,求出总成本费用,然后除以净供水量求出单方水的供水成本;在单方供水成本基础上加单方水投资的资金利润率得单方水价,及水价等于成本加利润。

供水成本测算,供水成本是核定水价的基础。根据有关供水成本计算内容的规定,并参考类似工程供水成本的计算资料,中线工程供水成本由材料和燃料费、动力费、工资及福利费、工程维护费、折旧费、水源区(含库区)维护费、管理费、水资源费、利息净支出九项组成。

按加高丹江口水库大坝调水 145 亿 m^3 方案,测算了多种筹资方案的供水总成本费用和单方水成本,其中论证和审查阶段 4 个有代表性筹资方案,其计算至总干渠分水口门的总成本费用和各省市分水口门的平均综合成本均考虑其公益性。全线平均还贷期成本每立方米为 0.368~0.662 元;还清贷款后每立方米为 0.272~0.305 元,到北京每立方米为 0.498~0.580 元。测算结果表明:筹资方案对还贷期供水成本影响很大,如贷款 60%,年利率 15.3%筹资方案的还贷期,供水成本为全拨款方案供水成本的 244%;且还贷期供水成本与还清贷款后的供水成本相差悬殊,前者为后者的 217%。筹资方案对还贷后的供水成本影响不大。

水价测算,水利工程价格不仅受自然条件的影响(主要体现在供水成本上),而且受经济政策的影响很大,在相同的自然条件下,采用不同的经济政策就会有不同的水价。根据《中华人民共和国价格法》规定之精神,南水北调中线工程供水价格应实行政府指导价或政府定价。为了给政府合理确定中线工程供水价格提供科学依据,中线工程测算多种不同经济政策条件下的水价,包括不同贷款条件下的还贷水价和按《水费办法》规定的成本加利润的水价,其中论证和审查阶段有代表性的 4 个筹资方案的还贷水价和成本加利润的水价均有政策上的考虑。还贷期水价按满足还本付息要求核定,还清贷款后的农业水价按供水成本核定,工业和城市生活供水成本加 6%投资利润率核定,综合水价按农业和工业及城市生活供水量加权平均求得。测算结果:全线平均综合水价还贷期每立方米为 0.450~1.908 元,还清贷款后每立方米为 0.508~0.541 元。

测算结果表明:供水价格不仅与供水成本、供水投资利润有关,还贷期水价还与国家对供水工程的投资政策有关,如果供水工程投资全部或大部分使用贷款,贷款的年利率高,偿还期短,则还贷期水价很高,还清贷款后水价大幅度降低;如果使用贷款比例在 30%以内或者能借鉴国外经验,对供水工程采取长期优惠贷款(如贷款年利率降低到 8%以下,还贷期延长到 30 年),则可大幅度降低还贷期水价,并使还贷期水价与还贷后水价基本相同。

3.2.7.6　合理性分析

不难看出,对南水北调工程性质的定位和采取的投资政策不同,就会有相差悬殊的水价。因此,要合理确定南水北调工程的供水价格,首先要确定南水北调工程的性质及其应采取的投资政策。

投资政策问题,众所周知,南水北调中线工程是改善国家水资源配置状况,为京、津、华北广大地区和人民解决干旱缺水问题,促进人口、资源、环境协调发展,既有很强的社会公益性，又具有很高的综合效益的特大型基础设施工程。因此，南水北调工程的建设不以盈利为目标，而应较多体现政府行为，由中央和地方共同投资建设。按经济专题审查专家组推荐筹资方案(贷款比例30%，综合年利率的6%)测算的成果，作为中线工程供水成本和水价的代表方案是合理的。

投资计算边界问题，关于南水北调中线工程供水价格的计算界限一般认为，按国内水利工程供水价格计算惯例，南水北调中线工程水价应测算到输水总干渠到各省市的分水口门，如送水到南阳、平顶山、许昌、郑州、焦作、安阳、新乡、邯郸、邢台、石家庄、保定、北京、天津等大中城市，以及用水县市和企业的分水口门；另一种意见认为，总干渠分水口的水价不是用户真正的水价，只是自来水厂的原水价，南水北调工程水价应测算最终用户的水价，即要包括城市自来水厂和供水管网，直到千家万户。客观讲前者既符合规程规范要求，也符合国内水利工程供水价格计算的惯例；后者类似把新建电站的上网电价改算到广大用户的电价。

计算项目和参数问题，按推荐筹资方案和水价计算界限，中线工程代表的供水成本和水价计算内容包括了现阶段有关规定应计入成本的全部项目，供水投资利润率采用《水费办法》中规定的上限，计算参数符合有关规定的要求并留有余地，供水成本和水价的测算符合实际。

中线工程供水成本和水价测算结果表明，中线工程的供水成本和水价与当时新建和拟建工程比较还是比较低的，究其原因主要有以下几个方面。

(1)中线工程建设条件优越，调水规模大，具有很好的规模效益；

(2)丹江口初期工程已为后期工程建设奠定了基础，在初期工程的基础上加高大坝调水，水源工程所需投资甚少；

(3)全线自流引水，不需要抽水泵站基础投资，并减少运行管理费；

(4)水质好，又不含泥沙，不需要水质和泥沙处理费。

综合以上几点，其结果是中线工程每立方米水的固定资产投资相对较少，运行管理费用又低，供水成本和水价自然较低。

虽然如此，南水北调中线工程毕竟是一项工程规模大、需要投资多、涉及范围广的特大型工程，从一开始就要制定好有关政策，包括投资、建设和管理等各个方面，为工程的顺利实施和发挥效益，以及建立良性运行管理机制打好基础。

3.2.8 初期方案效益测算

按初期规划，南水北调中线工程具有经济、社会和环境等巨大综合效益，其表现主要为防洪、城乡供水和改善生态环境等方面。

3.2.8.1 防洪效益

汉江中下游地区地处江汉平原，是湖北省经济发达、人口稠密地区，也是重要工农业生产基地，两岸受堤防保护的人口约1 200万人，耕地约113万 hm^2。历史上洪涝灾害十分频繁，堤防三年两溃。1935年特大洪水(相当于百年一遇洪水)，淹没耕地42.67万 hm^2，受灾370万人，死亡8万余人；洪水直逼武汉张公堤，防洪形势极度紧张。1949年后进行了大规模防洪建设，规划时已初步形成了由丹江口水库初期规模、堤防工程、杜家台分洪工程和分洪民垸组成的防洪系统，但防洪标准仍不高，超过二十年一遇洪水后必须利用民垸分洪，造成巨大的洪水淹没损失。此外，作为汉北平原洪水屏障的遥堤已多年不临水，堤身质量未经考验,民垸分洪后洪水直逼遥堤,一旦失事将淹没汉北平原,造成大量生命财产损失并危及武汉市安全。进一步提高汉江中下游地区防洪标准的根本措施是按设计最终规模完建丹江口水库,增加水库调洪能力。据计算分析:丹江口水库大坝按最终规模加高后,可增加防洪库容25.1亿m^3(秋汛期)~33亿m^3(夏汛期),依靠水库调蓄、杜家台分洪和堤防,可防御百年一遇洪水;再运用14个民垸分洪,汉江中下游可防御二百年一遇洪水;如丹江口水库适当超蓄,还可防御更大的洪水,保障汉北平原和武汉市的安全,从而为汉江中下游地区社会经济稳定、持续发展创造有利条件。

3.2.8.2　供水效益

北方广大地区缺水以京、津、华北为最,而在京、津、华北地区缺水又以城市最为突出,北京、天津、石家庄、郑州等20座大中城市,以及上百座县城缺水,而且在地表水充分利用的情况下,严重超采地下水,给生态环境带来极大危害。经济发展和人民生活都受到水资源的制约。南水北调中线工程从丹江口水库引水,顺南高北低的地形可自流到京、津、华北地区,且输水工程高踞华北平原之上,可为京、津、华北城乡广大地区提供优质水资源,解决北方严重缺水问题。

规划期,供水区城市人均生活用水量不仅低于发达国家水平,也低于我国沿海地区水平,很多城市人均用水量还低于全国平均水平,有些城市由于缺水,居民生活不得不实行定时、定量、低压供水。随着城市发展和人民生活水平提高,城市人民生活用水量还会增加。中线工程在北调水量134亿m^3资源中,分配给城市生活和工业用水90.9亿m^3,约占北调水量的70%,将极大缓解供水区域城市的缺水问题,并有效地改善用水条件,提高生活质量。

城市用水得以缓解后,为工业发展将增加新的活力,也有助于老工业基地的改造,促进生产力的调整布局,从而促进整个经济的发展。同时城市缺水问题的解决有利于城市环境的改善。

3.2.8.3　改善农业生产条件、增加农业发展后劲

华北平原,地势平坦,土地肥沃,光热资源充足,农业生产潜力很大,又由于水资源不足,农业生产长期受干旱威胁,农业生产的优势得不到发挥。以河北省为例,其有灌溉水资源保证的农田,粮食亩产量可达1 000kg,但由于大面积干旱缺水,全省约400万hm^2耕地的粮食平均亩产量不到400kg,特别是中线供水区近200万hm^2低产田,粮食平均亩产量仅200~250kg。可见只要有灌溉水源保证,粮食增产潜力很大。中线调水工程方案分配给农业灌溉的水量约50亿m^3,与当地水联合运用,可改善和增加供水范围内灌溉面积约267万hm^2,可大大提高粮棉单产和总产,平均每年可增产粮食百亿斤,并改善广大农村的生活用水条件,提高农民的生活水平。

3.2.8.4　显著改善供水区的生态环境

由于地表水充分开发利用,河湖干涸,地下水长期超采,致使华北地区水环境面临着严重的恶性循环。经济社会高速发展,需水量增加,加大了水资源开采量,特别是进一步超采地下水,导致区域环境干化和水环境质量下降;需水增长和供水能力降低,再扩大水资源开采量,使水资源更为短缺,如此周而复始,供水区经济与水环境陷入了恶性循环,成为全国水环境问题最严重和社会发展受制于缺水最突出的地区。缺水不仅影响经济社会发展和环境质量,而且影响人们身体健康,影响社会安定;一些缺水严重的地区,长期开采饮用有害身体健康的深层高氟地下水,使氟骨病等地方病蔓延,人民健康受到严重威胁;一些地区为保证

城市供水而挤占农业灌溉用水,不仅使农业生产受到很大影响,而且加剧了地区之间、工农业之间的矛盾,影响了社会安定。实施南水北调中线工程后,将大大改善本地区水环境,缓解由于水资源不足而引起的生态环境问题。

3.2.9 国民经济评价

3.2.9.1 国民经济评价依据和原则

南水北调中线工程经济评价依据《建设项目经济评价方法与参数》和《水利建设项目经济评价规范》,经济评价以国民经济评价为主。

国民经济评价是按资源合理配置的原则,从国家整体角度考虑项目的效益和费用,用货物影子价格、影子工资、影子汇率和社会折现率等经济参数,分析计算项目的净贡献,评价项目的经济合理性。

国民经济评价具有很强的整体性和系统性,它把国民经济作为一个大系统,具体建设项目作为这个大系统中的一个子系统,从国家整体角度分析建设项目的经济合理性,除分析项目本身的直接效益和直接费用外,还计算项目的间接效益和间接费用。因此,南水北调中线工程的国民经济评价,除计算主体工程投资费用外,还计算了配套工程的投资费用,并根据"项目经济评价应遵循效益与费用计算口径对应一致的原则"分析计算了与费用计算口径对应一致的经济效益。

依据经济评价以动态分析为主,静态分析为辅的规定。南水北调中线工程的国民经济评价,主要作了投入-产出动态分析,计算了内部收益率、经济净现值、经济效益费用比等国民经济动态评价指标;同时,也做了一些静态指标的对比分析,以从多方面检验建设南水北调中线工程的经济合理性。

3.2.9.2 国民经济评价参数

南水北调中线工程根据规范规定和工程实际情况,社会折现率采用12%,影子价格采用市场价格,工程计算期采用56年,其中建设期6年,生产期50年,以建设开始年为基准年,并以该年年初作为基准点,经济使用年限大坝为50年,机电设备为25年,其他项目均按50年考虑。丹江口大坝加高工程6年完成,第7年开始拦洪,发挥防洪效益。黄河以南第4年,黄河以北第7年开始发挥供水效益。

3.2.9.3 工程费用计算

国民经济评价中投资费用包括主体工程投资、配套工程投资、流动资金、年运行费、设备更新改造费等。

(1)主体工程投资。主体工程按1995年下半年价格估算静态总投资为548亿元,调整为影子价格为501亿元。

(2)配套工程投资。包括总干渠分水口门以下的城市用水配套工程投资和农业灌溉配套工程投资。

总干渠分水口门到自来水厂的配套工程投资,河南、河北两省采用初步可行性研究投资成果,天津市采用该市城市供水规划估算值,北京市参考天津市的资料分析确定,湖北省参考河南省资料分析确定。自来水厂投资包括净水厂工程和配水管网工程的投资。北京市、天津市自来水厂单方水投资采用6.0元,河北、河南和湖北采用3.5元;计算供水量考虑了城镇现有自来水厂的供水能力,以及部分调水由输水工程直接供到工矿企业的情况。农业灌溉配套工程投资,河北省采用供水区灌溉规划报告中灌溉配套工程投资;河南省扣除已建刁河灌区配套工程投资,湖北省参照河南省的配套指标分析确定。

计算表明,配套工程总投资435.42亿元,其中自来水厂和城市管网为259.48亿元,总干渠分水口门到自来水厂的输蓄水工程投资111.41亿元,两项合计投资370.89亿元,约占配套工程总投资的85.2%,可见配套工程投资大部分是城市自来水厂和管网的建设投资。

配套工程投资投入时间根据效益发挥过程确定,国民经济评价计算时安排在开始发挥效益前3年投入。根据拟定的中线工程效益发挥过程,配套工程投资分年投入,其中与主体工程投资同步投入203.2亿元,占配套工程投资的46.8%。其余投资大部分在主体工程建成后投入。

流动资金,规划期水利工程除水电工程外尚无估算流动资金需要量的明确规定,中线工程国民经济评价中自来水厂的流动资金按其年运行费的25%(即3个月)估算;主体工程、其他配套工程按其年运行费用的12.5%(即一个半月)估算。估算结果为12.29亿元。

年运行费(经营成本),包括材料、燃料和动力费、工资及福利费、工程维护费、管理费、水源区(含库区)维护费及其他费用等。参照有关资料,自来水厂的年运行费按其固定资产投资的15%计算;其他配套工程的年运行费用按其占固定资产投资的3.2%估算;主体工程的年运行费以分项计算求得。计算结果是正常运行期主体工程年运行费为15.16亿元,配套工程年运行费为44.21亿元。分年度的年运行费按其投产规模分析确定。

更新改造费,根据有关规范规定,并参考类似工程资料,中线工程的大坝、输水渠道等工程经济使用年限按50年考虑,计算期内不考虑更新;机电设备、金属结构、混凝土结构物的经济使用年限为20~30年,评价按25年考虑,其更新改造费从工程竣工后第26年开始投入。

3.2.9.4　经济效益测算

中线工程推荐方案的经济效益主要是供水效益和防洪效益,对发电和航运也将产生有利和不利的影响。国民经济评价中对供水效益和防洪效益按《水利建设项目经济评价规范》规定的原则和方法作了定量计算,对发电和航运的利弊影响做了定性分析。

(1)工业及城市生活供水经济效益。工业供水经济效益按分摊系数法计算;城市生活供水经济效益按城市生活供水量乘以工业供水单方水的经济效益计算。计算中万元产值取水量按各省、市资料和1995年价格水平分析确定,供水分摊系数根据供水区可能的水源工程及工业企业规划的资料计算分析确定;计算总效益时考虑输配水工程的漏水损失,按总干渠分水口净供水量的90%计算。计算结果为五省市多年平均工业及城市生活供水经济效益277.76亿元,其中湖北为5.36亿元,河南为64.53亿元,河北为61.86亿元,北京为71.5亿元,天津为74.52亿元。

(2)农业灌溉经济效益。农业灌溉经济效益按分摊系数法计算;分摊系数根据试验和典型调查资料分析确定;农副产品价格采用国内市场价。计算结果为三省多年平均灌溉经济效益56.55亿元,其中湖北为1.61亿元,河南为6.48亿元,河北为18.56亿元。

(3)防洪经济效益。丹江口水库大坝加高后,总库容和防洪库容增加,社会、经济、环境效益巨大,但这些效益难以完全用货币指标量化,国民经济评价中仅计算了多年平均防洪经济效益。即按有该工程可减免的洪灾国民经济损失计算,按1995年生产和价格水平计算,多年平均防洪经济效益为4.86亿元。

(4)对发电和航运等利弊影响。丹江口水电站水轮发电机组是按丹江口枢纽最终规模正常蓄水位170m选择的,初期规模正常蓄水位157m运行时,机组达不到预想出力。丹江口大坝加高,由于水头增加,初期电站机组预想出力受阻的情况将得到改善,装机容量可以全部发挥效益,据对华中电网电力电量平衡的结果,可提高容量效益约15万kW;但当调水量达到145亿m^3时,要减少多年平均发电量8.82亿kW·h。初步分析计算,增加容量效益和减少电量损失大体相同。

丹江口大坝加高后,坝上游深水航道可由现状95km延长到150km,达到Ⅳ级以上航运标准,淹没库区滩险,减少航道整治投资;变动回水段除水库消落期外,滩险和航道等航运条件更趋均匀。虽然引水后下泄流量有所减少,但在下游保证下泄通航最小流量和采取部分工程措施后,基本可以满足航运、供水等,效益将显著提高。

以上计算结果表明:丹江口大坝加高调水的经济效益主要是工业和城市生活供水效益,约占总效益的90%。

3.2.9.5 评价指标计算说明

根据研究确定的国民经济评价计算经济参数、工程费用、工程效益,列出中线工程国民经济效益费用流量表,计算经济内部收益率、经济净现值、经济效益费用比等国民经济评价指标。

若各项国民经济评价指标均优于国家规定的标准,说明从国民经济整体考虑,兴建南水北调中线工程经济上是有利的。

3.2.9.6 不确定性分析

由于南水北调中线工程国民经济评价所采用的数据绝大多数来自测算和估算,加之水利建设又是面对大自然,同时涉及诸多社会经济因素,以及面广,许多因素难以准确定量;所采用的预测方法和手段又有一定局限性,项目实施的实际情况与预计情况难免会有差异,因此存在一定的不确定性。为了分析这些不确定因素对经济评价指标的影响,考察经济评价结果的可靠程度,在项目国民经济评价时做了不确定性分析。

项目国民经济评价中的不确定性分析,包括敏感性分析和风险概率分析。中线工程国民经济评价中主要做了敏感性分析,即研究项目主要因素发生变化时,项目经济效果发生的相应的变化,并据以判断这些因素对项目经济目标的影响程度。对中线工程的分析,确定了九项因素。情况表明,中线工程各项国民经济评价指标比较稳定,即使工程投资比预测值增加20%,达到设计供水效益的时间比基本方案再推迟5~10年,其国民经济评价仍优于国家规定的标准。说明从国民经济整体考虑,兴建南水北调中线工程在经济上是有利的。

3.2.9.7 国民经济评价结果分析

中线工程国民经济评价,其投入费用包括了有关规定的全部费用,并按规定计算,其中主体工程投资是严格按投资估算办法测算的,配套工程投资的估算精度虽不如主体工程的精度高,但可作为国民经济评价使用,并且在敏感性分析时,考虑了投资增加的引水。

由于中线工程国民经济评价的产出效益中90%是工业和城市生活供水效益,所采用的分摊系数低于世界银行采用的经验指标,因此工程经济效益估算是留有余地的。

关于达到设计效益的时间,国民经济评价中采用主体工程建成后12年达到设计效益,并在敏感性分析中考虑了再推迟5~10年的引水,也是留有充分余地的。其实在城市生活和工业用水达到设计效益前,调水可先用于农业,发挥效益。

中线调水工程投资效益好的主要原因是工程建设条件优越，又有很大的规模效益，工程虽然总投资大，但单方水投资低，全线平均每立方米投资3.8元，加以全线自流引水，水质好，年运行费用低，所以国民经济评价指标优越。

南水北调中线工程除一般经济建设项目的共性外，它还是一项改善资源配置，有利于生态环境、支撑可持续发展的重大基础性、战略性的工程，除在国民经济评价中可用货币定量计算的国民经济效益外，还有许多不能用货币定量计算的社会效益和环境效益，计入这些效益后，中线工程更是一项费省效宏的工程。

3.2.9.8　初期规划结论

南水北调中线工程主要供水目标是京、津、华北地区，主要任务是为城市生活和工业供水，兼顾农业及其他用水。京、津、华北地区是我国政治、经济、文化中心，长期因缺水以牺牲环境为代价发展经济，出现了严重的生态与环境问题。建设中线工程，对缓解这一地区严重缺水状况，改善生态与环境，促进国民经济与社会发展，具有十分重要意义。

中线工程经反复研究论证表明，按规定的后期规模加高丹江口水库大坝调水145亿m^3方案，技术上可行，经济指标优越，能在较大程度上和较长时间内缓解京、津、华北地区缺水状况，根本改善汉江中下游防洪紧张局面，并得到供水区与水源区省市的一致赞成，是近期实施的理想方案。

中线工程地理位置优越，水量可靠，水质好，能全线自流供水，覆盖面大，社会、经济与环境效益显著，得到沿线省市的支持，工程实施的社会基础好。因此可认为中线既是一项重大的战略工程与基础设施，又是一项宏伟的环境工程。

3.3　中线方案的两项关键工程

南水北调中线工程宏伟壮观，工程总量虽大，但分布在1 000多千米的输水线路上。单项工程中规模大、施工期长、技术又比较复杂的有两项工程：一是丹江口水库大坝加高续建工程，在已建丹江口水库大坝初期的基础上，按原规划的最终规模进行加高；二是输水总干渠在郑州西立交穿越黄河工程，为优选建设方案，并行进行了渡槽和隧洞两种方案的规划设计。

3.3.1　丹江口水库大坝加高工程

3.3.1.1　丹江口水库建设回顾

汉江丹江口水库是我国20世纪50年代后期开工建设的规模最大的水利枢纽工程。坝址位于湖北丹江口市，在汉江干流与其支流丹江汇合口下游800m处，控制汉江流域面积的60%、径流量的70%。具有防洪、灌溉、供水、发电、航运、水产养殖等综合效益。是治理开发汉江的关键工程，又是南水北调中线方案的水源工程。

丹江口水库1958年4月决定兴建。水库设计坝顶高程175m，正常蓄水位170m，相应库容290.5亿m^3，防洪库容80亿~110亿m^3。1958年9月1日开工建设，次年底汉江截流，进入主体工程施工。当时鄂、豫两省十万建设大军会战丹江口，至1962年初水下工程全部完成，河床混凝土大坝浇至100~117m高程。此后，在贯彻“调整、巩固、充实、提高”方针，压缩基础规模，减少基础投资，提前发挥工程效益的形势下，提出了分期建设方案。

对初期工程建设规模进行了包括单纯防洪、防洪结合发电等多方案的反复研究审议。1965年5月提出,确认正常蓄水位170m为工程最终规模,拟定初期工程规模为水库设计蓄水位145m,坝顶高程152m。1966年确定,初期工程规模坝顶高程162m,正常蓄水位155m,主体工程恢复施工。1975年根据兴利要求将设计蓄水位提高到157m。

初期枢纽工程由拦河大坝、泄洪建筑物、水电站、通航建筑物、引水建筑组成。同时充分考虑到后期大坝加高完建的要求,预先设置了必要的工程措施,为大坝加高工程创造了有利的条件。初期工程于1967年11月蓄水,1973年全部建成。其工程量(不含引水工程)土石方挖填1 200万 m^3,浇筑混凝土326万 m^3,金属结构安装13 413t,分别占最终规模总工程量的73%、66%、60%,投资约10亿元。陶岔和清泉沟灌溉引水工程于1974年建成通水,同年2月24日《人民日报》以《汉江丹江口水利枢纽初期胜利建成》为题予以报道。

3.3.1.2　**丹江口水库早期工程**

丹江口水库控制汉江流域面积9.52万 km^2,年径流量409亿 m^3。坝顶高程162m,校核洪水位161.4m,总库容209.7亿 m^3。正常蓄水位157m时,相应库容174.5亿 m^3,属年调节水库,调节库容98亿~102.2亿 m^3,防洪库容55亿~77亿 m^3。其水利任务为防洪、发电、灌溉、供水、航运和水产养殖等。

1)水工建筑物及其布置

挡水建筑物全长2 494m,其中河床及两岸连接段混凝土坝长1 141m,分58个坝段,最大坝高97m。右岸土石坝长130m,左岸土石坝长1 223m,最大坝高56m。泄洪建筑物布置河床右部及中部,全长384m,由12个5m×6m泄洪孔和单孔宽8.5m的20个表孔组成,泄洪能力4.82万 m^3/s。河床左部为坝后式发电厂,装有单机容量15万kW·h的机组6台。左岸设有110kV和220kV开关站。通航建筑物设于右岸,由垂直升船机和斜面升船机组成,通行150吨级驳船。

引水建筑物位于水库东南角的陶岔和清泉沟,陶岔引水渠包括长4.4km引渠,孔口为6m×6.7m的5孔闸,闸底高程140m,设计引水流量500 m^3/s,为引丹河南灌区供水,首期为150万亩(10万 hm^2)耕地供水,后期经改扩建库水位抬高可大幅度增加过流量,成为南水北调引水口。

清泉沟引水渠首系按后期规模建设,由引水渠、塔式进水闸及长6 776m引水隧洞组成,闸底高程143m,设计引水流量100 m^3/s,灌溉引丹湖北灌区210万亩(14万 hm^2)耕地。

两引水渠首设计初期年均饮水量15亿 m^3,由于闸底高程按后期规模设计,初期工程不能保证灌溉供水,1992年又在清泉沟渠首兴建提水泵站,装机1.5万kW,设计年抽水量8.54亿 m^3,以满足初期灌溉需求。

2)早期工程的效益

丹江口水库初期工程建成以来,发挥了巨大的综合效益。

(1)防洪效益。初期工程建成后汉江中下游形成了以丹江口水库为主,由两岸堤防、杜家台分洪工程、中下游临时分蓄洪民垸组成的防洪体系,使汉江中下游防洪标准由五年一遇提高至二十年一遇,初步缓解了江汉平原及武汉市受洪水严重威胁的被动局面。自1967年蓄水以来至1998年底拦蓄入库洪水,洪峰也受到不同程度消减。避免了9次民垸分洪,减少杜家台工程分洪15次。如1983年汉江流域发生了约四十年一遇的洪水(洪峰流量3.43万 m^3/s),通过水库调蓄,利用杜家台和部分民垸分洪后,保证了江汉平原安全,使近百万人免遭洪灾。又如1998年夏季,长江流域发生了继1954年特大洪水后的又一次全流域型洪水,汉江上游8月份总来水量110.7亿 m^3,为多年来水平均值的2.3倍,洪峰流量超过1万 m^3/s 共发生3次,最大1.83万 m^3/s。经水库调蓄削峰率60%~93%,水库超蓄洪水37亿 m^3,在杜家台、民垸不分洪的情况下确保了汉江堤防安全,同时有效控制汉水入长江流量,在长江中游各站水位普遍超1954年水位的情况下,使长江武汉关水位低于1954年。至1998年防洪累计减少淹没耕地1 283万亩(86万 hm^2),减灾效益218亿元。

(2)发电效益。电站装机90万kW,年均发电量38.3亿kW·h,电量容量并重,是华中电网的骨干电站。并承担调峰、调频、调相和事故备用任务,至1999年底累计发电量1 070亿kW·h。

(3)灌溉供水效益。陶岔和清泉沟两灌溉引水渠,设计年供水量15亿 m^3,规划灌溉面积360万亩(24万 hm^2)。由于水库库容不足,防洪与兴利矛盾十分突出而影响供水,实际灌溉面积约210万亩(14万 hm^2),灌区粮食亩产提高100~150kg。通过水库调蓄,一般在汉江枯水期仍保持400~500 m^3/s 的下泄流量,保证了中下游用水。

(4)航运效益。改善了大坝上下游航道条件,库区形成了约95km的深水航道,变季节性通航为全年通航。汉江中下游640km航道由于水库的调节作用,汛期洪水流量大幅度消减,枯水流量加大,水位变幅减小,航深增加,改善了航运条件,促进航运事业的发展。建库前,库区只有几只机帆船,中下游通航驳船。建库后,500吨级驳船从汉口可直抵沙洋,350吨级驳船可达襄樊,100~150吨级驳船可通航升船机跨越大坝抵达上游。

(5)水产养殖效益。初期工程水库形成的400~700 km^2 的广阔水面为发展淡水渔业创造了有利条件,建库后水产捕捞量由1969年的86t增加至1998年1万t,水库渔业还安置了部分水库移民就业。

丹江口水库初期工程的建成,综合效益显著,极大地促进了地区的经济发展,1995年湖北省经济十强中有八强在丹江口下游的江汉平原。

3.3.1.3　丹江口大坝加高的作用

丹江口水库初期工程已运用30多年,虽发挥了巨大综合效益,由于库容相对汉江径流量和径流变化特点而言显然偏小,在防洪和综合开发利用汉江水资源方面受到很大制约,已不能满足国民经济发展的需要。

1)汉江中下游防洪标准亟待提高

丹江口水库上游地处秦巴山区,常因集中性暴雨而突发峰高、量大的洪水,而中下游河道泄洪能力是越往下游越小,历史上水灾频繁。1931—1948年有11年溃堤成灾,素有"沙湖沔阳洲,十年九不收"之说。1935年7月洪水(相当百年一遇),淹没耕地640万亩(42.6万 hm^2),受灾人口370万人,损失惨重。丹江口水库是防洪的控制性工程,保护下游1 700万亩(113万 hm^2)耕地、1200万人口及襄樊、武汉等重要城市,水库调蓄洪水的能力大小,直接关系汉江中下游地区人民财产的安危。

规划期,汉江中下游依靠丹江口水库初期工程调蓄和堤防及运用杜家台分洪工程,可防御二十年一遇洪水,超过二十年一遇洪水,新城以上民垸必须分洪;当遭遇1935年型洪水时,为确保重点堤防的安全,将有14个民垸分洪。按1990年统计资料,分洪民垸有耕地89万亩(6万 hm^2),需临时转移人口73万人,分洪损失必然很大。众多民垸配合分洪,很难做到适时适量,一旦分洪失误,有可能造成遥堤等重要堤段溃决,不仅汉北平原不保,并且直接威胁武汉市安全,后果不堪设想。显而易见,在现有防洪工程条件下,汉江中下游防洪形势仍相当严峻,与经济社会的快速发展极不相称,所以提高汉江中下游的防洪标准是十分必要的。而加高丹江口水库大坝至后期规模,是完善汉江中下游防洪体系,解决汉江中下游和武汉地区防洪安全的一项最有效、最关键的措施。

2)调水的需要

丹江口水库临近华北,水库水位高程踞华北平原之上,占尽地利优势,加上水量充沛、水质好,是南水北调理想的水源地。

但是汉江流域径流量年际变化较大,丹江口水库以上最大年径流量为最小年径流量的4倍多,年径流量的2/3以上又集中在汛期。也就是说,丹江口水库必须要有较大的调节库容,才能满足汉江中下游防洪与向北调水的双重需要。因此,水库的规模、可调节水量是重要控制条件。历史上,因预留防洪库容造成大量弃水,实际年均弃水量54.3亿m^3,其中1980—1985年年均弃水157.8亿m^3,最大年弃水381.8亿m^3(1983年)。与此同时,水库蓄不够水的情况也时有发生,说明在保证防洪条件下,实施中线南水北调,必须加大库容至后期规模,增大水库调节能力。根据中线工程可行性研究报告、南水北调工程论证和审查结论意见,均推荐加高丹江口水库大坝至后期规模。

3)早期水库调度运行存在的问题

为保证防洪,水库调度要求夏汛(6月21日—8月20日)及秋汛(8月21日—9月30日)库水位分别控制在149m及152.5m以下,即分别预留防洪库容77亿m^3和55亿m^3。因此,造成大量弃水,汛后来水又有限,水库蓄满率仅22%。防洪与兴利公共库容多,往往造成防洪与兴利争夺库容的局面。特别是洪水结束时间的年际变化大而难以把握,有的年份7月底汛期就已结束(1991年),有些年份如1996年,到11月20日还产生1.29万m^3/s的洪峰流量。提前收水,则要冒有可能汛未发生洪水而造成上游淹没、下游受灾的风险;如按设计规定的10月1日开始收水,又可能造成水库蓄不满的结果。汛期大量弃水,供水期水量不足。例如1987年,夏季弃水量高达76亿m^3,秋季基本无来水,汛末库水位仅153.28m,低于设计蓄水位3.72m,损失兴利水量25.8亿m^3,少发电3.7亿kW·h。

由于水库蓄满概率低,造成了洪水期发电与灌溉的矛盾。每年4~6月是灌溉的关键季节,要求库水位不低于146.5m。然而,这一时期也是发电的高峰期,库水位经常降至保证灌溉水位以下,不能满足灌溉需要。1973—1997年4月份平均库水位低于146m的年份占68%,低于143m(清泉沟引水闸底板高程)的年份占48%,尤其是有7年在死水位139m以下,严重影响了春灌。若要保证灌溉,就得减少发电量;发电与灌溉争水矛盾,直接影响了工农业生产。为了解决这一矛盾,不得不投资数千万元,在清泉沟引水口兴建电力提灌站。所以,要解决好上述矛盾,充分利用汉江水资源,其出路在于完建丹江口水库至后期规模。

此外丹江口水库大坝的分期建设,使初后期工程衔接部位存在薄弱环节,多年来等待后期加高一并处理(若不加高则需加固),以策安全。综上所述,要根本解决汉江中下游防洪问题,实施中线南水北调,开发利用汉江水资源,完建丹江口水库至后期规模势在必行。

3.3.1.4 丹江口大坝加高工程规模

丹江口水库大坝在已建初期规模的基础上按原计划续建加高,设计蓄水位由157m提高至170m,相应库容达290.5亿m^3,较初期规模增大库容116亿m^3,增加防洪库容33亿m^3。校核洪水位(万年一遇加20%洪量)174.35m,总库容达339亿m^3。

按设计混凝土坝坝顶高程 176.6m 计算,需加高 14.6m。土石坝加高 15.6m,土坝顶高程 177.6m。大坝施工采用下游面贴坡加厚加高办法。

枢纽布置与初期工程相同。右岸土石坝需改走新线,在原土石坝下游张家沟南坡向右岸红土岭方向延伸约 882m。坝型为黏土心墙坝,最大坝高 62m。左岸混凝土连接坝段和左岸土石坝仍沿原线加高培厚向岸坡延伸约 200m。

泄水建筑物的 12 个泄洪深孔,其启闭条件均能适应加高后的运用要求,20 个溢流表孔需将堰顶高程由现在的 138m 抬高至 152m,挑流鼻坎相应抬高。枢纽最大泄洪能力为 4.74 万 m^3/s,满足加高后防洪和各种运用情况的要求。

厂房坝段的引水钢管及坝后式厂房设计为初后期共用,不受大坝加高的影响。通航建筑物仍布置在右岸原址,随大坝加高相应抬高,通航能力由 150 吨级提高至 300 吨级航舶。

坝体加高的工程量为浇筑混凝土 10 万 m^3,土石方填挖 621 万 m^3,金属结构及钢材 5 845t,工期 5~6 年。

在初期工程的设计与施工中均考虑了大坝后期加高的要求,河床部分高程 100m 以下坝体已按后期正常蓄水位 170m 要求施工,后期加高再无水下工程;下游坝坡面预留了新老混凝土坝体结合键槽,便于嵌固结合;泄洪表孔设置有后期施工的堵水门槽,方便施工。除施工期一段时间内通航建筑物停用,货物需用已设置于左岸的专用码头转运外,可满足度汛需要及不影响枢纽连续运用,初期工程部分施工企业尚在,天然建筑物材料储量丰富,运距 5km 以内,开采运输条件齐备,内外交通方便,供水供电通信条件好,实施大坝加高的条件十分优越。

20 世纪 90 年代,为大坝加高做了大量的前期工作,初步设计工作早已完成,坝区征地移民以作安排并得到地方政府的支持。结合初期工程管理部分施工场地进行了清理平整;2000 年,左岸土石坝加固工程全部完成,为解决大坝加高中新老混凝土接合技术问题,共进行了三次现场试验,取得初步成果。利用库水位低的有利时机安装了泄洪表孔后期施工堵水门槽,同时进行了砂石骨料系统、供水供电系统等单项工程设计,并完成施工测量控制网的布设等,可以说大坝加高供水已万事俱备。

3.3.1.5　加高工程效益

丹江口水库大坝加高工程投资省、效益高,与兴建同等规模库容 116 亿 m^3 水库相比是非常经济的。大坝加高后,水库按防洪、供水、发电、航运等有序进行调度,发挥工程最大综合效益。

1)防洪效益

丹江口水库大坝加高后,防洪库容比初期规模增加 33.1 亿 m^3,调洪作用加大,汉江中下游防洪标准可由当时的二十年一遇提高至百年一遇。如再现 1935 年型洪水,最大入库流量 5 万 m^3/s,经水库调蓄下泄流量仅 5 960m^3/s,经河道演进到皇庄河段 2 万~2.1 万 m^3/s,除杜家台分洪和发挥堤防作用外,中游民垸基本不需要分洪即可确保两岸干堤安全。如果出现二百年一遇超标准洪水,通过水库适当超蓄,中游民垸配合分洪,可使下游河段流量控制在允许范围之内,从而为确保两岸干堤安全创造了条件。

2)供水效益

丹江口水库大坝加高后,可以为京、津、冀、豫、鄂五省市一期年均供水量 145 亿 m^3,有效缓解供水区的水资源紧缺的局面,远景调水 230 亿 m^3,进一步改善京、津、华北用水条件,支撑经济和社会持续发展,促进生态环境改善。

3)发电与航运效益

丹江口水电站水轮机组是按丹江口水库最终规模选择的,初期规模正常蓄水位157m运行时,机组达不到预想出力。丹江口大坝加高后,由于水头增加,电站机组预想出力受阻的情况将得到改善,装机容量可以全部发挥效益。可提高容量效益约15万kW;调水量达到145亿m^3时,年均发电减少8.8亿kW·h,增加的容量效益与减少的电量损失大体相当。

大坝加高后,升船机由150吨级提高至300吨级,水库上游深水航道可由现状95km延长到150km,达到Ⅳ级以上标准。水库的调节作用加大,下泄流量均匀,但保证下泄最小通航流量,待梯级渠化和引江济汉工程完成后,将极大改善中下游航道条件,促进汉江航运事业发展。

综上所述,丹江口水库地理位置优越,水质好,水量丰沛,是南水北调中线工程理想的水源,又是汉江防洪的控制性工程。加高丹江口水库大坝至后期规模,是实施中线南水北调必备条件,又是解决汉江中下游地区防洪问题的根本措施。加高工程技术上无困难,施工简便,前期的各项准备工作充分,已具备开工条件,从国家发展的全局看,越早建越有利。

3.3.2 输水总干渠穿黄河工程

南水北调中线工程,从丹江口水库引水,在河南省方城穿越江淮分水岭,而后沿黄淮海平原西缘北上,在郑州西到黄河南岸,立交穿过黄河(简称"穿黄工程")。穿黄工程是输水工程中的关键工程。为建好穿黄工程,多年来进行了大量勘测、试验、规划设计及科研工作。重点研究了渡槽方案和隧洞方案,其工作成果通过了多方论证、咨询评估和审查,两个方案均认为是可行的。

3.3.2.1 郑州穿黄工程选址

1)水文河势情况

南水北调穿黄工程黄河段地处黄河中游尾间,已有4000多年的行河历史,系典型的游荡性河段,河道宽浅,主流多变。该河段南岸为邙山台塬,北岸为青风岭高地,受地形控制,平面上呈藕节状,河床宽4~11km,主槽宽1~3km,南岸有伊洛河汇入,北岸上游18km处为温孟滩小浪底移民安置区。

据1950—1995年统计资料分析,多年平均来水量为421亿m^3,来沙量为12.5亿t,平均含沙量29.7kg/m^3,其中汛期7~10月水、沙分别占全年的57%和87%。千年一遇设计洪水,洪峰流量为1.753万m^3/s,三百年一遇设计洪水洪峰流量为1.497万m^3/s,百年一遇设计洪水洪峰流量为1.295万m^3/s。

穿黄河段1960年以前主流游荡剧烈,在南岸邙山与北岸青风岭高地之间摆动,范围达10km。随着三门峡水库改建工程的运用,1966年黄河主流进入孤柏嘴山弯后,形成现状河势。1973年以来,在该河段修建了河道整治工程五处,河势得到一定的控制,但工程布点少,控导长度不足,河势仍在一定范围内摆动,但主流摆幅范围缩小。

2)工程地质条件

穿黄工程位于黄河冲积扇顶部,南岸为邙山黄土丘陵台地(高程130~260m,黄海高程系),北岸为青风岭黄土岗地(高程107~112m),河槽高程98~100m。南岸邙山为黄土类沙壤土和壤土。河床滩地覆盖层厚50~90m,岩性为沙壤土、壤土、粉细砂、中砂等。上部厚10

~20m 以粉细沙为主,土质松软;下部为壤土、黏土、含砾中细砂等,较密实。下伏第三系黏土岩、砂岩,胶结疏松,力学强度较低。

工程区地震基本烈度为Ⅶ度,地震时河床表层饱和粉细砂可能液化。根据多家科研单位试验研究和分析计算,易液化土层深 15m 左右。

3)穿黄河段的选择

根据多年的勘测和研究,穿黄工程从既便于与黄河两岸输水总干渠的衔接,又能协调与黄河治理开发的关系出发,其可能的位置,限定在汜水河口以东,京广铁路以西 30 余千米的范围内。从 1949 年以来,据黄河实测资料分析和多种方案试验成果的研究论证,孤柏嘴附近河段,多年来水流稳定,两岸为岗台高地,防洪压力小,地形、地质条件较好,能利用现有河道控导工程并与今后河道整治规划相协调。穿黄工程建成后不会影响黄河河势和行洪,既可缩短穿黄工程长度,节省工程量和投资,又符合黄河防洪和治理开发的要求。穿黄工程,应该选择孤柏嘴附近河段到牛口峪河段为宜。

3.3.2.2　**渡槽工程方案**

1)渡槽轴线位置比选

初期规划中,在孤柏嘴附近河段上下游,选择多条渡槽线路,从各方面进行比选,比选结果为第一条渡槽轴线选在南岸孤柏嘴上游约 2km 处,渡槽南岸为荥阳市李村,北岸为温县陈家沟。该线南岸黄河主流 1966 年以来紧靠邙山,高程 175m,北岸青风岭岗地,高程 108m。河床宽 9.9km 滩面高程 100~103m,主槽宽 1.5km,河槽底高程 98m。根据计算,千年一遇洪水位在 104m 高程以下,地形优越,滩地宽阔,主流靠岸,有条件压缩滩地过水断面,修建较短渡槽。槽位以下有约 2km 的山湾导流,可以确保修建渡槽后不会对黄河下游河势产生不利影响。根据历次实测大、中洪水主流线分析,槽位处主流相对稳定,其摆动范围约 1.5km,水流与渡槽轴线交角为 6°~7°较小,对行洪排沙、减小冲刷和槽墩稳定有利。

槽位移向上游,南岸地形较低,高程 160m 左右。开挖量小,其主要问题是距伊洛河口较近,难以适应不同组合洪水主流入湾变化的影响,主流河势控制困难。槽位选在孤柏嘴下游附近,主流受孤柏嘴节点挑流的制约与影响,变化较大,两主流线交角大于 40°,与槽墩轴线交角一般为 14°以上。主流北靠,滩面降低,变幅范围随轴线下移而拉大至 5km,要求渡槽工程长。北岸地形低,有黄河大堤围堵,进入黄河下游防洪工程体系。同时南岸渠底高程高,有较长的滩面高填方渠道,北岸填方渠道线路长,渠基处理和渠系布置困难。所以,根据系统分析论证和专家多次咨询研究,一致认为从有利于黄河度汛,河势稳定,控导整治和协调黄河治理开发,满足总干渠两岸输水衔接,南水北调中线穿黄第一条渡槽线路,选在李村—陈家沟线是合适可行的

第二条渡槽轴线选在南岸宋沟出口处,北岸为驾步工程末端,在北河滩上建明渠西行至赵庄上岸。河床宽 9.3km,滩面高程 98~102m,主槽宽 1~3km 河槽底高程 96m,千年一遇洪水位在 102m 左右。该处地形优越,南岸宋沟为邙山鞍部最低点,地面高程在 130m 以下,总干渠连接工程量少。两侧均有开阔滩地,施工条件好,黄河水位低,可增大渡槽坡降,提高流速,减小渡槽规模。主流紧贴北岸驾部工程,渡槽长度可缩短至 3.8km,两侧河滩以明渠相接。通过模型试验验证对黄河河势基本无影响。

2)渡槽工程总体规划设计

以李村—陈家沟线为代表的设计论证有 3 项内容。

（1）渡槽长度论证。孤柏嘴河段，黄河主槽宽 1.0～1.5km，从实测资料分析，主河槽行洪排沙占 70%～80%，缩窄河床不会影响洪水泥沙下泄。推选的李村—陈家沟渡槽轴线：南依邙山、北傍青风岭高地，防洪压力小。主槽贴近邙山，北岸滩地宽 8.5km，缩窄断面修建渡槽，形成人工卡口，行洪时流量集中，流速加大，孤柏嘴挑流作用加强，可以限制主流摆动，保持下游河势稳定。这既是治河的理论依据，也为河道整治和建桥等工程经验所证实。实践表明，只要工程布局合理，上、下游衔接顺畅，缩窄河床，修建较短渡槽，是经济合理、切实可行的。

综合计算试验和实测资料对比分析，选定槽位处修建单跨 50m，总长 3～4km 的渡槽，上游壅水不高；当发生三百年一遇设计洪水时（洪峰流量 1.5 万 m^3/s），距槽位以上约 0.5km 最大壅水高 0.3m 左右，上游回水长 3km，下游滞流区长 2km 左右，河床槽蓄量增减 0.1 亿 m^3，冲淤量变化不大，洪水演进影响历时短暂，对河道的行洪排沙、水流运动、河床演变以及下游河势都不会产生不利的影响。

根据资料分析以及数学模型计算和物理模型验证，经多种方法计算和不同槽长方案比较论证，经过国内专家研究咨询，得到黄河水利委员会领导和有关专家的赞同。认为结合实际情况，从黄河的防洪、排沙，沙势控导，治理开发，节约投资，经济合理等综合考虑，采用孤柏嘴穿黄渡槽长度为 3.5km 是适宜的，并留有余地。

（2）工程总体布置。穿黄渡槽工程，南北两岸设连接渠连接总干渠，渡槽长 3.5km，南岸进口段前设节制闸、退水闸和泄水渠，退水入黄河，渠尾设消力池。北岸连接渠，横跨新、老蟒河，全长 19.3km。

工程总体布置，除满足南北两岸总干渠水位衔接要求，还考虑到桃花峪水库远期不同规划运用方案的控制水位的要求。所以，渡槽工程修建不会影响黄河下游治理、开发的规划布局。同时桃花峪水库运用对渡槽的正常供水也不产生影响。根据计算分析并经水工试验验证，渡槽的总体布置满足工程设计要求。

（3）工程设计。渡槽按Ⅰ级建筑物设计，设计输水流量 $500m^3/s$，总干渠控制点水位南岸 119m，北岸 107m，其他均按 3 级建筑物设计。设计洪水标准，参照国标提高 1 级，按三百年一遇设计，千年一遇校核。其他建筑物设计洪水标准为百年一遇，校核洪水标准为三百年一遇。地震设防烈度为Ⅶ度。

渡槽工程规模宏大，但就国内外桥渡工程的实践经验看，均属于常规技术，设计施工技术成熟，运行可靠，维修方便，且可结合两岸交通，增加旅游景观。

通过对十几种渡槽结构的布置研究分析比较，推选出三种较优方案：即薄腹梁渡槽方案；拱组合梁与薄腹梁渡槽组合方案；U 形薄壳渡槽方案。三种方案各具特点，技术上都是可行的。薄腹梁渡槽，梁槽结合，结构整体性好，受力明确，槽体抗裂抗渗性好，易于施工。经研究分析，初步推荐薄腹梁渡槽方案为代表。渡槽下部结构采用空心薄壁墩和灌注桩基础。

薄腹梁渡槽方案，单孔跨度 50m，共 70 跨，采用双槽独立布置，两槽中心间距 21m，单槽输水能力 $250m^3/s$。

渡槽设计，从总体布置、结构选型、基础处理到体型尺寸、细部构造、施工工艺等均进行过大量的计算分析和专题研究论证，邀请专家咨询，有关技术成熟，工程的成功实施是有把握的。

3.3.3　隧洞工程方案

为了做好隧洞方案各方面工作,对隧洞轴线位置选择、优选隧洞长度、上下游水力衔接、工程运用条件与进出口建筑物设置、隧洞衬砌型式、止水措施、施工设备、施工工艺与技术等,进行了河工模型试验、水工模型试验、缩尺及足尺管片仿真模型试验、整环缩尺结构模型试验、止水材料试验、沙土地震液化试验、开挖面泥水平衡试验等多项试验研究和多方案设计比选。

3.3.3.1　隧洞轴线位置比选

设计单位对穿黄隧洞工程的线路进行了多方案技术经济比较。综合考虑各方案地形地质条件、工程与河势的相互影响、工程量、施工条件、工期、投资等方面条件和因素,认为在黄河河床最窄的孤柏嘴附近穿过黄河具有明显优点。

穿黄隧洞选定轴线为南起孤柏嘴下游约800m的满沟出口处,向西北方向至黄河北岸南平皋附近,轴线长7 591m。该线南岸为邙山的冲沟——满沟,沟底高程110m,可减少南岸连接总干渠的开挖工程量。南河滩宽约800m,滩面高程102m左右,给施工场地及场内交通布置带来了方便。主槽宽约1km,主流摆幅800m左右,给缩窄河床过水断面宽度提供了有利条件。北河滩宽约5.5km,滩面高程100~103m,利于布置河滩明渠。

3.3.3.2　隧洞方案高程规划设计

1)隧洞长度论证

孤柏嘴隧洞线,河床宽约7.4km,主槽靠近南岸,河势稳定,上游约800m处的孤柏嘴矶头是黄河的节点。矶头上建有郑州铝厂第三水源的抽水机厂房,从未断过水,此段河岸在修建水厂时已采用钢筋混凝土钻孔灌注桩护岸,十分稳固。主流摆动主要是绕矶头转动,隧洞轴线离矶头甚近,根据黄河水利委员会水科院及长江科学院分别进行的多个河工动床模型试验成果,轴线处各种不同水流的主流摆幅为800m左右。行洪时南岸数百米的滩地大部分为回水区,隧洞进口建筑物宜布置在离南岸约300m处,在矶头的保护下可避免主流对南阳滩明渠及隧洞进口建筑物的冲刷。北河滩上在距北岸约4km处有一道民建的生产堤,堤北遍地农作物,树木成荫、村落成群,平时很少行洪,千年一遇洪水时其行洪量亦不足总洪量的20%。隧洞出口可设置在生产堤附近。为落实河床缩窄的幅度,专门进行了4个不同规模的河工动床模型试验。试验表明,由于隧洞进、出口建筑物未触及黄河主流,洞身深埋于河床覆盖层中,无桥墩之类的建筑物与表面水流干扰,在选定的隧洞轴线处,黄河的行洪口门宽度缩窄至5km对河势几无影响。穿黄河段上游温孟滩移民区及下游郑州黄河铁路桥处黄河河床宽度均不足3km。穿黄工程只需要配合一定的控导工程,将穿黄隧洞长度缩短到3km是可行的。隧洞长度缩短到3km后,可以使整个工程的造价大幅度节省,工期亦可缩短。

2)设计标准

南水北调中线工程为一等工程。穿黄隧道及连接输水建筑物为Ⅰ级建筑物,其他附属建筑物为Ⅲ级建筑物。隧洞设计输水流量500m^3/s,总干渠控制点水位南岸119m,北岸107m。黄河洪水标准按五百年一遇设计,千年一遇校核。地震设防烈度为Ⅶ度。

3)工程总体布置

隧洞方案高程轴线自南岸沟口至北岸南平皋总长7 591m。沿轴线建筑物布置由南至北依次为:南河滩明渠长 307m,沉沙池长 100m,进口渐变段长 80m,两孔进口检修闸长 30m,双线进口弯管段长 33m,双线输水隧道长 3 000m(中心线间距 30m,南端中心线高程 72.15m,北端中心线高程 77.00m),双线出口弯管段长 35m,三孔出口控制闸长 55m,消力池长 40m,出口渐变段长 100m,北河滩明渠长 3 811m。在孤柏嘴矶头至进口弯管段前缘设顺流向南导流堤长 650m,在出口弯管段靠主河床侧设顺流向北导流堤,上接新莽河堤,下接驾部工程,长 2 500m。另在官白庄设护滩工程长 5 000m,在孤柏嘴设护岸工程长2 000m,同时将驾部工程下延 1 000m。新莽河顺北导流堤改道,老蟒河与北河滩明渠交叉处设老蟒河暗渠工程。

4)隧洞设计

穿黄隧洞长 3 000m,双线并排布置,中心线间距 20m。轴线竖向布置南低北高。埋深一般超过 20m,避开了地震时可能发生液化而失去承载能力的粉、细砂层。隧洞过水断面为原型,按过水能力计算,两条隧洞内径均为 7.5m。衬砌采用双层衬砌结构,外层为装配式钢筋混凝土管片结构,厚 45cm,内衬为现浇整体式钢筋混凝土结构,厚 30cm。穿黄渡槽断面比选设计方案见图 3-1,穿黄隧洞断面及施工见图 3-2。

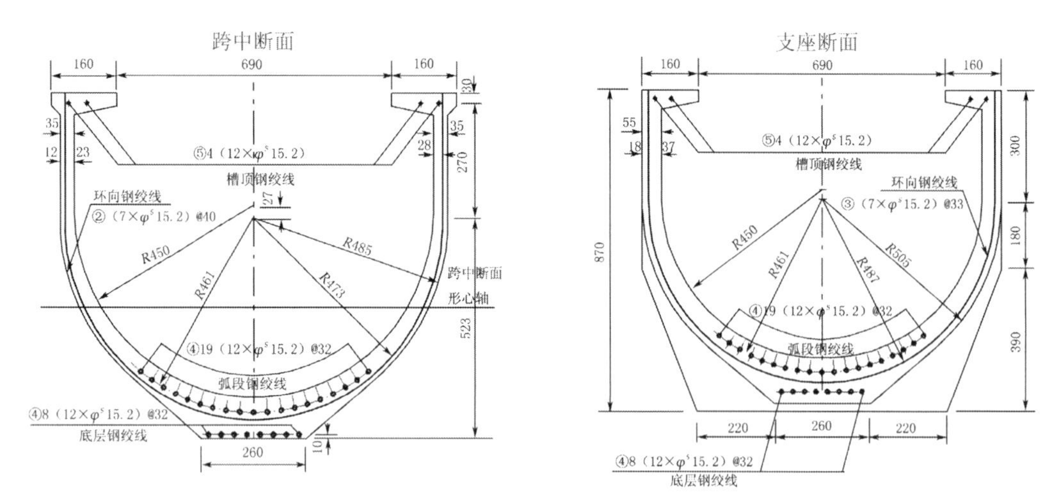

图 3-1　穿黄渡槽断面比选设计方案图

外衬环宽为 1.2m,每环由 8 块钢筋混凝土预制管片拼装而成,预制块与块之间以螺栓连接,并嵌有氯丁橡胶类密封框及丁晴软木垫片。隧洞施工采用两台泥水加压式盾构机,由南向北推进,同时完成掘进出渣及外衬预制钢筋混凝土管片拼装工作。内衬分段长在主河槽段为 9.6m,两侧滩地段为 12m,段间设紫铜片止水。在外衬的保护下,内衬采用钢模台车施工,分段一次完成浇筑。

由于输水隧洞的修建基本上不增加地基的附加应力,避免了工程浩大的支承结构,所以其工程量相对较小,投资相对亦少。包括施工准备期在内总工期 5 年半。隧洞盾构施工技术日臻完善,是一项成熟可行的技术,穿黄隧洞无论就其规模,还是采用技术都在当今已有技术之内,只要认真设计,认真施工,按计划建成是有把握的。

图 3-2　穿黄隧洞断面及施工

为适应黄河游荡性河流与淤土地基条件的特点，南水北调中线穿黄工程开创性地设计了具有内、外两层衬砌的两条长 4 250m 隧洞，内径 7m，外层为厚 0.4m 拼装式管片结构衬砌，内层为厚 0.45m 钢筋混凝土预应力衬砌，两层衬砌之间采用透水垫层隔开，内、外衬砌分别承受内、外水的压力。这种结构形式在国内外均属先例，也是国内首例用盾构方式穿越黄河的工程。目前，中线穿黄双线隧洞全线贯通，开创了我国水利水电工程水底隧洞长距离软土施工新纪录。

3.3.4　中线工程孤柏嘴穿黄渡槽方案比选

南水北调中线工程穿黄方案是影响输水工程的关键。长江水利委员会设计院和黄河水利委员会设计院分别就隧洞穿黄和渡槽穿黄方案进行了多年研究。隧洞方案因为盾构技术和装备的日趋成熟具有明显的技术与施工优势，而渡槽方案结构简单，造价低廉，应用十分广泛。黄河水利委员会设计院对穿黄渡槽的选线、渡槽长度、断面形状、输水能力进行过多年、深入研究。其中穿黄渡槽选线及长度是渡槽设计中极其重要的内容，对工程量和投资影响极大。黄河水利委员会设计院刘继祥、安催花、郭选英结合穿黄河段的实际情况，根据黄河下游实测资料分析、动床物理模型试验、数学模型计算等方面的成果，分析研究了穿黄渡槽缩窄河道后对穿黄河段洪水演进、泥沙冲淤及河势等可能产生的影响，并进行了槽孔水力计算。在此基础上，经综合比较，确定孤柏嘴穿黄渡槽长度为 3 500m，既满足了黄河行洪排沙的要求，又节减了穿黄渡槽的工程量和投资。

3.3.4.1　渡槽缩窄与黄河行洪排沙及河势的关系

穿黄渡槽长度直接影响渡槽的规模、工程量和投资，槽位断面沿轴线宽约 10km，但主槽宽仅800～1 500m，且主流相对稳定，多年来摆动幅度不大，为穿黄渡槽的缩窄提供了良好的条件。因此，在不影响黄河行洪排沙及穿黄河段河势的前提下，应尽量缩短穿黄渡槽的长度，以降低造价，节约投资。

1) 黄河洪水对行洪河宽的要求

黄河出孟津峡谷后，河道骤然开阔，高村以上近 300km 的游荡性河段虽主流摆动剧烈，但中等流量以上洪水时，主槽宽一般小于 2 000m。据 1958 年以来花园口、高村水文站流量

8 000m^3/s以上的洪水资料，主槽作为洪水泥沙宣泄的主要通道，宽度一般为 1 000～1 400m，高含沙洪水时仅 400～800m，排洪量占全断面的 80%以上，宣泄泥沙可达 85%～90%。洪水期落水过程中，由于前期的淤滩刷槽作用，主槽过流往往更加集中，1958 年 7 月，花园口、夹河滩站均出现过 15 000m^3/s 的流量全部集中在约 1 400m 宽的主槽内通过的情况。

黄河下游洪水漫滩时，若水面过宽，往往在滩地上出现死水区。1982 年 8 月 3 日，花园口流量12 400m^3/s，河宽 2 730m 时即出现死水区，高村断面流量 8 120m/s 时，死水面积达 1 970m^2。

据以上分析，黄河下游千余米宽的主槽是洪水泥沙的主要通道，大洪水时，洪水本身并不要求太大的行洪河宽。1982 年 8 月 3 日，花园口断面 14 700m^3/s 的流量在 2 730m 的河宽内通过，夹河滩断面13 600m^3/s的流量在 2 180m 的河宽内通过，均未出现任何异常现象。

2）渡槽缩窄与河势

黄河下游铁谢至高村河段，水流受邙山、河道整治工程及高滩崖的约束，平面上形成多处节点，节点附近主摆幅较自由河段明显减小，因此，游荡性河道治理中曾提出过“卡口治理”的设想。黄河下游随着整治工程和跨河建筑物的修建，平面上人工节点越来越多，资料分析表明，只要人工节点布设得当，其上下游一定范围内控制河势的作用是肯定的。1949—1970 年，黄河逯村至花园镇河段主流摆幅达 3～7km，1971 年逯村工程修建后，其上首与对岸相呼应，形成约 2. 5km 宽的卡口，1971 年以来，该河段主流摆幅减为 2～4km。1. 8km 处形成人工卡口，线路比选过程中充分考虑了大、中洪水河势变化，考虑修建合理的配套工程，以实际资料类比分析，将对其下游一定范围内的河势起稳定作用。

3）渡槽缩窄对洪水演进的影响

（1）对洪峰的影响。穿黄渡槽修建后，大洪水时上游壅水，使得槽蓄作用加大，下游产生回流或滞流区，使得槽蓄作用减小。据分析计算和物理模型试验的成果，渡槽长 3km 时，设计条件下上游壅水 0. 3m，影响距离 2. 9km，由此造成槽蓄量增加约 0. 08 亿 m^3，渡槽下游回流区长 2. 3km，推算槽蓄量减少约 0. 08 亿 m^3。由此看出，设计洪水条件下槽位上下游槽蓄量的增减大致相抵，因此，渡槽的缩窄对进入下游的洪峰流量不会产生较大影响。

（2）对峰现时间的影响。穿黄渡槽大幅度压缩北岸滩地后，上游将产生壅水，槽下通过的流量由原河道内的流速和壅水水头决定，下游河道洪峰将推迟出现。根据 1958 年 7 月 17 日和 1982 年 8 月 2 日两次洪水对比分析，由于京广铁路桥下游约 8km 处岗李枢纽破坝后对峰时间出现 20～30min。平面二维数学模型计算结果表明，穿黄渡槽净长 3km 时，万年一遇洪水官庄峪断面洪峰推迟约 30min，与上述分析基本一致。因此，穿黄渡槽修建后，对洪峰出现的时间不会产生大的影响，洪峰推迟反而对争取下游防洪主动有利。

4）渡槽缩窄对河道冲淤的影响

穿黄渡槽压缩北岸滩地，改变了天然河道的水流结构，槽下发生一般冲刷和局部冲刷，槽位断面水沙交换加强，下游滩槽含沙量重新分配，滩地含沙量增加，主槽含沙量降低，这种水沙运动的特点必然造成大洪水时主槽冲刷量和滩地淤积量均有增加的现象，由于穿黄河段滩宽约 8 500m，远大于主槽，加之上游壅水，滩地淤积量较之主槽冲刷量则大出许多。因此，从理论上分析，全断面淤积量仍有所增加。

根据其水文学模型、水动力学模型和动床模型试验三种方法对洛河口至官庄峪河段冲淤计算的结果及试验成果。模型所采用的计算和试验条件同为 1958 年型万年一遇洪水，渡槽长度为 3km。

由水力学模型计算得出，洛河口至官庄峪河段增加淤积 175～390 万 m^3，增幅为 6.2%～22.7%。由于该河段南界邙山，北傍青风岭，防洪压力相对于下游依靠两岸大堤防洪的河段而言小得多，因此，不增加防洪负担。相反，该河段的增淤对下游是有利的。

3.3.4.2　**渡槽长度水力计算**

一般而言，渡槽长度应根据资料分析、水力计算及模型试验等因素综合确定。槽孔水力计算的结果是槽位断面为宣泄设计洪水所需的过水宽度，据以进行初步的槽孔布设后，即可得出所需槽长。以下根据国内外应用较多的方法对穿黄渡槽的长度进行水力计算。

1）槽位断面水力因子

槽位断面沿轴线宽 9 900m，设计流量 14 970m^3/s，相应水位为 103.78m。据黄河下游实测资料分析，一般含沙量洪水时，主槽宽 1 000～1 600m，结合槽位断面地形，取 1 400m。计算结果，全断面平均流速 1.36m/s，平均水深 1.20m，主槽平均流速 2.96m/s，平均水深 2.77m。

2）冲刷系数法

该计算依据为《铁路桥渡勘测设计规范》中推荐使用的方法，槽下提供的过水面积 W_g 应满足：

$$W_g \geqslant \frac{Q_P}{(1-\lambda)\mu P V_P \cos\theta} \tag{3-1}$$

式中，Q_P 为设计流量，m^3/s；λ 为槽墩所占面积的比例；μ 为压缩系数；P 为冲刷系数；V_P 为设计流速，m/s；θ 为水流与槽墩的夹角。

各参数选取如下：

（1）设计流速。据黄河下游实测资料分析，流量 15 000m^3/s 左右、河宽 2 700～3 500m 时，断面平均流速约为 2.24～2.68m/s，结合槽位断面实际情况，取 V_P=2.46m/s。

（2）冲刷系数。冲刷系数反映的是槽位断面允许冲刷的程度，有关规范规定，平原河道 $P<1.4$。据花园口断面实测资料分析，1958 年和 1982 年洪水过程中主槽冲刷面积均占冲刷前的 60%左右，为安全起见，取 $P=1.3$。

（3）水流与槽墩的夹角。据穿黄河段河势变化的分析，取 $\theta=20°$。

按穿黄渡槽的结构设计，南岸 1 500m 单孔中心跨为 100m，其余部分单孔中心跨为 50m，查有关表格，$f_i=0.99$、$A=0.05$。将以上参数代入式中计算，得出 $W_g \geqslant 5\,300m^2$。在槽位断面布设的结果，槽长为 2 360m。

3）公路桥位勘设规程法

该规程中推荐桥孔净长 L_j，按下式计算：

$$L_j = k\left(\frac{Q_p}{Q_c}\right)^{1.3} h_c^{\ 0.2} B_c^{\ 0.8} \tag{3-2}$$

式中，Q_p 为天然河道主槽部分的流量；h_c 为天然河道主槽部分的水深；B_c 为天然河道主槽部分的宽度；k 为系数，对游荡型河道 $k=2.3$。

经计算，L_j=1 310m。按其下部结构布置，考虑水流方向后，单墩阻水宽度 7.93m，按此要求，南岸布设 15 孔，单跨 100m，得槽长 1 500m，净孔 1 381m，可满足要求。

4）苏联铁路公路桥渡勘设规程法

该规程中对变迁河流，给出桥孔净长 $L_j=(1.5\sim2.5)B_0$，B_0 为“稳定河宽”。结合穿黄河段的实际情况，取为整治河宽，即 $B_0=1\ 200\text{m}$，取 $L_j=2.5B_0$，得出 $L_j=3\ 000\text{m}$。考虑南岸布设15孔，单跨100m，北岸布设39孔，单跨50m，得槽长3 450m，净孔3 021m，可满足要求。

5）计算优化

以上用不同方法计算的结果相差较大，冲刷系数法依据水流连续原理，考虑了河道形态、冲淤、水流方向、槽墩影响等因素。长期以来在我国桥渡设计实践中证明较为符合实际。“苏联规程”中的方法系由苏联实桥资料总结而来，实际应用中结合黄河情况做了修改，且系数取为上限，因此，计算结果可能偏大。

“公路桥规程”中的方法主要由我国公路桥资料总结得出，而公路桥设计标准一般较低，且绝大多数未经设计洪水考验，故计算结果偏小。据以上分析，结合黄河下游实桥资料分析，推荐穿黄渡槽的长度应不小于3 000m。

3.3.4.3　穿黄渡槽长度设计

渡槽长度的确定直接影响着结构设计和工程量，鉴于黄河游荡型河段冲淤变化的复杂性，其长度应由资料分析、槽孔计算和模型试验的结果综合确定。据前述分析计算，穿黄渡槽长3000m时对黄河行洪、洪水演进、河势及河道冲淤均不产生大的影响；槽孔计算的结果渡槽长度应大于3 000m；动床模型试验的结果表明，渡槽长3 000~5 000m时，穿黄河段的河道冲淤、河势变化等较之天然情况均无明显变化，不会给黄河防洪带来大的影响，至于缩窄渡槽使槽墩冲刷加剧引起的下部工程量的增加，则远小于长度缩窄带来的工程量的节减。由于穿黄河段河床冲淤变化极为复杂，河势变化常有不确定性，有鉴于此，结合资料分析、槽孔计算和模型试验的成果，从黄河本身行洪排沙、河势变化和节省穿黄渡槽投资等方面综合考虑，确定穿黄渡槽长度为3 500m，以留有余地。

3.4　中线调水实施方案

中线实施方案是在中线2001年修订方案基础上的技术实施方案。而修订方案与初期方案最大的不同，在于考虑受水区的节水、治污后，减少了调水总规模。

3.4.1　中线工程规划(2001年)修订方案

3.4.1.1　规划修订背景

我国水资源分布南多北少，与生产力布局不相适应。京、津、华北地区是我国水资源供需矛盾最为突出的地区。随着人口的增加、经济的发展，水资源供需矛盾更加紧张，并产生了严重的生态环境问题，不仅制约了当地经济社会正常发展，甚至影响到国家的可持续发展战略。因此，实施跨流域调水，向京、津、华北地区补充水资源已成为一项十分紧迫的任务，受到了党和国家的高度重视和社会各界的广泛关注。九届全国人大四次会议批准的《中华人民共和国国民经济和社会发展第十个五年计划纲要》要求“加紧南水北调工程前期工作，‘十五’期间尽早开工建设”。为此，根据水利部统一部署，长江水利委员会组织开展了南水北调中线工程规划修订工作。

本次中线工程规划修订过程，除进行受水区的需水测算外，还针对中线工程中的一些重大技术问题开展了专题研究，编制了以下6个专题报告：

(1)《汉江丹江口水库可调水量研究》报告；

(2)《供水调度与调蓄研究》报告；

(3)《总干渠工程建设方案研究》报告；

(4)《生态与环境影响研究》报告；

(5)《综合经济分析》报告；

(6)《水源工程建设方案比选》报告。

水利部南水北调规划设计管理局于 2001 年 7—8 月组织有关专家对这 6 个专题进行了评审。评审意见认为,各专题报告资料翔实,研究的技术路线正确,方法科学合理,工作深度达到了规划阶段的要求。同时,也提出了修改和补充的意见。在此基础上,水利部长江水利委员会编制了《南水北调中线工程规划(2001 年修订)(送审稿)》。2001 年 9 月,水利部主持对规划报告送审稿进行了审查,审查意见认为,规划修订报告达到了规划阶段的深度要求,多数专家同意规划修订报告的主要结论,并赞成推荐的方案。

3.4.1.2　工程建设的紧迫性

京、津、华北平原是我国政治、经济、文化的中心,是重要的工农业生产基地,但该地区水资源十分短缺,人均、亩均水资源量仅为全国平均值的 16%和 14%。海河流域缺水状况最为严峻,人均水资源量仅为 292m^3,水资源利用率高达 90%以上,以国际标准衡量,属于严重缺水地区,其严重性主要表现为:水源枯竭、水质恶化,大部分河道已成为季节性或常年无水的河道,地下水严重超采,城乡供水出现全面紧张的态势。为了保证城市供水,不得不大量挤占农业用水;部分地区长期开采饮用有害物质含量超过标准的深层地下水,人民健康受到严重威胁;地区之间、部门之间的争水矛盾日益激化,甚至爆发冲突,给社会的安定造成严重影响。

京、津、华北平原的缺水属于资源性缺水,仅靠节水和污水回用已不能解决水资源过度利用造成的一系列问题。水资源继续衰减和生态环境的持续恶化,将造成无法弥补的严重后果。实施南水北调中线工程,补充京、津、华北平原的水资源供应量,是实现南北水资源的合理配置、缓解京、津、华北平原水资源供需矛盾,支撑该地区国民经济与社会可持续发展的重要措施。因此,兴建南水北调中线工程是十分必要的,且非常紧迫。

3.4.2　规划目标、依据、原则与任务

1)规划目标

解决京、津、华北地区城市缺水问题,缓和城市挤占生态与农业用水的矛盾,基本控制大量超采地下水、过度利用地表水的严峻形势,遏制生态环境继续恶化的趋势。

2)规划依据

规划的基本依据是 2000 年国家计委、水利部组织进行的,并经两部委会同建设部、国家环保总局、中国国际工程咨询公司审定的《南水北调城市水资源规划》。该规划在充分考虑节水治污的前提下,预测中线工程受水区主要城市 2010 水平年缺水量 78 亿 m^3,2030 水平年缺水量 128 亿 m^3。

3)规划原则

坚持可持续发展战略,正确处理经济发展同人口、资源、环境的关系,改善生态环境和美化生活环境,实现水资源优化配置。

4)规划任务

按上述原则与依据,确定调水规模和工程方案,研究中线工程建设与运行管理体制,合

理测算供水价格。

5)规划水平年

一期为2010年,后期为2030年,远景为2050年。

3.4.3 规划修订的主要思路与特点

按照"先节水后调水"原则和"将城市不合理挤占的农业与生态用水返还于农业与生态,农业新增用水靠降低灌溉定额、提高水利用系数加以解决"的思路,在充分考虑节水治污的前提下进行水资源综合平衡。

在满足汉江干流供水区未来发展需水量和中下游河段环境与生态、航运需水量,以及合理安排兴建补水、壅水工程和必要的灌溉、航运设施改扩建工程的前提下,制订"以满足汉江中下游用水为先"的水库调度规则,按汉江多年平均来水量偏小的水文系列推算可以北调的水量。

按照受水区不同水平年的缺水量确定调水量和工程规模,并研究工程一次建成与分期建设的经济合理性及技术可行性。

在拟订丹江口水库的规划方案时,既充分考虑实现调水的目标,同时也十分注重发挥水库的综合利用效益;既注重丹江口水库大坝加高移民安置的艰巨性,同时也看到其推动地区经济发展,扶持库区人民群众摆脱贫困的巨大作用。在充分比选的基础上,确定丹江口水库大坝的最终建设规模。

根据城市供水均匀、稳定的特点,充分发挥汉江丹江口水库的调蓄作用,在计算可调水量时,以尽量增加枯水年调水量为目标。为保证供水均匀可靠,适当增加在线水库,提高调水的均匀性,基本做到"均匀供水"。

输水工程以明渠自流方式为主,按"宜渠则渠,宜管则管,宜涵则涵"的原则,采取局部渠段管涵输水方式,优化输水工程的总体布置。

按"还贷、保本、微利"原则确定水价,充分考虑用水户对水价的承受能力。

集思广益,广泛听取各方面专家的意见,多方案比选。按照从长江干流引水方案、汉江中下游工程选择、输水工程分期方式及线路与形式等内容进行分类,组合成40余个比选方案,进行工程量与投资的比较,从中初选出20个方案列入报告,供进一步比选,最终筛选出推荐方案。

3.4.4 主要规划内容和结论

3.4.4.1 受水区需调水量规划

中线工程规划受水区包括唐白河平原及黄淮海平原的西中部,南北长逾1 000km,总面积15.1万km^2。在这一区域内,因经济社会发展,水资源的需求量仍将继续增加,通过进一步加强节约用水提高水价、增加投入、综合管理等措施,到2010年和2030年,缺水量分别为128亿m^3和163亿m^3。其中,2010年与2030年的城市缺水量分别为78亿m^3和128亿m^3。中线工程近、后期调水量按城市缺水量确定。

3.4.4.2 水源工程方案优化

1)引汉与引江的方案比较

从长江三峡库区大宁河、香溪河、龙潭溪抽水,经丹江口水库北调的各种方案,水源部分的投资为丹江口水库大坝加高投资的 2~5 倍；由于要提水，成本水价较丹江口水库大坝加高的水价高 9 倍左右。考虑到丹江口水库大坝加高调水量近期可达到 97 亿 m^3，完全可以满足 2010 年城市净缺水 78 亿 m^3 的需求，与从长江干流调水的方案相比，投资小、工程简单、工期短、运行费低，故推荐中线一期工程仍从汉江引水。后期，丹江口水库可调水量可达 130 亿~140 亿 m^3。将根据受水区需调水量要求，再研究后期或远景从长江干流增加调水量的方案。

2）丹江口水库大坝加高与不加高的方案比较

加高大坝调水，最小调节库容达到 98 亿 m^3，对近期调水量可以进行完全调节，基本做到“按需供水”；不加坝调水，调出的水量小，只能到达用户的年净供水量约 65 亿 m^3，与净需调水量 78 亿 m^3 的差距较大，而且 95%保证率的净供水量不足 30 亿 m^3，调水过程极不平稳，难以满足城市供水要求。

加坝后，水库的蓄洪能力大大提高，可以使汉江中下游遇 1935 年洪水时不分洪，为分蓄滞洪区 5 万多 hm^2 耕地、70 多万人口提供了长治久安的发展条件。若仍维持当时的防洪方案，蓄滞洪区安全建设需要的投资和需要搬迁的人口，将超过丹江口水库大坝加高的投资和移民。

大坝加高方案增加了发电水头，使因调水而损失的电量得到一定的补偿。如不加高大坝调水，减少电量约 10 亿 kW · h；加坝调水减少的发电量约 5 亿 kW · h，较好地兼顾了水源区的发电收益。

大坝加高后，将居住在 157m 高程附近的大量移民外迁安置（157~161m 高程间的移民数约占 157~170m 高程间总移民数的 45%），一方面可显著减轻人类活动对水库水质的影响，使水库水质满足城市供水标准更有保障；另一方面可大大改善库区的环境容量，加快库区群众脱贫的步伐。

另外，还研究了丹江口水库正常蓄水位抬高到 161m 的方案。由于汛限水位没有改变，该方案调出的水量与过程基本与不加坝调水方案相同，不能满足城市供水的需水量和高保证率的要求。综合比较结果，仍推荐丹江口水库按最终规模加坝调水的方案。

3.4.4.3　可调水量规划

1）汉江流域水资源

汉江流域地表水资源总量 566 亿 m^3，现状总耗水量 39 亿 m^3，其中丹江口水库大坝以上，地表水资源量 388 亿 m^3，测算 2010 年上游耗水量约 23 亿 m^3，中下游需水库下泄补充 162 亿 m^3，在剩余的 203 亿 m^3 水中规划可调走 97 亿 m^3。

2）丹江口水库可调水量及水量分配

将丹江口水库、汉江中下游及受水区作为一个整体进行供水调度及调节计算，在一期可调水量 97 亿 m^3 中，有效调水量 95 亿 m^3。受水区城市生活供水保证率达 95%以上，工业供水保证率达 90%以上。

一期有效调水量分配如下：北京 12 亿 m^3、天津 10 亿 m^3、河北 35 亿 m^3、河南 38 亿 m^3（含刁河灌区现状引水）。

3）调水对汉江中下游的影响

调水后，汉江干流河段的枯水流量有所加大；兴隆以下河段中水历时延长，沙洋河段、仙桃河段多年平均水位均有所上升，但部分河段中水历时减少，黄家港河段、襄阳河段水位有所降低;中下游河床总体上将向单一、稳定、窄深、微弯型发展,河床冲刷强度减弱,航运条件有所改善,但整治流量较现状有所降低,整治工程量将有所增加;干流供水区的供水保证率均有明显提高,但部分取水泵站的耗电量也将有所增加。因此,调水工程实施后对汉江中下游的影响有利有弊,且其不利影响都可以通过工程措施予以减缓或消除。

3.4.4.4 输水工程方案比选

1)总干渠线路比较

主要对黄河以北总干渠线路布置高线或高低分流进行了比选。研究结果表明,高低分流方案的投资与高线明渠方案的投资基本相同,但高低分流方案的后期还需要增加投资,且低线部分的水质没有保障,管理极为困难,水的调配基本无法控制;而高线可以较好地兼顾近、后期城市供水的需要,并能相机向低线河道供水,形成多条"生态河"。因此,从长远考虑,推荐高线方案。

2)总干渠结构形式比选

输水干渠设计,重点进行了明渠、管(涵)、管(涵)渠结合布置方案的比较。结果表明:管(涵)输水虽具有占地少、输水损失小、便于管理的优点,但由于投资高、需要多级加压导致运行费用大、检修困难;因此,全线采用或大量采用管(涵)方式的难度较大。在北京、天津市区和穿过大清河分蓄洪区总长135km的地段采用管涵,避免了明渠与当地其他基础设施的矛盾,还可增加明渠段的水头,有利于输水工程的总体优化。因此,推荐总干渠局部管道的结构形式。

3)总干渠一次建成与分期建设方案比选

输水工程一次建成和分期建设方案技术上均可行,经济评价指标相近。但分期建设方案不仅投资较少,更重要的是在需水预测存在不确定性和缺乏长距离调水经验的情况下,投资风险相对较小,故推荐输水工程分期建设方案。

3.4.5 实施方案主要工程

通过多方案比较,推荐的一期工程规划方案为:丹江口水库大坝加高;汉江中下游建兴隆枢纽、引江济汉工程、部分闸站改扩建、局部航道整治(四项工程);总干渠以明渠为主,辅以局部管道。

3.4.5.1 丹江口水库大坝加高工程

丹江口水库大坝按原规划加高,正常蓄水位170m,相应库容290.5亿m^3;校核洪水位174.35m,总库容339.1亿m^3;航运过坝建筑物按300吨级改建。丹江口大坝加高工程位于湖北省丹江口市境内汉江干流与其支流丹江汇合口下游800m处,在原有坝体上进行混凝土培厚加高(包括混凝土大坝加高和心墙土石坝加高)。大坝加高工程完建后,坝顶高程由当时的162m增加到176.6m,坝顶轴线长3 442m,正常蓄水位由157m抬高至170m,可相应增加库容116亿m^3。混凝土施工中,由于新老混凝土弹性模量的差异,在内外部温差的作用下,对新老混凝土接合面和坝体应力可能产生不利影响。因此,大坝加高存在一定的建设难度。施工过程见图3-3。

图3-3　南水北调中线工程丹江口大坝加高施工

大坝加高增加水库淹没处理面积370km²，淹没线以下人口24.95万人、房屋709万m²、耕园地1.56万hm²。水库淹没范围涉及河南省淅川县，湖北省丹江口市、郧县、张湾区、郧西县。

3.4.5.2　**汉江中下游工程**

从提高汉江水资源有效利用率和改善中下游生态环境考虑，确定汉江中下游一期实施工程项目为建设兴隆枢纽、部分闸站改扩建、局部航道整治和引江济汉工程。

3.4.5.3　**输水工程建设方案**

输水工程推荐以明渠为主，局部渠段采用泵站加压管道输水的组合方案。明渠线路采用高线布置，渠首位于丹江口水库已建成的陶岔引水闸，线路北行至方城垭口穿长江与淮河的分水岭，至郑州的孤柏嘴穿越黄河，进入海河流域后，线路先向西绕行，经焦作潞王坟，再基本沿京广铁路线西侧向北延伸；北京段位于总干渠末端，流量最小，全段采用管道输水，管道线路长74.8km，终点为北京市的团城湖；天津干渠线路推荐"新开淀北线"方案，起点为西黑山，终点延伸至外环河，采用明渠与管道结合的输水方式，即进入天津市境内和穿越清南分洪区及其相邻段采用管道，其余仍采用明渠，明渠线路长93.14km，管道线路长60.68km。输水总干渠包括天津干渠线路总长1 420km，各类建筑物共1 750座。

陶岔（总干渠）渠首引水规模350~420m³/s，因此，穿黄工程输水规模265~320m³/s（穿黄工程拟按后期规模500m³/s一次建设），进北京和天津的输水规模均为60~70m³/s。

3.4.5.4　**施工总工期**

中线工程建筑物多，工程量巨大，但线路长，建筑物相对分散，施工场地宽广，有条件分项、分段同时施工。开工至建成通水的总工期受穿黄工程控制，约需56个月。

丹江口水库大坝工程施工总工期为60个月，其中包括施工准备工期9个月。大坝加高期间，基本不影响水库正常运行，故不是输水总干渠通水的控制条件。

3.4.5.5　**工程投资**

工程投资按部颁定额和取费标准进行估算，基本预备费取15%，采用2000年底市场价格水平，工程静态总投资920亿元（包括工程建设投资、水库淹没及工程占地处理投资、环境保护及水土保持投资)。

3.4.5.6 **经济分析**

中线一期工程直接效益主要有供水和防洪两方面,初步估算年平均效益达456亿元。中线工程的实施,将促进北方缺水地区经济社会的发展,有效遏制生态环境不断恶化的状况,改善人民的生活质量。

经分析,中线工程近期实施方案国民经济和财务指标均达到或超过国家规定的标准,工程在经济上是合理的、财务上是可行的。

中线一期工程投资920亿元,使用45%的银行贷款,55%资本金。按照"保本、微利、还贷"的原则,在水费偿还占工程投资20%贷款(其他由基金偿还)的条件下,还贷期全线平均水价为0.6元/m^3,河南省平均口门水价0.27元/m^3,河北省0.59元/m^3,北京市1.2元/m^3,天津市1.19元/m^3,用户可以承受。

3.4.5.7 **环境影响评价**

对生态的影响范围、影响因子、影响特征和影响程度进行分析,评价如下:中线工程建成后的有利影响主要集中在受水区,不利影响主要集中在水源地区。对于受水区,可较大程度地缓解京、津、华北平原水资源短缺的状况,有利于改善该地区生态环境,促进经济社会持续发展;对水源地区生态环境的不利影响都可通过采取措施得到减免,在环境保护方面尚未发现影响工程决策的制约因素。

3.4.5.8 **建设与运行管理体制**

中线工程管理体制遵循"政府宏观调控、准市场机制运作、现代企业管理、用水户参与"的原则设立,按照"国家控股、授权经营、统一调度、分级管理"的方式运作。即建立中央政府和沿线地方政府联合组成的领导机构——南水北调工程领导小组,决策、监督、协调中线工程建设与管理中的重大事项。组建中央政府控股,河南、河北、北京、天津参股的"南水北调中线工程供水有限责任公司",负责工程的建设,并在工程建成后对中线输水主体工程实施集中、统一、高效、权威的防洪调度、水量调配和维护管理。

在工程建设期间,组建中线水源工程公司,负责丹江口水库大坝加高和移民安置,工程建成后将与汉江集团重组、整合。

3.4.5.9 **总体结论意见**

实施中线工程,补充京、津、华北平原的水资源供应量,是缓解该地区水资源供需矛盾的最佳选择。

中线工程推荐方案技术上不存在难以克服的问题。丹江口水库大坝在初期工程建设时已为加高大坝做了充分准备,加高工程均为水上施工,技术难度不大;穿黄工程已对隧洞或渡槽方案做了充分研究,技术上都可行;输水渠道及其建筑物在国内外均有较多成功建设的先例;汉江中下游工程也属常见的水工建筑物。

南水北调中线工程,是一项宏伟的生态环境工程,在环境保护方面尚未发现影响工程决策的制约因素。

经济上,各项指标均达到和超过了国家规定的标准。测算的水价用户可以承受。工程建成后,可以做到"还贷、保本、微利"。兴建中线工程经济上合理,财务上可行。

综上所述,中线工程的社会、经济、环境效益巨大,因此尽早开工建设具有深远的战略意义。

3.5　中线调水方案关键问题研究

3.5.1　汉江流域丹江口上游降水特征及变化趋势

武汉大学有关专家学者依据长系列水文资料对江汉流域水资源曾进行深入研究，并提出以下分析结论。

丹江口水库上游降水量年际变化不大；降水量年内分配不均匀，汛期5—10月占了年降水量的75%～85%；1951—1978年降水变化不大，20世纪80—90年代降水的变化相对比较大，80年代是持续的多雨期，而90年代到2002年是持续的少雨期。掌握其降水量的变化规律，对指导丹江口水库的调度运行和保证南水北调中线工程调水的顺利实施具有重要意义。

3.5.1.1　引言

汉江流域是长江中游最大的支流，属北亚热带季风气候区且气候垂直分布明显，流域幅员广阔，光、热和水资源空间差异大，加上区内垂直地带性十分显著，从而形成了多样化的气候地带，是我国降水变率比较大、多旱涝灾害的地区之一。而降水量异常变化，是汉江流域旱涝灾害的最主要特征。

丹江口水库是南水北调中线工程的水源地，有专家研究汉江丹江口以上流域的降水变化趋势，对维系汉江流域水资源和生态环境的可持续发展具有积极意义，同时为南水北调中线工程调水提供基本的数据和科学依据。

根据上游地区7个气象站点1951—2003年的降水记录，对丹江口水库上游地区降水的空间分布、年内分配、年际变化、频次和丰枯特征进行了分析，采用降水累计距平曲线分析降水变化趋势和最大熵谱法分析上游降水量的变化周期。

3.5.1.2　降水量的变化特征分析

丹江口水库上游地区面积9.6万km^2，水库上游地区范围是东经106°～111°30′、北纬31°21′～34°10′，跨越陕、甘、川、豫、鄂5省，其中山地占92.4%、丘陵占5.5%、平原占2.1%。丹江口水库上游地区穿行于秦岭、大巴山之间的高山深谷，两岸坡陡河深，只有少数盆地稍为开阔。为了研究的方便，根据丹江口水库水资源管理分区，将上游流域分为3大区：石泉以上区间、石泉—白河区间和白河—丹江区间。

丹江口水库上游地区，处于东亚副热带季风区，其降水主要来源于东南和西南两股暖湿气流，降水量分布变化不是很大，年降水量最多的是石泉以上区域，年降水量达886.8mm，年降水量变差系数C_v值为0.206；石泉—白河区间年降水量达804.2mm，C_v值为0.188；白河—丹江区间年降水达786.6mm，C_v值0.196。丹江口水库上游地区多年平均年降水量830.9mm，由南向北减少，属于湿润地区。

1）降水量的年际变化

通过对丹江口水库上游7个代表站的年降水系列进行分析，降水量的C_v值在0.19～0.24，如表3-1所示，该区域降水量年际变化不太大。降水量C_v最大的站点是尚州站，主要是由于该站处于南北气候交界的位置；年最大与最小降水量之比在2.5～3.3，年极值比最大的是石泉以上区间的佛坪站，其多年平均降水量为906.2mm。

表 3-1　丹江口水库上游年降水量极值比统计

站名	实测年数/a	多年平均年降水量/mm	C_V	最大年		最小年		最大、最小比值
				降水量/mm	年份	降水量/mm	年份	
汉中	53	862.2	0.23	1 462.0	1983	519.0	1997	2.82
佛坪	47	906.2	0.22	1 382.3	1983	419.0	1969	3.30
石泉	44	877.7	0.23	1 439.5	1983	575.5	1966	2.50
安康	53	804.2	0.19	1 114.0	1983	534.0	1999	2.13
尚州	47	701.6	0.24	1 125.0	1958	400.5	1995	2.81
郧县	53	801.4	0.21	1 277.0	1964	496.0	1976	2.57
西峡	47	863.1	0.22	1 465.4	1964	557.3	1966	2.63

2)降水量的年内分配

丹江口水库上游降水量受北亚热带季风气候影响,其年内各月分配变化比较大,主要表现为汛期降雨量大而集中、非汛期雨水少而不稳。降水量年内分配如表 3-2 所示,汛期 5—10 月降水量占全年的 75%~85%,11 月到次年 4 月仅占全年的 10%~25%。丹江口水库上游连续最大 4 个月降水量为 6—9 月,石泉以上区间和石泉一白河区间 6—9 月的降水量占了全年降水量的 60%以上,白河—丹江区间略低于 60%。而在连续两个月中,以 7—8 月最为集中,一般可占年降水量 40%左右,7—8 月也是暴雨洪水的频发期,往往容易酿成洪灾;最大月降雨一般在 7 月,占年降水量的 20%左右。连续最小 4 个月(11 月—次年 2 月)降水量仅占全年降水量的 5%~10%。石泉以上区间和石泉—白河区间当年 12 月至次年 1 月的降水量不到全年的 1%。从以上的数据分析可知,丹江口水库上游降雨的年内分配极不均匀。

表 3-2　丹江口水库上游年降水量年内分配　　单位:mm

站名	1 月	2 月	3 月	4 月	5 月	6 月	7 月	8 月	9 月	10 月	11 月	12 月	全年
汉中	8.4	9.5	31.0	62.0	90.4	102.0	162.9	131.8	145.0	76.1	34.2	8.9	862.2
佛坪	6.4	10.2	28.7	57.5	92.7	105.6	198.1	156.0	137.8	78.3	28.9	6.0	906.2
石泉	6.4	10.4	28.8	63.5	92.1	102.8	173.8	125.5	150.1	84.0	32.3	8.0	877.7
安康	5.0	10.0	32.1	66.1	86.6	107.7	136.2	120.2	126.3	76.4	29.6	7.6	804.2
尚州	8.0	11.7	31.5	55.5	68.0	80.7	134.1	108.6	100.2	68.0	27.4	7.9	701.6
郧县	13.2	19.3	41.7	69.0	81.7	89.7	140.6	122.5	103.7	69.7	36.9	13.4	801.4
西峡	14.5	17.4	39.5	64.9	78.1	93.1	184.7	157.7	98.7	68.8	32.3	13.4	863.1

3)降水量的频次分析

计算丹江口上游平均年降水量,并将序列从大到小进行排列,用经验频率分为:小于 12. 5%为丰水年,12. 5%~37. 5%为偏丰年,37. 5%~62. 5%为平水年,62. 5%~87. 5%为偏枯水年,大于 87.5%为枯水年,共 5 种类型,其相应的降水量为:12. 5%(988. 3mm)、37. 5%(861. 3mm)、62. 5%(781. 1mm)、87. 5%(648. 0mm)。然后统计分析各站年降水量序列的丰水年、偏丰水年、平水年、偏枯水年和枯水年的频次,具体数据见表 3-3。

表 3-3　年降雨量频次分析表

站名	系列	年数	丰水年		偏丰年		平水年		偏枯年		枯水年	
			年数	频次	年数	频次	年数	频次	年数	频次	年数	频次
汉中	1951—2003	53	15	28.30	9	16.98	10	18.87	11	20.75	8	15.09
佛坪	1957—2003	47	18	38.30	4	8.51	11	23.40	12	25.53	2	4.26
石泉	1960—2003	44	11	25.00	9	20.45	7	15.91	13	29.55	4	9.09
安康	1951—2003	53	7	13.21	12	22.64	9	16.98	16	30.19	9	16.98
尚州	1954—2003	50	4	8.00	2	4.00	6	12.00	17	34.00	21	42.00
郧县	1951—2003	53	8	15.09	12	22.64	9	16.98	12	22.64	12	22.64
西峡	1957—2003	47	10	21.28	11	23.40	7	14.89	15	31.91	4	8.51

从年降水量序列中挑选持续时间最长且均值最大的连丰期和均值最小的连枯期,并分别计算连丰期和连枯期的平均年降水量及其与多年平均降水量的比值 $K_{丰}$ 和 $K_{枯}$,具体见表 3-4。连丰期在 2~7a,$K_{丰}$ 在 1. 23~1. 51;连枯期在 3~4a,$K_{枯}$ 在 0. 69~0. 83。

表 3-4　年降水量连丰期和连枯期分析

站名	连丰期				连枯期			
	起止年份	年数	平均年降水量/mm	$K_{丰}$	起止年份	年数	平均年降水量/mm	$K_{枯}$
汉中	1980—1984	5	1 154.0	1.34	1994—1997	4	634.3	0.74
佛坪	1983—1984	2	1 241.4	1.37	1969—1972	4	680.1	0.75
石泉	1983—1984	2	1 325.0	1.51	1993—1995	3	731.7	0.83
安康	1982—1984	3	1 013.7	1.26	1997—1999	3	610.0	0.76
尚州	1983—1984	2	979.3	1.40	1993—1995	3	507.2	0.72
郧县	1979—1985	7	982.0	1.23	1976—1978	3	552.3	0.69
西峡	1979—1981	3	1 086.8	1.26	1997—1999	3	713.1	0.83

3. 5. 1. 3　降水量的长期变化趋势分析

1)不同年代降水量的变化

不同年代均值和距平值见表 3-5,分析得知:

(1)20 世纪 50 年代,安康和郧县的降水量偏少;

(2)20 世纪 60 年代,安康站降水量偏少,其余各站均高于多年平均值;

(3)20 世纪 70 年代,除安康站外,其余各站均持续偏少;

(4)20 世纪 80 年代,各站降水量均高于多年平均;

(5)20 世纪 90 年代,各站降水量均低于多年平均,而且距平百分率均在 10%以上;

(6)20 世纪 90 年代,丹江口水库上游干旱比较严重;

(7)2000—2003 年,汉中和佛坪的降水量偏少,其余各站高于多年平均。

表 3-5　不同年代降水量均值及距平统计

站名	年数	20 世纪 50 年代		20 世纪 60 年代		20 世纪 70 年代		20 世纪 80 年代		20 世纪 90 年代		2000—2003 年	
		均值/mm	距平百分率/%	均值/mm	距平百分率/%	均值/mm	距平百分率/%	均值/mm	距平百分率/%	均值/mm	距平百分率/%	均值/mm	距平百分率/%
汉中	9	902	4.6	904	4.8	814	−5.6	992	15.1	719	−16.6	754	−12.5

续表

站名	年数	20世纪50年代		20世纪60年代		20世纪70年代		20世纪80年代		20世纪90年代		2000—2003年	
		均值/mm	距平百分率/%	均值/mm	距平百分率/%	均值/mm	距平百分率/%	均值/mm	距平百分率/%	均值/mm	距平百分率/%	均值/mm	距平百分率/%
佛坪	3	975	7.5	911	0.6	864	-4.7	1 026	13.2	802	-11.5	854	-5.7
石泉				896	2.1	831	-5.3	979	11.5	772	-12.1	910	3.7
安康	9	778	-3.3	786	-2.3	836	4.0	876	8.9	711	-11.6	841	4.6
尚州	6	804	14.6	720	2.6	657	-6.4	742	5.7	604	-14.0	734	3.1
郧县	9	784	-2.1	841	5.0	750	-6.5	906	13.1	697	-13.0	816	1.7
西峡	3	911	5.6	888	2.9	846	-2.0	890	3.1	774	-10.3	933	8.1

从表3-5中可以看出,丹江口水库上游降水量变化,存在一个10a的变化周期。

2)年距平累计降水趋势分析

图3-4是丹江口水库上游年降水量和距平累计曲线。从图示曲线可以看出:丹江口水库上游1951—1957年降水变化趋势比较平缓,多雨期和少雨期间隔变化规律比较明显;1958年降水趋势猛然增加,该年年降水量1 119mm;1959—1962年是少雨期,降水的趋势持续下降;1963—1964年是多雨期,其中1964年年降水量1 228mm,是上游1951—2003年降水量序列中的最大值;1965—1966年是少雨期,1967—1968年是多雨期,1969—1978年降水的总趋势减小,是少雨期;1978—1983年降水趋势急剧增加,是多雨期,其中1983年年降水量1 253mm;1984—1990年是多雨期,但降水的变化趋势不大;1991—2002年是持续的少雨期,降水的总趋势持续减小;2003年是多雨期,有反弹的趋势。

丹江口水库上游年降水量变化趋势,比较明显;有几个比较明显转折点,如:1958年、1964年、1978年、1983年和1990年,尤其是20世纪80年代和90年代,降水量变化趋势幅度比较大,形成了持续的多雨期和少雨期。1958年、1964年是大洪水年,1983年是特大洪水年,这同全球厄尔尼诺年发生的时间基本相同,也说明气候变化、厄尔尼诺现象对丹江口水库上游的降水变化有直接的影响。

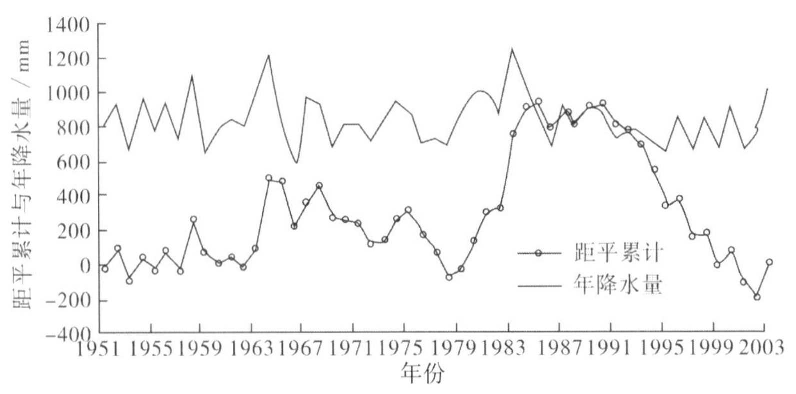

图3-4 年降水量和距平累计曲线

3.5.1.4 分析结论

通过上述对丹江口水库上游降水量变化特征的分析,得出以下初步的结论。

(1)丹江口水库上游多年平均降水量在700~910mm,属于湿润地区,上游区域降水量由上往下增大,由南向北减少,降水量年际变化不大。

(2)丹江口水库上游降水量年内分配不均匀,汛期5—10月占了年降水量的75%~85%。

(3)丹江口水库上游1951—1978年降水变化趋势不大,有多雨期也有少雨期,变化的幅度相对较小,多雨期和少雨期间隔变化比较频繁,很少出现长期多雨期和长期少雨期的情况。但在20世纪80年代和20世纪90年代降水的变化趋势相对比较大,20世纪80年代是持续的多雨期,而20世纪90年代到2002年是持续的少雨期。

丹江口水库上游流域降水量的年内分配和年际变化,直接影响着丹江口水库入库径流量的年内分配和年际变化,掌握其降水量的变化规律,对指导丹江口水库的调度运行和保证南水北调中线工程调水的顺利实施,具有重要意义。

3.5.2　中线调水应重视汉江中下游可持续发展

南水北调中线工程建设是拉动湖北省经济发展的重要驱动力。为了支持南水北调中线工程的兴建,同时又不影响汉江中下游尤其是江汉平原地区的农业生产和航运,湖北省政协人口资源环境委员会2004年向省政府建议:“重视南水北调水资源问题,推进汉江中下游可持续发展”。

3.5.2.1　引言

2004年6月中旬,湖北省政协人口资源环境委员会就南水北调水资源问题分别听取了省发改委、省交通厅、省水利厅、省农业厅、省环保局、省南水北调局的情况介绍,先后深入到地处汉江中下游的荆门、潜江、天门、仙桃市的城镇、农村、企业,以及南水北调中线水利枢纽工程工地进行了实地考察、调研。

1)理清基本情况

汉江是长江最大的支流,全长1 570km,其干流在湖北境内长878km。汉江中下游即丹江口水库大坝以下的流域长度616km,主要包括十堰、襄阳、荆门、天门、潜江、仙桃、孝感、武汉等,共27个县(市、区)。该地区2004年末总人口约1 820万人,占全省总人口的30.2%;面积6.25万km^2,占全省面积的34%。

南水北调中线工程供水范围,包括北京、天津、河北、河南四省市,全长1 425km,受益人口3 468万人。总调水规模130亿m^3/a;其中,一期工程调水95亿m^3/a,建设期为2002—2010年,主体工程静态总投资1 105亿元(2004年1月价格)。

为了缓解调水后对汉江中下游的影响,国家以补偿方式建设兴隆水利枢纽、引江济汉、部分闸站改造和局部航道整治等四项治理工程,涉及静态总投资79.7亿元。

2)南水北调实施后对江汉中下游可持续发展的影响

南水北调中线工程在缓解北方水资源紧缺的同时,对我省经济和社会发展也将产生巨大的推动作用。

(1)提高汉江中下游地区的防洪标准。汉江中下游的防洪标准将由现在的十年至二十年一遇提高到百年一遇,沿江14个分蓄洪民垸基本上可不分洪。据测算,丹江口水库加坝后仅防洪效益年均增加5.6亿元。

(2)改善汉江中下游部分地区的灌溉条件。如加坝使引丹灌区变成自流灌溉,也就是加坝蓄水后丹江口水库正常蓄水位抬高,在南北同枯的年份保证下泄 490m³/s;在特枯年份也保证不小于 400m³/s,通过合理调度,汉江中下游枯季流量加大,沿江 15 个大型灌区 80 万 hm² 耕地灌溉保证率得到提高。

(3)增加汉江兴隆水利枢纽以下河段枯季水环境容量。特枯情况下,汉江中下游流量较调水前有所增大,水环境容量有所增加。

(4)通过建设中线工程,国家将加强丹江口库区生态环境建设。

(5)四项治理工程的实施,将启动汉江中下游的综合治理和开发。兴建引江济汉、兴隆水利枢纽工程,既能补充调节汉江下游的水量,也能够加快汉江综合治理开发的步伐。

(6)投资拉动效应非常可观。

3.5.2.2 **主要不利影响**

这次调查表明,四项治理工程实施后,并不能完全消除调水对汉江中下游的不利影响。

(1)为保护好库区生态环境,维护丹江口水库水质,库区必须调整产业结构。

(2)丹江口坝下至华家湾 380 多千米河段,基本上没有安排生态环境保护的投资,对沿江群众生产、生活用水以及生态环境将产生较大负面影响。

(3)汉江中下游总体水环境容量减少,调水增加了水污染防治的难度。引江济汉工程虽然对汉江下游进行了补水,但补水量与北调水量不相匹配(引江济汉年均补充汉江干流 21.6 亿 m³),水量减少必然影响水环境容量,从而要相应减少污染物的允许排放量,这就加大了污染控制和治理的难度。从有关部门了解到,《汉江中下游地区环境影响评价报告》(南水北调中线环境影响复核评价报告的附件之一)提出:汉江中下游的环境保护投资为 21.57 亿元,国家财政安排了 7 亿元左右。

(4)由于调水主要是引走汉江的中水流量,首先,将影响航运效益;其次,是汉江中下游流量变化过程加快,即河道内经常产生从洪峰流量陡跌到枯水,失去了冲刷洪水期淤积在航槽内泥沙的中水流量,破坏了泥沙冲淤平衡和航道稳定,从而加剧浅滩的碍航程度;再次,可能会对河道演变产生一定影响。

(5)未来影响仍是一个不确定的因素。从国外的调水经验来看,大规模、超长距离、跨流域调水存在不可预见的风险,对生态环境的影响有相当大的滞后性,其负面效应需多年以后才显现出来。

(6)丹江口库区移民任务比较重,全部在省内安置,给移民安置区带来诸多压力。

3.5.2.3 **意见和建议**

1)积极争取兴隆水利枢纽工程年内开工

据悉,兴隆水利枢纽前期工作进展顺利,完全具备当年内开工的技术条件。2004 年,当务之急的是省政府和有关部门要请求国家及早批准兴隆水利枢纽工程建设年内开工。同时,省政府要增大前期投入,为确保兴隆水利枢纽年内开工建设提供方便。

为了保障南水北调中线工程的顺利实施,建议省编委及早批复组建汉江中下游工程监控与水资源调度中心、兴隆水利枢纽管理局、引江济汉工程管理局。

2)建立权威、统一、高效的汉江流域管理机构

汉江中下游生态环境较为脆弱,实施南水北调后,将会诱发诸多生态环境问题。要推进汉江中下游人与自然的协调发展,我们认为应尽快建立权威、统一、高效的流域管理和行政区域管理相结合的流域管理机构,且该机构要与南水北调中线工程建设相配套,与汉江中下

游地区可持续发展相协调。要按照可持续发展战略要求,通过法律授权,赋予汉江流域管理机构对汉江中下游流域内水资源和水环境实现统一规划、统一界定水权、统一调度水量、统一规定排污标准、统一监测水环境、统一航道和水运交通管理等水行政管理和水资源管理职能,力争实现流域管理和区域管理的有机结合,以流域管理促进各行政区域内涉水事务的统一管理。要在流域管理单位的统一组织下,明晰配水量权和排污权,建立政府宏观调控、用水户参与、民主协商、市场调节的准市场运作机制。

3)切实加大生态环境保护的力度

(1)汉江沿岸城镇建设,应坚持科学发展观,认真做好中长期建设规划,适度控制城镇发展和人口规模;要加大县、市城区和中心城镇污水及垃圾处理设施建设,减少和控制城镇近岸水域污染物的排放量。

(2)加大产业结构调整的力度,多发展一些资源、能源消耗少,污染物排放量低的产业。

(3)在现有企业中,大力发展循环经济,坚持推行清洁生产,所有工矿企业的废水,必须按照国家法律和政策规定达标排放。

(4)环境保护部门要严格执行建设项目环境管理,严把污染严重建设项目的审批关,防止走先污染后治理的老路;要实施分地区、分河段主要污染物排放总量和排污类型控制。

(5)保护湖泊湿地。

4)妥善做好移民安置工作

在移民安置工作中,要总结吸取过去丹江口水库移民的经验和三峡工程移民的经验,尽可能采取集中移民的方式,以便统一规划、统一实施,确实能让移民顺利搬迁、生活稳定、收入增长、安居乐业。

5)多方争取国家大力支持

(1)呼吁国家有关部门支持解决汉江中下游有关工程运行管理费。南水北调中线工程规划之初,国家将汉江中下游四项工程作为南水北调中线工程的补偿工程,在水价中安排了工程运行管理费,后来改为治理工程,取消了工程运行管理费,然而规划的思路和工程布局没有改变。我们认为,汉江中下游四项治理工程是南水北调中的主体工程和必不可少的组成部分,属纯公益性工程,社会效益突出,但自身没有经济收入来源,每年要解决巨大的管理运行费用可能不太现实。据测算,仅兴隆水利枢纽和引江济汉两项工程年运行费用就多达1.2亿元。此外,闸站改造工程运行管理费、航道常年整治费及其因调水增加的部分经费,更是没有着落。建议以省政府名义请求国家明确将汉江中下游四项治理工程运行管理费纳入中线工程供水成本;或由中央财政实行转移支付。如国家同意投资建设兴隆水利枢纽电站,则以发电收入解决兴隆水利枢纽运行管理费。

(2)呈请国家解决汉江中下游生态环境保护资金。汉江中下游四项治理工程实施后,尚不能完全消除中线工程调水对汉江中下游的不利影响,特别是不能有效消除中线工程调水对丹江口坝下至华家湾380多千米河段生态环境的影响。汉江中下游生态环境保护的投资增大,主要是由于南水北调所引起的。我省作为调水工程风险的长期承受者,国家应按照“三同时”的原则,将汉江中下游的生态环境保护与库区生态环境保护同等对待,即将汉江中下游的生态环境保护的投资纳入南水北调中线工程概算中一并落实。解决这个问题的有效途径就是建立风险资金,其费用从调水费中按每立方水提取2分钱,这样方可使汉江中下游生态环境得到切实有效的保护。

(3)请求国家环保部门出面协调解决跨省污染源问题。在这次调查中我们了解到,汉江的水环境污染有相当一部分来自陕西和河南。如唐白河是汉江重要支流,源头在河南。长期以来,由于该支流特别是上游河南境内的"十五小"企业排放大量污水,唐白河水体污染日益严重,给地处下游的襄阳市人民生产、生活带来巨大影响。南水北调中线一期工程实施以后,年调水95亿 m^3,汉江干流下泄流量减少,水位下降,水环境容量减少26%,水体纳污能力下降,襄阳市生态环境将会受到更大的影响。因此,要确保汉江的水环境和水质量,彻底根除污染源,必须争取国家环保部门出面协调,督促上游省份加大污染治理力度。

这里必须指出的是,争取国家支持,必须组织有关专家在不影响工程进度的前提下,就库区工业限制发展、产业调整、生态环境影响、水环境容量减少增加的水污染防治费、改造工程运行管理费和航道常年整治费的增加量、河道演变等进行深入调查,掌握翔实资料,反映可靠情况,提供真实数据,依理依法向国家提出意见和要求。对于调水后可能出现的新情况、新问题,以及年调水超过95亿 m^3 的可能性也应该组织专家提前做好调查研究。

3.5.2.4 制定和实施汉江水利现代化建设规划

抓紧制定汉江水利现代化建设项目,对于促进和保持汉江中下游地区的可持续发展具有十分重要的意义。在制定汉江水利现代化建设项目规划时我们建议,要适应四项治理工程实施的新情况,除了上述六大工程体系外,还应统筹汉江航运体系的优化配置,并做到统一规划、统一建设、统一管理。这里还要强调的是,为适应经济社会的发展,省交通厅应高度重视水路运输,抓紧进行水路与陆地运输的分流规划,充分重视水运耗能少、占地少、环保、运费低的特点,充分发挥汉江航运优势,促进汉江中下游经济社会发展。

此外,要抓住南水北调中线工程建设的机遇,广泛争取国家相关部门支持,确保汉江水利现代化建设项目早日开工,充分发挥效益。

3.5.3 汉江上游水资源量变化趋势分析

作为南水北调中线工程水源区的丹江口水库,其入库径流的及时补给成为关键。采用坎德尔、斯波曼、滑动平均及周期图等方法,从水文规律性的周期方面进行研究,通过多年实测资料及相关历史文献进行分析统计,得出结论:20世纪90年代以来,水源区连续枯水年并非表示汉江上游径流量呈持续减小趋势,而是处于周期变化中的枯水期。长江水利委员会水文局李明新、吕孙云、徐德龙提出南水北调中线工程丹江口水库上游水资源量的趋势性变化。

3.5.3.1 引言

汉江上游是南水北调中线工程的水源区,以往研究成果表明,气候变化将使汉江流域天然水资源量逐渐减小;但20世纪90年代以来,连续性枯水年的发生,引起了关心南水北调中线工程专家和学者的重视,所以必须研究汉江20世纪90年代连续性枯水的原因,以便采取相应的对策措施,使南水北调中线工程发挥最大的综合经济效益和社会效益。

本章节从水文规律性的周期方面进行研究分析,通过对多年实测资料及相关的历史文献进行统计,得出了丰水、平年、枯水年的周期变化规律,判定20世纪90年代以来水源区所处的水文周期时段,分析了连续性枯水年发生的原因。

3.5.3.2 汉江上游水资源量

1)汉江流域概况

汉江是长江中游的重要支流,发源于秦岭南麓,经汉中盆地与褒河汇合后始称汉江,于武汉汇入长江。全流域集水面积15.9万km^2,干流全长1 577km;流经陕西、河南、湖北,四川、重庆及甘肃,北以秦岭及外方山与黄河为界,东北以伏牛山及桐柏山与淮河为界,西南以米仓山、大巴山、荆山与嘉陵江、沮漳河相邻,东南为广阔平原。

流域略呈羽叶状,干流大致为东西向,丹江口以上较大支流在北岸有询河、甲河及丹江,南岸有任河及堵河等,丹江口以下至碾盘山区间有较大支流南河及唐白河汇入。

汉江流域在丹江口以上为上游,丹江口至钟祥为中游,钟祥以下为下游。

2)丹江口入库径流特征

丹江口水利枢纽位于湖北省丹江口市汉江干流与支流丹江汇合处下游约800m,距离河源925km,约占干流河道长1 577km的59%,控制流域面积95 217km^2,约占汉江全流域的60%。丹江口水库入库径流即代表汉江上游水资源量。

汉江丹江口上游1956—2000年平均年降水量870.4mm,平均天然入库水量383.3亿m^3,约占汉江流域的70%。其中年最大天然入库水量为795亿m^3(1964年),最小年入库水量为165亿m^3(1999年)。

丹江口入库径流以汛期为主,年内分配如图3-5所示,5—10月来水量占年内来水总量的79%以上,并且年内来水有3个明显的峰:第1个峰为5月份,来水占年内9.4%;第2个峰为7月份,来水占年来水的17.5%;第3个峰为9月份,来水占年来水的17.6%。上述3个峰分别由坝址以上流域的春汛、夏汛、秋汛引起。

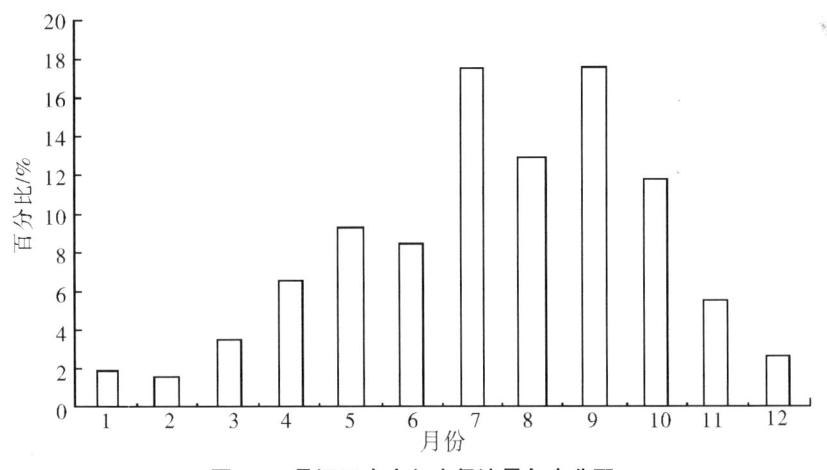

图3-5　丹江口水库入库径流量年内分配

3)天然入库水量系列代表性分析

从丹江口长短系列特征值比较(表3-6)可见,1956—2000年短系列与1933—2000年长系列相比,均值减小7.0亿m^3,仅偏小1.4%,C_p值相同。各频率的入库水量也是仅偏小1.4%。因此,从量值上比较,1956—2000年系列有较好的代表性。

一个具有较好代表性的系列,应是丰、枯水周期较为完整,并包含1个或数个较为完整的丰、枯水周期。根据丹江口年入库水量的相对差积曲线分析,1933—2000年系列中,1944—1962年、1962—1979年、1979—2000年3个时段虽包含一些小波动,经分析仍为3个丰枯周期,每一个丰枯周期约17~21a,1956—2000年系列中,1962—1979年、1979—2000年

2个时段虽包含一些小波动,经分析仍为两个丰、枯周期;因此,两个系列均具有至少1个完整的丰枯周期,具有较好的代表性。

表3-6 丹江口水库长短系列天然入库水量特征值

系列	年数/a	均值/亿 m^3	C_v	C_a/C_p	不同频率年入库水量/亿 m^3			
					20%	50%	75%	95%
1933—2000	68	390.3	0.35	2.0	498.2	374.5	291.7	195.9
1956—2000	45	383.3	0.35	2.0	489.3	367.7	286.4	192.4

从系列的丰、枯组成分析(见表3-7),1956—2000年与长系列比较,丰水年和偏丰水年合计百分比偏小5.7%,枯水年和偏枯水年合计百分比大2.5%。长系列中,枯水年和偏枯水年合计百分比比丰水年及偏丰水年大1.5%;短系列中,枯水年和偏枯水年合计百分比比丰水年偏丰水年大9.3%。

表3-7 丹江口水库天然入库水量不同系列的丰枯组成

系列	年数/a	丰水年		偏丰年		平水年		偏枯年		枯水年	
		年数	比例/%	年数	比例/%	年数	比例/%	年数	比例/%	年数	比例/%
1933—2000	68	6	8.8	19	27.9	16	23.5	16	23.5	11	16.2
1956—2000	45	3	6.7	11	24.4	12	26.7	13	28.9	6	13.3

经资料统计分析,1933—2000年系列中,连续10a小于均值的出现1次,为1990—1999年;连续5a小于均值的出现1次,为1969—1973年(其中1971年为391.2,非常接近均值,统计时将此列为枯水期);连续4a小于均值的出现2次,分别为1941—1944年和1976—1979年;其他都是连续2a以下小于均值。从长系列中按45a(考虑1956—2000年45a的系列长度)滑动平均看,1956—2000年的均值为383.3亿 m^3 是24组中均值最小的一组。24组均值中小于395亿 m^3 的只有4组,小于400亿 m^3 的共有12组,小于405亿 m^3 的共有14组,其余10组均值均大于405亿 m^3。

3.5.3.3 **天然入库水量趋势分析**

采用坎德尔(Kendall)秩次相关检验、斯波曼(Spearman)秩次相关检验、线路趋势的回归检验、滑动平均法等4种方法对丹江口以上天然入库水量变化趋势进行分析。

(1)坎德尔(Kendall)秩次相关检验。对序列 $\{x_t\}(t=1,\cdots,n)$,先确定所有对偶值 $(x_i,x_j)(j>i)$ 中的 $x_i<x_j$ 出现的个数(设为 P)。

此检验的统计量:

$$U=\frac{\tau}{\sqrt{\mathrm{Var}(\tau)}} \tag{3-3}$$

式中,$\tau=\dfrac{4P}{n(n-1)}$;$\mathrm{Var}(\tau)=\dfrac{2(2n+5)}{9n(n-1)}$。

当 n 增加,U 很快收敛于标准化正态分布。原假设无趋势,当给定显著水平 α 后,在正态分布表中查出临界值 $U_{\alpha/2}$,当 $|U|<U_{\alpha/2}$ 时,接受原假设,即趋势不显著;当 $|U|>U_{\alpha/2}$ 时,

拒绝原假设,即趋势显著。

对 1933—2000 年序列,选择 α=0.05,查出 $U_{\alpha/2}=1.96$。由公式计算得出丹江口水库天然入库水量序列的 $|U|=0.86<U_{\alpha/2}$,即接受原假设,序列无明显变化趋势。

对 1951—2000 年序列,选择 α=0.05,查出 $U_{\alpha/2}=1.96$。由公式计算得出丹江口水库天然入库水量序列的 $|U|=1.80<U_{\alpha/2}$,即接受原假设,序列无明显变化趋势。

(2)斯波曼(Spearman)秩次相关检验。分析序列 x_t 与时序 t 的相关关系,在运算时,x_t 用其秩次 R_t(即把序列 x_t 从大到小排列时,x_t 所对应的序号)代表,t 仍为时序($t=1,2,\cdots,n$),秩次相关系数:

$$r=1-\frac{6\sum_{t=1}^{n}(R_t-t)^2}{n^3-n} \tag{3-4}$$

式中,n 为序列长度;相关系数 r 是否异于零,可采用 t 检验法。统计量为:

$$T=r\left(\frac{n-4}{1-r^2}\right)^{1/2} \tag{3-5}$$

服从自由度为 $n-2$ 的 t 分布。

原假设无趋势,检验时先计算得出 T,再选择显著水平,在 t 分布表中查出临界 $t_{\alpha/2}$,当 $|T|>t_{\alpha/2}$ 时,拒绝原假设,说明序列随时间有相依关系,即序列趋势显著;相反,接受原假设,趋势不显著。

对 1933—2000 年序列,选择 α=0.05,查出 $t_{\alpha/2}=2.01$。由计算得出丹江口水库天然入库水量序列的秩次相关值 $|T|=0.81<t_{\alpha/2}$,即接受原假设,序列无明显变化趋势。

对 1951—2000 年序列,选择 α=0.05,查出 $t_{\alpha/2}=2.01$。由计算得出丹江口水库天然入库水量序列的秩次相关值 $|T|=1.79<t_{\alpha/2}$,即接受原假设,序列无明显变化趋势。

(3)线性趋势的回归检验。假设时间序列为线性趋势,利用简单的线性模型进行检验:

$x_t=a+b_t+\eta_t$,按回归方法求出参数 a 和 b 的估计 $\hat{a}$ 和 $\hat{b}$ 以及 $\hat{b}$ 的方差 s_b^2,各计算公式如下:

$$\hat{b}=\frac{\sum_{t=1}^{n}(t-\bar{t})(x_t-\bar{x})}{\sum_{t=1}^{n}(t-\bar{t})^2} \tag{3-6}$$

$$\hat{a}=\bar{x}-\hat{b}\bar{t} \tag{3-7}$$

$$s_b^2=\frac{s^2}{\sum_{t=1}^{n}(t-\bar{t})^2} \tag{3-8}$$

式中,$s^2=\dfrac{\sum_{t=1}^{n}(x_t-\bar{x})^2-\hat{b}^2\sum_{t=1}^{n}(t-\bar{t})^2}{n-2}$;$\bar{t}=\dfrac{1}{n}\sum_{t=1}^{n}t$,$\bar{x}=\dfrac{1}{n}\sum_{t=1}^{n}x$。

在原假设 $b=0$ 时,统计量 $T=\hat{b}/s_b^2$ 服从自由度为 $n-2$ 的 t 分布,给定 α,可查出 $t_{\alpha/2}$,如果 $|T|>t_{\alpha/2}$,则拒绝原假设,认为回归效果是显著的,即线性趋势显著;相反,接受原假设,线性趋势不显著。

对 1933—2000 年序列,选择 α=0.05,查出 $t_{\alpha/2}=2.01$。由计算得出丹江口水库天然入

库水量序列的秩次相关值 $|T|=1.13<t_{\alpha/2}$，即接受原假设，序列无明显变化趋势。

对 1951—2000 年序列，选择 $\alpha=0.05$，查出 $t_{\alpha/2}=2.01$。由计算得出丹江口水库天然入库水量序列的秩次相关值 $|T|=1.78<t_{\alpha/2}$，即接受原假设，序列无明显变化趋势。

(4) 滑动平均法。选择合适的 k，使序列高频振荡平均化。根据研究分析，对丹江口水库天然入库水量序列采用 8a 进行滑动平均，滑动平均线见图 3-6。由图可知：从总体上讲，丹江口水库天然入库水量在消除波动影响后，自 20 世纪 90 年代以来，其变化有减小的趋势，而从总体上讲，其减小的趋势符合周期性。

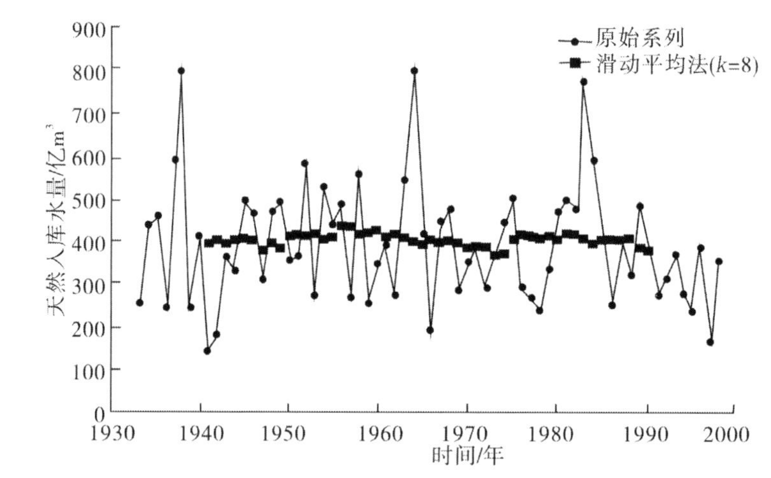

图 3-6　丹江口水库天然入库水量滑动平均图

3.5.3.4　天然入库水量序列的周期分析

据统计，在 1956—2000 年 45a 系列中，汉江水源区连续 3 年偏枯出现 1 次，为 1976—1978 年；连续 2 年偏枯的年份(小于 300 亿 m^3)有 1 次，为 1994—1995 年，其余均属丰、平、枯交替，可见 20 世纪 90 年代连续性枯水年发生是丰、平、枯交替出现一个周期，只是枯水连续性较长而已。报告通过数理统计方法进行周期分析，并根据已有资料估算序列周期长度。

水文序列中，可能存在多年变化的周期，降水量的多年变化，主要取决于气候因素的变化，而气候因素则决定于大气环流的特点；大气环流的变化受太阳活动制约，太阳活动常以太阳黑子表示；因此降水量的变化与太阳黑子之间存在着相应关系。太阳活动有一定的循环周期，因而降水量多年变化也可能存在着一定循环周期。

本节采用累积解释方差图法和周期图法(方差线谱图法)识别研究序列的周期成分，并估计显著谐波的个数 d。

(1) 累积解释方差图法。假设序列记为 $U_t(1,2,\cdots,T)$，若显著谐波个数为 d，则 U_t 表示为：

$$U_t=\bar{U}+\sum\left(a_j\cos\frac{2\pi j}{T}t+b_j\sin\frac{2\pi j}{T}t\right)+\eta_t \tag{3-9}$$

式中，$\bar{U}$ 为序列均值；η_t 为剩余序列；系数 a_j 和 b_j 由下式计算：

$$\begin{cases} a_j = \dfrac{2}{T}\sum\limits_{t=1}^{T}(U_t - \overline{U})\cos\dfrac{2\pi j}{T}t \\ b_j = \dfrac{2}{T}\sum\limits_{t=1}^{T}(U_t - \overline{U})\sin\dfrac{2\pi j}{T}t \end{cases} \tag{3-10}$$

序列 $U_t(1,2,\cdots,T)$ 的方差为：

$$s^2 = \frac{1}{T}\sum_{t=1}^{T}(U_t - \overline{U})^2 \tag{3-11}$$

根据上述公式可求得 U_t 的方差线谱 $c_j^2 = \dfrac{1}{2}(a_j^2 + b_j^2)$,$j = 1,2,\cdots,k$,当 T 为偶数时, $k = \dfrac{T}{2}$;T 为奇数时, $k = \dfrac{T-1}{2}$, c_j^2 为第 j 个谐波对序列方差 S^2 的贡献(解释方差)。c_j^2 愈大,表明第 j 个谐波的贡献愈大,即对以周期变化的影响愈显著,因此寻求显著谐波,实际上是寻求方差贡献较大的那些谐波,将 c_j^2 按大小次序重新排列得 $c_i^2(i=1,2,\cdots,k)$ 。为了寻求方差贡献较大的那些谐波,将按 i 次序的 c_i^2 从大到小依次累积得：

$$W_m = \sum_{i=1}^{m} c_i^2 \ (m = 1,2,\cdots,k) \tag{3-12}$$

再将 W_m 除以方差 S^2,即：

$$B_m = \frac{W_m}{S^2} = \frac{\sum\limits_{i=1}^{m} c_i^2}{S^2} \tag{3-13}$$

建立 B_m 和 m 的关系,并绘制在图 3-7 上,从图 3-7 中可以显示出 B_m 随 m 急剧增加,然后缓慢增加,这个转折点对应的 m 为显著谐波的个数,记为 d。

根据计算公式,绘制丹江口水库天然入库水量序列 B_m -m 关系曲线(图 3-7),从图 3-7 中看出,两个系列的转折点都不是太明显,无法估算其谐波个数 d,序列周期不太明显。

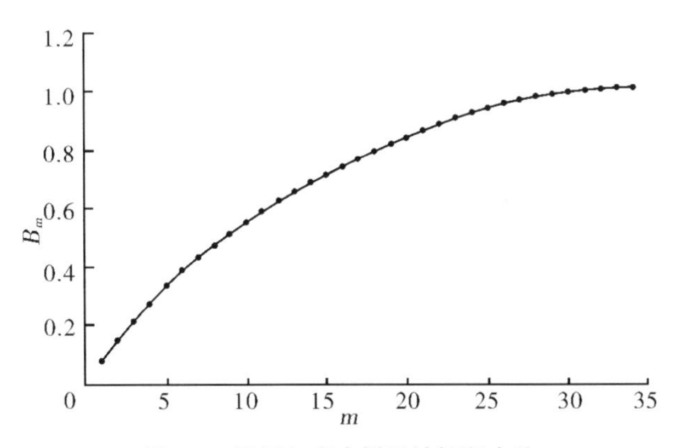

图 3-7　天然入库水量累计解释方差

(2)周期图法(方差线谱法)。设序列 $x_t(t = 1,2,\cdots,n)$ 满足一定条件时,进行傅里叶级数展开,有：

$$x_i = \mu_x + \sum_{j=1}^{l}(a_j\cos\omega_j t + b_j\sin\omega_j t) \tag{3-14}$$

或

$$x_i = \mu_x + \sum_{j=1}^{l} A_j \cos(\omega_j t + \theta_j) \tag{3-15}$$

式中，l 为谐波的总个数；a_j、b_j 为各谐波分量的振幅（即傅里叶级数），按下式计算：

$$\begin{cases} a_j = \dfrac{2}{n}\sum_{t=1}^{n} x_t \cos\omega_j t \\ b_j = \dfrac{2}{n}\sum_{t=1}^{n} x_t \sin\omega_j t \end{cases} \tag{3-16}$$

式中，μ_x 为序列的均值，即 $\mu_x = \dfrac{1}{n}\sum_{t=1}^{n} x_t$；角频率 $\omega_j = \dfrac{2\pi}{n} j$（其中 $\dfrac{2\pi}{n}$ 为基本角频率）；A_j 为谐波振幅，$A_j = \sqrt{a_j^2 + b_j^2}$；$\theta_j = \arctan(-\dfrac{b_h}{a_j})$。

根据公式计算，绘制丹江口水库天然入库水量序列的方差线谱图（图 3-8），从图 3-8 中可以看出，序列中包含的贡献较大的谐波的个数，并计算得出所对应的周期。为了得到精度较高的周期数，报告中采用不同长度的序列计算，分析不同序列得出的周期长度，最终确定其周期。计算结果显示，丹江口天然入库水量序列的周期长度为 23a。

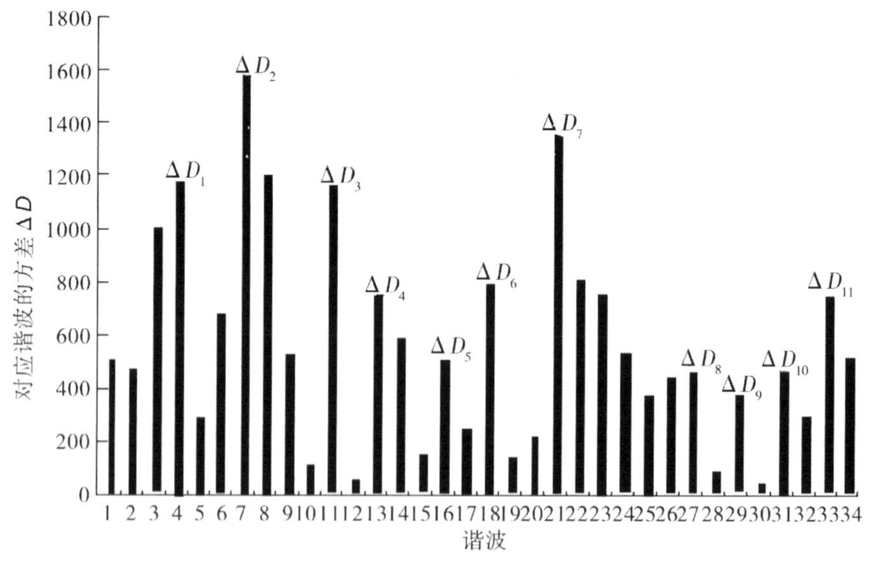

图 3-8　丹江口水库天然入库水量周期

根据周期谱分析得出的结果，丹江口天然入库水量序列均存在着周期成分。

3.5.3.5　**分析结论**

（1）据统计，在 1956—2000 年 45a 系列中，汉江水源区连续 3 年偏枯出现 1 次，为 1976—1978 年，连续 2a 偏枯或枯水的年份有 1 次，为 1994—1995 年，其余均属丰、平、枯交替，可见 20 世纪 90 年代连续性枯水年发生是丰、平、枯交替出现一个周期，只是枯水连续性较长而已。

（2）一个具有较好代表性的系列，丰、平、枯水年份宜分布均匀，丰枯水循环较为完整，并包含数个较为完整的丰枯水周期。根据丹江口年入库水量的相对差积曲线 $[\sum(K_i-1)]$ 分析,1933—2000年68年长系列和1956—2000年45年短系列两种系列均具一定代表性,且均表现出一定的周期变化。

(3)通过数理统计方法对丹江口水库天然入库水量进行检验分析,在给定显著性水平下,丹江口水库天然入库水量没有明显的趋势变化,有明显的周期变化,再一次证明了20世纪90年代出现的连续性枯水年并非表示汉江上游水资源量呈减小的趋势,而是表现为周期变化中的枯水期。

3.5.4　中线工程膨胀土(岩)地段渠道破坏机理与处理技术研究

南水北调中线工程总干渠全长1 432km,渠道沿线地质条件复杂,穿越膨胀土(岩)渠段累计长约386.80km。膨胀性土(岩)分布区地貌形态多为丘陵,垄岗和山前冲洪积、坡洪积裙,渠道挖深以小于15m为主,局部渠段挖深15~30m,少数渠段挖深超过30m。膨胀土(岩)因其具有特殊的工程特性,易造成渠坡失稳,对工程的安全运行影响很大;而且,其处理难度、处理的工程量和投资也较大;因此,膨胀土(岩)的处理,是南水北调中线工程的重要技术问题之一。

早在20世纪70年代,在该地区修建引丹渠首引渠时,就在膨胀土地段发生过13处大滑坡,为此花费了许多精力、时间和大量资金进行研究和治理;当时所采用的方法以刚性支挡为主。南水北调中线工程膨胀土(岩)渠坡规模更大、地质条件更复杂,必须研究更为有效的工程措施,才能确保渠道工程安全可靠地运行。

水利部长江科学院专家郭熙灵、包承纲和长江科学院水利部岩土力学与工程重点实验室学者李青云、程展林、龚壁卫等,经过多年研究于2009年11月在长江科学院院报第26卷第11期发表了《南水北调中线工程膨胀土(岩)地段渠道破坏机理和处理技术研究》一文。作为关键技术问题之一,引、编该文,利于读者了解和比较中线工程存在的诸多问题。

3.5.4.1　引言

南水北调中线工程,经过多年的勘探、规划、设计,完成了大量的前期工作,为工程的实施奠定了一定技术基础。在总体可行性研究阶段,膨胀土(岩)渠坡的主要处理措施是换填非膨胀黏性土。但在工程实施阶段,这种处理措施仍有论证、优化或改进的必要。

在膨胀土地区,往往缺乏换填用的非膨胀性黏性土,绝大多数情况下需要远距离取土,不仅成本高,而且取土将破坏大量农田;同时,渠道开挖的膨胀土(岩)弃料也会占用农田。因此,研究新的渠坡处理措施以利用开挖的膨胀土弃料是非常必要的。此外,以往在膨胀土渠坡破坏机理、稳定性分析方法上,尚缺乏合理、可靠的理论;对于膨胀土(岩)渠坡处理措施、施工质量控制、处理效果等方面的关键性技术问题,也未进行过有针对性的系统研究;对于可行性研究阶段提出的各种处理方案的合理性、经济性和可靠性缺乏比较,更缺乏大规模的现场施工检验。

有鉴于此,国家科技部和国务院南水北调办公室在国家"十一五"科技支撑计划项目"南水北调工程若干关键技术问题研究与应用"中,专门设立了"膨胀土地段渠道破坏机理及处理技术研究"课题。该课题的任务是,研究南水北调中线工程膨胀土(岩)渠坡破坏机理,并提出膨胀土(岩)渠坡稳定性分析方法。

研究膨胀土(岩)渠道如何进行处理并提出经济可行的处理方案,为南水北调中线工程

提出更为可靠合理的解决方法,最大限度地降低工程对环境的影响,是本课题的主要目的。课题参加单位有:

(1)长江水利委员会长江科学院;

(2)长江水利委员会长江勘测规划设计研究院;

(3)南水北调中线干线工程建设管理局;

(4)河南省水利勘测设计研究有限公司;

(5)河海大学;

(6)南水北调工程建设监管中心。

长江科学院作为牵头单位,联合上述单位共同进行了科技攻关。经过近4年的室内和现场试验研究工作,取得大量研究成果。

3.5.4.2　**研究情况**

膨胀土是一种遇水膨胀、失水收缩,胀缩效应十分明显的特殊黏性土。膨胀土(岩)对工程的危害是当今岩土工程界急需解决的全球性技术难题之一。

1)国外技术发展

国外从20世纪30年代,就开始注意到膨胀土的破坏现象,并进行了有关研究。我国的水利、公路、铁路等部门,从20世纪60年代开始,对膨胀土的结构、矿物成分以及膨胀土分类和膨胀土基本特性等方面进行了试验研究,并取得了大量研究成果。在其后的二三十年中,国内对膨胀土的强度、变形所开展的研究工作从未间断,但这些工作大多是基于饱和土的理论进行的,在反映膨胀土的非饱和特性方面存在明显的缺陷,如不能反映膨胀土于湿循环过程中的强度、变形的变化。因此,也很难全面反映膨胀土土体的工程特性。

20世纪90年代开始,随着非饱和土试验研究技术的发展,国际上兴起了非饱和土研究热潮,膨胀土作为其中比较典型的非饱和土,受到更多的关注,研究者注意到不能再将膨胀土作为一般黏性土看待。

2)初步分析

膨胀土(岩)边坡的破坏形式,一般为渐进性浅层破坏,而目前膨胀土(岩)边坡稳定分析主要采用极限分析法、有限元法等。在抗剪强度参数的选取上,往往采用折减法,土的本构关系也基本沿用饱和土的本构关系,这些“假定”不能反映膨胀土湿胀干缩特性以及膨胀力产生的独特作用,也很难全面反映降雨、裂隙、膨胀特性等因素对边坡破坏的影响。因此,尚不能正确反映膨胀土(岩)边坡失稳的特殊性。为此,急需针对南水北调中线工程的实际,在膨胀土(岩)渠坡破坏机理的研究基础上,提出适合膨胀土(岩)特性的边坡稳定分析方法。

3)研究思路

在膨胀土的工程处理方面,水利、公路、铁路等部门以往多使用掺石灰、固化剂等改变膨胀土的胀缩性、提高强度的方法,但这些方法应用于渠道工程可能存在环保问题。近年来,随着新技术在岩土工程中的运用,土工格栅、土工布(膜)等土工合成材料开始用于膨胀土路堤的回填、路堑的处理和渠道防渗等工程中。近年,这些技术更多的是借鉴其他工程的经验,如果应用于南水北调中线工程,则需要通过专门的试验研究工作,从理论上对这些技术进行合理的分析,同时,需要大规模现场试验去检验这些措施的可行性,并解决工艺问题,以便有良好的施工工艺做保证,同时还要做经济性分析。

围绕上述需求，该课题将首先系统研究南水北调中线膨胀土(岩)的胀缩特性、强度和变形特性、地质结构的分带特征等问题；并研究分析适合于中线工程膨胀土(岩)的处理技术；其后，开展室内辅助性试验，比较各种措施的处理效果；在膨胀土渠坡破坏机理研究的基础上，提出适合膨胀土(岩)特性的边坡稳定分析方法；选择膨胀土(岩)代表性渠段进行现场试验，通过大规模现场试验，验证和比较各种处理方案的合理性；根据膨胀土(岩)特性及工程地质条件，提出膨胀土(岩)地段渠坡处理的设计原则、处理措施和推荐方案的施工工艺及质量检测方法，最后研究提出膨胀土(岩)渠坡施工控制方法，为南水北调中线总干渠大规模施工积累经验，以达到保证工程质量、保障工程安全运行和节省工程投资的目的。

3.5.4.3　研究内容和技术路线

1)研究内容

该课题分解为 4 个专题和若干子题，专题设置及相应的研究内容如下。

(1)专题一。膨胀土(岩)体基本特性研究。主要研究南水北调中线膨胀土(岩)的裂隙特征及其分布规律、膨胀土(岩)的理化及胀缩特性、膨胀土(岩)的强度与变形特性和非饱和渗透特性等。

(2)专题二。膨胀土(岩)渠坡破坏机理及稳定性分析方法研究。对南水北调中线膨胀土(岩)渠坡的破坏形态、破坏特征和破坏模式进行研究分析，研究膨胀土(岩)渠坡的破坏机理，提出适合膨胀土(岩)渠坡的稳定分析方法。

(3)专题三。膨胀土(岩)处理技术研究。选择土工合成材料和其他加固和改性技术，进行南水北调中线膨胀土(岩)处理、加固效果的试验研究，分析各种加固、处理技术效果和适用条件，在此基础上选择若干种处理措施，开展大规模现场试验，验证比较各种膨胀土(岩)渠坡处理方案的合理性。

(4)专题四。膨胀土(岩)渠坡的设计与施工研究。主要进行南水北调中线膨胀土(岩)现场鉴别方法、综合处理措施方案设计及相应的施工工艺、膨胀土(岩)渠坡施工控制指标及质量检测方法等内容的研究，最终为编制相关的设计与施工导则提供依据。

2)技术线路

课题研究综合采用了室内物理力学性试验、物理模型试验、数值模型分析和现场试验等多种研究手段。所采取的技术路线阐述如下。

(1)通过室内基本特性试验，系统研究了南水北调中线膨胀土(岩)物理、水理、力学特性，并提供数值模型分析参数和相关的设计参数。

(2)通过现场试验段裸坡试验区模拟运行工况试验、室内大比尺物理模型、离心模型试验等，揭示了膨胀土(岩)边坡破坏的模式和过程，分析了边坡失稳机理和主要的控制因素。在此基础上，分别采用了非线性有限元、非连续变形分析方法(DDA)进行膨胀土(岩)渠坡破坏过程模拟，提出了适合膨胀土(岩)渠坡特点的稳定性分析方法。

(3)通过专项辅助性试验，研究了膨胀土(岩)开挖料的压实性能，水泥改性膨胀土，土工格栅加筋处理膨胀土和土工袋技术处理膨胀土的机理和效果。

(4)通过典型渠段现场试验的实施和运行工况的模拟试验，验证室内试验提出的处理措施，并制定相关的施工工艺、施工质量控制方法和控制标准。在膨胀土(岩)渠坡破坏机理以及处理技术试验的研究中。分别采用了静力物理模型、土工离心模型、现场试验以及数值分析等手段，这些手段在影响因素、比尺关系、相似性等方面各有优缺点，研究中充分注意了各种手段的优点、局限性和手段间的互补性，并进行交互验证，因而获得较好效果，具体介绍有四点。①现场试验。在中线工程渠线上，选择膨胀土(岩)的典型地段(河南新乡膨胀岩渠坡处理试验段、河南南阳膨胀土渠坡处理试验段)，开挖与中线渠道设计断面接近一致的渠道，进行近似原型试验，其膨胀土(岩)性质、地质特点、自重应力以及环境因素等各种因素完全与渠道运行实际情况相同，试验重点是进行渠坡破坏模式和处理措施效果的验证试验。②室内物理模型试验。无论是小比尺还是大比尺的膨胀土(岩)边坡模型，其土质结构、边坡的几何特征和应力状况均无法与原型保持完全一致，但岩土体的膨胀性完全相似，而且土质和环境因素可控制，边界条件明确，这种试验主要用于观测膨胀性在边坡失稳中的作用，同时还可以进行处理措施的防护机理研究和效果对比。③土工离心模型试验。模型边坡和原型渠坡几何和应力均相似，但只能取扰动样进行试验，在环境因素控制方面有局限性，重点进行破坏机理模式和压重效果的模拟研究。④数值模型分析。在模型试验研究结果基础上，根据膨胀土(岩)特性及边坡失稳模式和机理，专门开发适合膨胀土(岩)边坡稳定计算的方法，并对模型试验结果、原型实验结果进行拟合，在不断完善的基础上，进一步进行相关处理措施对比分析和敏感性分析。

综上所述，该课题通过数值模拟和物理模型试验，进行了膨胀土(岩)渠坡破坏机理研究，提出了膨胀土(岩)渠坡稳定性分析方法，分析研究了膨胀土(岩)处理措施的效果。通过现场试验进行效果验证，同时对各种处理措施的施工工艺参数进行对比分析，并提出了完整的技术方案。

3.5.4.4 关键试验

主要研究及试验成果内容有几个方面。

1)膨胀土(岩)主要特性和改性试验

南水北调中线干线工程涉及的膨胀土(岩)包括第三系膨胀岩和第四系膨胀土。膨胀土(岩)主要分布在陶岔(渠首)—北汝河段、辉县—新乡段、邯郸—邢台段，此外，颍河河及小南河两岸淇河—洪河南、南士旺—洪河、石家庄、高邑等地也有零星分布。据最新的工程地质勘探，在中线工程总干渠渠线上，分布有膨胀岩的渠段长 169.7km，分布有膨胀土的渠段长 279.7km(部分渠段既分布有膨胀土，又分布有膨胀岩)。在膨胀岩渠段中，强膨胀岩渠段长 34.2km，中等膨胀岩渠段长 58.73km，弱膨胀岩渠段长 76.79km；在膨胀土渠段中，强膨胀土渠段长 5.69km，中等膨胀土渠段长 103.5km，弱膨胀土渠段长 170.5km。

2)膨胀土(岩)的物理水理性能试验

不同地域膨胀土(岩)的分布、时代、成因等存在一定的差异，南水北调中线典型地段的膨胀土(岩)基本特性见表 3-8。

3)膨胀土(岩)的强度特征

膨胀土(岩)的强度以中、弱膨胀土(岩)为主，主要研究了原状土(岩)的天然强度，裂隙对强度的影响规律，含水量变化(包括天然、饱和 2 种含水量)对有效应力强度的影响规律，裂隙面强度特征，不同条件下强度参数的取值，饱和状态的应力应变关系特性等；同时进行了击实样不同含水量条件下的有效应力强度试验；开展了现场大型剪切试验，并与室内原状样试验和扰动样试验结果进行对比分析，分析了尺寸效应对参数的影响。

在上述实验研究基础上，提出了合理的计算模型参数和膨胀土岩边坡的设计参数取值原则。

表 3-8　中线总干渠典型渠段膨胀土(岩)基本特征参数

膨胀土(岩)类型		天然含水量/%	干密度/(g·cm^{-3})	黏粒含量/%	塑性指数	自由膨胀率/%	主要黏土矿物	分布地点
膨胀土	灰白色黏土	19.1~31.3	1.51~1.66	48.1~64.5	21.9~29.7	70~158	蒙脱石、伊利石、高岭石	河南南阳盆地
	棕黄色黏土	18.6~27.0	1.56~1.71	38.4~55.3	18.2~23.2	56~90	伊利石、蒙脱石、高岭石	
膨胀岩	褐红色黏土岩	15.3~16.4	1.80~1.90	33.5~35.5	17.9~21.5	47~60	绿泥石、蒙脱石、伊利石	河南新乡地区
	灰白色泥灰岩	14.7~15.8	1.76~1.89	30.9~49.4	17.0~35.6	49~69	蒙脱石、绿泥石、伊利石	

4)膨胀土(岩)的膨胀性试验

主要研究了膨胀土(岩)不同含水量、不同应力状态下的膨胀特性等问题。

(1)利用固结仪进行了不同起始含水量至饱和状态下,击实样及原状样膨胀率和膨胀力试验;

(2)利用三轴仪测定膨胀土(岩)在不同应力水平下的膨胀体变及轴向应变,研究了偏应力对膨胀变形的影响;

(3)通过实验研究了不同膨胀等级的膨胀土(岩)含水量和密度对膨胀土(岩)模量、线膨胀系数的影响。

上述研究结果成为渠坡的压重-防护处理措施中厚度选择的主要依据之一。

5)膨胀土(岩)的渠坡稳定分析参数

进行了膨胀土岩原状样天然状态及饱和状态下的应力应变关系试验,并提出变形模量及泊松比等计算所需的参数。

(1)研究了膨胀土(岩)渠坡应力应变分析中的指标(包括邓肯模型参数)的实验和取值分析;

(2)研究了膨胀土(岩)扰动样的膨胀性参数,包括不同起始含水率、密度和上覆压力下膨胀土(岩)的线膨胀性系数和膨胀率。

6)膨胀土(岩)开挖料的压实性能及改性试验

(1)用非饱和土理论和实验研究了压实土体的持水性能和工程性状。

(2)膨胀土回填料的压实度控制问题:膨胀土(岩)回填压实度的控制有别于一般黏土,压得越密后期的膨胀量越大。其压实密度既不能太小又不能过高,因此,用膨胀性岩土作为填筑材料,填筑后的膨胀性能是一个十分关键的控制因素。为此,系统进行了不同起始含水率、不同压实密度条件下的膨胀性(膨胀力和膨胀变形)试验,根据试验结果分析提出了膨胀土(岩)压实度双指标控制的依据,为土工格栅、土工袋等处理措施中的填料碾压控制标准提供分析依据。

(3)纤维改性:在膨胀土中掺入一定量的人工合成纤维,可形成“真正的”加筋土。进行了大量的室内试验,研究了不同材料、不同形状和不同长度纤维对膨胀土的膨胀性约束和抗拉强度提高的效果。

(4)水泥改性:进行了一系列水泥改性膨胀土试验。通过改性后的自由膨胀率试验,确定了水泥的最佳掺量;通过胀缩特性试验,研究了水泥改性对降低膨胀潜势的效果;通过无侧限抗压强度、压缩等力学性质试验,研究了水泥改性对膨胀土强度软化、模量软化的抑制效果。

3.5.4.5 膨胀土(岩)渠坡破坏模式和机理

1)破坏模式

根据以往的观测,膨胀土边坡失稳主要有两种类型:浅层滑动和深层滑动。在实际工程中,浅层滑动较为多见,主要发生在浅层大气影响范围内(2~3m),这类渠坡失稳模式是研究重点。深层滑动则主要由软弱结构面控制,可按照通常的边坡稳定问题处理,不是这里讨论的重点。从新乡膨胀岩渠坡处理试验段、南阳膨胀土渠坡处理试验渠道开挖过程以及开挖后工况模拟过程出现的渠坡失稳的现象看,渠坡失稳主要是浅层滑坡,且可分为以下类型。

(1)第一种类型。第一种为开挖过程中的即时滑坡。从滑坡勘探看,失稳原因是由膨胀土固有的裂隙面组成有利于滑动的产状而产生滑坡,此类滑坡主要由裂隙面控制,属重力作用下的失稳,这一点在南阳膨胀土试验段反映得非常明显;例如,中膨胀土试验段 7 区渠道开挖中发生滑动,就是沿已有裂隙面(实测内摩擦角小于 100°)滑动的。

(2)第二种类型。第二种类型为滞后性滑坡,即开挖后渠坡是稳定的,但经过人工降雨或者一个阶段的自然降雨后,渠坡发生了滑动,一般为从坡脚向坡顶发展的逐级牵引式滑动破坏。例如,在新乡膨胀岩试验段裸坡试验区,中、弱膨胀岩 4 种不同坡比(1∶1.5,1∶2.0,1∶2.5 和 1∶3.0)的裸坡,经人工降雨后,有 2 个边坡失稳;在南阳膨胀土试验段裸坡试验区,中膨胀土实验区 2 种坡比(1∶1.5,1∶2.0)的裸坡经人工降雨后均发生破坏,弱膨胀土坡比为 1∶2.0 的渠坡在人工降雨后也发生滑坡。

2)机理分析

观测资料显示,膨胀土渠道坡脚部位的位移比坡肩部位的位移大,表明边坡的失稳先从坡脚开始发生,然后逐步向上牵引式发展。这类滑坡事先没有明显的滑动面,如果按照通常的稳定性计算方法和强度折减计算,这类边坡在重力作用下是稳定的,它们之所以失稳应该与膨胀土(岩)膨胀性有关。为验证这种想法,在室内专门进行了大比尺(与原型渠坡的尺寸比为 1∶10)膨胀土边坡物理模型试验。模型试验采用强膨胀土(岩)、中膨胀土(岩)的扰动样分层压实,对于扰动样,膨胀土体固有的裂隙性和超固结性均已消除,只有膨胀性保留,3 个模型的试验结果显现了膨胀土渠坡在没有裂隙以及重力很小的情况下,人工降雨产生滑坡过程。

通过物理模型试验和膨胀土(岩)现场渠坡人工降雨试验的综合分析,认为膨胀土(岩)坡失稳机理是与重力和膨胀性共同作用有关的。渠坡稳定的主要影响因素包括膨胀土岩的强度变化、膨胀性大小及裂隙的发育程度等。水分状态的改变(增加)导致膨胀性(膨胀变形、膨胀力)和遇水强度降低(降雨入渗土体饱和度增加,吸力减小),裂隙产生和发展是滑坡产生的促进因素,因此,膨胀土(岩)渠坡失稳表现出浅层性、时间效应、雨水的诱发等特征。

上述两种类型的失稳模式,其机理和处理办法均不相同。第一种类型的浅层滑坡主要受裂隙控制,只要裂隙产状组合有利,开挖时在重力作用下即发生滑坡,其处理办法为局部挖除,回填压实;第二种类型的失稳模式在挖方段、填方均存在,是本课题研究的重点,膨胀土(岩)渠坡稳定分析以及处理措施实验研究主要是针对这类失稳模式进行的。

3.5.4.6　**膨胀土边坡稳定性计算方法**

1)主要思路

以往,膨胀土边坡稳定分析方法主要有刚体极限平衡法和有限元法。刚体极限平衡法是边坡稳定分析的常用方法,其原理简单,比较实用。但边坡稳定计算方法仅考虑重力的影响而没有考虑膨胀性的影响,该方法仅适用于常规黏性土,不能考虑膨胀土(岩)的工程特性和其特殊的边坡失稳的模式,计算结果与膨胀土(岩)边坡破坏的实际情况有很大差异,容易产生误导。例如,对于膨胀土边坡在坡比 1∶5 的情况下仍然滑坡就无法解释。显然,膨胀土(岩)渠坡稳定分析中必须考虑膨胀性(膨胀力和膨胀变形)在其中起的作用。

在膨胀土(岩)渠坡失稳模式和机理分析基础上,该课题重点筛选出影响边坡稳定的含水量和强度等关键因素,最终提出了与温度场等效的湿度场来模拟膨胀土边坡的吸湿变形,并建立了两套适用于膨胀土(岩)的边坡稳定分析方法。

2)分析方法

基于非线性有限元的膨胀土(岩)渠坡失稳数值模拟采用流固耦合的非线性有限元分析方法,对膨胀岩边坡降雨失稳现场试验进行了数值模拟研究,在 ABAQUS 平台上改进了边坡稳定分析技术,使之能考虑膨胀岩的膨胀性、裂隙性以及非饱和膨胀土(岩)的吸湿软化特性。建立了一套能考虑水分入渗的膨胀岩土边坡的稳定分析方法,该方法设定降雨前后边坡含水量为分布场,抗剪强度、密度等参数为含水量的函数,可分析评价膨胀岩土边坡在降雨情况下的稳定性。通过现场试验数据验证了方法的合理性和有效性。数值计算结果表明,非饱和膨胀岩的吸湿软化特性是膨胀岩边坡渐进性破坏的主要原因,膨胀性进一步加剧了这种影响;大气影响带膨胀岩的风化、干湿循环影响的浅层裂隙,是膨胀岩边坡浅层滑动的根源。

3)基于 DDA 的膨胀土(岩)渠坡破坏过程模拟

非连续变形分析方法(DDA)能很好地分析非连续体的变形、破坏过程和稳定性。目前,在岩石边坡等稳定分析和破坏过程中应用广泛。课题结合膨胀土(岩)渠坡的破坏机理和模式以及膨胀土(岩)的裂隙特性、膨胀特性,建立了 DDA 模拟膨胀土(岩)渠坡的破坏过程的分析方法。该方法能够模拟膨胀土(岩)渠坡在吸湿膨胀和强度降低作用下的破坏过程。计算结果表明,膨胀土(岩)渠坡在吸湿膨胀和强度降低后发生浅层顺坡向滑动破坏,与工程实际破坏现象吻合,很好地拟合物理模型和现场试验中的膨胀土(岩)渠坡失稳过程和破坏形态。表明用于模拟膨胀土(岩)渠坡的破坏过程是合理适用的,为膨胀土(岩)渠坡的稳定性分析开辟了新途径。此外,用 DDA 分析了边坡坡比、强度降低、膨胀率对膨胀土(岩)渠坡稳定性的影响,得出了一些具有工程指导意义的结论。

3.5.4.7　**渠坡处理措施及试验**

1)膨胀土(岩)渠坡处理的思路

膨胀土(岩)渠坡的失稳破坏,主要源于水对膨胀土(岩)体的作用。失稳范围为大气影响带,一般为地表以下 2~3m。由于失稳是土体遇水的膨胀性和强度软化引起,那么就针对性地采用改性或者防护等措施来解决。

在膨胀土的工程处理方面,以往多使用掺石灰、水泥、固化剂等改变膨胀土的胀缩性、提高强度的方法。近年来,随着新技术在岩土工程中的运用,土工格栅等土工合成材料开始被用于路堤的回填、路堑的处理和渠道防渗等工程中。在膨胀土(岩)渠坡防护方面，主要是两种思路，一方面，尽可能避免膨胀土与外界的水分交换，防止岩土体胀缩变形反复发生；另一方面，遇降水时能够迅速排除表面和岩土体中的水分。两者的出发点均是保持膨胀土岩渠坡岩土体水分状态尽可能的少波动。

考虑到南水北调中线工程主要用途为城市供水，为避免水质污染，将优先采用物理改性和或加筋方式来处理膨胀土渠坡，避免换填取土大量破坏农田，同时要考虑开挖出的膨胀土再利用的问题，以免废土弃料占用大量耕地，有利于当地生态环境的建设；因此，重点研究了压重-防护综合措施，用以替代初步设计中的换填黏性土方案。所建议的措施包括不同的方案，如土工合成纤维改性膨胀土、土工格栅加筋膨胀土、土工袋等形成的柔性挡墙等。

2)压重-防护综合措施的原理分析

膨胀土(岩)渠坡如果不发生与外界的水分交换，其膨胀性就显现不出来，则在现有坡比下是稳定的。但现有的任何防护措施都不可能绝对隔绝与外界的水分交换；因此，可行的思路是控制膨胀土(岩)边坡一定深度范围内的含水量变化不致过大，以使由此引起的膨胀性可以控制得住。采用边坡表层压重使下伏土体吸湿时膨胀性受到约束，其理论压重厚度从膨胀土(岩)的室内膨胀性试验得出，不同膨胀等级的膨胀土采用不同的压重厚度(膨胀性越强，所需压重越大，厚度越大)，并综合考虑大气影响深度和施工因素确定处理厚度，形成现场实施方案；换填黏土就是典型防护和压重措施，工程实施中效果良好。本课题重点考虑就地处理回填膨胀土岩的措施，形成综合防护措施，实现改性、防护、压重和柔性支护一体化的综合思路。

(1)改性：破坏表层(大气影响深度范围内)岩土体组成成分或原有结构，通过加筋、加固或者包裹使表层土体膨胀潜能减小或受到抑制；

(2)防护：对下伏岩土体的隔离防护作用，隔绝与水和大气的接触，避免膨胀土(岩)渠坡水分状态发生变化，进而减小下伏膨胀土(岩)胀缩变形和膨胀力；

(3)压重：改性土或者换填土体对下伏岩土体起到压重作用，抑制其膨胀变形；

(4)柔性支护：极端情况下(如局部渗漏或地下水位变化)，下伏岩土体由于湿度变化而产生的膨胀变形和膨胀力，能够为加筋土层或者改性层所抵抗或吸收，形成柔性支护，进而使其对渠道结构物的影响控制在允许范围内。

根据以上的思路，主要考虑的膨胀土(岩)处理方案有：土工格栅加筋膨胀土(简称土工格栅)，土工袋包裹膨胀土(简称土工袋)，水泥改性膨胀土(简称水泥固化土)，纤维加筋膨胀土(简称纤维土)。

3)处理措施的室内试验研究

为了选定处理方案，进行了多种类型的室内试验。其中土工格栅方案的性能试验包括拉拔试验、直剪试验、三轴试验、蠕变试验和物理模型试验。通过室内专项试验研究，解决了如下问题。

(1)采用大型拉拔试验研究了不同形式土工格栅用于加筋膨胀土的界面特性，土工格栅内部受力、变形和强度发挥等对加筋效果的影响；

(2)采用物理模型试验研究了土工格栅的形式(单向和双向格栅)、土工格栅铺设间距对加筋效果的影响，为现场实验方案提供依据；

(3)采用物理模型试验研究了加筋对控制边坡变形的效果以及边坡变形标准；此外，对土工袋性能也由河海大学进行了专项研究,上述研究成果已有专文介绍,不再赘述。

3.5.4.8 现场试验及工况模拟

1)现场试验简况

根据室内试验遴选了几种以土工合成材料为主的处理措施,为验证它们的效果,在中线工程渠线上进行了现场试验。现场试验重点是:观测渠道开挖过程中的变形(卸荷变形和胀缩变形)、应力和含水量的变化规律;对换填黏性土、土工格栅加筋、土工袋、复合土工膜等处理措施,通过现场碾压试验,研究各种处理措施的施工工艺、碾压控制参数,确定适宜的施工方法和检测标准;对不同的膨胀土(岩)工程处理措施的效果进行现场观测,获取渠坡处理后膨胀岩体内的应力、变形、含水量等指标;并对各种处理措施进行综合评价。

现场原型试验分2个试验段:新乡膨胀岩渠坡处理试验段、南阳膨胀土渠坡处理试验段。

2)试验参数

膨胀岩试验段试验区选取与布置膨胀岩试验段位于新乡潞王坟,渠段长1.5km,主要为挖方段,坡高一般15~42m。试验段上部泥灰岩以弱膨胀性为主,下部黏土岩以中等膨胀性为主,局部为强膨胀性。试验区累计长568m,共布置8个试验区,每个实验区长度70m左右,按初步设计中渠道设计断面欠挖2m进行施工。

(1)1区为强化破坏试验区。本区为不采取任何处理措施的裸坡试验区,设定不同坡比,进行渠道蓄水-检修循环和降雨-蒸发干湿循环的强化试验,重点研究不处理条件下膨胀岩渠坡的稳定状态以及渠坡的破坏形式和破坏机理。

(2)2区至6区主要比较中膨胀岩地段不同措施以及处理层厚度方案。其中,2至5区一级马道以下重点研究换填黏性土、开挖料回填+土工格栅加筋或土工袋以及有关坡脚局部改良土与其他处理措施结合等;一级马道以上重点研究喷护水泥砂浆+复合土工膜防渗、喷护水泥砂浆、砌石拱、开挖料回填+土工格栅加筋、土工袋等措施。6区为干坡试验区,一级马道以下不衬砌、不浸水,以模拟一级马道以上为中膨胀岩的工况。

(3)7区至8区主要比较弱膨胀岩地段简化处理的方案。

上述方案中,除裸坡以外,其余方案均考虑进行局部破坏性试验,模拟衬砌局部开裂及防渗失效和渠坡处理层开裂防护失效等情况下各种处理方案的效果。

对于试验区,将观测断面分为重点观测断面和一般观测断面。对重点观测断面,按不同深度、层位,全面进行含水量、应力、变形等指标观测;对于一般观测断面,以变形观测为主,辅以局部的应力和含水量的观测。现场观测主要包括:应力场、变形场、孔压场(正或负孔压)和气象条件(包括降雨量、蒸发量等)。另外,采用人工降雨手段模拟大气降雨,加速渠坡岩体的干湿循环过程,降雨量和雨强根据当地最不利的气候条件确定。

3)模拟观测时间

本试验段开挖时间:2007年6月26日;完成时间:2008年6月;模拟运行工况的观测时间:2008年6月至2010年6月。施工前,各项试验和观测仍正在进行中。

4)试验位置

膨胀土试验段试验区选取与布置。南阳膨胀土试验段是中线总干渠工程的一部分,位于陶岔—沙河南段南阳市境内,起点位于南阳市卧龙区靳岗乡孙庄东,终点位于南阳市卧龙区靳岗乡武庄西南,全长2.05km。以中等、弱膨胀土为主,有填方区,半填、半挖区以及挖方区,地下水位埋藏较浅。

(1)整个试验段分为3个试验区,分别为填方试验区、弱膨胀土挖方试验区和中膨胀土挖方试验区。其中填方试验区又分为2个亚区,弱膨胀土试验区分为4个亚区,中膨胀土试验区分为7个亚区,每区长80~120m,布置了不同的试验方案。弱膨胀土现场试验区桩号101+400~101+850,总长450m,分为4个区。

(2)Ⅰ至Ⅲ区为3个处理措施试验区。对一级马道以下渠道开展3种处理措施试验,对一级马道以上开展4种保护措施试验。Ⅳ区为裸坡试验区,长120m。

(3)Ⅰ至Ⅲ区分别研究换填非膨胀土(Ⅰ区)、水泥改性(Ⅱ区)、土工膜(Ⅲ区)处理的效果及施工工艺,其中换填非膨胀土方案作为其他方案的对比。Ⅳ区重点研究弱膨胀土破坏机理、大气影响带形成规律、开挖渠道临时保护措施,试验区一侧坡比1∶1.5,另一侧1∶2.0。

(4)中膨胀土现场试验区分为桩号101+950~102+550,总长600in,共分7个区,其中处理措施试验区长各80m,裸坡试验区长120m。一级马道以下主要安排换填土(Ⅰ区)、水泥改性(Ⅱ区、Ⅴ区)、土工袋(Ⅲ区)、土工格栅(Ⅳ区)、土工膜+砂垫层5种处理措施(Ⅵ区)等6种防护措施;对应在一级马道以上安排换填土、水泥改性、土工格栅、土工袋、砌石联拱、菱形格构、砼六方格等7种防护措施。其中换非膨胀土方案作为其他试验方案的对比方案。

(5)填方渠道试验区桩号100+550~100+790,长240m,分2个试验区,各长120m。其中100+550~100+670为试验Ⅰ区,主要研究内坡外包水泥改性土措施;100+670~100+790为试验Ⅱ区。主要研究内坡外包土工格栅方案。外坡研究的主要措施有:闭合六边形砼方格植草、直接植草等方案。本试验段开挖时间为2008年12月1日,完成时间为2009年3月21日。模拟运行工况时间为2008年3月至2010年9月。施工前,各项试验和观测仍在进行中。

5)试验成果

试验段取得的试验成果体现在以下几个方面。

(1)开挖期观测和现场原位试验。对开挖卸荷过程的渠坡的变形和应力进行了全过程观测和分析;进行了开挖期边坡破坏形态和模式观测和分析;对室内研制的渠坡临时保护材料进行了现场试验;进行了大型剪切试验和旁压试验等原位试验。

(2)膨胀土(岩)渠坡破坏模式和机理分析。通过试验段布置的不同坡比的裸坡试验区人工降雨试验,研究了膨胀土(岩)的大气影响深度,观测和分析了渠坡破坏模式和机理。

(3)处理措施施工工艺试验。通过碾压试验,提出了各种处理措施的施工工艺、质量控制、设计要点等;提出了施工质量控制办法。

(4)运行工况模拟试验。处理方案确定和实施后,进行了各种工况模拟实验,包含:正常工况模拟(一级马道以下蓄水,一级马道以上人工降雨和自然降雨)下渠坡响应;极端工况模拟:局部破坏试验、衬砌完全破损后渠坡响应试验。根据观测数据,对比了各种处理措施与不处理的渠坡在环境因素下的响应;对比了现场试验前后的现场原位测试结果。以边坡的变形和应力观测数据为基础,结合渠坡稳定分析成果,研究渠坡变形-应力随时间、气候环境、应力环境等因素的变化趋势,预测渠坡变形和稳定状态,在此基础上初步评价了渠坡处理措施的合理性和可靠性。

施工前,两个试验段的观测仍在持续进行,根据现场试验结果,对各种处理方案,从施工方便性和经济合理性等方面进行综合评价,最后推荐出总干渠膨胀岩渠坡的处理方案,包含土工格栅、土工袋、水泥改性等的使用部位和具体方案参数等,为南水北调中线工程膨胀岩渠坡处理设计和大面积施工提供指导和借鉴。

3.5.4.9　结论

本课题结合南水北调中线工程的实际,重点研究了膨胀土(岩)渠坡破坏模式和破坏机理,提出了适合膨胀土岩渠坡的稳定分析方法;研究了不同膨胀性等级渠坡的处理措施,并通过现场试验进行了措施效果的评价,提出了各种措施的施工工艺和质量控制标准。

通过室内和现场试验、物理模型和数值分析等综合手段的研究,得出了如下的重要成果。

(1)对南水北调中线工程典型地段的膨胀土(岩)进行了系统的矿化分析、膨胀性试验、非饱和强度及应力应变关系试验研究,获得了膨胀土(岩)的基本特性参数及变化规律,为渠坡稳定分析及处理方案综合评价奠定了基础。

(2)在室内进行专项辅助性试验,包括膨胀土(岩)改性试验、土工格栅加筋膨胀土、土工袋包裹膨胀土的物理模型试验,为膨胀土(岩)渠坡处理措施的选择和方案的制定提供科学依据。

(3)提出了膨胀土(岩)渠坡失稳的几种模式,分析了破坏机理和特点。根据现场试验和物理模型系统全面地揭示了膨胀土(岩)边坡的破坏机理和模式;弄清了哪些可以用常规方法解决(如开挖期沿已有的结构面或裂隙面破坏,这是重力作用下的破坏),哪些要采用针对性的方法解决(如开挖期是稳定性,边坡很缓,但在降雨后产生滑动的浅层滑坡,这是膨胀性和重力在起作用)。

(4)研究提出了符合膨胀土边坡特点的稳定性计算分析方法:针对膨胀岩渠坡的破坏模式和破坏机理,建立了膨胀岩吸湿膨胀模型,开发了非线性有限元和非连续变形分析 2 种渠坡稳定分析程序,其有效性和合理性在试验段工程中进行了验证。

(5)系统提出了膨胀土(岩)渠坡处理主要措施的施工工艺、质量控制以及设计和施工导则。对比了几种先进措施的处理效果,对施工工艺和质量控制标准进行了研究。

(6)通过人工降雨、自然蒸发、渠道蓄水、埋设注水花管等方法模拟了各种运行工况,对各种处理措施的效果进行了现场验证,在此基础上,进行了综合评价,推荐了各种处理方案的应用条件和范围。

3.5.5　中线穿黄渡槽方案研究

南水北调中线工程穿黄渡槽,是世界上输水规模最大的渡槽。水利部黄河水利委员会设计院吴长征、张治平、阎红梅工程师根据南水北调中线穿黄河段的地形地质条件、黄河的洪水泥沙特性和穿黄工程规模大、技术复杂的特点,进行了多种方案的研究比较,推荐采用三向预应力矩形薄腹梁渡槽,下部结构为柱式墩、混凝土灌注桩为基础的方案。经过较全面的计算分析研究,渡槽能够满足各种可能条件下的施工和安全运行要求。

3.5.5.1　引言

南水北调中线工程从丹江口水库陶岔渠首引水,横跨长江、淮河、黄河、海河四大流域,终点到北京团城湖,线路总长 1 267km。渠首引水流量 500~630m^3/s,年调水量 120 亿~140 亿 m^3。主要供京、津、冀、豫 4 省(市)京广铁路沿线地区城市生活、工业和环境用水。中线穿黄渡槽是中线调水线路中规模最大、技术最复杂的交叉建筑物。该工程位于郑州黄河京广铁桥以西30km处的孤柏嘴河段,南岸在孤柏嘴上游约2km,北岸位于河南温县陈家沟村西。渡槽设计流量440m^3/s,加大设计流量500m^3/s。渡槽工程自南岸起点至北岸终点全长19.3km,涉及的主要建筑物有跨黄河渡槽,进口节制闸、退水闸,出口检修闸,南、北岸连接渠道,新、老蟒河交叉建筑物等。跨黄河渡槽长度为3.5km,靠南岸山湾布置。

隧道渡槽比选时,穿黄渡槽的初步设计工作已基本完成,除设计报告外,还提出了近30个专题科研报告。先后组织了多次有水利、交通、科研院所和高校等专家学者参加的技术咨询会和座谈会,对渡槽设计中的关键技术问题进行研究咨询。这里重点介绍穿黄渡槽方案的设计研究情况。

3.5.5.2　**穿黄渡槽设计**

1)设计标准和依据

中线工程属特大型跨流域调水工程,工程等级为大(Ⅰ)型。穿黄渡槽是中线工程上最关键的交叉建筑物,建筑物级别为一级。根据《防洪标准》(GB 50201—2014),考虑中线穿黄工程的重要性和黄河洪水泥沙的复杂性,经论证确定穿黄渡槽设计洪水标准为300年一遇,校核洪水标准为1 000年一遇。

穿黄渡槽设计地震加速度概率取基准期50年内超越概率的5%。

2)地质条件

根据对孤柏嘴河段多条穿黄线路的比较,考虑穿黄工程对黄河河势的影响及工程布置等因素,选定李村—陈家沟线作为穿黄渡槽线路。该处黄河河床宽度9.9km,河槽高程98~100m,滩地高程102~103m。南岸邙山顶面高程约180m,北岸青风岭岗地高程约112m。黄河北岸滩地上有新、老蟒河,河槽宽分别为40~50m及10~20m。

河床覆盖层主要为第四系全新统冲积层(Q_4^{al})、上更新统冲积层(Q_3^{al})和中更新统冲洪积层(Q_3^{al+pl2})。下伏基岩为上第三系(N)黏土岩、砂岩等。

Q_4地层主要分布于河床及漫滩,岩性为沙壤土、壤土、粉砂、细砂、中砂等,总厚度7~37m。该层与下部Q_2地层间断续分布有一层厚度为0.5~5m的泥砾层。

Q_3地层主要分布于邙山、青风岭一带及北岸漫滩Q_4地层之下。在南岸邙山一带,该层厚55~70m,为黄土状粉质壤土,含少量钙质结核。在北岸青风岭一带,该层厚达90~100m,其上部10~20m为黄土状粉质壤土,下部主要为细砂、中砂及沙砾石层。

Q_2地层主要分布于南岸邙山及河槽上部覆盖层之下,其顶面高程及层厚均变化较大。在渡槽起点附近顶面高程为110m左右,厚约70m,岩性以粉质壤土为主夹6~7层粉质黏土。该层中普遍含有粒径1~8cm的钙质结核。

第三系地层(N),沿渡槽轴线顶面高程变化较大,河床下埋深40~60m。主要为河湖相沉积的黏土岩、砂岩等,固结成岩程度低,属软岩。

工程区地震基本烈度为7度。穿黄渡槽设计地震基准期50年内超越概率5%的基岩水平加速度峰值为0.158。

3)渡槽结构形式研究

在穿黄渡槽设计中,根据已有工程资料和前几年水电、桥梁工程中运用的新技术、新工艺,拟定了十几种不同结构类型、不同材料、不同断面形式、不同跨度的渡槽方案。经过初步计算分析,选出8种(拱组合梁渡槽、中承式拱渡槽、钢桁架渡槽、刚构渡槽、箱形梁渡槽、U

形渡槽、矩形薄腹梁渡槽和工字梁渡槽）做进一步的计算分析比较，最后推荐矩形薄腹梁渡槽作为穿黄渡槽的代表方案。

矩形薄腹梁渡槽槽身结构为简支三向预应力混凝土薄腹梁矩形槽，单孔跨度为 50m，共 70 跨，总长 3.5km。采用双槽过水，单槽过流量 $250m^3/s$。渡槽进口底板高程 112.12m，槽底板纵坡 1/964。槽身过水断面宽 11m，水深 5.01m，槽内平均流速 4.54m/s。渡槽下部结构，单槽采用双柱墩，灌注桩基础。柱墩外径 4.5m，最大墩高约 11m，承台厚 3m，承台下布置 2×4 根钻孔灌注桩，桩径 2m，桩长 60~70m。槽身及基础布置见图 3-9。

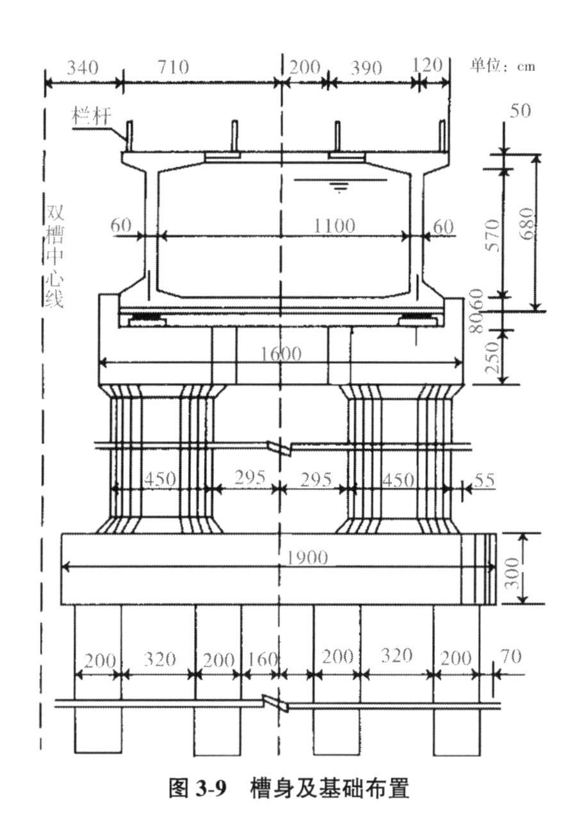

图 3-9　槽身及基础布置

该渡槽结构的主要优点是：结构简单，受力明确，整体性及抗震性能好；结构既挡水又承重，占用的有效水头小，节约水头；设计、施工技术成熟，简便易行；渡槽为三向预应力结构，结构耐久性较好；工程造价较低。

3.5.5.3　渡槽结构设计

渡槽结构的设计具有桥梁和水工建筑物的双重特点。作为桥跨结构，穿黄渡槽承担的荷载巨大，仅自重和水重引起的线荷载就有 1 000kN/m 以上，数倍于铁路桥梁；作为输水的水工建筑物，槽身长期与水接触，运行环境较为特殊。因此，要保证工程的安全运行，渡槽设计需考虑到渡槽在施工及运用的各种条件。

根据渡槽的运行环境、工程的重要性和渡槽的预应力混凝土结构特点，确定渡槽上部结构为严格要求不出现裂缝的构件，裂缝控制标准为一级，构件受拉边缘混凝土不应出现拉应力。在结构设计中，槽身结构主要进行了以下分析计算工作。

（1）渡槽结构平面分析，将渡槽分为纵向和横向平面，用结构力学法进行内力计算，并分三向进行预应力配筋计算及抗裂验算；

(2)槽身整体稳定分析及薄腹梁的侧向稳定分析；

(3)三维有限元的静力和动力计算，分析槽身结构在静力及地震情况下空间的应力、位移情况，对槽身结构的抗裂和抗震性能进行安全评估；

(4)各种温度工况下的温度变化对结构的影响分析；

(5)支座、止水等细部结构设计等。

通过以上计算分析，槽身结构在最不利荷载组合工况下，产生的最大压应力 13.59MPa，最大拉应力 1.11MPa，最大剪应力 2.87MPa，最大位移幅值 35.3mm，支座最大动位移差 3.5mm。结果表明，槽身结构能够满足规范要求的抗裂、抗震、耐久性等要求。

在渡槽下部结构设计中，由于地基覆盖层厚，基岩为软岩，因此桩基按摩擦桩设计，并考虑黄河洪水对槽墩产生局部冲刷深坑的影响。另外，高桩承台地震影响大，下部结构抗震设计尤为重要。主要计算分析工作有：桩基承载能力及桩群效应影响分析、结构内力及配筋计算、三维有限元静力动力分析、温度变化影响分析、槽台结构计算等。

渡槽下部结构，槽墩、承台、台帽为大体积混凝土，计算结果均为构造配筋；混凝土灌注桩最大内力发生在桩顶部位，计算配筋率为 0.1%，表明桩基满足设计强度要求。通过大量的上部槽身和下部墩台、桩基的研究工作表明，矩形薄腹梁渡槽能够满足各种可能条件下的安全运行要求。

3.5.5.4 渡槽施工研究

穿黄工程施工度汛标准为 20 年一遇，相应洪峰流量为 12 100m^3/s。施工条件(对外交通、供水、供电、建筑材料等)比较好。施工方法上，在黄河主河槽段采用钢桁架施工栈桥；滩地段采用筑岛平台和干地施工。

渡槽下部结构施工与一般桥梁结构相同，其施工技术在国内比较成熟。渡槽槽身施工，由于其自重大，整体预制吊装困难，因此宜采用现场浇注施工方法。当时国内成熟的技术有满堂红支架法，采用该方法北岸滩地施工条件较好，但黄河主河槽段施工难度较大，因此推荐采用移动式支架法施工。该方法的支架移动、模板架立、钢筋绑扎、混凝土浇筑、预应力张拉均在槽墩顶上进行，不受地面条件的限制，另外施工自动化程度高、速度快、施工质量好。目前在国内桥梁和渡槽工程施工中，移动式支架法已有成熟经验。如南京长江二桥，桥跨 50m，桥面宽 16m，单跨桥梁自重 1 500t，平均每 9 天施工完成一跨；东江—深圳供水工程中的金湖渡槽也采用该方法施工，收到良好的效果。

3.5.5.5 研究结论

由于南水北调中线穿黄工程比较重要，因此得到了有关领导和主管部门的高度重视。对于穿黄工程是采用渡槽或是隧洞方案，也引起了国内、外有关专家的关注。经过多年工作，两种结构的设计都已达到初步设计的深度，两种方案技术上都是可行的。作为参选方案，必须做进一步的优化设计工作，为南水北调中线工程顺利实施和运行交出合格答卷。

第 4 章　南水北调西线调水方案

4.1　西线调水方案概述

4.1.1　初期规划方案

根据 1996 年提出的初期规划，南水北调西线工程从长江上游调水至黄河。即在长江上游通天河、长江支流雅砻江和大渡河上游筑坝建库，坝址海拔 2 900～4 000m，采用引水隧洞穿过长江与黄河的分水岭巴颜喀拉山调水入黄河，年均调水量 190 亿～200 亿 m^3。主要目标是解决西北黄河上游地区缺水问题，同时促进黄河的治理开发。供水范围，主要是青海、甘肃、宁夏、内蒙古、陕西、山西的缺水地区，并在黄河下游断流趋于频繁和严重的情况下，向下游供水。供水以城市生活和工业用水为主，兼顾农林牧业用水。

黄河多年平均年径流量 580 亿 m^3，河道内生态环境低限需水量 210 亿 m^3，相应黄河可供国民经济耗用河川径流为 370 亿 m^3，并按此水量分配到有关省（区、市）。

随着沿黄地区农业生产的不断发展，耗用黄河水量不断增加。据 1988—1992 年的用水统计，黄河供水地区年均引用黄河河川径流量 395 亿 m^3，黄河河川径流耗水率已达 68%，与国内外大江大河相比，水资源利用程度属较高水平。

黄河作为我国北方地区最大的供水水源，以其占全国河川径流 2% 的有限水资源，承担着全国耕地面积的 15%，全国人口的 12% 及 50 多座大中城市的供水任务，同时还有向外流域部分地区的调水任务。黄河供水范围和供水人口，已经超过了黄河水资源的承受能力，必然导致供需失衡。下游河段频繁断流是黄河水资源供需失衡的集中表现。

黄河水少沙多，下游河床不断淤积，“悬河”的危险程度加剧，黄河汛期的大洪水，仍然是中华民族的心腹之患，而非汛期缺水会造成大面积的干旱灾害。汛期防洪与非汛期干旱形势都很严峻。这说明，对于防洪与抗旱，既要未雨绸缪，防患于未然，保证安全度汛，又要设法补充黄河水资源的不足。由于黄河水资源供不应求，已产生一系列社会、经济与环境问题，且日趋严重。据预测黄河流域和相关地区，正常年份 2030 年缺水 150 亿 m^3 左右，枯水年份缺水则更为严重。

黄河上游的青海、甘肃、宁夏、内蒙古、陕西、山西，地域辽阔，矿产资源丰富，只要有水，发展工业和农林牧渔业的潜力很大。水资源具有不可替代的特性，因此解决缺水问题必须开源节流。在黄河流域大力发展节水具有一定的潜力，然而也是有限度的，根本出路在于借助外来水源。长江多年平均径流量 9 600 亿 m^3，为黄河的 16 倍。调引长江的部分水入黄河，以丰补歉，是解决黄河缺水的根本途径，也是解决西北干旱缺水的重要举措，从改善资源配置来说，西线调水势在必行，而且是一项十分艰巨而又必需的战略任务。

4.1.2 修订规划方案

2001年的修订规划提出，在长江上游通天河、雅砻江和大渡河上筑坝建库，采用输水隧洞穿过长江与黄河的分水岭巴颜喀拉山调水入黄河。年均北调水量145亿~195亿 m^3，其中通天河55亿~100亿 m^3，雅砻江40亿~45亿 m^3，大渡河50亿 m^3。西线调水工程的主要目标是向黄河上中游西北等地区的青海、甘肃、宁夏、内蒙古、陕西、山西六省、自治区提供城市生活和工业用水，补充农牧业用水，同时促进黄河的治理开发。

根据地形和地质条件，规划研究了自流和抽水两种调水方案。西线调水工程地处海拔3 000~4 500m，需要修建152~348m的高坝和开挖30~240km的超长隧洞。为此，需在前阶段工作的基础上，深入进行地形、地质勘查工作，加强水文、气象等方面的调查研究，搞好规划，选择合适的调水量，优选调水线路，同时开展高坝，长隧洞等关键技术的研究，以进一步做好西线工程的前期工作。数十年的规划、设计过程中，水利行业内外也产生了很多不同调水方案，其中，一些具有代表性的重大方案可以印证和评价部门方案的合理性、经济性。

4.2 西线调水方案初期规划

4.2.1 概要

2002年12月27日，国务院正式宣布南水北调东线、中线一期工程开工。其后，《南水北调工程总体规划(修订2001年)》在媒体公开。规划中的西线工程，地处高寒、高海拔地区，地形险峻、地质复杂、地震频发，规划、设计条件十分艰苦。

自20世纪50年代开始，水利部黄河水利委员会设计院对西线方案进行了大量的勘测、规划、设计工作，开展了多次研究论证。

1952—1961年，西线研究的主要代表性方案主要有：金沙江玉树—积石山、金沙江石鼓—渭河和怒江沙布—定西方案。方案的特点是调水量大，多数方案几乎全部截引调水河流的径流；输水均采用明渠自流，工程线路长，工程量巨大，技术难度高。

1978—1985年，主要研究自通天河、雅砻江、大渡河三条河上游调水至黄河上游，有多条河流联合引水和单独引水等多种方案，代表性方案有：雅砻江热巴—贾曲联合调水、通天河联叶—贾曲联合调水、通天河歇马—约古宗列曲、雅砻江宜牛—热曲、大渡河年弄—沙柯河等方案。这些方案主要特点是：引水线路海拔高，一般在3 800m以上，最高达4 220m，施工难度相对较大；调水量比早期研究阶段减少，三条河调水量200亿 m^3，对生态环境影响较小。

1987—1996年，西线调水方案对100多个引水线路进行了比选，提出了通天河、雅砻江、大渡河三条河调水的8个代表性方案，即通天河引水的歇马—扎陵湖、联叶—建设、同加—雅砻江—黄河、雅砻江引水的温波—黄河、长须—恰给弄自流引水方案，及通天河引水的治家—多曲、雅砻江引水的长须—达日河、大渡河引水的斜尔尕—贾曲抽水方案。各方案调蓄水库的坝高在152~348m，以隧洞输水为主，三条河年总调水量195亿 m^3。

1996 年后，多个科研设计单位参与对西线工程的布局、可调水量、供水范围和工程方案等进行的深入研究，提出的通天河、雅砻江和大渡河各调水方案的调蓄水库坝高在 63 ~ 292m，坝型均为钢筋混凝土面板堆石坝，输水工程由明渠为主改为以隧洞为主，隧洞长 48 ~ 490km，引水线路海拔下降到3 500m。工程技术难度降低，施工及运行条件改善，现实可行性加大。代表性方案主要有：

从大渡河调水的上—贾自流、达—贾联合自流、斜—贾抽水方案；从雅砻江调水的长—恰自流、仁—岗自流、仁—章自流、阿—贾自流、长—达抽水方案；

从通天河调水的同—雅—岗自流、同—雅—章自流、侧—雅—贾自流、治—多抽水方案。

2001 年再次修订的西线工程规划推荐方案为：从大渡河调水的达—贾联合自流线路、雅砻江调水的阿—贾自流线路和从通天河调水的侧—雅—贾自流线路组合的总体布局，共调水 170 亿 m^3。该方案具有自流、集中、下移的特点，施工难度较小，运行管理相对方便，并能较好地与后续水源衔接。规划推荐达—贾联合自流线路为第一期工程，调水量 40 亿 m^3；雅砻江阿—贾自流方案为第二期工程，调水量 50 亿 m^3；通天河侧—雅—贾自流线路为第三期工程，调水量 80 亿 m^3。

除水利部系统内的设计院开展的西线调水方案之外，其他业界和学界专家也提供了许多具有重要价值的研究方案，如：

（1）长江水利委员会林一山提出的西部南水北调工程构想；

（2）郭开提出的“朔天运河”大西线调水方案；

（3）中科院地理科学与资源研究所陈传友提出的“藏水北调”方案；

（4）刘桐树提出的西水北调方案；

（5）袁嘉祖提出“大西线调水”方案；

（6）杨力行提出“南水北调”方案等。

4.2.2　西线工程调水初期方案

4.2.2.1　初期方案研究背景

南水北调西线工程，对缓解西北乃至黄河中上游地区干旱缺水十分重要。西线工程调水初期方案，主要是指 1996 年总体方案前的规划设计。正如概述所指出，西线工程地处高寒、高海拔地区，地形险峻、地质情况复杂、地震频发，规划、设计条件艰苦，这也说明规划设计技术深度可能受到环境影响。根据 20 世纪末的南水北调总体规划报告，西线调水早期勘测规划设计，以地形地质、水文气象等为主，本着拓宽思路、先易后难、由近及远、先低后高、稳妥可靠、分步实施的原则，优选调水线路合理的调水规模，深化高坝、长隧洞技术研究。20 世纪 80 年代后，黄河水利委员会设计部门三次组织从通天河、雅砻江、大渡河引水入黄河线路的查勘，提出相关查勘报告。20 世纪 90 年代，水利部根据国家计委的要求，开展西线工程超前期工作，其后分别提出了《南水北调西线工程初步研究报告》《雅砻江调水工程规划研究报告》和《南水北调西线工程规划研究综合报告》。

西线调水方案，有“大西线”和“小西线”之别。“大西线”包括藏水北调，既向华北、西北和新疆的调水；“小西线”则是水利部黄河水利委员会方案，是从长江上游调水至黄河上游。即在长江上游通天河、金沙江支流雅砻江和大渡河上游筑坝建库，坝址海拔高程 2 900 ~ 4 000m，采用引水隧洞穿过长江与黄河的分水岭巴颜喀拉山调水入黄河，年均调水量 190 亿

~200 亿 m^3。其主要目标,是解决西北地区缺水问题,同时促进黄河流域的治理开发。供水范围,主要是青海、甘肃、宁夏、内蒙古、陕西、山西的缺水地区,并在黄河下游断流趋于频繁和严重的情况下,向下游供水。供水以城市生活和工业用水为主,兼顾农林牧业用水。

4.2.2.2 西线调水的必要性

初期规划指出,黄河多年平均年径流量 580 亿 m^3,河道内生态环境低限需水量 210 亿 m^3,黄河可供国民经济耗用河川径流为 370 亿 m^3,并按此水量分配到有关省、自治区。随着沿黄地区农业生产的发展,黄河耗水量增加。据 1988—1992 年用水统计,黄河供水地区年均引用黄河河川径流量 395 亿 m^3,耗水率已达 68%,与国内外大江大河相比,水资源利用程度处较高水平。我国北方地区最大的供水水源,黄河以其占全国河川径流 2%的有限水资源,承载着全国 15%的耕地面积、12%的人口及 50 多座大中城市的供水任务,同时还向外流域部分地区调水。黄河供水范围和供水人口,超过了黄河水资源的承受能力,导致供需失衡。20 世纪 90 年代下游河段频繁断流,是黄河水资源供需失衡的集中表现。

黄河水少沙多,下游河床不断淤积,“悬河”的危险程度加剧;黄河汛期的大洪水,仍然是流域的心腹之患,而旱季缺水会造成大面积的灾害。防洪与干旱形势均十分严峻。对于防洪与抗旱,要未雨绸缪,防患于未然。由于黄河水资源供不应求,已产生一系列社会、经济与环境问题。据预测黄河流域和相关地区,正常年份 2030 年缺水 150 亿 m^3 左右,枯水年份缺水则更为严重。黄河上游的青海、甘肃、宁夏、内蒙古、陕西、山西,地域辽阔,矿产资源丰富,只要有水,发展工业和农林牧渔业的潜力很大。水资源具有不可替代的特性,因此解决缺水问题必须开源节流。黄河流域,发展节水具有一定的潜力,但节水非常有限,根本出路在于获取外来水源。长江多年平均径流量 9 600 亿 m^3,为黄河的 16 倍。调引长江的部分水入黄河,以丰补缺,是解决西北干旱的重要举措。

4.2.2.3 西线调水前期研究

1952 年,黄河水利委员会就组织查勘了从通天河引水入黄河的路线。1958—1961 年,设计单位组织了 1000 多人次到西部地区进行查勘,范围东至四川盆地西部边缘,西达黄河长江源头,南抵云南石鼓,北抵祁连山,约 115 万 km^2,提出 4 条可供进一步研究比较的自流引水线路:

(1)由金沙江玉树引水至积石山的贾曲入黄河;

(2)金沙江恶巴附近引水至甘肃境内的洮河;

(3)金沙江翁水河口引水至甘肃定西大营梁;

(4)金沙江石鼓引水入渭河。

与此同时,设计单位还组织了中国西部南水北调引水地区综合考察队,有工程地质、矿产地质、地貌、陆生动物、水生动物、工业、农牧业、交通运输等专业 700 多人参加,对整个调水区的自然条件、自然资源、经济状况进行调查,还为引水渠道做了渗漏试验。

通过 3 年多的研究,外业工作完成了大量的地形测量、地质测绘、线路和大型建筑物地质查勘,并取得大量的自然环境和社会经济资料。1962 年,各项外业工作基本结束,内业资料整理工作又延续数年。

北方缺水,尤其以当时设计规划单位对西部水资源的南丰北缺的宏观估计分析基本正确,其后,该单位开展了南水北调的早期研究工作,提出了西线调水总体布局框架,从宏观上规划出调水的规模和供水的区域,为以后分期开发规划奠定了研究基础。鉴于当时的技术与装备水平,调水规划已充分考虑到调水工程技术实现的难度和存在的问题,只能作为后期进行工程方案设计的基本依据。

改革开放后,设计单位又组织了多次西线调水查勘,并对 1958—1961 年的西部调水方案和研究工作进行了认真的分析,结论是:

(1)通过以往大量的工作,对西部调水已有一个全面、宏观的认识,提出的总体布局框架有一定的控制作用;

(2)调水量和工程建设规模应有一个适当的限度;

(3)西北地区缺水是一个不断增长的过程,与之相适应,调水工程也应由小到大,分期开发,逐步扩展。

因此,在原西线调水的大范围、大工程规模、大调水量的总体布局框架下,缩小研究范围,从距黄河较近,调水量适宜、相对工程难度较小的通天河、雅砻江、大渡河调水,初期规划研究:从通天河调水 100 亿 m^3、雅砻江调水 50 亿 m^3、大渡河调水 50 亿 m^3,三条河年最大调水量达 200 亿 m^3。

有关部委和专家、学者肯定了这个调水方案。1987 年 7 月,国家计委决定将西线调水超前期规划研究列入“七五”和“八五”计划,历时近 10 年时间,设计单位于 1996 年完成了超前期规划研究工作;又于 1996 年下半年基本完成初期规划阶段的工作,提出到 2000 年提交南水北调西线工程规划报告,并提出拟实施的工程开发方案。

4.2.3　调水区概况

西线调水地区,位于青藏高原东南部,在青海省玉树、果洛和四川省甘孜、阿坝。巴颜喀拉山是调水的长江水系河段与黄河相应河段的分水岭,引水坝址、输水线路和动力电站布置在巴颜喀拉山两侧。巴颜喀拉山以北的黄河地势,从海拔 3 400m 上升到海拔高度 4 600m;巴颜喀拉山以南的地势,雅砻江地势高,其右侧通天河地势低,其左侧大渡河地势更低,海拔为 2 900~4 200m,山南长江水系河床高程低于山北相应黄河河床高程 80~450m。

调水地区,年内气候无四季之分,称作冬半年(11 月—次年 4 月)和夏半年(5—10 月);冬季长而寒冷,夏季短而凉爽,多年平均气温-4.9~3.3℃。一般平均气温随海拔高度增加而减少的比值为每百米 0.7℃;在其他条件相同时,维度偏北 1°,年均气温降低 1.2℃。太阳辐射强,日照时间 2 500~2 700h,太阳能资源丰富。

在海拔 3 000~4 500m 的地区,地面气压大都在 60~70kPa,相当于海平面气压的 60%左右,空气中的含氧量相当于海平面的 60%~72%,大约海拔上升 1 000m,含氧量减少 10%。

降水量由北向南、由西向东逐渐增加。南部年平均降水量为 600mm,往北至巴颜喀拉山南麓为 500mm,东部大渡河河源为 700mm,往西至通天河一带为 500mm。年蒸发量在 1 000mm以上。

该地区人烟稀少,平均每平方千米常住人口 2 人,最少的为每平方千米 0.4 人。交通不便,相应阶段规划的对外交通主要依靠川青、川藏、青藏公路。州县之间有公路相通,部分县乡之间有支线公路。总之,调水地区,气候寒冷,含氧量不足,人烟稀少,交通不便,经济文化处于相对落后状态,水资源利用程度很低,水资源开发的潜力很大。其岩体岩性,主要为三叠系浅变质砂岩、板岩,较坚硬,所以地质上既有修建调水工程的有利条件,也有不利条件。

4.2.4 初期方案工程规模

由于青藏高原基础资料比较缺乏，为了摸清调水区地形、地质等各方面情况，勘察队员不畏艰难险阻，在高寒缺氧、气候多变的情况下，克服难以想象的困难，为西线规划做出巨大奉献和牺牲。经过10年的超前规划研究工作，设计单位完成了雅砻江、通天河、大渡河调水区大量的勘测工作，包括各种比例尺的航空摄影图、地形图、工程地质图、地质遥感图、区域地质调查、区域地质构造调查、地震基本烈度复核等各项工作。与此同时，还完成各类规划研究报告100多份。这些基础工作，相当一部分填补了西部地区的空白，不仅为西线调水工程提供了资料，而且对长江、黄河上游的治理开发，乃至国家西部大开发准备了相关基础资料。

对原规划的初期方案，设计单位根据技术深度形成以下基本认识和思路：巴颜喀拉山是黄河、长江的分水岭。分水岭以北，为黄河河源区，低山丘陵，河谷宽阔，谷坡平缓。分水岭以南，自西向东由通天河、雅砻江和大渡河及其支流，降水量较黄河水系大，地形切割较深，以峡谷河道为主，通天河、雅砻江和大渡河上游河段的河床高程较相应黄河河床高程低80~450m，欲调长江水入黄河，需要建坝壅高水位，开凿隧洞穿过巴颜喀拉山。多年来，对调水工程做了多种方案的考察研究和比选，认识不断深化，思路得到拓展。

4.2.4.1 基本认识及思路

1）可调水量与海拔高度相关

按多年平均水量，通天河124亿m^3、雅砻江604亿m^3、大渡河470亿m^3，三条河总水量1 198亿m^3，从水资源的总量看，调水量还可以大大增加，但若考虑到海拔高度，情况就大不相同了。根据地形特点，引水坝址越向下游移动，海拔高度越低，距离黄河越远，可调水量越大，则工程规模越大；反之，引水坝址越往上游移动，距离黄河越近，虽然工程规模较小，但可调水量越小。因此，只有把引水坝址设于适当的海拔高度，以使工程规模适当，可调水量适宜，同时调水对下游的影响也保持在一定限度内。经研究通天河、雅砻江的引水河段海拔高度在3 500m、3 600m以上，大渡河海拔高度在2 900m以上，在此高度范围内，三条河共有径流量243亿m^3。因此，三条河的可调水量在200亿m^3以内比较适宜。

2）输水线路以明渠为主转变为以隧洞为主

早期，研究输水线路时，根据当时的技术条件，多采用绕山开渠的办法，这样不仅使输水线路增长，而且还存在一些特殊的技术问题；从现在川藏、青藏公路的运行情况看，每当夏季雨水集中时，有些地段经常塌方，线路多处中断，而一条宽几十米的水渠，不要说修建的难度，就是维护正常通水，其难度亦很大；由于塌方，还可能造成渠道破坏。因此，在青藏高原多数地段不宜采用明渠，其原因有：

（1）调水区地质构造、断裂发育，展布方向多与河谷走向一致，顺河谷修建大明渠，整体稳定性差，易造成整体垮塌；

（2）调水区谷狭坡陡，岩层多呈高倾角近直立状，分布有季节性冻土、滑塌体、泥石流，在潜水作用和地震、冻融破坏下，明渠易遭受到局部破坏，影响正常运行；

（3）在半山开挖很宽的明渠，因山势较陡，需要很高的边坡，工程量浩大、施工艰难。

（4）工程处于高海拔、寒冷地区，明渠容易结冰，影响引水，大明渠发生局部破坏时，清理维修困难。

20世纪80年代以来,国内外长隧洞施工技术发展很快。国外已建成10km以上隧洞95条,瑞典建成80km长的输水隧洞,芬兰赫尔辛基供水隧洞长120km,秘鲁在海拔3 000~4 000m的地区建成总长约90km的马赫斯输水隧洞,英法海底隧洞长38km。国内已建成引大入秦隧洞总长75km,当时在建设的万家寨供水工程隧洞总长200多km。经分析比较,结合青藏高原的特点,认为采用掘进机开凿西线长隧洞技术上是可行的,输水线路遂以明渠为主转变为以隧洞为主。

3)自流调水

初期总体规划倾向于自流调水,但不放弃抽水方式。在调水工程方案的研究中,过去认为打长隧洞几乎是不可能的,因而只考虑抽水方式以尽量缩短穿越巴颜喀拉山的隧洞长度。隧洞技术的发展,开凿长隧洞的可行性增强了,又分别考虑了自流和抽水两种调水方式;自流方式的难点是隧洞长,尤其是输水建筑物比较单一,运行管理有利,同时隧洞有利于冬季保温,避开了地表冻融作用和不良地质的地震烈度随深度的增加而衰减,大体上每深50~100m衰减0.5度。抽水方式的主要难点是抽水泵站的电源不好解决,因为调水区没有电网,再者抽水方式输水设施复杂分散,建设和运行管理都比较困难,其优点是可缩短穿越分水岭的隧洞长度,引水枢纽的坝高选择也有较大的机动。根据青藏高原的实际情况,按目前的认识,倾向于自流方式,但随着经济发展和将来电力状况的改善,一旦电源容易解决,抽水方式的优势也是十分明显的,也应加以研究。

4.2.4.2　**调水工程代表性方案**

在多方案的比选中,初期规划列出代表性的三个抽水线路方案和三个自流线路方案。

1)抽水线路方案

(1)通天河治家—多曲抽水线路,简称治—多线。治家坝址,海拔3 990m,坝高190m,总库容238亿m^3。自治家水库引水,引水期8个月,年调水量90亿m^3,在黄河支流多曲4 440m处入黄河。建两级泵站,扬程447m,装机252万kW,年用电量124.6亿kW·h。线路总长108km,其中隧洞长104km。该线调水多,工程地质条件较好,但所处海拔高,建设及运用条件较差。

(2)雅砻江长须—达日河抽水线路,简称长—达线。长须坝址,海拔3 795m,坝高155m,总库容74亿m^3。自长须水库引水,引水期8个月,年调水量40亿m^3,在黄河支流达日河4 280m处入黄河。建两级泵站,总扬程426m,装机121万kW,年用电54.6亿kW·h。线路总长59km,其中隧洞长57km。该线建坝较低,需要的动力负荷相对较小,线路处于稳定区内,但可调水量较少。

(3)大渡河斜尔尕—贾曲抽水线路,简称斜~贾线。斜尔尕坝址,海拔2 920m,坝高252m,总库容46亿m^3。自斜尔尕水库引水,引水期10个月,年调水量50亿m^3,在黄河支流贾曲3 470m处入黄河。建三级泵站,总扬程428m,装机容量138万kW,年用电量69亿kW·h。线路总长61km,其中隧洞长48km。该线路工程地质条件较好,海拔低,气候环境好,对施工建设及管理运行较为有利。

上述抽水电源,原规划设计阶段宜采用自建电站的方案,有水电和火电两种类型。

(1)建水电站。黄河龙羊峡以上河段,河道长1 677km,平均比降1.21‰。在该河段布置了14座梯级工程,总装机容量730万kW,其中库容大于20亿m^3的有5座。该河段梯级距离调水工程较近,可减少供电线路长度,库区淹没损失少,有适于筑坝的优良坝址作抽水供电电源。

(2)建火电站。根据现有资料分析,火电厂可选择在距离调水区较近,又临近大煤矿的甘肃靖远、平凉和宁夏灵武。这些地区煤炭资源丰富,除满足本地区生产发展需求外,仍具备兴建电厂发电外送的潜力。

2)自流线路

规划中的自流线路方案,有三条线路。

(1)通天河同加—雅砻江—黄河自流线路,简称同—雅—黄线。同加坝址,海拔3 860m,坝高 302m,总库容 324 亿 m^3。自同加水库引水,年径流量 108 亿 m^3,引水期 10 个月,年调水量 100 亿 m^3,先调水入雅砻江长须库内,称同—雅段;再通过长须水库调水入黄河,称雅—黄段。线路总长 289km,其中同—雅段长 158km,雅—黄段长 131km,全线均为隧洞。该线可调水量多,避开了地形地质差的地段,有利于施工分段掘进,工程建设条件好。但调水必须建立在雅砻江工程先期开发的基础上,整体工程规模较大。

(2)雅砻江长须—恰给弄自流线路。简称长—恰线。长须坝址,海拔 3 795m,坝高 165m,总库容 94 亿 m^3。自长须水库引水,年径流量 47.6 亿 m^3,引水期 10 个月,年调水量 40 亿 m^3,在黄河恰给弄 3 880m 处入黄河,线路总长 131km,全为隧洞。该线充分利用地形上邻近黄河的最低处,有效地降低了坝高,可调水量宜,线路大部分处于地质稳定和基本稳定区。

5)雅砻江、大渡河支流达曲—贾曲自流线路

雅砻江、大渡河支流达曲—贾曲自流线路,简称达—贾线。在雅砻江干流与黄河支流贾曲间有六条自西北流向东南的支流,即雅砻江支流达曲、泥曲、大渡河支流色曲、杜柯河、麻尔曲、阿柯河。从海拔高度 3 600m 的达曲引水,输水线路自流穿过这些支流,调水 50 亿 m^3,到海拔高 3 445m 的贾曲入黄河。

综上所述,三条抽水线路共调水 180 亿 m^3,三条自流线路共调水 190 亿 m^3。各方案的投资匡算,采用 1995 年价格水平,静态投资,三条抽水线路为 1 076 亿元;三条自流线路为 1 579亿元。抽水线路投资较少,但运行费用高,而自流线路一次性投资大一些,但运行费用较低。

4.2.4.3 初期开发方案与分步实施

根据青藏高原高海拔、寒冷缺氧的特点,初期开发方案和分步实施,应以 3 条自流线路为代表。

1)初期开发方案

本着分期分河流开发,由小到大,由易到难,由近到远,由低海拔到高海拔,由低坝到高坝的规划思路,达—贾线自流方案中可先调靠近黄河的阿柯河、麻尔曲、杜柯河三条支流的水量 30 亿 m^3,称作起步工程,作为初期开发方案,匡算静态投资 200 亿元左右。起步工程隧洞长 157km,自然分为六段,最长段 55km,有利于施工时增加施工断面,加快工程进度。调水线路的自然分段为整个调水工程的分步实施和方便工程管理奠定了基础。从最靠近黄河的一条支流阿柯河开始兴建,可建一段发挥一段效益。

起步工程在三条支流上建坝,坝高分别为 67m、112m、94m,坝址经初步地质勘查和钻探表明,坝段河谷狭窄,两岸山坡完整,比较稳定,岸坡生长灌木,植被较好。河床主要是砾石,覆盖层厚度 10m 左右。两岸为砂板岩互层,未发现大的断裂。附近有天然建材,地质条件适

宜建坝。

起步工程的引水方式为自流，由于调水工程区远离现有的大型电站，避免了采用抽水方式建立配套大型电站的困难。起步工程地处海拔 3 500m 左右，该处生长有树木，有农田，含氧量相对较高，适宜于人类活动，对工程施工、运行、管理都较有利。从起步工程向西延伸，可再调水 20 亿 m^3，逐步开发，适应黄河缺水的需要。

通过起步工程，可以比较全面和深入地掌握高海拔地区复杂地质条件下的大坝、长隧洞等水工建筑物的工程设计施工特点和要求，为后续工程提供解决各类复杂施工问题的经验和方案，为工程的投资估算和成本控制提供必要的基础资料和管理经验，从而为西线调水工程的全面展开，提供科学、合理和可行的决策依据。

2）工程初步分期

全面实施西线工程所需投资规模巨大，结合西北地区经济发展的需水量，西线工程建设应按照统一规划、适时适量、分步实施、及早通水的原则展开。大体上可以将三条自流线路调水 190 亿 m^3 方案划分为近期、中期、远期三期工程。

第一期工程，即先期工程，从大渡河流起工程调水 30 亿 m^3。第二期工程，即中期工程，完成达—贾自流线路达曲、泥曲调水 20 亿 m^3，再完成长—恰自流路线调水 40 亿 m^3，共调水 90 亿 m^3 入黄河。第三期工程，即远期工程，通天河调水 100 亿 m^3。

4.2.5　调水的不利影响和效益

4.2.5.1　调水对调出区的影响

既要考虑适应黄河上中游地区经济发展面临严重缺水的形势，又要充分研究调水对调出地区的影响。从通天河年调 100 亿 m^3 占通天河多年平均径流量的 81%，占金沙江渡口以上年径流量的 17.5%。从雅砻江年调水 40 亿 m^3，占雅砻江年径流量的 7.5%。从大渡河年调水 50 亿 m^3，占大渡河年径流量的 10.5%。三条河年最大可调水量 190 亿 m^3，占长江干流李庄站（宜宾下游）年径流量的 8%，宜昌站年径流量的 4%。由于径流量减少，调水会产生某些不利影响，调水对局部河段的漂木有一定的影响，对工农业用水和航运基本无影响，对生态环境方面暂未发现重大的不利因素，主要的不利影响是三条河及下游长江干流上水电站的发电出力和电能将有较大损失。

4.2.5.2　调水入黄河后的效益

从治黄与调水相结合的角度看，西线调水有以下六个特点。

（1）调水工程地处海拔 2 900～4 200m，地广人稀，兴建大型水库，淹没损失很少，社会问题相对较小；

（2）黄河上游有龙羊峡等大型水库，对调来的水进行调蓄，可充分发挥调水的作用；

（3）调水通过黄河梯级电站，可以多发电；

（4）依托黄河现有河道，居高临下，供水范围大，有利于供水区水利体系的形成；

（5）调水 190 亿 m^3，使黄河多年平均年径流量增加约 1/3，增加黄河可供水量约 1/2，可解决黄河断流问题，可充分发挥调蓄工程对下游输沙减淤的作用，有利于防洪和河道整治；

（6）调取源头水，水质良好，可改善黄河水质。

西线调水的社会效益和环境效益更为显著，可推动西北地区丰富资源的开发，加快西北地区的经济发展，缩小东西部差距，对于民族团结和社会稳定，促进全国经济发展具有重要战略意义。可增加植被面积,遏制水土流失和土地沙化,改善生产、生活环境,促进西北地区生态环境的良性循环。

4.2.6 初期规划结论

西线调水是解决西北地区干旱缺水和促进黄河的治理开发,解决黄河断流问题的根本措施;通过数十年的规划研究,更深切体会到西线调水的必要性和紧迫性。西线调水工程是一项切实可行、大有希望的工程。同时也要看到,调水工程地处青藏高原,寒冷缺氧,交通不便,地质条件复杂,工程难度大。本着先易后难,分期开发,摸索经验,逐步扩大北调水量的规划思路,在统筹安排下,可先行开发大渡河的起步工程,尽快完成工程规划,不间断地开展可行性研究,以适应西部大开发的形势。

4.3 西线调水拟实施方案

4.3.1 西线工程修订方案背景

南水北调西线工程,是南水北调总体规划的重要组成部分,也是我国实现可持续发展的重要战略举措。西线调水工程,拟优化长江、黄河两大江河水资源配置,是从长江上游干支流调水入黄河上游的跨流域调水重大工程,其战略目的一方面补充黄河中上游水资源不足,解决我国西北地区干旱缺水的困局;另一方面,持续改善受水区域的生态环境。西线工程调水修订规划,建立在50多年的前期规划和初期规划基础上,除考虑治污、节水和优化调水规模之外,有许多设计内容没有发生根本改变。修订规划拟实施的南水北调西线工程,与初期规划方案相同部分不再重复。解读修订规划,仍需要了解黄河中上游的西北内陆河部分地区水资源现状。

4.3.1.1 黄河水资源利用现状分析

根据水利部黄河水利委员会2001年修订的西线调水规划,黄河多年平均天然河川径流总量360亿~580亿 m^3,全流域内人均水量仅为全国的25%,耕地平均用水量仅为全国的17%,水资源贫乏;而且,因黄河中上游(黄土高原)土质松软,植被破坏严重,水土流失强烈,导致黄河泥沙含量高,多年平均输沙量超过16亿t。黄河以其占全国河川径流2%的有限水源,承担本流域和下游引黄灌区占全国15%的耕地面积、12%人口及50多座大中城市的供水任务,同时还有向流域外部分地区远距离供水的任务,黄河水资源不仅要供给流域内外国民经济用水,同时还要留有一定的水量维持流域的生态环境用水和河道输沙用水。

据20世纪90年代资料统计,黄河流域河川径流供水量375亿 m^3,河川径流消耗量300亿 m^3,除上述已统计的地表耗水量之外,还有其他方面的因素直接或间接地消耗了河川径流量,估计为50亿~80亿 m^3。因此,黄河地表水实际消耗量已达350亿~380亿 m^3,占全河多年平均天然河川径流量的60%以上。国际上通常认为用水超过河川径流的40%,水环境就严重恶化,黄河的水资源利用情况已大大超过了这个限度。

20世纪90年代以来,受气候变化和人为活动影响,黄河流域降雨径流量持续偏少,而国民经济各部门耗用黄河水量却日益增多,导致黄河下游及支流河道断流加剧,水环境日趋恶化,河道萎缩,河槽泥沙淤积加重,这是黄河水资源供需失衡的集中表现。

小浪底水利枢纽运行前，黄河下游河段断流从1979年的21天，延长到1997年的226天；河道断流的长度从1978年的104km，延伸到1997年的704km。同时主要支流渭河、汾河、伊洛河、沁河、大汶河等都出现过断流，其中沁河、汾河20世纪90年代平均每年断流228天和55天；大汶河曾出现全年断流的情况。据黄河近海河段的利津水文站实测径流量：1950—1959年年均480亿m^3，1960—1969年年均492亿m^3，1970—1979年年均311亿m^3，1980—1989年年均286亿m^3，1991—2000年年均120亿m^3。入海水量越来越少，维持河流水沙平衡和生态环境用水的缺口越来越大。

黄河流域沿线城市缺水日趋严重，如呼和浩特、西安、太原、咸阳、铜川等城市都存在不同程度的缺水和地下水超采现象。城市缺水已给人民生活、工农业生产造成了严重的影响，地下水超采给城市带来严重的生态环境问题。

4.3.1.2　水资源利用时况及问题分析

黄河上中游河段河口镇以上河段，1968年11月—1986年10月，来沙量1.06亿t，河口镇下泄水量239亿m^3，宁蒙河道年均淤积沙量0.38亿t。1986年11月—1996年10月，来水偏枯，来沙量0.91亿t，河口镇下泄水量174亿m^3，宁蒙河段年均淤积1.03亿t。前后两个时段对比，河口镇下泄水量减少65亿m^3，宁蒙河段年均淤积沙量增加0.65亿t，并由此产生了生态环境、防洪、防凌等一系列问题。因此，即使要维持宁蒙河段现状淤积水平，在来水偏枯的情况下，河口镇年平均下泄水量，不应小于180亿m^3；河口镇多年平均下泄水量应不小于200亿m^3。

河口镇至龙门的峡谷河段，该河段多年平均河川径流量73亿m^3，中等枯水年份53亿m^3。据1986年11月—1996年10月资料，该区间来沙量5.4亿t，汛期沙量占84%，河水含沙量为159kg/m^3。该河段汛期河川径流多以暴雨洪水的形式，挟带大量泥沙下泄，含沙量高，利用困难；非汛期水量少，也只能维持两岸少量用水和河道生态环境基流。

龙门至潼关河段，20世纪50年代龙门实测多年平均来水量320亿m^3，来沙量11亿t，小北干流平均淤积量0.8亿t；1986年11月—1996年10月，来水偏枯，龙门实测来水量220亿m^3，来沙量5.9亿t，水量较20世纪50年代减少近1/3，沙量减少近1/2，而年均淤积泥沙仍有0.75亿t，造成河床淤积抬高，河势游荡摆动频繁，危及两岸村庄及人民生命财产安全。为此，按龙潼河段维持现状淤积水平，龙门站多年平均下泄水量应在250亿m^3以上；来水偏枯年份，龙门站年平均下泄水量应不小于220亿m^3。

上述表明，黄河上中游河段，为保持生态环境用水和河道输沙用水，必须维持一定的下泄水量，规划期上中游河段水资源利用程度已较高，随着社会经济的发展，用水量增多，缺水量增大，解决的根本途径是从上游补充水源，否则生态环境会进一步恶化。

4.3.1.3　黄河水资源供需测算

为实现我国第三步发展战略目标，黄河流域经济必将快速发展。预计到2050年，人口由现在的1.07亿人增加到1.36亿人；城市化率由23.4%提高到50%，工业总产值由6 015亿元增加到128 748亿元，人均拥有粮食400kg，灌溉面积少量增加，并维持目前对黄河流域外的供水任务，预计国民经济需水总量有新的增长，当地水资源已不能满足新增的需水要求。在生态环境低限需水量和大力节水的条件下，通过供需平衡，生态环境用水、城镇生活、工业用水的缺口还很大，预测黄河上中游的青海、甘肃、宁夏、内蒙古、陕西、山西，正常来水情况下2010年、2020年、2030年、2050年的缺水量分别为40亿m^3、80亿m^3、110亿m^3、160

亿 m^3,中等枯水情况下上述年份的缺水量分别为100亿 m^3、140亿 m^3、170亿 m^3、220亿 m^3。其中2030年正常来水情况下的缺水构成是河口镇以上缺水50亿 m^3,河口镇至龙门区间缺水20亿 m^3,龙门至三门峡区间缺水40亿 m^3。

4.3.1.4 河西走廊水资源现状分析

黄河邻近的河西走廊黑河、石羊河等地区,气候干旱,年降水量仅100mm左右,而年蒸发量却高达2 000mm,流域内缺水十分严重。缺水的危害主要表现为:河道断流加剧和尾闾干涸长度逐年递增,地下水位下降,天然林衰退,草场退化,土地沙漠化和沙尘暴危害加剧,生态环境的破坏已经到了相当严重的程度。

综上所述,西北地区战略地位十分重要,但是水资源短缺是制约该地区经济社会发展的重要因素。西北地区大力开展节约用水和高效利用当地水资源,是缓解水资源短缺的重要措施,但从当地严重缺水的状况和合理配置水资源考虑,根本措施还是从邻近具有丰沛水量的长江,调部分水到黄河,为干旱少雨的西北地区增辟水源,恢复绿色的生机,促进西北地区经济社会的可持续发展。

4.3.2 供水与调水分析

4.3.2.1 供水目标、对象和范围

南水北调西线调水工程,拟承担黄河全流域的生产、居民生活和区域生态用水。

1)供水目标

主要解决西北地区缺水问题,同时促进黄河的治理开发,必要时相机向黄河下游供水,缓解黄河下游断流等生态环境问题。

2)供水对象

主要是生态环境用水,包括支流和水土保持用水减少入黄水量而向黄河干流补充的水量以及城镇生活和工业用水,兼顾农业灌溉。

3)供水范围

随着西北地区经济建设速度的逐步加快,黄河上中游支流开发和集雨工程的发展,将进一步加大支流的用水,减少黄河干流的水量。南水北调西线工程除补充这部分水量外,还可解决干流扬黄、自流引黄、黄河冲沙和生态用水。

在龙羊峡—三门峡河段,向黄河两岸地区供水和向黄河干流补水,并向流域外的黑河、石羊河等地补水。

4.3.2.2 可调水量分析

规划从通天河调水75亿~80亿 m^3,从雅砻江调水45亿~50亿 m^3,从雅砻江、大渡河支流调水40亿 m^3,共调水160亿~170亿 m^3,占水源区来水约70%。

由于调水量约占引水坝址径流量的65%~70%,还有35%~30%的水量下泄,从当地生态环境角度考虑,规划的下泄水量和调水量都是合适的。从全河看,调水所占比例不大,通天河调水80亿 m^3,占金沙江渡口站径流量的14%;雅砻江调水65亿 m^3,占全河径流量的11%;大渡河调水25亿 m^3,占全河径流量的5%。

4.3.2.3 调水区域地质条件

调水工程区位于青藏高原东南部,地质条件比较复杂。该区地层主要为三叠系,多为陡倾岩层,褶皱非常强烈,活动断裂较为发育,以北西向断裂为主,大多具有明显的分段活动特

征；该区处于可可西里—金沙江地震带内，该地震带为青藏高原地震区强震带之一；区内多年冻土和季节冻土发育。但调水工程主要处于强震带内地震活动水平相对较低地区，地震强度和活动性相对较弱，地震动峰值加速度大部分为 0.1g，相当于地震基本烈度Ⅶ度，其次为 0.15~0.20g，Ⅶ~Ⅷ度；区域构造活动性以基本稳定和稳定类型为主，而且东部较西部稳定；广泛分布的砂、板岩抗压强度一般为 40~100MPa，属中等坚硬—坚硬岩类；冻土主要对明渠、渡槽、厂房等地面建筑物有一定影响，而对深埋长隧洞影响甚微。

4.3.3　调水工程方案及实施意见

4.3.3.1　调水工程方案

经研究，修订规划初选了 12 个有代表性的调水线路方案，其中大渡河调水 2 个，雅砻江调水 4 个，通天河 3 个，雅砻江、大渡河联合调水 1 个，分为自流和抽水两种引水方式。

抽水方案主要优点，可缩短穿越分水岭的隧洞长度。根据设计计算，3 个抽水方案输水隧洞总长 204.5km，自然分段最长洞段 30km，其在枢纽坝高的选定上也有较大机动。主要缺点：建设大流量、高扬程的大型泵站有难度，扬程 425~428m，装机 427 万 kW，年用电 203 亿 kW·h，若按 0.4 元/kW·h 计，年用电费超过 81.3 亿元，运行费用高；南水北调西线工程受水区多处于西北老、少、边、穷地区，如此高的年运行费，无论是地方政府、企业或消费者个人都难以承受。建筑物类型多样，建设地点分散，管理维护困难，冬季输水受冰冻的影响较大。

自流方案的主要优点：①隧洞避开了地表大量的交叉建筑物问题，比较单一，工作环节少，故障率低，管理人员少，年运行费少；②长隧洞输水有利于冬季保温，可延长引水期；③减少输水工程规模；④深埋长隧洞避开了地表的冻害作用和岩体的物理风化作用，以及滑坡、泥石流等不良地质现象的影响；⑤深埋隧洞与地面建筑物相比在抗地震破坏方面也有较大优势。据有关资料统计分析，地表的地震烈度随深度增加而衰减，大体上深 50~100m 衰减 0.5 度。主要缺点是输水隧洞长。

根据历次专家咨询会和审查会意见，众多院士和专家不赞成抽水方案。根据当前开凿隧洞技术水平和已建的长隧洞工程，权衡利弊，推荐采用自流方案。如果几十年后，随着西部地区经济的发展，电力供应条件发生变化，也不排除个别调水河流采用电网供电的抽水方案。

根据方案的工程规模、可调水量、工程地质条件、技术可行性、海拔高程、施工条件及经济指标等因素，经综合比选，三条河调水较好的方案为：

(1) 大渡河：达—贾联合自流方案；

(2) 雅砻江：仁—章自流方案和阿—贾自流方案；

(3) 通天河：同—雅—章自流方案和侧—雅—贾自流方案。

4.3.3.2　工程总体布局

上述三条河五个较好的引水方案有两种组合，形成了三条河调水的两种布局方案。

(1) 达—贾联合自流线路，调水 40 亿 m^3；仁—章自流线路，调水 45 亿 m^3；同—雅—章自流线路，调水 75 亿 m^3，共调水 160 亿 m^3。

(2) 达—贾联合自流线路，调水 40 亿 m^3；阿—贾自流线路，调水 50 亿 m^3；侧—雅—贾自流线路，调水 80 亿 m^3，共调水 170 亿 m^3。

上述第二种方案布局具有下移、集中的特点。

(1)下移。布局方案一的通天河引水高程 4 100m 左右,该地区自然条件恶劣,严重缺氧,每年野外工作时间仅 4~6 个月,勘察、规划、施工、运行和管理困难很大。布局方案二相对于布局方案一,引水枢纽和输水线路整体下移,海拔高程处于 3 500m 左右,该区有森林、农田,适宜于人类活动,对施工、运行和管理都有利。下移后的通天河侧仿水库比方案一同加水库的径流量大,下泄水量也大,而且侧仿水库处于三江源保护区的边缘,对生态的影响相对较小。

(2)集中。布局方案二在实施过程中可以互相联系,能由近及远、逐步实施,达—贾线先期实施后,后期实施的雅砻江、通天河输水线路相当一部分要从达—贾线近旁通过,引水工程高度集中,后期工程可充分利用第一期工程线路的地质资料和处理措施,节省后期工程大量的勘测、交通及施工等基础工程费用。

根据规划阶段的工作深度,拟推荐西线调水总体布置为方案二。根据推荐的总体布置方案二,南水北调西线工程的总体布局如下。

大渡河、雅砻江支流达曲—贾曲联合自流线路,调水 40 亿 m^3。自雅砻江支流达曲开始调水,建阿安引水枢纽引水 7 亿 m^3,通过输水隧洞穿过分水岭到泥曲;建仁达引水枢纽引水 8 亿 m^3,再通过输水隧洞穿过雅砻江与大渡河的分水岭到杜柯河;建上杜柯引水枢纽引水 11. 5 亿 m^3,再通过输水隧洞穿过分水岭到麻尔曲;建亚尔堂引水枢纽引水 11. 5 亿 m^3,再通过输水隧洞穿过分水岭到阿柯河;建阿柯河引水枢纽引水 2 亿 m^3,再通过输水隧洞穿过大渡河与黄河的分水岭到黄河支流贾曲;在贾曲隧洞出口后,沿贾曲左岸开挖明渠,输水到黄河。

雅砻江阿达—贾曲自流线路,在雅砻江干流建阿达引水枢纽,调水 50 亿 m^3。开凿隧洞通过雅砻江干流和支流达曲的分水岭,输水穿过达曲,此后输水线路和达—贾联合自流线路基本平行,走向一致,输水到黄河贾曲出流。

金沙江之上的通天河侧仿—雅砻江—贾曲自流线路,在通天河干流建侧仿引水枢纽,调水 80 亿 m^3。自侧仿水库引水,过歇武沟沿通天河及其以下的金沙江左岸开凿隧洞,到邓柯附近穿越金沙江与雅砻江分水岭到雅砻江浪多,顺河道而下进入雅砻江阿达水库,然后从阿达水库引水到黄河贾曲,自阿达引水枢纽以后的输水线路和阿—贾自流线路基本平行,输水到黄河贾曲出流。

三条河调水 170 亿 m^3,基本上能够缓解黄河上中游地区 2050 年左右的缺水。但从发展战略考虑,要实现西北地区经济、环境的可持续发展,尚需扩大水源。因此,规划时还研究了从西南的澜沧江、怒江向黄河调水作为西线后续的远景水源工程。初步研究结果认为,从澜沧江、怒江可以自流调水到黄河,后续水源可调水量 160 亿~200 亿 m^3,后续线路均能与目前规划的三条河引水线路相衔接。后续水源调水拟从怒江东巴水库引水,串联澜沧江吉曲、扎曲、子曲,在玉树以上入通天河侧仿水库,与南水北调西线工程相衔接。

4. 3. 3. 3　工程分期

1)第一期工程的选定

从以上三条河调水工程总体布局初步比较来看,由于各输水线路的入黄出口均在黄河贾曲,出口段输水线路集中在从雅砻江和大渡河支流引水的达—贾联合自流线路附近,工程实施必然要由近及远,先支流后干流的步骤逐步实施,即先从靠近黄河的达—贾联合自流方案开始，逐步扩展到雅砻江干流和通天河引水，实现三条河调水 170 亿 m^3。

本着由低海拔到高海拔、由小到大、由近及远、由易到难的规划思路，第一期工程选择达—贾联合自流方案。达—贾联合自流方案调水 40 亿 m^3，需要建 5 座引水枢纽，引水线路长度 260km。

2）第二期工程选择

布局方案二中，雅砻江距黄河较近，调水条件优于通天河，因此选择雅砻江阿—贾自流方案为第二期工程。

第一、第二期工程的实施，可满足 2030 年左右黄河上中游 6 省（区）增供水资源量的需求。

3）第三期工程选择

布局方案二中，选择通天河侧—雅—贾自流方案为第三期工程。第三期工程调水 80 亿 m^3，输水线路长，投资高达 1 929 亿元，占南水北调西线工程总投资的 63%。南水北调西线工程要全部实施，需要一个较长的时期，按现规划的工期排序，第三期工程的实施时间预计在 30 年以后，那时南水北调东线、中线工程已经实施，西线工程的第一、第二期工程也已实施，南水北调“四横三纵”的总体格局已经形成，黄河水资源需要重新配置。那时西北地区经济社会和生态环境需水也有变化，第三期工程的规模势必相应调整，工程方案尚可与抽水方案或其他方案进一步比较优选。由于修订规划的第一、第二、第三期工程具有相对的独立性，第一期工程先行实施，第二、三期工程输水线路在通过雅砻江和大渡河支流分水岭时，与第一期工程平行的线路部分都需另外开凿隧洞，与第一期工程互不干扰，故第一期工程的选定不影响第二期工程的调整变化，更不影响第三期工程进一步再优化。

4.3.3.4　**推荐意见**

尽快完成第一期工程的可行性研究、初步设计和招标文件，并尽早进行第一期工程开工建设。开展并完成第二期工程规划，适时转入项目建议书和可行性研究工作。第三期工程的实施距今尚有 30 多年，那时水资源配置网络已基本形成，西部地区经济社会发展对水资源的需求也有很大变化，工程方案尚需进一步优选，但不影响第一、二期工程的实施。

4.3.4　投资估算

按 2000 年第一季度价格水平，修订规划的第一期工程静态投资为 469 亿元，第二期工程为 641 亿元，第一、二期工程合计为 1 110 亿元，调水 90 亿 m^3，每立方米水投资 12 元；第三期工程为 1 930 亿元，三期工程合计 3 040 亿元。

4.3.5　环境和社会影响分析

初步分析了调水对调水河流地区、调水工程区的自然生态和社会环境的不利影响。

社会环境方面，初步分析了调水对人群健康、三江源保护区、水库淹没等的影响。调水对调水河流梯级发电有一定的影响，但调水入黄河后增加了发电效益，从 2030 年水平来看，损失和效益大体相当。调水对工农业用水、漂木、航运基本没有影响。

自然生态影响方面，初步分析了对局地气候、地下水位、下游水质、干旱河谷和生物等的影响。研究表明，尚未发现制约西线调水工程实施的重大因素。

第一期工程，从雅砻江支流调水 15 亿 m^3，大渡河支流调水 25 亿 m^3，调水量有限，对下游影响甚微。

4.3.6 效益分析

修订规划从水量丰沛的长江上游,向干旱、半干旱的西北地区调水,具有显著的生态环境效益、社会效益和经济效益。2050年调水170亿 m^3,在龙羊峡—兰州河段、兰州—河口镇河段、河口镇—龙门河段、龙门—三门峡河段,向两岸地区供水120亿 m^3,向黄河干流补水30亿 m^3,向流域外的黑河、石羊河等地补水20亿 m^3。年净经济效益993亿元,调单方水经济效益6元。

2020年第一期工程调水40亿 m^3,向兰州—河口镇河段的甘肃、宁夏、内蒙古、陕西北部地区供水20亿 m^3,其中生态环境用水7亿 m^3,工业用水8亿 m^3,生活用水5亿 m^3,并向龙门—三门峡河段的关中地区和汾渭河地区供水10亿 m^3,向黄河干流补水10亿 m^3。由于水土保持用水和支流用水,减少了入黄水量,此10亿 m^3 水为补充黄河河道生态环境用水,经济效益248亿元,扣除调水对调水河流的发电经济损失8亿元,净经济效益240亿元,调单方水经济效益6元。

4.4 西线调水方案论证

钱正英在离任水利部部长后,于2006年联合"南水北调"专家委员会主任潘家铮等人向国务院建议暂缓"南水北调"西线工程。后来中央决定,等"南水北调"中线工程试运行后,观察一段时间效果,再决定是否启动西线工程。

4.4.1 西线调水方案论证背景

2005年3月22日,水利部在成都召开了南水北调西线工程座谈会,四川省的专家、学者第一次看到水利部黄河水利委员会勘测规划设计院早在2001年7月就已提出并经过专家委员会审查通过的《南水北调西线工程规划纲要及第一期工程规划》,经讨论与会专家、学者希望重新论证和公开审议南水北调西线工程。

4.4.1.1 《南水北调西线工程备忘录》概要

2006年5月,经济科学出版社出版的由林凌、刘宝珺、马怀新和刘世庆主编的《南水北调西线工程备忘录》一书。该书共收录学术性论文31篇,主要内容是作者(多学科专家)对西线工程众多问题的研究成果和对《南水北调西线工程规划纲要和第一期工程规划》提出的论证意见和建议。涉及的问题主要有八个方面。

(1)南水北调西线工程存在重大工程地质问题;

(2)青藏高原冰川退缩与南水北调西线工程调水量不足的问题;

(3)南水北调西线工程对青藏高原生态环境破坏的问题;

(4)南水北调西线工程对西电东送工程发电影响的问题;

(5)南水北调西线工程对调水区居民、生态补偿的问题;

(6)南水北调西线工程与宗教、文化、文物等保护的问题;

(7)南水北调西线工程投资和运作模式的问题;

(8)南水北调西线工程替代方案的问题。

鉴于许多读者没有到过青藏高原，不了解南水北调西线工程所处的地理情况，该书特收录具有代表性的研究、论证方案、意见，以便深入了解南水北调西线工程所处的技术环境和社会环境，促进重大项目决策的科学化、民主化和法制化。《南水北调西线工程备忘录》，收录的论文大致分为 5 类：

(1) 一是工程地质篇；

(2) 二是生态环境篇；

(3) 三是经济社会篇；

(4) 四是替代方案篇；

(5) 五是有关附图篇。

这五篇仅是一个大体的分类，实际上相当一部分文章都涉及多方面、多领域和多专业的内容。

提供文章的学者，有的是中国科学院院士（刘宝珺）和全国著名的地质学家，有的是与美国地质学家合作在青藏高原考察研究历时 18 年，获取了大量研究数据和地质发现及地质规律的著名专家，有的是长期在青藏高原工作的高级地质工程师，还有专门研究青藏高原生态环境的专家。该书还将全国著名水利专家、长江水利委员会原主任林一山先生授权邓英陶同志整理的《林一山访谈录》归纳在内。此外，国务院三峡工程建设委员会办公室原领导郭树言、李世忠、魏廷铮等同志发表在《科技导报》2003 年第 5 期上的《三峡引水工程——南水北调工程的一个重要发展》也归纳于其中。

4.4.1.2　**西线调水工程特点**

南水北调工程，是我国继三峡工程之后，再次启动的一项世界超级水利工程。主要目标是社会再配置江河水资源，将总量较为丰富的长江水，分东线、中线、西线调往严重缺水的华北和西北地区。根据南水北调总体规划，以规划当时的物价水平测算，调水工程静态总投资约 5 000 亿元。以“南办”的安排，东线、中线工程已于 2002 年 12 月 27 日同时开工，西线工程计划于 2010 年开始实施。

“南水北调”工程设想到 2050 年，调水总量将达到 448 亿 m^3，相当于在黄淮海平原和西北部地区增加一条黄河的水量，可基本改变中国北方地区水资源的严重短缺。对我国华北、西北地区全面建设小康社会、实现经济、社会、生态的协调和可持续发展、推进我国北方现代化建设进程，具有积极的意义。

西线工程是南水北调总体规划调水工程的重要组成部分。主要目标是将长江上游大渡河、雅砻江支流和金沙江上游通天河之水调至黄河上游，解决黄河流域青海、甘肃、宁夏、内蒙古、陕西、山西 6 省（区）日益严重的缺水问题。根据 6 省（区）经济、社会、生态发展对水的需求，西线工程总体规划纲要规定，调水规模多年平均为 170 亿 m^3，其中，从大渡河上游支流调水 25 亿 m^3，从雅砻江上游调水 65 亿 m^3，从金沙江上游通天河调水 80 亿 m^3。但是，三个调水区年均径流量为 256 亿 m^3，调水比例达到 65%~70%。工程计划分三期实施：第一期从雅砻江、大渡河支流调水 40 亿 m^3，第二期从雅砻江干流调水 50 亿 m^3，第三期从通天河调水 80 亿 m^3，全部工程拟于 2050 年完成。以 2000 年的价格水平测算，静态总投资为 3 040 亿元。

据专家研究，西线调水工程区位于青藏高原东南部，东起四川松潘草地，西至通天河上游楚玛尔河口，南临川西高原，北抵青海阿尼玛卿山。调水工程区的主要特点：

(1)地处青藏高原东部,地质条件复杂,地质构造呈断裂活动性和地震活动性;

(2)地形北高南低,调水区比受水区低80~500m,除建高坝蓄水、修渠输水外,还必须开凿长达490km(一期工程为260km)的隧洞把巴颜喀拉山打通;

(3)工程区海拔3 500m左右,气候寒冷、含氧量低、气压低,施工时间短、困难大;

(4)生态环境脆弱,淹没草原、耕地面积大,形成干热河谷面积大,工程弃渣数量大,生态环境进一步受到影响;

(5)人烟稀少(2.4人/km^2),交通不便,经济、社会、文化处于落后状态,施工用道路、电力、通信、机械、材料、劳动力、食品等均需要由内地调入;

(6)地处少数民族聚居区,移民搬迁工作量较大。

由于西线工程有上述特点,因而科研难度、勘查难度、施工技术难度等都很大。虽然调水总量仅为南水北调总调水量的37.9%,而工程投资却占到整个南水北调投资总量的70%,说明西线工程比东线、中线工程都要艰巨得多。

2001年5月27—29日,水利部在北京主持召开了《南水北调西线工程规划纲要及第一期规划》的审查会。专家审查委员会基本同意《规划报告》,并对下一阶段的工作提出了若干重要建议。其中有:

(1)进一步对调水地区地质条件和地质构造活动的观测与研究;

(2)生态环境效益的研究,供水目标和范围的落实;

(3)长隧洞施工技术、寒冷缺氧地区筑坝技术等专题研究。

深化上述研究,以确实保证工程设计和工程建设的顺利进行。

4.4.2 西线工程区的复杂环境

4.4.2.1 引言

南水北调规划的框架,是在共和国的大地上形成"四横三纵、南北调配、东西互济"的总体布局。该规划主要是水利部门编写的。同时被认定为"经过对50多种调水方案的分析对比,对众多的技术问题、经济问题、环境问题和社会问题的深入研究后,取得的丰硕成果和重大突破。"

南水北调中线、东线开工以后,西线工程上马已被提到议事日程。众多学者认为,要在维系中华民族生存发展的大江大河的源头上营造"人工天河",应是一个值得探讨的重大问题,也是一个非常敏感的话题。

4.4.2.2 西线工程是对我国大自然最大的改造

对工程中已经遇到和可能遇到的一系列问题中,西线调水有三个方面的考虑。

1)自然地质条件

河流水系是塑造高原地貌的基本外动力,也是破坏、改造高原地貌的主要自然营力。长江水系源自高原,既不断地向上溯源侵蚀,又不断地背离高原向下侧方侵蚀,这是一种外动力作用的双向逆反运动,长江水系的这种运动强度远远大于黄河。它深刻地反映出高原地貌复杂的演化过程。

认识源于青藏高原的大江大河发生、发展、演化的自然规律,合理科学地利用大江大河应有历史的过程。产生于2 300多年前的都江堰水利工程,体现了李冰父子对河流地质作用的认识是杰出的,他对河道态势、河床演变、河流泥沙运动及流水侵蚀动力学特征都有清晰的判断和认识，并在选址、工程布局、无坝分水、淘滩作堰等实践中加以应用，解决了难题，协调了人与自然的关系，造福千秋，惠泽万民。

2）生态地质环境

在生态地质环境中，各种类型的地貌表现出自然地质环境的特性，又是受控于地质环境的自然景观。内、外动力地质作用仍然是动态的变化过程，它控制了近代地貌动态的发展和变化。

长江、黄河源区的唐古拉山、巴颜喀拉山地区新构造活动活跃，地势仍在抬升，山体断块纵横；冰川、冰缘融冻地貌发育，山麓与狭窄带状冲积平原不断变迁，沟谷溯源侵蚀强烈，冻胀-融陷表生地质作用盛行，风蚀和水蚀荒漠化强化，高坡陡岸、高边坡、危岩体及滑坡、崩塌体发育，冰川后退、雪线上升、雪灾多发，降水量少、蒸发量大，导致湖泊、沼泽湿地萎缩退化，盛行的西北风致使源区还存在风蚀洼地、风蚀残丘、新月形沙丘、沙地及沙垄常见并有扩大之势。在江河源区动工修建人工天河，它不仅引起源区的土地利用和土地覆盖发生变化，近坝数十千米河段的径流下降，干旱河谷扩大，而且引起水环境变化，地下水含水层结构的改变，地表水与地下水的网络循环系统的转变以及水动力性质的转化。源区拦河筑高坝，成为人工生态隔离带，导致区域气候和生态系统变化，因此，要考虑到生态环境对生物多样性、生物群落异化的影响。

3）社会层面

2004 年 6 月，一些专家、学者参加了在四川省都江堰市召开的《从科学发展观看“南水北调”西线工程研讨会》，会议中许多专家针对该工程决策问题，如水权、水价和调水量的进一步论证，调水区的移民安置、长效补偿机制等问题进一步论证。

4.4.2.3　形成长远的战略规划

专家指出，南水北调工程引水隧洞渠道上千千米，总高近千米的高坝工程建设过程十分艰巨，主体工程投资超过 3 000 亿元。配套的道路交通工程、输变电工程和通信线路工程、生态环境工程等等，需要进行精心调查、研究和系统规划。

4.4.2.4　水资源开发利用综合论证考量因素

有专家指出，面对全球气候变化，生态环境脆弱，资源形势严峻。在当前构建和谐社会，坚持可持续发展，保护生态环境的时代，我们对水资源开发利用要考量多方面的因素，再进行论证。

1）遵循自然规律

南水北调西线工程地处横断山北段，黄河长江源区的地质构造背景与南水北调工程东线、中线区别较大。自印度板块与欧亚大陆碰撞后，在 2000 万年以来，该区地壳已有 80 000m 的挤压缩短，一系列活动的走滑断层带，平均每年有 4~5mm 的左旋平移，沿活动断层带一次突发的地震，可达数米的位移。

受控于大旋转、大推覆、大走滑的构造活动背景，形成了长江上游地区的高山深谷（高差可达 2 000~3 000m）的地质、地形、地貌景观。险恶多姿的雪山、冰川、角峰，汹涌澎湃的急流、瀑布、险滩，显现出大自然无穷的魅力。人类应遵循自然规律对大自然进行改造。

2）构建公共规划论证体系

南水北调西线工程是在高海拔的长江源头地区，在这世界上独一无二的战略高地进行规划设计，必须慎之又慎。长江源头调水，不仅是水利、水电部门的事，而应该是地质、地震、气象、地球物理、资源、环境、经济、民族、文物、旅游、国防等各部门共同研究、讨论、规划的大事,需要构建公共规划论证体系的,实现全社会参与、科学决策。

4.4.3 西线一期工程区地壳的活动性

国土资源部成都地质矿产研究所研究员陈智梁,针对南水北调西线一期工程区域地质情况,分析了工程地壳的活动性。

4.4.3.1 地质和地貌背景

川青地块是青藏高原东北缘最重要的构造单元。一般认为,龙门山构造带为川青地块的东界;其北,以昆仑断裂带和西倾山断裂带与柴达木、祁连山和秦岭分开;其南,鲜水河断裂带分隔了川青地块和川滇地块,使两个地块表现出各自不同的特征。

在地质演化历史中,川青地块是在三叠纪末至早侏罗世时(距今2亿—1.4亿年)由海变陆形成的大陆地壳。当时,地壳运动和地壳变形极为强烈,并伴随着大规模的岩浆活动,形成一系列的北西方向的地壳褶皱和断裂,形成松潘—甘孜造山带。其时,鲜水河断裂带就是强烈的地壳活动带。以后,一直持续隆升,并遭受侵蚀。特别是近5000万年以来,由于受到印度、欧亚板块碰撞和直至现今的板块会聚作用的影响,川青地块及其周边的断裂带再次趋于活跃。地壳变形的叠加作用,不但产生了新的地质构造并使之隆升成为高原,并且导致早期的地质构造在新条件下进一步活化,尤其是断裂构造表现了明显的活动。鲜水河断裂带成为我国西部的强震带。

因此,川青地块是周边为断裂带所围限、内部既连续又不均一,经过长期地质演化形成的地壳块体。这一基本特征和性质制约了它的地壳运动和形变。

与地质演化相应的,川青地块及邻区所发育的水系也经历了复杂的演化过程。在上述由海变陆的古老地质演化的同时,水系也由自东向西和自北向南流入古特提斯海的河流(特提斯水系),演变为散布于内陆河流、湖泊体系的一部分。约6500万年前,中国大陆东部地区中生代造山作用的结束,约5000万年前的印度、欧亚板块碰撞和会聚作用导致青藏高原的崛起,奠定了中国大陆西高东低的基本格局。此时,青藏高原的持续隆升,促成了以它为核心向外流出的水系,逐渐发育和演变成了向南流入南海的古长江、古金沙江水系,以及自南向北和向东或向西分别最终流入西太平洋边缘海的古华北水系和流入副特提斯海的古西北水系。以后,副特提斯海消失。距今15万—7万年以来,特别是第四纪冰川以后,由于长江三峡、黄河三门峡和龙羊峡等的贯通,开始发育和最终形成了流入西太平洋边缘海——黄海和渤海的现代长江、黄河水系。现在,川青地块上的长江支流仍以较快的溯源侵蚀向这两大水系的分水岭侵蚀,持续地貌景观的再塑。

规划中的南水北调西线二、三期工程区,将直接在鲜水河断裂带(广义)地区实施。

4.4.3.2 现代地壳变形和位移

1)区域GPS监测

(1)川青地块及邻区。高精度GPS(全球定位系统)是当前监测现代地壳运动和形变的有效高新技术。成都地质矿产研究所和美国麻省理工学院合作,在开展地质、地球物理学研究的同时,自1991年开始在青藏高原东部及邻近地区部署了高精度GPS动态监测网,研究现代地壳运动和形变。2001年增设新的监测站。其中,在甘青川交界地区设置了7个新的测场予以加密,填补了龙门山地区和甘肃—青海地区监测网之间的空缺,涵盖了南水北调西线工程区。同时,增添了10个新的测场,和原有的相关测站一起,组成横穿川滇地块中部和川青地块东部、大致垂直鲜水河断裂带、测站较为密集的GPS监测剖面。所有的测站建立在稳定的基岩上,并在主测站附近备有若干辅助测站。基线的内符合相对精度为10亿分之一。

高精度GPS监测成果表明,青藏高原东北部地区,在欧亚框架内,即相对于中欧和西伯利亚为代表的欧亚板块的稳定部分,大范围地呈现出由北东东转变至南东东方向运动的顺时针转动的、由强而弱的现代地壳运动总趋势。

川青地块及其东缘的龙门山构造带和华南地块西缘的地壳运动水平速度,自西向东,由25.66mm/a递变下降到6.99mm/a。高达16~18mm/年的速度差及大幅度的矢量方向偏转表明,川青地块内部为具有局部应变积累的非均一的区域剪切。作为一种陆内弹—塑性应变场,它部分地调节和吸收了由印度和欧亚碰撞后会聚引起的区域应变,特别是印度和华南之间的区域右旋剪切。

川青地块内部速度场自西向东的递变也是非常有意义的。首先,这种变化中是否存在速度阶跃带,即断裂带,把川青地块再划分为若干次级地块。这样,速度阶跃带或贯通地块的断裂带就是最好应力—应变集中部位,可以进一步调节地壳的应力和应变。有研究者利用中国地壳运动观测网络的GPS数据的处理成果,初步提出以北东向折线型的马尔康速度阶跃带,认为它把川青地块划分为东部岷山地块和西部阿坝地块。然而,GPS监测的新成果所得出的地壳运动递变的总趋势表明,地壳运动强度自西向东衰减,运动的速度矢量向东—南东转向,不能证实存在这样的速度阶跃带。虽然在一些地段,其测站速度变化可稍有超常的表现。但是,总体表现为连续形变的基本特征。即使是龙门山构造带及其东、西两侧也不能截然分开。另外,同样原始材料的计算成果,虽显示了测站速率超前或滞后递变的现象,但也没有认可马尔康速度阶跃带。更重要的是这些研究者自已也指出,在地质上不能支持马尔康速度阶跃带的存在,因为该区的断裂走向大多为北西向。只有延伸不远的南北向岷山断裂可能符合马尔康速度阶跃带。特别要强调的是,一些重要的活动地震断裂,例如松岗乡断裂、抚边河断裂、松平沟断裂、黑水断裂为北西向,与马尔康速度阶跃带几乎垂直相截。

如川青地块内部主要表现为连续的地壳形变。这样,由地壳运动在方向上和速率上的递变所引起的应力和应变,在地块内部又是如何被吸收和调节,是一个发人深思的大问题。这不仅有重大的学术意义,而且关系到对地块内部地壳稳定性的评定以及相关大型工程的决策和举措。

地块往往会被误解为稳定地块。其实,由于新构造运动的强烈作用,即使原来的稳定地块也会变为不稳定地块。川青地块历来被认为是相对稳定区。然而,出乎预料地在地块内部发生了小金地震($M=6.6$,1989-09-22)及其前震($M=5.0$,1989-03-01)和余震($M=5.0$,1991-02-18)等一系列地震,是近期川青地块内部最大的地震集群。这些地震都是浅源地震,震源机制解表明为左旋走滑发震。研究认为,北西向抚边河断裂是它们的孕震断裂。地震序列表现为该断裂自南东向北西相继破裂。但是,多次地面考察都没有发现成规模的地震破裂带。断裂带也没有明显的主断裂面,仅有数条宽数十厘米至数米的次级断层,大致平行展布组成宽约50m的破碎带,全长仅40km。地面考察和TL测龄估算,晚更新世至全新世以来的水平滑移速率仅0.85~1.7mm/a。高精度GPS监测显示,抚边河断裂两侧的SJS/YJW测站间速度差约为3.6mm/a;SJS/KEY的速度差仅为2.4mm/a。说明抚边河断裂的现代运动速率不大,而且其西延不会超过马尔康以西很远。

不仅小金地震是这样,在川青地块内部发生的中强震及其地震断裂之间,例如 1443 年的中壤塘 6.25 级地震与南木达—中壤塘断裂(估计长约 20km)、1933 年的叠溪 7.5 级地震与松平沟断裂(断续分布的断裂带,估计长约 60km)、1941 年的黑水石碉楼 6.0 级地震与黑水色尔古断裂(估计长约 20km),这些中强震都不是沿着大的断裂带上发生的,似乎表现出彼此不相称的特征。在青藏高原强烈活动及其岩石圈—地壳物质向东涡旋运动的背景下,这种长度不大、运动速率也不大,而且可能是没有主剪切面的剪切带,可以累积高应变能发生中强震,是该区陆内岩石圈地壳非均一的应变场的特有性质。在这样的地区实施大型工程建设时,需要考虑这种地壳变形的特有性质,识破地震前的"稳定"假象,做进一步的深入研究。

(2)鲜水河断裂带。沿横切鲜水河断裂带中段观测剖面的高精度 GPS 测量成果揭示,两侧地块间的平均左旋滑动速率约 8mm/a。GPS 资料还表明,由于局部应变积累,断裂带南西侧的主断裂的位错速率高于断裂系两侧地块间的平均左旋滑动速率,为 9.3mm/a。根据地质填图,断裂带北东侧的另一个断裂的位错速率可能为 2mm/a。这两个断裂组成左阶斜列的左旋滑动断裂对,其间为拉分盆地和次级的斜向伸展断裂。同时,断裂带两侧各测站在垂直断裂带走向上的水平速度的分量分布,也表明断裂带不仅有中等强度的左旋走滑,而且还兼有复杂的伸展特征。

需要提到的是,由 GPS 监测得出的断裂带的活动特征,符合地质调查和地貌分析的科学结论。

作为典型的地块边界断裂,鲜水河断裂带是不对称的活动体系,弹性-破裂形变的特征比较明显。鲜水河断裂带的伸展—左旋断裂滑动作用,这种不连续形变分划了两侧的地壳块体,是青藏高原东北缘另一类最重要的陆内形变。

2)南水北调西线工程区

(1)GPS 监测和地应力测量。高精度 GPS 成果表明,一期工程区西侧石渠地段强烈地向东运动,与其北的达日地段之间有显著的差异性地壳运动。两者在东西方向上可产生速率为 9.2mm/a 的左旋剪切运动,并兼有伸展运动。这启示达曲断裂、色达断裂(玉科断裂西段)和桑日麻断裂有较强的现代活动性。

南水北调西线一期工程区东、西两侧的测站 DAR/KEY 和 SEX/YJW 之间的水平速度差分别为 4.1mm/a 和 11.93mm/a,矢量方向分别向东偏转 15.3°和 5.8°。因此,由此引起的地应力和应变能必然需要工程区及外围地区的地壳形变吸收和调节。

中强地震的震源机制解析、卫星影像水系信息宏观资料分析及地应力 Kaiser 效应测量结果,表明本区现代构造应力场的最大主应力轴方向由西向东,由 NNE19°~32°逐渐东偏至 NE50°~60°。这与上述高精变 GPS 监测结果一致。

据长恰引水线路 CQK01 钻孔原地应力测试,在 208~235m 深度的主应力值为:最大水平主应力 σ_H 为 7.57~8.81MPa,最小水平主应力 σ_h 为 5.55~6.20MPa,垂直主应力 σ_V 为 5.23~5.88MPa,最大水平主应力方向为 NE57°;水平主应力占主导地位,即 $\sigma_H>\sigma_h>\sigma_V$。在长须和莫坝乡 140~235m 深度,实测的最大水平主应力为 10MPa,最小水平主应力为 6MPa。

水压致裂和地面 Kaiser 测量结果显示,构造应力的量值:σ_1 为 6.0~11.7MPa,平均值为 8MPa 左右;σ_2 变化在 1.0~6.0MPa,平均为 3MPa 左右;σ_3 变化于 0.3~4.3MPa,平均 2MPa

左右。有限单元计算表明，断裂带的应变能密度一般为 1000～1500J/m^2，但会出现高达 3500J/m^2 应变能的 NWW 向高应变能断裂带。因此，根据谷登堡公式可以粗略估算：一条 18km 长、1km 宽的断裂如达到这样的高应变密度，就会积累一次 6 级地震所需的应变能。或者，在这样高应变密度地段，一次 6 级地震形成的破裂带仅 18km、宽 1km。

值得注意的是，这些地应力数据总体上大于青藏铁路沿线测量所得的地应力值。说明工程区乃至川青地块存在相当高的地应力，且以水平应力为主，其主应力方向有向东递变偏转的趋势。地应力还可能在合适的条件下积累形成高应变能带，引发中强地震等地质灾害。在隧洞开挖时，还可能会遇到高水平挤压应力所引发的强岩爆。

(2) 主要的活动断裂。根据以往区域地质调查资料，对西线工程区做了以遥感地质为主的调查，论述了一系列的活动断裂。近年来，对一期工程区引水线路开展了廊带式地质调查。虽然尚缺乏进一步的区域性地质调查的支持，但已初步认为，除了鲜水河断裂带紧邻一期工程区西南端外，区内存在五条主要的断裂带。自南而北为：达曲断裂带、色达断裂带、上杜柯断裂带、亚尔堂断裂带和阿坝断裂带。它们总体都是北西—南东走向，和鲜水河断裂带平行，即与一期工程引水线近于垂直相交或大角度斜交，使主体工程不可能避让。已有资料表明，上杜柯断裂带、达曲断裂带和阿坝断裂带是重要的活动断裂。色达断裂带也有活动迹象。

达曲断裂带为鲜水河断裂带北延分支。断裂带宽数十米至数百米，由多个断层分支复合组成。有明显的左旋活动的遥感影像特征和透水性。断裂带横向切穿引水线路。色达断裂带亦称巴颜喀拉主峰断裂、玉科断裂西段。以强劈理化为主要特征的断裂带宽达 2～3km，地质地貌标志表明有明显的左旋活动特征和透水性。断裂带横向切穿引水线路。

上杜柯断裂带的西北延伸与桑日麻断裂相接，后者是青海东南地区重要的活动断裂，被认为是达日地震(1947-03-17，$M=7.75$)的孕震断层。断裂带由多个断层分支复合组成，宽达 2km。地质观察和地震机制解表明有明显的左旋活动特征。断裂带横向切穿引水线路。阿坝断裂带包括了阿坝盆地南北两侧的多条断裂，至少组成南、北两条亚带。断裂结构复杂，活动的地质地貌标志明显。断裂带横向贯穿引水线路。

对于在一期工程区西侧发生的达日地震，人们十分关注，因为它是青海省有史以来最大的地震。对此，研究者分别提出在达日地区可能存在北东向，或北北西向，或近南北向的活动断裂，并与北西向主体断裂交汇，导致地壳强烈变形，诱发强震。后者被称为“横向构造”。在四川壤塘地区历史地震调查中，也提出了北北西向、北北东向活动断裂是中强震的发震断层。一期工程区引水线廊带式地质调查初步证实，横向构造是上述的达曲断裂带、色达断裂带、上杜柯断裂带和阿坝断裂带的组成部分。但是，整个工程区除了 20 世纪 80 年代做过 1∶20 万区域地质调查外，至今(2005 年)没有进一步的区域性野外考察和专题研究，来验证与大型工程兴衰攸关的活动构造，以深入认识川青地块内部的地壳变形的特征和性质。

4.4.3.3　地震活动性

1) 历史上的地震

鲜水河断裂带四川境内段，1901 年以来发生 7 级以上地震 3 次，6～6.9 级地震 6 次，5～5.9 级地震 10 次，4～4.7 级地震 7 次。其中，7 级以上和 6～6.9 级地震都发生在紧接一期工程区西南端的甘孜—炉霍—道孚一带。

在川青地块内部，尤其是川青交界高原腹地，历史地震资料零星，地震活动研究不详。

至2005年缺乏区域性中比例尺和重要工程区大比例尺的地震烈度调查及相关资料。

据报道，在壤塘县中壤塘一带（上杜柯断裂带），638—1991年发生4.7级以上地震5次。例如，1973年10月16日壤塘4.7级地震。

在达日县莫坝附近，桑日麻断裂带发生过青海省有史以来最大的地震——达日地震（1947-03-17，7.75级），以及多次4.75级以上地震。北西向地震变形带长130～150km，宽10～25km。

四川阿坝断裂带，曾发生5～5.3级地震（1935年、1952年、1969年）多次。例如，阿坝5.1级地震（1969-09-26，32°30′N、101°48′E）和5.3级地震（1969-11-06，32°42′N、101°48′E）。

包括上述工程区的地震在内，现有资料统计，川青地块内部共发生5级以上地震25次。这些地震的分布，具有面上分散布局的特征，而不是像鲜水河强地震带那样具有显著的成带的集群性。

川青地块内部的地壳连续形变的性质也表现为地震迁移性。20世纪以来，$M \geqslant 5.0$的地震东西方向上的迁移具有一定周期性。特别是地震能的释放，即在时间上可划分有一定的周期性，但一个周期所释放的应变能又大致保持在同一水平上，但是，没有表现出震中的原地重复性。

2）当前的地震活动

据四川地震局地震目录报道，四川及邻区周边地区2004年12月—2005年2月共发生地震130次。其中，马尔康—壤塘地区就有53次，占总数的41%。尤其是2005年1月，一个月内所登录的49次地震中，马尔康—壤塘地区有30次地震，以1月5日马尔康地震（32.14°N、101.40°E，$M=5.0$）为代表，形成高潮。其震中所覆盖的地区坐标为东经101.04°～101.40°、北纬31.46°～32.22°。这个突出的异常区位于西线工程区的东南翼。这样的地震，因为发生在地广人稀、交通闭塞的地区而没有引起广泛的注意。但是，对附近的大型水利工程来说，就有重大的意义。

有必要提及的是，小金—马尔康地区1989年2月—1991年7月的小震综合机制解所得出的P轴分布方向与1989年小金地震（$M=6.6$）的前震及主震的震源机制解均呈较好的一致性，说明震前较长时段内平均应力场方位与中强震的主压应力轴方向相符，可以代表该区区域应力场特征，即受NWW—SEE向压应力的控制。而且，中强震产生的不稳定状态对应力场的扰动有限，应力场的调整大体仅被限制在范围不大的余震区内。上述2005年马尔康地震（$M=5.0$）的特征也和小金地震十分类似，推测也经历了相似的形变过程，都反映了川青地块地壳形变的性质。

对于南水北调西线一期工程来说，虽然引水线上没有5.0级以上的历史地震纪录，但是仍然不清楚能否排除发生中强震的可能性。因为，工程区处于具有差异地壳运动和高地应力特征的地壳地块内，已知历史上发生过中强震的有关活动断裂带都切过了主体工程。而且，工程区所在的地块具有连续形变的基本特征，是否可能存在“安全岛”，值得研究。尤其在“安全岛”判别时，必须与“地震空区”严格地区分开，以免造成严重的谬误。

工程区内是否存在潜在震源区，是南水北调西线一期工程亟待解决的问题。不言而喻，工程区内及外围的中强震，是工程设计、施工和将来水利枢纽的运行应予考虑的。

4.4.3.4　地质灾害

在青藏高原强烈活动和抬升背景下，工程区新构造运动活跃，河流侵蚀切割显著，地貌垂直差异明显，加之岩石强度低、破碎，谷坡不稳定。因此，除地震外，崩塌、滑坡、泥石流及地震裂缝的错移和塌陷等地质灾害时有发生。

在这个地区，特别是要警惕地震→暴雨→崩塌→滑坡、泥石流→堵江→决坝→洪水等地质灾害链的出现。

当然，还要认真对待工程施工期和以后运行期可能诱发的地质灾害。

4.4.3.5　结论与讨论

南水北调西线一期工程区位于川西高原，在地质上为川青地块及其西南缘鲜水河断裂带。川青地块是经过长期地质演化形成的地壳块体，周边为断裂带所围限，内部既连续又不均一。

川青地块并非不活动的稳定地块。GPS监测资料表明，在欧亚框架内，川青地块及其邻区的地壳运动水平速度，具有自西向东由25.66mm/a递变下降到6.99mm/a顺时针涡旋转动的总趋势。鲜水河断裂系中段的两侧地块间的平均左旋滑动速率约8mm/a。由于局部应变积累，鲜水河断裂的主断裂的移动速率为9.3mm/a。

川青地块一方面具有地壳连续形变的基本特征；另一方面，在印度、欧亚板块碰撞后的会聚作用驱动下，产生青藏高原东部岩石圈—物质向东涡旋运动，导致川青地块内部在适当的条件下，产生局部应力集中，累积高应变能，形成长度不大、运动速率也不大的弥散性剪切带或破裂带，发生中强震。同时，在地块西南边缘形成鲜水河断裂带，为我国西部的主要强震带。川青地块内部已发生5级以上地震25次。但是，这些中强地震分布没有显著的成带集群性。在时间上有周期性；在空间上沿地块长轴方向有迁移性。

南水北调西线一期工程区，东、西两侧的测站DAR/KEY和SEX/YJW之间有明显的水平速度差，分别为4.1mm/a和11.93mm/a，矢量方向自西向东相应地分别向东偏转15.3°和5.8°。地应力测量表明，工程区最大主应力为6.0~11.7MPa，平均值为8MPa左右，属高地应力区，并可产生局部高应变能带。地表考察也揭示，与中强震有关的断裂带，诸如达曲断裂带、色达断裂带、上杜柯断裂带和阿坝断裂带等都通过工程区，并表现出活动性。

2005年，GPS动态监测网虽然基本覆盖了全国。但是，监测站主要分布在交通沿线和某些重要的地震带，青藏高原腹地观测站密度稀疏，甚至空白。南水北调西线一期工程区及其外围地区，应该像三峡工程区及外围那样，不失时机地布设地壳运动动态监测网长期观测，与活动构造和地质灾害的详细调查相配合，建立防灾减灾预警体系。

4.4.4　西线方案的重大工程地质问题

在《南水北调西线工程备忘录》一书中，成都理工大学副校长、博士生导师黄润秋专题研究了南水北调西线工程的重大工程地质问题。其主要观点如下。

4.4.4.1　引言

南水北调西线工程区位于青藏高原东北部，地层主体为三叠系浅变质岩及规模不一的印支—燕山期中酸性岩浆岩侵入体；构造格局总体表现为呈NW-SE向展布的巨型线状复式褶皱，其中发育有褶皱轴线走向基本一致的区域性断裂，地震基本烈度Ⅶ~Ⅷ度。可以预见，由于工程区地应力背景值高，加之工程埋深大，引水隧洞施工中发生大变形的可能性较大;隧洞穿越多个形态复杂的复式分水岭,施工期间,越岭隧洞上方的支流可能会通过断裂或裂隙带向隧洞排泄,引起隧洞涌水;此外,特长隧洞施工还可能遭遇岩爆及高地温等问题。因此,南水北调西线工程中,应充分考虑工程区地质背景的复杂性及开挖过程可能遭遇的各类重大工程地质问题。

水资源短缺,是21世纪世界许多国家共同面临的重大战略性问题。而水资源,尤其是地表水资源,空间分布的不均匀性使得这一矛盾更加突出。作为解决区域性水资源短缺的重要手段之一,跨流域调水已经具有较长的历史。20世纪50年代以来,加拿大、美国、澳大利亚、苏联、巴基斯坦及南非等国已经在城市用水、工农业用水及水力发电等领域建成了许多大型调水工程。20世纪60年代以来,我国已建成广东东深引水、引滦入津、山东引黄济青及甘肃引大入秦等跨流域调水工程;输水管线总长近100km、总投资39亿元的云南昆明掌鸠河引水工程也已接近尾声。跨流域调水是极为复杂的系统工程,涉及技术及经济可行性、环境影响及生态安全等众多领域。源于河流上游的跨流域调水工程的输水系统主要分布于地形地貌条件复杂的高山峡谷区,往往需要(频繁)穿越分水岭,地质环境特征及施工和运行阶段可能遭遇的各类地质灾害是工程可行性论证必须考虑的关键问题。

黄河流域是我国青海、甘肃、宁夏、内蒙古、陕西、山西等省(区)的重要水源。黄河多年平均径流量580亿m^3;20世纪90年代降雨偏少,1991—1997年,天然径流量降到448亿m^3,比多年平均值减少23%,而同期耗水量却大为增加:20世纪50年代年均耗水量为122亿m^3,1991—1997年增至309亿m^3,相当于天然径流量的69%,黄河水资源短缺问题日益严重。为缓解黄河中上游地区的用水矛盾,从长江上游通天河、雅砻江及大渡河调水,穿过长江、黄河水系的分水岭——巴颜喀拉山,输入黄河上游的南水北调西线工程设想于20世纪50年代就被提出。1952—2005年,经过50余年超前期规划研究,南水北调西线工程方案正在逐步完善。工程区位于青藏高原东北部,海拔3 000~4 500m,空气稀薄,气温低且昼夜温差大,自然地理及地质背景复杂,施工条件恶劣。在对工程区地质环境进行简要介绍的基础上,对施工及运营期间可能出现的重大工程地质问题进行了初步研究和分析。

4.4.4.2 西线工程区地质环境

根据规划,南水北调西线工程本着从低到高、由小到大、由近及远、先易后难的规划思路分期建设,达—贾线、阿—贾线、侧—雅—贾线分别为第一期、第二期、第三期工程。达—贾线从大渡河支流阿柯河、麻尔曲、杜柯河和雅砻江支流泥曲、达曲5条河流联合调水到黄河贾曲,全长260.3km;340km的阿—贾线从雅砻江的阿达调水到黄河支流贾曲;侧—雅—贾线从通天河的侧坊调水到雅砻江(204km)再到黄河的贾曲。达—贾线主体工程由5座水库和7条隧洞组成,隧洞总长244.1km,占线路长93.8%;最长隧洞73km,最大埋深1 000m,最大坝高123m。

地貌上,巴颜喀拉山分水岭以北至黄河为浅切割高山区,海拔3 900~4 300m,地形起伏平缓,地表切割轻微,相对高差<400m。水系多呈梳状发育,以浅谷-宽谷型河道为主,比降平缓,湖泊洼地星罗棋布。分水岭以南至雅砻江为中等切割的高山区,海拔3 900~4 000m,地形切割较为强烈,呈波状起伏,相对高差较大,一般为600~800m,以峡谷型河道为主,河床比降较大,水流湍急。

南水北调西线工程区位于巴颜喀拉山印支地槽褶皱系南东段,区域地层为三叠系(T_1、T_2、T_3)浅变质砂岩、板岩、千枚岩、变质砂岩及灰岩等,经受NE—SW向挤压形成的复式褶皱呈 NW—SE 向展布，其中向斜宽缓、背斜紧闭。浅变质岩层理发育，裂隙密集，多为碎裂镶嵌结构。复式褶皱内发育与褶皱轴线走向基本一致的区域性断裂（F）；断裂（带）宽度 20～200m，主要形成于印支期，在第四纪早期仍有较强烈的活动，一般为 NE 盘上升的逆断层。区内广泛分布有规模不一的印支期、燕山期中酸性岩浆岩侵入体（γ），一般呈串珠状分布于区域性断裂带附近。

工程区位于可可西里—金沙江地震带内，强震相对较少，震级多以中等水平为主，其中有两次震级>7.0 的地震：一次是 1886 年石渠邓柯地震，史载曾引起巨型滑坡堵断金沙江，另一次是 1947 年达日地震；根据地震烈度区划资料，工程区地震基本烈度为Ⅶ～Ⅷ度。

4.4.4.3　工程可能遭遇的重大地质问题

由于工程区位于青藏高原腹地，地壳动力学背景、地形及地质条件均十分复杂，施工及运行期间可能遭遇新构造活动造成引水隧洞破坏、隧洞围岩大变形、涌突水、岩爆及泥石流等多种重大工程地质问题。

1）新构造及其对洞室稳定的影响

西线调水区已经发现的主要有 15 条区域性活动断裂 F_1～F_{15}，其中玉树断裂（F_2）、鲜水河断裂（F_4）、桑日麻断裂（F_8）、鄂陵湖南断裂（F_9）及甘德南断裂（F_{10}）的活动性较强，对工程影响较大。F_2 为全新世活断裂，1896 年曾发生邓柯 7.0 级地震，造成的山崩使金沙江断流达 10 天之久。一期工程引水方案主要涉及 F_5、F_7、F_8 及 F_{10} 等活断层，其中 F_8 具有较宽的破碎带，控制着河谷的展布和第三系地层的发育，沿断裂带曾于 1947 年发生达日 7.75 级地震，断层平均水平滑动速率为 14.2mm/a，现今沿断裂带仍保留有长约 60km、宽 10～20km 的地震形变带，是工程的不利地段。大渡河过河引水线路涉及 F_8、F_{10} 等断裂，活动时代为晚更新世及全新世。

对于规划的引水线路，无论是抽水方案，或是自流方案，都不可能全部避开活动断裂的影响。一些工程事例表明，距震源较近时，地震加速度往往很大，会严重影响建筑物安全，需特别注意；而引水隧洞不可避免地要穿过活动断裂，在抗断方面则难以回避，强震可能产生严重的错动损害。显然，应加强研究西线调水区主要发震断裂在工程寿命期（100～200 年）内的可能活动性及活动强度等（包括活动性分段、活动方式、活动周期及活动速率等）。

此外，由于工程区断层均为第四纪断层，其破碎带胶结程度差或未胶结，施工期间很可能会发生塌方、冒顶等围岩失稳事故；而由于空隙度高，当破碎带充水，尤其是与地表水体相连时，还可能出现严重的涌水、突泥现象（有些学者称之为碎屑流）。长 54km 的日本青函隧道施工期间发生的 4 次大规模突水事故均与断层破碎带有关；长 2.8km 的大秦铁路大黑山隧道围岩为花岗岩，施工期间发生 6 次大涌水，其中有 5 次发生于断层带，最大涌水量高达 8 640m^3/d。考虑到引水隧洞要多次穿过第四纪活动断裂及其分支断层，而且断层带宽常达数百米乃至上千米，勘测设计阶段应加强对断层带规模、物理、力学及水力学行为的研究，为支护方法选择及施工组织提供依据。

2）特长引水隧洞围岩大变形问题

根据规划，达—贾线、阿—贾线、侧—雅—贾线的隧洞总长分别达到 244km、288km、490km。除侧—雅—贾线的侧—雅段外，其他线路均属越岭输水，单洞长度大部分都在 10km 以上，而三条线路都需修建长达 73km 的特长隧洞。

软岩大变形是长大隧洞（道）施工中常见的一种围岩变形现象，主要发生于低级变质岩、断层带及煤系地层等低强度围岩中,具体岩石类型有各类片岩、板岩、千枚岩、断层破碎带、泥岩、砂页岩及泥灰岩等,发生这种大变形的围岩一般被称为软岩(soft rock)、挤出性围岩(squeezing rock)或膨胀岩(swellingrock, expansive rock)。软岩大变形的变形量一般可以达到数十厘米到数米,如果不支护或支护不当,收敛的最终趋势是隧道将被完全封死。软岩大变形危害巨大、严重影响施工工期或隧洞正常运营,而且整治费用高昂。

1906年竣工的长19.8km的辛普伦1线铁路隧道北起瑞士的布里格,南至意大利的伊则尔,围岩为钙质云母片岩,施工期间发生了严重的围岩大变形。大变形洞段长度仅有42m,但施工工期却达到了18个月,反复扩挖后的最大开挖断面达到9.3m×10.3m。尽管如此,隧道在竣工若干年后,强大的山体压力再次引起横通道边墙、拱部和隧底破裂、隆起。

印度北部喜马拉雅地区的主体地层为千枚岩、页岩及各类片岩等浅变质岩,单轴抗压强度一般为5~35MPa,属于比较典型的软岩或低强度岩石,加之构造运动强烈,围岩破碎程度高,大变形是该地区水工隧洞建设中所遇到的重要问题之一。印度海代尔水电站引水隧洞全长8.56km,成洞直径4.75m,围岩为年轻的喜马拉雅建造的浅变质岩。施工期间,250m绿泥石片岩洞段发生了严重的大变形,初期支护被摧毁3次,3年后变形仍未终止。除了海代尔外,喜马拉雅地区的苏特来季、哑木那及楼克塔克等输水隧洞也曾发生不同程度的大变形,它们的围岩分别为滑石片岩、红色页岩和页岩,施工中观测到高达1.5~3.6MPa的支护压力。

2004年10月20日贯通的国道317线阿坝藏族羌族自治州(简称阿坝州,后同)鹧鸪山隧道全长4.4km,位于四川理县米亚罗镇,与工程区处于同一大地构造单元,相距仅250km左右。施工过程中多次出现围岩大变形险情,造成巨大经济损失,并严重制约了施工进度;变形围岩为三叠系上统薄层千枚岩、炭质千枚岩、炭质板岩;岩体强度低,多呈碎裂结构——松散结构。

如前所述,南水北调工程区,尤其是隧洞分布区的主体岩性为三叠系浅变质岩,具有发生隧洞围岩大变形的物质基础。此外,工程区位于青藏高原腹地,地应力背景值较高,加之引水隧洞埋深较大(300~900m,最大1 500m),隧洞开挖过程中及衬砌以后发生大变形的可能性是很高的,川藏公路鹧鸪山隧道的严重大变形是这一推断的有力的佐证。

除侧—雅—贾线的侧坊—雅砻江段外,其他线路的输水隧洞均属越岭隧道。根据本文掌握的资料,到2005年为止,世界各国尚未修建过长度超过60km的越岭隧道,建造长达73km的越岭隧道对隧道施工本身(尤其是通风)就是一项重大挑战。与特长傍山引水隧洞(如太平驿电站引水隧洞、天生桥二级水电站引水隧洞及福堂水电站引水隧洞)不同,由于埋深大,越岭隧道一般不能通过开挖施工支洞增加工作面,以实现"长隧短打",而只能通过平行导坑或隧洞上方浅埋段的斜井增加有限的掌子面,从而严重制约掘进进度。可能的施工方式是一期工程达—贾线施工时,在二期工程阿—贾线的轴线位置开挖小断面隧洞,作为一期工程的平导,待二期工程开工时再将平导扩挖为主洞。因此建议,隧洞施工采用隧道掘进机(TBM)。TBM可以显著降低开挖过程对围岩的扰动,但是否能够防止挤出性围岩的大变形还需要深入研究。由于TBM的机动性差,一旦发生大变形,其处置要比灵活的钻爆法困难得多。此外,如果围岩渐进性屈服,TBM的管片式衬砌能否抵抗围岩的巨大压力也是值得深入研究的。因此,在南水北调西线工程区隧洞开挖中是否可以采用TBM应进行充分的可行性论证。

由于隧道长度大,掌子面有限,平导或主洞一旦发生围岩大变形将严重影响工程进度,甚至可能造成工程报废。因此,对围岩大变形问题应给予足够的重视,开展前期预测及施工控制研究,为工程设计及施工组织提供科学依据。

3)隧洞涌水及地表水渗漏问题

涌水属于隧洞施工中遇到的流体地质灾害类型之一,与其他地质灾害相比,隧道涌水具有以下特点。

(1)发生概率高。由于地下水的高度流动性在地壳表层中分布的普遍性以及大多数隧道都处于地下水富集带或其以下附近,只要存在导水通道,就可能发生涌水;因此,其发生条件要比其他灾害类型宽松得多。据不完全统计,在我国1996年前已建成运营的4 800余座铁路隧道中,约1/3发生过涌水问题。

(2)一旦发生大规模的隧洞涌水,不仅施工本身会严重受阻,而且可能引起浅层地下水及地表水枯竭,甚至引起地面塌陷等伴生的环境地质问题。襄渝线中梁山隧道涌水造成地表14km^{2}范围内的地表井泉干枯、农田漏水,给三个乡的人畜用水造成极大困难;衡广复线上的南岭隧道涌水、涌泥,连溪河水全部灌入隧道,造成大面积地表塌陷,引起京广线既有铁路和107国道路基严重下沉。也正是由于上述原因,无论是在勘测设计阶段还是在施工阶段,涌水都是长大隧道可行性论证中重点研究的不良地质现象之一。

穿越哀牢山变质带的云南元磨高速公路大风垭口特长隧道,全长3 347m,围岩主体为上三叠统浅变质岩,具体岩石类型有炭质板岩、板岩、片岩、砂岩、泥岩及石灰岩等,同时见有超基性侵入岩,与南水北调西线引水隧洞围岩类型十分相似。施工期间,炭质板岩段涌水普遍,其中桩号K256+003、K256+570、K256+787、K256+823的涌水量分别达到28~36m^3/h、128m^3/h、18m^3/h、4. 3m^3/h。尽管单点涌水量不是很大,但由于发生频繁,给施工尤其是衬砌,带来了很大困难。石灰岩段涌水的发生频率相对较低,但涌水量大,如桩号K255+600掌子面涌水量达1 008m^3/h,水流喷离掌子面达14m。无论浅变质岩还是灰岩段,涌出的水均较浑浊,有时则表现为泥浆状,表明水量主要来自浅部。地表调查发现,隧道上方部分溪流流量明显减小,有的则被完全袭夺。

南水北调西线引水隧洞的主体围岩为浅变质岩,地下水主要为基岩裂隙水。地下水的贮存空间——沿板理、片理发育的裂隙及构造裂隙的空间分布相对均匀(与岩溶空间相比),单体贮水空间的规模差异不大,地下水在空间上的分布比较均匀,涌水可能比较普遍,但单点发生大于1×10^{4}mL/d的大型涌水事件的可能性是比较小的。但必须指出,西线工程区的地形切割是十分剧烈的,水系系统十分发达,除将要建坝取水的雅砻江、达曲、泥曲、杜柯河、麻尔河、阿柯河外,5条河流之间的分水岭地带均广泛发育有规模不一的常年性河流,输水隧洞所穿越的不是单一分水岭,而是形态复杂的复式分水岭。施工期间,越岭隧洞上方的支流,尤其是流域面积较大的麦玉曲、雅曲、色曲、贼柯及尼柯河等支流,是否会通过断裂或裂隙带向隧洞排泄是需要认真研究的重要问题,这也是裂隙围岩型越岭隧道涌突水可能性评估中面临的共同问题。一旦出现因河流渗漏引起的涌水、涌砂、涌泥事故,不仅难以疏干,而且还会造成地面塌陷、河流断流及地表水资源枯竭等问题。因此,勘测设计阶段的涌水评估,尤其是在论证TBM施工的可行性时,除要考虑浅变质岩的面状涌水外,还应着重研究隧洞上方地表河流的渗漏问题。

4)其他问题

由于地形及地质背景的高度复杂性,除前述问题外,引水工程施工及运营过程中还可能要面临泥石流及岩爆等问题。

工程区气温低，年均气温-4.2~5.6℃，极端最低气温达-45℃，昼夜温差很大，物理风化是岩石表生演化的最主要形式。由于浅变质岩中原生结构面极为发育，完整性很差，在强烈物理风化的作用下，地表以下一定深度范围内往往呈现半岩-半土的状态，具有发生泥石流的物源条件。尽管该区降水量一般都在 1 000mm 以下，但由于全年降水量的 80%都集中在 5—10 月，经常出现高强度降雨。因此，工程区出现泥石流的可能性还是存在的。泥石流对引水工程的影响主要表现在：威胁施工场地安全，埋没、堵塞及冲毁大坝、抽水站厂房、隧洞进出口和引流明渠等地面建筑物。当大规模和特大规模泥石流发生时，还可能引起涌浪、溃坝灾害，给下游带来毁灭性的灾难，其携带的大量泥沙块石入库后，也将引起泥沙淤积，减少库容和调水量。

根据既有资料，在引水线路上的色曲—杜柯河存在一出露面积近 100km^2 的印支度期花岗岩体（γ_{51}），而由于工程区及其外围印支—燕山期中酸性侵入岩分布广泛，引水隧洞标高范围内还可能存在不同规模的隐伏侵入体。花岗岩及花岗岩闪长岩等岩石的完整程度高、弹性应变能的储存能力强，属岩爆易发性岩石，加之工程区新构造运动活跃、地应力量级较高，隧道穿越侵入岩时发生岩爆的可能性还是比较大的。因此，勘测设计阶段应对隧洞方向岩浆岩，尤其是隐伏侵入体的类型、规模及物理力学性状进行详细研究，进一步评价岩爆的可能性。

4.4.4.4　**研究结论**

（1）南水北调西线工程区位于巴颜喀拉山印支地槽褶皱系南东段，主体出露为三叠系浅变质岩；其构成的巨型线状复式褶皱呈 NW-SE 向展布。复式褶皱内发育与褶皱轴线走向基本一致的区域性断裂。区内广泛分布有规模不一的印支—燕山期中酸性岩浆岩侵入体，一般呈串珠状分布于区域性断裂附近。该区位于可可西里—金沙江地震带内，强震相对较少，震级多以中等水平为主，地震基本烈度Ⅶ~Ⅷ度。

（2）西线调水区目前发现的主要有 15 条区域性活动断裂，其中 5 条的活动性较强，对工程影响较大。活断裂对工程的影响主要表现在：断层活动引发的地震威胁建筑物安全；强震对水坝及引水隧洞产生错动损害；当引水隧洞穿越活断层时，可能发生塌方、冒顶等围岩失稳事故，而当破碎带充水，尤其是与地表水体相连时，还可能出现严重的涌水、突泥问题。

（3）隧洞分布区的围岩主体为浅变质岩，具有发生大变形的物质基础；工程区地应力背景值较高，加之引水隧洞埋深较大，隧洞开挖过程中及衬砌后发生大变形的可能性是很高的。

（4）引水隧洞围岩贮存的地下水主要是基岩裂隙水。由于地下水的空间分布比较均匀，涌水可能比较普遍，发生大型涌水事件的可能性不是很大。但必须指出的，西线工程区的地形切割是十分剧烈的，水系十分发达，将要建坝取水的 5 条河流之间的分水岭地带均广泛发育有规模不一的常年性河流，输水隧洞所穿越的是形态复杂的复式分水岭。施工期间，越岭隧洞上方的支流可能会通过断裂或裂隙带向隧洞排泄，从而引起隧洞涌水、涌砂、突泥。

（5）在围岩条件适宜时，TBM 往往具有很高的掘进效率，而且开挖过程对围岩的扰动程度小，对于遏制长大隧洞施工地质灾害是有利的。但是必须注意的是，由于其技术复杂、系统庞大、机动性及对不良地质条件的适应性差，而工程区地质条件高度复杂，除可能出现大变形及涌突水等隧洞地质灾害外，还可能出现岩爆及高地温（将严重削弱 TBM 的工作效率）

等问题，因此，在隧洞掘进方法选择时，应充分考虑地质背景的复杂性及开挖过程可能遭遇的各类重大工程地质问题。

4.4.5　西线工程邻近区域地质背景

如果说长江上游水量是南水北调西线工程的前提条件；那么，西线调水区地质环境则是制约其成立的另一个条件。

国土资源部成都地质矿产研究所研究人员罗建宁、孙志明在《西线工程区及邻近区域地质背景与几点思考》中提出：西线工程及邻区位于青海东南部与四川北西部分接壤一带，涉及黄河上游、长江上游干流通天河、二级支流雅砻江、二级支流大渡河以及分隔黄河与长江水系的巴颜喀拉山脉及其南北麓，地质问题十分复杂。

4.4.5.1　引言

在地势上，西线调水工区位于青藏高原的外部高原（外流体系）向高山深切区转换部分。工作区在东北部出现的连续平坦的高原面，分布在黄河上游（若尔盖以西）地区。其中，若尔盖草地是我国主要的高原沼泽地分布区之一。深切谷区则位于工程区西南部分，呈高低悬殊的谷岭相间地貌。在山岭顶上还残留有高原夷平面。区内中北部河流沿呈北西向展布的剪切挤压断裂带向外部高原呈纵向侵蚀，河流沿走向的南东方向侵蚀切割加剧，相对高差可达500~4 000m。这种纵向侵蚀作用自第四纪到现代仍在继续作用。区内有三个重要的地质营力：一是高原仍在继续隆升；二是南北向与北西向的河流侵蚀下切作用；三是受几条主断裂控制的块体之间的扭动与滑移作用的速率与方向的差异。下面分述区内主要的几条河流的特征。

1）黄河上游

黄河位于巴颜喀拉山北麓，区内河道自甘德青珍总体呈东西方向延伸转而北西向蜿蜒，至洼赛转至南东方向，到若尔盖草地唐克一带河道又急转为北西方向，再至玛曲组成“U”形弯曲，誉称黄河第一弯。其西部河道以峡谷的形态出现，两岸基岩裸露，山高坡陡，河床比降4‰左右，水流湍急，落差大。在洼赛一带河道进入若尔盖沼泽草地地区，河道宽阔，河床比降为0.05‰。显然，河流流经地区两岸地形与河谷形态差异和河床比降从西而东有一个大的转折。区内降水量极不均衡，据多年降水量平均统计，在黄河源头两湖一带年降水量300mm左右，在若尔盖黑白河中下游为760mm，且雨量多集中于6—9月，约占全年降水量的72%~92%。河流途经水源主要为雨、融雪和地下水提供，年际变化不大。

2）通天河

通天河穿越巴颜额拉山—莫拉山—雀儿山与宁静山脉，主体呈北西走向展布。两岸山高坡陡，基岩裸露，坡高可达1 000m以上，河床宽窄变化大，为50~200m，中泓水深约4m。在称多附近，通天河与雅砻江上游扎曲玛尕之间的水平距离最近仅有27km，直门达以上河谷两岸植被不发育，同时，与雅砻江支流主干和黄河上游距离最近，为西线引水库坝枢纽的规划河段，是值得加倍重视的地段。区内年降水量自北西部分登额曲以西年降水量200~400mm，东部年降水量400~600mm，其中降水量集中于7—9月，占全年降水总量的80%。径流水主要由降水、冰雪融水和地下水组成。河流年平均含沙量为0.843kg/m^3，年输沙量为959万t，侵蚀模式为69.64t/km^2，实测最大洪峰流量3 380m^3/s，洪峰模数为251/s·km^2。

3)雅砻江

发源于巴颜喀拉山主峰勒那冬则(海拔5 267m)南麓,北与黄河南侧支流热曲与科曲相邻,在石渠北西与雅砻江支流与科曲支流相距最近处仅为26km。西与通天河和金沙江毗邻,东与大渡河相伴。区内雅砻江干流呈北西方向展布,而支流呈南北向延伸。河谷两侧山体呈不对称状,北西侧山高坡长,南西侧相对平缓。河流经历宽谷与窄谷,谷狭坡陡,滩多水急。河谷断面多呈“U”形和“V”形。为一高山区大河流。区内平均年降水量500~600mm,其中6—9月降水量占到全年的77%。径流主要来源于降雨,并有季节性融冰、雪水以及地下水补给,6—10月主要由降雨补给,并形成汛期,汛期径流量达年总量的74%~76.8%。雅砻江水量充沛,流域面积12 844km²,河长1 571km,多年平均流量1 810m³/s,年均径流量586亿m³,占金沙江总水量的40%,下游已建成多个大型的水电站,上游水源的利用应当全面兼顾。

4)大渡河

发源于青海省境内的阿尼玛卿山系的果洛山南麓。区内北西段河流谷宽坡缓,河道比降大;南西段山高坡陡,河谷深狭,水流湍急,河流下切剧烈,区内年平均降水量600~750mm,6—9月降水占全年的68.7%~73.3%,以7月最丰,占年水量的17.9%~19.60%。河长1 062km,流域面积77 400km²,多年平均流量1 570m³/s。中下游已建成多个大中型水电站,上游水源的使用应当从全局考虑。

综上所述,西线工程区及邻区位于青藏高原内外部高原亚区与藏东、川西峡谷亚区接壤部位,区内分布呈北西走向的巴颜喀拉山脉与主体呈北西走向的通天河、雅砻江与大渡河及呈北方向的支流,多峡谷,山高谷深,基岩裸露,高低悬殊,物理作用强烈,岩石结构复杂,加上降雨在地域上的不均衡性和时间上的差异,是工程规划和施工中必须考虑的重要问题。应当指出,目前所掌握的各种观察测试数据严重缺乏,加上近几年的降雨量与分布区域变化较大,有些数据不可靠,应当加强基础水文资料的观测和分析。

4.4.5.2 **区域地质背景**

西线工程及邻区处于地质构造复杂区,也是现代造山区。区内岩石(体)类型复杂,断裂众多,新构造活动剧烈,地震活动频繁,同时,也是地质灾害的多发区。这些地质作用的产生与该区所处的特殊的区域地质背景有关。

据综合特征,将区内划分6个地质构造单元,自西向东主要有:

1)上拉秀—江达晚古生代—早中生代弧火山岩带

呈NNW方向展布,区内出露最老地层在巴塘(南)—小苏莽—觉拥一线,为奥陶纪—志留纪地层,由浅变质砂岩、粉砂岩、砂板岩间夹薄层结晶灰岩、硅质岩等组成。与上覆的泥盆系呈角度不整合。下泥盆统主要为泥灰岩、钙质砂岩、粉砂岩与泥岩,底部为底砾岩;中泥盆统以灰岩为主,夹生物礁灰岩、砂质泥岩、板岩、中基性火山岩、火山角砾岩、蚀变玄武岩等,上泥盆统为黏土岩、粉砂岩与中酸性火山岩,碳酸盐岩等。石炭系在江达一带下统为灰岩、角砾状灰岩,泥灰岩夹砂泥岩;其上统为灰岩夹板岩、凝灰岩、蚀变火山岩等。三叠系在玉树一带主要由绿泥石片岩、斜长角闪岩、片岩、大理岩夹中基性火山岩等组成,厚2 400~4 600m;在歇武一带下部为安山岩、流纹岩间夹砂板岩,上部为片岩夹板岩、硅质岩、变砂岩等。三叠系为江达区内分布较广泛的地层。下三叠统不整合在下伏地层和海西期中酸性侵入岩之上。底部为砾岩、沙砾岩,向上为粉砂岩、泥岩与中酸性火山岩、火山碎屑岩,再向上为微晶灰岩；中三叠统为岩屑砂岩、粉砂岩、凝灰质砂岩、泥岩夹砾岩、安山岩、凝灰岩等；上统下部为紫红色砾岩、砂岩、粉砂岩，广泛角度不整合在下伏地层之上，中上部为中基性至酸性火山岩、夹灰岩、砂板岩。二叠纪之后的地层缺失，仅在河谷地带有少量第四纪的堆积物。

2）金沙江蛇绿混杂岩带

分布于玉树—巴塘一带，向南东方向延伸至哀牢山，向西延伸至拉竹龙，总长 2 400km，宽数十千米，是区域性大断裂带。总体呈向北东突出的弧形方向展布，工区与邻区正处于弧形转弯的弧顶部位。

蛇绿混杂构造岩带被巴塘—日雨断裂与白玉—得荣断裂两条主边界断裂所限，大致呈现南北走向的缓 S 形，以巴塘—日雨断裂为主干，向北经玉树西侧转为东西向。混杂岩带主要由蛇纹石化超镁铁岩、超镁铁堆晶岩（辉石—纯橄榄岩）、辉长—辉绿岩墙群、洋脊形玄武岩、放射虫硅质岩等组成，带内岩石被剪切挤压破碎，糜棱岩化极为发育，由岩块与基质组成。岩块由基性、超基性岩，碳酸盐岩、板岩、硅质岩等组成。岩块大小不一，大者宽数十米，长数十至数百米，小者为 2~3cm。大小混杂，极不均匀。基质由二叠—三叠复理石砂板岩、硅质岩、基性和中酸性火山岩、凝灰岩岩块或碎片组成。混杂岩带内剪切挤压断裂极为发育，由一系列以剪切面为边界，包含有剪切的基质及含有外来和原地岩块或碎片，岩石极其破碎。金沙江蛇绿混杂岩带代表早石炭—中二叠世时期的洋盆，在中二叠世晚期—晚二叠世时期金沙江洋壳向南西俯冲，在其南西侧形成晚古生代—早古生代岩浆弧，在三叠纪开始弧陆碰撞造山，晚三叠世闭合，“冷侵位”蛇绿岩定位，形成蛇绿构造混杂岩带。沿混杂岩内分布着海西、印支及燕山期中酸性侵入体，并有强烈的火山活动，它是一条压扭性超岩石圈断裂带。中新世以来转化为强烈挤压兼右旋走滑活动。

3）中咱—中甸地块

位于西线工程区的南部，是由于晚新生代以来的走滑移位，而使本应该在本区出现的构造单元向南东滑移而缺失。该地块被挟持在金沙江蛇绿混杂岩带与德格—义敦岛弧带之间，总体呈南北向长条状展布，东西宽 8~35km，南北长 420km。

区内出露震旦系—三叠系。震旦系到下古生界为一套碎屑岩、碳酸盐岩夹中基性和中酸性火山岩，上古生界与下、中三叠统为一套滨海—浅海相碳酸盐岩夹碎屑岩及少量中基性和中酸性火山岩，上三叠统为一套碎屑岩与火山岩，与下伏地层呈不整合接触。

4）德格—义敦晚三叠世岛弧带

位于工区的南部，因受走滑逆冲断裂的推覆，该单元在工区内被逆伏在下部。区内主要由大片三叠纪地层所覆盖。中、下三叠统由碎屑岩夹碳酸盐岩、硅质岩组成。上三叠统下、中部由一套巨厚变形强烈的复理石砂板岩夹大量基性、中基性和酸性火山岩及碳酸盐岩组成，上部为具残留海性质的滨浅海至海陆交互相碎屑岩与含煤系沉积。古近纪与新近纪为山间盆地粗碎屑沉积。

区内还分布有大面积的三叠纪花岗岩、二长花岗岩与花岗闪长岩岩基与岩体。

5）歇武—甘孜—理塘蛇绿混杂岩带

混杂岩带宽数千米至数十千米，延伸近 900km，是一条区域性大断裂带。混杂岩带中岩块由基性、超基性岩、放射虫硅质岩、碎屑质浊积岩、钙质浊积岩、砂板岩、灰岩、凝灰岩等组成，外来岩块从奥陶纪至三叠纪的岩石均有，基质由蚀变玄武岩、绿片岩、砂板岩、火山岩等组成，混杂岩中的基性熔岩块体中有大洋拉斑玄武岩、洋岛玄武岩和岛弧形钙碱性玄武岩三种类型,显然它们是属于不同时期、不同构造发展阶段和不同构造背景下的产物,本条蛇绿混杂构造岩带与金沙江蛇绿混杂构造岩带在玉树至歇武一带呈北西方向交会合并成一条,且受前者的影响更大。在甘孜至理塘甲洼一段呈南北走向,由 2~3 条间距数千米的平行断裂组成。该蛇绿混杂岩带是地壳活动构造带,对区域的稳定性有很大的影响。

6)巴颜喀拉褶皱带

在西线工程区及邻区自南东向北西可划分出三个亚带。

(1)石渠—雅江前陆褶冲亚带。区内主要分布上三叠统地层,青海称巴颜喀拉群,四川境内称为西康群,其实是一套地层,暂分为下岩组与上岩组。下岩组下部为变砂岩夹板岩,局部夹薄层泥灰岩,偶见中基性、中酸性火山岩,地层褶皱发育,岩层可能有重复,出露厚 460~2 000m;中部为深灰色、灰黑色粉砂质板岩、绢云板岩、炭质板岩间夹石英砂岩、灰岩,局部夹火山岩;上部为灰绿、灰色变岩屑长石石英砂岩,变岩屑砂岩与粉砂质板岩,炭质板岩互层夹粉晶泥晶灰岩与中基性火山岩;在石渠、甘孜一带为变砂岩与板岩互层。上岩组为灰、灰黑色厚层—块状变长石岩屑砂岩、变砂岩夹粉砂岩与粉砂质板岩,出露厚度 300~400m。

区内砂、板岩组成较强烈的褶皱与冲断岩席,岩层间的岩性差异大,是滑坡泥石流等地质灾害多发区。

(2)道孚—炉霍蛇绿混杂岩亚带。主要发育于工区的东南,在工区内仅以断裂带的形式出现。混杂岩带基性、超基性岩块由二辉橄榄岩、方辉橄榄岩、辉长岩、玄武岩及辉长岩组成。火山岩为玄武岩-橄榄玄武岩,玄武岩具枕状构造。混杂岩带的岩块由基性、超基性岩、硅质岩、变砂岩与大理岩组成,基质由玄武质与复理石砂板岩组成。区内较大规模的断裂发育,带内岩石极为破碎,断裂与裂隙发育,由几条大断裂挟峙着一系列呈强挤压的长条状菱形与三角状地质构造块体。该混杂岩带是新构造活动带,也是地震活动带。

(3)玛多—壤塘褶冲亚带。区内广泛分布三叠纪地层,南西段四川称为西康群,它是扬子板块西部被动大陆边缘上的一套以复理石变砂岩,变岩屑砂岩、板岩、千枚岩为主的岩石组合。工区北东段称为草地群,主要为一套复理石砂板岩,岩层中火山岩夹层增多,并有较多的印支期花岗岩侵入。上述地层在青海称为巴颜喀拉群,岩石已浅变质,褶皱断裂发育,构造变形强烈。

4.4.5.3 对西线工程区及邻区的再认识

(1)第一,处于构造活动区的西线工程区及邻区,可划分出六个不同性质的地质构造单元,各构造单元经历了各具差异的地质历史演化过程。在古岛弧带内虽然经历过强烈的火山活动,但现今都是相对稳定的区域。而蛇绿混杂岩带往往代表消失的洋壳或弧后盆地,是地球岩石圈中结构最为复杂的单元,是受压、扭和张应力作用强烈区,使原始分布面积广大的洋盆沉积物因大量横向收缩,而变窄小,形成呈强烈收缩变形和变质的地带,原始的沉积的地层的层状叠置和侧向连续性遭受到剧烈破坏或完全破坏,出现强烈的错断、移位与剪切,往往在蛇绿混杂岩带及双侧伴随大推覆、大剪切、大滑脱、大走滑等构造样式。它在地表浅部、中部与深部的构造形式均不一致。因此,坐落在蛇绿混杂岩带上的工程需要有地球物理勘探资料,了解其中深部的结构。在蛇绿混杂岩带两侧往往出现褶冲带,而在褶冲带内地质体以冲断席、冲褶席、冲断推覆体和褶皱推覆体等形式出现,地质体之间均以断层接触。再次蛇绿构造混杂岩带两侧的主边界断裂,往往是长期活动的深大断裂,也是新构造活动特别活跃的场所。

(2)第二,区内三条蛇绿岩混杂岩带与被挟峙在其中的岛弧带、火山—岩浆带或陆块,在晚燕山期特别是晚新生代以来,于工程区附近发生了很大的变化。金沙江蛇绿混杂岩带与歇武—甘孜—理塘蛇绿混杂岩带会聚在一起,并被后者逆冲覆盖一大部分,相当中咱地块、德格—义敦岛弧带单元均被逆冲推覆在其下。因此,工程区内甘孜至歇武一带是多组应力作用会聚区,是地壳不稳定区。构造作用影响的深度和广度都是很大的,在工程的设计与施工过程中定会遇到很多的困难。同样,道孚—炉霍蛇绿混杂岩带沿北西方向到布谷之后,其延展情况待进一步查明,同样在该区缺失了一些构造地质单元,该区同样也是多组应力作用会聚区,有较强烈的构造活动。显然,上述地区仅用浅孔钻进行地质工程勘探是不够的,应该配合地球物理方法对中部、深部岩层地质条件作勘测。

(3)第三,色达北与阿坝南西康群与草地群分布区之间存在一条大断裂也需要进一步工作,该断裂向东与黑水断裂联结,它是一条区域性大断裂,它的性质与延伸情况均待进一步查明。

(4)第四,工程区位于李四光先生提出的著名的巨型青藏歹字型构造向东北呈弧形的突出部位与松潘地块相接部位,晚新生代以来的应力场分布比较复杂,特别是区域性压扭性断裂对工程区的影响很大,有待进一步观测。

4.4.5.4　西线工程及邻区的担忧

(1)西线工程的核心是每年调长江水系的通天河、雅砻江与大渡河的水资源(200亿m^3)穿过巴颜喀拉山脉到黄河上游。这里要提出的是,一方面,黄河上游与长江上游现在河流发育、发展所处的阶段有差异。黄河上游位于青藏高原外部高原面上,水流回环曲折,而长江上游则位于深切的谷岭区,多呈急流险滩,河流深切侵蚀与溯源侵蚀作用以及两侧的断裂作用强;另一方面,区内的造山运动正在继续进行。目前区内高原、山脉、黄河水系、长江水系、湿地、湖泊正处于一个相对平衡的阶段。西线工程从客观上讲,将深切谷沟里的水,引到高原面上的黄河上游,这将对区内的地质环境和自然作用有很大的改变。可能会加剧深切割和溯源作用向外部高原内部推进。人类的作用可以改观自然的部分面貌,但自然界各种营力间的相互作用和影响仍将继续,如果两者不和谐则会产生新的作用与调整。黄河水系与长江水系是对中国大地最有影响的两条水系,如果两水系的上游水系做了人为调节,可能会对中、下游产生更大的影响,且可能对两水系上游及周围的地形、地势将产生很大的改变。

(2)工程区及周围存在三条蛇绿混杂带,大陆造山带中的蛇绿混杂带被认为是古代大洋岩石圈的残片,它记录了洋壳形成、俯冲消减以及大陆造山的全过程。它是岩石圈中结构最复杂的构造单元之一。还要强调的是,晚新生代以来几个块体间的走滑移动,该区成为几组构造应力的会聚区。区内地表构造样式和特征与地下的样式不同,浅部与中、深部又不一样。同样,地表的岩石类型、结构与地下、浅部与中、深部也不同,在这样的地区修筑大型工程要慎之又慎。

(3)南水北调西线工程电站由于所处的特殊的地质背景,因此,与南水北调中线、东线工程相比较它的难度要大得多,前期有大量的工作要做,还需要大量的调查、观测与试验。

(4)建议在水资源的配置上应当科学、合理、整体优化、人和自然和谐,因此,在现在的西线工程位置上引长江水到黄河可能造成地质环境与生态环境负面影响较大,能否有更合理的方案,可采用多学科联合攻关,请更多部门、行业的专家参与讨论。

4.4.6 地貌垂直地带性及山地灾害

中国科学院、水利部成都山地灾害与环境研究所张信宝、吴积善、汪阳春研究员对西线调水工程研究后提出《西线一期工程沿线地区的地貌垂直地带性及山地灾害对工程的影响》,建议西线工程规划设计加强此项研究。

4.4.6.1 引言

南水北调西线一期工程主要位于川西北高原流水地貌带与冰缘地貌带的交界处,滑坡、崩塌、融冻土流是工程沿线的主要斜坡灾害,规模多为中小型。工程沿线地区泥石流沟数量多,规模小,但下坝址附近的部分沟谷可能有大型泥石流发生。库区融冻土流的侵蚀产沙量不容忽视,对水库淤积的影响应引起重视。工程引水导致河流洪峰流量减少,输沙能力降低,有可能引起河床上涨,危及阿坝县县城安全。冰缘地貌和流水地貌的交错带部位,地貌过程对气候变化的响应相当敏感,建议加强这方面的研究工作。

南水北调西线一期工程(以下简称工程)穿越川西北高原,引雅砻江支流泥曲、达曲和大渡河支流阿柯河、麻尔曲、杜柯河之水及补给黄河支流贾曲,由“5 坝 7 洞 1 渠”组成,引水线路全长 260km。西线一期工程引水枢纽基本情况见表 4-1。五条河流多年平均总径流量 60.7 亿 m^3,计划调水量 40.0 亿 m^3。五个枢纽工程的坝高介于 63~123m,库容介于 0.64 亿~7.08 亿 m^3,总库容 19.14 亿 m^3。七条引水隧洞总长 244km,泥曲至杜柯河段的隧洞最长,达 73km。洞线一般埋深在 300~600m。洞径由达曲入口的 5m,逐步扩大到阿柯河出口时的 9.6m。是一条渠道为贾曲至黄河的长 16km 的明渠。我们 2003 年和 2004 年对工程沿线地区的地貌和山地灾害进行了两次考察,简要介绍工程沿线地区的地貌垂直地带性和山地灾害对工程的影响。

表 4-1 西线一期工程引水枢纽基本情况

调水河流	引水工程	地理位置	坝址高程/m	坝顶高程/m	最大坝高/m	库容亿/m^3	多年径流量/m^3	拟调水量/m^3	调水占比/%
达曲	阿安	四川甘孜	3 604	3 709	115	3.52	11.4	7.0	61.4
泥曲	仁达	四川甘孜	3 604	3 702	108	2.77	12.7	8.0	63.0
杜柯河	上杜柯	四川壤塘	3 491	3 585	104	5.13	16.3	11.5	70.1
麻尔曲	亚尔堂	青海班玛	3 410	3 523	123	7.08	16.1	11.5	70.4
阿柯河	克柯	四川阿坝	3 485	3 538	63	0.64	4.2	2.0	47.6
共计	—	—	—	—	—	19.14	60.7	40.0	65.9

4.4.6.2 地貌垂直地带性

川西北高原东侧岷山山脉的雪宝顶位于阿坝州松潘县东部,最高峰海拔 5 588m,山体组成为二叠系灰岩。郑远昌、高生淮对其自然垂直带谱进行了较深入的研究。雪宝顶地区的气候基带属山地暖温带,年均气温 5.7℃,1 月均温-4.3℃,7 月均温 14.5℃;≥10℃的年积温 1 321.9℃,全年日照时数 1 827.5h。年降水量 727.7mm,5~9 月雨季占 75%。从河谷到山顶,植被、土壤的垂直分异明显,可分为 5 个自然垂直带。

1)山地暖温带针阔叶混交林带

海拔 3 000m 以下的河谷地带,自然植被为铁杉、冷杉和槭树、桦树等组成的阔叶混交林。土壤为山地棕壤。

2) 亚高山寒温带暗针叶林

海拔 3 000~3 800m，自然植被为以云杉、冷杉为主的暗针叶林。土壤为山地暗棕壤。

3) 高山亚寒带灌丛草甸带

海拔 3 800~4 200m，自然植被为高山灌丛草甸。灌丛以杨柳科、杜鹃花科和蔷薇科绣线菊属植物为主；草本植物以蓼科和禾本科为主。土壤为高山草甸土。

4) 高山寒带疏草带

海拔 4 200~5 200m，该带植物稀少，由红景天、蚤缀等组成的稀疏流石滩植被。流石滩地面岩石碎屑裸露，土壤未发育。

5) 高山冰雪带

在海拔 5 200m 雪线以上，发育有现代冰川。

从冰川冻土发育的角度，以上 5 个自然垂直带可合并为 3 个带：

(1) 海拔 3 800m 以下的非冻土带。

(2) 海拔 3 800~4 200m 的多年冻土带。

(3) 海拔 4 200m 以上的新老冰川带。其中海拔 5 200m 雪线以上，现代冰川发育，冰川舌向下深延到 4 600m；海拔 4 200~5 200m 的山地，古冰斗、角峰、冰川湖、冰碛物等古冰川遗迹比比皆是，表明曾有第四纪古冰川发育。

相应于植被、土壤和冰川冻土的垂直地带性，川西北高原的地貌也具有明显的垂直地带性：流水地貌带，海拔 3 800m 以下；冰缘地貌带，海拔 3 800~4 200m；冰川地貌带，海拔 4 200m以上。由于基带气候存在一定差异，川西北高原各地不同地貌带的高程与以上高程略有差异。高原面为典型的冰缘地貌，地面丘状起伏，丘坡较缓，多小于 20°。谷坡发育有高山草甸土，土层薄 40cm 左右。由于气候寒冷，有机质分解和淋溶不显著，表层 0~15cm 为富含粗腐殖质的根系盘结的灰黑色生草层；深度 15cm 以下为黄棕色角砾土。角砾土层以下为寒冻风化角砾层和破碎岩石带，两者呈过渡状，有时难以区分。川西北高原广泛分布的三叠系浅变质砂板岩，多为中薄层，构造破碎较强烈，节理发育，寒冻风化角砾和破碎岩块多呈板片状，长、宽 20~30cm，厚 5cm 左右的居多。风化角砾层内的孔隙和破碎岩石带的裂隙内均含土状物质，含量随深度增加而减少。多年冻土层深度 0.4~1.5m，此深度以上为季节性冻土，冬季冻结，夏季融化。高原面上水系为鲜水河、大渡河的上游，河谷浅切，岭谷高差多小于 500m，谷底宽阔平坦，小河宽 600~700m，大河宽 6 000~8 000m，河道弯曲，水流散漫。

河谷内埋藏阶地和堆积阶地发育，阶地组成为基本无分选的沙砾层，砾石多为未磨圆的板片状角砾，有人认为是冰水沉积。一些排水不畅的宽阔河谷盆地，地面积水，生长大量沼泽植物，发育有沼泽土。冰缘地貌带（高原面）以下为流水地貌带，河谷深切，谷底狭窄，谷坡陡峻，多大于 35°。河谷内侵蚀阶地和基座阶地发育，随着河流的延伸，砾石逐渐磨圆。冰缘地貌带（高原面）以上为冰川地貌带。工程沿线地区仅四川阿坝和青海班玛交界处的年宝玉则雪山有现代冰川发育，最高峰海拔 5 639m，山体组成为花岗岩。年宝玉则雪山海拔5 200m 雪线以上，花岗岩角峰陡立，冰斗内冰雪常年不化。雪线以下山地虽无现代冰川发育，但冰斗、角峰、冰碛物等冰川遗迹表明，第四纪曾有古冰川发育。U 形谷地内冰川蜿蜒，冰川末端侧碛垄、终碛垄等冰碛物分布广泛，并发育有冰川湖。冰斗和冰川谷地的侧壁裸岩，物理寒冻风化强烈，寒冻风化碎屑撒落坡发育。工程沿线地区主要河流的分水岭高度多为 4 500~

5 000m,虽无现代冰川发育,但冰斗、角峰、冰碛物等古冰川遗迹比比皆是,表明曾有第四纪冰川发育。

4.4.6.3 地貌过程的垂直地带性

西北高原的地貌垂直地带性表明,不同垂直气候带存在不同的主导地貌过程。冰川、冰缘和流水地貌的主导地貌过程分别是冰川侵蚀、冻融侵蚀和流水侵蚀。冰缘地貌是川西北高原的最主要的地貌类型,显然冻融侵蚀是高原地区最重要的地貌过程。高原丘坡土层的典型结构如下:0~15cm 表层为灰黑色生草层,15~40cm 为黄棕色角砾土,角砾土层以下为寒冻风化角砾层和破碎岩石带。多年冻土层深度 0.4~1.5m。冻融土流是高原丘坡最重要的融冻侵蚀方式,也是最重要的斜坡变形方式。丘坡多年冻土层以上的土层,随着季节的变化,处于或融或冻的状态。近地面的土层夏季融化,呈土流(earth flow)顺坡向下运移,堆积于坡麓,并进入谷地。丘坡冻融土流的土体变形是滑动、流动和蠕动的复合运动的结果。丘坡土流地面的流状和波状构造是土流流动运动的表象;从开挖的公路剖面,可常见灰黑色生草层和下伏角砾土层之间的滑动;角砾土层和砂板岩破碎带中板片状角砾的定向排列,显然是土流蠕动的结果。

丘坡土流的运动虽以季节性冻土层的流动和滑动为主,但永冻土层也有缓慢的蠕动。丘坡上部土流一般较薄,厚度多不足 1m;顺坡向下逐渐变厚,坡麓土流厚度可达十余米。融冻土流广泛分布于高原面上的所有丘坡,每年将丘坡上的草甸土和下伏的角砾土层缓慢地侵蚀输送到坡麓和谷地。被土流输送到谷地的泥沙,以板片状砂板岩角砾为主,粒度以长、宽各 20~30cm,厚 5cm 左右的居多。高原面上的河流为鲜水河、大渡河的上游支流,流量小,搬运能力差,难以长距离搬运砂板岩粗角砾,土流搬运的角砾大量停积于谷地内。长期的地质历史过程中,丘坡岩土寒冻风化物质被融冻土流持续不断地缓慢输送进入谷地,因此谷地内发育有巨厚的以板片状砂板岩角砾为主的所谓"冰水"沉积,并形成宽阔平坦的河谷地貌。

冰缘地貌带的花岗岩和石灰岩等结晶岩组成的坡地,地表多为寒冻风化角砾覆盖,角砾之间缝隙中有草甸土发育,并生长有灌丛植物。坡地地表角砾土在重力和冻融的反复相互作用下,土层剖面中的角砾上移,细粒土下移,因此地表寒冻风化角砾之下往往有冻土分布。角砾土中的角砾在垂直方向上移的同时,也不断顺坡向下移动,形成"石河""石海"。此类坡地坡度陡缓不一,陡的大于 35°,缓的小于 10°。冰缘地貌带中,结晶岩坡地和砂板岩坡地的地貌过程同为冻融侵蚀,但前者地表风化碎屑物中细粒物质含量低,形成"石河""石海"等冻融石流;后者细粒物质含量高,形成冻融土流。

4.4.6.4 山地灾害对工程的影响

南水北调西线一期工程的五个枢纽工程的坝址高程 3 485~3 604m,坝顶高程 3 538~3 709m。根据地貌带的高度,大坝和贾曲至黄河的明渠,位于流水地貌带和冰缘地貌带的交错地带;库区主要在冰缘地貌带的范围内。工程沿线的主要山地灾害是斜坡上发生的滑坡、崩塌、冻融土流和沟谷内发生的泥石流。以下主要从地貌带的角度,阐明斜坡变形和沟谷泥石流对大坝、水库、明渠和公路等主要工程和当地环境的影响。大坝位于流水地貌带和冰缘地貌带的交错地带,每个大坝有 2~3 个预选坝址。实地考察表明,下坝址多已进入流水地貌带,河谷深切,河床深窄,基岩出露,两岸谷坡陡峻,坡度多大于 35°;有些枢纽的上坝址位于冰缘地貌带,河谷宽阔,河床宽浅,沙砾堆积深厚,两岸丘坡较缓,坡度多在 20°左右。

坝址一带的河谷两岸谷坡，冻融土流堆积发育，也有古滑坡分布，现代滑坡多为冻融土流堆积体滑坡，有少量破碎基岩滑坡，下坝址一带破碎基岩滑坡可能偏多。由于坝址一带岭谷高差不大，多在500～600m，滑坡规模多为中小型。鉴于冰缘地貌带河谷内松散堆积物厚度较大，和流水地貌带河谷两岸的坡地经过流水侵蚀的“洗礼”，一些谷坡基岩裸露，稳定性也较好，建议坝址尽量下移，选择在流水地貌带的河谷内。库区主要分布于冰缘地貌带内，除一些海拔较低的阳坡坡地外，几乎所有的坡地均有冻融土流发育，河流凹岸常见中小型滑坡、崩塌。由于岭谷高差不大，库区河流两岸谷坡大型滑坡、崩塌鲜见。冻融土流是未来水库泥沙的主要来源，侵蚀速率和泥沙输移比情况不明。以砂板岩容重2.5t/m^{3}计，结晶岩冰川山地和砂板岩冰缘高原面的自然侵蚀速率差异值为700t/km^2·a，现代侵蚀速率可能大于此值。

以上的粗略分析表明，库区坡地的冻融侵蚀产沙量不容忽视，对水库淤积的影响应引起重视。古今冰川山地距水库较远，侵蚀产沙对水库淤积影响不大。工程沿线的大部分支沟均曾有泥石流发生，冻融土流堆积是泥石流固体物质的最主要来源，另中小型破碎基岩和堆积层滑坡、崩塌也是部分泥石流沟泥石流固体物质的重要来源。由于主河河谷与两岸山地岭谷高差不大，泥石流支沟比降小，流域内冻融土流、滑坡、崩塌规模多为中小型，冰缘地貌带内的泥石流沟是数量多，规模小。但冰缘地貌带和流水地貌带的交错部位，如下坝址一带，谷坡陡峻，滑坡、崩塌规模较大，部分沟谷可能有大型泥石流发生。坝址一带施工场地的布设，特别要重视泥石流的危害。另阿柯河引水枢纽工程克柯坝与阿坝县县城之间的主河两岸，泥石流支沟众多沟，每年输送大量泥沙进入主河，克柯坝上游引水后，主河洪峰流量和输沙能力降低，会引起主河上河床抬高，危及县城安全。上述的冻融土流、滑坡、崩塌和泥石流等山地灾害对公路和其他工程附属设施的危害，也应引起重视。受全球气候变化的影响，高原地区气候变暖的趋势已很明显，大面积水面的出现也可能引起当地气候的变化。工程沿线区地处冰缘地貌带和流水地貌带的交错部位，地貌过程对气候变化的响应相当敏感，建议加强这方面的研究工作。

4.4.6.5　建议重视地质环境影响

四川成都地质矿产局教授级高级工程师周云章对南水北调西线工程区地质环境研究多年，建议有关方“要重视西线工程的地质环境影响”。

1）环境问题

拟建工程首部枢纽主要设置在四川西部高原（海拔+3 500m）甘孜州（甘孜藏族自治州），阿坝州（阿坝藏族羌族自治州）等处，地质环境条件十分脆弱，不良地质灾害时有发生，兴建调水工程，若有失误，会加剧地质环境条件进一步恶化，甚至诱发工程性的地质灾害问题，让人忧心。主要易发的地质环境问题有以下 6 点。

（1）诱发地震震灾环境问题。南水北调西线工程地处著名的鲜水河—炉霍强震带，据地史记载：1923 年泸霍发生 7.3 级地震；1973 年炉霍发生 7.9 级地震；理塘于 1948 年发生 7.3 级地震；康定 1955 年发生 7.5 级地震。震中距拟建工程较近，应有防震抗震预案和工程抗震应对措施。另据地震部门预测认为：“横断山脉、喜马拉雅山脉、帕米尔高原，被称为世界三大地震带”。鲜水河—炉霍地震带，临近横断山脉，属大陆性地震中最活跃、最集中和最易发生群震的地区，选坝论证是否处于“安全岛”位置的担心并非无据，坝址五处，坝高 63～123m。高坝蓄水后诱发的地震评估问题，更应引起重视。据国外研究，水库诱发地震的实例达100余处;中国发生水库诱发地震的实例有10余处,典型实例是,广东新丰江水库蓄水后诱发了6.1级地震,造成右坝顶出现水平开裂,危及大坝安全,经工程处理后,才确保了安全运行。

(2)"地灾"环境问题。雅砻江、大渡河、通天河等上游段及其支流"内外"动力地质作用十分显著。高山峡谷,地壳不断抬升(印度板块与欧亚板块碰撞)河流下切作用强烈,深切河谷比降大,水力冲刷作用剧烈,降水时空不均,风化剥蚀作用剧烈,河流侵蚀作用也剧烈,地震诱发次生灾害(山崩、泥石流、滑坡等地质灾害问题)时有发生。山洪诱发崩塌、滑坡、泥石流灾害也屡见不鲜,1973年"炉震"灾害发生后,沿鲜水河北西向活动断裂带上,发生次生"崩滑流"地质灾害67处。雅砻江上游—雅江县考河区唐古栋,于1967年2月发生罕见的崩塌灾害,堵断雅砻江断流达9天,形成天然堆石坝成天然水库,蓄水9天后,溃坝下泄,造成突发性洪水陡涨7~9m(渡口市水位)成灾,损失重大。值得指出的是拟建工程处、"地灾"评估问题应予重视,既是工程安危的需要,也是可能影响范围内社会公众安全责任的评估需要。

(3)高地应力施工环境问题,西线输水工程以首期施工为例,绝大部分工程是隧道工程。而高山峡谷区深埋型隧道,特别是输水隧道的施工面临高地应力测试及处理工程措施,应防止工程诱发次生应力加剧塌坑灾害,并防止坑道施工弃渣不当,诱发泥石流灾害等等。

(4)塌岸环境问题。末段贾曲,首期明渠长16.10km虽不长,但通水量大(152m³/s)且渠道岸坡地处阿坝州红原黄河水系沼泽地带、岩层系第四系,第三系松散,半松散层(含泥炭)软弱岸坡,受明渠水力冲刷、地下水位抬高等浸润影响,边岸再造问题突出,应予重视;因地下水受输水渠排泄不畅,湿地化会扩大,对草原生态环境影响,应做评估;塌岸泥沙影响(悬移质、推移质)对入黄河口河道影响泄流问题都应评估。三门峡水库淤库泥沙,抬高渭河入黄河处河床,造成渭河泄洪不畅灾害的实例,值得借鉴。

(5)水环境问题。隧道施工产生的废渣,应实施开发与保护并重的原则,废渣宜搞生态型良性处置,对坚硬砂岩、板岩做细化处理,提供拦河坝、道路工程、边岸护坡工程等做混凝土骨料,变害为利。严格建立水环境保护带(含涵养林带)。并注意防渗、防突水问题等等。

(6)水环境保护问题。涉及缺水石渠、色达牧区人畜吃水问题,隧道工程施工对地表水、地下水疏干影响问题及工程对策研究。

2)对策意见

(1)工程选址、定线,在强震区(Ⅶ度以上)应由省级以上地震部门列专题论证:鲜水—炉霍地震对南水北调西线工程影响,并应对拟定坝址蓄水后诱发地震问题,做明确论证,做到选址有据、抗防有力。

(2)拟建工程场地的地质环境质量评价,(天然环境、工程修建后环境)进行专业评估。由省地质环境行政主管部门按国家颁布的《地质灾害管理条例》依法实施地质环境管理。

(3)末段贾曲流入黄河,边岸再造问题,因地下水浸没对草原生态环境影响评估问题,泥炭资源浸没影响评估,草场湿地化扩大以及盐碱化问题专题研究。

综上所述,该学者认为:南水北调西线工程的前期工作应高瞻远瞩,采用跨学科、跨部门、跨行业、跨单位的协调攻关形式互动配合,相信这样一定会为消除地质环境对工程隐患而取得丰硕成果,做到有序有备调水、科学调水。

4.4.6.6　研究结论

川西北高原，地貌垂直地带性明显：流水地貌带，小于3 800m；冰缘地貌带，3 800～4 200m；冰川地貌带，大于4 200m；相应的主导地貌过程：分别是流水侵蚀，冻融侵蚀和冰川侵蚀。

川西北高原是大面积构造隆升背景下寒冻侵蚀的夷平地貌，隆升前的原始地貌可能是丘状起伏的准平原，也可能是河流深切割的山地。川西北高原广泛分布的砂板岩，抗寒冻风化能力差，风化岩土含土较多，冻融土流是斜坡变形的主要方式，土流坡地坡度缓，多小于20°。砂板岩坡地冻融土流侵蚀强烈，隆升过程中地面高度一般不可能超过冰缘地貌带的上限。由于抗寒冻风化能力和寒冻侵蚀方式的差异，花岗岩和石灰岩等结晶岩抗寒冻风化能力强，透水性好，冻融石流是斜坡变形的主要方式，坡地往往较陡。结晶岩山地在隆升与夷平的斗争中，隆升可以战胜夷平，隆升过程中的山地高度可以超过冰缘地貌带的上限，形成发育有冰川的高山山地。

南水北调西线一期工程主要位于流水地貌带与冰缘地貌带的交界地带，工程沿线的主要山地灾害是斜坡上发生的滑坡、崩塌、冻融土流和沟谷内发生的泥石流。由于岭谷高差不大，斜坡山地灾害规模多为中小型。工程沿线地区泥石流沟数量多，规模小，但流水地貌带河谷的两岸支沟，如下坝址附近的部分沟谷可能有大型泥石流发生。库区冻融土流的侵蚀产沙量不容忽视，对水库淤积的影响应引起重视。阿柯河引水后洪峰流量减少，输沙能力降低，有可能引起河床抬升，危及阿坝县县城安全。全球变暖和工程修建后的大面积水面的出现，均可能对当地的气候产生一定的影响。工程沿线区地处冰缘地貌带和流水地貌带的交错部位，地貌过程对气候变化的响应相当敏感，建议加强这方面的研究工作。

4.4.7　西线工程存在的技术问题

针对西线调水存在的技术问题，成都理工大学倪师军、朱利东和伊海生建议决策机构加强研究、论证南水北调西线的几个科学难题。

4.4.7.1　调水工程的生态与环境影响

四川省地处青藏高原过渡地带，生态环境十分敏感和脆弱。黄河水利委员会规划的南水北调西线工程有可能打破该区的自然生态平衡。例如，调水区可能诱发地震、滑坡和泥石流问题，可能对局部小气候产生影响并加剧干旱河谷问题，可能使工程区地下水位下降、湿地减少（尤其是对若尔盖湿地的影响）、土地沙化、荒漠化问题，影响是大范围的，可能波及四川及长江中下游地区；影响也将是深刻和长远的，包括对四川西水东调工程的实施和长江上游生态屏障功能的正常发挥。这些问题均需要科学论证。

长江之源——各拉丹冬岗加曲巴冰川，1970—1990年，冰舌末端后退了500m，年平均后退25m。湖泊萎缩，有些湖泊已成为盐湖，有些湖泊已干涸。1990年考察时，勾鲁错还是湖水面积达23.5km^2，水深在1.5m以上的大湖，1998年已完全干涸，仅部分区域留下1～2cm深的饱和盐水。淘金者和偷猎者的大量侵入，在河流两侧乱挖滥采，是造成植被严重破坏的一个原因，但不可忽略的另一个原因是降水量的减少使得生态环境日趋恶化。河源地区平均海拔4500m以上，气候寒冷，平均气温在0℃以下。高寒地区与一般地区不同，地表稍有扰动就会引起环境的很大变化，尤其是植被破坏后，地表失去保护，土温增加，加速冻土融化。本区土壤大多是沙性母质，土壤沙化极易形成，重新恢复则既困难又缓慢。

在青藏公路沱沱河、楚马尔河河滩已有流沙堆积。调水工程如何解决我们今天已经面临的保护青藏生命线——青藏公路和青藏铁路问题

金沙江是长江上游水土流失最严重的地区,其中云南省水土流失总面积为46 923km^2,占云南流域总面积的43%。岷江流域水土流失面积为10 096km^2,占流域总面积的45%。水量减少:枯水期的2月份都江堰鱼嘴测得流量(20世纪30年代)为161m^3/s、20世纪80年代为108m^3/s,减少了33%,使成都平原1—5月平均缺水217亿m^3;含沙量增加:金沙江屏山站平均输沙量2.3亿~2.8亿t,大渡河龚嘴站3 560万t,雅砻江为2 350万t。通天河典型地段的玉树孟宗沟,流域面积20 066km^2,水土流失面积达11 865km^2,占流域面积的59%,土壤侵蚀模数为1 500t/km^2。云南昭通1988年水土流失面积达21 861.56km^2,占全区土地总面积的60.33%,平均土壤侵蚀量每年达9 394.15万t。陡坡耕作是引起水土流失的最主要因素。金沙江和岷江流域坡度大于25°以上的旱地占34%,雅砻江达到45.6%,位于大渡河中游的峨边县达到70%~90%。根据研究,当坡度大于20°时,侵蚀模数1hm^2达到5 000~6 000t。

干旱河谷是本区特殊的自然景观,其特征是在金沙江、岷江、大渡河、雅砻江等河谷的一些谷坡陡峻地区,降水少,蒸发量远大于降水量,温度高,空气干燥,只生长耐干旱的灌丛和稀树灌草丛,从而称为干旱或干热河谷。在气候理论上干旱或干热河谷的成因有多种说法,如焚风效应、山谷局地环流等等。干旱河谷中谷坡陡峻,物理风化强烈,坡面极不稳定,植被生长缓慢,生态环境脆弱,植被破坏后很难恢复。近年来,干旱河谷的范围在不断扩大,如德钦奔子栏至巴塘段,60年前干旱河谷的上限是2 800m,如今已上升到3 200m,上升了400m。调水工程动工之时必将引发更为快速而且强烈的干旱河谷扩大化。同时,干旱河谷是泥石流灾害最严重的地区,据统计仅金沙江、雅砻江、大渡河、安宁河、岷江就有泥石流沟1671条。

20世纪80年代以来,泥石流活动有明显增加的趋势,仅1983—1985年活动的泥石流沟增加了43条,这其中有过度放牧、砍伐森林等人为因素的结果,也有自然气候变化的因素。泥石流灾害不仅给当地人民的生命财产造成巨大损失,严重影响经济建设,而且泥石流形成的大量泥沙进入河道,也影响到下游,如1981年成昆铁路利子依达沟泥石流最大流量达2 000m^3/s,冲入大渡河的固体物质量约70万m^3,使流量4 000m^3/s以上的大渡河被堵断达3h之久,还将对岸800m公路路基、125m长的铁路大桥冲毁,列车颠覆,造成直接经济损失达2 000万元以上。云南巧家1980年也曾因流石流堵塞,使长江断流20余分钟。西线调水工程对长江流域、特别是对四川省的流域生态与环境的影响应从区域气候变化趋势和调水可能引发的环境问题两个方面做详细的科学研究。

长江上游流域调水工程区及直接影响的临区的生物种类十分丰富。据不完全统计,高等植物种类约有12 000种,占全国高等植物种数的1/3,其中特有种类约占1/4;动物种类也十分丰富,以鸟类为例,鸟类有500种,兽类约180种,分别占所有种类的40%和44%,且珍稀、濒危种类多,全国重点保护兽类87种中,本区有大熊猫、滇金丝猴等42种,几乎占保护兽类的半数。因森林、草地的减少,已使不少动植物种类失去了生存空间和适宜的生态环境,处于濒危状态,有一些种类已经灭绝。在这样的生物生态趋于恶化的地区开展大规模的工程项目必须考虑如何保护这些珍稀物种;要考虑调水后的流域生态是否还能维系这一地区的动植物群落面貌。

4.4.7.2　对社会与经济的影响

南水北调西线工程除解决黄河缺水问题外,对四川省可能产生下列正面影响。

(1)促进交通的发展;

(2)加快民族地区的经济发展;

(3)带动地方经济的发展;

(4)促进旅游资源的发展。

这是正面影响,是四川省主动参与南水北调西线工程的依据,也需要得到科学论证。另一方面,南水北调西线工程可能造成水电经济损失、水资源经济损失、水力灌溉能力和功能减弱问题等问题。

总之,在青藏高原过渡地带开展工程,必须预测长江源区和四川省被调水区未来50年的水资源时空变化规律以及生态环境影响等。从长江源区和黄河源区水资源时空变化和演化规律入手,提出水资源保护和科学配置方案。研究调水工程与地球动力的耦合作用及其对流域沉积演化和生态环境系统演化的影响,揭示调水工程实施前后的河流演化及其流域生态与环境演化规律。从可持续发展角度,研究调水工程对区域社会、经济、文化发展的影响,揭示不同决策模式和开发方案条件下社会经济发展演化规律,提出流域经济发展模式。

4.4.8　受供水地区生态环境影响的利弊分析

中国科学院成都生物研究所专家蔡登高、潘开文,研究高海拔地区生态环境多年,对南水北调西线调水方案分析后,写出《西线工程对受水与供水地区生态环境影响的利弊分析及对策》。综合文内主要观点如下。

南水北调工程是解决我国北方水资源严重短缺问题的特大型基础设施项目,建设的目的是通过跨流域的水资源调出配置,保障受水区经济、社会与人口、资源、环境的协调发展。经过广大科技工作者持续进行几十年的调研工作,在分析比较了50多种方案的基础上,形成了分别从长江下游、中游和上游调水的东线、中线和西线三条调水线路。其中,西线工程是指在长江上游通天河、支流雅砻江和大渡河上游筑坝建库,开凿穿过长江与黄河的分水岭巴颜喀拉山的输水隧洞,调长江水入黄河上游,补充黄河水资源的不足,主要解决青海、甘肃、宁夏、内蒙古、陕西、山西等黄河上中游地区和渭河关中平原的缺水问题。西线工程调水量最大、水源点最多、调水线路最长、受水域最广、配套工程建设任务最重;西线工程的规划、建设、运行管理条件最为艰苦,地质条件最为不利,施工技术要求最高,对外交通最为困难,社会关系最为复杂,这些因素决定了它是当今世界上规模最大、难度最高的调水工程。其广阔的供水范围决定了这一工程将具有巨大的经济效益、社会效益和生态效益,但是西线调水后对供水地区的经济和生态也都有重大的影响,对其进行利弊分析,对该工程的实施与慎重决策具有重要的现实意义。

4.4.8.1　对受水地区生态环境的影响

1)受水地区的生态环境现状

西线工程的受水区主要包括青海省东北部的24县,甘肃省中南部的57县(市),宁夏的14县(市),内蒙古西部的2县(旗、市),陕西省的10县(市),山西省北部、西部和中南部的56县(市);总面积68.41万km^2,总人口5 338.4万人,分别占六省(区)总面积的28.3%、总人口的46.4%。这些地区大部分属于我国西北地区,是我国重要的能源和化工基地,对我国的经济发展将起重要作用。

该地区属于干旱和半干旱地区，年降水量在200mm左右，年降水年际、年内变化很大，多年平均年蒸发量高达1 200mm以上，水资源十分短缺。在经济相对较发达、人口较集中的沿黄地区，水资源供需矛盾更加突出，成为该地区区域经济与社会发展和生态环境改善的重要制约因素。

该区域环境的现状主要包括：

(1)植被覆盖率低，森林覆盖率为4.22%，仅为全国平均水平的1/3；

(2)水土流失严重，水土流失总面积为3.38×10^5km^2，占受水区总面积的47.30%。黄河含沙量高，下游多年平均输沙量高达1.60×10^9t，其中2/3来源于中游地区；

(3)土壤沙漠化、盐渍化面积日趋扩大，沙漠化面积达1.39×10^5km^2，土壤盐渍化面积1.03×10^4km^2，占耕地总面积的11.6%；

(4)河川径流量逐年减少，水资源供需矛盾突出；湖泊水位降低，水面缩小甚至干涸，很多地方超采地下水造成水位下降；

(5)草地退化严重，可利用草地面积占受水区总面积的48.8%；

(6)各种自然灾害频繁，主要是旱灾、风灾，局部地区有洪灾和地质灾害。风暴、沙尘暴是对当地生产和生活影响很大的又一种自然灾害，对农林生态系统造成巨大破坏，给当地居民的生命和财产带来巨大损失。

2)对受水地区生态环境的正面影响

(1)水资源量明显增加，基本上解决黄河下游断流问题。黄河是我国西北、华北地区的重要水源。黄河入海水量越来越少，维持河流水沙平衡和生态用水的缺口越来越大。南水北调西线工程实施后，可增加枯水期径流量，再加上黄河干流大型水库调节，基本上可以解决黄河下游断流问题。

调水将使黄河干流各断面水量普遍增加。黄河上游主要控制站唐乃亥站的数据显示，平均径流量和平均流量在调水之后将大幅增加，下游各省区的水量也明显增多。调水可改善径流年内分配，使全年各月流量更加均匀。该站还显示调水前7月份月平均流量最大，为1 314m^3/s；2月份月平均流量最小，为166m^3/s。当调水量分别为100亿m^3、150亿m^{3}和170亿m^{3}时，2月份流量分别可增加至483m^3/s、641m^3/s、705m^3/s；当调水量分别为100亿m^3、150亿m^{3}和170亿m^{3}时，枯水期12月至翌年3月平均流量在197m^3/s的基础上分别增加160%、240%和274%。由于调水使河川径流量大幅度增加，所以可以有助于提高水的自净能力，改善水质。

(2)增加植被覆盖率，改善农业生态环境，加快水土流失和土地沙化的治理进程。西线调水实施后，尽管各省区用水的侧重点有较大差异，但总体上农业(含林业、牧业)用水仍占60%以上，调水用于农业灌溉，使受水区的植被在数量和质量方面均得到较大提高，农业生态环境会得到较大的改善。如调水170亿m^{3}时，内蒙古每年用水量达到31亿m^3，其中24.7亿m^{3}用于农林牧生产和生态环境用水，可发展灌溉农田35.0万hm^2，可以植树造林，使植被覆盖率达到68.70%；青海省用水50亿m^{3}开发塔拉滩，可使森林覆盖率增加到22.5%，在青海省南部风沙线上形成防护林网，与沙珠玉林网连接后可切断部分沙源。

西线调水为受水区水土流失和土地沙化综合治理创造了有利条件，可大大加快治理进程，有益于治理成果的巩固和发展；西线调水后，受水区的植被有较大的增长，能有效地遏制水土流失的进程。通过在受水区的荒滩、塬地建设新灌区、移民等方式，使不宜耕种的土地退耕、还林、还草，有效地遏制滥垦滥伐。

(3)改善生活环境，提高人民健康水平。调水对受水区人民生活环境改善和生态环境质量的提高将产生重要作用。主要表现在生活用水有可靠保证，饮用水质有大幅度提高；在大气环境方面，植被增加，大风日数减少，大气含尘量下降，空气湿度提高等。随着生活生存环境的改善，当地居民的健康水平必然大幅度地得到提高。

3)对受水地区生态环境潜在的负面影响

(1)受水地区的水资源并没有得到充分合理的利用，还存在较大的节水潜力。在水资源本来就非常紧张的北方旱区，农田灌溉中的损失浪费却相当严重。北方灌区，渠系利用系数一般为0.4~0.5，如新疆、宁夏、甘肃、青海的灌区都在0.4~0.45，甘肃河西走廊灌区一般亩净灌水量比实际需要多出1.5倍；引黄灌区下游输水损失达30%~50%，灌水利用率只有40%左右。西线工程实施后，北方地区水量的增加会不会带来更大的浪费，依然是一个不可忽视的问题。

(2)可能扩大污染范围。目前，黄河干流整体水质尚可，但污染发展趋势越来越严重并以氨氮污染为主，宁夏石嘴山、内蒙古乌海等沿海城市的重金属污染也不容忽视，水是载体，水流的增加，从局部来说，起到稀释的作用，但同时，也可能将污染物快速传输，从而扩大污染范围。

(3)西线调水后对原有景观生态格局和动植物生存的生态环境的影响不容忽视，对于耐旱的物种，种群可能减少或绝灭；对于喜湿的物种，可能得以扩大；所以，原有的土著物种可能会逐渐消失，而外来物种可能会繁茂，这将对该区域的物种格局、甚至农业生产产生深远的影响。

(4)可能改变局部小气候，从而影响传统的农林业生产。

4.4.8.2　对调水地区生态环境的影响

1)调水地区的生态环境现状

调水区既是新构造运动强烈、地质环境极不稳定的高山峡谷，地震、滑坡、崩塌和泥石流等地质灾害的高发区，水土流失严重，江河泥沙含量大，又是我国仅存的原始森林主要分布区和生物多样性最丰富突出的地区，同时又是最重要的水源涵养地和生态功能区。它的地质条件和生态系统均十分脆弱。

目前长江源头及上游的生态环境日趋恶化，主要表现为：

(1)森林植被面积减少，20世纪50年代前，川西高原森林覆盖率26%，由于过度砍伐，1973—1974年普查已降至13.1%。20世纪末，20多年间砍伐有增无减。

(2)植被涵养水源的能力减弱。50年前，长江上游川西滇东北原始森林水源涵养能力达4 000亿m^3，现在的森林仅能涵养1 000亿m^3的水源，上游森林植被的破坏使水源涵养能力减少了75%。

(3)干旱化、沙漠化、荒漠化面积扩大，雅砻江下游干旱河谷地上限也抬升了200~400m。

(4)湖泊、沼泽、草原面积缩小，冰川退缩，雅砻江上游冰川已退缩了200~400m。

(5)水环境恶化，主要是汛期流量增大，枯水期流量锐减，大渡河年均径流量自20世纪50—90年代末下降了14%。

(6)生物多样性减少,上游及源头区,物种丰富,生态环境一旦改变,这些物种极易受到威胁。

2)对调水地区生态环境的负面影响

工程本身对当地的生态环境造成破坏,并产生深远的影响。西线调水工程位于长江源通天河、雅砻江、大渡河的上游,地处高原寒带、亚寒带及寒温带,海拔3 400~4 500m,工程区面积30万km^2左右,这一地区生态环境极其脆弱,一旦破坏,极难恢复。大规模的工程建设将直接破坏工程区的生态环境,并给工程区造成深远的影响。

工程建成后将增加脆弱的生态环境压力。主要表现在以下8点。

(1)水量减少,一些河段可能断流。调水计划一旦实施,引水枢纽以下金沙江玉树至渡口900km河段,雅砻江甘孜至渡口600km河段,大渡河斜尔朵至石棉300km河段,在11月至翌年5月径流量将分别减少23%~36%,而在近坝河段枯水季节甚至可能断流。

(2)干旱河谷将可能扩张,调水使水库坝下河段径流量减少,河川水位下降,这将增加大气和土壤干燥度,干旱河谷的范围将不断扩大,干旱河谷地将向两岸坡地抬升。

(3)植被恢复更加艰难,在一些地段,如新扩大的干旱河谷段以及原有的干旱河谷段,蒸发量加大,谷地温度上升,水分限制因子更加突出,植被恢复更为艰难。

(4)沙漠化、荒漠化、草地退化将更严重。

(5)湖泊、沼泽、草原面积缩小,冰川加剧退缩,雪线上升。

(6)水土流失加剧,如受调水影响,径流量将大幅减少,地下水位降低,将对两岸森林植被保护带来严重影响;一旦河谷中森林植被破坏,谷地温度会迅速上升,造成蒸发量大增,最终导致河谷的沙漠化,加重水土流失。

(7)生物多样性受到威胁,工程实施后,可能局部改变区域小气候,从而,改变生境与植被格局,进而影响到当地珍稀物种。

(8)面临地质灾害的巨大风险。西线工程所经过的横断山脉褶皱构造异常发育,新构造运动活跃,地震频繁。金沙江、大渡河、雅砻江都循着断裂走向,沿河宽谷与盆地几乎无一例外的都是断裂带上的陷落部分,而西线工程不同程度地穿越多条活动性断裂,其位置和方向不可能回避活动性深大断裂的影响。

对于深大活动性断裂,断裂带宽度达到数百米以上,断层变形的规律性及其变形量,特别是工程有效期内的变形量,以及由此引起的隧洞变形与稳定性问题是不可回避的问题。这些活动性断裂地带一旦发生强烈地震,可能使深埋地下的输水隧道错位、断裂、崩塌,引发泥石流、滑坡等地质灾害乃至中断调水工程的运行。大面积的蓄水工程也可能诱发地震,造成垮坝。

3)对供水地区的正面影响

西线工程对供水地区的社会经济的发展有非常重要的贡献,主要体现在对经济和行业的拉动、促进交通发展、加快民族地区经济发展及形成新兴城镇。同时,调水地区地处青藏高原,有世界上独一无二的高原风光以及奇异的民族风情,是尚待开发或开发不够的宝贵旅游资源,加之大型跨流域调水工程的兴建,将造就大型人工湖,为高原增添新的景观,也将改善交通、生活条件,为旅游事业的发展创造条件,推动民族经济的发展。

4.4.8.3 弊端分析与规避措施

1)弊端分析

南水北调是继三峡工程之后,我国又一个重大的水利建设工程,尽管它对我国社会进步和经济持续发展的意义仍无法超过三峡工程，但对于我们提高资源综合利用效率、合理配置资源、增强环境意识和社会公益责任感，都提出了更高的要求。西线工程位于我国环境最脆弱的地区，它的施工建设势必对原来的生态环境造成很大的影响。对受水和供水地区环境利弊的分析，有利于我们对这个工程保持清醒的认识，在利弊中找到合理的平衡点，使西线工程显示出最佳的社会经济与生态效益。

(1)受水区和调水区小气候将有可能改变。对受水区来说，湿度将会增加，干旱条件将得到缓解；对调水区来说，水量将减少，干旱河谷地区将可能扩张，更重要的是：在高海拔地区筑坝，将提高这些高海拔地区的气温，从而导致雪被急剧减少、冰川退缩、高山湖泊面积缩小。由于这些地区是全球气温变化的敏感区，也是长江上游的水塔，因此，极可能改变气候格局和水资源的重新分配。然而，这些效应有多大，目前尚难以确定。一旦气候格局存在较大的改变，则其对生物多样性的保护、民族文化和农业生产以及我国东南半壁的经济腾飞的影响将是巨大的。

(2)物种多样性及其分布格局将可能发生变化。主要原因在于：由于工程实施后，气候格局发生了变化，一些在特定生境中才能生存和繁衍的物种，因这些特定生境丧失而逐渐消失，甚至绝灭；而一些新的物种通过自然选择而逐渐出现甚至繁茂。

2)规避措施

对于南水北调西线工程这一庞大的资源安排，没有成套的经验；研究数据也较薄弱，一些潜在的影响大小也难以定量化地给出定论。因此，应加强对策研究，主要包括：

(1)加强工程建设对生态、环境、生物、经济、社会等各个方面的影响评价研究；

(2)对生物多样性与气候应加强模拟、监测与预测研究；

(3)加强潜在负面影响的对策研究；

(4)开展讨论，设立论坛，广泛征求专家、学者、公众的意见，集思广益，寻求合理方案和应对措施。

4.4.8.4　调水区环境背景

1)气象气候

以巴颜喀拉山为界，调水区大致可分为两个气候区，以北受中亚西风干冷气流控制，具有高原亚寒半干旱气候特征；以南受西南暖湿气流影响，具有亚寒—寒温带半湿润气候特征。主要气候特征如下：太阳辐射强，年辐射 5 500～7 000 MJ/m^2，日照时间长，年均超过 2 000h；气温低，年平均气温-4.2～5.6℃，极端最低气温达-45℃，冬季严寒且持续时间长，大部分地区有4个月气温在0℃以下；干、雨季分明，雨日多，降雪日数多，暴雨少，降雪量大，年降水量由西北部五道梁的265.6mm逐渐增大到东部壤塘、阿坝的700mm以上。全年降水量的80%集中在5—10月，年降水日数150天。海拔3 500m以上地区，年降水量的20%～30%为降雪。

2)水文条件

西线各引水坝坝址以上通天河、雅砻江和大渡河的年径流总量240～260亿 m^3。调水区径流主要来源于降水，并由季节性融雪与融冰补给，通天河还有少量冰川融水补给。每年11月至次年3月为枯水期，径流由地下水补给，4—5月为枯、丰水过渡期，径流为融雪和春雨补给；6—10月为丰水期，以降雨补给为主，是径流的主要形成期，其占年径流量的比例高达74%～82%。本区暴雨稀少，洪水主要由日雨量大于5mm的持续性、区域性“强降雨”过程形成,部分为融雪洪水。引水区产沙量小,平均含沙量小于 1kg/m^3,多年平均侵蚀模数为 100t/km^2,多年平均输沙量不足 1 000 万 t,其中汛期输沙量占年输沙量的 95%。

3)地貌条件

西线工程沿线地貌以巴颜喀拉山为界大致可分为两个区:巴颜喀拉山以北都曲至黄河为浅切割高山区,海拔 3 900~4 300m,地形起伏平缓,地表切割轻微,相对高差小于 400m,水系多呈梳状,以浅谷-宽谷型河道为主,比降平缓,湖泊洼地星罗棋布,岛状多年冻土和季节冻土发育;巴颜喀拉山以南至雅砻江为中等切割的高山峡谷区,海拔 3 900~4 700m,地形切割较为强烈,呈波状起伏,相对高差较大,一般为 600~800m,以峡谷型河道为主,河床比降较大,水流湍急。

4)地质条件

调水区的大地构造单位为巴颜喀拉山印支地槽褶皱系,范围包括花石峡—玛沁—玛曲断裂以南和玉树断裂以北地区。该区强烈水平挤压形成的复式背、向斜构造极为发育,与众多断层交织一起,构成了复杂的地质构造格局。区域主要发育 NW 向断层,以逆断层为主,主要断裂多形成于印支构造运动时期,在第四纪早期构造运动较为强烈。该区位于可可西里—金沙江地震带内,强震相对较少,震级多以中等水平为主,其中有两次大于M_S7.0的地震:一次是 1886 年石渠邓柯地震,史载曾引起巨型滑坡堵断金沙江;另一次是 1947 年达日地震。工程区地震基本烈度为Ⅶ~Ⅷ度。沿线出露的地层主要为三叠系巴颜喀拉组的浅变质砂岩、板岩及灰岩和第四系松散堆积物,其次为印支期、燕山期的中酸性岩浆岩侵入体。

5)经济及人文条件

调水工程主要布设在四川省甘孜藏族自治州和阿坝藏族羌族自治州、青海省果洛藏族自治州及甘肃省甘南藏族自治州境内。该区域人口 92%是藏族,其余为汉、回、羌、土、蒙等民族,人口平均密度4 人/km^2,地广人稀,生态环境良好。地方经济以农、牧、林业为主,区内没有大型工矿业,经济发展相对滞后,人民生活贫困,交通运输落后。

4.4.8.5 主要环境地质灾害及其成因

调水区地质灾害依其成因大致可分为两大类:原生灾害,即在工程实施之前就存在的灾害,如滑坡、崩塌、泥石流、洪水、冻土等;次生灾害,即引流工程实施后由于建坝、蓄水、开挖引水明渠、管道及深埋隧道等引起的灾害,如水库诱发地震、岸坡变形和破坏、隧道涌水及岩爆等。

1)水库诱发地震

水库蓄水以后产生的诱发地震,对水库大坝、发电厂房及其他设施将带来严重危害。世界上第一例水库诱发地震 1931 年发生于希腊的 Marathon 水库,著名的还有我国新丰江 1962 年 3 月 18 日水库地震(M_S6.1)和印度柯依纳 1967 年 12 月 10 日水库地震(M_S6.5)等。国际大坝会议资料统计分析表明:坝愈高,水库的蓄水量越大,诱发地震的可能性愈大。坝高超过 200m 的水库,发震概率达 1/4。已发生 M_S6.0 以上诱发地震的水库坝高均超过 100m,库容均大于 20 亿 m^3。而水库地震多发生在断裂、构造节理、裂隙发育的区域。

西线工程区内的十余座引水大坝坝高在 63~193m,库容在 46 亿~303 亿 m^3,水库回水长度64~213km,属于高坝大库。区内有 15 条区域性活动断裂,其中玉树断裂、鄂陵湖南断裂、鲜水河断裂、甘德南断裂、桑日麻断裂等的活动性较强,后两者分别在阿坝县南,于 1969 年发生过 M_S5.0 地震和 1947 年发生过 M_S7.75 地震。区内岩性主要为浅变质砂岩和板岩,软硬岩层相互交错,岩体中裂隙发育,其中砂岩为主要的裂隙透水岩层,而板岩则为相对隔水层,有利于库水渗透和诱发地震。

水库地震是库区岩体的地应力、库水的附加荷载及水的渗透力等因素综合作用,导致不连续面破裂活动造成的。一般地应力较高的地区,诱发地震的强度也较高。该区位于新构造运动强烈的青藏高原东北部,由于活动断裂常常伴随地应力的局部集中,在139~235m深度域的最大水平主应力约为9.6~11MPa,诱发地震的可能性较大。库区地震基本烈度为Ⅶ~Ⅷ度,地震活动性较强。因此,西线工程从水库规模、构造条件、渗透条件、地应力和地震活动性等因素均有利于诱发水库地震,将给工程区河下游带来严重的危害。

2)库区岸坡变形与岸坡再造

水库岸坡的稳定主要受岸坡结构、地形、地震、降雨和库水等因素的综合控制。西线工程的水库岸坡依其变形破坏的形式主要有崩塌和滑坡两大类。据对大渡河、雅砻江和通天河三条河流两岸岸坡的调查和统计,岩体结构面与临空面的关系是影响岸坡稳定的主要因素。在350~600m高度范围内,由于砂岸与板岸不等厚互层,岸坡坡度普遍较陡,多在40°以上,崩塌和滑坡较为发育。地震是岸坡失稳的重要诱发因素,一般在坡度大于25°时,地震烈度在Ⅶ度以上时,岸坡失稳破坏现象比较普遍。此外,降雨也是岸坡失稳的主要诱发因素之一。

在三条河流中,大渡河斜尔尕库区降雨量最大,暴雨较多,降雨集中,库岸滑坡和崩塌较为严重。主要滑坡有:麻尔曲左岸赛嘎尔沟口滑坡,体积约20万m^3;阿柯河右岸阿华滑坡,滑体约50万m^3,距坝址50km,由于距坝址较远,滑坡体积较小,对坝体影响不大。雅砻江天然岸坡稳定条件较好,但在长须至仁青里岸坡多为斜交坡,极不稳定,其中俄木其可鸠贡马滑坡,体积近100万m^3,距引水渠进口仅1~2km,对进口的稳定影响较大。通天河大部分河段岸坡较稳,不稳定岸坡主要有:高钦陇巴沟口滑坡,岩性为三叠纪砂、板岩,体积约3 000万m^3,距同家坝址23km,对坝体影响较大;它莫扎特滑坡为沙砾岩滑坡,体积约5 000万m^3,距坝址较远,但会造成水库淤积,减小库容。

由于高坝蓄水,受库水长期淹没浸润,部分岸坡岩土体抗剪强度降低,含水量及孔隙水压力增加,会破坏斜坡的稳定条件,引起滑坡和坍塌。意大利Vaiont水库1963年10月9日特大滑坡,引起260m高的涌浪,翻过坝顶直扑下游Longarone小镇,致使2 600人丧生,损失高达6亿美元。随着库水位的消落,因库水位下降引起的超孔隙水压力也常造成岸坡失稳滑动。此外,在部分岛状多年冻土和季节冻土区,冻融作用也将引起引水明渠岸坡失稳滑塌,堵塞渠道。隧道进出口的人工开挖的高边坡的稳定性也严重影响工程的顺利建设和运行。

3)高压涌水、高地温及岩爆

西线调水工程中,大渡河、雅砻江及通天河的不同方案均采用长隧洞穿越江河分水岭,最长的隧洞达73km,均属特长隧洞。这些隧洞埋深大,将穿越不同的地质单元,无法避开活断裂的影响,深埋长隧洞施工中将遇到高地温、高压涌水、高地应力和岩爆等灾害。其中,断层带涌水、碎屑流及软岩问题较为突出,高地温及岩爆问题也不容忽视。

地下水是影响围岩和洞室安全的重要因素。引水洞线区基岩主要为砂岩、板岩及其组合的岩体互层,砂岩中裂隙较发育,富水性中等,为含水层;板岩裂隙不发育,为相对隔水层,洞线区贮存的松散岩类孔隙水、冻结层上水和风化带网状基岩裂隙水,因洞室埋藏深,对围岩影响轻微,但构造裂隙水影响较严重。由于引水区断裂构造发育,第四纪活动断裂多,在背、向斜轴部地带岩体破碎、裂隙发育,有利于地下水的富集、运移。同时引水线路经过地区要穿越大量水系,仅大渡河引水线路就要超过18个支流河道,而河流多沿断裂发育,地下水和地表水联系紧密,补给充分,因此,地下洞室的开挖必将形成一些地下水富集廊道,在较高动、静水压力作用下,将出现高压涌水及碎屑流灾害,使断层破碎带内充填物和褶皱核部的破碎岩石涌出,酿成事故。

据调查勘探,西线工程区内的平均地温梯度在22℃/km,地温梯度高值区主要分布在清水河、达日地区、玉树及甘孜附近的马尼干戈—温拖等四地,其平均地温梯度达24~26℃/km。通天河引水方案的隧洞将穿越清水河地热异常区,雅砻江引水方案的隧洞则要穿越达日—高久地区。清水河地区温泉分布较为集中,总体呈NW向展布,在解吾曲至札曲长120km、宽30km范围内,有12个温泉(群),最高水温达51℃。达日地区尼吉娄温泉水温为49℃,流量达12 L/s。温泉的存在说明深埋隧洞处地下有地热,这些高压高温地下热水不仅影响围岩稳定性,而且将严重危害隧洞洞室、施工设备和人员的安全。

西线工程引水隧洞均深埋于山体基岩内,上覆岩体厚度一般为300~900m,最大厚度达1 500m。隧洞围岩主要为三叠纪浅变质砂岩、板岩,局部为中生代花岗岩、花岗闪长岩,这些坚硬脆性岩体具备储存高能地应力的条件。据巴颜喀拉山地区中强地震的震源机制解译、卫星影像水系信息宏观资料分析及地应力Kaiser效应测量结果,本区现代构造应力场的最大主压应力轴方向总体呈NE向,约为NE53°;在140~240m深度域内,水平主压应力占主导地位;浅表部位三轴应力测试结果σ_1、σ_2和σ_3分别为8MPa、3MPa和2MPa。巴颜喀拉山的希玛利多、桑日麻、赛尔根为一构造应力集中区,其应变能密度达3 500J/m^2,当隧洞埋深1 000m时,水平挤压应力将高达50MPa。因此,施工中将遇到岩爆灾害。

4)冻土

西线调水区位于青藏高原片状多年冻土向岛状多年冻土、季节冻土的过渡地带,冻土分布十分复杂,其中西部及西北部为片状多年冻土,向南部、东南部及东北部逐渐过渡到山地岛状多年冻土和季节冻土。多年冻土分布面积约14.4万km^2,占调水区总面积的60%,其多年冻土下界高程在4 150~4 300m,多年冻土上限在0.9~2.0m,最深达7.21m;季节冻土分布面积7.6万km^2,占调水区总面积的40%,主要分布在东南部的山间谷地。受高寒气候影响,每年的9月份开始冻结,至翌年的4—7月才开始解冻,冻结期长达7~10个月。

不同类型冻土对引水工程的危害方式和程度存在较大的差异,季节冻土主要表现为冻胀和融沉下陷危害,而多年冻土主要表现为融沉下陷。冻土及其冻害对引水工程的地面建筑物部分影响较为严重,而对地下隧洞几无影响。位于多年冻土区的引水工程主要有引水隧洞和抽水线路上的抽水泵站、输水管道、渡槽及壅水坝等。引水隧洞因其埋深较大,远在多年冻土下限以下,故冻土对洞身不会产生危害;其余建筑物由于开挖冻土,破坏冻土表层草甸,导致多年冻土消失乃至退化,从而对建筑物及基础产生融沉破坏。位于季节冻土区的引水工程主要有引水枢纽、引水隧洞进出口及抽水线路上的明渠扬水站、输水管道及配套工程,如道路等,冻胀破坏主要发生在冻结期,融陷则发生在消融期。

多年来,伴随调水区畜牧业和林业的发展,冻土区的森林及植被遭受到不同程度的破坏。工程开工后,工程建筑物附近的植被也将不复存在。水库蓄水以后将使当地气候变暖,从而改变了冻土区的水热条件,必将导致多年冻土的急剧消融和退化。工程建成后,工程区大面积的多年冻土将变成季节冻土，故未来冻土对工程建筑物的破坏将主要是季节冻土引起的融陷和冻胀。此外，蓄水后随地下水位的升高和冻土的消融，库岸及明渠岸坡将产生热融滑塌、冻融泥流等灾害。

5）泥石流

西线调水区的泥石流虽不及西藏东南部、四川西南部、云南东北部及陕南、陇南等地那样严重，但在其东部的雅砻江和大渡河上游也存在不同程度的泥石流灾害和较严重的水土流失问题。其对引水区的危害主要表现为：埋没、堵塞及冲毁大坝、抽水站厂房、隧洞进出口和引流明渠等地面建筑物。当大规模和特大规模泥石流发生时，还可能引起涌浪、溃坝灾害，给下游带来毁灭性的灾难。其携带的大量泥沙块石入库后，也将引起泥沙淤积，减少库容和调水量。

调水区东部的壤塘和阿坝年降水量>700mm，每年的降水日数在 150 天，降水强度大，暴雨较多；该区断裂发育，岩体中裂隙多，岩层松散破碎，寒冻风化强烈，滑塌崩塌发育，松散固体物质较为丰富；河谷两岸的支沟岸坡陡峻，多在 30°～50°，沟床纵比降在 0.1～0.3，流域内地形高差多在 1 000m 以上，为泥石流形成和发展提供了必要和充分的条件。雅砻江、大渡河流域及其邻近的岷江流域、金沙江流域泥石流灾害较为严重，康定、泸定、甘孜、黑水、阿坝、丹巴、茂县、南坪、黄龙等地都曾暴发过严重泥石流灾害，危害水电、城镇、公路、农田和旅游景区的安全。同时，由于修建引水工程建筑物，将产生大量弃渣弃土；如堆放不当，在暴雨和地表径流冲蚀下将演变成弃渣泥石流，酿成人为灾害。此外，大量开挖边坡，破坏地表植被和松散土壤层，除诱发坡面泥石流外，也将产生严重水土流失。

除上述五类地质灾害问题外，工程实施后，将使引水区及上下游地区的区域小气候、水文、地下水、植被等发生一些改变，破坏了原有的较为脆弱的生态平衡，也将诱发一些其他灾害。如伴随着调水河流下游流量的减少，可能降低水流对河床堆积物的冲刷能力及对推移质的输送能力，导致下游严重泥石流河段的淤积和堵塞，对水生生物也将产生不可忽视的影响。

4.4.8.6　防灾建议

西线工程建设中遇到的环境地质灾害类型多，成因复杂。由于西线尚处于工程规划阶段，仅限于对整个工程影响较大的关键地质灾害问题的初步勘测和研究，大规模、全面、系统的勘查、试验和研究尚未开展。仅提出以下几点防灾建议，供有关部门参考。

（1）尽快开展工程区各类地质灾害的普查工作，全面查清地质灾害的类型、分布特征、危害现状和程度及其对三期调水工程和引水方案的影响。在此基础上根据灾害的严重程度及其对工程的影响，以及西线工程的规划，制订具体的灾害勘测和研究计划，并逐步实施。

（2）利用国内外各种先进的勘测技术和手段，充分借鉴其他跨流域调水和三峡工程中的勘测经验和教训，采用勘查、测试和模拟实验、数值模型试验相结合的方法，必要时应建立专门的观测或监测站点，广泛搜集基础资料，以揭示各类地质灾害的形成原因和发育机制，为防灾减灾提供科学的决策依据。

（3）针对西线工程中关键性的重大地质灾害难题，如区域稳定性与水库诱发地震灾害、深埋长隧洞的高压涌水与碎屑流、高地温和岩爆灾害，多年冻土和季节冻土的冻融及冻胀灾害，高边坡的稳定性以及大型、特大型滑坡和泥石流灾害等，应聘请国内外专门研究机构进行专题研究和技术攻关，研究具体的防治方案和措施，或制定特殊的施工方法和工程措施。

(4)加强调水工程与各类地质灾害相互作用研究。地质灾害不仅影响着调水方案以及工程建筑物的布置、结构形式、规模类型和施工方法,而且决定着建筑物的安全和正常使用;而工程的兴建又不可避免地将产生一些新的环境问题和地质灾害。因此,加强二者相互作用研究,不仅能够有效防治或避免原生地质灾害,减少或消除其对工程的危害,而且能够减少或避免次生灾害的发生和发展,促进工程活动和环境的协调发展。

(5)加强各类地质灾害相互作用规律研究。各类地质灾害的成因机理虽然不尽相同,但在发育背景、条件许多方面还是相互有关联的,或互为因果,或成因相似,如水库诱发地震是库水的附加荷载、渗透水压力长期作用于某些活动或不活动断裂面形成的。通过对区域断裂活动、区域稳定性的研究,既可避免或减少水库诱发地震的发生,又可避免活动断裂和区域不稳定对坝体和其他建筑物造成危害。

第 5 章　西藏调水与“大西线”方案

5.1　西藏调水方案概述

5.1.1　西藏水资源地位

西藏是亚洲的“水塔”，也是我国水资源总量最大的地区。西藏境内有多条国际河流，每年出境水资源量达 4 000 多亿 m^3。基于我国华北、西北地区多年干旱缺水的现实，从 20 世纪 80 年代开始，就有一些专家、学者研究建议开发利用西藏的水资源。西藏的水资源和水生态，在我国乃至整个亚洲具有十分重要的战略地位，保持其总量不减少，保持其不被污染，保持其利用而生态不因此恶化或衰退，应该体现人类的理性选择。

5.1.2　藏水北调方案的主要思路

藏水北调方案，计划从西藏的雅鲁藏布江调水，顺着青藏铁路到青海省格尔木，再到河西走廊，最终到达新疆。王光谦院士所说的西线调水方案与国务院批准的南水北调西线工程方案有所不同，也与民间水利专家郭开提出的“大西线”引水方案迥异。

5.2　“朔天运河”大西线调水方案

水利专家郭开，是“大西线”调水方案的首倡者。“大西线”这个名称最初是为了区别于南水北调的西线工程方案，它的“大”就在于调水规模大，而且是从国际河流雅鲁藏布江调水到黄河上游的西北地区及华北的京津地区。早在 1990 年，郭开就提出了“大西线调水工程”的初步设想和线路方案。主要思路是：引雅鲁藏布江之水，穿怒江、澜沧江、金沙江、雅砻江、大渡河，过阿坝分水岭输水到黄河。计划年引水量为 2 006 亿 m^3，总水量相当于 4 条黄河的多年平均径流总量。

5.2.1　“朔天运河”的思路

“朔天运河”大西线——藏水北调方案，郭开并没有提出具有经过专业认可的系统方案及（正式）设计报告，作为列入本著参与比较和后评价的重大调水方案，其部分内容源于 2005 年 11 月由中国长安出版社出版的《西藏之水救中国》。

5.2.1.1 **朔天运河大西线调水方案背景**

我国华北、西北部分地区,因自然条件差异和人为破坏,造成了永久性干旱区。据2000年前的统计资料,长江流域以北,包括西北内陆河在内的广大地区,总面积占全国国土总面积的63.5%,人口占全国的43.6%,而水资源量仅占全国的19%,属严重缺水水平。

1)北方缺水

根据有关报告、资料和媒体报道,20世纪90年代以来,黄河发生连续断流,且断流时间逐年延长。1997年,黄河断流达13次,累计断流时间226天。断流不仅发生于黄河,永定河、海河、滹沱河从20世纪60年代就开始发生断流;20世纪80年代,辽河、滦河也发生断流;20世纪90年代,汉江、岷江局地河段也发生过断流。由于严重缺水,东部地区水位下降,频繁发生干旱,全国100多座城市缺水。缺水问题,导致土地沙漠化的扩大。1949年全国解放时,有沙漠土地约1亿 hm^2,现已扩展超过1.4亿 hm^2,加上半沙化退化草场,达4.53亿 hm^2,几乎占全国面积的47%,而且每年还在以133.3万 hm^2 的速度扩展。生态破坏之严重,不仅对经济发展不利,也对民族的生存不利。那么,要解决北方干旱、黄河断流的问题,郭开测算每年须引水2 000亿 m^3 以上。

2)长江洪灾水患频发

郭开认为,朔天运河的调水方案,能使百河受益;最先获益的仍旧是长江流域。根据其当年统计分析,长江9 613.4亿 m^3 的年径流总量中,约20%是以洪水形式注入大海的(当然,郭开的这一分析测算非常不准确,尤其在三峡工程运行后,完全改变了径流的时间分布),这仅是寻常年景;遇到灾年,麻烦就更大了。

(1)长江历来水患频繁。郭开提出,依据历史资料记载,自唐至清近1 300年间,长江水灾共223次。其中,唐代洪灾16次,平均18年1次;宋元79次,平均5.2年1次。越到后来,洪水灾害越频繁。仅20世纪30年代,就发生两次特大洪灾。1931年的特大洪水,灾情遍及川、鄂、湘、赣、皖、苏。

(2)长江洪灾大多因暴雨而成。川西地区,多年平均暴雨日可以持续5天以上。其中的峨眉山到雅安一带,多年平均暴雨日数为6.7天,该区1938年出现日雨量565mm的最大记录。人们将这里称作"雅安天漏""西蜀天漏"。这里多年平均降雨日219~264天,为我国大降雨日最多的地区。雅安一年中,降雨历时平均达2 397小时;峨眉山附近年雨时平均在4 144小时,年降雨量和洪水量大得惊人。另一个暴雨中心位于北川、安县一带,多年平均暴雨日数为6.9天,安县曾发生24小时降下577.5mm的特大暴雨。

(3)这些暴雨,加上四川境内其他地区的大面积降雨,就形成了川江大洪水。这股洪水冲出三峡地区,给荆江以下河段带来了洪灾。荆江,是指湖北枝城到湖南城陵矶这段长江干流。因为其流经古荆州地区,人们称其为荆江。

荆江流在平原上,河道蜿蜒曲折,水流宣泄不畅,来自川江的泥沙沉积河道,使河床远远高出了地面。为了保住平原,人们只得加高堤身。千百年来,荆江在沙淤、水涨、堤高的恶性变化中形成了黄河似的"悬河""地上河"。这是枝城到藕池口的上荆江的情景。

藕池口到城陵矶为下荆江。这段河道特别弯曲。两端间的直线距离不过80km,实际河道却有240km。江道弯弯,时而向南,时而北拐,大大小小16弯,素有"九曲回肠"之称。洪水宣泄不畅,加重了对江汉平原的威胁。如遇下边的洞庭湖或汉江同时涨水,上下顶托,荆江的洪水威胁则更严重。一旦大堤决口,水从十多米高处冲向江汉平原,势必造成严重后果。所以，人们常说：“万里长江，险在荆江。”

（4）为了分泄过量的洪水，降低荆江水位，减轻大堤压力，这里兴建了荆江分洪等一系列分洪和蓄洪工程。1954年夏天，长江发生了50年一遇的洪灾，荆江工程开闸分洪，保住了荆江大堤免受坍塌，并减轻了武汉及中游地区的人身伤亡和财产等经济损失。这次洪灾，加深了人们对治理荆江的认识，其后，人们根据河道流向趋势，因势利导，将最弯曲的中洲子和上车湾两个弯道进行裁弯取直，扩大了荆江的泄洪能力，并使荆江河道航程缩短了60km。

通过加固荆江大堤、荆江分洪、下荆江截弯取直以及沿途湖泊蓄水等一系列工程建设，大大加强了荆江的抗洪能力，1998年之所以能够取得抗洪救灾的伟大胜利，除了百万军民的英勇奋战，荆江水利工程的可靠基础也是一大原因。

（5）尽管荆江的抗洪能力有了大大的提高，但其泄洪量仍在每秒钟8万 m^3 以下，很难抗御超20年一遇的大洪水，更谈不上50年一遇、百年一遇的特大洪水了。荆江的现在和将来，都改变不了“长江瓶颈”的地位和实质。长江安危，险在荆江。荆江盼望着长江上游截流工程的拯救。“朔天运河”对金沙江以及长江主要支流雅砻江、大渡河截流济北，就会减少川江、荆江的过水量，使洪水在适量的安全线内驯顺地下泄，这就从根本上避免了长江的洪涝灾害。

3）大西线设想

郭开提出：开凿朔天运河，实现大西线调水，根本解决黄河缺水和长江洪水。对于解决洪水：朔天运河在长江上游，其与荆江分洪，洞庭、鄱阳二湖分势的根本区别在于，调水是从源头上消洪或减少洪灾水患，调水还可以减少干旱损失，两者之优劣不言自明。怎样从根本上优化长江，消除长江频繁发生的洪旱灾害呢？郭开的分析是：上大西线，修建朔天运河，向北方调水。

郭开在一份研究资料中提出：长江上游洪水高峰期超过15天，总流量500亿 m^3，朔天运河在长江上游的金沙江、雅砻江、大渡河、岷江、嘉陵江建16个大水库，总库容2 800亿 m^3，完全可以拦蓄上游洪水不下泄，并以每秒3万~4万 m^3 的输水能力，将这些洪水引向北方。朔天运河这一神奇功能，可以使长江洪期的干流水位下降4m至6m；对上游长江水患的威胁尚可根除，三峡工程的安全得到了保障，才能平平安安地发挥其蓄洪、发电和航运等作用。这里边的综合经济效益，很难以具体数值来表达。

5.2.1.2　**大西线调水方案初廓**

根据《西藏之水救中国》，水利专家郭开的“朔天运河”大西线（既藏水北调）方案就是说是修建一条人工运河，引雅鲁藏布江、怒江、澜沧江、雅砻江、金沙江共计2 006亿 m^3 之水输入黄河，经青海湖、岱海调蓄，输水新疆、甘肃、宁夏、内蒙古及晋、陕、冀、京、津等地，使十大流域水网“手拉手”，大半个中国不再困于水旱灾害，让西藏之水惠泽中国。

朔天运河，系指从西藏的朔玛滩到天津之间开一条运河，把雅鲁藏布江的水引向西北、华北、东北等地，彻底解决中国北方的缺水问题。设计规划总调水量达2 006亿 m^3，总量相当于（实际上超过）4条黄河的年径流总流量。

“朔天运河”大西线方案的具体布置是：在雅鲁藏布江的朔玛滩筑坝，把水抬高至海拔3 588m，引水到波密、松宗，过3 500m高的分水岭，进入怒江。在夏里朔瓦巴筑坝堵江，提高水位至海拔3 500m，回水过嘉玉桥，在马利打隧洞输入澜沧江；在昌都筑坝拦水，开凿隧洞到江达，做工程过分水岭，引入金沙江。在金沙江筑坝拦江，使水位达海拔3 469m，使水入四川省白玉县境内的赠曲,溯源到打错开隧洞过分水岭到甘孜入雅砻江。甘孜(海拔 3 402m)南多雅砻江筑坝,回水向东,过分水岭入达曲—尼曲,在入口下游筑坝,使水位达 3 454m,开隧洞过分水岭输入大渡河上游的色曲—杜柯河。在两河口筑坝成库,壅高水位过壤塘入麻尔柯河。引水到阿坝查理寺,过分水岭进贾曲,入黄河(海拔 3 399m),一期工程到此结束。入黄河的水,经黄河拉加峡库沿共和盆地 216km“拉青”大渠流入青海湖边的耳海淡水湖,成为新疆、甘肃、内蒙古、宁夏、河北及京津等地的水源;部分水沿黄河下流,成为黄河的新鲜血液。综上所述,从雅鲁藏布江到黄河,这就是朔天运河的“雅黄工程”,又称大西线南水北调工程。经多次考察、论证后,这个最初的设想方案略有改变。

上述方案的主要工程量是:“从雅鲁藏布江到黄河,直线距离 760km,实际流程 1 239km,其中隧洞工程有 8 处,最长的隧洞 60km,短的 6km,隧洞总长 240km。这段雅黄运河,两岸皆是人烟稀少的山区。这段线路低平颇直,全部自流。实行定向爆破,搞人工塌方,堆石筑坝,堵江截流,施工容易,不怕地震。且淹没极少,移民仅 2 5000 人。”

大西线调水工程(初步方案)的明显效益是:“受益面广,可以涵盖国土面积的 65%。由于每年总引水量达 2 006 亿 m^3(相当于 4 条黄河的水量),就可利用黄河 4 600km 的河道把水送到西北、华北、中原。沿途经青海湖调蓄,可输水柴达木、塔里木、准噶尔三大盆地以及河西走廊与阿拉善;经内蒙古的岱海调蓄,可输水晋、冀、辽、京、津、内蒙古。它的社会、经济和生态效益都十分巨大。其时,黄河干流已建成 10 座大电站,总装机 800 万 kW。因黄河水少,这些电站经常停机,效益未能发挥,大西线引水工程完工后,可使黄河发电量倍增。”

如此浩大的运河工程得花多少钱? 郭开在报告里写道:“以 1990 年不变价计,一期工程总耗资为 580 亿元。项目预算分为两大类;辅助性项目:300 万 kW 的发电设备 60 亿元、青海格尔本到西藏拉萨修一条铁路 65 亿元、2 000km 公路 20 亿元、后勤补给 40 亿元、勘测设计前期费用 20 亿元、移民 25 000 人的移民费 30 亿元,计 235 亿元。土建工程包括:19 座大型水库,总库容 2 888 亿 m^3;6 条隧洞总长 56km;400km 引水渠、200km 集水渠,包括 89 座渠库;6 个大翻水(倒虹吸)工程,包括 10 个汇水池。这些土建工程投资 335 亿元。加上辅助性投资 235 亿元,合计 570 亿元。外加 10 亿元的预备金,总计 580 亿元。”以上费用总计,约合 21 世纪初的 2 250 多亿元。

5.2.2 大西线水源区水量与调水工程

5.2.2.1 大西线调水区水量测算

“朔天运河”大西线主要引雅鲁藏布江之水,穿怒江、澜沧江、金沙江、雅砻江、大渡河,过阿坝分水岭入黄河。设计年调水总量 2 006 亿 m^3,相当于 4 条黄河的多年平均径流总量。郭开方案,语出惊人! 不少专家、学者质疑水源水量。郭开认为:“青藏高原实际上是座‘湿岛’。来自印度洋上空潮湿的西南季风,在青藏高原 3 500m 等高线以上地区形成降水,年降水量 1 000~2 000mm。东南部念青唐古拉山年降水高达 2 800~3 600mm,是全国大面积降水最多的地方。西藏地区以积雪冰川和地下水形态保有的水资源达 680 万亿 m^3,是我国最大最丰富的水源,其中只有千分之一形成径流。”

中国水旱灾害较多的根本原因是青藏高原季风对季风活动的影响。它引起的气流场,加强了高原东侧的夏季降雨条件,其活动范围扩展到中国国土的一半以上。由于季风气候的变异性,导致中国年降雨量以及各地区季节性雨量产生重大差异,这种重大差异的频繁出现就引发了水旱灾害。

雅鲁藏布江、怒江、澜沧江约 1/3 的出境水，加上长江上游的洪水，共计 2 006 亿 m^3 的南水北调，对于赤地千里、沙海茫茫的中国北方来说，这是何等的价值？中国北方增加了 4 条黄河。这 4 条黄河的水，是听凭调遣的驯顺水、洁净水，它既能给黄河流域及京津地区补充水量，又能按照人为意志流向西北、内蒙古及东北西部地区。

5.2.2.2　**汲洪济旱规划**

太过理想化的郭开之“朔天运河”，首期工程就是大西线南水北调的中国水塔工程，从雅鲁藏布江、怒江、澜沧江等藏东南地区高程截流，调水 2 006 亿 m^3，储于青海湖，按需所供地给黄河补液，补液量可达一倍以上。黄河凭借这些玉液琼浆，不仅永不断流，还能冲刷河床，永不泛滥，达到根治黄河，永葆青春的目的。

按郭开所述，朔天运河第三功能：可以使大半个中国从被动的抗洪救灾中解脱出来，并使中国北方不再饱受季节性干旱和干旱区永久性干旱的熬煎。

朔天运河将雅鲁藏布江、怒江、澜沧江、长江、黄河、海河、黑河、辽河、松花江、塔里木河十大水系联成网络，可使这些流域的洪水在上百万平方千米范围内得以化解。比如长江中下游一旦暴雨来临，朔天运河就将长江上游的金沙江、雅砻江、大渡河等洪水全部截流，引至北方。这就减轻了长江中下游的压力，不致形成洪灾。北方水系，大都属于朔天运河的受水河流，其中任何一河如遇暴雨，朔天运河迅速关闭泄水闸门，并通过配套设施，或蓄水，或分流，达到消除洪灾的目的。

大范围调剂水量，可提高抗洪能力；汲洪济旱，将洪水的危害因素化为宝贵的水资源，可解决旱区缺水问题；大范围抗洪抗旱能力的提高，对于应对未来气候的厄尔尼诺以及“安尼娜”现象，具有前瞻性的意义。

朔天运河的调水原则是汲洪济旱。朔天运河的调水季节，正是印度和孟加拉国洪水泛滥季节。这时，雅鲁藏布江每截流 1 吨水都是对下游两国的支持和帮助。

5.2.2.3　**大西线调水规模**

1）调水规模

西藏到底有多少水？专家们的计算方法不同，所得结论大相径庭。一些专家以充分的论证和确凿的数据说明，西藏及川西地区水源充沛，每年共有 6 000 多亿 m^3 水白白外流，相当于 12 条黄河流于境外，仅将其中的 1/3 约 2 006 亿 m^3 调向北方，这点水量有保证，朔天运河每年调水 2 006 亿 m^3，相当黄河 4 年的总流量（黄河年流量 480 亿~520 亿 m^3）。有人说：“哪有那么多水可调呀？”郭开等人提出的调水数据有以下三方面根据：

（1）水利部的《中国水资源评价》、中国科学院《川西滇北水文地理》、西藏水利局的《西藏水利》等 80 多部著作；

（2）五万分之一的地图；

（3）两次进藏、5 次到川西甘孜、阿坝以及运河沿线的实地考察。

“藏水北调”考察组认为：把西藏高原视为干燥地域是不对的，西藏，特别是藏东南地区拥有中国最丰富的水源。由于来自印度洋上空潮湿的西南季风的影响，在青藏高原 3 500m 等高线以上形成大降水，年降水量 1000 ~ 2 000mm。东南部念青唐古拉山年均降水高达 2 800 ~ 3 600mm。墨脱高达 5 000mm，是全国大面积降水量最多的地方。西藏地区以积雪冰川和地下水形态保有的水资源达 680 万亿 m^3，其中只有极少量形成径流。朔天运河引水区面积达 100 多万 km^2，年降水量 1.2 万亿 m^3，径流量 9 800 亿 m^3，其中流出国境和流入大海的达 6 988 亿 m^3。现按出境水量 6 000 亿 m^3 的 1/3 计算，取水 2 006 亿 m^3 是有保证的。

2）调水方案

具体调水计划是：调藏水为主，对长江上游各支流只调汛期洪水。其中，雅鲁藏布江年出境量 1 689 亿 m^3，取水 1 188 亿 m^3，怒江出境量 818 亿 m^3，取水 300 亿 m^3；卡门河、西巴霞曲、丹巴曲、察隅河、独龙江等藏南 12 条河共有水 2 225 亿 m^3，可取水 1 000 亿 m^3，金沙江入长江口水量 1 500m^3，取水 200 亿 m^3，雅砻江取水 30 亿 m^3，大渡河取水 20 亿 m^3。考虑到长江 2020 年以后也是缺水户，所以对这三条支流只取汛期的洪水。

藏南地区，不仅可调雅鲁藏布江干流水 300 亿 m^3，而且，它的 4 大支流也可调用，他们的水量分别为：尼洋河 200 亿 m^3，拉月河 90 亿 m^3，易贡藏布 250 亿 m^3，帕龙藏布 300 亿 m^3，喜马拉雅山南坡的 8 条河也可集水 700 亿 m^3。另外，从朔玛滩到林芝全长 360km 的新建干渠还可拦集密如蛛网的 46 条小支流，它们的流量 l39 亿 m^3，其中，110 亿 m^3 可调往他处。

西藏地区多冰川，冰川末端多在海拔 2 000m～3 500m，朔天运河在这些地区的引水渠库的水位在3 585m～3 500m，它形成的大面积积水库和水渠对气温产生调节作用，可使 69 条冰川末端浸入引水水域，仅雅鲁藏布江和怒江两流域，就可增加冰雪融水量 400 亿～600 亿 m^3。另据世界环保组织的观测，由于地球的温室效应，青藏高原冰山雪域的融化速度在逐年加快，这一总体趋势又为朔天运河的调水总量增添了一份安全系数。据测算增水量达 1/4。

综上所述：朔天运河从上游各江河年总流量 6 000 亿 m^3 中提取 2 006 亿 m^3，仅占下游入海量 24 754 亿 m^3 的 8%，占三条出境水的 l/3，所以说，引水 2 006 亿 m^3 这个数字是合理的、有保证的。

5.2.2.4 **调水效益测算**

1）污水之困

新中国自成立以来，全国累计解决了 2.73 亿农村人口饮水困难。2000 年，我国提出分阶段解决全国农村饮水困难的目标；5 年时间，国家共安排国债资金 98 亿元，加上各级地方政府的配套资金和群众自筹，总投入 180 亿多元，共建成各类农村饮水工程 80 多万处，5 700 多万农村人口提前一年告别饮水难的窘境。据统计，中国城市供水 30%源于地下水，北方城市达 58%。20 世纪 90 年来，城市地下水普遍恶化。1992 年调查显示、恶化面达 90%以上，这对数亿人口饮用水的安全构成了重大威胁，导致疾病、劳动力丧失、残疾甚至死亡。这就是中国当时的情况：明知饮用水早已严重污染，人们依然饮用，这是渴不择洁的无奈。

2）调水释污解困

大量洁净水补进北方江河，可使浅层地下水随之改善。以山东济南为例，济南是座泉城，近 20 年来，泉水量越来越少，且质量远不如前，接连好几年出现断流现象。专家们绞尽脑汁找出了原因：直接原因是黄河断流。人们恍然大悟：泉城泉源黄河水！黄河污染，必然会牵连泉城。为保持泉水的清洁度，山东人想出了办法：黄河枯水或断流时，济南只用积存的湖水而不用地下水，以免污染的黄河水有空可钻。在黄河水丰时，济南则动用泉水而不动用蓄存的湖水。朔天运河修成后，黄河以及古老的京杭大运河都会得到洁水冲污，山东的水质状况便大为改善。

3）调水的社会经济效益

朔天运河滋润的 0.67 亿 hm^2 新增耕地，1.33 亿 hm^2 新增草场以及提高了一倍的森林覆盖率中，可以轻松地吸收和容纳5亿人口。这样一来，中国将出现人口重新分布的局面。因其抵近资源就地生产和消费，还可使单位产出中的运输和流通费用大幅度下降。这才是西部大开发的真正含义。其社会效益还包括：

(1)朔天运河至少可以使8 000万个劳动力得到就业的机会。

(2)朔天运河干线长6 600km，工程开工后，需要工程技术人员和服务人员超过1 000万人，带动当地人口就业和经济增长。

(3) 6600km沿岸，有1 000多个景区景点，而且多是沿着古文化发达的长城、黄河沿线，仅内蒙古岱海周边地区就有上百个景点。岱海—北京—天津有360个景区，都可以发展旅游业。按每10名游客需一名服务人员计算，全线旅游业可安排1 800万人就业。

(4)全线设计码头286个，每个港口、码头是一座中小城镇，每个城镇计5万人，全线就是1 400万人。

(5)电力系统。朔天运河电力装机能力在1. 76亿kW以上，还可在河套地区富煤带建造坑口火电厂群，装机1亿kW，水电火电合计2. 76亿kW，相当于15个三峡的发电量，且造价低廉。以每6kW带动1个就业人员计算，共需4 600万人。

(6)改造沙地是吸纳劳动力最多的利国利民工程。中国十大沙漠，有了水都可以改造成林区、草场或良田。先期动工的头3年，因开路、修渠、植树、种草、建设基本生活设施等，需要大量的劳动力。按改造0.67亿hm^2计，从改造到完成，以及其后的耕种和管理，人均1km^2地，可就业6 500万人。以300~500人形成一个居民点，可相继产生15万个新村庄。仅治理威胁沈阳的科尔沁沙漠和威胁北京的浑善达克沙漠就可消化农村富余劳动力和城市失业、待业人员1 000万人。

(7)朔天运河的建设，本身需要行政管理和服务人员100万人，为运河提供服务的通信、保卫、教育、文艺工作者可达38万人，医务工作者20万人。

(8)运河修通后，沿河的农业、工业、矿业、交通运输业将获得极大的开发，各种养殖业、加工业将大大地发展起来，预计可吸纳1 000万以上的新增就业人口。

以上总计16 458万人，按保证率50%计算，少说也有8 000万个就业岗位。

4)发电效益的论证

郭开规划的大西线引水工程带来的副产品之一是：每年得到1万亿kW·h的电能。“听到这个巨大数字，也许有人会发出疑问：这1万亿kW·h电能是怎样算出来的?”。郭开引用了2004年8月6日中国科学技术协会主办的《科学奥秘》周刊特约记者简亮、李林的文章《有水才能“再造中国”——专家学者解读“大西线”能创造经济奇迹的奥秘》。该文中有关电力问题及效益的论述于下。

(1)根据水电原理和世界动力会议的统一规定：1立方米的水，落差377. 8m，即可产生1 kW·h。而“大西线”年引水规模2 006亿m^3，有效落差5 50m，总装机2亿kW，年发电1万亿kW·h以上。

(2)“大西线调水工程”在西藏雅鲁藏布江朔玛滩引水口高程5 588m，到四川阿坝与甘肃玛曲交界的贾曲入黄河，海拔高度降到3 399m。总落差189m，流程1239km，保证自流有余，还可建六处电站，年发电达800亿kW·h。

(3)电站布置之二。“大西线”引水到黄河，首先要建黄河拉加峡水库，正常水位3 400m，经拉加峡水库调蓄后，“大西线”来水2 006亿m^3分三路流出：第一，修216km的拉青(拉加峡至青海湖)大渠,引水入青海湖的子湖—耳海(淡水湖),年引水 1 200 亿 m^3。经青海湖调蓄后再分三路输出。一路经青岱大渠由青海湖到内蒙古岱海;二路经青蒙大渠从青海湖到内蒙古阿拉善额济纳旗的居延海;三路由青海湖经青若大渠到新疆塔里木盆地的若羌。这三路中间可供利用的有效落差 1 600~1 800m,在西宁、兰州、张掖、若羌等地建 16 座大中型发电站,总装机 15 408 万 kW,年发电 7 338 亿 kW·h。

(4)拉加峡水库调蓄后 2006 亿 m^3 中的 500 亿 m^3 沿黄河下泄,加上黄河本身的水(250 亿 m^3),每年入龙羊峡水库的水达到 750 亿 m^3。以下由拉西瓦、李家峡、刘家峡、盐锅峡、八盘峡、小峡、大峡、乌金峡、大柳树、青铜峡、万家寨、天桥、龙门、三门峡、小浪底,直到郑州的西霞院。水位降到海拔 89m,总落差 3 311m,有效落差 5 250m。理论计算,不包括黄河本身的水,只就增加的 500 亿 m^3 水来计算,总装机 8 600 万 kW,年发电 4 300 亿 kW·h。

(5)原水电部规划的龙羊峡以下 21 座电站,总装机 2 006 万 kW,每年应发电 664.5 亿 kW·h,但因黄河水少,常断流停机;实际年发电仅为 200 亿 kW·h。如果“大西线”引来水,增补黄河 500 亿 m^3,国家无须再投资,就现有的电站可满负荷运转,即可年增加发电 600 亿 kW·h。

(6)拉加峡水库的第三条出水路线是黄黄大渠,从玛曲(海拔 5 400m)引水入洮河,到岷县过分水岭入榜沙河,至甘肃省天水武山,再引水到定西—宁夏固原—黄土高原,经延安到内蒙古准格尔入黄河,年引水 500 亿 m^3。利用 1 400m 落差,在武山鸳鸯镇建大电站,装机 2 220 万 kW,年发电 1 110 亿 kW·h。发电后的尾水,经武山水库调蓄分两路输出,到万家寨和宝鸡、西安,中间还可建 19 座电站,总装机 1 520 万 kW,年发电 760 亿 kW·h。

以上各电站总装机 28 196 万 kW,年发电 14 398 亿 kW·h。按 75%的保证率计算,总装机 2 亿 kW,年发电 1 万亿 kW·h 以上。

1 万亿 kW·h 电能是什么概念?从能量转化上来说,一吨原油能转化成 3 200kW·h。1 万亿kW·h的电力,可节省 3.13 亿 t 原油。如:2003 年,中国进口 7 000 万 t 原油,预计到 2006 年得进口 1.5 亿 t。若节省 3.13 亿 t 原油,可从根本上解决中国能源的危机。比照长江三峡发电效益,1 万亿 kW·h 电,相当于 12 个三峡的发电量总量。论证中提到所谓“木桶效应”,就是说木桶能装多少水,取决于最短的那块木板。我国中西部地区严重缺水,这就是“木桶效应”最短的那块木板。

5)间接效益论证

水贵自流。自流输水,奉献电能;自流之下,水到渠成;自流之下,防汛抗旱一劳永逸;自流之下,造福子孙。所以,朔天运河的设计原则是全线自流:自流入黄河,自流入青海湖、入新疆、入甘肃、入内蒙古。

有人提出:“自流输水不可能,自流入黄河也不可能!要自流,怒江高程必须维持在 3 700m左右。郭开设想从雅鲁藏布江的 3 588m 高程引水,到黄河 3 440m 处入黄河,水头差距太小,不可能自流!”

郭开认为:长江中线南水北调,丹江口到北京,流程 1 257km,落差 89m,平均比降万分之 0.7,它能自流入北京。雅黄工程 1 239km,落差是:海拔 3 588m 减去黄河入口高度 3 399m,落差为 189m,计算出的比降为万分之 1.52,是中线引水工程的 2 倍。根据流体力学原理,10 万分之 1 即可自流,我这比降扩大了 15 倍,不仅能自流,而且流速不慢!至于怒江水位,为什么非要在 3 700m 以上才能自流入黄河?要是那样,还谈什么苦构思、巧设计呢?

许多专家参与审核这一工程后表示,无论原先的设计方案还是修改后的方案,自流入黄河是不成问题的。这些专家们还将朔天运河藏水北调归纳为三大特点:

(1)引水量大;

(2)全线自流;

(3)汲洪济旱,化害为益。

6)自流输水补充说明

藏水进入黄河之后,自流入青海湖不成问题,但能否自流入新疆、流入内蒙古呢?中国地形西高东低呀,水往高处流吗?

这里不妨将中国地形大势做一概略分析。很多地理类书籍中都这样写着:中国大陆自西向东倾斜,高低悬殊,都沿着两条边沿陡然跌落。

(1)第一条边沿自祁连山逶迤转折向南,至滇西的横断山脉一线,即青藏高原的前缘。这条边界以西地区是号称“世界屋脊”的青藏高原,平均海拔4 000m以上,著名的昆仑山、喀喇昆仑山、阿尔金山、祁连山、唐古拉山、冈底斯山和喜马拉雅山,皆分布其中。这就是中国地势的第一级台阶,整个雅黄引水工程以及最大的蓄水库青海湖海擴3 194m,处于一级台阶上,所以说,这是中国最为伟大的水塔工程。

(2)二级台阶海拔高度大都在1 000m~2 000m。由黄土高原、云贵高原和阿尔泰山、天山、秦岭等山脉组成。其中包括平均高度1 000m左右的塔里木盆地和低于1 000m的准噶尔盆地、四川盆地。

(3)二级台阶的边沿是大兴安岭、太行山、巫山、雪峰山和滇东高原的东侧,这条边沿以东地区的丘陵和平原,组成第三级台阶,海拔高度大都在1 000m以下。分布在三级台阶上的大山虽说超过海拔1 000m,那也是高层台阶的丘下之山,古大都称“岳”,如东岳泰山、南岳衡山、西岳华山、北岳恒山、中岳嵩山等。

(4)将中国整体地势缩简成三级台阶,可以帮助我们深入浅出地看出高水自流的基本态势。它清楚地表明:从抬高水位后的青海湖向新疆塔里木盆地、准噶尔盆地、内蒙古高原等地引水,其落差概念是:从一级台阶向二级台阶上放水,从宏观上看,自流不成问题。这就是向西部干旱地区引水的天然地利。

曾经有人产生疑惑:这种说法与地理书上的“西高东低”不相符。

不错,中国地形整体趋势是西高东低,但并不等于越向西越高,比如位于天山东段的吐鲁番盆地最低点,其海拔高度为海平面以下155m,是中国陆地的最低点,它比上海、青岛、天津、大连等沿海城市还低158m。除了中东的死海,吐鲁番盆地里的艾丁湖是世界第二低地。天山、阿尔泰山之间是大约20万km^2(相当于两个江苏省)的准噶尔盆地,平均海拔高度仅500m。超过50万km^2的塔里木盆地,平均高度1 000m,塔里木河从西向东流,未断流时注入海拔780m的罗布泊。

以上地势说明,中国西部许多地区地势并不高,所以高水自流的宏观形势不必担忧,关键的关键是如何翻越分水岭。也就是说,大跨度引水必须树立分水岭概念。

中国江河众多,流域面积在100km^2的河流约50 000多条,流域面积在1 000km^2以上的河流有1 500条。由于气候因素,这些河流分布很不均衡。绝大多数分布在东部气候湿润的季风区,最终表现形式为外流河大部流入太平洋和印度洋。西北干旱少雨,河流极少,并有面积广大的无流区。这些发源于内陆山地而消失在山前平原的河流,通称内陆河。从宏观上看,中国最为缺水的是内陆河地区。

中国南水北调的最终原则,应该从外流河向内陆河调水,基于许多因素制约,目前还不能做到这一点,这是可以理解的。但不能说郭开等人前瞻式的调水思路是荒谬的。站在内陆河与外流河分水岭上左右思量,这种前瞻式的调水思路就更为可贵了。

从大兴安岭西麓起,沿东北—西南方向,由阴山、贺兰山、祁连山、巴颜喀拉山、念青唐古拉山、冈底斯山,直到中国西端国境,为中国外流河与内陆河的分水界。此线以东、以南为外流河;以西、以北,除额尔齐斯河经俄罗斯入北冰洋,其余均属内陆河。其中,新疆内陆诸河、青海内路诸河河西内陆诸河、羌塘内陆诸河和内蒙古内陆诸河五大区域极为干旱,输水要求最为迫切。

藏水进入青海湖,这就具备了从高台阶上跨越分水岭的有利条件。青海湖西部有条河,叫阿尔金河,发源于阿尔金山。这座山是青海湖水系与新疆水系的分水岭。青海湖水面升高 30m 后,阿尔金河成倒流之势,只需打开一个口子,湖水就会沿着阿尔金河西流,越过分水岭,一下子跌落 2 000m,进入新疆的若羌盆地,完成了藏水入新疆的夙愿。用同样的办法,青海湖水也会与源于祁连山的黑河源头沟通,使湖水沿黑河河道经河西地区流入内蒙古西部的额济纳地区。另外,由青海湖而北流的藏水还可以经河西走廊进入吐鲁番盆地。至于兰州以东地区的自流问题就更不在话下了。

朔天运河南水北调的目的要解决“三北”即西北、华北、东北地区的干旱,改造沙漠,改善北方的生态环境,提高 5 亿中国人的生活质量。但由于黄河河道低于两岸用水高原好几百米,提水困难。为了避免势能的浪费,解决更大范围的自流问题,就必须利用高地蓄水池加以调蓄。综观北方地势地貌,要数青海湖和岱海最有利用价值。这两个内湖有两个要素:一是地势高,二是蓄水多。朔天运河竣工之后,青海湖和岱海将变成巨大的水塔,5 亿人将直接受惠。

7)利用青海湖效益论证

利用青海湖蓄水,这是朔天运河藏水北调的一个重大环节。目前,青海湖水面高度海拔 3 194m,湖岸高度海拔 3 236m,设计蓄水水面 3 226m,比现存水面升高 32m,但距湖岸仍有 10m 的高度。青海湖现有水域 4 000km^2,水深 28m,蓄水 800 亿 m^3。当水面升高 32m 后,湖面便扩至 6 000km^2,蓄水量达 3 000 亿 m^3,相当于黄河 6 年的总流量。其地势高于柴达木、塔里木、准噶尔三大盆地。偏偏又近邻兰州,兰州是中国北部东、北、西三大流向的分水岭,也就是说,兰州向东、向西、向北,皆越走越低,青海湖比兰州还高,是中国北方最高最大的大水塔。借助兰州的地势,青海湖将轻松地把水送向西北、华北及东北地区,并在势能的逐级消失中向人们奉献巨大的电能。

有人问:青海湖是咸水,用咸水湖储淡水岂不是疯子的想法?这是一个值得深思的问题。青海湖的矿化度为每升 14g,属微咸水。

将来,新注入的淡水使湖面升高 32m 后,蓄水量由 800 亿 m^3 增至 3 000 亿 m^3,平均而论,矿化度约缩小 4 倍。每年都有 1 000 亿 m^3 以上的淡水从湖中经过,很快就会将出湖水的矿化度降到 1 克以下。

8)利用岱海输水补充说明

朔天运河的第二大蓄水库是岱海。岱海是华北最大的高山湖,位于内蒙古凉城县,东南距北京的官厅水库 288km。它坐落在群山之中,水面高度海拔 1 221m,水域面积 174km^2,水深19m,现存水量20亿m^3,潜在蓄水量600亿m^3,它与邻近的黄旗海、察汗诺尔、达莱诺尔连通,总蓄水量1 000亿m^3以上。它的作用有三点:

(1)一是储存黄河上游的全部洪水,减少黄河下游泥沙的淤积,为根治黄河创造条件。

(2)二是承接青海湖的来水,利用其居高优势,输水内蒙古中部浑善达克沙漠,东部科尔沁沙漠,并保证晋、冀、京、津全部用水,以及辽宁、吉林、黑龙江西部干旱地区用水。

(3)岱海是朔天运河的枢纽港,也是真正意义上的藏水北调,从北纬28°调水3 000多千米到北纬46°,跨18个纬度。

岱海的矿化度随季节的变化而变化,雨季水面升高,矿化度在2.5g左右。干旱水浅时,矿化度3g左右。她蓄水之后,也会像青海湖一样,流出可供饮用的淡水。尤值一提的是:岱海湖里有多种人体需要的微量元素,当她被冲淡之后,是很好的矿泉水,对北京、天津及其流域地区的人体健康大为有益。

综上所述,朔天运河大胆利用微咸水湖调蓄,可能是中国治水史上的一大飞跃和创新。

5.2.3　出境水量分析

5.2.3.1　雅鲁藏布江水量分析

恒河流域降水量很大,从西向东,1 500—4 000mm。东北部的阿萨姆邦在4 000mm以上,有的高达10 824mm,是世界上降水量最多的地区之一,几乎年年闹水灾。

布拉马普特拉河位于印度的东北部,它从北流向南,沿途降水量远远大于恒河的中上游地区。雅鲁藏布江上游截流后,仍有2/3的水量注入雅鲁藏布江,仅为该河流失水率的1/5,这对水源丰沛的印度东部以及恒河下游来说是微不足道的。世界上的河流,几乎都有季节问题,恒河也有季节分配不均匀的问题。

恒河水一部分由冰雪供给,大部分由降雨供给。每年从5月开始涨水,7—9月为雨季,雨季降水占全年降水的50%~80%。每当雨季来临,恒河两岸洪涝成灾,这时,也是雅鲁藏布江水量最大的时候,它像脱缰的野马注入;布拉马普特拉河,往往成为印度东部的一大洪害。这股来自中印两国间的洪源,沿雅鲁藏布江进入孟加拉国与恒河洪流会合后又成了孟加拉国的一大洪害。

每当孟加拉国首都达卡遭洪水围困时,总会听到这样的抱怨:中国那么缺水,雅鲁藏布江的水怎么不管一管,闹得印度和孟加拉常闹水灾。朔天运河的调水原则是汲洪济旱。它的调水季节,正是印度和孟加拉国洪水泛滥季节。这时,雅鲁藏布江每截流一吨水,都是对下游两国的支持和帮助。

5.2.3.2　澜沧江水量分析

澜沧江从云南出境,进入老挝,就是湄公河。湄公河流域的降水,主要来自西南和东北季风,尤以来自印度洋的西南季风为主。由于湄公河流域东西两侧山脉走向垂直季风方向,有利于地形雨的形成,年降水量可达2 500~3 750mm;中下游三角洲沿河两岸年降水量亦可达1 500~2 000mm。泰国的呵叻高原年雨量稍少,但仍有1 000~1 250mm。加上上游澜沧江带来的雪山水源,使湄公河年径流总量达4 600多亿m^3,相当于9条黄河,成为东南亚最大的河流,在全世界也居前列地位。

湄公河的流域面积,与多瑙河几乎相等,而年均径流总量几乎是多瑙河的两倍。湄公河不仅水资源丰富,而且干支流的峡谷地形便于建筑水坝,有着蓄洪、灌溉、发电以及航运等诸多作用。

中国境内的澜沧江，全长2 153km，年径流量为829亿m^3，从昌都以上截流300亿m^3，仍有500多亿m^3的流量进入湄公河上游段，接近黄河的流量。这段上游段全长1 000km，从中国、缅甸、老挝三国的边界到老挝首都万象，一路青山碧水、开发不多，河谷狭窄、河床坡度下降较陡，海拔高度从1 500m降为200m。由于两岸降雨量大，沟沟洼洼都有流水注入河中，澜沧江下注的水量加上这段区间的降水，促使湄公河越流水势越大，可以保证万象的生活生产以及生态等不但不会受任何影响，还有一点好处：减少了对中下游河滩的冲刷和淤积，减少了洪灾的一大成因。

由于湄公河下游有个洞里萨湖，又名金边湖，在柬埔寨境内，是中南半岛上的第一大湖，长约150km，宽约30km，面积3 000km^2。这是湄公河的储水盆和安全带。干旱季节，湖水深仅1m，雨季时，湄公河河水泛滥，洞里萨河将滚滚波涛涌入洞里萨湖，此时湖水深达10m，湖面扩大到1万km^2，从而对湄公河水起调节作用。从金边以下到河口300km，是湄公河新三角洲，面积约4.4万km^2。三角洲上河道如网。在金边城东，湄公河接纳洞里萨河后再分成前江和后江，共有4江相汇，故有"四臂湾"之称。前江和后江流往东南，进入越南南方，陆续分成6支，最后由9个河口从越南入海。越南统称为"九龙江"。

每年5月至10月，为湄公河流域的雨季，大量雨水极易形成洪涝，这时，正是朔天运河对澜沧江调水季节，这对下游的防洪抗灾无疑是双赢之举。而每年的12月至3月的干旱季节，正是中国大西线向下游国家供水时期。

5.2.3.3　怒江水量分析

怒江长2 013km，流域面积124 830km^2，出境水量818亿m^3，嘉玉桥以上叫上游，流域面积7.8万km^2，朔瓦巴以上9.9万km^2，占全流域面积71%，年径流量596亿m^3，这就是说，朔天运河的怒江取水线以上，年流总量约569亿m^3，取水480亿m^3，有可靠保证。怒江截流480亿m^3之后，每年仍有338亿m^3泄入缅甸的萨尔温江。

萨尔温江在缅甸境内长1 660km，由北向南流经缅甸东部地区，从莫塔马湾入海。萨尔温江纵贯掸邦高原，是一条典型的山地河流，江流湍急，不利航运，只能借助流水浮力，将山区木材下泄至海岸商城毛淡棉，以供出口。整个萨尔温江的现状，和中国境内的怒江一样，流量丰沛，除河谷里少量的耕地可以灌溉，少有他用。其所流经的掸邦高原，因山民多为掸族而得名，海拔1 000～1 300m，地势自西向东南倾斜，高原面上常有深切的谷地，起伏很大，交通不便。仅南部较平坦，有广泛的岩溶（石灰岩）分布。流域地区的降水量高达2 000～3 000mm。即便怒江滴水不出，萨尔温江也不会枯竭，它自身的流量足以保障其湍流狂奔的景观，何况还有怒江300多亿m^3的下泄量。

再从季节上分析，缅甸气候很明显地分为三个季节：3月至5月为暑季，4月最热；6月至10月为雨季，降水量相当大，有的高达3 000～5 000mm；中部伊洛瓦底江（不属萨尔温江水系）中游平原地区降水量最少，为500～1 000mm。全国多暴雨，即使少雨的季节，也是倾盆大雨。7月降水量最大，12月至次年3月为干旱季度。

朔天运河方案怒江截流时段，正是缅甸的雨季；而缅甸的旱季，怒江流域也并不缺水。所以说，中国的大西线引水方案对缅甸也不存在任何资源威胁。

综上所述，"大西线"对雅鲁藏布江、怒江、澜沧江调水时段，正是下游各国洪水泛滥的雨季，调水量2 006亿m^3，这是对他们抗洪救灾的最大支持和帮助。而在下游各国进入旱季时，藏南三江上游各大水库可以按需向下游各国放水，不会产生旱季争水的局面。

5.2.3.4　**大西线调水方案勘察论证**

1）澜沧江调水方案勘察

“朔天运河”方案，经过多专业领域专家的现场考察，得出以下结论：

一是郭开设计的从澜沧江调水200亿m^3是有水量保证的；

二是就“大西线”方案昌都段成渠而言，“淹没方案”是有高标准依据的，自流入麦曲不存在技术问题；

三是综合衡量，选择不淹没为佳。

具体办法是：取消在澜沧江上建中巴大水库，改为在澜沧江西源支流紫曲的年拉山口下游建筑298m的高坝，壅高水位达海拔3 500m，形成紫曲水库。回水滨达，溯左岸支流朗错河北上，建输水工程过分水岭至国桥村，导水入拉龙河，向北流入澜沧江北源支流昂曲；再顺流向东到昌都以北约30km处的小恩达，在此建筑241m高坝，水位达海拔3 498m；回水溯昌都北沟向东溢流入澜沧江主流扎曲。在昌都东北约40km的蹲达村筑坝，坝高244m，拦扎曲成库，使水位达海拔3 497m。这样，紫曲、昂曲、扎曲就联通成了数百亿立方米的澜沧江昌都大水库。澜沧江在此年径流量约230亿m^3，可取水200亿m^3。昌都大水库回水向东北，溯左岸支流沙河至康巴。康巴现已成了昌都地区的牧场，从这里至江达县卡贡开凿51km的康卡大隧洞，施工条件好，可分10段开凿。沿着康卡隧洞，大西线引水渠便穿过了澜沧江与金沙江的分水岭。出康卡隧洞，导水入子曲，顺子曲而下，东流过江达县城，至同普村入金沙江支流藏曲。

2）穿越金沙江输水方案勘察

考察中，郭开站在江达河边对其他成员说：我们就在同普下边的藏曲峡谷筑坝，具体位置在解放村，坝高240m，抬高水位至海拔3 470m，形成水库。回水北上，漫过同普，溯左岸支流德格沟向东发展，修建输水工程过分水岭，过水能力为每秒4 000m^3，年输水量1280亿m^3，导水到岗托北河入金沙江。至此，大西线引水工程出西藏，进入四川省。我们在金沙江德格河口下游筑坝成库，提高水位至海拔3 468m，建渠引水沿金沙江左岸而下，与金沙江左岸大支流汇合。为了不让这股水过多损失高度，不能让它流入金沙江干流。怎么办？在两水汇合点以下的赠曲建296m高坝，提高水位至海拔高程3 441m。如此一番工程举措，金沙江上完成了三大水库：藏曲水库、赠曲水库和金沙江主流水库，统称金沙江连环大水库，总库容为200亿m^3。整个金沙江工程的关键是三座大坝。第一座大坝就是同普以下的藏曲大坝。

金沙江梯级水库形成后，由于山体高差及埋深的问题，只能通过打隧道输水。

所谓“隧洞方案”，就是从白玉县赠科区的打错，到甘孜县打火沟的隧洞。白玉县的打错是条湖河小沟，金沙江连环水库形成之后，赠曲逼高水位至海拔3 468m，回水向东北发展至66km处，这里就是白玉县赠科区的打错沟。从打错沟向北偏东开凿22km隧洞，直径24m、过水量每秒4 500m^3，一年输水1350亿m^3，（这是应急方案，若以年引水2 006亿m^3，隧洞直径为28m），穿过“打打隧洞”，西藏之水便穿过金沙江与雅砻江分水岭，到达甘孜县打火沟，由此顺河而下，流经大金寺而入雅砻江，再顺流25km便是甘孜城。

3）穿越大渡河方案勘察

大西线引水渠如何通过炉霍县？郭开有个“淹没方案”：在炉霍县城色塞龙鲜水河段建181m高坝，拦断鲜水河，使水位达3 396m，回水60km，形成68亿m^3的炉霍水库，其高度比西边的甘(孜)新(龙)水库水位仅低1m。两库连通,形成124亿m^3的巨大水库。由于炉霍水库抬高了水位,尼曲回水60多千米,这就为大西线引水渠由尼曲而进入东边的色曲,创造了有利条件。

具体办法是:南多水库的东流水进入达曲的汇合点以下,建80m高坝拦水,升高水位达3 450m形成达曲水库,利用分水岭垭口凿渠,引水入尼曲。在尼曲的将达庄修建150m高坝,壅高水位,与达曲形成达尼联合水库,总库容40亿m^3。

这个不淹没炉霍的修改方案有个最大好处是:将引水线路提高了好几十米,为后边的工程提供了更为有利的条件。因此,考察队初步同意了这一修改方案。

下一站考察重点是麦尔玛。两河口水库的水怎样流向麦尔玛?这段流程转弯度较大,且复杂难记,郭开则将有关设想做了一番介绍:

(1)两河口水库壅高水位至海拔3 449m,形成118亿m^3大水库。大渡河北源支流杜柯河上溯40km到壤塘。壤塘是县城,其东北有条小河,叫叶古玛,是杜柯河的支流。叶古玛入杜柯河河口海拔3 240m。

(2)由于两河口水库使杜柯河水面上升,叶古玛河溯源8km处,水面高度便升至海拔3 449m。从这里向北2km修建引水工程越过分水岭,导水入门朗沟,顺流而下到南木达镇而入则曲。顺流而下汇入麻尔柯河。再沿麻尔柯河,顺流至县伐。在县伐筑高坝296m,抬高水位达海拔3 447m,形成50亿m^3的县伐水库。库水溯柯曲至艾琼海子,做渠涵工程引水日格达河,顺流而下入阿曲。为了不淹阿坝县城,建设渡槽越过阿曲河谷,输水查理河。在查理河口筑坝218m,使水位达3 442m,形成查理水库,回水30km至麦尔玛村。

以上走线是为了不淹阿坝县城,因为阿坝县城海拔3 275m,为保住它,就得绕着走,工程复杂,投资也大。如果考虑到阿坝是个小县,县城只有2 000人,搬迁不困难。而且,这里已开搬迁先河:阿坝藏族羌族自治州政府早就搬到了马尔康。倘若采取淹没方案,那就简单了:在科尔尕筑坝,使水位达3 420m,形成200亿m^3的大水库,回水直溯查理河—热柯河到麦尔玛。这样造价低,经济效益大。

4)大西线方案勘察论证

大西线方案的核心内容是:主要从西藏调水到北方,年调水量2 006亿m^3;全线自流式输水。

大西线调水路线的整个地形特点是:多水的西南地势高,而缺水的西北、华北地势逐级降低,从南向北倾斜,有利于区域间自流式调水。

这项工程主要把"五江一河"即雅鲁藏布江、怒江、澜沧江、金沙江,雅砻江和大渡河沟通,把水引到黄河。引水路线从雅鲁藏布江朔玛滩开始,过分水岭进贾曲入黄河止,直线距离1 076km,实际流程1 239km。其中,900km为天然河道的自流,总落差189m。沿途都是人烟稀少的山区,移民初步估算为2万多人。

土建工程主要是:

(1)建设11座大型水库,相应要修19座大坝(有的水库是多坝一库的联合水库);总库容2 888亿m^3;

(2)建设6条隧洞,总长240km,最长隧洞60km,因中间有分段支撑点,每段最长20km。

大西线"南水北调"如成现实,受益面广,可以涵盖国土面积的60%。大西线"南水北调",设计总引水量为每年2 006亿m^3,约4条黄河的水量,而且可利用黄河4 600km的河道把水送到西北、华北、东北和中原地区。经青海湖调蓄,可输水到柴达木、塔里木、准噶尔三大盆地以及河西走廊与阿拉善。经内蒙古岱海调蓄,可输水到晋、冀、辽及内蒙古。黄河干流已建成10个大电站,总装机800万kW。现在黄河水少,经常停机,效益较差,而大西线“南水北调”如实现,可使黄河发电量倍增。大西线“南水北调”要连通长江(包括淮河)、黄河、雅鲁藏布江、怒江、澜沧江、珠江、海河(包括滦河)、辽河,塔河、黑河和松花江,形成全国水系网络,可以引洪济旱统一调度,从而形成不涝不旱,风调雨顺的良性水环境。

5)大西线方案勘察结论

一是水资源充足。考察队在西藏、四川除重点考察了“五江一河”的水资源外,对“五江一河”的支流及湖泊的水资源也做了比较详细的考察。经考察发现,不但“五江一河”水势大、水量充足,引水线路必经的八松潮、然乌湖面积也都很大,像汪洋大海。“五江一河”不但水资源丰富,而且流经地人烟稀少,无工业区,水质好,无污染。经过对“五江一河”水文站所得的数据、河床流水痕迹和几百年水文资料的分析、估算,初步确定调水总量能达到2 000亿m^3。

二是调水线路畅通。大西线“南水北调”构想的核心是“水从高处往低处流”。沿线考察了大坝高程、分水岭高程、数百千米输水渠高程、倒虹吸进水与出水高程。经实地勘察和测量,与地形图和大西线“南水北调”方案所列的数据相比较,十分吻合。水从雅鲁藏布江上的朔玛滩坝高程3 588m开始往东流,其高程逐渐降低,经输水渠,隧洞和倒虹吸把“五江一河”沟通,可以把水引到四川省境内唐克镇附近的黄河中。

三是工程巨大但可以实现。经考察发现,大西线“南水北调”引水线路主要是筑坝、修渠和开凿隧洞三类大工程,而筑坝与修渠、开凿隧洞相比,是“重中之重”“关键之关键”工程。关于修渠、开凿隧洞,考察队中有关专家认为,虽然工程量大,但比不上筑坝工程量大和难度大,就目前我国技术力量、技术水平而言,完全可以胜任。

6)大西线输水线路勘察

由于黄河经兰州至宁夏段比较狭窄,每秒只能通过4 800~5 000m^3的流量,加上西部、北部全面用水的需要,所以,引水入黄河后必须三线分流。

(1)第一条线路:500亿m^3水自流入新疆。大致路线:黄河河源→拉加峡水库→柴达木盆地(冷湖)和阿尔金山北坡的天然湖泊调蓄后,将其中200亿m^3水给新疆哈密→乌鲁木齐→克拉玛依→艾比湖,其余300亿m^3经新疆若羌且末→民丰→和田→叶城→叶尔羌河→塔里木河→孔雀河→罗布泊。

(2)第二条线路:600亿m^3水从河源穿过27km积石山隧洞和315km(需挖渠道190km)渠道进入海拔2 700m的洮河,在岷山县大拐弯处筑坝建水库,将其中200亿m^3水穿过10km岷山隧洞入渭河,既解关中之渴,又可冲刷渭河泥沙,根治渭河。余水经三门峡入黄河,将400亿m^3水引入海拔1380m的大柳树水库,利用2 200m落差修6个梯级水电站,总装机6 600万kW,年发电3 150亿kW·h,相当于4个三峡水电站的发电量。发电后的尾水沿河西走廊向西引,将其中200亿m^3水经古浪县引到腾格里沙漠;将其余200亿m^3水沿祁连山引到张掖入黑河,一部分水进入额济纳河,拯救额济纳荒漠变绿洲;剩余一部分水经内蒙古西部巴丹吉林沙漠入嘎顺卓尔湖,将那里的大片沙漠改造成绿洲。

(3)第三条路线:从贾曲将500亿m^3水顺黄河而下,一方面让黄河原有的11个水电站满负荷发电714亿kW·h,冲刷黄河泥沙,根治黄河;另一方面,经青铜峡和内蒙古凉城岱海调蓄后,给华北地区供水。

7)大西线供水区域

大西线具体供水线路如下:

(1)青铜峡水库→盐池→定边→靖边→无定河→毛乌素沙地→芦河→黄河;

(2)岱海→朔州→桑干河→汾水→黄河;

(3)桑干河→石家庄→深县→天津→海河→渤海;

(4)桑干河→册田水库→官厅水库→北京→天津→渤海;

(5)岱海→张家口→浑善达克沙地→科尔沁沙地→西拉木伦河→西辽河→渤海;

(6)岱海→二连浩特。

5.3 西藏调水的方案争论与优化

5.3.1 方案争论概述

郭开的“朔天运河”大西线方案引发了业界和社会上广泛质疑和争论。在水利水电行业,多数专业技术人员认为郭开只是个具有社会良知和忧患意识的“疯子”,甚至本作者在肯定其具有高度历史使命感、社会责任感和“号召力”的同时,也认为其缺乏一般专业常识。因为2 006亿 m^3 的调水,实在不是一个小数字。无论是全年调水或是季节性调水,输水设施(如引水隧洞)的规模比郭开设想的要大很多!况且,高寒、高海拔地区不宜全年调水;受水地区在汛期不需要如此大量的调水。也就是说,合理的供水时间非常有限。

根据李伶的《西藏之水救中国》,对于郭开设想的大西线调水方案,在业界、专家队伍里,存在各种不同声音。“支持者,评价很高;反对者,为数不少”。而且,郭开的方案无法引起水利部及有关地方政府的重视。其中,稍有点专业常识的反对者,意见主要是:西藏没那么多水可引,自流入黄河不可能,施工难度大,“纯粹天方夜谭,没讨论的必要”。赞成者驳斥这些反对意见,认为意见“有些显然缺乏根据;比如自流问题,源头朔玛滩水库海拔3 588m,引水渠入黄河处海拔3 410m,1 000km流程,落差超过170m,怎么不能自流呢?关键是,用爆破方法堆石垒坝可不可行?长距离的隧洞能否打通,技术上有没有问题?”学术上争论是好事,有利于决策的科学化、民主化、法制化,减少失误。

5.3.1.1 西藏水资源总量的争论

西藏到底有多少水?按李伶《西藏之水救中国》一书的表述,因专家的计算方法不同,所得结论也大相径庭。这些专家以充分的论证和确凿的数据说明:“西藏及川西地区水源充沛(680万亿 m^3),而且每年共有6 000多亿 m^3 水白白外流,这相当于12条黄河流于境外,仅将其中的1/3约2 006亿 m^3 调向北方,因此水量有保证。”

1)大西线方案测算的资源量

大西线“朔天运河”方案,拟每年调水2 006亿 m^3,相当黄河4年的径流总量(黄河年流量480~520亿 m^3)。郭开提出的调水数据有以下三方面根据:

(1)水电部的《中国水资源评价》;

(2)中国科学院《川西滇北水文地理》;

(3)西藏水利局的《西藏水利》以及80多部有关论文。

大西线“朔天运河”方案设计采用了五万分之一的地图，规划设计过程中两次进藏、5 次到川西甘孜、阿坝以及运河沿线的实地考察。因此有理由认为：把西藏高原视为干燥地域是不对的，西藏，特别是藏东南地区拥有中国最丰富的水源。由于来自印度洋上空潮湿的西南季风的影响，在青藏高原 3 500m 等高线以上形成大降水，年降水量 1 000 ~ 2 000mm。东南部念青唐古拉山年均降水高达 2 800 ~ 3 600mm。墨脱高达 5 000mm，是全国大面积降水量最多的地方。西藏地区以积雪冰川和地下水形态保有的水资源达 680 万亿 m^3 之巨，其中只有极少量形成径流。朔天运河引水区面积超过 100 万 km^2，年降水量 1. 2 万亿 m^3，径流量 9 800 亿 m^3，其中流出国境和流入大海的达 6 988 亿 m^3。以出境水量 6 000 亿 m^3 的 1/3 计算，取水 2 006 亿 m^3 完全有保证。

具体配置计划是：调藏水为主，对长江上游各支流只调汛期洪水。其中，雅鲁藏布江年出境量 1 689 亿 m^3，取水 1 188 亿 m^3，怒江出境量 818 亿 m^3，取水 300 亿 m^3；卡门河、西巴霞曲、丹巴曲、察隅河、独龙江等藏南 12 条河共有水 2 225 亿 m^3，可取水 1 000 亿 m^3，金沙江入长江口水量 1 500m^3，取水 200 亿 m^3，雅砻江取水 30 亿 m^3，大渡河取水 20 亿 m^3。考虑到长江 2020 年以后也是缺水户，所以对这三条支流只取汛期的洪水。

藏南地区，不仅可调雅鲁藏布江干流水 300 亿 m^3，而且，它的四大支流也可调用，他们的水量分别为：尼洋河 200 亿 m^3，拉月河 90 亿 m^3，易贡藏布 250 亿 m^3，帕龙藏布 300 亿 m^3，喜马拉雅山南坡的 8 条河也可集水 700 亿 m^3。另外，从朔玛滩到林芝全长 360km 的新建干渠还可拦蓄集密如蛛网的 46 条小支流，它们的径流总量 139 亿 m^3，其中，110 亿 m^3 可调往他处。

西藏地区冰川密布，冰川末端多在海拔 2 900m ~ 3 500m。朔天运河在这些地区的引水渠库的水位在 3 500m ~ 3 585m，它形成的大面积水库和水渠对气温产生调节作用，可使 69 条冰川末端浸入引水水域，仅雅鲁藏布江和怒江两流域，就可增加冰雪融水量 400 亿 ~ 600 亿 m^3。另据世界环保组织的观测，由于地球的温室效应，青藏高原冰山雪域的融化速度在逐年加快。这一趋势又为朔天运河的调水总量增添了安全系数。据测算，增加水量超过总量的 1/4。

2）水行政部门测算的西藏水资源量

根据有关资料，西藏的水资源与地形、地貌、地质构造及气候存在密切关系。由于青藏高原经历了海西、印支、燕山和喜马拉雅山多次大的地质构造运动，使西藏不断脱离海浸，由北向南逐渐形成了昆仑山、喀喇昆仑山、唐古拉山、冈底斯山、念青唐古拉山和喜马拉雅山脉，同时还发育起无数条支脉，纵横交织在高原面上。在这些山脉之间，经雨水、冰雪融水和地下水等常年不断地冲刷、侵蚀、滞留等形成了众多的江河和湖泊。其中藏东南和藏东地区河网密度最大，愈往西北河网密度愈小。

（1）海拔与降雨关系。西藏的地势大体上是西部和北部海拔高，平均海拔在 4 500m 以上，气候属于半干旱、干旱的寒带，年平均降水量在 300mm 以下，有的地区不足 50mm，年平均蒸发量在 2 000mm 以上；中小河流大多是间歇性的。西藏的东部和东南部平均海拔在 3 500m以下，气候属于湿润亚热带和半湿润亚热带，年平均降水量为 500 ~ 1 500mm，年平均蒸发量为 1 500 ~ 1 750mm；河流都是常年性的。西藏的南部平均海拔为 3 500 ~ 4 500m，年平均降水量为 400 ~ 500mm，年平均蒸发量为 1 750 ~ 2 000mm；大部分河流是常年性的，只有部分河流是间歇性的，而且河谷比较宽阔，水流比较平缓，河流两侧滩地、阶地宽广。

(2)河川径流的形成与补给形式的关系。西藏河川径流是由雨水、冰雪融水和地下水三种补给形式组成的,其冰雪融水和地下水补给量在西藏河川径流中占有相当大的比重,这是西藏河流的一个重要特点。根据西藏河川径流的补给形式,大体上可将全自治区划分成几个地区:藏西部、北部的河川径流以地下水补给为主,中部和南部的河川径流以雨水补给为主,帕龙藏布以及喜马拉雅山麓的一些河川径流以冰雪融水补给为主,东部的几条大河的河川径流则为混合型补给,中小河的河川径流多以雨水补给为主。雨水补给型为主的河流径流特征为:6—9月份水量最大;以地下水补给型为主的河流的河川径流特征是水量比较稳定,以冰雪融水补给型和混合型补给的河流的河川径流特征是年际变化小。

(3)西藏水资源分布。西藏河流数名列全国各省区之首,流域面积大于10 000km^2的河流有20余条,大于2 000km^2的河流有100条以上,著名的有雅鲁藏布江、金沙江、澜沧江、怒江。西藏又是我国国际河流分布最广的一个省区。亚洲著名的布拉马普特拉河、恒河、湄公河、萨尔温江、印度河和伊洛瓦底江的上源都在西藏。西藏又是我国湖泊分布最多的一个省区。据统计,西藏大小湖泊有千余个,总面积为25 111km^2,占全国湖泊总面积35%,其中面积大于或等于1km^2的湖泊有778个。

(4)西藏水资源量。西藏的水资源十分丰富,据统计西藏平均年水资源总量为4 482亿m^3,占全国平均年水资源总量的15.94%,居全国各省(区、市)平均年水资源总量的首位。按西藏人口计算,人均占有水量20万m^3,也居全国各省(区、市)首位。据统计,西藏湖泊的水资源也十分丰富,湖泊的面积大于或等于1km^2的贮水总量为3 472亿m^3,其中淡水贮量为626亿m^3。郭开测算的680万亿m^3水,还待证实。

5.3.1.2 **提水与自流的争论**

有专家认为,“朔天运河”全年自流输水不可能,自流入黄河更不可能!要自流,怒江高程必须维持在3 700m左右。郭开设想从雅鲁藏布江的3 588m高程引水,到黄河3440m处入黄河,水头差距太小,不可能自流!

1)大西线的依据

郭开认为:南水北调中线工程,丹江口到北京,流程1 257km,落差89m,平均比降万分之0.7,它能自流入北京。而朔天运河雅黄工程1 239km,落差是:海拔3 588m减去黄河入口高度3 399m,落差为189m,计算出的比降为万分之1.52,是中线引水工程的2倍。根据流体力学原理,10万分之1即可自流,比降扩大了15倍,不仅能自流,而且流速较快!关于怒江水位,并非在3 700m以上才能自流入黄河。还有反对者认为,郭开“异想天开”;赞成者却列举其六大优越特点:

一是从源头下手,从高处下手,朔天运河方案为全中国修建了一座超级水塔;

二是正确认识了南北走向的横断山,表面看来,那是藏水北调的大碍,仔细想来这是非常有利的条件,只要在合适地段筑坝拦水,几十平方千米、几百平方千米的水渠就形成了,这一条条天然水渠,省工省力,也很少破坏环境;

三是汲洪济旱,合理利用水资源。许多研究表明,我国的大江大河,都受季节影响,雨季频发洪灾水患,而洪水也是水资源,巨量的雨洪资源不利用,还闹灾,损失更大了。郭开的蓄洪济旱,十分可贵;

四是利用青海湖和岱海作为巨型蓄水库,体现了咸水湖的利用价值;

五是以治水为突破口,带动沙漠治理、土地利用、资源利用等综合效益,起到一石多鸟的作用。

六是也是最重要的一点：毛主席提出“南水北调”的战略口号，水利部门50年没有全面研究，仅局限于在缺水上做文章；郭开方案沟通江河联网，是比较好的战略。

争论之时，在中央退休老领导的过问下，主张者组成一支有爆破、隧道、水利、地质、气象、建筑等方面的（11位）专家的“大西线藏水北调考察队”，加上中央电视台记者进行了1个多月的实地考察。从雅鲁藏布江的调水源头朔玛滩开始，沿着“大西线”，一直到与黄河交汇处，沿途重点考察了水资源状况、引水路线和相应工程等，按考察意见，郭开的“大西线引水方案”是可行的、引水量也是可靠的。

2）反对者的理由

业界认为：一个具有综合功能的大型水利水电工程，按常规的设计周期，往往需要几年、甚至十几年，通过勘查、钻探、物探才能弄清楚其地质、地形、水文、气象、地震、生态等方面的基础资料。再经过多阶段（如规划设计、可行性研究、初步设计、技术设计、施工设计等）和多学科专业密切配合才能完成工程的技术方案。“朔天运河”大西线方案的设想者——郭开，只是一个民间人士，缺乏专业知识和经验。反对的理由主要有：

（1）由郭开组织的爆破、隧道、水利、地质、气象、建筑等方面的11位专业人士的“大西线藏水北调考察队”，在缺乏专业设备、仪器、工具和技术手段前提下，充其量只能算作一次粗略考察，连最初的地质查勘都不及；

（2）1/50 000的地图，远远不能满足工程规划设计要求（规划需要1/5 000航测地图，初步设计需要1/2 000的航测地图）；

（3）受高寒、高海拔和地质灾害影响，采用自流的明渠输水方案没有可能性；

（4）采用直径24~28m隧洞自流输水，年输水能力很难达到“朔天运河”大西线方案的1/10；

（5）2 006亿m^3的调水规模太理想化；

（6）季节性（汛期）调水量达4个黄河全年径流总量，工程规模难以实现。

5.3.2 西藏水资源开发的问题

由于藏水补川水量方案以弥补西线方案调水区水量不足为目的，那么沟通西藏区内相关水系的具体线路可以较为灵活，不必对海拔高程有过高要求，总水量也有更大余地，还可利用已建或规划的梯级枢纽。倘若决策上马以“济黄”为主的藏水外调工程，可采取分期逐步实施，而先易后难、由近及远的建设步骤容易达成目标。此外，应沿雅鲁藏布江等外流区河流两岸，大规模实施浑水淤灌工程，提高西藏农牧业生产及防护林生长水平。

2011年，清华大学黄河研究中心的学者张红武在《水利规划与设计》期刊发表的《西藏之水开发利用问题的探讨》一文，分析了西藏水资源特点与所面临问题后，认为藏水根本出路在于水资源开发利用，尤其注重不同区域河流水资源的合理调配。据其初步分析，藏水北调最大可能调水量可控制在600亿m^3之内，较为合理。“大西线方案”若将调水目标降至该量以下，其可行性将大大提高。尽管该文对利用国际河流的复杂性认识不足，但思路仍值得参考，引编该文参与比较，以利于科学评价众多方案。

5.3.2.1 西藏主要江河水资源

西藏素有“千山之宗、万水之源”之称，具有得天独厚的水资源条件。客观分析西藏水资源特点，探索以水资源开发利用来支撑西藏区域经济社会可持续发展的途径，具有十分重要的意义。

西藏自治区是我国河流数量及水资源蕴藏量最多的省区之一，可谓是江河纵横、湖泊密布、冰川连绵。在区内流域面积大于 10 000km^2 的河流有 20 余条，大于 2 000km^2 的河流有 100 条以上，加上季节性流水的间歇河流，大于 100km^2 的河流数以千计。西藏河川径流量很大，全区年平均径流总量约 4 482 亿 m^3。其中外流水系区约为 4 280 亿 m^3，占我国河川径流总量约 2.7 万亿 m^3 的 15.8%。从地理分布看，藏东南片径流量最大，年平均径流深在 1 000mm 以上，最大的地区达 3 000mm 以上。从河流密度来看，藏东片和藏东南片河流较密，特别是藏东南片每隔 3~4km，就有一条常年流水的河流或沟溪。

在外流水系区域中，雅鲁藏布江流出国境处的年径流量约 1 390 亿 m^3，多年平均流量为 4 425m^3/s，占西藏外流区年径流总量的 42.4%，为我国第二大河黄河年径流的 2.4 倍。在我国，雅鲁藏布江的年产水量仅小于长江、珠江，居第三位。怒江在西藏境内的年总产水量为 358.8 亿 m^3，占西藏外流水系总径流量的 10.9%，居西藏各河流第二位。此外，藏东南的西巴霞曲年径流量为 293.3 亿 m^3，丹龙曲为 259.2 亿 m^3，察隅曲为 252.3 亿 m^3。西藏除上述自产水量外，在西藏东北部、东部和东南部地区，还有一些客水从境外汇入西藏河段，过境水量约有 370 亿 m^3(其中，汇流到金沙江西藏河段的年径流量约为 227.7 亿 m^3，汇流到澜沧江西藏河段约为 118.1 亿 m^3)。若计这部分过境水量时，西藏外流水系的年径流总量约为 3 659 亿 m^3，即年平均流量 11 600m^3/s。

西藏河川径流量的地区分布非常不均匀。首先，是外流区与内流区的河川径流量相差悬殊。外流区面积只占西藏总面积的 49%，河川年径流总量 3 659 亿 m^3，却占全区河川年径流总量的 92.4%；而内流区的面积占西藏总面积的 51%，河川年径流总量仅占全区河川年径流总量的 7.6%。其次，是在外流区内径流量的地区分布也很不均衡。藏东南地区最丰富，年平均径流深，一般大于 1 000mm，局部地区超过 2 500mm，巴昔卡一带径流深甚至高达 3 500mm左右，成为我国径流深最大的地区之一。由藏东南往西、往北，径流深有递减的趋势。林芝、波密一带，年径流深约为 1 000mm；拉萨一带年径流深为 300~500mm；日喀则一带，年径流深为 100~200mm；阿里地区的狮泉河、基吉一带为 20~40mm。第三，各河流域之间的差别也很大。丹龙河流域的平均年径流深在 2 000mm 以上；拉萨河流域的平均年径流深 323mm；年楚河流域的平均年径流深 120mm；森格藏布流域的平均年径流深 25mm，最大年径流深与最小年径流深相差 80 倍。

西藏水能资源富集，全区水能理论蕴藏量为 2.01 亿 kW，其中技术可开发量为 1.1 亿 kW。但是，多数为国际跨境河流。除非共同开发，否则外交关系将十分复杂。此外，由于西藏各流域内土地开垦程度低，人类活动的影响小，天然植被保存的较为完整，且广大地区海拔在 4 500m 以上，气候寒冷，地表冻结时间长，海拔高处又多为固体降水，对地表侵蚀小等等，所以西藏大部分河流含沙量较小。

5.3.2.2 西藏水资源与可持续发展面临的问题

尽管西藏的水利建设取得了很大的成就，但相对于我国内地，水利基础设施依然薄弱。归纳而言，西藏水资源与可持续发展还面临诸多问题。

第一，洪水及地质灾害严重。全区主要江河和重要城镇的防洪标准偏低，河道治理程度低，在主要河流上缺乏控制性防洪工程，水患严重威胁着城镇建设及人民生命财产的安全。

加上青藏高原特殊的地质环境，地质灾害频发。例如，2000年4月9日西藏波密县易贡藏布下游札木弄沟发生特大规模山体滑坡，形成拦蓄水量30亿 m^3 的大型堰塞湖（1900年同一地点也曾出现）；2000年6月10日，溃决洪峰超过12.5万 m^3/s，特大规模挟沙洪水强烈冲刷、拓宽下游河道2~10倍以上，冲毁数座桥梁，致使交通中断数月之久。

第二，西藏水利建设起步晚、基础差，造成水利工程数量少、标准低、配套设施不完善的现状。西藏的水资源尽管相当丰富，但由于水利基础建设还较落后，目前工程措施形成的供水能力不足30亿 m^3，而预测到2015年经济社会发展对水资源的总需求量为52亿 m^3，显然可供水量还满足不了西藏国民经济的发展需要。

第三，由于受特殊的气候、地质成因及人类活动等影响，水土流失和水污染不断加剧，治理水土流失、保护生态环境的任务十分艰巨。尽管西藏大部分地区河流的含沙量较小，但在人口较为集中和农耕业较为发达的腹部，尤其像“一江两河”（雅鲁藏布江、年楚河、拉萨河）这样的高寒和半高寒地区，因植被覆盖率很低、降水集中，再加上人类活动影响，致使水土流失严重，河流悬移质含沙量明显比我国内地许多河流还高，完全可称上多沙河流。而西藏的水利设施主要分布在本区域，其中多数水利设施，特别是水库一直受泥沙淤积危害，有的甚至已经报废。泥沙问题已成为影响这一区域经济发展的突出问题。

第四，西藏水资源开发利用率低，缺少骨干调蓄工程，全区水资源、水能资源开发利用率均不足1%。此外，农田及草场有效面积不大，人畜饮水困难和饮水安全问题也没有完全解决，严重影响了群众健康和生活水平的提高。

由于西藏广大内流区的产水贫乏，河流水源严重不足，且在外流区内径流量的地区分布也很不均衡，解决西藏水资源与可持续发展存在的问题，其根本出路在于水资源的合理开发，尤其注重不同区域河流水资源的科学调配，实现区域内水资源调控与优化配置。

在人口较为集中和农耕业较为发达的地区，可以将雅鲁藏布江等外流区河流6—9月悬移质含沙量高的特点转化为泥沙资源化的优势。为将十分宝贵的泥沙资源留在当地，应相机大规模实施抽水灌溉工程，通过长期的浑水淤灌，改良沿岸农田、草场及林地的土壤质量，提高农牧业生产水平，改善生态环境，同时减轻泥沙对下游水利设施的不利影响。

5.3.2.3　大西线调水的有益启示

我国是一个水资源严重短缺的国家。随着经济的持续快速发展，水资源短缺的问题日趋严重。从未来的发展看，西藏丰富的水资源及特殊的地理位置，自然也是解决我国其他地区水资源短缺的潜力所在。前人认识到我国水系的“三大拐弯”现实，试图利用我国西南地势高、西北和华北地势逐渐降低的地形特点，把西南诸河之水调到严重缺水的西北等地区，这一宏大设想尚有一定的宏观性、前瞻性、战略性。而今已在水利业界相传近10个藏水北调方案，多是引雅鲁藏布江水，串联怒江、澜沧江、金沙江、雅砻江、大渡河，过阿坝分水岭进入黄河上游。其中有代表的是郭开的“大西线方案”，该方案因称开发“西藏之水”、治理“西北部大沙漠”工程而遭到热议。

根据一些专家长期跟踪研究，认为郭开的“大西线方案”思路，尚有一些可取之处；其主要方案在近10多年里已从较多方面进行了修正，客观上吸收了不少的有益成分，对其不宜全盘否定。实际上，如果该方案不偏离实际去考虑“西北部大沙漠”工程，最大可能调水量考虑调水区社会经济、生态环境等因素后，将调引2 006亿 m^3（甚至称3 000亿 m^3）水的不现实，目标降至600亿 m^3 以下（初步研究得出：调水区相应海拔线间年均河川径流来水量只有

750 亿 m^3 ~1 500 亿 m^3),筑坝高度、隧洞尺度、工程规模等都会减小,工程难度也会明显降低,可以说在现代技术和装备条件下,工程没有解决不了的问题,因此其实施可行性将大大提高。

雅鲁藏布江大拐弯、黄河玛曲大拐弯、黄河托克托大拐弯这"三大拐弯"的连线是一个低凹地带,为藏水能自流到黄河提供了客观条件。地学专家宋力格 1983 年以来,一直试图寻求藏水输入黄的可行线路。宋力格认为取水位置定高时调水量不足,位置定得过低后又无足够的海拔高程,难以保证水长距离自流;调水量过大时,工程难度大而不可行;调水量过小,经济上也不可行。他坚信只要夯实调水区的技术基础工作,总能找出一个最佳的调水方案。著名水利专家黄万里晚年也曾提出"引雅构想"。前几年,李殿魁专家经过调研与长期研究后指出,"藏水入黄"是根治黄河的关键! 并对"藏水入黄"与建设青藏铁路的工程难易程度进行了比较。

5.3.2.4 西藏应将水作为促进经济增长的要素资源开发

水能资源是西藏未来经济不断增长的希望,水本身这种天然资源如果得到合理开发,西藏目前即可走上可持续发展之路。因而向区外调水是直接促进西藏经济增长的有效途径。相对而言,黄河水利委员会的南水北调西线调水方案已经过比较充分研究和论证,人们也认识到只有利用西线为黄河上游增水,才是全流域水沙调控与配置的关键环节,才能扭转黄河上游水沙失衡及河情恶化趋势,保障黄河长治久安。但大规模的跨流域调水工程,毕竟容易引发复杂的地方利益博弈以及生态、移民等难题。

现在西线调水工程一期方案拟定调水量不足 200 亿 m^3,即遭到四川省较多学者的反对与强烈质疑,致使工程的前期论证进度明显放慢。毕竟人们已认识到水是实现当地国民经济可持续发展的重要物质基础,四川省本身还着手实现"调大(大渡河)入岷(岷江)"计划。显然,破解这一矛盾的主要出路是利用西藏之水置换与南水北调西线方案调水区的水量,即"川水济黄,藏水补川"。初步研究认为,较为现实可行的藏水补川措施只在西藏区内进行。例如,经昌都(澜沧江在当地年径流 230 亿 m^3 至江达一带沟通澜沧江水系和金沙江水系,即不难通过将金沙江与雅砻江联通)由南水北调西线调水方案自流入黄。为增大藏水补川水量,以后可进一步沟通怒江和澜沧江水系,必要时将来也可调用雅鲁藏布江 300 亿 m^3 左右水量。由于藏水补川水量同西线方案调水量相对应,工程投资有限,工程难度也相对不大,整体经济社会效益也很显著。需要指出的是,因为藏水补川方案以弥补南水北调西线方案调水区四川省的水量为目的,沟通西藏区内相关水系的具体线路较为灵活,不必对海拔高程有过高要求,甚至还可利用已建成或规划的梯级枢纽。正因为如此,才不难避开泥石流、大滑坡和强震区,才能减少淹没损失,并解决高原的环境与生态问题。

应该承认,关于大西线的争论,随着缺水现实与方案本身不断暴露的问题仍将继续下去,客观上影响国家对藏水外调问题的战略决策,甚至导致西藏调水区的技术基础工作一直非常薄弱,进而因争论两方都缺乏可靠的基础数据与严密的论证而长期处于争论不休的局面。水是基础性的自然资源和战略性的经济资源,且水又是比较容易输送的资源,国际水价 1 美元/m^3,国内调水单价也居高不下,因而在市场经济大背景下,向需水区供水能够促进经济增长。因此,为了发展当地经济,西藏应积极主动联合投资公司,依靠国家政策等方面的支持,充分利用藏东南水汽资源丰富、温湿条件好、环境修复快的优势,凭借有利的地形条件,探寻最易实施的路径,通过常规的筑坝截流、开凿隧道等工程,也不排除局部用筑坝所发之电抽水外调的措施，或在冻土层以下埋设输水管道的方式（例如，MEITONG 研制的法兰式 FGS 钢塑大口径管道，在西藏较为适用。此外，何富荣的水力插板技术在当地也颇为适用。实际上，沿线埋设输水管道之法，具有对生态环境影响小及便于分期扩大规模的优点），将当地丰富之水作为特殊资源开发出来，利用有利地形合理设置调蓄池（湖），洪水期尽多引蓄灾害水以减轻下游防洪压力，同时也能在当地发挥综合效益，向周边缺水区外调。

藏水实际不仅是北调，而且也可向云南等缺水地区补水。由于西藏与这些地区水系密切相关，即可通过不同河段及不同河流的沟通，实现相应地区的水资源优化配置，故该方案属于以济黄为主的藏水外调工程。由于存在市场与企业行为，藏水外调工程从整体规划与设计阶段，即能注重方案的可行性或经济性；在工程实施阶段，即会结合受水区的用水需求、工程规模等因素，及早开工，分期逐步实施。亦即先易后难、由近及远，在逐步实施中不断增加调水量，在不断发挥效益的过程中滚动开发。如考虑藏水济黄，第一期方案自昌都经过江达到贾曲入黄，调水量 100 亿 m^3 左右也能产生巨大的经济社会效益。以水资源的积极开发促进西藏区域经济发展，客观上也带动了我国相关地区经济的持续繁荣。

5.3.2.5　分析结论

根据上述研究，清华学者得出如下认识。

（1）解决西藏水资源与可持续发展存在的问题，根本出路在于水资源的开发，尤其注重不同区域河流水资源的合理调配，实现区域内水资源调控与优化配置。

（2）在人口较为集中和农耕业较为发达的地区，应沿雅鲁藏布江等外流区河流两岸，大规模实施浑水淤灌工程，改良沿岸农田、草场及林地的土壤质量，提高农牧业生产及防护林生长水平，同时减轻泥沙与洪水对下游的不利影响。

（3）西藏之水，是解决我国其他地区水资源短缺的潜力所在，向区外调水也是直接促进西藏经济增长的有效途径。可能因北调相应的海拔线间年均河川径流来水量为 750 亿～1500 亿 m^3，故考虑调水区社会经济、生态环境等因素后，藏水北调最大可能调水量应该小于 600 亿 m^3。前人利用我国西南地势高、西北和华北地势逐渐降低的地形特点，把西南诸河之水调到西北等地区的设想有很强的宏观性、前瞻性和战略性。而今近 10 个藏水北调方案使前人的设想变得具体，客观存在有益成分。如果不考虑“西北部大沙漠”工程，将调水目标降至 600 亿 m^3 以下，方案可行性即大大提高。本著作者认为，调水 200 亿 m^3 已是一个巨大的规模。调水 600 亿 m^3，仍是一个缺乏理性和科学精神的“狂想”。

（4）破解南水北调西线调水方案同调水区矛盾的主要出路，是利用西藏之水置换调水区的水量。为增大藏水补川水量，以后可进一步沟通怒江和澜沧江水系，必要时将来也可调用雅鲁藏布江之水。由于藏水补川方案以弥补西线方案调水区的水量为目的，沟通区内相关水系的具体线路较灵活，不必对海拔高程要求过高，水量余地更大，甚至还可利用已建或规划的梯级枢纽。从而才能避开泥石流、大滑坡和强震区，减少淹没损失，并解决高原的环境与生态问题。

（5）西藏应充分利用藏东南水汽资源丰富、温湿条件好、环境修复快的优势，凭借有利的地形条件，探寻最易实施的路径，通过常规的筑坝截流、开凿隧道等工程，也不排除局部用筑坝所发之电抽水外调的措施，或在冻土层以下埋设输水管道的方式，将当地丰富之水作为特殊资源开发出来，向周边缺水区外调，及早上马以济黄为主的藏水外调工程，分期逐步实施，先易后难、由近及远，在逐步实施中不断增加调水量，在不断发挥效益的过程中滚动开发。

5.3.3 对“大西线”调水的再认识

国家正在实施西部大开发战略。为了解决我国西北、华北地区干旱缺水问题，许多科学家和热心人士，提出从西南诸河的雅鲁藏布江、怒江、澜沧江和长江水系的金沙江、雅砻江、大渡河向黄河调水的“大西线”方案。当前，提出西线引水线路设想有5~6种方案。由于各自方案总体思路、方法和角度不一样，反映在可调水量、工程措施、投资估算等方面差别较大。对此，水利部南水北调规划设计管理局韩亦方、曾肇京专家通过《水利规划设计》期刊，曾发表并提出如下观点。

5.3.3.1 “大西线”调水方案必要性

我国水资源总量为28405亿m^3，居世界第6位，但人均占有量仅为世界人均水量的四分之一，居世界第121位，可见我国水资源并不富裕。同时，我国水资源的地区分布极不均衡，且与人口的分布不相适应。黄河、淮河、海河流域土地面积占全国15%，人口占全国的35%，耕地占全国40%，而河川径流量仅占全国的6%，是我国水资源不适应社会经济发展最突出的地区。西北内陆河地区是干旱、半干旱地区，土地面积占全国35%，河川径流仅占全国的5%，每平方千米的产水量不足10万m^3，地域广阔，土地、矿产丰富，由于降雨不足，蒸发量大，土地荒漠化不断扩大，生态脆弱已严重制约这些地区的经济发展。北方干旱，黄河曾连年断流。从外流域调水，解决北方干旱缺水已迫在眉睫。

南水北调西线工程，是以解决我国西北地区用水为主要目标的水利工程，供水对象主要是黄河上中游的青海、甘肃、宁夏、内蒙古、陕西、山西地区和西北内陆河的青海、甘肃、内蒙古西部以及新疆东部地区。

由雅鲁藏布江、怒江、澜沧江等组成的西南诸河，土地面积占全国10%，人口、耕地分别占全国1.5%和1.7%，而水资源量占全国21%，人均水资源量为全国人均水量的14倍，高于世界人均水量的3倍左右。丰富的水资源，却大部分流出国境。因此，研究从西南诸河调水，以补充我国北方地区的水资源不足，合理调配水资源在地区间的不平衡，满足我国可持续发展的需要，是十分必要的，也是十分重要的战略部署。

5.3.3.2 调水设想及可调水量

20世纪50年代，原水利部黄河水利委员会主任王化云曾提出“开河十万里，调水五千亿”的西线调水设想。黄河水利委员会于1953—1961年在中科院等单位的配合下，对从怒江、澜沧江经长江上游通天河、雅砻江调水入黄河进行了大规模勘察，其规划和可行性研究提出以怒江~章安河（黄河支流）自流和抽水的两个引水线路。因工程量太大，涉及问题过多，1978—1985年黄河水利委员会又组织4次查勘，拟定缩小范围既先以长江的支流通天河、雅砻江和大渡河调水入黄河。此想法经原国家计委同意于1987年将其列入“七五”超前期工作项目，经过黄河水利委员会大量规划勘测研究工作，1996年提交了“南水北调西线工程规划研究综合报告”，提出从通天河、雅砻江、大渡河调水200亿m^3的方案。1998年黄河水利委员会提出西线工程后续水源方案。

水利部原长江流域规划办公室主任林一山同志，从1972年起就研究如何从青藏高原南流的五大水系调水济西北，其后的20多年里，林老四次登上巴颜喀拉山，提出从怒江、澜沧江、金沙江、雅砻江、大渡河调水的初步设想。

20世纪90年代以来，中国科学院综合考察组的专家陈传友也提出在雅鲁藏布江大拐弯处修建世界上最大的水电站,以电抽水,实现藏水北调的设想。与郭开提出的从雅鲁藏布江朔玛滩开始,引“五江一河”的水自流入黄河,年调水总量为2 006亿 m^3 相比,规模要小得多。

还有以下各设想方案的引水方式、引水地点不同,可调水量也不同。

1)方案一

方案一是建大电站抽水的藏水北调规划设想(由中科院综考会陈传友研究),在雅鲁藏布江大拐弯段建巨型水电站,利用电站动力把雅鲁藏布江、怒江、澜沧江和金沙江的部分水量提至高原上,然后自流入黄河上游的扎陵湖和鄂陵湖,经两湖反调节后输水入黄河和柴达木直至塔里木盆地。考虑调出区下游的发展,规划四江可调出水量为435亿 m^3。

2)方案二

方案二是自流为主的“五江一河”高线调水规划设想(由黄河水利委员会研究)。黄河水利委员会提出:西线工程的后续水源方案,从怒江、澜沧江引水,沿4 000~3 900m高程输水进入金沙江与南水北调西线调水线路相接。然后在怒江索曲河下游海拔3 800m处筑坝(坝高300m),经280km隧洞,输水到澜沧江上游;同时在澜沧江上游子曲处筑坝,经84km隧洞将水送入通天河与南水北调西线连接;怒江、澜沧江可调水175亿 m^3。远景考虑在雅鲁藏布江干流林芝附近建350m高坝,并提水900m到怒江,可调水200亿 m^3。“五江一河”可调水量575亿 m^3。

3)方案三

方案三是以自流为主的“五江一河”调水初步设想(原电力部贵阳勘测设计研究院方案)。

以雅鲁藏布江、怒江、澜沧江、金沙江、雅砻江、大渡河在3 500m以上的高程筑坝,雅鲁藏布江和大渡河需提水,其余自流,从阿坝以西过巴颜喀拉山分水岭入黄河。该“五江一河”年最大可调水量920亿 m^3。

4)方案四

方案四是自流引水与提水相结合的“四江一河”调水规划(由水利部长江水利委员会研究)。此方案把怒江、澜沧江、金沙江、雅砻江、大渡河用拟修建的24个水库联起来,再经阿坝穿过巴颜喀拉山进入黄河支流加曲河。初步拟定年调水量800亿 m^3,其中自流526亿 m^3,提水274亿 m^3,年需电能400亿kW·h。再以黄河干流的大柳树枢纽为总灌渠渠首,把水引向内蒙古西部直至新疆东部地区。如考虑从雅鲁藏布江调水还可增加200亿 m^3(需提水),共可调水1 000亿 m^3。

5)方案五

方案五是完全自流的“五江一河”低线调水设想(由民间水利专家郭开等人研究)。该方案从西藏林芝雅鲁藏布江的朔玛滩起,沿3 500m~3 400m等高线把五江一河沿线支流串起来,至四川阿坝入黄河,共可调水2 006亿 m^3。

可调水量与取水点位置有关,越靠上游可调水量越少。上述五种调水设想,各调水点高程在2 900~3 600m,可调水量为500亿~2 000亿 m^3。

通过对西南“五江一河”的水文水资源分析,各大江河在此相应高程年均径流量分别为:雅鲁藏布江180亿~600亿 m^3,怒江180亿~330亿 m^3,澜沧江70亿~200亿 m^3,金沙江120亿~170亿 m^3,雅砻江70亿~160亿 m^3,大渡河40亿~87亿 m^3;五江一河在此相应高程的年均总径流量约为 660 亿～1 550 亿 m^3。调水要考虑调出区用水的发展，由于来水的年内不均匀性，不可能将调水口以上的径流全部引走，虽然有的地方可从地势低处适当提水增加调水量，估算最大调水量不宜超过1 000 亿 m^3。五种设想中，大多考虑了“五江一河”的水文情况和调出区的发展需要，调水量在 500 亿～1 000 亿 m^3 是可能的，方案五调水 2 006 亿 m^3 的初步设想是不可行的（表 5-1）。

表 5-1　各方案规划可调水量　　单位：亿 m^3

方案	总调水量	雅鲁藏布江	怒江	澜沧江	金沙江	雅砻江	大渡河
一	435	195	130	30	80		
二	575	200	115	60	100	50	50
三	920	400	90	120	120	110	80
四	1 030	200	240	200	200	130	60
五	2 006	976	480	300	200	30	20

5.3.3.3　调水线路及工程难点

调水线路选择的关键，是调水引出点和进入黄河的终点位置。以上五种设想选择的调水引出点最西在雅鲁藏布江尼木县永达，东到林芝的朔玛滩；进入黄河终点的位置，从西边的鄂陵湖到东边的贾曲河口。

根据引水河段与黄河间的地形和平面位置，在这范围内选择线路是可行的。引水方式有自流和抽水两种，自流方式筑坝高在 200～300m，隧洞较长；抽水方式布置灵活，但需解决动力。从各水系有关河段的高程来看，雅鲁藏布江大拐弯段地势比进入黄河处低很多，从雅鲁藏布江向北调水较可行的方式应在干流上筑坝并建扬水站。但如考虑不淹没西藏林芝等地区情况下，在雅鲁藏布江取水地点修建的坝高将有所限制，需抽水过雅鲁藏布江—怒江分水岭，可调水量至多为 200 亿 m^3（抽水断面处多年平均径流量不足 400 亿 m^3）。大渡河大大低于黄河，无法自流。从怒江、澜沧江、金沙江、雅砻江、大渡河调水以自流为主结合抽水，具体方案可根据输水线路走向而定。因此，方案五初步设想输水线路全程自流，在高程上是不能成立的。

大西线工程范围处于高寒、高震地区，工程建设存在诸多难点。

1）高寒地区筑高坝技术

各方案都需修筑高坝，目前国外仅有几座筑 300m 左右高坝的经验。大西线调水工程位于青藏高原，不但高寒缺氧，地震烈度较高，区域地质复杂，高于 300m 的筑坝技术没有问题，安全问题和生态问题还需深入研究。有的方案提出采用定向爆破筑高坝，坝体的稳定和漏水等问题都较难解决，该项技术目前尚无成熟经验和可靠的安全保证。

2）深埋长隧洞技术

20 世纪 90 年代，国内外利用掘进机开凿长隧洞已有许多成功经验，但单洞长尚未超过 30km。大西线工程的隧洞有的单洞长超过 30km，还有超过 100km 的，难度很大；隧洞深埋，有的输水方案埋深1 500m以上，开挖支洞和竖井均很困难；还有高地应力、岩爆、地热、高寒缺氧、涌水等问题需要攻克。

3）渠道线路的复杂工程条件

在调水区，地质构造断裂发育，又在地震多发区，渠道走向大都与断裂方向一致；渠道稳定性差，易滑坡；由于山势较陡，渠道高边坡稳定存在问题，工程量很大，施工艰难；工程处于高寒地区，明渠极易结冰，加上冻土、泥石流，明渠极易被破坏；输水和维修困难，明渠输水在此地区很难。

尤其是方案五的初步设想，年调水2 006亿 m^3 相当于黄河年均径流量的3.5~4倍，换算成流量为6 400m^3/s。若考虑输水的不均匀性，则明渠的流量在入黄河处将接近1万 m^3/s。如果流速按每秒1m考虑，水深按原“设想”的25m计算，渠道底宽将达400m。在青藏高原上开凿这样大规模的河道，从建设到管理运行难度极大。各方案主要技术及经济指标见表5-2。

表5-2　各方案主要技术及经济指标

方案	年可调水量/亿 m^3	最大坝高/m	最长隧洞/km	取水方式	输水方式	估算投资/亿元	备注
一	435	250	35	提水	短隧洞与渠道	2 881	未考虑雅砻江和大渡河引水
二	575	300	180	自流为主结合提水	全隧道	6 000	—
三	920	300~400	未定	自流为主结合提水	未定	—	仅指出引水方向
四	1 030	300	27	自流为主结合提水	短隧洞与渠道	9 000~10 000	
五	2 006	600	70	自流	隧洞与渠道	580	—

5.3.3.4　工程投资估算

鉴于以上技术难点，有的目前技术条件尚未解决、水文资料和大比例尺的地形图缺乏、调水地区地质复杂尚未查清等因素，使目前的各方案研究基础很粗，规划线路和估算的工程量、投资难以确认。从目前经济情况看，南水北调中线工程主要在平原开挖输水渠，调1立方米水投资约8元；西北引大入秦工程骨干工程已基本完成，调1立方米水也要6元；南水北调西线工程已做了十几年前期工作，调1立方米水要8~10元。

大西线调水地形复杂，以当时价格调水1 000亿 m^3 的投资经分析约需9 000亿~10 000亿元（长江水利委员会研究设想），还不包括从黄河引水到供水区工程投资。

因此，调水500亿~1 000亿 m^3 各设想，估算的静态投资在3 000~10 000亿元，说明大西线调水是要很大的投入，不是轻而易举的事。

5.3.3.5　工程的分期实施意见

西北地区有巨大的发展潜力。随着国家逐步加大对西部地区的投入，该地区经济将进一步发展，用水量逐步增大。但是经济发展有一个过程，目前南水北调西线工程正处于规划阶段，大西线调水与南水北调西线工程并不矛盾，是西线工程的扩大和补充。第一步可先实施从长江通天河、雅砻江、大渡河调水200亿 m^3，解决黄河中上游的缺水问题；第二步从怒江、澜沧江自流调水，解决柴达木和甘肃河西内陆河缺水；第三步从怒江、澜沧江、金沙江提水，解决新疆东部缺水；第四步从雅鲁藏布江建电站提水，满足西北地区用水要求。整个过程是漫长的,不需一开始就搞“大西线”。

5.3.3.6 对大西线工作的建议

大西线调水工程是一个庞大、复杂的系统工程,当前各方案技术工作深度均远远不能满足建设决策的要求,工程措施难以落实。按南水北调工程的前期工作实践,从调查、规划到立项需20多年,甚至更长时间。建议由水利部负责组织有关部门尽早抓好前期研究、论证工作,除抓紧完成已安排的通天河、雅砻江、大渡河(即第一步)规划工作外,还应组织专门力量开展大西线调水前期研究工作。

其主要工作有以下四点。

(1)需编制调出流域如雅鲁藏布江、怒江、澜沧江,以及金沙江、雅砻江、大渡河等流域的综合开发治理规划,根据这些流域本身的用水需求,结合国际河流的特点,研究合理的可外调水量。

(2)根据国民经济发展要求,进行调入地区的供需预测,核定供水范围,在经济分析基础上拟定其各规划水平年的需调入水量。

(3)收集调水处水文、气象资料,必要时需设专门水文站进行观测,对可引水量进一步核实。

(4)结合遥感、遥测等先进技术,对引水坝址及输水线路进行勘察及地质研究工作,对工程开发方式(自流或扬水等)做进一步的比较研究,对一些重大技术问题进行专题研究、攻关。

5.3.4 大西线藏水北调工程建议

对大西线等多个重大方案比较与评价,需要吸纳不同领域及专家意见,客观展现纯技术的争论与技术工作者追求科学精神。

1997年5月31日,10余位来自不同部门和单位的专家、领导以建议小组的名义,向中央呈递了《关于实施从西藏地区向黄河上游调水的(大西线)南水北调方案建议书》。建议书的依据是中华人民共和国成立以来我国水利、地理学家多年的研究成果。遵照当时国务院领导同志的批示,中国国际工程咨询公司于1997年下半年组织三次大西线南水北调工程学术研讨会。会后,建议小组针对有关专家学者提出的意见和问题,参照近年来我国水利、地理、地质、经济等各业界科学家的新的研究成果,对原建议书做了修改,更名为《大西线调水工程建议书》。建议小组在中国黄河文化经济发展研究会下组建了大西线南水北调工程论证委员会,联络各界专家、学者,推动大西线南水北调工程论证工作的开展。

5.3.4.1 大西线是实现南水北调既定国策的唯一选择

党中央和国务院历来就十分重视南水北调工程的规划研究工作。我党的三代领导集体的主要领导人都曾对南水北调工程有过重要指示,倾注了大量心血。早在20世纪50年代,毛泽东主席就提出南水北调的宏伟构想:“南方水多,北方水少,如有可能,借点水来也是可以的。……把南水调到干旱的西北、华北地区,而且草地就有很多水,挖几条沟,水就可流人黄河,增加了黄河的水,改造草地成良田。人们可以藐视一切,唯独不可藐视黄河”。江泽民总书记批示:“在考虑‘八五’计划时,得认真研究一下水的问题。人无远虑,必有近忧。是应该未雨绸缪”。党的十四大政治工作报告和政府工作报告将南水北调列入我国经济发展规划。大西线调水方案的实施将以最大的规模、最快的速度、最佳的效益使毛主席南水北调的伟大理想在下世纪初叶得到圆满实现，从而可以大大加快我国工业化和现代化进程，大大增强我国综合国力，从整体上优化我国的生态环境。

大西线南水北调工程方案是实施南水北调构想的一个新方案、新思路，是我国科学工作者特别是水利、地理科学工作者多年研究的宝贵成果。其基本内容是，从西藏东南部的雅鲁藏布江、怒江、澜沧江和四川长江水系的金沙江、雅砻江、大渡河向黄河调水（所调水量的绝大部分为出境水和入海水），解决我国西北地区和华北地区的干旱缺水问题，同时解决长江流域的水患问题。这一方案之所以称为大西线方案，主要是与原有的南水北调工程西线引水方案有较大区别。

经过多年研究，现在形成多种藏水北调方案。判断各方案是否可行，可参考如下标准：

（1）是否有丰沛的水源，所调水量能从根本上解决我国北方地区的干旱问题；

（2）是否有理想的输水线路；

（3）是否有丰厚的经济效益、社会效益和生态效益；

（4）是否能多快好省地实现南水北调的伟大构想，满足我国北方地区特别是西北地区经济社会发展的迫切需要；

（5）是否符合国际惯例，兼顾邻邦的利益，避免国际纠纷。

用这五个标准来衡量，我们认为大西线藏水北调思路是南水北调最可取的方案，是解决我国北方地区水资源问题的唯一选择，也是根治长江水患的战略途径。大西线南水北调工程着眼于全国经济发展的全局，是我国中西部地区经济发展特别是西北地区和华北地区经济发展的一个关键性伟大举措。大西线南水北调工程的建设，将为绿化黄土高原，治理水土流失，根治黄河，特别是治理西北地区沙漠，进而为西北和华北地区经济发展创造最根本的前提条件——宝贵的水资源。水，是我国北方地区特别是广阔的大西北的生命线。

5.3.4.2　藏水北调是我国社会经济发展的迫切要求

大西线方案提出，我国水资源自然分布南北失衡，严重制约着我国北方干旱地区的经济发展。我国多年平均水资源总量为28 405亿 m^3，居世界第六位。按联合国规定的指标，凡人均水资源不足1700m^3/年者，谓之“水资源紧张”；人均不足1 000m^3/年，谓之“水资源匮乏”。我国人均水资源1995年为2 322.2m^3左右。之所以许多地方干旱，主要原因在于，一方面是水资源分布不均；另一方面，是水资源过耗和浪费，同时，大量宝贵的水资源白白流出国境，流入大海。

我国南方水多、北方水少，与生产力的布局不相适应。以1996年前后的资料，长江流域及其以南地区的河川径流量占全国81%以上，人均年水量3 478.5m^3，国土面积只占全国36.5%，耕地面积只占全国36%。其中长江流域年径流总量9 513亿 m^3，占全国35%，耕地面积只占全国25%，属丰水区。我国北方地区人均年水量仅973m^3，宁夏、天津人均水资源不足200m^3，北京、河北、山东不足400m^3，河南、山西不足500m^3，辽宁不足900m^3。黄河、淮河、海河三大流域和胶东地区的河川年径流量为1 573亿 m^3，约占全国6%，耕地面积却占全国40%，属缺水区。其中海河流域年径流量只有264亿 m^3，不足全国的1%，而人口和耕地却分别占全国9%和12%。黄河、淮河、海河三大流域和胶东地区是我国水资源不适应社会经济发展需求的突出地区之一。据初步测算，到2020年，黄淮海平原和胶东地区的工农业生产及城市人民生活年缺水量将超过100亿 m^3。

我国流往境外和流入大海的水量占我国河流径流量的绝大部分。长江总径流量为

9 600 亿 m^3，入海水量占 90%。我国西南地区几条主要河流每年出境水量达 6 000 多亿 m^3。随着全球气候变暖及趋势，我国北方地区降水量将呈递减之势。据太原、西安、兰州等地的气象资料，这些地区降水量 20 世纪 60 年代比 50 年代减少约 2.36%；70 年代比 60 年代又减少 2.96%；80 年代比 70 年代再减少 2.7%。这一趋势在 20 世纪 90 年代仍在持续。如：北京市多年平均降水量为 632mm，而 20 世纪 50 年代为 810mm，60 年代为 584mm，70 年代为 589mm，80 年代为 548mm，90 年代为 499mm，1997 年降为 373mm。

黄河中下游的平均径流量急剧减少。据《黄河志》记载，1761 年黄河花园口最大流量为每秒 3.2 万 m^3，1958 年 7 月 17 日为每秒 2.23 万 m^3，1997 年 7 月 17 日每秒 200m^3，1997 年 8 月 6 日最大洪峰为每秒 500m^3。据水文资料记载，黄河多年平均径流量为 560 亿 m^3，黄河入海水量占径流总量的比率，20 世纪 50 年代为 79%，60 年代为 60%，70 年代为 55.5%，80 年代为 51.2%，1972 年黄河首次出现断流现象，当年断流 17 天。1991—1995 年平均每年断流 81 天，断流河段长 120km；1996 年断流 128 天，断流河段长 620km；1997 年断流 13 次共 226 天，断流河段长 683km。黄河中下游水量急剧减少的原因固然是多方面的，但降水量减少无疑是其中的一个重要因素。

5.3.4.3 水资源严重短缺的恶果

水资源严重短缺，使我国北方地区特别是西北地区的生态环境陷于恶性循环。西北地区包括青藏高原东北部、内蒙古高原西部、新疆和黄土高原，地处欧亚大陆的干旱和半干旱区，气候干燥多风，植被稀疏，生态环境脆弱。除新疆北部、黄河沿岸草原和零星绿洲以外，大部分地区是沙漠、干旱草原和荒漠草原。黄土高原水土流失严重，地表被切割得支离破碎。由于东南季风影响微弱，降水量少而且高度集中在夏季。除黄土高原部分地区年降水量为 400～600mm 以外，其余大多数地区大多为 200～400mm，且年际变化很大，许多地区蒸发强烈。近年来，该地区的生态环境破坏严重，呈日益恶化之势：植被减少，水土流失，土地沙漠化面积逐年扩大，环境污染加剧，自然灾害频繁，每年因生态环境破坏所造成的损失以千亿元计。西北地区的生态环境已经陷入“植被破坏→生态环境恶化→干旱加剧→加重植被生长的困难→生态环境进一步破坏”的恶性循环。我国北方地区特别是西北地区欲摆脱生态环境恶化的恶性循环，首要的基本的一环是要迅速地大规模地增加植被。我国政府在 1978—1997 年先后批准三北防护林、太行山绿化、防沙治沙等 14 项生态林业建设工程。国家规划在 1978—2050 年人工造林 1.489 亿 hm^2，加上 1 741 万 hm^2 四旁林，林木覆盖率预计可达到 300。但增加植被的基本前提是解决水资源短缺问题。

5.3.4.4 藏水北调是区域共同与可持续发展的需要

南水北调，是贯彻中央关于加快中西部地区经济发展的战略方针的迫切需要。中央关于国民经济发展的“九五”计划和 2000 年远景目标的决定，提出了加快中西部地区经济发展的战略方针。由于历史、地理、经济的原因，我国形成经济发展水平有很大差异的东部、中部和西部三大经济地带。中华人民共和国成立之初，我国现代工商业、现代交通运输业和对外贸易高度集中在东南沿海地带，广大内陆地区特别是西部地区经济发展十分落后。中华人民共和国成立以后，我国在发展东部沿海地区经济的同时，着重在中部和西部地区配置资源，建设现代工业和现代交通运输业，形成一批重要的工业基地，使东部地区和中西部地区的经济发展差距有所缩小。

20 世纪 90 年代中期以来，由于我国推行向东部沿海地区特别是向经济特区所在地的东南沿海地区倾斜的政策，我国东部沿海地区与中西部地区在中华人民共和国成立后一度有所缩小的经济发展差距又有扩大的趋势。根据中央的方针，从“九五”计划时期起，在一个相当长的时期内，我国必须执行地区经济相对均衡发展的战略，在继续发展东部沿海地区经济的同时，逐步实现经济发展重点的西移，加快中西部地区经济发展的进程，逐步缩小东部沿海地区与中西部地区特别是与西部地区经济发展的差距。因为，均衡发展对于经济安全、社会稳定至关重要。

1) 共同发展需要

在经济上，中西部地区地域辽阔、资源丰富，中华人民共和国成立以来建设起一批经济技术实力相当雄厚的工业基地和初具规模的工业体系。东部地区虽然拥有地理优势和经济技术优势，但长期开发自然资源特别是矿产资源濒于枯竭，高新技术也未必超出西部地区多少。因此，东部地区和中西部地区合作开发、共同发展，乃是我国国民经济发展的必然趋势。

2) 稳定的需要

我国中西部地区广阔无垠的土地上，蕴藏着极其丰富的资源，具有无穷无尽的发展潜力。以西北地区为例，该区可供利用的天然草场达 1.1 亿 hm^2，是发展畜牧业的良好地方。中西部的汉中盆地、关中平原和银川平原；西部的河西走廊，西北部的塔里木、柴达木、准噶尔三大盆地，地势平坦，可耕面积很大，宜于结合防护性林业和产业性林业，发展大规模机械化农业。这一地区拥有极为丰富的能源，除黄河上游干流上的水能资源以外，主要有陕西、宁夏和新疆的煤炭资源。塔里木盆地的石油资源也很丰富。三者合在一起，能源蕴藏总量超过华北区和西南区。

西北地区金属矿物和非金属矿物蕴藏量极为丰富，藏量在全国居重要地位。西北地区迄今依然是独具特色的农牧区，虽然经过几十年的建设，原材料和能源工业已初具规模，以三线工业为骨干的机械工业已有一定基础，但同西北地区辽阔的地域和丰富的资源相比，开发利用的程度还很低，发展潜力非常大。

我国中西部地区，特别是西北地区经济发展的巨大潜力和辉煌前景，要求我国加速实施南水北调方案，迅速地、有效地克服水资源缺乏这一制约甚至阻碍该地区经济社会发展的瓶颈因素。西北地区虽然拥有数以万计的冰川，高山冰雪储量达数万亿 m^3，广阔的沙漠蕴藏着丰富的地下水，还有一部分河流的地面径流，但可开发和利用的水资源远远不能满足发展需要；西北地区处于生态脆弱地带，有些地区已丧失人类的生存条件。在历史上，由于开发不当，森林和植被遭到破坏，干旱和沙漠化使有的西域古国归于灭亡。这种历史教训，值得我们永远记取。新中国成立以来，虽然国家对水土流失和土地沙漠化严重地区进行了重点治理，取得一定的成就，但由于干旱缺水，总体生态状况未改观。

因此，大西线南水北调工程的实施，是实现中央加快中西部地区经济发展战略方针的重要前提。

5.3.4.5　大西线调水线路与水量

1) 大西线基本线路

大西线调水工程有两条引水线路：第一梯级引水线路和第二梯级引水线路。

(1) 第一梯级引水线路，是从雅鲁藏布江上游的朔马滩起，沿 3 588 ~ 3 366m 的高程，串联怒江、澜沧江、金沙江、雅砻江、大渡河，至阿坝县由贾曲入黄河，测算可调水 2 006 亿 ~3 800 亿 m^3。

(2)第二梯级引水线路,是在西藏雅鲁藏布江大拐弯东侧引水,沿 2 000~960m 海拔线,串联察隅江、独龙江、怒江、澜沧江、元江、南盘江、金沙江、大渡河、岷江、涪江、白水江、白龙江,过秦岭,从天水和宝鸡入渭水,在陕西漳关和甘肃定远两处入黄河,可调水量超过 880 亿 m^3。

(3)第二梯级调水工程的实施,可以进一步利用雅鲁藏布江水系和横断山脉水系下游的丰富的出境水和四川省的长江洪水,从而大幅度地增加大西线南水北调工程的调水量。西藏地区海拔 2 000m 以下的墨脱、察隅地区年降水量在 2 500mm 以上,年径流量达 3 800 亿 m^3。四川省水资源总量为 3 100 亿 m^3,其中流入长江的水量占总水量的 86%。黄河水利委员会对此方案从 20 世纪 50 年代起就进行调查勘探,积累了丰富的资料。

第一梯级调水方案是不切实际方案,以下说明第一梯级调水方案的不准确数据。

2)大西线南水北调工程的水源和调水量

(1)调水水源的宏观分析认为,我国西藏地区处于印度洋气流与太平洋气流的交汇处,水气丰富,来自印度洋上空的潮湿的西南季风沿青藏高原峡谷上升至降水线,形成大量降水,年降水量为 1 000~2 000mm。西藏东南地区年平均降水量为 2 000~4 000mm,有的地区最高达 7 591mm。西藏地区的水资源主要以高山积雪、冰川和地下水的形态存在。整个大西线调水工程的水源区的集水面积为 100 万 km^2,年降水总量为 1.2 万亿 m^3,形成径流 9 800 亿 m^3,流出国境和流入大海的水量达 6 988 亿 m^3。其中,西藏地区年径流总量约 4 186 亿 m^3,年出境水量占径流总量的 99%。

(2)调水量分析。郭开提出,大西线调水工程取水的几条江河的总水量为 6 357 亿~8 109 亿 m^3,第一梯级调水工程可取水 2 006 亿 m^3,占出境水量的 30%左右,占各调水江河入海水量 24 754 亿 m^3 的 8%左右,是合理的,有保证的。

另外,大西线调水工程以调藏水为主,对长江上游各支流只取汛期洪水。主要依据:

(1)雅鲁藏布江流域总水量 1 698 亿 m^3,入海水量 9 468 亿 m^3,可取水 1 140 亿 m^3,即从其干流取水 300 亿 m^3,从其四条主要支流取水 840 亿 m^3(拉月河取水 90 亿 m^3,雅江左岸 40 条小支流集水 110 亿 m^3,尼洋河取水 200 亿 m^3,易贡藏布江取水 250 亿 m^3,帕龙藏布江取水 300 亿 m^3);

(2)怒江流域总水量 698 亿 m^3,入海水量 3 118 亿 m^3,取水 480 亿 m^3;

(3)澜沧江流域总水量 788 亿 m^3,入海水量 3 500 亿 m^3,取水 300 亿 m^3;

(4)长江上游的三条支流金沙江、雅砻江、大渡河调水处的总水量为 2 960 亿 m^3,共取水 250 亿 m^3。其中金沙江水量 1 880 亿 m^3,取水 200 亿 m^3;雅砻江水量 586 亿 m^3,取水 30 亿 m^3,大渡河水量 500 亿 m^3,取水 20 亿 m^3。

(5)上述取水量测算,仅就各主要江河的自然径流量而言,如果考虑到大西线调水工程建成后对局部气候环境的影响,以及考虑到当地极为丰富的冰川固体水和地下水,取水量还可望增加。西藏地区冰川末端多位于等高线 2 900~3 500m 的地区。大西线调水工程建成后,大量的水库、水渠对气候的重大调节作用将使局部气温上升 3~5℃,数百条末端浸入水库、水渠的冰川和高山冰雪的融化速度将加快,从而大幅增加冰雪融水总量,其中在雅鲁藏布江和怒江两流域即可增加水量 400 亿~1 000 亿 m^3。此外,水位高出 3 500m 的地下水流入运河和水库,亦将增加调水量。

(6)在拟取水的干支流两岸,沿 3 600~3 500m 等高线建造输水集水两用渠道。这种两用渠道，一方面可以输送上游水库蓄水；另一方面，可以沿途收集雅鲁藏布江水系密如蛛网的大小支流的河水，从而增加可调水量。例如，全长258km的朔林（朔马滩—林芝）大渠即可沿途拦集年径流总量达139亿 m^3 的40条支流的流水，增加调水量110亿 m^3。

（7）在喜马拉雅山脉山间和南坡，有11条河流，下游注入印度的布拉马普特拉河，其在我国境内的河段的水量共计1 900亿 m^3，有垭口与北麓沟通，在3 500多米等高线处可引水800亿 m^3，经垭口汇入雅鲁藏布江北岸的朔米（朔马滩至米林）大渠。综上所述，第一梯级大西线调水工程可调水量为2 006亿~3 800多亿 m^3。

笔者以为：郭开方案调水2 006亿 m^3，超过西藏水资源量的40%；连续均匀输水，需要巨宽的河渠设施，这种规模是过于宏大，不易于实现。

5.3.4.6 大西线调水方案技术可行性

郭开的大西线调水方案，除调水规模及筑坝（堆石坝）不合理之外，水源选择和线路安排仍有可取之处。但总体技术方案尚不可行。

1）调水水源

由于南高北低的有利地形，形成了大西线调水线路的整个地形特点。主要是多水的西南地势高，缺水的西北、华北地区的地势逐级降低，全线的水位由海拔3 568m逐步降低到海拔3 366m，过分水岭地段高度从海拔3 500m逐渐下降到海拔3 380m，形成从西南向东北倾斜的有利于流域间调水的总的地形走势，从而决定了从西南诸江河调水到西北、华北地区的战略上的可能性。

雅鲁藏布江与黄河之间的直线距离为760km，中间隔着几条大江大河和横断山脉。我国科学家经过多年的考察研究，发现横断山脉虽高，峡谷虽深，但大西线调水工程取水和经过的各条大江大河之间的分水岭都是相通的，从而使各流域连成一体，为大西线南水北调提供了最基本的可能性。这是最有价值的带关键性的发现。从西南诸江河向黄河调水的主要工程方案是在岩岸嵯峨、峡谷幽深的河道两岸采用定向爆破的成熟技术，炸山堵江，壅高水位，利用原有各水系的干支河道，辅之以在各分水岭地段建造渠道，开凿隧洞，因势利导，全线自流引水。整个调水工程线路虽长，工程虽大，但难度并不很大。

2）输水线路

郭开设想的调水线路尚待优化，考虑大西线调水线路串联雅鲁藏布江、怒江、澜沧江和长江上游的金沙江、雅砻江、大渡河，横穿在这6条江河间横亘着的多条分水岭：念青唐古拉山—伯舒拉岭、他念他翁山、芒康山、雀儿山、罗柯马山，以及阿坝—若尔盖草地。在青藏高原（平均海拔5 000m）和横断山脉（平均海拔4 500~5 500m）的接合部，为一片长800km、宽150km、海拔3 600~3 400m的低凹地带，地理学家称之为项凹带。大西线调水线路就行进在这条狭长的低凹地带上，其基本走向是雅鲁藏布江河谷—帕龙藏布江河谷—怒江的洛隆—澜沧江的昌都—金沙江的白玉—雅砻江的甘孜—大渡河上游的阿坝—黄河的若尔盖草地。在这条项凹带上，上述各条分水岭都有溪谷山口即垭口，使相邻的水系得以沟通。从有关资料分析，上述线路技术深度不够，尚有进一步优化的空间。

3）调水规模过大，技术粗糙

大西线的筑坝蓄水方案：大西线调水地区属地震多发区，大西线南水北调工程多高坝、超高坝，不宜建造钢筋水泥坝。大西线8个水库坝址都是人烟稀少的V形大峡谷，最宜于采用定向爆破方法，筑堆石坝堵江。这种巨型堆石坝完全可以截断水流湍急的大江大河，壅高水位数百米,形成大型、巨型水库,不怕地震,不愁坍塌,而且造价低廉。根据水利业界专家意见,工程方案不可行,调水量太大。

(1)雅鲁藏布江的朔马滩水库坝高92m,库容量48亿 m^3;主体水库松宗水库坝高360m,库容量100亿 m^3。

(2)怒江朔瓦巴水库为大西线调水工程的第一大水库,库容量1 000亿 m^3,但设计坝高仅为329m。怒江可调水量为480亿 m^3,可争取达到680亿 m^3,为大西线调水工程的又一举足轻重的水源。怒江调水条件得天独厚:打6km隧洞即可沟通雅鲁藏布江水系和怒江水系。夏里的朔瓦巴大峡谷为典型的V形大峡谷,年均径流量达419亿 m^3(另外,拦玉曲年入库50亿 m^3 水,库容可达到500亿~700亿 m^3),上游人烟稀少,淹没损失小;无暴雨,无洪灾威胁,故可建造库容量千亿 m^3 以上的巨型水库。

(3)澜沧江水系的昌都,调水工程的主体水库麦曲水库坝高249m,库容量120亿 m^3。

(4)金沙江大水库为大西线调水工程的第二大水库,库容量达400亿 m^3,坝高386m。

(5)雅砻江的甘孜水库坝高200m,库容量46亿 m^3;炉霍鲜水河水库坝高181m,库容量68亿 m^3。

(6)大渡河水系的两河口水库坝高292m,库容量118亿 m^3。

(7)入黄后建设工程拉加峡水库,坝高380m,库容量488亿 m^3。

4)工程难度

过分水岭工程方案根据实地考察,过分水岭工程方案有三个特点:

(1)选择了最宜于过水的垭口;

(2)不单纯依靠利用垭口的溪壑建造输水渠,否则水道迂回曲折,工程量大,输水量小,后期边坡塌方和泥石流问题多。

(3)垭口中的分水岭山体单薄,厚度一般不超过20km,最适合于开凿隧洞。

过分水岭方案,主要采用在最佳垭口开凿短程隧洞的办法,这样做的优点是工程量较小,输水量大,且可利用落差发电。这样的工程共有6处,即:

(1)沟通雅鲁藏布江水系和怒江水系之间的分水岭念青唐古拉山—伯舒拉岭的通拉—八美工程(开凿隧洞6km);

(2)沟通怒江水系和澜沧江水系之间的分水岭他念他翁山的马利—恩达工程(开凿隧洞19km);

(3)沟通澜沧江水系和金沙江水系之间的分水岭芒康山的括热—贡觉工程(开凿隧洞11km);

(4)沟通金沙江水系和雅砻江水系之间的分水岭沙鲁里山的白玉—甘孜工程(开凿隧洞8km);

(5)沟通雅砻江水系与大渡河水系之间的分水岭罗柯马山的罗柯马—翁达工程(开凿隧洞6km);

(6)沟通大渡河水系与黄河水系之间的分水岭麦尔玛山梁的麦尔玛—纳革藏玛工程(开凿隧洞6km)。

整个大西线调水工程,共开凿隧洞560km,最长的隧洞为19km,平均每条隧洞约长9km。

大西线调水方案,运用倒虹吸原理建造翻水工程,解决输水线路在雅鲁藏布江水系各主要河流的河口地段的过水问题,通过输水、集水两用水渠和倒虹吸翻水工程,可克服雅鲁藏布江河谷西高东低、地形复杂的困难,将雅鲁藏布江水系的径流的绝大部分汇入水位达 506m 的松宗水库,从而为藏水北调打下坚实的基础。

5)破坏草地生态

若尔盖草地改造方案,因若尔盖草地的治理是大西线调水工程的前期工程。草地面积约 10 000km^2,为一片沼泽地带,年降水量为 700~800mm,积水层厚 15~30m,保有水量约为 400 亿 m^3。加以开发,可每年增加黄河水量 80 亿 m^3。大西线调水工程方案提出制造人工泥石流的治理办法,利用湍急的河水冲刷泥沙,疏浚河床,降低入黄口黄河河段及流经草地的贾曲、白河、黑河的水位,以便迅速排干其草地积水。这样,不仅可以在草地顺利地建造引水工程,而且为彻底治理和开发草地创造条件。专家认为,如此实施,若尔盖草地的生态系统必将彻底破坏。

5.3.4.7　调水工程存在的问题

(1)地质地震情况。大西线调水线路经过的地区,特别是西藏地区属于喜马拉雅山新隆起地质区,地质构造比较复杂,地震比较频繁。三级以下的地震经常发生,五级以上大地震两三年发生一次,近百年纪录到八级地震一次,即 1950 年 8 月 15 日察隅大地震 8.6 级,震中离大西线工程最近距离 289km,但地震对引水隧洞和宽阔低矮的人工渠影响甚微。

泥石流,特别是冰川泥石流现象,在局部地带曾经发生,最大的古乡泥石流发生在大西线工程上边,经多年流动,现已成强弩之末,对调水工程的人工渠道的建造和运营已经不构成威胁。

(2)大西线工程有安全措施保证。我国权威地质学家根据对大量地质资料特别是根据对卫星遥感资料的长期研究,确认大西线调水工程线路所经过的地带的岩层(花岗岩、火成岩、石灰岩)是坚固的,从地质学的角度判断,大西线调水工程方案尚存在许多的不确定。

(3)人工河道的建造条件。大西线调水工程的人工河道共有三处,即雅鲁藏布江及其主要支流的输水集水大渠、拉加峡水库至青海湖的输水渠和青海湖至岱海的输水渠。西藏境内的渠道大都在缓坡地带修建,且在公路附近,施工条件较好,工程造价也较低。其他两处渠道均在平坦的阶地和高原上建造,施工条件甚好。但利用当地材料多,对山体破坏严重。

(4)冰川对调水工程的影响。大西线调水工程的调水区共有 69 条冰川,主要位于波密和易贡地区的念青唐古拉山,在引水线路区绵延约 300km,不过都处于水库区域,不但对工程和工程施工没有影响,其加快融化还可大幅度地增加可调水量。但对高原生态和全球气候存在负面影响。

(5)现有河道的过水能力。大西线调水工程方案串联七大江河,基本上利用原有的河道引水,因雅鲁藏布江、怒江、澜沧江、金沙江、雅砻江、大渡河、黄河(龙羊峡以上)的两岸高出水面 500~1 000m 以上,通过 8000~13 000m^3/s 的流量毫无问题。兰州、宁夏和河套地区的黄河河道的最大过水量分别约为 5 580m^3/s、6 000m^3/s、5 600m^3/s,大西线调水工程的引水量加上黄河的水流量共达 1.3 万 m^3/s,黄河无法容纳。解决办法是建造拉加峡大水库,连通青海湖,调蓄引水量,使黄河保持 2800~5000m^3/s 的安全流量范围。

(6)工程淹没和移民问题。大西线调水区域人烟稀少,经济落后,故淹没损失较小。工程实施约需移民 2.5 万人。由于是藏族聚居区,移民数量虽小,但移民难度却不小,特别是当牵涉到寺院和城镇的搬迁时,问题尤其复杂。调水方案充分考虑到这一点,不淹没任何城镇和寺院,将淹没损失和移民数量降低到最小限度十分关键。

5.3.4.8 调蓄水库工程功能作用分析

大西线调水工程实行调、蓄并举的方针，因为只调不蓄，所调之水入黄河后，一泻千里，直入大海，无法调节，无法利用。大西线调水之战略调蓄工程的核心，是建设青海湖和岱海两大战略调蓄水库。主要内容是建造坝高380m、抬高水位至3 358m，库容量488亿m^3的拉加峡大水库，开挖拉加峡大水库至青海湖的全长216km的输水渠，以及建设由青海湖向岱海引水的青岱输水工程。

1）功能

西调战略调蓄总库——青海湖，其位于黄河拉加峡谷以北100km处，现有水位海拔高程3 194m，现有水域面积约4 400余km^2，最大水深28m，总蓄水量854亿m^3，湖岸环山海拔3 300m左右。拉加峡大水库建成后，水位将达海拔3 358m，高出青海湖现有水面164m。从拉加峡大水库沿3 338～3 228m等高线引水入青海湖，青海湖水面将升高32m，水面海拔高度将达到3 226m，水域面积将增至6 000km^2，总蓄水量将达到2 890亿m^3。建成的青海湖具有以下功能和特点：

（1）湖面海拔增高，利于调水；

（2）储水量大，水量为三峡工程水库储水量的16倍；

（3）借助于青海湖的调蓄作用，可以居高临下、源源不断地向整个西北地区包括柴达木盆地、河西走廊、塔里木盆地、准噶尔盆地和阿拉善沙漠供水；

（4）借助于青海湖和长江上游水系各水库的调蓄作用，大西线调水工程可以全部拦蓄长江上游千年一遇、两千年一遇的特大洪水，确保三峡水库安全，且能够根除长江中下游的洪水灾害。在长江枯水季节，大西线调水工程可以向长江供水，确保长江流域的航运、发电、城乡工农业生产用水和人民生活用水。

有的学者认为青海湖是咸水湖，不能用作调蓄水库。这个问题不难解决。青海湖现蓄水总量为500多亿m^3，矿化度为14g/L，属微咸水。大西线调水工程竣工后，青海湖总蓄水量将增至2 890亿m^3，湖水矿化度将降低到2g/L，基本上淡化。而且，从此以往，湖水长年累月地大出大进，湖水矿化度将越来越低。

2）作用

东部战略调蓄总库的岱海水库。岱海位于内蒙古自治区凉城县，为淡水湖，东南距官厅水库288km，四周环山，海拔1 221m，盆地面积2 000km^2，现有水域面积174km^2，水深19m，蓄水量20亿m^3，最大潜在蓄水量600亿m^3，与邻近的黄旗海、察汗诺尔、达莱诺尔等湖泊联通一气，蓄水量在1 000亿m^3以上。岱海作为大西线调水工程的东部战略调蓄总库，可以在黄河汛期将占黄河洪水量的大部分的上游洪水全部东调储存，并可以通过青岱输水工程储存大西线部分调水量。这样，它可发挥两大作用。

（1）可以在黄河汛期避免晋陕峡谷泥沙下泻，大大减轻黄河中下游洪水灾害，使黄河下游河段停止泥沙淤积，为黄河根治创造条件。

（2）可以从容地向整个华北地区，包括黄土高原、华北平原和内蒙古东部供水，解决华北地区的干旱问题，改造严重威胁首都北京的内蒙古中部的浑善达克沙漠，并为绿化黄土高原，最终根治黄河创造条件。

3）有关国际问题

横断山脉水系的两条大江（怒江、澜沧江）的下游流经一些东南亚国家，我们在规划中根据现有的国际法和国际惯例,充分兼顾了这些友好邻邦的利益,我国实施大西线调水工程不存在国际法或国际惯例的障碍。

(1)大西线调水工程,仅限于从我国境内的河段引水,而且所引水量不超过这三条江在我国境内的径流量的1/20。

(2)南亚和东南亚地区,降水丰富,河水丰沛,实施大西线调水工程不影响有关国家的水资源利用。

(3)雅鲁藏布江注入布拉马普特拉河上游的鲁希特河,布拉马普特拉河为恒河支流,因此雅鲁藏布江为恒河的三级支流,年入海总水量为5 600亿 m^3,大西线调水工程在雅鲁藏布江的取水量仅为恒河入海总水量的1/6。

(4)怒江入缅甸后称萨尔温江,注入莫塔马湾(安达曼海),年入海总水量为3 318亿 m^3,我国取水量仅为入海总水量的1/9。

(5)澜沧江出境后称湄公河,流经缅甸、老挝、柬埔寨,在越南入海,年入海总水量为3 500亿 m^3,我国取水量不足入海总水量的1/12。

(6)我国在这三条江适量取水,在洪水季节产生某种调节作用,有助于减轻印度、孟加拉国、老挝、柬埔寨等国家的洪水灾害。

(7)大西线调水工程,是从我国境内的丰水地区将一小部分入海水量引入干旱缺水的我国西北地区和华北地区,改造广阔无垠的不毛的沙漠、荒漠,改善亚洲腹地的生态环境,实施可持续性发展战略,完全符合近年来的世界潮流,可大大减轻下游国家的洪水灾害,符合亚洲各国人民包括东亚、南亚和东南亚各国人民的利益。

5.3.4.9　调水工程造价、工期及效益

1)工程造价和工期

工程造价(不包括第二梯级调水工程)和工期如下:

(1)大西线工程量主要工程项目,包括19座大型水库(总库容2 888亿 m^3)、6条隧洞(共长560km)、9座水电工程(总装机容量2 120万kW)、600km引水集水渠(其中集水渠200km,渠库89座)、6个倒吸虹工程(包括10个汇水池)。

(2)大西线工程总造价580亿元(1990年不变价格)。总造价包括从朔马滩水坝到青海湖输水渠的整个引水入黄工程的建造费用;300万kW的水电站投资;进藏铁路建设费用。若按1997年不变价格(1990年价格的3.88倍)计算,总造价约为2 250亿元。

(3)建设工期工期5年。全部调水工程分为10个工区30个工段,全线同时施工,或在一两年内相继施工。

2)大西线工程的经济社会生态效益

大西线调水工程的建设,可彻底改变三北地区的干旱面貌,根治黄河,从根本上优化我国广袤的北部地区的生态环境,实施可持续性发展战略,推动我国国民经济高速持续发展,大大加快我国工业化和现代化建设的步伐。

(1)多快好省。大西线南水北调工程是一项多、快、好、省的规模空前的调水工程。多指调水量多,至少调水2 006亿 m^3;快指施工期仅五年;好指水质优良,受益区域大,解决大半个中国的干旱问题,优化我国总体生态环境,是执行21世纪议程的关键性工程;省指建设费用在2 300亿元以下。实施大西线调水工程筹集部分启动资金,边设计,边建设,实行滚动开发,可迅速得到很高的回报。若尔盖草地的开发治理,即为实例。若尔盖草地积水400亿

m^3,蕴藏泥炭 71 亿 t。开发治理工程完工后,每年可增加黄河水量 80 亿 m^3。按每吨水 0.5 元计算,初次排入黄河 80 亿 t 水,可得水费 40 亿元。草地泥炭开发 1/2,可得数额相当可观的资金,还可开发出 40 万 hm^2 耕地。

(2)根治黄河。实施大西线调水工程后,有了充沛的水,可以改造三北地区特别是西北地区的沙漠,绿化黄土高原,根绝黄土高原的水土流失,彻底解决黄河的泥沙问题,从而实现“圣人出,黄河清”这一中华民族世世代代梦寐以求的美好理想。

(3)从根本上解决我国农业问题。实施大西线调水工程,解决三北地区特别是大西北的荒漠沙漠、黄土高原和华北平原的用水问题,将大大增加我国农林牧用地面积,大大提高土地生产力,一劳永逸地解决我国的农业问题。不考虑戈壁、重盐碱地和沼泽地的开发,三北地区现有可开发的沙漠 4 950 万 hm^2,治理荒漠 5 900 万 hm^2,获得土地共计 10 850 万 hm^2;引水后,可改造成 6667 万 hm^2 农林牧用地,从而绰有余裕地解决 2030 年全国 16 亿人口的粮食问题。

(4)促进我国电力工业的长足发展。实施大西线调水工程,可以利用 3 000m 落差和年 10 000 个流量的水量,增加 2 亿 kW 装机容量的发电能力。由于黄河水量成倍增加,不用再增加投资,即可大大增加黄河现有梯级电站的发电量。反之,如果不搞大西线调水工程,黄河现有的梯级水电站,包括正在建设的小浪底水电站,将由于黄河断流现象的日趋严重而难以发挥效益。

3)发电效益

(1)充分发挥黄河现有水电站的设计能力。黄河上现有 11 座水电站:刘家峡、李家峡、龙羊峡、大峡、盐锅峡、八盘峡、万家寨、天桥、三门峡、小浪底、青铜峡,总装机容量为 918 万 kW,年设计发电能力为 788 亿 kW·h。由于目前黄河断流或流量不足,年发电量仅为 172 亿 kW·h。引水后,可充分发挥现有设备能力,国家不需要大的投入,可保证发电 788 亿 kW·h,增加 616 亿 kW·h,相当于增加一个三峡水电站的发电量(当时施工中的三峡水电站年发电能力为 780 亿 kW·h)。按每千瓦时电增加社会产值 20 元计算,每年共可增加社会产值 1.2 万亿元。

(2)为扩建现有的黄河水电站创造条件。黄河有了充足的水源以后,现有水电站还可扩建,增加发电机组。如果投资 400 亿元,便可增加 2 000 万 kW 的装机容量,年发电量 1000 亿 kW·h。

(3)为增建黄河水电站创造条件。按水利部原计划,在拉西瓦、公伯峡、积石峡、寺沟峡、小峡、乌金峡、大柳树、龙口、前北会、债石、军渡、三交、龙门和西霞院等 14 处新建梯级水电站,原按 300 亿 m^3 流量装机1 283万 kW,引水后可装机 3 849 万 kW。按 1998 年建设水电站投资标准,每千瓦时投资 4 600 元计算,总投资 1 770 亿元,年发电 1 924.5 亿 kW·h,相当于三峡水电站建成后年发电 780 亿 kW·h 的 2.5 倍。

(4)兴建青海湖、岱海水电站。青海湖水位为海拔 3 194m,而柴达木盆地海拔为2 679m,塔里木盆地的罗布泊为 780m;岱海为 1 221m,科尔沁沙地为 400m,北京 43m,因此,引水进入青海湖和岱海调蓄后可利用巨大的落差发电。青海湖可装机 5 886 万 kW,岱海可装机 2 000 万 kW,共计装机 7 886 万 kW,年发电 3 943 亿 kW·h。

(5)兴建坑口电站。引水后,黄河沿线煤矿可利用当地丰富的煤炭资源,兴建坑口火力发电厂。若按原计划装机 1 亿 kW,年发电 5000 亿 kW·h,相当于三峡水电站发电量的

6.3 倍。

以上各项工程总发电量为 1.36 万亿 kW · h,每年产值 27.2 万亿元。

4)促进矿产资源开发

开发矿产,发展工业超过 6 600km 的运河开通以后,将大大促进三北地区 130 多种矿产资源的开发和其他工业的发展,使三北地区实现经济腾飞,缩小东西部地区经济差距。

5)形成大运河

促进航运的发展,大西线向青海湖和岱海引水 1 500 亿 m^3 水的输水渠,实际上是一条从天津至新疆和拉萨的长达 6 600km 的可通航轮船的万里大运河。

6)促进旅游

促进旅游业的发展,大西线通水以后,沿线可建多处港口或码头,形成许多新的城镇,增加大量景点,吸引大量游客。

7)增加就业

大西线是规模空前的就业工程。大西线调水工程是一项伟大的就业工程,据初步测算,大西线调水工程直接间接创造的就业岗位以亿计。从短期看,大西线调水工程纵贯南北的广阔工作面全线施工,组织西部地区大量农村劳动力参加建设。从长期看,调水工程的实施和中西部地区经济的发展,将促使人口密集的东部地区的人口逐渐向中西部地区转移,实现我国人口的地区相对均衡配置,有效地安置城乡特别是农村剩余劳动力,促进中西部地区的经济、技术、社会的全面发展,加强民族团结,确保社会安定。

8)防洪

根除长江水患。大西线调水工程特别是第二梯级调水,可将四川境内长江各支流汛期的洪水全部调入黄河。黄河中上游现有水库塘坝 12 850 座,其中水库 3 000 多座,总库容 660 亿 m^3,可使长江沿岸流量不超过 3 万 m^3/s,最高水位可比目前下降 4~6m,在警戒水位线以下,从而达到根治长江流域水患的目标。今年的抗洪斗争证明,大西线南水北调工程包括第二梯级调水工程的实施是非常必要非常迫切的。

9)趋利避害

趋利避害,造福西藏人民。一方面,大西线调水工程方案尽量降低水坝高度,减少淹没面积,将淹没损失降低到最小限度;另一方面,调水工程的建设成功将给西藏人民带来多方面的直接利益:

(1)数量众多的水库和水渠的建造,将大大改善西藏地区的生态环境。

(2)进藏铁路的铺设、水库水渠的建造、渠堤公路的建设,将使西藏地区的水陆交通事业得到空前的发展。

(3)大西线调水工程的建成,将加速西藏地区的经济发展,巩固西南边防。西藏地区的水力发电装机容量将增加近千万千瓦,水电事业的长足发展和进藏铁路的建成将极大地促进西藏地区丰富的矿产、生物森林和能源(石油、天然气、燃冰)等资源的开发利用。仅铬铁矿一项,西藏蕴藏量即达 100 亿 t 之巨。它的开发将加速西藏的现代化。

5.3.4.10　结论和建议

1)结论

综上所述,大西线方案的设计者得出三点基本结论:

(1)大西线南水北调工程的实施,无论对我国农业问题的根本解决,对我国生态环境的总体优化，还是对国民经济发展的全局，都具有极其重大的不可替代的战略上的重要意义。

(2)大西线南水北调工程，是一项关系到国民经济发展全局，关系到我国社会主义现代化事业的成败利钝，关系到我国总体生态环境的发展趋势，关系到中华民族盛衰兴亡的百年大计、千年大计、万年大计；应当倾全中华民族之力，以只争朝夕的精神，早日建设成功。时间只嫌其晚，不嫌其早；速度只嫌其慢，不嫌其快；规模只嫌其小，不嫌其大。不能拘泥于"谁受益、谁投资"和斤斤计较于工程投资的短期效益，不能因地区部门的规划而推迟工程的建设日期，缩小工程的建设规模。

(3)对大西线方案战略上的科学性和可行性，应加以肯定。我国广大科学工作者在中华人民共和国成立后对西南地区的水文、地理、地质进行了多年实地考察和研究，积累了丰富资料，取得了丰硕成果；对大西线南水北调问题也进行了深入的研究，形成了比较清晰的思路和方案。对引水线路的具体走向，对各个炸山堵江、开凿隧洞和开挖渠道的地点的工程地质条件，对工程量和投资量的计算，对与原有的南水北调规划的关系，对围绕大西线调水工程的西北、华北地区的经济发展战略的调整，对黄土高原和黄河的根治等问题，尚需做进一步的研究论证和通盘规划。

2)建议

(1)国家调整现有的"南水北调"方案，将大西线调水方案的研究和实施作为国家中长期规划重中之重，放在最优先的位置加以考虑。

(2)国务院应将大西线调水工程的前期方案和可行性报告的制订，作为国家重点课题批准立项，成立专门机构主持其事，迅速组织力量，加紧研究，限期完成。

(3)由国务院确定主管部门，组织专业队伍承担大西线调水工程的设计勘探和建造任务，群策群力，加快工程进度，节省投资，并确保工程质量。

(4)当前，组织我国地质、水利、工程的权威专家，利用比较新的卫星遥感资料，用先进的技术手段和方法，悉心研究大西线调水工程取水和经过地区的地质情况，在此基础上，有计划地有针对性地对大西线调水工程流经的地区做进一步的实地勘察，加快大西线调水工程前期工作的进展步伐，为中央决策提供进一步的实证依据。

(5)作为解决西北地区干旱问题的一项重要的补充工程，在新疆西北部建造额尔齐斯河、伊犁河水坝，堵截部分流出国境的河水，可得200亿 m^3 水量，对开发北疆南疆，不无小补。

(6)关于建设资金筹措，可以成立大西线南水北调开发基金会，一方面在全国范围内筹集建设资金；另一方面，也可以用优惠的政策吸收外商直接投资，或者利用国际金融机构的优惠贷款。

3)笔者观点

笔者根据40多年的水利水电从业经验，"大西线"藏水北调方案，规划调水规模2 006亿~3 800亿 m^3，超过4条黄河或汉江全年的径流总量；不仅规模严重偏离科学和合理需求；而且，方案本身夸大了调水的效益、作用，忽视了调水工程和水量输出可能给水源区及下游带来灾害与生态影响。"大西线"方案在工程投资或造价测算方面，过于"先进"，漏项、漏量太多，没有考虑高寒、高海拔、复杂地质条件地区对调水、输水工程的建造、运行产生的制约和影响，如冬季不便施工和输水、工程难度必然增加施工成本等因素。也就是说，"大西线"方案存在诸多致命的缺陷。之所以选择其参与比较，是"大西线"的水源及水量较西线工程可靠。

5.3.5　大西线调水方案难以实现的问题分析

郭开的“大西线”调水方案，曾一度让国人热血沸腾，让善良的民众以为最麻烦的干旱缺水问题迎刃而解。事实上，现代技术与装备的发展，施工方面不是太大问题。“朔天运河”大西线方案的关键，一方面是调水规模过于“胡思乱想”，人类不要盲目开凿比黄河水多、过流断面更大的人工河(或隧洞)；另一方面，方案的提出者完全“自私”地站在本国利益立场，全然不顾下游国家综合政治、外交、经济方面的考量以及由实施调水工程引发的国际争端或风险。而且，受水与供水本身就需要动态安排，需要之时，也许都缺水；不要之时，是否供水？非连续性调水，工程设施规模是否合理？水权与生态关系如何调整？一系列社会、政治和生态等方面的问题，远远比技术和资金投入问题复杂，这恰恰是方案设想者的“软肋”。

5.3.5.1　调水工程与筑坝方案

“引渤入疆”调水方案的策划人，西安交通大学生态环境与现代农业工程中心教授霍有光，2008年6月发表在《水利水电科技进展》期刊的《大西线调水难以实现的若干问题分析》一文，重点阐述了制约大西线调水工程建设的若干根本性问题，其认为主要问题有：

(1)大西线调水难以解决大坝和水库漏水，以及水渠、倒虹吸等水利设施的安全性不够或存重大隐患。如果发生大坝漏水，水库蓄水高度无法达到隧道进水口高度，西线大规模调水将难以进行。

(2)若区内大规模调水，从生态环境角度看，也将引起沙漠化、草原退化、植物群落消亡等问题。

(3)从经济角度看，由于不是自流调水，可调水量不大，工程建设与工程维护的投资巨大，调水的经济效益有限，自流调水，输水工程将扩大很多倍。

(4)从社会角度看，调水将改变西南与西北地区、我国和邻国之间的利益关系，会带来社会和政治问题。也就是说，大西线调水方案低估了施工难度和工程成本，夸大了可调水数量和经济与社会效益。

大西线调水方案是郭开在“朔天运河方案”中提出的，拟从朔玛滩水库(水位高程3 588m)开始调水，千里跋涉输水入黄(水位高程3 358m)，落差230m。调水全程由南向北，串联“五江一河”(雅鲁藏布江、怒江、澜沧江、金沙江、雅砻江、大渡河)。由于“西藏之水救中国”描述其“具有十分可观的社会、经济和生态效益”，所以引起了社会各界的广泛重视。霍有光教授经过详细研究，对制约大西线调水工程建设存在的若干问题进行了全面分析，提出诸多不可行的意见，以供商榷。

大西线调水工程，从雅鲁藏布江到黄河，地图直线距离760km，实际长约1 239km。一期工程大致包括19座高坝水库(总库容为2 888亿m^3，设计总引水量为2 006亿m^3)。其中：

(1)8条隧洞(总长240km，最长的隧洞长60km，最短的隧洞长6km)；

(2)9座水电工程(总装机容量为2 120万kW)；

(3)600km引水集水渠(其中集水渠200km，渠库89座)；

(4)6个倒虹吸工程(10个汇水池)。

(5)一期工程朔玛滩水库水位高程达3 568m，拟调水1 000m^3，工期5年；

(6)二期工程从拉加峡水库沿3 358m等高线、经216km的拉青大渠(拉加峡—青海湖大渠),引水入青海湖。青海湖水面将升高 32m,水面高程将达到 3 226m,水面面积将增至 10 000km^2,总蓄水量将达到 3 689m^3;然后,以青海湖为调节库,向新疆、河西走廊、内蒙古、河北等地调水,利用落差建立一系列规模宏大的发电工程。二期工程朔玛滩水库水位高程达到 3 588m,沿途平行增添调水渠道与隧道,工期 5 年,通过扩容改造达到每年 2 006 亿 m^3 的调水规模。大西线调水沿途 19 座大坝高度与库容见表 5-3。

表 5-3 大西线调水沿途 19 座大坝高度与库容

水库名称	坝高/m	库容/亿 m^3	水系	水位高程/m
朔玛滩	90	48	雅鲁藏布江	3 588
百巴(尼洋河)	298	200	雅鲁藏布江	3 528~3 542
易贡藏布(八盖)	368	100	雅鲁藏布江	3 519~3 539
松宗	286(东坝) 268(北坝)	—	雅鲁藏布江	3 520
朔瓦巴	389	1 000~1 188	怒江	3 500~3 518
紫曲	286	100	澜沧江	3 482~ 3 500
昂曲	241	100	澜沧江	3 480~3 498
扎曲	254	100	澜沧江	3 479~3 498
藏曲	246	200	金沙江	3 455~3 470
金沙江	343	200	金沙江	3 453~3 469
赠曲	296	200	金沙江	3 451~3 468
南乡村	80	40	雅砻江	3 440~3 454
达曲	80	—	雅砻江	3 438~3 450
尼曲	160	—	雅砻江	3 438~3 450
甘孜	100	16	雅砻江	3 454
两河口	356	90~118	大渡河	3 435~3 449
县伐	296	50~60	大渡河	3 433~3 447
查理河	218	20	大渡河	3 432~3 442
拉加峡	380	488	黄河	3 358

大西线调水方案称,由于工程所在地区地震多发,且多高坝、超高坝,不宜建筑钢筋水泥坝;区内地形多为 V 形峡谷,很适合定向爆破筑坝,且造价低廉。该方案称,采用定向爆破方法筑坝堵江,所形成的巨型堆石坝完全可以截断水流湍急的大江大河,奎高水位达数百米,形成大型、巨型水库,不怕地震,不愁坍塌,而且造价低廉。

由此可知,大西线调水工程的 19 座高坝将采用定向爆破堆石坝技术,即在河谷的两岸通过爆破山体,使石块高速下落抛掷到预定位置堆积成坝、拦截河道。由于堆石体坝体密实度较低,内部孔隙还会导致后期坝体的调整与沉陷,容易造成防渗体破坏而引起坝体漏水。此外,爆破会破坏山体,加宽两岸岩体内的裂缝,有时可形成绕坝渗流通道,使隧洞、溢洪道周围的地质条件以及岸坡的稳定条件恶化。所以,后期填实加固、防渗堵漏的工程量很大,加固坝基与防渗体均有一定困难。因此,这种坝型主要适用于高山峡谷地区地质条件良好的中小型工程。

5. 3. 5. 2　制约大西线调水的工程因素

由表 5-3 可知,大西线调水工程全线调水高程在 3 588 ~ 3 358m。要维持自流调水,主要是通过建高坝形成长距离的回水,尽量利用天然河道以减少人工开挖工程;回水的高程决定了超长隧道进水口的施工高程,通过一系列超长隧道(以及明渠、倒虹吸),把 19 座高坝水库串联起来。其中,易贡藏布、朔瓦巴、金沙江、两河口、拉加峡等 5 座水库的大坝高度为 343 ~ 389m。如此调水,存在诸多工程问题。

1)高坝的安全性问题

这 19 座高坝缺少宽度、厚度、地基稳定性、坝体与围岩裂隙率等数据。众所周知,长江三峡大坝是巨型钢筋混凝土重力坝,混凝土浇筑总量为 2 794 万 m^3,钢筋总质量为 46. 30 万 t,总浇筑时间为 3 080d,坝顶高程为 185m,总库容为 393 亿 m^3。大西线藏水北调方案朔瓦巴水库库容为 1 000 亿 ~ 1188 亿 m^3,金沙江、百巴、拉加峡水库库容要达到 200 亿 ~ 488 亿 m^3,它们的坝体高度约为三峡工程大坝的 2 倍,库容比三峡水库大得多,而安全性却远低于三峡大坝,巨大的库容(水压)将对缺少坚实根基、仅靠堆石虚压在河床之上的大坝产生强大的压力,如果造成垮坝,后果将不堪设想(若改堆石坝为超巨型钢筋混凝土重力坝,仅工程费用、工程周期而言,就远远不如其他调水方案了)。

2)堆石坝漏水问题

区内山体主要由下奥陶统、中上泥盆统二叠系等地层组成,岩性主要为结晶灰岩、灰岩、白云岩、大理岩等。两岸岩体或地层中,可能存在天然的裂缝、节理、断层与层理,甚至隐藏喀斯特构造;定向爆破可造成或拓展两岸岩体与地层内的裂缝、断层。靠爆破堆成超高坝,不知打算采取什么技术来防止库水渗漏。最可能出现的情形,是坝体不同高度渗出的水流,将形成数百米高的瀑布景观;两岸岩层内的裂缝、断层、层理或溶洞形成渗透水通道,造成绕坝渗流。

3)堆石坝水位无法达到隧道进水口的水位

大西线堆石坝旨在通过长距离回水,获得奎高水位,使水流由隧道流入下一个水库。研究得知:

(1)百巴水库回水 148km;

(2)易贡藏布水库回水 50km;

(3)朔瓦巴水库回水 256km;

(4)扎曲水库回水 100km;

(5)金沙江联合大水库回水 136km;

(6)甘孜水库回水 118km;

(7)两河口水库回水 86km;

(8)拉加峡水库回水 300km 到贾曲口。

如果这些水库中,有一处或若干处高坝出现漏水,奎高水位无法达到隧道入口的引水高程,哪怕只差几厘米,那么整个调水链条就会出现一处或多处中断。最可能出现的情形是:由于漏水造成库水水位低于隧道入口引水高程,结果形成一些深度不等的湖泊(堰塞湖),使调水成为泡影。

4)输水建筑物结构问题

大西线调水工程全长 1 239km,其中引水集水渠长 600km。区内并非平原地貌,在崇山峻岭中拟调水 1 000 亿~2 006 亿 m^3,那么引水渠、集水渠、隧道、倒虹吸的口径需要多大? 如采用 14~25m 的孔径,每年能通过这么大的流量吗? 区内水资源主要受夏季降雨和冰山融雪制约,再加上汛期水多、非汛期水少,那么引水渠、集水渠等的口径要按多大来设计? 季节性来水对水库全年水位高程以及隧道进水口高程有何影响? 由于冬季严寒,无法全年不间断调水,是不是还要增大引水渠、集水渠、隧道、倒虹吸的口径? 如果增大口径,那么工程势必更加艰巨。面对超大的调水量与大起大伏的地形,倒虹吸等将成为“肠梗阻”工程。通常倒虹吸的跨度(长度与规模)、口径是有限度的,为了确保压力差,倒虹吸的跨度有多大? 需要平行施工几条倒虹吸? 这些问题都很棘手。

5)区内基础研究薄弱,尚未见到详细的调水工程路线图

大西线方案区内基础研究非常薄弱。如水文站网布设得密度不够,缺少详细的水文数据;某些国际河流没有整体的流域规划;缺少较系统的气象资料与地震观测资料;缺乏统一的较高精度的大比例尺地形图、地质图、断裂构造图、水文图等。也未见到稍微详细的大西线调水工程调水线路图。此外,流域内梯级水电站与大规模调水的关系如何处理?

以上 5 个问题,前 3 个问题关系工程建设的前提,如果无法解决这 3 个问题,大西线调水工程只能停留在设想阶段。以坝高为 389m 的朔瓦巴水库为例:

(1)当堆石坝的爆破物虚压在 V 形峡谷的两岸坡面时,从水库库底到坝顶的长度将超过 400m(斜边大于直角边),不管坝体堆积多长,这两岸的 V 形坡面就会变成 2 条新的大断面。堆石与坡面之间是断开的、不粘连的。当然,堆石与库底(河床)之间也有可能是断开的。

(2)千里之堤,溃于蚁穴。在 1 000 亿~1 188 亿 m^3 的强大水压作用下,库水将利用爆破形成的大断面,以及两岸岩层天然存在的裂缝、节理、断层与层理,或者利用喀斯特溶洞,首先溶蚀并冲刷带走颗粒细小的劲土,掏空堆石体中细软的部分,逐渐形成较大的空隙;其次,在硬岩块之间的泥沙被淘走后,硬岩块由间接接触变为直接接触,空洞加大,漏水的速度将逐步增大,乃至发生管涌;再次,如果大堤内部大范围出现空洞,将导致堆石体重新调整乃至溃坝。

(3)汶川大地震表明,凡是“豆腐渣工程”,都是钢筋水泥缺斤少两的工程。而堆石坝是基本不用钢筋和水泥的工程。汶川唐家山堰塞湖蓄水仅超过 2 亿 m^3,而朔瓦巴水库的蓄水量是唐家山堰塞湖的数百倍。地处强震地带的大西线工程,要人造(定向爆破)一系列堆石高坝,这些大库容的堰塞湖,能够保证有可靠的安全性吗?

5.3.5.3 制约大西线调水的因素

大西线调水方案提出:工程建成后“总装机容量达 2 亿 kW,可形成 10 000km 长的航道,黄河的水多了,污染就被稀释了”;“开通朔天运河,东亚到西欧的航程缩短 1 万 km,年创利 2 000亿美元,可为8 000万人提供就业岗位”;“将使 8 个亚洲国家(中国、印度、缅甸、孟加拉国、泰国、越南、老挝及柬埔寨)受惠,而中国获益最大”。其实,受生态环境、经济、政治等因素的制约,大西线调水工程要产生以上效益,几乎是不可能的。

1)制约大西线调水的生态环境问题

区内生态环境脆弱,原本就有干旱、风沙等自然灾害。区内平均降水量为 370~680mm,并不比黄土高原(海拔 1 000~1 500m,降水量 200~700mm)或西北干旱、半干旱地区的降水量高很多。区内水资源相对较多的原因不是因为降水多,而是由于地域大,冰川融雪多;海

拔高,蒸发量相对较小。区内草原地带常受干旱、风沙的威胁,调水将打破原本脆弱的自然生态平衡,加速沙漠化、草地退化,高原特殊生境的生物多样性也将受到威胁。

在源头地区大量调水,会对“五江一河”自身的河水生态系统造成破坏;会对源头的地表水与地下水的水均衡产生长远的负面影响。在V形峡谷筑高坝,回水50~300km,淹没高度数百米,将严重威胁青藏高原垂直分带上的生物群落。同时,19座大型水库截流了来自上游的水源,对流域下游数百千米的脆弱生态也将造成消极的影响。

2)制约大西线调水的经济效益问题

大西线调水方案宣称工程将会产生显著的经济效益,主要论点是:自流调水,调水量巨大,工程量小(造价低),发电与航运效益巨大等,然而事实并非如此。

(1)自流调水问题:①如前所述,大西线调水工程的诸多堆石坝既不安全又漏水,堰塞湖水位高程无法达到隧道进水口的高程,自流将多处中断。②引水渠、集水渠、倒虹吸等必须面对大起大伏的地形。据《西藏自治区地图册》所述:区内“山峰林立,沟壑纵横”“山峦重叠,沟壑纵横川”。如果不建倒虹吸,就必须建渡槽或提水工程。③水流过黄河以后要实现自流调水,也不太可能。这是由于青海湖与塔里木盆地、塔里木与准噶尔盆地、青海湖与河西走廊之间,分别被阿尔金山、天山、祁连山等山脉屏障。拟跨流域调水不仅不能实现自流,而且必须修建大型提水工程,开凿超长渠道、隧道等。由此可见,若将300亿~500亿m^3提升数百米已属不易;由于无法自流,调水成本猛增,经济上是否可行值得商榷。

(2)调水量问题:由于大西线调水实际上难以实现自流调水,故理想调水量与实际可调水量之间有巨大差距。①受当地生态环境容量制约,难以支撑大规模调水;②由于工程地质环境不佳,诸如堆石坝的安全性与漏水问题,引水渠、集水渠、隧道、倒虹吸的实际口径受限制,以及地震、泥石流、洪水、凌汛对调水设施的威胁等因素,都难以支撑大规模调水;③受高原气候制约,区内无霜期只有50~180d(见表5-4),有漫长的冬季,全年不可能连续调水,渠道有一定的闲置期。即便是实现300亿~500亿m^3的调水目标,也是非常不容易的。

(3)工程量与工程管理(造价与运行成本)问题:大西线调水工程地处青藏高原地震多发区,高原不断隆升,地质、气候条件复杂,山峰林立,沟壑纵横,工程施工与维护需面对高寒缺氧、高地温、高地应力、断层破碎带、漏水、有害气体等不良地质条件;降雨集中在5—9月,在V形峡谷地区调水,由于雨热同季,冰川消融,易形成塌方、山体滑坡、泥石流,对引水渠、集水渠、倒虹吸构成巨大的威胁;大坝回水50~300km,淹没高度达数百米,巨大的蓄水数量将瓦解边坡冻土带,诱发水库地震、滑坡和泥石流,水库有淤积之患,明渠有堰塞之险。总之,工程投资与工程维护的费用绝非小数。

表5-4　大西线调水线路南北沿途地理气象特点

地名	海拔/m	年降雨量/mm	无霜期/d	常见灾害
拉萨市	3 650	200~510		
桑日县(朔玛滩)	4 000~5 000	370~420	60~180	地震、洪灾、霜冻、冰雹、干旱、雪灾
朗县	3 200~5 000	600		雷、雪、雹、风、涝、泥石流
林芝县	3 000	654		洪水、泥石流、地震、冰雹、干旱
工布江达县	3 500	646	156	干旱、霜冰、冰雹、风沙、泥石流

续表

地名	海拔/m	年降雨量/mm	无霜期/d	常见灾害
波密县	4 200	876	150	洪涝、干旱、泥石流、流沙、滑坡、地震
边坝县	3 500~5 000	600	≤100	干旱、雪灾、冰雹、大风、雪崩、滑坡
吕都县	3 500	477	130	干旱、霜冰、雪灾、山洪、泥石流
江达县	3 800	548	60~80	雪灾、旱灾、冰雹、霜冻、地震
甘孜州(四川)	≥3 500	500~800	50~100	干旱、大雪、冰雹、霜冰、洪涝

已知在边坝县周边拟建3座大型堆石坝水库,该县地处察隅与墨脱强地震带的交汇处,经常发生有感地震。1950年察隅曾发生8.6级地震。区内地震属浅源地震,破坏力强。受印度洋暖湿气流影响,夏季山体滑坡等自然灾害不断;冬季冰崩、雪崩频繁。而沿"察隅—波密—林芝"走向,还存在一条深大断裂带。此外,大渡河与雅砻江上游,地处炉霍—康定强震带,1973年2月炉霍曾发生8.2级大地震,其中鲜水河断裂带平均27.5年左右发生1次7级以上地震。在强震多发、断裂密集的地区,要保证大坝、渠道、倒虹吸的安全,就必须大幅度增加投资。

(4)发电效益问题。根据能量守恒与转化定律,从朔玛滩水库调水,当水量相同时,无论是"向南流",还是"向北流",降至海拔0米,理论上的最大发电量应该是相同的,差异只是受地形(落差)制约,转化效率有高低之别,但不可能转化出远大于理论值的电能。如果分析地形,"藏水向南流",具有流程较短、水流湍急等特点,水力发电应该有较高的转化率;而"藏水向北流"(大西线调水),调水路程漫长且地形大起大伏,为了满足自流调水,不得不损失许多落差,因此不可能比"藏水南流"有更高的发电效益(转化率)。

大西线调水所谓的发电效益,显然存在误区:①忽视了长距离调水损失的落差问题和提水工程所消耗的电能问题。②误认为可转化出成倍的电能,陷入"永动机"一类的思维怪圈。③调"五江一河"之水,对这些河流已建和待建的梯级电站的发电效益,将产生不利的影响。大西线调水入黄后的发电效益,不仅将被西南地区减少的发电量所抵消,而且会闲置西南地区已建的一批大型水电站工程,与国家"西电东送"战略相悖。大西线调水将导致澜沧江、怒江已建、在建电站的发电损失巨大。

(5)航运效益问题:大西线调水方案称输水渠实际上是一条从天津至新疆、拉萨的长达6 600km的可通航轮船的万里大运河。然而通航与调水,这2种功能的河渠的水量、深度、宽度等是有差别的。必须注意到:①开挖漫长、宽大的防渗航道,工程量不可小视。如果水源不足,航运将无法维持,造成航道浪费。②隧洞直径有限,体形硕大的轮船是无法进入狭窄的隧道的。若仅满足小船通航,小船主体需浮出水面,那么隧道只能流淌半洞水。拟实现年输水量上千亿立方米的调水目标,不知将平行开凿多少条超长隧道?③即便有些河段可以通航,譬如黄河内蒙古河段海拔高度为1 100~1 200m,每年有四五个月的时间将成为稳定封河河段。但每年封河、开河时,都要发生不同程度的卡冰结坝险情,造成不同程度的冰凌灾害。轻者破坏水利设施和水工建筑物;重者会阻断河流,使上游水位急剧上涨,给沿岸人民的生命财产带来巨大损害。大西线调水工程由南向北所跨越的纬度很大,结冰时,南北不同期;开河时,南北也不同期。凌汛将对航道(渠道)构成危害,无法实现全年安全通航。

3）制约大西线调水的社会与政治问题

大西线调水将改变区域之间、国与国之间的利益关系，产生一系列社会与政治问题。①金沙江、雅砻江、大渡河均属长江的支流，调水将改变我国西南与西北地区的水资源配置，要改变输出地区与输入地区诸如生态、经济、社会等利益关系，未必利大于弊。②雅鲁藏布江、怒江、澜沧江属国际性河流，调水将改变中国与周边国家之间的水资源分配格局，所谓“这项水利开发工程将使8个亚洲国家（中国、印度、缅甸、孟加拉国、泰国、越南、老挝及柬埔寨）受惠，而中国获益最大”的说法，显然是缺失换位思考的一家之言，利益攸关的国家未必赞同此工程。譬如，2006年印度政府就转达了它对有关中国在雅鲁藏布江上修建大坝并将水引向东北地区报道的担忧，“调水利他”的理由是能缓解下游国家的水灾。其实，上游建梯级电站调节水源，同样可减少下游国家的水灾。

综上所述，霍有光教授认为大西线调水工程是超出现实可能性的工程，它低估了施工难度和工程成本，夸大了可调水量和社会与经济效益。由于受工程技术、生态环境、经济效益、社会与政治等因素制约，客观上既不允许、也不可能调1 000亿m^3~2 006亿m^3的“藏水”。鉴于是提水工程，上限难以超过300亿~500亿m^3，且很可能弊大于利，所以，它既不是最佳调水方案，也不是唯一选择。至于如何缓解我国北方地区缺水问题，可以通过节水以及其他的调水工程来解决。

5.3.6　藏水北调藏木至洮河调水工程研究

中国农业科学院农业经济与发展研究所梁书民研究员2011年发表在《水利规划与设计》期刊的《基于DEM的南水北调大西线藏木至洮河调水工程研究》一文，论证了大规模南水北调的必要性，并对大西线南水北调主要线路进行了归纳分类。利用高精度数字高程模型，着重研究了南水北调大西线藏木—洮河自流调水方案；其研究提出了分四阶段进行中西线联合南水北调的方案，计算了各阶段的成本和效益，并对有关问题进行了解析。推荐的调水方案，可使南水北调的总调水量达到2 305亿m^3，估计需增加工程总投资30 785亿元。主要用水效益为年售水和发电收入3 017亿元，容纳生态移民4 461万人，增加绿洲32.3万km^2。这样调水可以一劳永逸，彻底解决中国的城镇化占地、旱涝灾害、贫困人口、粮食安全和生态恶化等诸多重大问题。鉴于当时中国食物危机日益严重，建议遵从总体规划、分期建设、逐步延伸原则，尽快开工建设中西线联合调水工程。

5.3.6.1　粮食问题呼唤大西线南水北调

2010年来，国际农产品价格快速上涨，世界食物的短期或季节性危机频频出现，而我国大量进口的大豆的国际价格上涨远高于谷物价格的上涨，成为推动我国食物价格上涨的主要因素。通过大西线调水，开发我国西北地区丰富的耕地资源，可以大规模扩大耕地面积，大幅度增加农产品供给，进而稳定食物价格，这成为我国当代迫在眉睫的重大决策。大西线南水北调的设计方案很多，梁书民将目前具有影响力且较为可行的方案归纳为2类10种。

1）高海拔调水方案

高海拔调水方案，主要特点是从贾曲入黄河，主要有：

（1）水利部规划的西线自流调水方案；

（2）黄河水利委员会南水北调西线工程后续水源方案；

（3）长江水利委员会林一山方案；

(4)中国科学院陈传友方案;

(5)原电力部贵阳勘探设计研究院规划方案;

(6)郭开方案的修正案。

2)中低海拔调水方案

中低海拔调水方案,主要特点是从洮河或更低海拔流入黄河,主要方案有:

(1)黄河水利委员会的原调水方案,以低海拔线路为主,典型线路有翁水河—定西线,沙布—洮河线,金沙江的恶巴—洮河线,石鼓—渭河线等;

(2)陈昌杰的羌纳—俄巴—洮河—龙羊峡方案,在雅鲁藏布江同尼洋曲汇流处筑坝凿洞向北调水,经怒江俄巴、雅砻江两河口自流入洮河,再通过隧洞流入龙羊峡,最大可调水量为1 757亿 m^3;

(3)陈清波的河水上游西流与江水中游北调方案,将黄河上游河口以上大部分径流量通过开挖自流河渠或安装输水管道分输给西北部干旱缺水地区,同时,开凿自湖北宜昌至河北定兴的"宜定大运河"从三峡水库引水,每年向华北平原补偿调水400亿 m^3;

(4)怒江东坝—洮河中海拔自流方案,每年可在大西线向大西北调水1 198亿 m^3。

3)方案分析

研究发现:高海拔调水线路短,但调水量少;低海拔调水线路长,但调水量大。由于我国耕地流失严重,粮食危机日益加剧,需要大流量调水实现大规模开发西北地区的土地资源,所以该设计者舍弃了高海拔调水方案。又由于低海拔不利于向西北地区输水,且线路坡降小,隧洞工程量大,所以梁书民研究员放弃了低海拔调水方案。利用中高海拔方案,要调更多的水只有从怒江向雅鲁藏布江流域延伸调水,虽然梁书民研究员研究了中海拔自怒江延伸到西藏加查县藏木的雅鲁藏布江自流调水方案,但在线路设计上同陈昌杰方案有相近之处,并沿用了陈清波的中线补偿调水和梁书民的中西线联合调水的基本方针。

5.3.6.2 藏木至洮河调水工程总体设计

1)总体布置

梁书民研究员设计的大西线南水北调藏木—洮河自流调水工程方案是:

(1)采用中高海拔调水线路;

(2)将原东坝至洮河调水线路向西延伸到雅鲁藏布江加查藏木,以增加调水量;

(3)将怒江大坝由东坝上移到果巴,将金沙江大坝由拉哇上移到甲英,适当调整了念翁山、芒康山、沙鲁里山和红岗山隧洞的进出水口位置与走向,以便适当降低大坝高度,并使输水线路平直,水流顺畅。

梁书民研究员设计的大西线调水方案核心工程包括:西藏加查县藏木至洮河岷县十里镇调水工程;以及5处辅助调水工程,帕龙藏布至怒江调水、玉曲至澜沧江调水、白龙江甘肃迭部县白古—阿夏调水、引洮河水入渭河和引洮河水入祖厉河。

2)调水总量及输水线路

梁书民研究员设计的大西线调水线路海拔适中,输水线路水位海拔从西藏雅鲁藏布江加查县藏木的3 500m降为甘肃洮河岷县十里镇的2 320m,全程长1 693km,其中隧洞总长1 299km,利用自然河流和水库394km;落差1 180m,具有可观的发电潜力;全程自流,可以利用刘家峡水库通过西北干渠向河西走廊、内蒙古和新疆调水,是难得的优良调水线路。设计的藏木至洮河大西线北调进入黄河流域的年径流总量为1 687亿 m^3,加上规划的东线规划调水148亿m^3,中线规划调水130亿m^3,中线延伸调水340亿m^3,总计可向北方调水2 305亿m^3,约为黄河径流量580亿m^3的4倍。梁书民研究员大西线调水加上中线联合调水可替代增加的黄河中上游地区规划外配额54亿m^3,可使黄河中上游和西北内流区新增计划外用水量1 741亿m^3。

梁书民研究员大西线引水线路,藏木至洮河线遇山脉凿隧洞,遇河流建水库,通过控制水库水位保持固定的隧洞纵坡度。全线控制性水库有10座,自西南向东北依次为西藏雅鲁藏布江加查县藏木水库,尼洋河工布江达县巴河镇娘当水库,易贡藏布嘉黎县忠玉水库,怒江八宿县林卡乡果巴水库,澜沧江芒康县如美水库,金沙江巴塘县甲英水库,雅砻江两河口水库,大渡河双江口水库,岷江叠溪水库,白龙江尼傲水库。控制性隧洞主要有:自忠玉水库沿念青唐古拉山南麓向东至波密县倾多镇亚龙藏布,再向东穿过念青唐古拉山入怒江德曲的多段隧洞;自甲英水库向东穿越沙鲁里山至四川省新龙县绒坝乡入雅砻江的多段长隧洞;自叠溪水库向北穿越岷山东山麓至尼傲水库的多段隧洞群。

3)工程规模及主要参数

梁书民研究员设计的大西线调水方案,工程规模主要是:从藏木至洮河线路总计需建设41座大坝,其中主坝10座,主线辅坝25座,辅线大坝6座,最高主坝是白龙江大坝坝高为327m(表5-5)。共需建隧洞46段1 534km,其中主线隧道37段1 299km,辅线隧道9段235km。主辅线隧洞中有12段隧洞长度超过50km,16段隧洞长度在20~50km,其余18段长度在20km以下(表5-6)。最长单洞为芒康山隧洞,长90.28km。

表5-5　藏木至洮河线大坝工程与技术参数

顺序	大坝名称	水面海拔/m	主坝高/	主库容/亿m^3	大坝数
1	嘉陵江	2 335	327	46.6	12
2	岷江	2 430	265	19.5	5
3	大渡河	2 460	245	14.6	2
4	雅砻江	2 725	137	15.6	1
5	金沙江	2 840	312	54.4	2
6	澜沧江	2 885	231	23.5	1
7	怒江	2 920	301	37	1
8	易贡藏市	3 350	313	36	3
9	尼洋河	3 400	185	31.8	2
10	雅鲁藏布江	3 500	306	14.8	6
11	辅助大坝	—	—	—	6
—	总计	—	—	293.8	41

表5-6　藏木至洮河线隧洞工程与技术参数

顺序	隧洞名称	半径/m	单洞长/m	复合洞数	总长/km
1	迭山	6.35	46 042	12	553
2	岷山	6.57	207 374	11	2 281
3	邛崃山	6.43	142 142	11	1 564
4	大雪山	6.07	147 064	7	1 029

续表

顺序	隧洞名称	半径/m	单洞长/m	复合洞数	总长/km
5	沙鲁里山	6.44	154 186	7	1 079
6	芒康山	6.07	90 278	6	542
7	他念他翁山	5.76	62 438	5	312
8	念青唐古拉山	5.84	226 301	3	679
9	抗拉热山	5.98	57 281	2	115
10	郭喀拉日居山	5.24	165 516	2	331
11	辅助隧洞	—	235 091	1	235
—	总计	—	1533 713	—	8 719

4)水量论证

利用全国径流深度图通过 ARCGIS 计算的藏洮线最大调水量为 1 687.1 亿 m^3,按流域分布状况为自东北向西南依次为:

(1)嘉陵江(白龙江和涪江)流域 40.0 亿 m^3;

(2)岷江流域 56.5 亿 m^3;

(3)大渡河(大金川)流域 153.5 亿 m^3;

(4)雅砻江流域 203.8 亿 m^3;

(5)金沙江流域 265.1 亿 m^3;

(6)澜沧江(湄公河)流域 201.2 亿 m^3;

(7)怒江(萨尔温江)流域 281.7 亿 m^3;

(8)易贡藏布流域 140.2 亿 m^3;

(9)尼洋河流域 102.4 亿 m^3;

(10)雅鲁藏布江流域 242.8 亿 m^3。

其中,易贡藏布、尼洋河和岷江流域水源区径流深度最大,分别为 837mm、778mm 和 571mm。

梁书民研究员设计的大西线调水方案在大坝和隧洞设计与水库库容计算中依据的数字高程模型数据来自日本经济产业省和美国航空航天局于 2009 年公布的 Terra 卫星采集的 ASTER GDEM(advanced spaceborne thermal emission and reflection radiometer global digital elevation model,先进星载热反射辐射仪全球数字高程模型)数据,地面分辨率为 31m,数字高程精度(标准差)为 7~14m,相当于 5 万分之一的地形图。库容计算应用了 ARCGIS 三维分析程序中的 GRID 和 TIN 模块。隧洞的调水量是根据谢才公式和曼宁公式计算得出的,洞壁的粗糙系数取 0.012(水泥砂浆衬里),各隧洞均按照非满管无压流计算,当洞内水位是隧洞直径的 95%时流量最大,为满管流量的 108.7%。

5.3.6.3 工程成本效益估算

1)调水区间划分

梁书民研究员设计的大西线调水方案,由于利用黄河上游的径流向西北调水,可以增加调水量。而黄河上下游用水配额,可以通过中线南水北调重新分配,所以梁书民研究员主张中西线联合调水。为便于对比调水工程的成本效益,梁书民将联合调水工程按时间顺序分为四个阶段。

(1)三峡水库—丹江口水库阶段调水。从中线规划方案延伸,包括建设 133km 长的三峡水库—丹江口水库隧洞(湖北兴山县香溪河水田坝村至丹江口市浪河镇)和 1 427km 长的引水干渠扩容(河南省淅川县九重镇陶岔村丹江口水库至北京及天津)。

(2)金沙江—洮河阶段调水。金沙江从四川巴塘县甲英水库至洮河甘肃岷县十里镇。

(3)怒江—金沙江阶段调水。怒江从西藏八宿县果巴水库至金沙江甲英水库,为金沙江—洮河线的延伸。

(4)雅鲁藏布江—怒江的阶段调水。从雅鲁藏布江西藏加查县藏木水库至怒江果巴水库,为怒江—洮河线的延伸。

2)工程规模与投资

只有进行南水北调中线延伸和大西线联合调水工程详细规划,才能精确计算本方案的总造价。梁书民方案仅参照现有水利工程的工程量和造价的关系,对整个工程总造价进行估计。比如,藏木—洮河调水主线主体工程大坝造价主要参照了近年来西南地区在建和已建的大坝造价,通过回归建立坝高同总投资的关系函数,进而根据大坝的高度估计大坝投资。经估算:藏木—洮河调水线路 41 座大坝总造价为6 688亿元;其中,10 座主坝总造价为2 944亿元,31 座主线辅坝和辅助工程大坝造价为3 745亿元。中西线联合调水共计需建隧洞9 386km,此方案多为复洞,单洞总长度仅为167km。按土石方量估计,联合调水工程的隧洞总投资为16 232亿元,其中西线为14 942亿元,中线为1 290亿元。向雅鲁藏布江延伸调水所需增加的西北干渠投资,按照增加的调水量(由 1 256 亿 m^3 增加为 1 741 亿 m^3)等比例扩大,在3 985亿元的基础上增加1 537亿元。中线延伸引水干渠投资,根据中线延伸调水量等比例扩大,估计需投资2 343亿元。估计整个工程按 2010 年价格计算的静态总投资为30 785亿元;其中,隧洞建设投资16 232亿元,约占总投资的 52.7%;西北干渠建设投资7 865亿元,约占总投资的 25.5%;大坝建设投资6 688亿元,约占总投资的 21.7%。

3)单位成本水价

从中西线联合调水成本来分析,中线延伸阶段北调每立方米水需 10.68 元为最低(由于未计入干渠扩容成本,原估计值 3.79 元/m^3 偏低),稍高于规划中线调水的单位成本 7.1 元/m^3;金沙江—洮河线边际成本较高,为 15.64 元/m^3。但由于采取了中西线联合调水,使黄河水可以进行有效的上下游调配,其平均成本仅为 14.05 元/m^3;大西线由金沙江延伸到怒江的边际成本为 14.36 元/m^3,同金沙江—洮河段中西线联合调水成本相当,从而使联合调水成本变化很小;大西线由怒江延伸到雅鲁藏布江的边际成本较高,为 18.48 元/m^3,稍高于规划西线的单位成本 17.9 元/m^3。但从联合调水总体分析,单位成本只有 15.19 元/m^3(表 5-7)。因此,梁书民研究员建议先开工建设西线金沙江及以北与中线延伸联合调水工程,然后延伸到怒江全面实施怒江—洮河线与中线延伸联合调水工程,最后实现向雅鲁藏布江的延伸调水。

藏木—洮河线中西线联合调水完成后,以洮河至刘家峡水库为节点,可对大西线来水和黄河刘家峡以上来水进行统一调配。藏木—洮河线上游来水每年有 1 687 亿 m^3 由岷县十里镇入洮河,加上黄河上游经龙羊峡水库调节的刘家峡水库入库径流每年 273 亿 m^3,总计每年 1 960 亿 m^3。按照黄河流域水资源规划,需通过黄河主河道向万家寨—小浪底区间的黄河中游供水 219 亿 m^3,以工业和城镇生活用水为主,剩余的 1 741 亿 m^3 可在黄土高原和西北内陆缺水地区统一分配。行业间用水量分配按照中国水资源公报公布的西北诸河的用水量分配比例，农业用水占89.7%，生活用水占2.7%，工业用水占3.2%，生态用水占4.4%；若按照输水线路长度决定供水配额，分配结果为在新增计划外用水量1 741亿 m^3 中各省区可获得的配额分别为新疆631亿 m^3、内蒙古463亿 m^3、甘肃378亿 m^3、陕西100亿 m^3、山西98亿 m^3、宁夏70亿 m^3。中线延伸增加调水340亿 m^3，以工业和城镇生活用水为主，供给中线干渠以下的河南、河北、山东、北京和天津。

表5-7　中西线联合调水成本与调水量

项目	三峡大坝—丹江口	金沙江—洮河	怒江—洮河	藏木—洮河
干渠/亿元	2 343	4 522	6 328	7 865
大坝/亿元	0	4 527	5 252	6 688
隧洞/亿元	1 290	5 832	10 238	16 232
总计/亿元	3 633	14 881	21 817	30 785
调水量/亿 m^3	340	1 059	1 542	2 027
单位成本/元/m^3	10.68	14.05	14.15	15.19

4)调水效益

按照上述分配方案，藏—洮线中西线联合调水的主要用水效益为：

(1)售水收入1 203亿元；

(2)新增耕地2 973万 hm^2，价值58 945亿元；

(3)农业效益为可生产大豆13 828万t；

(4)工业效益为可增加32 923亿元工业GDP；

(5)城镇生活用水效益为可增加39 571万城镇人口；

(6)发电效益为可发电3 629亿kW·h；

(7)控制长江宜昌总径流量的21.3%，有利于长江中下游地区的防洪和抗旱；

(8)生态效益为可增加绿洲32.3万 km^2。

按照上述估计的成本和效益，梁书民计算了三个阶段联合调水的静态成本回收期和财务内部收益率。计算结果为金沙江—洮河、怒江—洮河、藏木—洮河3种联合调水方案的投资回收期分别为17.9、19.7和22.0年；按运营100年计算的财务内部收益分别为8.02%、8.16%和8.57%。财务内部收益率呈随调水量增加而递增的趋势，这种变化支持大水量调水的藏洮线中西线联合调水方案。藏洮线中西线联合调水工程的静态总投资为30781亿元，建成后年总收益为3017亿元，扣除总投资1%的运营成本后每年仍有净收益2710亿元，为静态总投资的8.8%。

5.3.6.4　调水存在的地质环境问题

1)调水比例分析

有关调水比例、国内国际水资源分配问题，梁书民也做了一定分析。藏洮线中西线联合调水北调长江水量1 337亿 m^3，为长江入海径流量的13.7%；北调澜沧江水量201亿 m^3，为湄公河入海径流量的4.2%；北调怒江水量282亿 m^3，为萨尔温江入海径流量的11.2%；北调雅鲁藏布江水量485亿m^3，为布拉马普特拉河径流量的7.9%。长江上游及支流水源区人口稀少，受调水直接影响的地区主要为土地资源极为贫乏的贫困山区，正是需要生态移民的地区。国际河流澜沧江、怒江、雅鲁藏布江下游均为水资源丰富地区，调水量小，对下游影响不大，且有助于下游的防洪。袁嘉祖的调水方案中，为了解决大西线南水北调有关国际问题，查阅了有关法规和文献，认为实施大西线南水北调不存在国际惯例的障碍。

2)生态问题

梁书民方案认为，水源区河谷植被以生态价值较低的灌丛为主，水库淹没的森林面积较小，对自然生态环境的破坏也较小。纳水区主要是黄土高原旱作农业区，河西走廊山前洪冲积扇，内蒙古西部沙漠、毛乌素沙地，内蒙古中部干草原，新疆山前洪冲积扇，塔里木盆地南缘，吐哈盆地北缘，准噶尔盆地南缘东段。纳水区气候干旱，环境恶劣，所以调水的生态效益十分显著。

3)交通条件

沿线的交通条件，由于在大西线选取了中海拔线路，沿线的交通条件有很好的基础，并在迅速改进。藏木—洮河沿线有317、318、214国道，为大西线建设提供了便利的交通条件；多条铁路正建设中；多座机场也在建设中。不久的将来，将在大西线形成发达的立体交通网络。

4)地质灾害

沿线的地质条件复杂，次生灾害频繁。但藏木—洮河线避开了五都—马边地震带(汶川地震带)和喜马拉雅地震带，但是需要横穿康定—甘孜地震带，工程设计中应考虑大坝和长大隧洞的抗震与抗活动断层问题。汶川地震强震区的4个不同类型百米以上高坝保持了结构整体稳定和挡水功能；目前西南地区正在建设和准备建设的一批200m甚至300m高的超高大坝都处在地震烈度较高的地区，可见中国的大坝抗震技术已经十分成熟，居世界前列。根据中国地壳垂直运动图，怒江—洮河线处于地壳下降4mm/a和上升4mm/a的区域内；延伸线雅鲁藏布江藏木—怒江段，地壳活动强烈，大部分在每年上升8mm以上的地域，最高可达20mm/a以上。但是，地壳上升速度变化剧烈的区域，恰好是怒江德曲果巴之间利用自然河流输水的地段，以及念青唐古拉山南麓多段短隧洞地段，地壳变化对引水工程的影响不会太大，且较容易修复。

基岩岩性与TBM(隧洞掘进机)掘进。基于1∶250万地质图，利用GIS计算各类岩性的图斑面积发现大西线沿线以砂岩和板岩为主，砂岩硬度居中，板岩硬度较差，二者均属于TBM掘进的较佳岩层。目前国际上深埋长大隧洞掘进技术已经成熟，如中国台湾地区在同类岩层上利用TBM隧洞掘进机挖掘隧洞，平均月进度为319m，90km的隧洞双向掘进12年可以完成，若利用有利地形多开辅助掘进口多头并进，还可以大大缩短施工期。

5.3.6.5　讨论与建议

关于数据的可靠性，梁书民认为研究的径流量和工程技术数据可信度较强，依据的中国多年平均径流深度图是根据2 200多个水文站1956—1979年的资料绘制的，通过GIS计算的径流量同统计的径流量误差很小。ASTER GDEM的31m分辨率DEM数据可信度最大，该数据采集所使用的热辐射波可以穿透水体，反映的是河底的海拔高度，同实际建坝设计所依据的海拔高度相同，有效校正了低分辨率和水面反射对河床海拔的高估与对大坝高度的低估。对效益的估算参照的是现实的数据，可信度也较好。对建设成本的估计，虽然作者倾尽所能,仍感觉较为粗略,特别是坝高与造价关系回归的可信度较差,需做进一步研究。但本研究的系统误差不很大,总体上不会影响对大西线是否实施的决策。

联合调水工程建设,应当遵从总体规划、分期建设、逐步延伸原则,可分四阶段进行。中线延伸和干渠扩容的调水效益最佳,工程量小,见效快,应当作为第一阶段最先进行建设;第二阶段开始建设金沙江—洮河线和到新疆的西北干渠,完成从金沙江向乌鲁木齐调水,使南水北调能惠及新疆;第三阶段建设怒江—金沙江线和完成西北干渠,实现从怒江向大西北调水,使大西北的生态环境能有根本改善;第四阶段建设藏木—怒江线,最终实现从雅鲁藏布江向大西北的调水,用于增加向大西北的调水量,或可考虑向蒙古的国际调水。一旦决定实施联合调水工程,应尽早开始长隧道掘进,以保障全部工程顺利完工,否则将无法有效保障2025年以后的中国粮食生产安全。

5.4 西北调水方案研究

5.4.1 西北跨流域调水可行性

新疆农业大学水利与土木工程学院侍克斌、岳春芳、何春梅、范勇等学者,多年从事水利规划研究,通过分析新疆水资源匮乏的历史演变及短缺程度,在《西部南水西调前期研究至疆外跨流域调水可行性初探》一文中,说明从疆外实施跨流域调水的必要性;文中,分析了新疆资源与水载体匹配严重失衡、沙漠化日趋严重和制约区域经济发展的诸多重大原因,并提出从青海通天河调水入疆和从西藏雅鲁藏布江调水入疆的方案及具体设想,同时分析了此方案技术上的可行性和可获得的经济、生态及社会效益;文章还列举了从疆外调水的不同设想和方案,进一步说明了西部南水西调方案是其他方案所不可替代的水资源优化配置方案。引编该文参与比较,反映不同地区及学者观点,以利科学评价重大方案。

5.4.1.1 疆外跨流域调水的必要性

新疆是典型的内陆寒冷干旱区,水资源是制约区域经济发展的最重要因素之一。早在1995年就有学者提出从疆外调水的设想。本研究就疆外跨流域调水的必要性、重要性、可行性和不可替代性做粗浅的分析和探讨。

1)新疆水资源缺乏的历史演变

早在4 000万年以前,新疆是古地中海的东支,随着帕米尔高原的升起,新疆经历了沧海桑田的巨变。由于帕米尔高原、昆仑山、阿尔金山、天山、阿尔泰山等山脉的隆起、分割和阻挡,使西风环流所携水汽到达新疆时几乎所剩无几,因此,塔里木、准噶尔和吐—哈三大盆地远在1 000万年以前就开始向干旱方向转化。到100万年前,已经形成了目前这种干旱状况;期间虽有小的干湿气候波动,但始终没能改变总的干旱面貌。而且,沙漠化程度逐渐严重:地质时期的69万年中,平均每年扩大约0.49km^2;历史时期2000年中,每年扩大9.85km^2;现代50年中,每年扩大170km^2。

2)新疆水资源的短缺程度

新疆降水资源很少。素来以干旱著称的内蒙古、青海、宁夏、甘肃等省区,其年降水量都要比新疆(147.4mm)多将近一倍;相比之下,新疆才是全国水资源的极度贫乏区。若以内蒙古的年降水量作为农业不缺水标准,则新疆缺水达每年610亿m^3;若以陕北黄土高原的年降水量作为农业不缺水标准,则新疆缺水达每年1 212亿m^3;若以南水北调受益区的年降水量作为农业不缺水标准,则新疆缺水达每年1 930亿m^3。

新疆现有地表水资源量为每年882亿m^3,其中可利用水资源量为693亿m^3;现有地下水资源量为352亿m^3,其中每年天然补给量为65亿m^3。因此,新疆每年的水资源可利用量为758亿m^3。

新疆现有的农业灌溉面积约487万hm^2。近几年,平均农业供水量为每年506亿m^3,生活和工业供水量为每年9亿m^3,生态供水量为每年19亿m^3,共计534亿m^3。从近期有关维持新疆现有天然生态水资源量的报告可知,其最低标准为每年约310亿m^3。可见,新疆近年的生态供水量远低于这个最低标准。根据前述,新疆每年的水资源可利用量为758亿m^3,为了满足最低生态保护要求,新疆的年用水量需达到850亿m^3,现在每年仍短缺92亿m^3。为了满足目前新疆最低需水标准,或达到其他干旱区农业不缺水标准,都需要从疆外跨流域调水。

5.4.1.2 疆外跨流域调水的重要性

1)新疆资源与水承载的严重失配

新疆的地域面积为160万km^2,是我国国土资源最大、矿产资源最多、光热资源最丰富、水资源最贫乏的省区。新疆拥有全国33%~50%的石油储量、33%以上的煤炭储量、最大的钾盐矿和有色金属矿,光热资源比同纬度的东北、华北、黄河流域要高出20%~30%。要想开发这些资源,就必须配置足够的水。因此,水资源的缺乏,是制约新疆经济发展、资源开发的“瓶颈”,也是制约新疆可持续发展的关键。

2)新疆的沙漠化日趋严重

随着新疆人口、灌溉耕地面积的增加,为了争得较多的水量,引水口从河流下游平原区不断向上游出山口附近推进,绿洲在扩展中不断从下游向中上游搬迁,河流下游随之断流而逐渐沙漠化。尤其是近50年来,新疆绿洲面积虽然扩大了两倍多,已达60 000km^2,但同时期沙漠面积也增加了18.3万km^2,是同时期绿洲开发面积的3倍。实际上,新疆的生态环境目前正陷入“局部改善,整体恶化”的窘境。

新疆沙漠化的日趋严重,已经超出了新疆水资源的承载能力,如此下去必将严重制约新疆的可持续发展。尽管近年来国家及疆内自身已做了大量的内涵式生态补救工作,如节水灌溉、退耕还林(草)、修建水利设施、加强水利工程管理等,但仍然无法从根本上遏制这种恶化趋势。同时,新疆近50年来已使0.1亿hm^2天然生态区沙漠化,要想使其生态环境恢复到20世纪60年代的状况,按每公顷需水3 000m^3来恢复,则每年需水量为300亿m^3。因此,只有通过疆外跨流域调水,才能从根本上解决生态恶化的问题。

5.4.1.3 疆外跨流域调水的可行性

1)调水线路的可行性分析

调水线路选择的原则:水源距离较近,调水量相对较大,高程相对较高(保证自流),生态环境影响较小,技术上可行,工程投资较省。

新疆最缺水的区域,是南疆塔里木盆地和东疆吐哈盆地,受水区高程在-150~1 400m。塔里木盆地和吐哈盆地位于帕米尔高原、昆仑山和阿尔金山、天山山脉之间,深居欧亚大陆腹地,除巴基斯坦的印度河外,周边河流均属于亚洲腹地的干旱区河流,水资源匮乏,已无水可调。而巴基斯坦的印度河,是发源于我国的国际河流,水源高程高于塔里木盆地,但总水量较小。长江和雅鲁藏布江的上中游,水量较大,高程都在高程3 750m以上。从这两条江调水入新疆，不仅可以自流引水，而且各自还有 2 000～2 750m 的发电水头，也就是说，调水的同时还可用来发电。

2）通天河调水入疆方案

通天河是长江上游的一条主干部分，在青海省曲麻莱附近。通天河与楚玛尔河汇合口处的河底高程为 4 210m，多年平均径流量约 68 亿 m^3，可调水 60 亿 m^3 左右，同时还有 2 750m的发电水头，调水工程的年总发电量为 370 亿 kW · h。

（1）工程初拟规划。在此位置修建一座坝高 60m 的调蓄水库，打一条 120km 的隧洞，自流引水到格尔木河谷；再接一条长 46km 的引水明渠，经1 250m落差多级发电后，继续沿柴达木盆地边缘 3 000～2 900m等高线修建长 470km 明渠即可引水进入新疆；此处高程约为 2 900m，还有 1 500m 落差，再经多级发电后，可分别向西、向东北方向修建两条总长 350km 的支干渠，输水到 1300m 高程以下的塔里木盆地东南部和吐哈盆地。

（2）库容与大坝参数。调蓄水库库容为 55 亿 m^3，相应坝顶高程为 4 270m，此时坝轴线长度为2 000m，拦河大坝初拟为黏土心墙堆石坝，上游坝坡为 1 ∶ 2.5，下游坝坡为 1 ∶ 1.75，坝顶宽 8m，对坝基覆盖层和下部风化岩层，分别采用混凝土防渗墙和帷幕灌浆做防渗处理（图 5-1），开敞式溢洪道可布置在大坝附近库岸坡的马鞍型山体上（其鞍部高程约 4 280m）；引水隧洞进口底部高程定在 4 250m，洞出口水位为 3 600m，洞线岩性以板岩、砂岩和碎屑岩为主，隧洞设计成纵坡为 5.4‰。左右的有压洞，洞长为 123.6km，每年引水时间为 8 个月，隧洞直径按 8.4m 来考虑，则引水隧洞的设计流量应在 $300m^3/s$ 左右，隧洞的横断面初拟为圆形，采用 80cm 厚的钢筋混凝土衬砌（图 5-2）。

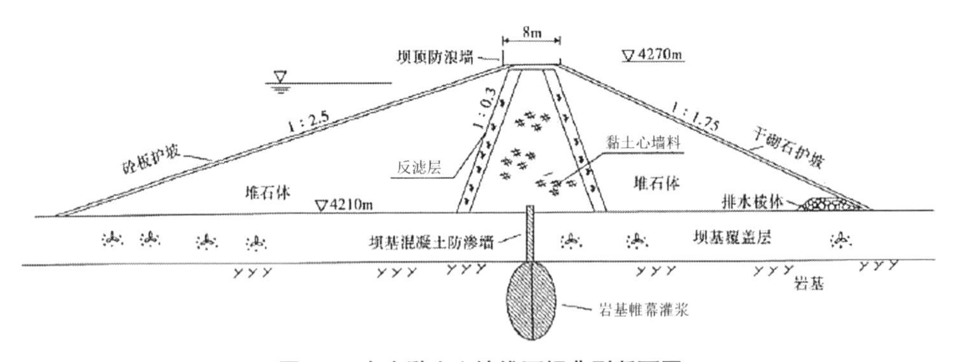

图 5-1　水库黏土心墙堆石坝典型断面图

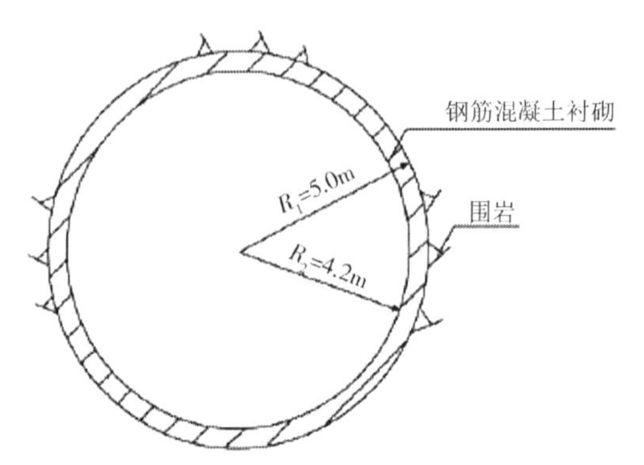

图 5-2　引水隧洞典型断面图

(3)综合效益。该方案引水隧洞获得665m的发电水头，在出口水面3 600m高程的格尔木河谷发电后，到达引水明渠进口还有约46km；明渠进口底部高程定在3 000m，此时还有近600m的发电水头，电站可按引水式考虑，引水渠(或隧洞)按1/7 000的纵坡设计，剩余590m的水头还可修建2~4个梯级电站；最末级引水式电站的尾水与明渠进口相连接，明渠按梯形断面设计，底宽16m，渠深7.6m，边坡系数2.0，糙率0.017，采用复合土工膜防渗，上铺10cm厚的素混凝土板防冲(图5-3)，此段明渠总长468.5km，渠线地基岩性为第四纪戈壁砾石层，施工方便。

引水明渠末端拉配泉至新疆边界的库木塔格地区(东经92°，北纬38.5°)，在50~60km内还有1 500m的落差(1 400~2 900m)，可修建多个梯级引水式水电站，总装机360万kW，年发电量可达200亿kW·h；若加上引水明渠进口段格尔木的梯级电站装机，本工程合计总装机达662万kW，年发电量370亿kW·h；明渠总干渠水流发电后，在400m高程按西和东北两个方向再修建两条支干渠，渠线地基岩性也为第四纪戈壁砾石层，支干渠纵坡初拟为1/20 000，总长度约1 350km，支干渠横断面也按梯形设计，其基本结构同总干渠，一条支干渠向西给若羌、且末和塔里木河下游供水50亿m^3；而另一条支干渠向东北分别给哈密供水5亿m^3，给吐鲁番供水5亿m^3。

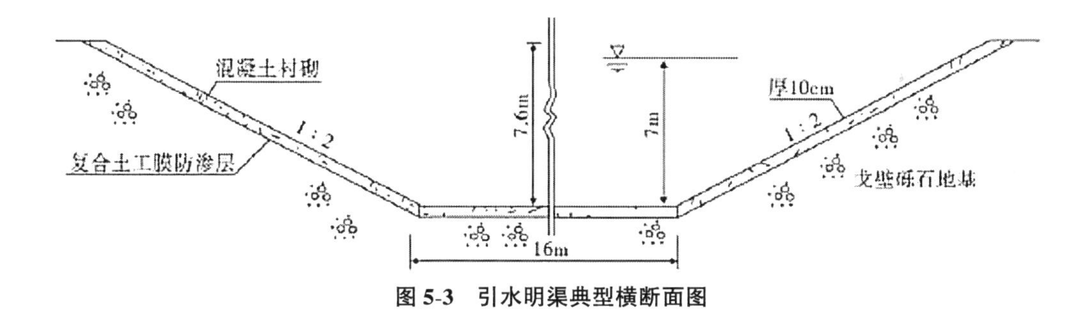

图5-3　引水明渠典型横断面图

此工程投资估算约为950亿元。是一项水量大、水头高、效益好，设计和施工相对容易的工程。

5.4.1.4　雅鲁藏布江调水入疆方案

1)水量分析

雅鲁藏布江发源于我国西藏，在拉萨西面的尼木附近，河底高程为3 750m，多年平均径流量约300亿m^3，可调水150亿m^3，同时还有2 000m左右的发电水头。

工程初拟规划是：在此位置打800km的超长隧洞，自流引水到格尔木河谷，经500m的落差发电后，再接一条长50km的引水明渠(或隧洞)，经600m的落差多级发电后，继续沿柴达木盆地边缘2 900~3 000m等高线修建长470km的明渠，即可引水进入新疆；此处的高程约为2 900m，这时还有1 500m的落差，再经多级发电后，可分别向南疆、东疆和北疆1 350m高程以下的区域自流供水；估计支干渠的长度约1 400km，输水支隧洞长度约90km。超长隧洞的选线，可尽量靠近青藏铁路，施工动力可用通天河调水工程发出的电力。

调水工程的投资估算约为2 760亿元。它是一项水量很大，水头较高、效益好，设计和施工难度相对较大的工程。

2)调水工程的技术可行性分析

工程虽处在高海拔、寒冷和干旱区,但所涉及的水工建筑物如水库大坝、输水渠道、水电站等,均属常规水电工程;加上地质、地形、水文、气象及现有交通、动力、施工技术水平等条件,不存在大的问题,工程建设自然是可行的。即便是对长达120km、开挖洞径10m的引水发电隧洞,按现有施工技术水平,若采用双护盾全断面掘进机(TBM)施工,选择3~4个工作面同时开挖,3年内完工基本没有问题。但对于800km的超长隧洞,加上引水流量是前述引水隧洞的2.5倍,不论在设计、还是在施工方面,都增加了相当的难度,但只要精心设计、合理组织施工,在技术上也是可行的。

5.4.1.5 **工程效益分析**

本方案的工程效益很好,这不仅体现在生态上,而且也体现在经济上和社会效益方面。现仅对通天河调水方案做初步分析。

1)供水费用测算

通天河调水项目供水成本,主要包括折旧费(其中含摊销费)和年运行管理费等。

(1)工程投资及折旧费。本工程投资估算为950亿元;根据水利建设项目经济评价规范中固定资产分类折旧年限的规定,调水工程的工程等级和采用的建筑材料,工程折旧年限取50年,折旧率取固定资产原值的200(静态),预计每年折旧费为19亿元。

(2)年运行费。年运行费包括材料费、燃料动力费、工资及福利费、日常维修养护费、大修理费、水资源费等。另外,还包括一些其他费用,如管理费、销售费及财务费用等。

(3)按同类调水工程年运行费占投资的比例,年运行费不超过投资的10%,若以10%计算,则粗略估计本工程运行费每年为95亿元;年费用合计为114亿元,则供水成本为1.9元/m^3。

2)经济效益分析

(1)发电效益。该工程预计年发电量370亿kW·h,其中可给青海带来约170亿kW·h的年发电量,给新疆带来200亿kW·h的年发电量,电价按0.4元/kW·h计,年发电效益近148亿元。

(2)工业用水效益。以供水用于煤化工项目为例,工业供水若用于生产甲醇,2吨煤产一吨甲醇,单位产品用水量为10m^3/t左右,甲醇价格目前2 400元/t左右,按1吨水2元计算,一吨甲醇用水成本为20元;新疆哈密26.37MJ以上动力煤坑口含税价200元/t,按市场价500元/t计算,一吨甲醇需要的煤炭成本是1 000元,则扣除煤炭、水成本后,甲醇毛利润为1 380元/t,这也是10吨水产生的毛利润。假定供水工程投资占煤化工工业总投资的比例为1 000,煤化工企业的净利润率为毛利润的30%计算,则每吨水效益为4.14元。

(3)若60亿m^3的水中,30%用于工业,则年供水效益为74.52亿元。若用于工业供水量占总引水量的比例分别为40%、50%、60%时,年供水效益分别为99.36亿元,124.2亿元和149.04亿元。

(4)农业用水效益。引水总量中一部分水用于农业生产,可新增大量耕地。若引水量中70%用于农业,按每公顷地毛用水9 000m^3计算,则可新增耕地47万hm^2,每公顷地产生毛效益15 000元,水利分摊系数按0.4计算,则每年农业增产效益为28亿元。每立方米带来的农业增产效益为0.67元。

(5)同理,如果农业用水的水量占引水量的比例分别为60%、50%、40%时,农业增产效益分别为24.12亿元、20.10亿元、16.08亿元。

(6)项目的年效益:农业、工业用水量比例不同,所产生的效益也不同,各种比例组合情况下的年效益见表5-8。

表5-8 不同用水比例组合的年效益预测表

用水比例可能的情况	工业用水比例/%	农业用水比例/%	发电效益/亿元	工业效益/亿元	农业增产效益/亿元	效益合计/亿元
1	30	70	148	74.52	28.14	250.66
2	40	60	148	99.36	24.12	271.48
3	50	50	148	124.20	20.10	292.30
4	60	40	148	149.04	16.08	313.12

3)经济效益评价指标分析

根据项目的投资、年运行费和年均经济效益,采用社会基准折现率8%计算,初步计算得到项目不同用水比例组合情况下的经济净现值(ENPV);并初步计算出各种情况下经济内部收益率(EIRR)、投资回收期(静态)等指标(表5-9)。表5-8和表5-9中的各项指标充分说明引水工程的经济效益很好,而且工业供水量占引水量的比重越大,效益越好。

表5-9 同用水比例组合的经济评价指标

用水比例可能的情况	经济净现值/亿元	经济内部收益率/%	投资回收期/a
1	642.9	13.95	7.16
2	878.7	16.09	6.21
3	1 114.6	18.22	5.49
4	1 350.4	20.35	4.91

由于项目的投资、年运行费及效益均来自预测,具有一定的不确定性,因此,分别对项目的投资增、减20%,效益增、减20%做了单因素敏感性分析;结果表明,项目净现值均大于零,内部收益率均大于8%,表明项目具有较强的抗风险能力。

巨大的电能还将为新疆、青海开发国家急需特有的矿产资源(如哈密铜镍矿、罗布泊钾盐矿等)提供强大的动力,为石油深加工产业提供巨大的能源,为缺水区交通电气化提供足够的动能,也为农业电气化、现代化和产业化打下坚实的基础。

4)生态效益分析

工程可为若羌、且末、塔里木河下游及吐哈盆地生态良性循环,提供可靠的水资源保证,将有效地遏制当地荒漠化的快速蔓延,进而改善生态环境,促进区域经济的可持续发展。

5)社会效益分析

调水60亿m^3入疆(占新疆地表水可利用资源量的8%),还附带200亿kW·h电能,是发展生产和改善生活的物质基础,因而也是发展经济、维护社会稳定的重大举措。

5.4.1.6 疆外跨流域调水的不可替代性

此前,也有一些专家学者提出过不同的向疆内调水的方案,其中引起较大关注和争议的方案有:引入印度洋暖湿气流方案、大西线调水方案、海水西调即引渤入疆方案。

(1)引入印度洋暖湿气流方案。该方案提出用爆破技术在喜马拉雅山中段炸开一V形槽,引入印度洋暖湿气流改变楼兰及周边气候;也有人提出在昆仑山挖出一个大缺口,引入印度洋暖湿气流进入塔里木盆地,以振兴南疆经济。显然,这些种方案投资和技术难度是不可想象的。

(2)大西线调水方案。这是一项惠及到新疆、但投资规模巨大的方案,其基本思路是:从西藏东南部的雅鲁藏布江、怒江、澜沧江、雅砻江和大渡河联合向黄河调水,所调水量的绝大部分都是横断山脉水系,第一期调水量为每年 2 006 亿 m^3,以解决西北、华北地区的干旱缺水问题;调水入黄河后,通过青海湖、内蒙古的岱海调蓄分配,沿途可利用水头发电,其发电量相当于 4 个三峡水利枢纽。对新疆的调水可通过青海湖引入南北疆,对这一工程艰巨性过大的方案,水利部的一些专家提出了反对意见。

(3)海水西调、引渤入疆方案。此方案是在渤海岸先提海水在 2 000m 高程以上,再通过长 2 800km 左右的输水涵管,把海水引入吐鲁番,形成海水湖,靠蒸发水量改变气候,或部分海水淡化,以补充灌溉和生产复合海盐。此方案不仅生产淡水量有限,投资规模很大,而且还有可能带来环境污染或局域土壤盐碱问题。

可见,以上方案无论从技术难易程度上、投资规模上、环境保护方面等,都无法与从通天河和雅鲁藏布江直接调水方案相比。因此,本方案是一个不可替代的相对可行方案。

5. 4. 2　深埋长隧洞开挖中高压涌水问题的研究

西部调水,无论是采纳水利部南水北调 2001 年总体规划的方案建设西线工程,还是采用任何其他专业设计院或水利专家提出的初步设想调、输水方案,都将遇到在高寒、高海拔、复杂地质条件下,建造深埋、高地应力并随时发生岩爆、高压涌水技术难题的大直径隧洞。即便不考虑数万亿的建造成本、地震等破坏性事件对安全运行的影响以及经常性需要发生的监测、运行维护的高昂费用,实施过程可能遇到的高地应力产生岩爆和高压涌水等问题也需要加强研究;以尽可能降减施工过程带来的重大安全事故或安全隐患。

2005 年 10 月,国务院南水北调办公室和中国岩土工程学会在北京召开由国内外知名专家参加的南水北调西线工程深埋长隧洞 TBM 施工技术的专题讨论会,对于深埋长隧洞施工中可能会碰到的岩爆问题、活断层和破碎带问题、有害气体问题、高地热问题以及高地压下的软岩支护问题等,均进行了热烈讨论并提出对策措施,但对于高压大流量涌水问题,国内外专家均未能提出有效的解决措施。2006 年 10 月,国务院南水北调工程建设委员会专家委员会专家汪易森在《南水北调与水利科技》期刊发表了《关于深埋长隧洞开挖中高压涌水问题的讨论》一文,引编该文及对国内外有关该问题资料进行的搜集与整理,以及其根据日本地芳隧道、青函隧道和美国加州赫尔姆斯蓄能电站相关问题与对策措施和对深埋长隧洞开挖中高压涌水问题所做的研讨,有利于各重大方案比较和后评价。

5. 4. 2. 1　日本地芳隧道高压涌水的施工措施

日本地芳隧道位于爱媛县上浮穴郡至高知县高冈郡之间,隧道全长 2 990m,内径 9. 25m;最深覆盖 390m,地质年代属中生代侏罗纪,以石灰岩为主混杂黏板岩和绿色岩,石灰岩地层中有高压涌水带;施工方通过先进的水平钻探技术,发现最大水压为 2. 65MPa;开挖中实际出现最大水压为 2. 0MPa;由于高水压引起隧洞施工掌子面崩塌和土砂流出,不得已中断施工。为此，根据观测资料和逆解析分析掌子面崩塌原因并修改设计，重新布置排水绕行支道、进行支护设计、确定主洞的止水范围。

根据计算，绕行支道选择圆形断面，内半径为 2.6m，按照弹性梁模型计算确定了支道的支护设计，采用双层钢拱架，喷高强度钢纤维混凝土 40cm，支护处理后的绕行支道可保证在高水压下排水且安全稳定运行。

对主洞的止水设计主要包括止水域设计、入注材料选择和止水施工技术要求三部分。为确定止水域，采用青函隧洞同样的解析方法进行分析，其结果是对于 D_1 级围岩（$C=0.4\sim0.5N/mm^2$），止水域取半径 3 倍可以满足稳定开挖要求；对于 D_2 级围岩（$C=0.2N/mm^2$），止水域取半径 5 倍可以满足稳定开挖要求。实际施工时对于大涌水地段取半径 4 倍作为止水域，一般地段取 3 倍半径作为止水域。

为保证山地入注材料有一定强度，从原使用活性水玻璃入注液改为地基注入专用高耐久性水泥急硬入注材料。入注压力取 5.0MPa，即涌水压力 2.0MPa 的 2.5 倍，注浆顺序为先外环后内环，最后用检查孔确认注浆效果，质量控制标准为 014 吕荣，如同预想一样在注浆施工时经常遭遇到每孔 5t/min、水压力 2.0MPa 的出水情况。经过上述处理后，工程得以继续施工并顺利完成。

5.4.2.2　青函隧道地基注入工法

青函隧道位于日本青森县东津轻郡至北海道上矶郡之间，1964 年开工，1985 年完成，隧道全长 53.9km，其中海底部分 23.35km，陆上部分 30.55km，隧道设计标准为：最小曲率半径 6.5km，最小坡度 1.2%，最大水深 140m，海底最小土覆盖 100m，地基注入量 847 000m^3。

青函隧道海底部分由主隧道、作业隧道和导洞三部分组成，主隧道高 7.85m、宽 9.7m，正常运行时通行列车。作业隧道位于主隧道侧面 30m 左右，先于主隧道平行开挖，作为施工辅助通道，正常运行时作为维修通道。导洞低于主洞并最先开挖，主要用于海底地质、涌水调查，研究施工方法，支援作业隧道和主隧道开挖，正常运行时用于排水和换气。

由于主洞低于海面 240m，必须采用先进施工方法。

（1）其一是先进的水平钻探技术，即保持相当精度、长度可达千米的水平方向钻孔，通过该钻孔可正确预测海底水文地质情况。

（2）其二是地基注入技术，在海面下 240m 处开挖隧道必须对 2.4MPa 以上的涌水采取止水措施，止水技术是青函隧道成功的关键，所谓地基注入技术即是在地基内注入由水玻璃和水泥浆混合的特殊胶黏材料，注入范围是开挖内径的 3～5 倍，根据超前勘测情况详细计算注入时机和范围。

（3）其三是喷混凝土技术，这在当时对于围岩稳定起了很大作用。

5.4.2.3　赫尔姆斯蓄能电站超细水泥压力灌浆

赫尔姆斯抽水蓄能电站位于美国加利福尼亚州 Fresno 镇以东 Siena Nevada 山区。工程全部位于地下，包括长 6 706m、直径 8.25m 混凝土衬砌压力隧洞，长 213m、直径 9.45m 不衬砌交通洞，三条深竖井、一条斜井和二个大于 305m 的主要地下洞室。工程处于花岗岩、花岗闪长岩、闪长岩和具有伟晶岩脉的石英二长岩岩层中。施工开始前进行了地面测绘和岩心钻探，表明在岩体中普遍存在紧密、中等间距节理，极少严重的不连续构造。但在尾水交通洞和压力管道交通洞开挖时，于厂房洞室西部遇到以前未曾探明的主要剪切带。由于充有高压水的隧洞穿越此剪切带，从隧洞剪切带渗出的地下水成为绕过隧洞混凝土堵头的高压隧洞的渗水通道。为此加强了混凝土衬砌压力隧洞的接触和防渗灌浆。1982年秋,压力隧洞初始充水,随着隧洞中水压增加堵头下游岩石渗压计压力和绕过堵头地下水渗水量急剧增长,厂房洞室群渗压计压力和地下水渗流量也同样增长。当压力隧洞达到最大静水压力5.75MPa时,堵头下游岩石中渗压计立即达5.526MPa,堵头附近地下水总渗水量达45L/s。岩石中高渗透压力超过最小主应方向中岩石最小约束压力5.273MPa,可能引起岩石节理张开(水力劈裂)、渗流增加、岩石失稳并向已开挖区位移,为此要求排干压力隧洞并提出高压水流的修补措施。

设计采用在压力隧洞周围造成一个阻水屏障,防止高压水从隧洞通过剪切越过屏障。于是选择压力灌浆作为形成压力隧洞周围屏障的最好方法。灌浆区紧靠穿过压力隧洞剪切带区域。确定灌浆压力为5.273MPa。实行分期灌浆,逐段增加灌浆压力,以减少高压灌浆压力损坏混凝土隧洞衬砌的风险。灌浆材料必须具有低黏度、高渗透率,可以控制凝固时间,低毒性和与岩石强结合能力,有较高的抗压强度。灌浆孔布置,孔径5cm,每圈8孔,圈距3m,相邻圈孔位交错22.5°。灌浆孔分期钻孔,最深达12.19m(约1.5倍隧洞直径,受到至灌浆区道路限制,为轻型设备必要的实际限度)。凡离剪切带远的灌浆孔,在达到12.19m深度前的浅孔阶段不吸浆时即终止。为实现计划目标。特细水泥(布莱因细度超过8 000cm^2/g)被选为最适宜的灌浆材料。由于不能获得这种细度的国产水泥,选用日本生产的特细ALOFIX-MC水泥(实际布莱因细度8 880cm^2/g)。但这种材料价格昂贵(约5倍于国产波特兰水泥),于是对于浅和低压阶段的灌浆孔选用国内超细再磨Ⅲ号水泥,表5-10列出特细和再磨Ⅲ号水泥的比较。表5-11为特细ALOFIX-MC水泥化学成分。

表5-10 特细和再磨Ⅲ号波特兰水泥的比较

特性	特细水泥(Alofis M C)	再磨Ⅲ号波特兰水泥
容重/$kg\cdot m^{-3}$	1 001.3	1 409.8
布莱因细度/$cm^2\cdot g^{-1}$	8 880	5 733
50%粒径/μm	4	9
每袋重/kg	20	40
1∶1配合比(体积)的黏度拌和后15min(MARCH锥体)/Pa·s	1.5×10^3	6.8×10^3
1∶1配合比(体积)的7d强度/MPa	0.140 6	0.186 3
总水泥用量/t	110	410
注入灌浆的大致容积/m^3	148.3	394.7
掺和物	扩散剂1%(重量比)	无
水泥供应厂	日本ONODA水泥公司	美国Pemanente Ka水泥公司

表5-11 特细ALOFIX-MC水泥化学成分

成分	比例/%	成分	比例/%
烧失量	0.3	CaO	49.25
SiO_2	29.0	MgO	5.6

续表

成分	比例/%	成分	比例/%
Al_2O_3	13.2	SO_3	1.2
Fe_2O_3	1.2	总计	99.75

灌浆程序包括分期灌浆,在不断加深的孔中不断加高压力,此程序主要目的在于保护混凝土衬砌。包括接触灌浆的第一段灌浆,孔深离混凝土与岩石交面以外 0.3m(离混凝土衬砌内表面以外约 1.5m),第二段钻孔灌浆为 1.52~4.57m,第三段钻孔灌浆为 4.57~47.62m,第四段钻孔灌浆为 7.62~412.19m。在完成前一段沿隧洞中心线各个方向最少距离 36.6m 钻灌之前不允许下一段钻孔或灌浆。

接触灌浆压力限定为 0.703MPa,分段灌浆压力分别为 1.406MPa、2.461MPa 和 4.921MPa。对特细水泥和Ⅲ号水泥都开发了几种不同水灰比的级配设计。不同的灌浆条件采用不同的配合比,见表 5-12。所有特细拌和料包括百分之一(水泥重量比)扩散剂,加入拌和水中。扩散剂减少颗粒间吸附力,因而确保全部湿润和充分拌和。

1983 年 8 月,压力隧洞重新充水,重新充水前整个厂房洞室群增加了渗压计、测流堰和岩石监测仪器,其情况是:不断增加的隧洞水压和灌浆区岩石下游渗压计压力升高之间的响应时间大大增加。响应时间从过去几小时增加到几天;灌浆区下游剪切带中渗压计压力减少约 20%;剪切带外侧岩石深处和灌浆区下游渗压计压力稳定在最大压力 2.376MPa,比目标最大压力 3.516MPa 低很多;近岩石外侧表面剪切带和灌浆区下游的渗压计压力稳定在最大压力 0.619MPa;灌浆区岩石下游渗出的总水量减少约 40%。

表 5-12　灌浆级配选择表

初始吕荣值	水灰比
50 或以上	开始 3∶1(3 号水泥)。如 25 包 3 号水灌入后,压力不增加或注入流量不减少,则取 2∶1(3 号水泥)。如增加 25 包 3 号水泥灌入后,压力不增加或注入的流量不减少,则取 1∶1(3 号水泥)。如增加 100 包 3 号水泥灌入后,压力不增加或注入的流量不减少,则取 0.8∶1(3 号水泥)。至孔完成或按工程师指示结束灌浆。
1 至 50	开始 1∶1(特细水泥)。如 50 包特细水泥灌入后,压力不增加或注入流量不减少,则取 0.8∶1(特细水泥)。如 150 包特细水泥灌入后,压力不增加或注入流量不减少,则取 1∶1(3 号水泥)。如 100 包 3 号水泥灌入后,压力不增加或注入流量不减少,则取 0.8∶1(3 号水泥)。至孔完成或按工程师指示结束灌溉。

从以上观测结果,可得出如下结论。

(1)特细水泥灌浆与普通波特兰水泥灌浆比较,有着低黏性和优良渗透能力。

(2)对特细水泥采用 1∶1 水灰比看来是最适宜的。再增加水实质上不能降低黏性,但减缓凝固时间,降低抗压强度。

(3)推荐由水泥制造厂提供的扩散剂以确保超细水泥浆液全部湿润和充分拌和。超过 1%扩散剂用量(水泥重量比)对凝固有不利影响。不推荐用其他掺加剂,除非它们与特细水泥适应性经过了充分的试验。

(4)特细水泥灌浆与花岗岩岩石结合可达到与波特兰水泥灌浆相近的强度。

(5)特细水泥可有效地补充普通波特兰水泥灌浆计划。此外,当要求化学灌浆特性时,特细水泥可有效替代化学灌浆。总之,灌浆计划时压力隧洞至剪切带和围岩水的渗流已有实质性效果。实现了减少渗压计压力和尽量减少渗流量的目的,并满足了进度计划。特细水泥灌的使用是计划成功的关键。

5.4.2.4　**高压涌水处理经验**

随着大深度地下空间的开发利用,国外正在研究1 000m以下的洞室群施工技术,日本瑞浪超深地层研究所进行的深度为1 000m的竖井和水平隧道研究表明,隧道施工中的主要安全对策之一是如何解决高压涌水问题。南水北调西线工程也都面临着深埋长隧道开挖中如何处理突发涌水问题。可见处理高压突发涌水是确保隧道安全开挖的最关键问题之一。根据现有处理高压突发涌水的经验介绍,大致可以归纳为以下几点讨论意见。

(1)必须应用先进的勘测技术进行全面的地质勘测调查。通过物探、钻探等技术弄清隧道所处地带的地质构造、水文地质情况、地下水的水理学和地球化学调查、岩石物理力学调查等。从现有突发实例看,对于沉积岩中的突发涌水,往往伴随着发生流沙,用灌浆进行处理效果不理想。对于花岗岩破碎带中的突发涌水,由于结构面比较明显,事先预测的可能性较大。

(2)突发高压涌水对策措施大致可分为两类,一类是排水工法,另一类是止水工法,前者是以处置涌水为目的,后者是以减少涌水为目的。对于大深度隧道使用排水工法有一定困难,采用止水工法又按注入材料的不同分为水泥灌浆法、黏土灌浆法和化学灌浆法,化学灌浆法又可分为高分子化学灌浆和水玻璃化学灌浆法。具体使用何种工法应根据灌浆试验效果选择。

(3)从保护环境角度出发,一般不推荐采用排水工法,在化学灌浆中,也严格限制使用高分子化学灌浆,防止其对地下水产生影响。但对于压力过高的地下涌水,如大于10MPa时,则应同时采取排水工法,以降低涌出压力,便于提高止水工法效果。日本青函隧道施工中的先导隧道即主要为施工排水而设立,在整个施工过程中起了相当大的作用。

(4)先进的水平钻探技术是做好深埋长隧道高压堵水的关键技术,弹性波探查,地下雷达法以及比抵抗法等物理探查均是常用方法,近年来在开挖掌子面前方使用的TSP(tunnel seismic prediction)反射波法地震探查技术和VSP(vertical seismic prediction)能够较好地预测前方地质状况。

(5)止水工法设计包括止水范围、灌浆深度、灌浆材料、灌浆参数、灌浆试验等,是一项精细复杂的工作,应进行相应计算,制定施工技术要求,不能等同于一般的高压灌浆施工。

5.4.3　中外深埋长隧洞施工中的问题及应对措施

隧洞作为穿越山脉、河流、海峡等自然障碍的通行设施,具有距离短、运行安全、不受地形气候影响等优点。汶川大地震之后,许多专家分析震中隧洞很少有损毁和损坏情况,认为一方面是隧洞的“围拱效应”,使隧洞与山体具有整体性;另一方面,隧洞的“空腔”改变了地震波的传播速度。随着高铁、高速公路和水电站等基础建设向西南山区的快速推进,深埋、长隧洞的数量将更多地体现在设计方案中。

深埋长隧洞,由于其埋深大、洞程长,建设过程中必然遇到一系列特殊的地质灾害问题。这些问题尽管从形式上看与浅埋隧洞工程差异不大,但其产生的地质背景、环境和发生机理却非常复杂,实施强度、难度和危害性巨大。研究、探讨深埋长隧洞地质灾害的发生机理和形成条件,将有助于对深埋隧洞围岩稳定性和所受荷载的分析计算,有助于设计和施工。

黄河勘测规划设计有限公司的谢遵党与英国诺丁汉大学土木系的 David J. Reddish 发表在2004年《人民黄河》期刊的《世界深埋长隧洞建设中的问题及应对措施》一文,对深埋长隧洞(深度大于100m、长度大于20km)建设中普遍存在的问题进行了探讨,引编该文,以利分析、比较和后评价。

5.4.3.1　**深层地质勘探**

从隧洞长度或深度来讲,地铁隧洞、排污隧洞和采矿隧洞可能很长或者很深,但它们和深埋长隧洞相比,具有不同的难点,比如美国特拉华州引水洞长达170km、南非的 Orange Fish 隧洞长80km,实际上这些工程由一系列短洞连成一体,与深埋长隧洞可比性不大。南水北调西线工程和其他西藏调水方案,主要输水设施为深埋长隧洞,而且大部分隧洞埋深超过2 000m,单洞长超过50km。建设如此复杂环境的超大隧洞,前期精准勘探工作必不可少。这之前,仅有锦屏电站引水隧洞长17km,其他水工隧洞都较短。在世界范围内,铁路隧洞的建设水平始终处于隧洞工程建设的前列。高速铁路需要平缓的坡度和顺直的路线,当穿越高山时往往需要建设长隧洞。目前,世界上有30多条铁路隧洞长度超过了10km,在10条超过20km长的隧洞中有9条是铁路隧洞,只有1条公路隧洞。目前世界已建、在建的长度超过20km的隧洞见表5-13。

表5-13　世界已建、在建的长度超过20km的隧洞　　单位:m

国家	隧洞名称	长度	开通年份	备注
瑞士	Gotthard base	57 072	2010	在建
日本	Seikan	53 850	1988	海底隧洞
英国—法国	Eurotunnel	50 450	1994	海底隧洞
瑞士	Lotschberg	34 577	2007	在建
西班牙	Guadarrama	28 377	2007	在建
日本	Hakkoda	26 455	2013	在建
日本	Wate-ichinohe	25 810	2002	
挪威	Laerdal	24 510	2000	公路隧洞
日本	Iyama	22 225	2013	在建
日本	Dai-shimizu	22 221	1982	

在石油工业深层地质勘探中,采用钻孔和取岩芯等方法已经有很长的历史了。所以从理论上讲,如果不考虑费用问题,隧洞工程所涉及的任何深度的地层都能勘探。用地震、电磁勘探等地球物理勘探方法的费用比深层勘探孔要低一些,结合勘探孔取得的资料,可以查明较大范围内的地质情况,绘出地质剖面图。如果在勘探区交通困难,解决交通问题的费用往往占较大比重。

勘探洞的造价比钻探和物探要贵得多,因此只有在其他勘探方法不足以提供满意结果时才考虑采用勘探洞。因为在勘探洞中可以进行围岩力学特性和地应力测量,利用测量结果可以对岩石计算参数进行现场评价,所以勘探洞对于深埋长隧洞的设计与施工是至关重要的。勘探洞经过改造,还可在主体洞室施工和运行期间作为围岩处理、后勤服务、检修和安全保障等的通道。

尽管勘探洞的费用很高,但因其有其他方法不能替代的优点,因此世界超长的隧洞大多数采用了勘探洞。日本 Seikan 隧洞在主洞修建前,就预先开挖了一条勘探洞和一条服务洞,其目的是为主洞的设计施工提供第一手资料并辅助主洞施工。在勘探洞 19 年的施工期内,遇到了特别复杂的地质断层,勘探洞和服务洞的开挖为主洞的施工提供了翔实的地质资料和非常有价值的施工经验。

5.4.3.2 **掘进距离**

长隧洞的掘进距离较远,施工工期相对较长。一条长 25km 的隧洞如果没有中间工作面,在没有特殊地质问题的情况下需要开挖 10 年,再用 2 年时间完成衬砌、设备安装等工作,总工期可达 12 年。日本 Seikan 隧洞长 53 850m,其中 23 000m 在海底,海底覆盖层厚度 100~240m。施工过程中曾经发生过 4 次大规模涌水事故,工程总工期达 21 年。

因此,为缩短工期,开辟中间工作面以缩短开挖时间是必要的。对于长度超过 20km 的长隧洞,一般至少开挖一个竖井或一条施工支洞来解决施工交通问题。为了缩短掘进距离,瑞士 57km 长的 Gotthard base 铁路隧洞设置了 3 个中间进口,增加了 6 个工作面。这 3 个中间进口将整个隧洞分成 4 段,使最长的单洞段施工长度缩短为 18.7km。每段都可从两个方向相向开挖,这样整个隧洞的工期预计只有 7 年(2003—2010 年)。对于埋深较大、设支洞距离较长的隧洞,可用竖井的形式来分段。Gotthard base 隧洞的 Sedrun 入口主要由两条 800m 深的竖井组成,而竖井本身就是一个挑战性工程。在不可能修建中间进口的情况下,比如海底隧洞,可采用修建洞径较小的服务洞代替,因为掘进机开挖较小洞径(3m 左右)的速度比较快,每天可掘进 40m。同时,通过预先修建服务洞,可为主洞提供运送材料的通道并起到通风、排水的作用。另外,缩短掘进距离还可以减少向工作面运送劳动力所需的时间。在英吉利海峡隧洞施工过程中,在工作面距洞口 15km 时,乘服务火车到工作面需要 20~30 分钟。这样,每天约有 1 个小时的工作时间耗费在进、出洞的交通中。

5.4.3.3 **高压与涌水**

深埋长隧洞施工时,水以两种方式进入隧洞,即渗水和涌水。隧洞渗水总量主要和掘进距离有关,工作面距离越远,聚集在洞中的渗水越多,如每千米 100L/s 的渗流量在 10km 长的洞子中渗水量就是 $1m^3/s$,这对于顺坡施工的隧洞来讲的确是一个问题,因此需要通过抽排解决。

1)国外实践

在工程实践中,最严重的情况是和隧洞的长度没有直接关系的突然大量涌水。涌水有时候是灾难性的,将对工作面构成严重的威胁。压力涌水是深埋长隧洞施工中的一个重要问题,处理不当将会造成设备损失,甚至危及工作人员的生命安全。因此,大量压力水的存在,可能是深埋长隧洞开挖中遇到的最难解决的问题之一。

瑞士的老 Lotschberg 铁路隧洞于 1913 年建成。这条隧洞长 14 612m,在 Gasteru 谷地下最深达 180m。在一次爆破后隧洞发生塌方,泥水和碎石涌入隧洞,将在距洞口 250m 处工作的 25 名工人淹死在洞中。在海底隧洞 Seikan 隧洞施工中,也曾遇到严重的涌水问题。图 5-4 示出了 Seikan 隧洞海底部分的横剖面。在导洞中为主洞排水设置了集水点,渗水从导洞汇集到斜井底部的泵站,从这里把渗水抽到地面。服务洞用于对主隧洞进行维修,并在施工过程中为主洞进行围岩处理。在隧洞施工过程中也曾发生过几次涌水事故,后经过灌浆处理后,有效地控制了涌水问题。

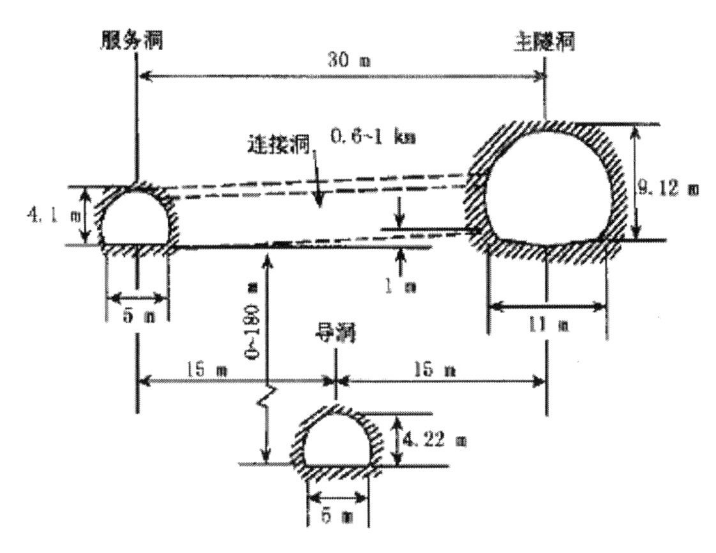

图 5-4　Seikan **隧洞海底部分横剖面**

值得庆幸的是,只有极个别的情况下才会出现大量涌水。岩石的渗透性一般随深度增加而减小,个别情况下渗透性才加大。通过深入的地质勘探及早发现这些个别地段,采取相应的防范措施,可以有效解决隧洞涌水问题。

2)国内实践

从某种程度上讲,随着装备水平的提升,国内的土木建筑规模和难度都大大超过发达国家的当下水平。在深部岩体中,由于地下水水压极高,岩体有可能发生水力劈裂。有关资料表明,雅砻江锦屏二级水电站深埋勘探洞施工开挖时,在涌水点附近可观察到隧洞开挖之前导水裂缝的缝壁上常呈黄褐色,而 PD1 平洞 2 848.5m 和 3 580m 大型突水点附近还能观察到导水裂缝末端没有锈染痕迹,显然这是隧洞开挖之后地下水水力劈裂作用使原来的导水裂缝扩展的结果。这种裂缝集中于突水点附近,显张性,网状交织,受构造裂隙影响而具有一定方向性。这些事实表明,水力劈裂作用实际上是在高水头压力作用下,岩体断续裂隙(或空隙)发生扩展,裂隙(或空隙)相互贯通后再进一步张开所致。

5.4.3.4　高地应力及高地温

1)高地应力及岩爆

高地应力及岩爆问题是深埋隧洞主要的工程地质问题之一。随着隧洞工程埋深的增大,地应力必定增高。大量实测地应力资料表明,地应力的大小除与埋深、地质构造有关外,还与岩性密切相关。一般而言,岩石越坚硬完整越易积聚能量,储藏较高的地应力。

坚硬而具有脆性的岩石会因积聚的能量突然释放而产生岩爆,使洞周边岩石成片状破裂以高速度冲进洞内,造成人员及设备伤害,严重影响施工安全。岩爆的形成机理十分复杂,与始应力场、岩石性质、洞室布置、剖面形状、开挖方法等多种因素有关。一般认为,当洞轴线处初始最大主应力 R_{max} 大于岩石 0.30 倍单轴抗压强度时,就有发生岩爆的。防治时宜采用短进尺、锚杆及时跟进的办法,可以提前约束岩爆,以减轻其烈度。必要时在掌子面及洞周边快速铺设钢筋网,以防止落石伤人。

挪威的 Laerdal 隧洞覆盖层最厚处有 1 400m,隧洞上方的岩石形成了巨大的压力。垂直压力与地壳中的水平压力共同作用,会引起大块岩石从洞顶和洞壁崩落,形成岩爆。Laerdal 隧洞沿线许多地方遇到了岩爆问题。为避免岩爆,每次爆破后,先用开凿机上的液压设备清理开挖区,然后人工进行检查。随后用镀锌锚杆和喷钢纤维混凝土加固隧洞顶拱和边墙。岩石锚杆长 2.5~5.0m,可以将应力传到岩石深处;喷混凝土则可以将锚杆间的岩石表面黏结在一起。整条隧洞总共用了 20 万根岩石锚杆和 4.5 万 m^3 的混凝土。这些措施平衡了岩体中的应力,从而保证车辆能安全通过。

2)缩径

深埋隧洞中存在的高地应力常引起岩爆和缩径。

隧洞缩径是指隧洞洞壁在上覆岩层非常大的压力下向洞内变形的现象。连接法国和意大利的 Frejus 公路隧洞长 12 865m,最大覆盖层厚 1 200m。意大利一侧的碳酸盐页岩中,尽管采用了岩石锚杆,直径还是平均收缩了 10cm,最大处达 20cm。其原因在于,距洞口5 172m 处,在顶拱每米长隧洞使用了 30 根锚杆,但在开挖面没有使用锚杆。90 天内围岩共收敛了 60cm。在没有支撑的开挖面周围,岩土经受了弹塑性破坏,破坏范围扩散到山体中相当深的地方。

尽管隧洞缩径本身并不是什么大问题,但围岩收敛可能使掘进机卡在隧洞中。如果采用掘进机开挖,可以将隧洞开挖得比掘进机机身大些,这样围岩收敛就不会挤压机身,并使锚杆和衬砌在掘进机通过后施工,以支护围岩。但是,如果掘进机由于机械故障或其他原因停工几天,就可能会被收敛的围岩卡住。在这种极端困难的情况下要使掘进机重新工作,必须人工在掘进机周围开洞,清理掉阻碍掘进机工作的岩土。因此,在评估使用掘进机的可能性时,隧洞缩径的危险性一定要认真考虑。

3)挤压地层

当围岩的单轴抗压强度较低且隧洞埋深相对较大时,因隧洞开挖后围岩应力重分布,洞周可能形成较大的塑性区。这时围岩向洞内变形的趋势很大,受到支护的约束后将对支护产生很大的挤压力,造成支护破坏。令围岩单轴抗压强度为 R,隧洞埋深为 h_0,则重度为 C 的上覆岩体在隧洞处形成的压力为 Ch_0,地层的挤压特性常用围岩强度比 $K=R/Ch_0$ 来表示,经统计分析,当 $K<0.5$ 时,就是所谓的挤压地层;当 $K<0.25$ 时,围岩开挖就会形成较大的挤压变形。

5.4.3.5 工作面通风

通风的目的是把机械排出的废气和开挖产生的烟尘从工作面排走,在排出废气的同时,带来较新鲜的空气。在英吉利海峡隧洞施工设计时,曾做过如下比较:如果服务洞采用柴油车作为交通工具,则 3 条海底隧洞共需要 462m^3/s 的通风量,这要求安装 5 000kW 的风机;如果采用电气化火车,通风量可减小到 40m^3/s,即开挖一个 7.60m 内径的隧洞,需要 13.5m^3/s 的通风量,用直径 1.60m 的通风管送入即可满足通风要求。

在 16 918m 长的 Gotthard 隧洞,修建了一条与主隧洞平行的服务廊道,服务廊道后来改建成了断面面积为 7~14m^2 的安全廊道。服务廊道施工期间用于现场通风。根据不同的工作阶段和涉及的路段,分别安装了 240、870、760 和 940kW 的风机。

就目前的通风技术水平来讲,可以说通风问题不是建设深埋长隧洞工程的真正障碍。

5.4.3.6　高地温

据大量实测资料，对浅表地层，地面以下每加深 100m，地层温度平均提高约 3℃（对孤立山体因边界条件不同，且受地下水活动的影响，不能按此估算深层地温）。因机械作业，特别是 TBM 掘进将产生大量热，更增大了隧洞施工的环境温度。因此，深埋隧洞常可能遇到高地温问题。地温超过 30℃称为高地温，隧洞工程中若发生高地温，将会因其以下问题。

（1）将恶化作业环境、降低劳动生产率，并严重威胁到施工人员的生命安全；

（2）影响到施工材料的选取（如耐高温炸药）和混凝土的耐久性，而且由于产生的附加温度应力还将引起衬砌开裂，严重影响到隧洞围岩的稳定性。

1898—1905 年，在修建 19 731m 长、连接瑞士和意大利的 Simplon 铁路隧道时，发生了多次高温涌水事故。46 ~ 56℃ 的水以 350L/s 的速度涌入洞中，水穿过的岩石最高温度达 55℃，温度维持在 50℃以上的洞段长达 3km；在 Frejus 隧洞，上覆岩层厚度为 1 700m，岩石温度达到 30℃；在 Mont Blanc 隧洞，部分岩石温度达到 30℃，用喷水的方法，将工作面温度降到 25℃。在 Gotthard 和 Lotschberg 铁路隧洞，预计将遇到温度 40℃以上、同时湿度相对较高的岩石，机械产生的热量及其他因素也会导致洞内温度升高。从围岩进入隧洞的水、喷混凝土作业和其他施工过程也会引起隧洞内湿度的增加。考虑到施工人员的健康和技术方面的原因，工作面的温度不能超过 28℃。针对这种情况，通风可以达到部分降温目的，但往往还需要独立的制冷系统，用其制造冷气，再通过高压和低压循环系统对工作面进行降温。

5.4.3.7　施工方法的选择

在浅埋隧洞中易发生其他形式的地质灾害问题，如塌方、岩溶塌陷、泥屑流、瓦斯爆炸及有害气体、地震等，在深埋隧洞中同样可能发生。深埋隧洞工程中的地质灾害问题不是孤立存在的，有些问题是相互关联相互影响的。对深埋隧洞来说，高地应力和高外水压力是两项最主要的荷载。因此，需要研究施工技术和方法。目前隧洞开挖施工的方法很多，可以根据地质条件、隧洞尺寸和其他因素选择合适的施工方法。选择常规钻爆法还是机械开挖，主要取决于地质条件。常规钻爆法最常用的是新奥地利隧洞施工法（简称新奥法），机械开挖最常用的是隧洞掘进机（TBM）施工方法。

新奥地利隧洞施工法通过锚杆、喷混凝土和钢支撑尽可能充分利用围岩自身的承载能力。新奥法典型的施工过程是：先在岩石中钻孔，然后在孔中装炸药进行爆破；出渣后，先喷第一层混凝土，安装钢支撑；然后喷第二层混凝土，安装岩石锚杆；最后施工永久衬砌。钻爆法可以适应各种各样的地质条件，施工费用也低，但开挖速度相对较慢。

掘进机施工的优点是：提高了隧洞掘进速度（速度、岩石强度及洞径有关），基本不破坏隧洞周围的岩体，开挖出的洞壁较光滑且稳定，需要的支撑较少，减少了对地表面的影响，工作环境相对安全。掘进机施工方法的缺点是投资高，制造安装周期长，对地质条件变化的适应性较差，特别是在坚硬和特别差的岩石中掘进速度较慢，消耗性部件更换的费用也比较昂贵。为了缩短施工工期，深埋长隧洞应尽可能使用掘进机开挖。但不幸的是，许多长隧洞由于存在不利的地质条件不得不放弃掘进机，转而求助于钻爆技术。表 5-14 列出了世界上长隧洞的施工方法，并简单计算了综合掘进速度。正如大家所认知的，掘进机的综合掘进速度是常规方法的 2~4 倍。

表 5-14 当时世界在建长隧洞的施工方法

隧洞名称	长度/m	施工方法	工期/年	综合掘进速度/(m/年)
Gotthard base	57 072	掘进机	7*	8 143
Seikan	53 850	钻爆法	21	2 564
Eurotunnel	50 450	掘进机	7	7 207
Lotsch berg	34 577	钻爆法	8*	4 322
Guadarrama	28 377	掘进机	5*	5 676
Wate-ichinohe	25 810	钻爆法	11	2 346
Laerdal	24 500	钻爆法	5	4 900

注:加 * 的为预计施工期。

5.4.3.8 高地应力特性和分布规律

1)高地应力区岩体特性

(1)饼状岩芯、岩爆、塑性挤出、错动台阶一般都与高地应力有关。

(2)在显微镜下可看到岩块中发育密集的微裂隙,这说明在高地应力作用下,结构面隐蔽而紧密,相互嵌固,有的已处于隐屈服(微破坏)状态,在开挖解压时,岩石就会松散裂开。

(3)表现出明显的脆性和韧性的矛盾的统一,岩块在破坏时没有明显的破坏面,而是碎散为块度大小均匀的一堆碎块。

(4)岩体总是表现出弹塑性性质,在高低压作用下,完整性提高。

(5)地下开挖中表现出特有的“膨胀性”,压力大,来压快,变形量大且有强烈方向性,对有流变特性的岩体变形持续时间长。

2)高地应力分布规律

锦屏工程区长期以来地壳急剧抬升,雅砻江急剧下切,山高谷深。地貌上属于地形急剧变化地带,因此,原储存于深处的大量能量,在地壳迅速抬升后,虽经剥蚀作用使部分能量释放,但残余部分很难释放殆尽,因而本区是地应力相对集中地区,有较充沛的弹性能储备。

从测试方法的机理和长探洞所处工程地质条件及测试成果的系统分析考虑,在应力解除法、AE 法、水压致裂法 3 种方法的测试成果中,水压致裂法测试成果能较确切的反映雅砻江岸坡地带及埋深 1 843m 以下的地应力场分布,在洞深 3 005m(埋深 1 843m)处地应力值是 42. 11MPa。从已有地应力测试成果分析可得该区地应力特征如下。

(1)埋深大于 1 200m 时,地应力场由谷坡地带局部地应力转变为以垂直应力为主的自重应力场。

(2)最大主应力、中间主应力和最小主应力均随埋深增加而增加,但递增关系呈非直线关系。

(3)R_1/R_3 值随洞深的增加而减小,即最小主应力随洞深增加的速率大于最大主应力随洞深增加的速率。

由初始地应力场反映回归分析得工程区三维地应力场分布规律。

(1)断层对初始地应力场的影响是局部的,深部岩体受断层的影响比浅层岩体受断层的影响要大一些。主应力矢量分布规律、变化趋势、方位和倾角与不考虑断层时基本相同,只是由于断层的影响,在靠近断层附近的岩体主应力值有所减小。

(2)该工程区地应力场基本上是以自重为主,引水隧洞洞线附近地应力场的侧压力系数为:$K_x = R_x/CH = 0.7 \sim 1.2$;$K_y = R_y/CH = 0.6 \sim 1.0$;$K_z = R_z/CH = 0.8 \sim 1.1$。图5-5为辅助洞主应力曲线。

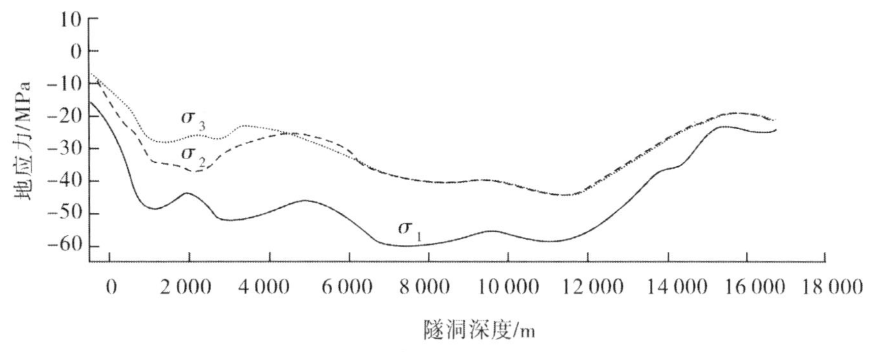

图5-5 辅助洞主应力曲线

(3)在引水隧洞高程1 600m处,最大和最小主应力值分别为54MPa和32MPa。通过以上分析可知,在埋深2 500m处的最大主应力值达54MPa,因此该工程区属高地应力区。锦屏工程引水隧洞处于高地应力区,开挖时,岩体将表现出高地应力区岩体的特性。高地应力引起围岩应力高度集中,将对围岩稳定和支护结构安全产生不利影响。如图5-6所示,为辅助洞水平及垂直应力曲线。

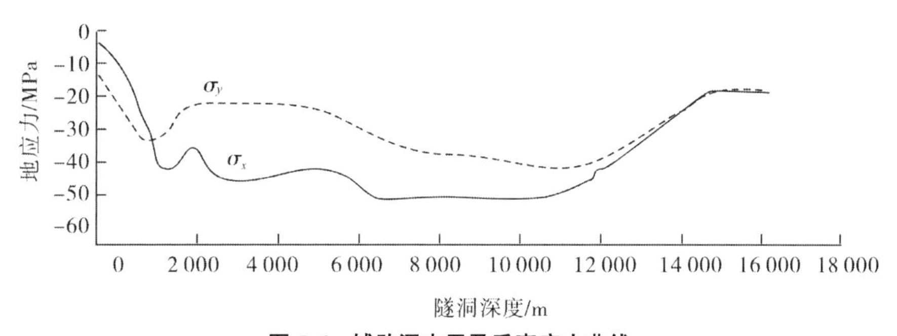

图5-6 辅助洞水平及垂直应力曲线

5.4.3.9 结论

从影响围岩稳定性的几个方面入手,对地质、水文以及理论进行了主要的阐述,并结合锦屏辅助洞的实测资料进一步说明研究围岩稳定性的必要性和对实际施工的指导。

通过对中外深埋长隧洞的施工历史及现状的系统回顾与分析,可以看出,深埋长隧洞设计施工中没有无法解决的难题。修建深埋长隧洞的真正问题在于如何缩短施工工期,降低工程造价,避免在不良地质条件下发生安全事故。开发新一代采用柔性衬砌的快速掘进机是一种较好的解决方案。

新一代掘进机综合了目前掘进机法和新奥法两者的优点,既能快速安全地开挖,又可以适应不同的地质条件。这种新掘进机在不利的地质条件下可以扩大开挖断面,随后由与之配套的辅助系统安装柔性分块衬砌。柔性衬砌可以像喷混凝土一样随围岩收缩,可以适应从稳定到膨胀的各种围岩条件。目前，在西班牙 Guadarrama 隧洞中使用的双护盾掘进机采用了可伸缩刀盘，可以超挖 150～200mm，而且掘进机上还装备了可以打超前勘探孔及对不良地质条件进行灌浆处理的钻、灌设备，其实际效果如何，有待实践。

第6章　其他重大调水方案

6.1　其他重大方案概述

由于南水北调工程目标明确、技术和实施方法成熟，从20世纪50年代开始到现在，业内许多专家学者提出过许多优化方案和建议，本章分别介绍一下。

6.1.1　业内曾研究的其他调水方案

6.1.1.1　黄河调水方案

1)过黄河起步方案

为早日启动东线调水工程，淮河水利委员会于1989年9月提出了《南水北调过黄河起步方案》。该方案抽江400m^3/s，过黄河50m^3/s，向天津、沧州等城市供水2.0亿~4.5亿m^3。1996年论证期间又对该方案做了进一步的研究，多年平均抽江水量为45亿m^3，可调出东平湖的水量为6亿m^3。

2)抽江过黄河到天津、向白洋淀分水方案

为达到南水北调东线和中线工程北调江水互济的目的，2000年3月天津院研究了利用南水北调东线工程从临清向白洋淀分水的方案。输水线路自穿卫枢纽出口至白洋淀，全长259km。该方案在工程技术上是可行的，未来在构筑北方水网时，可以将东线与白洋淀连接。

3)胶东供水滨海线

淮河水利委员会在《1996年论证报告》中补充了南水北调胶东供水滨海线。供水范围为胶东潍坊以东地区及输水干线沿线地区的潍坊、烟台、威海、青岛、日照、连云港6座城市，以解决苏北里下河地区和南通到连云港一线滨海地区用水和航运问题。线路全长637km，需设9级泵站，引江规模为90~225m^3/s。

4)运西专线

从长江—洪泽湖走运西线，在长江六圩引水，经京杭运河设施桥站抽水入邵伯湖，在邵伯湖与高邮湖之间的杨庄漫水闸西侧建杨庄抽水站抽水入高邮湖，经淮河入江水道在金湖抽水入淮河入江水道上段(三河)，于蒋坝抽水入洪泽湖。从洪泽湖—南四湖经徐洪河和另辟新渠直送下级湖。

5)引江济淮工程

从已建成的凤凰颈和裕溪口排灌站抽引长江水，经西河、裕溪河、兆河入巢湖，沿派河经肥西县城至合九铁路附近的王小郢，提水经隧洞穿越江淮分水岭，入瓦埠湖经东淝闸进入淮河，线路全长 292km，其中利用现有河道（湖泊）221km。

引江济淮工程以解决安徽省淮河流域淮南、蚌埠、阜阳等城市生活和工业用水，补充蚌埠闸以上农业灌溉用水，缓解沿淮、淮北地区缺水形势和改善生态环境为规划目标。工程规模：近期引江入巢200m³/s，引巢入淮 100m³/s，多年平均引江济淮水量约 5 亿 m³；远期引江入巢 300m³/s，引巢入淮 200m³/s，多年平均引江济淮水量约 10.4 亿 m³。

6.1.1.2　**长江调水方案**

有关单位或专家研究或提出过的中线工程方案和设想有 50 余种，对水源地、调水规模、输水线路和输水方式等进行了不同的组合。这里仅介绍部分具有代表性的方案。

1）丹江口水库不加高、全线明渠输水方案

不加高方案，丹江口水库正常蓄水位维持现状 157m，极限死水位降至 130m，采用自流方式输水。

20 世纪 90 年代以前，该方案研究的供水范围涉及北京、河北、河南和湖北，年调水量 96 亿 m³，总干渠渠首规模 500m³/s，进北京 40m³/s。

1996 年的《中线论证报告》，供水范围增加了天津市，总干渠渠首规模 630m³/s，年调水量 106 亿 m³。

2001 年修订规划的供水目标是沿线的城市生活和工业用水，供水范围包括北京、天津、河北、河南、湖北。研究了总干渠渠首设计流量 350m³/s、加大流量 420m³/s 的方案，该方案在渠首设一级泵站或二级泵站的前提下，年调水量分别为 81 亿 m³ 和 88 亿 m³。北京、天津段设计流量 60m³/s，加大流量 70m³/s，年供水量 10 亿 m³。

2）丹江口水库加坝、全线明渠输水方案

该方案是 1991 年《南水北调中线工程规划报告》、1996 年《南水北调工程中线论证报告》的推荐方案，2001 年中线工程修订规划时又进行了研究。该方案的特点是丹江口水库大坝一次加高至 176.6m，正常蓄水位提高到 170m，全线明渠自流输水。在不同阶段，提出的渠首规模和汉江中下游工程项目不同。

1991 年中线工程规划推荐：总干渠渠首规模 630m³/s，不考虑通航，增加了向天津供水线路。穿黄位置在牛口峪，推荐渡槽方案，不否定隧洞方案。调水量 150 亿 m³，过黄河 90 亿 ~100 亿 m³。汉江中下游建设兴隆枢纽和局部闸站改造工程。

1996 年论证报告推荐：供水目标为沿线的城市生活和工业用水，兼顾农业和生态用水，供水范围为北京、天津、河北、河南和湖北。穿黄工程推荐孤柏嘴隧洞方案。渠首设计流量 630m³/s（加大 800m³/s），年调水量 121 亿~150 亿 m³；过黄河设计流量 500m³/s，北京、天津段设计流量 60m³/s（加大 70m³/s），水量各 12 亿 m³。汉江中下游建设碾盘山枢纽和局部闸站改造，并增加了引江济汉工程。

2001 年修订规划研究的方案：供水目标为沿线的城市生活和工业用水，供水范围为北京、天津、河北、河南。在孤柏嘴以隧洞或渡槽形式穿越黄河，扩建瀑河调蓄水库。总干渠分期建设，第一期渠首设计流量 350m³/s（加大 420m³/s），年调水量 95 亿 m³；过黄河设计流量 265m³/s，北京、天津段设计流量分别为 60m³/s 和 50m³/s，水量 10 亿 m³ 和 8 亿 m³。汉江中下游建设引江济汉工程和兴隆枢纽、改扩建部分闸站、整治局部航道工程。第二期工程调水量达 130 亿 m³。

3)丹江口水库加坝、明渠结合局部管涵输水方案

该方案为 2001 年修订规划推荐方案。第一期工程为丹江口水库大坝按正常蓄水位 170m 加高,汉江中下游建设四项治理工程,陶岔至北拒马河采用明渠,长 1192km,渠首设计流量 350m³/s,加大流量 420m³/s,年调水量 95 亿 m³。北京和天津段的终点分别由玉渊潭、西河闸延伸到团城湖、外环河,线路长度分别为 75km 和 154km,部分采用管涵输水,设计流量分别为 60m³/s 和 50m³/s,水量分别为 10 亿 m³ 和 8 亿 m³。第二期工程调水量扩大到 130 亿 m³。

4)全线管涵输水方案

该方案管线布置基本不受地形条件的制约,采用有压方式输水,从陶岔渠首至北京团城湖线路全长 1 060km。渠首规模分别研究了 150m³/s、250m³/s 和 300m³/s,年调水量分别为 40 亿 m³、60 亿 m³ 和 82 亿 m³。

5)黄河以北高、低线输水方案

该方案黄河以南与明渠方案相同,黄河以北分高、低线输水。高线专门给沿线城市和工业供水,终点为北京,供水保证率高;低线将剩余的水量沿规划的引黄入淀线路输水至白洋淀,补充生态和农业用水。重点研究了陶岔渠首规模 630m³/s 的高、低线方案。过黄河后高、低线设计流量分别为 265m³/s、175m³/s。

6)丹江口水库大坝按正常蓄水位 161m 加高方案

1996 年,长江水利委员会研究了将丹江口水库正常蓄水位抬高到 161m 的方案,相应的汛限水位为 154~157m。2000 年又有专家提出丹江口水库大坝按正常蓄水位 161m 加高,陶岔渠首建一级泵站,汉江中下游实施兴隆枢纽、部分闸站改造和局部航道整治 3 项治理工程,同时建设汉江支流堵河上的潘口和长江支流大宁河上的剪刀峡水库,并在剪刀峡水库和大宁河三峡库区建设两级泵站,与已建的黄龙滩水电站、丹江口水库联合调度向北方供水。并建议将调水与加坝移民分离,将丹江口水库大坝加高和移民安置工程作为防洪项目单独立项建设。

6.1.1.3　长江上游引江方案

1)龙潭溪引江(绕岗高线)方案

1994 年,长江水利委员会研究了从长江干流引水的高线、中线、低线三个代表性方案,低线为江汉运河(即引江济汉)方案。高线自三峡库区自流引水,跨汉江入引汉总干渠。中线也自三峡库区自流引水,在丹江口坝下入汉江王甫洲水库,下泄补充汉江中下游用水,北调水量仍取自丹江口水库。高、中线引江规模均为 500m³/s。

2001 年修订规划又研究了改自流引江为提水方式,丹江口水库大坝不加高、按现状运行方式调度,直接引长江水北调,引江流量为 360m³/s。输水干渠自三峡坝址上游龙潭溪至引汉总干渠,线路全长 326km。设渠首泵站一座,当三峡库区水位低于 145m 时抽水。

2)香溪河长隧洞换水方案

1989 年长江水利委员会研究了香溪河长隧洞全线自流方案。隧洞进口设在香溪河左岸、兴山县城下游的李家湾,穿越江汉分水岭后跨汉江进入唐白河平原,至方城垭口接中线总干渠。线路长 143km,其中隧洞长 135km。

2001 年修订规划,在原方案的基础上,研究了香溪河长隧洞换水方案。从香溪河引水入汉江新集枢纽,设计引水位采用三峡汛限水位 145m,引江流量 520m³/s。减少丹江口水库下

泄水量,以增加丹江口水库的北调水量。该方案丹江口水库不加坝,可调水量 82.49 亿 m^3。

3)香溪河扬水设想

该设想在香溪河兴山县城附近建泵站抽水经南河入丹江口水库,设计引江流量为 $300m^3/s$,向丹江口水库补水 100 亿 m^3。扬程分 75m 和 220m 两种,线路全长分别为 153km 和 135km,其中隧洞长度分别为 123km 和 64km。

6.1.1.4 大宁河抽江设想

2001 年有专家提出从大宁河大昌镇设泵站抽水,穿越大巴山,入官渡河,沿河而下入堵河至丹江口水库,再北调的设想。

该设想提出的最早目的是不加高丹江口水库大坝,后又作为加高丹江口水库大坝至正常蓄水位 161m 方案的抽江补源方案。

长江水利委员会对此设想进行了研究,设计抽江流量为 $360m^3/s$。研究比较了三条引水线路方案,以中线中扬程方案为代表,进行了重点分析。该方案引水线路从白沙坡至官家河,接潘口梯级水库,正常蓄水位 355m,输水隧洞长 82km,抽水扬程 245m。

6.1.1.5 西线工程方案

1)早期研究(1952—1961 年)方案

本阶段研究的主要代表性方案有:金沙江玉树—积石山、金沙江石鼓—渭河和怒江沙布—定西方案。方案的特点是调水量大,多数方案几乎全部截引调水河流的径流,对生态环境的不利影响大;输水均采用明渠自流,工程线路长,工程量巨大,技术难度高。

2)中期研究(1978—1985 年)方案

该阶段主要研究自通天河、雅砻江、大渡河三条河上游调水至黄河上游,由多条河流联合引水和单独引水等多种方案,代表性方案有:雅砻江热巴—贾曲联合调水、通天河联叶—贾曲联合调水、通天河歇马—约古宗列曲、雅砻江宜牛—热曲、大渡河年弄—沙柯河等方案。

中期研究方案主要特点是:引水线路海拔高,一般在 3 800m 以上,最高达 4 220m,施工难度相对较大;调水量比初期研究阶段减少,三条河调水量 200 亿 m^3,对生态环境影响较小。

3)后期研究(1987—1996 年)方案

该阶段通过对百余个方案和引水线路比选,提出了通天河、雅砻江、大渡河三条河调水的 8 个代表性方案,即通天河引水的歇马—扎陵湖、联叶—建设、同加—雅砻江—黄河和雅砻江引水的温波—黄河、长须—恰给弄自流引水方案,及通天河引水的治家—多曲、雅砻江引水的长须—达日河和大渡河引水的斜尔尕—贾曲抽水方案。各方案调蓄水库的坝高在 152~348m,以隧洞输水为主,三条河年总调水量 195 亿 m^3。

4)初期研究(1996 年以后)方案

本阶段对西线工程的布局、可调水量、供水范围和工程方案都进行了深入研究。提出的通天河、雅砻江和大渡河各调水方案的调蓄水库坝高在 63~292m,坝型均为钢筋混凝土面板堆石坝,输水工程由明渠为主改为以隧洞为主,隧洞长 48~490km,引水线路海拔高程下降到 3 500m。工程技术难度降低,施工及运行条件改善,现实可行性加大。代表性方案主要有:从大渡河调水的上—贾自流、达—贾联合自流、斜—贾抽水方案;从雅砻江调水的长—恰自流、仁—岗自流、仁—章自流、阿—贾自流、长—达抽水方案;从通天河调水的同—雅—岗自流、同—雅—章自流、侧—雅—贾自流、治—多抽水方案。

经方案比选,2001 年黄河水利委员会完成的西线工程规划推荐方案为:从大渡河调水的达—贾联合自流线路、雅砻江调水的阿—贾自流线路和从通天河调水的侧—雅—贾自流线路组合的总体布局,共调水 170 亿 m^3。该方案具有自流、集中、下移的特点,施工难度较小,运行管理相对方便,并能较好地与后续水源衔接。

规划推荐达—贾联合自流线路为第一期工程,调水量 40 亿 m^3;雅砻江阿—贾自流方案为第二期工程,调水量 50 亿 m^3;通天河侧—雅—贾自流线路为第三期工程,调水量 80 亿 m^3。

6.1.2　西部调水及小江抽水设想

6.1.2.1　西部调水方案

1)黄河水利委员会西部后续水源设想

黄河水利委员会在西线规划中初步研究了从澜沧江、怒江等河流引水的后续水源工程。分高、低线两个方案,高线调水 170 亿 m^3,低线调水 200 亿 m^3,推荐低线方案。全线自流引水,建坝 4 座,最大坝高 335m,引水线路长 281km,末端入通天河。

2)长江水利委员会西部调水工程设想

早期设想在怒江上建水库,与澜沧江、金沙江、雅砻江、大渡河上的一系列水库串联在一起,形成一个巨大的水系水库群,采取自流加抽水的方式,总调水量约 800 亿 m^3。引水入黄河后,再从大柳树水利枢纽,开挖南、北两大干渠向西北引水。或在大柳树枢纽兴建前,利用大柳树处天然河道 1 200m 高程等高线向北穿越腾格里沙漠、乌兰布和沙漠及巴丹吉林沙漠,向天山以北送水;向南沿 1 400m 高程等高线在祁连山和新疆南部的阿尔金山脚下开挖运河引水至塔克拉玛干大沙漠和吐鲁番盆地。大柳树以上的总干渠长 1 410km(其中隧洞 216km),供水区南、北干渠分别长 2 500km 和 3 000km。

3)西水北调设想

有专家设想在雅鲁藏布江大峡谷处裁弯取直,在黄河阿尼玛卿山大弯道处裁弯取直,建设两座超大型水电站,然后利用此电能抽水。总调水量 435 亿 m^3,解决大西北地区工农业、城镇生活和生态环境用水。

线路终点有两个,一个是在西宁附近入黄河;另一个进塔里木盆地。线路总长 1 235km,抽水总扬程 1 800m。

4)青海"99 课题组"设想

设想借鉴三峡工程依托葛洲坝工程为母体的经验,以黄河上游已建成的龙羊峡、李家峡等水电站为基础,同步建设公伯峡、拉西瓦等水电站。将调水工程和水电梯级同步推进,以互动方式滚动发展。调水总规模达到 1 100 亿 m^3。

引水线路自雅鲁藏布江开始,连接怒江、澜沧江、通天河、雅砻江、大渡河到黄河支流贾曲。从怒江引水到黄河,线路总长 800km,全为隧洞。

6.1.2.2　西水北调方案

1)朔天运河调水设想

朔天运河的设想者最初设想是从山西朔州的黄河万家寨引水到天津出海,运输煤炭。后变为从雅鲁藏布江"朔玛滩"引水串联怒江、澜沧江、金沙江、雅砻江、大渡河到黄河支流贾曲入黄河的朔天运河大西线南水北调设想,年调水量 2 006 亿 m^3。供水到青海、甘肃、新疆、宁夏、内蒙古、山西、陕西、河北、河南、山东、北京、天津、辽宁、吉林、黑龙江等省、自治区、直辖市,主要用于农业灌溉、改造沙漠、通航、发电、旅游、黄河冲沙入海等。进入21世纪以来,清华大学、黄河水利委员会等单位还研究了多个从国际河流引水的调水方案。

2)引藏入疆

新疆农业大学水利与土木工程学院侍克斌、岳春芳、何春梅、范勇。通过分析新疆水资源缺乏的历史演变及短缺程度,说明从疆外跨流域调水的必要性;分析了新疆资源与水载体匹配严重失衡、沙漠化日趋严重和制约区域经济发展的原因,论证从疆外跨流域调水的重要性;对从青海通天河调水入疆和从西藏雅鲁藏布江调水入疆的方案进行了初步研究,分析了此方案技术上的可行性和可获得的经济、生态及社会效益;还列举了从域外调水的不同设想和方案,进一步分析了西部南水西调方案是其他方案所不可替代的。

3)小江抽水方案

业内有专家设想从长江三峡库区的支流小江上提水过大巴山、秦岭到渭河,然后自流入黄河,多年平均引水量150亿m^3,引水流量为600m^3/s,扬程400m。为了减少引水对三峡、葛洲坝发电及航运的影响,引水时段尽量安排在汛期;枯水期尽量少引或不引。设想替代南水北调东线、中线和部分西线的供水范围。

6.1.2.3 北京市应急调水方案

20世纪90年代以来,作为京、津两大城市主要供水水源的密云、潘家口等水库,由于连年来水不丰,经常在死水位上下运行。社会各界十分关注在南水北调中线工程建成以前如何解决北京市水资源短缺问题,并提出许多解决的对策和应急措施。

1)引拒济京工程

从拒马河引水供北京,设计引水流量10m^3/s,不建张坊水库,多年平均引水量1亿m^3;建张坊水库,多年平均引水量1.7亿m^3,有自流引水和低压埋管扬水两种方案,线路全长约40~42km。河北省考虑本省水资源已经十分短缺,不同意再从缺水的河北省调水及修建张坊水库。

2)引黄入淀工程

原规划引黄入淀工程作为兴建引拒济京工程对河北省的补偿工程,引水口在黄河白坡,终点为白洋淀。1999年又研究了引水口与规划的黄河西霞院水利枢纽的灌溉引水闸相结合的方案,总引水量20亿m^3,引水规模200m^3/s。输水总干渠线路全长735km。

3)西霞院引黄济京工程

从西霞院坝下引水至黄河北岸北平皋,接中线工程黄河以北总干渠,直接给北京供水。规划总引水量45亿m^3,分配北京市8.6亿m^3,天津市8.6亿m^3,河北省18.5亿m^3,河南省9.5亿m^3。引水规模为200m^3/s,引水时间需8.5个月。从西霞院渠首至北京线路总长844km,天津干渠与中线工程规划相同。从黄河引水45亿m^3的前提是:通过南水北调中线工程将汉江水送入黄河50亿m^3,或直接向黄河南岸引黄灌区供水,替换出25亿m^3(加上原来分配给河北、天津的20亿m^3黄河水量,共45亿m^3)。

4)万家寨引黄济京工程

有关单位曾研究过利用山西省万家寨引黄工程向北京补水方案和万家寨引黄济京专线方案。利用万家寨引黄工程方案,从山西省的引黄指标中调剂2亿m^3或3亿m^3水量;专线引黄方案引水口设计流量56m^3/s,引水量为13.7亿m^3。通过桑干河、永定河向北京市供水。

线路长约500km,其中利用天然河道400km。

5)白洋淀向北京补水工程

有关单位提出白洋淀向北京补水方案的背景是南水北调东线工程先于中线工程开工建设。线路包括两段:从卫运河和平闸经卫千渠、千顷洼、滏阳新河到白洋淀段和白洋淀到北京玉渊潭段,共长369km。白洋淀到玉渊潭段长98km,输水方式可以采用明渠或埋管,规划引水量3亿m^3,设4级泵站扬水,总扬程179m。

6)引滦济潮工程

引滦济潮工程包括兴建滦河大坝沟门水库及向潮河密云水库输水线路两部分,采用枯水年份限制北京市引水,特枯年份先保证天津、唐山市区用水的引水方案,多年平均向北京市引水2.1亿m^3。

大坝沟门水库总库容4亿m^3,线路长160km。

引滦济潮后,为了不影响河北省滦河下游灌区的用水,需兴建津唐运河补偿工程,将南水北调东线供北方的3.5亿m^3水量通过津唐运河送到滦河下游灌区。

7)潘家口、大黑汀水库引滦济京工程

规划年引水4亿m^3,引水流量15.5m^3/s。输水线路采用双向输水隧洞方案,洞长108km。从潘家口到密云水库为自流输水,反之则采用增压输水。该方案可以实现密云、潘家口、大黑汀三库联合调节。

8)南水北调东线向北京补水工程

以南水北调东线工程输水至唐官屯或天津为前提,研究过西河闸埋管、北运河输水和龙河输水向北京补水工程等方案,年补水量3亿m^3。

西河闸埋管方案线路:在西河闸上沿西北方向埋管扬水,经立垡入永定河引水渠至玉渊潭,全长176km,设计扬程180m。

北运河输水方案线路:沿南运河、子牙河、永清渠入永定河中泓故道至屈家店闸上进入北运河,再由北运河逐级扬水到榆林庄闸下,然后埋管到北京市南护城河再扬水至玉渊潭,线路全长233km,设计总扬程142m。

龙河输水方案线路:沿南运河、永清渠尾建泵站扬水入增产河、永定河主河槽至龙河干流,再新开渠道与天堂河连接至埝坛,然后利用钢筋混凝土压力管道穿过北京市区入玉渊潭,输水线路总长199km,总扬程108m。

6.1.3　海水利用替代调水方案

20世纪90年代以来,国外海水淡化技术日臻成熟,全球利用海水的规模越来越大,一定程度上缓解了淡水资源的不足。传统的海水淡化主要是“热法”,即通过蒸发与冷却过程获得淡水;“膜法”海水淡化技术则是采取过滤、分解获得淡水。2000年来,海水淡化技术及设备取得重大进展,使海水淡化技术的应用受到沿海地区和沙漠国家的广泛利用。因此,不少专家学者提出利用海水或淡化的海水来解决华北和部分西北(如新疆沙漠区)的水资源短缺问题。

6.1.3.1　海水淡化及利用

海水(苦咸水)淡化,已逐渐成为解决全球未来水危机的有效途径。这一方面是因为海水取之不尽、用之不竭;另一方面,利用海水的土建工程规模较小,投资较省。目前,海水(苦咸水)淡化方法,已经能够成功地补充地表水和地下水资源的不足,增加淡水资源的供应。但是,海水淡化的运行成本较高,单机(单台设备)日淡化处理能力非常有限,难以承担淡水供应的主要任务。也就是说,在现时的装备水平与运行成本条件下,海水淡化使海水可以作为水资源被更多地利用。不过,在水资源的社会再配置环节,海水淡化只能作为淡水的有限补充,不能根本成就或替代南水北调工程的水源及调水方案。

此外,专家研究认为:

(1)从长远看,海水淡化具有发展前景,但海水淡化出来的淡水是纯净水,属于软水,缺乏人体需要的各种矿物质,不适宜长期饮用。

(2)水利部门将南水北调工程作为公益性工程,取水工程投资未摊入成本。

(3)海水淡化适宜沿海缺水地区,远距离调输海水不经济,生态影响不确定。

6.1.3.2　**中线调水建议**

根据水利部门有关专家的介绍:时任国务院总理的李鹏就提出过“管线输水方案”。管道输水,施工简便、占地较少或仅为临时占地,而且工程运行中基本没有蒸发,发生偷水、抢水、盗引、投毒的风险可能性大大降低,工程建设投资也明显较少。该方案最具代表性的建议是现任国务院南水北调工程建设委员会专家委员会成员,中国工程院院士王梦恕专家的方案。

1)明渠比隧道造价高

2011 年,王梦恕院士曾做过一个风险分析方案:北京最大的风险是缺水。而且,北京当时的缺水情势已经到了紧要关头,而密云水库就 10 亿 m^3 水,当时不够用,还要从河北应急调水,河北意见很大。但是:

(1)南水北调中线方案,一年调水 95 亿 m^3,分给 44 个城市,给北京 10 亿 m^3;可能产生如下问题,即以后供水流量很难保证,它要经过河南、河北等干旱地区。

(2)中线总干渠(明渠工程)边到边 200m,两边还要实施绿化,那就不止占地 200m 了(占地扩大),这么宽的面积,征用土地太多。而当时穿过黄河只要采用 7m 直径的隧道就够了。

(3)按照王梦恕院士的估计:就是不算拆迁,这样的一个河渠工程量,用 7m 直径做暗渠会少开挖很多土方,明渠土方量很大,而且要砌好两边,不然一下雨全垮了,上面还要修很多桥,花费很厉害。

王梦恕院士介绍其在辽宁做过试验,从浑江引 15 亿 m^3 水,做 7m 内径隧道,每米总共才花 2 万多块钱,80~90km 也就投资几十亿元,调的完全是Ⅱ级水,一下解决了辽宁 6 个城市供水问题。当时用 3 台 TBM 掘进机,打了几个斜井,3 个队伍施工,很快就做完了。做完后,辽西还缺水,又调将近 20 亿 m^3 水,给锦州等十几个城市,现在在建的 230km 调水工程全是隧道。

2)明渠输水成本高于管涵

王梦恕院士曾提出:既然国务院已经决策实施南水北调总体规划,工程也已经开工,再重新论证或争论,没有太大意义。但是,作为国务院南水北调工程建设委员会专家委员会成员,仍有责任研究、分析调水的运行成本,为控制水价出谋划策。

(1)南水北调中线工程的优点,在于水是以自流输送,这就取决最后能否收回工程投资。若要考虑收回投资的话,估计输水成本至少超过 3 元/m^3,估计需要 4~5 元/m^3。

(2)如果能把松花江水引过来,北京的缺水问题,就可以得到解决了。经过勘测分析,王梦恕院士认为"引松入京"调水规划方案,在松花江先截15亿m^3水,比南水北调中线给北京的10亿m^3还多5亿m^3,而且完全可以通过暗渠自流到官厅水库。

(3)南水北调中线一期工程建设目标,主要是先将丹江口的水送到北京。水送到北京后,还需要建设供水管网和水处理设施,也就是说,还需要大量投资才能实现调水目的。中线调水工程,沿途其他城市的分水工程量也很大,供水投资均为计入建设成本。如:沈阳从大伙房调水,要有好多支管到不同地方,造价可能比干渠还贵,因为牵涉到拆迁问题,严重影响施工进度;而且,成本还将大幅上升。除了工程成本外,明渠还有维修费用(估算维修费至少超过工程投资的1/3),日常的运行管理成本也较高,如高铁就是每一千米设一个站点,负责这一千米的管理,防止人员进出。所以,王梦恕院士提出"暗渠方案",暗渠能保证输水工程安全,运行维修工作量较少,水质不会受到农业生产污染和交通污染。

6.1.3.3　**海水淡化技术进步与前景**

1)海水淡化技术日新月异

澳大利亚近年开发出新型气泡温室海水淡化技术,为海水污水处理领域注入"强心剂",也为长久以来探索规模利用海水淡化梦想的中国带来了"利好之音"。尤其在水资源危机不断加剧的现实里,"气泡温室"海水淡化技术的诞生,让海水淡化产业再次成为业内重要关注对象,使海水淡化产业前景光明。

澳大利亚土地面积位列全球第6位,是南半球经济最发达的国家,也是全球第四大农业出口国。伴随着近年来农业的发展,海水淡化被重点关注,许多专家、学者投身海水淡化技术的研究。目前,澳大利亚默多克大学的一些研发人员正在建设一个"气泡温室"模型,该装置可以为偏远和干旱的地区提供一种技术难度和运维费用都相对较低的海水淡化技术,淡化后的海水可以用于种植农作物。

"气泡温室"的概念,是目前已存在的"海水温室"概念的进一步发展,它可以将海水蒸发冷凝后生成淡水来灌溉农作物,同时可以创造一个凉爽、潮湿的温室环境,这意味着农作物的生长可以使用更少的水。

进行该项研究的科研人员预计,150m^2的"气泡温室"每天大约可以生产8m^3淡水和30kg农作物。研究人员介绍,密封结构可以保护农作物免受昆虫和疾病的干扰,同时由于该技术相对简单,在偏远地区推广应用具有广阔的市场前景。

作为该项目研发团队和论文作者之一的Mario Schmack介绍:与海水温室运行的环境温度不同,"气泡温室"蒸发器和冷凝器的分离设计使得它可以选择更高的运行温度,研究者认为:"在运行温度更高的条件下可以产生更多的水蒸气,这不但使海水淡化过程更快,效率更高,同时泡沫的存在也可以防止盐分在蒸发室堆积,从而也减少了系统的整体运维费用。"Mario Schmack表示:"研究表明,这种技术适用于全世界的干旱地区。该技术简单易实施的特点和良好的社会效益可以帮助偏远地区的人类社区实现可持续发展。"

2)我国海水淡化规模持续增长

事实上,海水淡化也是中国追求了几百年的梦想。从20世纪50年代以后,海水淡化技术随着水资源危机的加剧得到了加速发展,在已经开发的20多种淡化技术中,蒸馏法、电渗析法、反渗透法都达到了工业规模化生产的水平,并在世界各地广泛应用。早在1958年,研究员石松等首先在我国开展离子交换膜电渗析海水淡化研究;随后1967年,国家科委组织全国海水淡化会战,组织全国在水处理和分析化学、材料化学、流体力学等各个学科的精英会战海水淡化。

2014年,我国积极推动海水淡化技术和装备研发以及成果转化工作,目前正在开展膜蒸馏、正渗透、石墨烯膜等新技术研究。海水淡化相关从业单位联合成立成果转化基地或研发实验室,以加快技术进步与发展。据国家海洋局最新发布的《2014年全国海水利用报告》显示:截至2014年年底,全国已建成海水淡化工程112个,产水规模达到日产92.69万t,最大海水淡化工程规模为日产20万t。

3)海水淡化产业发展空间广阔

2014年全国新建成海水淡化工程9个,新增海水淡化工程产水规模日产2.61万t,每吨成本5~8元。海水淡化主要采用反渗透和低温多效蒸馏海水淡化技术。海水直流冷却、海水循环冷却应用规模不断增长,年利用海水作为冷却水量达1 009亿t,新增用量126亿t。全年实现增加值14亿元,比上年增长12.2%,我国海水淡化工程总体规模不断增长。

"一座现代化的大型海水淡化厂,日产量最高可以达百万吨淡水。"以专家对未来十年内行业市场容量有5倍以上的成长空间预计,未来海水淡化产业前景较为乐观。2015年7月,为进一步了解节水工作情况,国家发改委环资司赴北京、天津两市就节水工作和海水淡化技术发展、示范项目建设进行了调研,实地参观考察了天津海水淡化与综合利用研究所和北疆电厂。国家发改委认为,海水淡化对推动节水型社会的建设有重要意义,也将有助于我国水资源的保护,促进经济与社会的健康可持续发展,海水淡化行业也有望迎来更广阔的发展空间。

6.2 三峡水库大宁河引水方案

6.2.1 设计方案概述

作为南水北调中线工程的主要水源地,汉江水资源将难以满足日益增长的用水和调水需求,迫切需要从长江干流引水作为补充水源。长江勘测规划设计研究院规划设计处工程师李亚平、黄站峰经过长期研究,针对水源具体问题,分析了南水北调中线工程后期需调水量和调水过程,对大宁河剪刀峡水库和三峡水库的调水量和调水规模进行了模拟,并且给出了最终的调水工程布置方案,该方案可充分利用大宁河水资源、减少抽水费用、占地少且对环境影响小。

6.2.1.1 水源分析

1)研究目的

汉江是长江中游最大支流,水资源总量约582亿m^3,由于其独特的地理位置优势,已成为南水北调中线工程的主要水源地。南水北调中线工程已建的一期工程从汉江丹江口水库调水95亿m^3,后期(2030年水平年)调水130亿m^3左右。此外,为解决渭河流域的缺水问题,陕西省正在积极推动引汉济渭调水工程的建设,拟近期从汉江调水10亿m^3,后期从汉江再增加调水量5亿m^3(合计年调水15亿m^3)。因此,随着时间的推移,汉江流域的水资源将难以满足日益增长的用水需求,迫切需要从长江干流引水补充。

2)研究思路

三峡水库是长江流域控制性水库,控制流域面积100万km^2,多年平均径流量4 510亿

m^3;水库总库容393亿 m^3。三峡水库目前在满足防洪的前提下,首要的兴利任务为发电。可以预见,在不远的将来,水资源对经济社会发展的重要性日益凸现,三峡水库在我国水资源开发利用中的地位将日趋重要。三峡水库与丹江口水库仅一山之隔,从此处调水补给汉江是国家层面上水资源调配的重大战略措施。

三峡水库左岸支流大宁河与汉江右岸支流堵河相邻,调水距离近,是三峡水库与丹江口水库理想的连接点。大宁河主流西溪河发源于大巴山东段南麓,与东溪河汇合后称大宁河。大宁河流经巫溪县城后于巫山县城附近汇入长江。干流全长162km,流域面积4 181km²,多年平均径流量41.45亿 m^3。

6.2.1.2　受水区需水分析

1)需调水量

南水北调中线工程建成通水后,将形成一个由北调水、受水区当地水资源及受水区用水户组成的联合供用水系统。为充分利用丹江口水库的调蓄作用,将丹江口水库、汉江中下游及受水区作为整体进行调节计算,规划水平年取2030年,水文系列为1972—1998年来水情况。在丹江口上游用水过程中,增加了陕西省引汉济渭工程的调水量。根据有关规划,引汉济渭工程后期多年平均调水量15亿 m^3。

调节计算的基本原则是:本流域用水优先,其次为南水北调中线调水,再次为引汉济渭调水。计算结果表明,2030年水平年汉江中下游多年平均供水171.34m³。时段保证率95%,缺水量为6.88亿 m^3;丹江口水库多年平均北调水量120.06亿 m^3,北调水与当地水资源联合供水后,生活供水时段保证率约79%,工业供水时段保证率约78%,受水区尚缺水20.85亿 m^3。由图6-1可见,2030年汉江供水能力不能满足汉江中下游和中线工程的需水要求。

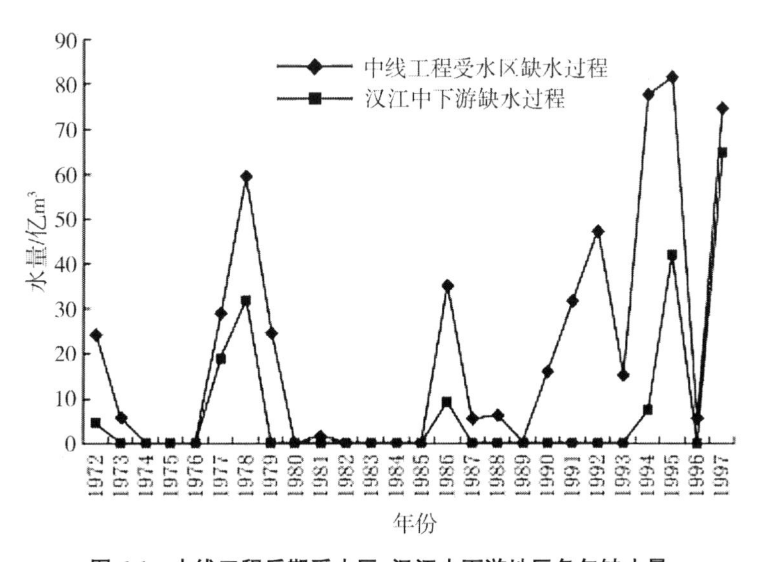

图6-1　中线工程后期受水区、汉江中下游地区各年缺水量

2)需调水规模及过程

研究南水北调中线后期需调水规模及过程,旨在高效利用引调水的同时,有效缓解中线工程受水区和汉江中下游地区缺水。因此,应拟定南水北调中线后期(即从三峡水库大宁河)需引调的最大调水流量规模,并通过试算,从引调水的利用效率、对中线工程受水区和汉江中下游的补水效果等反推,确定需从三峡水库大宁河引调的调水规模和调水过程,从而在实现高效利用调水量的同时,有效改善丹江口水库对中线工程受水区和汉江中下游地区供水效果。

通过反复试算,当调水流量为 300m³/s 时,其调水量、调水量利用率、对中线受水区和汉江中下游地区的供水补水效果相对较好,对丹江口水库增加的弃水量相对较小,对抽调水的耗电量和对三峡电站发电及下游供水的影响等也相对较小。因此,最终确定南水北调中线后期(即从三峡水库大宁河)需引调的调水流量规模为 300m³/s,可调水量与调水规模满足中线南水北调需水要求。

6.2.1.3 **水资源配置**

1)水资源配置计算规则

根据已确定的南水北调中线后期需从三峡水库大宁河引调进入丹江口水库的最大调水流量(300m³/s)和调水过程,通过构建大宁河流域水资源配置模型,在大宁河剪刀峡水库正常蓄水位 360m、死水位 330m 的水库规模条件下,计算从三峡水库调入剪刀峡水库的调水规模和调水过程,进而确定从大宁河剪刀峡水库可调出的水量。

水源区大宁河流域水资源配置模型模拟计算遵循以下基本调度规则:

(1)优先保证大宁河流域河道内外的合理需水,再考虑调水;

(2)剪刀峡水库要首先满足水库综合利用要求,其次保证水库下泄生态基流,再考虑调水;

(3)各小区的供水按城镇生活、农村生活、城镇生产、农村生产的次序向小区供水,供水采用以需定供的调度方式,为水源区预留足够的水资源。

2)配置方法

三峡、剪刀峡调水规模与调水量的计算方法如下:

(1)根据确定的南水北调中线后期需调水规模及过程,将需调水规模作为剪刀峡水库的调水规模;

(2)在南水北调中线后期需水时段,从剪刀峡和三峡向丹江口水库调水,其他时段不调水充库;

(3)在满足大宁河流域自身生产、生活及生态环境需水的前提下,尽可能地将余水供给丹江口水库;

(4)水量不足部分从三峡调水补充;

(5)逐步增加从三峡水库向剪刀峡水库的补水规模,尽可能使剪刀峡水库保持最高水位,最终达到调出水量基本等于需水量的目标,并由此确定,从剪刀峡和三峡的调水规模及调水量。

在南水北调中线后期调水规模 300m³/s、调水量保持约 30.384 亿 m³ 的前提下,以剪刀峡水库正常蓄水位 360m、死水位 330m 规模为例,将三峡调水规模从 240m³/s 逐渐增加至 280m³/s,从大宁河剪刀峡及三峡水库调出的总水量见表 6-1。

由表 6-1 可见,当三峡调水规模为 270m³/s 时,基本达到南水北调中线后期补水规模 300m³/s 的需水量。因此,确定三峡水库调水规模为 270m³/s,剪刀峡水库调水规模为

$300m^3/s$。此时,大宁河剪刀峡水库及三峡水库总水量为 30.384 亿 m^3,其中从大宁河剪刀峡水库调出的水量为 6.25 亿 m^3。

表 6-1　大宁河方案不同规模时剪刀峡调水量

三峡水库		剪刀峡水库	
设计调水流量/$m^3 \cdot s^{-1}$	年调水量/亿 m^3	设计调水流量/$m^3 \cdot s^{-1}$	年调水量/亿 m^3
240	24.678	300	29.118
250	25.255	300	29.649
260	25.750	300	30.124
270	26.086	300	30.384
280	26.230	300	30.607

剪刀峡坝址以上多年平均水量 20.62 亿 m^3,经分析,从大宁河调水 6.25 亿 m^3,占剪刀峡坝址的以上多年平均水量 30.3%,即从剪刀峡水库调往汉江的水量所占比重在调水工程通常范围内,说明大宁河流域有一定富余的水量向汉江补水,不足的部分由三峡水库补充。

6.2.2　大宁河引水工程规划

6.2.2.1　调水工程布置

在巫山县大昌镇大宁河左岸水口下游约 350m 处布置大昌一级泵站(需扩挖下游 7.26km 河道),提水 60m 后沿大宁河左岸经 8.12km 的明渠、渡槽、隧洞进入庙峡水库(规划的正常蓄水位 203m);在库尾巫溪县城下游的龙洞河河口处布置二级泵站,提水后经 4.56km 隧洞进入剪刀峡水库(规划的正常蓄水位 360m);在东溪河左岸支流白鹿溪出口下游约 2km 的马兰口处布置地下泵站,提水至 377.40m,经 56km 输水隧洞于堵河洋芋沟口附近进入堵河潘口水库(正常蓄水位 355m)以下经堵河顺流而下,进入丹江口水库。大宁河调水方案纵断面示意图见图 6-2,平面示意图见图 6-3。

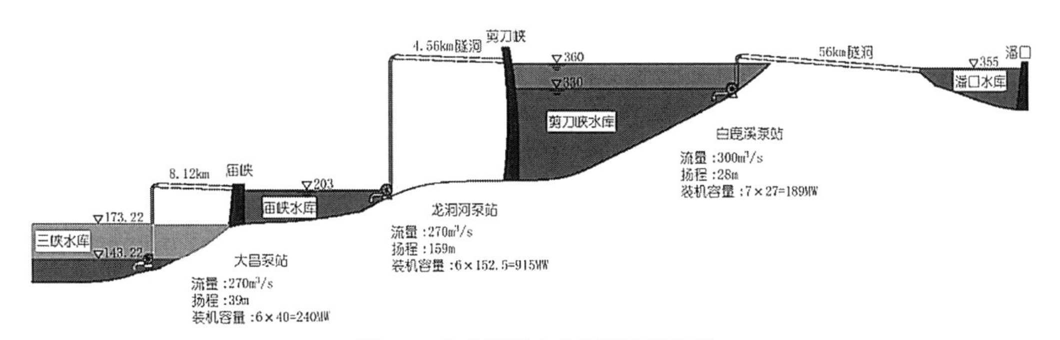

图 6-2　大宁河调水方案线路示意图

6.2.2.2　工程投资与经济指标

大宁河调水规模 $300m^3/s$,多年平均调水量 30.4 亿 m^3,工程静态总投资 147.3 亿元,单方水投资为 4.85 元,3 座抽水泵站工程年总耗电量 25.2 亿 kW · h,调水减少三峡电站发电量 7.22 亿 kW · h,增加堵河梯级发电量 13 亿 kW · h,经测算,大宁河调水工程供水成本约 0.563 元/m^3。

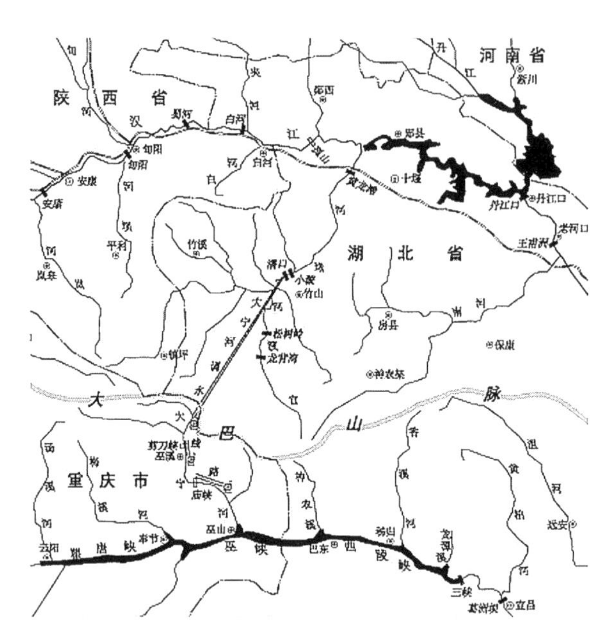

图 6-3　大宁河调水方案平面示意图

6.2.3　研究结论

(1)三峡水库水量丰富、水源水质好,大宁河调水工程从三峡水库调水,可满足南水北调中线后期工程、陕西引汉济渭工程调水的要求;

(2)大宁河调水方案与剪刀峡水利枢纽紧密结合,可充分利用大宁河本身的水资源,减少抽水的费用;

(3)计算结果表明,从大宁河剪刀峡水库调出的水量为 6.25 亿 m^3,占调水断面来水量的 30.3%;

(4)调水量占长江宜昌断面年径流量的比例微小,对水源区生态环境影响较小,调水工程线路基本以隧洞为主,工程占地少,对环境影响小;

(5)剪刀峡水库需移民 1.16 万人,淹没土地 947hm^2,地跨重庆和湖北两地。

6.2.4　长江科学院方案

1999 年,长江科学院学术委员会专家黄伯明、刘崇熙与福州大学学者项国波和长江水利委员会原综合勘测局工程师周兴志曾研究了大宁河引水的建议方案,他们根据有关地形、地质资料及研究分析,提出建议要点为:

(1)在长江支流大宁河上游,财神庙山垭处建水头为 360m 的蓄能电站,抽取三峡库水(水位 145m)至上库(水位 505m);

(2)开挖隧洞(长 20km+40km)穿大巴山,入汉江支流堵河;

(3)利用堵河自流入丹江口水库(还可梯级开发);

(4)再利用已有的陶岔引水闸并适当扩建中线总干渠,输水入黄河及华北、京、津等地。

研究认为：关于中国水资源分布和调配规划，过去的40多年，专业部门和专家学者已经付出艰苦的努力，提出了许多具有建设性的方案。时任党中央领导曾做重要指示："南水北调方案，乃国家百年大计，必须从长计议，全面考虑，科学选比，周密计划。"

在分析以往各方案的基础上，黄伯明、刘崇熙提出一个引江济黄方案。该方案水源丰富，工程技术先进可靠，投资现实可行，移民占地很少，且有利于防洪、发电、灌溉。其主要措施为：在三峡水库大宁河建抽水蓄能电站，水自蓄能电站通过贯穿大巴山的隧道自流进入堵河（在堵河兴建两座梯级水库、电站），借道丹江口水库及中线黄河以南总干渠输水到黄河；再利用黄河中下游河槽呈地上河的特点，通过现有天然及人工河渠系统，供水华北平原及冀、鲁沿海缺水地区。

6.2.4.1　黄河缺水的情势

黄河缺水，既有客观原因，也有人为原因。黄河断流，始于20世纪70年代。1972年至1980年9月间，黄河出现7次断流，断流频率为78%，断流时间约半月，断距不长。1980—1996年，黄河出现断流12年。从1991年以来，年年断流；断流天数年年增多（超过100d）；断流距离年年加长。1996年2月14日，黄河山东利津站开始断流，该年断流天数为136d，1997年断流天数为226d，断流距离约700km（接近开封市）。1999年2月8日又开始断流。黄河下游河道仅在汛期短期行洪。

20世纪末，国家经济建设已向中西部转移，中西部的生存与发展取决于水资源的供给和利用，即使西部能实现节水技术，分配一部分水给下游，也难以满足下游需要。黄河下游断流，使豫、冀、鲁东地区严重缺水，对这些地区的生存发展造成严峻局面。

6.2.4.2　对几种南水北调方案的分析

黄伯明、刘崇熙认为：解决黄河流域缺水的途径，是采取内部和外部相结合的办法。所谓"内部解决"，系指黄河流域上游、中游、下游统筹分配水量。黄河流域的耗水量中，90%用于农业，其余10%为工业和城市用水。全流域的农业用水一直是无控的耗水型，1997年耗水量已达488亿m^3，用水效率低下，必须实施节水农业，提高用水效率。预计即使实现节水，在满足中西部开发后能输入下游的水量甚微。因此，黄河下游应充分利用洪水（约187亿m^3），丰蓄枯用，将弃水入海减至最低程度，为此需要大量兴建小型平原水库，蓄积丰水，但此举水源不稳定，占地甚多，牵涉面广，除河口地区可采用外，难有大的成效。

鉴于黄河断流问题的严重性，自1999年3月以来，经国务院批准由黄河水利委员会对黄河水资源实行统一调度管理，实施"黄河可供水量年度分配及干流水量调度办法。"在沿黄各省区和有关单位的支持下，优先安排城乡生活用水和重要工业用水，按计划恢复了全河过流，并保持了一定的入海水量，使有限的黄河水资源得到合理、有效的利用。但从长远来看，欲实现开发中部、西部战略方针，还应考虑从流域外调水。从人口、资源、环境和可持续发展的战略高度来研究黄河水资源的长远对策。

所谓"外部解决"，系指从黄河流域以外借水或调水。黄河流域以北无大江大河的丰水可调。黄河流域以南，有淮河、汉江、长江。淮河下游的安徽、苏北本身缺水，引长江水可解决苏北缺水状况。汉江流域水量较丰，汉江丹江口的年均径流量可达380亿m^3。但近年来，陕西省加大了开发力度，陕南用水量上升较快；湖北用水量也在增加，只靠汉江难以保证引水济黄，还要从长江调水。长江宜昌站的年均径流量为4 500亿m^3，长江口站年均径流量为9 600亿m^3。调水150亿m^3济黄河下游，仅占长江年均径流量的3%（宜昌站）或1.7%

(长江口站),对长江总径流量来说,问题不大。但在枯水季节,尤其是北方春灌需水的3—4月,长江上游来水量也较少,仍然要有妥善的兼顾方案。

南水北调东线方案是利用长江以北大运河,建多级泵站抽调长江下游的水,计划调水196亿 m^3 解决华北缺水,也可同时解决山东缺水,据分析需投资1 300亿元。输水干渠与苏、皖、鲁、冀四省由西向东的入海河流下游交叉,在防洪排涝方面有不少矛盾。加之长江下游水质不理想及大运河沿线的污染,调水、净水的费用更高。

南水北调中线(1996年初期)方案是在汉江丹江口水库北侧已建总干渠渠首陶岔处,引水流量 $630m^3/s$,其中输入湖北、河南流量为 $130m^3/s$,通过郑州附近建隧洞或渡槽跨黄河的流量为 $500m^3/s$。总干渠位于太行山东麓、京广铁路以西,引水到冀中平原、北京和天津。中线方案不输水到黄河下游。中线的主要问题是汉江多年平均径流量虽有380亿 m^3(丹江口以上),但年调水量145亿 m^3。引水比例达40%,并且汉江在春灌季节本身水量很少,因此必须加高丹江口大坝13m,移民37万人,还要修建长达1 250km的总干渠,与华北很多河系立体交叉,工程量大且面广,投资很大,移民更多,沿线又没有调蓄水库,一旦水源短暂枯竭,全线干渠将断流。工程牵涉面太宽,何时能配套建成,问题不少。尽管许多方面倾向先建中线,但一时不易决策。

6.2.4.3 **大宁河调水的建议**

1)水源工程与输水

水源工程宜选在大宁河支流上,该处位居大巴山以南,神农架以西,长江与汉江分水岭宽度较窄,山头不很高。本方案以三峡水库为下库,抽水蓄能电站设在巫山县大昌镇大宁河支流(河床高程143.9m)或设在纸厂河(河床高程143.5m)处,上库设在财神庙山垭处。采用国外已定型,国内已使用的30万kW或35万kW水泵水轮机组,在水泵工作时,单机最大抽水流量为 $60m^3/s$ 或 $100m^3/s$,相应扬程为500m或360m。

输水隧洞穿过大巴山分水岭,由于高程较高,隧洞长度相对不长,第一段长约18.5km;第二段长26~40km,输水入堵河上游洛阳河。可以由堵河天然河床自流向下经黄龙滩水库(水位247m)入丹江口水库(水位157~170m),由陶岔引水闸(底板高程140m)和中线总干渠输水入黄河及中原、华北。此线路通过大巴山褶皱带与神农架穹窿西端的过渡带,为寒武系、奥陶系、二叠系、三叠系的灰岩与页岩,岩层走向与引水隧洞线路近于正交或交角较大,对隧洞的总体稳定性有利,大的断裂很少,在隧洞长度小于38km时,可避开大的活动断裂。

2)大宁河提水的优点

(1)水量充沛,且水源在三峡大坝上游200km处,水质好。

(2)大巴山分水岭较窄,地势较低,工程量相对较小。

(3)一次提水上山后,可经堵河自流而下入丹江口水库、总干渠,最后入黄河。

(4)开发堵河,自供抽水电力,并可存蓄三峡水库汛期弃水供枯季使用,还有利于汉江、长江防洪。

(5)发挥了丹江口水电站的作用,保障汉江中下游供水及航运。

(6)省去丹江口大坝加高和38万人移民,推迟汉江下游梯级建设的投资密度。

3)大宁河抽水蓄能电站的设计条件

抽水 $500m^3/s$ 济黄河,如采用广蓄机组8台,总功率240万kW,洞长26km;如采用扬程360m,抽水流量 $100m^3/s$ 的Bath County机组,共需5台机组,另加1台备用,单机容量35万

kW，隧洞长度约 39.3km。

由此可以选定下库设计水位 145m，下库最高水位 175m，最低水位 135m；上库坝顶高程 515m（超高 10m），最高水位 505m（145m+360m）。

4）输水工程

采用双线隧洞，每洞输水流量为 300m³/s，毛挖宽度 11m，高度 11m，断面开挖面积约 120m²。隧洞所处地质环境不差，山顶高程 2200m 左右，施工在 450~480m 高程，地应力不算大，没有水下作业。造价约 141.6 亿元。

5）调水规模及堵河梯级水库的效益

自水位 450m 以下到丹江口水库水面，还有 280m 落差，在堵河修建潘口等两座梯级水库，扩建黄龙滩水电站装机。堵河流域（包括支流）本身可建 7 个水电站，总装机 145 万 kW。将所引长江流量500m³/s和堵河天然流量结合在一起，可以装机 210 万 kW 以上，满足大宁河抽水之需有余。

抽蓄三峡水库汛期弃水济黄，而枯季不抽三峡库水，在堵河建梯级后也不用三峡枢纽供电，是大宁河调水方案一大优点（长江汛期 6—8 月，每年 5 月即需将库水位由 155m 降到防洪限制水位 145m，有大量弃水），在长江汛期，抽取三峡水库弃水，蓄在堵河梯级水库中供枯季（11—翌年 3 月）使用，通过综合利用规划，可以调水 150 亿 m³ 济黄河，不需大量移民。利用长江、汉江汛期的时差，汛期 100d 抽长江弃水 50 亿 m³，并存入堵河水库。等于汛期长江分洪 50 亿 m³ 水量，有利长江、汉江防洪。抽水蓄能电站装机 210 万 kW，在枯季可使三峡水库供电能力大大扩充。

6）投资规模

大宁河替代方案工程布置简洁，技术先进可靠，工程投资小。

（1）大宁河抽水蓄能电站（包括上下库）50 亿元；

（2）输水隧洞 2 条（内径 10m，各长 20km+40km）142 亿元；

（3）堵河开发（包括黄龙滩扩机，潘口、松树岭建坝装机）120 亿元；

（4）总干渠扩大断面 20 亿元；

（5）电网 20 亿元。

以上静态投资总计 352 亿元，仅相当于山东、河南两省因黄河断流 2 年所造成的经济损失。本方案也可以作为南水北调中线方案的扩大方案。如中线方案因移民多而难于实施，本方案也可以单独替代实施。由于黄河中下游为地上河，可以黄河为总干渠，利用原有渠系供水黄淮海平原包括豫、鲁、冀广大地区。黄河以北不另建主干渠系，也无污染水源汇入。

7）投资效益

水费收益：每年最大供水量 150 亿 m³；实际每年供水量以 80%计，为 120 亿 m³。每立方米水价 0.6 元，实际年收水费按 72 亿 m³ 计算。每年还本付息 40 亿元（还本 35 亿元，10 年还清，付息 5 亿元），年收益 32 亿元（包括维修、劳务、管理费），年净利润 20 亿元。

发电费用收益（包括抽水蓄能发电，堵河两坝发电、丹江口增加发电、黄龙滩扩电、陶岔发电）未计在内。电费增加的收益可相当于水费收入 1/3 左右。至于实施供水黄河以后对黄河流域及全国经济的促进，其社会效益和环境效益更是巨大。大宁河方案与南水北调中线方案不矛盾。中线工程上马，大宁河方案可以增加其效益。

6.3 小江调水方案

时任水利部长江水利委员会长江科学院院长黄伯明和总工程师刘崇熙以及黄河水利科学研究院的有关专家,提出了一个南水北调工程规划新方案:即从长江三峡水库北岸的开县小江,提水380m,进输水隧洞和渡槽,穿大巴山,跨汉江,过秦岭,注入渭河,汇于黄河小浪底水库。从而既可调水京、津、华北,又可解除关中平原缺水,还能冲刷渭河下游及三门峡库区淤积,抑制黄河中下游河床淤积抬高,利于渭河、黄河防洪减淤,长治久安,并保证黄河不再断流。且工程方案移民极少,有利于改善生态环境,符合可持续发展的原则。

6.3.1 三峡水库引江入渭的调水方案

2002年,黄伯明、赵业安、刘崇熙、周兴志在长江科学院院报第6期撰文《三峡水库引江入渭济黄济华北工程——南水北调新方案》,对小江调水进一步优化,主要内容如下。

6.3.1.1 概述

1)必要性

为缓解北方缺水,早在20世纪50年代,水利部就提出南水北调的设想,逐步规划形成东线、中线、西三线调水方案。现行的南水北调工程仅限于向水资源短缺的京、津、华北、苏北和胶东地区供水。随着治水思路与时俱进创新发展和现代化经济对水利的需求,有必要对长江、黄河、淮河、海河四大流域水资源的合理配置进行再研究。并促进渭河、黄河的综合治理。

2)本项研究的目的

三峡水库引江入渭济黄济华北工程的南水北调新方案,寻求一个调水量充沛,长期稳定可靠,水质良好的水源;寻求一个无须大量移民的调水措施,摆脱修水利必大移民的传统思路约束;避免汉江中下游生态环境因大量调水而被迫立即修建七大梯级枢纽和江汉运河等补偿工程;扩大调水效益,不仅为京、津、华北供水,并供水陕西关中地区。还能利用黄河河槽高于两岸的优势和现有两岸闸渠系统向黄淮海平原大面积供水,并实现黄河永不断流;通过调水入渭济黄,使三门峡工程造成的渭河下游泥沙淤积和潼关黄河河床淤高壅水导致的洪涝淤碱严重灾害得到根治;能大量补充水源,供给小浪底水库调水冲沙,抑制黄河中下游河槽的淤积抬升,促使河槽稳定下切,保证黄河防洪不决口。对此,黄河调水调沙试验的成功已证明其可能效果。

6.3.1.2 工程简介与方案特点

长江三峡水库小江引水济黄、济华北工程(以下简称三峡或小江引水工程)是南水北调工程规划的一个新方案,一条新线路,它以三峡水库为主要水源地,在重庆开县小江建抽水站,设水泵10台,扬程380m,抽水至高程525m的静水池。同时修建调节水库4座,蓄纳汛期高山洪水15亿m^3,通过两条长约312km的输水隧洞,将135亿m^3的长江水,穿过巴山、汉水、秦岭,送到陕西咸阳市附近的渭河,再流经黄河三门峡、小浪底及待建的西霞院水库,从西霞院水库下游北岸白坡,沿京广铁路西侧修建高线总干渠送水到北京、天津及京广沿线城市;或者从小浪底水库采用隧洞输水方式送水到京、津和华北。

小江引水工程年调水量135亿m^3,分配方案为:供关中平原城市及农业用水25亿m^3,

供京、津、华北地区城乡用水 63 亿 m^3，供小浪底水库黄河下游 800km 河道冲沙生态用水 47 亿 m^3。小江引水工程的主要特点：水量充沛，稳定可靠；主要采用隧洞输水，避免了占地、大移民问题，有利于防止渗漏、蒸发、污染、边坡崩坍，便于安全保卫、调度管理；小江工程向渭河关中平原提供 25 亿 m^3 年水量，可以较为彻底地解决关中地区城市、工业、农业和生态用水；冲刷渭河下游及黄河潼关段河床。小江每年调水 135 亿 m^3 进入渭河咸阳以下河道，除去供关中平原用水 25 亿 m^3，还有 110 亿 m^3 水量从渭河下游通过，可与当地来水汇合加大对渭河下游河床冲沙能力，粗略估算，有 10a 时间可基本上将三门峡水库建成后 40a 淤在咸阳至渭河口 211km 河槽内的 3 亿 t 泥沙冲走，使渭河下游恢复天然冲淤平衡的状态；同时，小江调水 110 亿 m^3 经渭河下游进入黄河，经初步分析计算，在三门峡水库合理调度控制运用水位及对潼关至大坝河段进行整治的配合下，10a 后调入的长江水与黄河来水配合，将会使潼关河床高程下降约 4m，基本恢复三门峡水库修建前渭河的自然生态环境；调 110 亿 m^3 水量经过三门峡、小浪底、西霞院 3 座水电站，每年可增加发电量共约 40 亿 kW · h；冲刷黄河下游河槽。

初步分析，长江每年有 8 个月每月向黄河补充 15 亿 m^3 水量，可以多输送黄河泥沙约 0.8 亿~1 亿 t。在 7—9 月还可利用长江水，配合黄河来水施放两次人造洪峰，冲刷泥沙约 0.7 亿 t，两项共用长江水 47 亿 m^3，可减少黄河下游主槽泥沙淤积约 1.5 亿 t，折合 1 亿 m^3，能使黄河下游主槽不再淤高，还能下切，有利于黄河中下游的治理和生态环境保护；可靠而均匀地向京、津、华北地区城乡每年提供 63 亿 m^3 水量，为华北地区经济、社会和生态环境发展提供有力支撑；小江调水后，京、津、华北、中原及关中用水得到合理解决，可将黄河上游、中游来水，留在黄河上、中游就地使用，实现水资源合理配置。由此可见，小江引水工程一举四得：

(1) 向京、津、华北稳定供水；

(2) 促进西部大开发；

(3) 冲刷因三门峡水库导致的渭河、黄河河床淤积；

(4) 为黄河提供冲沙生态用水，有助于根治渭河、黄河中下游河床泥沙淤积及洪水危害。

综上所述，实施三峡水库小江调水工程，是一个兼具经济、社会多方面效益，并能提掣全局的战略措施。

6.3.1.3　水源及其保证率

小江调水水源主要来自三峡水库，辅以沿线的高山水库。

1) 水量分析

长江宜昌站多年平均年径流量 4 510 亿 m^3，汛期弃水量约 350 亿 m^3，调水 135 亿 m^3，只占三峡水库平均年来水量 1/33，即 3%；占最小年来水量 1/25，即 4%；占年弃水量 39%。从总量上看，从三峡水库调水有充沛的水源，保证率为 100%。但是冬季枯水期宜昌站最小流量为 2 700m^3/s 左右，一般年份为4 000m^3/s左右，每年 12、1、2、3 这四个月平均天然来水流量都小于 6 000m^3/s，三峡工程建成，枯水调节流量为 5 860m^3/s。经对枯水期 3 个月、4 个月、5 个月不抽水，年调水量 150 亿 m^3、135 亿 m^3、130 亿 m^3 的几种工况进行分析计算，优选出 4 个月不抽水，年调水量 135 亿 m^3 方案。虽然枯水季 4 个月不从三峡水库调水，但可用高山水库拦洪蓄水共约 15 亿 m^3 来保证枯水季连续供水京、津。长江汛前 4—6 月调水，可利用三峡水库防洪汛前消落水量来提供。

2)电量分析

按上述运用方式,经分月具体计算结果,年调水135(抽水120)亿m^3,保证率超过95%,可做到7个月对三峡发电运行全无影响,5个月因抽水而少量减少发电出力42万~57万kW,占当时三峡电站出力3%~8.2%,总计减少发电量17.7亿kW·h,只占三峡年总发电量的2%,全年不影响保证出力和三峡的正常运行。

6.3.1.4 工程布置

工程采用一次提水,自流至渭河的调水方式。提水高度:研究比较了扬程400m、380m、360m三种情况,相应隧洞前池水位为545m、525m、505m。经比较,以扬程380m为宜。

1)抽水站址和水泵

据1/10000地形图,白家溪取水口处的天然河床高程为134.6m,三峡汛期限制水位145m,水深约10m,满足要求。白家溪口水面宽阔,背倚高山,适合作为取水口。

抽水站址有李子沟站址、响水洞站址和滴水岩站址。经过研究比较,初选李子沟站址。

据哈尔滨电机厂资料,安装水泵10台(实用8台,备用2台),每台扬程380m、出水流量75.6m^3/s,额定点吸出高度0~40m,电动机额定功率315MW,额定电压15.7kV,效率>98.5%。水泵型号为单级单吸式离心泵,泵轮出口直径4 900mm,水泵额定转速333.3r/min,出口阀直径为3 000mm。泵房总长约300m(每个机组段长25m),宽36m。

8台水泵最大用电功率252万kW,全年用电量140亿kW·h,抽水站用电由电网调配,付费用电。经计算,也可全由三峡发电供电,不占用保证出力,不碍三峡电站正常运行。

2)输水线路

输水线路可分成3大段:即小江至渭河段,渭河至黄河小浪底(或西霞院)段,小浪底(或西霞院)至北京段。渭河至黄河小浪底(或西霞院)段,系利用天然河道和库区输水,不需新建重大工程设施。

3)小江至渭河段

小江至渭河段。此段输水线路要穿越大巴山、秦岭和汉江河谷。过大巴山的隧洞研究比较了2条线路,一条是东线,另一条为西线。两线流程长度相近,都在岔溪口进入任河,同时均有高山深埋段隧洞(约46km),施工难度也相近。东线取水口、泵站、上静水池的设计施工条件较好,隧洞靠近兴隆水库和关面水库,便于调节,有利条件较多。经综合比较,推荐东线方案。

在任河干流麻柳河口上、下游建唐家湾水库,隧洞至任河岔溪口后,利用20km长的水库输水。唐家湾水库初拟正常高水位480m,坝址处河底高程395m,最大坝高约100m,库容4.8亿m^3,有一定调节功能。从唐家湾水库坝址附近再用隧洞输水,经高滩镇,向北跨渚河,过沽溪河,于漩涡上游4km附近以高渡槽跨汉江。此段线路长约58km。渡槽跨汉江处,位于石泉水库下游25km左右,河道狭窄,主河槽宽约120m,桥位与河水流向正交,渡槽全长1km。

过秦岭的隧洞,研究比较了3条线路:即池河线、恒河线与黄金峡线。恒河线可将最长洞段缩短为68.4km,但线路总长增加约46km;黄金峡线增长31.5km,最长洞段仍有104km。所推荐的池河线,长洞虽有107km,但深埋段仅26km,易于打斜井,施工并不特别困难,造价也较低。可打斜井7条,分为8段,采取长隧短打,10个工作面同时施工。水穿过秦岭后,入渭河支流沣河,出沣峪口,在咸阳附近,注入渭河。

小江调水的进口一带，处在四川红色盆地边缘，为侏罗系上统遂宁组、蓬莱镇组和中统沙溪庙组的红色砂岩、泥岩，以及三叠系上统须家河组的砂岩、页岩。大巴山区为二叠系、奥陶系、志留系、寒武系、震旦系等的石灰岩和砂岩、页岩。汉江一带主要为寒武系到泥盆系的炭质硅质岩石、云英片岩、千枚岩及灰岩，汉阴附近有花岗岩及花岗闪长岩。秦岭主要为花岗岩和下古生界的片麻岩等。在这些岩石中开挖隧洞是可行的，如襄（樊）渝（重庆）铁路的大巴山隧道，长5 332.34m，一般埋深300~500m，最大埋深777m，也是此种岩层，共遇到大小断层33条，都开挖成功，未发生大的工程地质问题。此段地震基本烈度为6度。又如已建成通车的西安至安康铁路秦岭特长隧洞，长18.46km，洞径8.8m，最大埋深1 680m，埋深超过1 000m的地段长约3.8km，3年建成通车，所经地质构造与秦岭输水隧洞完全相同。

此段工程经铁道部第一勘测设计院查勘研究，认为技术可行，完成施工无特殊困难。

4）小浪底（或西霞院）至北京段输水线路

小浪底（或西霞院）至北京段输水线路。此段输水线路考虑了如下3种方案。

（1）西霞院至北京高线总干渠方案：在焦作以北与中线总干渠方案相近，但有3点显著不同。黄河北岸引水的起点在西霞院水库坝下左岸白坡，不是北平皋；西霞院坝下引水渠首的设计水位为120m，比北平皋的设计水位（107m）高出13m，在焦作附近与中线相接，但设计水位要高（初步按108m计，以后还有可能高些），比中线工程的103.66m高出4.34m，渠道坡降加大，可减小断面工程量。由于小浪底水库的调控作用，小江工程可以稳定均匀地向京、津、华北诸城市提供63亿m^3的年配水量，渠首设计流量初步选为250m^3/s，因此，工程量和造价都小。

（2）小浪底水库至北京隧洞为主输水方案：隧洞线路沿太行山东麓布置，线路走向基本与太行山一致，易于利用支洞施工。隧洞进口在小浪底坝上游大峪河库区内，距大峪河口约5km处。至北京纸房村隧洞全长712.6km，水位总落差180m，隧洞尾端设计水位为50.0m，平均比降约1/4 000。隧洞断面采用城门洞型，衬砌厚度平均按0.4m计。

（3）小浪底水库至北京隧洞明渠结合方案：隧洞起点位置与前方案相同，主干线路全长720km，其中隧洞393.9km，渡槽15.9km，明渠310.2km。从小浪底水库引水口至石家庄，以隧洞输水为主；从石家庄往北至房山，转入以明渠输水为主。

6.3.1.5　**方案比较**

3个方案的优缺点主要有：

方案（1）沿华北平原西部边缘开挖渠道（或埋管道）输水，基本上为第四系的冲积洪积砂、砾石、亚黏土与风成砂及黄土，地质条件比较简单，施工方便、容易，造价比较低（初步估计350亿元），但坡降小，断面大。有占地移民以及与公路、铁路、河流的大量立交建筑，存在水质污染、蒸发、渗漏等问题，且运行期管理比较困难。此渠道线路，基本上是南水北调中线黄河以北高线渠道方案，据1990年资料：渠道挖压的永久占地0.58万hm^2，临时占地0.43万hm^2，拆迁房屋5万余间；与其水面积大于10km^2的河流交叉75处（主要有漳河、沙河、滹沱河、拒马河等），与公路交叉160处，与铁路交叉31处。

该方案做过一定的地质勘测工作，对渠线的地质条件和主要工程地质问题比较清楚。根据勘测资料，沿渠线有10余条活动断裂通过，主要工程地质问题有5个，即边坡稳定问题、渗漏问题、地下水浸没及次生盐渍化问题、砂土液化问题、压煤问题。隧洞输水方案造价比较高（初估449亿元），但没有占地移民以及与公路、铁路、河流的交叉问题，不存在水质污染、蒸发、渗漏等问题，且运行管理比较好。隧洞方案还可以平战结合，平时输水，战时做防空和交通运输之用。

隧洞、明渠结合方案兼具二者的优点和缺点，造价也介乎其中。

6.3.1.6 **工程分期和实施步骤**

小江引水工程可分三期实施：第一期工程（规划2003—2006年），兴建黄河以北到北京段渠线，静态投资350.38亿元。为满足北方迫切需要，在初期几年内调用黄河小浪底库水。第二期工程（规划2007—2011年），完成小江抽水站和第一条输水隧洞（60亿 m^3/年）及第一批3座高山水库（10亿 m^3）。静态投资506.66亿元，初步安排年调水量75亿 m^3，其中供北京、天津、华北城市63亿 m^3，供关中平原12亿 m^3 的用水。第三期工程（规划2012—2016年），完成第二条输水隧洞（60亿 m^3）和第二批高山水库的建设，静态投资342.83亿元。达到年调水总量135亿 m^3。其中供京、津、华北城市63亿 m^3，供关中水量25亿 m^3，供黄河下游冲沙生态用水47亿 m^3（包括沿程损失4亿 m^3）。

全部工程总工期14年，静态总投资约1 200亿元。含20%余裕度，其中小江至渭河段投资约850亿元。第一期工程与中线方案基本一致，既具备较成熟的勘测设计成果，又不影响总方案的最后选取决策，可以立即实施。

以上先期实施第一期工程，并从小浪底水库引黄河水作为初期水源，既能切实可行地体现采取多种措施缓解北方地区缺水矛盾，又能积极稳妥地贯彻南水北调工程尽早开工建设的要求。其可行的理由及根据还在于：三峡引水工程和中线工程，在黄河以北都是以高线总干渠向京、津及沿线诸城市供水，这是其共同点，两大方案不同之处是在黄河以南，因此，先实施黄河以北工程，是积极稳妥的，不影响总体规划的最终审定、决策；即先从小浪底水库引黄河水作为向京、津等城市供水的过渡水源或应急水源是早有打算的：其一是1987年国务院颁布的黄河可供水量分配方案中，就有供河北、天津的20亿 m^3 水量指标，绝大部分还未使用；其二供水京、津本是兴建小浪底水库目标之一，特别是近期（15年）还有70亿库容供沉沙，由于近期淤积不多可将原定冲沙用水，移作向京、津供水，是完全可能和合理的；且工期短，见效快，黄河以北总干渠没有重大的控制工程。有3~4年时间即可完成，能较为可靠地为北京奥运会提供应急水源；还可争取一段时间集中力量对南水北调各工程方案和总体规划进行更深入的分析论证，落实江泽民总书记“从长计议，统筹考虑，科学选比，周密计划”的要求。

6.3.1.7 **工程的技术可能性**

抽水站：总容量虽大，但没有特殊技术要求。水泵扬程380m远小于广州抽水蓄能电站扬程530m。小江每台水泵电动机功率31.5万kW，8台总功率为252万kW，与广蓄8台电机共240万kW相近，广蓄一期工程每kW造价2 300元，二期不超过3 000元（竣工决算），小江工程单纯抽水站的造价只会低于广蓄，不可能要每kW造价6 000元。所列小江、渭河工程造价850亿元，包括20%的余地。输水隧洞：小江方案洞径12m左右，分成多段，只有过秦岭107km中有26km一段埋深超过2 000m，与已建成的西安、安康铁路深埋段长18.46km，埋深1 600m相比，也属可以克服的困难。小江隧洞高程在海拔400~550m，不是高寒缺氧地带，当地公路已有网络，可通主要施工点线，并有襄渝、阳安、西康等铁路线通过，交通方便。且在铁路施工前做了大量航测勘探和40年的前期研究工作，积累了大量科学资料和丰富的实践经验。

综上可见,本方案不存在重大的不可解决的技术难题。

6.3.1.8　**运行费用、效益和经济分析**

小江调水工程的运行费用主要是电费,按每年抽水 8 个月,共抽 120 亿 m^3,其平均抽水电费为 0.22 元/m^3。测算得其沿线,直到北京的单方成本价为 0.758 ~ 0.836 元,用户可以承受。

另根据国家经济评估有关规定,以二期工程规模为目标,进行了初步经济评价,计算得工程年总效益为正(已扣除负值)449.64 亿元,在工程建成后第 2 年发生全部效益情况下,其经济内部回收率达 19.4%,经济净现值达 894 亿元,经济效益费用比达 1.54。如考虑工程建成通水后,供水负荷有一个逐步增长过程,暂假定建成后第 10 年才达到满负荷的不利生效情况。即使如此,其经济内部回收率仍达 14.5%,经济净现值 342 亿元,效益费用比达 1.21。在许多社会效益和环境效益没有计入情况下,上述各项指标仍优于国家规定的基准值,充分说明工程的经济合理性。

6.3.1.9　**研究结论**

三峡引水工程技术上可行,经济上合理,水源稳定可靠,基本无移民问题,并可显著改善受益区的生态环境。工程不仅为受益区也为调水区(渝陕边远山区)经济和社会的可持续发展提供了保障和促进契机,也大大扩展了三峡水利枢纽的功能和效益,并直接促进西部大开发。三峡引水工程优于同类调水工程,是一项一举多得的全局性、战略性和历史性的伟大工程。

6.3.2　京津缺水与华北水配置的再优化

佛山大学地理系教授黄伟雄 2002 年发表在资源科学期刊的《跨流域调水与华北水资源的合理配置——我国南水北调新路径的探讨》一文,从合理配置华北水资源的角度,通过对我国南水北调当期几个方案的对比分析,提出解决我国华北缺水问题的跨流域调水方案的优化设想及其便捷的路线:从黄河沿偏关河调水至永定河上游,再以海河水系分流供应华北,然后从长江补水进黄河;实现以北方的水资源供应华北,以南方的水资源作补偿和使黄河成为优化状的永不断流的清水河的目标。黄伟雄从水文特征、工程特征、生态与风险、社会与经济效益等多个方面对优化方案进行了综合分析,指出该方案具有一定的合理性。

6.3.2.1　**研究概述**

我国自从 20 世纪 50 年代提出跨流域调水解决北方水资源不足问题的设想以来,已逐步形成分别从长江下、中、上游调水的南水北调东线、中线、西线三大工程方案。几十年来,围绕东线、中线、西线三大方案的研究和论证也较多。本节拟从合理配置北方水资源入手,就跨流域南水北调的一个新的便捷路径方案进行了粗浅的探讨。

6.3.2.2　**南水北调方案与优化设想**

1)东线、中线、西线方案及特点

南水北调的东线、中线、西线工程均为解决我国北方缺水问题的重大措施,但从解决缺水问题的作用则各有其特点。研究认为,东线工程从长江下游引水,基本沿京杭大运河逐级提水北上直到天津,主要向黄淮海平原东部地区供水,按不同工期分别可使苏、皖、鲁、冀、津等省市的净增供水量达 60 亿 m^3 ~ 180 亿 m^3。具有水源富、投资少等特点。

中线工程是从长江支流汉江的丹江口水库引水,沿伏牛山和太行山山前平原输水至华北,在远期考虑从长江三峡水库或以下长江干流引水补充的条件下,年调水量可达141亿 m^3。是解决华北水资源危机的有效方式,且水质较好、能自流。

西线工程是分别从长江上游的通天河、雅砻江、大渡河引水入黄河,每年可调水质良好的水资源200亿 m^3,主要是解决我国西北和华北部分地区的缺水问题。

2)三大方案的限制因素与完善可能性

东线方案可利用现有的河道与湖泊输水,从而投资较少、基本无移民问题,而且水源丰富,但供水的水质难以保证、供水受益面积仅限于华北平原东部的有限地区。严格地说,供水受益地区也并非缺水地区,它们大部分位于距海50~100km以内,因而在不远的将来从节水到适当利用海水、研究开发廉价海水化淡技术都是可行的,甚至研究利用冬季的海冰也是十分值得探讨的有效替代途径。

西线方案具有水质好、工程移民少、可调水量较大等优点,但工程量大、投资巨大而建设困难。长远来说,西部广大地区通过输送水汽的空中南水北调及国土与环境的综合改造技术也是值得探讨的,而且西部高原有限的水资源应当考虑支持大西北的长远开发建设。中线方案虽然具有供水的水质较好、供水范围大、全线能自流的特点,但也存在供水线路长、移民多、投资大、途中耗水多、生态风险大等问题,导致该方案供水效益是显著的、而供水的经济、社会与环境成本可能是高昂的,因而更有必要寻求一条合理、便捷和符合成本效益的新的路径方案。

3)新路径选择的条件

南水北调的东线、中线、西线三大工程虽然都是公认的解决我国北方缺水问题的较佳方案,但也存在上述一些难以解决的问题。随着我国科技和经济水平的提高,从成本、效益和环境等方面对工程方案的再认识和再完善非常必要。一条南水北调新的路径是否可行,它应满足以下条件:首先是能较好地解决当时华北严重缺水的问题;其次是尽量多地融合上述三个方案的优点,争取效益的最大化;三是尽量减少三个方案的不足和风险,达到风险的最小化;四是维持当前和不远的将来技术上可能、经济上合理。相对而言,从中部调水可能较好地解决华北缺水这一关键的问题,而研究者提出的跨流域调水新路径是基于优化配置北方本地的水资源,以北方的水就近浇灌北方的土地,再考虑从中部调水补充缺少的水量。

4)新路径的总体设想

跨流域南水北调的新路径方案设想大致由南北两部分构成:北部在黄河进入黄土高原的山西省北部天峰坪附近建坝并形成一定规模的水库,再梯级提水到永定河上游的源子河,然后通过海河水系的河流与水库分流供应北京及华北各地。

当然,黄河本身的水量也是很有限的,本方案的顺利实施还需要南部长江水的配合,即南部通过调长江水直接补充黄河下游,使黄河下游成为永不断流的、清水的河流,黄河下游的两岸地区则可直接引用相对清洁的黄河水。

6.3.2.3 **新路径的具体路线**

1)北部黄河调水

在黄河进入黄土高原的入口附近刘家塔镇至天峰坪镇之间建坝,使黄河水大致沿海拔1 050m形成一定规模的大中型水库,黄河在刘家塔镇至天峰坪镇之间基本上是河谷深切部分,具有较好的建坝条件,且淹没面积较少,生态影响也较少。建坝后,河水可沿偏关河回流到偏关附近,再沿渠化的河道梯级提水约360m至偏关河上游的下水头附近,然后通过约

15km 的隧道穿越管涔山脊到达平鲁附近永定河上游源子河的大沙沟(或在偏关附近提水约 160m 至老营镇附近,然后通过约 50km 的隧道从大团堡附近进入七里河)。因隧道两端的地形为西高东低,河水可自流通过隧道。这样,黄河水一方面可流入桑干河和册田水库供晋北大同等地,再沿桑干河将水送到官厅水库供北京及附近地区使用;另一方面,由于桑干河与向子牙河上游的滹沱河有较大的水位差,黄河水可通过渠道或隧道向滹沱河分流,沿子牙河供应石家庄及附近地区,再通过岗南、横山、王快、西大洋等水库与海河水系的其他河流分别供应华北各地。

2)南部长江补水

它又可分若干个不同的方案,方案 A 是以南水北调中线方案的前半部大致相同的路线直接补充黄河;方案 B 是把丹江口水库的水资源调入三门峡水库。因丹江口水库和三门峡水库的水位差不大,故调前者的水资源补后者是可能的,如在丹江口水库沿淅川、老灌河梯级建坝蓄水和提水,使之成为十来个渠化的河道水库,沿河蓄水、提水直到上游五里川,通过约 10km 的隧道进入洛河上游的卢氏附近,再沿官道口流入宏农涧(或在卢氏附近经约 20km 的隧道进入宏农涧流入窄口水库),然后流入三门峡水库。这样,黄河下游沿岸广大地区可直接引用经长江补给的水量更大、更清澈的黄河水,形成南部补水的受益区。其中方案 A 的运行较为方便;方案 B 则可加大南水北调过程人工调节的力度,也可保证三门峡、小浪底等大型水利设施的正常运行(图 6-4)。

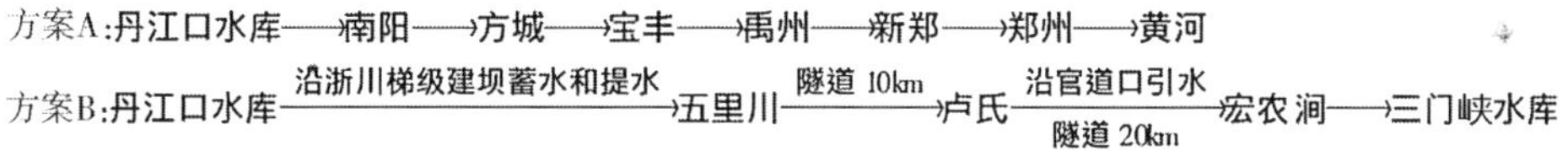

方案A:丹江口水库——→南阳——→方城——→宝丰——→禹州——→新郑——→郑州——→黄河

方案B:丹江口水库——沿浙川梯级建坝蓄水和提水——→五里川——隧道 10km——→卢氏——沿官道口引水 / 隧道 20km——→宏农涧——→三门峡水库

图 6-4　南部补水线路示意图

另外,考虑到三峡水库的水位高度将超过丹江口水库,与三门峡水库的水面高度也相差不算太大,今后可通过三峡水库直接或间接向汉江、丹江口及三门峡水库补水,从而加大长江对黄河水资源的调剂能力。

6.3.2.4　方案的可行性分析

该方案的可调水量较大,目前以河口镇为例的黄河调水区年平均径流量 314.5 亿 m^3;因此,在下游有长江水补给的条件下,调取其流量的 1/5 即可超过中线工程中加高丹江口水库大坝而不对汉江补水时向黄河以北地区每年约 50 亿 m^3 可调水量。

1)实际供水量

该方案基本解决华北世纪初的缺水问题;若调取河口镇径流量的 1/3 可超过中线方案中加高丹江口水库大坝和对汉江中下游局部补偿方案条件下向华北地区约 100 亿 m^3 的实际供水量,能很好地解决华北缺水问题;远期如西线工程建设,将大大增加本方案的可调水量和北方水资源的合理配置与利用的力度,届时调取当前河口镇年径流量的 1/2 左右是可能的,并能保证京、津、晋、冀等华北缺水地区的长远用水。通过海河水系支流分流,调水的通过区均为农、矿及城市缺水区,其水资源利用效果可望优于南水北调的中线方案。

2)水质优良

该方案的调水用水的水质好于黄河之水,其主要源于黄河流经的黄土高原的泥沙,特别是窟野河、无定河等众多支流带来的泥沙。按该方案调水,在调水取水处附近的河口镇的河流含沙量较少(年平均约 6 167kg/m³,调水的 3—6 月河流含沙量会更少),相当于窟野河口泥沙的 1/26 和龙门的 1/5,经调水过程的沉淀能保证向华北供水的水质。

3)调水时间

(1)优化方案的调水时间需要配合,黄河与其他许多河流不同的是其每年的 3—4 月,由于融冰而形成明显并历时较长的春汛,非常有利于提前调水和蓄水,为 5—6 月华北的干旱期供水早做准备。

(2)在每年的 5~6 月正是长江流域的首次汛期或汛期前夕,调水补水又能促进长江的防洪工作,因而其方案有利于水资源在时间上的合理配置。而且方案的工程施工难度不大,技术问题完全能克服。

4)问题少

优化方案施工相对集中,也没有太多的征地、拆迁和移民等问题,因而战线不会拉得太长,便于工程开展。调水补水过程涉及的提水、穿山隧道、船闸等均为较成熟的技术。沿途有众多河流与水库的拦水与蓄水,输水可在 3—7 月的较长的时间内进行,不像中线工程那样以水渠直接供水,因而调水补水的流量大致在每秒 150~200m³,穿山隧道可考虑为两条与普通交通隧道相当的直径约 5m 的隧道即可。关键的提水数百米的总扬程,国外已有成功的经验,如美国加利福尼亚调水工程,由干线长达 714.8km 的渠、洞、管组成,年调水量 52.2 亿 m³,总扬程 1 151m。俄罗斯、印度也有类似的工程。优化方案的调水运营可靠,水资源的储存和调控容易,调水不但路程短,而且利用众多水库储水,因而能及时适量地为缺水区供水,调水过程为人为控制的抽水输水过程,故能做到缺多少调多少、何时缺何时调以及调水补水过程同步进行。而中线工程首尾相隔千余千米,源头之水流到北京至少需要 14 天,难免有远水近火之虞。优化方案的能源供应不成问题,调水补水各涉及总装机 200 万~300 万 kW 的电力供应问题,优化方案的调水区靠近晋北煤炭工业基地,调水本身能促进晋煤的开发和坑口电站的建设,可大大增加其发电能力并就近供电;而补水区则紧靠三峡和葛洲坝水电中心,能源供应更不成问题。

6.3.2.5 方案的效益评价

采取南水北调的优化方案,除能像中线方案那样为华北提供足够的水源外,还具有以下主要的效益。

1)方案的生态环境效益

首先是优化了河流结构,有利于水资源在空间上的合理配置。华北缺水,有我国水资源在时间、空间分布的不均匀性和人为因素等诸多原因,但受太行山、吕梁山脉的阻挡,原来水向东流的黄河在快流到华北平原时却水向南流达千余千米,这不能不说是加剧我国水资源南丰北缺的重要原因。采取本方案,可形成两条水向东流的相对的清水河,北方的水资源得到了更均匀、更合理的配置,加上长江水的直接补给而非立交穿越,黄河下游可永不断流。这样,几个流域可相互联系、相互补充,并有利于我国河流网络长远的优化。

优化方案的生态环境效益还体现在减少了河流输沙,有利于黄土高原的水土保持。调水后,黄河的上游来水将会明显减少和受控,黄河在黄土高原区的输沙能力也随之减少,多年来,黄河下游的年平均输沙量约有 2/3 来自黄河干流流经的黄土高原区,这一地区主要是我国人口稀少的严重的水土流失区而非灌溉农业区,在一定程度上是河流径流量越大、输沙量越大、河流冲刷越强、水土流失也越严重。因此,黄河干流上游来水的减少和人为调控力度的加大在一定程度上有利于黄土高原的水土保持工作。

2)工程与投资效益

采取南水北调的优化方案,工程量会大大减少,首先是调水的流程明显缩短,减少了大量输水干渠的建设。若南部工程采取方案,即按中线方案的前半部路线直接为黄河补水,输水干渠建设可减少约600km,补水过程能自流;如采取沿河道建坝蓄水提水再流入三门峡水库的方案,输水干渠建设可减少1 200km以上。当然提水设施的建设也会带来一定的工程量,就等于建设了一个大型抽水蓄能水库,能保证三门峡、小浪底等水利设施的正常运行;同时优化方案主要利用河道水库,减少了中线方案中输水干渠与沿途大小河流数以千计的立交穿越,尤其是穿越黄河的风险和建设量都是非常巨大的工程;另外,对黄河的正常补水无须加高丹江口水库大坝的工程;再者,优化方案较中线方案的移民大量减少,从而减少了大批移民开支和许多社会经济问题,再考虑到营运效益好、风险少等效益因素。

3)方案的风险效益

任何一个工程都有其效益与风险及代价的关系,当效益一定时,减少风险及代价就等于增加了效益。采取南水北调的优化方案的风险效益来自工程建设与运行中可能出现的风险和环境代价的大幅减少。由于优化方案主要是利用现有的河道水库和山地,没有过多地增加淹没面积,调水流经地区多是人口稀疏区,而调水的受益区则是人口稠密区;调水处以下的黄河干流流经千余千米的黄土高原也多是人烟稀少的沟壑陡崖地区,因而该方案对生态干扰不大。同时,采取这一方案是以北方的水浇灌北方的土地,故不会出现血吸虫北移的问题,一般也不会因沿线渗漏而导致华北地区土地大面积盐碱化,最大限度地降低了生态风险。

此外,采取南水北调的新的优化方案不但技术上可操作,而且在工程上能避免在细粉砂和粉土岩为基底且河段游荡性很大的黄河底部开凿穿黄隧道或建超大型架空渡槽所带来的风险和巨大的投资;也可避免在我国当时尚无高混凝土坝加高经验的情况下,把丹江口水库大坝加高15.16m所带来的在新老混凝土接合上的风险;还能有效地防止中线方案可能出现的春季自南向北的凌汛、水渠外溢、道槽失事等自然和难以预见与控制的人为事故所造成的损失与风险。

4)优化方案的社会经济效益

据专家估算,如按以中线方案相当的以145亿m^3的规模调水时,每年供水总经济效益达304亿元。由于水量水质有保证,优化方案对华北供水效益有望达到和甚至超过中线方案的相当水平,能满足华北地区煤炭、石油、化工、电力等产业的规划和发展以及城市生活供水和农业灌溉用水,具有很大的经济效益,尤其对严重缺水的山西省的煤炭开发、农业及人民生活更为有利。

5)优化方案的资源利用效益

优化方案能最大限度地减少占用耕地良田和导致土地大面积盐碱化,这对于一个人多地少、土地资源成为其瓶颈资源的大国的农业和生态可持续发展显得尤为重要;此外,优化方案对于水资源这另一瓶颈资源的减少损耗、增加利用效益和山西煤炭资源的合理开采利用,均显示出优势。

6)优化方案的综合效益

优化方案能较好地体现综合效益。由于华北的干旱缺水期集中在5—6月,每年所需调水的时间约3~4个月。其余方案所建成的水道及设施在不需调水的8~9个月处于闲置浪费状态，而优化方案在此期间水道还是自然的河流，提水设施甚至可转为发电设施，穿山隧道可望成为交通要道，因而优化方案既可兼顾交通、发电、减灾等综合效益，并能为今后的西线方案和大西北调水工程积累经验，且可作为其前期工程。另外，优化方案能构成良好的河流系统，强化了对自然灾害的防御能力。东线、中线南水北调方案，调水路线与众多河流是互不相连的立交关系，而新方案能沟通长江、黄河、海河等水系，加上远期可望珠江水系的加入，形成全国性的人为调节的河网系统，大大增强了抵御水旱灾害的能力。

6.3.2.6 优化结论

华北持续干旱，海河、滦河流域缺水率达23%，北京、天津到德州一带地区的北方河流20世纪80年代中期的断流天数在200天以上，以致严重影响社会经济和人民生活。因此，采取包括跨流域南水北调等措施是不言而喻的。然而一个跨世纪的重大工程应当有十分长远的眼光，随着人们认识水平和经济技术水平的提高，对南水北调工程的认识也在不断发展，如从考虑投资规模到考虑效益水平；从关心全线自流到关心风险代价；从希望节省能源到希望综合开发各种资源；从解决当前问题到更多地考虑资源、环境、社会、生态的可持续发展效益等等。当然，优化方案并非要完全取代原有的三大方案，而是一个相互配合及优化过程，如西线工程会对优化方案的调水更为有利。然而作为一个新的方案，其最合理的具体线路、调水规模和扬水高度等还有待深入的探讨论证，才能更有效地促进我国水资源的可持续利用。

6.3.3 小江引水入渭济黄工程的优化

6.3.3.1 概要

长江三峡水库引水入渭(河)济黄(河)济京、津、华北地区工程(以下简称三峡引水工程)，这是南水北调工程的一条新线路，是南水北调在认识上与时俱进的一个具体体现。

南水北调是实现我国水资源合理配置的战略性工程，是改变北方地区缺水现状的重大举措，关系到我国经济社会发展的全局，关系到西部大开发的战略部署。但是，这一工程又十分复杂，涉及技术、经济、社会和环境等许多方面。为此，时任总书记的江泽民提出了“从长计议、统筹考虑、科学选比、周密计议”的方针。朱总理提出了“先节水后调水，先治污后通水，先环保后用水”的原则。上述方针和原则是我们研究南水北调工程的重要指导思想。

鉴于长江三峡枢纽工程已经建成，黄河小浪底枢纽工程已于2 000年建成投入使用。如何充分发挥这两大工程的功效，已成为有关方面积极研究的新的重大课题。

上述的新问题、新成就和新现实，必然会激发人们本着“解放思想、实事求是、与时俱进、开拓创新”的精神，对南水北调工程进行深入的分析研究。三峡引水工程方案正是这种再认识、再实践的必然结果或具体体现之一。

6.3.3.2 三峡引水工程初步方案

三峡引水工程是以三峡水库为主要水源地，在重庆开县小江建抽水站，设水泵10台，扬程380m，抽水至高程525m的静水池。同时修建调蓄水库4座，蓄纳汛期高山洪水15亿m^3，通过两条长约312km的输水隧洞，将135亿m^3的长江水，穿越巴山、汉水、秦岭，送到咸阳市附近的渭河，再流经黄河三门峡、小浪底及待建的西霞院水库。

黄河以北输水渠线是从西霞院水库下游北岸建白坡引水渠首，经孟线至焦作，沿京广铁路西侧修建高线总干渠送水到北京、天津及沿线诸城市。

焦作往北到北京总干渠线路与中线工程线路大体相同。

该工程小江至渭河长433km（其中隧洞输水总长312km，利用天然河道长121km）；利用渭河黄河河道及水库输水的长度约480km；从西霞院至北京明渠为主输水段长约812km。线路总长度约1 725km。

三峡引水工程规划分三期实施：

（1）第一期工程是建西霞院至北京的高线总干渠（并从小浪底水库引黄河水作为过渡水源），工程投资约350亿元，完成时间规划为2002年至2006年底；

（2）第二期工程是建小江抽水站，第一条输水隧洞规划年引水60亿 m^3 至4座高山水库，蓄水15亿 m^3，年调水量75亿 m^3，工程投资506亿元，完成时间规划为2007年至2011年底；

（3）第三期工程是扩建完成第二条输水隧洞、抽水站水泵全部安装，增加年引水量60亿 m^3，达到总引水量135亿 m^3，工程投资343亿元，完成时间规划为2012年至2016年。

三峡引水工程规划总工期14年，主体工程静态总投资约1 200亿元（2000年底物价水平），平均每年安排投资约86亿元。

该工程输水隧洞较长，工程量较大，但隧洞洞径为11～12m；在我国已属常规洞径；高扬程、大流量的水泵站，在国内外已有较多成功建设的先例。总的看来，在技术上无特殊困难，不存在不能解决的重大技术问题。初步经济分析表明，该工程的效益费用比为1.2～1.5，说明经济上合理。

应当说明，该工程小江至渭河的主体工程静态投资合计数为850亿元，并非有关部门所说的1 200亿元。

6.3.3.3　三峡水库引水工程的主要优点

（1）调水水源和调水量有充分保证。三峡水库多年平均径流量4 510亿 m^3，调水135亿 m^3，只占3%；汛期在三峡电站满发电前提下，调水后仍有弃水量约300亿 m^3。因此调水水源和调水量都有充分保证。枯水季4个月不抽水，对三峡电站发电、长江中下游航运及生态环境均无不利影响。

南水北调中线工程从汉江丹江口水库引水，该水库多年平均径流量约388亿 m^3，调水130亿 m^3，占33%；1991–2000年汉江出现连续10年的枯水年，丹江口平均年径流量只有约280亿 m^3，与多年平均值相比减少约108亿 m^3。特别是1997年和1999年，丹江口入库年径流量分别只有169.6亿 m^3 和147.6亿 m^3，这两年汉江中下游自身的用水都不能满足，根本无水可北调。

（2）三峡引水入渭河主要采用隧洞输水，基本无移民问题；沿线4座高山水库移民仅约1.5万人，较易解决。

中线工程引水需加高丹江口水库大坝，新移民约38万人，还有10多万老移民的遗留问题，其难度之大一直为各方面关注。

基于上述两点可见，作为南水北调工程的水源地，三峡水库引水与丹江口水库引水相比，不仅可调水量充分可靠、保证率高，还可避免新增大量水库移民安置的难题。

（3）每年向陕西关中地区提供25亿 m^3 水量，可以较彻底地解决该地区城市生活、工业和生态用水，对支持西部大开发有重要作用。

(4)三峡引水工程每年有 110 亿 m^3 水量从渭河下游通过，经初步分析，用 10 年左右的时间可将三门峡水库修建后导致渭河下游主河槽中多年淤积的约 3 亿 m^3 泥沙冲走，对根治渭河下游洪涝灾害有重大作用。

(5)三峡引水与黄河来水配合，将可使河床高程冲刷下降 3m 左右，从而使三门峡库区末端的地由低滩变为高滩，使原受影响的近 100 万亩土地变为稳产农田，并使原移民近 70 万人得以安居乐业。

应当说明，有关部门认为，如果潼关河床高程下降 1m，三门峡库区将有 40 多亿 m^3 泥沙量冲到小浪底水库，对小浪底水库将是一个灾难。据分析计算，三峡引水入渭河及黄河后，三门峡水库最大可能冲刷量约 5 亿~6 亿 m^3，而且绝大部分可以输送入海，三峡引水还有利于小浪底水库和黄河下游排沙、延长小浪底水库拦沙库容的使用年限。

(6)向京、津、华北诸城市提供的约 65 亿 m^3(毛)水量，在进入受水区之前可起到冲沙生态用水的作用，这是一水两用。从经济上看，既能按市场价格收取水费，又发挥了公益性效益，也是一举两得，在经济上十分有利。中线工程无此功效。西线工程由于调单方水的工程投资高，调水量较少，也不能达此功效。

(7)三峡引水工程调水量 135 亿 m^3 中有 45 亿 m^3，是冲沙生态用水，除冲刷渭河下游和三门峡库区的泥沙外，还用于小浪底水库和黄河下游长约 800km 河道的冲沙生态用水量。此水量与黄河来水配合，在小浪底水库的调节作用下，汛期泄放人造洪峰冲沙，初步分析，每年可冲刷下游河槽的泥沙量约 1 亿 m^3，可确保黄河下游河槽不再持续淤高。由此可见，三峡引水工程加上小浪底水库的调节作用，对黄河下游防洪安全有着重大意义，这是我国几千年治黄历史上一直梦寐以求但未能实现的目标。

(8)由于有小浪底水库调节，三峡引水工程与中线工程相比，能够更为可靠均匀地向京、津、华北地区诸城市每年提供约 65 亿 m^3 水量，为当地经济社会发展和生态环境改善提供重要保证。

(9)三峡电站枯水期发电保证出力约 499 万 kW，而汛期满发时出力为 1 820 万 kW。汛期如缺少利用大量季节性电能的大用户，势必会出现大量“弃电”情况。三峡引水工程抽水站 8 台水泵开动时，电动机最大用电功率为 252 万 kW，用电量为 140 亿 kW·h。由于采用在多水期的 8 个月抽水，正好可成为三峡电站汛期季节性电能的用电大户。

应当说明，三峡引水工程抽水用电按下网电价 0.31 元/kW·h 计，全年用电 140 亿 kW·h，需电费 43.4 亿元，但调水 110 亿 m^3，通过三门峡、小浪底及西霞院电站，可增加发电量 40 亿 kW·h，回收电费 18.8 亿元(河南上网电价为 0.47 元/kW·h)。抽水用电实付电费约 24.6 亿元，单方水抽水电费仅0.18~0.20 元/m^3，较为低廉。

三峡引水工程抽水对三峡电站的不利影响是减少发电量 17.7 亿 kW·h(只占三峡年发电量 847 亿 kW·h 的 2%)，使三峡电站每年减少发电效益 5.5 亿元。

6.3.3.4 结论

三峡引水工程年调水量为 135 亿 m^3，主体工程静态总投资约 1 200 亿元。中线工程平均年调水量 130 亿 m^3，主体工程静态总投资 1 161 亿元。这两大工程的年调水量和主体工程静态总投资均基本接近。

综上优化，三峡引水工程既能比中线工程更为可靠均匀地向京津华北地区诸城市供水，又能解决陕西关中地区缺水,还能解决渭河下游和黄河中下游的泥沙淤积和洪水危害,可说是一举多得。说到底,中线工程基本上是单目标的供水工程,而三峡引水工程是多目标的综合性工程。如果单个地看,这两大工程都具有必要性、紧迫性,但从比较论证即从"科学选比"看,三峡引水工程显然更具有全局性、战略性。

总之,南水北调工程是百年大计、千年大计,要对子孙后代负责,要经得起历史的检验。三峡引水工程不仅仅是要与西线工程的第三期工程比,也不仅是要与西线工程比,而是首先应与中线工程进一步做好"科学选比"的论证工作,这才是重中之重的大事。

6.3.4　"三建委"的建议

2001年以来,国务院三峡工程建设委员会办公室郭树言、李世忠和魏廷铮等官员,多次以不同形式向中央提出有关小江引水替代南水北调工程的建议。建议内容如下。

6.3.4.1　概述

经过几代人的努力,三峡工程已实现蓄水发电,其防洪、发电、航运的三大效益即得到初步发挥。随着三峡工程的建成运行,不少三峡建设者在思考这样的问题:如何发挥三峡水库的调水功能,以三峡水库作为水源地,调水穿过巴山、秦岭向华北、西北地区供水,实现长江、黄河、海河水资源的优化配置,支援西部大开发,为国家的经济建设服务,充分发挥三峡工程的综合效益。

国务院三峡工程建设委员会办公室曾组织国内水利水电、铁道等行业的一些资深专家,借鉴和参考有关单位几十年来对长江、黄河、海河流域的研究成果及南水北调工程规划资料和巴山、秦岭地区铁路、公路建设勘测资料和实践经验,以及高扬程大流量抽水蓄能电站建设的资料,经过近3年的研究和实地勘察,编写了三峡水库引水入渭济黄济华北工程(以下简称三峡引水工程)规划纲要6及11个专项研究报告。本建议主要探讨三峡引水工程的特点和相关的工程推荐方案。

6.3.4.2　三峡引水工程

三峡引水工程是以三峡水库为主要水源地,即在重庆开县小江建抽水站,设水泵10~12台,扬程380m,年抽水超过120亿m^3至高程525m处的静水池。同时,在秦巴山区修建调节水库4座,每年蓄纳汛期高山洪水15亿m^3。约140亿m^3的年调水量,通过两条长约312km的多段输水隧洞,穿过巴山、汉水、秦岭,进陕西咸阳附近的渭河。经陕西潼关出渭河入黄河的水量为110亿m^3,流经三门峡、小浪底及待建的西霞院水库,于西霞院水库坝下沿京广铁路西侧修高线总干渠,输水到京、津及沿线城市。

三峡引水工程施工可分3个阶段,共14年。第一阶段4年,建西霞院到北京的输水渠道,设计流量265m^3/s,初期每年可引黄河水20亿~25亿m^3供京、津及沿线城市急用,投资350亿元,同时进行小江、渭河输水工程前期工作。第二阶段6年,建小江抽水站及第一条隧洞,流量285m^3/s,年抽水量60亿m^3,同时建高山水库4座,汛期拦蓄洪水15亿m^3。在小江不抽水时(12月—翌年3月)供水,年总引水量75亿m^3,其中供关中10亿m^3、供京、津及沿线城市65亿m^3。第二阶段工程投资506亿元(含第三阶段施工的预建工程)。第三阶段4年,扩建第二条隧洞,年输水量至少增加60亿m^3,其中供关中15亿m^3,供黄河下游城市及生态用水45亿m^3,投资343亿元。

三峡引水工程一、二阶段共投资856亿元,年引水75亿m^3,与现南水北调中线一期工程

(总投资917亿元,设计引水95亿m^3,保证率较低)相比,向黄河以北供水量大致相当,但保证率高。如加上第三阶段,三峡引水工程年引水可达140亿m^3,工程总投资约1 199亿元,与现南水北调中线后期方案(引水120亿~130亿m^3)相当,而三峡引水工程的优点和效益更为明显。体现在:

(1)水源充足、水质好、移民少,对生态环境影响小。三峡水库多年平均径流量4 510亿m^3,年调水135~140亿m^3只占三峡水库平均年来水量的3%,调水后三峡电站常年仍有约300亿m^3弃水(将来再增加调水量100亿m^3,仍有充分保证)。工程主要采用隧洞输水,基本无移民问题。4座高山蓄洪水库移民安置共1万多人,较易解决。

(2)在解决京、津及沿线诸城市和陕西关中平原缺水需要的同时,还能有效治理渭河下游、黄河中下游的泥沙淤积与洪水灾害。该工程能可靠均匀地向京、津及沿线城市提供65亿m^3年水量,为受水区经济社会和生态环境发展提供有力支撑。该工程可向渭河关中平原提供25亿m^3年水量,能较好地解决关中地区城市、工农业和生态用水,对保护生态环境、支援西部大开发有重要作用。工程的110亿~120亿m^3年水量与渭河来水汇合,可加大渭河下游河床的冲沙能力,对河道淤积泥沙可产生显著冲刷。经计算,10年内或再多一点时间可基本上将三门峡建库后40年淤在咸阳至渭河口211km河槽内的3亿m^3泥沙冲走,使渭河下游恢复天然冲淤平衡、解除悬河状态,对渭河下游防洪减灾有着重要作用。这110亿~120亿m^3水由渭河下游进入黄河,在三门峡水库合理调度及对潼关至大坝河段进行整治的情况下,用10年或再多一点时间将会使潼关河床高程下降约4m,基本恢复到三门峡水库修建前的状况。原受三门峡水库影响的近百万亩土地将变为稳产农田,近70万原水库移民将得以安居乐业。三峡引水工程每年汛期向黄河下游可补充45亿m^3生态输沙水量,可充分发挥小浪底水库调水调沙作用,每年减少黄河下游主槽泥沙淤积约1亿m^3,能使黄河下游主槽基本不再淤高,并改善下游生态环境,减轻黄河下游断流的威胁,确保黄河下游长期安澜。

(3)充分发挥黄河已建三门峡、小浪底水库的调节能力与综合效益。除上述提到的调节作用外,三门峡、小浪底、西霞院3座水电站因水量增加每年可增加发电量约40亿kW·h。

(4)主要在丰水期(4—11月)抽水,可以消纳三峡电站大量电能(年耗电约140亿kW·h),并对长江中下游防洪有利;枯水期4个月(12—翌年3月)不抽水,对三峡电站保证出力无影响。

(5)工程可分期兴建,逐步扩大供水规模,且能尽早向京、津及沿线城市供水。

(6)三峡引水工程一、二阶段完成后调水的效益费用比为1.2左右,优于现南水北调中线方案,在经济上是合理可行的。

6.3.4.3 三峡引水工程研究的新进展

1)南水北调必须解决黄河的缺水问题

黄河流经我国干旱、半干旱的西北地区及半干旱、半湿润的华北地区,这些地区为资源型缺水地区,加上黄河水少沙多、输沙量大、河道淤积严重,需要保留必要的河槽造床输沙流量,这是黄河水资源开发利用必须注意的。早在20世纪50年代就已明确了增水减沙的治黄战略,一方面抓紧研讨黄河上中游黄土高原的水土保持生态建设方案,以减少入黄泥沙;另一方面积极研究如何从长江调水入黄河,以增加黄河水量。黄河多年平均天然径流量580亿m^3,年可用水量约370亿m^3(黄河水沙量年际变化大,中下游主汛期因输沙量大不能调蓄利用,实际可用水量还小于370亿 m^3)。黄河用水量增长迅速,已由1949年的74亿 m^3 增加到2001年的近400亿 m^3(其中包括黄河上中游地区水土保持生态建设增加的蓄用水量约50亿 m^3)。黄河下游每年向华北海河流域、淮河流域及胶东地区供水100多亿 m^3,枯水年黄河径流量的利用率已高达80%~90%,致使生态环境用水(主要是输沙用水)被挤占,输沙功能衰竭,河床淤积加重,已危及黄河生命。黄河干支流频繁发生断流,就是水资源供需严重失衡的突出表现。

1999年对黄河干流实行水量统一调度以来,随着小浪底水库投入运用,对黄河下游水量调控能力增强,黄河下游断流现象有所缓解。但是2000年、2001年黄河入海年水量只有40亿 m^3。2001年7月22日,黄河中游潼关站只发生0.95 m^3/s 流量,几乎断流。2001年6—7月,黄河上游也接近断流,中游的多座电站因缺水而影响发电,这些情况表明黄河功能性缺水仍在发展。

黄河流域属资源型缺水地区,其中中游陕西关中地区是全国水资源最贫乏地区之一,干旱缺水与渭河下游严重淤积带来的洪水灾害是制约关中地区经济社会发展的重要因素。随着西部大开发,陕西关中地区和西安市的重要性与日俱增,经济社会发展与黄土高原水土保持生态建设加速进行,黄河需水量将不断增加,黄河缺水形势将越来越严峻。因此,从长江流域调水济补黄河势在必行,南水北调必须解决黄河的缺水问题。

2)三峡引水工程对三峡枢纽发电的影响

三峡水库在丰水期调水,枯水期(12月—翌年3月)不抽水。4—11月从三峡水库抽水,平均流量570 m^3/s,仅占当月上游来水流量的1.9%~8.5%,所占比例较小。引水将减少三峡电站年发电量约18亿kW·h,只占电站年发电量的2%,对三峡电站发电影响很小。经逐月计算,均不影响三峡电站正常运行,不影响长江中下游航运和生态环境。拟建的小江抽水站最大用电负荷252万kW,年抽水量120亿 m^3,年用电140亿kW·h,按市场运作付费,有利于消纳三峡电站丰水期电能。利用在秦巴山区修建的水库拦蓄部分高山洪水,在枯水期供水约15亿 m^3,既可保证供水不中断,还有利于长江、汉江防洪削峰及发展当地山区水电。

3)黄河、渭河的污染防治与泥沙处理

三峡引水工程拟利用渭河下游及黄河中游总长480km的河道向华北输水,建成一条清洁输水通道向华北供应好水。对这一工程必须予以高度重视。

黄河中游龙门至三门峡河段是黄河干流污水接纳量最大的河段。2001年审查通过的黄河流域水资源保护规划确定了到2010年黄河干支流大、中城市集中供水水源河段(水库)达到Ⅱ类及Ⅲ类水质标准,全河干流不劣于Ⅳ类水质标准的目标。只要抓紧水污染的防治工作,保证各地区排污量符合入河污染物总量和出境水质控制目标的要求,这个目标是能达到的。有人担心,长江水经黄河到华北,水会变浑,增加了泥沙处理的困难。实际上,小浪底水库建成后,由于采取多年调节泥沙、相机排沙的运用方式,可确保每年有300天以上时间向华北供应清水。

6.3.4.4　南水北调工程宜分期兴建

郭树言、李世忠和魏廷铮研究认为:小江引水工程应先开工黄河以北工程,同时需要完善以下工作。

1)应深入分析、统筹协调、科学论证,加紧做好南水北调规划的前期工作

通过对三峡引水工程的研究,我们认为:南水北调工程涉及的调水区和受水区,关系到

全国一半左右省市(区)经济、社会、生态的协调发展。南水北调总体规划是一项复杂、艰巨的工作,既需要对缺水地区当地水资源和可能调入的各种水源进行综合研究,又要根据各地水资源的短缺性质和程度,确定分期分片的实施方案,逐步解决北方缺水问题,实现可持续发展的目标。2001 年起,原国家计委与水利部将组织全国各省(区)及有关部委,计划用 3 年时间完成全国水资源综合规划研究,其成果必然有助于南水北调工程总体规划的完善,使之更加符合实际。近年,人们对于中线方案水源不足、保证率低、移民安置困难、黄河和渭河缺水以及生态环境严重恶化等的认识正在不断加深,但仍有许多新问题尚待研究。

2)临时结合永久

南水北调中线先开工黄河以北工程,既可减少投资风险,又能对华北地区及早供水,南水北调工程主要受水区在黄河以北。2000 年提出的各种调水方案输水线路长度都在 1 000km以上,最缺水的北京位于输水渠道的末端,而调水工程总工程量和投资的约 2/3 在黄河以南。因此,当务之急是寻找一个既能适应各不同方案,又能尽早为北京提供应急水源、缓解华北城市严重缺水,并且能分期实施、分片见效的供水方案。根据多年来的研究成果,我们认为,南水北调工程建设宜以黄河小浪底水库为过渡性水源,先实施黄河以北西霞院至北京的输水工程,确保北京及沿线城市应急供水。其依据如下。

(1)向黄河以北沿线城市供水选用京广铁路以西高线方案,各方面意见比较一致。无论以长江干支流何处为水源,黄河以北输水工程都是需要的,不会造成浪费。

(2)黄河年径流量虽然减少,但小浪底水库 126.5 亿 m^3 库容,仍有相当大的调蓄能力,且建库时就有在水库拦沙运行期 15~20 年内供水北京的任务。在 2015 年以前,黄河可向北京、河北应急年供水 20 亿~25 亿 m^3 是可行的。

(3)黄河以北高线输水工程按年供水量 65 亿 m^3 规模建设,投资约需 350 亿元,工期 4 年,每年约 90 亿元,筹资难度不大。

(4)先引用黄河水,见效既快,还可为后续工程积累规划建设、资金筹集、运行管理和水费征收等方面的经验。

综上建议,三峡引水工程方案是南水北调工程中线方案的一个重要发展,具有支持西部大开发、治理黄河、向华北供水、改善生态环境等综合效益,符合可持续发展战略,是一项一举多得、利国利民的宏伟工程。该工程目标明确,效益突出,水源充足,水质好,对输水工程沿线生态环境影响较小,在技术上不存在不可克服的困难。当然,按照可行性研究的深度要求,还是有些问题需要进一步研究。建议国家有关部门论证研究我们的规划纲要报告,安排开展前期工作,抓紧组织力量对该工程方案进一步深入研究论证,争取用 2~3 年时间提出可供决策的可行性研究报告。

6.4　空中调水方案

“空中调水”的关键,是增加干旱缺水地区的有效降雨;而增加降雨,则必须实现降雨所需要具备的两个条件:即存有积雨云和强对流天气。干旱地区,尤其是沙漠地区,万里无云,很难形成强对流天气。若要实现干旱地区“空中增雨、产水”,首先要增加其地表植被、改善生态,根本改变干旱地区水汽条件以及降水需要的冷热对流。也就是说,一方面让水汽“留住”(一定程度增加空中积雨云);另一方面,采取(增雨)措施实现有效降雨。

6.4.1　我国西部河流及大气环流状况

“向天祈雨”,在许多历史故事和电视剧中以超能力(或迷信)的手段展现。但现代的人工增雨采用化学粉末催化雨云,其效果仍相当有限。气象数据显示,我国平均年云水资源(含水汽)约为22万亿t,可开发的云水资源每年达2 800亿t,相当于7个三峡水库的总库容。但当下,利用率仅达到20%左右,开发潜力巨大。此外,我国风力资源分布范围广、蕴藏量丰富。也就是说,对于解决我国部分地区干旱缺水的重大难题而言,气候资源还有很大的利用空间,在合理利用及保护气候资源的这条道路上,我们应当加大力度研究、开发云雨(水汽)资源,实现“天上来水”与自然和谐。

6.4.1.1　西部河流

我国西部河流分为以下几大区:

(1)内蒙古内流区;

(2)藏北高原南流区;

(3)西北内流区;

(4)雅鲁藏布江流域;

(5)印度河流域;

(6)伊犁河流域;

(7)额尔齐斯河流域。

在西部诸河中,可以任意开发与利用的不多,尤其是国际河流;未达成合作协议情况下,如果开发利用,势必造成与其他国家的水资源争端。

6.4.1.2　影响我国水汽条件的大气环流

影响水汽条件的大气环流,主要有台风、暖湿气流、强冷空气等。

1)台风

台风,由太平洋进入中国南方,影响范围主要有:广西、云南、广东、海南、台湾、江西、贵州、重庆、湖南、湖北、福建、浙江、上海、天津等。

2)季风

来至印度洋孟加拉湾台风及东南亚的西南季风,影响范围有西藏东部、长江—淮河流域。

3)高原冷空气

印度次大陆来的西南季风,经过青藏高原抬升后形成的高原冷空气,影响范围主要有西南、青藏高原、华东、华南、华北。

4)西亚干风

经阿富汗、巴基斯坦来的西亚西南季风,影响青藏高原及新疆南疆盆地以及向东的大部分地区。

5)地中海季风

地中海吹过来、经北疆的西南季风,影响地区主要有新疆、青海、内蒙古等以东地区。

6)暖湿气流

从白俄罗斯经新疆天山、阿尔泰山、阿尔金山、祁连山以北吹过来的强风,夏天为暖湿气流、冬天为寒流,主要影响内蒙古、华北、东北、长江中下游、华南及西南部分地区。

7）西伯利亚寒流

经贝加尔湖进入中国的西伯利亚寒流，主要影响东北、华北、黄土高原、江南及西南。

8）高原积雪

青藏高原的积雪厚度，影响太平洋台风的生成及我国南方气候。

6.4.2 从空中调水实现我国西线南水北调

6.4.2.1 空中调水设想

水利部陕西水利电力勘测设计研究院专家王德让曾系统提出了在大型流域分水岭布设风洞实现空中南水北调的设想，也提议深化此项研究并列入国家科技攻关课题。

1）概述

我国是个水资源人均占有量较低的国家，随着人口增加，在水资源有限的情况下，2050年人均占有水资源将降至1 760m^3，届时将处于用水紧张国家的边缘。同时又因我国地处北半球，欧亚大陆的东南部，东南濒临太平洋，西北深入亚洲腹地，西南与南亚次大陆接壤，地域辽阔，东西横跨经度62°，直线距离约5 200km，南北纬度相差近50°，直线距离约5 500km，东、南、西、北四方水资源分布差异很大。水资源与降水是密切相关相辅相成的，就降水在我国的分布情况来说，中国多年平均降水618mm，降水总量6.19万亿m^3，年降水地区分布极不平衡，总趋势从东南沿海向西北内陆逐渐减少。东南沿海和西南地区年降水超过2 000mm；长江流域1 000~1 500mm；华北、东北400~800mm，西北内陆地区降水显著减少，一般不到200mm；新疆塔里木盆地、吐鲁番盆地、青海柴达木盆地是降水量最小的地区，一般为50mm，盆地中部不足25mm。因而造成了我国水资源极不平衡的分布形势。以西部地区中的西南和西北而言，水资源分布的差异就更大。西南地区水多地少；西北地区水少地多。西南地区年均水资源总量约12 752亿m^3；西北地区为2 344亿m^3，西南地区是西北地区的5.4倍；而缺水将日益突出。对于水资源的利用除了加强管理、合理配置、高效用水和有效保护建立节水型社会外，从长远规划讲，以干旱缺水的实际情况，最根本的措施是要抓水源问题。

2）南水北调西线成本代价高

黄河水利委员会提出，解决黄河上游缺水问题主要途径是实施西线南水北调工程。而这一工程规模宏大，技术难度大，超长隧洞之地质问题、高寒地区施工问题，还有巨大的投资问题等。王德让研究认为，西线南水北调工程规划调水160亿~170亿m^3，静态投资估计达4 000多亿元，这一投资还不包括调水送到各供水区的投资。因此，南水北调西线工程成本代价高。

3）调水设想

20世纪80年代初，专家从水文图集上看到长江流域与黄河流域的秦岭分水岭降水量大，而降水量等值线明显南多北少，如将降水量大的等值线北移，就可使秦岭北麓的河流增加径流量。又联想到现在人工降雨技术的成功实现，如果在云团密集时，启用风洞动力，将云团由南向北推移，并及时实施人工降雨，实现天空上南水北调，能够解决我国北方缺水的问题。经过多年的观察，陕西秦岭是实现这一设想最好的地理境地之一。

6.4.2.2 风洞调水机理

根据这一自然状况，王德让研究设想从西起宝鸡清姜河源头，东至西安黑河源头，在长100km的分水岭，年降水量在900mm的地带，根据地形高差情况及分水岭低谷峡口，布置直径 10m 或更大直径的风洞上千个。横向 2～4 排，排距高差 50～100m，纵向风洞间距 50～100m。每个风洞配备大风量的风机，当分水岭上空有密集云团出现时，启动风洞将密集云团北移，及时地借助人工降雨技术，将部分降水下落在秦岭北麓。初步估计，如果云团能由南向北移 10～15km，即可增加集水面积 1 000～1 500km^2，每年能使这里径流深提高 200mm。

在秦岭南、北（分水岭）两侧中，土地面积西南地区远不到西北地区的二分之一。随着我国人口增长，经济、社会的发展，西北地区水资源供需矛盾及改善生态环境用水，可从上空南水北移2.4 亿～3.6 亿 m^3。投资估计：风洞总投资 5 000 万元，人工降雨及其运行管理投资 5 000 万元，大体按 1.0 亿元计算，调水每方造价为 0.4～0.3 元，即使估计投资偏低，再加一番，每方投资也不会超过 1 元，同国内跨流域调水工程每调出 1 立方米在 7 元以上相比，相差就很大了。当然这只是一种设想，还需要先在科研机构进行论证，方能得出能否现实，这里只是先提出个科研课题，并建议水利学会能在陕西省科委或科协领导下组织进行研究。

这一设想如果能有效地从空中调水，该学者认为还可扩大到青海三江源头上去，实现我国的西线南水北调功能。在巴颜喀拉山的东部地区，黄河与雅砻江、大渡河的分水岭地带，年降水量为 600～700mm，将这一区段上空密集云团若能从南向北推移数十千米，沿分水岭 500km 布置几万个风洞，增加东部巴颜喀拉山北麓地区的集水面积数万平方千米的径流，使这一区域每年增加降雨 100mm，大约年可调水 20 亿～50 亿 m^3 进入黄河。这样，可以有效改善黄河中下游地区供水条件，同时也是代替南水北调西线工程的一项科学创举。但愿这一初步设想能够经过实验后得以实现。

6.4.2.3　**技术建议**

1）调水必要性

我国是地球上人口最多的国家，从人均资源来讲并不得天独厚，特别是水资源相对匮乏，南方人多水多地少，北方人少水少地多，这一局面将制约我国西北地区社会经济的稳定和可持续发展。民以食为天，食从水土生，水是人类赖以生存的基础。目前对我国国土资源的根本威胁是：水土流失、沙漠南移、黄河断流、长江变黄、生态恶化、水源缺乏，这些变化无不同水资源的“量”和“质”密切相关。从长远利益百年大计考虑，即基本国情出发，实现我国南水北调势在必行。无论是中线、东线、西线南水北调，还是大西线（引藏、怒、澜）调水，都是一个共同目的，解决北方的缺水问题。

2）建议

我们科技工作者能否摆脱引水线路工程这个方向，拓宽思路，研究从天上空中调水的可能性，因此我建议国家科研单位研究这一课题。组织水利、气象、人工降雨、航空风洞实验、炮击云团、和平利用核动能等方面的专家，齐心协力，共同努力，完成这一具有巨大作用的课题，成功后将是科技方面一大创举，也可能是国际上领先的技术。在现在科学发展条件下，人工降雨的实现又有排放气流巨大动能的条件，在适宜的气象条件下，实施天上空中调水，实现南水北调不是不可能的。

6.4.3　空中调水的方案

只要发生洪水、干旱等灾害性事件，网民都会“风吹草动”，热炒三峡工程、南水北调工程。而“引渤入疆”“藏水北调”“海水淡化”“空中调水”就会被再次议论。

6.4.3.1 挖山引入暖湿气流

20 世纪 90 年代,有些专家和民间人士炒作一个“惊天设想”,就是“把喜马拉雅山炸开一个宽 50km 的口子,让印度洋上的暖湿气流经尼泊尔吹进青藏高原,彻底改变那里恶劣的生态环境,摘掉那里的落后帽子,把青藏高原变成美丽富饶的鱼米之乡。”

有记者在网络上报道:2000 年,在钱正英和中国工程院院士张光斗的主持下,中国科学院和中国工程院 43 位院士和百位专家形成《21 世纪中国可持续发展水资源战略研究》报告,专门对“大西线调水”进行了研究,结论是“在可以预见的将来,大西线工程没有技术可行性。”

西安交通大学教授霍有光在提出“海水西调”设想后,在不断完善自己方案的同时,也曾与另外几种解决新疆水资源困境的方案进行过争论。但是,“将喜马拉雅山炸开一个口子,其称之为‘空中南水北调’。”霍有光认为,“其实这根本是没有地质学、气候学基本常识的空谈。”国内的大气物理学界的多位专家也经过论证,认为“引来印度洋暖湿气流,改变西北地区气候”在气象学上是无法成立的。不仅如此,霍有光教授也反对“大西线调水”,“这个方案仅从工程学上也是行不通的,即在青藏高原上要建几十座两三百米高的垒石坝,每个坝都超过三峡工程,这样大的工程前所未有。而且,青藏高原上也没有那么多的水可引。”

6.4.3.2 引入暖湿气流工程方案

(1)在西藏、新疆与印度、尼泊尔、巴基斯坦接壤地区修建多排隧道,隧道在南侧为雪线以下,隧道在青藏高原侧海拔高一些,形成烟囱效应,再辅以大功率风机,抽取南亚暖湿气流。

(2)在藏北高原修建引水隧道,把藏北高原南流区的水引入南疆盆地:在藏北雪山上修建多排穿越雪山的隧道,抽取青藏高原的暖温气流,将南亚气流输送到南疆盆地。

(3)在阿富汗、巴基斯坦边境修建多排隧道,抽取经阿富汗、巴基斯坦进入我国的暖湿气流,进入南疆盆地,与来自藏南的暖湿气流汇合后可能形成降雨。

(4)在于中亚国家接壤的地方,建立多排隧道,抽取从地中海来的暖湿气流,与前两股气流汇合。

(5)将北疆的外流河抽取部分水资源,进入南疆,同时建立多排隧道,抽取经俄罗斯来的暖湿气流或寒流,进入南疆盆地,与前 3 股气流汇合,形成降雨。

(6)在藏东南及四川、云南地区,建立隧道群,抽取孟加拉湾及东南亚的暖湿气流,进入川西高原及四川盆地。再在秦岭修建多排隧道,抽取四川盆地的暖湿气流,进入陕西、山西(冬季关闭隧道,防止寒流流过)。

此工程如果完成,可以根据需要来调节降水及各区域的水汽输送同时,这类工程因为修建的是隧道群,对多个需要穿越雪山的地区不会造成破坏,还可以根据需要进行调节及关闭。再集合南水北调西线工程,估计在 10~15 年内可以改变北方干旱、冬春沙尘暴、南疆盆地无水的状况。此工程调的都是淡水,会加快印度洋及地中海等区域的水汽蒸发、循环,可以为印度次大陆、巴基斯坦、西亚各国带来丰沛的水汽,降低他们的干旱。对气候及大气环流的影响,需要做进一步评估。

6.4.3.3 结论

人类只有一个地球,无论我们做什么样的工程措施,大家都应谨记:保护我们的生态环境、节约用水、恢复生态,才能保护好我们美丽的家园。

6.5 引渤入疆调水方案

6.5.1 概述

沙漠年平均降雨量一般都小于50mm,如北非撒哈拉沙漠年平均降雨量小于30mm。尽管沙漠是气候条件导致的自然现象,但气候条件或多或少与人类活动呈正相关关系。也就是说,人类活动可能导致气候发生不利于生物生存与人类发展的环境。当然,人类仍然可以通过努力和正能量作用,改变沙漠地带的自然环境(如美国的拉斯维加斯城市就建在沙漠区域),这种改变是有限的、局部的,很难从根本上整体改变气候。

我国的沙漠(包括戈壁及半干旱地区的沙地在内的沙漠)总面积达130.8万km^2,占全国土地总面积的13.6%。其中,难以治理的塔克拉玛干沙漠(是中国最大的沙漠,仅次于非洲撒哈拉大沙漠,为全世界第二大流动沙漠)、古尔班通古特沙漠、腾格里沙漠、巴丹吉林沙漠等8个大沙漠总面积约80万km^2,占全国沙漠总面积的65%;沙质荒漠占45.3%,沙地占11.2%,戈壁占43.5%。在沙质荒漠及沙地面积中,流动沙丘占62.4%,半固定、固定沙丘占33.6%,风蚀地占4%。戈壁中,以剥蚀作用为主的戈壁占戈壁总面积的32%,其他则以洪积及洪积冲积作用为主的戈壁。

随着经济高速增长,城市化进程加快、矿产资源开发以及能源、交通工程大规模建设,生态较为脆弱的西北、西南地区荒漠化、石漠化问题日趋严重。资料表明:“我国荒漠化土地面积达262.2万km^2,成为世界上受荒漠化危害最为严重的国家之一”。其中,新疆、内蒙古、西藏、甘肃、青海五省区的荒漠化土地面积为250.5万km^2,占全国土地荒漠化面积的95.5%。土地沙化是西北地区土地荒漠化中最突出的问题之一。据陕西、甘肃、青海、宁夏、西藏、内蒙古、新疆七省区2000年前统计资料,沙化土地面积已超过162.55万km^2,占全国沙化土地总面积的90%以上。沙化、石漠化、荒漠化的扩展,严重威胁到我国经济社会可持续发展。

20世纪80年代开始,我国西北、华北地区持续干旱,自然来水量的降减和工业化、城市化的快速推进,导致西北、华北大部分河流断流、湖泊干涸,地下水超采、地面沉降、塌陷,一方面是水资源供需关系日趋紧张;另一方面,由此带来的水(缺水、水污染、水土流失等)问题日益严重。针对这一系列发展中的问题,有关部门、缺水地方和一些专家学者研究、论证、呼吁建设南水北调工程,缓解北方地区水资源紧张。2002年12月27日,南水北调东线、中线一期工程正式开工。审定的南水北调工程的总体规划,是以“四横三纵、南北调配、东西互济”为水资源配置格局,也就是分东线、中线和西线三部分,即:东线从长江江苏扬州段调水,经过江苏、山东到达河北、天津;中线从湖北丹江口水库调水,经河南、河北到北京、天津;西线规划从长江上游调水到黄河上游,供应西北和华北。

6.5.2 新疆的自然条件

新疆维吾尔自治区,位于东经73°20′41″~96°25′、北纬34°15′~49°10′45″,地处中温带极端干旱的荒漠地带。全区面积166.49万km^2,占国土面积的六分之一。由于新疆特殊的地理位置和气候条件,形成它独特的自然环境。

6.5.2.1 地理位置和地形结构

新疆地处欧亚大陆腹地，具有远离海洋、高山环抱的地理位置和地形结构，东距太平洋 2 500~4 000km，西至大西洋 6 000~7 500km，南到印度洋 1 700~3 400km，北距北冰洋 2 800~4 500km。从大气环流影响来看，太平洋湿润气流要跨越崇山峻岭，只有少量能到达南疆；印度洋暖湿气流很难翻越青藏高原，只有大西洋和北冰洋气流，可影响到新疆西部和北部，这种远离水汽的海陆关系，使新疆成为欧亚大陆的干旱中心。

高山环抱的地形结构，对干旱环境的形成又进一步产生持续、稳定、深度影响。根据大的地貌轮廓，构造特征及沉积物的特征，新疆境内从北向南可分为阿尔泰山、准噶尔以西山地、准噶尔盆地、天山、塔里木盆地和南部山区六大地貌单元，构成“三山夹二盆”的总体地形。其山麓至盆地中心，规律地分布着倾斜洪积—冲积扇及洪积—冲积平原，盆地中心为广阔平坦的冲积平原和湖积平原，上面的疏松沉积物经风力蚀积而成大片沙漠。具体布局：

(1)新疆北缘横亘着自西北向东南走向的阿尔泰山，平均山脊线不到 3 000m，最高的友谊峰海拔 4 373m；

(2)南缘是昆仑山系，自西向东分别是雄伟的帕米尔高原、喀喇昆仑山、昆仑山及阿尔金山，平均山脊线为 5 000~6 000m，在新疆与克什米尔之间，耸立着海拔 8 611m 的世界第二高峰乔戈里峰；

(3)天山山脉东西横贯新疆中部，将新疆分隔成南、北疆二大部分，山脊线 4 000m 以上，最高峰海拔7 455m的托木尔峰。

在阿尔泰山与天山之间是半封闭的准噶尔盆地，面积约 38 万 km^2，其西部是准噶尔山地；中部是以固定、半固定沙丘为主的(面积近 5 万 km^2 的)古尔班通古特沙漠；东部吐鲁番盆地中有低于海平面 154m 的世界第二低的艾丁湖。天山与昆仑山系之间是我国最大的内陆盆地，即面积为 53 万 km^2 的塔里木盆地，盆地中部为面积 33 万 km^2 的塔克拉玛干沙漠占据，它是我国面积最大的沙漠，也是世界第二大流动性沙漠；盆地内，流经有我国最长的内陆河，即塔里木河。东南部是青藏高原，西部是天山南支和帕米尔高原。在三大山系中，还分布着吐鲁番盆地、哈密盆地、焉耆盆地、拜城盆地、乌什盆地等众多的封闭、半封闭性山间盆地。

新疆辽阔的地域，复杂的地形，形成了气候差异明显、水热分布悬殊、自然条件多种多样的不同区域环境。受山地海拔高、气温低、坡变大，以及盆地中部极端干旱缺水的限制，形成新疆主要的经济活动区在山麓与盆地中部之间的倾斜洪积—冲积平原上分布的格局；在水资源空间分布的制约下，又呈现绿洲沿盆地边缘镶嵌分布的特征。

6.5.2.2 独特的大陆性气候

新疆属温带大陆性气候。天山山麓将新疆分隔成了南、北疆二大区域，分处暖温带和中温带。受海拔高度和地理位置的影响，新疆有全国最为炎热的“火洲”之称的吐鲁番盆地，也有仅次于黑龙江省漠河县的中国第二寒极即富蕴县可可托海。气候特征是：干旱少雨、多大风；冬季寒冷漫长，夏季炎热短促，春秋气温变化剧烈，日照丰富等。

境内复杂的地势对新疆的气候形成重要的影响。山地和平原的高差，造成明显的气候分化；山脉对盆地的环绕和阻隔，又形成一系列地形上的气候分异与特殊的局地气候。

1)气候季节特征

各地气候季节差异大，尤以夏季和冬季特征明显。南疆和吐鲁番盆地夏季分别为 4 个月和5个月,北疆北部和西部仅为2个月。冬季,北疆漫长可达4个月以上。

春季升温快,但极不稳定,多有寒潮侵袭造成回寒;春秋多大风,在南疆形成风沙、浮尘天气;夏季气温稳定变化小,降水占全年降水量的2/3;入秋气温下降显著,各地气温平均月下降10℃左右;冬季,北疆持续严寒,山区至盆地边缘积雪丰厚;受逆温层影响的中低山区气温较盆地为高,除风口区外冬季少有大风。

2)气温变化大

新疆的年平均气温,南疆高于北疆;塔里木盆地为10℃,准噶尔盆地为5~7℃。冬季气温,南北疆相差很大,1月份平均气温分别为-10℃和-17℃以下;夏季气温,南北疆相差不大,7月份平均气温北疆为20~25℃,南疆为25~27℃,亦显示出我区气温年较差大的特征。春、秋季月平均气温变化剧烈,但以春季变化幅度为大。

气温的日变化亦很大。全疆各地,年平均日较差都高于11℃,其分布情况是:南疆大于北疆,盆地大于山区,沙漠大于绿洲。因此,有"早穿皮袄午穿纱"的描述,说明新疆日气温度变化之大。

3)降水稀少且分布不均

新疆降水量稀少,全区多年年均降水量约147mm,仅为全国平均年降水量的23%。其中,北疆约为150~200mm,南疆却不足100mm。伊犁河巩乃斯林场年降水量可超过840mm,而托克逊县降水量又不足10mm。降水多集中于每年的5—8月,降水量可占全年的70%。

降水量分布不均还表现出北疆高于南疆、西部高于东部、山区高于盆地、盆地边缘多于盆地中心、山地迎风坡高于背风坡的分布规律。山区降水总量,占全区年降水量的84.3%。降水量的年际变化很大,有变化幅度在多雨地区小、而少雨地区大的规律。降水较多的阿勒泰、塔城、伊犁地区,降水最高和最少年份相差2~3倍;在降水稀少的吐鲁番、且末地区,则相差15倍左右。

北疆地区的山区降雪量,约占全年降水量的三分之一。积雪厚度从南向北、从东向西、从盆地向山区增大。阿勒泰、塔城、伊犁地区为多降雪地区,积雪最厚达70~90cm;天山北坡最厚达30~40cm;一些山隘达坂积雪厚可达1m以上。

4)日照资源丰富

全区平均年蒸发量约2 000~2 500mm,北疆为1 500~2 000mm,南疆为2 000~3 400mm,新疆东部的三塘湖、淖毛湖可达4 000mm以上。北疆山区年蒸发量多在1 000mm以下,南疆山区在2 000mm以下。各地蒸发量地域分布规律是:南疆大、北疆小,东部大、西部小,平原大、山区小,盆地腹部大于盆地边缘,多风区大于少风区。各地全年中,以春末和夏季蒸发最为旺盛,4—8月的蒸发量占全年70%以上。

新疆盆地和平原地区,光热资源丰富,年太阳总辐射量仅次于青藏高原。全年日照时数达2 550~3 500h,地区分布特点是:由北向南略有减少,从西向东增加,从盆地到山区北疆呈递减趋势,南疆呈递增趋势。一年中,日照最长在7月份,最短出现在12月—翌年1月份。

5)大风灾害性天气频繁

新疆属多风地区,且风力大。风速有北疆大于南疆、山区高于平原的分布规律。北疆西北部、东疆和南疆东部,是大风高值区。起沙风日数,塔里木盆地一般在30d以上,北疆和东疆大部分地区一般在20d左右。全年以春季风速最大,夏季次之,冬季最小。南疆因沙源更为丰富,在风力吹蚀下,每年3—5月多出现浮尘和沙尘暴天气。

新疆灾害性天气有干旱、寒潮、大风、暴风雪、低温霜冻、冰雹、干热风、暴雨山洪、风沙尘暴等,其对新疆的农牧业生产、交通运输造成危害。此外,在山区冬季有气温逆增的现象,对牲畜越冬提供了有利条件,但出现在谷地和盆地中的逆温,则是抑制气流扩散、加重影响大气污染的重要因素。

6.5.2.3 土地资源条件

新疆全区幅员辽阔,土地资源丰富,但利用程度低。全区土地按地形分类,山地和平原面积各占51.4%和48.6%。山区中,以海拔2 500m等高线划分,高山面积占全区面积的29.60%,这一地区虽具水源近便的特点,但热量不足,土层薄、坡度大;主要分布在平原中的沙漠戈壁,占全疆面积的32.9%,虽具有地势平坦、热量丰富的特点,但地处降水稀少,极度干旱地带;因此,全区可利用的细土平原面积较小。

根据农业区划调查资料,全区平原区拥有宜用荒地2 100万hm^2,Ⅰ、Ⅱ等荒地面积约为693万hm^2,Ⅲ、Ⅳ等荒地面积1 400万hm^2。全区平原宜用荒地资源总面积,北疆多于南疆,荒地质量北疆优于南疆;其中,伊犁地区质量最佳;其Ⅰ、Ⅱ等荒地占宜用荒地资源的96%。分布于山前细土平原和大河冲积平原两侧的宜用荒地,土层深厚、热量丰富,降水虽少而引水较易,但存在着二个共同性的问题:

(1)土地盐渍化问题,在全区平原宜用荒地中盐渍化土地面积为867万hm^2;

(2)土地肥力低,普遍缺乏有机质,全疆荒地土壤中,有机质含量一般为0.5%~1%。

全区地处干旱环境,确定了土地资源优势的发挥取决于水资源的合理配置和开发利用。而沙源丰富、盐碱土地广布,这是干旱区自然条件长期作用的结果。在多风、多大风,蒸发强烈的气候条件下,土地存在着严重的荒漠化隐患。

有资料表明,在塔克拉玛干沙漠数千公里的风沙线上,流动沙丘以每年5~10m的速度向西南方推进;古尔班通古特沙漠逐渐沙化,流动沙丘每年以0.5~2.5m的速度向绿洲扩展。据估算,从阿拉山口吹来的大风,已将艾比湖底约1 000万m^3的盐碱粉尘土吹到上空(相当于整个湖底表层厚的10至20cm),使精河和博乐乃至天山北坡经济带扬尘和浮尘天气急剧增加。除自然因素外,人为因素也是新疆生态环境面临沙漠化的主要原因。包括:水土开发不慎、无序开采地下水、滥采野生药用植物、滥采荒漠林和灌木林作为生活燃料、矿产资源无序开发等。

6.5.2.4 水文及水资源

新疆远离各大洋的地理位置,决定了全区水汽来源不足。全年降水总量多年均值约为2 400亿m^3,年平均降水量为145mm,只占全国平均年降水量的23%。降水在地域分布上也极不均匀,其山地是荒漠区中的湿岛,降雨占全疆降水量84.3%,成为新疆地表径流的形成区,孕育了大小河流570余条,年地表水资源量793亿m^3,包括国外流入的水量,总径流量884亿m^3,占全国总径流量的3%。新疆是我国最大的内流区,除额尔齐斯河最终流入北冰洋外,其余河流都属内域河流。全区可分为中亚细亚内流区、准噶尔盆地内流区、塔里木盆地内流区及羌塘内流区和源于昆仑山南部的2条水系。就全区而言,新疆河网密度小,具有干旱、半干旱特征。

从河流类型及径流变化特点来看,全区河流补给来源分五种类型:

(1)源于天山、昆仑山北坡及帕米尔高原,以冰川、永久积雪和地下水补给的河流,具有汛期长、夏水集中、水量大的特点。

(2)源于阿尔泰山和塔城山地的河流，以季节性积雪和夏季中、低山地带降水补给为主，其特点是春水集中、汛期短而枯水期长，年内分配相对不均匀。

(3)降雨和地下水补给的河流，多为中、小河流，水源赖以夏季降雨量大小；其特点是春水略大于秋水，夏水不及融雪补给的河流集中，洪峰陡起陡落、来势凶猛。

(4)全年以泉水和地下水补给的河流，水量受气象要素影响小，具有水量稳定、年内分配均匀的特点。

(5)平时干枯，因融雪或暴雨产生径流的河流。因新疆河流补给源中，高山融化冰雪占一定的比重，且冰雪融化与中、低山降水之间有互补调节作用；所以，径流年际变化较小。其中，以北部阿尔泰山诸河变化较大，南部昆仑山系河流次之，天山山区河流较小。全区河流径流年内分配情况是3—5月占17%，6—8月占56%，9—11月占18%，12月~翌年2月占9%。新疆全区具有一定量的地下水，且具有以下特征：即补给源丰富、水量稳定，但地域分布不均。新疆的地形有利于大气降水、地表水和地下水的相互转化。水源来自山区及人类活动于盆地边缘，山前至盆地分布有第四系构造形成的天然“地下水库”，且含水层深厚。因北部、西部降水较多、径流丰富，地下水亦丰富；而东部、南部，气候干燥、降水少；因此，地下水贫乏。

6.5.3　东水西调改造沙漠的方案背景

我国西北横亘着八大沙漠，分布在新疆、内蒙古、甘肃、陕西、宁夏、河北、辽宁七省区境内，沙漠总面积约80万km^2。由于人类活动，生态环境恶化，沙漠面积正在以每年2 000km^2的速度扩展。沙漠吞噬农田、毁灭庄稼，侵占大片土地，对我国经济社会持续发展和西北部民族自治区少数民族彻底脱贫致富形成极大障碍。

全国大范围的植树造林，在一定程度上遏制了沙尘暴的发生及规模。也正是这个时期，很多专家、学者、“有识之士”齐声呼吁调水治沙。其中，中国地质大学教授陈昌礼和西安交通大学教授霍有光分别提出了比较系统的“引海水治理沙漠方案”。该方案虽然不属于南水北调，但它的实施有可能改变我国水资源空间分布格局。

6.5.3.1　东水西调雏形

据竹守章2000年8月7日在科技日报和2001年1月5日在中国环境报发出的“东水西调彻底改造北方沙漠”呼吁：治理沙漠是我们当代人不容忽视的重大课题，是保护人类生存环境、利于子孙后代的国之大计。

西安交通大学教授霍有光早在20世纪90年代就提出“东水西调，彻底改造北方沙漠”的设想。霍教授“东水西调”是雏形，是调引渤海水，将渤海水由东向西调到北方各大沙漠，以改善新疆沙漠地区的生态环境。由于渤海湾呈C字形，深深嵌入我国北方大陆，距浑善达克沙漠和科尔沁沙漠很近。而且，渤海有黄河、海河、滦河、辽河等大陆河流注入，故含盐量较低，甚至比沙漠中某些咸水湖的矿化度还要低。霍教授认为，海水取之不尽、用之不竭，是大自然赐给我国北方得天独厚的水利资源。

东水西调工程，主要采用管道提扬和渠道自流方法来输水。所谓管道提扬，就是分级将渤海海水提扬到大约1 200m左右的高程，然后把提扬上来的海水输入混凝土衬护的渠道，沿最佳线路流至各大沙漠。这里，关键的工程是把海水提扬1 200m左右高程。提扬工程需要有强大电力。据测算，如果每年从渤海调水300亿m^3，需装机超过930万kW的抽水泵站。霍有光教授观点:抽水所需要的电力,可通过开发黄河上游的梯级水电工程来解决,即用黄河流域电力资源换取渤海湾海水资源。这方面,我国科学技术是完全能够解决。

同时,他认为:连接八大沙漠,共需修建渠(管)道 1 000~1 600km,实现渠道自流。实际上,我国已建成了多项远距离管道输送(如石油、天然气的大型)工程,以这种科学技术可直接转化为远距离调水工程。换句话说,“东水西调”工程只不过是“西气东输”工程的“逆向工程”,与我国东西走向的山脉保持平行关系,既不需要开凿超高隧道,也不需要建筑超高大坝,所以我国完全具备了西调渤海水的科学技术能力。

海水通过管道提扬和渠道自流,进入各大沙漠,然后在沙漠中选择适当地形建立“人造海”。我国北方沙漠底下,均为中生代岩石组成,沙丘和流沙覆盖其上。不难想象,沙漠基底是由基岩构成的一个大岩盆;随着地形起伏,大岩盆中还有许多小岩盆,这是建立人造海很好的储水地质构造。

沙漠中建立若干“人造海”,人工海(湖)扩大了沙区的湿地面积,使流动沙丘逐渐变为固定沙丘;人们依托人造海可以广植碱生、沙生植物,改良草场,选育抗重碱、耐海水、吃嗜盐、泌盐的优良植物品种,改造沙漠,发展农业、畜牧业。同时,让海水大量蒸发,使云汽资源增加,提高空气湿度,促成降水;这样既有利于植被,还可防止沙尘暴,减少空气沙尘污染。

由于沙漠中光照足、温度高、风力强,有极强的蒸发能力。沙漠中建立若干人造海,我们可利用海水建设海水天然蒸发循环系统,发展盐化工业。也就是说,“引渤入疆”,既可以得到盐,同时又可得到重要且宝贵的淡水,供人们生产和生活。而且,利用人造海,我们还可以发展海水养殖业,运用高科技选育海洋动物、海洋植物的优良品种,将其移植于人造海中,并带动加工工业发展。

在沙漠中建立人造海,没有现成的先例,但青海湖及柴达木盆地的生态利用就是最好的参照。因此,“引渤入疆”,东水西调是可行的。

(1)柴达木盆地有 25 万 km^2 荒漠,盆地底部有 20 多个盐湖,湖泊周缘形成沼泽地和潮湿地,滋润了盐生灌木、芦苇、赖草等耐旱植物,养育了野骆驼、野驴、野牦牛、黄羊、青羊等 10 余种哺乳动物,提供了 743 万 hm^2 草场,成为青海有名的纯牧区。可见,生命之水哪怕是湖泊咸水,也能为沙漠盆地带来无限生机。

(2)青海湖是我国最大的内陆咸水湖,青海湖东部有风沙堆积区、沙滩和沙丘群,在盆地半干旱沙地上,生长着柽柳、梭梭、沙拐枣、麻黄等植物群。青海湖有著名的青海裸鲤(俗称湟鱼),湖中岛屿每年栖息十余万只鸟类,是我国内陆少有的候鸟栖息地。可见,青海湖对于青海湖盆地的自然环境有着举足轻重的作用,它为盆地与周边带来巨大的生态效益。

由此可以想象,在北方沙漠中建立人造海,就像众多的咸水湖泊对于柴达木盆地、青海湖对于青海湖盆地一样,必将为彻底改造北方沙漠环境发挥巨大的作用。

我国北方共有八大沙漠,建立沙漠人造海可由东向西逐步推进,边施工边受益。当沙漠出现绿洲,沙丘逐渐被固定,沙漠日益缩小,气候日益变得湿润,并逐渐与沙漠周边气候相类似,此时便可停止调水。所以,东水西调工程必然是一个大幅调水—逐渐减少调水—最终停止调水的过程。东水西调工程虽然需要巨大投资,但毕竟投资有限,而回报却是无限改善的生态。呼吁者建议:先做试验与勘察工作. 再分阶段按步骤一步一步实施东水西调,彻底改造北方沙漠,让“沙漠绿洲”的宏伟愿景变为现实。

6.5.3.2　**“引渤入疆”的意义与作用**

海水西调是西部大开发的战略性基础工程。

1)西北地区战略地位

我国西北地区,包括陕西、甘肃、宁夏、青海、新疆五省区及内蒙古西部,在战略上是应对当今国际复杂政治、经济环境,重建“丝绸之路”经济圈,支撑我国21世纪经济社会可持续、稳定发展的重要基地。该地区总面积占全国的二分之一,土地资源丰富,光热条件充足,发展可再生能源、农、林、牧业具有潜力,在粮食、肉类等农牧产品的生产方面能够起到重要的战略后备作用。西北地区矿产资源种类多、储量大,在全国具有举足轻重的地位。现已查明的矿产中,居全国前五位的有62种,居全国首位的有26种。其中,煤炭储量占全国的50%,新疆、陕西、宁夏的煤炭储量在全国各省区中分别居第一、第四和第五位。准噶尔、塔里木、柴达木盆地,均是具有良好工业前景的石油基地;陕北石油天然气田,是世界上不多见的整装油气田。资源优势不仅是西北地区自身发展的物质基础,更是我国21世纪经济腾飞的可靠依托。因此,从根本上解决西北干旱缺水,实施海水西调,改善沙漠生态,开发利用沙漠土地资源,意义重大。

2)西北地区水资源状况

西北地区深居内陆,属于典型的大陆性干旱、半干旱气候区,大部分地区降雨量在400mm以下,蒸发量超过1 000mm。每平方千米水资源量仅为7.36万m^3,相当于全国平均水平的1/5。在水资源稀缺的情况下,人口增长过快,过去30年里人口净增2 600万人,从占全国人口的比重的7.4%逐升到7.53%。而同期西北GDP占全国的比重由7.8%下降到5.3%。人口、水资源与发展的矛盾日益尖锐。

6.5.3.3　**西部大开发的战略性工程**

1)海水西调的基本构想

霍有光、陈昌礼教授提出的海水西调工程,基本构想是从辽宁引渤海海水提升海拔约1 000m进入内蒙古东南部,顺着内蒙古的北纬42°线东西向注槽地貌,沿燕山、阴山以北,出狼山向西进入居延海,绕过马鬃山余脉进入新疆。输水线路再分成3支。

(1)北支进入北疆准噶尔盆地艾比湖;

(2)中支进入吐、哈盆地;

(3)南支进入罗布泊盆地。

海水西调作用是,一方面以海水代替淡水作生态水填充干涸盐湖,永久性镇压盐湖沙尘源;另一方面,利用西北太阳能,将海水蒸发为水汽,在西风带的推动下,将水汽源徐徐推向盆地东南的天山、祁连山、阴山、燕山等高山区,以增雨所得淡水整治西北沙漠。

海水西调工程,是一条咸—咸和咸—淡的一元调水模式,该工程可以作为西部大开发的战略性基础工程。实现海水西调后,将产生巨大经济效益和生态效益。陈昌礼教授的海水西调,所经路线在燕山、阴山以北,贺兰山以西,形成所谓“外线调水”,让内蒙古全面受益,与南水北调东线、中线工程既“内线战役”形成相互补充,且不发生干扰。而霍有光教授的海水西调工程设想,拟解决所有(主要是新疆地区)西北沙漠的生态。海水西调之所以被认为是西部大开发的战略性基础工程,因为它不仅仅是暂时解决西北缺水和治沙的需要,更是从长远的角度缓解乃至局部逆转西北的荒漠化进程,是可持续发展的战略性工程。

具体方案:从渤海西北海岸提升海水达到海拔1 200m,到内蒙古自治区东南部,输向北纬42°线东西向的洼槽地表,流经燕山、阴山以北,出狼山向西进入居延海,绕过马鬃山余脉进入新疆。再分成3支输水路线:北支进入北疆准噶尔盆地艾比湖;中支进入吐、哈盆地;南支进入罗布泊盆地。海水西调的设想,是通过大量海水填充沙漠中的干盐湖、咸水湖和封闭的构造盆地,形成人造的海水河、湖,从而镇压沙漠。同时,大量海水依靠西北丰富的太阳能自然蒸发,作为湿润北方气候的水汽供应源,以增加降雨,从而达到治理我国沙漠、沙尘暴,彻底改变华北、西北地区生态环境恶劣的目的。

2)海水西调的综合效益

2002年12月27日,南水北调工程东线和中线的一期工程同时开工。根据2000年5月的价格水平,南水北调工程静态总投资约5 000亿元,全部工程拟于2050年完成。南水北调工程横跨长江、淮河、黄河和海河,在我国大地上形成三纵四横的巨大调水网络。而海水西调工程主要是让内蒙古、新疆及燕山、阴山以南和贺兰山以东的西北地区大范围受益。

陈昌礼教授在中国工程科学期刊发表的《海水西调是西部大开发的战略性基础工程》一文表明:海水西调将全面改善西北和华北北部生态状况,工程十大效益中一半以上是使内蒙古受益。海水西调工程共分二期建设,总工期为100年。一期在内蒙古境内,拟从辽宁引水至内蒙古,工期20年,主要治理浑达善克沙漠,内蒙古的东南部受益;再从阴山以北引水至居延海,历时共70年,其在内蒙古境内横贯东西长约3 000km,形成水面面积约40 000km^2,使内蒙古东中西部沙漠获得很大程度上的治理并改善气候。此外,还将产生以下重大效益。

(1)居延海—祁连山水汽交换系统对内蒙古西部的生态效益。海水西调使居延海至祁连山形成水汽交换系统,此区间在海水西调工程各水汽交换系统中规模最大,将使祁连山从东到西的增雨量迅速提高。其中黑河流量将达到280亿m^3/a,比之前年径流量多2.5倍。由于河西走廊平原降水量也普遍增大,所以黑河280亿m^{3}的流量将可以完全补给额济纳旗三角洲及其周边湖泊,是之前规划输入量的4倍;除居延海引入的是海水外,三角洲东缘鲁乃斯湖以及西缘各小型盐湖都将成为淡水湖。额济纳旗三角洲面积约30 000km^2,如有280亿m^{3}的淡水注入,加上本地增加的降水量50~100mm,将使三角洲产水量达到100 000~120 000m^3/km^2。这样的水资源量,完全可以将额济纳旗三角洲整体建成胡杨林和梭梭林自然保护区。在水资源有利地区,还可以开发特种种植业和养殖业;更重要的是,三角洲全面绿化以后可以消除沙尘源,而且可以阻滞西北风;海水西调,三角洲风速降低后将大大减少巴丹吉林和腾格里沙漠的沙尘暴发生频率和强度。

丰富的水汽源将使巴、腾两大沙漠地区降水量从50~80mm,增加到100~150mm;还将改善两大沙漠的水文条件,增加两大沙漠腹地数百个小淡水湖的水资源量。两大沙漠北有拐了湖及引水河湖系统,西有鲁乃斯湖,东有丰富的水汽源增加贺兰山西坡降水量,和南缘的走郎北山北坡增加的降水量,这两条山脉降水量的增加将很大程度上改善阿拉善左旗和右旗旗府所在地周边生态条件,避免了阿拉善左旗和右旗的进一步干旱;从而在所谓"外围内攻"的战略下治理巴丹吉林和腾格里大沙漠,将大大降低西路沙尘暴的强度。

(2)冰制淡水形成水资源。据有关资料,渤海北岸冰层经两次结冰与融水过程后,可获得微咸水,这种微咸水资源可供农业使用。这项研究一旦成功,可向内蒙古大面积推广。若以冰层厚度0.5m计,水面面积40 000km^{2}估算,总冰量达200亿m^{3}的微咸水资源。如果结冰期5个月,每月取冰一次,则每年可取1 000万m^{3}微咸水资源,对内蒙古的荒漠化地区具有极大效益。只要将退耕、还林、还草的政策落实到沿河两岸各30km以内地带,进行绿化工程，即将两岸各30km宽的平原承包给沿线牧民实施绿化，甚至于号召企业投资经营，若干年后将形成宽60km，长3 000km的我国北方第一道防护林带。这种微咸水适合种林、灌草，可以通过调查选择适合微咸水的品种后试验实施。至于微咸水盐碱化问题不必过虑，因为两岸地势高于湖河水面，年灌溉水都将渗入引水河湖内，而不会累积盐碱化。

(3)林、水生态效益。横贯内蒙古东西长3 000km的水渠，水面面积40 000km^{2}的河湖系统，沿河宽度60km、总面积达200km^{2}防护林带，其生态和经济效益不可估量，还将产生一系列生态效益。如：形成我国北方第一道防风林带，其引水渠道可以深度影响内蒙古气候；沿线河湖可建数百个养殖场，使大量牧民转牧从渔，减少草原压力；若绿化带以每户承包经营2km^{2}计算，可安排10万户牧民转牧从事林草业；防护林带影响内蒙古气候；大面积林、水区将增加生物多样性。

研究认为，内蒙古冬季暴风雪将大部分雨雪向南方吹去，而春季地面融雪时地下却是冻土，形成地表"翻浆"现象，水分不能下渗却被蒸发。海水西调使绿化带形成以后，林灌草可以阻挡和吸纳暴风雪，暗黑色调的林灌草可以吸收大量太阳能，提前融雪而入渗土壤，形成江南的所谓"润物细无声"的境界，从而大大地减少蒸发量。

3)海水西调促进西北农业

西北有150万km^{2}沙漠和荒漠草原，实施海水西调治理后，西北和内蒙古北部可能滋润出100万km^{2}的绿地，特别是为河西走廊、东天山北坡以及河套两岸地区提供广阔的生存空间，农业也将有很大发展潜力，可供生态移民。因此，这里所指的农业问题，不是一般意义上的农业，而是涉及我国广义的人口、资源、环境的战略性问题，尤其是大幅度提高该地区的环境容量。

(1)促进人口迁移。西北黄土高原严重的水土流失地区和西南石漠化地区，人口压力巨大，环境容量有限，急需生态移民。海水西调后，将彻底改变该地区生存环境，容纳大量人口，使这些新移民在西北新绿洲发展经济由贫穷直接跨入富裕小康阶段。以河西走廊举例，它的面积为中亚的费尔加纳盆地的2.5倍，而人口却是它的1/2.5，以此计算未来河西走廊就可容纳3 000万民众。由于西北属地形平坦的平原区，只要有了水，则可发展大规模种植业，建设公路、铁路网和中心城镇。黄土高原中等以上水土流失地区和西南石漠化山区，人口负荷沉重，可以向西北绿化最佳地区进行生态移民，从而进行农业成片开发。黄土切割和石漠化严重地区，经大量移民后可进行全面规划，使之成为自然保护区、旅游区、生物多样性特殊保护和开发区，使保留下来的当地群众转向山区特殊种植业、养殖业和旅游业，缓解发展过程中形成的尖锐矛盾，促进西北黄土高原和西南石漠化地区的生态环境良性逆转。

(2)增加保护区及土地资源。实施海水西调，黄土高原中等以上水土流失地区居民大部分可以迁出，使黄土切割区划为黄土源人工保护区，再造几个以陇东为中心的绿色黄土源，则使陕北在原有两个天然黄土源基础上，向西延伸至兰州，促陕甘宁黄土高原平顶荒山都变成绿色的高原和草原畜牧保护区，让黄土源成为绿色黄土源。

(3)西部贵州的人口压力大，海水西调后，可将深山区群众大量有序向外生态移居，移民后将贵州省部分山区特别是石漠化山区列为自然保护区和旅游区，缓解石漠化速度。

(4)内蒙古绿化以后，可以进行自治区范围内生态移民，调节人口分布，例如库布齐西段建第一引黄灌区，打造内蒙古(从东到西)长3 000km、两岸各宽30km的防护林带种植和保护区，增加百万个种树工人就业；引水渠道沿岸地区可开辟数百个海水养殖场，增加数万渔户;渔业加林业,沿线可以形成上百个人口过万的小城镇;海水西调,不仅在很大程度上改善已经恶化的生态,同时又减轻草原过载压力。

(5)粮食外运或发展养殖业。西北的大沙漠和荒漠区可形成四大平原,其总面积约150万km^2。海水西调百年后,能够绿化约100万km^2,其中一部分地区可开发为农田。以利于发展农业,增产粮食;富裕的粮食,可以加工成饲料,发展养殖业。

我国有约18.5亿亩耕地,扣除近年退耕部分,再减去油、棉、果、蔬耕地外,真正用于种粮的耕地也不过12亿亩。也就是说,我国人均一亩地供给口粮即能满足粮食需求。如果西北经海水西调改善生态环境后,又可以开发出5亿亩的新耕地,其粮食产量能够再养活5亿人。剩余的粮食可以加工饲料,这样可在西北形成数万个粮食加工业城镇,其副产品可供畜养业。

4)保护地下水资源

国家实施的西部大开发战略,重点是进行西部基础建设和生态建设,发展西部经济,改善当地环境。因此,工农业上项目必须是低耗水的项目并严格进行节水。然而,许多媒体连续报道西部地下水超限开发的新闻,这种情势令人十分担忧。中国工程院曾于2003年初向国务院提交有关西北地区水资源配置、生态环境建设和可持续发展的战略研究报告,提出十大措施,其中水资源合理配置是十大措施之首,这些措施和建议非常重要和紧迫。过去的50年里,西北地区水资源的过度开发,导致西北湿地消失过半。20世纪70年代,华北地区也因为地下水过量开采形成数百平方千米地下水漏斗,这些教训都值得警醒。

西北单位国土面积水资源量比华北平原要贫乏得多,许多地区地下水资源是河流和湖泊的补给源,过量开采地下水,将导致下游河流干涸,湖泊退缩或干涸。例如南疆库车冲积扇,地下水资源开发就值得忧虑。由于油气开发和人口增加,库车冲积扇水资源开发强度已达到很高程度,再强化开发,势必影响对塔里木河的补给。若断绝对塔里木河补给,必将增加塔河下游生态危机,又需增加从博斯腾湖的水资源的输出量,从而严重影响博斯腾湖生态状况。

地下水开发程度与节水程度密切相关,而西北许多地方官员为发展地方经济,声称本地区地下水资源十分丰富,说本地地下水资源储量相当于黄河径流量;一些学者也曾鼓吹西北人均水资源量高于全国人均水资源量等等,这些言论既不科学、理性,也不实事求是,最多是身份卖弄,实质上是在鼓捣西北地下水大规模开发,破坏生态。地下水是水形态(大气降水,地下水和地面水)转化的一个重要中间环节。地下水的开发量,要有大气降水和河湖补给,如果补给不足而开采过度,必将破坏下游生态环境。我们十分担心借发展经济、西部大开发之名,实施对西北地下水大开采。自然界的许多事情,不以人们的意志为转移。尽管今天提出严格控制地下水的开采的警示难以引起重视,也无法阻止一些地方官员只图任期内的所谓"政绩",发展地方经济,破坏生态环境。作者的忧患或愿望,只是不要再发生华北地区和西北地区两期水资源过度开采带来的经验教训。

5)海水西调控制盐碱化

引渤入疆、海水西调,因海水含盐量较高,可能引起局部渗漏带的盐碱化。但是,对于盐碱化,我们可以趋利避害。海水西调需要控制盐碱化措施:

(1)辽西150km提水段,采用在水系支流上建小型水库逐级上提,支流人口稀少,移民量不大,小水库建设容易,即便出事故也容易解决,特别是上水库渗透有下水库接纳,最下的水库渗漏问题,当前水利检测漏点技术和堵漏技术都十分成熟。

(2)内蒙古北部边境,东西长3 000km范围基本上都是荒漠地区,局部的盐碱化,不会造成生态负面影响。

(3)海水西调,最终注入艾比湖、艾丁湖和罗布泊;由于含盐水与含泥沙水沉积机理不同,绝大部分盐将随水流带入两大湖区;而盐水必须达到临界饱和度才会结晶;因此,即使若干年后在两大湖区也不会发生盐结晶;换句话说,万年以后,结晶盐的体积也是很小的,更不要说内蒙古、新疆大范围水流区是不会发生盐类的结晶。

(4)内蒙古、新疆沿河海水顶托两岸淡水,可以增加两岸淡水资源量,只要不过量开发地下水,不会发生沿河海水入侵。

(5)陈昌礼教授指出,水利学者忧虑海水西调将会产生"盐水失衡"问题,这是一个十分重要的问题;这里有必要对水利专家的疑虑加以特别说明,提出自己的认识,同时有机会向提出"东水方案"的霍有光学者商榷。

东水方案的思路与本案在盐碱化方面有以下不同点,供有兴趣的学者特别是水利学界对照参考:东水方案基本思路是引海水浸泡沙漠,使沙漠不会产生沙尘暴。这个方案的不妥之处在于,许多沙漠之下的基础地貌往往是斜坡,例如浑达善克沙漠、巴丹吉林沙漠、库布齐沙漠等,若使这些沙漠浸入海水,那么其另一侧注地将成一片海水汪洋,且一旦沙漠被海水浸泡则此片沙漠永无绿化之日。

6.5.3.4　海水西调论证与遥感印证

1)海水西调的基本构想

很多专家研究表明,水资源将成为西北干旱地区开发、建设和经济发展的"瓶颈"。在我国国土整治与经济发展中,解决西北干旱问题使之适应区域经济发展的需要具有重要的意义,如何从根本上解决西北水资源问题将是未来若干年内政府和科学家面临的棘手问题。

中国地质大学教授陈昌礼2002年提出"海水西调"的构想,将渤海海水调往西部,用海水镇压干盐湖的沙尘源,利用西北天然蒸发的自然条件,将海水转化成淡水,形成区域气候的良性循环,增加降雨,治理西北沙漠和沙尘暴,改变西北地区的生态环境。由于工程浩大,涉及国土、水利、气象、资源、海洋、生态等很多学科的重大问题,引起科学界的极大关注,曾在2003年两会期间,作为提案上交政协。有学者认为遥感在这一工程构想论证中应发挥重要作用,旨在进一步推动这一宏伟构想的深入探讨。

2)西北地区干旱化总趋势不会改变

西北干旱化进程,从地质历史看,自第三纪地中海闭合(塔里木盆地和吐哈盆地曾是古地中海的一部分),中亚和我国西北干旱化就一直在进行。我国的沙漠、沙地均形成于第三纪至第四纪,经过漫长的地质历史时期(近300万年以来)的演化,才形成今日沙波浩渺的沙漠、沙地景观。

研究表明:140万年前开始的喜马拉雅造山活动仍在继续,青藏高原还在以每年5.8~8.8mm的幅度隆起,强烈地地壳上升,改变了大气环流,导致西北地区越来越干旱,降水量逐渐减少,蒸发量日益增大。20世纪60年代以来,西北干旱化呈现加快趋势,冰川面积减少1 400km^2。内蒙古阿拉善盟左旗吉兰泰盐田是公元前12万年到公元前1万年间气候干旱的结果。2004年具有河北坝上明珠之称的华北第一大高原内陆湖泊——安固里淖也干涸了。坝上高原的淖共有200多个,目前真正有水的所剩无几。

据水利部和原国家环境保护总局统计：我国荒漠化土地面积已达 262 万 km^2，占土地总面积的 27%，沙化耕地和沙化草地的扩展面积呈持续增长的趋势，20 世纪 80 年代初年增加 2 100km^2，20 世纪 90 年代末又增加 3 436km^2。尤其是 20 世纪 50 年代以来，4 次被开垦的 1 930多万 hm^2 的优良草原，已有一半已经撂荒成为沙地。虽经多年防沙治沙，但沙化土地"局部治理、整体恶化"的态势还没有得到有效遏制。西北地区湖泊沼泽等湿地消失近一半，干旱气候进一步加剧。草原生态环境遭到严重破坏，成为沙尘暴的重要源头，导致土地沙漠化和沙尘暴的增加。

种种迹象表明，全球气候变暖，西北地区的自然变化和人类活动加剧，将加快西北干旱化进程，依靠自然逆转解决西北水资源短缺的可能性极小。专家认为：西北湿地退缩和消失是西北土地沙漠化和沙尘暴形成的深层次因素，水资源和土地过度开发是主要人为因素，恢复和扩大湖泊湿地是治理西北沙漠和沙尘暴的根本措施。

3）未来我国水资源的分布格局

我国是一个水资源短缺、水灾、旱灾频繁的国家。按水资源总量计算，全国拥有水资源 2.8 万亿 m^3，水资源总量居世界第六位，但人均占有水资源仅 2300m^3，是世界人均占有量的 1/4，被联合国列为 13 个贫水国家之一。尤其是我国水资源受降水控制，时空分布很不均匀，南北相差悬殊，约有 80%以上的水资源分布在长江流域及其以南地区，北方水资源贫乏，特别是西北地区水资源短缺。

为解决中国北方水资源问题，国家已实施全国水资源南北调剂的优化配置。南水北调工程东、中线已经完工。依照"南水北调"工程的总体安排设想，未来大半个中国的水资源将进行重新配置。三条调水工程完成后将在我国大地上形成"四横三纵"的水资源格局。即："四横"是长江、淮河、黄河和海河四条河流。"三纵"是南水北调东、中、西三条渠道。

如南水北调中、东、西线工程建成后，北方地区的燕山、阴山以南、贺兰山以东地区，特别是京、津等城市直接受益，将缓解北方部分地区缺水的紧张局面。但是，调水总量有限，无法从根本上解决问题。如北京在 2010 年以后年缺水可能达到 20 亿～30 亿 m^3，而北京只能分得 10 亿 m^3。据测算 2050 年我国北方将缺水数千亿 m^3，而南水北调 448 亿 m^3 调水远远不能彻底解决北方水资源缺乏问题。即使南水北调西线工程建成后也不可能有更多的调水用来改造北方沙漠，西北地区干旱化进程无法得到根本改变。

海水取之不尽，西调海水不受水量限制，可增加我国北方水资源总量。直接受益有燕山、阴山以北、贺兰山以西的省区内蒙古、新疆、甘肃、辽宁；间接受益有华北、西北诸省的陕西、山西、河北、宁夏、青海、山东等。引水渠道沿荒漠地区和干涸盐湖分布，与南水北调相比，海水西调与三条渠道以及黄河、海河均不相交，互不干扰，相互补充，将形成我国水资源配置的新格局，成为 21 世纪与南水北调互补性很强的水利战略性工程。

因此，海水西调可能是解决中国北方水资源问题的有效方法之一。

4）海水西调的具体安排

海水西调的基本构想是利用中国东西部的地形高差，从渤海西北角的辽宁海岸提升海水 1 000m 到大兴安岭南端与燕山西北角之间谷地，进入内蒙古东南部，顺着内蒙古北纬 42°线自东向西自流，沿燕山、阴山以北的东西向洼槽地貌进入居延海，再绕北山进入新疆分三支：北支入准噶尔盆地，中支入吐哈盆地，南支入罗布泊，全长约 5 000km，年调海水 1 000 亿 m^3～2 000 亿 m^3。

按照构想，海水西调分三阶段，第一阶段为期20年，提水进入内蒙古东南部盐湖洼地，到达集二铁路线。第二阶段为期30年，向西到达居延海。第三阶段为期50年，进入新疆三条支线，全部工程总共约100年。到时可形成总面积约10万km^2、长5 000km的河湖水系，恢复到大致汉唐时代的湿地面积。一方面用海水镇压干盐湖细沙，同时利用西北太阳能对10万km^2水面大量蒸发，在西风带的推动下，将水汽源徐徐推向盆地东南的天山、祁连山、阴山、燕山等高山区增加降雨，利用西北太阳能完成将海水转化为淡水的过程。增加西北降水，改善内蒙古及西北气候条件，消除沙漠化对北京的威胁，减缓西北干旱化进程。同时，还可以促进渤海海水大循环，具有发展养殖业、提高我国北部边境的战略安全等十大经济和社会效益。

5）用高科技手段开展海水西调的超前科学论证

海水西调——引渤入疆的基本路线大部分地区沿中蒙边界，多为人烟稀少的山地、荒漠、草原，交通不便，完成上百万平方千米范围内的实地考察困难极大。遥感技术以视野广、信息量大、直观、快速等特点受到广泛应用。特别对大型工程的前期论证如：京九铁路选线、西气东输选线、长江三峡工程论证、南水北调选线论证，扩大了专家的视野，从微观到宏观，从局部到整体，从人文到自然景观的综合分析研究发挥了重要作用，成为一种不可替代的科学手段之一。

因此，3S（遥感、全球定位系统、地理信息系统）技术将在海水西调超前论证中也发挥巨大作用，在地理信息系统的支持下，实现对资源、环境和工程的超前可行性综合评价，能取代大量地面调查工作，提高调查的工作效率，节约大量调查时间、经费。可考虑在这几方面开展工作。

6.5.3.5　“引渤入疆”存疑与新思路

2010年11月5日，在乌鲁木齐召开的“陆海统筹海水西调高峰论坛”上，有专家系统研讨了“海水西调，引渤入疆”的设想，即将渤海之水引入新疆以解决新疆缺水和土地沙漠化问题。从经济效益和环境保护这两个方面分析它的可行性。

1）“引渤入疆”方案存疑

“引渤入疆”，又称“海水西调”，其思路的创始人是西安交通大学教授霍有光和中国地质大学教授陈昌礼，他们早在20世纪90年代就提出了调取渤海海水改造我国北方沙漠生态环境的设想。

“引渤入疆”的总体思路是通过引入大量的海水来填充沙漠中的干盐湖、咸水湖和封闭的构造盆地，形成人造的海水河、湖，从而遏制土地沙漠化，解决内蒙古、新疆的缺水问题。另外海水蒸发形成的大量水汽能为新疆提供湿润的空气，可持续改善当地干旱的气候条件。引水管道在经过内蒙古时可以淡化部分海水，这样对内蒙古干旱缺水的问题也可以得到一定程度的缓解。

2）工程优化

下面以陈昌礼教授提议的外线调水方案为例，对工程方案进行优化：

（1）工程优化。从渤海西北岸取水，通过砼或玻璃钢管将水分级提升至内蒙古境内海拔1 000m的地方，这是整个引水路线的最大高程。之后，建造320km长的地下隧道，将海水输送至内蒙古锡林郭勒盟进行海水淡化，在那里淡化部分海水提供给内蒙古。接着沿燕山、阴山北侧前进，出狼山向西进入居延海，再绕过甘肃的马鬃山，进入新疆。由于新疆的地势大体上东高西低,海水到达新疆以后继续向西就不需要再耗费更多的能源。

(2)输水方式。工程主要采用管涵输水方式,输水线路全长2 829km,将穿越4条山脉、1个湖泊,涵盖中国西部的8大沙漠。凡是能够自流的地段,可开挖明渠或建造暗渠输水渠道。翻越分水岭以东的管线,因为铺设于非沙漠地区,基础设施好、交通方便,对建立提扬工程比较有利。管线翻越分水岭后,输水可以自流,一般采用建立加压中继站,在此地段可以考虑利用翻越分水岭获得的落差来发电。

(3)工程经济评价。如此浩大的引水工程项目成本究竟多高呢?据有关单位的测算,项目期总投资约628亿元。"引渤入疆"工程还算是比较经济的,不过有专家学者提出,虽然从总投资的比例上看,建设费用占据了大半部分,但抽水系统的耗能成本与海水淡化成本是不可小觑的。大面积的抽水需要强大的电力支持(1m^3水每提升200m,耗电量1kW·h;升高1 200m,耗电6kW·h),这可能会给北方本来就紧张的电力供应带来更大的压力。

对于这些问题,不会形成根本性制约。可行的解决方案是:当输水管线进入新疆地区以后,利用短距离内海拔的巨大落差,可以积蓄水头用来发电,补偿引海水工程所耗费的部分电能;此外,还可以充分利用内蒙古的强大风能资源和西北地区丰富的太阳能资源,为工程运行提供电力支持。虽然,这些方案尚不能彻底解决上述问题,或许技术上没有完全成熟,而且要建设大量的风力发电站和太阳能电站又是项巨大的投入。但是,新能源的大规模开发利用是未来的趋势,随着科学技术的进步和国家能源事业的快速发展,相信这些问题可以在不久的将来得到很好的解决。

此外,海水淡化成本很高,淡化后的水价能否被接受也是个必须考虑的问题。不过,力主建设"引渤入疆"工程的开发公司称,在海水淡化工序上,可以充分利用当地煤化工企业发电的余热,对海水进行稀释淡化处理,以此降低成本。根据该公司的计算,平均每吨海水的淡化成本约为4元,风力调水的成本是2元左右;进入市场的时候,海水淡化处理后的交易价格将为10元/t。

3)环境影响

(1)工程环境影响评价。工程环境存在的最大的也是最受关注的问题,就是工程带来的生态破坏问题。在这个方面,各个专家说法不一,甚至相互对立。例如在"长期从渤海大量取水是否会引起渤海(水)域生态环境破坏"的问题上,有些专家认为如果我们大量抽取渤海的海水,渤海的水量将从黄海补充,而黄海远离大陆架,海水的盐分比渤海高,这样一来渤海的含盐量就会升高,将给渤海的整个生态带来灾难性的影响。持相反观点的专家认为:渤海海湾的水与太平洋相连,一般自净周期是5年;而引入渤海湾海水,能够将净化周期人为缩短,减轻渤海湾的水污染,从而促进渤海湾地区环境有利变化,甚至促进海水养殖业规模发展。

(2)支持有利影响的专家观点。抽调渤海的水,即使促进不了养殖业发展,最起码也很难给渤海生态带来所谓的"灾难性的破坏"。具体地讲,全球海洋是联通的,且处在不断循环中;抽调的水,相比于海洋的水量来说毕竟是微乎其微,不可能因为调运渤海的部分水就引起渤海湾盐分的重大变化进而导致生态灾难。但值得大家关注的是:大量海水入疆,可能引起土地盐碱化加剧。

(3)支持不利影响的专家观点。众所周知,渤海的海水含盐量为3%,这意味着每向新疆调运100亿t海水,就将产生3亿t盐,而新疆地区气温高,蒸发量很大,本来就存在土地盐碱化问题,如果再引调大量的海水过去,无疑是雪上加霜。因此,若要兴建此工程,如何处理这些巨量的盐,必然成为问题中的重中之重。

那么,相对受到较多支持的引渤入疆调水计划,是先将海水在取水地淡化,然后再向内陆运输,这样就可以避免盐分在新疆的聚集,但这样做无疑会增加本就巨大的运行成本。

根据原计划,要淡化的海水不超过 4 亿 t,所需资金约 40 亿元。按这个比例测算,如果将 1000 亿 t 海水全部淡化,就需要投入 10 000 亿元! 这是任何国家的经济均难以承受的。因此,实际上将海水全部淡化后入疆的方案几乎是行不通的,至少现在是不可能的。不过我们可以通过许多方式来优化这方案,打破经济因素的限制,从而增加方案的可行性。"引渤入疆"产生的每年 30 亿 t 的盐,或许是块烫手的山芋。我们与其费尽心思地思考如何丢弃它,不如想方设法去消化、利用它。例如,在海水淡化方面,在周边设立海水淡化经济特区,发展规模化的海水淡化、海水卤化、海水稀有元素提炼工业,大规模提炼海水中的稀有元素等物质,将其用于能源生产,为"引渤入疆"提供动力。这样做的目的,就是努力使抽取海水的经济效益最大化,以此来弥补淡化海水所需的巨额成本。但是,根据目前的状况看,即使这样做,成本依然会比较高,不过还是有可能降到经济可承受的范围。

4)新的思路

有学者认为,要实现"引渤入疆"这美好的愿景,将目光聚焦于对工程某个局部的改动是不够的,方案设计者应该放眼大局,在整个工程的思路上寻求新的突破。四川大学学者张文轩认为,工程最关键的问题,即被海水带到新疆的大量盐很难处理的问题;产生的根本原因是盐分只有进入而没有运出,无法形成循环。要解决这个问题,不外乎两种思路:

(1)阻断盐进入的源头;

(2)让进来的盐有办法出去。

第一种方法前面已经论证过其可行性太低,我们可以尝试采用第二种思路。众所周知,海洋的含盐量高,但沿海地区土地却很少听说被盐碱化,这是因为海水处在不断的循环更新之中,盐分不会在一个地方积累,而是保持在一个恒定的浓度。这也说明了在正常海水的盐度情况下,土地不会被大量盐碱化。新疆之所以土地盐碱化灾害严重,主要是由于其咸水湖的蒸发量太大而又得不到充足的淡水补充,致使湖水含盐量越来越高,最终导致其土地的盐碱化。

基于此,张文轩提出可以采取新的"折腾"思路:不仅仅从渤海调水注入新疆,也让新疆高盐度的水再流回海洋。为了实现这个循环,需要建设两条路线,一条路线是将较低盐度的海水引入新疆;另一条则将高盐度的水送回海洋。出于经济考虑,两条路线可以共用一条分隔开的管道或隧洞。其实,只要引入的海水量保持新疆境内咸水湖的合理水位,就可以实现动态的水平衡。这样虽然要增加近一倍的工程建设投入,但相比于海水淡化入疆还是要经济很多,可行性也要高很多。如果可能,还可以在回流的路线上建设盐田、海水稀有元素提炼工业等。由于经过蒸发,回流的水含盐量很高,所以建立这些产业的效益要比淡化海水方案中的高。俗话说,水不流不活,这样的方式就相当于构造一个远距离的生态循环,不仅让新疆有水,也让新疆的水成为流动的水,有活力的水,有生命的水。

5)结论

正如世界上不存在完美无缺的事物一样,人类不可能建出一个只带来好处而没有任何弊端的工程,譬如三峡工程、南水北调工程等。论证每个工程是否真的具有可行性,不能只看重其能带来多少益处,或者只强调它存在多少弊端,关键在于如何慎重地、正确地权衡利弊。一切都需要实践的检验,我们不敢轻易断言“海水西调引渤入疆”是个利国利民的伟大创举,或是个看似美好实则劳民伤财的“天方夜谭”。但可以肯定的是,不论这个工程是否真的可行,这种大胆设想、敢于挑战、勇于创新的精神是值得赞扬的。或许,我们现在还搞不成“引渤入疆”,但只要有这种精神在,相信不久的将来,我们定会提出更合理、更有可行性的方案,新疆的干旱问题也定会得到妥善地解决。

6.5.4 海水西调的释疑解惑

引渤入疆、海水西调,是人类在改造自然过程中的大胆设想与思路创新;是对顺应自然、择水而居的突破。针对“引渤入疆、沙漠人造海”某些代表性的反对或质疑意见,方案设计者——西安交通大学生态环境与现代农业工程中心教授霍有光通过科学论证与分析认为:依靠现代科学技术完全可以实现沙漠人造海工程;存储于沙漠构造盆地之中的人造海,不会漏水也不会污染地下水;人造海不会浸染周边沙土也不会形成盐尘暴;沙漠人造海可以调节小气候,增加区域降雨量并降低蒸发量;当代海水灌溉农业取得的科技成果,可直接为沙漠绿化服务;若能充分利用渤海“海冰融水”资源改造北方沙漠,将会产生巨大的生态环境效益。

6.5.4.1 引言

我国北方位处第二级地理台阶之上,自河西走廊向东,依次展布着巴丹吉林、腾格里、乌兰布和、库布齐、毛乌素、浑善达克,以及科尔沁七大沙漠(图 6-5),总面积约 20.88 万 km^2,而沙漠周边还有大片的戈壁或沙化土地。值得注意的是,这条纬向沙漠带的东端,距渤海直线距离非常近。有感于此,为了改造与绿化沙漠,实现山川秀美,霍有光教授大胆提出了“东水(渤海)西调”的设想,随后也引发了某些不同的意见,兹摘其要,予以初步解析;以示与“西水东调”之区别。

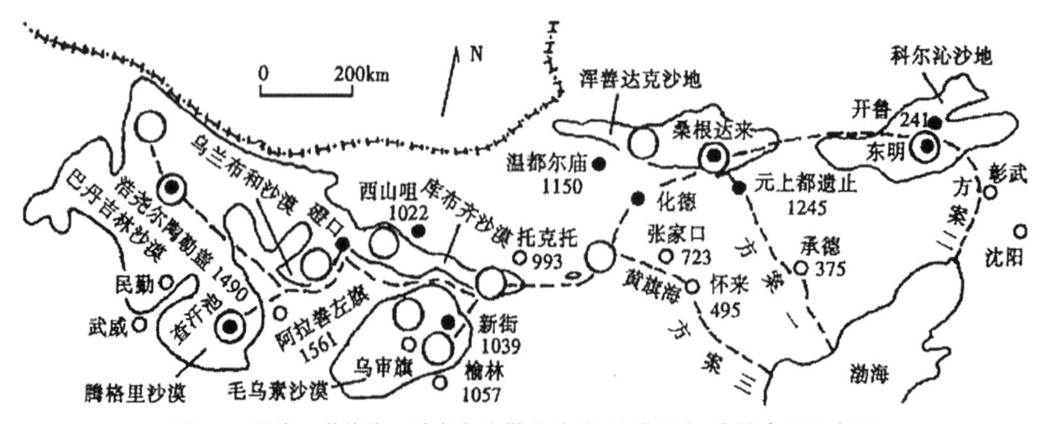

图 6-5 渤海—黄旗海—浩尧尔陶勒盖线路、沙漠形态、海拔高程示意图

6.5.4.2 现代科技能否实现沙漠人造海

霍有光教授提出“东水(渤海)西调”改造北方沙漠的设想后,有些研究者对现代科学技术能否把渤海水提扬到大约 1 200m 的高度、我国是否有足够的电力表示怀疑。如有的文章

说:“靠所谓‘东水西用’来解决西部的干旱,如此最少也得向西部输送一条黄河的水量。西部城乡大都在海拔 1 000~2 000m,为保持输水时所需流速,至少还得有几百米的落差水头;所以,起码要把这些水提升到 2 000m 高度;经换算,需要超过 3 000 亿 kW·h 的电力(等于我国当时全年总发电量(9 000 亿 kW·h)的三分之一,或者说相当于 230 个三门峡水电站为其供电”,对于此类质疑,霍有光教授做如下解答。

1)提水所需电力

把渤海水提扬到大约 1 200m 的高程,即登上我国的第二级地理阶梯,现代科学技术能不能将其变为现实? 回答是肯定的。譬如:霍有光教授在以前的分析中就曾以美国为例,指出早在 1961—1971 年,加利福尼亚建成大型调水工程,年调水量为 52 亿 m^3,总扬程 1 151m,水电站装机 153 万 kW,输水线路长1 102km。以此类推,扬程 1 200m、调水线路长 1 100km,若每年调渤海水 100 亿 m^3,需装机 310 万 kW;调渤海水 300 亿 m^3,则需装机 930 万 kW。

有资料表明,仅长江三峡水利枢纽工程,就安装有 32 台单机容量为 700MW 的水轮发电机(总装机容量为 22 400MW,年发电量超过 847 亿 kW·h)。因此,利用三峡电厂与葛洲坝电厂(总装机约 2 600 万 kW)等水电站的富裕电力,就可解决西调渤海水的能源问题。当然,调水能源也可通过开发黄河上游(青海境内)超过 1 780 万 kW 的梯级水电工程来解决。黄河的水资源,可用来解决黄河流域工农业对淡水的需要,而黄河的电力资源,则可为改造我国北方沙漠发挥巨大效益,即以黄河电力资源换取渤海水资源。

2)国外类似工程

为了便于借鉴与学习美国远程调水工程建设的经验,魏昌林在《世界农业》上撰文,比较详细地介绍了美国加利福尼亚州“北水南调”工程;文章指出:“加利福尼亚北水南调工程是联邦政府与加州政府的合建项目。联邦政府在中央河谷工程中,建有沙斯塔等 20 座水库,7 座水电站,总装机 132 万 kW,混凝土衬砌输水道 800km,以及抽水泵站等等,计划年调水 90 亿 m^3。”加州政府建设的调水工程,包括奥洛维尔等 4 座水库、衬砌输水渠道 1 102km、水电站 8 座,总装机 153 万 kW,抽水泵站 19 座,电动机总功率 178 万 kW;其中,干线抽水泵站 7 座,抽水总扬程 1 154m。著名的埃德蒙斯顿泵站,一级扬程 587m;加州北水南调多年平均年调水 52. 2 亿 m^3。

3)国内远距离输送管道工程经验

21 世纪初,我国已实施了多项远距离管道工程,用于输送石油、天然气等。这种技术可以直接转化为远距离管道调水技术。例如:1997 年 9 月 30 日胜利交付使用的陕西至北京输气管道工程,总投资达 39. 5 亿元。管线全长 868. 6km,是我国第一条大管径、长距离、全自动的输气管线;其西起陕西靖边县,东至北京石景山区衙门口,要翻越梁山、恒山、太行山,落差达 1 300m;经过 3 个地震断裂带,跨过无定河、秃尾河、窟野河、黄河、永定河 5 条大河,穿越中小型河流 225 条次,穿越公路 93 条次、铁路 19 条次,是当时国内施工难度最大的“极具挑战性”的工程。输气管道每根钢管长 210m,直径 660mm,重达 40t。工程西段穿越毛乌素沙漠约 100km,大部分管道远离公路,有些地段甚至深入沙漠腹地超过 30km,钢管装在特制的爬犁上,采用履带车拖进沙漠。尤其是输气管道工程东段,从我国黄土高原构成的第二级地理台阶逐渐降至第三级地理台阶(华北平原),为远距离管道调水积累了丰富的施工经验。再如:南疆管线,油、气两条管线同沟敷设,一次建成。从塔克拉玛干沙漠腹地的塔中 4 首站至轮南末站,双线全长 606km,管径均为 426mm,投资约 5 亿元。输油管道设计年输油量为

300 万 t,输气管道设计年输气量 4 亿 m^3。

4)管道输水

由于渤海水提升到我国北方第二级地理台阶之后,主要是通过水源调节库(人造海)配水、分水,提扬幅度不大;所以,这种技术,可以直接用来在沙漠腹地建立次一级人造海。也就是说,东水(渤海)西调工程,不过是陕京输气管道工程或“西气东输工程”的“逆向工程”。由于不需开凿超长隧道,不需建筑超高大坝,而提扬技术又是比较成熟的技术,所以我国完全具备了西调渤海水的科学技术能力。换言之,陕北油气田地处沙漠边缘,塔里木油气田则在塔克拉玛干沙漠腹地之中,其依靠我国当时的经济、科技、装备实力,既然能够实施西气东输工程,那么也有能力和创造必要条件来实现东水西调工程。

5)调水规模

霍有光教授的方案建议先调水改造离渤海最近的浑善达克沙漠,提扬高度约 1 200m,单线调水管道长度约 420~450km,年调水量 50 亿 m^3,总规模约 300 亿 m^3。直接将渤海水引入沙漠构造盆地之中,形成人造海与湿地。由于构造盆地,属于沙漠中的低洼地区,故蓄水既不用建水库,也不用修堤岸(堤坝)。考察国际上已经完成的一些大型调水工程,不难看出,沙漠人造海所谓提扬高度、管道建设、电力供应等方面的挑战,对于 21 世纪高速发展的中国而言,无论是科技与经济实力,还是工程施工能力,都是不难实现的。其实,倘若能够把渤海水调入浑善达克沙漠,意味着登上了我国第二级地理台阶。在这级地理台阶上,尽管北方纬向沙漠带总态势是西高东低,但各大沙漠的高差变化实际并不悬殊,如距渤海最远的巴丹吉林沙漠,其海拔高程也只有 1 200~1 350m(不包括腹地的沙山)。可见,在这一台阶上有了“浑善达克人造海”,由东向西分别向其他沙漠进行接力式调水,高差只有 100 多米的变化幅度,建立其他的人造海便是一件十分容易实施的工程。

6.5.4.3 沙漠渗漏不会导致地下水受到污染

沙漠之下,隐伏着巨厚的岩层,若搬走沙漠表层的沙石,将露出由基岩构成的岩盆。而大岩盆之中,随着地形起伏,还会有许多次一级的小岩盆。如果小岩盆基底致密、没有裂隙(或孔隙),便可能成为密封的、不漏水的储水构造或油气构造,它们在地貌上常被咸水湖泊所利用,也就是营造人造海的理想之地。改革开放以来,我国油气资源勘探一直保持快速发展势头。据有关地质勘探成果报告,由于我国西部地壳受到挤压,地壳增厚,形成了许多挤压性的“盆岭构造”,而在“盆”中(或在北方沙漠中新生代陆相地层中),发现了一批大中型油气田。勘探资料表明,这些“盆”的陆相沉积厚度可达 10 000m 以上,油气田一般多发育在生油气凹陷中心及其周缘地域,具多套“生油层—储油层—盖油层”组合,有良好的保存条件,如塔里木盆地、准噶尔盆地、柴达木盆地、鄂尔多斯盆地中的油气田,它们大多埋藏于我国北方(或西北)沙漠之下。形成油气田的“三组合”;条件之一,是必须具备良好的“盖油层”,也就是要求“盖油层”有很好的密封性,否则油气会从断裂或裂隙逐渐泄露、逸失。这种厚度可观的“盖油层(岩层)”,有时会出现多套盖油层,正是沙漠人造海旨在寻找的构造盆地所必须具备的储水基底。

如果认定沙漠人造海必然会深层漏水并致使地下水受到污染;那么按逻辑推理,现代海洋之下的地下水必定是咸水。其实现代海洋之下,如果有一定厚度的岩层作为良好的隔水顶板层,地下淡水是不会发生盐碱化浸染的。例如,我国科技人员已在长江口诸岛外海底约 190~290m 埋深段的早更新世晚期古河道中,通过钻探获得上下两层厚度分别为

34m 与 21m(日出水量分别为 4 000~5 000t 和 100t 的淡水层)。粤东韩江河口南澳岛澳前湾海滩的宋皇井和珠江口横琴岛海漫滩亦见海底淡水露头。

总而言之,只要沙漠人造海选择的构造盆地具有良好的隔水层,就不会对地下水(承压水)造成污染。

6.5.4.4　沙漠人造海不会形成盐尘暴

有学者以咸海为例,断言沙漠人造海会像咸海消失那样带来可怕的盐尘暴或生态灾难。研究认为,沙漠人造海必然浸染周边沙土,但不一定能够形成盐尘暴。要出现盐尘暴,必须存在物质来源,即沙漠表层发生盐渍化后,形成了一定厚度的松散盐渍土。那么人造海周边会不会发生盐渍化呢?土壤盐渍化,是一种缓变性地质灾害,属化学作用造成的土地退化,主要是由于气候、排水不畅、地下水位过高及不合理灌溉方式等因素相互叠加所造成。

自然状态下,发生盐渍化与人工灌溉发生盐渍化有相同的成因机理。一般农田盐渍化,与农业盲目发展不合理的片状灌溉有关。农田大水漫灌,抬高了地下水位,地下咸水随着地下水位上升把盐碱带到地表。如此,年复一年的反复灌溉加之排灌(冲洗盐碱)工程不配套,结果使表层土壤发生了盐渍化。不难看出,地下咸水周期性地抬升并反复浸染地表,是导致土壤盐渍化的关键因素。众所周知,沙漠的特点是非常干旱与缺水,人们穿越浩瀚沙漠,很难找到水源,即便有地下水,由于埋藏较深也无法开凿(低洼地区例外);因此,对沙漠整体而言,是不会发生"地下咸水周期性地抬升并反复浸染地表"这一现象的。

咸海是中亚地区的一个内陆湖,位于哈萨克斯坦和乌兹别克斯坦两国之间,水面 6.65 万 km^2。咸海水位由 20 世纪 60 年代以前的 53m 下降到时下的 37m,湖区面积也由 6.65 万 km^2 减少到 3.38 万 km^2,蓄水量减少了 2/3;与此同时,湖水含盐量则从 1960 年的 1.02%上升到现今的 3.2%~3.5%,这几乎与海水的含盐量相同。咸海生态灾难的成因是多方面的,其中最主要的是注入咸海的两大河流——阿姆河和锡尔河的注水量日益减少,这是由于 20 世纪 60 年代以来,苏联中亚各共和国发展水浇地特别是大量种植棉花造成的。水资源严重浪费,是咸海日益枯竭的另一大原因。例如,乌克兰境内的水渠总长度达 18.3 万 km,但只有 3%左右的水渠用水泥或其他加固物加固,地表水白白蒸发或渗入沙漠。

显而易见,咸海地区的生态危机不是因为"存在咸海"造成的,而是由于咸海"即将消失"才带来的。咸海地区出现的生态问题,是在区域水资源总量基本保持恒定的情形下,由于人为因素而改变了区域水资源配置所造成的,即中上游地区占用了本属下游地区(咸海)的水资源。与咸海"萎缩""消失"截然不同的是,我国北方七大沙漠出现人造海,是在区域水资源总量保持原有水平的前提下,额外为这一系统输入了巨量的水资源,人造了(新增了)若干"咸海"或"罗布泊"。何况渤海与太平洋相通,沙漠人造海调来的渤海水资源数量有限,对渤海而言是不会产生大的影响的。

有专家认为,渤海水西调沙漠后必然迅速蒸发,裸露出大片的盐与沙,由此带来"铺天盖地、来势凶猛"的"盐尘暴"。其实,此论是对我国北方沙漠盐碱的结晶规律与环境缺乏一定的了解。试以现有沙漠咸水湖来举例:

(1)罗布泊位于塔里木盆地大沙漠东部,既是盆地的最低点和集流区,又是我国著名的大盐泽。历史上，罗布泊最大面积为 5 350km^2，干涸后面积约 450km^2。自中华人民共和国成立以来，由于人为因素改变了区域水资源配置，塔里木河上游地区农业用水量越来越大，使塔里木河长达 1 272km 的干流缩短为 987km，自尉犁县以下成为永久性断流，两岸植被退化、沙化、水量减少。罗布泊失去上游河水的补给，1972 年完全干枯干涸。从卫星照片解读可知，如今罗布泊由类似于年轮一样的一圈圈盐壳组成，成因是“罗布泊湖水的退缩经历了多次反复的过程，形成了不同的湖滨，但总的趋势是随着来水的减少，湖盆呈同心状收缩，每收缩一次，就形成一道年轮线。”

(2)罗布泊古代又称蒲昌海，我国早在 2000 年前对湖盐的结晶特点便有准确的认识，如《水经注 · 河水二》云：蒲昌海“地广千里，皆为盐而刚坚也……掘发其下，有大盐，方如巨枕……故蒲昌亦有盐泽之称也。”罗布泊地处河西走廊的“上风”位置，尽管每年从新疆刮来的西北风，都要长驱直入河西走廊，常常引起沙尘暴，却难以形成过所谓的“盐尘暴”。这是什么原因呢？

(3)正如《水经注》所云“掘发其下，有大盐”那样，咸水随自身重力作用在沙层之下结晶，而不是在沙漠浮表结晶。如果不存在“地下咸水周期性地抬升并反复浸染地表”这一沙漠地质环境，沙漠表层就不会出现盐渍化。

(4)盐结晶后，“方如巨枕”而“刚坚”。咸水结晶作用与就地的沙粒、劲土形成盐壳，结晶集合物无论是体积还是重量，都比普通的沙粒增大了几十倍乃至成百倍，大风很难吹扬。有趣的是，青海开采达布逊盐湖，利用盐水结晶后而“刚坚”的性质，用高浓度的盐水铺设了一条矿区公路涸盐盖厚达 15～18m，全长数十千米，号称“万丈盐桥”。此外，柴达木盆地中有星罗棋布的盐湖，一些盐湖已经干涸，结为坚硬的“盐石”，铁路、公路亦从其上通过。如此坚硬的“盐石”路面或“盐壳”，大风能将它刮起来吗？试想一想，假如河西走廊时常受到来自罗布泊盐尘暴的威胁，那么罗布泊如何能够形成一个所谓“初步探明工业储量 1 亿 t，远景储量 2. 5 亿 t”的超大型钾盐矿呢？(同理，待北方沙漠生态环境发生好转后，可以停止向沙漠人造海调渤海水，人造海海盆之下，将就地形成大型盐矿)。

(5)沙漠中咸水湖退化、消亡的一般过程是：咸水水面越来越小(盐的浓度越来越高)至水面消失并退化为湿地—干涸—被流沙掩埋。咸水湖不可能出现在沙丘的顶部，只能汇聚于沙漠盆地中相对最低的位置，当它干涸之后，位置越低越易被流沙掩埋。譬如，全国大中型制盐企业之一的内蒙古雅布赖盐场，年产盐 700 多万 t，由于沙漠以每年前移 20m 的速度吞没盐场，所以每产 1t 盐需剥离清沙 4m^3。可见，即便设想人造海出现了最坏的发展趋势，假如发生干涸，那么流沙很快会将其掩埋，也就失去了盐尘暴的物质来源。

(6)尘暴或沙暴，是大量尘土沙粒被强劲阵风或大风吹起，飞扬于空气中而使空气浑浊、水平能见度小于 1km 的现象。形成尘暴需要两个条件：风速在 10m/s 以上；空气热力不稳定。形成尘暴还要有特定的环境，即区内土地干燥、土质松散而缺少覆盖物，故多见于我国西北、内蒙古、华北与东北。沙区失去了大面积的水面与湿地，空气日益干燥，也就为大风提供了可被吹扬的沙尘。根据甘肃地质矿产部门介绍的 2001 年 3 月中科院沙尘暴西线考察组的调研资料：居延海，在 20 世纪 80 年代水深尚达 1. 8m，水中盛产鱼虾，千百成群的鸟儿嬉戏，由于黑河上游来水减少，1992 年居延海彻底干涸，给额济纳旗和阿拉善盟带来灾难。

(7)额济纳绿洲，目前正以每年 1 300hm^2 的速度在消失，113 万 hm^2 梭梭林仅剩下 20

万 hm^2 残林，2.7 万 hm^2 胡杨林以年均 $800hm^2$ 的速度消失；巴丹吉林、腾格里和乌兰布和三大沙漠以每年 1 000km^2 的速度在扩展，阿拉善盟荒漠化面积已占到全盟的 85%，每年有超过 1 亿 m^3 的流沙进入黄河；占全盟天然草场面积 80%以上的荒漠草场的植被覆盖度也由 10%左右下降到 4.5%～8.6%，牧草种类大量减少。居延海干涸湖盆的地表物质有 70%是小于 0.063mm 的粉尘，遇到五级风就可以产生沙尘暴。以前 30 年才发生一次沙尘暴，而 2001 年春天竟然发生了 19 次之多，群众称这里为“黑风口”。

人造海在沙漠中蓄积于低洼地带，而不是暴露于高地形成了较大的水面及周边之湿地（可生长嗜盐植物），其表面没有可被大风吹起的“松散物质”。沙尘暴卷起的悬浮物质（泥沙颗粒），显然不会来自大片的水面或湿地，因此在人造海出现的地区可以遏制沙尘暴。

6.5.4.5　沙漠人造海可调节小气候

有些专家、学者对沙漠人造海水汽蒸发形成云气资源，是否能够促成当地降雨以及是否具有生态环境效益提出质疑，显然，这种意见理应加以认真考虑。

渤海西调是否可行，沙漠人造海能否调节小气候，尚需深入的调研与论证，霍有光教授经研究产生的初步认识：

（1）北方纬向沙漠带，其周边基本被山脉所围限；譬如，南有高耸的祁连山与绵延起伏的黄土高原，北有河西走廊的北山、内蒙古境内由花岗岩岩体组成的低山山脉与阴山山脉。最重要的是，北方纬向沙漠带的东缘，被吕梁山（北东向沿展达 400 余千米，海拔 1 400～2 500m）、太行山（北东向展布，北起北京西山、南抵黄河北岸，海拔 1 500～2 000m）、燕山（狭义的燕山区，北京房山一带海拔 1 500～2 000m）、大兴安岭（北东向展布，全长1 200余千米，海拔 1 100～1 400m）等山脉所封闭（即沙漠不是直接与华北平原、东北平原接壤）。这种沙漠低、周边高的地貌环境，使得沙漠人造海蒸发的云气资源不至于轻易吹出区外。湿润的云气，可以遏制沙尘暴，亦可能形成当地降雨。

（2）中国最大的提灌站—景泰川电力提灌工程，使景泰川彻底改变了面貌。在未修提灌工程前，景泰县年降雨量超过 100mm，而蒸发量达 3 390mm。经过 20 多年的建设，景泰川灌区已与三北防护林连成一片，一条宽 30m、由 3 500 万株树木组成的林带，成为抵御腾格里沙漠的绿色长城，保护着近百万亩良田。过去年年都要扩张 2～3km 的沙漠，已经受到遏止，截至 1998 年，这片沙漠已后退了几千米。由于采用了有效的常规节水技术，每亩田用水平均不超过 300m^3，而绝大多数灌区的平均用水量是这里的3～4 倍。人们并不满足已取得的成绩，仍在常年不懈地用麦秸扎成草方格压沙固沙，种草植树，向沙漠要地。

（3）与治理前相比，景泰川灌区分步到位，目前年均输入水资源达到 4.75 亿 m^3。有了这些生态建设用水，它滋润植被，或涵养或蒸发，使小气候发生了明显的变化。人们感到，这里风沙小了，气温高了，湿度大了。气象资料表明：灌区建成后，平均风速由每秒 3.5m 下降到 2.4m，8 级以上大风由 29 天降为 14 天，年平均气温上升了 0.4 度，年均降雨增加了 16.6mm，而年蒸发量下降了 1 082mm。

（4）景泰川绿洲的启示是：如果没有每年 4.75 亿 m^3 的调水工程，腾格里沙漠将吞噬景泰川所在的甘肃景泰、古浪两县，直扑黄河北岸。实施调水前，景泰县年降雨约 100mm，蒸发量达 3 390mm，类似于沙漠气候与环境。通过两期电力提灌工程，灌溉农田近百万亩（按：农作物从生长到收割所用之水，最终将全部蒸发并湿润当地气候），即相当

665.3km²。实施东水(渤海)西调、改造七大沙漠工程,本着量力而行、先近后远、各个击破的原则,能力大时,调渤海水的数量可以多一些、距离可以远一些;能力小时,调渤海水的数量可以少一些、距离可以近一些。譬如,先改造对北京生态环境影响较大的浑善达克沙漠,年调水数量50亿 m^3(即相当景泰川年调水数量的10.5倍),建成1 000~2 000 km^2 的人造海与湿地,其蒸发量将大于景泰川近百万亩农田的蒸发量。只要联想一下景泰川调水前后发生的巨大变化,联想一下景泰川生态环境建设使当地"年均降雨增加了16.6mm,而年蒸发量下降了1 082mm"这一事实,年均50亿 m^3 的渤海水资源,对于改造2.14万 km^2 的浑善达克沙漠来说,无疑将带来无限的生机和显著的生态环境效益!

6.5.4.6 沙漠人造海能使沙漠成绿洲

地球上的生命原本来自海洋,但海水灌溉却长期被视为禁区。其实,沙漠人造海既可以发展海水养殖业,也可直接用来绿化沙漠,而人造海蒸发富集之后的盐水,则可通过次一级循环工程来发展盐化工业。随着海洋科学和生物工程技术的迅猛发展,令陆生植物"下海"或"海水"登陆浇灌,不仅能解决发展农林牧渔业的嗜盐物种问题,而且也将解除21世纪我国面临水资源与土地资源"两不足"问题所造成的沉重压力。

人类可以通过多种途径获得耐海水植物,如通过遗传改良,将耐海水和耐盐碱的野生植物改造成可以栽培的农作物品种;或者通过基因工程和细胞工程技术以及常规育种技术将不耐海水的植物培育成耐海水的植物。早在20世纪80年代,美国科学家采用基因工程技术和微电子技术,把仙人掌基因转移到小麦、大豆等农作物中,育成了可在干旱缺水地区生长的高产谷物新品种。20世纪90年代中期,将海草基因注入高粱获得成功,奠定了"海水农业"这一新学科。

20世纪末,沙特阿拉伯和墨西哥等国已成为发展"海水农业"的大国,如墨西哥培植的"海芦笋"完全用海水灌溉,生长过程中无须使用农药和化肥,产品除含有维生素A、C和铁、钙、钠、糖、蛋白质等营养成分外,还含有能降低胆固醇、防止皮肤起皱衰老的亚麻酸,已出口至数十个国家。实践证明,将初级海洋生物的基因与陆生农作物的基因重组,将培育出大量可在沙漠和盐碱地生长并用海水灌溉的新型农作物,使农业进入一个全新的发展领域。

我国科学家20世纪90年代以来,逐渐在山东、江苏、广东、海南等省约30万 hm^2 的沿海滩涂地区尝试海水灌溉农业,以解决淡水资源短缺问题。据悉,我国学者在实验田中利用体细胞杂交技术培育成功耐盐小麦,获得了能够在海水浸染过的盐土中生长的后代。这种小麦亩产达300~400kg,作物口味与淡水浇灌的一样。中科院植物所用细胞克隆技术,培育出可用1/3~1/2海水浇灌的十余种蔬菜,包括西芹、番茄等。海南大学林栖凤教授等人将野生海水植物红树、盐藻的总基因通过生物技术导入淡水作物茄子、番茄、辣椒、大豆之中,进而又扩展到油菜、水稻、树木,获得了耐盐能力明显提高的后代。这些新品种从盆栽、小土栽培到海滩试种,再到海水直接浇灌,均获成功,已传到第四或第五代。专家预测,如果将荒碱地和沿海滩涂都种上农作物,那么我国可多增耕地40 000万 hm^2,相当于中国现有耕地面积的1/3,可增产小麦、水稻和油料等作物1.5亿t。

1996年,山东省东营市建成我国第一家盐生植物园,占地3.5 hm^2,有525 m^2 的玻璃温室和900 m^2 的冬暖式大棚,收集、保存耐盐植物150多种,成功培育和引进耐盐经济作物80余种,成为科研、观赏、示范为一体的高新科技园区。这些成果,说明海水灌溉正在引起一场新的农业革命,海水灌溉农业离我们的现实生活已并不遥远。

6.5.4.7　**海冰融水改造北方沙漠产生巨大生态环境效益**

令人鼓舞的是,北京师范大学资源科学研究所、教育部环境演变与自然灾害重点实验室史培军教授提出了利用“渤海海冰可缓北方水困”的设想。如果把这一设想与“东水(渤海)西调”相结合,用渤海“海冰融水”改造我国北方沙漠,将会产生更好的生态环境效益。史培军教授研究成果指出:渤海海冰的盐度大大低于海水的盐度,接近淡水。与我国其他海区相比,渤海海水的盐度最低。低盐特性为渤海结冰创造了自然条件。海冰调查的盐度资料表明:渤海海冰盐度的平均值范围在2%~13%。一般而言,大部分栽培作物对pH值的适应范围在4~9,最佳范围为5~8.5。渤海海冰和海冰融水的pH值在6.89~6.73,所以海冰作为灌溉用水是合适的。

我国黄淮海地区作物品种抗盐性较强,微咸水灌溉引起的土壤耕作层的盐分含量,仍适合这些作物的幼苗期和生育盛期容许盐分含量,故盐度为2.0~5.0的海冰融水可作为这些地区农田灌溉用水。渤海冬季受欧亚大陆冷高压影响,每年11月末到12月初海水开始冻结,形成海冰,而多年平均日最低气温低于0℃的日数在100~150天。通过现代遥感技术测算渤海海冰资源,史培军教授认为若采取工业化的取冰技术,初步估算每年渤海在冰期可获海冰淡水资源超过200亿m^3。

史培军教授的设想是:“如果能通过各种方法采集海冰并对海冰进行淡化处理,就可以变海冰的灾害性为资源性,得到新的水资源,缓解或彻底解决长期以来困扰渤海沿岸地区可持续发展的淡水资源严重短缺的问题。”也就是说,一是立足“海冰淡化处理”,二是就近供给“渤海沿岸地区”。

霍有光教授试图对这一设想稍加修改。大家知道,由于渤海结冰期较短,若想一年四季利用渤海海冰,就必须解决海冰的低成本储存问题。霍有光教授建议,在“东水(渤海)西调”的取水口附近可选择一处具有一定规模的小海湾,修建一条钢筋混凝土大堤将它与渤海隔断开来,将渤海季节性海冰资源,通过工业化开采方法集中存储于海湾之内,然后充分利用海湾内存储的海冰融水,以满足常年向北方沙漠调水之需。

毫无疑问,如果我国能够为北方纬向沙漠带,调来渤海之水(或海冰融水),把以沿海滩涂为对象的“海水灌溉农业”成果进一步推广用来改造我国北方沙漠,依托生物工程技术与海洋科学,那么21世纪,再造山川秀美的大西北就一定能够变为现实!

6.5.5　东水西调与生态环境

东水西调方案主要由霍有光教授提出,调水规模300亿m^3。“海水西调”方案主要由陈昌礼教授提出。

6.5.5.1　**概述**

1)东水西调可能产生环境问题

我国是世界上严重缺水的国家,水资源的短缺极大地制约了地区的经济发展和人民的正常生活,是造成我国东西部发展不平衡的主要自然因素,海水利用是解决我国水资源危机的重要措施之一。虽然,东水西调、引渤入疆,是解决我国内陆水资源短缺的创造性举措,但同时,它对新疆地区、渤海海域及沿途地区生态环境的影响又是不容忽视的。

2)新疆生态现状

新疆深居欧亚大陆腹地,是一个典型的内陆干旱区,山盆相间的地貌格局又使其形成了以绿洲生态为中心、以水资源为主要约束条件并相互作用和演替的大系统。干旱的气候条件是新疆水资源总量匮乏、生态环境脆弱的根本原因。从长远看,它们是影响新疆经济、社会可持续发展的长期起作用的最基本因素。与此同时,特殊的自然环境在人为不合理水土资源开发活动的影响下,以盐渍荒漠化和沙质荒漠化为主导的土地荒漠化,形成长期以来制约新疆经济社会发展的次生环境因素。

3)东水西调、引渤入疆意义

东水西调、引渤入疆的基本设想,是通过大量海水填充沙漠中的干盐湖、咸水湖和封闭的构造盆地,形成人造的海水河、湖,从而镇压沙漠。同时,大量海水依靠西北丰富的太阳能自然蒸发,作为湿润北方气候的水气供应源,增加降雨,从而达到治理我国沙漠、沙尘暴,彻底改变华北、西北地区生态环境恶劣的目的。

4)东水西调具体方案

与陈昌礼教授"海水西调"方案相比,"东水西调"主要是调海水到新疆。

拟在天津塘沽取水,工程介绍如下:

(1)第一期工程:天津塘沽—河北怀来—河北黄旗海;

(2)第二期工程:黄旗海—浑善达克沙地—库布齐沙漠、毛乌素沙漠;

(3)第三期工程:库布齐沙漠—乌兰布和沙漠—腾格里沙漠;

(4)第四期工程:乌兰布和沙漠—巴丹吉林沙漠;

(5)第五期工程:巴丹吉林沙漠—玉门镇北疏勒河—塔克拉玛干沙漠。

从渤海取水口,经巴丹吉林沙漠至玉门镇北的疏勒河,主干调水线路全长约 1 900km。而后,可以借用疏勒河自东向西流的天然河道 550km(入河口海拔约 1 300m),不用开挖、衬砌,自流进入塔里木盆地之东缘的罗布泊。罗布泊至艾丁湖的直线距离仅 180km。假如再将注入罗布泊(海拔 780m)的渤海水引入艾丁湖(海拔-155m),可获得 930 余米的落差,用来发电,意味着能够补偿渤海西调工程所耗费的部分电能。调水量:年调水 50 亿~300 亿 m^3,调水所需要的能源则可通过开发黄河上游梯级水电工程来解决,抽水装机约 155 万~930 万 kW。

6.5.5.2 东水西调改造沙漠的气象学原理

我国北方沙漠,大多属山前凹陷自流盆地的一部分,沙漠周边被高耸的山脉所围限。沙漠腹地人造海水大量蒸发后,一则可以湿润当地的环境;二是与深入内地的东南季风汇合,或被西北风吹向下风的边缘山区。处于沙漠边缘山脉中心线上的分水岭山峰,海拔大多 2 500m以上。吹来的湿气,在高山区受到地形的抬升与摩擦作用,会迅速地把暖而湿的气层抬升到凝结高度以上,最终受冷凝结,形成降雨:分水岭"面向"沙漠的群山,雨水沿沟谷和山前河道,汇入沙漠(添加内流河流量),可增加沙漠的淡水资源;分水岭"背向"沙漠的群山,雨水则沿沟谷输出,补充了黄河流域的水资源(添加外流河流量)。一般山脉深处降水最多,降水量从山脉深处、沙漠盆地边缘向沙漠中心减少。

因此,"山(高山冷凝系统)-盆结构"与"沙漠人造海"相结合,可加强水平方向和垂直方向气候带的"增雨作用"(图 6-6)。

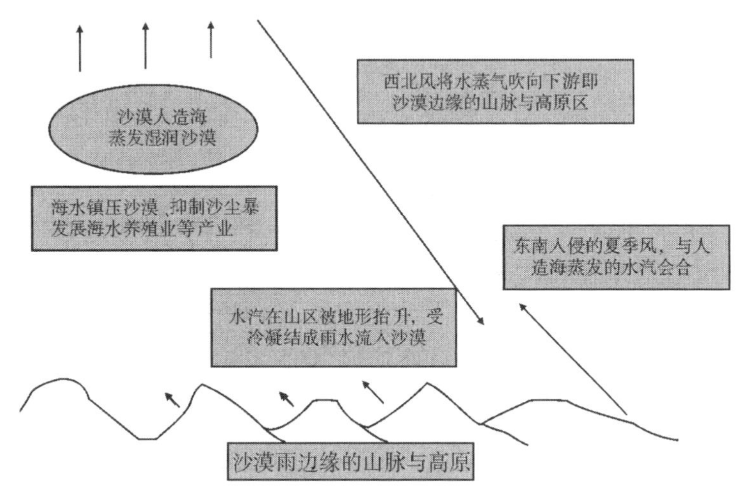

图6-6　沙漠人造海山盆结构产生的增雨、增湿效应及气象原理

6.5.5.3　引渤入疆对西北及新疆地区生态环境的影响

1)降水

增加新疆和西北地区年降水量,是东水西调工程的重要目的之一。从伊犁水汽交换模式可以看出,在新疆和西北广大地区具备冷凝山脉和夏季缓缓的稳定风向和风力,若再补充充足的供蒸发的水源,必将大大增加各水汽交换单元山区降水量。其中,受益最大的是天山、祁连山北坡,特别是天山东中和祁连山中西段,而且尤以祁连山西至阿尔金山之间,降水增加幅度最大。

西北地区降雨量多寡取决于三个充要条件:

(1)一是西风带;

(2)二是高山冷凝系统;

(3)三是水汽供应源。

如按照调水派的设想,水源可以充足到维持日常的蒸发量,那也只是满足了"水汽供应源"的这一点。新疆缺少足够多的高山冷凝系统,水汽无法在所需的地带凝结形成降水,因此就算有足够多的水汽它们也只会漂流到包头—兰州300mm降水线处。此外,新疆吐鲁番盆地是低于海拔的洼地,这里的蒸发量非常大,尤其是艾丁湖。这个长约40km的盆地年蒸发量是降水量的200多倍,夏季蒸发量强烈,湖水矿化度高达210g/L,水汽供应源在此地很难形成。

2)气候

东水西调工程每年所调海水的充分蒸发,必将大大改善水道沿线即内蒙古北部和新疆的气候,尤以吐哈盆地最为明显。若注满吐哈盆地1 000km^2湖水后,夏季火焰山气候将得到极大改善。内蒙古北部气候也将获得明显改善,冬季将提高平均气温,大大有利于锡林郭勒盟与乌兰察布畜牧业。

3)土壤

"引渤入新"的设想,是将大量海水填充到沙漠的干盐湖、咸水湖以及封闭的构造盆地,从而形成人造海水湖泊。但海水的咸度大于当地的某些咸水湖,而构造盆地的地质结构并不一定就能形成密闭的环境,能保证不会发生渗漏。以罗布泊为例,若发生渗透的同时又有

3 000mm~4 000mm 的日均蒸发量,按照直径 8m 的管道输送来看,人造海水河湖很难形成。其次,在这些日蒸发量较大的地区,海水河湖蒸发之后遗留的盐分,会改变当地的土壤结构,干涸之后会产生更多的盐碱地。有专家、学者认为,将来这些盐分将会随着土壤变成沙尘暴的成分之一,这为西北地区本来就严重的土地盐碱化雪上加霜。

4)渤海水质产生的污染

东水西调工程所用的水源是取自渤海。早在 2007 年,中国海洋监测专家就发出警告称,渤海的环境污染已经达到临界点。在国家海洋局发布的《2009 年中国海洋环境质量公报》中显示,渤海沿岸超标排放的排污口高达 90.4%,导致渤海海域污染严重。未达到清洁海域水质标准的面积约为 2 万 km^2,占到渤海总面积的 26%。其中,严重污染和轻度污染海域面积均比 2005 年增加了1 000km^2。主要污染物为无机氮、磷酸盐类和石油类。一些专家曾发出警告:不治理和遏制污染,渤海将在 10 年后变成“死海”。渤海自净周期为 5 年,但随着污染的加剧,到时即使不向渤海排入一滴污水,其自行恢复清洁也需要至少 200 年时间。如要抽取渤海海水西调入新疆,就等于将这些严重污染也带入内陆的盐水湖区,这势必对周围环境造成更大的污染。

6.5.5.4 引渤入疆对渤海及沿途地区生态环境的不利影响

1)对渤海海域产生的影响

渤海面积为 7.7 万 km^2,平均水深 12.5m,蓄水量大约为 962.5km^3,每年调渤海水 300 亿~500 亿 m^3($1km^3 = 10$ 亿 m^3),是渤海水量的三十分之一,影响不大。况且,渤海毗邻黄海,黄海毗邻太平洋。与南水北调旨在调水数百亿 m^3(影响长江水质)的方案做比较,生态影响可忽略不计。

而中国工程院院士、中国工程院原副院长沈国防则表示,如果我们大量抽取渤海的海水,渤海的水量将从黄海补充,而黄海海水的盐分比渤海高,这样一来势必会给渤海的整个生态带来灾难性的影响。

2)对沿途地区产生的影响

东水西调工程沿岸可形成串珠状河湖系统,可以大力发展沿河海水养殖业。该工程有利于内蒙古和新疆牧民向渔民转型从而找到一条大规模致富奔小康之路,使原来不毛之地变成渔村,甚至渔民城镇,并可缓解草原压力。

长达数千千米的管道铺设的巨大工程施工,对沿途的生态环境的影响也是不言而喻的,不论是明渠还是管道,都会对周边生态造成严重的破坏。

3)结论

人与自然,是超越与依赖的双重变奏。面对大自然,人类很弱小,很多“人定胜天”的大型项目,要几十年几百年才能检验出其影响程度。人在自然面前,绝对不是胆子越大越好。梦想可以变成现实,技术上也可能没有任何难度,事情做完了再想恢复成原来的样子恐怕就难了。东水西调究竟可不可行,还需要进一步的论证。作者希望能够更合理的利用海水,但一切的前提,都是不能把代价强加在生态环境之上。人类的任何工程活动,都应对生态、对自然、对生命常怀敬畏之心。

6.6 滇中引水方案

西南的云南省,水资源(尤其是过境水资源)总量丰富,但水资源时空分布不均,与经济发展和需水过程极不匹配。滇中地区在云南省经济社会发展中，占有非常重要的地位；随着人口及城市规模的扩展、城市化水平的提高和经济社会的快速发展，这一地区的水资源短缺问题日益突出；水环境日益恶化，已成为经济社会发展的重大制约因素。为了滇中经济可持续发展，滇中调水势在必行。滇中调水工程建设，将对云南省的经济社会可持续发展起到极其重要的作用。云南省水利水电勘测设计研究院高嵩、李作洪、王建春等工程师专题论证了滇中调水与云南省经济社会可持续发展的关系。

6.6.1　滇中调水与云南经济社会可持续发展

1）滇中地区概况

滇中地区地处金沙江、红河、南盘江、澜沧江4大水系的分水岭地带，涉及昆明、曲靖、玉溪、楚雄、红河、大理、丽江7个地、市、州的49个市区县，总面积9.5万km^2，占全省总面积的25.6%。按云南省第5次人口普查资料统计，全区2 000年人口为1673.6万人，占全省人口总数的39.5%，居住着汉、彝、白等27个民族。区内人口密度176人/km^2，是全省平均人口密度的1.6倍。

昆明为区内特大城市，还有闻名全国的曲靖、玉溪、楚雄、大理、蒙自等重要的工业或旅游城市。2000年城镇人口609.5万人，占全省城镇人口总数的61.5%；城镇化水平为36%，大大高于全省23.3%的平均水平。滇池、大理、石林、九乡、建水等属国家级风景名胜区。区内有滇池、洱海、抚仙湖、阳宗湖、星云湖、杞麓湖、异龙湖7个高原湖泊。

2）滇中严重缺水

滇中地区不仅现在是云南省的核心区，未来仍然是云南省的重要经济区。滇中兴，则云南兴。但是：

（1）滇中调水工程受水区，人均水资源量少。根据滇中调水规划，对滇中31个受水区的人均水资源量进行分析，人均水资源量在500m^3以下的小区有7个，人均水资源量在500～1 000m^3的有9个；也就是说，人均水资源在1 000m^3以下的小区共有16个，占受水区总数的52%；人口占受水区人口的73%，GDP占受水区的87%，耕地面积占受水区的63%，工业产值占受水区的86%。昆明市所在的滇池流域，多年平均水资源总量只有5.3亿m^3，人均占有水资源量已不足188m^3，远低于全国严重缺水的京、津、唐地区的人均水资源量（260～337m^3/人），处于极度缺水状态。

（2）受水区是云南省旱灾最频繁的地区。滇中干旱灾害十分频繁、影响范围大、持续时间长；2000年来旱灾频次及危害程度呈上升趋势，全省的3个严重干旱区都集中在滇中调水工程规划区内。1950—2000年的51年中，出现大旱19年，平均2～3年一次；大旱年多以冬春夏连旱或春夏连旱为主。

（3）水资源短缺导致水质恶化。高原湖泊面临水环境危机，受水区内的星云湖、杞麓湖、异龙湖水质为Ⅳ～Ⅴ类，滇池为Ⅴ～劣Ⅴ类水体；昆明市，面临严重的水资源短缺和水环境危机。

3）云南经济社会发展的核心区域

2000年，滇中调水工程规划区国内生产总值（GDP）达到1 361.5亿元，约占全省国内生产总值（GDP）的67.3%。区内集中了全省主要的卷烟、钢铁、纺织、石化、电力等行业的大中型工业企业，构成全省经济的支柱。滇中调水工程规划区内有耕地168.2万hm^2，占全省总耕地面积的26.2%;2000年农业总产值313亿元,占全省总数的46%;粮食总产量达到553万t,占全省粮食总产量的37%。其已形成以曲靖、玉溪、楚雄、红河、大理为中心的中小城市群落,它们与昆明市一起,构成我国面向东南亚、南亚的国际性商贸旅游城市群和交易中心。

4)缺水导致负面影响

随着工业化和城镇化的快速推进,城镇生活和工业用水需求快速增长,而水资源过度开发,进一步加剧了水资源危机。工农业及生活污水排放,致使污染加剧、水质不断恶化,水质性缺水也逐步加剧受水区供用水矛盾,还由此带来了河道断流、湖泊萎缩水质下降等生态环境问题。城市供水矛盾日益突出,滇中调水工程规划区80%的城镇存在缺水问题。由于城市缺水主要靠挤占农业用水和生态环境用水来解决,农业缺水也靠挤占生态环境用水解决,形成了广泛的水环境恶化态势,造成了突出的水环境问题,致生态环境进一步恶化。2001年的水环境监测结果表明,滇中湖泊群中的星云湖、杞麓湖、异龙湖水质为Ⅳ类,滇池为劣Ⅴ类水体。

5)水资源更趋紧张

2012年,滇中调水工程规划区水资源开发程度已经到极限,滇中主要经济区水资源利用程度已超过47%,滇池流域因湖水多次重复利用导致水资源利用率达147%。根据滇中调水规划,水资源配置专题及2030水平年二次平衡中,在受水区水资源充分开发利用以及采取高强度节水措施后,水资源缺口量仍高达34亿m^3。因此,解决水资源供需矛盾,促进滇中经济社会发展,必须通过外流域调水才能解决。

6)金沙江虎跳峡是可靠水源点

根据滇中调水规划,其水源比选专题研究提出,滇中地区地处金沙江、澜沧江、红河、南盘江4大水系分水岭地带,河流水系短、水资源缺乏,从滇中地区周边由近到远的可调水源分析,得出以下两条主要结论:

(1)滇中调水工程规划区内,难以找到基本解决滇中地区缺水问题的分散水源方案;

(2)集中水源方案中,虎跳峡水源方案在水量、供水保证率、水质、投资、运行成本、技术难度、地质及施工条件等方面优于其他调水方案。

也就是说,金沙江虎跳峡是最为经济、可靠的水源点之一。

此外,虎跳峡水利枢纽还有巨大的发电效益。据计算,若虎跳峡建高坝可增加下游梯级及三峡电站、葛洲坝电站等13梯级保证出力11 460MW,增加多年年发电量234亿kW·h,增加枯水期电量397亿kW·h,增加保证电量1 007亿kW·h。由此可看出:结合发电开发,将虎跳峡枢纽作为滇中调水的水源点,是最为经济合理的滇中引水方案。

7)结论

滇中地区在云南省经济社会发展中,占有非常重要的地位。随着人口的增长、城市化水平的提高和经济社会的快速发展,这一地区的水资源短缺矛盾日益尖锐。水环境的不断恶化,已成为经济社会发展的重大制约因素。滇中兴则云南兴,滇中调水的建设对云南省经济社会的可持续发展有着极其重要的作用,是其他任何工程难以代替的,是云南省经济社会可持续发展的战略性工程,应尽早建设。

6.6.2 滇中水资源规划思路

滇中调水工程规划区,地处长江、珠江、红河、澜沧江4大流域的分水岭,地势起伏相对较小,城市密集,耕地集中,光热充足,是西部云南省政治、经济、文化和科技中心。但该地区水资源匮乏,且开发利用难度大。根据水系、地形并兼顾行政区划,将滇中调水工程规划区划分为112个水资源计算小区。对各小区规划水平年进行水资源一次平衡,说明以现状用水方式,测算规划水平年里滇中调水工程规划区的缺水分布。在充分节水、当地水挖潜以及污水回用后,对滇中调水工程规划区进行二次平衡,分析滇中调水工程规划区的缺水分布及当地水的承载能力。为保障滇中调水工程规划区经济的可持续发展,根据二次平衡结果及缺水分布,论证规划区外调水的必要性,并确定需要从区外调水的区域。最终确定滇中调水工程规划区有31个受水小区,并由三次平衡确定需要从区外调水的水量。长江水利委员会水文局蒋鸣、长江勘测规划设计研究院曹正浩等工程技术人员受有关部门委托,从云南省经济社会发展战略全局出发,提出滇中水资源优化配置思路和方法,为滇中调水工程规划区水资源利用与开发创造了条件。

6.6.2.1　**滇中调水规划区水资源简况**

滇中调水工程规划区位于金沙江、澜沧江、红河、南盘江4大水系的源头地带,其中:长江流域面积占整个滇中调水工程规划区面积的41%,南盘江占29%、红河占20%、澜沧江占10%,涉及昆明市、玉溪市、楚雄州、曲靖市、大理州、红河州以及丽江市的49个县(市、区),地域面积9.49万km^2。区内集中了云南省工业、农业、旅游等最主要的支柱产业,对全省经济贡献巨大,是云南省经济发展最为活跃的地区。

因人口增长和经济发展,水资源供需矛盾非常突出,直接影响滇中乃至整个云南省经济持续发展。根据滇中调水工程规划区水文气象资料统计:该区域多年平均降水量为964.2mm,远低于全省多年平均值1 278.8mm;但多年平均蒸发量超过1 167.6mm,变化在700~2 000mm。由于滇中区域降水稀少、蒸发大,而多年平均径流深仅277.1mm,只是全省平均值的50%。换句话说,滇中调水工程规划区水资源具有以下特征:

(1)水资源贫乏。滇中调水工程规划区地表水资源量为263.1亿m^3,为全省水资源总量的11.9%;金沙江支流滇池流域、达旦河,红河流域的曲江、泸江,平均水资源量分别为700~850m^3/人和330~600m^3/人;按照国际水资源丰富程度指标,上述流域水资源量属国际公认严重缺水地区标准,为资源性缺水。

(2)水资源年内分配不均,年际变化大。滇中调水工程规划区降水主要集中在汛期5—10月,一般占全年的78%~93%,冬春降雨不到年降水量的10%,是该时期全国旱情最严重的地区之一。每年雨季开始迟,一般5月下旬才开始,而水面蒸发量3—5月最大,占年蒸发量的29.0%~49.0%。需水量大的4—5月不仅降水少而且蒸发还大,水资源供需矛盾十分突出,每年这个时期农业受旱,部分工厂不得不停产。

(3)滇中调水工程规划区年径流的C_v值在0.25~0.50,越干旱的地区C_v值越大,如龙川江流域及昆明地区的C_v值达0.50,增加了水资源的开发难度。

(4)水资源地区分布不均。滇中地区地表水资源量总体分布规律为:四周多、中间区域少;各县(市、区)多年平均年径流深在111.0~490.6mm,高值区较为分散,多在滇中的边缘地区,如漾濞、寻甸、蒙自、个旧、剑川、洱源多年平均年径流深大于400.0mm;而金沙江干热河谷及一些较大的坝区,水资源量很小,如宾川、祥云、元谋、大姚、安宁、呈贡、蒙自、建水等坝子多年平均年径流深不足150.0mm,为常年性干旱缺水地区;这些坝区土地肥沃、日照充足,是云南省主要农业基地;但其水资源量匮乏,坝区的光热土地资源优势不能更好地发挥。

(5)水质日趋恶化。2001 年的水环境监测结果表明,滇中湖泊群中的星云湖、杞麓湖、异龙湖水质为Ⅳ类,滇池为劣Ⅴ类水体;全省 13 条水质劣Ⅴ类的河流中,滇中调水工程规划区就有 7 条;当地水资源的过度开发,还带来了河道断流、湖泊萎缩等生态环境问题;南盘江、龙川江、泸江、甸溪河、渔泡江、红河上游等都发生过多次河道断流;滇池、异龙湖等湖面面积萎缩。

(6)开发利用难度大。滇中调水工程规划区地处 4 大流域分水岭附近,高原坝址大多仅次于河流的源头,地势相对高,河流集水面积小;区内河流水面高程与主要用水地带高差较为悬殊,蓄水、提水困难,修建水利工程十分不易。

6.6.2.2 水资源利用现状

资源性缺水,成为滇中地区缺水的主要原因。多年来,为解决滇中地区工农业和城镇的用水需要,云南省进行了大量的水利工程建设,也积极采取节水、治污和鼓励污水回用等措施解决用水需求。截至 2000 年底,滇中调水工程规划区已建和在建的供水工程有 3.35 万座。大型水库有松花坝、独木、柴石滩等 3 座,总库容 7.62 亿 m^3;中型水库 93 座,总库容 24.6 亿 m^3;小型水库 2 820 座,坝塘 2.92 万座,总库容 21.1 亿 m^3。

引水工程 8 036 座,其中设计流量为 0.3m^3/s 以上的渠道有 879 条;提水工程 7 843 座,总装机容量 37.3 万 kW,机电井工程 4.6 万座。已建成使用的跨流域调水工程有宾川县的"引洱入宾"工程、祥云县小官村水库、姚安县胡家山—红梅水库群系统、蒙开个南溪河—五里冲水库提引蓄系统、石屏县三岔河—高冲水库调水系统、马龙县黄草坪水库 6 处。

经济社会的持续快速发展,城市进程加快和生产水平不断提高,对水资源的需求量不断增加,水资源供需矛盾变得非常突出。在资源性缺水和滇池污染的双重压力下,昆明市事实上已面临严重的水危机,远不能满足社会经济持续发展的需要。鉴于滇池的污染程度和治理难度,长期依靠滇池流域水量的循环利用并非长远之计,对昆明市水环境安全也造成较为不利的影响。目前昆明市的供水现状与其作为云南省会和面向东南亚的开放性国际大都市的地位极不相称。为构建昆明市可靠的水源和水环境保障体系,必须从根本上解决昆明市的供用水问题,积极考虑较大规模地从过境水资源中引水,解决日益突出的水资源短缺问题。

6.6.2.3 水资源优化思路

水资源优化,就是实现滇中调水工程规划区水资源高效、合理地利用。其前提是开发与保护并举,支撑该地区经济社会持续发展。水资源优化,需结合滇中调水工程规划区水资源的特点,在保证生态环境基本用水、大力节水的前提下,遵循高效、公平和可持续利用的原则,合理抑制需求,通过工程与非工程措施,对水资源进行时空调控和水质控制,以满足经济社会可持续发展对水资源的需求。因此,水资源的优化配置是水资源规划的核心。

水资源优化配置方案,共分 3 个层次:即一次平衡、二次平衡和三次平衡。一次平衡为现状水利工程条件下及现状用水方式下,考虑大中型水库的最小生态下泄流量,对 2000 年、2020 年、2030 年的水资源供需状况进行分析,以说明滇中调水工程规划区的缺水情况;二次平衡,根据一次平衡的供需缺口,加大节水力度,充分开发当地水资源,兴建区内的规划水库和区内调水工程,采取节水、挖潜、污水回用等措施后的水资源供需分析,以评估当地水资源的承载能力,同时说明滇中调水的必要性,并根据缺水量及其分布确定受水区范围;三次平衡通过区外调入水和区内当地水的联合运用,在使各用水部门供水保证率达到要求的基础上确定调水量和水量分配。

6.6.2.4　**水资源分区**

鉴于滇中调水工程规划区特殊的自然地理条件和水资源特点，在进行水资源配置时，首先进行水资源分区。为了揭示水资源的客观规律，评价水资源特点，便于资料收集及水资源配置，充分考虑滇中工农业生产主要密集于坝区的实际情况，在全省水资源规划分区的基础上按独立水系和行政区划进一步细化，并以耕地、工农业生产集中的城市和坝子经济区为重点。分区的主要原则，为保持小区内水系相对独立和行政区完整。也就是，既要考虑小区内的地理特性，又要考虑水系特点，兼顾行政区划的范围。

根据以上原则，滇中规划区共分112个水资源计算区。其中金沙江水系45个、南北盘江水系39个、红河水系18个、澜沧江水系10个。按行政区划统计，昆明市27个、大理州24个、楚雄市21个、红河州19个、曲靖市12个、玉溪市8个、丽江市1个。

6.6.3　规划水平年需水预测及供需平衡

1)需水预测

按水资源分区，进行现状水平年的社会经济、供用水状况、水利工程等基础资料的调查、分析和整理；现状水平年为2000年，近期规划水平年为2020年，远期规划水平年为2030年；按小区进行规划水平年的人口、工业产值、农业灌溉面积以及相应用水定额等的预测，最后预测出滇中调水工程规划区的总需水量。

2)规划因素

滇中调水工程规划区总需水量，由城镇生活、工业、农业灌溉、农村生活及生态环境需水组成；分为2000年、2020年和2030年3个水平年，2000年为现状水平年；生态环境需水量主要针对洱海和滇池进行；从水质目标和治污规划分析，滇池2030年生态环境年需补水量为4.5亿~7.5亿m^3；由于滇池上游各水库规划水平年应按30%的径流量保持下泄，且治污工作还需进一步加大力度，考虑滇中调水工程输水干渠在工农业供水较少时，利用渠道的空余能力择机向滇池进行生态环境补水；洱海水质较好，通过治污措施可以控制其水质达到所定的水质目标，不再考虑生态环境补水量。

6.6.3.1　**一次平衡**

在水资源一次平衡计算中，按“先生态、后用水”的原则，在可供水量中扣除其不合理取水部分，再考虑水库的最小生态下泄流量；但在需水预测中，只考虑了一般节水措施，从而在2020年和2030年的供需分析中出现了较大的缺口；然而，随着综合国力和生活水平的提高，以及加强对生态环境的保护力度，应加大对废污水进行处理的比例。与此同时，还将增强对当地水资源的开发，通过挖掘潜力，扩大当地水资源的利用；这些优化水资源配置的措施，将提高当地水的供水能力。节水方面，将加强节水力度降低外延式需水增长速度；在供需两方面的努力下，未来水平年的供需缺口可以缩小；如果说一次平衡是区域水资源供需缺口的上限，那么二次平衡则是区域水资源供需缺口的下限。

(1)2000年，总供水量35.82亿m^3，缺水量14.96亿m^3；有88个小区的城镇生活用水时段保证率等于或超过95%，80个小区的城镇工业用水时段保证率高于95%，42个小区农业灌溉时段保证率大于80%；经平衡，城镇缺水小区有29个，农业缺水小区有67个。

(2)2020年，滇中调水工程规划区总供水量45.59亿m^3，缺水量34.49亿m^3；有63个小区的城镇生活用水和50个小区的城镇工业用水时段保证率达到了95%,38个小区的农业灌溉用水时段保证率达到80%;因此,2020年滇中调水工程规划区有59个小区城镇供水、71个小区农业供水达不到保证率。

(3)2030年,滇中调水工程规划区总供水量为49.12亿m^3,缺水量46.47亿m^3;城镇生活用水时段保证率大于95%的小区有54个,工业用水时段保证率大于95%的小区有36个,农业灌溉时段保证率大于80%的小区有33个;因此,2030年滇中调水工程规划区城镇缺水小区73个,农业缺水小区76个。

6.6.3.2 二次平衡

二次供需平衡是以一次平衡的缺水量为基础,分别考虑和计算节水以及当地水挖潜对解决一次供需缺口的贡献,最终得出当地水资源承载能力全部发挥后的缺水量,为基于外调水的三次供需平衡分析奠定坚实的基础。

二次平衡有两项内容:

(1)新增了规划2020年建成的水库和5个区内调水工程,进行2020水平年水资源供需分析;

(2)新增了规划2030年建成的水库,进行2030水平年水资源供需分析。

二次平衡的水资源配置规则与一次平衡基本相同,首先供城镇生活和工业用水,然后供农业灌溉用水。水库调度次序为防洪、供水、其他;各水库设有农业、工业供水限制线,以保障后续时段的城镇生活供水不遭遇大幅破坏;蓄水工程均考虑最小生态下泄流量。

经过平衡测算,2020年滇中调水工程规划区需水量为72.73亿m^3,供水量49.48亿m^3,缺水量23.24亿m^3;2030年,滇中调水工程规划区水量总需水83.15亿m^3,总供水量52.66亿m^3,缺水量30.49亿m^3;有57个城镇小区缺水,68个农业小区缺水。

通过高强度节水和对当地水资源深度挖潜,二次平衡缺口比一次平衡有明显降低。2020年供需缺口减少11.14亿m^3,2030年减少15.98亿m^3,两个水平年缺水率比一次平衡分别下降11%和12%。

水资源配置的优化、调整,使二次平衡达到供水保证率的小区数量增加。

(1)2020水平年:城镇生活需水达到95%保证率的小区,二次平衡比一次平衡增加5个,提高8%;城镇工业需水达到95%保证率的小区,二次平衡比一次平衡增加12个,提高26%;农业灌溉需水达到80%保证率的小区,二次平衡比一次平衡增加7个,提高18%。

(2)2030水平年:城镇生活,二次平衡比一次平衡增加6个,提高17%;城镇工业,二次平衡比一次平衡增加16个,提高44%;农业灌溉,二次平衡比一次平衡增加8个,提高24%。

6.6.3.3 三次平衡前受水区资源配置

1)优化配置

在水资源二次供需平衡中,优化配置需要采取高强度节水、当地水慎独挖潜等综合措施,充分发挥当地水资源的承载能力,如果仍存在较大的供需缺口,则2020年净缺水21.38亿m^3,2030年净缺水28.62亿m^3。

根据2030年二次平衡结果,滇中调水工程规划区共有57个小区的城镇供水、87个小区的农业供水不能达到保证率;由于滇中调水工程规划区范围大、地形地质条件复杂,且受经济技术条件的限制,不可能全部满足缺水小区的需水要求。因此,必须从2030年二次供需平衡的缺水小区中按“以城镇生活和工业供水为主、兼顾生态与农业用水”的供水目标和经济技术合理性原则,进行选取。

2)配置原则

受水区是指滇中规划区中有必要实施区外调水的水资源小区,通过区外调水解决小区内2030水平年的需水问题,才能支撑当地经济的可持续发展。按以下原则确定:

(1)受水区应是2030水平年二次平衡后的缺水区;

(2)以城镇生活工业用水为主,兼顾生态及农业;

(3)受水区要考虑主要的城镇、工业中心、大坝子、重要的农业区;

(4)经济技术合理性。分、干渠工程相对容易,一般能自流,投资及运行费也相对较低,缺水量不少于100万 m^3 的规模效益;

(5)工程能够分期实施,利于近远期结合和水资源的统一配置。

按照上述原则,确定滇中受水区31个;其中,直接受水区29个,间接受水区2个,补水湖泊3个;拟定的受水区中,属于城镇缺水的26个,仅因农业缺水而纳入滇中受水区的3个;29个直接供水的受水区中,有3个小区需要抽水,其余26个小区均为自流供水。

间接受水区为篙明县城和官渡小哨2个缺水资源小区。间接受水区地形较高,由滇中调水工程供水必须抽水,但清水海引水工程供水则完全可以自流。滇中调水工程实施后,清水海供昆明市的水转供篙明县城和官渡小哨,使这两个小区间接受益;此外,根据规划区高原湖泊生态及水质状况,结合滇中调水工程,拟向现状水环境、水质已严重恶化的滇池、杞麓湖、异龙湖补水。

拟定的受水区分布在大理、楚雄、丽江、昆明、玉溪及红河6个市州,总面积3.05万 km^2,涉及滇中地区30个县(市、区),现状水平年受水区净缺水量9.1亿 m^3。考虑滇中受水区未来国民经济发展要求,根据有关用水指标和用水定额初步预测,受水区2020年总净需水量为39.6亿 m^3,2030年为45.5亿 m^3。通过采取高强度节水、充分挖潜、中水回用等措施后,二次平衡2020年受水区净缺水量15.5亿 m^3、2030年毛缺水量20.9亿 m^3。从这些数据可以看出,受水区现状和规划水平年缺水量大,将严重影响社会经济的发展。

3)途径和措施

按照先立足本区水资源充分开发利用和优化配置原则,并充分考虑产业结构调整、技术进步和节水治污等;未来,滇中调水工程规划区解决用水需求的途径和措施,主要包括以下几方面:

(1)兴修水利工程,挖掘本区可利用水资源;

(2)积极开发利用地下水和天然降雨;

(3)通过技术进步、产业结构调整和加强管理等措施,节约用水;

(4)积极进行污水处理和回用。

通过上述各种途径和措施,经调节计算:滇中受水区2020年城镇缺水率为39%,农业灌溉缺水率为42%;2030年,城镇缺水率为47%,农业灌溉缺水率为48%。滇中受水区应首先积极立足本区内的水资源开发利用和各种挖潜,在一定程度上能够缓解近、中期水资源短缺状况;但从长远分析,为彻底改变滇中受水区缺水状况,满足和保证滇中调水工程规划区未来国民经济的持续、稳定发展,为全面实现小康社会奠定坚实的基础,必须考虑从区域外调水。

6.6.3.4 三次平衡

从2030年二次平衡结果可以看出，在开发当地水源后，滇中调水工程规划区2030年仍然存在很大的供水缺口；特别是以昆明、玉溪、楚雄为中心的经济发达区。为此，需要从滇中调水工程规划区外的金沙江、澜沧江等水源丰富的河流集中调水，则可缓解滇中的缺水问题。本优化重点考虑从金沙江引水，三次平衡计算的配置原则：

(1)受水小区的城镇用水优先使用滇中调水工程的供水；不足时，再由本区内的水库供水；

(2)受水小区的农业灌溉用水首先由当地水源供给；不足时，再向滇中调水工程申请；

(3)受水区当地水库调度首先是满足防洪要求，之后供给下游最小生态下泄流量，然后供给农业，最后供城镇；

(4)受水小区的供水时段保证率要求城镇生活大于95%，工业大于95%；

(5)清水海引水工程首先向嵩明县城、官渡小哨两个小区供水，最后向昆明市供水；

(6)利用调水工程富余的输水能力，补充湖泊环境用水，每个时段的环境补水量由渠道富余输水能力以及各湖泊当前的蓄水状态确定。

受水区三次平衡计算结果可以看出，直接受水小区的总需水量43.43亿m^3，供水量41.32亿m^3，总的水量保证率为95%，水量保证率已达到较高的程度。在41.32亿m^3供水量中，有20.75亿m^3来自滇中调水工程，占受水小区总供水量的50%。

29个直接受水小区和2个间接受水区，其城镇生活和工业时段供水保证率均在95%以上；而直接受水区的农业灌溉时段保证率在80%以上。

根据调算结果，滇中调水工程多年平均净供水量20.75亿m^3；其中，城镇生活净供水量6.39亿m^3，工业净供水量9.97亿m^3，农业灌溉净供水量4.38亿m^3，湖泊环境补水净供水量5.77亿m^3。所占的比例为：城镇生活、工业62%，农业17%，湖泊环境补水22%。

6.6.3.5 非受水区解决缺水的途径

根据二次平衡结果，确定了滇中调水工程受水区后，剩余的小区为非受水区。至2030水平年，滇中规划区毛需水量110.13亿m^3，缺水量38.24亿m^3。其中，受水区毛缺水量27.28亿m^3；非受水区毛缺水量10.96亿m^3，非受水区的缺水量占规划区总缺水量的30%。

在非受水区内，有部分小区的供需能达到平衡，汇总这部分不缺水小区的供需水量，至2030水平年，不缺水小区总毛需水量为12.4亿m^3，扣除这部分小区的供需水后，非受水区内缺水量为9.62亿m^3，缺水率24.7%。若按缺水率15%控制，则要求解决的供需缺口为3.79亿m^3。若非受水区以当地地形为条件，兴建小型工程，进一步开发当地水资源，使洪水、污水资源化，进行必要的产业结构调整，可部分减少水资源需求。优化主要途径有：

(1)以小水利蓄水工程为重点，进一步开发当地水资源；对于非受水区缺水的小区，应视耕地布局与降水量，大力发展小水利，建设小水库、塘堰、水窖等，重点解决农业灌溉用水的高峰需求。

(2)视水源远近与水地高程条件，发展小型灌溉取水闸站；在离水源较近的耕地，视灌溉面积大小建设灌溉取水闸站，如宾川拉乌可从清水河提水，宾川平川可从平川河引提水，洱源乔后可从黑惠江提水等。

6.6.3.6 优化结论

(1)滇中调水工程规划区考虑区外调水后，进行受水区三次平衡测算，受水区多年平均需从区外调水20.75亿m^3(到达受水区的水量)。其中,6.39亿m^3供城镇生活,9.97亿m^3供工业,4.38亿m^3供农业灌溉,5.77亿m^3补充湖泊环境用水。所占的比例为城镇生活、工业62%,农业17%,湖泊环境补水22%。滇中受水区缺水已成事实,为了支撑滇中地区经济的可持续发展,早日实现云南经济的发展目标,在进一步开发当地水资源和大力节水的同时,兴建滇中调水工程势在必行。

(2)滇中是云南省重要的经济区,其处于金沙江、南盘江、澜沧江及红河四大水系分水岭地区,缺水严重,核心区滇池流域人均水资源占有量仅为188m^3。云南省委、省政府高度重视解决滇中区水资源短缺的问题,从20世纪50年代开始,国家及云南省有关部门就着手开展了滇中引水的研究工作。金沙江中游水电开发与滇中引水工程密切相关,经过反复论证,金沙江中游龙头水库是滇中引水工程的最佳水源点,有关各方也一直把滇中引水工程作为金沙江中游水资源综合开发利用的重要组成部分。

(3)由于金沙江中游龙头水库与滇中引水工程的密切关系,云南省委、省政府一直以来把金沙江中游龙头水库与滇中引水工程作为一项系统工程来考虑,并确立了滇中引水工程与龙盘电站"同步开展前期工作、同期建设、同时投产发挥效益"的工作思路。因此,在金沙江中游公司成立之初即把公司视为滇中引水工程建设和运营的潜在业主,要求公司牵头组织开展滇中引水工程与龙盘水电站综合开发专题研究工作,积极支持公司承担滇中引水工程建设和运行工作,并明确可以在电价和有关政策上给予支持和优惠。

(4)2010年,云南出现了罕见的大旱,水利部、云南省均提出了加快推进滇中引水工程前期工作的意见。特别是中国长江三峡集团公司主要领导更换后,进一步加大了工作力度,通过争取滇中引水工程进而拓展龙头水库开发权的目标已非常明显。而云南大旱也再次给滇中引水工程带来契机,尤其是利用其推动龙头水库比选与立项决策。云南省拟进行"同步开展前期工作、同期建设、同时投产发挥效益"的"三同时"工作思路正在快速推进调水工程建设。

(5)2011年5月3日,水利部正式批复了滇中引水规划报告(修编),这是该工程纳入国民经济与社会发展"十二五"规划纲要后,取得的又一重大成果。按照规划,滇中引水工程受水区涉及云南31个县市区,工程全长846.52km,投资845亿元。

6.7　海水淡化技术方法与替代调水方案可能性

研究表明:地球水圈中,水的分布情况是海水约占96.5%、两极冰川约占水总量1.7%、淡水和其他比例的河口或地下苦咸水约占0.8%。换句话说,地球水资源主要以海水和苦咸水为主。而淡水资源短缺问题,正在日趋影响着全球经济、社会的可持续发展;以近10年的统计,全球超过10亿人口没有干净的饮用水,约25亿的人口生活在缺水地区。最为重要的是,面对经济的发展和城市化进程加快,传统的如节水、跨流域调水和建设水库等方法已难以充分满足日益增长的淡水需求。湖水、河水和地下水已过度使用或滥用,导致传统的淡水资源进一步减少、污染和盐碱化。因此,水循环利用和海水(苦咸水)淡化已逐渐成为解决全球未来水危机的有效途径之一。目前,水的循环利用和海水(苦咸水)淡化方法,已经能够成功地结合传统的水处理技术和各类水资源开发,来增加淡水资源的供应量。这其中,水循环利用已在农业灌溉、发电厂冷却水、工业过程水和地层回注水等领域广泛应用;而脱盐特别是海水淡化技术,分别经过热法海水淡化近60年的利用和膜法海水淡化近40年的利用后,已成为解决沿海地区水资源短缺问题的重要途径。

淡水是人类社会赖以生存的基础性资源和可持续发展的战略性资源，而部分发展中国家人口的非理性增长和消费的非理性扩张，导致水污染加重，淡水资源短缺问题越来越严重。我国属于极度缺水的国家之一，这种非理性发展成分更为明显。在经济开发现有水资源条件不能满足需要情况下，研究发现海水淡化是解决淡水资源缺乏的一种有效途径。近年来，海水淡化技术的应用备受沿海地区发展关注。以广域的视角：世界范围的普遍缺水使海水淡化技术从中东的沙漠地区逐渐扩展到全球的主要沿海国家，并且形成了海水淡化水的生产销售和装备制造两大产业。面对我国北方及沿海地区的资源型缺水和南部沿海周边水质型缺水问题，有专家建议借鉴国外（如以色列）先进经验，开发海水淡化技术，向大海要淡水，以解决北方地区水资源紧缺的现实，成为可能选择。

6.7.1 海水淡化技术的发展

6.7.1.1 全球海水淡化技术的发展

根据国际脱盐协会的统计数据，截至 2005 年 12 月 31 日，在世界范围内共有 12 300 个淡化工程，总生产能力为 4 700 万 m^3/d。而 2014 年底，全球海水淡化生产能力接近 10 000 万 m^3/d。2001—2005 年平均生产能力比五年前增加了 25%，淡化技术已经在全世界 155 个国家中使用，解决了 1 亿多人口的供水问题。各种海水淡化技术在世界舞台上百花齐放，多级闪蒸技术虽有动力消耗大的缺陷，但由于技术成熟、运行可靠仍有大量应用；低温多效蒸馏技术由于更加节能，近年发展迅速，装置的规模日益扩大，成本日益降低；反渗透海水淡化技术发展更快，工程造价和运行成本持续降低，对海水水质的适应范围、系统稳定性尚有进一步提高的空间。虽然国外对各种海水淡化技术做了多种实验对比，以期明确孰优孰劣，但时至今日，热法和膜法技术均各有广泛的用户，说明各项技术仍在不断发展，均有各自的技术优势和适用的环境条件及降低成本的空间，海水淡化技术参数比较见表 6-2。

表 6-2　三种海水淡化方法的技术参数和投资运行成本比较

项目	多级闪蒸	低温多效	反渗透
操作温度/℃	<130		
主要能源	蒸汽，电	蒸汽，电	机械能
蒸汽消耗/(t/m^3)	0.1~0.15	0.1~0.15	0
电能消耗/(kW·h/m^3)	3.5~4.5	1.2~1.8	3~5
产品 TDS/(mg/L)	<10	<10	<500
优点	工艺成熟：维护量较小，运行可靠；对海水预处理要求低：出水品质好	预处理要求低；过程循环动力消耗相对小：出水品质好；维护量较小，运行可靠	投资少：能耗低；建设周期短
缺点	性能比低；能耗大	装置体积较大；能耗大	水质要求高，预处理严格；定期更换膜元件
主要设备投资/(元/m^3)	8 000~11 000	7 000~9 000	5 000~7 000
总耗电率/(kW·h/m^3)	13~22	6~10	3~5
运行成本/(元/m^3)	6.5~16	5~9	2.8~7.5

1)技术与规模日新月异

热膜耦合海水淡化及多种海水淡化的技术组合和集成已显现出发展的生命力,具有清洁、廉价等优势的核能有望在海水淡化能源中得到进一步应用。2010 年,全世界有 13 座核电站和海水淡化装置联合建设,而且有逐渐增加的趋势。热法海水淡化的研发重点包括蒸汽喷射器、海水喷淋装置、传热材料、防腐材料、专用运行软件的改进和完善,这些工作使多级闪蒸的单机产量达到 7 万 m^3/d 以上,建成工程最大规模为 46 万 m^3/d,在建工程最大规模为 100 万 m^3/d;低温多效蒸馏的单机产量达到 3.6 万 m^3/d,建成工程最大规模为 24 万 m^3/d,在建工程最大规模为 80 万 m^3/d。规模扩大带来造价降低以及性能提高的双重优势,显示了良好的发展前景。

各种海水淡化技术共存互补,并行发展海水淡化技术已基本成熟,但工艺技术的完善以及新材料、新工艺的应用研发仍空前活跃。低温多效蒸馏的研发重点是超大型蒸汽喷射器、三相流条件下的海水均匀喷淋布液系统、传热强化及材料优化、装备的腐蚀与防护、运行软件的改进和完善等。多级闪蒸的研发重点是新材料的应用、级间抽汽和其他新技术的应用。反渗透海水淡化的研发重点是高性能反渗透膜、新型预处理技术的开发和传统预处理技术的完善、大型高压泵与能量回收系统的开发与完善等。这些研发形成了各种海水淡化技术共存互补的格局。

工程规模日趋大型化,社会需求和技术发展使国际海水淡化工程不断向大型化、规模化方向发展。海水淡化厂的规模已从最初的几百吨/日发展到现在的几十万吨/日,且单台设备的产水量迅速增加,如韩国斗山集团在沙特承建的目前世界最大的多级闪蒸海水淡化工程(100 万 m^3/d)于 2009 年完工,法国 Sidem 公司的低温多效海水淡化工程(80 万 m^3/d)于 2010 年完工。成本日趋降低,技术进步、规模大型化以及建设和运行管理机制的不断创新,使海水淡化的成本逐步降低。21 世纪初淡化水的最低销售价格折合已经降至近 4.0 元/m^3。

2)海水淡化与资源利用逐步形成产业链

海水淡化工程与发电厂相结合,利用电厂余热回收淡水和进行后续卤水综合利用,正在成为国际关注的热点。海水淡化排出的浓海水,具有已提取上岸并进行了净化、浓缩,全年的水温和排出量基本稳定等特点。将浓海水直接用于盐业的制卤生产,可使制卤周期缩短,节约土地资源。在此基础上,采用新技术分别提取浓海水中的溴素及镁、钾、钙盐,最终将浓海水的氯化钠资源转化为符合生产两碱(纯碱、烧碱)的液体盐。

3)政策支持海水资源利用的产业发展。

2004 年以来,美国国会积极推动 H. R. 1071 和 H. R. 3834 等法案(10 年内提供 2 亿美元资助脱盐设备的建造,并且每生产和销售 1m^3 淡水补贴 0.16 美元)。在南加州还给予当地一些水利机构财务补贴(0.2 美元/m^3),以促进海水淡化工程的实施。日本政府出资 85%建设了冲绳和福冈两大反渗透海水淡化示范工厂。通过工程示范使日本东丽、日东电工和东洋纺等反渗透膜、配套装备生产企业和工程公司走向全球。以色列政府通过控制 BOOT(兴建—营运—拥有—移转)或 BOO(兴建—营运—拥有)模式促进海水淡化厂的建设,对本国企业给予资金支持并在合同中明确政府采购淡化水的最低购买量和价格,培育本国企业,提高其竞争能力。

韩国政府于 2007 年 10 月启动了支持斗山重工建设规模为 2.7 万 m^3/d 的反渗透海水

淡化单机实验床的计划,该计划投资 7 600 万美元。中东淡化研究中心的成立,说明海水淡化的研究已经成为世界关注的国际问题,在竞争中合作已成为发达国家的共识。

6.7.1.2 我国海水淡化技术的发展

1)综述

近年来,国家对于海水淡化等资源利用技术的重视程度加强。早在“十一五”期间,海水淡化作为重要内容被明确列入了《国民经济和社会发展“十一五”规划纲要》《国家中长期科学和技术发展规划纲要(2006—2020)》《高技术产业发展“十一五”规划》《国家“十一五”海洋科学和技术发展规划纲要》和《国务院关于印发节能减排综合性工作方案的通知》(国发〔2007〕15 号)中。2007 年 4 月,科技部启动“海水淡化与综合利用成套技术研究和示范”项目,支持海水资源利用技术研究。该项目将建成大型海水淡化、海水循环冷却、大生活用海水、海水化学资源提取利用示范工程,开展大规模海水利用关键技术、重大装备、工程、产业链示范研究,重点突破海水淡化和海水直接利用产业化集成技术和重要装备的研发,以海水淡化解决沿海地区工业锅炉补水和城镇生活饮用水;以海水冷却替代电力、化工、石化、冶金、轻纺等耗水大户的工业循环冷却水;以海水替代城市冲厕用水;同时大力推进海水(浓海水、各类卤水)化学资源综合利用技术,实现环保、土地和海水资源综合利用科学协调发展,形成完整的海水利用产业技术体系。政策环境和技术进步的综合作用,使得我国的海水淡化技术和产业在新世纪得到了快速发展。截至 2006 年,国内已建海水淡化厂见表6-3。

表 6-3 国内已建海水淡化厂

序号	建设地点	规模/(m^3/d)	流化工艺	承建单位	投产年份
1	西沙永兴岛	200	ED	杭州水中心	1981
2	天津大港电厂	2×3000	MSF	美国 ESC	1989
3	浙江舟山嵊山镇	500	SWRO	杭州水中心	1997
4	浙江舟山马迹山	350	SWRO	美国 UAT	1997
5	辽宁长海县大长山镇	1 000	SWRO	YCQ	1999
6	沧州化学工业公司	18 000(苦咸水)	BW+SW	YCQ	2000
7	辽宁长海县獐子岛镇	2×500	SWRO	德国普罗名特	2000
8	山东长岛县长山岛	1 000	SWRO	杭州水中心	2000
9	浙江嵊泗县驷礁岛	1 000	SWRO	杭州水中心	2000
10	山东华能威海电厂	2 500	SWRO	半岛水处理	2000
11	大连华能电厂	2 000	SWRO	半岛水处理	2002
12	浙江嵊泗县驷礁岛	1 000(二期)	SWRO	德国普罗名特	2002
13	山东省荣成市	2×5 000	SWRO	杭州水中心	2002
14	山东黄岛发电厂	3 000	LT-MED	天津海洋水淡化所	2003
15	大连石化	5 600	SWRO	赛恩斯特	2003
16	浙江玉环发电厂	34 560	SWRO	赛恩斯特	2006
17	大唐王滩发电厂	25 920	SWRO	欧美	2005
18	大连实德公司	12 000	SWRO	待定	
19	天津开发区	10 000	SWRO	新加坡凯发中标	不详
20	国华黄骅发电厂	2×10 000	LT-MED	法国 SIDEM	2006

2006 年底,我国已建成海水淡化装置 43 套,淡水产量为 15.08 万 m^3/d。其中引进国外技术的有 9 套,产水量为 10.57 万 m^3/d,占 70.11%;应用国产技术的有 34 套,产水量为 4.507 万 m^3/d,占 29.89%。国内先后自主设计、建造了 2×2 500m^3/d 反渗透和 3000m^3/d 低温多效海水淡化工程,自主研发的淡化设备造价比进口的降低 30%~50%,吨水成本接近国际先进水平。

根据 2005 年 8 月颁布实施的《海水利用专项规划》,我国在 2010 年、2020 年建成和在建的海水淡化工程的生产能力将分别达到 100 万 m^3/d、280 万 m^3/d。该规划的颁布是我国海水淡化事业的里程碑,为其发展提供了良好的契机。2010 年,全国在建、待建的海水淡化工程规模已达到 195.8 万 m^3/d,技术和产业发展前景良好。

2)我国海水淡化技术的重大进展

在低温多效蒸馏海水淡化方面,2004 年 9 月攻克了千吨级低温多效蒸馏海水淡化技术,自主设计、制造完成了山东青岛黄岛电厂(3 000m^3/d)低温多效蒸馏海水淡化装置并投入运行,实现我国蒸馏法海水淡化工程"零"的突破,吨水成本约为 4.8 元/m^3。2006 年 4 月从法国 Sidem 公司引进的 2 万 m^3/d 低温多效海水淡化工程投产,同年 12 月由法国 Weir 公司设计、以国内制造为主的 1 万 m^3/d 低温多效海水淡化工程在天津投产。另外,首钢公司和天津北疆电厂分别签订从法国 Sidem 公司和以色列 IDE 公司引进低温多效设备的合同,工程规模分别为 5 万 m^3/d 和 10 万 m^3/d。2007 年国内相关机构整合成立数家海水淡化公司,借助我国电力设备的出口,已签订低温多效海水淡化设备供货合同 4 项,产水容量为 2.8 万 m^3/d。在反渗透海水淡化方面,取得了较大的技术进展,已经建成单台产水能力为 1 000m^3/d、3 000m^3/d、2×2 500m^3/d 的多个示范工程;2005 年建成 10 万 m^3/d 的亚海水淡化工程,形成大规模反渗透淡化工程的设计和建设技术;2007 年 10 月由国内设计的单机 1 万 m^3/d 的反渗透海水淡化工程建成投产,在单机规模方面接近国际先进水平。2010 年,我国的反渗透海水淡化工艺已基本成熟,具备了单机规模万吨级以上反渗透海水淡化工程的设计和建设能力。

在膜材料和膜组器开发应用方面,2004 年完成了反渗透复合膜组器生产线,提高了我国平板膜生产和卷式膜元件生产设备的性能和工艺水平,可生产反渗透复合膜、纳滤膜、超滤膜、微滤膜等 18 个品种和膜组器,具备 120 万 m^2/a 的生产能力。生产的复合膜平均脱盐率为 99.2%,最低脱盐率为 98%,产品合格率≥85%;经过近年的技术改进,脱盐率稳定在 99.4%,已通过一年多的现场性能测试,单级反渗透产水的总溶解固体含量<400mg/L,符合饮用水标准,这说明我国的反渗透复合膜已达到国际同类产品水平,提高了我国反渗透海水淡化技术的核心竞争力。

在海水淡化配套设备和材料方面,国产海水给水泵可满足技术要求;产水量<3 000m^3/d 的反渗透用高压泵已实现国产化并通过了两年的现场考核,开发出了功交换式(柱塞式)能量回收装置并进行了现场测试,尚需在稳定性和可靠性方面进一步提高;铝黄铜类海水淡化传热管可满足国内需要并大量出口,开发出了日产万吨级以下的蒸汽热压缩器并完成了为期三年的现场考核,效率接近国际先进水平,尚需进一步提高效率和开发更大容量的装备。

根据国家科技支撑计划,2010 年正在进行单机 1 万 m^3/d 反渗透和 2.5 万 m^3/d 低温多效海水淡化示范装置的开发和工程建设的准备工作。

6.7.1.3 与国外先进水平的差距

1)技术

截至2010年,对低温多效技术的核心部件、材料、水电联产等基础研究有待深入,装备验证和环境条件不能满足技术发展要求,缺乏大规模海水淡化装置设计、加工制造、安装调试及运行维护的工程实践,迫切需要通过规模示范形成成套技术和锻炼队伍。反渗透膜组件、高压泵、能量回收及水处理药剂等关键部件和材料仍以进口为主,缺乏大规模反渗透海水淡化成套工程技术和实践,迫切需要形成高压泵、能量回收、膜组件等关键设备的自主技术和批量生产,通过规模示范形成成套技术应对国外公司在国内的竞争。核能海水淡化的概念已经提出许多年,还缺乏工程实践;核反应堆与海水淡化的接口还停留在研究和设计阶段,需要打通流程,形成成套技术和装备体系。

2)产业规模

我国海水淡化工程规模多在千吨级,而国外已达到十万吨级水平;截至2008年,世界淡化总体规模已达到6 421万m^3/d;而2006年,我国海水淡化产水量为15.08万m^3/d(仅占世界总产量的0.3%)。而截至2009年10月,国内淡化装置规模也仅有24万m^3/d,与国外的差距明显。即便建设中的几个大规模淡化厂全部建成,其装置规模也仅能达到50万m^3/d。

国外最大多级闪蒸、低温多效、反渗透单个工程分别达到4.5万m^3/d、2.4万m^3/d、3.3万m^3/d,而更大规模淡化工程也正在建设和酝酿之中,例如沙特阿拉伯Shuaiba正在建设世界上最大的88万m^3/d采用多级闪蒸技术的海水淡化厂,SIDEM也在建设80万m^3/d采用低温多效技术的海水淡化工厂。我国已建成工程仅为6 000m^3/d、3.25万m^3/d、$1\times10^6 m^3/d$,除去引进因素,我国自行设计建设的海水淡化工程分别就只有1 200m^3/d、1.25万m^3/d、1万m^3/d。

3)实施机制

没有专门机构统筹协调,没有形成产业联盟。海水淡化必须有针对性地在政府指导、行业协调、产业政策、技术创新等方面统筹规划,全面协调各方利益,才能形成合力,促进产业发展。

4)示范及投入

国家对规模示范工程的资金投入不足,造成规模示范不够,制约了该领域技术的发展和成果的转化。

6.7.1.4 发展目标及建议

1)发展目标

2013年,建立10万m^3/d低温多效蒸馏海水淡化示范工程,形成单机2.5万m^3/d低温多效海水淡化装备的设计、加工、安装、运输成套技术以及单机5万m^3/d低温多效海水淡化装备的技术储备。

(1)建立10万m^3/d反渗透海水淡化示范工程(单机规模≥1万m^3/d),掌握膜法海水淡化大型单体装置设计、控制、安装技术,开发国际先进水平的反渗透膜、能量回收、高压泵以及智能控制系统等关键部件,提高膜法海水淡化技术和装备的国产化率。

(2)研究热膜耦合海水淡化设计技术、热膜耦合海水淡化优化运行技术和水电联产耦合技术,建成3万m^3/d示范工程。

(3)针对低品位核反应堆热能的特点,研究蒸馏法海水淡化与核反应堆的接口技术和核能海水淡化技术的安全保障技术，寻求海水淡化技术与核能耦合的最佳方案，建设10万m^3/d核能海水淡化示范工程。

(4)培养2~3个海水淡化专业工程公司，建立2~3个海水淡化技术研发基地，培育一批专业海水淡化部件、材料生产企业，形成海水淡化产业联盟和规模超过800人的海水淡化专业技术人才队伍。

(5)研发海水淡化新技术、新工艺，形成海水淡化相关专利100项、技术标准22项以上，构建我国海水淡化的专利和技术标准体系。

2)政策建议

(1)自主技术为主，消化吸收为辅。一个国家不能全部依赖进口水资源，也不能依赖进口设备生产水资源，否则会矛盾和冲突不断。我国海水淡化已形成一定的自主技术基础，应该走以自主创新为主、以消化吸收为辅的道路。

(2)注重基础研究。注重基础研究，需要加强能力建设，注重项目引导，培养产业联盟。

加大基础研究的投入力度，完善实验室建设，通过能力建设培养人才，促进研究能力和水平的提高。加强对相关专项的领导和协调，提高项目管理水平，组织联合攻关，集成有关院所、大学、企业在海水淡化技术、装备制造、工程建设、配套设施、资金等各方面优势，依托沿海大型火电厂、工业区建设，完成示范工程建设，培养产业联盟，提高产业竞争能力。

(3)国家引导、社会联动、多元化投融资。通过示范培养人才和提升总体水平；国家和地方政府联动，进行诸如海水淡化价格体系、淡化水进入城市供水管网可行性、海水淡化产业税收政策、优势企业进行海水淡化项目的激励机制等研究工作，调动各方积极性，推动海水淡化的国产化和产业化进程。对重要的海水淡化工程给予合理的资金补助，采用政府投入和社会资金相结合的投融资模式建设示范工程。依托示范工程和重大项目凝聚和培养人才，提升技术总体水平。

(4)标准和规范体系先行，强化市场监管。

(5)建立完善的标准和规范体系，从海水水质、海水净化、海水预处理、淡化水水质、技术咨询、工程设计、设备制造等各方面推进标准化。从技术评估、投资估算、设备考核、成本核算、运行管理等方面建立海水淡化系列技术规范，保证海水淡化技术的高起点、高标准和规范化发展，并以此建立市场监管机制。

6.7.2　海水淡化技术研究与展望

6.7.2.1　国内外海水淡化技术比较

尽管我国海水淡化技术研究起步较早，目前已全面掌握低温多效和反渗透海水淡化技术，但与国外技术先进国家相比，在研究水平及创新能力、装备的开发制造能力、系统设计及集成、关键设备(包括部件和材料等)生产等方面仍存在一定差距，主要表现在以下几个方面。

1)海水淡化装备单机规模及产业规模与国外差距明显

近15年来，我国海水淡化技术发展迅速，海水淡化单机规模也越来越大，从以下数据可以说明我国海水淡化与国际水平之差：

(1)2005年12月31日，在世界范围内共有12 300个淡化工程，总生产能力为4 700万m^3/d，2014年达到10 000万m^3/d；

(2)2006年，我国海水淡化产水量为15.08万m^3/d(仅占世界总产量的0.3%)；

(3)2008 年,世界海水淡化总体规模已达到 6 421 万 m^3/d;

(4)2009 年 10 月,国内淡化装置规模也仅有 24 万 m^3/d;

(5)2014 年 12 月,世界海水淡化总体规模约 10 000 万 m^3/d;

(6)2015 年 5 月,我国海水淡化产水量约 100 万 m^3/d(占世界总产量的 1%)。

国外最大多级闪蒸、低温多效、反渗透工程分别达到 4.5 万 m^3/d、2.4 万 m^3/d、3.3 万 m^3/d,而更大规模淡化工程也正在建设和酝酿之中,例如沙特阿拉伯 Shuaiba 正在建设世界上最大的 88 万 m^3/d 采用多级闪蒸技术的海水淡化厂,SIDEM 也在建设 80 万 m^3/d 采用低温多效技术的海水淡化工厂。虽然我国已建成工程仅为 6 000m^3/d、3.25 万 m^3/d、$1\times10^6 m^3/d$,除去引进因素,我国自行设计建设的海水淡化工程分别就只有 1 200m^3/d、1.25 万 m^3/d、1 万 m^3/d。国内正在建设的几个 10 万 m^3/d 以上海水淡化工程全部由国外引进。从单机规模看,国外多级闪蒸、低温多效、反渗透也分别达到 7.6 万 m^3/d、3.6 万 m^3/d 和 2.1 万 m^3/d,正在建设和酝酿的有 9 万 m^3/d、4.5 万 m^3/d 和 2.7 万 m^3/d 的单机规模。国内自行设计仅为 1 200、1.25 万和1 万 m^3/d。通过以上数据对比不难得出,装置单机规模的大型化和淡化工厂建设大型化已是海水淡化技术的发展趋势,而我国在此方面与世界差距明显。

2)关键设备、部件、材料研究水平和生产技术落后国外

反渗透淡化技术中,国产的用于预处理的微滤、超滤膜、膜壳等已普遍被采用,而其关键的反渗透膜、能量回收装置、高压泵等关键设备、部件还基本依靠国外进口。国产反渗透膜一般用于苦咸水、微咸水淡化,在海水淡化上应用尚未见报道。国内虽有许多科研院所和企业在研究开发能量回收装置,但目前仍处于研究阶段,尚未有工程应用实例。

低温多效淡化技术中,其蒸汽喷射泵国内没有专门从事此产品研究的机构,装置性能与国外有一定差距;国产的阻垢药剂在使用效果上明显劣于国外产品,针对低温多效蒸馏淡化装置适用的国产阻垢剂尚属空白;与国外相比国内还仅能使用铜合金传热管,而以色列 IDE 则使用廉价的铝合金传热管。

多级闪蒸尽管市场容量很大,但由于在国内工程条件尚不具备,因此其关键部件及整体技术研究均处于停滞状态。

3)技术整合亟待加强

国内从事海水淡化技术研究和应用的单位不到十家,研究力量相对分散,研究单位与用户、能源供应商、装备制造商没有形成整体,协调性差。具体表现在技术上,国外大部分海水淡化厂都是与发电厂共同设计建设的,电厂与海水淡化厂统筹考虑共同建设成合二为一的水电厂。由于海水淡化成本在很大程度上取决于消耗电力和蒸汽的成本,水电联产可以利用电厂的蒸汽和电力为海水淡化装置提供动力,并合理调配发电量与产水量关系,从而实现能源高效利用,降低海水淡化成本,实现真正意义的水电联产,这是当前大型海水淡化工程的主要建设模式。在国外,阿联酋的 Fujairah 已成功建成 45.4 万 m^3/d 世界上最大的热膜联产海水淡化厂,其中多级闪蒸 28.4 万 m^3/d、反渗透 17 万 m^3/d。其优点是:投资成本低,可共用海水取水口。此外,蒸馏和反渗透装置淡化产品水可以按一定比例混合满足各种各样的需求。我国许多电厂虽也建有不同规模的海水淡化厂,但海水淡化仅仅是电厂配套工程,没有实现真正意义上的水电联产,热膜耦合的海水淡化工厂在国内也尚属空白。

4)研发投入不足

我国在海水淡化技术开发和应用方面投入不足,研究部门无法承担装备样机试制的研

究和开发费用，导致国内海水淡化技术只能以引进为主，目前国内大规模海水淡化工程基本靠国外引进或由国外公司承担。而美国、日本、以色列、韩国等海水淡化技术先进国家，为发展自主海水淡化技术和产业，在研制、试制等起步阶段都投入大量经费并制定优惠鼓励政策支持本国海水淡化技术和产业发展。

6.7.2.2 国内海水淡化技术研究展望

跟踪世界先进海水淡化技术，分析国内海水淡化技术现状认为，我国海水淡化技术要跟上国外先进国家步伐，要强化关键技术和设备制造的自主研发力度，强化自主创新，不断提高技术创新能力，整合技术、用户、能源供应商、装备制造商和投资商资源，促进强强联合，提高我国海水淡化技术及装备制造的整体水平。

1）研究关键技术

重点发展低温多效和反渗透海水淡化技术研究，以及与之配套的关键技术、材料和装备的研发。在装置研发方面，重点开展与国外同等规模的大型低温多效和反渗透装置的国产化技术，增加设计、制造、调试、运行经验，提高装备的稳定性和监测控制水平，从而整体提升国内海水淡化技术水平。

在配套关键技术、材料和装备研发方面，重点研发和优化与低温多效蒸馏蒸汽喷射装置和布液系统，开发高效、耐蚀、廉价传热材料，研发高性能阻垢药剂，开发装置专用控制软件提升控制技术。重点研发以能量回收和反渗透膜为代表的反渗透淡化关键元件生产制造技术，根据我国沿海水质特点，开发模块化预处理技术。

2）功能整合

发展以水电联产、热膜耦合为代表的一体化整合海水淡化技术。水电联产、热膜耦合海水淡化已成为国际海水淡化趋势，采用水电联产-热膜耦合海水淡化可利用发电机组的低品位蒸汽节约蒸馏法淡化蒸汽费用；对于反渗透淡化，可利用电厂冷却用温排水（或蒸馏淡化系统冷却水）作为原料海水，降低系统能耗，尤其是在北方气温较低的沿海地区节能效果更为明显；同时淡化系统可以和电厂公用取水、排水系统，节省投资和占地；优质淡化水还可降低电厂锅炉补水的水处理费用。虽然水电联产、热膜耦合海水淡化技术优势明显，但受客观条件限制，我国以前没有对此项技术深入研究，淡化装置的建设往往还是单一淡化技术的应用，即便是电厂建设的海水淡化装置，也是优先考虑发电，没有做到从建设初期就统筹谋划，根据水电需求来合理匹配产水与发电的关系，最大限度地利用能源，合理满足水电需求。因此，根据实际建设过程中能源条件及费用、对水电需求、原海水水质和技术特点等条件，研究选定不同的组合方式，研究能量的优化利用与回收等问题，为工程建设提供技术支撑。

3）研发小型淡化装置

研发不同类型的小型淡化装置，为海岛、舰船、石油平台配套。作为一个海洋大国，我国辽阔的海域上散布着众多的海岛和岛群，据初步统计，面积500m^2 以上的岛屿就有6 900多个，面积500m^2 以下的海岛和岩礁近万个。水资源短缺是海岛开发建设的瓶颈，世界经验表明，海水淡化是解决海岛水资源短缺的根本途径。研究发展不同技术类型的小型海水淡化装置，是加强国防、维护国家权益和加快海岛开发建设及经济发展的重要需求。另外，小型淡化装置还可用于舰船、石油钻井平台等场合，为远海资源开发、深海油气探测、海洋科学考察、海洋维权等提供充足淡水资源。

小型淡化装置的研制，主要包括传统海水淡化海岛环境适应技术、适宜海岛特点的节能淡化技术及相关后处理技术研究，形成不同功能、用途及能源匹配方式的海水淡化装备，形成小型海水淡化系列化产品，满足海岛、舰船及海上石油平台对淡水资源的需求。作者参加三峡工程施工设计过程中，供水设计专业处室就成功实践和采用了水上（在船上）建设9万吨级自来水厂的供水系统，而且这种可移动的自来水厂为大型工程分期建设节省了前期施工准备时间、临时占地和投资。

4）可再生淡化技术

研究海水淡化与新型清洁、可再生能源耦合技术及余热利用海水淡化技术。无论是蒸馏法还是反渗透海水淡化技术，都是以消耗能源作为代价来换取淡水的技术。近年来，以风能、太阳能为代表的可再生能源已经在全球各个国家得到广泛应用，此外以潮汐能、波浪能、温差能等海洋可再生能源的开发利用也被广泛受到重视，各国都在加快其工业化步伐。采用成熟的海水淡化技术与可再生能源相结合，在特定场合，如远离大陆的缺水海岛，靠自身丰富的可再生能源即可解决淡水供应问题，而不必在远途运输淡水或输送能源，减少或取消对外来能源的依靠，同时不产生能源的二次污染，也有利于对海洋环境的保护。

作为一种新技术，核能海水淡化利用核反应堆，在综合性设备中将再生电能和海水淡化所用的热能结合起来。在温室气体排放及能源费用上都比化石燃料能源具有较强竞争力。目前，已成为世界争先研究的课题，综合性核能海水淡化装置的可行性已经得到了超过150反应堆年的实验证实。在我国研究利用沿海城市的小型和中型核反应堆的热能进行海水淡化将为未来我国海水淡化技术发展提供更好选择。

5）研究开发前瞻性海水淡化新技术

世界各国大量科研工作者一直致力于海水淡化新技术研究，各种淡化新技术、新方法不断见诸报道。据不完全统计，由国际权威专利数据库德温特创新索引检索出2008年以来国外有关海水淡化相关专利就达到992项。其中，包括各种海水淡化新技术、新方法、新装置，其最终目的就是要降低淡化水的总体成本。我国在发展、改进和创新具有自主产权的低温多效、反渗透海水淡化技术的同时，应紧密跟踪国际最新海水淡化技术动态，开展前瞻性科研工作，促进海水淡化技术不断发展。

6.7.3 海水淡化的利用前景

1）海水淡化技术的国家规划

权威专家预测：到2025年，全世界可能有近1/3人口缺水，缺水的国家和地区将达到40多个。但是，令人欣喜的是，淡化海水技术已经解决了1.57亿人（世界人口的1/40）的吃水问题。

据中国政府网2012年2月13日信息，2011年底中国海水淡化产能为66万m^3/d；而且国务院研究提出中国海水淡化产业发展目标：到2015年，海水淡化能力有望扩展到220万～260万m^3/d，其对海岛新增供水量的贡献率达到50%以上，对沿海缺水地区新增工业供水量的贡献率达到15%以上。国务院办公厅下发《关于加快发展海水淡化产业的意见》还提出：到2015年，海水淡化原材料、装备制造自主创新率达到70%以上；建立较为完善的海水淡化产业链，关键技术、装备、材料的研发和制造能力达到国际先进水平。国家鼓励沿海缺水地区在保障公共饮用水安全的前提下，积极创建海水淡化示范城市。到2015年，在全国建成20个海水淡化示范城市；实施示范工程，建成两个日产能5万～10万t的国家级海水淡化重大示范工程和20个日产能万吨级海水淡化示范工程；在满足各相关指标要求、确保人体健康的前提下，允许海水淡化水依法进入市政供水系统。

财新网记者徐超2012年05月02日报道：对于中国沿海地区，缺水将是影响未来发展的一个主要障碍。因此，海水淡化将是解决水资源问题的一个重要方式。但是中国并未掌握海水淡化的核心技术，大多数项目还是依赖国外技术。也就是说，中国尚缺乏大型海水淡化工程建设实践，工程共性技术、核心技术尚未成熟。

2）我国亟待掌握海水淡化核心技术

2012年4月26日，国家科技部对外发布《"十二五"海水淡化科技发展重点专项规划（征求意见稿）》中指出：在国内已建成的16个万吨级以上的海水淡化工程中，中国自行建设的仅占四个，以产水量计算，中国自行建设的海水淡化工程所产水量不到总量的13%，实际上，即使自行建设的工程中，核心设备也有相当比例来自国外。

《"十二五"海水淡化科技发展重点专项规划（征求意见稿）》还指出：中国缺乏大型海水淡化工程建设实践，工程共性技术、核心技术尚未成熟，更缺乏大型海水淡化装置设计、加工制造及运行维护等方面经验。因此，中国将突破六项以上具有自主知识产权的海水淡化核心技术、研制六项以上具有自主知识产权的海水淡化关键设备、建设2~3座日产水5万t以上的大型海水淡化示范工程等内容作为十二五期间的具体目标和考核指标。

杭州水处理技术研究开发中心是《"十二五"海水淡化科技发展重点专项规划（征求意见稿）》的起草单位之一，专家谭永文认为，我国的沿海地区不但是人口聚集和经济发展的中心，也是这个国家水资源最为短缺的地区。根据中国水资源的统计数据，到2030年，中国沿海地区将面临年缺水量214亿m^3的窘境，这一数字相当于2010年北京市全市总用水量的6倍。正是为了补足这个巨大的缺口，作为多样化供水形式的一种，海水淡化成了重要选择。

3）海水淡化规模与利用问题

海水淡化规模与利用涉及两方面技术问题和成本。

（1）海水淡化成熟技术主要有两种，即膜法海水淡化和蒸馏法。在中国，涉及这两种技术的核心部分仍未完全国产化。简单来说，膜法的淡化原理是利用反渗透海水淡化膜将海水中的盐分过滤掉，仅剩下淡水。海水淡化膜听上去只是薄薄的一层，实际上却是一个结构复杂的组件。尽管国内科研人员已经在海水淡化膜的研发领域探索了7年，但是，产水率相比于国际领先产品仍处于较低水平，产品的市场竞争力明显不足。此外，能量回收装置在降低海水淡化成本上起着关键作用。在加压的情况下，经过处理后的海水分为淡水和留有杂质的浓水，能量回收装置则会将浓黑水中的压力转移给未经处理的海水，相当于一个循环使用的过程。

（2）海水淡化成本较高，单台设备处理能力有限。据测算，1t海水淡化要耗8kW·h电，经过回收，一吨水只要3度电，甚至3kW·h电以下，对应的用水成本将大幅下降。不过，能量回收装置仍未实现国产化应用。目前，我国在海水淡化技术上仍未摆脱对国外的依赖。在膜法和蒸馏法中，天津的规模都是全国最大的，膜法是新加坡人发明的，蒸馏法是以色列人发明的。通过国家专利局检索，在国内申请通过的756项与海水淡化相关的专利中，具备中国自主知识产权的仅占15%，大多数已建海水淡化工程的关键设备国产化率不到50%。有关专家认为，实现科技部《"十二五"海水淡化科技发展重点专项规划（征求意见稿）》中的突破6项以上具有自主知识产权的海水淡化核心技术，研制6项以上具有自主知识产权的海水淡化关键设备,建设2~3座日产水5万t以上的大型海水淡化示范工程等,难度并不大,但“国产化率指的是示范工程的国产化率”,而不是实际供水厂的工程设备。也就是说,在沿海城市,要大规模利用海水淡化技术,时机尚不成熟。

6.7.4 海水淡化替代跨区调水

6.7.4.1 南水北调水源并非可靠

2012年7月10日财新网记者刘虹桥报道:“发改委官员称海水淡化可与南水北调互补”,并列举了国家发展和改革委员会“环资司”节水处处长杨尚宝在当年7月6日举行的第六届水业高级技术论坛上的讲话:“随着长江海水上溯的情况越来越严重,南水北调可调节的水量也越来越有限,在沿海、近海地区发展海水淡化以解决南水北调水量不足问题是个好事。”

“南水北调”工程,是我国为缓解北方水资源短缺而开展的大型跨流域调水工程,分东线、中线、西线三条调水线,即分别从青藏高原、湖北省丹江口水库和江苏省扬州市,向黄河、淮河、海河流域输送长江水;按照规划,三条调水线路到2050年的年调水总规模将达到448亿m^3。

杨尚宝认为:“坦率地讲,南水北调是中央的决定,这是正确的,不容置疑,但技术上还有很多问题可以探讨。”在十年前,上海市位于苏州河和长江入海口的两个饮用水取水口已遭到海水上溯。按一个月31天计算,这两个取水口每月有11天取不到淡水。三峡大坝建成后,海水上溯越发严重,最远已上溯到据长江入海口约250km的江苏省镇江市,长江水量已较为有限。“我不认为海水淡化与南水北调之间有什么冲突,发展海水淡化实际上为解决水资源紧缺和水资源战略储备提供了新的选项,两者是互为补充的。”

杨尚宝认为:南水北调工程建设会带来生态影响,用水成本也相对较高,为发展海水淡化创造了一个机会。“用海水淡化水替代一部分南水北调,是可行的。”杨尚宝介绍说,以北京市为例,2010年海水淡化水的生产成本已控制在6元左右,远低于南水北调中线供水成本和工业自来水水价11元,对冶钢、化工等大型耗水企业而言,海水是更为经济的选择。

根据2011年9月发布的《国家“十二五”海洋科学和技术发展规划纲要》,我国将初步构建海水利用技术标准管理体系,建设国家海水利用产业化基地,实现海水淡化工程规模日产300万t目标,提高海水利用整体技术水平和产业核心竞争力。杨尚宝介绍,至2015年,我国海水淡化水产能将达到每天220万~260万t,海岛地区海水淡化水利用比例将提高50%,战略水资源比重将提高70%。届时,也将建立起相对完善的海水淡化产业链。“海水淡化的春天已经到来。”因此,海水淡化可以部分替代南水北调工程。

6.7.4.2 海水淡化替代部分水源

海水,取之不尽、用之不竭。按国家发展和改革委员会官员意见,“海水淡化与南水北调之间没有冲突,发展海水淡化为解决水资源紧缺和水资源战略储备提供了新的选项”。但也有专家表示:我国个别官员是严重“位置指挥脑袋”。不同部门或职位,说话口径迥异。其实,海水淡化不仅仅是掌握海水淡化核心技术的问题,其产能和成本才是决定利用规模的关键。针对科技部的《“十二五”海水淡化科技发展重点专项规划(征求意见稿)》,沿海地区的一些专家认为,和以往的文件相比,这份意见更明确地提出,不仅要建立一些海水淡化厂,而且要形成产业、掌握技术,形成一个完善的产业链,这一点非常重要。

国家海洋局天津海水淡化与综合利用所研究员阮国岭表示，与以往的文件相比，这份意见所涉及的范围更广：从沿海城市扩大到内陆地区，从海水扩大到苦咸水。范围扩大，解决的问题也会更多。意见中提出了多项政策措施。在财税政策方面，各级政府要加大对发展海水淡化产业的投入力度。中央预算内投资，积极支持实施海水淡化重点示范工程和以市政供水为主要目的的海水淡化工程项目。对海水淡化水进入市政供水系统研究，需要出台适当的支持政策。同时，国家将实施金融和价格支持政策；鼓励金融机构在风险可控和商业可持续的前提下，创新信贷品种和抵质押方式，加大对海水淡化项目的信贷支持；支持符合条件的海水淡化企业采取发行股票、债券等多种方式筹集资金，拓展融资渠道；引导民间资本合理、规范地进入海水淡化产业。在沿海地区，特别是沿海缺水地区和海岛，加快建立能够反映资源稀缺性、科学合理的水价形成机制。此外，意见提出建立由国家发展和改革委员会牵头，科技部、工信部、财政部、环境保护部等11个部门参加的海水淡化产业发展部际协调机制。

目前，中国的海水淡化产业发展确实存在着一些问题，首先是装备方面，可能需要在未来4~5年的时间里面不断地发展和完善。关于技术和装备上的问题，中国前几年发展相对较慢；现在有了国家政策的支持，相信上述目标中提到的“海水淡化原材料、装备制造自主创新率达到70%以上”，通过努力一定能够达到。对于海水淡化后的定价问题，确实目前海水淡化后的水价要高于居民用水和工业用水的水价，随着海水淡化技术的不断发展和规模化，海水淡化后的水价将不断降低。

如果单从成本上看，道理非常简单，成本提高，价格必然要上涨，但政府也必然会有补贴机制，应该说“补贴是一种定式，至于怎么补和补多少，这个问题还需要进一步探讨”。对于海水淡化的饮用水安全问题，阮国岭表示，以往我国对海水淡化的处理过程都是点对点的处理，工业用水比较多，水质偏酸。如果以后向居民用水方向发展，就需要做进一步处理。从国外海水淡化的发展经验来看，沙特和阿联酋等国家发展得相对成熟，人家用了好几十年都没有问题，所以应该说，安全是肯定的。但是，海水淡化的规模受到高成本的制约，可以在缺水季节或干旱年份作为部分替代水源或在水库混合后作为饮用水水源。

6.7.4.3　科学理性看待海水淡化产业发展

在现有的技术水平下，海水淡化在水量、水质、成本、能耗、生态环境等方面都存有较大的局限性。

从2010年前后闹得沸沸扬扬的“引渤入疆”开始，海水淡化引起了社会上越来越多人的关注，不少人认为海水取之不尽、用之不竭，只要大力发展海水淡化产业，我国水资源短缺的问题就会彻底解决了，有的专家学者甚至将其提到了国家战略的高度。为此，业界研究人员就有关问题查阅了一些文献，咨询了有关方面的资深专家、学者，并且对青岛百发海水淡化厂和天津北疆电厂进行了实地调研。这些专家认为：在现有的技术水平下，海水淡化在水量、水质、成本、能耗、生态环境等方面都存在较大的问题，我们应当科学、理性地看待海水淡化产业的规模化发展。

1)生产成本

据调查了解，按近年的技术水平，海水淡化的成本还相对较高，制水成本一般在5~7元/t。国内曹妃甸海水淡化厂(日产5万t)的出厂成本是5.99元/t，青岛百发海水淡化厂(日产10万t)的出厂成本是7元/t，西班牙海水淡化成本约0.45欧元/t。由于海水淡化技术已发展到一个相当成熟的阶段,继续通过技术进步降低成本的潜力已经十分有限,而同时随着能源、人工和原材料价格的增加,进一步降低成本的难度较大。这样的生产成本,即使在沿海地区,与传统的水源相比也不具备竞争优势,如果还要通过输水工程输送到内陆地区,其供水成本将进一步增加。例如,有报道曾提出将曹妃甸淡化后的海水输送到北京,需要建设一条长 220km 的输水管道,采用 2 座加压泵站克服 45m 的落差。初步测算,其输水成本至少在 2 元/t 以上,这样到北京的成本将在 8 元/t 以上;如果加上环境水价、利润税金等,其供水水价将超过 10 元/t,远远超过了北京现在的水价水平,即使其 8 元/t 的生产输送成本,也远远超过了南水北调总体规划中测算的中线工程到北京的口门水价。

2)理性看待替代的可能性

20 世纪 50 年代以来,海水淡化技术得到了不断发展,海水淡化产业也不断壮大。2010 年,全世界海水淡化日生产能力 10 800 万 t,约 400 亿 t/a,但实际开工生产量不足一半。这些海水淡化厂主要分布于沙特阿拉伯、阿联酋、科威特等极度缺水的中东国家;其中,沙特阿拉伯的生产量就占全世界产量的 30%左右。2011 年,我国已建成海水淡化装置 62 套,日生产能力近 40 万 t。主要应用领域包括电力行业的锅炉用水,沿海钢铁、石化等企业用水以及少数海岛的生活用水。据了解,我国部分较大规模的海水淡化厂均开工不足,运营困难。如天津北疆电厂海水淡化工程日产淡水能力 10 万 t,计划进入市政管网,但由于存在成本和水质问题,该项目目前每天只生产 8 000t。从实际情况来看,海水淡化除了生产成本较高外,还有以下几个难题需要解决。

(1)一是高耗能。海水淡化属高耗能产业,这一结论已被世界自然基金会以及国内外相关研究公认。无论是膜技术还是蒸馏技术都需要大量耗能,据了解,世界上最先进的技术生产 1t 水也要耗电 4.5kW · h 左右。假设南水北调东、中线一期工程 310 亿 m^3 的年调水量全部用海水淡化的方法生产,年耗电量将高达 1 395 亿 kW · h,约相当于 1.5 个三峡电站一年的发电量,将增加消耗近 10 000 万 t 燃煤,增加二氧化碳排放 12 000 多万吨。在节能降耗、严格控制碳排放的时代背景下,显然是不合时宜的选择。

(2)二是水质对人体健康存在影响。淡化海水水质无法与天然淡水相比。据国内外文献研究,淡化海水作为饮用水存在许多的技术难题,如膜法生产的淡化海水硼含量超标,会对人体造成损害,而自然淡水基本不含硼元素;淡化海水中有益矿物质含量很低,易引起人体营养物质流失,造成多种健康隐患等。当然,生产用于饮用的淡化海水可以和自然淡水混合(混合比例 1 : 3),还要进行矿化处理,也就是模拟自然淡水后才能饮用。如果通过提高工艺解决上述问题,需在原有基础上额外增加较多成本。如中东国家投入大量资金对淡化海水进行矿化调节等深度处理,使其达到饮用水标准。

(3)三是海水淡化污染排放,对生态环境有负面影响。海水淡化会产生浓盐水、添加剂等多种废弃物,目前多直接排入海洋,如大规模生产将对生态环境造成不容忽视的影响。在当前技术条件下,淡化海水产生的高盐废水盐度比海水增加约 1 倍,一般有直排入海和用于化工制盐两种处理方式。制盐方式由于受占地、盐场接纳能力、市场需求等因素限制,通常很少采用。

(4)大量浓盐水排放到海中,将严重扰乱附近海域的海洋生态,对耐盐性较差海洋生物产生显著影响,造成渔业等海洋经济损失。在这方面,一些国家和地区曾因此对受损渔民进行过赔偿,教训深刻。

综合国内水资源开发利用顺序来看,在本地淡水、再生水、外调水、淡化海水等水源选择上,应尽可能开发利用本地淡水资源,倘无法满足需求的情况下,可以优先考虑节水和外调水源。而海水淡化,是对没有淡水资源可开发利用条件的重要选择。

20世纪,远距离调水工程已成为许多国家解决水资源短缺的重要方式和技术手段。据统计,全世界的年调水规模约5 000亿 m^3,分布在美国、俄罗斯、澳大利亚等40多个国家;海水淡化主要应用于淡水资源极度缺乏又无水可调的国家和地区;在有的国家甚至上升为当地水资源可持续发展的战略性选择,例如沙特阿拉伯,淡化海水已经占其供水总量的70%以上。但是,在淡水资源相对丰富,或者可以采用调水等工程措施来解决水资源短缺问题的国家和地区,海水淡化只是在沿海地区进行一些小规模的生产和应用,并非水资源供给的主流。若海水淡化技术进步、成本进一步降低,可替代跨流域调水。

我国北方地区,尤其是黄淮海平原地区水资源极度匮乏,当地水资源开发利用程度已经超过80%,海河流域人均水资源量甚至不足全国平均水平的1/7。为了实现当地国民经济和社会的可持续发展,2002年开工建设的南水北调工程东线、中线一期工程年调水规模约180亿 m^3,计划分别于2013年和2014年建成通水,可解决我国黄淮海地区水资源短缺,实现水资源社会再配置的战略目标。这样的远距离调水工程措施,是海水淡化目前尚无法替代的。如果,巨大规模的调水量全部采用海水淡化的方法制备,将要建设日产10万t规模的海水淡化厂500多个,要在2014年之前建设这么多的海水淡化厂,实现同南水北调一样的调水规模和目标,也是绝无可能的。在当前的技术水平下,无论从水量、水质还是成本等方面,海水淡化暂无法与调水工程相比较。要解决我国北方地区水资源短缺的问题,必须两利权衡择其重,继续大力推进远距离调水工程建设,不能动摇。当然,海水淡化作为一种可以利用的水资源,除在我国沿海缺水地区和岛屿作为解决水源短缺的重要选择之外,也将其同时作为水资源战略储备手段,可以继续加强研究和试验性的技术探索,通过大力发展海水淡化产业逐步替代高成本的跨流域调水工程。对此,我们必须理性、科学地看待海水淡化产业的发展,科学定位、市场主导水资源配置。

第7章　重大调水方案可行性与可靠性比较分析

7.1　气候变化影响降水及水资源

7.1.1　气候变化概述

1)温度的失调

20世纪60年代,英国詹姆斯·洛夫洛克通过自己的研究,得出一个令大多数科学家难以置信又不屑否定的结论:“认为地球是活的,地球上的生命是一个有机整体,能够主动地调控地球温度,使之永远满足生命存活的条件”。按其解释和提炼成的“盖亚理论”:地球之所以变得如此舒适,完全是因为生命“主动”地改变了地球的大气成分所致。然而,这个带有西方古典哲学色彩的“自控制、自调节”生命神论,经不起科学研判与时间的检验。正是从这个时期开始,地球就不断地“发烧”“感冒”,温控开始失调。200年以来的高温、五十年或百年一遇的飓风雨雪灾祸成为新常态,地球变暖、气候异常的警钟持续鸣响。面对半个多世纪迅速改变的地球环境,就连洛夫洛克本人也在其后修正自己的观点,即人类不能坐以待毙:“如果地球确实需要拯救自己的话,那么最好的办法可能是消灭人类”。显然,这不是人类愿意选择的结果。

2)气候异常的后果

无论是基于科学,还是基于常识,近几十年来发生的全球气候变暖、气候异常、极端天气现象频发、环境恶化,都是不争的事实。对于地球生命系统来讲,尽管全球气候变暖、气候异常、环境恶化并最终有可能导致生物物种灭绝的过程是一个非常缓慢的过程,但人类已经或正在为这种不可持续的生产方式和不节制的生活方式承担巨大的成本和代价。

7.1.2　气候异常

地球气候环境周期性的“微变化”原本是一种自然现象,但是20世纪80年代之后,气候变化的幅度和由此引发的灾祸前所未有、令人类恐惧。气候“突变”,主要是由于人们过量燃烧化石能源(石油、煤炭、天然气等)、大规模砍伐森林以及其他生产生活产生大量的二氧化碳等温室气体,这些温室气体对来自太阳辐射的可见光具有高度透过性,而对地球发射出来的长波辐射具有高度吸收性,能强烈吸收地面辐射中的红外线,导致地球温度上升——温室效应。当温室效应不断积累,则引化地气系统吸收与发射的能量不平衡;能量不断在地球与大气系统累积,从而导致温度上升,造成全球气候变暖。

7.1.2.1　温室气体导致气候变暖

以作者的认知,气候变暖应归于星系大环境形成的自然原因和人类不当活动的共同作用。其中,自然原因包括太阳活动、地球轨道变化、地热、火山喷发、地气系统内部相互作用、气候与化学相互作用等;而人类不当活动,主要是指人口总量失调失控以及过度追求物质享受并以现代工具、方法开发资源、破坏生态环境,尤其是巨量燃烧化石能源产生温室气体和悬浮颗粒导致大气组成发生变化;此外,砍伐森林利用土地与破坏生态环境的行为进一步改变了地表状况,影响了热量的直接释放。实际上,人类的所有活动都排放温室气体,包括养牛、养鸡、养猫、养狗。大多数业界专家、学者均认为,“近一百年来,人类活动排放过量的温室气体是造成全球变暖的最主要原因”。

1)气候变暖幅度

人类排放的温室气体,会吸收大量的长波辐射,使得反射回去的长波辐射减少,因此热量存储在大气当中。而人类活动所产生的悬浮颗粒,即气溶胶等,会使到达地面的太阳辐射产生变化。气溶胶的主要成分为硫酸盐,其对太阳辐射反射率较高,可以阻挡太阳光的直接射入,从而冷却地面。而另一种成分黑炭却在高空中吸收较多的太阳辐射,造成大气局地加热,但减少了到达地表的太阳辐射,从而对地表有变冷的效果。至于在冰雪覆盖的地表,例如南北极、青藏高原地区,沉积的气溶胶则会吸收较多的太阳辐射,促使地表产生变暖效应。

近年在各级别国际学术会议上,多个权威报告都指出:从西方工业革命以来,人类工业排放的二氧化碳及其他温室气体,已经造成全球平均温度上升了约0.8℃;特别是20世纪50年代以来,科学家们观测到许多气候变化在几十年乃至上千年时间尺度上都是前所未有的。1981—1990年,全球平均气温比100年前上升了0.48℃;在整个20世纪,全世界平均温度约攀升0.6℃;北半球春天冰雪解冻期比150年前提前了9天,而秋天霜冻开始时间却晚了约10天;气候变化大会的有关报告进一步指出:20世纪90年代是自19世纪中期开始温度记录工作以来最温暖的十年,在记录上最热的几年依次是:1997年、1998年、2002年、2003年。有专家预测,到2030年估计将再升高1~3℃

2)地表越来越热

英国气象局以1979—2011年的气温变化为例解释称,此期间全球月均气温每10年上升0.16℃。观察这段时期内的几个连续10年的气温变化趋势可发现,每个10年都比前一个10年的温度更高。也就是说,20世纪90年代要比80年代更暖和,21世纪的前10年温度又高于20世纪90年代和80年代。此外,这段时期内全球月均温度最高的10个年份中,有8个年份出现在21世纪前10年。

细心的读者不难发现,2006年来媒体几乎每年都从未间断地报道“当年是有气象记录里最暖的年份”。2014年,英国泰晤士报就报道说“2014年是有记录以来最热的一年”;而2015年6月,英国泰晤士报又称从目前情况看,2014年这个纪录很可能会被打破。其后,美国电视新闻多次提到“2015年将成有记录以来最热的一年”,“已有9个国家的气温创历史新高”;CCTV2和CCTV13也在其后预测、报道:2015年,全球将迎来史上最热的一年,而厄尔尼诺可能会使全球气温进一步升高,科学家担心这将预示18年前全球变暖趋势“暂停”的结束。气象学家证实,太平洋地区的厄尔尼诺现象持续加强。低温海水的上涌能吸收过多热量,而厄尔尼诺的发生抑制了这一过程,导致气温升高。科学家研究发现,前几年全球气候变暖一度呈现暂停的迹象,不过这些研究者也认为,变暖的暂停可能是由于深层海洋吸收了过多热量,对气候变化的影响形成了缓冲;随着吸收过程减缓,全球气温将再次飙升。

7.1.2.2 气温升高的影响

1)海洋

随着全球气温的上升,海洋中蒸发的水蒸气量大幅度提高,加剧了变暖现象。而海洋总体热容量的减小又可抑制全球气候变暖。另外,由于海洋向大气层中释放了过量的二氧化碳,因而真正的罪魁祸首是海洋中的浮游生物群落。一些研究表明,北极冰原融化,降雨量增加,以及风的类型的不断改变,大量淡水正汇入北大西洋,对墨西哥湾暖流造成破坏,从而切断北大西洋暖流。正是这些暖流把温暖的表层水从加勒比海带到欧洲西北部,并使欧洲形成温暖的气候。而北大西洋暖流一旦因全球变暖被切断后,欧洲西北部温度可能会下降5~8℃,欧洲可能面临一次新的冰河时代!此外,气候变暖造成海面上升,淹没大片沿海陆地。联合国跨国气候委员会和美国专家根据卫星提供的图片资料,近15年海面已经上升20cm,到21世纪末,海面将上升100cm,全球有1.5亿~2亿人失去土地。

2)冰雪消融

冰雪融化不表示"春天即将来临",关注气候变化问题的科学家们不无忧虑地指出,全球变暖以及由此带来的冰雪加速消融,正在对全人类以及其他物种的生存构成严重威胁。世界上的森林主要分为寒带(北方)森林、温带森林和热带森林三类。据介绍,今天的森林生态系统,是大自然经过8 000万年的进化才逐渐形成的。今天,所有的原始森林都沦为伐木业大规模开采利用的目标。在热带地区,许多21世纪已荡然无存的森林就是在过去的50年被砍伐一空的。仅1960—1990年,就有超过4.5亿 hm^2 的热带森林被吞噬,占世界热带森林总面积的20%;还有数百万公顷的热带森林在砍伐、农田开垦和矿产开采中逐渐退化。

3)生物灾难

首先,全球气候变暖导致海平面上升,降水重新分布,改变了当前的世界气候格局;其次,全球气候变暖影响和破坏了生物链、食物链,带来更为严重的自然恶果。例如,有一种候鸟,每年从澳大利亚飞到我国东北过夏天,但由于全球气候变暖使我国东北气温升高,夏天延长,这种鸟离开东北的时间相应延后,再次回到东北的时间也相应延后。结果导致这种候鸟所吃的一种害虫泛滥成灾,毁坏了大片森林。另外,有关环境的极端事件增加,比如干旱、洪水等。

4)极端天气

全球气候变暖使大陆地区,尤其是中高纬度地区降水增加,非洲等一些地区降水减少。有些地区极端天气气候事件(厄尔尼诺、干旱、洪涝、雷暴、冰雹、风暴、高温天气和沙尘暴等)出现的频率与强度增加。

5)农作物产量变化

其一,某些地区出现旱灾或洪灾,导致农作物减产,且温度过高也不利于种子生长。其二,降水量增加尤其在干旱地区会积极促进农作物生长。全球气候变暖伴随的二氧化碳含量升高也会促进农作物的光合作用,从而提高产量。

6)共同的责任

限制二氧化碳的排放量,就等于是限制了对能源的消耗。这必将对世界各国产生制约性的影响。因此,是在发展中国家"减排",还是在发达国家"减排"成为各国讨论的焦点问题。发展中国家的温室气体排放量不断增加,2013年后的"减排"问题必然会集中在发展中国家。有关阻止全球气候变暖的科学问题必然引发“南北关系”问题，从而使气候问题可能成为下一个国际性争端的“导火索”。

7.1.2.4　气温升高对人身健康的影响

（1）全球气候变暖直接导致部分地区夏天出现超高温，心脏病及引发的各种呼吸系统疾病，每年都会夺去很多人的生命，其中又以新生儿和老人的危险性最大。

（2）全球气候变暖导致臭氧浓度增加，低空中的臭氧是非常危险的污染物，会破坏人的肺部组织，引发哮喘或其他肺病。

（3）全球气候变暖还会造成某些传染性疾病传播。

7.1.3　气候变化的主因分析

专家指出，20 世纪下半叶至 21 世纪的前 10 年，全球平均气温经历了：冷→暖→冷→暖四次波动。从总的趋势来看气温，全球气候变暖为上升趋势。20 世纪 80 年代后，全球气温上升明显；21 世纪才开始，北极平均气温上升超过了 1.6℃。作者认为：气候大环境可能受人为因素影响，却不为人类意志和行为所左右（决定）；除上述诸多原因之外，太阳的活动和地球的活动（如火山喷发等）也是导致地球气候变暖的非常重要的主因。对于自然主因，人类难以作为，但可以对下列人为主因加以控制。

7.1.3.1　人口剧增

人口过度膨胀是导致全球变暖的主因之一。同时，这也严重地威胁着自然生态环境间的平衡。过载的人口，每年仅自身排放的二氧化碳量就将是一惊人的数字，其结果就将直接导致大气中二氧化碳的含量不断地增加，这样形成的二氧化碳温室效应将直接影响着地球表面气候变化。有人逗乐说“全球变暖”是因为坐飞机的胖子太多，航空业为此多烧掉了大量燃油，从而引发二氧化碳的过度排放，让胖子成了“替罪羊”。一些学者认为：恐龙时期，因放屁导致气候变化引发自身灭绝；全球约 11 亿头牛也是温室效应的突出“贡献者”，牛屁排出的“甲烷”占全球温室气体总量的 18%。联合国气候变化专家最近指出了问题的症结，饲养如此之多的牛，是因为人类太爱吃肉了。人类应该少吃些肉，或许有可能缓和气候变化，因为人们改变饮食习惯能够减少肉类消耗，有助于减少因饲养家畜而造成的温室气体排放及相关环境问题。尽管这些说法近乎“玩笑”，但它也说明地球生态环境有容量限制。

7.1.3.2　大气污染成为变暖的推手

大气环境污染日趋严重，已构成全球性的重大问题；同时，也成为推动着全球气候变暖的主要推手之一。空气中的悬浮颗粒——雾霾，能够大量吸收来至太阳的辐射热量，加剧气候变暖。国际社会关于 21 世纪全球气候变化的研究，已经明确指出地球表面的温升对未来形成的严峻挑战。

7.1.3.3　海水水质恶化成主因

所有流向海洋的污水，导致海藻及海底植物大量繁殖，排放温室气体。海平面的不断升高和面积增大，又将改变全球气候。根据有关专家的预测到 21 世纪中叶，海平面可能升高 50cm。如不采取及对措施，将直接导致淡水资源的破坏和污染等不良后果。另外，陆地活动场所产生的大量有毒性化学废料和固体废物等不断地排入海洋；发生在海水中的重大泄（漏）油事件等以及由人类活动（如填海造地等）而引发的沿海地区生态环境的破坏，都将成为气候变化的主要因素之一。

7.1.3.4 土地、气候增温互为因果

气候变暖,蒸发量增大,可能造成土壤侵蚀加剧和土地干化、荒漠化,使更多的土地不适合农业生产。众所周知,良好的植被能防止水土流失。但到 2014 年,人类活动由于为获取木材而过度砍伐森林、开垦土地用于农业生产以及过度放牧等原因,仍在对植被进行着严重的破坏,造成土地沙化。土壤侵蚀、土地干化、荒漠化,反过来又使土壤肥力和保水性下降,从而降低土壤的生物生产力及其农业、林业生产力的能力;并可能造成大范围洪涝灾害和沙尘暴,使气候变暖加剧。

7.1.3.5 森林资源锐减的增温作用

在全球范围内,由于受自然(如雷电造成的森林大火)或人为的砍伐,造成森林面积正在大幅度地锐减,气候升温加快。

7.1.3.6 酸雨的增温作用

酸雨给生态环境所带来的影响,已越来越受到全世界科学家的关注。酸雨能毁坏森林、酸化湖泊、危及生物等;同时也会推动气候变化。20 世纪,世界上酸雨多集中在欧洲和北美洲,多数酸雨发生在发达国家,一些发展中国家,酸雨也在迅速发生、发展。

7.1.3.7 物种锐减的增温作用

地球生命系统是一个平衡系统,单一物种的繁衍旺盛,必然破坏整个生命系统。生物是人类的一项宝贵资源,而生物多样性是人类赖以生存和发展的基础。但是地球上的生物物种正在以前所未有的速度消失,破坏了动植物生态平衡。

国际上许多专家发出警告:气候变化与人类生活方式紧密相关。联合国政府间气候变化委员会的一份评估报告特别指出,全球气候变暖有超过 90% 的可能是由人类活动所致。例如,燃烧一支香烟会产生 30 毫克的一氧化碳;日用洗衣粉导致磷酸盐排放于地表水,使藻类狂长;使用一次性筷子、纸巾导致大量森林被砍伐;开车,使用冰箱、塑料袋等都在污染着环境,最终改变气候。不健康的生活方式导致地球“发烧”,长波辐射的作用超过短波辐射,造成全球变暖。城市建设、硬化的道路也会改变到达地面的净太阳辐射,这是因为道路的地表反射率高,能量被反射到大气中又被温室气体所吸收;土地沙漠化是同样的道理。“森林植被可以吸收一部分二氧化碳,相当多的二氧化碳是被海洋吸收的。能源消耗与 GDP 发展呈正相关,人类无论是利用化石能源,还是太阳能、风能、核能,其最终的结果是直接将热量排向大气。”太阳能的利用实际上使得地面吸收到更多的太阳辐射,也会造成全球变暖。要想控制气候变暖,关键是改变人们的生活方式,减少消耗。

7.1.4 极端天气事件

受太阳系星球间引力作用、太阳照射提供的能量和地球海洋环流的影响,地球气候复杂多变,极端天气事件偶发。无论依据气象业界统计资料,还是媒体的新闻报道,近十年来,全球几乎每年都报道数十次、数百次极端天气事件,且由偶发变成频发。冬季肆虐暴风雪,夏季持续高温、热浪,汛期多发强降雨、强台风,极端天气成为新常态。

在北半球,台风呈逆时针方向旋转,而在南半球则呈顺时针方向旋转。飓风产生于热带海洋的一个原因是因为温暖的海水是它的动力“燃料”,它一般伴随强风、暴雨,严重威胁人们的生命财产,对于民生、农业、经济等造成极大的冲击,是一种影响较大,危害严重的自然灾害。

在极端气候事件中，飓风或台风是不可抗拒、损失惨重的事件，与温室气体排放和气候变暖相关。飓风、台风受引力、洋流、水温影响产生热带气旋，包括热带低压、热带风暴、强热带风暴以及台风或飓风。热带气旋发生在热带海洋上的庞大的温暖气旋性空气涡旋，它一面强烈地旋转，一面在海上移动或登上陆地，引起狂风、暴雨、巨浪及风暴潮等灾害性天气。台风或飓风是最强一级的热带气旋。热带气旋的风力，以近中心处最大。中心附近的平均最大风力在热带低压中为6级至8级，在热带风暴中为8级至9级，在强热带风暴中为10级至11级，在台风或飓风中为12级或12级以上。热带气旋在不同地区叫法不同。对于风力在12级或12级以上的热带气旋，国际规定统称台风或飓风。台风，原指发生在西北太平洋和中国南海的强热带气旋。台风原是福州方言"大风"的发音，阿拉伯语意为"滴溜溜地转动"。飓风，通常适用于东北太平洋和大西洋。在玛雅神话中，"飓风"是仅有一条腿的风暴之神。

无论从范围、威力还是对人类影响等方面来看，台风都是最强大的热带气旋。旋转半径一般在50~500km，高度从海面直达平流层底部。中心气压很低，近中心最大风速在每秒33m以上。台风通常生成在水温为26~27℃的广阔热带暖洋面上。在那里，海面温度高，空气中水汽含量大，空气对流上升过程中不断释放热量，在地球自转偏向力的作用下，逐渐形成旋转的暖心气柱，最终发展成台风。在赤道南北纬5°之间，海水温度虽高，但地球自转偏向力极小或为零，台风无法形成。在东南太平洋东部及南大西洋，由于水温较低等原因，至今也未出现台风。

全球海洋每年平均出现台风40多个，集中发生在西北太平洋、孟加拉湾、东北太平洋、西北大西洋、阿拉伯海、南印度洋、西南太平洋和澳大利亚西北海域8个海区。其中，以西北太平洋最多，平均每年出现约18个。这大约18个台风相对集中在南海中、北部海面，菲律宾以东和琉球群岛附近洋面，马里亚纳群岛附近洋面和马绍尔群岛附近洋面，这当中西北太平洋台风对中国沿海地区影响较大。从2000年起，台风的命名由国际气象组织中的台风委员会负责，以便于区别和记忆每个台风。现在西北太平洋及南中国海台风的名字，由台风委员会的10多个成员（中国、朝鲜、韩国、日本、柬埔寨、越南等）各提供10个名字，分为5组列表。台风中文名字的命名，由中国气象局与香港和澳门的气象部门共同协商后确定。

我国是典型的季风气候国家，气候种类多且复杂多变，气候差异大。20世纪中叶以来，我国气候发生了显著变化，气温平均每10年升高0.23℃，变暖幅度几乎是全球的两倍，高温、干旱、暴雨等极端气候事件趋多增强。进入21世纪以来，年年都发生高温、冰冻、强台风、强降雨，气象灾害及次生灾害造成的直接经济损失超过当年国内生产总值的1%。

极端天气事件，为地球人类生态敲响警钟，时刻警告人们的生产方式和消费行为。为了让更多的人在生存与发展的征程中"迷途知返、把控未来"，下面列举2个近年极端天气事件。

7.1.4.1　卡特里娜飓风

1）卡特里娜概况

卡特里娜飓风，形成于2005年8月23日，消散于2005年8月31日，历时7天；最高风速：280km/h，财产损失：以2005年当时价格水平为812亿美元。卡特里娜飓风，是大西洋飓风有史以来损失最重、死亡人数最多（超过1 836人）、影响地区最广（包括巴哈马、佛罗里达、古巴、路易斯安那、密西西比、阿拉巴马）的极端天气事件。

2）飓风形成

2005 年 8 月 23 日，美国国家飓风中心（National Hurricane Center）就发布了飓风警报：第 12 号热带低压已在巴哈马东南方海域上形成，这个编号一度受到大家的讨论，因为第 12 号热带低压有一部分是由第 10 号热带低压的残余所形成；而根据国家飓风中心的命名规则，一个系统消散然后又再形成时，应保留同一个编号。而事后分析显示，第 10 号热带低压残余的一个中层涡度与另一个扰动合并并发展成热带低压，所以给一个新的编号是恰当的。

3）飓风发展

这个系统于 8 月 24 日早上增强为热带风暴卡特里娜，接着在 8 月 25 日持续增强为飓风，是 2005 年大西洋飓风季第四个飓风，于当地时间 18：30 在佛罗里达州哈兰达海滩和 Aventura 间登陆。卡特里娜穿越佛罗里达州南部后进入墨西哥湾。在墨西哥湾超过 32℃的海水温度、微弱的垂直风切变和良好的高空辐散下，卡特里娜迅速增强为一个 5 级飓风，近中心最高持续风速为每小时 150 海里。随着卡特里娜再次靠近美国，因眼壁更替周期而减弱，最终在 8 月 29 日以 3 级飓风的强度登陆路易斯安那州。之后系统加速向东北移动，于 8 月 31 日在俄亥俄州转化为一温带气旋。

2005 年 9 月 1 日当地时间 03：00，Hydrometeorological Prediction Center（HPC）发布最后一次对卡特里娜的残余发出报告，加拿大飓风中心在 8 月 31 日当地时间 12：00，对卡特里娜的残余发布最后一则消息。

4）应急预警

2005 年 8 月 23 日，美国政府要求新奥尔良城市百万人撤离飓风可能抵达的地区。墨西哥湾附近三分之一以上油田被迫关闭。七座炼油厂和一座美国重要原油出口设施也不得不暂时停工。在宣布路易斯安那州紧急状态一天后，8 月 28 日布什总统又宣布密西西比州进入紧急状态。

5）直接损失

美国密西西比州哈瑞森县共有 80 人丧生。整个密西西比州的死亡人数至少为 218 人，路易斯安那州 423 人，亚拉巴马州 2 人，佛罗里达州 14 人。密西西比州、路易斯安那州、亚拉巴马州和佛罗里达州至少有 230 万居民受到停电的影响。另外也造成了大规模的通信故障。由于投资者担心飓风会给美国经济带来巨大损失，8 月 30 日纽约股市三大股指全线下挫。有些城市甚至 90%的建筑物遭到了毁坏。布什总统说完全恢复到灾前水平需要数年的时间。

6）间接损失

纽约商品交易所原油价格 8 月 29 日开盘时每桶飙升 4.67 美元，达 70.8 美元。在亚特兰大，加油站的价格更要高 5 美元/加仑。8 月 31 日，布什政府同意动用战略石油储备，帮助严重破坏的原油加工厂恢复生产。国际能源机构 9 月 2 日宣布，所有 26 个成员国一致同意每天将战略储备的 200 万桶原油投放市场，为期 30 天，以帮助解决因“卡特里娜”飓风造成的市场紧张局面。纽约市场原油期货价格当天应声大幅下跌。

7.1.4.2 艾克飓风

2008 年 9 月 13 日，美国得克萨斯州加尔维斯顿等大片地区遭受飓风袭击。飓风“艾克”当天在美国南部得克萨斯州和路易斯安那州沿海地带，带来的狂风暴雨造成严重破坏，许多道路被毁，数千所房屋被淹，电力中断影响约 450 万人，经济损失初步估计在 80 亿美元以上。

美国国家飓风中心的当时最新报道说,“艾克”飓风以很快速度移至得克萨斯州北部,强度已由登陆时的 2 级飓风减弱为热带风暴,风速降到了每小时 70 多千米。美国有线电视新闻网报道说,已有 4 人在飓风袭击时身亡。

7.1.5　气候变暖影响降水分布及水资源量

7.1.5.1　气候变暖不均衡降雨

气候变暖,地表和近地大气温度会越来越高,最危险的是北极海冰大范围快速消融,北极海域将变成了一个少冰的海洋;夏天可以吸收大量热量,冬天将热量释放出来,导致气温巨变。受加拿大西北部高压影响,冬天,来自北极的冷空气频繁而强烈地侵袭美国和亚洲东部,因此不光美国,日本、韩国乃至中国的东北部,冬天都可能不停地下雪,持续此态势。

国家气象专家指出,当全球平均温度升高 1℃,海平面会上升,山区冰川会后退,积雪区会缩小。由于全球气温升高,就会导致不均衡的降水,一些地区降水增加,而另一些地区降水减少。如:西非的萨赫勒地区从 1965 年以后就持续干旱化;中国华北地区从 1965 年起,降水连年减少。与 20 世纪 50 年代相比,华北地区的降水已减少了 1/3,水资源减少了 1/2;中国每年因干旱受灾的面积约 4 亿亩,正常年份全国灌区每年缺水 300 亿 m^3,城市缺水 90 亿 m^3。当全世界的平均温度升高 3℃,人类也已经无力挽回了,全球将会出现粮食危机、环境恶变,生态不可逆转。

7.1.5.2　气候变暖海面升幅

气温升高,在过去 100 年中全球海平面每年以 1~2mm 的速度在上升;预计到 2050 年,海平面将继续上升 300~500mm,可能淹没沿海大量低洼土地;此外,由于气候变化需要在较长时间范围建立新的温度平衡。令人类担忧的是,在实现此平衡之前,气候变化可能导致天气紊乱、异常,旱涝、低温等气候灾害加剧。

从 1961 年开始,观察到 1961—2003 年,全球海平面上升的平均速度是每年 0.5~1.8mm,这期间海平面并不是一个单纯的升高,而是有的年头升高,有的年头降低。更加全面的海平面数据是从 1993 年卫星进行测量开始的,理论上卫星观测可以得到最直接的海平面观测数据。卫星观测到 1993—2003 年,全球海平面上升速度是每年 0.7~3.1mm,速度明显比此前加快。但是这个加快仅仅是短期变化,还是有长期趋势,还不好下结论。从观潮仪的记录来看,1993—2003 年的海平面上升速度在 20 世纪 50 年代以后就曾经发生过,并不具有唯一性。

与很多气候问题一样,尽管全球海平面呈现了整体的升高趋势,但是各个大洋的海平面变化各有不同。观察到从 1992 年以来,最大的海平面上升发生在太平洋西部和印度洋东部,整个大西洋的海平面除了北大西洋部分地区外基本上都在上升,但是在太平洋东部部分地区和印度洋西部,海平面实际上在下降。有兴趣的可以关注一下几个嚷嚷得很厉害的小岛国的位置,看看对他们来讲,问题究竟是不是真的存在,是不是真的很迫切。不同的岛国,情况不同。

7.1.5.3　降水丰枯变化

以线性思维,全球气候变暖,使大陆地区尤其是中高纬度地区降水增加,非洲等一些地区降水减少,这些地区极端天气气候事件(厄尔尼诺、干旱、洪涝、雷暴、冰雹、风暴、高温天气和沙尘暴等)出现的频率与强度大幅度增加。尽管雨雪区域性、季节性、丰枯大规律没有发生改变,但气候变化使降雨的地带分布、雨量分布和频次都或多或少发生了改变;换句话说,就是需要水资源的地方降雨量越来越少,如我国的西北、华北地区全年的降雨量不足400mm;而水资源较多的东南沿海降雨频次和水量越来越多,如位处沿海的江苏、浙江、福建、广东部分区域。2015年7月末至8月中下旬的3次台风,一次风暴潮带来的降雨量就可能达到300~500mm。大量的降雨,集中到东南沿海,使宝贵的雨洪还没有来得及形成淡水资源就迅速流回大海。

此外,气温升高使部分地区降水丰枯规律或周期性发生较大变化。根据有关资料,以前长江流域丰水周期为7~8年,即7~8年可能发生一次较大来水;3~4年出现一次较枯来水;黄河流域丰水周期为10~11年,即10~11年可能发生一次较大来水;2~3年出现一次较枯来水。气候变化后,这种规律会产生某种效应,本身来水就多的则更多,本身降水就少的则更少。如:2006—2013年,云南、贵州和四川部分区域持续干旱,而2014年和2015年云贵川高原连续两年雨量丰沛,完全打破了降雨及雨量的大规律;同期,长期缺水的北方地区,尤其是需要调水的华北地区降水也相对丰沛,缓解了南水北调中线水库来水不足的窘困之境。

7.1.5.4 气候变暖次灾增多

气温升高所带来的热能,会提供给空气和海洋巨大的动能,从而形成大型,甚至超大型台风、飓风、海啸等灾难。每年所遭受和面临的灾难越来越多,损失的生命和财产数目越来越大,越来越让人难以接受。台风海啸等灾难不仅直接破坏建筑物和威胁人类生命安全,还会带来次生灾难,尤其是台风、飓风等灾难所带来的大量降雨,会导致泥石流、山体滑坡等,严重威胁交通安全和居民生活安全。

7.1.5.5 引发争端

气温升高不单会从海洋直接吸取水分,还会从陆地吸取水分,使得内陆地区大面积干旱,从而粮食减产,饲料也同样减产。粮食和肉类食品将面临匮乏,直接威胁社会稳定。为食物而引起的恐慌和争斗,将不再是落后村落中才会发生的事。气温升高所融化的冰山,正是我们赖以生存的淡水最主要的来源。我们的地下淡水储备很大部分来自冰山融水。在气温平衡正常时,冰山的冰雪循环系统,即冰山夏天融化,流向山下,流入地下,给平原地区积累淡水,并起到过滤作用。冬天水分以水蒸气的形式回到山上,通过大量降雪重新积累冰雪,也是过滤过程。整个循环过程使得我们的淡水有了稳定平衡保障。而如今全球变暖使得冰山冰雪的积累速度远没有融化速度快,甚至有些冰山已不再积累,这就断绝了当地的饮用淡水。

由于气候变化、降雨减少(包括长江流域),降雨分布更加不规则;而水源地用水增加、枯水季节延长,以及高寒、高海拔地域的冰冻、居民及企业排污和次生灾害等,缺水情势更加严峻。专家预测,到21世纪20年代之后,长江流域本身也将面临缺水的危机。当地经济发展用水量增加,河流来水减少。北方、南方都缺水,调水只能季节性调水,那设施规模势必扩大,投入加大;另外,调水主要满足城市生活用水,而节水的空间仍然存在,所调之水,还存在水权、水资源费的问题,原先的低收费都集中到中央政府,以发展眼光看,水资源费应该落实到水源区。

7.1.5.6 气候变暖应对措施

气候变化已经深度危及人类的生存和发展,积极应对气候变化需要理性决策,以体现各国政府对地球生态和人类未来的担当。应对气候变化风险和所应付出的努力是国际社会的共同责任和从善选择，当前，各国仍存在不同利益诉求和经济发展优先考量。要实现全球控制温度升高不超过工业革命前2℃的目标，世界各国都必须加大减排力度。

我国是全球温室气体排放总量第一的发展中大国，面临艰难的减排压力。李克强总理在国家应对气候变化及节能减排工作领导小组会议上强调着力推进应对气候变化行动时指出：积极应对气候变化，不仅是我国保障经济、能源、生态、粮食安全以及人民生命财产安全，促进可持续发展的重要方面，也是深度参与全球治理、打造人类命运共同体、推动共同发展的责任担当。中国作为负责任的大国，将坚持共同但有区别的责任原则、公平原则和各自能力原则，承担与自身国情、发展阶段和实际能力相符的国际义务，中国将按照2030年左右二氧化碳排放达到峰值且将努力早日达峰的目标，继续积极主动加大节能减排力度，大幅降低单位国内生产总值二氧化碳排放量，进一步提高非化石能源占一次能源消费比重和森林蓄积量，不断提高减缓和适应气候变化能力，为促进全球绿色低碳转型与发展路径创新做出自身最大努力。

7.2　中线调水方案水源可靠性分析

联合国有关专家预测：2030年，世界人口将超过80亿；2050年，世界人口可能达到90亿。当下，近70亿的人口已经使地球资源、环境过载（承载超过了30%的地球能力）。除非人类在较短时间内能够找到生物生存的其他星球并能实现经济、安全的太空运载交通；否则，解决地球的人口负担和环境容量问题，显然只剩两种可行途径：一是控制人口总量，使人口与地球生态环境实现和谐、平衡；二是改变人类生产生活方式，降低对资源的依赖与消耗，减少温室气体排放。但是，人类具有的高智商和与生俱来的自私趋利，又让全人类改变生产生活方式变得十分困难。

联合国水资源委员会从1977年以来，就气候变化、干旱、水资源短缺等问题多次向各国发出警报：水资源供需紧张将成为一个深刻的社会危机；水资源危机将成为继石油危机之后的下一个全球性危机。2020以年后，全世界用水量以每年4%的速度递增，将有100多个国家缺水，近1/3的人口缺乏卫生水源，而城市和工业缺少更为严重。水资源短缺，严重影响了人类生存和社会发展。我国人均水资源量不足2 100m³，仅为世界人均占有量的1/4，部分地区水资源短缺严重制约经济社会的发展和人们的正常生活需要。解决人类水资源短缺问题，应当合理利用水资源，节约用水、循环用水，在此基础上优化配置水资源，适度、适量实施远程调水。

7.2.1　水源可靠性

远距离调水，是优化配置自然资源和社会资源的重要手段，其功能不仅仅局限于提供工农业和城镇居民生活用水，还包括用途更广泛、意义更重大的生态用水、航运用水和开发清洁能源用水。京杭大运河和巴拿马运河，就是利用水资源解决航运和沿程生态用水的成功范例。但是，远距离调水必须实现供水、受水区域经济、生态、环境利用最大化。

1）水危机

地球在广域宇宙中可称之为“水球”，尽管水资源总量巨大，但可直接被人们生产和生活经济利用的,占比很少。海水咸苦,不便直接饮用、灌溉和生产。全球淡水资源,分布极不平衡;按国家疆土的主权划分,加剧了淡水资源的短缺。缺水,是世界性难题,巨量而失控的人口,不可能全部伴水而居。因此,导致国家之间、南北之间、地区之间的水资源及利用的不均衡并可能引发水危机、水战争。水资源危机将成为阻碍世界可持续发展的最大瓶颈,威胁着人类业已建立的文明。跨境、远程调水,定位于蓄洪济旱、以丰补缺,是人类文明的拓展和智者之善举。

2)水问题

长期以来,发达国家(地区)和强势组织奉行"取之来之、适者生存"的"法则",头脑里似乎只有一切皆为我利用的观念,不计代价、不顾后果。但是,淡水资源非常有限,并非取之不尽、用之不竭。人们做不到伴水而居,就必须量入为出;可以节约利用、循环使用,充分考虑水源地生态用水、(陆生、水生)生物用水、蒸发进入水汽循环需水和当地生产生活以及发展需水;充分挖掘用水潜力后,与水源地、水权人协商实施调水。这里强调通过协商,专指以市场经济的方式(不是行政权力强制调水),可以确保水资源利用的公平性、永续性和经济性,规避因水权、水生态和落后地区无偿援助发达地区可能引发的社会矛盾。

3)远程配置的法律缺失

跨区域(跨境)、远程调水,应该特别立法,依法依规实施资源配置,还应该按照市场经济的方式选聘咨询设计单位,这样可以确保重大建设工程既受到法律保障又同时受到法律约束,使重大工程决策接受公众监督,也使各个阶段的规划、设计以及建造、运营管理科学、合理、可靠、经济和安全。

7.2.2 长江流域水资源变化

我国地大、水多,人更多。虽然多年平均降水量可达649mm,多年平均水资源总量接近28 405亿m^3,但人均占有水资源量较少,尤其是远离海洋、超过国土面积60%的西北、西南高海拔区域产水较少。而且全国降水为雨热同期,集中在6—9月的强降雨和近海降雨未能有效控制和利用,雨洪资源的流失损失超过地表水资源总量的39%。此外,960万km^2的国土面积最小生态用水量约占地表水资源总量的32%;那么,真正为国民和社会(城镇、工业、农业)提供生产生活的水资源,仅占总量的29%。也就是说,每年可以或已经消耗的水资源总量仅约7 500亿m^3。

以上数据说明,我国水资源情势已然非常复杂,随着经济社会持续中高速增长,以及对水资源的不合理利用与污染,淡水资源不适应经济社会发展的矛盾将越来越严峻。实施远程调水可以暂时缓解部分地区缺水严峻情势与矛盾,但最根本和最有效的途径:是增加或恢复湿地,开发利用雨洪资源,控制城市人口规模,严重缺水区实施生态移民。在规划、选择和决策远程调水时,既要考虑气候变化带来的水量变化,也要顾及水源区上游经济发展增加水资源需求以及经济活动可能造成的污染;也就是说,水源区水量必须丰沛、可靠,水质可控。

7.2.2.1 长江水资源状况评价

根据《长江保护与发展2009年报告》,长江水资源量约占全国的36.5%,水资源总量居全国第一。但流域内水资源时空分布不均,人均占有水量十分有限。同时,受季风气候影响,长江流域水资源量年际变化较大,且易出现连续丰水年或连续枯水年的情况。2010年来,受气候干旱的持续影响,水资源总量有所减少,而随着流域人口增长、工农业的迅速发展以及小城镇建设的加快,流域用水需求明显增长,保护好长江水资源已刻不容缓。考虑到我国经济持续中高速增长需要,准确掌握长江水资源特征及变化趋势,以应对未来水资源需求与危机情势至关重要。

1)水资源减少态势

长江水资源总量丰富。受气候影响,2000 年以后水资源总量减少明显。长江源远流长,流域面积为 180 万 km^2,蕴含着极为丰富的淡水。1956—2000 年多年平均降水深为 1 086.6mm,折合降水量为 19 370 亿 m^3,占全国地表水资源量的 36%。单位土地面积占有的水资源量为全国的 2.1 倍。根据水文、气象监测,长江流域水资源量受气候影响明显,1980—2000 年,由于降水、蒸发以及下垫面条件的影响,长江地表水资源量有少量增加,地下水资源量变化不大;对比 1956—1979 年与 1980—2000 年两个时段,平均年降水深增多了 26mm,水面蒸发量减少 9.5%,地表水资源量增加 7.2%。其中,中下游地区降水量、地表水资源量和水资源总量均有所增加,尤以下游增加幅度最大,降水增加 8.1%,水面蒸发量减少 10.6%,地表水资源量增加了 20.7%;上游地区降水、地表水资源量和水资源总量变化略微减少。

2)气候持续变干

2000—2007 年,受气候持续干旱影响,长江流域水资源量持续减少,流域降水量、地表水资源量和水资源总量分别为 19 564.6 亿 m^3、9 923.2 亿 m^3 和 10 037.2 亿 m^3;2007 年,长江流域降水量、地表水资源量和水资源总量则分别减少为 18 026.6 亿 m^3、8 701.2m^3 和 8 811.3 亿 m^3,降幅分别达 7.9%、12.3%和 12.2%。《长江流域水资源公报》显示,除 2000 年、2002 年和 2003 年外,长江流域其余年份水资源量均低于多年平均值。2007 年,长江流域平均降水量、地表水资源量和水资源总量比常年分别偏少 6.9%、11.7%和 11.5%。2007 年 2 月和 12 月,长江上游嘉陵江和中下游的鄱阳湖区分别出现水位显著降低现象,导致严重的旱情和居民饮用水困难的现象发生,严重影响周边居民的正常生产和生活。

3)降水更为不均

水资源空间分布不均,分区水资源量差异大。长江水资源,地区分布不均。长江流域降水、径流总的趋势是由东南向西北地区递减,山区多于平原;长江干流及其以南地区降水、径流深大于支流以及干流北岸地区;水面蒸发、陆面蒸发和干旱指数的地区分布则相反,呈现南部小于北部、东部小于西部、山区小于平原的特点。分区水资源量受气候、下垫面条件和分区面积的影响,降水量大、产流状况好、分区面积大的地区,水资源量大,反之则小。在长江流域 12 个水资源的二级分区中,多年平均降水深最大为鄱阳湖水系 1 647.6mm,其次为洞庭湖水系 1 430.9mm,最小是金沙江石鼓以上,为 486.7mm,分区年径流深最大是鄱阳湖水系 933.6mm,其次为洞庭湖水系 792.1mm,最小是金沙江石鼓以上,为 193.4mm;产水规模最大的是鄱阳湖水系,为 94.56 万 m^3/km^2,其次为洞庭湖水系,为 79.53 万 m^3/km^2,最小是金沙江石鼓以上,为 19.34 万 m^3/km^2。

4)年际年内变化

水资源量年际分布不均,且年内变化较大。受季风气候影响,长江水资源量年际变化较大。降水年际变幅达 1.3~2.5 倍,以湖口以下干流最大;径流年际变幅达 1.5~12.8 倍,以太湖水系最大。长江流域径流丰枯变化频繁,1956—2000 年,45 年中偏丰和枯水年有 17 年,占 37.8%,正常年份有 12 年,占 26.7%,且出现连续丰水或连续枯水年的情况,给水资源开发利用造成一定困难。同时,长江降水量和河川径流量的60%~80%集中在汛期,长江干流上游比下游、北岸比南岸集中程度更高,年内分布不均性显著。

5)地区差异扩大

人均占有水资源量逐年减少,地区分布不均衡。尽管长江水资源总量相对丰富,但由于流域内人口众多,经济发达,流域面积占全国的18.9%,而人口约占34.5%,人均、亩均水资源占有量均处于较低水平,人均占有水资源量仅为世界人均占有量的30%,耕地亩均占有水资源量约为世界平均水平的70%。并且,随着流域经济社会发展与人口的增加,人均水资源量呈减少之势。1980年长江流域人口为3.4亿多,2001年已增至4.2亿多,长江流域人均水资源量已由1980年的2 760m^3减少至2001年的2 103m^3,20年来减少了500多m^3。同时,长江人均占有水资源量分布极不均匀,上游金沙江石鼓以上地广、人少,人均占有当地水资源量达到60 855m^3,而下游的太湖水系人均占有当地水资源量仅为456m^3,仅有长江流域平均水平的1/5。

7.2.2.2 **水资源供需变化及趋势**

2000年来,由于流域内工农业发展较快,用水总量也逐年增加。2000—2007年,流域用水量已由2000年的1 728m^3,增加到2007年的1 925.5亿m^3,除2002年为1 687亿m^3略有下降之外,总体增长趋势明显。

1)用水量增加

流域用水总量快速增长,用水结构明显变化。随着经济社会发展、产业结构调整和城市化进程的加快,以及生态环境的变化,长江流域的用水结构发生了较大改变:农业用水量逐渐减少,在总用水量中的比重有所下降;工业用水量和生活用水量总的变化趋势是逐年增大,所占比重也有所上升;流域生态用水量增加明显。2000年和2007年长江流域农业用水总量分别为1 022亿m^3和932.7亿m^3,占总用水量的比重分别为59.1%和48.1%,在总用水量中的比重逐步降低。相比之下,工业用水和生活用水总体呈增长趋势。2000年和2007年长江流域工业用水总量分别为507亿m^3和728.6亿m^3,占总用水量的比重分别为29.3%和37.6%;生活用水总量分别为199亿m^3和245.8亿m^3,占总用水量的比重分别为11.5%和12.7%。

2007年,农业用水量比2006年减少40.9亿m^3,减幅为4.4%,工业用水量和居民生活用水量比2006年分别增加60.4亿m^3和5.0亿m^3,增幅分别为8.9%和3%。此外,由于近年来人类发展对生态环境的影响增大,流域生态修复和维护用水逐步增加,2003—2007年,流域生态用水由14.95亿m^3增至32.4亿m^3。

2)用水矛盾显现

流域总供水量同步增长,地表水为主要供水源,供求矛盾日益加剧。2007年,长江流域总供水量为1 925.5亿m^3,其中流域地表水源供水量为1 939.6亿m^3,占总供水量的95.5%,地下水源供水量为81.5亿m^3,占总供水量的4.2%,其他污水处理回用、雨水利用、海水淡化等水源提供水量为5.8亿m^3,仅占总供水量的0.3%。与2006年相比,长江流域总供水量增加71.51亿m^3,增幅为3.8%。其中地表水源供水量增加71.8亿m^3,地下水源供水量减少1亿m^3,其他水源供水量增加0.7亿m^3。2000—2007年,总供水量增加211.6亿m^3,增幅为12.2%,流域总供水增长趋势明显;但供水结构比例变化不大,地表水源为主要供水水源,一直保持在总供水量的95%左右,污水处理理回用、雨水利用、海水淡化等第二次利用水源所占比例一直较小，平均不足0.4%。

长江流域虽然水资源丰富，但由于水资源时空分布不均，局部地区在枯水季节、枯水年份常常会出现干旱缺水，仍然存在供需矛盾。目前流域内不同程度、不同性质的缺水城市近1/3，随着长江流域人口增长、城市化进程加快和经济持续发展，工业和生活用水等用水量逐渐增加，用水量的增长趋势将进一步加大一些地区和城市水资源的供需矛盾，也将会出现更多的缺水地区和缺水城市。此外，受气候因素影响，近年长江流域水资源总量持续偏少，也使水资源供需矛盾更趋突出。

7.2.3　中线工程水源来水变化

1）规划要点

汉江是长江的支流，多年平均径流总量与黄河相当。根据《汉江流域规划要点报告》，汉江流域治理开发的主要任务是防洪、灌溉、引汉济黄济淮、发电、航运等，以丹江口枢纽为骨干，提出了6级开发方案，即黄龙垭、石泉、二郎滩、甲河关、丹江口、碾盘山。在南水北调实现后，灌溉将成为仅次于防洪的第二位任务。推荐黄金峡、石泉、喜河、安康、旬阳、蜀河、夹河、丹江口、王甫洲、新庄、新集11级开发方案及支流黄龙滩、潘口等枢纽；襄樊以下还规划有5个低水头枢纽。2000年，汉江干支流已建成丹江口初期工程，石泉、安康、王甫洲以及支流上的黄龙滩、鸭河口等水利工程。与《汉江流域规划要点报告》相比，石泉、安康两枢纽正常蓄水位降低较大，防洪功能大大减少，丹江口枢纽由一期开发改为分两期开发，为实施南水北调中线工程创造了一定条件。

2）调水安排

《汉江流域规划要点报告》所规划的"上、中、下"引水线。中线：拟从汉江丹江口水库引水，当时丹江口坝址平均年径流量测算约380亿m^3，供水黄淮海平原西部地区，主要解决沿线工业及城市生活用水；同时灌溉农田1 000余万亩，远景引水需从长江补水，进一步解决供水区工业及城市生活用水，并增加灌溉面积约2 000万亩；因引汉造成的对汉江中下游的影响，将采用修建下游渠化梯级、两沙运河等措施予以解决。

3）丹江口水库水资源量

根据长江水利委员会综合勘测局周兴志专家在《三峡水库引水工程的地质概况和工程地质条件》一文中所做的统计：20世纪90年代以前，汉江水量充足，丹江口水库多年平均来水量为388亿m^3，南水北调中线以汉江丹江口水库为水源基地是可以的。但是，进入20世纪90年代以后，出现三大情况：

（1）一是丹江口水库的来水大量减少，1991—2001年的年均径流量只有279.2亿m^3，比以前减少100多亿m^3，最枯的1999年仅有147.6亿m^3，远不能满足汉江中下游的用水需要（大约需要240亿m^3），遇到这种年份无水可调。实施丹江口大坝加高，由于来水不增加，反而大量减少，那么大多数年份则无水可调蓄，加高大坝只是浪费，还要引发约30~50万新老移民和汉江中下游生态环境巨大变化。

（2）二是黄河下游断流日益严重，入海水量锐减，生态环境恶化，特别是1997年最为严重，距河口最近的利津站全年断流达226天，330天无水入海，断流河段曾上延至河南开封附近。

（3）三是渭河缺水，广大的关中平原干旱严重。渭河在汇入黄河的河口一带，受三门峡水库淤积影响,水位抬高超过 4m,造成严重的洪涝旱碱灾害。现有的南水北调东、中、西三条引水线路方案,都没有考虑黄河中下游缺水断流的问题,也不能解决渭河缺水的问题。汉江和北方水量减少的原因,除了气候条件的变化外,上游用水量的不断增加也是主要因素之一。随着西部大开发的发展,水的问题会愈发突出。期盼汉江及其以北地区、恢复出现 20 世纪 80 年代以前的丰水多水状态,可说是概率很少。因此,有必要从总体上进一步研究我国长江、汉江、黄河、渭河四大水系水资源的合理配置。

4)枯水频次越来越高

根据报告,汉江流域水文丰枯差异大,丰水年频次为 8~12 年发生一次较大来水;期间有 3~5 年的平水年和 5~6 年的枯水年;也就是说,枯水年远远多于丰水年。按照"促上"中线工程规划报告,丰水年丹江口水库平均入库水量为 380 亿 m^3,正常蓄水量为 174.5 亿 m^3,平均年蒸发量为 2.213 亿 m^3。10 年一遇的干旱年入库水量为 218.4 亿 m^3,百年一遇的大旱年入库水量仅为 133.0 亿 m^3。也就是说,丹江口水库在必须兼顾中下游地区用水利益的前提下,其平水年、干旱的缺水年(即 10 年中有 6 年左右)无法为北京"年平均引水 130m",甚至是根本无水可调。

5)中线水源

据有关资料,丹江口以上集水面积为 95 217km^2,约占汉江全流域的 70%,初期规划丹江口水库年平均调水量约为 145 亿 m^3,而丰水年上游来水 200 亿 m^3,枯水年仅为 110 亿 m^3,年平均可调水量占丹江口大坝以上天然径流量的 1/3 以上。值得注意的是,汉江来水丰枯变化大,连续旱年时,丹江口水库来水水量剧烈下跌,如 1964 年汉江水丰,丹江口入库水量为 783.1 亿 m^3,而 1965 年的中等旱情致使 1966 年的来水量锐减了 78%,只剩 179.1 亿 m^3,不足平均值的 1/2。20 世纪 90 年来,连续干旱的势头越来越猛。当地的水都不够用,这就造成无法调水的困厄局面。要保证连续调水 145 亿 m^3 的水量,只能从长江向丹江口提水补充。所以,丹江口引水必须靠后续补水工程才能保证持续可调水量。

7.2.4 中线工程水源水质可靠性

长江流域经济带发展迅速,工业化程度较高,工业废水和生活污水排放量也增加较快;农业生产完全依靠农药和化肥,全流域已经造成日益严重的面源污染;加上有毒有害的固体废弃物随意堆放,造成地下水污染等等,使得部分城市及周边地区的供水水源受到严重污染。水质的下降,又影响了正常取水,造成了日益突出的用水紧张及水资源短缺现象。在长江干流中下游地区,特别是长江干流工业发达的大中城市尤为明显。此外,长江流域大多数湖泊、水库、干流沿江城市岸边和相当多支流水体污染严重,水质日趋恶化,致使许多城镇饮水水源受到水污染威胁,取水和处理水的成本越来越高,城市取水线路越来越长,例如武汉市,过去许多用水取自湖泊,现由于大多数湖泊已经污染,现在全部自来水厂水源改为长江和汉江,一次取水和二次供水的成本都大大提高。其他许多城市也有类似现象。目前,水质型缺水问题在长江流域水资源保护工作中已引起高度关注。

7.2.4.1 长江水质情况

随着长江流域内工农业生产和城镇建设的快速发展,人民生活水平不断提高,一方面污水排放量不断增加;另一方面人们对水环境质量的要求也愈来愈高,流域内水污染矛盾日渐突出。党的十八大提出"生态文明"建设目标之后,局部水污染情势略有好转,总体态势没有根本改变。总体特征是：

(1)长江干流及主要支流水质总体较好；

(2)干流水质优于支流；

(3)越往下游，污染越严重；

(4)全流域污水、废水排放总量仍然较高；

(5)湖、库、渠水质富营养化。

根据近10年来长江水质监测资料，长江干流总体水质基本良好。按照《2007年中国环境状况公报》，2007年在长江流域103个地表水国控监测断面中，Ⅰ～Ⅲ类、Ⅳ类、Ⅴ类和劣Ⅴ类水质的断面比例分别为81.5%、3.9%、7.8%和6.8%。主要污染制表位氨氮、石油类和五日生化需氧量。总体上，水质劣于Ⅲ类的河长占总评价河长的37.4%。其中，长江干流劣于Ⅲ类水的河长比例为28%，支流水系劣于Ⅲ类水的河长比例为43.7%。长江干流总体水质优于支流，与前10年(2005年)相比，支流水质有所好转。雅砻江、大渡河、嘉陵江、乌江、沅江和汉江水质较好；岷江、沱江、湘江和赣江局段水质变差，尤其是岷江在眉山市段为中度污染，沱江在自贡市段、赣江在南昌市段为中度污染，主要污染指标为氨氮。

7.2.4.2 **总体水质堪忧**

以《2007年长江流域及西南诸河水资源公报》分析，2007年全年评价水功能区200个，达标的水功能区有134个，占水功能区评价总数的67.0%，其中保护区25个，达标率为64.0%；保留区28个，达标率为78.6%，缓冲区19个，达标率为73.7%；饮用水源区86个，达标率为67.4%；工业用水区17个，达标率为58.8%；农业用水区3个、渔业用水区3个，各有1个达标；景观娱乐用水区10个，达标率为40.0%；过渡区9个，达标率为88.9%。水功能区评价河长8 033.4km，达标河长5 766.3km，占评价河长的71.8%；湖(库)评价面积3 560.2km^2，达标面积1 116.0km^2，占评价面积的31.3%。未达标水功能区的主要超标项目为氨氮、高锰酸盐指数、五日生化需氧量、溶解氧和石油类。汶川大地震后，长江上游水质令人担忧。以长江中下游江段功能区水质达标率统计结果，宜昌以上上游江段为93.4%，宜昌至湖口中游江段为89.7%，湖口以下下游江段为76.4%，表明长江干流从上游至下游水质越来越差，污染负荷逐渐趋重。而金沙江、岷江、沱江等支流功能区水质较差，其中金沙江石鼓以上江段功能区水质达标率较低。

7.2.4.3 **污染程度**

沿江经济的快速增长和城市人口的递增，江河纳污量不断增大；长江流域局部水域污染加重，水质恶化风险增加。调查显示，长江干流20多个城市700多千米长的江段，岸边污染带达600多千米。流域水污染总趋势是小支流及流经大中城市的较大支流常年遭受污染，大多数大中型支流呈间歇性污染，干流岸边污染带在延伸。水质城镇劣于非城镇，下游劣于上中游，支流劣于干流，岸边劣于中泓。主要超标水质因子为高锰酸盐指数、氨氮、五日生化需氧量、石油类等。

7.2.4.4 **排放规模**

长江流域是我国经济发展最快的地区，长江流域高强度的人类活动和集中开发建设使得流域水体污染日益严重，废污水排放量逐年增长。

(1)1999年排污量为202.4亿t/a；

(2)2006年排污量为305.5亿t/a；

(3)2013 年排污量为 367.5 亿 t/a。

据统计,长江流域年废污水排放量约占全国的 1/3,污水处理率仅为 40%左右,略低于全国平均水平。大量污水直排入江,成为长江近岸污染形成的主要原因。近年来的调查表明,长江近 600 千米的岸边污染带,其污染物已发现有 300 余种有毒污染物。快速的污染,不仅对长江水质产生严重影响,而且严重威胁沿江几亿人的饮水安全,以及人群生命与健康。

7.2.4.5 水库水质

根据有关报告,三峡水库、丹江口水库等重点区域总体水质因巨资投入治污,保持较好;其中,三峡水库水质为优,库区 6 个国控断面水质为Ⅰ~Ⅲ类,长江寸滩、晒网坝和培石断面均为Ⅰ、Ⅱ类水质,长江清溪场、嘉陵江大溪沟和乌江麻柳嘴断面均为Ⅱ、Ⅲ类水质;与以往相比,水质基本稳定。丹江口水岸水库一直稳定在Ⅱ~Ⅲ类,其中汉江入库断面白河水质为Ⅲ类,丹江入库断面湘河水质为Ⅱ类,库内的浪河口下、坝上和台子山断面水质为Ⅱ类,陶岔断面水质为Ⅲ类,基本满足南水北调中线工程调水需要。

根据以上资料及数据,在不考虑输水沿线可能污染的前提下,南水北调中线工程丹江口水库水质可靠,但需要加大水库上游污染治理力度和投入,减少上游区域生产生活活动(如矿山开发、水产养殖等),实现水质可控。

7.2.4.6 丹江口水库上游排污与水土流失影响水质

丹江口水库上游干支流区域的生产、生活,都可能污染供水水源。主要有:

(1)农药、化肥的不合理使用。农作物、经济林大量使用农药、化肥,破坏了水体环境,鱼类日渐减少,河水自净能力减弱,影响人体健康,同时污染了南水北调水源地的水质。

(2)工业和生活污染。由于历史的原因和城镇化的发展,造成了一定的工业和生活污染。据统计,2007 年全国皂素生产企业超过了 200 家,主要集中在汉江流域的陕西、湖北、河南。然而,因为缺乏有效处理皂素废水的技术,经过水解和洗涤排出的废液含有大量的无机酸和有机物,对生态环境造成了极大的破坏。

(3)水土流失加剧。水源上游调查表明,森林不合理砍伐是造成水土流失的主要原因;随着人口的增长,薪炭林砍伐速度增长。20 世纪末以来,该流域区内大量种植香菇、木耳、天麻等农副产品,砍伐了大量树龄为 15~20 年的桦栎树等树种,虽然强调用树枝秸秆发展袋料种植香菇,但短期内很难恢复;对丹江流域区树木进行掠夺性的采伐,又无有效的垦殖措施,山上已出现光山秃岭,水土流失日趋严重。

以上各因素,都对南水北调中线工程供水水质构成实质影响。

7.2.5 水环境突发事件的可控性

南水北调中线工程,是一个跨区、跨流域、长距离的特大型水资源再配置工程。系统包括水源工程、输水干线工程和汉江上中下游治理工程三大组成部分建筑物的建设、运行与综合管理全过程。调水系统的长期、连续运行,不确定因素多、风险大、突发事件难以避免,使其管控复杂,尤其是气候变化导致异常的洪水、地质灾害、冬季结冰、蒸发、渗漏,以及人为的污染、偷抢、投毒事件,使水质、水量都存在问题。

7.2.5.1 复杂的交叉和跨越

水源始端的丹江口大坝加高和受水终端的供水管网建设、运行管理都相对简单,而输水干线的运行则要复杂很多。输水干线工程,自汉江丹江口水库陶岔渠首至北京团城湖和天津外环河出口闸,需跨越长江流域、淮河流域、黄河流域、海河流域,沿线经过河南、河北、北京、天津等省、市,总长1 431.945km;其中,天津干线长155.531km,总水头差约100m。输水工程沿线与众多江、河、沟、渠、公路、铁路相交,形成各种各样的交叉建筑物(如倒虹吸、渡槽、铁路桥、公路桥)、控制建筑物(如水闸)、隧洞、泵站等,总计1 796座。

7.2.5.2　**中线工程特点与控制难点**

南水北调中线工程特点与控制难点为:

(1)输水线路长、调水流量大;

(2)工程建筑物多、地质条件复杂、结构形式多样;

(3)水量调度及水头控制复杂;

(4)采取自流方式、系统庞大,运行不可控因素多。

由于南水北调中线干线工程的重要性和特殊性,需要对整个工程进行长期的安全监测并建立一套科学、高效、实用的安全监测系统和应急应对体系。首先,在施工期和运行期各建筑物的变形及受力情况等,是人们十分关心的问题。只有通过各种监测设备来获取建筑物的监测数据,并对其进行分析,才能监视各主要建筑物的运行安全或安全运行程度,并进行预报。一旦发现异常迹象,及时采取补救措施。其次,通过对监测数据的分析能够验证施工工艺的合理性,及时反馈设计,满足建筑物施工要求;能够验证科学研究和设计成果的正确性,为水工设计理论和监测技术的发展积累资料。另外,能为总干渠运用管理及调度提供可靠的信息,为正常安全运行服务。

那么,真正控制的难点在于异常的洪水、次生灾害、气候变暖增大的蒸发量和设施变形、老化增加的渗漏量,以及人为因素触发的(污染、偷抢、投毒等)突发事件。

7.2.5.3　**同丰同枯来水与次灾**

根据水利部长江水利委员会20世纪90年代初的水文资料,汉江流域水资源丰枯变化很大,但连续2年及以上丰水频次罕见,而连续2年及以上枯水频次远多于丰水年,偏枯年份也多于平水年。按20世纪的来水与利用情况,汉江流域地表水资源总量约560亿m^3,同期总耗水量约40亿m^3,其中丹江口水库大坝以上,地表水资源量为380亿m^3,上游耗水量约30亿m^3,中下游灌溉、航运最少需水约240亿m^3,丹江口水库下泄至少180亿m^3,剩余的170亿m^3水中,不考虑当地用水情况下规划可调97亿m^3。由于8~12年发生一次较大来水,水资源量可达500亿~600亿m^3;其后有3、4年枯水年和4~5年的平水年。其中,丰水年和枯水年与华北受水区来水同频,使其需要时没水;不要时,水多;此外,还有可能遭遇水环境突发事件。

1)气候异常事件

中线调水主要供水北京、天津、华北城市生活,若出现来水“同丰同枯”时,无法实现中线调水。同丰时,北京、天津、华北不需要输水,丹江口水库面临巨大防洪压力;同枯时,丹江口水库蓄水不能满足中下游基本需要,也无水可调。

2)次生灾害频发

汉江与华北同时降雨偏丰,不仅可能发生洪涝灾害,而且可能引发水库上游滑坡、泥石流等次生灾害;应对此类突发事件不及时,就会造成汉江中下游巨大损失。

3)水体富营养化

汉江与华北同时降雨偏枯,汉江中下游需要丹江口水库下泄足够水量缓解水体富营养化及产生“水华”现象(主要是长江补水工程以上河段)。

据气象统计分析:20 世纪 50 年代,安康和郧县的降水量偏少;20 世纪 60 年代,安康站降水量偏少,其余各站均高于多年平均;20 世纪 70 年代,除安康站外,其余各站均偏少;20 世纪 80 年代,各站降水量均高于多年平均;20 世纪 90 年代,各站降水量均低于多年平均,而且距平百分率均在 10%以上;由此得出,20 世纪 90 年代丹江口水库上游干旱比较严重;2000—2003 年汉中和佛坪的降水量偏少。

也就是说,丹江口水库上游降水量变化存在一个 10 年的变化周期。1991—2002 年是持续的少雨期,降水的总趋势在减小;2003 年是多雨期,有反弹的趋势。如果调水导致上游来水减少,水质恶化在所难免。

丹江口水库上游 1951—1978 年降水变化趋势不大,有多雨期也有少雨期,变化的幅度相对较小,多雨期和少雨期间隔变化比较频繁,很少出现长期多雨期和长期少雨期的情况。但在 20 世纪 80 年代和 90 年代降水的变化趋势相对比较大,其 80 年代是持续的多雨期,而 90 年代到 2002 年是持续的少雨期,2005 年后降水越来越少。即便在 2014 年,降水仍持续偏少,2014 年 10 月、11 月,丹江口水库一直在 142m 低水位维持运行。

7.2.5.4 调水引发中下游无补偿河段风险

襄阳市位于丹江口水库下游,是湖北省经济发展及汉江产业带的重要组成部分,也是工业化“走廊”和连接汉江上中下游的跳板和纽带;在推动流域整体协调发展中居重要地位。襄阳市所辖的老河口、谷城、宜城的城关及襄阳市区,均位于汉江岸边,城市用水及工业企业用水都依赖汉江,据统计,调水前年均总供水量达 23 000 万 t。调水后,汉江中游正常水位平均下降 0.8~1m,沿江各水厂的功能将受到影响,平均供水保证率下降 34.7%。据长江水利委员会调查,汉江襄阳境内有城市、城镇、工矿企业供水泵站 32 座,设计提水流量 28 万 m^3/s,年提水 8.9 亿 m^3。

由于襄阳江段流量减少、水流变缓,水位稳定,使汉江中游沿岸城镇与工业排放污染物的稀释自净能力下降,浮游藻类可能发生爆发性生长繁衍形成“水华”。汉江沿岸是襄阳市生产布局的重要地带,随着工农业生产的发展,生产过程中排放污染物将不断增加,干流平水年相当一部分断面水质将达到或超过Ⅲ类水质标准,枯水年份更差;2020 年,有些河段的污径比接近河水污染 1∶20 的临界值。按调水 80 亿~145 亿 m^3 方案,汉江下泄水量将减少 21%~36%。特别是平水年和枯水年,有效水体大量北调,稀释自净能力减弱,整个流域环境容量将大幅度降低。

汉江起着连接川、陕水上运输通道的作用,也是北煤南运的主要中转站,还是鄂西北通江达海与全国联系的重要运输途径之一。前几年,经汉江的货运量总计在 1 亿 t 左右,远景运量月可达到 300 万 t 以上。从流量与水位关系来看,汉江中游最小流量多年平均为 $428m^3/s$,相应枯水流量更为缩小,按襄阳水文站实测,汉江中游每少下泄 $4m^3/s$ 流量,枯水水位将下降 0.1m,则枯水水位将下降 0.65m,对枯水期的浅滩航道水深(通航需水深 1.2m)将难以维持,航行条件变差,通航等级明显下降,丹江口到襄阳段,现状通行 230~175d,调水后,每年仅航行 58~47d,保证率下降到 13%;严重影响航运效益。汉江水位下降后,通航能力将由现在的常年通航 200 吨级下降到 50 吨级,现有大部分船舶不能在汉江继续行驶。国家投资的近 2 亿元进行汉江航道整治工程将不能发挥应有效益;调水后,汉江流量减少,汉江航道发生迁移,港口位置将随之发生变化,原有的设施将发挥不了作用;大量运输物资弃水走陆，襄阳市33家水运企业和4 000多名水运职工面临着生产损失，经济损失巨大。

据水产部门调查，汉江中下游共有鱼类118种，分别隶属9目21科78属，以流水生态型鱼类为主，与长江中游鱼类组成类似。加坝调水后，由于坝下江段缺乏库区水表层浮游生物的补充，襄阳江段鱼类将是以流水生态型与底栖生物为主要食物的小型鱼类，四大家渔产卵场由于水温达不到要求则有可能受到严重影响。如襄阳市汉江水面5.05万hm^2，占全市总水面的25.4%，汉江内有自然生长的鱼类73种，占全市总鱼类品种的74.5%；实施南水北调工程后，23个鱼类产卵场受到影响，鱼类资源初步估计减少1/3，天然鱼产量减少60%。

7.2.5.5　调水引发水环境水生态风险

汉江既是南水北调中线工程的水源地，也是“引汉济渭、济黄”的工程水源地。但是，汉江水资源十分有限，上游来水因气候变化无常。马静、胡仪元学者研究认为：如若全年连续调水，必然对水源地及下游地区经济社会可持续发展产生约束和限制。

1）水资源减少的趋势

据历史系列资料统计，丹江口水库多年平均入库水量为361.1亿m^3，占汉江流域的63.9%。受全球气候变暖、汉江上游用水量增大、产水模数变小等因素影响，1990年后丹江口水库入库水量明显减少。1990—1999年丹江口水库平均入库水量为272.9亿m^3，比1956—1990年平均入库水量减少29.4%。汉江丹江口1935年最大洪峰流量达5万m^3/s，而20世纪下半叶汉江最小流量仅为1935年最大洪峰流量的1/300；丹江口水库1995年入库水量为1983年的28.5%；2006年10月26日遭遇了77年以来汉江历史同期最低水位，4—10月平均流量为578m^3/s，比多年均值减少47.8%。汉江在冬春枯水期的流量仅为500m^3/s，而设计中的中线工程输水能力恰好也是500m^3/s。汉江流域近10年连续少雨干旱。由此可见，水资源可能无法保证丹江口水库的调水量。

2）突发水污染事件

汉江源头和丹江口水库污染都将给南水北调中线工程的水质和水量造成巨大的威胁。据有关资料，20世纪90年代，汉江、丹江流域的年工业和生活污水合计1.7亿t；其中，工业废水占27%，生活污水占73%。汉江、丹江流域主要污染物COD计1.85万t/a，其中工业污染物占39.2%，生活污染物占60.8%。2005年，汉江、丹江陕南境内废、污水排放量达1.3亿m^3/a，其中城镇居民生活和工业废水占91%，主要污染物化学耗氧量1.6万t，悬浮物1.2万t。陕南三市仅建成汉中市和安康市两个污水处理厂，且因处理成本过高难以保证正常运转等因素而处于闲置状态，生活垃圾无序堆放，且以10%的速度逐年增长；陕南工业废水排放达标率远低于80%，区内废水重复利用率为77.5%，略高于陕西省平均水平。但是在商洛市和安康市却分别仅达到40.34%和36.45%。环境污染使水质下降；据统计，汉江支流1 584km河长中，一类水占3.2%、二类水占27.1%、三类水占51.8%，超过三类水标准的占17.9%，严重污染的河段超过12%。

3）水土流失加剧生态恶化

据统计，汉中水土流失占总面积的40%、安康占56.6%、商洛占49%、南阳占65%；整个汉江流域水土流失面积7 995.7km^2，占该流域面积的33.65%；整个陕南地区水土流失面积3.64万km^2，占其总面积的52.07%，占陕西省水土流失总面积的46.72%。按照水利部《土壤侵蚀分类分级标准》（SL190—96），区内轻度流失面积1.07万km^2，占流失面积的29.38%；中度流失面积1.45万km^2，占39.73%；强度流失面积5 900km^2，占16.22%；极强度流失面积 4 000km^2，占 11. 11%；剧烈流失面积 1 300km^2，占 3. 56%。从汉江源头的宁强县到洋县长达 150 多千米的低山丘陵，地表土质松软裸露，是主要的流失区。从南郑县到西乡县长达 180km 的地带每到汛期，泥沙就大量输送，堵塞河道，威胁防洪安全。随着经济活动的增加尤其是矿山开发，水土流失日趋严重；遇到强降雨，就可能造成水土流失突发事件和大范围水体污染。

7. 2. 5. 6　**突发事件**

气候变化引起的冬季暴风雪和结冰、汛期洪水漫堤、持续高温超量蒸发（长江科学院有专家研究总干渠连续调水时正常年蒸发占输水量的 13～18）、危化品仓库或其他突发事件，都可能使调水受到影响。

7. 3　东线、西线水源的可靠性

东线从长江江苏段抽水，无论长江流域水资源总量发生什么变化，东线可调水量都不存在任何问题。但是，东线调水输水沿线高程过低，又位处经济较为发达地区，水质保证面临诸多挑战。而且，13 级提水，成本较高。

南水北调西线工程，水质近况优良。随着气候变暖、冰盖面积减少、雪线上升、年均来水已经并可能继续发生较大变化，水量减少可能影响高海拔、脆弱地区生态；也就是说，水量可靠性较下降。

7. 3. 1　东线水源可靠性

1）东线水量可靠性分析

长江流域面积为 180 万 km^2，地表径流形成的淡水资源极为丰富。1956—2000 年多年平均降水1 086. 6mm，多年平均径流水资源量（特枯年与丰水年）6 000 亿～9 600 亿 m^3。受气候影响，2000—2013 年，长江中上游持续偏干，流域水资源量有所减少。2007 年，长江流域平均降水量、地表水资源量和水资源总量比常年分别偏少 6. 9%、11. 7%和 11. 5%。2007 年 2 月和 12 月，长江上游嘉陵江和中下游的鄱阳湖区分别出现水位显著降低现象，导致严重的旱情，严重影响周边居民的正常生产和生活。从总量分析，东线调水的水源及水量完全满足要求。

考虑到缺水地区冬春季也是长江的枯水期，以及中线工程在同一时期向华北调水，东线又以 600～1 000m^3/s 抽水（理论抽水能力 180 亿～315 亿 m^3/a；规划 2010—2030 年水平年多年平均抽水量分别为 278. 6 亿 m^3 和 254. 5 亿 m^3），势必影响长江枯水期入海水量，导致其下游水质变差和盐碱化。因此，东线调水工程应当优化调度，尽可能在汛期调水。

2）东线水质可靠性

长江水资源量约占全国的 36. 5%，水资源总量为全国第一。东线工程利用江苏省长江“江水北调”工程，扩大规模、向北延伸。规划从江苏省扬州附近的长江干流引水，利用京杭大运河以及与其平行的河道输水，连通洪泽湖、骆马湖、南四湖、东平湖，并作为调蓄水库，经泵站逐级提水进入东平湖后，再行分水，一路向北穿越黄河后自流到天津；另一路向东经新辟的胶东地区输水干线接引黄济青渠道，向胶东地区供水。从长江至东平湖设 13 个梯级抽水站，总扬程 65m。提水、输水沿线都属于加工工业区和经济较发达地区，有受到污染的可能性。

根据东线调水规划，东线受水区主要城市 2000 年废污水排放总量超过 120.3 亿 m^3，2030 年将超过 173.7 亿 m^3。规划到 2010 年将新增废污水处理能力 1 818 万 t/d；到 2030 年将再增废污水处理能力1 225 万 t/d。也就是说，到 2010 年废污水处理量为 90.6 亿 m^3，废污水处理率达 74.1%；2030 年废污水处理量为 140.0 亿 m^3，废污水处理率达到 80.6%。在废污水处理再利用方面，到 2010 年和 2030 年用于受水区城市工业、市政杂用和河湖环境等的水量分别为 38 亿 m^3 和 60 亿 m^3，其余用于城区以外的生态环境和农业灌溉。

污水排放容易、处理却十分困难，规划的目标，不等于一定能够落实。除污水处理系统运行设备及管理存在诸多问题之外，污水处理的高成本常常使设备运行远远达不到处理能力。

3）东线调水治污代价与保证

南水北调总体规划最终采纳了东线调水的方案，但对其中一些重大问题进行了优化。国务院颁布《淮河流域水污染防治暂行条例》和批准《淮河流域污染防治规划及“九五”计划》后，淮河流域治污工作步入正轨，苏、鲁、豫、皖四省初步完成水污染防治工作第一阶段的任务。全流域关停年产 5 000t 以下小造纸企业 1111 家，取缔了“五小”污染企业 3 876 家，508 家日排污水量 100t 以上超标排污企业达标验收，计划建设 54 座城镇污水处理厂。

4）2001 年修订规划污染物总量控制目标

（1）2007 年江苏、山东区域 COD 排放量从 51.2 万 t 削减至 19.7 万 t，削减率为 61.5%；COD 入输水干渠量从 35.9 万 t 削减至 6.3 万 t，减少率为 82.5%；氨氮排放量从 4.9 万 t 削减至 2.0 万 t，削减率为 60.3%；氨氮入输水干渠量从 3.3 万 t 削减至 0.5 万 t，减少率为 84.2%。

（2）2010 年安徽、河南、河北、天津 COD 排放总量控制在 35.0 万 t，削减率为 23.9%；COD 入输水干线量控制在 2.7 万 t，减少率为 91.3%；氨氮排放总量控制在 5.1 万 t，削减率为 42.7%；氨氮入输水干线量控制在 0.3 万 t，减少率为 94.9%。

（3）2010 年全线 COD 排放总量从 97.2 万 t 削减至 54.7 万 t，削减率为 43.7%；COD 入输水干渠量从 67.1 万 t 削减至 9.0 万 t，减少率为 86.6%；氨氮排放量从 13.9 万 t 削减至 7.1 万 t，削减率为 49.2%；氨氮入输水干渠量从 9.6 万 t 削减至 0.8 万 t，减少率为 91.1%。

根据规划报告，东线南水北调工程全线仍有县级以上城市 25 座、县级市和县城 107 座。为防止这些城市的工业和居民生活污水对大运河水造成污染，国家又投资 150 亿元，建设沿线城市污水处理厂 127 个。

7.3.2　西线水源可靠性

南水北调西线工程水源地为高寒、高海拔地区，地形复杂、生态脆弱，地广人稀，水源的水质优良。

1）西线调水设计水量

按照“高水高调”“低水低用”的原则，南水北调西线工程拟从长江上游通天河、雅砻江、大渡河引水到黄河上游，解决西北地区缺水问题。资料表明，西线各引水点以上集水面积 16.8 万 km^2，多年平均径流量 221 亿 m^3。根据黄河水利委员会调水规划，拟从通天河调水 80 亿 m^3，从雅砻江调水 50 亿 m^3，从雅砻江、大渡河支流调水 40 亿 m^3，共调水 170 亿 m^3，占上述三河调水水库上游多年平均径流总量的 76.9%。

2）西线调水修订水量

根据南水北调总体规划简要报告，西线工程主要目标是将长江上游大渡河、雅砻江支流和金沙江上游通天河之水调至黄河上游，解决黄河流域青海、甘肃、宁夏、内蒙古、陕西、山西6省（区）日益严重的缺水问题。西线工程总体规划纲要规定，调水规模多年平均为170亿m^3，与上不同的是：

（1）从大渡河上游支流调水25亿m^3，从雅砻江上游调水65m^3，从金沙江上游通天河调水仍为80亿m^3。

（2）三个调水区年均径流量为256亿m^3，调水比例达到65%～70%。

（3）工程计划分三期实施：第一期从雅砻江、大渡河支流调水40亿m^3，第二期从雅砻江干流调水50亿m^3，第三期从通天河调水80亿m^3。

全部工程拟于2050年完成，总调水规模约170亿m^3，调水比例超过66%。拟建工程静态总投资为3 040亿元。

3）西线调水的可靠水源

黄河流域的缺水区域主要在中下游，解决黄河流域缺水问题的着眼点应该放到生态治理和节水方面。黄河中上游解决好生态治理，泥沙问题就得到控制，降雨也可能大幅度增加，缺水问题将得到缓解，再通过节水、循环用水方可彻底解决缺水。量力而行。黄河中下游缺水，可以适量从水量丰沛的三峡水库取水，这一方面水量有保障，另一方面也不会较大影响长江中下游用水。即便采用此方案，黄河流域需要以购买方式获得水量，以补偿调水减少的发电损失和其他损失（如水体净化能力、生态需水、航运需要产生的损失）。

跨流域调水，首先应该调汛期的弃水，真正科学配置水资源。调水规模并不是越大越好，而是解决实际问题和应急需要。无论东线、中线、西线调水，都需要按照市场经济规律，以避免调水造成受水区的污水增加或水资源浪费。

7.3.3 西线调水的重大环境问题

南水北调西线工程水源地的高寒、高海拔环境，因冰川退缩、雪线上升，融雪产生的水量越来越少，使供受两地关系以及西线水资源总量与可调水量的关系十分复杂。这些重大环境问题主要是：气候变化使水量减少、生态恶化，极端天气导致地质灾害、次生灾害频发，造成拟实施并投入运行的水资源工程经济损失。

1）不良地质条件

西线工程地处青藏高原地震多发区，高原不断隆升，地质条件复杂，鲜水河—炉霍断裂带与西线一期工程区紧邻，区内有5条主要的派生断裂带与引水线路近于垂直相交或大角度斜交，主体工程根本无法避让。工程建设需面对高温、高地应力、断层破碎带、漏水、岩爆和有害气体等不良地质条件。

2）诱发地震

西线工程地处横断山北段，平均每年有4～5mm的左旋平移，沿断层活动带一次突发的地震可使“位移”达数米；这种“位移”不仅会对施工带来困难，也会对西线沿线若干深埋超长隧洞、超高大坝的安全性构成威胁，而高坝蓄水亦可能诱发水库强震。

3）高原生态

西线调水工程地处“三江”源头，调水可能加速沙漠化、草地退化、冰川退缩和雪线上升，缩小沼泽和湿地;高原特殊生境的生物多样性亦将受到破坏。也就是说,在江河源头地区大量调水,可能对三江源头的地表水与地下水的水均衡,产生一定的影响。

4)高寒缺氧

西线工程地处冻土地带,调水沿线海拔高度 3 400~4 800m,属高寒缺氧低压地区,且多霜冻、雪灾、雷暴、泥石流等灾害性天气;年平均气温-4.2~5.6℃,极端最低气温-45℃;调水源区水系和工程规划水库坝群存在长达几个月的河流和水库封冻问题,其产生的冰凌现象将导致河流凌汛,危及水坝安全;若发生重大灾害或次灾,将造成巨大损失;而且长距离回水将淹没当地牧民的越冬牧场。

5)水量锐减

西线调水工程规划从雅砻江、大渡河等 5 条长江支流的调水量占 5 条支流上游多年平均径流量的 70%~80%,超过国际公认的维持河流生态与生命的最低要求;对河流维持生态水量将产生深度的影响,对减水沿途地方以及河流下游地区的环境容量将带生态损失。

6)下游影响

西线调水工程无法回避对四川盆地缺水的影响,未顾及未来工农业生产的可持续发展空间;因此,需要考虑四川从大渡河引水济岷江(引大济岷)工程的必要性问题。大渡河、雅砻江的理论年径流为 480 亿 m^3,常年径流为 300 亿 m^3。考虑四川省工农业的发展用水,若调走一半流量,这两条河流会在干旱年份成为季节河。据有关资料指出,近 40 年来大渡河年均径流量已减少近 30%。

7)发电损失

西线调水工程将导致已建成的水利水电工程如三峡电站,以及溪洛渡、向家坝、锦屏、二滩、瀑布沟等电站发电量下降,而且导致金沙江、大渡河、雅砻江三江流域水环境发生较大改变。

7.3.4　西线生态环境变化趋势

西线调水区地广人稀,是我国乃至世界的重要生态园区,起到生态平衡的作用。如果实施南水北调西线工程,西线水源区水量将减少,可能对重要生态园区生态产生影响。

7.3.4.1　水源区自然地形地貌

西线一期、二期、三期调水建筑物均位于青藏高原东北部腹地,涉及长江上游流域的干流通天河,长江一级支流雅砻江和大渡河等主要水系,集水面积大约 30 万 km^2,是生态环境极其脆弱的自然区域。青藏高原水资源源头海拔高度大都为 4 300~5 000m。是青藏高原中高原特性表现最突出的地区。正因为如此,这里成为世界上多条大江大河源头汇聚的地方,如长江(超过 6 300km)、澜沧江(约 4 500km)、怒江(约 3 200km)分别源于唐古拉山脉南北两翼而且源头接近,这种大河共源现象是世界上极为罕见的。也就是说,长江河源区是地球上一个重要的分水高地,其区域地形地貌特征是巨大山脉从北、西、南三面围绕,而中部形成一个巨大的宽盆谷地。

长江河源区巨大的盆谷地岭谷结构是多级的,而且也只有多级的地貌形态形成的岭谷结构才可能造成如此巨大的河源盆谷地,并孕育长江这一世界巨川。区内雪线的高度西部略高于东部,海拔高度为5 500~5 840m,冰川末端的高度一般为 5 300m 左右。由气候条件所决定,本区冰川基本属于大陆性冰川,物质动态水平较低,但对河流有重要补给作用,约占河流补给量的25%，长江正源沱沱河就发源于唐古拉山主峰下各拉丹冬冰川群。南源当曲主要水源为泉眼和沼泽，其水量大于沱沱河，北源楚玛尔河源于可可西里西南部的湖泊群，近年来，湖泊大部分已干涸萎缩，河流已演变为时令河。

7.3.4.2　**江河源头的自然生态环境**

1)冰缘气候

地球上最大的中低纬度多年冻土带。长江河源区是青藏高原上多年冻土最发育的地区，多年冻土覆盖整个河源区。由于海拔高度的影响，冻土厚度由南向北增厚，由西而东渐薄。一般厚度为30~70m，最厚达100~120m。季节性冻层也较厚，可达10m左右。大范围冻结层的存在造成河源区典型的冰缘气候，低温、大风、寒冻风化强烈，是严酷生境形成的基本原因之一。

2)世界最高的沼泽分布带

长江河源区由于盆地形地貌结构的汇水作用以及许多河谷平原平坦开阔，水流滞缓，对沼泽发育十分有利。在平坦的河谷、分水鞍部和平缓的山麓带都有高原沼泽普遍发育，成为中国最大的沼泽分布区，总面积达8 000余km^2，远大于著名的若尔盖高原沼泽区，也大于被认为占有中国第一位的东北三江平原沼泽区，致使一些半干旱的山麓带，如尕尔曲和纳钦曲上游等地也都有大片沼泽分布，而半湿润的东南部当曲流域，沼泽呈大面积连接分布。因此，冰缘气候条件是河源区沼泽发育的主导因素，这种独特的古地理演化过程造成了青藏高原腹地巨大的内流区，即所谓藏北高原湖盆区。楚玛尔河和沱沱河上游西侧便进入湖盆内流区，自然景观发生明显变化，楚玛尔河河谷有连续分布的星月形沙丘链。沱沱河河谷中有小沙丘地与洪积扇相间分布的现象。

3)大多数冰川呈退缩状态

本区冰川广泛分布，有600多条，但考察发现大多数冰川呈退缩状态，即使唐古拉山主峰带的大型山谷冰川群亦如此。沱沱河源头姜古迪如和尕恰迪如两大冰川群的大型山谷冰川群的山谷冰川呈放射状伸向各谷地，冰川面积超过30km^2的有6条，均呈退缩状态。沱沱河源头的姜古迪如南支冰川和北支冰川，冰舌在1976年尚基本完整，但是1986年已解体为分离的冰塔群。它们自1969—1986年的17年中，分别后退了154m和125m，后退速率为8.25m/a。1996年又发现已退缩近500m。当曲支流查午曲源头的冰川，同期退缩为140m，后退速率为9.0m/a，这与整个西藏的冰川后退趋势是一致的。

4)湖泊普遍退缩并盐碱化

专家指出，湖泊的退缩表现为湖泊缩小、内流化和盐碱化三种形式，其中较大湖泊一般三种过程都有，而较小湖泊伴随湖泊盐化往往很快消失。较大湖泊有多级湖滨阶地发育，是其缩小的证据。如赤布张湖(面积达600km^2)已分割成4个串珠状湖泊，在卫星照片上看出，湖滨有三道平行的沙堤。楚玛尔河西侧的西金乌兰湖(面积约300km^2)也分离成4个串珠状湖泊，卫星照片显示它南侧的乌兰乌拉湖(面积为450km^2)原是有海心山的环形湖，现今分离成5个湖泊，发育有3级湖滨阶地，比高均较小，分别为0.5m(高出水面)、1.5m和2.5m，这些显然属于气候阶地面非构造地质所致，而是因气候的变迁形成。从卫星照片上看，长江源头的雀莫错湖原有的湖岸线已远离现在湖边，湖面已缩小近1/2，湖的东岸见有两道平行的弧状古湖堤。该湖与赤布张湖的湖堤均以东岸发育，可能与本区盛行西风有关。湖泊的盐碱化也很普遍，很多湖盆已成为采盐场。

5）沼泽草甸化

考察发现，在长江源区高原沼泽都有普遍退化现象，主要表现为沼泽边缘带不同程度地退化为高原草甸的现象，完整的草沼体，退化为块状草皮，喜干旱生植物侵入。在唐古拉山南北两侧，许多斜坡上的沼泽已停止发育，泥炭地干燥裸露。沼泽的退化现象在一定程度上会引起动土退化。

6）沙化现象活跃

在楚玛尔河和沱沱河河谷已发现大型沙丘，沿沱沱河河谷的实地考察证实，这种风沙作用有增强的趋势。例如，沱沱河在沱沱河沿至奔错切玛湖的约 50km 主河谷两岸，小丘状新沙地连绵不断，这类沙丘高 1m 左右，长 10~30m 不等，这些沙丘经常被坡面的风流冲开，形成矩阵状沙地。近山坡处有许多风蚀洼地，长 10m 左右，深 1~2.5m，吹扬的白沙直抵山坡上部，甚至越过小垭口，呈垄状堆积在另一坡。风沙的作用还在继续扩大。

青藏高原是一块年轻的大陆，第三纪冰期以来，一直处于活跃的演变抬升之中，随着第四纪冰期的消亡和全球气候的变暖，以及人类活动范围的扩大，近年来青藏高原自然环境的变化更加明显加快，这些变化在高原的水系源区显得尤为突出，并直接影响到调水区域。

7.3.4.3　江河源区生态环境的演变趋势

1）气候变化

江河源区处于西风盛行带，气候严寒而干燥，蒸发大于降水，年均气温低于 0℃，极端气候可达-40℃以上，因而冻土发育，最大冻土厚度大于 150m，是地球上最大的低纬度冻土发育区。区内降水具有由东南向西北递减的特点，如长江当曲河源区年降水量为 400~500mm，偏西方向的沱沱河为 250mm 以下，这种气候的环境分异和变化趋势，对江河源区水系发育和径流特征演变有着直接的制约作用。

2）冰川退缩、雪线升高

冰川和雪被是气候作用的产物，同时是气候变化的显著标志，也是江河发育的最初源流和形成持续径流的基本条件。江河源区的冰川随着冰期的后时代到来，已基本退缩到唐古拉山脉西端的各拉丹冬群峰海拔 5 500m 以上地带，常年冰雪覆盖面积只有 400km^2，据十多年的定位考察，冰川已退缩近 200m，其中各拉丹冬东坡的岗加曲巴冰川已退缩 500m，雪线已升高到 5 800m 以上，这表明江河源区的气候在持续变干，气候在逐渐变暖，“固体水库”正在消融，“生命之源”正在消亡。

3）沼泽枯竭

沼泽枯竭、草甸退化。江河源区分布着大面积的沼泽湿地，但专家考察发现各拉丹冬东坡和北坡山前地带已有大片沼泽因失水而枯竭，草甸退化而露出底部的沙石，沼泽中的水网已停止流动而成为死水潭，草甸中出现斑秃块状沙地。

4）荒漠化

荒漠化加剧，沙漠征兆凸显。沙漠是西部地区最突出的自然要素，近年来已在青藏高原江河源区出现，据统计，西部地区有数十万平方千米的沙漠，有潜在沙漠化土地 100 余万 km^2。这些沙漠出现在中国古时繁荣的丝绸之路，目前正以前所未有的速度翻越昆仑山脉，越过青海草原向南长江源区、东黄土高原和华北平原推进。在通天河、雅砻江上游局部河洲平原和草原地带已出现数百平方千米的沙锥和沙丘链，广阔的草原逐渐成为荒漠裸地，不少地区成为绝牧之地而导致城镇搬迁，草场转移。这种变化，将影响南水北调西线调水。

5)湖泊退缩

湖泊退缩、河流干涸。江河源区每年都有不少的支流水系干涸成为石河,有大量的湖泊因失去径流补给联系而萎缩成为内陆咸水湖泊甚至盐湖,考察专家已发现,楚玛尔河、沱沱河、通天河等河段已出现季节性断流。

7.3.4.4 **调水区生态现状**

调水区既是新构造运动强烈、地质环境极不稳定的高山峡谷,地震、滑坡、崩塌和泥石流等地质灾害的高发区,水土流失严重,江河泥沙含量大,又是我国仅存的原始森林主要分布区和生物多样性最丰富突出的地区,同时也是最重要的水源涵养地和生态功能区。它的地质条件和生态系统均十分脆弱。

2006年前,长江源头及上游的生态环境日趋恶化,主要表现为:

(1)森林植被面积减少,20世纪50年代前,川西高原森林覆盖率为26%,1973—1974年普查已降至13.1%。

(2)植被涵养水源的能力减弱,50年前长江上游川西滇东北原始森林水源涵养能力达4 000亿 m^3,现在的森林仅能涵养1 000亿 m^3 的水源,上游森林植被的破坏使水源涵养能力减少了75%。

(3)干旱化、沙漠化、荒漠化面积扩大,雅砻江下游干旱河谷地上限也抬升了200~400m。

(4)湖泊、沼泽、草原面积缩小,冰川退缩,雅砻江上游冰川已退缩了200~400m。

(5)水环境恶化,主要是汛期流量增大,枯水期流量锐减,大渡河年均径流量自20世纪50~90年代末下降了14%。

(6)生物多样性减少。上游及源头区,物种丰富,多存特种生物;生态环境一旦改变,这些物种极易受到威胁。

7.3.4.5 **不利影响**

尽管西线调水工程对调水地区的社会经济的发展具有一定的促进作用与贡献(具体体现在对经济和行业的拉动、促进交通运输业发展、有力推动民族地区旅游经济发展及形成新兴城镇)。这主要是,调水地区地处青藏高原,有世界上独一无二的高原风光以及民族风情和文化,有尚待开发的宝贵旅游资源,加上大型跨流域调水工程的兴建,将造就大型人工湖,为高原增添新的景观,也将改善交通、生活条件,为旅游事业的发展创造条件,推动民族经济的发展。但是,大型工程建设周期长,施工过程对地表的扰动剧烈,人为因素和设计、施工有破坏作用。

尤其是在高寒、高海拔地区,大型工程本身对当地的生态环境造成破坏,并产生深远的影响。具体讲,西线调水工程位于长江源通天河、雅砻江、大渡河的上游,地处高原寒带、亚寒带及寒温带,海拔3 400~4 500m,工程区面积30万 km^2 左右,这一地区生态环境极其脆弱,一旦破坏,极难恢复。

工程建成后的持续调水,增加生态环境压力。主要表现在:

(1)水量减少,一些河段可能断流。调水计划一旦实施,引水枢纽以下金沙江玉树至渡口900km河段,雅砻江甘孜至渡口600km河段,大渡河斜尔朵至石棉300km河段,在11月至翌年5月的7个月中径流量将分别减少36%~23%,而在近坝河段枯水季节甚至可能断流。

(2)干旱河谷将可能扩张,调水使水库坝下河段径流量减少,河川水位下降,这将增加大气和土壤干燥度,干旱河谷的范围将不断扩大,干旱河谷地将向两岸坡地抬升。

(3)植被恢复更加艰难,在一些地段,如新扩大的干旱河谷段以及原有的干旱河谷段,蒸发量加大,谷地温度上升,水分限制因子更加突出,植被恢复更为艰难。

(4)沙漠化、荒漠化、草地退化将更严重。

(5)湖泊、沼泽、草原面积缩小,冰川加剧退缩,雪线上升。

(6)水土流失加剧,如受调水影响,径流量将大幅减少,地下水位降低,将对两岸森林植被保护带来严重影响,一旦河谷中森林植被破坏,谷地温度会迅速上升,造成蒸发量大增,最终导致河谷的沙漠化,加重水土流失。

(7)生物多样性受到威胁,工程实施后,可能局部改变区域小气候,从而改变生境与植被格局,进而影响到当地珍稀物种。

(8)面临地质灾害的巨大风险,西线工程所经过的横断山脉褶皱构造异常发育,新构造运动活跃,地震频繁。金沙江、大渡河、雅砻江都循着断裂走向,沿河宽谷与盆地几乎无一例外的都是断裂带上的陷落部分,而西线工程不同程度地穿越多条活动性断裂,其位置和方向不可能回避活动性深大断裂的影响。

对于活动性断裂,断裂带宽度达到数百米以上,断层变形的规律性及其变形量,特别是工程有效期内的变形量,以及由此引起的隧洞变形与稳定性问题是不可回避的问题。这些活动性断裂地带一旦发生强烈地震,可能使深埋地下的输水隧道错位、断裂、崩塌,引发泥石流、滑坡等地质灾害乃至中断调水工程的运行。大面积的蓄水工程也可能诱发地震,造成垮坝。

研究表明:生态演变难以逆转,原因是西线调水区域自然生态环境十分脆弱,水源涵养、水土保持能力日益下降明显;近年来,持续干旱、加速沙化的现象非常突出,随着第四纪冰期的结束,可以预见青藏高原自然环境演化过程是干旱—荒漠化,冰川、雪线消融—地表水断流干涸—荒漠化扩展—沙漠连接成片。

7.3.5　东西线突发事件的可控性

南水北调东线工程采取多级提水,除调水、输水系统的连续运行与中线工程一样(不确定因素多、风险大、突发事件难免、管控复杂,尤其是气候变化导致异常洪水、地质灾害、结冰、蒸发以及渗漏、污染、偷抢、投毒事件)之外,数量众多的抽水设备运行工况也是发生突发事件的可能因素之一。

南水北调西线工程,地震、滑坡、泥石流灾害及次生灾害是影响调水系统正常运行的最难控制的突发事件。

7.3.5.1　东线工程突发事件可控性

1)沿线水源频受污染

根据相关标准及评价方法,河流水质评价目标值选用地表水质量标准《地表水质量标准》(GB 3838—2002)中Ⅲ类水质的浓度限值,选用2008年江苏省水环境监测中心例行监测数据进行评价,现有输水干线的水质不能在各时段都满足全线Ⅲ类水的目标要求,水质污染现象时有发生。

其中,二河、废黄河、灌溉总渠淮安段、淮沭新河、三阳河、泰州引江河、潼河、盐河淮安段及洪泽湖、骆马湖各水期水质良好，水质类别基本为Ⅱ～Ⅲ类；徐洪河、三阳河水质不稳定，汛期水质较好，常为Ⅲ类，但非汛期、全年期不能满足输水水质的要求。

房亭河、盐河、徐洪河徐州段状况水质恶化，各水期水质类别均为Ⅴ至劣Ⅵ类，主要超标项目为 NH_3-N 和 COD_{Mn}，必须加强水质保护和水环境治理。

从所在地域看，输水干线淮安境内河流各水期的水质均为Ⅱ～Ⅲ类，水质较好，而其余各市河流水质因水期、河段不同而情况各异。输水干线主要河流汛期、非汛期和全年期河流水质类别情况严重。

2）输水干线沿程水质变化趋势

从水质沿程情况看，自江苏段输水干线起始河段三阳河到终点河段徐州不牢河，沿线的水质状况在中运河段不稳定，到达终点断面时主要污染因子有所恶化：NH_3-N 和 COD_{Mn}略有上升。其中，起点三阳河 NH_3-N 超标倍数约 0.8 倍，COD_{Mn}超标倍数约 0.2 倍，DO 超标倍数约 0.2 倍；终点河段不牢河上述 3 项指标超标倍数分别为 0.9 倍、0.2 倍和 0.1 倍。三阳河、里运河、中运河、不牢河 NH_3-N、COD_{Mn}、DO 质量浓度年均值变化趋势复杂。

3）东线工程运行风险及防控机制

根据规划报告和设计有关资料，南水北调东线工程跨越四大水系，输水渠道与各主要河流及支流平交或立交。多年来，央视及各媒体均报道华东地区江、浙、鲁严重的水污染情势。在东线工程交叉、跨越、地穿的这些水体中，许多水体属于劣质类，任何自然灾害、责任事故、恶意排污、恐怖活动等事件都对东线工程的水质安全和输水运行构成严重威胁。也就是说，水质问题始终是东线工程重要的环境风险和问题；那么相应的水污染治理、水环境保护是南水北调东线工程成败的关键。要确保东线工程的水质达到规划要求，就需要建立实时监测系统，有完善的预警机制和应急保障体系，以防控抽水、输水过程中可能出现的突发性水环境风险，降低风险发生的概率。

4）一般污染事件

一般性水环境风险是由于自然或人为因素引起的，对水环境造成无法事先预知的影响之事故。根据污染物的性质及经常发生的方式，突发性水环境污染事故可分为：

（1）污水排水管网爆裂、甲烷爆炸；

（2）有毒化学品泄漏、爆炸、扩散的次生污染事故；

（3）暴雨、洪水及内涝联通其他污水水体污染；

（4）输水沿线经营性活动造成的污染。

5）突发污染事件的风险特征

突发性水环境风险具有以下的特征。

（1）事件的突然性。突发性水环境风险事件的发生比较突然，当事人事先没有察觉，且发生的方式、时间不确定，没有任何规律，如管网爆裂、甲烷爆炸事故，必须具备某种条件或受到某种能量破坏或触发时才会发生。

（2）影响的严重性。由于水环境风险事件的发生具有的无规律性，管理人员没有充足的应对措施，特别是在深夜和极端天气条件下，使得事故发生后造成的后果严重，即使备有一定的应急措施，如果处理措施不正确、不及时，应对事件的施救人员没有经验，也会对周围环境或人员造成严重危害。如：天津港危化品爆炸事故，投入的力量巨大，损失并没有因此减少。

(3)处理的艰巨性。突发性水环境风险的产生形式比较多,每类事故都需要相应的对策去处理;如果对策措施制定不专业,反而会增加风险产生的危害。如,有毒化学品泄漏事故由于其化学品的物理化学性质不同,必须采取针对性的应对措施,否则将会造成更大危害。此外,突发性水环境风险发生的突发性,同时产生的污染量很大;在外界因素作用下,污染物迁移转化过程也很复杂,增加了处理难度,尤其是在周围环境加剧风险恶化的条件下。

由于东线工程是以水质合格作为管理的关键目标,一旦发生突发性水环境污染事件,在风、水流的推动作用下,污染物的扩散范围将会在瞬间扩散;污染输水管渠,不仅影响取用水质量,还要处理受污染的水体及输水设施,过程复杂、艰巨。

6)航运需求与污染风险

有学者认为:京杭运河的济宁—天津段复航,将进一步促进当地经济的发展;京杭运河沿线经过山东、河北、天津,人口高度集中、经济增速较快,交通运输成瓶颈。输水运河沿途经过的山东省济宁市梁山、汶上、东平县、聊城市、德州市等市县、河北省的沧州市以及天津市为其直接腹地。若输水明渠与京杭运河(济宁—天津)段联通并通过与其相连的公路、铁路,特别是与海河干支流沟通后,其腹地可延伸到北京、保定、石家庄以及山东、河南等地区。

该腹地内资源丰富,有煤炭、石油、矿建材料、非金属矿石、金属矿石等资源。煤炭资源沿京杭运河由南向北分布在 3 个主要片区:

(1)鲁西南的济宁、菏泽地区,其中济宁梁山等地区探明储量 40 亿 t,菏泽的巨野矿区探明储量60 亿 t,生产能力 2 680 万 t;

(2)黄河以北 25 亿 t;

(3)冀南等地区由于资源有限,产量逐年下降。

腹地内石油资源也较为丰富,主要为华北油田,年产量维持在 3 000 万 t 左右。腹地内的石灰石、石膏、黄砂石材等矿建材料及非金属矿石主要集中在山东的东平、梁山。腹地内工农业发展态势较好,其中工业形成了以煤炭、电力、冶金、石化、建材等重化工业为基础,机械、纺织、食品、电子产品等轻工业为新兴点的产业格局。

7)大运河沿线工业及居民污水防控难度

大运河沿线各工厂的工业废水,原来都是直接排入大运河及其支流的。在大运河作为南水北调的输水明渠后或紧邻其输水运河,这些污水将可能渗漏、漫溢到输水运河,给受水区造成严重的危害;即便采取关闭污染源、工厂排污管、堵塞沿线工业废水排放口等措施,也难以保证不会发生排污与污染事件。原大运河河道"线"上的污染主要包括沿岸的农业面源污染和运行于河道中各类船舶造成的污染,防控这些污染源及污染事件具有相当的难度。

(1)在南水北调东线 1 150km 的主干线上,除水体自净能力较强的大湖泊外,运河全线及有航运价值的支流的河堤都需要加高,使之高于沿岸地面并有足够的挡水高度,以防止雨水的地表径流冲刷农田产生水土流失及垃圾杂物被雨水冲入运河河道;

(2)在没有航运价值的运河支流和排水渠,必须设置水闸阻断雨水污染大运河的途径;

(3)开挖农田灌溉专用水库及其引水系统,把原应该流入大运河及其支流的雨水地表径流及被阻断的各支流的河水全部汇入水库,用于农田灌溉。

(4)禁止船民随意向河流中倾倒垃圾,船舶上产生的生活垃圾、废棉纱等固体废弃物要分类装袋,由河岸上的处理单位集中处理;

(5)改变运输从业者的生活习惯,在运河沿岸分段设置生活服务区,服务区内设置公共

厕所、浴室及开水供应站和废品、垃圾回收站等生活服务设施(这些设施均可与岸上居民共用);

(6)完善流动服务体系,设便民供应点和垃圾回收站,控制污染源。

7.3.5.2 **地震灾害**

地震是最主要的突发事件之一,是因为地球内部缓慢积累的能量突然释放引起的地球表层的振动。地震发源于地下某一点,该点称为震源(focus)。振动从震源传出,在地球中传播至地面上离震源最近的一个区域称为震中,它是接受振动最早的部位。地震极其频繁,全球每年大约发生500万次地震,具有破坏的地震超过200次。地震致灾是地震的原生现象,如地震断层错动、地面振动造成重大灾害。地震引发滑坡、泥石流、海啸等次生灾害;其中,火灾、溃坝水灾、泥石流、危化品爆炸、瘟疫等最为常见也最为严重。

7.3.5.3 **西线工程突发事件可控性**

南水北调西线工程最难控也最容易发生的突发事件就是地震和地质灾害。由于西南诸河上游均建设了多级水电站,无论是水利水电工程或是调水工程,一旦其中某一挡水、泄水建筑物因大地震或大规模地质灾害(包括大型滑坡、泥石流、崩塌等)淤、堵导致大坝溃坝或输水隧洞堵塞,就可能引发灾难性的事件。

1)调水区鲜水河断裂带历史上的地震

调水区历史上的地震。鲜水河断裂带四川境内段,1901年以来发生7级以上地震4次,6~6.9级地震6次,5~5.9级地震10次,4~4.7级地震7次。其中,7级以上和6~6.9级地震都发生在紧接西线调水一期工程区西南端的炉霍—甘孜—道孚一带。在川青地块内部,尤其是川青交界高原腹地,地震活动频繁。“5·12”汶川地震之后,该地区地震进入活跃期,近几年已经发生多次强震。

2)青海历史上的地震

据资料介绍,在壤塘县中壤塘一带(上杜柯断裂带),历史上发生过多次6级以上强震,20世纪90年代发生4.7级以上地震5次。1947年3月17日,在达日县莫坝附近的桑日麻断裂带,发生过青海省有记载以来最大的7.8级地震“达日地震”,以及多次4.75级以上地震。而且,北西向地震变形带长130~150km,宽10~25km。

3)阿坝断裂带历史上的地震

阿坝断裂带,曾在1935年、1952年和1969年多次发生5~5.3级地震。如阿坝5.1级地震(1969-09-26,32°30′N、101°48′E)和5.3级地震(1969-11-06,32°42′N、101°48′E)。

4)川青地块历史地震

包括上述工程区的地震在内,现有资料统计,川青地块内部共发生5级以上地震25次。这些地震的分布,具有面上分散布局的特征,而不是像鲜水河强地震带那样具有显著的成带的集群性。川青地块内部的地壳连续形变的性质也表现为地震迁移性。20世纪以来,$M \geqslant 5$的地震东西方向上的迁移具有一定周期性。特别是地震能的释放,即在时间上可划分有一定的周期性,但一个周期所释放的应变能又大致保持在同一水平上,但是,没有表现出震中的原地重复性。

5)青藏高原历史地震

自公元638年有历史地震资料记载以来,青藏高原东缘地区共发生过$M_S \geqslant 4.7$级地震有约70次,这些破坏性地震皆集中于岷山断块和龙门山构造带南段。

6)分水岭历史地震

据有关资料,巴颜喀拉山地震带在过去90年时间里发生4次7级以上地震,以1937年7.5级地震及1947年7.7级为标志的上一活跃期历经32年,之后的50年里总体处于不活跃阶段,除1963年发生1次7级地震之外,有5次6~6.3级地震;2001年昆仑山口8.1级大地震标志着又一次地震活跃期的开始,因此可以判断未来百年本带地震活动不会弱于上一百年。

7.3.5.4　频繁的地震活动威胁西线调水工程

根据国家地震局的专家介绍,汶川特大地震后,西南包括龙门山地震带在内的多个地震带活动明显增加。汶川地震之后,四川、云南、青海、西藏(尼泊尔特大地震)又先后发生大地震;7年多的时间,3~4级地震发生数千次(包括汶川地震余震)、5~7级数十次。

四川地震局地震目录揭示,川西高原和青藏高原的地质灾害多发。随着人类活动的增加以及工程建设规模的越来越大,地震及次生灾害带来的威胁也越大。金沙江、雅砻江、大渡河、岷江等大江大河,目前已建、在建大型水利水电工程达50多座,许多电站都是"高坝大库",这些工程都建在连续不断形变的地块上,许多专家担忧再发生1975年"板桥水库"失事那种连带溃坝灾害的"群溃效应";因为,一个大型工程失事,在复杂地形及高寒、高海拔环境下,来不及组织大规模救援。在这些特殊地区和大地震震中,没有"万无一失"的安全岛,而研判或预判工程安全时,每个人都应建立足够的社会责任意识。

汶川大地震前,业界专家都研判龙门山断裂带不会发生7级以上大地震,结果为误判。南水北调西线工程,调水、输水区域暂时未找到8级以上的地震纪录,但设计单位也不能和不敢排除发生强震的可能性。工程区处于具有差异地壳运动和高地应力特征的地壳地块内,地震威胁始终存在,科学不容忍"侥幸"。此外,在青藏高原强烈活动和抬升背景下,调水工程区新构造运动活跃,河流侵蚀切割显著,地貌垂直差异明显,加之岩石强度低、破碎,谷坡不稳定。因此,除地震外,崩塌、滑坡、泥石流及地震裂缝的错移和塌陷等地质灾害时有发生。在这个地区,特别是要警惕地震—暴雨—崩塌—滑坡、泥石流—堵江—决坝—洪水等地质灾害链的出现,还要认真对待工程施工期和以后运行期可能诱发的地质灾害。

7.4　大西线藏水北调水源可靠性

大西线藏水北调工程主要是指民间水利专家郭开的"朔天运河"藏水北调方案。大西线藏水北调方案即引雅鲁藏布江、怒江、澜沧江、雅砻江、金沙江、大渡河(五江一河)共计2 006亿m^3之水输入到黄河,经青海湖、岱海调蓄,引水至新疆、甘肃、宁夏、内蒙古及山西、陕西、河北、北京、天津等地。使半个中国不再困于水旱灾害。大西线之所以称为"朔天运河",是其设计者将数千公里的输水线路视为"人工天河";既然是"河",就可利用其航运。实际上,"朔天运河"由多级大坝和水库、输水隧洞、引水明渠组成;除局部输水明渠尚需要论证是否适合航运之外,其他均不具备航运条件。

"朔天运河"从西藏的朔玛滩到天津之间开一条运河,把雅鲁藏布江等五江一河的水引向西北、华北、东北等地。规划调水总量拟达2 006亿m^3,总量相当于(实际上超过)4条黄河当下的年径流总流量。

西藏水资源不仅对我国经济社会可持续发展及生态文明建设起着至关重要的作用,而且在我国乃至整个亚洲、甚至全球的生态安全、粮食安全和国家安全方面都具有十分重要的战略地位。西藏水资源非常丰沛,但相当大一部分为国际性水资源。大西线调水方案,水质完全满足要求,而取水的水量则受到多方面的制约。一方面是国际河流受国际法(公约或条约)约束;另一方面,对国内河流的调水必然影响下游用水,利益关系也非常复杂。

7.4.1 西藏内河水资源量

1)西藏官方水资源量

西藏的高原地貌使其具有得天独厚的水资源条件。我国河流数量及水资源蕴藏量最多的省区——西藏,江河纵横、湖泊密布、冰川雄厚。西藏自治区内流域面积大于10 000km^{2}的河流有20余条,大于2 000km^{2}的河流有100条以上,加上季节性流水的间歇河流,大于100km^{2}的河流数以千计。经国家权威水文机构测算,西藏河川多年平均径流总量约4 482亿m^3。其中外流水系区约为4 280亿m^3,占我国河川径流总量约2.7万亿m^{3}的15.8%。从地理分布来看,藏东南片径流量最大,年平均径流深在1 000mm以上,最大的地区达3 000mm以上;从河流密度来看,藏东片和藏东南片河流较密,特别是藏东南片每隔3~4km,就有一条常年流水的河流。

在外流水系区域中,雅鲁藏布江流出国境处的年径流量约1 390亿m^3,多年平均流量为4 425m^3/s,占西藏外流区年径流总量的42.4%,为我国第二大河黄河年径流的2.4倍。在我国,雅鲁藏布江的年产水量仅小于长江、珠江,居第三位。怒江在西藏境内的年总产水量为358.8亿m^3,占西藏外流水系总径流量的10.9%,居西藏各河流第二位。此外,藏东南的西巴霞曲年径流量为293.3亿m^3,丹龙曲为259.2亿m^3,察隅曲为252.3亿m^3。西藏境内除上述自产水量外,在西藏东北部、东部和东南部地区,还有一些客水从境外汇入西藏河段,过境水量约有370亿m^3(其中,汇流到金沙江西藏河段的年径流量约为227.7亿m^3,汇流到澜沧江西藏河段约为118.1亿m^3)。若计这部分过境水量时,西藏外流水系的年径流总量约为3 659亿m^3,即年平均流量为11 600m^3/s。

西藏河川径流量的地区分布,非常不均匀;尤其是外流区与内流区的河川径流量相差悬殊;外流区面积只占西藏总面积的49%,河川年径流总量为3 659亿m^3,却占全区河川年径流总量的92.4%;而内流区的面积占西藏总面积的51%,河川年径流总量仅占全区河川年径流总量的7.6%。而且,外流区内径流量的地区分布也很不均衡;其中:

(1)藏东南地区最丰富,年平均径流深一般大于1 000mm,局部地区超过2 500mm;

(2)巴昔卡一带径流深甚至高达3 500mm左右,成为我国径流深最大的地区之一。

(3)由藏东南往西、往北,径流深有递减的趋势;

(4)林芝、波密一带,年径流深为1 000mm;

(5)拉萨一带年径流深为300~500mm;

(6)日喀则一带,年径流深为100~200mm;

(7)阿里地区的狮泉河、基吉一带为20~40mm。

西藏各河流域之间的径流量差别也很大,其中:

(1)丹龙河流域的平均年径流深在2 000mm以上;

(2)拉萨河流域的平均年径流深为323mm;

(3)年楚河流域的平均年径流深为120mm;

(4)森格藏布流域的平均年径流深为25mm,最大年径流深与最小年径流深相差80倍。

此外,由于西藏各流域内土地开垦程度低,人类活动的影响小,天然植被保存的较为完整,且广大地区海拔在4 500m以上,气候寒冷,地表冻结时间长,海拔高处又多为固体降水,对地表侵蚀小等等,所以西藏大部分河流含沙量较小。

2)西藏水资源开发存在的问题

西藏地广人稀,水资源利用程度不高。近年除水能资源开发规模渐大之外,相较于内地其水利基础设施依然薄弱。考虑到气候变化、水土流失加剧等因素,西藏水资源开发利用还面临诸多问题:

(1)西藏高寒、高海拔及多山的地形环境,洪水及地质灾害非常严重。全区主要江河和重要城镇的防洪标准偏低,河道治理程度低,在主要河流上缺乏控制性防洪工程;次生灾害频发,严重地威胁着城镇建设及人民生命财产的安全。如2000年4月9日西藏波密县易贡藏布下游札木弄沟发生特大规模山体滑坡,形成拦蓄水量30亿 m^3 的大型堰塞湖(1900年同一地点也曾出现);2000年6月10日,溃决洪峰超过12.5万 m^3/s,特大规模挟沙洪水强烈冲刷、拓宽下游河道2~10倍以上,冲毁数座桥梁,致使交通中断数月之久。

(2)西藏基础建设起步晚、基规模小,水利工程数量少、标准低、配套设施不完善。西藏的水资源丰富,但水利基础建设落后,工程措施形成的供水能力不足40亿 m^3,而预测到2020年经济社会发展对水资源的总需求量为60亿 m^3,显然可供水量还满足不了西藏国民经济的发展需要。

(3)由于受特殊的气候、地质成因及人类活动等影响,水土流失和水污染不断加剧。西藏国面积中约有六分之五是水土流失面积,治理水土流失、保护生态环境的任务十分艰巨。尽管西藏大部分地区河流的含沙量较小,但在人口较为集中和农耕业较为发达的腹部,尤其像“一江两河”(雅鲁藏布江、年楚河、拉萨河)这样的高寒和半高寒地区,因植被覆盖率很低、降雨集中,再加上人类活动影响,致使水土流失严重,河流悬移质含沙量明显比内地许多河流还高,这种多沙河流治理难度大,水利设施受泥沙淤积危害,运行成本高、使用寿命短,工程容易报废。也就是说,泥沙问题已成为影响这一区域经济发展和生态保护的突出问题。

(4)西藏广大内流区的产水贫乏,河流水源严重不足,且在外流区内径流量的地区分布也很不均衡。解决西藏水资源与可持续发展存在的问题,其根本出路在于水资源的合理开发,尤其注重不同区域河流水资源的科学调配,实现区域内水资源调控与优化配置。在人口较为集中和农耕业较为发达的地区,可以将雅鲁藏布江等外流区河流6~9月悬移质含沙量高的特点转化为泥沙资源化的优势。

(5)高原土质疏松,容易受到流水切割。为将十分宝贵的泥沙资源留在当地,应相机大规模实施抽水灌溉工程,通过长期的浑水淤灌,改良沿岸农田、草场及林地的土壤质量,提高农牧业生产水平;同时改善生态环境,保护高原原生态,减轻泥沙对河湖水利设施的不利影响。

7.4.2 西藏主要外河水资源量

我国西南有44条国际河流,其中雅鲁藏布江(出境为布拉马普特拉河)、澜沧江(出境为湄公河)、怒江(出境为萨尔温江)的年径流总量和出境水量最为丰富。

1)雅鲁藏布江水量

雅鲁藏布江(出境为布拉马普特拉河)是西藏最大的河流,也是世界上海拔最高的河流。雅鲁藏布江发源于西藏南部、喜马拉雅山北麓的杰马央宗冰川,国内河段长为2 057km,年径流总量1 654亿m^3,进入印度称为布拉马普特拉河,长2 840km。在外流水系中,雅鲁藏布江流出国境处的年径流量可达1 390亿m^3,多年平均流量为4 425m^3/s,占西藏外流区年径流总量的42.4%,为我国第二大河黄河年径流的2.4倍。

2)澜沧江水量

澜沧江发源于青藏高原海拔5 224m的贡则木杂山冰川,流经青海、西藏、云南三省,从云南出境,进入老挝,称为湄公河(出境后流经缅甸、老挝、泰国、柬埔寨和越南,全长4 761km)。

澜沧江在我国境内长2 153km,多年平均径流总量672亿m^3,从昌都以上截流300亿m^3,仍有500多亿m^3的流量进入湄公河上游段,接近黄河的流量;这一数据也缺乏依据,说明大西线方案水量不可靠。

3)怒江水量

怒江发源于西藏唐古拉山南麓,流经西藏、云南,出境后入缅甸,称为萨尔温江。怒江—萨尔温江全长3 200km,在我国境内长2 013km,流域面积13.78km^2,怒江在西藏境内的年总产水量为358.8亿m^3,占西藏外流水系总径流量的10.9%,居西藏各河流第二位,出境水量600亿~700亿m^3。

7.4.3 藏水北调可调水量方案比较

根据有关资料,实际上藏水北调有多个方案,各方案设想的引水方式、引水地点不同,可调水量也不同。

1)方案一

方案一是建大电站抽水的藏水北调规划设想(由中科院综考会陈传友研究),在雅鲁藏布江大拐弯段建巨型水电站,利用电站动力把雅鲁藏布江、怒江、澜沧江和金沙江的部分水量提至高原上,然后自流入黄河上游的扎陵湖和鄂陵湖,经两湖反调节后输水入黄河和柴达木直至塔里木盆地。考虑调出区下游的发展,规划4江可调出水量为435亿m^3。

2)方案二

方案二是自流为主的“五江一河”高线调水规划设想(由黄河水利委员会研究)。黄河水利委员会提出:西线工程的后续水源方案,从怒江、澜沧江引水,沿4 000~3 900m高程输水进入金沙江与南水北调西线调水线路相接。然后在怒江索曲河下游海拔3 800m处筑坝(坝高300m),经280km隧洞,输水到澜沧江上游;同时在澜沧江上游子曲处筑坝,经84km隧洞将水送入通天河与南水北调西线连接;怒江、澜沧江可调水175亿m^3。远景考虑在雅鲁藏布江干流林芝附近建350m高坝,并提水900m到怒江,可调水200亿m^3。“五江一河”可调水量575亿m^3。

3)方案三

方案三是以自流为主的“五江一河”调水初步设想(原电力部贵阳勘测设计研究院方案)。

以雅鲁藏布江、怒江、澜沧江、金沙江、雅砻江、大渡河在3 500m以上的高程筑坝,雅鲁藏布江和大渡河需提水,其余自流,从阿坝以西过巴颜喀拉山分水岭入黄河。该“五江一河”

年最大可调水量 920 亿 m^3。

4）方案四

方案四是自流引水与提水相结合的“四江一河”调水规划（由水利部长江水利委员会研究）。此方案把怒江、澜沧江、金沙江、雅砻江、大渡河用拟修建的 24 个水库连起来，再经阿坝穿过巴颜喀拉山进入黄河支流加曲河。初步拟定年调水量 800 亿 m^3，其中自流 526 亿 m^3，提水 274 亿 m^3，年需电能 400 亿kW・h。再以黄河干流的大柳树枢纽为总灌渠渠首，把水引向内蒙古西部，直至新疆东部地区。如考虑从雅鲁藏布江调水还可增加 200 亿 m^3（需提水），共可调水 1 000 亿 m^3。

5）方案五

方案五是完全自流的“五江一河”低线调水设想（水利专家郭开等人研究）。该方案从西藏林芝雅鲁藏布江的朔玛滩起，沿 3 400～3 500m 等高线把五江一河沿线支流串起来，至四川阿坝入黄河，共可调水 2 006 亿 m^3。其中：

（1）雅鲁藏布江调水 976 亿 m^3，占出境水量的 70.2%；

（2）澜沧江调水 300 亿 m^3，占全年水量的 44.6%；

（3）怒江调水 480 亿 m^3；占全年水量的 68.5%；

（4）金沙江调水 200 亿 m^3；占上游全年水量的 90.4%；

（5）雅砻江调水 30 亿 m^3；

（6）大渡河调水 20 亿 m^3。

郭开认为：“青藏高原实际上是座‘湿岛’。来自印度洋上空潮湿的西南季风，在青藏高原 3 500m 等高线以上地区形成降水，年降水量 1 000 ~2 000mm。东南部念青唐古拉山年降水高达 2 800 ~3 600mm，是全国大面积降水最多的地方。西藏地区以积雪冰川和地下水形态保有的水资源达 680 万亿 m^3，是我国最大最丰富的水源，其中只有千分之一形成径流。”

6）方案合理性分析

专家研究认为：藏水北调，可调水量与取水点位置有关，越靠上游可调水量越少。上述五种调水设想方案，各调水点高程为 2 900～3 600m，可调水量为 500 亿～2 000 亿 m^3。实际上，这一估值远远超过河流生态的承受能力。根据对西南“五江一河”的水文水资源分析，各大江河在此相应高程年均径流量分别为：

（1）雅鲁藏布江可调 100 亿～300 亿 m^3；

（2）怒江可调 50 亿～100 亿 m^3；

（3）澜沧江可调 30 亿～50 亿 m^3；

（4）金沙江可调水 20 亿～30 亿 m^3；

（5）雅砻江可调水 20 亿～50 亿 m^3；

（6）大渡河可调水 30 亿～40 亿 m^3。

也就是说，“五江一河”在此相应高程的年均总径流量为 250 亿～500 亿 m^3（此调水量尚未考虑国际河流的约束）。调水，理应考虑调出区用水的发展和国际法的制约。由于来水的年内不均匀性，不可能将调水口以上的径流全部引走，虽然有的地方可从地势低处适当提水增加调水量，估算最大调水量不宜超过 500 亿 m^3。也就是说，上述五种设想方案中，大多只是考虑了“五江一河”的水文情况和调出区的发展需要，合理的调水规模宜控制在 150 亿～200 亿 m^3，调水 500 亿～2006 亿 m^3 的各设想均不科学、国际水法或公约也使其不可行。

7.4.4 大西线调水水量可靠性分析

西藏水资源特点是出境水量远远多于内流量。西藏水资源丰沛，但年际变化较大。对西藏水资源进行优化配置，思路尚可，而水量没有这些规划设计者想象的那样多。不同部门、口径，出具的水文、气象数据有差别。即使实施藏水北调，必须要摸清水资源“家底”。

大西线藏水北调，水质可靠，水量数据有点像“放卫星、喊口号”。

1)大西线方案测算的水量

大西线“朔天运河”方案，拟每年调水 2 006 亿 m^3。其依据是：

(1)设计者郭开采用了五万分之一的地图；

(2)规划设计过程中 2 次进藏、5 次到川西甘孜、阿坝以及运河沿线的实地考察。

因此有理由认为：西藏，尤其是藏东南地区拥有我国最丰富的水源；来自印度洋上空潮湿的西南季风，在青藏高原 3 500m 等高线以上形成降水，年降水量 1 000～2 000mm；东南部念青唐古拉山年均降水高达 2 800～3 600mm、墨脱高达 5 000mm，是全国大面积降水量最多的地方。而且，西藏地区以积雪冰川和地下水形态保有的水资源达 680 万亿 m^3 之巨，其中只有极少量形成径流。

“朔天运河”大西线工程引水区面积超过 100 万 km^2，年降水量 1.2 万亿 m^3，径流量 9 800 亿 m^3，其中流出国境和流入大海的达 6 988 亿 m^3。以出境水量 6 000 亿 m^3 的 1/3 计算，取水 2 006 亿 m^3 完全有保证。

2)与国家部门测算的西藏水量比较

“朔天运河”大西线调水工程具体配水计划是：调藏水为主，对长江上游各支流只调汛期洪水。其中：

(1)雅鲁藏布江年出境量 1 689 亿 m^3(官方数据 1 390 亿 m^3)，取水 1 188 亿 m^3；

(2)怒江出境量 818 亿 m^3(官方数据 600 亿～700 亿 m^3，境内 358 亿 m^3)，取水 300 亿 m^3；

(3)卡门河、西巴霞曲、丹巴曲、察隅河、独龙江等藏南 12 条河共有水 2 225 亿 m^3，可取水 1 000 亿 m^3；

(4)金沙江入长江口水量 1 500 亿 m^3，取水 200 亿 m^3(取水口以上 221 亿 m^3)；

(5)雅砻江取水 30 亿 m^3；

(6)大渡河取水 20 亿 m^3。

郭开的大西线方案提出，以上 6 处水源可取水量约 2 738 亿 m^3。考虑年际来水差异和季节变化，调水2 006亿 m^3 不会有问题。不仅如此，藏南地区还可调雅鲁藏布江干流水 300 亿 m^3，其 4 大支流水量(尼洋河 200 亿 m^3、拉月河 90 亿 m^3、易贡藏布 250 亿 m^3、帕龙藏布 300 亿 m^3)也可调；还有喜马拉雅山南坡的 8 条河可集水 700 亿 m^3。

另外，从朔玛滩到林芝全长 360km 的新建干渠还可拦蓄集密如蛛网的 46 条小支流，它们的径流总量 139 亿 m^3，其中，110 亿 m^3 可调往他处。

比较发现，郭开的“大西线”调水方案测算的水量与水利部等权威部门和研究机构测算的水量有较大出入。而且，调水量占多年平均年径流总量比例过大。即便不考虑国际河流可能引发的“水事”纠纷，调水 2 006 亿 m^3 所占比重和工程投入都将是天文数字，技术不严谨。

3)西藏水资源形成关系

西藏的水资源,与地形、地貌、地质构造及气候存在密切关系。青藏高原经历了海西、印支、燕山和喜马拉雅山多次大的地质构造运动,使西藏不断脱离海浸,由北向南逐渐形成了昆仑山、喀喇昆仑山、唐古拉山、冈底斯山、念青唐古拉山和喜马拉雅山脉,同时还发育起无数条支脉,纵横交织。在这些山脉之间,经雨水、冰雪融水和地下水等常年不断地冲刷、侵蚀、滞留等形成了众多的江河和湖泊。其中,藏东南和藏东地区河网密度最大,愈往西北河网密度愈小。

(1)海拔与降雨关系。西藏地势是西部、北部海拔高,平均海拔在4 500m以上,气候属于半干旱、干旱的寒带,年平均降水量在300mm以下,有的地区不足50mm,而年平均蒸发量在2 000mm以上;中小河流大多是间歇来水。西藏东部、东南部平均海拔在3 500m以下,气候属湿润亚热带和半湿润亚热带,年平均降水量为500~1 500mm,年均蒸发量为1 500~1 750mm;河流常年有水、少水。西藏南部平均海拔为3 500~4 500m,年平均降水量为400~500mm;年平均蒸发量为1 750~2 000mm,大部分河流是常年有水,而且河谷比较宽阔,水流平缓,两侧滩地、阶地宽广。

(2)径流形成与补给的关系。西藏河川径流是由雨水、冰雪融水和地下水三种补给形式组成的;其冰雪融水和地下水补给量在西藏河川径流中占有相当大的比重,这是西藏河流的一个重要特点。根据西藏河川径流的补给形式,可将全自治区划分成几个地区:藏西部、北部以地下水补给型为主,中部、南部以雨水补给型为主,帕龙藏布以及喜马拉雅山麓的一些河川径流以冰雪融水补给型为主;东部的几条大河的河川径流则为混合型补给,中小河的河川径流多以雨水补给型为主。

雨水补给型为主的河流径流特征为:6—9月水量最大;以地下水补给型为主的河流的河川径流特征是水量比较稳定,以冰雪融水补型和混合型补给的河流的河川径流特征是年际变化小、水量少。

(3)西藏水资源量。相对于300万人口来说,西藏的水资源蕴藏量丰富。据统计西藏平均年水资源总量为4 482亿m^3,占全国平均年水资源总量的15.94%,居全国各省、自治区、直辖市平均年水资源总量的首位。按西藏人口计算,人均占有水量约20万m^3,是全国人均水资源量的100倍,也居全国各省、区首位。此外,西藏湖泊的水资源也十分丰富,湖泊的面积大于或等于1km^2的贮水总量为3 472亿m^3,其中淡水贮量为626亿m^3。

(4)尽管由雅鲁藏布江、怒江、澜沧江等组成的西南诸河,土地面积占全国的10%,人口、耕地分别占全国的1.5%和1.7%,水资源量占全国的21%,人均水资源量超过全国人均水量的14倍,高于世界人均水量的3倍。然而这丰富的水资源,大部分为国际河流流出国境。

4)大西线调水水量可靠性分析

(1)雅鲁藏布江流出国境处的年径流量可达1 390亿m^3,多年平均流量为4 425m^3/s,占西藏外流区年径流总量的42.4%,如若调水976亿~1 188亿m^3,占出境水量的70.2%~85%。无论国际法和国家间关系是否允许,这个调水规模和投入都是一件十分"恐怖"的事情。

(2)澜沧江调水水量。澜沧江多年平均径流总量672亿m^3(郭开测算年径流量为829亿m^3),从昌都以上截流300亿m^3,只有近372多亿m^3的流量进入湄公河上游段,接近20

年前黄河的入海量。

(3)怒江调水水量。怒江在西藏境内的年总产水量为358.8亿 m^3,占西藏外流水系总径流量的10.9%,出境水量600亿~700亿 m^3(郭开的方案中怒江出境量818亿 m^3,取水300亿~480亿 m^3)。

有专家认为,郭开的"大西线"方案不切实际,应将调引2 006亿 m^3(甚至称3 000亿 m^3)水的不现实目标降至600亿 m^3 以下(初步研究得出:调水区相应海拔线间年均河川径流来水量只有750亿~1 500亿 m^3)。而且筑坝高度、隧洞尺度、工程规模等都会减小,工程难度也会明显降低。

事实上,无论是调水2 006亿 m^3,还是调水600亿 m^3,这都是无视科学、无视生态改变、无视工程投入和灾难及风险的"大跃进、大改造、大干快上"的错误思路作祟。

5)西水北调尚需科学研究

郭开在一份研究报告中提出:长江上游洪水高峰期15天,总流量500亿 m^3,"朔天运河"在长江上游的金沙江、雅砻江、大渡河、岷江、嘉陵江建16个大水库,总库容2 800亿 m^3,完全可以拦蓄上游洪水不下泄,并以每秒3万~4万 m^3 的输水能力将这些洪水引向北国,成为滋润北国的玉液琼浆。"朔天运河"这一神奇功能,可以使长江洪期的干流水位下降4~6m。对上游长江水患的根除,三峡工程的安全得到了保障,继而发挥其蓄洪、发电和航运等作用。

以3万~4万 m^3/s 的过水能力,按1.0m/s的安全流速,考虑充盈系数需要过水断面达到5万~6万 m^2。类比南水北调中线总干渠的输水规模及能力,"朔天运河"大西线需要建10~15条中线工程同等规模的总干渠或同等直径的"穿黄隧洞"输水。这项工程,无比浩大,远远超过郭开的设想。

清华大学王光谦院士设想的西线调水方案与国务院批准的南水北调西线工程方案有所不同,也与民间水利专家郭开提出的"大西线"引水方案迥异。主要思路是从西藏的雅鲁藏布江调水,顺着青藏铁路到青海省格尔木,再到河西走廊,最终到达新疆。西藏之水,是解决我国西北、华北地区水资源短缺的重要来源;而且,向区外调水也是直接促进西藏经济增长的有效途径。调水,只能优先解决城市发展和人民生产生活急需,用于治理沙漠可能是"杯水车薪"。调水量并不是越多越好,调水100亿 m^3 就能使水源区和受水区产生巨大的经济、社会、生态效益。水资源可以并应该循环使用;用得越多,污染范围越大,应当权衡利弊优化选择调水方案。

7.5 小江、大宁河调水方案水源可靠性

小江调水方案和大宁河引水工程都在三峡工程水库区取水,水源水质和水量均满足向黄河流域的渭河补水以及向汉江丹江口水库引水的要求。

7.5.1 三峡水库的水质状况

长江流域水资源报告表明,长江流域正面临着水资源、水灾害、水污染、水生态四大水问题困扰。有专家认为,这四大问题表现在水资源合理利用程度低、干旱缺水形势越来越严峻、水质整体恶化趋势明显、水生态功能渐失与生物多样性锐减。受气候条件以及人类活动

因素影响,长江流域水资源与水环境状况都在发生着深刻的变化。尤其是近15年来,因气候变化与持续干旱,长江上游来水持续偏少,造成水资源总量有所减少;加上沿江经济带污染排放量增加,中下游江水水质及受污染的态势不容乐观。

进入21世纪,长江流域经济带工业发展步伐加快,在水环境保护自觉性与执法力度不够的情况下,废污水排放变得无所顾忌;特别是农业大量使用农药和化肥,面源污染日趋严重;新城镇建设,有毒有害固体废弃物随意堆放等导致河湖及地下水污染,使长江水质下降,沿江工业发达的大中城市尤为明显。水质的日益恶化,使许多城镇饮水水源受到水污染威胁。

7.5.1.1　主要干流水质优于支流

根据水质监测资料,长江干流总体水质良好,水质劣于Ⅲ类的河长占总评价河长的33.3%。其中,长江干流劣于Ⅲ类水的河长比例为27%,支流水系劣于Ⅲ类水的河长比例为37.3%,干流总体水质优于支流。与2012年相比,支流水质也有所好转。长江上游的主要支流雅砻江、大渡河、嘉陵江、乌江、沅江和汉江水质基本稳定,其他支流污染加重。根据水资源公报,长江部分河段水质评价水功能区达标率越来越低,未达标水功能区的主要超标项目为氨氮、高锰酸盐指数、五日生化需氧量、溶解氧和石油类。

以长江中下游江段功能区水质达标率统计结果,宜昌以上上游江段为87%,宜昌至湖口中游江段为74%,湖口以下下游江段为66.4%,表明长江干流从上游至下游水质越来越差,污染负荷逐渐趋重。但金沙江、岷江、沱江等支流功能区水质较差,其中金沙江石鼓以上江段功能区水质达标率较低。

7.5.1.2　水环境整体变化趋势

由于长江流域年径流总量较大,沿江大城市部分采取了水污染控制措施,或实施了一些重点治理工程,干流水质总体上维持在一定水平。应当承认,我国尤其是长江经济带年经济总量越来越大,大城市局部治理的速度远远赶不上污染的步伐,流域污染的负荷逐年增加,流域水质进一步恶化的风险也在加大,流域废污水年排放量增长超过8%。污染源的增加和污染面的扩展,日益威胁着几亿人的饮水安全和生命健康。2009年的调查显示,长江干流20多个城市超过700km长的江段,岸边污染带约600km。流域水污染总趋势是。

(1)小支流及流经大中城市的较大支流常年遭受污染;

(2)大多数大中型支流呈间歇性污染;

(3)干流岸边污染带持续延展;

(4)水质为下游劣于上中游、支流劣于干流、岸边劣于中泓,主要超标水质因子为高锰酸盐指数、氨氮、五日生化需氧量、石油类等。

7.5.1.3　水污染突发事件增多

20世纪90年代以后,因经济活动频繁、事故应急与控制手段不完善、污染事故责任机制不健全,导致水污染突发事件增多。据长江水源保护部门统计,位于长江沿岸的危险、化工企业有近万家,约占全国总数的45%;在全国总投资10 152亿元的7 555个化工、石化建设项目中,45%为重大风险源,且大多在长江流域。同时,长江流域还有数量众多的危险品运输码头。这些企业、码头的任何一次安全事故都可能成为重大水污染事件。除自然因素发生泄漏、翻车翻船造成危废品入江之外,恶意排污、倾倒有毒、有害甚至剧毒危化品如化工废料的事件也频繁被发现。

官方统计,仅2006年上半年,长江水源保护局就收到流域各省级水行政主管部门报告的突发性重大水污染事件17起,参与监测、调查的突发性水污染事件有6起,参与调查的水污染事故8起,隐瞒未报也未及时查处的水污染突发事件还有多起。

7.5.1.4 三峡库区以上主要支流水质

三峡水库,接纳了流域上游地区所有来水及污染物。由于水库全年来水量大、水域宽阔,水体对一定量污水具有稀释与自净化能力(虽然流速降低可能抵消部分稀释与净化能力)。除库区支流水质总体呈下降趋势外(主要是富营养化问题突出),水库整体水质较好。

2003年蓄水前,乌江、龙河、小江、汤溪河、磨刀溪、长滩河、梅溪河、大宁河和香溪河9条支流水环境监测结果表明:库区支流主要水质类别为Ⅱ类和Ⅲ类,55.6%的支流水质类别为Ⅱ类,33.3%的支流水质类别为Ⅲ类,11.1%的支流水质类别为Ⅴ类。主要支流水质影响因子分别为:香溪河为总磷(Ⅴ类),小江为氨氮(Ⅲ类)、高锰酸盐指数(Ⅲ类),乌江为汞(Ⅵ类)、总磷(Ⅲ类)。

其中,从大于100km^{2}的40条一级支流近年的水环境数据得出结论:

(1)蓄水以来库区支流水质明显下降;

(2)Ⅱ类水质断面日趋减少,Ⅳ类水质断面增加迅速;

(3)局部水域某些时段甚至出现Ⅴ类和劣Ⅴ类水质,超标指标主要是总氮、总磷和高锰酸盐指数;

(4)同一支流不同河段水质差别明显,存在显著的空间异质性特性,回水区营养负荷高,水质明显比非回水区差。

此外,支流水质的季节差异明显,同一水域不同月份的水质状况迥然不同,总体上冬季水质最好,秋季次之,春夏季水质较差。随着水量减少趋势,目前库区支流水体氮、磷含量偏高,总体已处于中营养—富营养水平,局部有向富营养化过度的趋势,中富营养断面逐渐增多;其"水华"区域pH值范围为8.4~9.4,叶绿素A浓度为42.4~291.7μg/L,藻类密度范围为$2.1\times10^3\sim1.3\times10^8$个/L。现场调查发现,香溪河、大宁河、小江等支流富营养化严重,局部水域在春夏季呈重度富营养状态,如香溪河吴家湾水域、大宁河大昌水域等。

7.5.1.5 三峡库区与支流回水区"水华"情势

2003年6月,三峡库湾与支流回水区发现"水华"现象。其后,"水华"问题就成为三峡水库水环境的突出问题和公众关注的焦点。"水华"频繁出现,预示水库库湾和支流回水区富营养化程度逐渐加重,库区水环境情势严峻。一些典型"水华"事件主要是:

(1)2003年5月26日至6月10日,三峡水库蓄水至135m。在蓄水位抬高过程中,距坝址较近的香溪河等因首先受到长江干流的顶托影响,流速变缓,出现回水区,在气象条件下与营养盐水平等因素的共同作用下,香溪口至峡口镇约17km的河段水域首度出现"水华",水体呈淡棕黄色;6月7日大宁河龙门大桥水域也出现"水华";6月10日,水位蓄至135m,水库下泄量加大,流速加快,加上出现阴雨天气,气温下降,"水华"消退。据不完全统计,2003年累计发生"水华"3起,2004年发生6起,2005年为19起,而2006年仅2—3月就发生10多起。其中以小江、汤溪河、磨刀溪、长滩河、梅溪河、大宁河和香溪河最为严重。

(2)2004年春夏季,部分支流"水华"暴发时段为2—6月,水域范围基本固定。其中坝前凤凰山库湾3月上旬发生"水华",水体呈酱油色,优势种为硅藻门的星杆藻和甲藻门的拟多甲藻,持续时间约7天;香溪河于2月下旬、3月中旬至4月上旬和6月上旬发生"水华",

持续时间分别为 5 天、1 个月和 10 天左右，发生范围主要集中在峡口镇以下至香溪河渡口约 20km 回水顶托河段，水体浑浊，水色呈酱油色或微带黄绿色，优势种为硅藻门的小环藻和星杆藻；大宁河于 3 月下旬至 4 月上旬、5 月下旬、6 月上旬和 6 月下旬发生“水华”，各时间段“水华”持续时间分别在 10 天左右，发生水域分别为巴雾峡口至大宁河口河段、双龙—银窝滩—龙门河段、马渡河至大宁河口藻门的星杆藻河段，水体呈浅黄绿色或浅酱油色，有较重鱼腥味，优势种为绿藻门的小球藻、硅藻门的星杆藻、甲藻门的拟多甲藻、绿藻门的小球藻和实球藻；神女溪发生水域为倒车坝 6 号航标附近约 1.5km 长的河段。

(3)2005 年支流回水区多次出现“水华”，时间集中在 3—7 月。3 月上旬抱龙河、大戏和出现“水华”，河段长度分别为 3.0km 和 5.0km；3 月中旬抱龙河、大溪河、大宁河、童庄河、叱溪河、坝前木鱼岛出现“水华”，抱龙河、大溪河的“水华”河段长度分别 5.0km、7.0km 和 5.0km，其他支流暴发水域范围缩小；3 月下旬抱龙河、神女溪、磨刀溪、汤溪河、澎溪河、长滩河、长江八角处出现“水华”，河段长度分别为 4.0km、2.5km、3.0km、2.5km、3.0km、1.5km 和 1.0km；4 月梅溪河出现甲藻，“水华”水体呈酱油色，优势种为甲藻门的拟多甲藻，藻类密度高达 3.0×10^7 个/L；4 月下旬和 5 月上旬万州区瀼渡河出现“水华”；5 月上旬奉节梅溪河、朱衣河、草堂河出现“水华”；5 月下旬梅溪河水体再次暴发“水华”；7 月香溪河出现短期“水华”，水体呈蓝绿色且伴有浓烈的腥臭味，藻类细胞密度高达 1.1×10^8 个/L。

(4)2006 年 2—3 月，库区香溪河、青干河、大宁河、抱龙河、神女溪、澎溪河、汤溪河、磨刀溪、长滩河、草堂河、梅溪河、朱衣河、苎溪河、黄金河、汝溪河 15 条长江一级支流出现“水华”现象，发生“水华”水域的 pH 值为 8.1~9.2，叶绿素 a 含量为 10.6~98.1g/L，藻类细胞密度为 3.2×10^6~7.3×10^7 个/L，藻类优势种为硅藻门的小环藻、甲门藻的拟多甲藻、绿藻门的衣藻和隐藻等。不同支流或统一直流不同水域和时段出现了不同类型的“水华”。另外发现小江在夏季出现了蓝藻束丝藻“水华”，秋季在香溪河高阳镇下游水域也发现了有毒甲藻。2006 年水库蓄水至 156m 后，小江回水淹没了云阳境内 100 多处小型堰塘、16 个直流库汊以及高阳镇高阳坝、李家坝和养鹿乡的铜陵坝等，在高阳至养鹿段长约 20km 的河段出现了大面积水葫芦和浮萍等水生植物。

(5)2007 年，三峡库区有 7 条支流出现了“水华”，分别为汝溪河、黄金河、澎溪河、磨刀溪、梅溪河、大宁河和香溪河等，藻类优势种主要为硅藻门的小环藻，甲藻门的拟多甲藻、绿藻门的空球藻、隐藻门的隐藻以及蓝藻门的微囊藻等。同时，库区部分支流的“水华”藻类优势种总体上呈现由河流型(硅藻、甲藻等)向湖泊型(绿藻、隐藻、蓝藻等)演变的趋势。

(6)2008 年“水华”暴发时间相对延迟，水库主要一级支流如香溪河、童庄河、青干河、神龙溪、大宁河、草堂河、梅溪河等均在 3 月中下旬开始出现甲藻“水华”，到 4 月底以硅藻“水华”为主；“水华”暴发程度较 2007 年有所减缓，持续时间缩短，但频率增加，且除以往的“水华”高发水域外，还出现一些新的水域。此外，2008 年 1 月在大宁河，6 月在香溪河、神龙溪等支流出现了以铜绿微囊藻为优势种的大面积蓝藻“水华”。其中 6 月“水华”暴发持续了 10~15 天，发生河段长度神龙溪约为 10km，香溪河段约为 25km，水体中藻类密度高达 4.65×10^8 个/L，叶绿素 a 含量最高达到了 98.20μg/L。6 月 16 日起，香溪河出现大面积“水华”，最严重时“水华”河段长度超过了 25km，部分河段藻类布满整个河面。藻类密度超过“水华”发生的临界值 3~4 倍。此次“水华”暴发历时 1 个月有余，直到 7 月 20 日后才有所减轻。

(7)“水华”发生期pH值变化规律明显。一般在水库“水华”发生初期pH值为7.5,增长期为8.5,最高可达9.0,消失期pH值降低。156m蓄水位三峡库区支流“水华”暴发主要发生在香溪河、童庄河、青干河、神龙溪、大宁河、磨刀溪、长滩河、梅溪河、汤溪河和小江等受回水顶托影响的河流,而在香溪河、大宁河等支流的上游非回水区,以及御临河、龙溪河和龙河等尚未受到回水影响或影响较小的河流均未发生“水华”;由此可见,水库蓄水后回水顶托作用对支流“水华”现象产生的显著影响。

(8)“水华”趋势。逐步抬高水位的几年间,“水华”发生的范围在扩大。受库区及上游点源和非点源污染的影响,库区干流与支流水体的营养状况均已具备发生“水华”条件,若入库污染负荷不发生根本性改变,在合适的气温下,水流流态状况成为“水华”发生的主要因子。随着水库蓄水的进一步实施,回水区域将进一步加大,已受回水影响的河流其回水水域将进一步延展。

(9)“水华”发生时间趋于集中,优势种趋于多样化。在135m蓄水位下,“水华”频发时段主要集中在3—7月,这是因为此时水库的水位变动不大,水体滞留时间较长,有利于“水华”暴发。蓄水至175m后,尽管回水面更大、流速更缓、水体滞留时间更长,但根据水库运行要求,每年5月初起需在汛前降低水位达到防洪库容,因此水位变动幅度加大,这将不利于藻类的生长,因此,预计“水华”发生时段将主要集中在条件相对适宜的3—4月。库区支流水体藻类丰富,其中有相当一部分在条件适宜的情况下可以形成“水华”,主要包括硅藻、甲藻、隐藻、绿藻、蓝藻5大类及其组合型。随着水库的蓄水,库区会形成更多类型的回水水域,未来“水华”的优势藻种将更加多样化。

7.5.2 三峡水库的水量变化

长江流域中上游水资源量受气候影响明显;尤其是丰水年与枯水年在上游区域的差异较大,中下游差异较小。1980—2000年的20年里,因降水、蒸发以及下垫面条件的影响,流域地表水资源量有所增加,地下水资源量变化不大。上游地区降水、地表水资源量和水资源总量变化均不大。也就是说,人为活动的频繁改变了气候条件,导致中上游来水减少。例如:2000年以来气候持续偏干,使流域水资源总量有所减少,具体反映在2000年长江流域降水量、地表水资源量和水资源总量分别为19 564.6亿m^3、9 923.2亿m^3和10 037.2亿m^3;而2007年,长江流域降水量、地表水资源量和水资源总量则分别减少为18 026.6亿m^3、8 701.2m^3和8 811.3亿m^3,降幅与2000年相比分别达7.9%、12.3%和12.2%。

长江流域部分区域水资源量年际变化较大,降水年际变幅达1.3~2.5倍;以湖口以下干流最大,径流年际变幅达1.5~12.8倍,以太湖水系变化最大。长江流域径流丰枯变化频繁,1956—2000年偏丰和枯水年有17年,占37.8%,正常年份12年,占26.7%。且出现连续丰水年或连续枯水年的情况,给水资源开发利用造成一定困难。同时,长江降水量和河川径流量的60%~80%集中在汛期,长江干流上游比下游、北岸比南岸集中程度更高,年内分布不均性显著。

长江宜昌以上为上游,三峡库区流域控制面积为100万km^2。三峡工程建设前,长江宜昌水文站多年平均测得年径流量约4 510亿m^3,近30年来测得的平均值下降到4 100亿m^3左右。换句话说,上游来水年际变化非常明显,三峡水库多年径流总量、多年平均流量、1981年汛期入库流量分别见表7-1、表7-2、表7-3。这既与2006年以来重庆、贵州、云南、四川持续来水减少有关,也可能与三峡工程投入运行后,随着水情测报系统的完善,来水量情况更为准确有关。除根据近年水文测报数据分析得出三峡库区来水持续递减之外,根据观察和经验及分析,2014 年、特别是 2015 年上游降雨比往年增加很多。

表 7-1　三峡水库多年径流总量　　单位:亿 m^3

年份	1 月	2 月	3 月	4 月	5 月	6 月	7 月	8 月	9 月	10 月	11 月	12 月	年总径流量
1981	—	—	—	—	—	—	1 014	793	782	393	207	139	—
1998	104	80	101	133	302	396	1 196	1 388	762	363	194	138	5 157
1999	145	118	122	197	328	344	638	840	488	335	177	136	3 868
2000	117	102	139	185	206	579	949	705	704	586	254	164	4 690
2001	127	104	110	147	250	496	578	610	825	520	276	165	4 208
2002	122	107	145	173	390	592	538	856	311	276	183	128	3 821
2003	107	81	95	132	261	474	830	580	782	380	209	160	4 091
2004	120	107	142	200	306	512	591	526	712	443	260	171	4 090
2005	138	110	152	191	357	455	754	928	570	502	248	158	4 563
2006	132	125	174	166	276	349	510	257	324	342	183	141	2 979
2007	127	103	118	170	228	469	843	638	634	370	202	136	4 038
2008	120	106	148	222	270	391	593	738	685	410	406	156	4 245
2009	145	118	122	197	328	344	638	840	488	335	177	136	3 868
2010	117	89	112	159	263	442	922	662	—	—	—	—	—
多年平均总径流量	125	104	129	175	290	449	757	797	621	404	229	148	—

表 7-2　三峡水库多年平均流量　　单位:m^3/s

年份	1 月	2 月	3 月	4 月	5 月	6 月	7 月	8 月	9 月	10 月	11 月	12 月	年总径流量
1981	—	—	—	—	—	—	37 842	29 623	30 163	14 670	7 968	5 203	71 600
1998	3 882	3 295	3 766	5 113	11 290	15 268	44 665	51 824	29 415	13 553	7 498	5 149	61 000
1999	5 400	4 886	4 552	7 612	12 258	13 280	23 818	31 369	18 830	12 521	6 846	5 077	55 000
2000	4 380	4 211	5 206	7 123	7 689	22 338	35 442	26 315	27 158	21 879	9 796	6 135	53 000
2001	4 724	4 292	4 125	5 686	9 323	19 122	21 587	22 782	31 840	19 421	10 642	6 168	41 400
2002	4 567	4 427	5 398	6 671	14 560	22 837	20 090	31 971	11 983	10 311	7 053	4 766	46 800
2003	3 991	3 359	3 543	5 075	9 742	18 283	30 971	21 640	30 188	14 202	8 058	5 985	43 000
2004	4 484	4 416	5 319	7 724	11 440	19 770	22 081	19 627	27 483	16 550	10 041	6 376	60 500
2005	5 159	4 530	5 672	7 354	13 323	17 542	28 168	34 660	21 982	18 724	9 556	5 890	43 500
2006	4 918	5 178	6 481	6 416	10 318	13 475	19 060	9 597	12 503	12 784	7 055	5 256	29 300

续表

年份	1月	2月	3月	4月	5月	6月	7月	8月	9月	10月	11月	12月	年总径流量
2007	4 724	4 251	4 398	6 543	8 526	18 092	31 492	23 813	24 472	13 808	7 802	5 070	52 500
2008	4 478	4 378	5 540	8 581	10 068	15 083	22 134	27 571	26 445	15 316	15 672	5 815	41 000
2009	5 400	4 886	4 552	7 612	12 258	13 280	23 818	31 369	18 830	12 521	6 846	5 077	55 000
2010	4 369	3 674	4 198	6 143	9 813	17 067	34 411	—	—	—	—	—	70 000
多年平均流量	4 652	4 291	4 827	6 743	10 816	17 341	28 256	27 859	23 946	15 097	8 833	5 536	—

表 7-3 三峡水库 1981 年汛期入库流量 单位：m^3/s

日	时	7月	8月	9月	10月	11月	12月
1	8	36 000	21 300	26 700	18 300	8 770	6 330
	20	35 800	20 600	25 800	18 300	8 810	6 310
2	8	35 100	19 700	25 900	17 900	8 810	6 510
	20	33 800	19 600	26 500	17 900	8 770	6 530
3	8	33 000	18 400	26 400	17 500	8 540	6 460
	20	31 900	18 100	26 600	19 200	8 180	6 090
4	8	32 700	17 700	27 800	19 400	8 090	6 000
	20	34 600	17 500	29 700	20 200	7 730	6 390
5	8	34 600	17 500	33 000	21 100	7 810	6 270
	20	34 600	17 500	38 100	20 300	8 150	6 250
6	8	34 600	17 500	41 700	20 900	8 150	6 240
	20	34 400	17 500	45 000	21 500	8 150	5 970
7	8	34 600	18 500	46 900	21 400	8 180	5 850
	20	35 900	18 400	46 500	21 200	8 310	5 800
8	8	37 800	17 800	46 000	20 600	8 330	5 800
	20	38 400	17 700	43 800	19 500	8 390	5 800
9	8	38 400	16 800	40 700	18 700	8 720	5 800
	20	37 800	16 500	37 900	18 700	9 610	5 860
10	8	36 100	16 200	35 400	18 600	9 820	5 640
	20	35 100	16 200	34 200	18 300	10 400	5 640
11	8	33 400	16 700	34 600	17 500	10 300	5 490
	20	32 200	19 900	35 600	17 400	10 300	5 320

续表

日	时	7月	8月	9月	10月	11月	12月
12	8	30 200	18 200	37 700	17 000	10 200	5 380
	20	29 100	17 500	38 700	16 800	10 100	5 160
13	8	28 300	19 200	38 200	16 700	9 930	5 060
	20	27 600	28 400	36 500	16 000	9 800	4 920
14	8	28 100	31 800	35 100	15 800	9 310	4 860
	20	28 200	32 900	33 300	15 600	8 880	4 770
15	8	29 200	31 600	32 100	14 600	8 830	4 800
	20	33 200	29 700	30 900	14 200	8 510	4 810
16	8	37 000	28 400	30 500	13 600	8 150	4 790
	20	45 200	26 900	30 300	13 500	8 030	4 790
17	8	55 300	25 400	30 100	12 700	7 980	4 750
	20	63 500	25 100	30 100	12 900	7 950	4 770
18	8	68 000	24 000	30 100	12 800	7 590	4 800
	20	71 600	24 000	30 100	11 500	7 410	4 800
19	8	71 500	25 900	30 100	12 000	7 410	5 000
	20	68 300	31 000	29 300	11 700	7 410	5 110
20	8	64 800	37 300	28 600	11 400	7 260	5 120
	20	57 600	42 800	27 500	11 200	7 010	5 260
21	8	51 300	46 000	26 600	10 700	6 980	5 230
	20	47 300	47 300	25 800	10 800	6 870	4 980
22	8	44 100	47 500	25 400	10 800	6 760	4 990
	20	41 200	46 200	24 800	10 800	6 900	5 010
23	8	40 800	45 200	24 700	10 400	7 000	5 070
	20	40 200	44 000	24 700	10 800	6 730	5 420
24	8	40 000	43 300	24 600	10 900	6 850	5 180
	20	39 400	42 300	24 500	11 100	6 830	4 740
25	8	38 800	41 900	23 900	11 500	6 730	4 600
	20	36 900	44 300	22 600	11 500	6 800	4 540
26	8	34 300	44 100	22 500	11 600	6 740	4 430
	20	31 900	43 600	22 100	11 900	6 370	4 530
27	8	29 900	43 600	22 100	11 700	6 520	4 460
	20	28 300	45 000	22 000	11 300	6 590	4 250

续表

日	时	7月	8月	9月	10月	11月	12月
28	8	26 200	47 100	21 200	10 900	6 580	4 330
	20	24 900	47 300	20 700	10 800	6 540	4 200
29	8	24 600	45 700	19 600	10 300	6 750	3 950
	20	24 600	41 800	19 700	9 800	6 690	3 930
30	8	23 800	38 700	19 500	9 750	6 410	4 470
	20	23 900	34 700	18 800	9 520	6 330	4 780
31	8	23 300	31 100	—	9 470	—	4 290
	20	22 400	28 200	—	8 770	—	3 930
平均流量/(m^3/s)		37 842	29 623	30 163	14 670	7 968	5 203

7.5.3 小江、大宁河调水方案水质的可靠性分析

7.5.3.1 三峡库区水污染现状与水环境改善情况

三峡水库位于长江上中游结合处,与一般大型水库不同,库区城镇众多、人口密集,总人口超过2 100万人,经济相对落后,属我国连片欠发达地区,面临较大,发展压力和环境压力较重。水库接纳了上游100万km^2集水区的汇水,水污染问题非常复杂,既要考虑上游及库周点源与非点源的污染物排放影响,又要考虑三峡蓄水运行以来的水文情势变化。由于长江流域上游来水是中下游沿江城镇和农村生活与生产的重要水源,水质的变化对于长江经济带的可持续发展以及数亿民众的生命健康至关重要。因此,需要严格保护三峡水库及以上来水水质,有效治理和控制沿江水污染。

三峡水库水质总体稳定,各大中城市污水处理设施逐渐完善,污水处理率也在逐步提高;《中华人民共和国环境保护法》的实施以及《中华人民共和国水污染防治法》的修订,加重了违法或排污者的法律责任,民众和企业的环保意识进一步增强,三峡水库水质状况有望得到一定程度改善。

7.5.3.2 三峡库区水污染防治进展

中央政府对三峡工程的环境保护一直给予了高度重视。自1993年以来,采取了一系列保护政策和措施,各有关部门和地方各级政府也为保护三峡水环境做出了一定努力。

1)水质监测

“九五”以来,国家实施了《长江上游水污染整治规划》《三峡库区及其上游水污染防治规划》《三峡水库库周绿化带建设规划》等;建立了“长江三峡工程生态与环境监测系统”;同时,先后安排了“三峡移民区水环境变化预测及污染防治对策研究”“三峡库区生态环境建设研究”“三峡移民工程中的生态环境保护研究”“长江三峡工程库区移民搬迁安置环境保护行动计划”“三峡水库水体中氮、磷的影响研究”等科研项目;设立了由14个部门和单位组成的三峡库区及其上游水污染防治部际联席会议制度等。这一系列政策措施的逐步落实,在保护三峡地区水环境方面发挥了重要作用。

2)重点治理

在《三峡库区及其上游水污染防治规划(2001—2010年)》中,中央财政共安排了392.2亿元资金用于库区及上游地区污水处理厂和垃圾处理厂等设施的建设。2002—2005年,累计完成治理投资181.7亿元(其中国家投资129.2亿元),完成治理项目309个(包括78个污水处理项目,80个垃圾处理项目,3个生态保护项目,142个重点污染源治理项目,6个次级河流整治项目)。

3)垃圾处理

截至2007年底,三峡库区累计完成移民项目投资376.40亿元(静态),搬迁安置移民122万人,搬迁、破产、关闭工矿企业1 599家,全国对口支援三峡库区的资金累计达421亿元,三峡地区已建成126座生活污水处理厂(库区33座、影响区23座、上游区70座),污水处理能力达到593.3万t/d(21.7亿t/a),库区城镇已建成41座垃圾处理场,处理能力约1.1万t/d,治污能力大为改善,为削减污染物排放量,保持长江干流水质稳定在Ⅱ、Ⅲ类做出了重要贡献。

4)水土流失治理

长江上中游水土保持重点防治工程、长江上游防护林工程、退耕还林还草工程、天然林保护工程等生态保护和建设项目的实施,在一定程度上控制了水土流失,减少了库区上游地区的土壤侵蚀量和入库泥沙量,对面源污染控制发挥了重要作用。2003—2007年,入库泥沙量年均值为2.03亿t,比多年均值减少了54%。

5)制度建设

2008年1月,《三峡库区及其上游水污染防治规划》(修订本)经国务院批准实施,拟在"十一五"期间再投资228.24亿元,用于三峡库区污水处理厂和垃圾处理场建设、工业污染和船舶流动源污染治理以及小流域综合整治,这必将进一步提升三峡库区的治污和控污能力,促进库区的节能减排工作,有利于更好地保护水库水环境。

7.5.3.3 **三峡库区主要污染来源分析**

影响三峡水库水质的污染物主要来自库区及上游地区排放的工业废水、生活污水、垃圾,以及面源污染和船舶等流动污染源。据2004年统计资料,重庆市排放的COD、NH_3-N和TP中,农业占51.6%、城镇占21.7%、工业占16.1%。

(1)点污染源。2007年以来环境统计结果显示,三峡库区工业废水年排放量约4.9亿t,其中重庆库区为4.70亿t,湖北库区为0.20亿t,分别占97.3%和2.7%。在排放的城镇生活污水中,化学需氧量和氨氮排放量分别为9.62万t和0.93万t。

(2)2007年,三峡库区城镇已建成一批污水处理厂和垃圾处场,形成了一定的处理能力;2007年库区工业废水与城镇生活污水排放量较2006年有所下降,说明这些设施对削弱入库污染负荷发挥了重要作用。

(3)非点源污染。库区非点源污染主要来自农业化肥、农药流失、畜禽养殖污染和城市地表径流,是水库中氮、磷的重要来源。此外,水库蓄水后,淹没区地表的各种废弃物,土壤中部分污染物和氮、磷等营养元素的溶出,也会在一定时段内对水库水质产生显著影响。

尤其近年来,由于长江流域化肥、农药大量使用,面源污染日益严重。随着产业结构的调整,农业,特别是畜禽养殖和化肥农药将成为主要的污染物来源,成为影响水质的重要因素。三峡库区化肥施用量大,1996—2004年调查显示,库区农业化肥使用量达481.7kg/

hm^2,为2003年全国平均值的1.93倍,这在客观上为控制氮、磷的排放增加了难度;2007年,库区共施用化肥(折纯量)16.6万t,比上年增加7.4%。库区化肥流失总量为1.38万t,比上年增加14.0%。使用农药(折纯量)654.12t,较上年减少0.2%。

(4)流动污染源。三峡水库蓄水后,通航条件得到较大改善。库区客货运船舶数量增加,使船舶流动污染源影响更为突出。2007年检测结果显示:航行于库区并产生油污水的船舶约6 753艘,由此估算库区船舶油污水年产生量为50.93万t;处理量为48.31万t,处理率为94.8%。处理后排放达标量为40.72万t,排放达标率为84.3%。与2006年相比,船舶油污水产生和处理排放情况变化不大。各类船舶机舱油污水产生量大小顺序与上年相同,依次为货船26.93万t,客船18.06万t,拖轮3.25万t,其他船2.06万t,旅游船0.63万t,分别占油污水产生总量的52.9%、35.5%、6.4%、4.0%和1.2%。

在排放的油污水中,石油类排放量为39.54t,比上年增加41.1%。货船依然是造成库区水域石油类污染的最主要船舶类型。其次为客船,控制货船石油类排放量是库区防治船舶污染的关键。此外,库区水质除了受库区污染源影响,更多地受上游的污染物排放的影响,据有关研究结果,水库上游污染排放量占75%,COD、氨氮等达80%以上。

7.5.3.4 三峡水库纳污能力分析

纳污能力又称水环境容量,是指在一定水域的功能对水质的要求能够得到满足;也就是水域功能不受破坏的条件下,水体所能接受污染物的最大许可量。水域纳污能力核算,可以为水库污染物总量控制提供依据,是水库水质保护、监测、管理的基础。对此,水利部长江流域水资源保护局开展了三峡库区水域纳污能力核定工作;经审查后,水利部于2004年8月以"关于三峡库区水域限制排污总量的意见"正式报送原国家环境保护总局。具体限制意见为:

(1)通常城镇污水多为沿岸边排放,污染物进入水体后不可能达到充分混合,因此对岸边水质影响明显,而岸边水域又与城镇生活、生产取用水关系密切。为此针对岸边水域水体功能及其用途划分了水功能区,其宽度根据污水影响范围确定,然后水功能区为基本单元计算纳污能力,相关功能区的纳污能力之和为该段水域的纳污能力。

(2)三峡水库蓄水后,水体容积增大,水位在175m时库容达到393亿m^3,理论上水库总体纳污能力应随蓄水位的抬高而相应增大,但因实际上污染物进入水库水体后不可能完全混合,而且蓄水后因大坝的顶托作用,流速降低,水体紊动自净能力降低,岸边水功能区的纳污能力将随蓄水位抬高而减小;也就是说,在相同污染负荷条件下,库区干流城镇江段近岸水域的污染将会有所加重,污染带有所扩大。

(3)在对三峡水库蓄水前后的水体纳污能力进行核算时,选用了COD和NH_3-N作为水质控制指标,对干流、支流分别进行了核算,并对不同蓄水位水体纳污能力变化进行了分析。计算时,综合考虑了库区及其上游的污染物排放情况、入库流量、区间来水量、水库下泄水流和水库水位以及水库调度方案的影响等。按水库水功能区为单元进行不同蓄水位下纳污能力比较。

现场考察和取样分析认为:三峡水库蓄水后,当污染负荷不变时,受水库回水影响,水体自净扩散能力下降,干流水功能区水体纳污能力(以COD和NH_3-N为代表)随水位升高较蓄水前有明显下降,至175m为最小,届时干流城镇江段的水污染将有所加重。

(4)支流水功能区对蓄水后香溪河、大宁河、小江的纳污能力进行了核算,结果表明,支流库湾由于枯水期的来水量小，加上水库蓄水后回水的顶托影响，在回水区末端形成水流相对静止的库湾，自净扩散能力很差，纳污能力很小。研究认为，随着三峡水库水位的抬升，水库纳污能力将相应降低，因此水库的水质保护任务将更加繁重。必须采取有效措施控制总磷、总氮等的排入量。其中一些支流库湾，如小江开县段、香溪河与大宁河的回水区等是水库水质保护的重点，应予以特别关注。

7.5.3.5　**实时掌控水质变差原因**

三峡水库地处我国西南部，经济整体进入较快增长期，污染控制面临着较大的发展压力。多年来，船舶、石化等资源高消耗或环境污染较大的企业，向上中游转移势头甚猛；同时随着库区城镇化的加速，迅速增加的污水排放量必然对库区水环境产生巨大压力。统计资料显示，2000年之后，库区工业废水和生活污水排放量及污染负荷仍呈上升趋势。尽管国家投入巨额经费进行三峡库区水污染防治，但由于三峡水库除了受库区的污染物排放影响外，还承接长江上游的巨大污染来源，在短期内入库污染负荷难以得到遏制，这是库区水污染形势未得到根本改善的重要原因。

1)污染排放有增无减

粗放的工业扩张模式导致工业污染居高不下。2002年以来，重庆市、四川省工业产值年增长率一直稳定在13%以上，高于全国平均水平。然而，由于历史、地理等多方面的原因，三峡地区的工业经济发展还只是以规模扩张型的工业经济增长为主，比我国目前仍较为粗放的经济发展模式更加粗放，工业结构性污染问题，行业企业高投入、高消耗、高污染、低效益现象还很普遍，工业污染排放量居高不下。一些大中型工业企业多沿江集中分布，如重庆市两江工业密度带聚集了全市约60%的大中型企业，污水直排库区长江干流的工业企业有200多家，对库区干流水环境影响尤为突出。

按照《三峡库区及其上游水污染防治规划》的要求，三峡地区COD、氨氮排放量（包括工业和生活污染）到2005年应在2000年基础上（COD135.6t，氨氮8.3万t）分别控制在102.8万t，氨氮8.3万t，但实际上并没有减少。2007年三峡地区COD和氨氮排放量与2005年相比，又有一定的上涨。

2)生活垃圾增多

城镇生活污染逐年加剧，污染负荷已超过工业。据统计，2005年三峡地区城镇生活污水、COD、氨氮排放量分别比2000年增加22.1%、14.9%和7.9%，分别占工业和城镇生活相应排污总量的53.8%、66.3%和71.5%（2000年为46.9%、49.6%和57.9%），已经超过工业污染负荷。随着城市化率和生活水平的提高，城镇生活污染将进一步加剧。

3)农药污染

农业面源污染尚缺乏有效的控制。三峡库区农业生产仍然是最主要的谋生手段，农业人口高达1.1亿人，占总人口的70%以上。农业面源污染分散，防治难度大，治理资金投入严重不足。库区大量农村人口居住在没有任何环保设施的农村，每年产生生活垃圾超过2 500万t，产生生活污水超过20亿t，这些绝大多数没有经过任何处理便经雨水或直排进入各类水体。2007年，三峡库区化肥施用量达1.0t/km^2，是全国平均水平的近2.5倍，而且施肥以氮肥为主，利用率不足35%；农药施用量2007年达3.4kg/km^2，且以高毒有机磷、有机氮等为主，对水环境危害很大；库区大量畜禽养殖场位于河边和城郊，污染物直接向水体中排放，也成为库区水污染的重要来源。

4)航运污染越来越重

船舶流域污染源加重,防治工作需要加大力度。三峡库区 2003 年蓄水后航道条件改善,通航船舶大幅增加,客货运量上升导致船舶污染日益加重。尽管与工业污染源、城镇生活污染、农业污染源相比,船舶排污量较少,但因船舶排放污染物集中且直接进入水体,对水环境的影响更为直接,不可忽视。

5)污水处理不达标

污水处理设施建设滞后,污水实际处理率低。从"九五"到"十二五"期间,国家针对三峡水库水环境保护实施了一系列环境政策,出台了相关法律法规和环境标准,并成立了三峡库区水污染防治领导小组和由 14 个部门和单位组成的三峡库区及其上游水污染防治部际联席会议制度,仅 2002—2005 年,落实《三峡库区及其上游水污染防治规划》就累计完成环境治理投资 182 亿元。这一系列政策措施和投资的逐步落实,在保护三峡水库水环境方面虽发挥了重要作用,也取得了明显成效,但由于经济发展压力大和污染治理设施建设欠账过多,库区及上游地区污水处理设施建设落后,污水管网不配套,无法正常运行,致使污水实际处理率很低。2007 年,三峡库区生活污水实际处理率仅 53.4%,上游影响区污水处理率仅 39.0%。

7.5.3.6 水库运行对水文情势和水环境的影响

三峡大坝正常蓄水后,"高峡出平湖",原有的川江急流消失,水文水动力条件以及河道地形等发生重大改变。水体流速减缓,紊动、扩散、自净能力减弱,对库区水环境产生多方面的不利影响:

(1)建库后,水体流速明显降低,紊动扩散能力减弱,近岸水域污染物浓度增加。

(2)建坝后水库对氮、磷、钾营养物质有一定拦蓄作用,将促进藻类的生长,水库流速减缓也有利于浮游植物生长。

(3)库区水体流速减小,可降解有机污染物在水库中的滞留时间增加,生化需氧量的削减比天然河流状况下可能有所增加,但其复氧能力减弱。

(4)库湾和支流回水区呈现湖泊的水力学特征,不利于污染物的扩散,引起营养盐的富集,是诱发库区支流水体"水华"发生的直接原因。

(5)由于库区水位上升,作为移民主要收入来源的大片农田和果园被淹,农产品大幅度减产。在此情况下靠移民有可能开拓更多的土地来满足生存和发展的需要,频繁的农业经济活动所造成面源污染和水土流失势。

7.5.3.7 自然条件对水环境造成影响

三峡地区本身属于生态脆弱区,生态环境形势严峻。土壤类型主要为紫色土、石灰土、黄壤、水稻土(母质主要为紫色砂、泥岩)等,土壤重金属背景值(单位:mg/kg)分别为:As5.84、Cd0.134、Cr78.0、Cu25.0、Hg0.046、Ni29.5、Pb23.9、Zn69.9。海拔 500m 以下的丘陵区主要为农耕区,森林植被破坏殆尽,土壤侵蚀严重。海拔 500~1 500m 的低山和中山下部,主要为自然林被及次生林被,同时,有成片的人工林果地、蔬菜地、耕地分布。总体上库区森林覆盖率不到 30%,水土流失面积占库区面积的 63%。此外三峡地区水系发达,次级支流多发源于山区,是库区城市和农村的主要水源,也是库区的水量补给源,而耕地多分布在长江及其支流两侧河岸,多为坡耕地和梯田。汛期暴雨次数多、时间短、强度大,且上游地区偏多,每到汛期,强降雨引起的地表径流挟带枯枝败叶、泥沙、农药化肥等进入水体,导致大量的营养物质和重金属元素释放到水体中,长江干支流中悬浮物含量急剧增高、污染物含量增加。在某种意义上,库区的自然条件和目前三峡水库的污染现状、环境质量具有密切的关系。

7.5.3.8　三峡库区水污染防治措施

长江水源保护局提出,三峡库区的水环境安全问题涉及库区与长江中下游地区的用水安全、南水北调中线工程的顺利实施、长江流域的生态安全以及三峡工程的成败,更与我国能否实现可持续发展密切相关。三峡工程蓄水后,水库污染的风险加大,富营养化进程加快,部分支流出现了"水华"现象。库区一些地区饮用水存在安全隐患,消落区及渔业、旅游、孤岛等资源开发存在无序现象,库区水质污染、危险品运输、重大自然灾害等尚缺乏有效的应急处置机制;三峡水库水环境状况已经成为国内外关注的焦点。因此,加大库区水环境保护力度,协调三峡库区及其上游经济发展和水质保护的矛盾,合理控制城镇发展规模,调整产业结构,严格控制污染排放,控制畜禽养殖和网箱养鱼污染,研究"水华"发生机理与治理对策,探索建立库区生态补偿机制等,已成为三峡水库水环境保护的紧迫工作。

1)城镇化结合生态移民

实施库区人口有序转移战略,大力促进三峡地区经济社会发展战略转型。人口压力过大是影响三峡库区经济社会发展与稳定的最突出、最根本的问题,也是水污染防治的最大瓶颈和难点。因此,制定发展规划时必须首先考虑人口与环境承载能力相协调。为此,建议实施库区人口下降的长期发展战略,主要包括:

(1)继续严格执行计划生育政策,控制人口增长;

(2)加强就业技能培训,提高劳动者素质,使劳动力能有序输出转移;

(3)制定长期的鼓励与扶持政策,推动外出务工人员的户籍、住房、养老、医疗和子女教育等社会保障措施的体制改革,缓解库区人口压力;

(4)对重庆市的将库区人口有序向渝西经济圈和成渝线转移战略给予支持。

国家实施西部大开发战略,极大地推动了西部地区经济的快速发展,投资环境的大为改善。特别是国务院决定在成渝两市设立全国统筹城乡综合配套改革试验区,是全面实现科学发展与和谐发展的极好机遇。因此,要将三峡水库作为特殊水域,科学定位,重点保护。要真正落实科学发展观,妥善处理经济发展与环境保护的关系,探索以保护求发展,构建资源节约型、环境友好型社会的新型发展模式。在项目、资金、技术、人才方面给予扶持,将劳动密集型、污染少的项目放到库区,而不能投放高污染、高风险的项目。

2)加大库区治理

加大三峡地区的污染综合防治力度,削减污染排放量。实施工业结构和布局调整、源头控制、末端治理、大环境治理与生态修复等各方面的综合防控,实现工业增产减污。从法规和政策上促使企业技术升级、减轻污染负荷。积极开拓农村面源污染防治工作,制定农业面源污染防治管理条例,大力发展绿色农业,继续大力推广以沼气为纽带的生态农业模式。依据《畜禽养殖污染防治管理办法》及《畜禽养殖污染防治技术规范》,对规模化畜禽养殖场重新规划,并进行环境影响评价,调整其布局,划出宜养区、限养区和禁养区。加快城镇生活污染治理,切实提高污水处理率。严禁网箱养鱼,实行科学水产养殖。依法严管,有效控制船舶流动污染源。

将总氮、总磷纳入总量减排指标,严加控制。在三峡地区率先开展绿色税收、绿色外贸、绿色信贷和排污权交易等环境经济新政策的试点工作。借鉴相关地区在水电站等周边建设绿化带的成功经验，建议在三峡水库周边划出一定范围建设国家林场，作为禁止开发区予以保护，以缓冲周边污染物对水库环境的影响，防治水土流失对水库环境影响。在库区上游，要继续推行退耕还林还草、天然林资源保护、封山育林、长江防护林工程建设。全面启动小流域综合整治，控制水土流失，遏制水体富营养化趋势。

3）监管手段更新

加强库区水环境监测研究，提高水环境污染治理水平和应急能力。为进一步追踪库区水质演变状况，以及定量化库区水质管理措施实施的效果，继续开展库区富营养化监测，并有针对性地研究相应的水质控制技术非常必要。对库区“水华”暴发及演变机理、“水华”防治与水环境改善的综合技术研究，以及水库生态系统对175m蓄水的响应及发展趋势等的研究，为建立库区水体“水华”预警预报系统，优化水库调度方案，控制或减缓三峡水库“水华”暴发提供技术支撑。应结合次级河流综合整治工程，保护好库区的水源地。

大量的重工业及化学工业在三峡地区长江沿线集聚，必然导致突发污染事件发生的风险加大。国家各有关部门应根据《国家突发公共事件总体应急预案》，抓紧建立三峡地区污染事故应急预警和应急反应机制，制定《三峡库区及其上游突发性环境污染事件预案》，加强应急能力建设。各级政府应该加强对重点污染源的日常监管，对两岸现有石油、化工类所有企业，应逐一排查高危工段，定期对危险部位进行安全检查及消防演练，提高应急能力建设。船舶运输危险品时应采用标箱方式，避免一旦发生事故时造成水体污染。

4）改善机制

建立生态补偿和统一的环境监管机制，提高库区环境保护管理水平。现行的行政管理体制是制约三峡库区水环境有效监管的瓶颈。应按照党的十七大提出的要求，在三峡地区寻求建立协调统一有效的管理模式，完善水环境保护管理体制与机制，进一步加强法制建设。进一步加强环保部门的监督管理能力建设，依法提升监管力度，制定《三峡库区及其上游水污染防治条例》和适应不同功能区的环境质量标准、水质标准及与之配套的排放标准，使这一特殊水域的保护管理有法可依。

对三峡库区而言，建立和完善生态补偿机制，通过经济杠杆的有效调节作用，增加上下游联合治污的动力，建立水环境保护长效机制，是三峡水库水质保护的重要保障。因此，需制定三峡地区生态补偿与污染赔偿的政策法规，尽快出台《三峡地区生态补偿与污染赔偿管理办法》，采取行之有效的补偿与赔偿方式，由下游受益方向上游进行直接经济补偿。因排污或污染事故，上游的污染者和事故责任者应承担赔偿责任，以补偿受害者的损失；或通过税收，间接地由国家财政转移支付，对上游、禁止开发区和限制开发区等进行统一补偿；或者从三峡电费中提取一定比例用作生态补偿。

7.5.4 小江、大宁河调水方案水量的可靠性分析

1）调水规模与时间

小江和大宁河都在三峡水库范围内，水位变幅为：145~175m；其中，汛期5—10月，水库运行主要在145~155m、枯水期11月到次年4月运行在155~175m。作为南水北调的重大方案之一的小江方案和大宁河方案，调水量基本相同，都是135亿m^3。大宁河为全年调水，而小江调水存在两种考虑：

(1)是国务院原“三建委”办公室负责人郭树言、李世忠、魏廷铮建议的全年连续抽水方案;

(2)或是长江科学院黄伯明、赵业安、刘崇熙、周兴志专家建议的 8 个月抽水方案,即在枯水期的每年 12 月到次年 3 月不调水,减少水库下游损失。

其实,无论上述哪一种方案,三峡水库的水质、水量都不会存在根本性问题。但是,全年调水和枯水期 12 月到次年 3 月不调水的两种方案,都将对三峡电站、葛洲坝电站以及水库下游的航运、城镇生产生活取水、生态需水造成一定影响和损失。

2)水量变化与科学调配

在水利水电(分属两个行业)没有实行优化调度的现实条件下,丰水年或平水年三峡水库每年汛期弃水量为 300 亿~370 亿 m^3,枯水期 11 月到次年 4 月又非常缺水;因此,无论采取哪一种全年或连续调水方案,都不是最优配置和选择。事实上,科学、优化配置长江水资源,最合适于汛期调水,且充分利用雨洪资源。那么即使在汛期调水,也需要适当安排一定量的弃水,利用大流量来水(洪水)实施清淤排沙。然而,截至 2014 年底,水电站装机已经超过 3 亿 kW,三峡水库上游已建、在建大型电站多达 200 多座;如果金沙江、雅砻江、大渡河、嘉陵江、乌江上的大型电站(总库容超过 500 亿 m^3)都在相同时段(9—11 月)蓄水,那么三峡水库基本无水可蓄,更不用说向流域外调水。

3)来水分析与水量可靠性

长江流域来水,受洋流、大气环流、地心引力作用和地球转动形成高密度气旋等多种复杂因素影响,来水存在一定规律性。也就是说,丰枯之间存有不稳定周期。

水源相较之下,小江引水济黄方案,是长江水资源缓解黄河水资源短缺的最优方案,同时是彻底解决黄河泥沙量大、中下游淤积抬高迅速和入海水量少引起的海水入侵问题的科学办法。但是,调水不能牺牲水源区利益和影响长江生态。因此,应该依据长江来水情况,将调水量控制在 100 亿~150 亿 m^3 之内,仅限 6—9 月的汛期引水。100 亿 m^3 的水,如若循环使用,可以满足 2.5 亿人生活需要,也可以每年新增或修复 4 万 km^2 的沙漠绿洲。

大宁河调水方案如同小江调水方案,需要控制调水量和调水时段。也就是说,只能汛期调水,总量 100 亿 m^3 左右,按 1 200m^3/s 的抽水或供水能力向丹江口水库补水。汛期调水,三峡水库水位不宜过低,适宜于 160~165m 的水位。过低,抽水耗能较多;过高,防洪库容受到影响。三峡水库水位 145~175m,防洪库容为 221 亿 m^3,175~185m(坝顶)水位时,“U 或 V”断面理论上还有超过 60 亿 m^3 的库容空间。也就是说,160~165m 水位以上的库容空间应当大于防洪库容。丹江口水库运行水位多在 142~155m,从三峡水库大宁河高程 160~165m 水位取水,节能、经济;同时,三峡水库因适量调水,减轻防洪压力;且提高水头运行,有利于增加发电有效出力,降低发电耗水率,双赢。

7.6　引渤入疆调水方案可靠性

20 世纪 90 年代,西安交通大学霍有光教授提出“东水西调,彻底改造北方沙漠”的设想。其后,中国地质大学的陈昌礼教授也提出“海水西调”的初步构想,将渤海海水调往西部,用海水镇压干盐湖的沙尘源,利用西北天然蒸发的自然条件,将海水转化成淡水,形成区域气候的良性循环,增加降雨,治理内蒙古沙漠和沙尘暴,改变内蒙古地区的生态环境。

无论是霍有光教授的"引渤入疆"方案,还是陈昌礼教授的"引渤入蒙"方案,这两个方案都是抽取渤海的咸水,输水到沙漠,以改善沙漠的水汽条件和生态环境。在那个"改天换地"的时代,两个方案都是研究者自觉、自发、自费并穷尽精气、心智的成果,也都是治理沙漠的可行方法之思路。

根据有关资料,渤海海水面积约 7.7 万 km^2,平均水深为 12.5m,海水水量大约为 9 625 亿 m^3。渤海区域,有"京、津、冀经济圈"和"环渤海经济圈"。这两大经济圈都是人口稠密、发展较快的地区。狭义上的范围包括辽东半岛、山东半岛、环渤海滨海经济带,广义范围延伸辐射到山西、辽宁、山东以及内蒙古中东部,且占全国国土面积的 13.31%和总人口的 22.2%。区域涉及 5 省(区)两市(京、津、冀、晋、内蒙古、辽、鲁),具体内包括北京、天津、唐山、秦皇岛、沈阳、大连、太原、济南、青岛、保定、石家庄、沧州等多座城市。也就是说,渤海海水负荷过重,水质不可控,调海水存在一定风险。

7.6.1 渤海湾的水质情况

7.6.1.1 我国江海水环境总体情况

2010 年以来,我国每年利用的淡水水资源总量约为 6 700 亿 m^3,每年向大江大河排污超过720 亿 m^3,这些污水都流入近海。我国有 18 000km 长的海岸线,沿线密布无数城镇和企业以及无数(明的、暗的)污水、废水排放口,再加上造船、海运、旅游的污染,近海海水水质堪忧,按照国家地表水的水质分类,一共有 6 个级别,Ⅰ、Ⅱ类水可用于生活取水,Ⅲ类水主要适用于一般工业用水区及人体非直接接触的娱乐用水区;Ⅳ类水主要适用于农业用水区及一般景观要求水域;最差的劣Ⅴ类水,是污染程度超过Ⅴ类,基本不能用的水。

根据环境保护部 2013 年 6 月 4 日发布的《2012 中国环境状况公报》,2012 年的监测结果表明,全国水环境质量状况总体保持平稳,但形势非常严峻。全国水环境质量不容乐观,在 198 个城市地下水监测中,较差-极差水质的监测点比例为 57.3%。全国近岸海域水质总体一般,东海近岸海域水质极差,渤海湾、长江口、杭州湾和珠江口水质极差。

《2012 中国环境状况公报》表明,全国水环境质量不容乐观,长江、黄河、珠江、松花江、淮河、海河、辽河、浙闽片河流、西南诸河和西北诸河十大流域的国控断面中,Ⅰ、Ⅱ类和劣类水质的断面比例分别为 68.9%、20.9%和 10.2%。珠江流域、西南诸河和西北诸河水质优,长江和浙闽片河流水质良好,黄河、松花江、淮河和辽河为轻度污染,海河为中度或重度污染。在监测的 60 个湖泊(水库)中,富营养化状态的湖泊(水库)占 27.0%,其中,轻度富营养状态和中度富营养状态的湖泊(水库)比例分别为 18.3%和 8.7%。在 198 个城市 4 929 个地下水监测点位中,优良-良好-较好水质的监测点比例为 42.7%,较差-极差水质的监测点比例为 57.3%。

按国家海洋局等有关部门的报告,我国沿海水域水质主要受到工业废水、城镇生活污水、养殖和农药污染;其中:

(1) Ⅰ、Ⅱ类海水点位比例为不足 62.3%;

(2) Ⅲ、Ⅳ类海水点位比例为 14.7%;

(3) 劣Ⅳ类海水点位比例为 23%。

四大海区中,黄海和南海近岸海域水质良好,渤海近岸海域水质一般,东海近岸海域水质极差。9 个重要海湾中,黄河口水质较差,北部湾水质良好,胶州湾、辽东湾和闽江口水质差,渤海湾、长江口、杭州湾和珠江口水质极差。

7.6.1.2　**渤海水质现状**

根据有关资料,渤海每年承受来自陆地的约 40 亿 t 污水和超过 70 万 t 的污染物,污染物占全国海域接纳污染物的 50%,这致使渤海海域的生态环境不堪重负,其鱼类和其他海底生物均遭到严重破坏,是我国海岸受污染最重的区域。业界认为:渤海周边的排污,对于渤海生态环境压力越来越大,近海海域水体遭到严重污染和破坏,渤海环境服务功能和可持续利用功能已经严重减退。很多环保业内专家不断呼吁:国家应尽快制定渤海海洋环境保护专项法律法规,建立保护协同机制,完善污染物排放总量控制制度,加快环渤海区域产业调整和结构优化步伐。

7.6.1.3　**渤海出现的"海底沙漠"**

一些媒体曾报道:沙河流经河北省唐山市、迁安市赵店子镇,最后在唐山市丰南区黑沿子镇汇入渤海。再到赵店子镇沙河岸边,一个排污口正在往河里注入污水。一些正在附近干农活的农民说,以前沙河水是清的,都有大鱼,现在受附近企业污染,有的时候水都是黑的。一位农民说,许多企业把污水排到河沟里,现在看不到,但一到汛期,污水就随着雨水流入河里了。在黑沿子镇,当地渔民介绍,上游企业往下游排污水,夏季河里的水基本都是黑色的,涨潮时从海里流进河里的鱼虾很快就死光。

唐山市海洋局环境保护处处长杨波说,虽然这几年在做一些保护项目,但唐山海水质量有退步之势,尤其是夏季汛期,无机氮和活性磷酸盐等污染物随河流入海,造成水质超标。《2014 年河北省海洋环境状况公报》显示,全年个别次监测超标和每次监测均超标的陆源入海排污口占监测排污口总数的 72%,较 2013 年有一定增加。夏季全省达到第Ⅰ、Ⅱ类海水水质标准的海域面积,只占河北管辖海域面积的 53%。

媒体报道:时任全国政协委员、民主进步促进会河北省委副主委张妹芝表示,陆源污染是渤海水质不断恶化的主要因素。环渤海区域的天津、河北、辽宁、山东工业项目建设不断增加,渤海沿岸有 57 个排污口,渤海每年承受来自陆地的污水超过 28 亿 t、污染物超过 70 万 t,其中污染物已经占全国海域接纳污染物的 50%,而且排污还在逐年增加,渤海海域的海水水质及生态环境每况愈下。多位海洋、海事部门负责人表示,现行法律体系不能完全适应渤海海洋环境保护的需求。《中华人民共和国海洋环境保护法》没有对区域环境保护和污染控制提出针对性要求,标准要求偏低。渤海环境治理问题涉及辽宁、山东、河北、天津等多个省市,以及环保、交通、海洋、渔政等多个部门,由于缺乏区域性、综合性的渤海海洋环境保护法规,各省市、各部门缺乏整体统筹、有效配合,难以形成综合治理的合力。

7.6.1.4　**渤海环境保护的法律缺失**

我国涉及水环境的部门很多,管事的却很少,尤其缺乏严谨、可操作的法律制度以及认真履责的专职机构和人员。民进河北省委副主委张妹芝认为:许多环渤海的省市环保部门对海域环境尚未设置专门机构,甚至无专职、专人管理,造成海洋环境保护队伍不稳定,组织协调工作不得力的被动局面。据唐山市海洋局和秦皇岛市海洋局的专责情况介绍,海洋环境处(科)作为负责全市海洋环境保护的行政部门,不但人员有限,而且仅能承担很小一部分工作。此外,我国一些重要的海洋环境保护性标准仍是空白。海洋环境监测是制定有关法律法规的重要依据,也是环境管理和执法的重要技术支撑。但是目前,各部门重复设立海洋环境监测机构,自行开展监测工作,监测信息缺乏有效共享,采用的标准和手段也存在差异,既造成资源浪费,又易造成监测结果冲突。

针对目前环渤海海洋环境污染加剧的趋势没有得到遏制、污染加重的情况还在发展、污染事件多发频发,治理海洋污染的海陆联动、区域联动的机制还没建立起来,海洋相关立法仍不完善的现状,受访人士建议国家应采取以下措施,尽快治理渤海污染。主要是:

(1)以法治海。将渤海环境保护立法列入国务院立法计划中,制定专门规范渤海环境管理的行政法规,明确有关地方、部门、主体的权力和责任,采取更加严格的措施依法保护和改善渤海海洋环境。

(2)尽快建立渤海海洋环境保护协同机制。建议在国务院层面建立渤海海洋环境保护领导机构,协调有关部委和省市建立渤海海洋环境保护协同机制,更好地开展渤海海洋环境保护工作。

(3)完善污染物排放总量控制制度。按照《中华人民共和国海洋环境保护法》的要求,推动渤海海域污染物排放总量控制制度纳入立法范围内,将污染物总量的确定、总量控制的监管主体、职责权限、法律责任、环境监测的主体、程序等以法律规范的形式固定下来。各级地方政府及相关部门也应加快对渤海污染物排放总量控制的研究,尽快提出控制指标,力争在渤海海洋环境综合整治上早日取得实效。

(4)加快环渤海区域产业调整和结构优化步伐。重点在高资源消耗行业推广循环生产方式,从源头治理污染物排海。合理规划沿海及近岸直排口的企业布局,对无组织排放废水、废气、废渣,严重污染海域的企业限期搬迁、整改或关闭。审批新建项目时确保环保一票否决制落到实处。加强对港口、船舶的环境污染监管工作,防止港口的跑、冒、滴、漏和排污对近岸海域环境造成的危害。

7.6.2 渤海湾的水质变化情势

河北省是环渤海区域中经济增长较慢的省区,为了追赶发达的山东、北京,河北省大力发展钢铁、水泥、化工、造纸等工业。除了企业生产的陆源污染排污之外,沿海养殖、海运等经济增长也较快,海上船舶污染快速增加。河北省海事局危管防污处有关官员表示,2013 年河北辖区唐山港、秦皇岛港分列全国港口吞吐量的第四位、第九位,船舶进出港总量为 25.3 万艘,且大量工程船、砂石运输船、港作船等船舶往复航行,海上船舶污染风险日益增大。也就是说,渤海海域的海水水质污染趋势在增加。

2012 年 10 月 11 日,中国环境报发表了国家环境保护部华北环境保护督查中心熊跃辉、武绍贵、张大为等专员“何以化解渤海水质恶化之忧?”一文,其文较为全面分析了环渤海经济发展中对渤海污染的情势、风险与问题。报社配加编者按认为:“继珠三角和长三角之后,环渤海地区已经成为中国区域经济发展的新热点和增长点,被视为拉动 21 世纪中国经济增长的新引擎。但是,在环渤海地区经济迅速发展的同时,海洋水质恶化,赤潮频发等问题也引起社会广泛关注。”

文章认为:环渤海地区已经成为我国新兴的发展热点区域,被誉为继“珠三角”“长三角”之后的“第三增长极”。紧邻渤海的天津市、秦皇岛市、唐山市和沧州市正在积极发挥各自的区位优势,强劲发展经济。天津市的 GDP 连续 6 年平均增速达 16%。同时,河北秦皇岛的北戴河、唐山的曹妃甸、沧州的渤海新区等刚刚兴起的国家级经济开发区,也正在以惊人速度吸引着大量的建设项目和投资。但是华北环境保护督查中心在日常督查调研中发现,在经济高速发展的背后,环渤海地区环境承受着巨大的压力。

7.6.2.1　重工业高度聚集环境风险大大提高

华北地区的重工业高度聚集,行业发展整体水平低,环境保护基础薄弱,环境风险大大提高。

(1)华北地区紧邻渤海的天津、唐山和沧州3市,无一例外将发展方向定位为重工业区。依托港口重点发展电力、钢铁、石化等行业;从微观看,都有各自发展的合理性,但从整体上看,造成了环渤海地区整体产业布局的失衡。

(2)2013年,仅钢铁行业,在曹妃甸新区已新建首钢京唐970万t产能。渤海新区中铁装备制造已有产能525万t;已规划中钢镍铁80万t、石钢(石家庄钢铁)搬迁500万t;天津市已有天钢、大无缝、荣程钢铁等1 000多万t产能。如果计算唐山市已有的约1.2亿t以上产能,这一区域未来将聚集近2亿t钢铁产能。

(3)从石化行业原油年加工能力看,当时天津市已有中石化加工能力1 380万t、大港石化500万t;沧州市已有中石油1 000万t、中海油250万t;唐山曹妃甸也在积极计划引进1 200万t炼油项目,未来也将聚集至少5 000万t的原油加工能力。

这近2亿t钢铁和5 000万t炼油所带来的,不仅仅是巨额的GDP和财政收入,同时也是每年57.4万t二氧化硫、24.4万t氮氧化物和至少2 000万t废水排入环境。随着钢铁、石化等重工业的快速发展,供电需求大幅增加,电力行业必然随之带动。

以唐山市的钢铁企业为例,规模发展十分迅速,占河北省钢铁行业的半壁江山。但是,大多数企业都属于低水平重复建设,在产业规模急速扩大的同时,产业水平没有得到很好的提升。早在2006年,国际先进企业吨钢二氧化硫排放量已为1.28kg,而我国技术最先进的宝钢也仅为1.56kg。根据2011年总量核算情况,河北省2011年平均水平为2.66kg。而石化行业由于我国排放标准的长期滞后,企业治污水平一直较低。特别是催化裂化烟气脱硫方面国内很少有应用,但在国外早已十分普遍。我国石油炼化企业污染物排放强度远高于国际先进水平。此外,由于产业的高度聚集和环境管理的滞后,其他很多日常关注较少的环境问题,如钢铁行业的二恶英、石化行业的挥发性有机物、电力行业的金属汞和碳排放,日益凸显出来。

7.6.2.2　污染突发事件频发

环渤海地区毗邻首都,位置十分敏感。大量的石化、化工企业聚集在环渤海区域,环境风险大大提高。2013年来,石油、化工企业的安全生产事故频发,随之而来的突发环境事件也愈演愈烈。尤其是渤海油气开发日益增加,相应地在原油开采及储运过程中,也增加了更大的环境风险。

7.6.2.3　过快发展、渤海环境堪忧

环渤海区域生态脆弱,海洋环境质量已经较差;加上陆源污染严重,海洋环境事故灾害多发;生态功能已逐步丧失;而近年的填海造地,又破坏生态多样性。

渤海属于典型的半封闭海域,环抱在3省1市之间,海水的交换能力差、自净能力有限、环境容量小。在经济发展给环境保护带来巨大压力的情况下,渤海环境已经出现诸多问题。

(1)海洋环境质量已经较差。按2011年《中国环境质量状况公报》的有关指标,渤海近岸海域水质总体为差,且部分区域有恶化的趋势。主要污染指标为无机氮、铅和石油类。主要海湾中,辽东湾水质为差,劣Ⅳ类点位比例为33.3%,渤海湾(天津、唐山、沧州3市周边)

水质为极差，劣Ⅳ类点位比例超过40%。从渤海湾天津海域看，2011年天津海区达到功能区水质标准的监测达标率仅为19.4%。

(2)陆源污染严重。渤海是海河流域和黄河流域所有河流的终点，华北地区绝大多数水污染物最终去向都是渤海。2011年监测的46个入渤海河流监测断面中，劣Ⅴ类水质断面24个，占52.2%。通过河流排入渤海的污染物总量为：高锰酸盐指数5.5万t、氨氮1.2万t、石油类0.04万t、总磷0.13万t。陆源污染仍是渤海水质不断恶化的主要因素。

(3)由于渤海海水无机氮超标，且自净能力较差，导致海水富营养化严重，近海赤潮灾害较多。据统计，1990—2006年渤海海域共发生赤潮100多起，累计面积达4万km^2。2011年7—8月，北戴河海域发生了大面积赤潮。

(4)环渤海区域生态脆弱，生态功能逐步丧失。2000年来，渤海因沿岸河流入海径流量显著减少，导致渤海盐度升高，低盐区面积减少，河口生态环境改变，海洋生物产卵场退化。2008年8月，渤海低盐区面积为1 900km^2，与1959年8月相比减少了80%，与2004年同期相比减少了70%。低盐区萎缩已成为渤海主要生态问题之一。

(5)填海造地，破坏生态多样性。随着环渤海经济圈的高速发展，各开发区都在进行填海造地。据了解，天津滨海新区规划造地265.5km^2，曹妃甸新区已完成填海造地210km^2，沧州渤海新区规划造地117km^2，三地填海造地面积将近600km^2。初步估计，完成以上工程约需要海砂10亿t，因此极大地刺激了渤海海域盗采海砂现象的发生。填海造地和盗采海砂，都给渤海海域生态环境带来了剧烈的扰动。甚至在黄金海岸国家级自然保护区的海域核心区，也有盗采海砂的现象。

从生态系统角度来看，滨海湿地是海洋与陆地相互作用的过渡带，其生态系统结构复杂、功能多样，能够净化污水、调节区域小气候，具有极高的生态价值。大范围的填海造地，使原有的各种海陆过渡带，滩涂、浅滩、潟湖、湿地等都变成陆地，导致渤海湿地面积不断萎缩，大大降低了海陆交替区域的生物物种多样性与生态系统多样性。

7.6.2.4 环保力量薄弱、环境管理明显滞后

环保责任主体不明确，组织机构与工作任务不匹配。缺乏监管手段，人员编制与工作需求不匹配。审批权限过高，监管能力与环保压力不匹配。通过对天津市滨海新区、秦皇岛市北戴河新区、唐山市曹妃甸新区和沧州市渤海新区4个新区的环保局进行走访调研，有专家发现在经济快速发展的同时，环保力量并没有得到相应的发展，环境保护管理工作明显滞后，存在很多与经济发展状况不相匹配的问题：

(1)首先是环保责任主体不明确，组织机构与工作任务不匹配。根据我国现行法律，地方政府应对辖区内环境质量负责。但是，4个新区里，仅天津市滨海新区有政府机构，其余的都只设管委会，而管委会对于环境保护工作的责任没有明确规定。从开发区及管委会的管理体制来看，其监管属性和监管功能相对弱化，环保局常常与其他部门合并办公，或成为其他部门的二级机构。即使如滨海新区有独立政府机构，也没有把环保部门放在重要位置，而是与市政环卫等部门合并，成立环境市容局。一个占天津市全部工业70%以上的滨海新区，竟没有独立的环境保护管理部门。政府责任的缺失和环境保护管理机构的不完善，使得很多环保工作没有办法正常开展，很多环境保护政策无法得到贯彻落实，环境保护优化经济发展的作用更无从谈起。

(2)其次是缺乏监管手段，人员编制与工作需求不匹配。在督查调研中了解到，天津滨

海新区环境市容局由副局长分管环保工作，只有3个与环境保护相关的处室，编制14人，仅能应付日常事务性工作和行政审批工作，很难有精力顾及其他环保工作。原有环境监察职能并入下设的综合执法局，在实际工作中存在很多需要协调的问题，难以有效发挥监察作用。其他几个新区的情况也基本类似，环境监察勉力支撑，环境监测几乎空白。沧州渤海新区环保局由于是沧州市环保局的分局，人员编制机构设置相对完善，共有编制20人，其中从事环境监察的有5~6人，而需要监管的则是2 400km^2土地上的3个大型化工园区和数百家工业企业。新区环保部门人员少、素质低、能力弱，机构往往不健全，与各开发区动辄几百的企业数量和重工业产业高度集中的现实极不匹配，形成了越是开发区，排污企业越多，环保管理人员反而越少的怪现象。

(3)第三是审批权限过高，监管能力与环保压力不匹配。由于新区或经济开发区的特殊性，各地政府给予了很多的政策支持，包括下放行政审批权限。根据河北省有关规定，渤海新区环保局、曹妃甸新区环保局在环评审批方面，拥有除国家明确规定由环境保护部和省级环保部门审批项目之外的全部审批权限。新区环保局无论从人员数量、专家力量、评估水平还是政策把握程度上，与省级环保部门仍有较大差距。随着审批权限的下放，这些项目的评估质量自然有所降低，也很难有足够力量做好建设项目"三同时"的日常监管工作。

诚然，我国现阶段相当一部分基层环保部门的能力建设还处于较低水平。但是作为环渤海地区，汇聚了大量的工业企业，经济快速增长和重工业迅猛发展，环保工作却因为现有行政体制的原因受到了弱化和制约。如果一线环保力量得不到加强，环保门槛作用得不到有效发挥，企业治污排污情况得不到有力监管，环境违法行为得不到震慑，渤海环境将很可能进一步走向恶化。

7.6.2.5　走出当前误区与环渤海地区亟待科学发展

针对渤海水环境，有专家提出；合理规划产业结构与布局；加强立法保护，限制对渤海环境的过度干扰与开发；加强环保队伍建设；加强部门间的配合，确立陆海同治思想；充分发挥媒体与舆论的宣传引导作用。要解决环渤海地区环境问题，应做好以下几方面。

(1)首先，从环渤海全局角度合理规划产业结构与布局。针对各地政府盲目竞争发展的状况，应有更高一级的部门主导，从全局层面把握环渤海地区经济发展方向。利用提高行业准入门槛、加大落后产能淘汰力度及重点行业区域产能总量控制等手段，合理配置环渤海地区钢铁、石油等行业产能。同时还应该鼓励与扶持信息技术、创意产业等新兴产业的发展，鼓励企业在清洁生产、循环利用方面进行技术创新，带动产业升级。

(2)加强立法保护，从法律层面限制对渤海环境的过度干扰与开发。一方面，要修订长期滞后的《中华人民共和国海洋环境保护法》，并出台实施细则，加强河流入海及面源等污染防治，细化海洋生态保护的规定，规范填海造地、水产养殖等资源开发行为，严格相关法律责任。另一方面，可以考虑制定《渤海环境保护条例》，实现保护渤海环境的一系列法规政策从原则规定到具体实施的转化，确立污染损害赔偿机制，加大环境违法行为处罚力度。

(3)进一步加强环保队伍建设，更多地发挥环境保护优化经济发展的作用。应尽快规范环渤海经济圈内各开发区环境保护部门的机构建设，保障环境监察及环境监测能力与实际工作量及经济发展程度相匹配。建立统一的海洋监测体系，强化对海洋环境的监测，优化海洋环境监测网络，共享监测数据和信息资源，定期评价和发布海洋环境质量信息。充分发挥区域污染物总量控制和规划环评对产业结构的调整与指导作用，提高可操作性，并适时开展相关的执法督察行动,有效监督政府发展行为。

(4)加强部门间配合,确立陆海同治思想,解决渤海污染问题。一方面,要控制陆源污染物排放,从源头上减少污染总量。加快污水处理、垃圾处理等环保设施建设。高度重视农业面源污染治理,合理使用化肥、农药。另一方面,要加强海域污染防治,防止溢油漏油、超标排放,严格控制海洋倾废行为。合理规划海上养殖活动。强化海岸和海洋工程建设。提高项目审批权限,严格控制填海造地工程。

(5)充分发挥媒体与舆论的作用,加强宣传教育,提高公众认识。彻底转变地方政府观念,贯彻落实科学发展观,转变经济发展方式,不再盲目追求 GDP 增长,强调和贯彻环境保护与资源开发相协调的指导思想。树立和提高企业经营者的环境保护和自觉守法意识,确保工业企业治污设施的正常运行,调动企业的科技创新积极性。进一步提高社会对环境保护的认识,使公众了解如何从身边做起。践行环境保护,广泛发动社会力量加强监督,参与环境保护工作。

7.6.3 引渤入疆的可靠性

7.6.3.1 沙漠大环境影响调水目的

沙漠环境,是地球千百万年来形成的自然现象,是受大气候决定的区域环境。内蒙古、新疆的沙漠远离海洋,海洋上的暖湿气流难以到达这里。但是,并不是靠近大海的陆地都有丰沛的降雨。中东、北非,许多沙漠国家都有很长的海岸线,并没有获得丰沛的降水,沙漠还是沙漠。作者在埃及时了解到,埃及靠海 95% 的国土是沙漠,部分地方年平均降雨量才 18mm,而尼罗河下游沿岸和亚历山大的部分区域,通过节水灌溉一样成就了农业高产。

引渤入疆,调海水拟改变沙漠气候,可能改变不了沙漠气候的大环境,或者说只可能改变蓄水湖库局域范围的小环境,那“引渤入疆”、兴师动众的结果就得不偿失。如一些大型水利工程或电站工程水库,蓄水数十亿立方米,改变水库周边气候和降雨范围也非常有限。而且仅限于在高山峡谷或丘陵地区,利用盆地或沟谷增加水面蓄水,以山体阻挡气流运动形成水汽条件(避免水汽散失),才可能增加少量降雨。

有关研究表明:100 多万年前开始的喜马拉雅造山活动仍在继续,青藏高原还在以每年约 8mm 的幅度抬升,强烈的地壳隆起,改变了大气环流,导致西北地区越来越干旱,降水量逐渐减少,蒸发量日渐增大。20 世纪 80 年代之后,西北干旱化呈现整体加快态势,青藏高原冰川面积减少 1 400km^2。

7.6.3.2 气候变暖是决定因素

据国家环境保护部和水利部统计:我国荒漠化土地面积已达 262 万 km^2,占土地总面积的 27%,沙化耕地和沙化草地的扩展面积呈持续增长的趋势,20 世纪 80 年代初,每年增加 2 100km^2,90 年代末年增加 3 436km^2。尤其是 20 世纪 50 年代以来,4 次被开垦的 1 930 多万 hm^2 的优良草原,已有一半撂荒成为沙地。虽经多年防沙治沙,但沙化土地“局部治理、整体恶化”的态势还没有得到有效遏制。西北地区湖泊沼泽等湿地消失近一半,干旱气候进一步加剧。草原生态环境遭到严重破坏,成为沙尘暴的重要源头,导致土地沙漠化和沙尘暴的增加。

西北地区的自然变化和干旱、缺水,是全球气候变暖和人类活动加剧的共同作用的结果,依靠自然逆转解决西北水资源短缺的可能性极小。尤其是广域沙漠,是湿地退缩和消失导致的土地沙漠化，大范围人为修复的难度几近不可能，部分区域可以通过加大人工干预——引水，尚可以绿化、利用。

7.6.3.3　引渤入疆的水源方案可靠性

引渤入疆两个方案：

(1)西安交通大学霍有光的东水西调工程。该方案主要采用管道提扬和渠道自流方法来输水。所谓管道提扬，就是分级将渤海海水提扬到大约 1 200m 的高程，然后把提扬上来的海水输入混凝土衬护的渠道，沿最佳线路流至各大沙漠。据测算，如果每年从渤海调水 300 亿 m^3，需装机超过 930 万 kW 的抽水泵站。抽水所需要的电力，可通过开发黄河上游的梯级水电工程来解决，即用黄河流域电力资源换取渤海湾海水资源。

从渤海取水口经巴丹吉林沙漠至玉门镇北的疏勒河，主干调水线路全长约 1 900km。而后，可以借用疏勒河自东向西流的天然河道 550km(入河口海拔约 1 300m)，不用开挖、衬砌，自流进入塔里木盆地之东缘的罗布泊。罗布泊至艾丁湖的直线距离仅 180km。假如再将注入罗布泊(海拔 780m)的渤海水引入艾丁湖(海拔-155m)，可获得 930 余米的落差，用来发电，意味能够补偿渤海西调工程所耗费的部分电能。海水输送八大沙漠，共需修建渠(管)道 1 000~1 600km，实现渠道自流；估算投资需要 700 亿元。

(2)中国地质大学教授陈昌礼的海水西调方案。陈昌礼教授提出“海水西调”的构想，将渤海海水调往西部，用海水镇压干盐湖的沙尘源，利用西北天然蒸发的自然条件，或将海水转化成淡水，形成区域气候的良性循环，增加降雨，治理西北沙漠和沙尘暴，改变西北地区的生态环境。

“海水西调”的基本构想是利用中国东西部的地形高差，从渤海西北角的辽宁海岸提升海水 1 000m 到大兴安岭南端与燕山西北角之间谷地，进入内蒙古东南部，顺着内蒙古北纬 42°线自东向西自流，沿燕山、阴山以北的东西向洼槽地貌进入居延海，再绕北山进入新疆分三支：北支入准噶尔盆地，中支入吐哈盆地，南支入罗布泊，全长约 5 000km，年调海水 1 000 亿~2 000 亿 m^3，

工程分三阶段，第一阶段为期 20 年，提水进入内蒙古东南部盐湖洼地，到达集二铁路线。第二阶段为期 30 年，向西到达居延海。第三阶段为期 50 年，进入新疆三条支线，全部工程总共约 100 年。

如上所述，渤海海水约有 9 600 亿 m^3，相当于长江多年年均径流总量。霍有光教授每年调渤海水约 300 亿 m^3，是渤海海水量的 1/30。但渤海与黄海相连，而海水含盐度有一定差异，且渤海的水质较差，尽管渤海水源水量可以从黄海获得补充，其水质之差，脏水调往沙漠无异于内蒙古一些企业向沙漠恶意排污。此外，霍有光教授采取抽水 300 亿 m^3 的海水，再沿程提高 1 200m 的高度，输水数千公里，为的是让这些海水蒸发产生可能的降雨。通俗地讲，这是“豆腐超过肉价钱”。有人测算，至少需要两个三峡电站的电力和电量实现这一伟大壮举。无论其能耗测算是否准确，技术能否实现，这种多级超高提取海水的举措实在不科学。

中国地质大学陈昌礼教授“海水西调”的方案，工程浩大，年调海水 1 000 亿~2 000 亿 m^3。如此水量规模，涉及国土、水域、气象、资源、生态等诸多重大问题，至少需要 5 个三峡电站的电力和电量抽水和输水。2 000 亿 m^3 的海水(超过当今 4 个黄河年径流总量)，可以 1 000mm水深淹没 20 万 km^2 的沙漠，形成相当于 3 个渤海面积的“沙漠之海”。

第8章　重大方案经济性、合理性比较与研究

8.1　东线方案经济与合理性

当今科技,可上“九天揽月”、可下“五洋捉鳖”;航天,达到火星;深海,超过千米;土木工程建设,已成功建造大跨度跨海大桥(如长约36km的港、珠、澳大桥和长约35km的杭州湾大桥);隧洞开挖埋深超达2 600m、单向长20km,超高建筑达到850m;自卸卡车载重1 000t/辆;正铲铲斗容积25m³;也就是说,在现代装备技术条件下和地球的有限空间范围内,人工建造技术和手段可以说已无所不能。但是,决策建设一项大型工程,不只是取决于技术方案是否可行,还要看立项基础与功能运用是否安全可靠,更重要的是工程建设和运行是否经济、合理。

所谓经济、合理,就是指大型工程的投资省、见效快、收益稳、基本没有负面影响。

(1)投资省,要求工程规模适度,风险可控,投资回收期短(10~30年);

(2)见效快,要求工程寿命周期适中,能够较快地投入经济运行,实现建设功能目标;

(3)收益稳,要求工程运行具有良好的盈利能力和经济收益率;

(4)基本没有负面影响,要求工程建设和运行对生态环境和经济社会可持续发展不会构成实质破坏和负面影响。

我国的南水北调工程,是对境内水资源的社会再配置。考虑到这种社会配置具有行政权力的强制性色彩,因此容易受到社会大众的广泛质疑和有失公平。南水北调工程是以解决北方地区(主要是华北)干旱缺水而由政府主导、出资建设的跨流域调水工程。按理说,南水北调应该采用市场配置水资源的方式(即以购买水权的或水量方式),尽可能找到水源区和受水区利益的平衡点。市场的优化配置,有利于受水区节约用水、减少污染排放。换句话说,南水北调没有非常明显的公益性,而部分地区通过政府行为强制性取得水资源,难免造成“损人利己”的评判,也不利于利用价格机制节水和保护水资源;同时,政府为安抚利益输出地方情绪,最终不得不在某些方面给予水源区优惠或让渡(补偿)。但是,有限次的优惠和(尤其是不对等、不公开的一次性)让渡,并没有彻底解决根本问题。那么,就为未来的发展和用水冲突埋下“祸根”。

南水北调工程与三峡工程都是世界规模最大的水利工程。然而,南水北调却远不如三峡工程所具有的公益性和高效益。三峡工程的投入运行,基本解决了长江中下游百年一遇的大洪水,沿江的滩涂土地可开发利用;三峡工程年发电量可以超过1 000亿kW·h,工程竣工第3年就可收回全部(动态)投资;三峡船闸的年通航能力已经超过设计能力,枯水期发电增大下

游下泄水量，有利于流域中下游生态（所不足是对水质和水生物的负面影响）。南水北调的连续、中小流量的取水量使其不具有防洪能力，单独建设大型水库又存在多方面问题。

（1）难以选到合适坝址；

（2）水库淹没大量土地和大规模搬迁移民；

（3）调水的高投入和高运行成本；

（4）水源区生态影响和受水区污染增加。

前章对我国多个南水北调重大方案的水源、水量可靠性和水质可控性进行了分析，本章在其基础上，从经济层面与合理性方面进行比较，依据可行性、可靠性、可控性、经济性和合理性及所涉及的指标对其进行评价或后评价。

考虑到水利工程的单件性、一次性和特殊性，为简化、方便进行比较与研究，作者类比土木工程招投标单价并参考部分已实施工程的最终结算价格（市场价），采用以下单价与有关调水方案的工程量乘积进行投资匡算。

（1）输水干（明）渠，按4 000万元/km；

（2）公路（桥隧比小于50%），按4 000万元/km；桥隧比50%～70%，按1.2亿元/km；桥隧比超过70%，按1.5亿元/km测算；

（3）隧洞，按1.7亿元/km；

（4）移民，按50万元/人（综合配套安置）；

（5）当地材料大坝，50亿元/座（综合配套设施）；混凝土大坝，70亿元/座；

（6）机电设备（包括水力发电、抽水、启闭闸门），按30亿元/厂站；

（7）调水工程（自流）运行维护费用按调水工程静态投资的40%（一次性摊销）测算；

（8）抽水工程运行维护费用按调水工程静态投资的60%（一次性摊销）测算；

（9）水源区生态补偿措施，按调水工程静态投资的30%测算；

（10）税收，按调水工程静态投资的5%测算。

8.1.1　东线工程的经济性分析

基于投资规模和预测的水资源需求变化，南水北调总体规划方案的（东线、中线和西线）三线工程均为分期实施。东线工程初期方案和实施方案变化较大，在重大方案比较与研究中有必要对比和参考这两个方案的经济性。

8.1.1.1　东线工程初期方案的经济性

东线初期方案，不仅拟向山东和江苏两省供水，而且规划拟向华北、北京、天津供水。工程规模较大：一期工程：多年平均抽江水量37亿m^3（抽水能力为500m^3/s）；二期工程新增供水量48亿m^3，总供水量达到85亿m^3（三期工程新增抽水能力超过85亿m^3，全部完工后，总供水能力达到170亿～180亿m^3）。其中，工业和城市生活用水51亿m^3，农业灌溉用水34亿m^3。以1995年的价格水平测算，东线工程计划总投资200亿元；一期工程静态投资约96亿元；二期工程静态投资约104亿元。需要说明的是，初期方案（1996年规划报告）基本没有考虑治污工程，总投资也未包括与此相关的部分。

东线调水，实际上是从长江下游抽水向黄河下游地区供水的水资源再配置工程。因此，运行成本较高。总体规划在山东位山穿越黄河，从东平湖引水，东平湖水位38.8m，经8.6km穿黄隧洞等工程，到黄河北岸位山渠首，水位35.21m，然后可顺大运河自流到天津。

在黄河以北，东线工程位置偏东，地势较低，东中线工程对应比较，东线工程较中线工程低50～70m，其供水范围只能及大运河附近及以东地区。由于海河平原地形是西高东低，平原的中西部地区东线工程无法供水(当然从工程技术讲，并不存在困难，不能自流可以多做泵站进行抽水，但技术经济上毕竟不合理)。尤其是解决北京的缺水问题，东线调水工程仅提出了为北京供水的初期目标，缺乏落实的具体供水方案。在地形上，北京比天津高出约50m，设想之一是，在北运河上再建10级泵站，溯北运河从天津逐级抽水到北京，这样从长江边到北京总抽水梯级将达到23级，不经济；其二是换水，将引滦入津工程供天津的滦河水转供北京，天津全用东线调水，从技术经济合理性和社会问题的处理上，两种设想均难以操作。此外，东线水质(尤其是输水沿线污染)的可控性较差，天津和北京一直用中线水。

1)初期方案主要投资规模

依据南水北调的初期东线调水方案工程规模和工期安排，以1995年价格水平测算，第一、二期工程静态(计划)投资约200亿元(其中包括江水东调工程投资21亿元)，工程项量及投资详见表8-1。

表8-1　东线调水初期(1996年)方案工程及投资规模

项目	一期工程(500m³/s)	二期工程(700m³/s)	合计
新建泵站/座	22	22	44
新增装机/万kW	19	27	46
土石方/亿m³	1.15	2.97	4.12
混凝土/万m³	97	99	196
砌石/万m³	158	143	301
静态投资/亿元	96	104	200

2)初期方案工程效益

初期调水方案，第一期工程多年平均净增供水量37亿m^3，其中工业和城市生活用水21亿m^3，农业灌溉用水16亿m^3；结合排涝面积为6 800km^2；年均经济效益为56亿元。第二期工程多年平均净增供水量85亿m^3，其中工业和城市生活用水51亿m^3，农业灌溉用水34亿m^3；结合排涝面积为8 300km^2。此外，东线工程疏浚和治理河道、湖泊，还可改善防洪、航运和生态环境条件，其综合效益难以量化计算。

3)初期方案经济评价

按现行方法和经济评价规范、规定，评价其经济效果。计算期采用55年，按工程建成后2年发挥初期效益，建成后10年时间达到设计效益计算。费用包括主体工程和配套工程投资、流动资金、年运行费和设备更新改造费。机电设备和金属结构经济使用年限按25年计，对利用现有泵站工程按资产重估值计，电价按0.50元/kW·h计算，评价成果表明，第一期工程效益费用比为1.41，内部收益率为18.1%，净增值68亿元。业内审查意见认为，项目在经济上是合理、可行的。

4)供水成本及水价测算

东线工程初期方案的供水成本包括：

(1)燃料、材料、动力费;

(2)人员工资福利费;

(3)固定资产维护费;

(4)折旧和摊销费;

(5)管理费;

(6)水资源费;

(7)年利息净支出等 7 项。

按全拨款和贷款 60%(利率 6%,还贷期 15 年)两种资金来源方式,分别计算第一步工程的供水成本和水价。农业水价按供水成本核定;工业水价,还贷期按还贷要求测算,还清贷款后按供水成本加投资利润率 6%核定,还贷水价受使用贷款的比例、利率、还贷期的影响很大,还清贷款后水价大幅度降低。

据分析计算,东线工程初期方案如按照设计供水量和测算的水费计收税费,工程尚具有一定的还贷能力,可以做到自负盈亏,略有盈余,维持良好运行(另据有关省测算,苏鲁两省边界综合水价为 0.5~0.6 元/m^3)。不论哪种测算成果,测算的水价均高于现行水价。水价中电费占较大比重,若提水用电电价给予政策性优惠,则水价还可以降低。

8.1.1.2　**东线工程实施方案的经济性**

东线实施方案及第一期工程:主要向山东和江苏两省供水。工程规模:多年平均抽江水量 89 亿 m^3(抽水能力为 500m^3/s),其中新增供水量 39 亿 m^3,工期为 5 年,工程计划投资 180 亿元。第一期工程的重点是加强污水处理,完成江苏、山东两省治污及截污导流项目;同时实施河北省工业治理项目,于2006—2007 年实现东平湖水体水质稳定并达到国家地表水环境质量Ⅲ类水标准的目标。东线第一期治污工程计划投资 140 亿元;一期主体工程和治污工程计划总投资为 320 亿元。

1)工程项量及投资

东线工程实施方案,是根据对 2000 年的总体规划进行修订后的批准方案(2001 年修订)。与 1996 年初期方案相比,实施方案的调水规模有大幅度减少,投资则大幅度提高。其中,增加最多的是治污工程及投资。实施方案由输水河道、泵站、蓄水湖泊、穿黄工程以及治污工程、水土保持工程、供电、调度运行管理设施等一系列单项工程组成,在单项工程基础上,组成不同规模的调水方案。

(1)第一期工程共计增建泵站 21 座,增加装机容量 20.66 万 kW。需完成土石方开挖 1.87 亿 m^3,土方填筑 0.33 亿 m^3,混凝土及钢筋混凝土 192 万 m^3,砌石 262 万 m^3, 工程永久占地 1.06 万 hm^2。

按照水利部现行规定的编制办法、定额及费率标准,并参照了沿线省、直辖市有关规定编制。采用 2000 年下半年价格水平,第一期主体工程静态总投资 180 亿元,治污工程投资 140 亿元,共计 320 亿元。

第一期工程工期 6 年。

(2)第二期工程,在第一期工程基础上增建泵站 13 座,增加装机容量 12.05 万 kW。需完成土石方开挖 1.58 亿 m^3,土方填筑 0.46 亿 m^3,混凝土及钢筋混凝土 130 万 m^3,砌石 172 万 m^3, 永久占地 1.28 万 hm^2。主体工程增加投资约 124 亿元,治污工程投资 100 亿元。

第二期工程工期 3 年。

(3)第三期工程,在第二期工程基础上增建泵站 17 座,增加装机容量 20.22 万 kW。需完成土石方开挖 2.14 亿 m^3,土方填筑 0.25 亿 m^3,混凝土及钢筋混凝土 167 万 m^3,砌石 211 万 m^3, 工程永久占地 7 730hm^2。主体工程增加投资 116 亿元。

第三期工程工期 5 年。

南水北调东线第一、二、三期主体工程共计投资 420 亿元。

2)经济分析

东线工程的直接效益主要有工业供水、农业供水、除涝和航运供水等几方面,按照净增供水量和综合经济指标估算,第一、二、三期工程效益分别为 97 亿元、167 亿元和 156 亿元。东线工程的实施,将促进地区经济发展和社会进步,有效遏制生态环境不断恶化的状况,改善人民生活质量,此外,东线工程疏浚和治理河道、湖泊,还将极大改善防洪、航运和生态环境条件,有着巨大的综合效益。

根据设计单位的测算分析,东线工程的国民经济和财务指标均达到或超过国家规定的标准,工程在经济上是合理的,财务上是可行的。

东线工程投资结构为 45%贷款,55%资本金。按照"保本、微利、还贷"的原则,在水费偿还占工程投资 20%的贷款本息、其他贷款由"南水北调基金"偿还的条件下,测算主体工程水价。第一期工程还贷期全线平均水价为 0.26 元/m^3,江苏省平均水价为 0.17 元/m^3,山东省平均水价为 0.59 元/m^3。通过承受能力分析,工程建成后,用水户对这样的主体工程水价可以承受。

南水北调东线治污工程 2010 年前总投资为 238.4 亿元,输水干线规划区、山东天津用水规划区、河南安徽规划区分别需投资 166.4 亿元、35.6 亿元、36.4 亿元。山东、江苏、河南、安徽、河北、天津 6 省、直辖市规划投资分别为 86.9 亿元、49.0 亿元、19.8 亿元、16.6 亿元、35.3 亿元、30.8 亿元(不包括河南、安徽两省的工业污染治理项目投资)。东线第一期工程和中线第一期工程的静态总投资合计为 1 240 亿元。中线工程静态总投资 920 亿元(实施方案);治污工程总投资 240 亿元,由东线工程分摊截污导流工程投资 24.9 亿元,其中第一期工程 17.25 亿元,第二期工程 7.65 亿元。

8.1.2 东线工程的合理性分析

东线调水方案全程依靠提水,调水、抽水、输水成本较高,受水的居民、企业按实际成本用水成本高。采取地方政府补贴水价可以接受,如果依靠中央政府投资和补贴就有失公平。

南水北调东线一期工程和中线一期工程已经投入运行,实践证明其作用和需求尚没有达到规划、设计的产能(输水规模)。

8.2 中线方案经济性与合理性

南水北调中线方案,施工技术简单,但投资规模巨大,涉及湖北、河南、河北、北京和天津多个地方,涵盖水源工程(丹江口水库及大坝加高)、输水工程(总干渠、穿黄隧洞和 1 700 多个立交项目)、供水工程、丹江口水库下游补偿引水工程(引长江济汉江)、移民与安置工程、水源区及输水沿线治污工程和生态修复工程等。尤其是丹江口水库有近 40 万移民需要安置,使得中线调水方案的经济性、合理性大打折扣。有许多业界专家测算,南水北调中线工程按市场经济方式建设,至少需要4 000亿元(包括供水系统及配套设施),这一投资规模是2000年设计概算(920亿元)的4.35倍。

不少专家认为,南水北调中线工程实施方案(2001年修订方案)与之前(包括2000年)多个设计阶段明确的调水规模相比,有较大幅度的减少,而投资规模却呈几何级数的增加。这里面虽然有如国务院南水北调办公室原主任张基尧所说的,"南水北调"中线工程的跨渠桥梁,设计变更增加了700多座,以及人工费上涨等成为工程投资增加的因素。但涨幅之高,难以"摆平"计划经济体制惯性的"钓鱼工程"之嫌疑。作为一个引水工程,建筑物结构简单,技术并不复杂,无论哪个设计阶段,工程量都可以准确算出。个别具有"童趣"的专家在座谈会上提出:按中线工程年调水量95亿 m^3 测算,40年连续调水3 800亿 m^3;即便不考虑机会成本,以20年动态资金翻一番测算,建设完成之时的4 000亿元就可能翻两番变成16 000亿元。实际上,40年难以实现连续调水;而运行、维护费用将持续发生,依靠水价上涨,无法收回投资。

8.2.1 中线方案经济性

如前所述,南水北调是水资源的社会再配置工程,是基于社会需求进行的投资行为。因此,南水北调应按照市场化原则组织设计、建造和运行。考虑到南水北调工程从提出到立项决策的特殊历史背景,中央政府可以授予特许经营权、全额低息贷款和税收优惠的方式招标确定项目经营主体。这样既兼顾到了社会主义市场经济体制的制度要求,也符合资源利用的公平性、经济性和效益性要求。南水北调工程一直被当作纯公益性项目进行规划、设计、建设、运营,以至于业界、学术界无法站在独立、公正的角度比较和评价其公平性、经济性和效益。

专家对南水北调诸多重大方案进行的经济性与合理性比较、研究,只以学术视角单纯并粗略地以每个工程的实际投入和尽可能真实的运行成本进行比较,力图使其评价具有独立性、公正性和学术性。

8.2.1.1 中线工程初期方案的投资

1)初期方案的投资估算依据

投资估算,主要依据的是水利水电工程投资概(估)算规程规范。根据1996年的南水北调初期方案的中线工程建设规模和项目划分,按照各项建筑物设计的几何轮廓尺寸计算工程量,以工程建设所需完成的各项实物工程量为基础,以1995年下半年的工资、材料、设备等价格水平,以及相应的定额和费用标准进行的计算。

2)估算的投资及组成

中线工程战线长、项目多,根据工程项目内容和投资估算的原则和方法以及各工程项目的设计工程量、施工组织设计及有关工资、材料、设备等价格,逐项分类计算,经论证、审定得出中线工程静态总投资为547.58亿元(1995年下半年价格水平)。其中,水源工程73.48亿元,占13.42%(丹江口水库大坝加高工程11.64亿元,水库淹没处理和移民安置61.84亿元);输水工程415.03亿元,占75.79%;汉江中下游治理开发工程50.57亿元,占9.24%;环境保护工程8.5亿元,约占1.55%。

投资估算成果表明:中线工程投资主要是输水工程投资,达415亿元,占总投资的75.8%;水源工程投资仅73.5亿元,占总投资的13.4%,按供水量145亿 m^3 计算,单方水水源工程投资仅0.51元,这在国内水库工程投资中是很低廉的。例如当时在建的深圳白花水库工程单方水投资5.1元,北京八座水利工程按1995年重置成本价计算的单方水投资约10元,究其原因,主要是丹江口水库在初期工程的基础上加坝调水,要比新建一座水库工程的投资省很多。

中线工程初期方案静态投资548亿元,是按江汉中下游全面治理开发估算的,包括新建碾盘山水利枢纽、用碾盘山枢纽发电等效益滚动开发兴隆等四个梯级,建设引汉济江工程。因此,其投资额度已涵盖了调水230亿 m^3 的工程项目。此外,丹江口加坝调水方案除有调水145亿 m^3 的功能外,还有其他效益,如有提高汉江中下游防洪标准的功能。所以,548亿元投资并不全是供水投资,还有一部分应由防洪等方面分担。

3)初期方案水价

按加高丹江口水库大坝调水145亿 m^3 方案,测算了多种筹资方案的供水总成本费用和单方水成本,其中论证和审查阶段4个有代表性筹资方案,其计算至总干渠分水口门的总成本费用和各省市分水口门的平均综合成本尚在合理范围内。全线平均还贷期成本每立方米为0.368~0.662元;还清贷款后每立方米为0.272~0.305元,到北京每立方米为0.498~0.580元。测算结果表明:筹资方案对还贷期供水成本影响很大,如贷款60%,年利率15.3%筹资方案的还贷期供水成本为全拨款方案供水成本的244%;且还贷期供水成本与还清贷款后的供水成本相差悬殊,前者为后者的217%。筹资方案对还贷后的供水成本影响不大。

水价测算:水利工程建造价格不仅受自然条件的影响(主要体现在供水成本上),而且受经济政策的影响很大。在相同的自然条件下,采用不同的经济政策就会有不同的水价。根据《中华人民共和国价格法》规定之精神,南水北调中线工程供水价格应实行政府指导价或政府定价。为了给政府合理确定中线工程供水价格提供科学依据,中线工程设计单位测算多种不同经济政策条件下的水价,包括不同贷款条件下的还贷水价和按《水费办法》规定的成本加利润的水价,其中论证和审查阶段有代表性的四个筹资方案的还贷水价和成本加利润的水价偏低。还贷期水价按满足还本利息要求核定,还清贷款后的农业水价按供水成本核定,工业和城市生活供水成本加6%投资利润率核定,综合水价按农业和工业及城市生活供水量加权平均求得。测算结果:全线平均综合水价还贷期每立方米为0.450~1.908元,还清贷款后每立方米为0.508~0.541元。

8.2.1.2 中线工程修订方案的投资

中线工程修订方案,是国务院2001年批准的南水北调工程总体规划方案中中线调水工程的建设依据,也可以说是实施方案。但是,总体规划方案只是明确了总体设计和原则,施工过程中还可能根据实际情况修改或变更一些具体的项目施工量。

1)中线主要单项工程

中线调水工程的主要单项工程有:

(1)水源(丹江口水库及大坝加高)工程;

(2)输水工程(总干渠和立交项目);

(3)穿黄工程;

(4)供水工程(不记入中线投资范围);

(5)引江济汉工程及中下游补偿工程;

(6)移民与安置工程；

(7)水源区及输水沿线治污工程；

(8)生态修复工程等。

2)中线一期工程

中线工程实行分期建设，第一期工程包括：

(1)丹江口水库大坝按正常蓄水位一次加高，正常蓄水位 170m，相应库容 290.5 亿 m^3；校核洪水位 174.35m，总库容 339.1 亿 m^3；航运过坝建筑物按 300 吨级改建；

(2)随着水库蓄水位逐渐抬高，分期分批安置移民；

(3)兴建从陶岔渠首闸至北京团城湖全长 1 267km 总干渠和 154km 天津干渠；

(4)在汉江中下游兴建多个水利枢纽、引江济汉、改扩建沿岸部分引水闸站、整治局部航道工程 4 项治理工程。

3)一期工程静态总投资和工期

(1)工程投资按部颁定额和取费标准进行估算，基本预备费取 15%，采用 2000 年底市场价格水平，工程静态总投资 920 亿元(包括工程建设投资、水库淹没及工程占地处理投资、环境保护及水土保持投资)。此外，尚需加强丹江口水库周边及其上游地区的水污染防治和水土保持工作，保证水库水质安全。

(2)一期工程计划工期 8 年。

4)水价测算

中线一期工程直接效益主要有供水和防洪两个方面，初步估算年平均效益达 456 亿元。

中线工程的实施，将促进北方缺水地区经济社会的发展，有效遏制生态环境不断恶化的状况，改善人民的生活质量。

报告提出，中线工程一期实施方案国民经济和财务指标均达到或超过国家规定的标准，工程在经济上是合理的、财务上是可行的。中线一期工程投资 920 亿元，规划报告提出使用 45%银行贷款，55%资本金。按照“保本、微利、还贷”的原则，在水费偿还占工程投资 20%贷款(其他由基金偿还)的条件下，还贷期全线平均水价为 0.6 元/m^3，河南省平均口门水价 0.27 元/m^3，河北省 0.59 元/m^3，北京市 1.2 元/m^3，天津市 1.19 元/m^3，用户可以承受。

8.2.1.3　中线工程建设投资分析

1)国家财力分析

1978 年实行的改革开放，激发了经济增长的动力和每个经济单元的活力，经济保持快速增长；1978—2000 年，国内生产总值(GDP)年均增长超过 9%。截至 2001 年底，GDP 接近 10 万亿元，国家财政收入从 10 年前的 3 000 亿元左右增长到 15 000 亿元；国家外汇储备增加到 1 600 亿美元。也就是说，到 2020 年，经过 20 多年的改革开放，我国国民经济发展迅速，综合国力已经显著增强。

2)集中财力建设大项目

我们国家有“集中财力办大事”的制度优势，充分体现社会主义优越性。国家重大项目、基础(能源、交通)工程建设，都是这种优越性的具体体现。1993 年正式动工的中国长江三峡工程，充分展示了集中力量办大事的优势。

三峡工程建设工期 17 年，以当时的物价水平，设计概算静态投资约 900 亿元；其中，工程投资约 500 亿元，移民安置约 400 亿元；测算动态投资约 250 亿美元(按当时汇率测算为

2 000 亿元)。建设全期,由于较长时间的物价水平偏低,三峡工程实际耗资约1 800亿元;动态投资尚有节余。三峡工程的防洪作用巨大,公益性明显,同时兼有巨大的发电效益、航运效益和引水灌溉效益;建设资金来源主要是国家从 18 个省征收的电力基金。如果说,三峡工程有缺憾的话,那就是它的防洪作用与水资源效用没有充分发挥其应有之功能;也就是说,三峡工程本可以利用防洪库容来实现雨洪资源的最大化利用,以解决北方地区的干旱缺水。然而,水利部门宁愿浪费水资源,也不愿意多蓄水。

20 世纪 90 年代,除三峡工程在建之外,水利口还有黄河的小浪底水利枢纽在建;水电口有四川雅砻江二滩电站在建(部分世界银行贷款)。由于国家财力有限,南水北调工程未能开工建设。如前所述,南水北调工程主要解决北方地区尤其是华北地区的城市生活用水,考虑水资源的产权因素和市场化改革,跨流域调水的公益性作用没有充分发挥。2002 年底,南水北调中东线一期工程开工;在这个时点,东部缺水地区和华北的京津地区都是经济发展较为发达地区,已经具备一定的经济实力。因此,南水北调工程应该按照市场经济的体制要求决策和组织工程建设,科学、经济运营调水工程。

3)南水北调工程动态投入

由于南水北调中线工程规模大、战线长;若建设资金充足,建设工期应该受制于穿黄隧洞这个关键工程。按照盾构施工的效率,穿黄工程总工期不超过 6 年,而中线工程实际上的总工期已近 12 年,使得动态投资出超标。

根据 2002 年国务院批复的南水北调工程总体规划,南水北调东线、中线一期主体工程概算总投资 1 240 亿元,其中东线一期 320 亿元,中线一期 920 亿元。国务院南水北调办公室公布的数据显示,截至 2014 年 4 月底,已累计下达南水北调东、中线一期工程投资 2 448. 6 亿元;工程建设项目累计完成投资 2 467. 6 亿元,其中东线、中线一期工程分别累计完成投资 315. 0 亿元和 2 082. 9 亿元。按照后来的可行性研究阶段预算,东线、中线一期工程总投资为 2 546 亿元。而国务院南水北调办公室原主任张基尧曾对媒体表示,东线中线一期工程总投资可能要达到 3 000 亿元(未加上供水工程投资)。也就是说,南水北调东中线工程的动态投入将远远超过测算的静态投资。此外,根据南水北调工程建设委员会的专家、院士测算,南水北调工程的运行费用将远超过建设投资的 30%,无论丰水期无须调水或枯水期无水可调都将发生。

8. 2. 2　中线方案合理性

就目前的认识,南水北调中线工程还没有被证明已经或成为根本解决华北地区缺水问题的唯一办法。事实上,它也不可能从根本上解决缺水问题。不过,这样说丝毫不要忽视和降低南水北调中线工程重新配置水资源的正面作用。

8. 2. 2. 1　初期方案的合理性分析

南水北调中线工程初期方案研究提出:合理确定南水北调工程的供水价格,首先要确定南水北调工程的公益性质及其应采取的投资政策。

1)投资政策问题

南水北调中线工程是改善国家水资源配置状况,为京、津、华北广大地区和人民解决干旱缺水问题,促进人口、资源、环境协调发展,有很强的社会公益性,又具有很高的综合效益的特大型基础设施工程。因此,南水北调工程的建设不以盈利为目标,而应较多体现政府行为，由中央和地方共同投资建设。按经济专题审查专家组推荐筹资方案(贷款比例 30%、综合年利率的 6%测算的成果，作为中线调水工程供水成本和水价的代表方案是合理的)组织工程建设。

2)投资计算边界问题

关于南水北调中线工程供水价格的计算边界，一般认为，按国内水利工程供水价格计算惯例，南水北调中线工程水价应测算其输水总干渠到各省市的分水口门，如送水到南阳、平顶山、许昌、郑州、焦作、安阳、新乡、邯郸、邢台、石家庄、保定、北京、天津等大中城市，以及用水县市和企业的分水口门；另一种意见认为：总干渠分水口的水价不是用户真正的水价，只是自来水厂的原水价，南水北调工程水价应测算到最终用户的水价，即要包括城市自来水厂和供水管网，直到千家万户。客观地讲，前者是符合规程规范要求的，也符合国内水利工程供水价格计算的惯例；后者类似把新建电站的上网电价改算到广大用户的电价即市场价格。

3)计算项目和参数问题

按推荐的筹资方案和水价计算边界条件，中线工程代表的供水成本和水价应更多考虑公益性。中线工程供水成本的计算内容，包括了现阶段(当时)有关规定应计入成本的全部项目，供水投资利润率采用相关水费管理规定中的上限，方案提出计算参数符合有关规定的要求并留有余地，供水成本和水价的测算符合实际。

4)成果符合工程实际

中线工程供水成本和水价测算结果表明：中线工程的供水成本和水价与当期新建和拟建工程比较还是比较低的，究其原因主要有以下几个方面：

(1)中线工程建设条件优越，调水规模大，具有较好的规模效益；

(2)丹江口初期工程已为后期工程建设奠定了基础，在初期工程的基础上加高大坝调水，水源工程所需投资甚少；

(3)全线自流引水，不需要抽水泵站基础投资，并减少运行管理费；

(4)水质好，又不含泥沙，不需要水质和泥沙处理费。

综上几点，结果是中线工程每立方米水的固定资产投资相对较少，运行管理费用又低，供水成本和水价自然较低。但是，南水北调中线工程毕竟是一项工程规模大、需要投资多、涉及范围广的特大型工程，从一开始就要制定好有关政策，包括投资、建设和管理等各个方面，为工程的顺利实施和发挥效益，以及建立良性运行管理机制打好基础。

8.2.2.2　水资源再配置的必要性分析

1)南北水资源差距

我国水资源总量丰富，人均水资源较少。受地形、地貌和三大阶地等因素控制，南方水多，人均超过 4 000m^3，部分地区达到 6 000m^3；北方水少，缺水的华北和西北地区人均水资源不足 300m^3；东南沿海人均水量最多、西北内陆人均水量最少。而且，降水具有明显雨热同期的特征。根据统计资料，长江以南地区降雨量占全国降雨量的 81%，以北地区只有 19%。在 5—9 月，降雨量超过全年的 70%，这种雨热同期、集中降雨和丰枯同频，使水资源有效利用十分困难。20 世纪 80 年代，大江大河高坝大库较少，不能有效控制和利用的雨洪资源占地表水资源量超过 40%(主要是沿海的降雨和大江大河的强降雨)；但三峡工程及长江上游数十个大型水库投入运行后，水利部门仍要求其汛期低水位运行和腾空防洪库容，造成水资源巨大浪费，损失又接近总量的 10%~20%。

我国河川径流(来水量)年际变化很大,南方地区大江大河变率为10%~30%;北方地区年最大最小的径流极值比为4~7倍,一些支流可达10倍;一条河流的流水,各年、各时段都不一样,最大、最小的时候可以差到10多倍。由于人口膨胀和长期生活习惯,导致人口的社会分布与水资源的空间分布存在巨大矛盾。

南方的长江流域、珠江流域、东南诸河区、西南诸河区,这4个流域面积、人口、GDP差不多占全国的一半,但是水资源却占到了全国的84%;对比之下,北方的淮河区、黄河区、辽河区、海河区、松花江区、内陆河6个流域面积、GDP、人口也差不多占到全国的一半,耕地面积占到全国的65%,但是水资源只占全国的16%。

2)极端气候致水资源总量减少

受自然因素和人类活动的影响,尤其是工业化、盲目城市化及大量征占湿地、农地,导致我国水资源(雨洪资源)浪费严重。20世纪90年代中后期开始,气候变化异常,极端天气频现。在雨季,台风次数明显增加,大暴雨大都降到沿海地区,雨洪资源不能形成有用的水资源,使全国水资源量有一定量的减少。2001—2009年与1956—2000年比较,全国降水减少2.8%,地表水资源和水资源总量分别减少5.2%和3.6%;而且,南、北方均有所减少。其中,海河流域减少最为显著,降水减少了9%,地表水减少了49%,水资源总量减少了31%。

3)水资源供求紧张

我国多年耗水量约6 700亿m^3,旱季的11月至次年4月,北方地区降雨稀少,水资源供需矛盾突出。正常年份,全国正常年份缺水约500亿m^3;干旱严重时,缺水量超过600亿m^3。多年来,海河流域、黄河流域、辽河流域、西北和东部沿海城市等地缺水严重,南方部分地区的季节性缺水范围在增加。

城市的迅速扩张,人口的过度集中,耗水产业的密集分布,雨洪资源的“赶尽杀绝”,一方面使经济社会用水需求在扩大;另一方面,肆意排污导致可用水资源迅即减少,造成水资源供求紧张。

(1)水环境污染。资料表明,2009年,全国废污水排放量达到747亿m^3,全国地表水水功能区达标率不足47%,562眼监测井中水质在Ⅳ类和Ⅴ类的监测井占72%,说明地下水污染也较严重。

(2)排污量增加与水体纳污能力的降低。这方面,入河排污量远远超过水体自净能力,污染是主因。由于水量减少和水动力学条件变化,导致水体自净能力下降也是其中不可忽略的因素。

(3)水生态退化。主要体现为淡水生态系统功能呈现“局部改善、整体退化”的态势。北方平原区,地下水严重超采,经济社会用水挤占了基本生态用水;另外,大量河流水域被侵占、湿地开发使水资源量逐减。

4)水资源再配置的必要性

2013年,全国的总供水量达到6 500亿m^3;其中,地表水资源供水量约占81%,地下水资源供水量占19%;耗水量中,生活用水占13%,工业用水占24%,农业用水占61%,生态环境补水占2%。根据有关部门资料和媒体报道,部分地区主要城镇生活及工农业生产现状缺水300亿~500亿m^3,缺水造成每年生产损失约千亿元,生态环境损失不可估量。

解决水资源短缺问题,已经成为经济社会可持续发展的重要前提。解决水资源短缺:

(1)首先立足节约用水、科学配置、充分储蓄雨洪资源,通过保护和扩大湿地保持和涵养水源，合理开发地表、地下水资源。

（2）提高用水效益，降低用水成本。主要实现途径是用水效率提高、循环用水、水向高效益部门流转。

（3）提高供水保证程度，维护社会用水公平，提高供水能力，保障弱势群体和公益性行业的基本用水。

（4）修复受损生态系统，保护健康水生态系统。

（5）保护和维持水体环境，减少污染物产生量，加大废、污水处理力度，循环用水，控制水功能区达标率、排水达标率。

在上述方法基础上，实施调水工程，科学、优化配置水资源。也就是说，跨流域调水作为水资源再配置的一种重要手段，是非常必要的，但应当坚持水资源优化配置、合理开发、高效利用、规模适度，节约保护和控制污染并举，实现经济、社会和生态效益最大化。

8.2.2.3　水源区来水变化与可调水量

汉江是长江的最大支流，是我国农业大省——湖北省及江汉平原的重要水源。汉江的水量丰沛，但年际变化和年内变化均较大。在近 50 年的时间里，丹江口水库上游年最大来水约 460 亿 m^3，年最少来水 133 亿~179 亿 m^3（统计口径和部门不同，数据有一定差异）。随着气候变暖，近 15 年来上游来水持续减少，多年平均值与 20 世纪 80 年代相比，降幅非常明显。2014 年 11 月前，丹江口水库上游持续无降雨，使中线工程迟迟不能实现里程碑性的调水。但是，南水北调中线工程规划、设计 50 多年，基本采用同一个部门提供的水文资料，不同阶段论证或给出的可调水量相差较大。应当承认，汉江的来水变化以及丹江口水库上游的来水变化，也是在近 10 年里逐渐被认识和承认的；因为某一年或两年的变化不能作为变化趋势的代表（或不具代表性），设计单位没有采用近年的变化数据是可以理解。

1）早期规划方案的汉江水资源量

根据有关设计报告，对 1956—1990 年系列水文资料分析得出，汉江流域年均降水量总量约为1 426.6亿 m^3，对于全国平均值而言，属于降水相对丰沛地区。由于降雨丰沛，汉江水资源总量十分丰富。汉江水资源以地表水与地下水两种形式存在，全流域地表水资源量为 591 亿 m^3，地下水资源总量为 190 亿 m^3，扣除两者相互转化的重复水量，全流域水资源总量达 606 亿 m^3。汉江流域内，工农业、生活和其他用水消耗的水量较少，平均每年约 40 亿 m^3。天然径流量减去损耗的水量为出境水量，即汉江汇入长江的水量，年均约为 554 亿 m^3。

汉江丹江口水库以上天然径流量，根据水库下游黄家港水文站实测还原分析求得。1956—1990 年多年平均径流量为 408.5 亿 m^3，约占汉江流域的 70%，最大为 795.1 亿 m^3（1964 年），最小为 194.2 亿 m^3（1966 年，有文献表述最小年为 133 亿 m^3，不同文献差异较大）。

2）初期方案的可调水量

初期方案所指的是 2000 年前的调水规划方案，准确说是 1996 年的规划成果（方案）。该方案认为：中线工程选择丹江口水库作为水源地，是因为其具有下列优势：

（1）水资源丰富可靠。丹江口水库控制了汉江上游 9.5 万 km^2 的集流面积，占流域面积的 60%，20 世纪 80 年代天然入库水量达 460 亿 m^3，占全流域的 70%。丹江口水库上游地区为秦巴山区，平原狭小，人口、耕地相对较少，经济发展用水耗水增长不多（仅为 23 亿 m^3），入库数量减少有限，留有余地的预测到 2020 年天然入库水量仍能达到 390 亿 m^3。

(2)在丹江口水库按最终规模完建后,水库正常蓄水位170m,死水位150m,极限消落水位145m,有163.6亿~190.5亿m^3库容可用来调节水量。根据调节计算,在汉江中下游建设部分工程条件下,丹江口水库大坝加高后的可调节水量为145亿m^3;当汉江中下游得到全面治理开发,调水量可达220亿~230亿m^3。丹江口水库丰沛的入库水量和巨大的调节库容为实施南水北调中线工程提供了可靠的水源保障(与一些专业研究机构结论大相径庭)。

(3)地理位势优越。丹江口水库与华北平原毗邻,水库水位高踞华北平原之上,死水位和北京、天津受水区有100~150m的高差,可从丹江口水库全程自流输水到京、津,供水范围可覆盖整个华北平原。

3)修订方案的可调水量

长江年鉴以及多年的湖北气象资料和陕西气象局资料表明,汉江及支流来水差异较大,汉江流域多年平均形成地表水资源量为390亿~530亿m^3(460亿m^3),丹江口水库上游多年平均来水量为180亿~390亿m^3(285亿m^3)。根据长江水利委员会和湖北省的有关文献,汉江丹江口水库下游保证航运、灌溉最低需水量约240亿m^3。也就是说,按照多年平均来水情况(或正常年份),经科学调度可以调水45亿m^3。在理想情况下,丰水年可调45亿~150亿m^3;遭遇枯水年,汉江中下游需要补水60亿m^3,以满足生产、生活基本需要。

南水北调中线工程2001年修订方案(同一个设计单位的规划成果)提出:汉江流域地表水资源总量566亿m^3,现状总耗水量39亿m^3,其中丹江口水库大坝以上的地表水资源量388亿m^3,预计2010年上游耗水量约23亿m^3,中下游需水库下泄补充162亿m^3,在剩余的203亿m^3水中规划可调走97亿m^3。

实际上,汉江流域的丰水年11~16年出现一次,基本上没有发生连续两年的丰水年;之后就是平水年、偏枯年和枯水年;而且,偏枯年和枯水年出现的频率远远多于平水年。因此,即便有引江济汉工程,丹江口水库合理的调水量仅为40亿~60亿m^3,丰水年可以增加到100亿m^3。南水北调中线工程的调水,适宜在丰水年和平水年运行。也就是水多时调水,水少年份不调水;一年中,6—9月调水,其他月份不调水。这种科学、合理配置水资源方法,既有利于水源区社会经济发展和生态可持续,也有利于受水区节约用水和提前蓄水、修复生态。

8.2.2.4 合理水价促进合理用水

我国的华北、西北缺水,但伴随自然属性的气象干旱缺水的同时,水资源浪费现象仍十分严重。水利部水科院水资源研究所的王浩院士多年前就指出:西北黄河上游地区的农业普遍采用漫灌方式灌溉,数十方水收获一千克粮食;仅北京市,一年“桑拿、水疗”洗去一个“西湖”;北京、天津小汽车保有量超过800万辆,一年洗车需要耗掉一个“东湖”。

针对资源性短缺问题,很多年前作者在一些论文中多次提出“阶梯价格”的建议。所谓“阶梯价格”,就是根据资源的稀缺性和供求关系,按不同消费数量制定不同的消费单价(消费越多、单价越高),以达到抑制过度需求、保障基本需求、节约资源、可持续利用的目的。

2013年以来,国家发展和改革委员会已经逐步在推行资源和能源“阶梯价格”,如:基本消费用水,每个人每月3m^3内单价为2元/m^3,每个人每月8m^3内单价为8元/m^3,每个人每月超过8m^3的单价为20元/m^3。以合理的水价,保障合理的消费,实现合理用水和合理调水。否则,多用、多排、多污染,不利于资源的合理利用和配置。

8.2.2.5　阶梯水价有利于改变人们用水观念

“如果把污水处理厂排出的水再经深加工，处理成与自来水指标一样或者高于自来水指标的纯净水，把它作为城市的二次水源，不仅可缓解城市水资源紧缺的压力，减少城市污水对河流湖泊的污染，也可给污水处理厂带来可观的经济效益。”北京赛恩斯特科技有限公司列举了北京清河污水处理厂和北小河污水处理厂再生水回用工程的例子。如“把清河污水处理厂再生水回用成与自来水一样的新水，吨水生产成本不到 2.5 元。按照北京市现行的综合水价平均值吨水 5 元计算，那么，再生水回用后，每生产 1 吨水还可挣 2.5 元。”也就是说，提高水价有利于节约用水。

1）绿色奥运促进“世纪大治水”

2003 年北京市向奥组委提交的《2008 年奥运会申办报告》中承诺，到 2008 年，北京的污水处理率将达到 90%，污水处理量将达到 268 万 t/d，污水回用率达到 50%，污水资源化再利用达到 50 万 t/d，饮用水质达到世界卫生组织的指导值。同时，北京市政府根据奥组委要求，面向全球征集奥运会主题公园的规划和设计，公园景观设计要求体现“科技奥运、绿色奥运和人文奥运”。最终确定的奥运公园，占地面积 $60hm^2$，是迄今世界上最大的以再生水为唯一水源的人工水景。

那么，采用什么技术工艺路线能确保实现再生水回用呢？排水集团面向全球进行公开招标，业界领先的 8 家跨国公司同时拿出自己最精湛的技术和绝招，在现场同时进行了为期 6 个月的工程测试和实力较量。最后，北京赛恩斯特科技有限公司的膜法过滤技术工艺以其产水浊度低、对周围环境无干扰、无二次污染、运行稳定、操作简单、容易维护、占地面积小等被择优选用。

2）膜能把污水过滤成饮用水甚至纯净水

膜是一种高分子材料，膜分离技术在我国石化、钢铁、电力等工业领域的污水回用已经应用非常普及，节水减排效果十分显著。比如北京燕山石化 3 万 t/d 炼油废水回用、河北邯郸钢铁 2.1 万 t/d 的炼钢废水回用等，这些工程都已安全运行很多年，不仅缓解了所在城市的用水供需矛盾，企业也收获巨大的经济效益。但膜技术应用于市政水，尤其是污水处理厂，此前我国尚没有先例。城市污水虽然没有工业污水成分复杂，但是病毒传播源多、危害性极大，比如 2003 年 SARS 病毒，开始主要的传播途径就是水。因此，城市污水回用在处理时的重点是细菌、微生物等病原体的去除。膜的孔径可以小到万分之一毫米，可以去除各种细菌和病毒。清河污水处理厂的再生水回用后的水，远远优于普通概念的‘中水’，仅次于饮用水。如果把处理后的水再用反渗透膜系统作处理，处理后的水质和居民家庭日常饮用的桶装水水质是一样的。北小河污水处理厂的再生水回用，其中有部分水就是采用反渗透处理后的纯净水。

清河污水处理厂至今已经平稳运行一年多，它的成功运行为北京市城市污水资源化和建设生态城市开辟了新的途径，开我国城市污水处理厂再生水回用的先河。此外，太空站的水 100%回用，此技术已十分成熟。

3）城市污水资源化利用

据原建设部 2003 年信息，我国新建成的城市污水处理厂已有 283 座，新增污水处理能力近 1 200 万 t/日，污水处理率已经提高到近 60%。从数据分析，显然全国 668 个城市中仍然有接近一半左右的城市没有污水处理厂，60%的污水处理率意味着每年有 173 亿 t 的污水是没有经过任何处理直接排入江河湖海的。因此蓝藻、赤潮的频发也就不足为怪。2006 年，建设部和科技部联合颁布《城市污水再生利用技术政策》，其中明确规定：2010 年北方缺水城市的再生水直接利用率达到城市污水排放量的 10%～15%，南方沿海缺水城市达到 5%～10%；2015 年北方地区缺水城市达到 20%～25%，南方沿海缺水城市达到 10%～15%，其他地区城市也应开展此项工作，并逐年提高利用率。

相比发达国家，我国城市污水再利用的步伐相对缓慢，美国 2000 年污水回用率就已高达 72%，有 357 座城市实现了污水回用；日本 1995 年污水回用率就已经达到 77.2%；南非约翰内斯堡市，每日自来水的 85%都是城市再生水。事实证明，在全球面临水危机的形势下，城市污水资源化，是世界各国解决城市水资源短缺和水环境污染的最有效的途径。

4）污水处理亟待深化改革

由于我国城市污水处理厂起步晚、数量少、规模小，当时在技术、运营、管理等方面还存在很多问题。

（1）观念亟待转变。首先应该认识到，科学技术发展到今天，污水已经不是负担，不是包袱，而是一种可以循环利用的资源。与海水淡化、长距离异地调水的成本相比，城市污水再利用应该是首要的选择。城市污水经过深度处理和加工，不仅可以解决城市景观、冲厕、洗车、消防等用水，还可以解决工业的锅炉冷却水和纯净水以及农田灌溉。不仅减少了城市污水对江河湖海的污染，缓解了城市新鲜水的供需矛盾，而且也给污水处理厂带来直接经济效益。

（2）加强政策鼓励。世纪初我国近 300 座污水处理厂，尚有 30%的企业处于停产或者半停产状态，能够进行再生水回用的屈指可数。其中主要原因是我国许多地区还没有开征排污费，或是有些地区只收企事业单位的，不收居民住户的；或是生产了再生水，但是没有单位积极使用，卖不出去，从而造成污水处理厂入不敷出，不得不停产歇业。建设节水型社会，必须大力提倡“谁浪费谁可耻”“谁污染谁埋单”，这样不仅可以减轻政府对污水处理厂的财政包袱，而且也可保障污水处理厂的正常运营和生产。对于污水处理企业，政府也应给予减免税、水价、电价、土地价格等优惠政策。

（3）加快水价改革。城市污水再生水回用水价格，是按照投资运行成本计算得出的，2003 年吨水成本 1 元左右，而自来水价格则是享受政府补贴的。在南方一些地区，自来水价格和污水再生水价格是一样的，导致这些地区出现了宁可使用自来水，而无人问津再生水的尴尬局面。因此，只有加快水价改革，尽快实行限量供水、阶梯加价、按质收费，我国城市污水再利用的步伐才会真正加快，水资源的社会再配置才合理。

8.3 西线调水方案经济性与合理性

西线调水工程，是南水北调工程总体规划“三纵四横”的重要组成部分，是我国在三峡工程之后启动的一项世界超级水利工程。西线规划，从长江上游的通天河、雅砻江和大渡河向黄河上游调水，解决黄河流域上游缺水及中下游缺水和泥沙问题。环境专家指出：长江上游的通天河、雅砻江和大渡河拟调水区域的来水也十分有限。南水北调西线工程，是从长江上游调水至黄河。即在长江上游通天河、长江支流雅砻江和大渡河上游筑坝建库，坝址海拔高程 2 900 ~4 000m，采用引水隧洞穿过长江与黄河的分水岭巴颜喀拉山调水入黄河。

8.3.1　西线调水方案的必要性

黄河流域，作为我国北方(主要是西北)地区最大的供水水源，以其占全国河川径流2%的有限水资源，承担着全国耕地面积近15%和全国人口近12%以及50多座大、中城市的供水任务；同时，还有向外流域部分地区的应急调水任务。也就是说，黄河的承载范围和供水人口，已经超过了黄河水资源的承受能力，导致供需失衡。

由于人为非理性活动过频，造成黄河水少沙多，下游河床不断淤积，"悬河"的危险程度加剧，黄河缺水是不争的事实。但是，黄河的缺水和泥沙问题都归结到水的问题或水土流失问题。而且，缺水和泥沙淤积主要发生在中下游地区。

8.3.1.1　黄河流域缺水情势及调水的必要性

黄河水利委员会提出：黄河多年平均年径流量580亿 m^3(近年实际上小于这个值)，河道内生态环境低限需水量210亿 m^3，黄河可供国民经济耗用河川径流为370亿 m^3，并按此水量分配到有关省、自治区。随着沿黄地区经济社会尤其是农业生产的发展，黄河耗水量逐年增加。据1988—1992年用水统计，黄河供水地区年均引用黄河河川径流量395亿 m^3，耗水率已达53%，与国内外大江大河相比，水资源利用程度处较高水平。

规划分析，据预测黄河流域和相关地区，正常年份2030年缺水150亿 m^3 左右，枯水年份缺水则更为严重。黄河上游的青、甘、宁、内蒙古、陕、晋六省、自治区，地域辽阔，矿产资源丰富，只要有水，发展工业和农林牧渔业的潜力很大。水资源具有不可替代的特性，因此解决缺水问题必须开源节流。黄河流域，发展节水尚具有一定的潜力，但节水总量非常有限，根本出路在于获取外来水源。长江多年平均年径流量9 600亿 m^3，为黄河的16倍。调引长江的部分水入黄河，以丰补缺，是西部开发、解决西北干旱的重要举措。

8.3.1.2　黄河水资源利用现状

根据水利部黄河水利委员会2001年修订的西线调水规划，黄河多年平均天然河川径流总量虽然有500多亿 m^3，但随着耗水量增加，中下游径流量逐年减少。全流域内人均水量仅为全国的25%，耕地亩均水量仅为全国的17%，水资源贫乏；而且，因黄河中上游(黄土高原)土质松软，植被破坏严重，水土流失强烈，导致黄河泥沙含量高，多年平均输沙量超过16亿t。

据20世纪90年代资料统计，黄河流域河川径流供水量375亿 m^3，河川径流消耗量300亿 m^3，除上述已统计的地表耗水量之外，还有其他方面的因素直接或间接地消耗了河川径流量，估计为50亿~80亿 m^3。因此，黄河地表水实际消耗量已达350亿~380亿 m^3，占全河多年平均天然河川径流量的60%以上。国际上通常认为用水超过河川径流的40%，水环境就严重恶化，黄河的水资源利用情况已大大超过了这个限度。

近20年来，受气候变化和人为活动影响，黄河流域降雨形成径流量持续偏少，而国民经济各部门耗用黄河水量却日益增多，导致黄河下游及支流河道断流加剧，水环境日趋恶化，河道萎缩，河槽泥沙淤积加重，这是黄河水资源供需失衡的集中表现。

小浪底水利枢纽运行前，黄河下游河段断流从1979年的21天，延长到1997年的226天；河道断流的长度从1978年的104km，延伸到1997年的704km。同时主要支流渭河、汾河、伊洛河、沁河、大汶河等都出现过断流，其中沁河、汾河20世纪90年代平均每年断流228天和55天；大汶河曾出现全年断流的情况。黄河入海水量减少，排沙水量和滨海地区生态环境用水严重匮乏。据黄河近海河段的利津水文站实测径流量:1950—1959 年年均 480 亿 m^3,1960—1969 年年均 492 亿 m^3,1970—1979 年年均 311 亿 m^3,1980—1989 年年均 286 亿 m^3,1991—2000 年年均 120 亿 m^3。入海水量越来越少,维持河流水沙平衡和生态环境用水的缺口越来越大。

黄河流域沿线城市缺水日趋严重,如呼和浩特、西安、太原、咸阳、铜川等城市都存在不同程度的缺水和地下水超采现象。城市缺水已给人民生活、工农业生产造成了严重的影响,地下水超采给城市带来严重的生态环境问题。

8.3.1.3 **缺水导致的主要问题**

黄河上中游河段河口镇以上河段,1968 年 11 月—1986 年 10 月,来沙量 1.06 亿 t,河口镇下泄水量 239 亿 m^3,宁蒙河道年均淤积沙量 0.38 亿 t。1986 年 11 月—1996 年 10 月,来水偏枯,来沙量 0.91 亿 t, 河口镇下泄水量 174 亿 m^3,宁蒙河段年均淤积 1.03 亿 t。前后两个时段对比,河口镇下泄水量减少 65 亿 m^3,宁蒙河段年均淤积沙量增加 0.65 亿 t,并由此产生了生态环境、防洪、防凌等一系列问题。因此,即使要维持宁蒙河段现状淤积水平,在来水偏枯的情况下,河口镇年平均下泄水量,不应小于 180 亿 m^3;宁蒙河段多年平均下泄水量应不小于 200 亿 m^3。

河口镇至龙门的峡谷河段,该河段多年平均河川径流量 73 亿 m^3,中等枯水年份 53 亿 m^3。据 1986 年 11 月—1996 年 10 月资料,该区间来沙量 5.4 亿 t,汛期沙量占 84%,河水含沙量为 159kg/m^3。该河段汛期河川径流多以暴雨洪水的形式,挟带大量泥沙下泄,含沙量高,利用困难;非汛期水量少,也只能维持两岸少量用水和河道生态环境基流。

龙门至潼关河段,20 世纪 50 年代龙门实测多年平均来水量 320 亿 m^3,来沙量 11 亿 t,小北干流平均淤积量 0.8 亿 t;1986 年 11 月—1996 年 10 月,来水偏枯,龙门实测来水量 220 亿 m^3, 来沙量 5.9 亿 t,水量较 20 世纪 50 年代减少近 1/3,沙量减少近 1/2,而年均淤积泥沙仍有 0.75 亿 t,造成河床淤积抬高,河势游荡摆动频繁,危及两岸村庄及人民生命财产安全。为此,按龙潼河段维持现状淤积水平,龙门站多年平均下泄水量应在 250 亿 m^3 以上;来水偏枯年份,龙门站年平均下泄水量应不小于 220 亿 m^3。

分析表明,黄河上中游河段,为保持生态环境用水和河道输沙用水,必须维持一定的下泄水量。目前上中游河段水资源利用程度已较高,随着社会经济的发展,用水量增多,缺水量增大,解决的根本途径是从上游补充水源,否则生态环境会进一步恶化。

8.3.1.4 **黄河水资源供需预测**

为实现我国第三步发展战略目标,黄河流域经济必将快速发展。预计到 2050 年,人口由现在的 1.07 亿人,增加到 1.36 亿人;城市化率由 23.4% 提高到 50%,人均拥有粮食 400kg,灌溉面积少量增加,并维持目前对黄河流域外的供水任务,预计国民经济需水总量有新的增长,当地水资源已不能满足新增的需水要求;在生态环境低限需水量和大力节水的条件下,通过供需平衡,生态环境用水、城镇生活、工业用水的缺口还很大,预测黄河上中游的青海、甘肃、宁夏、内蒙古、陕西、山西 6 省、自治区,正常来水情况下 2010 年、2020 年、2030 年、2050 年的缺水量分别为 40 亿 m^3、80 亿 m^3、110 亿 m^3、160 亿 m^3;中等枯水情况下上述年份的缺水量分别为 100 亿 m^3、140 亿 m^3、170 亿 m^3、220 亿 m^3。其中 2030 年正常来水情况下的缺水构成是河口镇以上缺水 50 亿 m^3,河口镇至龙门区间缺水 20 亿 m^3,龙门至三门峡区间缺水 40 亿 m^3。

西北地区大力开展节约用水和高效利用当地水资源,是缓解水资源短缺的重要措施,但从当地严重缺水的状况和合理配置水资源考虑,根本措施还是从邻近具有丰沛水量的长江,调部分水到黄河,为干旱少雨的西北地区增辟水源,恢复绿色的生机,促进西北地区经济社会的可持续发展。作者认为,调水并非解决水困的唯一措施,节水和生态移民也能够从根本上解决缺水问题。

8.3.1.5 可调水量分析

根据黄河水利委员会的西线调水方案,规划从通天河调水75亿~80亿 m^3,从雅砻江调水45亿~50亿 m^3,从雅砻江、大渡河支流调水40亿 m^3,共调水160亿~170亿 m^3。调水量占引水坝址径流量的65%~70%,还有35%~30%的水量下泄。从当地生态环境角度考虑,规划的下泄水量太少和调水量过大都不合适。从全河看,调水所占比例不大,通天河调水80亿 m^3,占金沙江渡口站径流量的14%;雅砻江调水65亿 m^3,占全河径流量的11%;大渡河调水25亿 m^3,占全河径流量的5%。

设计单位认为:三条河调水170亿 m^3,基本上能够缓解黄河上中游地区2050年左右的缺水,但从发展战略考虑,长江上游水资源也十分有限;要实现西北地区经济、环境的可持续发展,尚需扩大水源。因此,规划时还研究了从西南的澜沧江、怒江向黄河调水作为西线后续的远景水源工程。

初步研究结果认为,从澜沧江、怒江可以自流调水到黄河,后续水源可调水量160亿~200亿 m^3,后续线路均能与目前规划的三条河引水线路相衔接。后续水源调水拟从怒江东巴水库引水,串联澜沧江吉曲、扎曲、子曲,在玉树以上入通天河侧仿水库,与南水北调西线工程相衔接。

8.3.2 西线调水方案的经济性

南水北调西线调水工程主要目标是将长江上游大渡河、雅砻江支流和金沙江上游通天河之水调至黄河上游,解决黄河流域青海、甘肃、宁夏、内蒙古、陕西、山西6省(区)日益严重的缺水问题。根据6省(区)经济、社会、生态发展对水的需求,西线工程总体规划纲要提出,设计调水规模多年平均为170亿 m^3,其中,从大渡河上游支流调水25亿 m^3,从雅砻江上游调水 $65m^3$,从金沙江上游通天河调水80亿 m^3。但是,三个调水区年均径流量为256亿 m^3,调水比例达到65%~70%。工程计划分三期实施:第一期从雅砻江、大渡河支流调水40亿 m^3,第二期从雅砻江干流调水50亿 m^3,第三期从通天河调水80亿 m^3,全部工程拟于2050年完成。以2000年的价格水平测算,静态总投资为3 040亿元。

由于西线工程断断续续的规划,前期的考察、勘探、测量因经费关系不能真实呈现水源地实际工程情况,各阶段设计技术深度远远不能满足建设实施的要求。另外,在高寒、高海拔(缺氧)地区建造多个大型水坝和总长10 222km的超大引水隧洞(未包括20%的施工支洞),因人工费、施工交通、材料运输、高海拔补贴及涨价等,工程动态投资将难以控制,仅隧洞工程投资就超过6 000亿元(2010年测算汶川—马尔康高速公路造价为2.4亿元/km)。清华大学有专家研究表明,以2010年前后的物价水平,西线工程总投资可能远远超过30 000亿元。

8.3.2.1 设计单位的投资分析

西线规划(2001年修订)在长江上游通天河、雅砻江和大渡河上筑坝建库,采用输水隧洞穿过长江与黄河的分水岭巴颜喀拉山调水入黄河。年均北调水量 145 亿~170 亿 m^3，其中通天河 55 亿~80 亿 m^3，雅砻江 40 亿~65 亿 m^3，大渡河 25 亿~40 亿 m^3，视来水情况调配。西线调水工程的主要目标是向黄河上中游西北等地区的青海、甘肃、宁夏、内蒙古、陕西、山西 6 省、自治区提供城市生活和工业用水，补充农牧业用水，同时促进黄河的治理开发。

根据地形和地质条件，初期规划时曾研究了自流和抽水调水方案，专家审查过程中否定了抽水方案。数十年的规划、设计过程，水利部黄河水利委员会和长江水利委员会的设计院还产生了很多不同调水方案。直到 2002 年，才形成拟实施方案。

1)建设安排

西线调水工程方案技术深度不足；考虑其地处海拔 3 000~4 500m，需要建造多座 152~348m 的高坝和开挖 30~240km 的超长隧洞。拟实施方案曾计划分期分河流开发，由小到大，由易到难，由近到远，由低海拔到高海拔，由低坝到高坝的建设思路。达—贾线自流方案中可先调靠近黄河的阿柯河、麻尔曲、杜柯河 3 条支流的水量 30 亿 m^3，称作起步工程，作为先期开发方案，匡算静态投资 200 亿元左右。

(1)起步工程隧洞长 157km，自然分为六段，最长段 55km，有利于施工时增加施工断面，加快工程进度。调水线路的自然分段为整个调水工程的分步实施和专便工程管理奠定了基础。从最靠近黄河的一条支流阿柯河开始兴建，可建一段发挥一段效益。

(2)起步工程在 3 条支流上建坝，分别为 67m、112m、94m，坝址经初步地质勘查和钻探表明，坝段河谷狭窄，两岸山坡完整，比较稳定，岸坡生长灌木，植被较好。河床主要是砾石，覆盖层厚度在 10m 左右。两岸为砂板岩互层，未发现大的断裂。附近有天然建材，地质条件适宜建坝。

(3)起步工程的引水方式为自流，由于调水工程区远离现有的大型电站，避免了采用抽水方式建立配套大型电站的困难。起步工程地处海拔 3 500m 左右，该处生长有树木，有农田，含氧量相对较高，适宜于人类活动，对工程施工、运行、管理都较有利。从起步工程向西延伸，可再调水 20 亿 m^3，逐步开发，适应黄河缺水的需要。

(4)通过起步工程，可以比较全面和深入地掌握高海拔地区复杂地质条件下的大坝、长隧洞等水工建筑物的工程设计施工特点和要求，为后续工程提供解决各类复杂施工问题的经验和方案，为工程的投资估算和成本控制提供必要的基础资料和管理经验，从而为西线工程的全面展开，提供科学、合理和可行的决策依据。

2)投资估算

根据 2001 年修订规划，按 2000 年第一季度价格水平，工程静态投资为：

(1)第一期工程静态投资为 469 亿元；

(2)第二期工程为 641 亿元，第一、二期工程合计为 1 110 亿元，调水 90 亿 m^3；

(3)第三期工程为 1 930 亿元，三期工程共 3 040 亿元。

3)收益分析

从水量丰沛的长江上游，向干旱、半干旱的西北地区调水，具有显著的生态环境效益、社会效益和经济效益。2050 年调水 170 亿 m^3，在龙羊峡—兰州河段、兰州—河口镇河段、河口镇—龙门河段、龙门—三门峡河段，向两岸地区供水 120 亿 m^3，向黄河干流补水 30 亿 m^3，向流域外的黑河、石羊河等地补水 20 亿 m^3。年净经济效益 993 亿元，测算调 1 立方米水经济效益约 6 元。

到 2020 年，第一期工程实现调水 40 亿 m^3，向兰州—河口镇河段的甘肃、宁夏、内蒙古、陕西北部地区供水 20 亿 m^3，其中生态环境用水 7 亿 m^3，工业用水 8 亿 m^3，生活用水 5 亿 m^3，并向龙门—三门峡河段的关中地区和汾渭河地区供水 10 亿 m^3，向黄河干流补水 10 亿 m^3。由于水土保持用水和支流用水，减少了入黄水量，此 10 亿 m^3 水为补充黄河河道生态环境用水。经济效益 248 亿元，扣除调水对调水河流的发电经济损失 8 亿元，净经济效益 240 亿元，调 1 立方米水经济效益 6 元。

8.3.2.2　西线调水减少长江上游水力发电

1）大渡河及岷江河段

西线一期调水工程大渡河调水方案，将在大渡河上游设 3 个取水点：上杜柯取水点：位于绰斯甲河上游，规划年调水量 11.5 亿 m^3；亚尔堂取水点：位于足木足河西源马柯河上，规划年调水量 11.5 亿 m^3；克柯取水点：位于足木足河主源阿柯河上，年调水量 2 亿 m^3。

大渡河干流梯级电站下尔呷、巴拉、达维、卜寺沟 4 座电站受克柯取水点和亚尔堂取水点的影响，双江口、金川、巴底、丹巴、猴子岩、长河坝、黄金坪、泸定、硬梁包、大岗山、龙头石、老鹰岩、瀑布沟、深溪沟、枕头坝、沙坪、龚嘴（低）、铜街子、沙湾、安谷 20 座电站均受以上 3 个取水点的影响，因此，大渡河干流 24 座水电站均不同程度受到西线调水工程的影响。

另外，大渡河在乐山汇入岷江，根据岷江河流规划，岷江沙嘴、龙溪口、偏窗子 3 座电站也因此受到一期调水的影响。初步估算，减少约 40 亿 kW・h 的电量。

2）雅砻江

西线一期调水工程雅砻江调水方案，将从雅砻江一级支流鲜水河的上源泥曲和达曲共引水 15 亿 m^3（后期调水 35 亿～50 亿 m^3），受影响的干流梯级电站为两河口至以下 11 个梯级，即两河口、牙根、愣古、大空、杨房沟、卡拉、锦屏一级、锦屏二级、官地、二滩、桐子林共 11 个梯级，发电损失巨大。

3）金沙江

大渡河系岷江支流，而岷江于宜宾汇入金沙江，因此，一期调水中的大渡河调水不影响金沙江梯级。而一期工程从雅砻江一级支流鲜水河的上源泥曲和达曲共引水 15 亿 m^3（后期调水 80 亿 m^3），将使金沙江干流攀枝花以下河段的乌东德、白鹤滩、溪洛渡、向家坝 4 个梯级电站（总装机约 4 000 万 kW）受影响。此外，通天河调水将影响金沙江上游岗拖、苏洼龙、叶巴滩等 9 个电站（总装机约 1 000 万 kW）和金沙江中游梨园、鲁地拉等 8 个电站（总装机约 1 600 万 kW）的发电收益。同时，长江三峡工程和葛洲坝工程电厂均将减少发电收益。

8.3.2.3　对河流生态流量的影响

1）大渡河及岷江河段

大渡河上源支流的 3 个调水点亚尔堂、上杜柯和克柯直接影响足木足河的下尔呷—卜寺沟梯级，年水量减幅 24%～21%，汛期（5—10 月）水量减幅 23.6%～21.1%，枯水期（11 月—翌年 4 月）水量减幅 23%～20%；自干流双江口以下各梯级电站除受亚尔堂、克柯调水影响外，还受大渡河上源另一支流绰斯甲河上游的上杜柯调水影响，径流量减少幅度由上至下逐渐减小，双江口至泸定的中游河段，年径流量减幅 6%～10%，汛期水量减幅 9%～15.7%，枯水期径流量减幅 9%～14%；泸定以下的下游河段，各梯级电站年水量减幅 6%～9%，汛期水量减幅 5.6%～9%，枯水期水量减幅 4%～8%。

2)雅砻江

一期调水15亿m^3对雅砻江干流梯级电站径流的影响总体来看,距离调水枢纽愈近的电站,水量减少幅度愈大。从时间上看,受影响的两河口至桐子林河段多年平均径流量减少幅度在2.5%~7.3%,多年平均汛期径流量减少幅度在2.3%~6.9%,多年平均枯水期径流量减少幅度在2.3%~6.7%,汛期与枯期径流量减少幅度基本相当。

3)金沙江

雅砻江一期调水15亿m^3对金沙江相关梯级水量的影响量在1%~1.5%范围内,影响不大;距离调水枢纽愈近的梯级减少比例相对较大,反之亦然。从年内分配来看,汛期与枯期减少比例相差0.5%左右,枯期因2个月不调水,减少比例小于汛期。但按规划,后期调水发电损失巨大。

8.3.3 西线调水方案的合理性

社会上相当多一部分人被媒体和论文中的多个西线调水方案弄混。实际上,西线调水,主要分有“大西线”和“小西线”两种方案。“大西线”主要指“藏水北调”,从属于国际河流的雅鲁藏布江、怒江和澜昌江向华北、西北和新疆调水;“小西线”则是水利部黄河水利委员会南水北调西线规划方案,是从长江上游调水至黄河。即在长江上游通天河、长江支流雅砻江和大渡河上游筑坝建库,坝址海拔2 900~4 000m,采用引水隧洞穿过长江与黄河的分水岭巴颜喀拉山调水入黄河,年均调水量170亿m^3。主要目标是解决西北地区缺水问题,同时促进黄河流域的治理开发。供水范围,主要是青海、甘肃、宁夏、内蒙古、陕西、山西6省、自治区的缺水地区,并在黄河下游断流趋于频繁和严重的情况下,向下游供水。供水以城市生活和工业用水为主,兼顾农林牧业用水。

按照2001年再次修订的西线工程规划方案,从大渡河调水的达—贾联合自流线路、雅砻江调水的阿—贾自流线路和从通天河调水的侧—雅—贾自流线路组合的总体布局。设计单位认为:该方案具有自流、集中、下移的特点,施工难度较小,运行管理相对方便,并能较好地与后续水源衔接。规划推荐达—贾联合自流线路为第一期工程,调水量40亿m^3;雅砻江阿—贾自流方案为第二期工程,调水量50亿m^3;通天河侧—雅—贾自流线路为第三期工程,调水量80亿m^3。

8.3.3.1 调水入黄河后的效益

从治黄与调水相结合的角度看,西线调水有其特点:

(1)调水工程地处海拔2 900~4 200m,地广人稀,兴建大型水库,淹没损失较少,社会问题相对较小;

(2)黄河上游有龙羊峡等大型水库,对调来的水进行调蓄,可充分发挥调水的作用;

(3)调水通过黄河梯级电站,可以多发电;

(4)依托黄河现有河道,居高临下,供水范围大,有利于供水区水利体系的形成;

(5)调水170亿m^3,使黄河多年平均年径流量增加约1/3,增加黄河可供水量约1/2,可解决黄河断流问题,充分发挥调蓄工程对下游输沙减淤的作用,有利于防洪和河道整治;

(6)调取源头水,水质良好,可改善黄河水质。

西线调水的社会效益和环境效益更为显著,可推动西北地区丰富资源的开发,加快西北地区的经济发展,缩小东西部差距,巩固民族团结和社会稳定,促进全国经济发展具有重要战略意义。可增加植被面积,遏制水土流失和土地沙化,改善生产、生活环境,促进两北地区生态环境的良性循环。

8.3.3.2　**调水对调出区的影响**

调水既要考虑适应黄河上中游地区经济发展面临严重缺水的情势,又要充分研究调水对调出地区的影响。从通天河年调80亿m^3,占通天河坝址上游多年平均径流量的81%,占金沙江渡口以上年径流量的17.5%。若从雅砻江年调水40亿m^3,占雅砻江年径流量的7.5%。从大渡河年调水50亿m^3,占大渡河年径流量的10.5%。三条河年最大可调水量170亿m^3,占长江干流李庄站(宜宾下游)年径流量的8%,宜昌站年径流量的4%。由于径流量减少,调水会产生某些不利影响;调水对局部河段的漂木有一定的影响,对工农业用水和航运基本无影响,对生态环境方面未发现重大的不利因素,主要的不利影响是三条河及下游长江干流上水电站的发电出力和电能将有较大损失。

8.3.3.3　**调水对生态环境影响**

1)可调水量与海拔高度相关

根据水文资料,按多年平均偏丰水量,通天河年径流124亿m^3,雅砻江604亿m^3,大渡河470亿m^3,三条河河口总水量约1 198亿m^3。也就是说,水资源总量较为丰富;170亿m^3的调水量尚可以接受。但考虑到海拔高度和生态极度脆弱环境以及来水季节,连续调水将造成严重负面影响。根据地形特点,引水坝址越向下游移动,海拔高度越低,距离黄河越远,可调水量越大,则工程规模越大;反之,引水坝址越往上游移动,距离黄河越近,虽然工程规模较小,但可调水量越小。因此,只有把引水坝址设于适当的海拔高度,以使工程规模适当,可调水量适宜才可行。经研究,通天河、雅砻江的引水河段海拔高度在3 500m、3 600m以上,大渡河海拔高度在2 900m以上,在此高度范围内,三条河共有径流量243亿m^3,但调水170亿m^3就占其上游来水的70%,生态影响巨大。

2)工程弃渣恶化生态

南水北调西线工程巨量的山体开挖和隧洞弃渣(无论是风化的表土或是岩石),工程施工过程必将要产生大量的工程弃渣,这些弃渣堆放、处置不合理,将要占用大量的山坡、谷地,形成潜在的滑坡、泥石流危险源;同时,破坏脆弱山地生态环境。

多位科学家研究认为:在高寒、高海拔地区,破坏生态、景观环境十分容易,但修复生态环境尤其是在干旱河谷、干热河谷生态环境十分困难。如果解决黄河流域的缺水问题需要以破坏长江上游本就十分脆弱的生态环境为代价,那决策这些破坏工程就应该权衡这种调水的代价以及所应承担的历史责任。

3)施工交通投入巨大、无利用价值

西线调水工程要建设多座大坝和1 022km的输水隧洞,工程现场地形复杂、山高坡陡,永久施工和运行维护道路尚可以开发有限的旅游,而巨量的临时施工道路、施工隧洞基本没有后期利用价值,但对生态环境破坏的贡献率却十分惊人。巨量的弃渣垮塌、滚落入河,造成山地不可修复的水土流失;发生地质灾害或地震的次生灾害时,这些潜在的危险源可能带来无法想象的工程灾难。

长江上游分布有密集的水库和电站群,若其中一个大型水库因地震等次生灾害导致溃坝,就有可能产生如“板桥水库”那样连锁的溃坝,强大势能的库水下泄,有可能摧枯拉朽、荡平巴蜀城镇。

8.3.3.4 缺水出路在于节水、修复生态

有资料表明，黄河历史上从不缺水，30 年前的几个世纪并未出现过断流。黄河流域的缺水，实际上是在枯水期（而长江上游枯水期也同样缺水），出现这种情势主要原因是生态变迁。在西周春秋时，关中平原保留着许多原始森林，到战国时期仍有原始森林残存，当时黄河中上游的森林覆盖率为 53%，秦汉时森林覆盖率仍有 42%，明清至中华人民共和国成立前迅速降至 3%。

过于集中的人口和过量索取水资源，是黄河缺水断流的根本原因。媒体曾报道：张掖市种一亩粮食要用去至少 700m^3 以上的水，远远高于全国平均水平。该市粮食及各类农作物用水量占全市总用水量的 95%以上，而农业用水每方的产出只有 2.81 元，仅为全国平均水平的 1/6。

解决黄河中上游的缺水、泥沙问题，长江水利委员会原主任林一山就曾提出“就地吃尽黄河泥沙”的方案。林一山认为：在治黄的指导思想上，有两种不同的观点和看法。一种是花钱来治黄。另一种是想办法，通过发展当地的生产和经济，调动广大群众的积极性，兴利治黄。笔者多次提及解决黄河缺水的出路，在于节水和修复生态。节水可以治标，修复生态可以治本。节水和修复生态，要求黄河上游地区植树造材，科学利用水资源，调整产业结构，治理水土流失，保护生态环境。

有资料显示，黄河上游努力实施水资源优化配置、合理使用，尚可节水约 120 亿 m^3，这几乎接近西线规划调水量的 70%。从修复生态入手，加大投入和人为干预力度，植树造林，并通过高科技手段来调节局地气候，发展节水型产业，增强民众节水意识，才能根治黄河上游缺水顽疾。

8.4 大西线调水方案经济与合理性

大西线藏水北调工程主要指水利专家郭开的“朔天运河”藏水北调方案（其他大西线方案技术深度不够，不参与比较）。大西线藏水北调方案即引国际河流雅鲁藏布江、怒江、澜沧江和长江上游雅砻江、金沙江、大渡河（五江一河）共计 2 006 亿 m^3 之水输入到黄河，经青海湖、岱海调蓄，引水至新疆、甘肃、宁夏、内蒙古及晋、陕、冀、京、津等地。使整个西北、华北不再干旱缺水。

大西线藏水北调的基本思路无疑是正确的，但调水规模太大，牵扯的国际关系却非常复杂、难以想象。也就是说，大西线藏水北调方案存在许多致命的缺陷：

一是其测算的青藏高原水资源量有 680 万亿 m^3，以 1 000 万 km^2 的面积来装青藏高原的水，可以形成水深 68m、面积为 1 000 万 km^2 的深海；而我国年均可再生淡水资源仅 2.8 万亿 m^3。

二是设计年调水总量达 2 006 亿 m^3，总量相当于 4 条黄河的年径流总水量；也就是说，在高寒、高海拔、生态脆弱的高陡坡山地区域挖掘 4 条相当于黄河中下游河道或隧道；即便施工难度能够克服，如此规模可能带来地质灾害和生态问题。

三是黄河汛期调水时，黄河的河道无法容纳这 3 万~4 万 m^3/s 的来水，防洪压力及投入巨大；若汛期不调水，那么输水设施（过流）断面就得增大，一系列问题由此产生。

四是北方每年增加如此多的水，无论生产、生活使用后都可能形成污水或废水，治污与水处理如何考虑。

五是大西线的投资(2 250 亿元)测算过于激进,这个数字连输水隧洞(单项工程)都无法打通。

六是雅鲁藏布江、怒江、澜沧江三条国际河流的河口年径流总量以及调水区以上来水量测算的"水分"巨大,且没有考虑国际公约和国际关系的麻烦。当今世界,不是大国欺负小国或以强凌弱的时代,上游地区不能随意截取自然资源,必须通过谈判、协商、利益共享取得资源。

8.4.1　大西线调水方案的必要性

南水北调工程总体规划设想到 2050 年,调水总量将达到 448 亿 m^3(包括西线调水 170 亿 m^3),相当于在黄淮海平原和西北部地区增加一条黄河的水量,可基本改变中国北方地区水资源的严重短缺。对我国华北、西北地区全面建设小康社会、实现经济、社会、生态的协调和可持续发展,推进我国北方现代化建设进程,具有积极的意义。而且,与民间专家、学者比较,水利部的专业研究机构、设计院所做的调水规划尤其是引用的(气象、水文等基础)数据,相对较为客观、准确。

8.4.1.1　西藏水资源特征

1)水资源构成

西藏地区水资源由冰川、积雪、降雨和地下水组成。其中,可形成的河川径流主要是融雪和降雨。西藏的水资源,与地形、地貌、地质构造及气候存在密切关系。其青藏高原经历了海西、印支、燕山和喜马拉雅山多次大的地质构造运动,使西藏不断脱离海浸,由北向南逐渐形成了昆仑山、喀喇昆仑山、唐古拉山、冈底斯山、念青唐古拉山和喜马拉雅山脉,同时还发育起无数条支脉,纵横交织在高原面上。在这些山脉之间,经雨水、冰雪融水和地下水等常年不断地冲刷、侵蚀、滞留等形成了众多的江河和湖泊;藏东南和藏东地区河网密度最大,愈往西北河网密度愈小。

2)海拔越高降雨越少

西藏地势是西部、北部海拔高,平均海拔在 4 500m 以上,气候属于半干旱、干旱的寒带,年平均降水量在 300mm 以下,有的地区不足 50mm,而年平均蒸发量在 2 000mm 以上;中小河流大多是间歇来水。西藏东部、东南部平均海拔在 3 500m 以下,气候属湿润亚热带和半湿润亚热带,年平均降水量为 500~1 500mm,年均蒸发量为 1 500~1 750mm;河流常年有水、少水。西藏南部平均海拔为 3 500~4 500m,年平均降水量为 400~500mm;年平均蒸发量为 1 750~2 000mm,大部分河流是常年有水,而且河谷比较宽阔,水流平缓,两侧滩地、阶地宽广。

3)径流与补给来源

西藏河川径流是由雨水、冰雪融水和地下水三种补给形式组成的;其冰雪融水和地下水补给量在西藏河川径流中占有相当大的比重,这是西藏河流的一个重要特点。根据西藏河川径流的补给形式,可将全自治区划分成几个地区:藏西部、北部以地下水补给型为主,中部、南部以雨水补给型为主,帕龙藏布以及喜马拉雅山麓的一些河川径流以冰雪融水补给型为主;东部的几条大河的河川径流则为混合型补给,中小河的河川径流多以雨水补给型为主。

雨水补给型为主的河流径流特征为:6—9 月水量最大;以地下水补给型为主的河流的

河川径流特征是水量比较稳定，以冰雪融水补给型和混合型补给的河流的河川径流特征是年际变化小。

4）西藏水资源量

据统计西藏平均年水资源总量为4 482亿 m^3，占全国平均年水资源总量的15.94%，居全国各省、自治区、直辖市平均年水资源总量的首位。按西藏人口计算，人均占有水量约20万 m^3，是全国人均水资源量的100倍，也居全国各省、区、市首位。此外，西藏湖泊的水资源也十分丰富，湖泊的面积大于或等于一平方公里的贮水总量为3 472亿 m^3，其中淡水贮量为626亿 m^3。

5）主要水量属国际河流

青藏高原不仅是长江、黄河的发祥地，也是包括雅鲁藏布江、怒江、澜沧江等西南诸河及国际河流的发祥地。西藏面积占全国的10%，人口、耕地分别占全国的1.5%和1.7%，水资源量占全国的21%，人均水资源量超过全国人均水量的14倍，高于世界人均水量的3倍。然而，这里丰富的水资源，大部分属于国际河流，流出国境。

8.4.1.2　**大西线调水超规模**

大西线藏水北调方案，水质良好，但区域生态脆弱、总水量没有保证。

1）大西线方案拟调水量及依据

大西线“朔天运河”方案，拟每年调水2 006亿 m^3。其调水依据是：

（1）西藏水资源总量有680万亿 m^3；

（2）西藏国际河流雅鲁藏布江、怒江、澜沧江的出境水量约7 000亿 m^3；

（3）出境水量大部分对他国形成洪灾水患，调水双赢。

“朔天运河”大西线工程引水区面积超过100万 km^2，年降水量1.2万亿 m^3，径流量9 800亿 m^3，其中流出国境和流入大海的达6 988亿 m^3。以出境水量6 000亿 m^3 的1/3计算，取水2 006亿 m^3 完全有保证的。据官方机构测算，西藏流出境外水量不足4 000亿 m^3，调水2 000亿 m^3，不合理。

2）拟调水量比较

“朔天运河”大西线调水工程具体配水计划是：调藏水为主，对长江上游各支流只调汛期洪水。其中：

（1）雅鲁藏布江年出境量1 689亿 m^3，取水1 188亿 m^3；

（2）怒江出境量818亿 m^3，取水300亿 m^3；

（3）卡门河、西巴霞曲、丹巴曲、察隅河、独龙江等藏南12条河共有水2 225亿 m^3，可取水1 000亿 m^3；

（4）金沙江入长江口水量1 500亿 m^3，取水200亿 m^3（取水口以上221亿 m^3）；

（5）雅砻江取水30亿 m^3；

（6）大渡河取水20亿 m^3。

大西线的设计者认为，以上6处水源可取水量约2 738亿 m^3。考虑年际来水差异和季节变化，调水2 006亿 m^3 不会有问题。不仅如此，藏南地区还可调雅鲁藏布江干流水300亿 m^3，其4大支流水量（尼洋河200亿 m^3、拉月河90亿 m^3、易贡藏布250亿 m^3、帕龙藏布300亿 m^3）也可调；还有喜马拉雅山南坡的8条河可集水700亿 m^3。另外，从朔玛滩到林芝全长360km的新建干渠还可拦蓄集密如蛛网的46条小支流，它们的径流总量139亿 m^3，其中，

110 亿 m^3 可调往他处。

比较发现,“大西线”调水方案测算的水量与水利部等权威部门和研究机构测算的水量存在较大出入。而且,调水量占多年平均年径流总量比例过大。即便不考虑国际河流可能引发的“水事”纠纷,调水 2 006 亿 m^3 所占比重和工程投入都将是天文数字。

3)拟调水量分析

(1)雅鲁藏布江流出国境处的年径流量可达 1 390 亿 m^3,多年平均流量为 4 425m^3/s,占西藏外流区年径流总量的 42.4%,如若调水 976 亿~1 188 亿 m^3,占出境水量的 70.2%~85%。无论国际法和国家间关系是否允许,这个调水规模和投入都是比较大的。

(2)澜沧江调水水量。澜沧江多年平均径流总量 672 亿 m^3,从昌都以上截流 300 亿 m^3,只有近 372 多亿 m^3 的流量进入湄公河上游段。

(3)怒江调水水量。怒江在西藏境内的年总产水量为 358.8 亿 m^3,占西藏外流水系总径流量的 10.9%,出境水量为 600 亿~700 亿 m^3,郭开方案中怒江出境量 818 亿 m^3,取水 300 亿~480 亿 m^3,其调水平均值超过总量约 60%。

多数专家认为,“大西线”方案每年调引 2 006 亿 m^3,既没有可以容纳的湖库,也无法扩宽、加深黄河河道。而且,调走巨量的水资源,可能造成水源地生态灾难。每年运行、维护调水、输水设施,将是一笔巨大的投入。

8.4.1.3　大西线调水的重大问题

西藏的国家安全战略地位十分重要,考虑到全球气候变化、西藏日益加剧的水土流失,西藏的水资源利用和水能资源开发应当慎之又慎。

1)控减地质灾害

西藏具有高寒、高海拔及多山的地形环境,极易形成洪水及地质灾害。西藏全区主要江河和重要城镇的防护标准偏低,河道治理程度低,在主要河流上缺乏控制性防洪工程;倘若发生强、大地震及次生灾害,将严重地威胁到当地城镇及人民生命财产安全以及下游青海、四川、云南的安全。雅鲁藏布江流域曾经发生 8.9 级特大地震,因人烟稀少、损失较小;2000 年 4 月 9 日,西藏波密县易贡藏布下游札木弄沟发生特大规模山体滑坡,形成拦蓄水量 30 亿 m^3 的大型堰塞湖(1900 年同一地点也曾出现);2000 年 6 月 10 日,溃决洪峰超过 12.5 万 m^3/s,特大规模挟沙洪水强烈冲刷、拓宽下游河道 2~10 倍以上,冲毁数座桥梁,致使交通中断数月之久。西藏是地震和地质灾害高发区,控制地质灾害的利益与责任远远超过开发水资源所获得的收益。

2)适度开发

西藏的发展应该建立在生态优先基础上,保持适度的发展速度。尽管西藏基础设施不太完善,但它的优势正在于原生态。

3)修复生态、减少泥沙

由于受特殊的气候、地质成因及人类活动等影响,水土流失和水污染不断加剧。西藏国土面积中约有六分之五是水土流失面积,治理水土流失、保护生态环境的任务十分艰巨。尽管西藏大部分地区河流的含沙量较小,但在人口较为集中和农耕业较为发达的腹部,尤其像“一江两河”(雅鲁藏布江、年楚河、拉萨河)这样的高寒和半高寒地区,因植被覆盖率很低、降雨集中,再加上人类活动影响,致使水土流失严重,河流悬移质含沙量明显比我国内地许多河流还高,这种多沙河流治理难度大,水利设施受泥沙淤积危害,运行成本高、使用寿命短,工程容易报废。也就是说,泥沙问题已成为影响这一区域经济发展和生态保护的突出问题。

西藏广大内流区的产水贫乏,河流水源严重不足,在外流区内径流量的地区分布也很不均衡。解决西藏水资源与可持续发展存在的问题,其根本出路在于水资源的合理开发,尤其注重不同区域河流水资源的科学调配,实现区域内水资源调控与优化配置。人口较为集中和农耕业较为发达的地区,应将雅鲁藏布江等外流区河流6—9月悬移质含沙量高的特点转化为泥沙资源化的优势;为将十分宝贵的泥沙资源留在当地,应相机大规模实施抽水灌溉工程,通过长期的浑水淤灌,改良沿岸农田、草场及林地的土壤质量,提高农牧业生产水平;同时改善生态环境,保护高原原生态,减轻泥沙对河湖水利设施的不利影响。

4)规避地震灾害

大西线工程地处青藏高原地震多发区,高原不断隆升,地质条件复杂;鲜水河—炉霍断裂带与西线一期工程区紧邻,区内有5条主要的派生断裂带与引水线路近于垂直相交或大角度斜交,主体工程根本无法避让。工程建设无法避免遭遇高地温、高地应力、断层破碎带、漏水、有害气体等不良地质条件。西线工程地处横断山北段,平均每年有4~5mm的左旋平移,沿断层活动带一次突发的地震可使"位移"达数米。这种"位移"不仅会对施工带来困难,也会对西线若干深埋超长隧洞、超高大坝的安全性构成严重威胁,而高坝蓄水亦可能诱发水库地震。因此,规避地震灾害,就不宜大规模建设工程。

5)高海拔的极端天气

大西线工程地处冻土地带,调水沿线海拔高度3 400~4 800m,属高寒缺氧低压地区,且多霜冻、雪灾、雷暴、泥石流等灾害性天气。年平均气温-4.2℃~5.6℃,极端最低气温-45℃。调水源区水系和工程规划水库坝群存在长达几个月的河流和水库封冻问题,其产生的冰凌现象将导致河流凌汛,危及水坝安全,长距离回水将淹没当地牧民的越冬牧场。也就是说,高原频发的极端天气,不利于调水。

6)下游水资源减少

大西线工程无法回避四川盆地数千万人的缺水危机,未顾及未来工农业生产及可持续发展的自身需求。因此,必须考虑四川从大渡河引水济岷江(引大济岷)工程的必要性问题。大渡河、雅砻江的一般年径流为480亿m^3,常年径流为300亿m^3。考虑四川省工农业的发展用水,若调走一半流量,这两条河流会在干旱年份成为季节河。据有关资料指出,近40年来大渡河年均径流量已减少近30%。

8.4.2 大西线调水方案的经济性

大西线"朔天运河"藏水北调方案,拟每年调水规模为2 006亿m^3,水源区涉及"五江一河",即雅鲁藏布江、怒江、澜沧江和长江上游的雅砻江、金沙江、大渡河,主引水渠流量3万~4万m^3。如此规模的调水量、输水设施,必然要求配套相应规模的受水设施和供水设施及能力。在高寒、高海拔、生态脆弱地区调4个黄河的水量,主体工程超规模,辅助工程和临时工程也必须超规模,如工程建设和运行的永久公路、临时施工公路、数千米的高陡边坡支护和生态治理等项目,工程量巨大。与工程规模不相适应的是,大西线调水的直接经济效益非常有限,整个方案也缺乏供水的合理用途。

8.4.2.1　**大西线方案静态投资**

1)大西线主要单项工程

大西线藏水北调主要主体工程项目有：

(1)19 座大型水库,总库容 2 888 亿 m^3；

(2)一期 6 条输水隧洞总长 56km；

(3)引水渠,总长 400km；

(4)集水渠,总长 200km；

(5)渠库,89 座；

(6)大翻水(倒虹吸)工程,6 个；

(7)汇水池,10 个。

2)大西线方案匡算静态投资

按大西线藏水北调设想方案,以 2000 年的价格水平,主体工程匡算态投资为：

(1)19 座大型水库(3 100 亿元)、6 条输水隧洞(168 亿元)、引水渠(600 亿元)、集水渠(160 亿元)、渠库(445 亿元)、大翻水工程(90 亿元)、汇水池(70 亿元)等项目土建总投资约 4 633 亿元；

(2)辅助性工程投资约 235 亿元；

(3)对外交通工程(铁路 65 亿元、2 000km 公路 200 亿元)265 亿元；

(4)临时工程约 70 亿元；

(5)勘测设计费 40 亿元；

(6)移民 25 000 人的安置费 30 亿元；

(7)预备金 30 亿元。

以上 7 项合计为 5 283 亿元,考虑存在许多漏项和漏量因素,大西线静态投资远远高于原先的2 250亿元和此处匡算的5 283亿元。

3)类比当前工程造价估算静态投资

在高寒、高海拔、地质条件复杂地区,按大西线藏水北调设想方案,以 2010 年的价格水平,主体工程项匡算态投资为：

(1)19 座大型水库(3 800 亿元,含机电设备)、6 条输水隧洞(210 亿元)、引水渠(1 700 亿元)、集水渠(400 亿元)、渠库(890 亿元)、大翻水工程(150 亿元)、汇水池(100 亿元)等项目土建总投资约 7 250 亿元；

(2)辅助工程(包括施工系统)投资约 600 亿元；

(3)对外交通工程约 2 300 亿元；

(4)临时工程约 300 亿元；

(5)勘测设计费 130 亿元；

(6)移民安置费 400 亿元；

(7)边坡安全防护工程 600 亿元；

(8)水土保持生态治理 700 亿元；

(9)基本预备费 200 亿元。

以上 9 项合计为 12 480 亿元,同样也存在大量漏项和漏量因素,如考虑供水工程等项量再测算动态投资,大西线总投资将超过了 30 000 亿元；再计入 2 006 亿 m^3 水的蓄泄工程和受水河道拓宽工程以及防洪工程，大西线工程投资可能是个“无底洞”。

8.4.2.2　**大西线方案的直接效益**

根据有关部门的研究成果，截至2010年，全国总缺水量约500亿 m^3；其中，农业缺水量约300亿 m^3、生态环境缺水100亿 m^3，城镇生活和工业缺水量约100亿 m^3。这个缺水量是分布于全国的总规模，实际上，缺水只是短时间的来水（降雨）不足或取水不方便（包括不经济）。如果调水2 006亿 m^3 用于解决农业缺水，按20～700 m^3/kg的粮食产生效益测算，400亿 m^3 的农业用水最高只能产生40亿元的效益；用于解决城镇生活和工业缺水需求，以20元/m^3 的经济贡献率计算，可能取得2 000亿元的直接经济效益。该水量全部流入黄河，不考虑黄河河道时刻面临的洪水压力情况下，增加发电的效益最为显著。

大西线设计者提出：引水2 006亿 m^3，每年得到1万亿kW·h的电能。依据是：1 m^3 的水，落差377.8m，即可产生1kW·h电。大西线方案年引水规模2 006亿 m^3，有效落差5 250m，总装机2亿kW，年发电1万亿kW·h以上。

（1）具体电站布置：“大西线调水工程”在西藏雅鲁藏布江朔玛滩引水口高程5 588m，到四川阿坝与甘肃玛曲交界的贾曲入黄河，海拔高度降到3 399m。总落差189m，流程1 239km，保证自流有余，还可建六处电站，年发电达800亿kW·h。

（2）“大西线”引水到黄河，首先要建黄河拉加峡水库，正常水位3 400m，经拉加峡水库调蓄后，“大西线”来水2 006亿 m^3 分三路流出：修216km的拉青（拉加峡至青海湖）大渠，引水入青海湖的子湖—耳海（淡水湖），年引水1 200亿 m^3；经青海湖调蓄后再分三路输出。一路经青岱大渠由青海湖到内蒙古岱海；二路经青蒙大渠从青海湖到内蒙古阿拉善额济纳旗的居延海；三路由青海湖经青若大渠到新疆塔里木盆地的若羌。这三路中间可供利用的有效落差1 600～1 800m，在西宁、兰州、张掖、若羌等地建16座大中型发电站，总装机15 408万kW，年发电7 338亿kW·h。

（3）拉加峡水库调蓄后2 006亿 m^3 中的500亿 m^3 沿黄河下泄，加上黄河本身的水（250亿 m^3），每年入龙羊峡水库的水达到750亿 m^3。以下由拉西瓦、李家峡、刘家峡，盐锅峡、八盘峡、小峡、大峡、乌金峡、大柳树、青铜峡、万家寨，天桥、龙门、三门峡、小浪底，直到郑州的西霞院。水位降到海拔89m，总落差3 311m，有效落差3 250m。理论计算，不包括黄河本身的水，只就增加的500亿 m^3 水来计算，总装机8 600万kW，年发电4 300亿kW·h。

（4）原水电规划的龙羊峡以下21座电站，总装机2 006万kW，每年应发电664.5亿kW·h，但因黄河水少，常断流停机；实际年发电仅为200亿kW·h上下。如果“大西线”引来水，增补黄河500亿 m^3，国家无须再投资，就现有的电站可满负荷运转，即可年增加发电600亿kW·h。

（5）拉加峡水库的第三条出水路线是黄黄大渠，从玛曲（海拔5 400m）引水入洮河，到岷县过分水岭入榜沙河，至甘肃省天水武山，再引水到定西—固原—黄土高原，经延安到内蒙古准格尔入黄河，年引水500亿 m^3。利用1 400m落差，在武山鸳鸯镇建大电站，装机2 220万kW，年发电1 110亿kW·h。发电后的尾水，经武山水库调蓄分两路输出，到万家寨和宝鸡、西安，中间还可建19座电站，总装机1 520万kW，年发电760亿kW·h。

以上各电站总装机28 196万kW，年发电14 398亿kW·h。按75%的保证率计算，总装机2亿kW，年发电1万亿kW·h以上。大西线设计者认为：1万亿kW·h电能相当于12个三峡的发电量总量；21世纪中叶，中国达到人口峰值16亿～17亿人，净增的4亿人，东南部这片超载的土地很难承受。朔天运河滋润的10亿亩新增耕地、20亿亩新增草场以及提高了一倍的森林覆盖率中,可以轻松地吸收和容纳5亿人口。这样一来,中国将出现人口重新分布的局面。因其抵近资源就地生产和消费,还可使单位产出中的运输和流通费用大幅度下降。也就是说,西部大开发,引水先行,将为国土资源的全面整治、生态环境的良性循环、社会经济发展和人民生活的改善,奠定坚实的基础。但分析认为,以上直接效益被夸大。

8.4.2.3　**大西线方案间接效益不确定**

1)污水之困

自中华人民共和国成立以来,全国累计解决了2.73亿农村人口饮水困难。2000年,政府提出分阶段解决我国农村饮水困难的目标;5年时间,国家共安排国债资金98亿元,加上各级地方政府的配套资金和群众自筹,总投入约180亿元,共建成各类农村饮水工程80多万处,5700多万农村人口提前一年告别饮水困难窘境。据统计,中国城市供水30%源于地下水,北方城市达58%。近20年来,城市地下水普遍恶化。1992年调查显示、恶化面达90%以上,这对数亿人口饮用水的安全构成了重大威胁。

2)调水释污解困

郭开认为:2 000多亿 m^3 的洁水调至北方,可以使大半个中国告别饮水不洁的历史。到那时,北方高氟区人民不仅会从骨骼病和黄牙病的磨难中解脱出来,还会像“苏杭天堂”那样富甲天下。他们生产的高氟作物必将行销世界,成为那些低氟地区人群的保健食品。

无论是地表水还是地下水已经严重污染的其他北方地区亦不必担心,只要有大量的清洁“藏水北流”,危害人群健康的“头号杀手”将不攻自灭。干旱区得益,城市得益,乡村也得益。获益最大的还是黄淮海平原饮用地下水的1.6亿人。虽说西藏水距这一地方千万里之遥,但再想一想:大水塔其实就在自己的头顶上。

大量洁净水补进北国江河,可使浅层地下水随之改善。以山东济南为例,济南是座泉城,20世纪90年来,泉水量越来越少,且质量远不如前,接连好几年出现断流现象。专家们绞尽脑汁找出了原因:直接原因是黄河断流。人们恍然大悟:泉城泉源黄河水!黄河污染,必然会牵连泉城。为保持泉水的清洁度,山东人想出了办法:黄河枯水或断流时,济南只用积存的湖水而不用地下水,以免污染的黄河水有空可钻。在黄河水丰时,济南则动用泉水不动用蓄存的湖水。朔天运河修成后,黄河以及古老的京杭大运河都会得到洁水冲污,山东的水质状况便大为改善。

3)调水的社会经济效益

大西线朔天运河方案提出:2 006亿 m^3 的水量可以滋润的0.67亿 hm^2 新增耕地,1.3亿 hm^2 新增草场以及提高了一倍的森林覆盖率中,可以轻松地吸收和容纳5亿人口。这样一来,中国将出现人口重新分布的局面。因其抵近资源就地生产和消费,还可使单位产出中的运输和流通费用大幅度下降。其社会效益还包括:

(1)朔天运河至少可以使8 000万个劳力得到就业的机会。

(2)朔天运河干线长6 600km,工程开工后,需要工程技术人员和服务人员超过1 000万人,带动当地人口就业和经济增长。

(3)6 600多km沿岸,有1 000多个景区景点,而且多是沿着古文化发达的长城、黄河沿线,仅内蒙古岱海周边地区就有上百个景点。岱海—北京—天津海口一线有360个景区,都可以发展旅游业。

(4)全线设计码头286个,每个港口、码头是一座中小城镇,每个城镇计5万人,全线就是1 400万人。

(5)改造沙地是吸纳劳动力最多的利国利民工程。中国十大沙漠,有了水都可以改造成林区、草场或良田。先期动工的头3年,因开路、修渠、植树、种草、建设基本生活设施等,需要大量的劳动力。按改造10亿亩计,从改造到完成,以及其后的耕种和管理,人均15亩地,可就业6 500万人。以300~500人形成一个居民点,可相继产生15万个新村庄。仅治理科尔沁沙漠和威胁北京的浑善达克沙漠就可消化农村富余劳动力和城市失业、待业人员1 000万人。据上测算,效益显著;但仔细分析,与直接效益情况一样,间接效益不确定,其带来问题也不确定。

8.4.3 大西线调水方案的合理性

"朔天运河"大西线藏水北调方案,引水国际河流雅鲁藏布江、怒江、澜沧江的思路无疑是正确的,但实现这一思路需要有合理、可行的技术方案和经济条件并与其下游国家(如印度、泰国、缅甸、越南、孟加拉国等)依据国际法充分协商,达成共享、共同开发河流水资源的协议。前几年有媒体报道:印度反对我国在雅鲁藏布江上修建电站,并有军方扬言"为此开战"。的确,上游国家有利用水资源的权利,但也存在利用水资源的责任,尤其是不能导致水量大幅度减少,不能向下游国家排污。公平地讲,在国际河流上调水,与下游国家协议有限调取汛期洪水,这对上下游都有利。为避免引发争端,可以资源共享、共同开发和运行管理。

大西线藏水北调方案,调取"五江一河"(雅鲁藏布江、怒江、澜沧江和长江上游雅砻江、金沙江、大渡河)共计2 006亿m^3之水输入到黄河,涉及河流复杂。实际上,仅与印度协议共同开发雅鲁藏布江水资源、减少下游洪灾水患,就可满足合理水量需求。所谓合理水量,就是使有限水资源发挥最大的效益。大西线藏水北调方案调取2 006亿m^3的水量,相当于在高海拔地区开凿多条人工河流,不仅工程太过巨大,而且对水源区和受水区生态负面影响都存在巨大的不确定性。南水北调西线工程从内河"三江"调取170亿m^3的水量,数量上较为合理,但水源地还可以继续论证,而大西线藏水北调方案基本思路可行,而水量是否可靠也需要进一步论证。

8.4.3.1 调水规模合理性分析

大西线藏水北调方案设计者提出:引水区面积超过100万km^2,年降水量1.2万亿m^3,径流量9 800亿m^3,其中流出国境和流入大海的达6 988亿m^3。以出境水量6 000亿m^3的1/3计算,取水2 006亿m^3完全有保证的。其中:雅鲁藏布江年出境量1 689亿m^3(官方数据1 390亿m^3),取水1 188亿m^3;怒江出境量818亿m^3(官方数据604亿m^3,境内358亿m^3),取水300亿m^3;卡门河、西巴霞曲、丹巴曲、察隅河、独龙江等藏南12条河共有水量2 225亿m^3,可取水1 000亿m^3;金沙江入长江口水量1 500亿m^3,取水200亿m^3(取水口以上221亿m^3);雅砻江取水30亿m^3;大渡河取水20亿m^3。

调水工程具体配水计划是:调藏水为主,对长江上游各支流只调汛期洪水,从以上6处水源可取水量约2 738亿m^3;藏南地区雅鲁藏布江大支流水量(尼洋河200亿m^3、拉月河90亿m^3、易贡藏布250亿m^3、帕龙藏布300亿m^3)可备调;还有喜马拉雅山南坡的8条河可集水700亿m^3。

跨流域调水,应当是科学配置水资源,不是重新分配或占有水资源。采取工程调水,水量不宜超过水源区上游来水的 20%，工程规模应该适度，同时确保安全运行和效益最大化。大西线调水 2 006 亿 m^3，不是调水，那是调“河”——4 条天河。大西线藏水北调方案的水源水量不成问题，调水规模却成“儿戏”。不可思议的是，设计者竟然提出可调 2 006 亿～3 800 亿 m^3。

8.4.3.2　**投资测算漏项漏量**

在高寒、高海拔河谷地区筑坝调水，与在同一地点建设电站不一样。因为，调水工程，目标、功能单一，而运行管理工作一点也不能减少。尤其是在复杂地质条件山地，地震、地质灾害频发，不适于建造当地材料大坝。因为，当地材料实体坝一旦遭遇地震、地质灾害导致的大滑坡、大规模泥石流堵塞溢流孔洞(槽)，就可能发生漫坝、溃坝。此外，当地材料坝结构松散、体型较大、耗用当地材料巨大；如果合格质量的建材料源选择不当，对当地景观和生态造成巨大破坏，工程质量仍不能保证。如：中国华电集团公司四川华电杂谷脑水电开发公司建造的狮子坪电站，因设计选定大坝堆石料场为狮子坪料场，该料场位于红叶景区(省自然保护区)，被环保人士和地方政府否定后变更为梅多沟料场，结果又选址错误(技术深度不够)，整个山体开挖(高度)200 多米，基本没有合格材料，造成工程巨大损失，同时破坏了当地生态环境。

大西线藏水北调工程建造 19 大型水坝，不可能仅仅挡水、蓄水、泄水、引水，还可能需要配套发电站。若没有考虑电站，势必造成巨大建设浪费；如果有电站，那么工程投资漏项、漏量太多。在山高、谷深的“五江一河”山地建设 19 座大型水坝，对外交通必须是密集的地下洞群，为出渣方便必须布设密集对外施工支洞。也就是说，在施工场地狭窄的地方建设工程，辅助工程、临时工程占比较多，投资规模剧增。

从大西线藏水北调工程项量投资测算中：仅计入主要的主体工程分别是：19 座大型水库、6 条输水隧洞(总长 56km)、总长 400km 的引水渠、总长 200km 的集水渠、89 座渠库、6 个大翻水(倒虹吸)工程、10 个汇水池，漏项、漏量的内容太多。其中，最为重要的是对外永久交通工程、临时道路工程；这部分工程通常占主体工程投资约 30%；砂石料生产、混凝土生产、综合修理、水厂、通信、办公生活区等附属工程占工程投资的 10%～20%；最大漏项是广大范围的供水区域、供水工程和用水设施，这部分投资不少于引水主体工程投资的 70%。除此之外，大西线没有考虑水土流失治理、生态修复、安全防护、水资源费、税等诸多内容，列项和赋量的勘测设计费、移民安置费和预备金也只是微乎其微的数额。

8.4.3.3　**运行管控关系复杂**

在生态极度脆弱区域，减少或避免人为活动、扰动，是对生态也是对人类最好的保护。大西线藏水北调横跨五江一河，除了高山就是河谷。调水 2 006 亿 m^3，在不能保证各季节连续均衡输水(枯期来水较少、高寒冰冻、汛期次生灾害)的情况下，在高陡雄厚山体开凿 4 条相当于黄河中下游河床断面的河道几乎不可能；开凿深埋隧洞(多少条能够保证过流断面及流量)洞群，技术上尚可，投资和生态不容许。除复杂的国际河流关系之外，在人迹罕见之地建造大规模调水设施，调度、维护、监测、协调、应急处置的工作量巨大，日常运行管控非常复杂。

1) 国际河流关系

横断山脉水系的两条大江(怒江、澜沧江)的下游流经多个东南亚国家，我们在资源利用中应根据现有的国际法和国际惯例，充分兼顾各国的利益。我国虽然比较强大，但也经不起

“大的折腾”,尤其是养尊处优的年轻人需要磨炼才能挑起重大责任。

雅鲁藏布江流入布拉马普特拉河上游的鲁希特河,布拉马普特拉河为恒河支流,因此雅鲁藏布江为恒河的上游源头。尽管雅鲁藏布江水量丰沛,但大西线调水量约 1 000 亿 m^3,占比过大,会引发争端。

怒江(入缅甸后称萨尔温江)和澜沧江(出境后称湄公河),在我国境内已经建设十多个大型水电站,如果调水 500 亿 m^3,这些水电站受影响非常大。

西藏水资源及青藏高原不仅对我国经济社会可持续发展及生态文明建设起着至关重要的作用,而且在整个亚洲、甚至全球,都影响着大气环流与生态安全,战略地位十分重要。西藏水资源丰沛,可以为我国优化配置和利用,但相当大一部分属于国际性水资源,需要遵守国际河流涉及的国际法(公约或条约)。

2)国内河流跨界关系

国内水利部门有关水权、水市场、水银行的研究已经多年,水资源按照市场经济的方式优化配置是趋势。

跨区域调水,是对水资源的再配置,也是无奈的选择。水源区出让水资源会有经济损失,受水区获得水资源以及由此增加的收益和带来新的发展机会,必须为此所获进行公平、合理的“对价”。

大西线藏水北调方案调水 2 006 亿 m^3,黄河中上游十几座电站可以增加发电,但这些增加的电量收益主要应该补偿给水源区。怎样补偿、如何补偿,应该通过地方政府间协商或通过市场交易水权的方式取得,中央政府可以避免干预引发或潜伏巨大矛盾。水权,涉及自然来水、过境水量、地下水量,本身关系就非常复杂。水权中关涉的水环境、水质保证、水交易的公平性、水价机制,只有依靠市场和充分协商达成利益共享关系。否则,供、受关系难以长久。

大西线藏水北调方案联通了五江一河,涉及多方经济利益。如果通过行政配置,必须通过立法形式保障水质、水量;如若采取市场经济的公平交易水权,由受水区购买水资源,投资建设调水工程、输水设施和供水设施,受水区可能无力承受,恐怕只有节水一条路。基于水市场能够较快形成,远距离、大规模调水工程的实施,后面还有很长的“路”要走。因此,大规模的调水工程,需要理性、科学调研分析。调、受双方需要协商,共享利益、共担风险。

8.5 小江、大宁河调水方案经济性与合理性

小江引水济渭、济黄方案,从三峡水库的重庆开县小江抽水,输水到黄河中游的支流渭河,经过冲淤进入黄河,弥补黄河来水不足,缓解黄河中下游缺水的矛盾。大宁河位于重庆巫山县境内,小江和大宁河引水工程都从三峡工程水库区取水、提扬、渠隧输送;水源水质可控,水量一年四季均有保障,且调水方案简单,工程规模较小,建设工期较短,抽水运行的电力依托于三峡电站,总体方案经济、合理,彻底解决黄河流域的缺水和泥沙淤积,是我国水资源优化配置中难得、可靠的方案。

8.5.1 小江调水方案的经济性

三峡工程已经存在,并且发挥了巨大的防洪、发电、航运、灌溉效益;那么,让三峡工程效

益最大化,继续开发它具有的所有潜能,是三峡工程建设者的责任与义务。而利用三峡水库和防汛需要泄弃的雨洪资源,“引水解旱”、修复黄河流域缺水导致的泥沙淤积和生态退化,意义重大、效益更大。小江调水方案的关键,在于利用三峡水库节省水源工程投资的巨大优势。

8.5.1.1　小江引水方案的优化

关于小江引水工程实际上存在两种方案。

1)关于中线工程不过黄河的方案

所谓南水北调中线工程不过黄河,就是指利用三峡水库的水源,从小江引水入渭、济黄,并利用黄河向华北调水和向山东补水。这个方案的关键,是丹江口水库的水只供应黄河以南地区(主要是河南和湖北北部)。

2)小江入渭济黄方案

小江引水入渭河、济黄方案,即中线过黄河方案,仍调取三峡水库水量(仅限汛期弃水),进入渭河后再流经黄河三门峡、小浪底水利枢纽及黄河中下游,主要解决黄河中下游缺水和泥沙问题。

这个方案,虽不影响中线工程建设和运行,也不影响长江中下游枯期水量,但可能替代西线工程和部分东线供水。具体布置,即在重庆开县小江建抽水站,设水泵 10 台,扬程 380m,抽水至高程 525m 的静水池。同时修建调节水库 4 座,蓄纳汛期高山洪水 15 亿 m^3,通过两条长约 312km 的输水隧洞,将 135 亿 m^3 的长江水,穿过巴山、汉水、秦岭,送到陕西咸阳市附近的渭河,再流经黄河三门峡、小浪底及待建的西霞院水库,从西霞院水库下游北岸白坡,沿京广铁路西侧修建高线总干渠送水到北京、天津及京广沿线城市;或者从小浪底水库采用隧洞输水方式送水到京、津和华北。

小江调水,既想解决京津华北干旱,又可解除关中平原缺水,还能冲刷渭河下游及三门峡库区淤积,抑制黄河中下游河床淤积抬高,利于渭河、黄河防洪减淤,长治久安,并保证黄河不再断流。且工程方案移民极少,有利于改善生态环境,符合可持续发展的原则。其实,解决黄河泥沙问题需要的水量远远不只是 135 亿 m^3 分配后剩下的余水,即便增加引水量满足冲淤要求,但远程调水大量用于冲沙是非常不经济的方案。解决泥沙,应该治理水土流失,增加植被,修复黄土高原生态。

8.5.1.2　小江引水方案的静态投资

国务院“三建委”办公室的郭树言、李世忠、魏廷铮(时任长江水利委员会主任)和水利部长江科学院的黄伯明(时任院长)、赵业安、刘崇熙(时任总工)推荐的小江方案是“总揽全局”的引水方案,只是 135 亿 m^3 的水量不能满足同时否定南水北调东线、中线、西线测算的需水量。因此,该方案被“搁置”。

1)小江引水工程安排

小江引水工程可分三期实施:

(1)第一期工程 4 年(计划于 2003—2006 年),兴建黄河以北到北京段渠线;为满足北方迫切需要,在初期几年内调用黄河小浪底库水。

(2)第二期工程 5 年(计划为 2007—2011 年),完成小江抽水站和第一条输水隧洞(60 亿 m^3/年)及第一批 3 座高山水库(10 亿 m^3);初步安排年调水量 75 亿 m^3,其中供北京、天津、华北城市 63 亿 m^3,供关中平原 12 亿 m^3 的用水。

(3)第三期工程5年(计划在2012—2016年),完成第二条输水隧洞(60亿m^3)和第二批高山水库的建设。

整个工程完工后,达到年调水总量135亿m^3。其中供京、津、华北城市63亿m^3,供关中水量25亿m^3,供黄河下游冲沙生态用水47亿m^3(包括沿程损失4亿m^3)。

2)小江方案静态投资

以21世纪初当时的物价水平测算:

(1)第一期工程,需要静态投资350.38亿元;

(2)第二期工程,静态投资506.66亿元;

(3)第三期工程,需要静态投资342.83亿元。

全部工程总工期14年,静态总投资约1 200亿元。含20%余裕度,其中小江至渭河段投资约850亿元。第一期工程与中线方案基本一致,既具备较成熟的勘测设计成果,又不影响总方案的最后选取决策,可以立即实施。

3)小江引水成本与效益

小江引水方案,水源工程主要是抽水泵站,静态投资中大部分是输水工程建设投资。小江引水工程需要消耗一定量的电能,但同时增加黄河中下游电站发电量。根据公平原则,黄河流域增加的效益应该全部用于小江引水投入和运行成本。

根据原方案,小江调水工程的运行费用主要是电费,按每年抽水8个月,共抽120亿m^3,其平均抽水电费为0.22元/m^3。测算得其沿线,直到北京的单方水成本价为0.758~0.836元,用户可以承受。

另根据国家经济评估有关规定,以二期工程规模为目标,进行了初步经济评价,计算得工程年总效益为正(已扣除负值)449.64亿元,在工程建成后第2年发生全部效益情况下,其经济内部回收率达19.4%,经济净现值达894亿元,经济效益费用比例达1.54。如考虑工程建成通水后,供水负荷有一个逐步增长过程,暂假定建成后第10年才达到满负荷的不利生效情况。即使如此,其经济内部回收率仍达14.5%,经济净现值342亿元,效益费用比例达1.21。在许多社会效益和环境效益没有计入情况下,上述各项指标仍优于国家规定的基准值,充分说明工程的经济合理性。

8.5.2 小江调水方案的合理性

小江引水方案,与南水北调工程总体规划诸多方案以及其他具有代表性的方案相比,具有明显的优势:

(1)可靠的水源(三峡水库水质好、水量充足);

(2)低建设成本(水源工程投资小、总工期短、运行易于管控);

(3)与任何其他方案比较,输水距离最短;

(4)综合效益最优。

8.5.2.1 小江推荐方案引水规模合理性分析

小江引水方案,按设计推荐的供水范围(华北和黄河中下游),既取代了南水北调西线工程(目的、用途、主要供水范围接近),又使中线工程功能减弱、范围减少,同时也让东线工程(向黄河下游山东供水作用降低)作用不明显。如果小江引水方案仅调水135亿m^3,承担原南水北调总体规划“三线”工程的全部水资源需求,遇到同枯年份就不能满足缺水地区的水量要求。当然，中线工程向北京、天津供水只有 20 多亿 m^3，还有 115 亿 m^3 的水量供给黄河中下游，正常情况下（实行合理用水、节约用水）完全满足要求；但考虑河北其他城市及农业需水，就"捉襟见肘"了。

设计推荐的小江引水方案，调水规模应该设定范围和上限，根据长江上游汛期来水情况和防洪调度，尽可能将必须放弃的洪水尽数引水到蓄积水库至黄河。也就是说，小江引水规模适于 50 亿～200 亿 m^3，视需要（如合约）调水；调水规模太小，不足以解决缺水问题；调水规模太大，长江中下游自身也缺水，且抽水设施、设备投入和运行成本就增大；况且，缺水地区缺水量并不像南水北调总体规划设计者测算的那么多。小江引水方案不宜连续调水（只引汛期洪水），引水时间为 6—9 月；而且，必须采取立法、科学、统一、联合调度。具体地讲，可通过立法保障水质、水量和调水效益及获得补偿，通过联合黄河水资源调度，确保水资源效益最大化。

在三峡水库引水，三峡水库汛期也应尽可能保持高水位运行。如在 160m 高程运行，三峡水库（160～175m 还有 100 多亿 m^3、160～185m 坝顶）还有近 200 亿 m^3 的库容。实际上三峡水库以上 7 天的洪水来量很少能够超过 200 亿 m^3。三峡工程上游的各大支流建设有数十个大型电站，都应该参与联合调度，完全能够"吃尽"汛期的某一阶段洪水。有资料表明，一般年份，三峡水库以上全年弃泄洪水不超过 360 亿 m^3，而且分布在 7—9 月（90 天）的时间范围；1998 年的世纪性大洪水，上游 8 次洪峰，来水不到 400 亿 m^3，全流域洪水（包括长江中下游）约 1 500 亿 m^3。

在小江引水约 100 亿 m^3 缓解黄河缺水，在大宁河引水 50 亿 m^3 向丹江口水库补水，这两个方案结合，将是中国水资源优化配置最科学的组合。作者不担心长江上游的洪水，而担心连续调水方案影响枯期下游需水。

根据小江推荐方案和长江水利委员会资料，长江中游的宜昌站多年平均年径流量 4 510 亿 m^3，以往汛期弃水量约 350 亿 m^3，调水 135 亿 m^3，只占三峡水库平均年来水量 1/33，即 3%；占最小年来水量的1/25，即 4%；占年弃水量的 39%，从总量上看，从三峡水库引水有充沛的水源，保证率为 100%。但在枯水期，宜昌站最小流量仅为 2 700m^3/s 左右，一般年份也小于 4 000m^3/s；当年 12 月及次年 1、2、3 月平均天然来水流量都小于 6 000m^3/s；三峡水库建成运行后，枯水调节流量仅有 5 860m^3/s。如果实行全年引水，必将影响三峡工程航运和下游需水。因此，汛期引水是唯一合理方案，但需要加大引水设施、设备投入。

8.5.2.2　**冲沙不能成为调水的主要功能**

按照设计推荐方案，小江引水工程年调水量 135 亿 m^3，到黄河河口的水量就所剩无几了。因此，依靠小江引水工程的有限水量解决黄河中下游泥沙问题，显然不可靠。有可能中游的泥沙冲到下游，泥沙照样淤积抬高河床，可能带来一系列其他问题。如上所述，解决黄河的泥沙问题应该依靠综合生态修复措施，如增加高原植被、控制水土流失、减少人为破坏及活动。

推荐方案认为：小江引水工程年调水量 135 亿 m^3，方案安排供关中平原城市及农业用水 25 亿 m^3，供京、津、华北地区城乡用水 63 亿 m^3，供小浪底水库黄河下游 800km 河道冲沙生态用水 47 亿 m^3。小江引水工程主要采用隧洞输水，避免了占地、大移民问题，有利于防止渗漏、蒸发、污染、边坡崩坍，便于安全保卫、调度管理。关键是，小江工程向渭河关中平原提供 25 亿 m^3 年水量，可以有效解决关中地区城市、工业、农业和生态用水的同时，冲刷渭河下游及黄河潼关段河床。

每年调水 135 亿 m^3 进入渭河咸阳以下河道，除去供关中平原用水 25 亿 m^3，还有 110 亿 m^3水量从渭河下游通过，可与当地来水汇合加大对渭河下游河床冲沙能力；粗略估算，有 10 年时间可基本上将三门峡水库建成后 40 年淤在咸阳至渭河口 211km 河槽内的 3 亿 t泥沙冲走，使渭河下游恢复天然冲淤平衡的状态。另外，小江调水 110 亿 m^3 经渭河下游进入黄河，经初步测算，在三门峡水库合理调度控制运用水位及对潼关至大坝河段进行整治的配合下，10 年后调入的长江水与黄河来水配合，将会使潼关河床高程下降约 4m，基本恢复三门峡水库修建前渭河的自然生态环境。

也就是说，三峡水库每年有 8 个月每月向黄河补充 110 亿 m^3 水量，可以多输送黄河泥沙 0.8 亿~1 亿 t。在 7—9 月还可利用长江水再配合黄河来水施放两次人造洪峰，冲刷泥沙约 0.7 亿 t，两项共用长江水 47 亿 m^3，可减少黄河下游主槽泥沙淤积约 1.5 亿 t，折合 1 亿 m^3，能使黄河下游主槽不再淤高，还能下切，有利于黄河中下游的治理和生态环境保护。小江调水后，京、津、华北、中原及关中用水得到合理解决，可将黄河上游、中游来水，留在黄河上游、中游就地使用，实现水资源合理配置，以满足西部大开发的需要。由此可见，小江引水工程一举四得：

(1)向京、津、华北稳定供水；

(2)促进西部大开发；

(3)冲刷因三门峡水库导致的渭河、黄河河床淤积；

(4)为黄河提供冲沙生态用水，有助于根治渭河、黄河中下游河床泥沙淤积及洪水危害。

但分析认为：小江不宜 8 个月引水(仅适于汛期引水)。因此，解决黄河中下游泥沙问题不应该成为引水的主要目的。另外，缩短抽水时间，还需增加抽水设备及土建工程。

8.5.2.3 小江引水需要立法保障科学运行

小江引水方案，技术不存在任何问题，主要设备是大功率抽水水泵。原方案关键技术：

(1)泵站总容量虽大，但没有特殊技术要求；水泵扬程 380m 也远小于广州抽水蓄能电站扬程 530m；小江每台水泵电机功率为 31.5 万 kW，8 台总功率为 252 万 kW，与广州抽水蓄能 8 台电机共 240 万 kW 相近；广蓄一期工程水泵每千瓦造价 2 300 元，二期不超过 3 000 元(竣工决算)。也就是说，小江工程单纯抽水站的造价只会低于广蓄。小江、渭河引水工程造价 850 亿元，留有 20%的余地。

(2)输水隧洞。小江方案隧洞洞径 12m 左右，分成多段，穿越秦岭的 107km 中有 26km 一段隧洞埋深超过 2 000m，与已建的西安至安康铁路深埋段长 18.46km、埋深 1 600m 相近，没有超过雅砻江锦屏电站隧洞埋深。

(3)小江隧洞高程在海拔 400~550m，不是高寒缺氧地带，当地公路已有网络，可通主要施工点线，并有襄渝、阳安、西康等铁路线通过，交通方便。

由此可见，小江方案不存在重大的不可解决的技术难题。但是，小江引水方案面临复杂的地区水权、运行成本和既得利益部门以防洪名义浪费雨洪资源等问题，导致引水成本增加或长江中下游也缺水。因此，需要研究和解决以下问题：

(1)如何准确测报和掌握上游来水；

(2)怎样协调防汛部门与引水企业的各项经济关系，确保科学调度、运行；

(3)怎样分摊引水、输水工程投资；

(4) 如何补偿三峡工程电站、葛洲坝水利枢纽电站以及航运等因此受到的损失。

三峡水库调水给黄河，135 亿 m^3 水资源减少发电量约 20 亿 kW·h，按 0.3 元/kW·h 计算，减少发电损失约 6 亿元；小江引水工程抽水站 8 台水泵同时运行，电动机最大用电功率为 252 万 kW，全年耗用电量为 140 亿 kW·h。按多水期的 8 个月抽水，需电费 43.4 亿元。但调水到黄河 110 亿 m^3，通过三门峡、小浪底电站；除增加其黄河流域电站发电量约 30 亿 kW·h 之外，城镇生产、生活用水将产生巨大的经济效益和社会效益。需要通过立法或市场经济的办法来调节，发挥工程效益。

8.5.3　大宁河调水方案的经济性与合理性

根据水利部长江水利委员会长江科学院原院长黄伯明的《关于从三峡水库引水至黄河的新建议》：南水北调中线工程受库容和上游来水量限制，远期可调水量将不能满足需要，届时需从三峡水库或以下的长江干流引(补)水。

20 世纪末，以谷兆祺、马吉明为代表的专家学者对大宁河补水工程进行了补充研究，提出了以抽水蓄能方式调水的构想。2004—2005 年，原电力部中南勘测设计研究院和湖北省水利水电科学研究所分别从水文、水能角度对“大宁河”方案的工程条件进行了全面研究，各自提出了多个方案。美中不足的是，这些研究对涉及工程和环境安全的地质条件探讨偏少，缺少调查支撑，个别文献还存在对关键建筑物基本地质环境明显不当的描述。但许多思路与南水北调中线工程相比，有创新和积极的意义；利用三峡水库及大宁河抽水工程，为中线工程水源提供可靠保证。

8.5.3.1　大宁河调水方案可行性

1) 大宁河基本方案

大宁河与小江都是从三峡水库引水，水质、水量均有可靠保证。大宁河单级提水设想由长江经济研究学会黄伯明提出，设想自大宁河流域提三峡库水，穿越大巴山，入汉水流域官渡河、堵河至丹江口水库。提水泵站位于重庆市巫山县大昌镇，设计提水流量 360m^3/s，实际引水能力约 145 亿 m^3，优化引水能力为 113 亿 m^3；自三峡水库 155m 提扬 225m，后经 82km 北东走向输水隧洞自流至官渡河，接潘口水库 355m 正常蓄水位。

“大宁河”两级提水设想由清华大学谷兆祺教授提出，设想自大昌提水，经约 21km 北西走向隧洞进入巫溪县内剪刀峡水库，在近库尾神基坪建二级泵站，提水至 565m 高程，再经约 36km 北东走向隧洞入松树岭水库，出口为茅草坡。其后，原电力部中南勘测设计研究院和湖北省水利水电科学研究所等单位对工程布置、水能利用、经济效益等方面进行了研究，逐步形成了“东线黄龙滩方案”“东线潘口方案(东线松树岭方案)”“东线龙背湾方案”和“西线剪刀峡方案”等相对成熟完善的比选方案。

长江科学院黄伯明对多个方案进行了梳理，特别结合地质调查成果筛选并优化出了可行度相对高的 4 个方案参与此次比选研究，其中西线方案 2 个、东线方案 2 个，分别是：

(1) 东线龙背湾方案(A)；

(2) 东线松树岭方案(B)；

(3) 西线剪刀峡(神基坪—龙背湾)方案(C)；

(4) 西线剪刀峡(檀木—龙背湾)方案(D)。

各方案大致由取水、提水、引水建筑物及天然河道组合而成，黄伯明依据地理地质条件推算了各建筑物主要工程特性。其中“西线剪刀峡(檀木—茅草坡)方案”系在对他人“西线剪刀峡方案”的一级引水线、二级提水泵站进行优化的基础上而得。优化研究发现,大宁河引水方案借助与已经运行的三峡水库,与南水北调工程总体规划比较具有明显的优越性。

2)大宁河方案要点

根据有关地形、地质资料及工程分析。建议方案要点为:

(1)在长江支流大宁河上游,财神庙山垭处建水头为360m的蓄能电站,抽取三峡库水(水位145m)至上库(水位505m);

(2)开挖隧洞(长20km+40km)穿大巴山,入汉江支流堵河;

(3)利用堵河自流入丹江口水库(还可梯级开发);

(4)再利用已有的陶岔引水闸并适当扩建中线总干渠,输水入黄河及华北、京、津等地。

该方案水源丰富、工程技术先进可靠、投资现实可行,且移民占地很少,有利于防洪、发电、灌溉。其主要措施为:在三峡水库大宁河建抽水蓄能电站,水自蓄能电站通过贯穿大巴山的隧道自流进入堵河(在堵河还可建两座梯级水库),借道丹江口水库及中线黄河以南总干渠输水到黄河。利用黄河中下游河槽呈地上河的特点,通过现有天然及人工河渠系统,供水华北平原及冀、鲁沿海缺水地区。本建议可以是独立方案,也可成为南水北调中线方案的扩大。

水源工程选在大宁河支流上,该处位居大巴山以南,神农架以西,长江与汉江分水岭宽度较窄,山头不很高。本方案以三峡水库为下库,抽水蓄能电站设在巫山县大昌镇大宁河支流(河床高程143.9m)或设在纸厂河(河床高程143.5m)处,上库设在财神庙山垭处。采用国外已定型,国内已使用的30万kW或35万kW水泵水轮机组,在水泵工况时,单机最大抽水流量为60m^3/s或100m^3/s,相应扬程为500m或360m。

输水隧洞穿过大巴山分水岭,由于高程较高,隧洞长度相对不长,第一段长约18.5km;第二段长26~40km,输水入堵河上游洛阳河。可以由堵河天然河床自流向下经黄龙滩水库(水位247m)入丹江口水库(水位157~170m),由陶岔引水闸(底板高程140m)和中线总干渠输水入黄河及中原、华北。此线路通过大巴山褶皱带与神农架穹窿西端的过渡带,为寒武系、奥陶系、二叠系、三叠系的灰岩与页岩,岩层走向与引水隧洞线路近于正交或交角较大,对隧洞的总体稳定性有利,大的断裂很少,在隧洞长度小于38km时,可避开大的活动断裂。

8.5.3.2 大宁河调水方案的经济性

大宁河引水主要补充南水北调中线工程丹江口水库水量,确保中线工程稳定运行。因此,大宁河引水方案也应利用汛期洪水,避免或减小对三峡电厂发电以及航运影响。大宁河与小江都在三峡水库取水,总引水量必须科学配置。

1)可靠的水源条件

从三峡水库大宁河引水,该方案具有以下明显优点:

(1)水量充沛,且水源在三峡大坝上游200km处,水质好;

(2)大巴山分水岭较窄,地势较低,工程量相对较小;

(3)一次提水上山后,可经堵河自流而下入丹江口水库、总干渠,最后入黄河;

(4)开发堵河,自供抽水电力,并可存蓄三峡水库汛期弃水供枯季使用,还有利于汉江、长江防洪;

(5)发挥了丹江口水电站的作用,保障汉江中下游供水及航运;

(6)优化丹江口大坝加高和 40 万人移民,优化汉江下游梯级建设的投资密度。

2)优越的经济性

大宁河引水方案工程布置简洁、技术先进可靠,工程总投资较省:

(1)大宁河抽水蓄能电站(包括上下库)50 亿元;

(2)输水隧洞 2 条(内径 10m,各长 20km+40km)142 亿元;

(3)堵河开发(包括黄龙滩扩机,潘口、松树岭建坝装机)120 亿元;

(4)总干渠扩大断面 20 亿元;

(5)电网 20 亿元。

以上静态投资总计 352 亿元,仅相当于山东、河南两省因黄河断流 2 年所造成的经济损失。本方案可以作为南水北调中线方案的扩大。由于黄河中下游为地上河,可以黄河为总干渠,利用原有渠系供水黄淮海平原包括豫、鲁、冀广大地区。黄河以北不另建主干渠系,也无污染水源汇入。

3)效益分析

水费收益:每年最大供水量 150 亿 m^3;实际每年供水量以 80%计,为 120 亿 m^3。每立方米水价 0.6 元,实际年收水费按 72 亿 m^3 计算。每年还本付息 40 亿元(还本 35 亿元,10 年还清,付息 5 亿元),年收益 32 亿元(包括维修、劳务、管理费),年净利润 20 亿元。

发电费用收益(包括抽水蓄能发电、堵河两坝发电、丹江口增加发电、黄龙滩扩电、陶岔发电)未计在内。电费增加的收益相当于水费收入的 1/3 左右。至于实施供水黄河以后对黄河流域及全国经济的促进,其社会效益和环境效果更是巨大。

8.5.3.3　大宁河调水方案的合理性

大宁河和小江方案,均设置引水上限,根据受水区具体情况确定合理的调水规模,两个引水工程总规模控制在 200 亿 m^3 之内,既不影响三峡工程发电、航运,又能够解决黄河缺水以及中线工程水源不足的问题。大宁河引水方案存在多种版本,所不同的是引水规模和抽水设备选型。无论是长江科学院黄伯明引水 $360m^3/s$(年均 113 亿 m^3),还是其他方案引水 $500m^3/s$(年均 150 亿 m^3)方案,其全年或 8 个月的引水安排都欠合理,最优是在汛期的 6—9 月实施引水,而且只能抽取较大流量(如超过 28 000m^3/s)的来水。这就意味着大宁河引水方案的抽水能力需要加大,也就是抽水设备配备增加。设备增加的投资有限,但在汛期抽水,将减少三峡电厂和葛洲坝电厂的发电损失,同时不存在影响长江中下游航运和城镇及工农业生产、生活用水。

1)主要设备能力

大宁河引水原方案选用的 30 万 kW 或 35 万 kW 水泵水轮机组,在水泵工况时,单机最大抽水流量为 $60m^3/s$ 或 $100m^3/s$,相应扬程为 500m 或 360m,抽水站安装 8~10 台设备。本作者的汛期引水优化中,设备需要增加到 20 台,抽水能力可以达到 1.728 亿 m^3/d,按汛期 90 天抽水测算,年引水能力可以超过 150 亿 m^3。也就是说,抽水能力有较大富裕,使部分机组备用、轮换,以利于检修。

2)抽水运行水位

抽水设备单机流量为 $100m^3/s$ 的 Bath County 机组,总共 20 台套机组;单机容量 35 万 kW。为了改善抽水运行工况,科学调度三峡水库水位,越高越有利于节省能耗。初定下库最低水位 145m,下库最高水位 175m,引水水位 155~175m;上库坝顶高程若为 515m,提扬高度为(超高10m)不超过370m。

3)输水发电效益

大宁河引水自水位450m以下到丹江口水库水面,还有280m落差,在堵河修建潘口等两座梯级水库,扩建黄龙滩水电站装机。堵河流域(包括支流)本身可建7个水电站,总装机145万kW。将所引长江流量500m^3/s和堵河天然流量结合在一起,可以装机210万kW以上,满足大宁河抽水之需有余。

黄伯明优化方案表明:抽蓄三峡水库汛期弃水济黄,而枯季不抽三峡库水,在堵河建梯级后可以补偿三峡电厂的供电。在长江汛期,抽取三峡水库弃水,蓄在堵河梯级水库中供枯季(11月—翌年3月)使用,通过综合利用规划,可以调水50亿~100亿m^{3}给丹江口水库,汉江多余的水量调配到渭河再进入黄河。或者,利用长江、汉江汛期的时差,汛期100d抽长江弃水50亿m^3,并存入堵河水库。等于汛期长江分洪50亿m^{3}水量,有利长江、汉江防洪。抽水蓄能电站装机600万kW,在枯季可使三峡水库供电能力大大扩充。

综上所述,在三峡水库建设大宁河引水工程和小江引水工程,投入很小、效益巨大,是凭借三峡水库形成的"得天独厚"的最优调水方案。设计者应该与南水北调工程规划设计单位合作,进一步优化和完善三峡水库引水方案,使其效益最大、方案最优。

8.6 引渤入疆调水方案经济性与合理性

8.6.1 引渤入疆方案的必要性

沙漠主要是地球演化过程中自然形成的区域环境和气候条件,其降雨稀少、日照强烈、蒸发量大。但是,持续性干旱和缺水与人类活动有必然关系,如连年战乱、屯垦戍边人口迁移、大规模砍伐森林、树木。

新疆的疆北水资源量较多,疆南严重缺水,当中密布大范围沙漠。治理沙漠需要水,可以利用外河(买水)或疆北富裕的水资源适当引水治沙。因为沙漠蒸发量大,年均超过2 000mm,除非建设巨大地下水库;否则,远程引水的绝大部分都被无效蒸发。也就是说,蒸发的水分受大环境影响未必降雨到沙漠区域;果真如此,不需要水的地方雨量增多,会出现什么问题?

显然,新疆需要淡水,而不是苦咸的海水。生态恶化,进程缓慢,却难以逆转。人类现在尚无法预见远距离调水入疆是功是过,前景不明情况下,应该慎重。引渤入疆,"横贯东西""费九牛二虎之力",是否必要值得商榷。

8.6.1.1 新疆沙漠生态

我国沙漠总面积约130.8万km^2,占全国总面积的13.6%。其中,难以治理的塔克拉玛干沙漠(是中国最大的沙漠,仅次于非洲撒哈拉大沙漠)、古尔班通古特沙漠、腾格里沙漠、巴丹吉林沙漠等8个大沙漠总面积超过80万km^2,占全国沙漠总面积的65%。有资料表明:"我国荒漠化土地面积达262.2万km^2,成为世界上受荒漠化危害最为严重的国家之一"。其中,新疆、内蒙古、西藏、甘肃、青海五省区的荒漠化土地面积为250.5万km^2。土地沙化是西北地区土地荒漠化中最突出的问题之一。据陕西、甘肃、青海、宁夏、西藏、内蒙古、新疆七省区2000年前统计资料,沙化土地面积已超过162.55万km^2,占全国沙化土地总面积的

90%以上。沙化、石漠化、荒漠化的扩展，严重威胁到我国人口增长和经济社会的可持续发展。

8.6.1.2　**新疆缺水与引渤入疆**

由于新疆深居欧亚大陆腹地，属于典型的内陆干旱区；山盆相间的地貌格局又使其形成了以绿洲生态为中心、以水资源为主要约束条件并相互作用和演替的大系统。也就是说，干旱的气候条件是新疆水资源总量匮乏、生态环境脆弱的根本原因。研究认为，干旱缺水是影响新疆经济、社会可持续发展的关键因素。因此，有必要寻找合适的外来水源，实施远距离调水工程，缓解新疆水资源匮乏问题。

借南水北调工程的"东风"，业界、学界部分专家、学者从我国经济社会可持续发展的角度，研究和提出"引渤入疆"、远程调水治沙的方案。其中，具有代表性的是中国地质大学陈昌礼教授拟调渤海海水 1 000 亿~2 000 亿 m^3 和西安交通大学霍有光教授提出拟调渤海海水 300 亿~500 亿 m^3，以改善内蒙古和新疆沙漠气候。

陈昌礼教授和霍有光教授引渤入疆、海水西调基本设想是通过大量海水填充沙漠中的干盐湖、咸水湖和封闭的构造盆地，形成人造的海水河、湖，从而镇压沙漠。同时，大量海水依靠西北丰富的太阳能自然蒸发，作为湿润北方气候的水气供应源增加降雨，从而达到治理我国沙漠、沙尘暴，彻底改变华北、西北地区生态环境恶劣的目的。

专家竹守章认为：我国北方的八大沙漠，可以通过建立沙漠人造海，由东向西逐步推进，边治理、边受益。当沙漠出现绿洲，沙丘逐渐被固定，沙漠日益缩小，气候可能日益变得湿润，并逐渐与沙漠周边气候相类似，这时便可停止调水。所以，东水西调工程必然是一个大幅调水—逐渐减少调水—最终停止调水的治沙过程。

8.6.1.3　**海水治沙须谨慎**

如前所述，治理沙漠需要践行"科学治沙、人进沙退"的模式。治沙，没有水万万难以见效；水多，浪费高于收益，只可能改善很小区域；引输脏、咸的海水，环境改变存在不确定。对于超大规模的沙漠和大范围的干旱区域，很难通过试验性调水取得普遍适宜的治理参数，尤其是引渤入疆的苦咸脏水对沙漠生态的改变，需要谨慎行事。

中东、北非地区，很多城市建在沙漠环境，并没有因为缺水不能发展。美国的"赌城"拉斯维加斯就在沙漠中，一样繁荣景象。

1)沙漠干旱大环境不易改变

新疆沙漠环境，从地质历史看，自从第三纪地中海闭合(塔里木盆地和吐哈盆地曾是古地中海的一部分)，中亚和我国西北干旱化就一直在演化。沙漠、沙地的形成，曾于第三纪至第四纪，经过漫长的地壳板块运动(近 300 万年以来)，才成就了浩瀚无际的沙漠、沙地景观。

专家认为：沙漠自然逆转几乎没有可能。调水治沙，小环境容易改善，大环境难以改变。也就是说，治沙需要技术创新和持续维护。

2)海水镇沙作用存疑

众所周知，青海湖是咸水，且含盐度较高；但青海湖不断有淡水补充，已经过漫长的演化形成生态平衡系统。渤海海水含盐度更高，且受到环渤海经济圈的严重污染；如果高昂成本的引渤入疆，改善了局域小环境，又带来重金属污染和土壤盐碱化问题，利弊轻重如何取舍？有专家提出：渤海的海水含盐量为 3%，如果每年调引 500 亿 m^3 海水，就可能产生约 17 亿 t 的盐。

资料表明:土壤盐渍化是一种缓变性地质灾害,属化学作用造成的土地退化,主要是由于气候、排水不畅、地下水位过高及不合理灌溉方式等因素相互叠加所造成。自然状态下发生盐渍化与人工灌溉发生盐渍化有相同的成因机理。一般农田盐渍化与农业盲目发展不合理的、片状灌溉有关。农田大水漫灌抬高了地下水位,地下咸水随着地下水位上升把盐碱带到地表,如此年复一年的反复灌溉加之排灌(冲洗盐碱)工程不配套,结果使表层土壤发生了盐渍化。不难看出,地下咸水周期性地抬升并反复浸染地表,是导致土壤盐渍化的关键因素。众所周知,沙漠的特点是非常干旱与缺水,人们穿越浩瀚沙漠,很难找到水源,即便有地下水,由于埋藏较深也无法开凿(低洼地区例外),因此对沙漠整体而言,是不会发生"地下咸水周期性地抬升并反复浸染地表"这一现象的。

8.6.2 引渤入疆方案的经济性

引渤入疆、东水西调工程,涉及多个沙漠,直线距离3 000多千米,多级提升总高度超过1 400m,沿程相当多的地段位于沙漠区,利用局域河道自流,存在结冰、渗漏、损失较大蒸发量问题;埋管难以适应引水规模要求,只可能采用明渠或者渡槽工程输水。而无论是采用明渠或是渡槽输水300亿~500亿m^3(陈昌礼方案1 000亿~2 000亿m^3),不仅土建规模巨大,而且(软土、沙土)基础处理十分复杂(如果基础稍有变形、漏水,就可能危及工程安全)。据此可说,"引渤入疆"当时还只是一个思路,其技术深度远远不足以称其为技术方案;因此,缺乏可供决策参考(包括本著的比较与评价)的工程项量及规模数据。

8.6.2.1 主要工程规模

根据原设想,引渤入疆、东水西调工程,主要采用管道提扬和渠道自流方法来输水。所谓管道提扬,就是分级将渤海海水分级提扬到大约1 200m左右的(理论)高程,然后把提扬上来的海水输入混凝土衬护的渠道,沿最佳线路流至各大沙漠。这里,关键的工程是把海水提扬1 200m左右高程和超大断面的渠管工程。提扬工程需要有强大电力;而渠管投资十分巨大。

据其测算,如果每年从渤海调水300亿m^3,需装机超过930万kW的抽水泵站。西安交大霍有光教授观点:抽水所需要的电力,可通过开发黄河上游的梯级水电工程来解决,即用黄河流域电力资源换取渤海湾海水资源。同时,他认为:连接八大沙漠,共需修建渠(管)道1 000~1 600km,实现渠道自流。他比喻道:我国已建成了多项远距离管道输送(如石油、天然气的大型)工程,以这种科学技术可直接转化为远距离调水工程。换句话说,"东水西调"工程只不过是"西气东输"工程的"逆向工程",与我国东西走向的山脉保持平行关系,既不需要开凿超高隧道,也不需要建筑超高大坝,所以我国完全具备了西调渤海水的科学技术能力。

据设想者测算,从渤海取水口经巴丹吉林沙漠至玉门镇北的疏勒河,主干调水线路全长约1 900km。而后,可以借用疏勒河自东向西流的天然河道550km(入河口海拔约1 300m),不用开挖、衬砌,自流进入塔里木盆地之东缘的罗布泊。罗布泊至艾丁湖的直线距离仅180km。假如再将注入罗布泊(海拔780m)的渤海水引入艾丁湖(海拔-155m),可获得930m的落差,用来发电,意味能够补偿渤海西调工程所耗费的部分电能。调水量:年调水500亿~300亿m^3,调水能源则可通过开发黄河上游梯级水电工程来解决,装机155万~930万kW。

根据地形地貌条件,采取分级提水,至少需要建设6个大规模抽水能力的泵站工程,总提水扬程远远超过理论提升高度(目的地湖面高度)。6个大型泵站的电力配备总规模,远远多于930万kW。

引渤入疆提取海水300亿~500亿m^3(陈昌礼方案1 000亿~2 000亿m^3),相当于开挖1~4个黄河河道。类比南水北调中线工程总干渠的输水能力与规模(年输水能力100亿~130亿m^3),以自流流速及要求的过流断面测算需要3~6倍中线总干渠的输水规模。也就是说,仅仅提水工程和输水工程的项量规模,就远远超过霍友光教授和陈昌礼教授的当初设想。显然,引渤入疆调水方案不经济、不合理。

8.6.2.2　投资规模与直接效益

1)原方案建设安排

按照霍友光教授和陈昌礼教授的基本设想,引渤入疆海水西调分三阶段建设:

(1)第一阶段工期为20年,提水进入内蒙古东南部盐湖洼地,到达集二铁路线;

(2)第二阶段工期为30年,海水向西到达居延海;

(3)第三阶段工期为50年,进入新疆三条支线,全部工程总共约需100年。

引渤入疆工程建成后,年调海水300亿~500亿m^3(陈昌礼方案1 000亿~2 000亿m^3),可以形成总面积约10万km^2、长5 000km的河湖水系。

2)原方案计划投资

西安交大霍有光教授认为,如果每年从渤海调水300亿m^3,只需装机930万kW的抽水泵站可以满足提水要求,据此测算,项目期建设总投资628亿元,其中建设费用为567亿元;与三峡工程建设投资1 800亿元和南水北调5 000亿元的规模相比,“引渤入疆”、海水西调工程非常经济。

3)类比法测算的静态投资

根据同类工程造价,类比小江调水方案,以2000年的物价水平测算引渤入疆、海水西调工程静态总投资为:

(1)提水工程(包括机电设备)约300亿元;

(2)2 630km的明渠工程4 000亿元;

(3)运行维护永久道路和施工临时道路工程500亿元;

(4)临时施工设施(包括水、电、通信、建材加工)200亿元;

(5)独立费用(勘测、设计、监理、环保等)100亿元;

(6)税费(建设施工期税费等)30亿元。

以上小计约5 130亿元。

4)运行成本

以霍有光教授设想的每年从渤海调水300亿m^3,即便不考虑蒸发损失,将渤海水扬升到海拔1 280m,耗电量约6.4kW·h/m^3(原方案),其总耗电达将到300亿m^3×6.4kW·h/m^3=1 920kW·h;如果考虑沿程损失,耗电量将达到估算值为3 274亿kW·h;这相当于三峡工程全年发电量的4倍。也就是说,仅抽水能耗一项,就需要有4个三峡工程电厂为引渤入疆提供能源。霍有光教授认为单方海水成本7元,实际可能超过10元。

5)直接经济效益

“引渤入疆”工程是一个纯生态型工程,主要效益是修复沙漠植被生态,增加生物多样性,进而改善土壤条件,打造适合人类的宜居环境。两位学者利用海水镇压干盐湖细沙,同时利用西北太阳能对可能形成的10万 km^2 水面产生大量蒸发作用,使其在西风带的推动下,将水汽源徐徐推向盆地东南的天山、祁连山、阴山、燕山等高山区,以增加降雨(补充淡水)。换句话说,就是利用西北太阳能完成对海水自然转化为淡水的过程,改善内蒙古及西北气候条件,消除沙漠化对华北的威胁,减缓西北干旱化进程。如果海水西调能够实现"沙漠之海",最直接的效益是发展湖水养殖和"沙、海"旅游。

根据中东地区经验,沙漠中蕴藏有丰富的石油、天然气,如新疆的克拉玛依市就是石油之城。倘若"引渤入疆"、东水西调的方案能够结合开发新能源(如大型风电站或太阳能电站),再或者结合开发新发现的大型油气资源,调水能够产生较为直接的经济效益;那么,这项巨大的投资项目有可能受到关注和支持。由于引渤入疆、西水东调工程建设周期需要100年,形成良态的宜居小环境是一个漫长过程,多少年尚不得而知。也就是说,缺乏具体开发目标的纯生态项目,直接经济效益不明显。而海水镇沙的生态改变又前途未卜、"善恶难辨";这个没有直接经济收益的调水方案难免"胎死腹中"。

8.6.2.3　**调水工程间接效益**

从理论上讲,引渤入疆、海水西调方案能够产生一定的间接效益,这不可否认。如果是西调淡水,其生态效益将非常显著。但是,沙漠环境蒸发量太大,调淡水再损失巨大、不经济。调海水再实施人工淡化(单方水成本10元左右),一方面规模非常有限;另一方面需要配套经济开发项目;这方面,引渤入疆的构想者均无建模(没有考虑)。按照引渤入疆原设想,海水到沙漠后可以产生以下间接效益。

1)促进沙漠农业

西北有150万 km^2 的沙漠和荒漠草原,实施海水西调治理后,西北和内蒙古北部可能滋润出100万 km^2 的绿地,特别是为河西走廊、东天山北坡以及河套两岸地区提供广阔的生存空间,农业生产将迎来巨大发展潜力,可以实施大规模生态移民(配套特殊政策或成立特区的话,如美国拉斯维加斯)。

2)转移城市人口

西北黄土高原严重的水土流失地区和西南石漠化地区,人口压力巨大,环境容量有限,急需生态性移民。引渤入疆、海水西调后,将彻底改变该地区生存环境,可以容纳大量人口,使这些新移民在西北新绿洲发展经济由贫穷直接跨入富裕小康阶段。方案提出:黄土切割和石漠化严重地区,经大量移民后可进行全面规划,使之成为自然保护区、旅游区、生物多样性特殊保护和开发区,使保留下来的当地群众转向山区特殊种植业、养殖业和旅游业,缓解发展过程形成的尖锐矛盾,促进西北黄土高原和西南石漠化地区的生态环境良性逆转。

3)增加土地资源

实施引渤入疆、海水西调,黄土高原中等以上水土流失地区居民大部分可以迁出,使黄土切割区划为黄土源人工保护区,再造几个以陇东为中心的绿色黄土源,则使陕北在原有两个天然黄土源基础上,向西延伸至兰州,促使陕甘宁黄土高原平顶荒山都变成绿色的高原和草原畜牧保护区,让黄土源成为绿色黄土源。

4)有利于生态恢复

西部贵州的人口压力大,海水西调后,可将深山区群众大量有序向外生态移居;移民后将贵州省部分山区(特别是石漠化山区)封禁或列为自然保护区和旅游区,缓解石漠化速度,逐步恢复部分区域的生态。

5）发展沙漠农业、增加粮食生产

引渤入疆、海水西调，沙漠区域可以发展果蔬经济或粮食生产，还可以发展畜牧业、养殖业。西北的大沙漠和荒漠区可形成四大平原，其总面积约 150 万 km^2。海水西调百年后，能够绿化约 100 万 km^2，其中一部分地区可开发为农田，以利于发展农业，增产粮食；富裕的粮食，可以加工成饲料，发展其他加工业。

6）调整农产品出口结构

我国耕地扣除近年退耕部分，再减去油、棉、果、蔬耕地外，真正用于种粮的耕地也不过 12 亿亩。也就是说，我国人均一亩地供给口粮即能满足粮食需求。如果西北经海水西调改善生态环境后，又可以开发出 5 亿亩的新耕地，其粮食产量能够再养活 5 亿人。剩余的粮食可以加工饲料，这样可在西北形成数万个粮食加工业城镇，其副产品可供畜养业；在保证本国粮食供应的同时，调整和改善我国农产品的出口结构，增大出口规模，提高经济实力。

8.6.3　引渤入疆方案的合理性

引渤入疆、海水西调，可能不是推动新疆发展最有利、最合适的方式；即便认定水资源是新疆发展的唯一要素，可以最短距离从国外引水或从西藏调水，这比引渤入疆、提调海水更经济，且可以避免产生生态负面影响。

8.6.3.1　设想不能代表方案

引渤入疆、海水西调的方案技术深度尚未达到项目建议书和可行性研究报告的阶段成果，比大西线藏水北调方案更粗略。多个文献资料证实，引渤入疆、海水西调方案的设想者自始至终没有对整个方案涉及的现场进行过实地查勘，更没有基于方案所必需的勘探、钻探、坑探、物探等技术工作。

引渤入疆、海水西调得工程方案和技术措施不详，无法准确把握方案的经济性，需要结合具体的沙漠利用开发目标，完善引水工程的前期技术工作，形成可供决策参考的完整技术方案。

8.6.3.2　调水规模不合理

1）调水规模

引渤入疆、海水西调存在两个方案：

（1）西安交大霍友光教授年调海水 300 亿~500 亿 m^3，有文献认定 496 亿 m^3，也有 150 亿~300 亿 m^3 和 50 亿~300 亿 m^3 的不同表述。

（2）中国地质大学陈昌礼教授方案年调水 1 000 亿~2 000 亿 m^3。

2）重大问题

笔者研究认为：无论霍友光教授年调海水 300 亿~500 亿 m^3 的方案，还是陈昌礼教授年调水1 000亿~2 000 亿 m^3 的方案，调水规模都极不合理。具体地讲：

（1）海水含盐度 2.6%~3%，年调海水 300 亿~2 000 亿 m^3，水不知道蒸发降雨到何处，但年产盐量可达 9 亿~60 亿 t。这个巨量的盐分布在广大沙漠，必然造成沙地大范围盐碱化，为日后治理沙漠带来巨大困难。

（2）霍友光教授年调海水 300 亿~500 亿 m^3 的规模，相当于在延绵起伏的沙漠上开挖一条黄河中下游过流的明渠河道；而陈昌礼教授年调水 1 000 亿~2 000 亿 m^3 的方案，相当于在沙漠上开挖四条黄河中下游过流的明渠河道，其开挖的工程规模和基础处理工程量都过于复杂、巨大。

(3)数千亿的工程建设资金和每年提水耗资数十亿元的运行、管理费用,如何筹措、监管、分摊,缺乏投向和来源。

(4)引渤入疆方案不存在技术实施难度,而且施工战线长,可以安排同时施工,显然建设工期也不需要100年的时间。

(5)年调水2 000亿 m^3,在平原地区一年就可以形成10万 km^2 的湖面(1 000亿 m^2 的面积水深2m),不需要再用100年的时间成就10万 km^2 的水面。

如果引渤入疆调水规模降低到100亿 m^3,海水经淡化处理后由地下管涵输水,其方案的可行性将大为增加。每年100亿 m^3 的水,可以形成10 000 km^2 的水面或改善10 000 km^2 的沙漠面积。不需要100年的时间,改变整个沙漠生态。

(6)石油、天然气的大型管道需要沿途加压,直径和输送能力与引渤入疆海水自流水量无可比性,沙漠地区的蒸发与渗漏损失巨大。是否能形成有效降雨,尚不确定。

8.6.4 缓解水资源短缺的新议

前面章节,已就海水淡化技术发展、方法、规模、水成本和应用前景进行了讨论。有研究表明,只要加强节水教育,实施节水(如合理制定水价——阶梯水价)措施,控制浪费和漏损,拟调水量还可以大幅度降减。

近年,国外海水淡化技术非常成熟,年处理能力已经超过数百亿 m^3;我国海水淡化技术及规模亦日新月异,日生产能力初具规模,在许多沿海地区缓解了水资源紧缺的难题。南水北调中线工程供水的北京、天津和东线工程供水的山东缺水地区,都可以采取海水淡化技术向其供水的水源(如北京水源的密云水库)适量补水,分担南水北调中线水源水量不足或东线水质变化可能出现的情况。

8.6.4.1 勤俭节约乃立国之本

任何情况下,勤劳、朴素、节约都是立国、持家之本。开发、利用资源如此,个人消费和消耗也应如此。改革开放以来,特别是进入21世纪以来,国家经济实力迅速提高,国民收入水平和生活水平也同步提高。

科学研究表明,正常人一天的耗水量为0.1~0.15 m^3,一年耗水约40 m^3。也就是说,170亿 m^3 可以解决4亿多人的生活用水。生产用于应该建立在科学用水、循环利用基础上。无论何时,高速不可持续、浪费不可持续,调水不如节水。只有理性回归,量入为出,节约资源,才能实现真正的可持续。

8.6.4.2 科学配置水资源

我国水资源总量丰沛,社会配置过程中导致部分地方缺水。按水利部水科院王浩院士所做的测算,全国拥有水资源2.8万亿 m^3,水资源总量居世界第六位,人均占有水资源超过2 100 m^3。我国水资源受降水控制,时空分布很不均匀,南北相差悬殊,80%以上的水资源分布在长江流域及其以南地区,北方水资源相对贫乏,特别是西北地区水资源较为短缺。

面对我国北方历史形成的水资源社会配置问题,国家已经实施了全国水资源南北调剂的再配置工程,如南水北调工程东线一期和中线一期已经竣工通水。但是,“南水北调”工程总体规划方案中确立的“四横三纵”水资源格局仍存在水质(东线)、水量(中线)不可控、生态风险(西线)不确定等问题,需要在科学优化配置中加以解决。

海水取之不尽、用之不竭。沿海缺水区域，可以适当、适量补充淡化的海水，避免或减少远程调水引起的复杂问题(如水权、水环境、调水工程运行成本、各种风险)。

无论存有多少质疑之声，长江三峡工程已经建成，且发挥了巨大的综合效益。三峡水库坝顶高程总库容约 440 亿 m^3，防洪设计水位 175m 高程总库容 393 亿 m^3，是得天独厚并难得的优质水源。利用三峡水库的优质水源，只能在不影响上下游用水、发电、航运、灌溉的前提下，科学调蓄、利用汛期雨洪资源，实行多来多调、少来少调，充分用尽强降雨形成的雨洪资源。所调之水，分别向黄河中下游和汉江丹江口水库适量补水，以弥补南水北调中线工程丹江口水库水量不足的状况。

远程调水，是水资源社会再配置的手段之一，各地方、各部门都应当通过市场化的途径获得水权，科学、合理利用水资源。调水工程的决策，应当以立法形式，完成法律规定的程序和手续，真正做到“依法治国”、依法行政和依法执业。即便出现不可预见的问题，也不会受到社会广泛质疑和诟病。

“南水北调”重大方案有无数个，参与比较和评价的重大方案仅有 6 个。这 6 个重大方案没有最优，只有最浪费和最不经济(水价成本最高)方案。本著研究这些重大方案，并不影响这些方案的决策或实施，只是希望更多人关注重大工程建设；希望国家加快法制进程，推动依法行政与合法利用资源，共同努力建设我们的生态家园。

8.7　重大方案比较与研究指标体系

我国工程建设领域，业已建立了国家层面或行业层面的多种评价体系，如建设项目国民经济评价、建设项目财务评价、建设项目环境影响评价等。但是，作为关乎民生和确保经济社会可持续发展的重大建设项目决策，仍缺乏科学、独立、公正、完善、可操作的(专家个人评分)评价方法和指标体系，这不仅不利于体现决策的科学性、民主性(广泛的民意)和完备性，而且容易造成决策的失误和重大损失。

当然，任何经济活动(建设工程)和社会活动(颁布政策)，不存在绝对地科学、民主，也无法接纳过于广泛的专家意见或民意。正因为如此，更需要有以某种合法形式(如立法、表决)或第三方(独立的咨询机构)采取独立、专业评价方法，为重大决策提供法律支撑和可信、可靠决策依据。

如前章所述，南水北调工程受限当时的国家财力和投向等诸多因素，造成漫长了规划设计(50 多年)周期；此外，调水方案技术深度也未能达到建设实施要求。规划论证期间，学界许多专家学者和一些官员从不同角度提出了优化建议方案或创新设想。事实上，为了推动重大(基础)工程建设决策的科学化、民主化进程，笔者从水资源远程配置的必要性、可行性、可靠性、经济性、合理性、运行安全性、生态可控性、应急管控多个方面对具有代表性的重大方案进行比较和研究。

8.7.1　比较与研究指标体系的建立

比较与研究指标，应该能够全面、综合反映拟建重大工程的必要性、经济性、合理性和可靠性，同时应充分考量(估计到)工程建设和运行可能带来的安全风险、环境风险和生态改变。因此，比较与研究指标应该形成其科学、完整、可操作的体系，并能够指导专业评价机构或独立身份的专家对重大工程进行科学、独立、学术性评价。建立科学的评价指标体系，首先必须有确立并严格遵循的评价原则；其次，需要找到全面系统、具有可比性的评价指标；再则，应当研究或寻求科学、完备的评价方法。笔者建立的重大工程评价体系如图 8-1 所示。

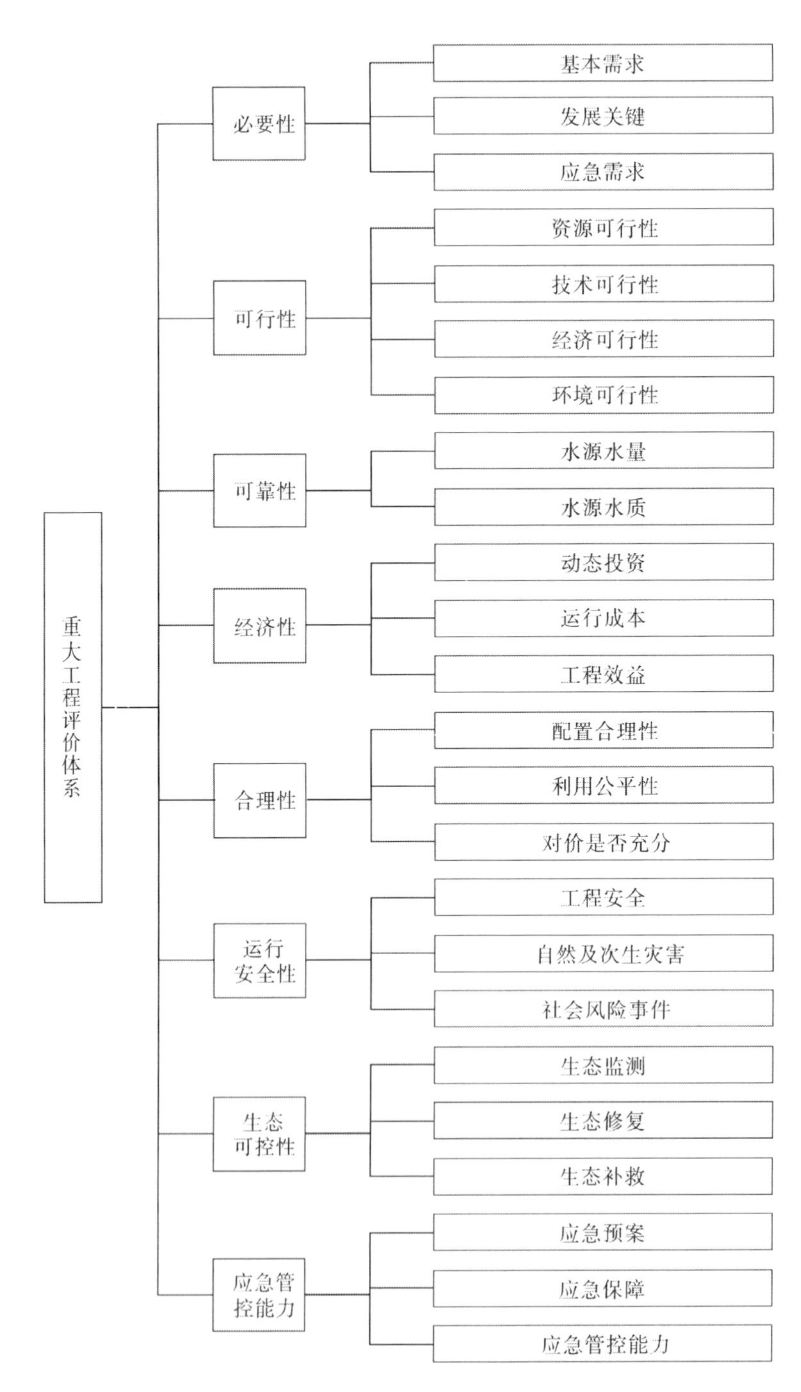

图 8-1　重大工程评价体系

8.7.1.1　比较与研究原则

对于从事判决、裁决、咨询或影响判决、裁决、决策的行业和执业者，国际社会早已建立和形成了一套完备的执业准则(亦称其为原则、规则),这就是公平、公正、公开、科学、完备原则。

1)公平原则

公平原则是我国民法理论中最基本的原则之一,也是国际通行惯例。公平作为全社会认同的观念和道德标准,有力维系着社会稳定,调整和改善人与人、人与事之间的相互关系。公平原则作为评价的基础,体现在委托或受托当事人的权利与义务对等,任何一方不得施加权利、经济、时间影响迫使对方做出失公的判断与意见。

2)公正原则

公正原则是指"受托人"在履行判决、裁判、咨询职责过程中,始终保持地位独立、立场不偏不倚;行为不受金钱、权利诱惑,不被"亲情""友情"干扰,基于事实做出判断或提出意见。如国际惯例要求执业者在行使其职责和权利时:

(1)由他做出的决定、意见符合社会最高利益;

(2)提出建议、方案有利于社会大众利益,不致影响或减少委托人的利益;

(3)评价与决定价值应独立于委托当事人之外,依据科学公正判断;

(4)不以社会关系和私人感情影响或引入到执业行为中,不应接受导致判断不公和不利于委托人的报酬。

3)公开原则

公开原则也称为"透明"原则或"镜像"原则。是指"受托人"在履行判决、裁判、咨询职责过程中,程序公开、内容公开、结果公开,诚实、守信,接受媒体和社会大众监督。所谓诚实信用,指受托人心怀善意、不欺不诈、忠于事实、恪守诺言、陈述真相、适时自觉履行职责。

4)科学、完备原则

科学原则,是指"受托人"在履行判决、裁判、咨询职责过程中,应建立和使用先进的技术、方法,再现真实的结果或找到最为科学、完美的结果;完备原则是指探索研究、分析问题和提出意见时应当系统、全面,不能忽略次要因素或重大隐患。

8.7.1.2　比较与研究指标结构

对南水北调工程重大方案进行比较和研究,涵盖了项目研究、设计、决策、建设和运行(行业主要分为规划研究、建设和运营全过程)等多个阶段。相应的指标结构也按规划研究、建设和运营三个主要阶段划分为三个层次。

1)规划研究阶段

规划研究阶段主要包括项目建设的必要性、可行性和可靠性。其中,必要性又包括:

(1)受水区对水资源的基本需求(水资源短缺情况);

(2)水资源短缺构成可持续发展的瓶颈程度;

(3)受水区对水资源的需求主要解决干旱次灾等(应急需求)。

项目的可行性,相对简单,主要分为技术可行性和经济可行性。技术可行性主要指现实的技术手段和装备条件能否完成工程建设项目;经济可行性主要指受水区的经济发展和综合实力是否具备投资建设能力。如果技术靠引进、投资靠国家出资,显然是不可行方案。这不仅违背市场经济原则,也容易产生"发达地区向贫困地区抽血"的质疑。可靠性包括引水水源的水量可靠性和水质及保障可靠性。这一方面需要明确水权(区分过境水和当地降水);另一方面,需要按市场经济规则对价来获得水权。

2)工程建设阶段

跨流域调水工程,建造技术简单、但往往投资规模巨大,水权涉及的利益关系复杂,影响工程建设决策的主要指标是经济性和合理性。其中,经济性包括工程总投资(动态投资)、运行成本、投资回收期、净现值、内部收益率等指标;合理性包括水资源再配置是否科学、水资源利用是否公平和受水区对价是否充分。这里面,水资源再配置涉及水权获取方式与利用是否公平最为关键,涉及地区间发展水平和形成资源所特定的自然条件。对价充分,要求受水区受益的同时必须付出相应的代价既补偿水源区,还要承担由于引水带来的生态问题。也就是说,根据公平原则,这不应由国家出资强制配置水权,应当由受益地区协商购买水权,并将引水产生的部分收益给付水源区作为补偿。

3)运行及管控阶段

比较、评价重大调水方案运行安全的指标,主要有运行安全性、生态变化可控性和突发事件应急管控能力。其中:

(1)运行安全性包括对工程运营风险、自然灾害及次生灾害和社会风险的管控;

(2)生态变化可控性包括生态监测、生态修复和补救措施;

(3)突发事件应急管控能力包括专职机构、专项经费、应急预案及措施。

4)评价指标结构内容

南水北调工程重大方案的比较与后评价指标结构(重大工程评价体系见图8-1),我们根据上述三个阶段建立的必要性、可行性、可靠性、经济性、合理性、运行安全性、生态可控性、应急管控8个方面,涉及的24个项目及产生的64个评价指标和150个评分内容,分成三个评价层级结构:

(1)第一层指标为普适性、概括性指标,如必要性、可靠性等;

(2)第二层指标是对上述共性或具有代表性指标的分解和延伸;

(3)第三层指标是具体的评价项目和评分内容。

8.7.1.3 **比较与研究方法**

对南水北调工程重大方案的比较与研究采取定性与定量相结合(定性分析为主并结合定量打分进行排序)的方法。但是,打分中,依水权、水量、水质、经济性、安全性等次序作为权重高低的赋分依据。排序结果不反映方案技术优劣,只反映是否合理。

1)定性方法

定性评价指标主要根据国家法律、中长期发展规划和资源开发利用政策以及资源环境保护相关规定设定。评价方法主要对现有重大方案资料进行系统分析,按同等规模或条件类比估算工程造价,根据气候变化及生态恶化态势预测调水水源区生态变化的可能趋势;在此基础上,采用专家独立评分法和决策树(概率树)法作赋分和评分参考。

2)定量方法

定量评价指标主要根据已实施的重大方案投资规模、实际工程造价或类比同类工程造价,测算和确定参比参评其他方案的各项经济指标。本评价选取了有代表性的、能反映"经济""合理"的指标,如静态投资、动态投资、投资回收期、经济收益率等。评价方法主要通过建立评价模型确立各三级指标的权重,再对专家评分的加权结果统计最后总分,根据总分排序。

3)二次评分权重法

专家独立评分过程,可能受到专家经验、认知、心情、环境和其他因素影响,即便是同一个专家在不同的时期、不同环境条件下的评分也可能存在较大差异。因此,可以采取二次评分法或两步评分法,验证专家打分的独立性和公正性。二次评分法或两步评分法既适用于不同阶段、时期的评分,同样也适用于业内和业界同时评分情况。采用二次评分法或两步评分法时,需要设置权重计算各方案总分。如:业内评价的自评分权重为 30%,独立专家组评分权重为 70%,最终总分=自评分×0.3+专家评分×0.7。评分专家人数一般为奇数,每次评分专家不应少于 7 人,取其均值。

8.7.2　评价指标赋分和权重分值

南水北调工程重大方案的(必要性、可行性、可靠性、经济性、合理性、运行安全性、生态可控性、应急管控)8 个一级评价指标(分解为 24 个二级指标和 64 个三级评价指标)的赋分分值和权重占比,由其在工程立项与决策过程中所起的作用和重要性决定。

8.7.2.1　评价指标权重(按三个阶段设置权重分值)

权重只是统计学中的一个基本概念,主要反映个体事件(活动、指标、作用等)在总体事件中占有的地位或者比重;其所求出的具体数值就是权重值。

权重可以表示为:

$$\frac{C_1 \times k_1 + C_2 \times k_2 + C_3 \times k_3 + \cdots + C_n \times k_n}{C_1 + C_2 + C_3 + \cdots + C_n} \tag{8-1}$$

式中,$C_1,C_2,C_3,\cdots,C_n$ 为各个事项;$k_1,k_2,k_3,\cdots,k_n$ 为各个事项对应的分量、分数或者重量。

南水北调工程重大方案的(必要性、可行性、可靠性、经济性、合理性、运行安全性、生态可控性、应急管控能力)8 个一级评价指标的权重采用专家打分法确定,具体方法是:在具有注册咨询工程师资格的同领域专家库中随机抽取尽可能多的专家(本次 17 人),对上述 8 个一级指标进行独立打分,某些指标在总分中的占比作为赋分的权重。经计算得出:

(1)必要性权重为 0.15;

(2)可行性(经济可行性和技术可行性)权重为 0.09;

(3)可靠性(水质、水量)权重为 0.2;

(4)经济性(动态投资、效益)权重为 0.15;

(5)合理性(科学、公平、对价)权重为 0.07;

(6)运行安全性权重为 0.15;

(7)生态可控性权重为 0.12;

(8)应急手段和能力权重为 0.07。

8.7.2.2　各阶段二级指标赋分分值(按三个阶段设置权重分值)

根据重大方案的必要性、可行性、可靠性、经济性、合理性、运行安全性、生态可控性、应急管控 8 个一级评价指标测得的权重,以相同方法对 17 个二级指标进行计算赋分。

1)必要性的二级指标赋分分值

(1)基本(生存)需求分值为 4 分;

(2)制约持续发展的需要分值为 7 分;

(3)应急(临时抗旱调水)需求分值为 4 分。

2)可行性的二级指标赋分分值

(1)技术可行性赋分分值为 2 分;

(2)经济可行性(承受能力)分值为2分;
(3)环境可行性(容量限制)分值为1分;
(4)资源约束分值为2分;
(5)施工条件分值为2分。
3)可靠性的二级指标分值
(1)水源区水量可靠性分值为14分;
(2)水源区水质可靠性分值为6分。
4)经济性的二级指标分值
(1)工程(方案)动态总投资分值为3分;
(2)运行成本分值为2分;
(3)工程综合效益分值为10分。
5)合理性的二级指标分值
(1)资源配置的合理性分值为3分;
(2)地区差异造成的资源利用公平性分值为2分;
(3)受水区受益所应给予的对价分值为2分。
6)工程运行安全性二级指标分值
(1)工程运行安全分值为5分;
(2)自然灾害及次生灾害影响分值为7分;
(3)社会风险的分值为2分。
7)生态可控性二级指标分值
(1)生态监测分值为6分;
(2)生态补救措施分值为2分;
(3)生态修复措施分值为4分。
8)应急管控能力二级指标分值
(1)应急预案分值为1分;
(2)应急保障(资金、人力、物资)分值为3分;
(3)应急管控措施分值为4分。

8.7.3 专家评分表设计

针对参与比较和后评价的重大调水方案,我们按必要性、可行性、可靠性、经济性、合理性、运行安全性、生态可控性、应急管控8个一级指标、24个二级指标、64个三级评价指标和150个定量评分内容,设计了多方案分级指标打分表(表8-2)。

1)多方案分级指标打分对比表

所谓多方案分级指标对比表,就是在一张表内,可以根据指标结构同时对多个重大调水方案进行定量打分,分值结果“一目了然”。也就是说,可以对某一级指标进行多方案打分,也可以对一级、二级、三级指标同时打分。具体选项,视表的尺度或大小确定。多方案分级指标打分表见表8-2。

表 8-2　多方案分级指标打分表

编号	一级指标	二级指标	分项分值	项目总分	多专家独立评分		
					东线方案	中线方案	西线方案
1	必要性	基本需求 发展关键 应急需求	4 分 7 分 4 分	15 分			
2	可行性	资源可行性 技术可行性 经济可行性 环境可行性	2 分 4 分 2 分 1 分	9 分			
3	可靠性	水源水量 水源水质	6 分 14 分	20 分			
4	经济性	动态投资 运行成本 工程效益	5 分 2 分 8 分	15 分			
5	合理性	配置合理性 利用公平性 对价是否充分	3 分 2 分 2 分	7 分			
6	运行安全性	工程安全 自然及次生灾害 社会风险事件	5 分 7 分 2 分	14 分			
7	生态可控性	生态监测 生态修复 生态补救	6 分 2 分 4 分	12 分			
8	应急管控能力	应急预案 应急保障 应急管控能力	1 分 3 分 4 分	8 分			
合计	—	—	100 分	100 分			

2)单方案评价评分表

所谓单方案评价评分表,就是在一张表内,只能对一个方案的所选参评指标进行独立打分,打分结果汇总到多方案分级指标对比表中。单方案评价评分表见表 8-3。

表 8-3　单方案分级指标评价评分表

评价项目		项目内容	评价分值	单项得分	分项得分	评价方法
	基本需求	01.生活基本需求 (1)来水偏少缺水 (2)来水持续减少缺水	2 分 2 分 1 分	2 分	4 分	现场考察 个谈座谈 查阅资料
		02.生产基本需求 (1)时段缺水 (2)持续缺水	2 分 1 分 2 分	2 分		

续表

评价项目		项目内容	评价分值	单项得分	分项得分	评价方法
	发展关键	03.水资源总量匮乏 (1)年际变化造成短缺 (2)干旱气候造成根本性短缺	2分 1分 2分	2分	4.5分	
		04.季节性资源短缺 (1)持续减少 (2)不常年偏少	1分 1分 0.5分	1分		
		05.成本性短缺 (1)取水成本高 (2)取水成本较高	1分 1分 0.5分	0分		
		06.污染造成短缺 (1)受上游来水污染 (2)本地区自己污染 (3)两者兼有	2分 2分 1分 1分	1分		
		07.浪费造成缺水 (1)生产、生活浪费 (2)生产、生活之一浪费	1分 1分 0.5分	0.5分		
	应急需求	08.一次性应急补水 (1)远程调水 (2)本地区引水	1分 1分 0.5分	0.5分		
		09.间断性补水减灾(干旱) (1)远程调水 (2)本地区相互调配	1分 1分 1.5 0.5分	0.5分		
		10.连续性调水解困 (1)跨流域远程调水 (2)跨地区引水解困 (3)本地区临时解困	2分 2分 1分 0.5分	0.5分		
可行性9分	资源可行性	11.资源获取约束 (1)立法保障、国家配置水权 (2)市场购买水权 (3)协议获得水权 (4)交换获得水权	2分 2分 0.5分 0.5分 0.5分	2分	5分	现场考察 查阅资料 职工座谈
	技术可行性	12.技术可行性 (1)持续减少 (2)不常年偏少 (3)技术简单、施工容易	2分 2分 1分 0.5分	0.5分		
		13.施工便利条件 (1)施工条件好 (2)施工条件差	2分 2分 0.5分	0.5分		

续表

评价项目		项目内容	评价分值	单项得分	分项得分	评价方法
可行性9分	经济可行性	14.经济承受能量 (1)国家出资 (2)地方政府出资或贷款	2分 2分 0.5分	2分	5分	现场考察 查阅资料 职工座谈
	环境可行性	15.环境容量限制	1分	0分		
可靠性20分	水量可靠性	16.环境容量限制 (1)来水量大、稳定 (2)来水较大,年际变化	1分 1分 0.5分	0.5	12.5分	
		17.引水上游来源情况 (1)引水工程上游来水量大、稳定 (2)引水工程上游来水不稳定	2分 2分 1分	1分		
		18.全年连续引水规模 (1)设计引水规模低于多年来水10% (2)设计引水规模大于10%	1分 1分 0.5分	0.5分		
		19.全年非连续引水规模 (1)设计引水量低于20% (2)设计引水规模低于30% (3)设计引水规模大于30%	2分 2分 1分 0.5分	0.5分		
	水质可靠性	20.引水水源(河流)总体水质状况 (1)水质好,基本无污染 (2)水质较好,部分河段受污染 (3)水质较差,部分河段受污染 (4)水质差,水质季节可控 (5)水质差,水质不可控	3分 3分 2分 2分 1分 0.5分	2.5分		
		21.引水水源上游来水水质状况 (1)引水水源上游水质好 (2)水质较好,污染可控 (3)水质较好,污染季节可控 (4)水质不稳定	2分 2分 1.5分 1.5分 0.5分	2分		
		22.污染因素 (1)污染源单一 (2)污染源多、复杂	1分 1分 0.5分	1分		
		23.河流或上游受污范围 (1)受污染范围大 (2)受污染范围小	2分 2分 1分	2分		
		24.河流或上游受污染程度 (1)河流或取水点上游基本无污染源 (2)河流及上游受污染较重 (3)河流及上游受污染严重	2分 2分 1分 0.5分	2分		

续表

评价项目		项目内容	评价分值	单项得分	分项得分	评价方法
可靠性20分	水质可行性	25.石油、化工工业污染源 (1)河流或引水上游不存在化工厂、站(污染源) (2)河流或引水上游存在化工厂、站(污染源)	2分 2分 1分	1分	12.5分	
		26.农业、航运业污染源 (1)不受农业及航运污染 (2)受农业及航运之一污染 (3)受农业及航运污染	1分 1分 0.5分 0.3分	1分		
		27.城镇生活污染源 (1)不受生活污水污染 (2)受生活污水污染	1分 1分 0.5分	1分		
经济性15分	动态投资	28.调水工程投资总规模 (1)计划翔实、规模适度、造价可控 (2)计划翔实、规模超大、造价可控 (3)技术深度不够,投资规模可控 (4)技术深度不够,投资规模不可控	3分 3分 2分 1分 0.5分	0分	0分	现场考察 查阅资料 职工座谈
		29.调水工程建设成本 (1)单方水价(工程造价)小于3元/m^3 (2)单方水价(工程造价)大于3元/m^3	2分 2分 1分	0分		
	运行成本	30.引水运行成本 (1)运行成本(单方水价)小于5元/m^3 (2)运行成本(单方水价)在5~10元/m^3 (3)运行成本(单方水价)大于10元/m^3	2分 2分 1分 0.5分	0.5分	0.5分	
	工程效益	31.直接经济效益 (1)投资回收期短,利润高 (2)投资回收期长,利润低	2分 2分 1分	0分	4分	
		32.调水经济贡献率 (1)有效带动区域地方经济发展 (2)仅解决生活用水	2分 2分 1分	2分		
		33.社会综合效益 (1)带动就业,拉动耗水产业经济和拓展旅游业 (2)带动就业、拉动耗水产业经济作用有限	2分 2分 1分	1分		
		34.景观生态效益 (1)显著改善植被存活条件、促进旅游发展 (2)作用有限	2分 2分 1分	1分		
合理性7分	配置合理性	35.水资源配置科学 (1)社会再配置方案科学、合理 (2)受水区普遍存在浪费 (3)受水区水污染严重	3分 3分 2分 0分	1分	1分	现场考察 个谈座谈 查阅资料

续表

评价项目		项目内容	评价分值	单项得分	分项得分	评价方法
合理性7分	利用公平性	36.水资源利用公平 (1)利用效率低向效率高的地方配置 (2)利用效率高向效率低的地方配置	2分 2分 1分	0分	0分	
	对价是否充分	37.受水(受益)区对价充分 (1)受水(受益)区对价充分 (2)受水(受益)区对价不充分	2分 2分 1分	0分	0分	
运行安全性14分	工程风险	38.建筑物或设备老化 (1)建筑物及设备运行正常 (2)建筑物及设备老化,影响运行	2分 2分 1分	1分	3.5分	现场考察、查阅资料、从政府部门和当地民众收集意见
		39.故障或操作不当 (1)管理规范、操作得当 (2)管理不规范、操作不当	1分 1分 0.5分	1分		
		40.调水渗漏、蒸发损失 (1)渗漏、蒸发损失较小,小于5% (2)渗漏、蒸发损失较大,大于5%	1分 1分 0.5分	0.5分		
		41.冰冻影响调水 (1)冰冻影响连续调水时间短 (2)冰冻影响连续调水时间较长	1分 1分 0.5分	0.5分		
		42.气候变化影响调水 (1)极端天气事件时间短,总天数少于10% (2)极端天气事件较多 (3)频发极端天气事件,总天数超过30%	2分 2分 1分 0.5分	0.5分		
	自然及次生灾害	43.地震影响调水 (1)不影响调水 (2)影响调水	2分 2分 0.5分	0.5分	1.1分	
		44.泥石流影响调水 (1)不影响调水 (2)小规模泥石流,影响时间短、少于5%调水天数 (3)小规模泥石流,影响时间较短、少于10%调水天数 (4)大规模泥石流,影响时间长、大于10%调水天数	1分 1分 0.8分 0.5分 0.3分	0.3分		
		45.滑坡影响调水 (1)小规模滑坡,影响时间短,少于5%调水天数 (2)小规模滑坡,影响时间较长、大于5%调水天数 (3)小规模泥石流,影响时间短、少于5%调水天数	2分 2分 1分 0.5分	0.5分		

续表

评价项目		项目内容	评价分值	单项得分	分项得分	评价方法
运行安全性14分	工程风险	38.建筑物或设备老化	2分	1分	3.5分	现场考察、查阅资料、从政府部门和当地民众收集意见
		(1)建筑物及设备运行正常	2分			
		(2)建筑物及设备老化,影响运行	1分			
		39.故障或操作不当	1分	1分		
		(1)管理规范、操作得当	1分			
		(2)管理不规范、操作不当	0.5分			
		40.调水渗漏、蒸发损失	1分	0.5分		
		(1)渗漏、蒸发损失较小,小于5%	1分			
		(2)渗漏、蒸发损失较大,大于5%	0.5分			
		41.冰冻影响调水	1分	0.5分		
		(1)冰冻影响连续调水时间短	1分			
		(2)冰冻影响连续调水时间较长	0.5分			
		42.气候变化影响调水	2分	0.5分		
		(1)极端天气事件时间短,总天数少于10%	2分			
		(2)极端天气事件较多	1分			
		(3)频发极端天气事件,总天数超过30%	0.5分			
	自然及次生灾害	43.地震影响调水	2分	0.5分	1.1分	
		(1)不影响调水	2分			
		(2)影响调水	0.5分			
		44.泥石流影响调水	1分	0.3分		
		(1)不影响调水	1分			
		(2)小规模泥石流,影响时间短、少于5%调水天数	0.8分			
		(3)小规模泥石流,影响时间较短、少于10%调水天数	0.5分			
		(4)大规模泥石流,影响时间长、大于10%调水天数	0.3分			
		45.滑坡影响调水	2分	0.5分		
		(1)小规模滑坡,影响时间短、少于5%调水天数	2分			
		(2)小规模滑坡,影响时间较长、大于5%调水天数	1分			
		(3)小规模泥石流,影响时间短、少于5%调水天数	0.5分			
	社会风险事件	46.水权争端	2分	0.5分	0.5分	
		(1)上游用水量增加,不影响引水	2分			
		(2)上游用水量增大,或污染量增大	1分			
		(3)上游截水导致水量大幅度减少	0.5			

续表

评价项目		项目内容	评价分值	单项得分	分项得分	评价方法
生态可控性12分	生态监测	47.调水方案长期生态监测 (1)有 (2)无	2分 2分 1分	1分	3.5分	现场考察、查阅资料、从政府部门和当地民众收集意见
		48.调水运行单位实时监测 (1)有 (2)无	1分 1分 0.5分	1分		
		49.政府持续性环境监测 (1)有 (2)无	1分 1分 0.5分	0.5分		
		50.林草覆盖度变化 (1)增加 (2)无明显变化 (3)减少	1分 1分 0.5分 0分	0分		
		51.水土流失影响程度 (1)有影响 (2)影响较弱 (3)影响严重	1分 1分 0.5分 0分	0.5分		
		52.群落结构影响程度 (1)无影响 (2)影响较弱 (3)影响严重	1分 1分 0.5分 0分	0.5分		
	生态修复	53.调水方案有完备的生态修复措施 (1)有 (2)无	2分 2分 0.5分	2分	2分	
	生态补救	54.生态恶化补救措施 (1)有补救措施 (2)措施不具体 (3)没有措施	2分 2分 1分 0.5分	1分	4分	
		55.生态管控机构 (1)有较为完善的生态管控机构 (2)无生态管控机构	1分 1分 0.5分	1		
		56.生态调控经费落实 (1)经费有保障 (2)不落实	1分 1分 0.5分	1		
应急管理能力7分	应急预案	57.完备的应急管控预案 (1)有完备的应急管控计划与翔实的措施 (2)有较为完善的管控计划或者管控措施 (3)无应急管控预案	1分 1分 0.5分 0分	1分	1分	

续表

评价项目		项目内容	评价分值	单项得分	分项得分	评价方法
应急管理能力7分	应急保障	58.资金保障 (1)有 (2)无	1分 1分 0.5分	1分	3分	
		59.人员保障 (1)有 (2)无	1分 1分 0.5分	1分		
		60.物资保障 (1)有 (2)无	1分 1分 0.5分	1分		
	突发事件管控	61.责任事故影响调水 (1)基本不影响调水 (2)影响调水	1分 1分 0.5分	0.5分	3分	
		62.干旱导致沿途盗抢 (1)未发生此类事件 (2)发生事件	1分 1分 0.5分	1分		
		63.社会矛盾导致人为破坏 (1)社会和谐,未发生破坏事件 (2)群体事件短时间影响调水 (3)群体事件长时间影响调水	1分 1分 0.5分 0分	1分		

8.8 重大方案比较与研究结论

南水北调工程重大方案,不只是一个单纯的技术方案,涉及国家制度、法律、政策和宏观经济的方方面面。决策建设南水北调工程,是一定历史条件下的利益权衡,也是经济社会可持续发展的要求。在经济高增长的背景下,需要不断增加“刺激”或“动力”形成增量的推动“引擎”。重大基础性工程建设,能够有效地拉动经济,持续助推GDP。在这方面,无论地方政府如何运作地方债,发挥资金“杠杆”作用,也无法协调复杂的地区利益、先期实施和完成重大工程巨量的技术准备。

我国水资源配置的重大调水方案,是时代赋予的使命。作者没有资格全面(尤其是从体制和政策层面)比较和评价南水北调工程重大方案的优与劣、好与坏、正确或错误。本著仅仅以学术的视角,讨论、分析、比较、评价其中受到社会热议的部分重大方案的实施条件及合理性。而且,方案的必要性、可行性、可靠性、经济性、合理性、运行安全性、生态可控性、应急管控能力也只涉及纯技术层面。

市场经济是法制化经济,市场行为应该是市场主体运用市场机制的作用,依照法定程序采取的行动。即便市场行为出现疏漏、偏差或失灵,但责任主体比较明确、代价可控。那么,基于纯技术的(必要性、可行性、可靠性、经济性、合理性、运行安全性、生态可控性、应急管控能力)讨论、比较和评价仍具有正面、积极的作用。目的是促进资源配置的市场化改革。

8.8.1　重大方案评分结果

1）参与比较的重大方案

参与比较和打分评价的六个重大调水方案，是从数十个调水方案或调水设想中选出的具有代表性、技术深度相对成熟的方案。其中，南水北调工程“三纵四横”总体规划方案已经国务院批准，南水北调东线、中线一期工程已经建成通水，南水北调西线工程因受到水源地区的强烈反对和社会普遍质疑而搁置，小江和大宁河引水方案具有优势，作为整体参与比较。大西线藏水北调和引渤入疆调水方案一度引起业界和媒体的关注。根据前述的（定性、定量）评价方法和权重规则，我们从水利水电行业另选 9 位专家（与确定权重专家不重叠）对 6 个重大调水方案分别以单独方案进行打分、评价，再按下列算式计算其总分。

2）单个方案一个专家评分总分值计算

定量评价中间评分分值的计算公式为：

$$P_i = \sum_{i=1}^{n} (S_i k_i) \tag{8-2}$$

式中，P_i 为第 i 个方案定量评价考核总分值；n 为参与定量评价的三级指标项目总数；S_i 为某一方案评分指标的单项打分（满分为 100）；K_i 为评价指标的权重分值。

2）单个方案多专家评分总分值计算

多专家定量评价总分值的计算公式为：

$$T = \frac{\sum_{i=1}^{n} P_i}{n} \tag{8-3}$$

式中，T 为某一方案加权评分所获总分（最高分为 100）；P_i 为第 i 个方案的一个专家评价分值；n 为参与评价打分的专家数。

3）重大方案评分结果

6 个方案的评分结果见表 8-4 和表 8-5。

表 8-4　南水北调调水方案分级指标评分

编号	一级指标	二级指标	分项分值	项目总分	多专家独立评分		
					东线方案	中线方案	西线方案
1	必要性	基本需求 发展关键 应急需求	4 分 7 分 4 分	15 分	10 分	10.5 分	9.5 分
2	可行性	资源可行性 技术可行性 经济可行性 环境可行性	2 分 4 分 2 分 1 分	9 分	8.5 分	7.5 分	5 分
3	可靠性	水源水量 水源水质	6 分 14 分	20 分	13 分	11 分	15 分

续表

编号	一级指标	二级指标	分项分值	项目总分	多专家独立评分		
					东线方案	中线方案	西线方案
4	经济性	运行安全性 生态可控性 应急管控能力	5分 2分 8分	15分	11分	11分	4.5分
5	合理性	配置合理性 利用公平性 对价是否充分	3分 2分 2分	7分	4分	4分	1分
6	动态投资	工程安全 自然及次生灾害 社会风险事件	5分 7分 2分	14分	13分	12分	5.1分
7	运行成本	生态监测 生态修复 生态补救	6分 2分 4分	12分	11.5分	12分	9.5分
8	工程效益	应急预案 应急保障 应急管控能力	1分 3分 4分	8分	7分	6分	7分

表8-5 朔天运河、小江、引渤入疆调水方案分级指标评分

编号	一级指标	二级指标	分项分值	项目总分	多专家独立评分		
					朔天运河方案	小江方案	引渤入疆方案
1	必要性	基本需求 发展关键 应急需求	4分 7分 4分	15分	10分	12分	10.5分
2	可行性	资源可行性 技术可行性 经济可行性 环境可行性	2分 4分 2分 1分	9分	0.8分	8.5分	5分
3	可靠性	水源水量 水源水质	6分 14分	20分	16.3分	18.8分	7分
4	经济性	动态投资 运行成本 工程效益	5分 2分 8分	15分	3.5分	13分	5.5分
5	合理性	配置合理性 利用公平性 对价是否充分	3分 2分 2分	7分	1分	6分	1分
6	运行安全性	工程安全自然及次生灾害 社会风险事件	5分 7分 2分	14分	5.6分	11.5分	11.5分

续表

编号	一级指标	二级指标	分项分值	项目总分	多专家独立评分		
					朔天运河方案	小江方案	引渤入疆方案
7	生态可控性	生态监测 生态修复 生态补救	6 分 2 分 4 分	12 分	3 分	9.5 分	8 分
8	应急管控能力	应急预案 应急保障 应急管控能力	1 分 3 分 4 分	8 分	3.5 分	7 分	5.5 分
合计	—	—	100 分	100 分	43.76 分	86.3 分	55 分

8.8.2　重大方案评价结论

1）评价总分排序

6 个参与比较和后评价的重大调水方案评分排序如下：

（1）小江引水济渭、济黄方案和大宁河引水方案评价指标得分 86.3 分，位列第一；

（2）南水北调东线工程方案评价指标得分 78 分，位列第二；

（3）南水北调中线工程方案评价指标得分 74 分，位列第三；

（4）南水北调西线工程方案评价指标得分 57.1 分，位列第四；

（5）引渤入疆调水方案评价指标得分 55 分，位列第五；

（6）大西线藏水北调方案评价指标得分 43.76 分。

2）评价结论

在研究重大方案评价指标过程中，对其必要性、可行性、可靠性、经济性、合理性、运行安全性、生态可控性、应急管控能力这 8 个一级指标权重的确权和赋分非常重要。因为，8 个一级指标均涉及调水方案（规划研究、工程建设和运行管控三个阶段）全过程，但又不可能以同等重要性和权重分值来评价和考量每个指标在重大方案比较的地位与作用。因此，只能采取多数偏好决定其权重。按照权重的加权平均得分，可靠性在 8 个指标中列为第一“要指”，占比 20%，这充分反映大多数专家都担忧调水过程的水量、水质变化以及引水工程上下游水质水量变化和可能产生的影响，与气候变化、生态恶化的实际情况呼应。调水的必要性和经济性均为 15 分，也反映其在工程立项和决策中的作用。

由于调水工程关乎民生、经济社会可持续发展以及生态环境的方方面面，它比一个单一功能的能源、交通、房地产和工业项目要复杂很多，建设决策需要十分慎重。根据评价原则和惯例，对这里重大工程方案的评价宜从严掌控。也就是说，评价底线（门槛）设置较高；通常，将此类工程和化工（PX）项目的底线（及格线）定位在 80 分（百分制），90 分以上是可靠性、安全度和满意度较高的项目。

从表 8-3 和表 8-4 的分值结果分析得知，6 个方案有及格也有不及格，这体现出大多数专家的评价基本科学、公正、客观。因为小江引水济渭、济黄方案（包括大宁河补水方案），如果全年引水（也有 8 个月引水考虑），仍然对三峡水库上下游造成不利影响，而只有汛期引水（利用雨洪资源）的方案负面影响最小。对于南水北调工程东线方案，业界专家普遍担心输水过程的污染和受水区污染影响水质;中线工程方案,水量、水质都存在问题;西线方案,水量不足,生态环境脆弱,调水工程难度高、运行经济损失大;大西线藏水北调方案,设计者缺乏常识,调水量远远超过4条黄河的来水量;引渤入疆方案可以结合海水淡化,但抽水成本和引水规模极不合理。

需要说明的是,评分结果表明,东线水质较中线差,而分值较中线高,是因为,水量是调水工程比较和评价的第一权重因素;水源水量不足,调水规划设计就存在根本性问题。因此,东线评分较高。此外,西线方案分值高于"大西线",是因为相比之下,西线调水规模比"大西线"2006亿 m^3 较合理。

8.8.3 建议方案

在相当长的时间跨度内,无论气候如何变化,我国北方水少、南方水多的格局不会发生根本改变。也就是说,华北、西北水资源短缺的现实不会改变。随着经济社会持续发展,人类对水资源的需求增长和水资源短缺形成的瓶颈作用都将长期存在。因此,对水资源再配置不可或缺。但是,社会再配置水资源,必须满足几个前提条件:

(1)再配置水资源必须科学、合理;

(2)再配置水资源只是应急性、调节性、有限性引水、调水,不是水源水量整体"搬家";损害一方,改善另一方;

(3)再配置水资源应采取先"确权",在以市场经济办法获得水权,避免引发争端;

(4)再配置水资源应当使水源区和受水区利益共享、对价充分;

(5)再配置水资源必须以水源区和受水区生态目标优先。

8.8.3.1 小江引水建议方案

前面我们对南水北调东线工程、中线工程、西线工程、大西线(朔天运河)藏水北调工程、引渤入疆海水西调方案、小江引水济渭、济黄方案和大宁河引水方案进行了比较和综合评价,虽然从结果上认定小江引水济渭、济黄方案和大宁河引水的组合方案评价指标得分最高;实际上,没有一个方案完全符合与满足系统性、科学性比较和评价。换句话说,就是没有一个方案不存在这样、那样的疏漏和问题(重大社会、生态隐患)。笔者只是从纯学术性角度分析、探讨市场经济条件下社会再配置水资源的科学、合理途径,提出利益平衡、永保安宁(不会产生水事争端)、永续发展的调水方案。

1)小江原引水方案的优势地位

小江引水济渭、济黄方案,从三峡水库的重庆开县小江抽水,输水到黄河中游的支流渭河,完成冲淤减沙后进入黄河干流,一方面弥补黄河来水不足导致黄河流域性严重缺水;另一方面,缓解黄河泥沙淤积、河床抬高以及下游生态恶化、河口盐碱化的问题。众所周知,远程调水,水源区的水量可靠、水质可控至关重要。

小江引水方案的最大优势就是从三峡工程水库区取水,水源水量一年四季有保障、水质长期可控。如果说有人怀疑水量不可靠,那么长江中下游就有可能发生毁灭性灾变,事实上几十亿年的地球演变还未发生这种可能性。

小江引水方案水量可靠、水质可控,是大西线方案、引渤入疆等诸多方案无法可比的。大西线方案,水量受国际河流水权与国际(复杂)关系制约,引渤入疆调海水,水质、水生态不可控;南水北调工程总体规划的东线方案水源水质尚可控,但输水沿程影响水质因素复杂、难控；中线方案上游来水水量不可靠、上下游水质保证成本极大。

2）小江原引水方案的欠缺

根据水资源社会再配置原则，原小江方案无论是全年引水（郭树言、李世忠、魏廷铮建议方案）或 8 个月引水（黄伯明、刘崇熙等）方案，均存在非汛期调水引发的合理性问题。具体地讲，就是没有充分截留、利用长江流域汛期雨洪资源；在枯水期抽水，必然对三峡电站、葛洲坝电站发电量和长江航运以及中下游水质、水环境、水水生物等构成实质性负面影响；尤其是总调水规模为 135 亿 m^3，抽水成本也较高。

原小江引水方案，按设计推荐的供水范围（华北和黄河中下游），既取代了南水北调西线工程（目的、用途、主要供水范围接近），又使中线工程功能减弱、范围减少，同时也让东线工程（向黄河下游山东供水作用降低）作用太宽泛。也就是说，按照原小江引水方案调水 135 亿 m^3，承担南水北调总体规划“三线”工程的全部水资源需求显然不合理，总量也不能满足缺水地区的水量要求。

3）小江引水优化方案的规模

小江引水优化方案的总体框架与原方案相比，除引水规模有一定大幅度减少之外，没有发生大的变化。优化方案高度契合原方案利用已经发挥巨大效益的三峡水库，充分挖潜长江上游雨洪资源，“引水济黄”，解决黄河流域中下游缺水问题、泥沙淤积和生态退化，使三峡工程综合效益最大化。

小江引水优化方案，总量规模控制在 50 亿～100 亿 m^3，并与大宁河补水工程组合形成三峡水库引水方案，总量规模控制在 80 亿～120 亿 m^3（其中大宁河补水工程向南水北调中线工程丹江口水库补水30 亿~40 亿 m^3）。也就是说，三峡水库两个引水工程分别向黄河中下游和南水北调中线工程引水、补水。

小江引水工程与大宁河补水工程组合成的三峡水库引水工程，方案简单、工程建设及投资规模较小、建设工期较短，是借助于长江三峡工程而形成“得天独厚”、不可多得的调水方案。

8.8.3.2　大宁河补水方案

大宁河在重庆巫山县境内，考虑到区间降雨及流量因素，三峡水库巫山县以上多年平均年径流总量为 4 080 亿~4 490 亿 m^3，而且近 10 年的平均值有逐年下降趋势。虽然三峡水库的上游来水总量变化不大，完全能够满足建议方案的水量规模，但长江中下游用水需求（包括生态需求和入海流量）也非常巨大。也就是说，三峡水库可调水量仍应控制在适度范围。根据水体的环境容量（纳污容量）及自净化能力以及水质与水量的正相关关系，从三峡水库引水 80 亿～120 亿 m^3 尚可接受，同时需要控制污水排放并加大整个流域治污力度，保障长江中下游水质不会发生改变。

1）原大宁河方案一补水规模

水利部长江科学院原领导黄伯明和刘崇熙、福州大学项国波以及长江水利委员会设计院工程师周兴志提出大宁河向南水北调中线工程丹江口水库补水方案（简称方案一），其根据有关地形、地质资料及研究分析，建议：

（1）在长江支流大宁河上游，财神庙山垭处建水头为 360m 的蓄能电站，抽取三峡库水（水位 145m）至上库（水位 505m）；

（2）开挖隧洞（长 20km+40km）穿大巴山，入汉江支流堵河；

(3)利用堵河自流入丹江口水库(还可梯级开发);

(4)再利用已有的陶岔引水闸并适当扩建中线总干渠,输水入黄河及华北、京、津等地。

方案一水源工程选在大宁河支流上,位居大巴山以南、神农架以西,且该址在长江与汉江分水岭处宽度较窄、山体不高。方案以三峡水库为下库,抽水蓄能电站设在巫山县大昌镇大宁河支流(河床高程143.9m)或设在纸厂河(河床高程143.5m)处;上库设在财神庙山垭处。输水隧洞穿过大巴山分水岭,隧洞第一段长约18.5km、第二段长26~40km,输水入堵河上游洛阳河,由堵河天然河床自流向下经黄龙滩水库(水位247m)入丹江口水库(水位157~170m),再由陶岔引水闸(底板高程140m)和中线总干渠输水入黄河及中原、华北。

方案一抽水规模500m³/s,年补水150亿m³以弥补黄河缺水。抽水采用广蓄机组8台(总功率240万kW、洞长26km);如采用扬程360m,抽水流量100m³/s的Bath County机组,共需5台机组,另加1台备用,单机容量35万kW,隧洞长度约39.3km。规划选定下库设计水位145m(最高水位175m、最低水位135m);上库坝顶高程515m(超高10m),最高水位505m(145m+360m)。输水采用双线隧洞,单洞流量为300m³/s,断面面积约120m²。造价约141.6亿元。从450m到丹江口水库水面有280m落差,可在堵河修建潘口等两座梯级水库,扩建黄龙滩水电站装机。堵河流域(包括支流)本身可建7个水电站,总装机145万kW。将所引长江流量500m³/s和堵河天然流量结合在一起,可以装机210万kW以上,满足大宁河抽水之需有余。

2)原大宁河方案二补水规模

水利部长江水利委员会长江勘测规划设计研究院规划设计处李亚平、黄站峰研究提出大宁河向南水北调中线工程丹江口水库调水方案(简称方案二),认为南水北调中线工程水量不足,后期需补水才能保证中线工程向华北调水。李亚平、黄站峰初拟南水北调中线后期(即从三峡水库大宁河)需引调的最大调水流量规模研究入手并通过试算,从引调水的利用效率、对中线工程受水区和汉江中下游的补水效果等反推,确定需从三峡水库大宁河引调的规模和调水过程,拟实现高效利用调水量的同时,有效改善丹江口水库对中线工程受水区和汉江中下游地区供水效果。

试算成果表明,当调水流量为300m³/s时,其调水量、调水量利用率、对中线受水区和汉江中下游地区的供水补水效果相对较好,对丹江口水库增加的弃水量相对较小,对抽调水的耗电量和对三峡电站发电及下游供水的影响等也相对较小。因此,最终确定南水北调中线后期(即从三峡水库大宁河)需引调的调水流量规模为300m³/s。通过构建大宁河流域水资源配置模型,在大宁河剪刀峡水库正常蓄水位360m、死水位330m的水库规模条件下,从三峡水库调入剪刀峡水库的调水规模和调水过程,合理调度确定从大宁河剪刀峡水库可调出的水量。

大宁河流域水资源配置遵循以下基本调度规则:

(1)优先保证大宁河流域河道内外的合理需水,再考虑调水;

(2)剪刀峡水库要首先满足水库自身利用要求,保证水库下泄生态基流,再考虑调水;

(3)各小区的供水按城镇生活、农村生活、城镇生产、农村生产的次序向小区供水。供水采用以需定供的调度方式,为水源区预留足够的水资源。

根据测算南水北调中线后期需调水规模及过程,需补水量作为剪刀峡水库的调水规模;而且,在南水北调中线后期需水时段,从剪刀峡和三峡向丹江口水库调水,其他时段不调水充库。在满足大宁河流域自身生产、生活及生态环境需水的前提下，尽可能地将余水供给丹江口水库；水量不足部分从三峡调水补充；逐步增加从三峡水库向剪刀峡水库的补水规模，尽可能使剪刀峡水库保持最高水位，最终达到调出水量基本等于需水量的目标，并由此确定从剪刀峡和三峡的调水规模及调水量。按补水规模 300m^3/s 计算，全年总调水量理论值约 94.6 亿 m^3。考虑季节性来水因素和三峡水库综合效益，采取汛期调水，补水规模控制在 30 亿 m^3。

3）大宁河优化方案规模

综上分析，长江流域来水总量因气候变化有所减少，而长江流域城市群和经济带的用水量在持续增加；不仅如此，长江上游的水土生态日益恶化，河口（入海口）区域加速盐碱化，这一切都要求长江流域总水量不得发生较大改变。否则，可能带来灾难性的后果。

根据南水北调总体规划，远期拟从长江流域调水约 450 亿 m^3。果真实施并实现如此巨大规模的调水，国家必须加强对长江全流域的水环境、水生态安全监测，实时掌握生态环境的影响和改变，采取有效措施加以应对。

大宁河补水工程和小江引水工程，都是从三峡水库调水。按照水资源优化配置原则，大宁河补水工程和小江引水工程总调水规模宜控制在 80 亿~120 亿 m^3。其中：大宁河补水工程向南水北调中线工程丹江口水库补水 30 亿~40 亿 m^3；新小江引水方案，总量规模控制在 50 亿~100 亿 m^3，具体的年调水总量应根据当年来水与用水需求科学动态调控。

8.8.3.3 **建议**

气候变化，极端天气事件频发，降水及分布更为不均，这已经是不争的事实。正如前章所述，全球气候变暖、气候异常、极端天气现象常态化、环境恶化可能产生不利于调水的后果。

多年研究发现：长江流域中上游水资源量受气候影响明显，尤其是丰水年与枯水年在上游区域的差异较大；而且，随着人为活动越来越频繁，气候条件改变的趋势及影响程度日益增强，长江中上游来水可能呈两极变化（一段时期持续增多或持续减少）。《长江保护与发展报告》表明：长江流域部分区域水资源量年际变化较大，降水年际变幅达 1.3~2.5 倍；以湖口以下干流最大，径流年际变幅达 1.5~12.8 倍；长江流域径流丰枯变化频繁，常常出现连续丰水年或连续枯水年的不利情势，导致长江流域自身也面临季节性严重缺水。如果长江来水与北方缺水地区出现同丰同枯，就不可能利用或指望跨流域调水。

跨流域调水，是社会再配置水资源的一种方式，却不一定是科学配置或优化配置的唯一方式。也就是说，人类在改造自然时，应当谨行慎为，充分认识到破坏容易、补救困难，尽其努力维护生态平衡。调水、引水，并不是越多越好；调引越多，用水就越多，产生的污水必然也多，治污代价就越高。

原小江引水规模 135 亿 m^3，原大宁河补水规模 150 亿 m^3（两者相加约 285 亿 m^3）的总规模过大，建议按上述优化方案即：大宁河补水工程和小江引水工程总调水规模宜控制在 80 亿~120 亿 m^3（大宁河补水工程优化方案向南水北调中线工程丹江口水库补水 30 亿~40 亿 m^3、小江引水优化方案，总量规模控制在 50 亿~100 亿 m^3）进行配置。但是，大宁河补水工程新方案和小江引水优化方案的工程仍需要系统优化，如抽水设备选型、抽水站选址、抽水水位论证和抽水时段调控等。

小江引水工程优化方案和大宁河补水工程优化方案，应当组合成优势无比的“三峡水库引水方案”，且该方案规模适度，同时充分利用了长江三峡工程已形成的超蓄纳能力水库；工程建设投资规模小、建设工期短、水质水量可靠、动力来源有保障、生态环境可控，建议科学论证实施这个方案，论证其可否取代南水北调工程总体规划的西线方案，并使中线工程丹江口水库水质、水量获得可靠保障。

小江引水优化方案和大宁河补水优化方案，是推动和实现三峡工程效益最大化的重要举措。但是，小江引水和大宁河补水必须充分利用雨洪资源（只引汛期6—9月的洪水），才能减少三峡电厂和葛洲坝电厂发电损失以及长江航运损失；同时，三峡水库汛期应尽可能保持高水位运行，一方面增大三峡电厂和葛洲坝电厂发电量，为引水提供电力；另一方面，减少抽水耗能。三峡水库汛期高水位运行，防洪库容一定程度减少；与三峡水库刚建成投产之时不同的是，长江上游已建数十座大型电站，防洪能力远远超过三峡工程设计之初的水平，加上三峡工程设计水位至坝顶还有超过50亿m^3的库容，在160~165m的水位运行仍然安全、可靠。

实现三峡工程效益最大化，尤其是从三峡水库引水，应通过立法保证水资源科学、统一、联合调度，同时保障水质、水量和调水效益及获得补偿。

参考文献

[1] “长江王”林一山传奇[J].中国三峡建设,2006(4):67-72.

[2] 2009“世界水周”论坛主题是“应对全球变化——为了共同利益使用水资源”[J].给水排水,2009(10):111.

[3] 2010 年的伪科学[J].品牌与标准化,2011(1):62-63.

[4] 白丹,王玮,王勇.南水北调中线水源区水平梯田建设效益分析[J].西北大学学报(自然科学版),2010(1):158-161.

[5] 白音包,力皋,王秀英.南水北调西线工程对河流生态水文和水力学指标的影响研究——以泥曲为例[C].//中国水利水电科学研究院第十届青年学术交流会论文集.2010:733-740.

[6] 薄福英,岳林祥.南水北调穿京石高速暗涵工程施工质量控制与管理[J].山西水利,2008(4):69-70.

[7] 贲克平.国外大规模跨流域调水的经验教训与展望[J].湖南水利水电,2000(6):26-29,34.

[8] 江本胜.水知道的,我们知道吗?[J].中国三峡建设,2006(4):33-35.

[9] 蔡小超,刘利敏,张丽.南水北调黄土状湿陷性渠道强夯工艺试验方案[J].河南水利与南水北调,2013(05):36-38.

[10] 蔡耀军,赵日,文马,等.南水北调中线工程地质综述[J].人民长江,2005,10:1-3,17-67.

[11] 柴建峰,伍法权,茅均标,等.南水北调西线一期工程阿坝段深埋长隧洞 CSAMT 地球物理勘探分类分析[J].岩石力学与工程学报,2005(17):3094-3100.

[12] 常汉林.关于南水北调有关管理问题的思考[J].南水北调与水利科技,2003(3):18-19.

[13] 陈昌礼.海水西调是西部大开发的战略性基础工程[J].中国工程科学,2003(10):14-19,26.

[14] 陈海燕.爱尔兰水资源开发与管理[J].治黄科技信息,2012(1):22-24.

[15] 陈红卫,高小琴,于淑坤.南水北调东线工程淮安城区段里运河底泥处理[J].南水北调与水利科技,2010(3):32-34.

[16] 陈华,郭生练,柴晓玲,等.汉江丹江口以上流域降水特征及变化趋势分析[J].人民长江,2005(11):31-33.

[17] 陈怀荃.大陆、鸿沟与南水北调[J].安徽师范大学学报(人文社会科学版),2003(2):175-178.

[18] 陈馈.南水北调中线穿黄工程盾构选型[J].建筑机械化,2005(12):36-39.

[19] 陈立宏,陈祖煜.穿越于阿尔卑斯山的深埋长隧洞[J].水利规划设计,2002(3):61-63.
[20] 陈西庆,陈吉余.南水北调对长江口粗颗粒悬沙来量的影响[J].水科学进展,1997(3):55-59.
[21] 陈效国,席家治.南水北调西线工程与后续水源[J].人民黄河,1999(2):19-21,27.
[22] 陈秀铜,李璐.某深埋长隧洞三维初始地应力场反演回归分析[J].人民长江,2008(13):43-44,104.
[23] 陈玉恒.国外大规模长距离跨流域调水概况[J].南水北调与水利科技,2002(3):42-44.
[24] 陈兆开.南水北调东线工程山东段临时用地复垦实施管理制度创新研究[J].安徽农业科学,2009,35:17722-17724.
[25] 陈正洪,杨宏青,任国玉,等.长江流域面雨量变化趋势及对干流流量影响[J].人民长江,2005(1):22-23,30-47.
[26] 成金华,李世祥,吴巧生.关于中国水资源管理问题的思考[J].中国人口.资源与环境,2006(6):162-168.
[27] 程冀,魏洪涛,张祎.南水北调西线一期工程方案比选模型管理系统设计与开发[J].河南水利与南水北调,2013(3):38-40.
[28] 程展林,汪明元,吴昌瑜.黄河砂层“蠕动”对穿黄隧道影响的研究[J].长江科学院院报,2002(S1):98-100,104.
[29] 崔志清,李立铮,董四方.南水北调河北省受水区污水资源化利用[J].水资源保护,2008(3):27-30.
[30] 戴昌军,管光明,孙浩,等.南水北调东线工程优势调水频率分析[J].南水北调与水利科技,2008(1):100-102.
[31] 邓李玲,曲秀华,赵显正,等.南水北调中线工程水源地水资源综合保护研究[J].安徽农业科学,2008(9):3804-3805.
[32] 邓铭江.我国干旱区内陆河流域的治水思想探讨[J].中国水利,2006(19):50-51,54.
[33] 底青云,伍法权,王光杰,等.地球物理综合勘探技术在南水北调西线工程深埋长隧洞勘察中的应用[J].岩石力学与工程学报,2005(20):33-40.
[34] 滇中引水工程项目进展情况[J].水泵技术,2012(3):53.
[35] 丁里广,张芝光,石春华.南水北调东线一期工程徐州市治污工作的探索[J].江苏水利,2013(4):37-38.
[36] 丁民.对南水北调工程管理问题的几点思考[J].南水北调与水利科技,2003(4):10-11.
[37] 董少东.沧海西流[N].北京日报,2010-11-30(14).
[38] 杜虹,梅立庚.南水北调东线东平湖蓄水影响处理工程对生态环境的影响分析[J].海河水利,2006(5):15-17.
[39] 范北林,师哲.穿黄工程与河势防洪研究[J].长江科学院院报,2002(S1):36-39.
[40] 范北林,万建蓉,黄悦.南水北调中线工程调水后对汉江中下游河势的影响[J].长江科学院院报,2002(S1):21-24.
[41] 范北林,张细兵,蔺秋生.南水北调中线工程冰期输水冰情及措施研究[J].南水北调

与水利科技,2008(1):66-69.
[42] 范杰,王长德,管光华,等.美国中亚利桑那调水工程自动化运行控制系统[J].人民长江,2006(2):4-5,58.
[43] 方修泮,郝玉明,孙晋明.结合南水北调东线工程实现京杭运河(济宁—天津段)复航[J].水运工程,2005(12):50-54.
[44] 方妍.国外跨流域调水工程及其生态环境影响[J].人民长江,2005(10):9-10,28.
[45] 冯珂,郭天恩,ClarenceTears.佛罗里达州南方水资源管理的实践与理念转变[J].中国水利,2012(1):61-62.
[46] 付云升,韩宇.浅埋暗挖技术在南水北调西四环暗涵工程中的应用[J].北京水利,2004(1):4-6.
[47] 高而坤.我国的水资源管理与水权制度建设[J].中国水利,2006(21):1-2,14.
[48] 高季章,王浩,甘泓,等.黄河断流与跨流域调水[J].中国投资与建设,1998(12):26-28.
[49] 高良润,郭乃龙.南水北调与排灌事业[J].排灌机械,1996(1):3-8.
[50] 高鸣远.南水北调东线工程江苏省受水区水质现状[J].水资源保护,2012(1):64-66.
[51] 高嵩,李作洪,王建春.滇中调水与云南省经济社会可持续发展[J].人民长江,2005(9):1-2,57.
[52] 耿雷华,姜蓓蕾,付开文,等.南水北调东线工程输水系统运行风险研究[J].人民黄河,2012(1):92-95.
[53] 耿雷华,刘恒,姜蓓蕾,等.南水北调东线工程运行风险分析[J].水利水运工程学报,2010(1):16-22.
[54] 龚壁卫,包承纲,周欣华.总干渠膨胀土渠坡处理措施探讨[J].长江科学院院报,2002(S1):108-110.
[55] 龚友良.南水北调工程受水区水价形成初探[J].中国水利,2012(4):39-40,44.
[56] 顾世祥,伍立群,谢波,等.云南省水资源综合规划实践及其特点[J].人民长江,2011(18):18-21,30.
[57] 顾颖,颜志俊,彭岳津.南水北调东线工程水量调度仿真研究[J].南水北调与水利科技,2008(1):73-76.
[58] 郭庆汉.南水北调:十堰经济发展的重要机遇[J].武汉交通管理干部学院学报,2002(4):40-46.
[59] 郭庆汉.南水北调:水源区利益不应忽视[J].武汉交通职业学院学报,2004(4):1-3,8.
[60] 郭瑞丽,于洪涛.南水北调中线干线工程口门水价模型研究[J].人民黄河,2010(12):151-153.
[61] 郭树言,李世忠,魏廷琤.三峡引水工程——南水北调工程的一个重要发展[J].科技导报,2003(5):3-5.
[62] 过迟.南水北调穿黄工程总体布置研究[J].人民长江,1994(1):12-17.
[63] 韩亦方,曾肇京.对“大西线”调水的几点看法[J].水利规划设计,2000(2):22-25.
[64] 韩亦方.建立合理的建设与运营管理机制[J].南水北调与水利科技,2003(S1):36-37.
[65] 郝树荣,张展羽,郭相平.南水北调沿运灌区量水技术及应用[J].人民长江,2003

(10):19-20,25.

[66] 郝长江,胡长华,杜泽快.南水北调中线干线工程安全监测系统设计研究[J].大坝与安全,2006(6):3-8.

[67] 何立平.南水北调水价问题的探讨[J].集团经济研究,2006(5S):176-177.

[68] 何鹏,肖伟华,李彦军,等.南水北调东线工程生态环境累积效应机理分析[J].水电能源科学,2011(11):44-46,210.

[69] 何鹏,张涛,李逵.岩爆危险性对南水北调西线工程选线的影响[J].华北水利水电学院学报,2011(2):105-107,122.

[70] 贺骥.论国家加快抗旱立法必要性[J].人民长江,2005,01:34-35,48.

[71] 侯艳红,王慧敏.中国水管理制度变迁的研究——以南水北调东线工程水管理制度变迁为例[J].软科学,2007,02:64-66,79.

[72] 胡军,史明,冉新.北京市南水北调与上下游业务单位信息化建设关系研究[J].北京水务,2011(5):57-60.

[73] 胡佩玉.南水北调中线工程两部制水价刍议[J].中国水利,2009,02:56-57,62.

[74] 胡书银,王建林.西藏一江两河地区水资源及其开发利用[J].国土与自然资源研究,1999(2):16-18.

[75] 胡长顺.南水北调西线工程新构想:南水西调及其资金筹措[J].甘肃社会科学,2005(4):200-206.

[76] 华春雨.权威专家:引海水入疆工程不可行[N].新华每日电讯,2010-11-17(2).

[77] 华勇,洪伟.复合土工膜在南水北调中线京石段的应用[J].云南水力发电,2012(1):112-113,127.

[78] 黄伯明,赵业安,刘崇熙,等.三峡水库引江入渭济黄济华北工程——南水北调新方案[J].长江科学院院报,2002(6):47-52.

[79] 黄典贵.用风能提水将海水西输可行否[N].中国矿业报,2011-01-20(B06).

[80] 黄海田,仇宝云,陆一忠.浅析南水北调江苏供水公司的建立及运营[J].中国水利,2003(13):22-23.

[81] 黄继元.南水北调水源地安康水库水质分析和保护对策[J].人民长江,2005(8):27-28.

[82] 黄建成,陈义武,赵燕,等.穿黄工程河道缩窄试验研究[J].长江科学院院报,2002(S1):51-53.

[83] 黄建成,马秀琴,李飞,等.穿黄工程线路比选试验研究[J].长江科学院院报,2002(S1):44-46,50.

[84] 黄伟雄.跨流域调水与华北水资源的合理配置——我国南水北调新路径的探讨[J].资源科学,2002(3):8-13.

[85] 黄伟雄.我国南水北调便捷方案的初步设想[J].经济地理,2001(3):279-282.

[86] 惠士博,谢森传,张思聪.南水北调来水后北京的水资源优化配置[J].中国水利,2001(1):14-15,5.

[87] 霍建伟,郑喜勤,陶富岭.南水北调西线工程综合数据管理与服务平台[J].水利信息化,2011(4):9-12.

[88] 霍有光.大西线调水难以实现的若干问题分析[J].水利水电科技进展,2008(6):71-75.

[89] 霍有光.就沙漠人造海可行性答疑[J].世界科技研究与发展,2003(3):96-103.

[90] 霍有光.西部调水大构想[J].西部大开发,2001(2):30-31.

[91] 霍有光.再论南水北调西线工程替代方案[J].科技导报,2008(3):68-73.

[92] 纪明辉,李英.试论南水北调中线干线工程建设的管理优势[J].科技创新导报,2012(11):106-107.

[93] 贾绍凤,康德勇.提高水价对水资源需求的影响分析——以华北地区为例[J].水科学进展,2000(1):49-53.

[94] 贾忠华,赵恩辉.南水北调中线工程陕西水源区含沙量变化分析[J].西北大学学报(自然科学版),2010(2):343-347.

[95] 江本胜.神了,生命真谛水知道[J].中国三峡建设,2006(5):50-53,2.

[96] 姜蓓蕾,刘恒,耿雷华,等.层次分解法在南水北调东线工程风险因子识别中的运用[J].水利水电技术,2009(3):65-67,73.

[97] 姜同.南水北调造福中国[J].长江职工大学学报,2000(1):1-5,29.

[98] 姜文来.初论水资源管理学[J].中国水利,2004(3):27-29.

[99] 蒋鸣,吴泽宇,曹正浩.滇中水资源规划思路[J].人民长江,2007(11):6-9,208.

[100] 节约保护水资源推进水生态文明建设[J].河南水利与南水北调,2013(6):3.

[101] 金中武,范北林.穿黄工程河段冲刷问题研究综述[J].长江科学院院报,2002(S1):47-50.

[102] 来自云南的声音……[J].创造,2012,03:44-45.

[103] 乐成军,牛斌,张继勋.富水区深埋长隧洞围岩及支护的稳定分析[J].水电站设计,2008(2):44-48.

[104] 冷星火,陈尚法,程德虎.南水北调中线一期工程膨胀土渠坡稳定分析[J].人民长江,2010(16):59-61.

[105] 黎安田.长江 1998 年洪水与防汛抗洪[J].人民长江,1999(1):3-9,57.

[106] 李炳坤,唐元,董忠.关于研究实施“海水西送工程”的建议[J].高科技与产业化,2008(Z1):75-78.

[107] 李常发,穆宏强.长江流域水资源保护协商机制建设与实践[J].人民长江,2011(2):12-15.

[108] 李成尊,汪劲,陈昌礼.海水西调构想的超前论证与遥感[C]//中国高科技产业化研究会.2006 中国科协年会论文集(第 13 分会场).中国高科技产业化研究会,2006:5.

[109] 李承明,王非.引渤入疆“良策”还是“狂想”[J].西部大开发,2011(1):70-72.

[110] 李冬晓,尹明万,贾玲,等.南水北调西线工程调出区水资源优化配置研究[J].中国水利水电科学研究院学报,2011(2):104-109.

[111] 李峰,贾志营,张颖军.南水北调中线工程漕河渡槽安全监测设计[J].水利水电技术,2008(5):80-81,84.

[112] 李凤玲,黄光寿,韩书记,等.南水北调中线工程总干渠(陶岔—漳河段)主要地质灾害分析[J].生态环境,2006(4):889-891.

[113] 李富永."引渤入疆":梦想编制的童话?[N].中华工商时报,2010-11-19(A01).
[114] 李国卿.优化配置水源实现人水和谐[J].河南水利与南水北调,2007(5):15-16.
[115] 李红艳.南水北调东线工程水资源网络系统设计与分析[J].水利水电技术,2008(2):1-3.
[116] 李怀恩,谢元博,史淑娟,等.基于防护成本法的水源区生态补偿量研究——以南水北调中线工程水源区为例[J].西北大学学报(自然科学版),2009(5):875-878.
[117] 李佳,李思悦,谭香,等.南水北调中线工程总干渠沿线经过河流水质评价[J].长江流域资源与环境,2008(5):693-698.
[118] 李菊先,马俊青,刘长垠,等.输水管道穿南水北调总干渠方案研究[J].河南科学,2012(2):214-216.
[119] 李连生,朱国明,毛颖航.浅析大西线调水工程[J].山西水利,1999(2):41-42.
[120] 李明新,王辉,张明波.南水北调中线工程交叉河流设计洪水分析[J].人民长江,2005(10):4-6.
[121] 李其旻,张全景.论南水北调的必要性与可行性[J].临沂师范学院学报,2000(3):45-46,58.
[122] 李青云,程展林,龚壁卫,等.南水北调中线膨胀土(岩)地段渠道破坏机理和处理技术研究[J].长江科学院院报,2009(11):1-9.
[123] 李世平,谢三鸿,唐清华.南水北调中线工程某大型渡槽设计[J].人民长江,2011(20):31-34.
[124] 李树恩,赵世敏.南水北调穿京沪高速公路箱涵顶进施工技术[J].海河水利,2012(3):43-45.
[125] 李文华.长江洪水与生态建设[J].自然资源学报,1999(1):2-9.
[126] 李亚龙,赵健,丁文峰.南水北调中线水源区植被恢复的产流产沙效应初步研究[J].长江科学院院报,2010(11):53-57.
[127] 李亚平,黄站峰.三峡水库大宁河调水方案研究[J].人民长江,2012(13):1-3.
[128] 李妍."引渤入新"首倡者霍有光:"叫兽?我是一个叫喊科学的野兽"[J].中国经济周刊,2010(45):24-27.
[129] 李洋,吴泽宁,郭瑞丽,等.南水北调中线工程干线分段两部制水价核算方法[J].水利经济,2010(3):28-31,76.
[130] 李永乐,罗晓辉,刘庆军.南水北调西线工程生态环境效应预测研究[J].中国水土保持,2006(1):25-27.
[131] 李志启.工程咨询专家话说新世纪四大工程[J].中国工程咨询,2001(5):6-14.
[132] 梁书民.分阶段中西线联合南水北调成本效益核算与问题解析[J].水利发展研究,2011(6):42-48,53.
[133] 梁书民.基于 DEM 的南水北调大西线藏木至洮河调水工程研究[J].水利规划与设计,2011(6):4-8,91.
[134] 梁雄兵,张中旺,谢海燕,等.南水北调中线工程水源地的主要环境问题分析[J].人民长江,2005(4):53-54,57-71.
[135] 梁英,左玉辉.南水北调大西线调水工程五律解析[J].人民黄河,2008(9):7-9.

[136] 林一山.西部调水工程简析[J].地球信息,1996(2):43-46.
[137] 刘春生.南水北调工程水价的合理确定[J].水科学进展,2004(6):808-812.
[138] 刘二中."南水北调"需要新思路[J].自然辩证法通讯,2000(6):41-47.
[139] 刘国纬.关于中国南水北调的思考[J].水科学进展,2000(3):345-350.
[140] 刘恒,宋轩,耿雷华,等.南水北调中线交叉建筑物洪水风险估算模型研究[J].人民长江,2010(8):74-77,99.
[141] 刘冀山.深埋长隧洞方案的工程地质论证[J].岩石力学与工程学报,1998(4):111-118.
[142] 刘立才,郑凡东,张春义.南水北调水源与北京地下水混合的水质变化特征[J].水文地质工程地质,2012(1):1-7.
[143] 刘韶斌,王忠静,刘斌,等.黑河流域水权制度建设与思考[J].中国水利,2006(21):21-23.
[144] 刘卫国,郑垂勇,徐增标.南水北调东线工程两部制丰枯水价模型研究[J].统计与决策,2008(5):66-67.
[145] 刘卫国,郑垂勇,徐增标.南水北调一期工程受水区多水源水价模型的研究——基于水资源高效利用的边际成本模型[J].中国农村水利水电,2008(5):111-114.
[146] 刘新.南水北调西线第一期工程深埋长隧洞施工的几个技术问题[J].人民黄河,2001(10):35-40.
[147] 刘远书.瑞士圣哥达深埋长隧洞工程的设计思路、地质条件与施工方法[J].水利规划与设计,2006(5):44-48.
[148] 刘兆孝,穆宏强,陈蕾.南水北调中线工程水源地保护问题与对策[J].人民长江,2009(16):73-75.
[149] 刘子慧,刘志然,吴泽宇,等.南水北调中线工程调度方式简介[J].人民长江,1993(11):16-19.
[150] 龙辉.南水北调工程临时占地土地复垦利用研究[J].河南水利与南水北调,2013(1):42-43.
[151] 芦国民,郭瑞,陈洋.常规检测方法与核子密度仪法在南水北调工程中的研究[J].河南水利与南水北调,2013(3):42-43.
[152] 陆经纬.南水北调东线一期工程运行管理机制探讨[J].中国水利,2012(14):50-51.
[153] 陆培法.引渤入新行不行[N].人民日报海外版,2010-11-25(1).
[154] 罗佳翠,马巍,禹雪中,等.滇池环境需水量及牛栏江引水效果预测[J].中国农村水利水电,2010(7):25-28.
[155] 马建华,胡维忠.我国山洪灾害防灾形势及防治对策[J].人民长江,2005(6):3-5.
[156] 马静,胡仪元.南水北调中线工程汉江水源地生态补偿资金分配模式研究[J].社会科学辑刊,2011(6):136-139.
[157] 马平森,顾世祥,卯昌书,等.龙川江流域径流量变化趋势及水资源合理配置研究[J].中国农村水利水电,2011(5):6-10,14.
[158] 马晓佳.滇中调水是云南省可持续发展的战略工程[J].人民长江,2006(4):1-2,30,111.

[159] 茅均标,伍法权,底青云,等.深埋长隧洞前期勘查中工程地质调查与 CSAMT 异常分析[J].现代地质,2006(3):513-518.
[160] 钮新强,文丹,吴德绪.南水北调中线工程技术研究[J].人民长江,2005(7):6-8.
[161] 钮新强,谢向荣,符志远.复杂地质条件下穿黄隧洞工程关键技术综述[J].人民长江,2011(8):1-7.
[162] 奇云.生命选择了水——探索生命的起源[J].生命世界,2006(12):24-27.
[163] 杞人."世界水周论坛"关注水资源可持续发展[J].生态经济,2009(11):12-14.
[164] 秦长海,裴源生,张小娟.南水北调东线和中线受水区水价测算方法及实践[J].水利经济,2010(5):33-37,49,78.
[165] 曲耀光."南水北调"西线工程与中国西北开发和生态环境的改善[J].干旱区资源与环境,2001(1):1-10.
[166] 阮娅,廖奇志,曾鸣,等.南水北调中线工程战略环境影响评价探讨[J].水电站设计,2006(4):36-40.
[167] 申碧峰,张彤,孙静.南水北调引水进京后北京水价改革研究[J].水利水电技术,2009(11):116-119.
[168] 沈大军,刘斌,李木山,等.海河流域水权制度建设及其实践[J].中国水利,2006(21):15-17.
[169] 沈大军,祝永华,俞建军,等.浙江省水权制度建设与实践[J].中国水利,2006(21):3-5.
[170] 沈凤生,刘新.南水北调西线一期工程深埋长隧洞技术研究[J].建筑机械,2002(5):39-40.
[171] 沈坩卿.法国水资源管理简介[J].水资源保护,1985(1):72-74,33.
[172] 盛海洋,丁爱萍,张学锋.南水北调近期工程规划综述[J].长江职工大学学报,2002(3):12-15.
[173] 师哲,郭炜,莫伟莉,等.南水北调中线穿黄工程河段河床演变分析[J].长江科学院院报,2002(S1):32-35.
[174] 侍克斌,岳春芳,何春梅,等.西部南水西调前期研究——疆外跨流域调水可行性初探[J].新疆农业大学学报,2012(1):1-6.
[175] 水利部:支持滇中引水等工程解决云南缺水问题[J].中国建设信息(水工业市场),2010(8):1.
[176] 宋健峰,郑垂勇,陈晓楠,等.南水北调东线第一期工程供水成本分摊与核算[J].资源科学,2008(7):975-982.
[177] 宋双华,郭荣朝.南水北调中线工程水源区生态环境现状分析[J].安徽农业科学,2009(33):16516-16518.
[178] 苏万益,田卫宾,乔翠平,等.南水北调西线工程建设对调水区及受水区生态与环境的影响[J].中国水土保持,2008(2):31-34.
[179] 粟宗嵩,姜伟.国外跨流域调水工程简介[J].世界农业,1982(2):34-37.
[180] 孙辰,邬红娟.调水及梯级开发对汉江襄阳段水环境容量影响[J].环境保护科学,2013(2):9-12.

[181] 孙建华,龙腾锐,颜文涛,等.X 市供水系统规划及问题探讨[J].中国给水排水,2012(10):11-15.

[182] 孙亮,张艳惠,钱自立,等.南水北调水价与节水的博弈分析[J].人民长江,2008(8):39-40.

[183] 孙养俊.深埋长隧洞施工技术[J].水电站设计,2005(1):68-70,72.

[184] 孙志华.南水北调水价对引黄供水渠首价格的影响研究[J].中国物价,2005(11):25-29.

[185] 谈生庚,李德文,周国忠.对有效防止大运河南水北调水质被污染的思考[C]//中国航海学会船舶防污染专业委员会.2005 年船舶防污染学术年会论文集,2005:7.

[186] 谈英武,张玫,杨立彬.从黄河流域 2009 年初的旱情看建设南水北调西线工程的必要性和紧迫性[J].南水北调与水利科技,2009(4):1-4.

[187] 谭俞雄."海水西调"须小心求证[N].中华工商时报,2010-12-09(5).

[188] 万建蓉,张杰,张细兵.南水北调中线工程丹江口水库泥沙冲淤计算[J].长江科学院院报,2002(S1):40-43.

[189] 汪柏青,王丽.加快林业生态建设保障南水北调中线工程顺利实施[J].林业调查规划,2005(4):23-26.

[190] 汪恕诚.到 2030 年我国缺水问题将更加突出[N].人民日报,2004(6).

[191] 汪喜生,杨海真.三峡工程和南水北调对长江口水资源的影响及对策[J].甘肃科技,2004(1):27-29,34.

[192] 汪雪英,杨恩文,蓝祖秀.南水北调西线工程深埋长隧洞掘进机施工通风研究[C]//中国土木工程学会隧道及地下工程分会、中国岩石力学与工程学会地下工程与地下空间分会.第六届海峡两岸隧道与地下工程学术及技术研讨会论文集,2007:4.

[193] 汪洋.中国治水战略[N].经理日报,2012-06-22(A01).

[194] 汪易森,杨元月.中国南水北调工程[J].人民长江,2005(7):2-5,71.

[195] 汪易森.关于深埋长隧洞开挖中高压涌水问题的讨论[J].南水北调与水利科技,2006(5):4-7.

[196] 王德让.从天上调水实现我国西线南水北调——提议列入国家科技攻关课题[J].陕西水利水电技术,2002(2):12-13,64.

[197] 王东黎,杨进新,杜艳霞,等.南水北调中线工程 PCCP 阴极保护测试探头研究[J].水利水电技术,2009(7):76-79.

[198] 王国栋,王焰新,涂建峰.南水北调中线工程水源区生态补偿机制研究[J].人民长江,2012(21):89-93.

[199] 王浩,秦大庸,严登华.南水北调西线工程水源区水资源及其演变规律[J].中国水利,2008(21):32-34.

[200] 王慧,王慧敏,仇蕾.南水北调东线水资源配置问题探讨[J].人民长江,2008(2):8-10,19.

[201] 王慧敏,张莉,杨玮.南水北调东线水资源供应链定价模型[J].水利学报,2008(6):758-762.

[202] 王建春,高嵩,顾世祥,等.云南省水危机及对策措施研究[J].中国农村水利水电,

2010(12):52-56.
[203] 王钦安,马耀峰.南水北调中线工程陕南水源区水环境研究[J].水资源与水工程学报,2008(1):77-80.
[204] 王蓉,王忠静,许虎安,等.塔里木河流域水权制度建设的特点及问题分析[J].中国水利,2006(21):18-20.
[205] 王学潮.南水北调西线工程若干工程地质问题研究[J].岩石力学与工程学报,2009(9):1745-1756.
[206] 王学庆.决定南水北调供水价格形成机制的主要因素分析[J].价格理论与实践,2007(1):41-42.
[207] 王煜,杨立彬.南水北调西线工程建设的必要性与紧迫性研究[J].工程研究-跨学科视野中的工程,2012(2):150-156.
[208] 王媛,李冬田,王建平,等.南水北调西线深埋长隧洞引水工程的水文地质调查方法[J].南水北调与水利科技,2008(1):131-133.
[209] 王跃峰,王立选.高地下水压深埋长隧洞施工阻水帷幕设计探讨[J].水利水电工程设计,2007(2):14-15,33.
[210] 王卓甫,李雪淋.南水北调中线工程水价新论[J].人民黄河,2008(8):1-2,5,104.
[211] 韦亚南,张琨,张宝雷.山东省南水北调沿线流域水污染物排放标准对沿线城市经济的影响[J].南水北调与水利科技,2013(2):81-85.
[212] 魏合章,孙磊,靳海川,等.SDCORS 与 GPRS 通讯模块在南水北调临时用地复垦测量中的比较应用[J].城市建设理论研究(电子版),2013(5).
[213] 翁立达,叶闽,娄保锋,等.南水北调中线工程水源地的水质保护[J].人民长江,2005(12):24-25,43,55.
[214] 南水北调水价形成机制确定[J].治黄科技信息,2002(1):27.
[215] 吴昌瑜,张伟.南水北调中线工程总干渠渗流与蒸发损失研究[J].长江科学院院报,2002(S1):89-93.
[216] 吴学春,崔延松.江苏南水北调水费计收机制设计路径探讨[J].水利经济,2013(3):37-39,75.
[217] 吴长亮."海水西调":痴人说梦还是治沙良策?[N].解放日报,2010-11-17(7).
[218] 小型水库安全管理办法[J].中国水利,2010(12):1-2.
[219] 肖婵,谢平,唐涛,等.南水北调中线工程对汉江中下游的水文情势影响分析[J].水文,2009(1):26-29.
[220] 肖伟华,庞莹莹,张连会,等.南水北调东线工程突发性水环境风险管理研究[J].南水北调与水利科技,2010(5):17-21.
[221] 谢遵党,DAVID J R.世界深埋长隧洞建设中的问题及应对措施[J].人民黄河,2004(10):37-39.
[222] 辛华.10 余位专家质疑引渤入疆工程[N].西部时报,2010-11-19(2).
[223] 徐福.南水北调来水调蓄工程方案的比较与建议[J].北京水务,2012(1):20-22.
[224] 徐修惠.西水东调(一)[J].四川水力发电,2001(1):16-21.
[225] 徐修惠.西水东调(二)[J].四川水力发电,2001(2):72-75,82.

[226] 徐长江.中英美三国设计洪水方法比较研究[J].人民长江,2005(1):24-26.

[227] 徐振华.通风竖井在引黄工程深埋隧洞中的应用[J].太原科技,2008(7):61-62.

[228] 许衡,曹存先,张兴珏.南水北调济南段天然地基存在的工程问题分析[J].山东水利,2009(8):20-21.

[229] 许明祥,刘克传,林德才,等.引江济汉工程规划设计研究[J].人民长江,2005(8):24-26,49-75.

[230] 许明祥,刘克传,林德才,等.引江济汉工程规划设计研究[J].人民长江,2005(8):24-26,49-75.

[231] 严登华,翁白莎,王浩,等.南水北调西线工程水源区水资源的立体监测[J].中国人口·资源与环境,2010(12):122-128.

[232] 杨安邦,朱顺初,周家贵,等.南水北调东线一期工程对梁济运河段地下水影响研究[J].南水北调与水利科技,2009(6):245-249.

[233] 杨斌.浅议南水北调西线工程促进甘肃经济社会发展[J].甘肃林业科技,2013(2):51-54.

[234] 杨开林,王涛,郭永鑫,等.引渤济锡海水输送工程[J].南水北调与水利科技,2007(3):78-82.

[235] 杨良权,李波,雷安平,等.南水北调大宁调蓄水库帷幕灌浆试验与分析[J].水利水电技术,2013(1):73-78.

[236] 杨士建,赵秀兰.南水北调(东线)宿迁沿线水质现状及水污染防治[J].江苏环境科技,2002(4):40-42.

[237] 杨小虎,孟锁兰.南水北调中线工程总干渠河北南段泥砾代替回填土料勘察试验[J].岩土工程界,2006(5):35-37.

[238] 杨益,任志远,苏治中.南水北调东线一期工程利用峰谷电价减少工程运行电费研究[J].南水北调与水利科技,2008(3):15-18.

[239] 杨益.科学理性看待海水淡化产业发展[J].经济,2011(5):88-89.

[240] 杨云彦,凌日平.跨流域调水工程管理体制的变迁及其启示——兼议南水北调工程管理体制[J].水利经济,2008(1):19-21,31,75-76.

[241] 叶定海,李仕森,贾寒飞.南水北调西线工程的 TBM 选型探讨[J].水利水电技术,2009(7):80-82,89.

[242] 叶华.长江流域节水管理立法初探[J].水利发展研究,2011(1):35-39.

[243] 叶新霞,翟高勇.江苏南水北调工程管理模式与管理功能需求研究[J].水利发展研究,2011(8):64-67.

[244] 殷瑞兰,张卉.南水北调中线工程冰期输水研究[J].长江科学院院报,2002(S1):29-31,35.

[245] 尹德文,汪雪英.南水北调西线工程深埋长隧洞施工通风研究[J].人民黄河,2007(10):71-72.

[246] 尹忠武.南水北调中线工程移民规划设计[J].人民长江,2005(12):31-32,49.

[247] 游性恬,朱禾.两大江河流量的半世纪变化与“南水北调”[J].地球科学进展,2002(6):811-817.

[248] 于琪.对南水北调工程建设管理体制的思考[J].中国水利,2003(21):69-70.
[249] 于翔汉.水的律动水的思索[J].中国三峡建设,2006(4):1.
[250] 俞烜,严登华,黄耀欢,等.南水北调西线工程水源区降水空间插值方法研究[J].水利水电技术,2008(10):5-8.
[251] 俞烜,张明珠,严登华,等.南水北调西线工程水源区降水时空特征[J].长江流域资源与环境,2008(S1):41-45.
[252] 袁嘉祖.水利部南水北调方案的欠缺及补救建议[J].河北林果研究,2002(1):11-15.
[253] 岳海敏.浅谈南水北调东线工程对南四湖区域经济的影响[J].现代商业,2012(15):129.
[254] 张法思,王晓贞.南水北调调蓄工程经济性的探讨[J].水利水电技术,1995(5):54-57.
[255] 曾小惠.汉江可调水量初步分析[J].人民长江,1993(10):9-13,62-63.
[256] 张红武.西藏之水开发利用问题的探讨[J].水利规划与设计,2011(1):1-4.
[257] 张基尧,谢文雄,李树泉.南水北调工程决策经过(一)[J].百年潮,2012(7):4-10.
[258] 张基尧,谢文雄,李树泉.南水北调工程决策经过(二)[J].百年潮,2012(8):4-10.
[259] 张劲松,周建中,莫莉,等.南水北调东线一期工程江苏受水区农业供水价格研究[J].水利水运工程学报,2008(3):86-91.
[260] 张军,孔令法,王华,等.山东省南水北调供水区城市生活及工业水价承受能力分析[J].南水北调与水利科技,2004(2):27-29,36.
[261] 张军,王华,董温荣,等.南水北调供水两部制水价模式探讨[J].水利经济,2006(3):34-35,82.
[262] 张璐,杨爱民,吴赛男,等.南水北调中线一期工程受水区生态水文分区[J].水利水电技术,2009(12):8-11,18.
[263] 张明珠,秦天玲,王凌河,等.南水北调西线工程水源区草地退化对气候变化的影响研究[J].南水北调与水利科技,2010(5):11-16.
[264] 张平,郑垂勇.南水北调工程水价模式分析研究[J].水利经济,2006(2):52-54,57,83.
[265] 张秦岭,党志良.中线水源区生态补偿机制建立的迫切性与对策[J].西北大学学报(自然科学版),2009(4):682-685.
[266] 张硕辅.丰水地区水资源风险管理研究[J].中国水利,2006(21):33-35.
[267] 张文轩."引渤入疆"工程的可行性[J].北京农业,2013(27):193-194.
[268] 张晓勇,贵勤,付建军,谢丹雄.南水北调中线水源工程调水管理研究[J].南水北调与水利科技,2009(6):258-261.
[269] 张欣,彭新德,董树果.南水北调天津干线工程水价分析研究[J].海河水利,2005(1):57-58,61.
[270] 张新三.黄河下游断流与调水问题的阅读与思考[J].科技导报,2000(2):28-32.
[271] 张序.南水北调西线工程对调水藏区传统社会的可能影响[J].工程研究-跨科学视野中的工程,2009(2):168-176.
[272] 张延仓,马贵生.穿黄隧洞地质条件及其对盾构掘进的影响[J].人民长江,2011(8):

56-59,91.
[273] 张郁,吕东辉.供水管理与需水管理相结合的南水北调中线水资源配置机制探讨[J].南水北调与水利科技,2007(3):3-5,9.
[274] 张郁.利用期货市场转移南水北调中水价波动的风险[J].水利发展研究,2002(2):13-16.
[275] 张正斌.生物节水潜力巨大[J].中国三峡建设,2006(4):9-11.
[276] 张中旺.南水北调中线工程对襄樊市的影响分析[J].襄樊职业技术学院学报,2005(6):111-113.
[277] 张中旺.南水北调中线工程与受水区经济社会可持续发展[J].襄樊学院学报,2008(6):22-27.
[278] 赵大洲,景来红,杨维九.南水北调西线工程深埋长隧洞管片衬砌结构受力分析[J].岩石力学与工程学报,2005(20):81-86.
[279] 赵霞.南水北调对邯郸市城市生态环境影响及对策[J].河北水利水电技术,2003(S1):50-52.
[280] 赵先锋.南水北调西线工程深埋隧洞岩爆问题浅析[J].山西建筑,2007(15):366-367.
[281] 赵鑫钰.南水北调工程建设资金筹措[J].中国三峡建设,2002(6):30-31,48.
[282] 赵业安.南水北调工程的一条新线路——三峡水库引水入渭济黄华北工程[C]//河南省水力发电工程学会.河南省水力发电工程学会年会暨多泥沙河流水电站运行与管理专题研讨会论文集,2002:4.
[283] 赵运书,付清凯,王宁娟.南水北调中线京石段应急供水工程的建设管理[J].人民长江,2005(10):7-8,67.
[284] 赵志轩,严登华,翁白莎,等.南水北调西线工程建坝取水对坝下沼泽湿地水文影响初步研究[J].水利水电技术,2011(4):1-5.
[285] 赵自强,王学潮,随裕红.南水北调西线工程深埋隧洞岩爆与地应力研究[J].华北水利水电学院学报,2002(1):48-50.
[286] 郑垂勇,赵敏,史安娜.南水北调一期工程水资源配置关键技术研究概述[J].水利经济,2013(3):1-5,73.
[287] 郑恒祥,金栋,黄海江,等.长—恰线深埋长隧洞涌水预测及处理[J].人民黄河,2002(7):40-41.
[288] 郑明."东水西调"是科幻还是现实[J].环境保护与循环经济,2010(12):34-35.
[289] 郑重阳,彭辉,任德记.南水北调中线工程沣河渡槽三维有限元分析[J].长江科学院院报,2013(5):86-91.
[290] 中国黄河文化经济发展研究会,大西线南水北调工程论证委员会.大西线南水北调工程建议书[J].当代思潮,1999(2):2-18.
[291] 钟玉秀,杨柠,崔丽霞,等.合理的水价形成机制初探[J].水利发展研究,2001(2):13-16.
[292] 仲生星,李荣智.穿黄隧洞工程泥水盾构掘进施工技术[J].人民长江,2011(8):70-76.

[293] 重视南水北调水资源问题推进汉江中下游可持续发展[J].世纪行,2005(7):8-9.
[294] 周春宏.深埋长隧洞地质超前预报技术[J].地质灾害与环境保护,2005(4):419-424.
[295] 周刚炎.中美流域水资源管理机制的比较[J].水利水电快报,2007(5):1-4.
[296] 周敬宣,陈云峰,肖杰,等.生态服务功能的动态货币化评价——以南水北调后的湖北省襄樊市为例[J].生态学报,2004(4):743-749.
[297] 周小文,刘鸣,詹良通,等.南水北调中线工程砂层液化问题判别[J].长江科学院院报,2002(S1):101-104.
[298] 周兴维.南水北调生态警示:节流胜于开源[J].西南民族大学学报(人文社科版),2006(2):11-12.
[299] 朱俊君,周长征.水旱并发的思考[N].人民长江报,2006-12-15(4).
[300] 朱卫东,张元教.南水北调工程实行两部制水价的思考[J].水利经济,2008(4):37-39,68,76-77.
[301] 竹守章.东水西调彻底改造北方沙漠[N].科技日报,2000-08-07(6).
[302] 竹守章.呼唤东水西调改造北方沙漠[N].中国环境报,2001-01-05(3).
[303] 宗合.促进水资源可持续利用保障国家水资源安全[N].中国水利报,2010-12-07(1).
[304] 邹志悝.南水北调中线工程总干渠潞王坟试验段膨胀岩工程地质特性研究[J].长江科学院院报,2009(11):85-88.